제11판

최신 디지털 공학

Σ 시그마프레스

제11판

최신 디지털 공학

Thomas L. Floyd 지음
박기환, 성영휘, 신휘범, 정영모, 최석림, 황선환 옮김

Σ 시그마프레스

최신 디지털 공학, 제11판

발행일 | 2018년 9월 5일 1쇄 발행
2019년 7월 5일 2쇄 발행
2020년 7월 20일 3쇄 발행
2022년 7월 20일 4쇄 발행

지은이 | Thomas L. Floyd
옮긴이 | 박기환, 성영휘, 신휘범, 정영모, 최석림, 황선환
발행인 | 강학경
발행처 | ㈜시그마프레스
디자인 | 김은경
편 집 | 이호선

등록번호 | 제10-2642호
주소 | 서울특별시 영등포구 양평로 22길 21 선유도코오롱디지털타워 A401~402호
전자우편 | sigma@spress.co.kr
홈페이지 | http://www.sigmapress.co.kr
전화 | (02)323-4845, (02)2062-5184~8
팩스 | (02)323-4197

ISBN | 979-11-6226-102-6

Digital Fundamentals, Eleventh Edition

* 책값은 책 뒤표지에 있습니다.

이 도서의 국립중앙도서관 출판예정도서목록(CIP)은 서지정보유통지원시스템 홈페이지(http://seoji.nl.go.kr)와 국가자료공동목록시스템(http://www.nl.go.kr/kolisnet)에서 이용하실 수 있습니다.(CIP제어번호 : CIP2018021676)

역자 서문

Floyd의 *Digital Fundamentals*를 처음 접했을 때, 대학에서 디지털 공학을 가르치는 동료의 입장에서 그의 박학다식한 교육자적인 측면에 감탄을 금치 못했다. 특히 이 책은 디지털 공학을 이해하는 데 있어 이론적 기초와 적용 및 응용을 동시에 고려하면서, 가르치는 교수자와 배우는 학습자를 배려하는 저술 방식이 큰 장점이다. 이 책은 초판 이후 디지털 공학 분야의 기본 교과서로 줄곧 사용되어 왔으며, 이제 11판까지 출간되었다.

이 책은 디지털 공학을 접하는 학생들이 핵심적인 디지털 기술의 이론적 기초를 다지고, 더 나아가 이론을 적용하고 응용할 수 있도록 구성되어 있으며, 최신의 디지털 기술까지도 체계적으로 다루고 있다. 또한 한국을 포함하여 전 세계의 유수한 대학의 교육과정에서 필요로 하는, 교육자와 학습자를 위한 다양한 주제와 교수학습방법의 체제를 갖추고 있다.

좀 더 구체적으로 살펴보면, 각 장의 도입부에는 그 장에서 다루는 핵심 주제가 학습목표로 제시되어 있다. 학습자의 이해를 돕는 풍부한 그림과 예제, 복습문제를 제공하며, 학습자는 각 장을 학습한 후에 꼼꼼하게 주어진 충분한 분량의 문제와 그에 대한 풀이를 통해 설정된 학습목표가 달성되었는지 확인할 수 있다. 이 책은 자기주도적 학습이 가능하도록 구성되어 있다고 할 수 있다.

다만 이 책의 내용 구성과 관련해서 언급할 사항이 있다. 이 번역서는 원서의 내용 중 일부를 제외하였는데, 이는 원서의 내용이 매우 방대하여 한국 대학의 교과운영에 있어서 한 학기에 다 다루기에는 무리가 있다고 판단했기 때문이다. 제외한 장은 13장 'Data Transmission'과 14장 'Data Processing and Control'이다. 대신 전자문서 형태로만 제공되는 15장 'Integrated Circuit Technologies'를 번역서에서는 13장 '집적회로의 기술'로 포함시켰다.

디지털 공학에 입문하는 학부생들, 디지털 공학을 연구하는 연구자나 강의하는 교수자들에게 이 책은 이론과 실제의 측면에서 많은 도움이 될 것이라고 역자들은 믿고 있다. 역자들은 번역 시 원문의 뜻에 충실하게 번역하였으며, 용어 통일에 많은 주의를 기울였다. 특별히 드물게 나타나는 원문의 오류도 모두 수정하여 번역하였다. 역자들의 부족함으로 인해 내용 전달에 실수를 범하지 않았는지 우려가 되지만, 혹시라도 발견되는 오류들은 계속 보완해나갈 것을 약속드리며 새로운 학기에 맞춰 이 번역서를 세상에 내놓기로 한다. 역자 대표는 이 지면을 통해 번역에 참여해주신 교수님들께 감사드리며, 특히 역자진을 기다려주고, 놀라우리만큼 꼼꼼하게 편집과 수정, 출판에 노력하여 주신 ㈜시그마프레스에 감사드린다.

역자 일동

저자 서문

이 책은 이전 판에서 그래왔듯이 핵심적인 디지털 기술에 대한 튼튼한 기초를 제공한다. 이 책은 풍부한 그림과 예제, 문제, 응용 예를 통하여 디지털 기술에 대한 기본 개념을 제공한다. 또한 응용 논리, 구현, 고장 진단, 프로그램 가능한 논리 및 PLD 프로그래밍 등의 주제가 추가되었다. 이 판에서는 새로운 주제와 특집들이 추가되었고 기존의 주제들은 내용이 강화되었다.

이 책의 접근 방법을 따르면 학생들은 심화 주제 또는 선택적인 주제들을 다루기 전에 필요한 모든 중요한 기초 개념을 완전히 익힐 수 있다. 이 책은 다양한 교육과정에서 필요로 하는 요구사항을 충족시킬 수 있도록 광범위한 주제를 소개하고 있다. 예를 들어 어떤 교육과정에서는 설계 중심적이거나 응용 중심적인 주제는 적절하지 않을 수 있다. 프로그램 가능한 논리와 PLD 프로그래밍이 필요하지 않은 교육과정이 있거나 시간이 부족한 교육과정이 있을 수도 있다. 또한 집적회로 기술(inside-the-chip circuit)의 세세한 부분이 필요하지 않을 수도 있다. 이러한 분야들은 빼거나 간단히 다루어도 무방하다. 이 책을 공부하는 데 트랜지스터 회로에 대한 지식이 꼭 필요하지는 않으며, 집적회로 기술 부분은 선택적으로 다루어도 될 것이다.

이 판에서 새로 추가된 사항

- 시각적으로 보기 좋고 사용하기 쉽도록 교재의 페이지를 새롭게 배치하고 디자인하였다.
- 주제들을 개정하고 개선하였다.
- 구식의 소자들은 제외하였다.
- 응용 논리 부분을 개정하고 새로운 주제를 추가하였다. 또한 PLD 구현을 위한 VHDL 코드 부분을 소개하고 실례를 보였다.
- 네모 상자 안에 표시하여 새롭게 선보이는 구현 부분에서는 여러 가지 논리 함수를 고정 기능 소자를 사용해서 구현하는 방법과 VHDL 프로그램을 작성하여 PLD로 구현하는 방법을 소개하였다.
- 불 식의 간략화 과정에 퀸-맥클러스키 방법을 포함시켰고, 에스프레소 방법도 소개하였다.
- 무어 상태 머신과 밀리 상태 머신에 관한 내용을 추가하였다.
- 프로그램 가능한 논리에 관한 장을 수정하고 개선하였다.
- 메모리 계층 구조에 대한 논의를 추가하였다.
- 표준 버스에 대한 광범위한 내용을 포함하여 데이터 전송에 관한 새로운 장을 추가하였다.
- VHDL에 관해 광범위한 내용을 다루었고 사용하였다. www.pearsonglobaledition.com/floyd에서 VHDL 지침서를 구할 수 있다.
- D 플립플롭을 더욱 강조하였다.

이 책의 특징

- 완전 컬러로 구성
- 심화 주제나 지엽적인 주제를 배제하고 핵심 기초에 대한 내용을 소개하였다.
- 정보노트는 간결한 형태로 재미있는 정보를 제공한다.
- 각 장의 도입부에 학습목표, 장의 학습목표, 핵심용어 목록, 개요를 제시하였다.
- 각 장에서 핵심용어는 컬러의 굵은 글씨로 강조하였다. 각 핵심용어에 대한 정의는 각 장의

끝과 책의 끝에 있는 '용어정리'에 정의되어 있다. 이 외에도 용어정리에 나오는 용어는 책에서 검은색의 굵은 글씨로 표시하였다.

- 각 장의 다양한 문제와 문제들에 대한 정답은 장의 끝에 있다.
- 절의 도입부에는 각 절의 내용 소개와 학습목표를 제시하였다.
- 절의 마지막에는 복습문제가 있으며 답은 장의 끝에 있다.
- 예제와 관련이 있는 **관련 문제**를 제시하였으며 정답은 장의 끝에 있다.
- **활용 팁**은 유용하고 실용적인 정보를 제공한다.
- 교재에서 언급된 회로를 필요에 따라 시뮬레이션하거나 고장 진단할 수 있도록 최신 Multisim 파일을 웹사이트에서 제공한다.
- 오실로스코프, 논리 분석기, 함수 발생기, DMM과 같은 시험 장치의 사용법과 응용을 다루었다.
- 다수의 장에서 고장 진단에 관한 절을 수록하였다.
- 프로그램 가능한 논리에 대해 소개하였다.
- 각 장의 요약 부분을 수록하였다.
- 각 장의 끝에 참/거짓 문제를 수록하였다.
- 각 장의 끝에 객관식의 자습문제를 수록하였다.
- 각 장의 끝에 절별로 광범위한 문제를 수록하였고, 홀수 문제에 대한 정답을 책의 끝 부분에 수록하였다.
- 많은 장에서 고장 진단, 응용 논리, 특수 설계 문제를 제공하였다.
- 바이폴라와 CMOS 집적회로 기술을 다루었다. 13장은 IC 기술을 교육과정 중 아무 때나 선택적으로 다룰 수 있도록 집필하였다.

학생용 참고 자료

- Multisim 회로. 교재에 있는 회로 중 그림 P-1과 같은 아이콘이 붙어 있는 회로를 웹사이트에서 MultiSim 파일로 제공한다.

MultiSim

그림 P-1

웹사이트에서는 다음의 참고 자료들도 제공한다.

1. 13장, '집적회로 기술'
2. VHDL 지침서
3. Verilog 지침서
4. MultiSim 지침서
5. 알테라사의 Quartus II 지침서
6. 자일링스사의 ISE 지침서
7. 5-변수 카르노맵 지침서
8. 해밍 코드 지침서
9. 퀸-맥클러스키 방법 지침서
10. 에스프레소 알고리즘 지침서
11. 엄선한 다운로드할 수 있는 VHDL 프로그램
12. 알테라사의 Quartus II를 사용한 엘리베이터 제어기 프로그래밍

웹사이트의 VHDL 프로그램 사용법

그림 P-2

교재에 있는 VHDL 프로그램 중에서 웹사이트에 VHDL 파일이 있는 프로그램은 그림 P-2와 같은 아이콘으로 표시되어 있다. 이 VHDL 파일들은 웹사이트에서 다운받을 수 있고 PLD 개발 소프트웨어(알테라사의 Quartus II 또는 자일링스사의 ISE)를 사용하여 프로그램 가능한 논리 장치 안의 회로로 구현할 수 있다.

교수용 참고자료

- **이미지 뱅크** 교재에 있는 모든 이미지를 모아 놓은 것이다.
- **교수용 수업자료 매뉴얼** 장 끝의 문제들에 대한 정답, 응용 논리 문제에 대한 정답, Multisim 시뮬레이션 결과를 포함한다.
- **TestGen** 문제은행으로 650개 이상의 문제를 포함한다.

이 책의 구성

장의 도입부 각 장의 도입부에는 학습목차, 장의 학습목표, 그 장을 학습하는 데 도움이 되는 참고 웹사이트, 핵심용어, 개요 등을 소개하고 있다. 전형적인 장 도입부는 그림 P-3과 같다.

절의 도입부 각 절의 도입부에서는 일반적인 개요와 절의 학습목표 등을 간단히 소개한다. 절 도입부는 그림 P-4와 같다.

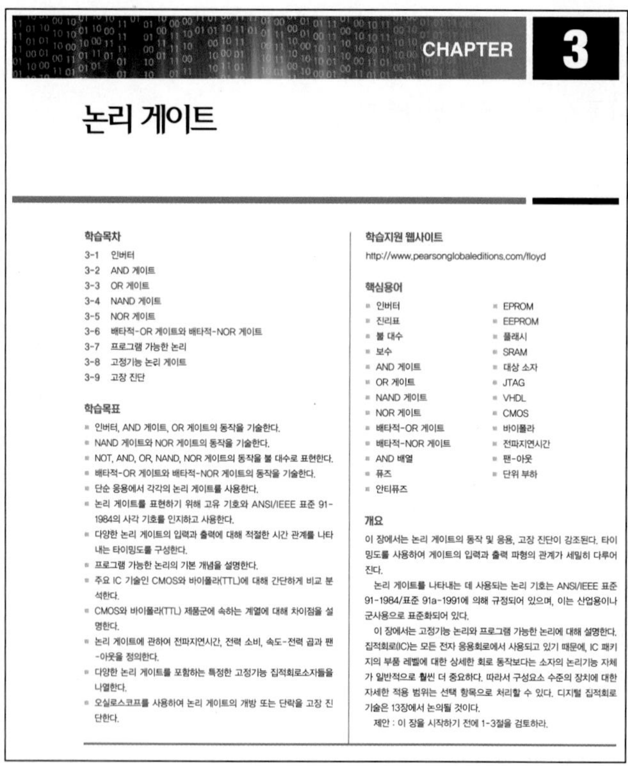

CHAPTER 3

논리 게이트

학습목차

3-1 인버터
3-2 AND 게이트
3-3 OR 게이트
3-4 NAND 게이트
3-5 NOR 게이트
3-6 배타적-OR 게이트와 배타적-NOR 게이트
3-7 프로그램 가능한 논리
3-8 고정기능 논리 게이트
3-9 고장 진단

학습목표

- 인버터, AND 게이트, OR 게이트의 동작을 기술한다.
- NAND 게이트와 NOR 게이트의 동작을 기술한다.
- NOT, AND, OR, NAND, NOR 게이트의 동작을 불 대수로 표현한다.
- 배타적-OR 게이트와 배타적-NOR 게이트의 동작을 기술한다.
- 단순 응용에서 각각의 논리 게이트를 사용한다.
- 논리 게이트를 표현하기 위해 고유 기호와 ANSI/IEEE 표준 91-1984의 사각 기호를 인지하고 사용한다.
- 다양한 논리 게이트의 입력과 출력에 대해 적절한 시간 관계를 나타내는 타이밍도를 구성한다.
- 프로그램 가능한 논리의 기본 개념을 설명한다.
- 주요 IC 기술인 CMOS와 바이폴라(TTL)에 대해 간단하게 비교 분석한다.
- CMOS와 바이폴라(TTL) 제품군에 속하는 계열에 대해 차이점을 설명한다.
- 논리 게이트에 관하여 전파지연시간, 전력 소비, 속도-전력 곱과 팬-아웃을 정의한다.
- 다양한 논리 게이트를 포함하는 특정한 고정기능 집적회로소자들을 나열한다.
- 오실로스코프를 사용하여 논리 게이트의 개방 또는 단락을 고장 진단한다.

학습지원 웹사이트

http://www.pearsonglobaleditions.com/floyd

핵심용어

- 인버터
- 진리표
- 불 대수
- 보수
- AND 게이트
- OR 게이트
- NAND 게이트
- NOR 게이트
- 배타적-OR 게이트
- 배타적-NOR 게이트
- AND 배열
- 퓨즈
- 안티퓨즈
- EPROM
- EEPROM
- 플래시
- SRAM
- 대상 소자
- JTAG
- VHDL
- CMOS
- 바이폴라
- 전파지연시간
- 팬-아웃
- 단위 부하

개요

이 장에서는 논리 게이트의 동작 및 응용, 고장 진단이 강조된다. 타이밍도를 사용하여 게이트의 입력과 출력 파형의 관계가 세밀히 다루어진다.

논리 게이트를 나타내는 데 사용되는 논리 기호는 ANSI/IEEE 표준 91-1984/표준 91a-1991에 의해 규정되어 있으며, 이는 산업용이나 군사용으로 표준화되어 있다.

이 장에서는 고정기능 논리와 프로그램 가능한 논리에 대해 설명한다. 집적회로(IC)는 모든 전자 응용회로에서 사용되고 있기 때문에, IC 패키지의 부품 레벨에 대한 상세한 회로 동작보다는 소자의 논리기능 자체가 일반적으로 훨씬 더 중요하다. 따라서 구성요소 수준의 장치에 대한 자세한 적용 범위는 선택 항목으로 처리할 수 있다. 디지털 집적회로 기술은 13장에서 논의될 것이다.

제안 : 이 장을 시작하기 전에 1-3절을 검토하라.

그림 P-3

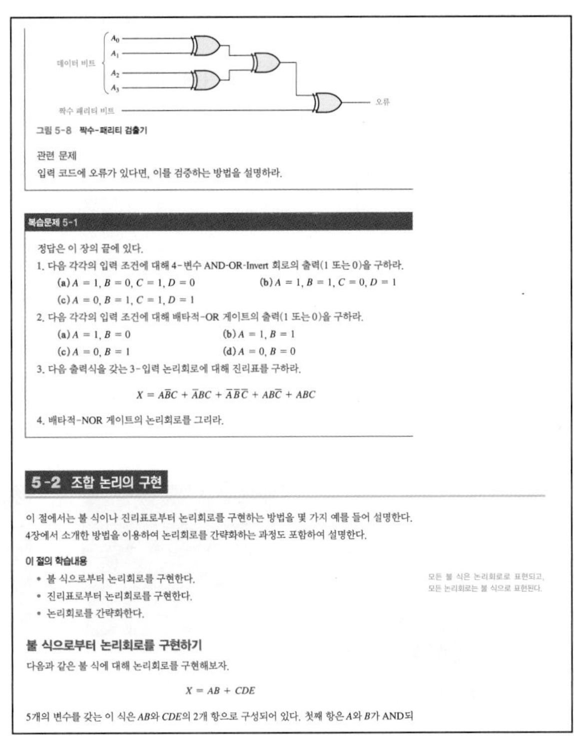

그림 5-8 **짝수-패리티 검출기**

관련 문제
입력 코드에 오류가 있다면, 이를 검증하는 방법을 설명하라.

복습문제 5-1

정답은 이 장의 끝에 있다.

1. 다음 각각의 입력 조건에 대해 4-변수 AND-OR-Invert 회로의 출력(1 또는 0)을 구하라.
   (a) $A = 1, B = 0, C = 1, D = 0$ (b) $A = 1, B = 1, C = 0, D = 1$
   (c) $A = 0, B = 1, C = 1, D = 1$
2. 다음 각각의 입력 조건에 대해 배타적-OR 게이트의 출력(1 또는 0)을 구하라.
   (a) $A = 1, B = 0$ (b) $A = 1, B = 1$
   (c) $A = 0, B = 1$ (d) $A = 0, B = 0$
3. 다음 출력식을 갖는 3-입력 논리회로에 대해 진리표를 구하라.

$$X = A\overline{B}C + \overline{A}BC + \overline{A}\,\overline{B}\,\overline{C} + AB\overline{C} + ABC$$

4. 배타적-NOR 게이트의 논리회로를 그리라.

5-2 조합 논리의 구현

이 절에서는 불 식이나 진리표로부터 논리회로를 구현하는 방법을 몇 가지 예를 들어 설명한다. 4장에서 소개한 방법을 이용하여 논리회로를 간략화하는 과정도 포함하여 설명한다.

이 절의 학습내용

- 불 식으로부터 논리회로를 구현한다.
- 진리표로부터 논리회로를 구현한다.
- 논리회로를 간략화한다.

모든 불 식은 논리회로로 표현되고, 모든 논리회로는 불 식으로 표현된다.

불 식으로부터 논리회로를 구현하기

다음과 같은 불 식에 대해 논리회로를 구현해보자.

$$X = AB + CDE$$

5개의 변수를 갖는 이 식은 AB와 CDE의 2개 항으로 구성되어 있다. 첫째 항은 A와 B가 AND되

그림 P-4

절의 복습문제 각 절의 끝부분에는 그림 P-4와 같이 그 절에서 소개된 중요 개념을 강조하기 위한 질문과 문제가 수록되어 있다. 절의 복습문제에 대한 정답은 장의 끝부분에 수록되어 있다.

예제, 관련 문제 기본 개념이나 특정한 과정을 명확하게 이해할 수 있도록 많은 예제를 수록하였다. 각 예제 뒤에는 그 예제를 보강하고 확장한 관련 문제를 수록하여 학생들이 유사한 문제를 다루어봄으로써 보다 확실히 이해할 수 있도록 하였다. 예제, 관련 문제는 그림 P-5와 같다.

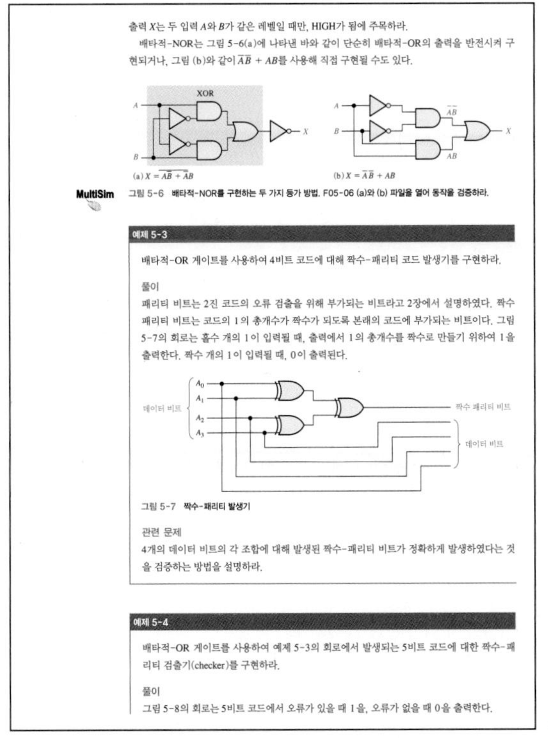

출력 X는 두 입력 A와 B가 같은 레벨일 때만, HIGH가 됨에 주목하라.

배타적-NOR는 그림 5-6(a)에 나타낸 바와 같이 단순히 배타적-OR의 출력을 반전시켜 구현되거나, 그림 (b)와 같이 $\overline{A}\,\overline{B} + AB$를 사용해 직접 구현될 수도 있다.

MultiSim 그림 5-6 **배타적-NOR를 구현하는 두 가지 등가 방법. F05-06 (a)와 (b) 파일을 열어 동작을 검증하라.**

예제 5-3

배타적-OR 게이트를 사용하여 4비트 코드에 대해 짝수-패리티 코드 발생기를 구현하라.

풀이
패리티 비트는 2진 코드의 오류 검출을 위해 부가되는 비트라고 2장에서 설명하였다. 짝수 패리티 비트는 코드의 1의 총개수가 짝수가 되도록 본래의 코드에 부가되는 비트이다. 그림 5-7의 회로는 홀수 개의 1이 입력될 때, 출력에서 1의 총개수를 짝수로 만들기 위하여 1을 출력한다. 짝수 개의 1이 입력될 때, 0이 출력된다.

그림 5-7 **짝수-패리티 발생기**

관련 문제
4개의 데이터 비트의 각 조합에 대해 발생된 짝수-패리티 비트가 정확하게 발생하였다는 것을 검증하는 방법을 설명하라.

예제 5-4

배타적-OR 게이트를 사용하여 예제 5-3의 회로에서 발생되는 5비트 코드에 대한 짝수-패리티 검출기(checker)를 구현하라.

풀이
그림 5-8의 회로는 5비트 코드에서 오류가 있을 때 1을, 오류가 없을 때 0을 출력한다.

그림 P-5

고장 진단에 관한 절 다수의 장에는 그 장에서 다룬 주제와 관련된 고장 진단에 관한 절이 포함되어 있어서 고장 진단 기술, 시험 장비의 사용, 회로 시뮬레이션 등을 다룬다. 고장 진단 절의 일부는 그림 P-6과 같다.

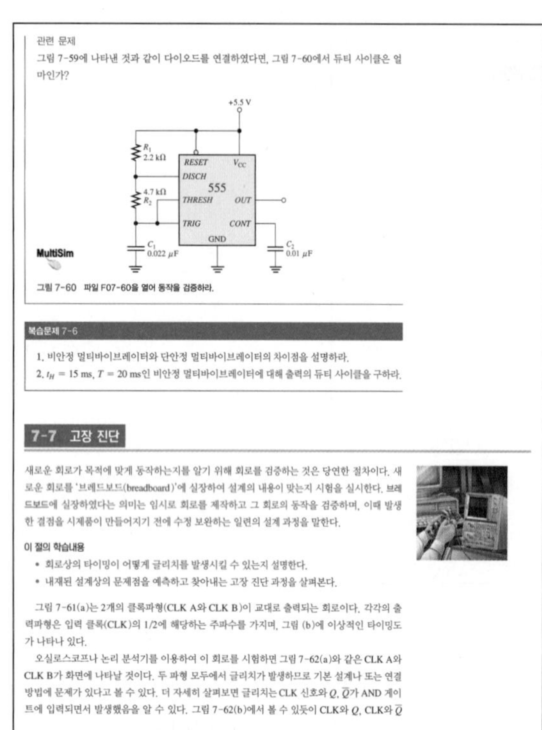

관련 문제

그림 7-59에 나타낸 것과 같이 다이오드를 연결하였다면, 그림 7-60에서 듀티 사이클은 얼마인가?

그림 7-60 파일 F07-60을 열어 동작을 검증하라.

복습문제 7-6

1. 비안정 멀티바이브레이터와 단안정 멀티바이브레이터의 차이점을 설명하라.
2. t_H = 15 ms, T = 20 ms인 비안정 멀티바이브레이터에 대해 출력의 듀티 사이클을 구하라.

7-7 고장 진단

새로운 회로가 목적에 맞게 동작하는지를 알기 위해 회로를 검증하는 것은 당연한 절차이다. 새로운 회로를 '브레드보드(breadboard)'에 실장하여 설계의 내용이 맞는지 시험을 실시한다. 브레드보드에 실장하였다는 의미는 임시로 회로를 제작하고 그 회로의 동작을 검증하며, 이때 발생한 결점을 시제품이 만들어지기 전에 수정 보완하는 일련의 설계 과정을 말한다.

이 절의 학습내용

- 회로상의 타이밍이 어떻게 글리치를 발생시킬 수 있는지 설명한다.
- 내재된 설계상의 문제점을 예측하고 찾아내는 고장 진단 과정을 살펴본다.

그림 7-61(a)는 2개의 클록파형(CLK A와 CLK B)이 교대로 출력되는 회로이다. 각각의 출력파형은 입력 클록(CLK)의 1/2에 해당하는 주파수를 가지며, 그림 (b)에 이상적인 타이밍도가 나타나 있다.

오실로스코프나 논리 분석기를 이용하여 이 회로를 시험하면 그림 7-62(a)와 같은 CLK A와 CLK B가 화면에 나타날 것이다. 두 파형 모두에서 글리치가 발생하므로 기본 설계나 또는 연결 방법에 문제가 있다고 볼 수 있다. 더 자세히 살펴보면 글리치는 CLK 신호와 Q, $\overline{Q}$가 AND 게이트에 입력되면서 발생했음을 알 수 있다. 그림 7-62(b)에서 볼 수 있듯이 CLK와 Q, CLK와 $\overline{Q}$

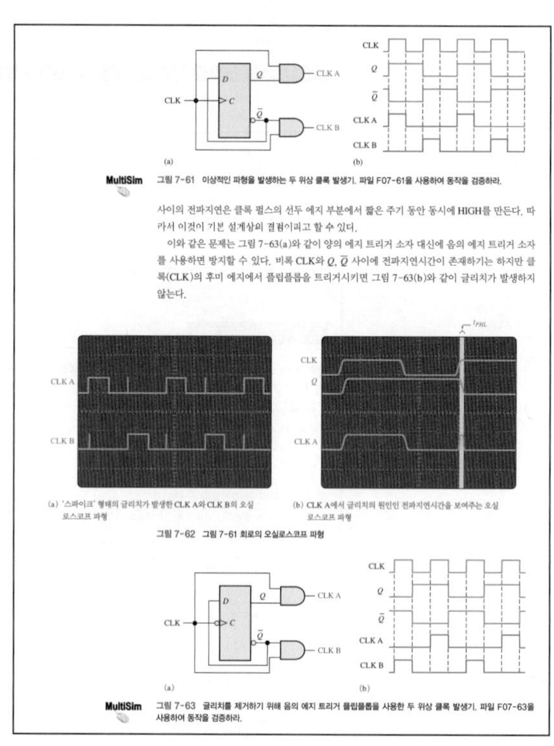

그림 7-61 이상적인 파형을 발생하는 두 위상 클록 발생기. 파일 F07-61을 사용하여 동작을 검증하라.

사이의 전파지연은 클록 펄스의 선두 에지 부분에서 짧은 주기 동안 동시에 HIGH를 만든다. 따라서 이것이 기본 설계상의 결점이라고 할 수 있다.

이와 같은 문제는 그림 7-63(a)와 같이 양의 에지 트리거 소자 대신에 음의 에지 트리거 소자를 사용하면 방지할 수 있다. 비록 CLK와 Q, $\overline{Q}$ 사이에 전파지연시간이 존재하기는 하지만 클록(CLK)의 후미 에지에서 플립플롭을 트리거시키면 그림 7-63(b)와 같이 글리치가 발생하지 않는다.

(a) '스파이크' 형태의 글리치가 발생한 CLK A와 CLK B의 오실로스코프 파형

(b) CLK A에서 글리치의 원인인 전파지연시간을 보여주는 오실로스코프 파형

그림 7-62 그림 7-61 회로의 오실로스코프 파형

그림 7-63 글리치를 제거하기 위해 음의 에지 트리거 플립플롭을 사용한 두 위상 클록 발생기. 파일 F07-63을 사용하여 동작을 검증하라.

그림 P-6

응용 논리 다수의 장의 끝부분에 수록되어 있으며 각 장에서 다룬 개념이나 과정에 대해 실제적인 응용에 대해 소개한다. 대부분의 장에서 회로의 해석, 고장 진단, 설계, VHDL 프로그래밍, 시뮬레이션이 구현된 '현실 세계'에서의 응용을 소개한다. 응용 논리의 일부는 그림 P-7과 같다.

장의 끝부분

다음과 같은 특징적인 내용이 각 장의 끝에 수록되어 있다.

- 요약
- 핵심용어 목록
- 참/거짓 퀴즈
- 자습문제
- 문제, 고장 진단, 응용 논리, 설계, Multisim 고장 진단 연습과 관련된 문제들
- 각 절의 복습문제의 정답
- 예제 관련 문제의 정답
- 참/거짓 퀴즈의 정답
- 자습문제의 정답

책의 끝부분

다음과 같은 특징적인 내용이 책의 끝에 수록되어 있다.

- 홀수 번호 문제에 대한 정답

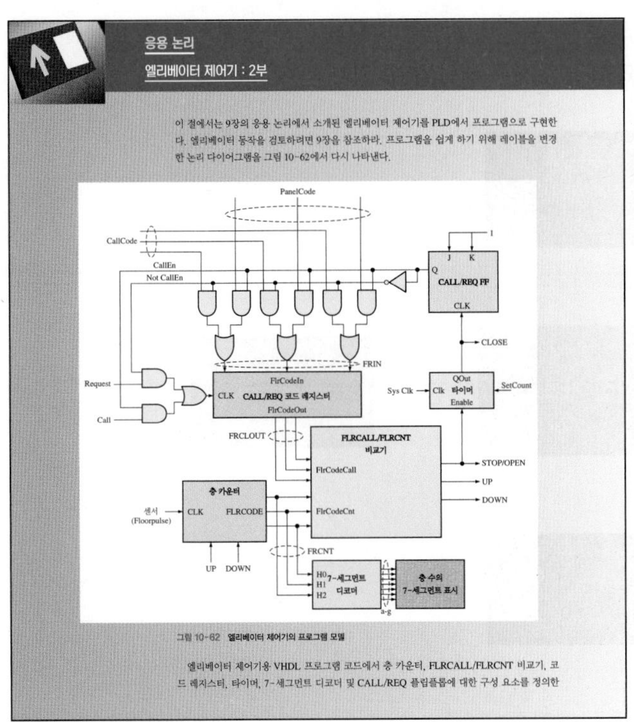

응용 논리

엘리베이터 제어기 : 2부

이 절에서는 9장의 응용 논리에서 소개된 엘리베이터 제어기를 PLD에서 프로그램으로 구현한다. 엘리베이터 동작을 검토하려면 9장을 참조하라. 프로그램을 쉽게 하기 위해 레이블을 변경한 논리 다이어그램을 그림 10-62에서 다시 나타낸다.

그림 10-62 엘리베이터 제어기의 프로그램 모델

엘리베이터 제어기용 VHDL 프로그램 코드에서 층 카운터, FLRCALL/FLRCNT 비교기, 코드 레지스터, 타이머, 7-세그먼트 디코더 및 CALL/REQ 플립플롭에 대한 구성 요소를 정의한

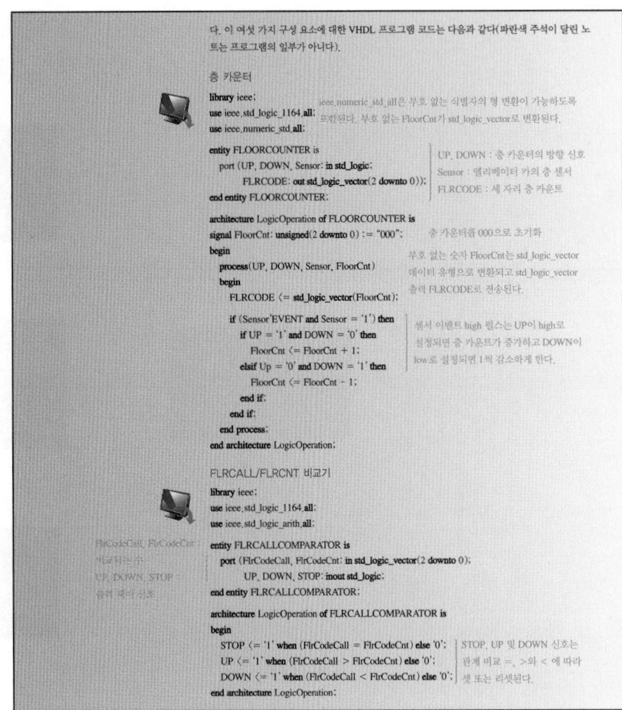

다. 이 여섯 가지 구성 요소에 대한 VHDL 프로그램 코드는 다음과 같다(파란색 주석이 달린 노트는 프로그램의 일부가 아니다).

층 카운터

```
library ieee;
use ieee.std_logic_1164.all;
use ieee.numeric_std.all;

entity FLOORCOUNTER is
  port (UP, DOWN, Sensor: in std_logic;
        FLRCODE: out std_logic_vector(2 downto 0));
end entity FLOORCOUNTER;

architecture LogicOperation of FLOORCOUNTER is
signal FloorCnt: unsigned(2 downto 0) := "000";
begin
  process(UP, DOWN, Sensor, FloorCnt)
  begin
    FLRCODE <= std_logic_vector(FloorCnt);

    if (Sensor'EVENT and Sensor = '1') then
      if UP = '1' and DOWN = '0' then
        FloorCnt <= FloorCnt + 1;
      elsif Up = '0' and DOWN = '1' then
        FloorCnt <= FloorCnt - 1;
      end if;
    end if;
  end process;
end architecture LogicOperation;
```

ieee.numeric_std.all은 부호 없는 식별자의 형 변환이 가능하도록 포함된다. 부호 없는 FloorCnt가 std_logic_vector로 변환된다.

UP, DOWN : 층 카운터의 방향 신호
Sensor : 엘리베이터 카의 층 센서
FLRCODE : 세 자리 층 카운트

층 카운터를 000으로 초기화

부호 없는 숫자 FloorCnt는 std_logic_vector 데이터 유형으로 변환되고 std_logic_vector 출력 FLRCODE로 전송된다.

센서 이벤트 high 펄스는 UP이 high로 설정되면 층 카운트가 증가하고 DOWN이 low로 설정되면 1씩 감소하게 한다.

FLRCALL/FLRCNT 비교기

```
library ieee;
use ieee.std_logic_1164.all;
use ieee.std_logic_arith.all;

entity FLRCALLCOMPARATOR is
  port (FlrCodeCall, FlrCodeCnt: in std_logic_vector(2 downto 0);
        UP, DOWN, STOP: inout std_logic;
end entity FLRCALLCOMPARATOR;

architecture LogicOperation of FLRCALLCOMPARATOR is
begin
  STOP <= '1' when (FlrCodeCall = FlrCodeCnt) else '0';
  UP <= '1' when (FlrCodeCall > FlrCodeCnt) else '0';
  DOWN <= '1' when (FlrCodeCall < FlrCodeCnt) else '0';
end architecture LogicOperation;
```

FlrCodeCall, FlrCodeCnt : 비교되는 수
UP, DOWN, STOP : 출력 제어 신호

STOP, UP 및 DOWN 신호는 관계 비교 =, >와 < 에 따라 셋 또는 리셋된다.

그림 P-7

- 용어해설
- 찾아보기

학생들에게

디지털 기술은 우리들 일상 생활의 거의 모든 부분에 스며들어 있다. 몇 가지만 예를 들면 휴대 전화를 비롯한 무선 통신 기기, TV, 라디오, 공정 제어, 자동차 관련 전자 장비, 가전제품, 항공 운항 등이 있다.

장래에 고도로 숙련된 직업을 가질 수 있기 위해서는 디지털 기술의 기초를 확실히 다져야 한다. 학생들이 지금 해야 하는 가장 중요한 것은 디지털 기술의 핵심 기초를 다지는 것이다. 그러면 어떤 분야로도 나아갈 수 있다.

또한 많은 응용에서 프로그램 가능한 논리가 중요하다. 따라서 이 책에서도 이런 주제를 다루었고 예제 프로그램들을 온라인 지침서와 함께 제공하였다. 또한 효율적인 고장 진단 기술도 현장에서 매우 필요로 하는 기술이다. 따라서 고장 진단과 시험 검사 방법으로 전통적인 방법에서부터 경계 스캔 방법과 같은 고급 기술까지를 다루었다.

교수자에게

일반적으로 시간상의 제약과 강좌에서 강조하고자 하는 것에 따라 강의할 내용이 결정된다. 따라서 교재의 일부 내용을 생략하거나 압축하거나 특정 주제의 순서를 바꾸는 것은 흔한 일이다. 이 교재는 특별히 교수자가 강의할 내용 선택에 융통성을 가질 수 있도록 구성하였다.

일부 주제들은 독립적인 장, 절 등으로 구성하여 강의에서 생략되더라도 무방하고, 포함되더라도 강의의 흐름에 전혀 지장이 없도록 하였다. 이 교재에서는 그림 P-8에 나타낸 바와 같이 디지털 교과목에 필수적인 핵심 기초 주제를 중심으로 하면서 다른 주제들도 포함하였다. 기타

의 주제들은 교과목에서의 강조점 또는 다른 기타 요인들에 의해 포함될 수도 있고 생략될 수도 있다. 또한 핵심 기초 주제 내에서도 특정 주제는 생략될 수 있다.

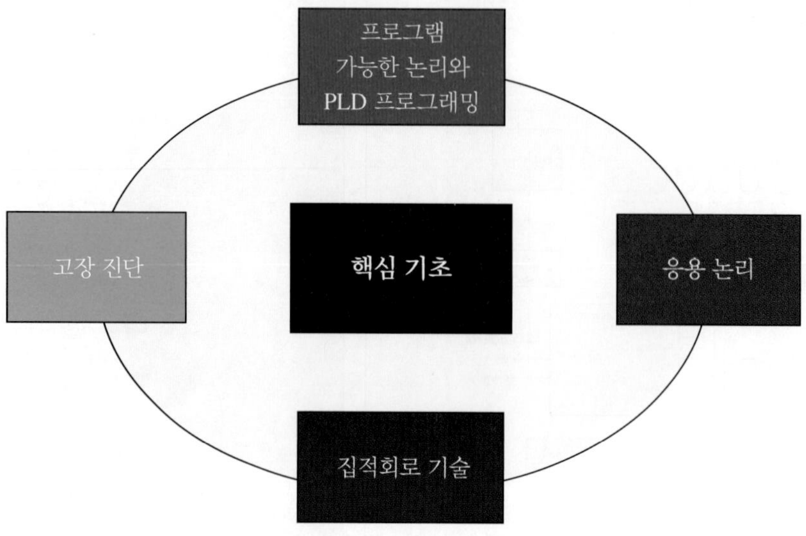

그림 P-8

- **핵심 기초** 디지털 기술의 기초 주제들은 모든 교과목에서 다루어야 한다. 이 핵심 기초와 연결된 다른 기타 주제들은 교과목의 목표에 따라 생략될 수도 있고 포함될 수도 있다. 이 교재에 소개한 모든 주제들은 디지털 기술에서 중요한 부분이지만 핵심 기초를 둘러싸고 있는 다른 주제들은 생략되어도 핵심 기초의 학습에 영향을 미치지 않는다.
- **프로그램 가능한 논리와 PLD 프로그래밍** 프로그램 가능한 논리와 VHDL은 중요한 주제이지만 생략될 수 있다. 하지만 가능한 한 이 주제를 다룰 것을 강력히 추천한다. 진행하는 교과목에 적합하다고 생각하는 만큼 다루는 것을 추천한다.
- **고장 진단** 다수의 장에서 고장 진단에 관한 절을 소개하였다. 이 절은 실험실에서 사용하는 계측기의 운용과 응용에 관한 내용을 다룬다.
- **응용 논리** 다수의 장에서 현실 세계에서 사용되는 응용 논리를 엄선하여 소개하였다.
- **집적회로 기술** 13장의 일부 또는 전체 주제는 디지털 집적회로를 구성하는 회로에 대해 심도 있게 논의하고자 하는 시점에 다루면 된다. 13장은 생략하여도 이 교재의 나머지 부분에 아무런 영향을 미치지 않는다.

요약 차례

차례

제3장 논리 게이트

제4장 불 대수와 논리 간략화

제5장 조합 논리의 해석

제6장 조합 논리의 기능

제7장 래치, 플립플롭, 타이머

제8장 시프트 레지스터

제9장 카운터

제10장 프로그램 가능한 논리

제11장 데이터 저장

제12장 신호 변환과 처리

제13장 집적회로 기술

CHAPTER 1

기본 개념

학습목차

1-1 디지털과 아날로그 양
1-2 2진수, 논리 레벨, 디지털 파형
1-3 기본 논리 함수
1-4 조합 논리 함수와 순차 논리 함수
1-5 프로그램 가능한 논리의 소개
1-6 고정 기능 논리 소자
1-7 테스트 및 계측 장비
1-8 고장 진단의 소개

학습목표

- 디지털과 아날로그 양 사이의 기본적인 차이를 설명한다.
- 디지털 양을 표현하는 데 전압이 어떻게 사용되는지를 보인다.
- 상승시간, 하강시간, 펄스 폭, 주파수, 주기 그리고 듀티 사이클과 같은 펄스 파형의 다양한 파라미터를 기술한다.
- NOT, AND, OR의 기본 논리 함수를 설명한다.
- 본보기 시스템에서 몇몇 종류의 논리 동작을 기술하고 그의 응용 사례를 설명한다.
- 프로그램 가능한 논리를 기술하고, 다양한 유형에 대하여 토론하며, PLD가 어떻게 프로그램되는지 기술한다.
- 복잡도와 회로의 패키징의 유형에 따른 고정 기능 디지털 집적회로를 확인한다.
- 집적회로 패키지에 있는 핀의 수를 확인한다.
- 여러 계측기를 알아보고 이들이 계측과 디지털 회로와 시스템의 고장 진단에 어떻게 사용되는지 이해한다.
- 기본 고장 진단 방법을 기술한다.

학습지원 웹사이트

http://www.pearsonglobaleditions.com/floyd

핵심용어

- 아날로그
- 디지털
- 2진
- 비트
- 펄스
- 듀티 사이클
- 클록
- 타이밍도
- 데이터
- 직렬
- 병렬
- 논리
- 입력
- 출력
- 게이트
- NOT
- 인버터
- AND
- OR
- 프로그램 가능한 논리
- SPLD
- CPLD
- FPGA
- 컴파일러
- 마이크로컨트롤러
- 임베디드 시스템
- 집적회로(IC)
- 고정 기능 논리
- 고장 진단

개요

디지털(digital)이란 용어는 디지트를 계산하여 동작이 수행되는 방식에서 유래되었다. 수년 동안 디지털 전자 기기의 응용은 컴퓨터 시스템에만 국한되어 있었다. 오늘날 디지털 기술은 컴퓨터 이외의 다양한 분야에 적용된다. 텔레비전, 통신 시스템, 레이더, 내비게이션 및 유도 시스템, 군용 시스템, 의료 기기, 산업 공정 제어 및 가전제품과 같은 응용분야에서 디지털 기술이 사용된다. 수년에 걸쳐 디지털 기술은 진공관 회로에서 개별 트랜지스터, 그리고 복잡한 집적회로로 진보하였는데, 그중 다수는 수백만 개의 트랜지스터를 포함하고, 또 그중의 다수는 프로그램 가능하다. 이 장은 여러분에게 디지털 전자공학을 소개하고 많은 중요한 개념, 요소, 도구들의 광범위한 개요를 소개한다.

1-1 디지털과 아날로그 양

전자회로는 크게 디지털과 아날로그의 두 가지 범주로 나눌 수 있다. 디지털 전자 장치는 불연속 값을 갖는 양을 다루고, 아날로그 전자 장치는 연속적인 값을 갖는 양을 다룬다. 이 책에서는 디지털의 기초를 공부할 것이지만 많은 응용 분야에서 모두 필요하므로 아날로그에 대해서도 알고 있어야 한다. 즉, 아날로그와 디지털 간의 인터페이스는 중요하다.

이 절의 학습내용

- 아날로그를 정의한다.
- 디지털을 정의한다.
- 디지털 양과 아날로그 양의 차이를 설명한다.
- 디지털이 아날로그에 대하여 가지는 장점을 설명한다.
- 디지털 및 아날로그 양이 전자제품에서 사용되는 예를 설명한다.

아날로그(analog)* 수량은 연속적인 값을 갖는다. **디지털**(digital) 수량은 이산값의 집합을 갖는다. 정량적으로 측정할 수 있는 대부분의 것들은 자연에서 아날로그 형태로 발생한다. 예를 들어, 대기 온도는 연속적인 값 범위에서 변한다. 하루 동안 온도는, 말하자면 화씨 70에서 71로 순간적으로 변하지는 않는다. 즉, 그 사이에 있는 무한한 모든 값을 취한다. 전형적인 여름날 온도를 그래프로 나타내면 그림 1-1의 곡선과 비슷한 부드럽고 연속적인 곡선을 얻는다. 아날로그 양의 다른 예로는 시간, 압력, 거리, 소리 등이 있다.

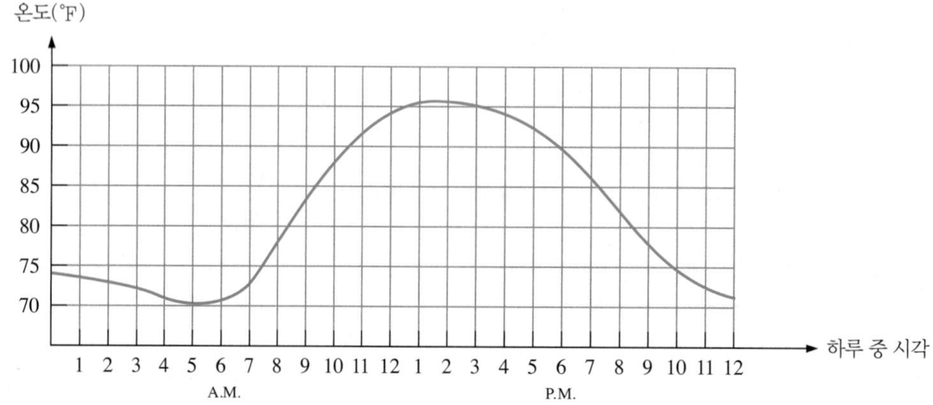

그림 1-1 아날로그 양의 그래프(온도 대 시간)

연속적인 방법으로 온도를 그래프로 표시하는 대신, 매 시간 온도를 읽어 가져온다고 가정하자. 이제 24시간 주기에서 이산화된 시간 점(매 시간)에서 온도의 표현값을 표본화한 것과 같으며, 이를 그림 1-2에 보였다.

각 샘플을 디지털 코드값으로 표현함으로써 아날로그 양을 디지털화할 수 있는 형식으로 효과적으로 변환하였다. 그림 1-2 자체는 아날로그 양의 디지털 표현이 아니라는 것을 이해하는 것이 중요하다.

---

* 모든 **볼드체** 용어는 중요하며 책 마지막 용어해설에 정의되어 있다. 파란색 **볼드체** 용어는 핵심용어로, 각 장의 끝부분에 있는 핵심용어에 포함되어 있다.

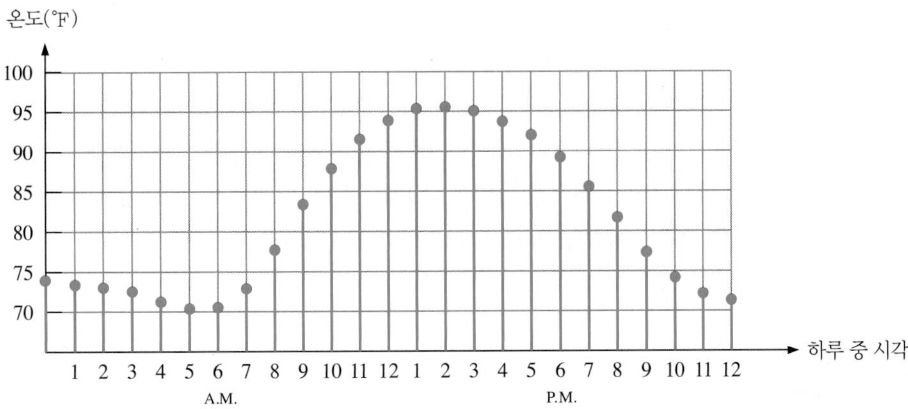

그림 1-2 그림 1-1의 아날로그 양의 표본값 표현(샘플링). 점으로 표현된 각 값은 일련의 1과 0으로 구성된 디지털 코드로 표현하여 디지털화할 수 있다.

디지털의 장점

디지털 표현은 전자 기기에서 아날로그 표현보다 몇 가지 장점이 있다. 첫째, 디지털 데이터는 아날로그 데이터보다 효율적이고 안정적으로 처리하고 전송할 수 있다. 또한 디지털 데이터는 저장이 필요할 때 큰 이점이 있다. 예를 들어, 디지털 형식으로 변환된 음악은 아날로그 형식일 때 가능한 것보다 더 조밀하게 저장할 수 있고 더 정확하고 선명하게 재생할 수 있다. 잡음(원하지 않는 전압 변동)은 아날로그 신호만큼 디지털 데이터에 영향을 미치지 않는다.

아날로그 시스템

많은 사람들이 들을 수 있도록 소리를 증폭시키는 데 사용되는 공중 방송 시스템은 아날로그 전자 응용의 간단한 한 예이다. 그림 1-3의 기본 다이어그램은 기본적으로 아날로그인 음파가 마이크에 의하여 포착되고, 오디오 신호라 불리는 작은 아날로그 전압으로 변환되는 것을 보여준다. 이 전압은 소리의 크기와 주파수가 연속적으로 변함에 따라 변화하고 선형 증폭기의 입력으로 인가된다. 입력 전압의 커진 재생판인 증폭기의 출력은 스피커로 간다. 스피커는 증폭된 오디오 신호를 다시 음파로 되돌리는데, 마이크에 포착된 원래의 음파보다는 훨씬 더 큰 음량을 가진다.

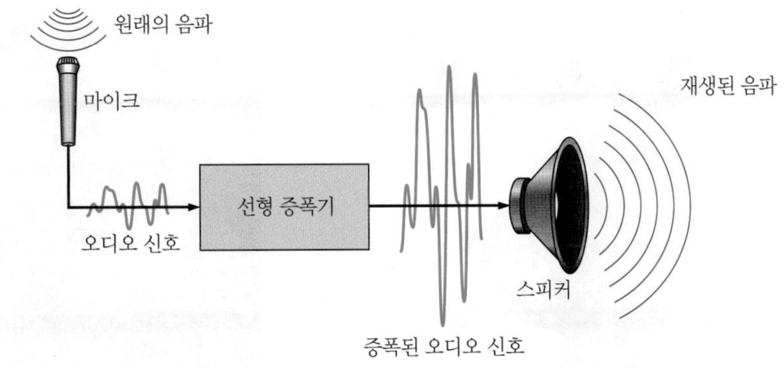

그림 1-3 공중 음성 방송의 기본 시스템

디지털과 아날로그 방식을 사용하는 시스템

컴팩트 디스크(CD) 플레이어는 디지털 회로와 아날로그 회로를 둘 다 사용하는 하나의 예다.

그림 1-4의 단순화된 블록도는 기본 원리를 보여준다. 디지털 형식의 음악은 컴팩트 디스크에 저장된다. 레이저 다이오드 광학 시스템이 회전하는 디스크로부터 디지털 데이터를 읽고 그것을 **디지털-아날로그 변환기**(digital-to-analog converter, DAC)로 전송한다. DAC는 디지털 데이터를 원래 음악의 전기적 재생 형태인 아날로그 신호로 변환한다. 이 신호는 증폭되어 스피커로 전송되어 사람들은 즐길 수 있다. 원래의 음악이 CD에 기록될 때에는 여기에 설명한 것의 역과정인, **아날로그-디지털 변환기**(analog-to-digital converter, ADC)가 사용된다.

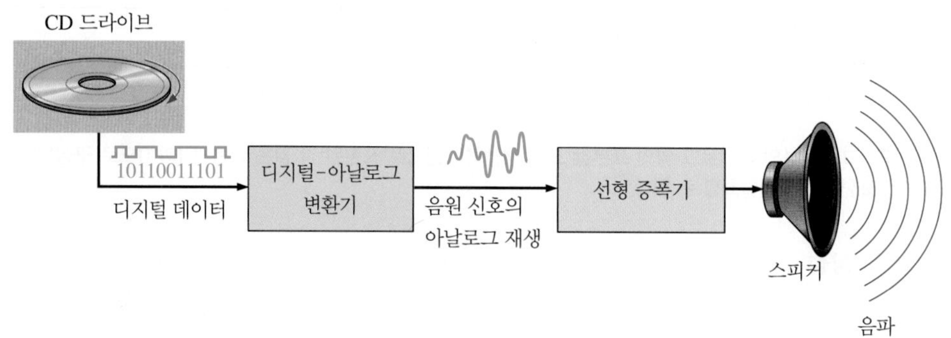

그림 1-4 CD 플레이어의 기본 블록도. 하나의 채널만을 보인다.

메카트로닉스

디지털과 아날로그 전자 장치 모두는 다양한 기계 시스템의 제어에 사용된다. 기계 및 전자 요소들로 이루어진 학제 간 분야는 **메카트로닉스**(mechatronics)라 한다.

메카트로닉 시스템은 주택, 산업 및 운송 분야에서 찾을 수 있다. 대부분의 가전제품은 기계 및 전자 부품으로 구성된다. 전자 장치는 물의 흐름, 온도, 사이클 유형에 따라 세탁기의 동작을 제어한다. 제조업은 공정 제어와 조립을 메카트로닉스에 크게 의존한다. 자동차와 여러 유형의 제조업에서 로봇 팔은 조립 라인에서 정밀 용접, 페인팅을 비롯한 여러 기능을 수행한다. 자동차는 그 자신이 메카트로닉 기계다. 즉, 차량 디지털 컴퓨터가 제동, 엔진의 매개변수, 연료 흐름, 안전 기능, 감시와 같은 기능들을 제어한다.

그림 1-5(a)는 메카트로닉 시스템의 기본 블록도이다. 간단한 로봇 팔을 그림 1-5(b)에 나타

(a) 메카트로닉 시스템 블록도 (b) 로봇 팔 (c) 자동차 조립 라인

그림 1-5 메카트로닉 시스템과 응용 예. (b) Beawolf/Fotolia, (c) Small Town Studio/Fotolia

냈으며, 자동차 조립 라인의 로봇 팔을 그림 1-5(c) 부분에서 나타냈다. 어느 사분면의 지정된 위치로의 이동은 마이크로컨트롤러와 같은 어떤 유형의 디지털 제어로 이루어진다.

복습문제 1-1

정답은 이 장의 끝에 있다.

1. 아날로그를 정의하라.
2. 디지털을 정의하라.
3. 디지털 양과 아날로그 양의 차이를 설명하라.
4. 아날로그 시스템과 디지털과 아날로그 둘 다의 조합인 시스템의 예를 들고, 전부 디지털인 시스템의 이름을 말하라.
5. 메카트로닉 시스템은 무엇으로 구성되는가?

1-2 2진수, 논리 레벨, 디지털 파형

디지털 전자공학은 2개의 상태만 가능한 회로와 시스템을 다룬다. 이 상태는 HIGH와 LOW의 두 가지 다른 전압 레벨로 표시된다. 두 상태는 전류 레벨, CD 또는 DVD 표면의 홈, 기타 등으로 표현될 수도 있다. 컴퓨터와 같은 디지털 시스템에서는 코드(code)라는 두 가지 상태의 조합이 숫자, 기호, 알파벳 문자 및 기타 유형의 정보를 나타내는 데 사용된다. 두 상태의 수 체계는 2진 또는 이진수(binary)라 하며, 두 수는 0과 1이다. 이진수 한 자리를 비트(bit)라 한다.

이 절의 학습내용

- 2진을 정의한다.
- 비트를 정의한다.
- 2진 체계에서 사용되는 비트들을 설명한다.
- 비트를 표현하는 데 전압 레벨이 어떻게 사용되는지 설명한다.
- 디지털 회로에서 전압 레벨이 어떻게 해석되는지 설명한다.
- 펄스의 일반적인 특성을 설명한다.
- 펄스의 진폭, 상승 시간, 하강 시간, 폭을 결정한다.
- 디지털 파형의 특성을 파악하고 기술한다.
- 타이밍도의 개념과 목적을 기술한다.
- 직렬과 병렬 데이터 전송을 설명하고 각각의 장점 및 단점을 기술한다.

2진 숫자

2진(binary) 체계의 두 숫자인 0과 1의 각각을 **비트**(bit)라 부르며, 이는 단어 *binary digit*의 축약형이다. 디지털 회로에서 다른 두 전압 레벨이 두 비트들을 표현하는 데 사용된다. 일반적으로 1은 더 높은 전압 레벨로 표시되며, 우리는 이를 HIGH라 부를 것이다. 그리고 0은 더 낮은 전압 레벨로 표현되며, 우리는 이를 LOW라 부를 것이다. 이는 **정논리**(positive logic)라 불리며, 책 전체에서 사용될 것이다.

정보노트

디지털 컴퓨터의 개념은 1830년대 조잡한 기계식 연산장치를 개발한 찰스 배비지까지 거슬러 갈 수 있다. 존 아타나소프는 1939년 전자식 처리를 디지털 컴퓨팅에 처음으로 응용하였다. 1946년, 에니악이라 불리는 전자식 디지털 컴퓨터가 진공관 회로를 사용하여 구현되었다. 그것은 방 하나 전체를 차지하였지만 휴대용 전자계산기의 연산 능력도 가지지 못하였다.

$$\text{HIGH} = 1 \text{ 그리고 } \text{LOW} = 0$$

1이 LOW로 표현되고 0이 HIGH로 표현되는 시스템은 부논리(negative logic)라 부른다.

코드(code)라고 하는 비트 그룹(1과 0의 조합)은 숫자, 문자, 기호, 명령, 주어진 응용에서 필요한 기타 사항을 표현하는 데 사용된다.

논리 레벨

1과 0을 표현하는 데 사용되는 전압을 논리 레벨(logic level)이라 한다. 이상적으로, 하나의 전압 레벨이 HIGH를 나타내고 다른 전압 레벨은 LOW를 나타낸다. 그러나 실제 디지털 회로에서, HIGH는 지정된 최솟값과 지정된 최댓값 사이의 어떤 전압도 될 수 있다. 마찬가지로, LOW는 지정된 최솟값과 지정된 최댓값 사이의 어떤 전압도 될 수 있다. 허용된 범위의 HIGH 레벨과 허용된 LOW 레벨 사이에 겹치는 부분이 있을 수는 없다.

그림 1-6은 디지털 회로의 LOW와 HIGH의 일반적인 범위를 보여준다. 변수 $V_{H(max)}$는 최대 HIGH 전압값을 나타내고, $V_{H(min)}$은 최소 HIGH 전압값을 나타낸다. 최대 LOW 전압값은 $V_{L(max)}$로, 최소 LOW 전압값은 $V_{L(min)}$으로 나타낸다. $V_{L(max)}$ 및 $V_{H(min)}$ 사이의 전압값은 적절한 동작을 위해 허용되지 않는다. 허용되지 않는 범위의 전압은 주어진 회로에 따라 HIGH 또는 LOW로 나타날 수 있다. 예를 들어, CMOS라고 하는 특정 유형의 디지털 회로 기술에서 HIGH 입력값은 2 V ~ 3.3 V 범위이고 LOW 입력값은 0 V ~ 0.8 V 범위일 수 있다. 만일 2.5 V의 전압이 인가되면, 회로는 그것을 HIGH 또는 이진수 1로 받아들일 것이다. 만일 0.5 V의 전압이 인가되면, 회로는 그것을 LOW 또는 이진수 0으로 받아들일 것이다. 이 유형의 회로에서, 0.8 V와 2 V 사이의 전압은 허용되지 않는다.

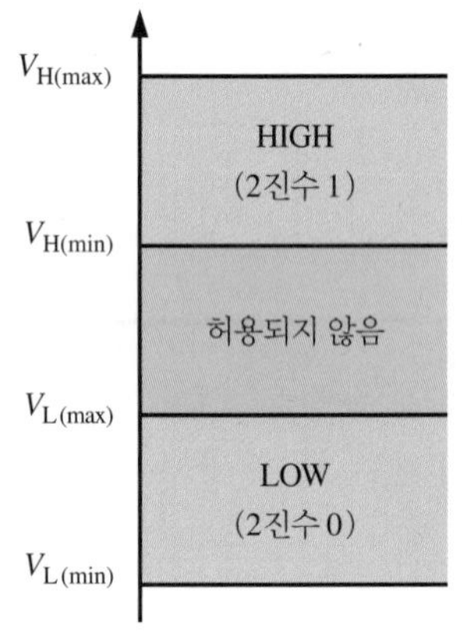

그림 1-6 디지털 회로에서 논리 레벨 전압 범위

디지털 파형

디지털 파형은 HIGH와 LOW 레벨 또는 상태 사이를 왔다 갔다 하는 전압 레벨로 이루어진다. 그림 1-7(a)는 전압(또는 전류)이 보통 LOW 레벨에 있다가 HIGH 레벨로 바뀌고 다시 LOW 레벨로 되돌아 갈 때 생성되는 단일 양의 진행 **펄스**(pulse)를 보인다. 그림 1-7(b)는 전압(또는 전류)이 보통 HIGH 레벨에 있다가 LOW 레벨로 바뀌고 다시 HIGH 레벨로 되돌아갈 때 생성되는 단일 음의 진행 펄스를 보인다. 디지털 파형은 일련의 펄스로 구성된다.

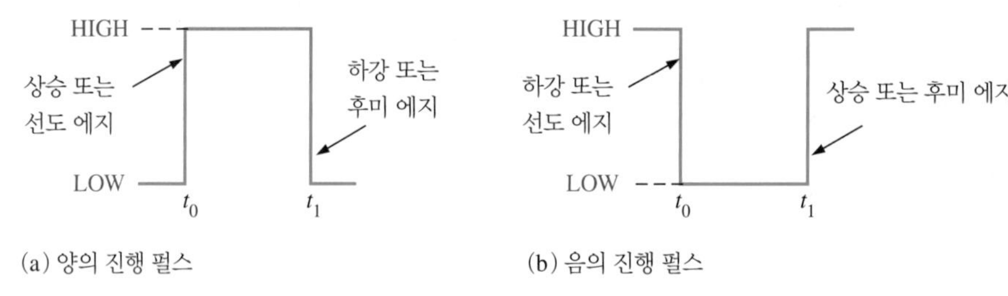

그림 1-7 이상적인 펄스

펄스

그림 1-7에서 볼 수 있듯이 펄스는 2개의 에지를 가지고 있다 즉, 먼저 시간 t_0에서 발생하는 **선도 에지**(leading edge)와 마지막에 시간 t_1에서 발생하는 후미 에지가 있다. 양의 진행 펄스의 경우, 선도 에지는 상승 에지이고 **후미 에지**(trailing edge)는 하강 에지이다. 그림 1-7의 펄스는 상승 에지와 하강 에지가 0의 시간에 (순간적으로) 변화한다고 가정하기 때문에 이상적이다. 대부

분의 디지털 작업에서 사람들은 이상적인 펄스를 가정할 수 있지만, 실제로는 이러한 천이가 즉시 발생하지 않는다.

그림 1-8은 비이상적인 펄스를 보여준다. 실제로, 모든 펄스는 이러한 특성의 일부 혹은 전부를 보인다. 오버슈트(overshoot)와 링잉(ringing)은 때때로 부유 유도성 및 용량성 효과에 의하여 생성된다. 드룹(droop)은 부유 용량과 회로 저항으로 인하여 형성되는 낮은 시정수(time constant)의 RC 회로에 의하여 발생할 수 있다.

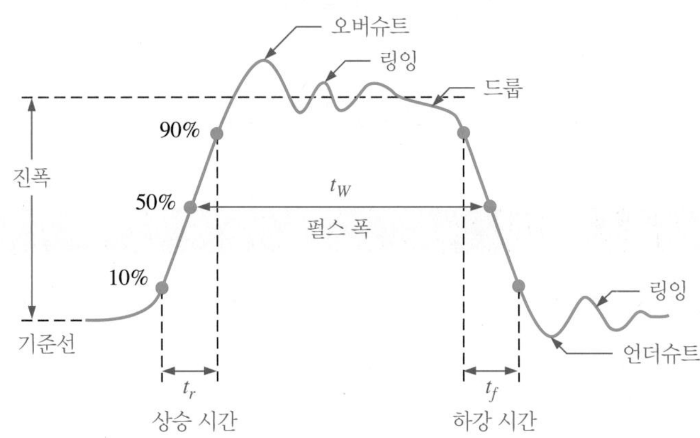

그림 1-8 비이상적인 펄스 특성

펄스가 LOW 레벨에서 HIGH 레벨로 가는 데 필요한 시간을 **상승 시간**(rise time, t_r), HIGH 레벨에서 LOW 레벨로 천이하는 데 필요한 시간을 **하강 시간**(fall time, t_f)이라고 한다. 실제로는 그림 1-8에 표시된 것처럼 상승 시간은 펄스 **진폭**(amplitude)(기준부터 높이)의 10%에서부터 펄스 진폭의 90%까지 측정하고 하강 시간은 진폭의 90%에서 10%까지 측정하는 것이 일반적이다. 펄스의 바닥 10%와 정상 10%는 이 영역 파형의 비선형성으로 인하여 상승과 하강 시간에 포함되지 않는다. **펄스 폭**(pulse width, t_W)은 펄스 지속 시간의 측정값이며, 그림 1-8에 보였듯이 상승과 하강 에지의 50% 지점 사이의 시간 간격으로 종종 정의된다.

파형 특성

디지털 시스템에서 발생하는 대부분의 파형은 때때로 **펄스 열**(pulse train)이라 불리는, 일련의 펄스로 구성되며 주기적 또는 비주기적으로 분류될 수 있다. **주기적**(periodic)인 펄스 파형은 **주기**(period, T)라 불리는 일정한 간격으로 파형을 반복한다. **주파수**(frequency, f)는 반복되는 속도이며 헤르츠(Hz) 단위로 측정된다. 비주기적 펄스 파형은 물론 일정한 간격으로 반복하지 않으며 무작위로 다른 펄스 폭 및/또는 무작위로 다른 펄스 간 시간 간격을 가지는 펄스들로 구성될 수 있다. 그림 1-9는 각 유형의 예를 나타낸다.

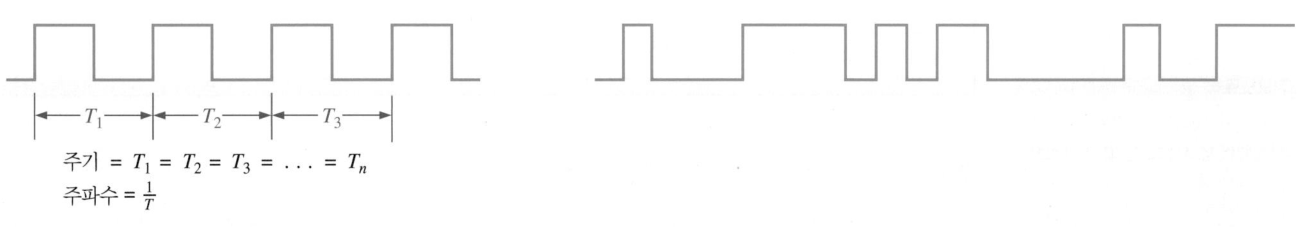

그림 1-9 디지털 파형의 예

펄스 (디지털) 파형의 주파수(f)는 주기의 역수이다. 주파수와 주기의 관계는 다음과 같이 표현된다.

$$f = \frac{1}{T} \quad \text{식 1-1}$$

$$T = \frac{1}{f} \quad \text{식 1-2}$$

주기적 디지털 파형의 중요한 특성은 **듀티 사이클**(duty cycle)인데, 이는 펄스 폭(t_W) 대 주기(T)의 비율이다. 이는 백분율로 표시되기도 한다.

$$\textbf{듀티 사이클} = \left(\frac{t_W}{T}\right)100\% \quad \text{식 1-3}$$

예제 1-1

주기적인 디지털 파형의 일부를 그림 1-10에 보였다. 측정값은 밀리 초 단위이다. 다음을 결정하라.

(a) 주기 **(b)** 주파수 **(c)** 듀티 사이클

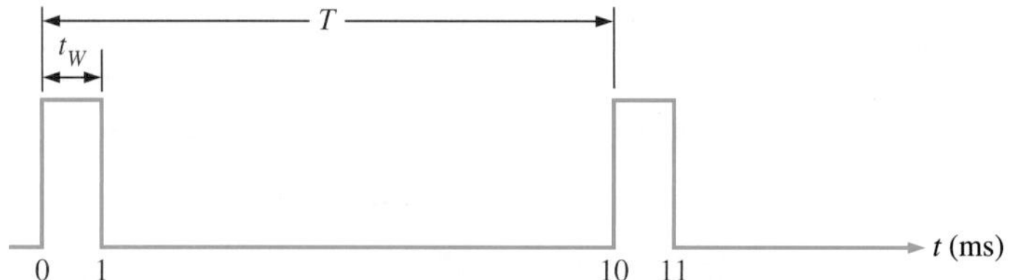

그림 1-10

풀이

(a) 주기(T)는 하나의 펄스 에지로부터 대응되는 다음 펄스의 에지까지 측정한 값이다. 이 경우 T는 그림에서 보이는 것과 같이 선도 에지에서 선도 에지까지 측정된다. T는 **10ms**이다.

(b) $f = \dfrac{1}{T} = \dfrac{1}{10\text{ ms}} = \mathbf{100\text{ Hz}}$

(c) 듀티 사이클 $= \left(\dfrac{t_W}{T}\right)100\% = \left(\dfrac{1\text{ ms}}{10\text{ ms}}\right)100\% = \mathbf{10\%}$

관련 문제*

주기적 디지털 파형에서 펄스 폭이 25 μs 그리고 주기가 150 μs이다. 주파수와 듀티 사이클을 결정하라.

* 정답은 이 장의 끝에 있다.

정보노트

컴퓨터가 동작할 수 있는 속도는 시스템에서 사용되는 마이크로프로세서의 종류에 따라 결정된다. 컴퓨터의 속도 사양, 예를 들어 3.5 GHz는 마이크로프로세서가 동작할 수 있는 최대의 클록 주파수이다.

2진 정보를 전달하는 디지털 파형

디지털 시스템에서 다루어지는 2진 정보는 비트의 열을 표현하는 파형으로 표현된다. 파형이 HIGH일 때 이진수 1이 있는 것이고, 파형이 LOW일 때 이진수 0이 있는 것이다. 시퀀스의 각 비트는 **비트 시간**(bit time)이라 부르는 정의된 시간 구간을 점유한다.

클록

디지털 시스템에서 모든 파형은 **클록**(clock)이라 불리는 기본 타이밍 파형과 동기화된다. 클록은 주기적 파형이며, 펄스 사이의 간격(주기)이 한 비트의 시간과 같다.

클록 파형의 한 예를 그림 1-11에 보였다. 이 경우 파형 A의 레벨 변화는 클록 파형의 선도 에지에서 발생함에 유의하라. 경우에 따라 클록의 후미 에지에서 레벨의 변화가 있기도 한다. 클록의 각 비트 시간 동안 파형 *A*는 HIGH 또는 LOW이다. 이들 HIGH와 LOW는 표시된 것처럼 비트 열을 표현한다. 여러 비트들의 그룹은 숫자 또는 문자 같은 2진 정보를 포함할 수 있다. 클록 파형 자체는 정보를 전달하지 않는다.

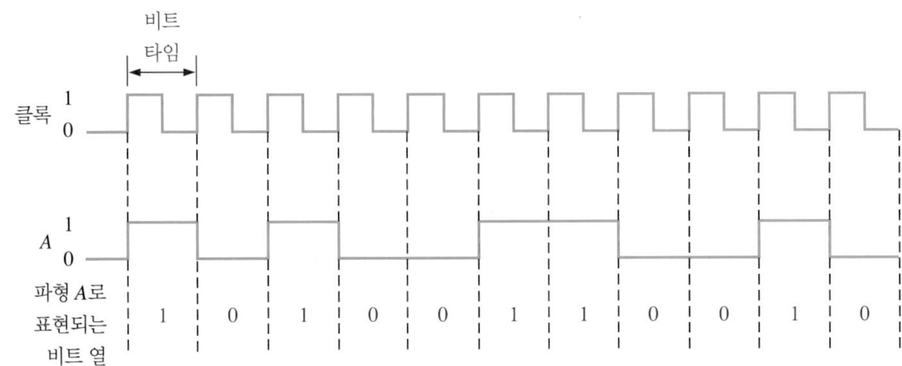

그림 1-11 비트 열을 표현한 파형과 동기화된 클록 파형의 예

타이밍도

타이밍도(timing diagram)는 2개 또는 이상의 파형들의 실제 시간 관계를 보여주는 디지털 파형의 그래프이며 각 파형이 다른 것들과 어떤 관계를 가지고 변하는지를 보여준다. 타이밍도를 보면, 특정 시점에서 모든 파형의 상태(HIGH 또는 LOW)와 다른 파형들과 관련하여 한 파형이 상태를 바꾸는 정확한 시간을 결정할 수 있다. 그림 1-12는 4개로 구성된 타이밍도의 예이다. 이 타이밍도로부터, 예를 들어 3개의 파형 *A*, *B*, *C*가 비트 시간 7(음영 영역) 동안만 HIGH이고 비트 시간 7의 끝에서 모두 LOW로 되돌아감을 볼 수 있다.

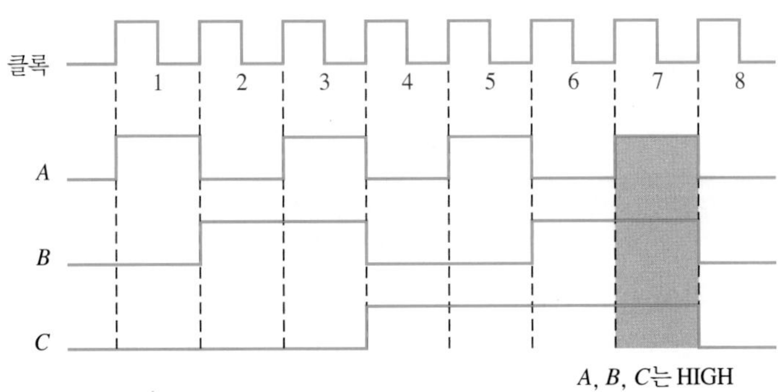

그림 1-12 타이밍도의 예

데이터 전송

데이터(data)는 특정 유형의 정보를 전달하는 비트 그룹을 말한다. 디지털 파형으로 표현되는 2진 데이터는 주어진 목적을 수행하기 위하여, 디지털 시스템 내에서 한 장치에서 다른 장치로 또는 한 시스템에서 다른 시스템으로 전송되어야 한다. 예를 들어, 컴퓨터의 메모리에 2진 형식으로

> **정보노트**
>
> 범용직렬버스(USB)는 장치 인터페이스를 위한 직렬 버스 표준이다. 원래는 개인용 컴퓨터를 위하여 개발되었으나 많은 종류의 휴대용 그리고 모바일 장치에 광범위하게 사용되고 있다. USB는 다른 직렬 및 병렬 포트를 대치할 것이라고 예상된다. USB는 1995년 처음 소개되었을 때 12 Mbps(million bits per second)로 동작하였다. 그러나 지금은 5 Gbps까지의 전송 속도를 제공한다.

저장된 숫자는 덧셈을 위하여 컴퓨터의 중앙처리장치로 전송되어야 한다. 그런 다음 덧셈의 합은 표현을 위해 모니터로 전송되거나 다시 메모리로 전송되어야 한다. 그림 1-13에서 볼 수 있듯이 2진 데이터는 직렬 또는 병렬의 두 가지 방법으로 전송된다.

비트가 한 지점에서 다른 지점으로 **직렬**(serial) 형태로 전송되면 그림 1-13(a)에 보였듯이 단일 선로를 따라 한 시점에 한 비트가 보내진다. t_0에서 t_1까지 시간 간격 동안 첫 비트가 전송된다. t_1에서 t_2 시간 간격 동안 두 번째 비트가 전송되고, 이런 식으로 전송이 계속 진행된다. 직렬로 8비트를 전송하기 위하여 8개의 시간 간격이 필요하다.

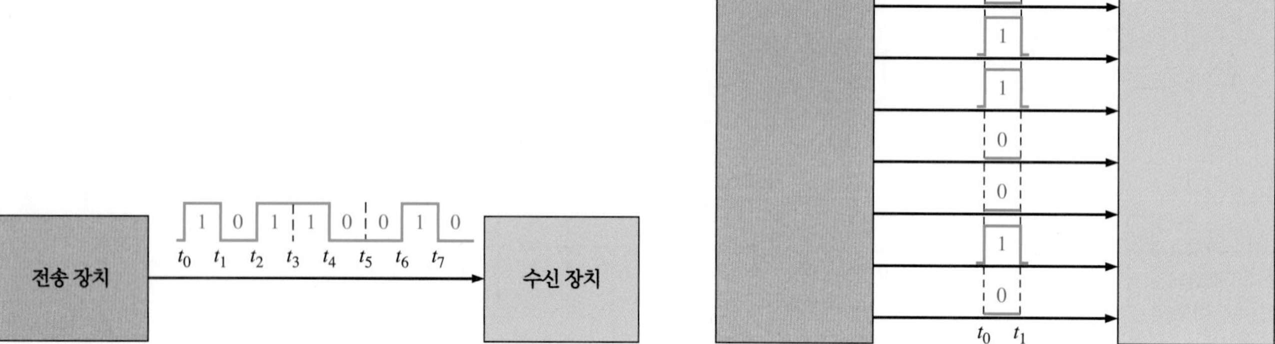

(a) 8비트 2진 데이터의 직렬 전송. 구간 t_0에서 t_1이 먼저다.

(b) 8비트 2진 데이터의 병렬 전송. 시작 시간은 t_0다.

그림 1-13 2진 데이터의 직렬과 병렬 전송 그림. 데이터 라인만 표시하였다.

비트가 **병렬**(parallel) 형태로 전송되면 그룹의 모든 비트가 동일한 시간에 별개 라인으로 보내진다. 8비트가 전송되고 있는 그림 1-13(b)의 예처럼, 각 비트에 하나의 라인이 있다. 8비트를 병렬로 전송하기 위해 하나의 시간 간격이 필요한데, 직렬 전송의 8개 시간 간격과 비교된다.

요약하면, 2진 데이터의 직렬 전송의 장점은 하나의 최소 라인만 필요하다는 것이다. 병렬 전송에서는 한 시점에서 전송될 비트의 수와 같은 라인의 수가 필요하다. 직렬 전송의 단점은 동일한 클록 주파수에서 주어진 비트들을 전송하는 데 병렬 전송보다 시간이 더 많이 걸린다는 것이다. 예로 1 μs에 한 비트가 전송될 수 있다면, 8비트를 직렬로 전송하는 데 8 μs가 걸리지만 8비트 병렬 전송에는 1 μs만 걸린다. 병렬 전송의 단점은 직렬 전송에 비하여 더 많은 라인을 필요로 하는 것이다.

예제 1-2

(a) 그림 1-14의 파형 *A*에 포함된 8비트를 직렬로 전송하는 데 필요한 총시간을 결정하고, 비트 열의 순서를 표시하라. 가장 왼쪽에 있는 비트가 맨 처음 전송된다. 기준으로 1 MHz의 클록이 사용된다.

(b) 동일한 8비트를 병렬로 전송하는 총시간은 얼마인가?

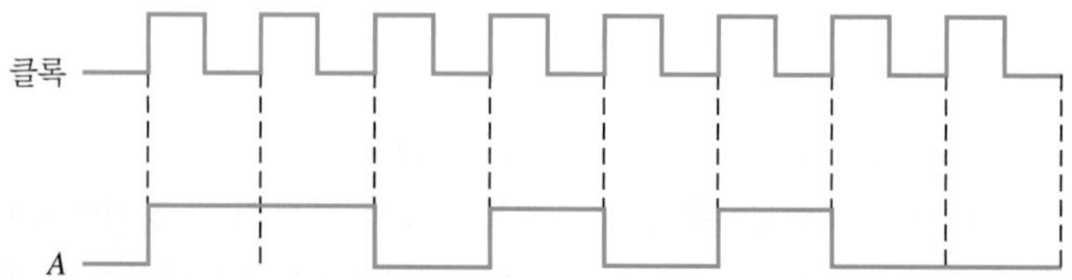

그림 1-14

풀이

(a) 클록의 주파수가 1 MHz이므로, 주기는 다음과 같다.

$$T = \frac{1}{f} = \frac{1}{1\text{ MHz}} = 1\ \mu\text{s}$$

파형에 있는 각 비트를 전송하는 데 1 μs가 걸린다. 8비트를 위한 전체 전송 시간은 다음과 같다.

$$8 \times 1\ \mu\text{s} = \mathbf{8\ \mu s}$$

비트의 순서를 결정하기 위하여, 그림 1-14에서 각 비트 시간 동안의 파형을 조사한다. 비트 시간 동안 파형 *A*가 HIGH이면, 1이 전송된다. 만일 비트 시간 동안 파형 *A*가 LOW이면, 0이 전송된다. 그림 1-15에 비트열을 보였다. 가장 왼쪽에 있는 비트가 맨 처음 전송된다.

그림 1-15

(b) 병렬 전송은 모든 8비트를 전송하는 데 **1 μs**가 걸린다.

관련 문제

2진 데이터가 USB를 통해 480 Mbps(million bits per second)의 속도로 전송된다면, 16비트를 직렬로 전송하는 데 얼마나 걸리는가?

복습문제 1-2

1. 2진을 정의하라.
2. 비트의 의미는 무엇인가?
3. 2진 체계에서 비트들은 무엇인가?
4. 측정된 펄스의 상승 시간과 하강 시간은 어떤 것인가?
5. 파형의 주기를 안다면, 주파수는 어떻게 찾는가?
6. 클록 파형이 무엇인지 설명하라.
7. 타이밍도의 목적은 무엇인가?
8. 2진 데이터의 직렬 전송에 비하여 병렬 전송이 갖는 주된 장점은 무엇인가?

1-3 기본 논리 함수

기본적인 형태에서, 논리란 특정 조건이 참이면 특정 명제(선언문)가 참이라는 것을 알려주는 인간 추론의 영역이다. 명제는 참과 거짓으로 분류된다. 일상생활에서 마주치는 많은 상황과 과정들은 명제의 또는 논리의 함수 형태로 표현될 수 있다. 그러한 함수들은 참/거짓 또는 예/아니요의 진술이므로, 두 상태의 특성을 가지는 디지털 회로로 적용 가능하다.

이 절의 학습내용

- 세 가지 기본 논리 함수를 나열한다.
- NOT 함수를 정의한다.
- AND 함수를 정의한다.
- OR 함수를 정의한다.

몇 가지 명제들이 결합되면 명제의, 또는 논리의 함수를 형성한다. 예를 들어, 명제 문장 “불이 켜져 있다.”는 만일 “전구가 타지 않았다.”가 참이고 “스위치가 켜져 있다.”가 참이면 참이 될 것이다. 따라서 이러한 논리 문장은 다음과 같이 만들어질 수 있다 : 불은 전구가 타지 않고 스위치가 켜져 있어야만 켜져 있다. 이 예에서 첫 번째 문장은 마지막 두 문장이 참이 되어야만 참이다. 그러면 첫 문장(“불이 켜져 있다.”)은 기본 명제이고, 다른 두 문장은 명제가 의존하는 조건들이다.

1850년대에 아일랜드의 논리학자이자 수학자인 조지 불은 문제가 작성될 수 있으며 일반 대수와 유사한 방법으로 해법을 찾을 수 있도록 논리 문장을 기호들로 수식화하는 수학적 체계를 개발하였다. 오늘날 알려진 것과 같이 불 대수는 디지털 시스템의 설계와 분석에 응용된다. 불 대수는 4장에서 자세히 다룬다.

논리(logic)라는 용어는 논리 기능을 구현하는 데 사용되는 디지털 회로를 의미한다. 몇 종류의 디지털 논리 **회로**(circuit)는 컴퓨터와 같은 복잡한 디지털 시스템을 구성하는 기본 원소이다. 이제 우리는 이러한 원소들을 살펴보고 그 기능을 매우 일반적인 방식으로 논의할 것이다. 다음 장들부터 이러한 회로들에 대해 자세히 설명한다.

세 가지 기본 논리 함수(NOT, AND, OR)는 그림 1-16의 독특한 형태를 가지는 표준 기호로 표시된다. 이들 논리 함수의 또 다른 표준 기호는 3장에서 소개된다. 각 기호에 연결된 선들은 **입력**(input)과 **출력**(output)이다. 입력은 각 기호의 왼쪽에 있고 출력은 오른쪽에 있다. 지정된 논리 함수(AND, OR)를 수행하는 회로를 논리 **게이트**(gate)라고 한다. AND와 OR 게이트는 그림에서 점선으로 표시된 것처럼 여러 개의 입력을 가질 수 있다.

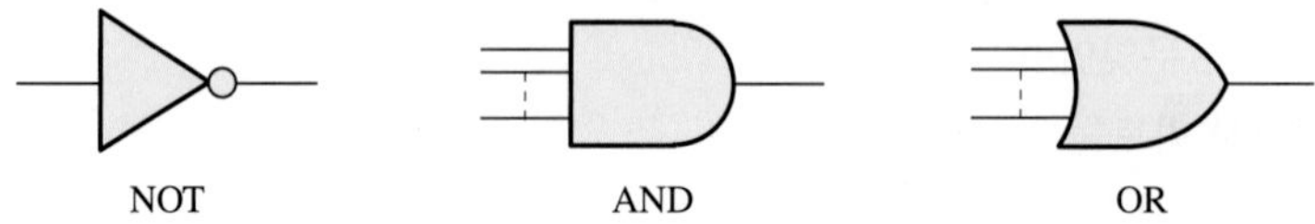

그림 1-16 기본적인 논리 함수와 기호

논리 함수에서, 앞서 언급된 참/거짓의 조건은 HIGH(참)와 LOW(거짓)로 표시된다. 세 가지 기본 논리 함수의 각각은 주어진 조건에서 고유한 반응을 생성한다.

NOT

NOT 함수는 그림 1-17에서 보였듯이 하나의 논리 레벨에서 반대의 논리 레벨로 변경한다. 입력이 HIGH(1)이면, 출력은 LOW(0)이다. 입력이 LOW일 때, 출력은 HIGH이다. 두 경우 모두 출력은 입력과 동일하지 않다. NOT 함수는 **인버터**(inverter, 반전기)로 알려진 논리회로에 의해 구현된다.

HIGH (1) → LOW (0)   LOW (0) → HIGH (1)

그림 1-17 NOT 함수

AND

AND 함수는 두 입력의 경우 그림 1-18과 같이 모든 입력이 HIGH인 경우에만 HIGH 출력을 생성한다. 한 입력이 HIGH이고(and) 다른 입력이 HIGH인 경우, 출력이 HIGH이다. 일부 또는 모든 입력이 LOW일 때, 출력은 LOW이다. AND 함수는 AND 게이트로 알려진 논리회로로 구현된다.

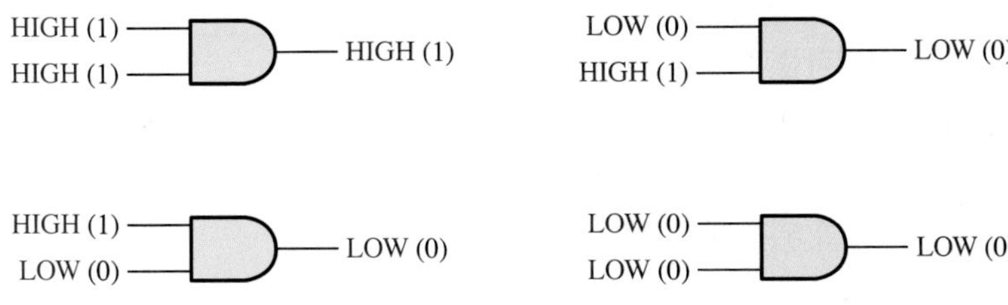

그림 1-18 AND 함수

OR

OR 함수는 두 입력의 경우 그림 1-19와 같이 하나 이상의 입력이 HIGH일 때, HIGH 출력을 생성한다. 한 입력이 HIGH이거나(or) 다른 입력이 HIGH 또는(or) 두 입력 모두 HIGH일 때, 출력이 HIGH이다. 두 입력이 모두 LOW일 때, 출력은 LOW이다. OR 함수는 OR 게이트(gate)로 알려진 논리회로로 구현된다.

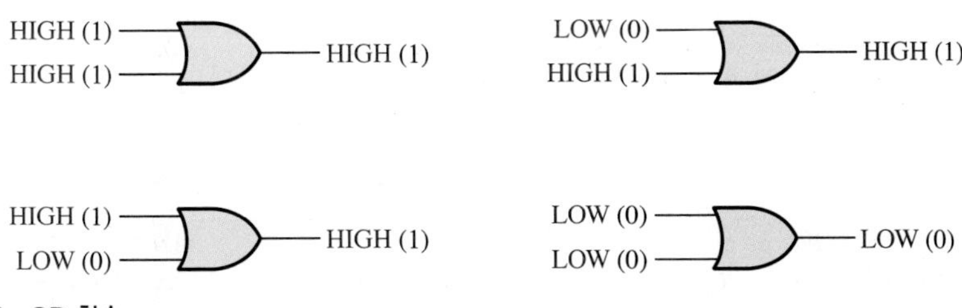

그림 1-19 OR 함수

복습문제 1-3

1. NOT 함수는 언제 HIGH 출력을 생성하는가?
2. AND 함수는 언제 HIGH 출력을 생성하는가?
3. OR 함수는 언제 HIGH 출력을 생성하는가?
4. 인버터란 무엇인가?
5. 논리 게이트란 무엇인가?

1-4 조합 논리 함수와 순차 논리 함수

세 가지 기본 논리 함수 AND, OR, NOT을 결합하여 비교, 연산, 코드 변환, 인코딩, 디코딩, 데이터 선택, 계수 및 저장과 같은 다양한 다른 형태의 더 복잡한 논리 함수를 만들 수 있다. 디지털 시스템은 지정된 동작을 수행하거나 정의된 출력을 생성하기 위하여 연결된 개별 논리 함수의 배열이다. 이 절에서는 중요한 논리 함수의 개요를 제공하고 이들이 특정 시스템에서 어떻게 사용되는지 보여준다.

이 절의 학습내용

- 여러 유형의 논리 함수를 나열한다.
- 네 가지 산술 함수를 나열하고 비교한다.
- 코드 변환, 인코딩 및 디코딩을 설명한다.
- 멀티플렉싱과 디멀티플렉싱을 설명한다.
- 계수 기능을 설명한다.
- 저상 기능을 설명한다.
- 정제-병입 시스템의 동작을 설명한다.

비교 함수

크기(magnitude) 비교는 6장에서 다루게 될 **비교기**(comparator)라 불리는 논리회로에 의해 수행된다. 비교기는 2개의 양을 비교하고 2개가 동일한지의 여부를 표시한다. 예를 들어, 2개의 숫자가 있고 이들이 같은지 다른지, 그리고 같지 않다면 어느 것이 더 큰가를 알고 싶다고 가정하자. 그림 1-20에 비교 함수를 보였다. 이진 형식의 하나의 숫자(논리 레벨로 표시)가 입력 A에 인가되고, 이진 형태의 다른 숫자(논리 레벨로 표시)가 입력 B에 인가된다. 적절한 출력 라인에서 출력은 HIGH 레벨을 생성함으로써 두 숫자의 관계를 표현한다. 숫자 2의 이진 표현이 입력 A에 그리고 숫자 5의 표현이 입력 B에 인가된다고 가정하자(숫자와 기호의 2진 표현은 2장에서 다룬다). HIGH 레벨의 출력이 $A < B$ (A가 B보다 작다) 출력에 나타나며, 이는 두 숫자 간의 관계(2가 5보다 작음)를 나타낸다. 넓은 화살표는 비트들이 전송되는 병렬 그룹을 나타낸다.

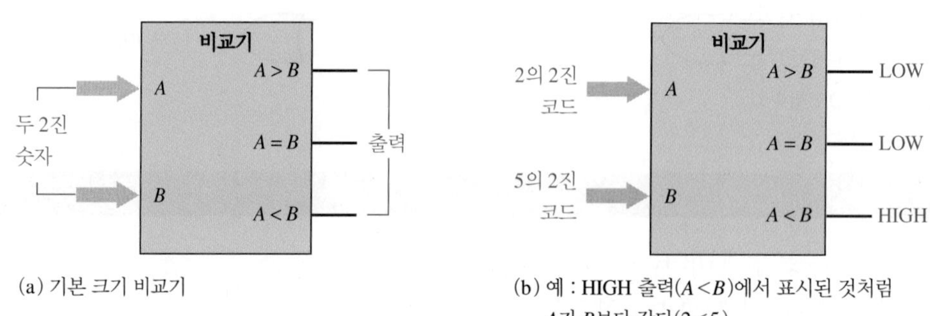

(a) 기본 크기 비교기

(b) 예 : HIGH 출력($A < B$)에서 표시된 것처럼 A가 B보다 작다($2 < 5$).

그림 1-20 비교 함수

산술 함수

덧셈

더하기는 6장에서 다루는 **가산기**(adder)라고 하는 논리회로에 의해 수행된다. 가산기는 두 2진수(캐리 입력 C_{in}과 함께 입력 A와 B가 있음)를 더하여 그림 1-21(a)에 보인 것처럼 합(Σ)과 캐리 출력(C_{out})을 생성한다. 그림 1-21(b)는 3과 9의 합을 보인다. 합계는 12이다. 가산기는 합계 출력에서 2, 캐리 출력에서 1을 생성함으로써 이 결과를 보여준다. 이 예제에서 캐리 입력은 0이다.

> **정보노트**
>
> 마이크로프로세서에서 산술-논리 장치(ALU)는 일련의 명령에 의하여 디지털 데이터의 논리 연산뿐 아니라 더하기, 빼기, 곱하기 및 나누기를 수행한다.

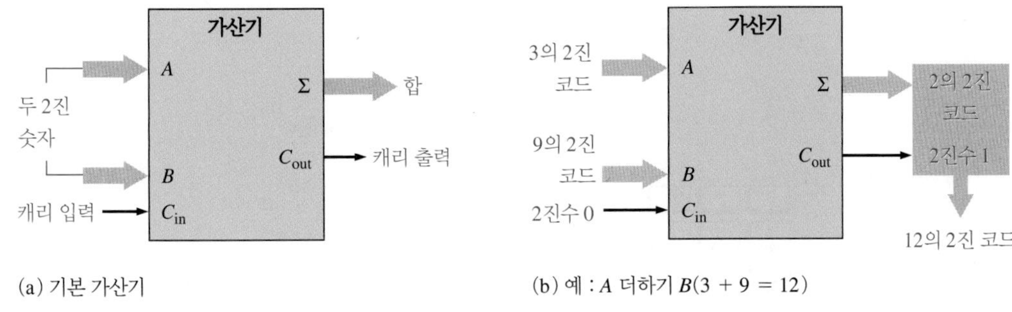

(a) 기본 가산기

(b) 예 : A 더하기 B(3 + 9 = 12)

그림 1-21 덧셈 함수

뺄셈

뺄셈도 역시 논리회로에 의하여 수행된다. **감산기**(subtracter)에는 뺄셈이 수행되는 2개의 숫자와 차용(borrow)의 세 입력이 필요하다. 두 출력은 두 수의 차와 빌려오기 출력이다. 예를 들어, 빌려오기 없이 8에서 5를 뺀 경우, 차는 3이고 빌려오기는 없다. 뺄셈은 단순히 덧셈의 특별한 경우이므로 2장에서 뺄셈이 실제 가산기로 어떻게 수행될 수 있는지 볼 것이다.

곱셈

곱셈은 곱셈기(multiplier)라 하는 논리회로에 의하여 수행된다. 숫자는 항상 한 번에 2개씩 곱해지므로 2개의 입력이 필요하다. 곱셈기의 출력은 곱이다. 곱셈은 부분 곱의 위치 이동을 동반한 일련의 합이기 때문에 곱셈은 다른 회로와 결합된 가산기를 사용하여 수행될 수 있다.

나눗셈

나눗셈은 일련의 뺄셈, 비교, 그리고 이동(shift)으로 수행될 수 있으므로, 다른 논리회로와 결합된 가산기를 사용하여 수행될 수 있다. 나눗셈 연산기에는 2개의 입력이 필요하고 생성되는 출력은 몫과 나머지이다.

코드 변환 함수

코드(code)는 고유한 패턴으로 배열된 비트들의 집합이며 지정된 정보를 표현하는 데 사용된다. 코드 변환기는 코딩된 정보를 다른 형태의 코드로 변환한다. 이러한 예로 2진 부호를 2진화 10진수(BCD) 또는 그레이(Gray) 부호와 같은 다른 부호로 변환하는 것이 있다. 다양한 유형의 코드는 2장에서 다루고 코드 변환기는 6장에서 다룬다.

인코딩 함수

인코딩 함수는 6장에서 다루게 될 **인코더**(encoder)라 불리는 논리회로에서 수행된다. 인코더는 10진수 또는 알파벳 문자와 같은 정보를 어떤 코딩된 형태로 변환한다. 예를 들어, 특정 유형의 인코더는 0에서부터 9까지의 10진수를 2진 부호로 변환한다. 특정 10진수에 해당하는 입력의 HIGH 레벨은 출력 라인에서 적절한 2진 코드를 표현하는 논리 레벨을 생성한다.

그림 1-22는 계산기 키의 눌림을 계산기 회로에서 처리될 수 있는 2진 코드로 변환하는 데 사용되는 인코더의 간단한 그림이다.

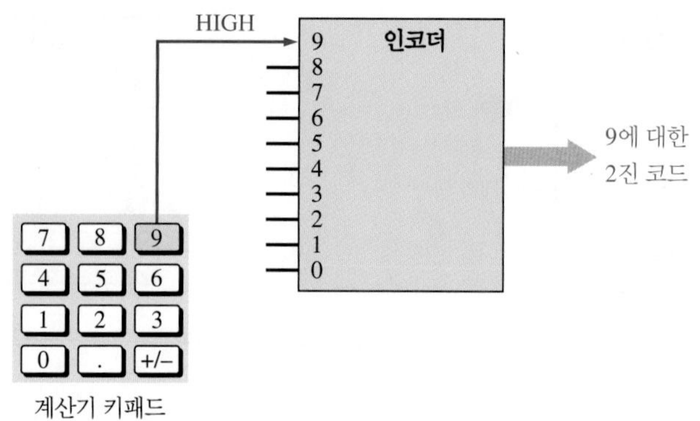

그림 1-22 계산기 키의 눌림을 저장이나 계산을 위한 2진 부호로 코딩하는 데 사용되는 인코더

디코딩 함수

디코딩 함수는 6장에서 설명하는 **디코더**(decoder)라 부르는 논리회로에 의하여 수행된다. 디코더는 2진수와 같은 코딩된 정보를 10진 형태와 같은 코딩되지 않은 형태로 변환한다. 예를 들어, 특정 유형의 디코더는 4비트 2진 코드를 적절한 10진수로 변환한다.

그림 1-23은 7-세그먼트 디스플레이를 동작시키는 데 사용되는 한 유형의 디코더에 대한 간단한 그림이다. 디스플레이의 7개 세그먼트 각각은 디코더의 출력 라인에 연결된다. 특정 2진 코드가 디코더 입력에 나타나면, 적절한 출력 라인이 활성화되어 2진 코드에 해당하는 10진수를 표시하는 적절한 세그먼트들을 켠다.

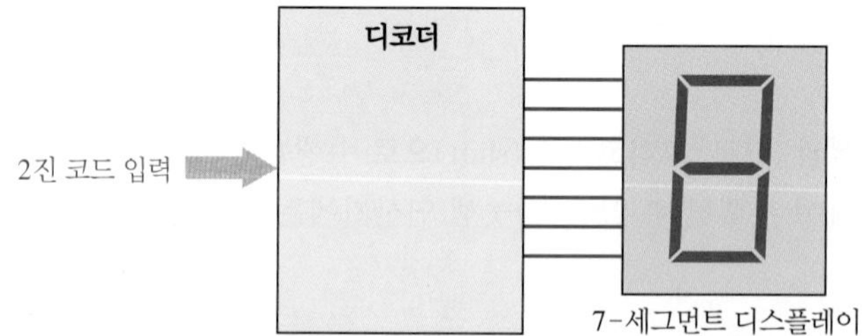

그림 1-23 특정한 2진 코드를 7-세그먼트 10진수 판독값으로 변환하는 데 사용되는 디코더

데이터 선택 함수

데이터를 선택하는 두 가지 유형의 회로는 멀티플렉서와 디멀티플렉서이다. **멀티플렉서**(multiplexer) 또는 간단히 먹스(mux)는 지정된 시간 순서로 여러 입력 라인의 디지털 데이터를 단일 출력 라인으로 전환하는 논리회로이다. 기능상으로 멀티플렉서는 각각의 입력 라인을 출력 라인에 순차적으로 연결하는 전자 스위치로 표현될 수 있다. **디멀티플렉서**[demultiplexer, demux(디먹스)]는 지정된 시간 순서로 한 입력 라인의 디지털 데이터를 여러 출력 라인으로 전환하는 논리회로이다. 근본적으로 디먹스는 먹스의 반대이다.

멀티플렉싱 및 디멀티플렉싱은 여러 소스의 데이터를 하나의 라인으로 먼 곳으로 전송하고 여러 목적지에 재분배하는 데 사용된다. 그림 1-24는 세 가지 소스의 디지털 데이터가 하나의 라인으로 다른 위치에 있는 3개의 터미널로 전송되는 이러한 유형의 응용 사례를 보여준다.

그림 1-24에서 입력 A의 데이터는 시간 간격 Δt_1 동안 출력 라인에 연결되고 출력 D와 연결된 디멀티플렉서로 전송된다. 그 후 간격 Δt_2 동안 멀티플렉서는 입력 B로 전환하고 디멀티플렉서는 출력 E로 전환한다. 간격 Δt_3 동안 멀티플렉서는 입력 C로 전환하고 디멀티플렉서는 출력 F로 전환한다.

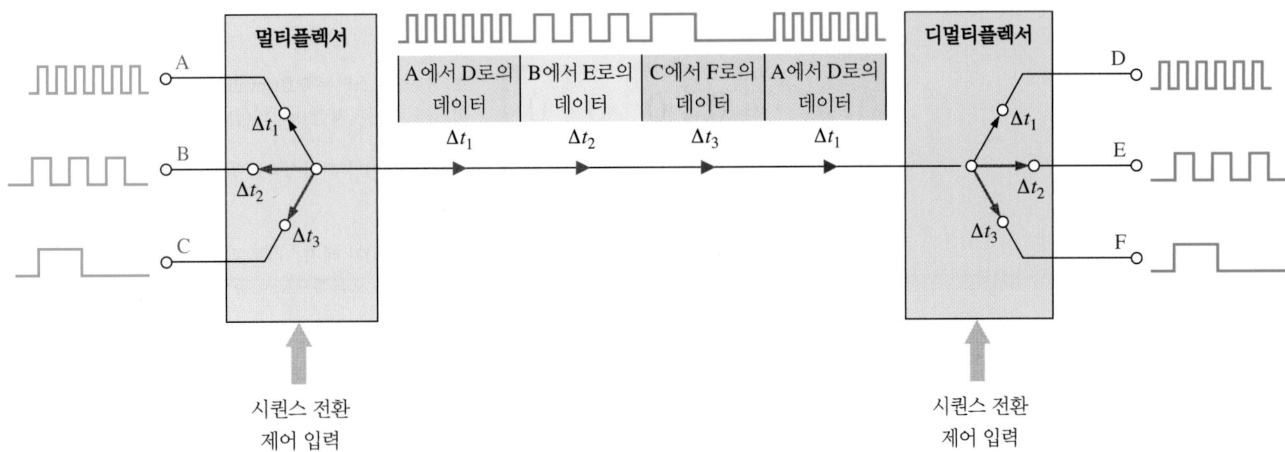

그림 1-24 기본 멀티플렉싱/디멀티플렉싱 응용의 설명

요약하면, 첫 번째 시간 간격에서, 입력 A 데이터는 출력 D로 간다. 두 번째 시간 간격에서 입력 B는 출력 E로 간다. 세 번째 시간 간격에서 입력 C는 출력 F로 간다. 이 후, 이 과정은 계속 반복된다. 여러 소스와 목적지 각각은 데이터를 송신하고 수신하는 데 각각의 순서가 있으며, 시간은 이들 사이에서 분할되므로 이러한 과정을 **시분할 멀티플렉싱**(time division multiplexing, TDM)이라 한다.

저장 기능

저장(storage)은 대부분의 디지털 시스템에서 요구되는 기능이며, 그 목적은 일정 기간 동안 2진 데이터를 유지하는 것이다. 일부 저장 장치는 단기 저장에 사용되며 일부는 장기 저장에 사용된다. 저장 장치는 비트 또는 비트 그룹을 '기억'할 수 있고 필요한 동안 정보를 유지할 수 있다. 저장 장치의 일반적인 유형은 플립플롭, 레지스터, 반도체 메모리, 자기 디스크, 자기 테이프, 광학 디스크(CD)이다.

> **정보노트**
> 컴퓨터 내부의 작은 캐시 메모리는 물론 RAM과 ROM의 메모리는 반도체 메모리들이다. 마이크로프로세서의 레지스터는 반도체 플립플롭으로 구성된다. 광자기 디스크 메모리는 내장 하드 드라이브와 CD-ROM에 사용된다.

플립플롭

플립플롭(flip-flop)은 한 번에 0 또는 1의 한 비트만 저장할 수 있는 쌍안정(2 안정 상태) 논리회로이다. 플립플롭의 출력은 저장하고 있는 비트를 나타낸다. HIGH 출력은 1이 저장되어 있음을 나타내고, LOW 출력은 0이 저장되어 있음을 나타낸다. 플립플롭은 논리 게이트로 구현되며 7장에서 다룬다.

레지스터

레지스터(register)는 비트 그룹들이 저장될 수 있도록 다수의 플립플롭들을 결합하여 구성된다. 예를 들어, 8비트 레지스터는 8개의 플립플롭으로 구성된다. 비트를 저장하는 것 외에도 레지스터를 사용하여 레지스터는 비트를 레지스터 내에서 다른 위치로 이동시키거나 레지스터에서 다른 회로로 이동시키는 데 사용될 수 있다. 그래서 이러한 장치는 **시프트 레지스터**(shift register)로 알려져 있다. 시프트 레지스터는 8장에서 다룬다.

두 가지 기본 유형의 시프트 레지스터는 직렬형과 병렬형이다. 직렬 시프트 레지스터에서 비트는 그림 1-25에 있듯이 한 번에 하나의 비트만 저장된다. 직렬 시프트 레지스터에 대한 하나의 좋은 비유는 승객들을 문을 통해 한 줄로 버스에 승차시키는 것이다. 승객들이 버스에서 내릴 때도 한 줄이다.

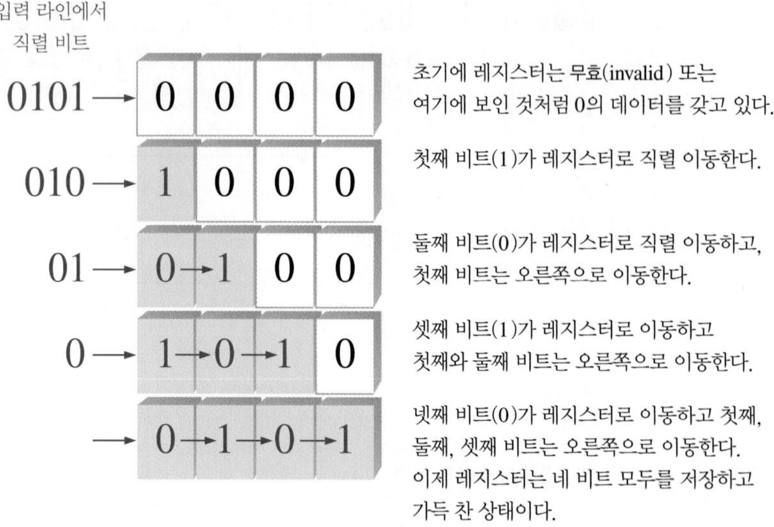

그림 1-25 4비트 직렬 시프트 레지스터의 동작 예. 각 블록은 하나의 스토리지 '셀' 또는 플립플롭을 나타낸다.

병렬 레지스터에서 비트들은 그림 1-26과 같이 평행한 라인들을 통해 동시에 저장된다. 이 경우에 해당하는 좋은 비유는 승객 모두가 같이 객차에 들어가고 나오는 롤러코스터에 승객을 태우고 내리게 하는 것이다.

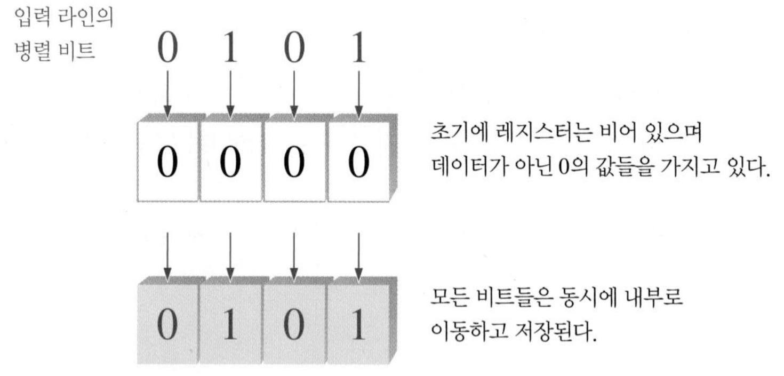

그림 1-26 4비트 병렬 시프트 레지스터의 동작 예

반도체 메모리

반도체 메모리는 대개 많은 수의 비트를 저장하는 데 사용되는 장치이다. 읽기 전용 메모리(read-only memory) 또는 ROM이라고 하는 한 유형의 메모리에서 2진 데이터는 영구적으로 또는 반영구적으로 저장되고 쉽게 변경될 수 없다. 랜덤 액세스 메모리 또는 RAM에서, 2진 데이터는 일시적으로 저장되고 쉽게 변경될 수 있다. 메모리는 11장에서 다룬다.

자기 메모리

자기 디스크 메모리는 2진 데이터의 대용량 저장에 사용된다. 한 예는 컴퓨터의 내부 하드 디스크이다. 자기 테이프는 여전히 어느 정도 메모리 응용 프로그램과 다른 저장 장치의 데이터 백업에 사용된다.

광 메모리

CD, DVD, 블루레이 디스크는 레이저 기술을 기반으로 한 저장 장치이다. 데이터는 동심 트랙상의 홈(pit)과 홈이 없는 평평한 곳(land)으로 표현된다. 레이저 빔은 디스크에 데이터를 저장하고 읽는 데 사용된다.

계수 기능

계수 기능은 디지털 시스템에서 중요하다. 많은 유형의 디지털 **카운터**(counter)가 있지만, 기본 목적은 변화하는 레벨이나 펄스로 표현되는 이벤트를 세는 것이다. 계수하기 위하여, 카운터는 순차적으로 다음의 적절한 숫자로 갈 수 있도록 현재의 숫자를 '기억'해야 한다. 그러므로 저장 기능은 모든 카운터의 중요한 특성이며, 일반적으로 플립플롭이 이를 구현하는 데 사용된다. 그림 1-27은 카운터 동작의 기본 개념을 보여준다. 카운터는 9장에서 다룬다.

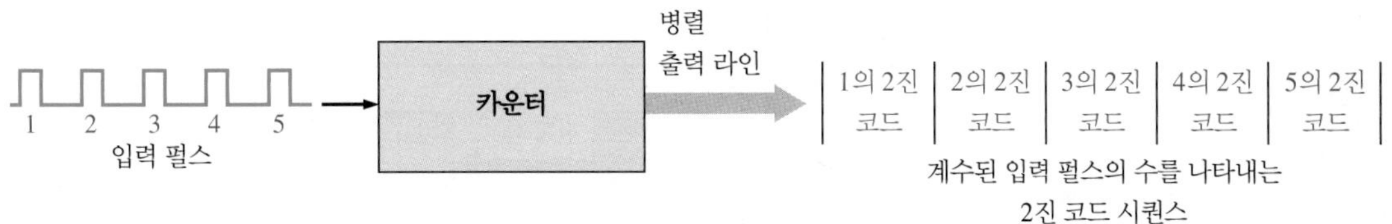

그림 1-27 기본 카운터 동작 설명

공정 제어 시스템

그림 1-28의 블록도에 비타민 정제(tablet)를 병에 담는 시스템을 보였다. 이 예제 시스템은 지금까지 소개된 다양한 논리 함수가 전체 시스템을 구성하기 위하여 함께 어떻게 사용되는지를 보여준다. 처음에 정제는 대형 깔때기 형 호퍼(hopper)에 공급된다. 호퍼의 좁은 목은 아래 컨베이어 벨트 위의 병으로 정제의 연속적인 흐름을 만든다. 한 번에 하나의 정제만 센서를 통과하므로, 정제의 수는 셀 수 있다. 시스템은 각 병에 들어갈 정제의 수를 제어하고, 병에 든 정제의 총개수에 대하여 지속적으로 갱신된 판독값을 표시한다.

일반적인 운영

병당 최대 정제 수는 키패드에서 입력되며, 인코더에 의하여 코드로 변환되어 레지스터 A에 저장된다. 디코더 A는 레지스터에 저장된 코드를 디스플레이로 표시하기에 적합한 형식으로 변환한다. 코드 변환기 A는 코드를 2진수로 변환하고 이를 비교기(Comp)의 입력 A에 인가한다.

호퍼의 목에 있는 광학 센서는 통과하면서 펄스를 만드는 각 정제를 감지한다. 이 펄스는 카운터로 전달되고 1만큼 계수를 증가시킨다. 따라서 카운터의 2진 상태는 병을 채우는 동안 항상 병에 있는 정제의 수를 표시한다. 계수기로부터 2진 계수값은 비교기의 입력 B로 전달된다. 비교기의 입력 A는 병당 최대 정제의 2진수 값이다. 이제, 병당 들어가는 정제의 수가 50이라고 가정한다. 카운터의 2진수가 50에 도달하면, 비교기의 $A = B$ 출력이 HIGH가 되어 병이 가득 찼음을 나타낸다.

비교기의 HIGH 출력은 호퍼 목 부분의 밸브를 닫아서 정제의 흐름을 멈추게 한다. 동시에, 비교기의 HIGH 출력은 컨베이어를 작동시켜 다음 빈 병을 호퍼 아래의 위치로 이동시킨다. 병이 제자리에 있으면, 컨베이어 제어장치는 카운터를 0으로 리셋하는 펄스를 발생시킨다. 결과적으로, 비교기의 출력은 다시 LOW가 되어 호퍼 밸브가 정제의 흐름을 다시 시작하게 한다.

채워진 각 병에 대하여, 카운터의 최대 2진수는 가산기의 입력 A로 전송된다. 가산기의 입력 B는 레지스터 B로부터 오는데, 레지스터 B는 마지막으로 채워진 병을 통하여 병입된 총 정제 수를 저

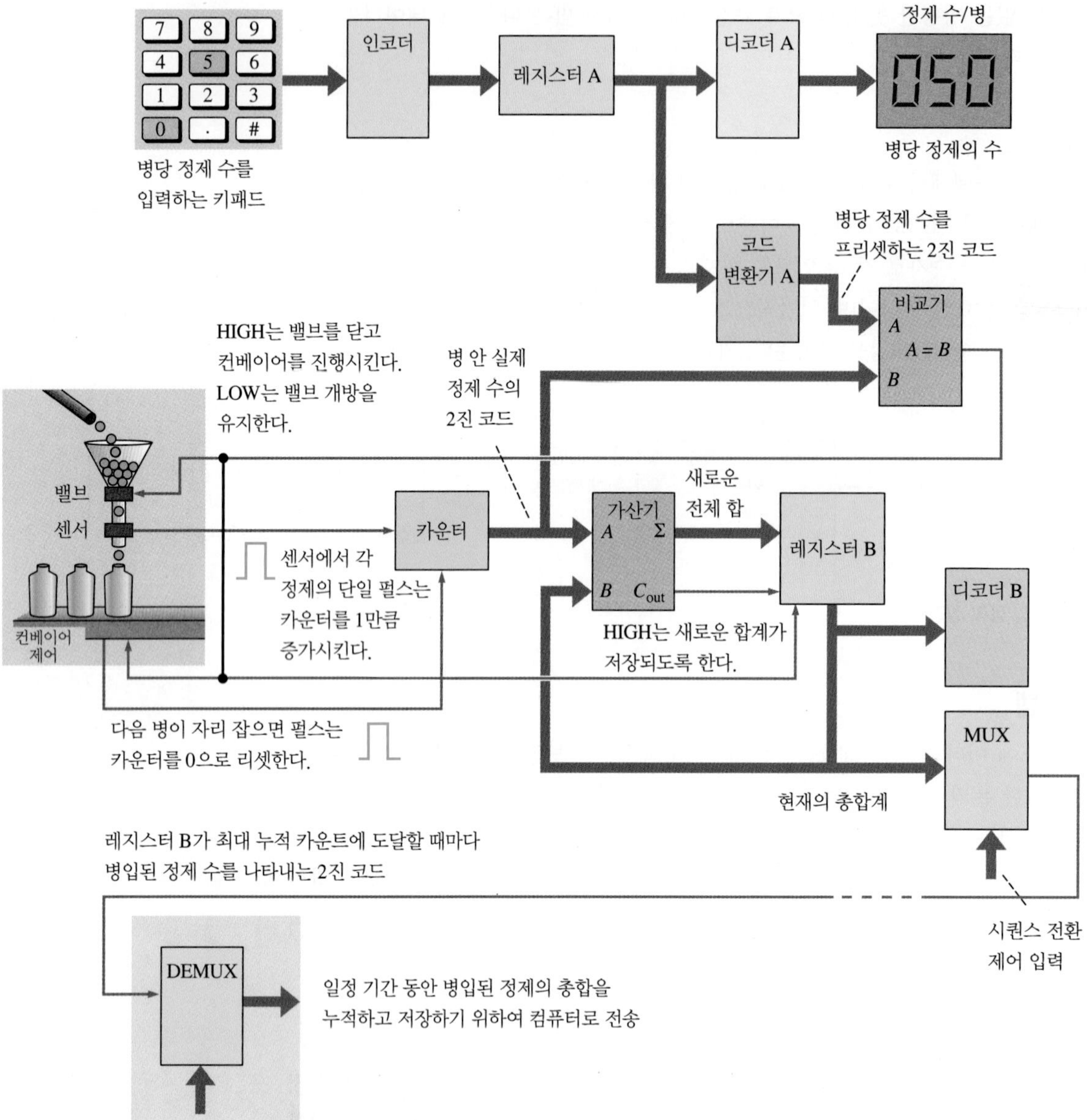

그림 1-28 정제-병입 시스템의 블록도

장하고 있다. 가산기에서 새로운 누적된 합을 생성되고, 이 값은 이전의 합계를 대체하여 레지스터 *B*에 저장된다. 이러한 방식으로 주어진 실행 동안 병에 든 정제의 누적합계가 유지된다.

레지스터 *B*에 저장된 누적 합계는 디코더 *B*로 이동하고, 디코더 *B*는 레지스터 *B*가 최대 용량에 도달하였을 때를 감지하고, 원격지에 있는 DEMUX로 전송하기 위하여 2진 형태를 병렬에서 직렬 형태로 변환하는 MUX를 활성화한다. DEMUX는 저장을 위하여 데이터를 다시 병렬 형태로 변환한다.

복습문제 1-4

1. 비교기는 무엇을 하는가?
2. 네 가지의 기본 산술 연산은 무엇인가?
3. 인코딩을 설명하고 예를 하나 제시하라.

4. 디코딩을 설명하고 예를 하나 제시하라.
5. 멀티플렉싱과 디멀티플렉싱의 기본 목적을 설명하라.
6. 네 가지 유형의 저장 장치의 이름을 말하라.
7. 카운터는 무엇을 하는가?

1-5 프로그램 가능한 논리의 소개

프로그램 가능한 논리에는 하드웨어와 소프트웨어 모두가 필요하다. **프로그램 가능한 논리**(programmable logic) 소자는 제조자 또는 사용자에 의하여 지정된 논리 함수와 동작을 수행할 수 있도록 프로그래밍될 수 있다. 고정 기능 논리(1-6절에서 다룸)에 대한 프로그램 가능 논리의 한 가지 이점은 동일한 양의 논리를 위하여 장치가 훨씬 더 적은 보드 공간을 사용한다는 것이다. 또 다른 장점은 프로그램 가능한 논리를 사용하여 부품을 다시 배선하거나 교체하지 않고도 설계를 쉽게 변경할 수 있다는 것이다. 또한 일반적으로 논리 설계가 고정 기능 논리보다 프로그램 가능한 논리에서 보다 빠르고 더 적은 비용으로 구현될 수 있다. 작은 논리 부분을 구현하려면 고정 기능 논리를 사용하는 것이 더 효율적일 수 있다.

이 절의 학습내용

- 주요 유형의 프로그램 가능한 논리와 그 차이를 논의한다.
- 프로그램 가능한 논리 설계 과정에 대해 논의한다.

PLD

몇몇 고정 기능 소자를 대체할 수 있는 소형 장치부터 수천의 고정 기능 소자를 대체할 수 있는 복잡한 고밀도 장치까지, 많은 종류의 프로그램 가능한 논리가 사용 가능하다. 사용자 프로그램 가능 논리의 두 가지 주요 범주는 그림 1-29에 보인 것과 같이 **PLD**(programmable logic device)와 **FPGA**(field-programmable gate array)이다. PLD는 SPLD(simple PLD)이거나 또는 CPLD(complex PLD)이다.

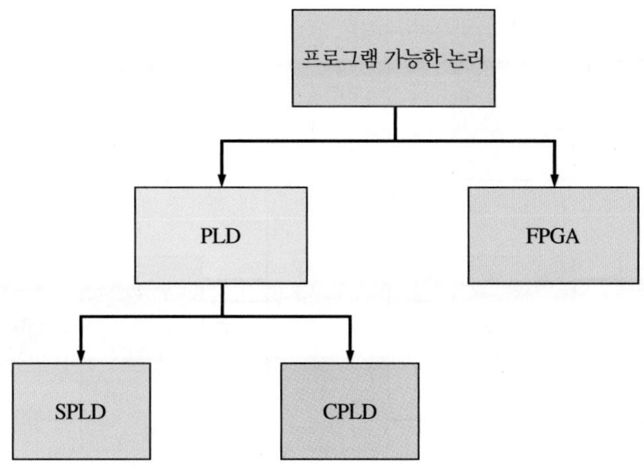

그림 1-29 프로그램 가능 논리 계층

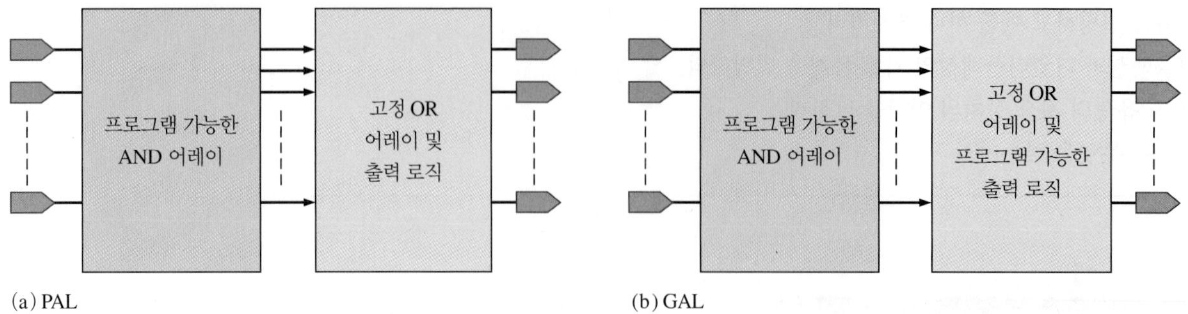

그림 1-30 SPLD의 블록도

SPLD

SPLD는 원래 PLD였고 소규모 응용에서 여전히 사용할 수 있다. 일반적으로 **SPLD**(simple programmable logic device)는 함수의 유형과 특정 SPLD에 따라 최대 10개의 고정 기능 IC 및 이들의 연결을 대체할 수 있다. 대부분의 SPLD는 PAL과 GAL 두 범주 중 하나이다. **PAL**(programmable array logic)은 한 번 프로그램할 수 있는 장치이다. 그림 1-30(a)와 같이 PAL은 프로그램 가능한 AND 게이트 배열과 고정 OR 게이트 배열로 구성된다. **GAL**(generic array logic)은 기본적으로 여러 번 다시 프로그램할 수 있는 PAL 장치이다. GAL은 그림 1-30(b)와 같이 프로그램 가능한 AND 게이트 배열과 프로그램 가능한 출력을 가진 고정 OR 게이트 배열로 구성된다. 전형적인 SPLD 패키지를 그림 1-31에 보였으며 일반적으로 24에서 28핀을 가진다.

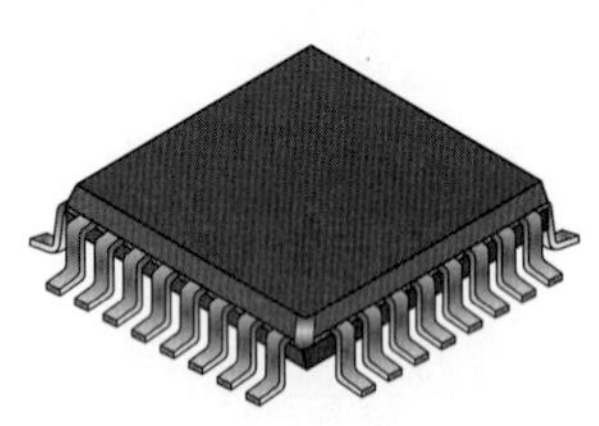

그림 1-31 전형적인 SPLD 패키지

CPLD

기술이 발전하고 칩에 집적될 수 있는 회로의 양(칩 집적도)이 증가함에 따라, 제조사는 하나의 칩에 둘 이상의 SPLD를 장착할 수 있었고 **CPLD**(complex programmable logic device)가 탄생하였다. 본질적으로 CPLD는 다중 SPLD를 포함하는 장치이며 많은 고정 기능 IC들을 대체할 수 있다. 그림 1-32는 4개의 논리 배열 블록(logic array block, LAB)과 프로그램 가능한 상호연결 배열(programmable interconnection array, PIA)이 있는 기본 CPLD 블록도를 보여준다. 각 논리 배열 블록은 대략 하나의 SPLD와 같다.

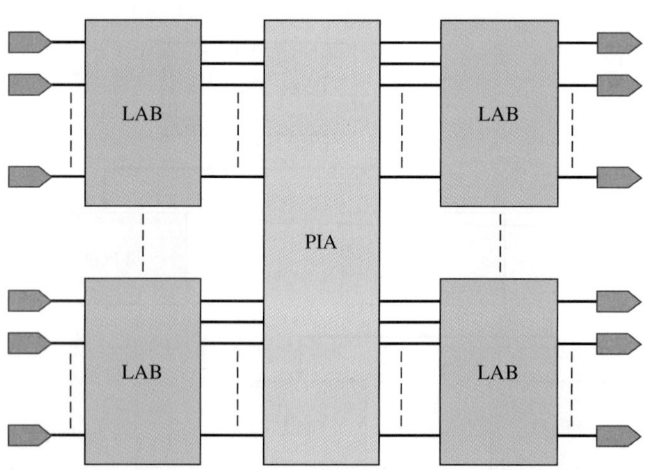

그림 1-32 일반적인 CPLD의 블록도

일반적으로, CPLD는 앞에서 설명한 모든 논리 함수들, 예를 들어 디코더, 인코더, 멀티플렉서, 디멀티플렉서, 가산기를 구현하는 데 사용될 수 있다. CPLD는 일반적으로 44핀에서 160핀 패키지까지 다양한 형태로 사용 가능하다. 그림 1-33은 CPLD 패키지의 예다.

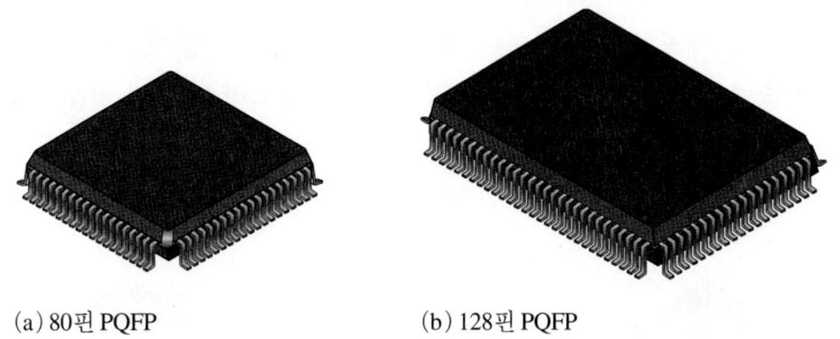

(a) 80핀 PQFP (b) 128핀 PQFP

그림 1-33 일반적인 CPLD 플라스틱 쿼드 플랫 패키지(PQFP)

FPGA

FPGA(field-programmable gate array)는 응용 분야가 때때로 겹칠 수 있지만, 일반적으로 CPLD보다 더 복잡하고 훨씬 더 밀도가 높다. 언급한 바와 같이, SPLD와 CPLD는 기본적으로 CPLD가 SPLD의 요소를 포함하고 있기 때문에 밀접한 관련이 있다. 그러나 FPGA는 그림 1-34에 제시된 것과 같이 다른 내부 구조(아키텍처)를 가진다. FPGA의 세 가지 기본 요소는 논리 블록, 프로그램 가능한 상호연결, 입출력(I/O) 블록이다.

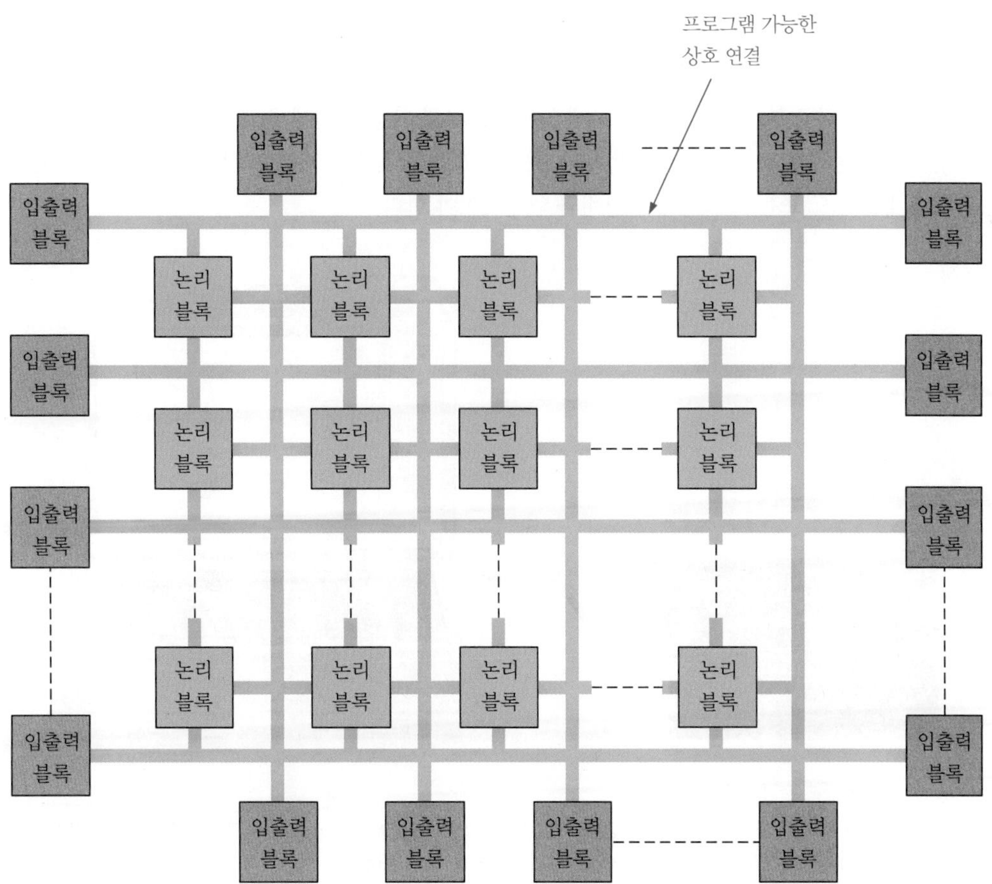

그림 1-34 FPGA의 기본 구조

FPGA의 논리 블록은 CPLD에 있는 논리 배열 블록(LAB)만큼 복잡하지는 않지만, 일반적으로 더 많은 논리 블록이 있다. 논리 블록이 비교적 간단할 때, FPGA 아키텍처는 섬세하다(fine-grained)고 한다. 논리 블록이 더 크고 더 복잡하면 아키텍처는 거칠다(coarse-grained)고 한다. 입출력 블록은 구조의 바깥쪽 가장자리에 있으며 외부 세계에 개별적으로 선택 가능한 입력, 출력 또는 양방향 접근을 제공한다. 분산형 프로그램 가능한 상호연결 매트릭스는 논리 블록의 상호연결과 입력과 출력의 연결을 제공한다. 대형 FPGA는 메모리 및 기타 리소스 외에도 수만 개의 논리 블록을 가질 수 있다. 일반적인 FPGA 볼 그리드 어레이 패키지를 그림 1-35에서 보였다. 이런 유형의 패키지에는 1000개 이상의 입력과 출력 핀을 가질 수 있다.

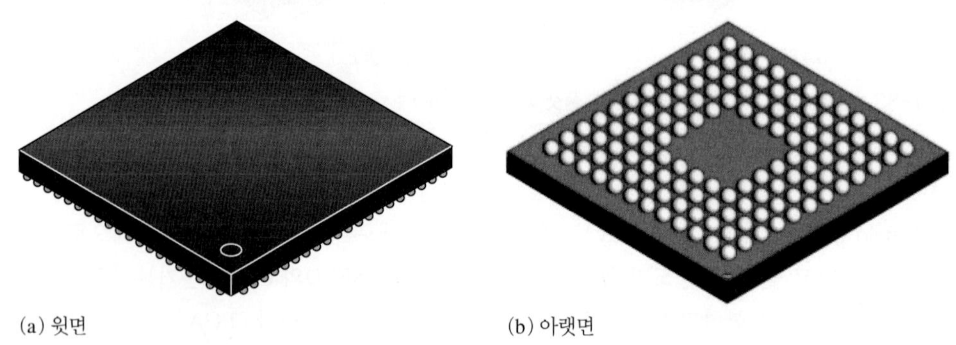

그림 1-35 전형적인 볼 그리드 어레이(BGA) 패키지

프로그래밍 과정

SPLD, CPLD 또는 FPGA는 특정 프로세스를 이용하여 지정된 회로 또는 시스템 설계를 구현하는 '빈 슬레이트'로 볼 수 있다. 이 프로세스는 프로그램 가능한 칩에 회로 설계를 구현하기 위하여 컴퓨터에 설치된 소프트웨어 개발 패키지를 필요로 한다. 컴퓨터는 그림 1-36과 같이 장치가 포함된 개발 보드 또는 프로그래밍 장비와 연결되어야 한다.

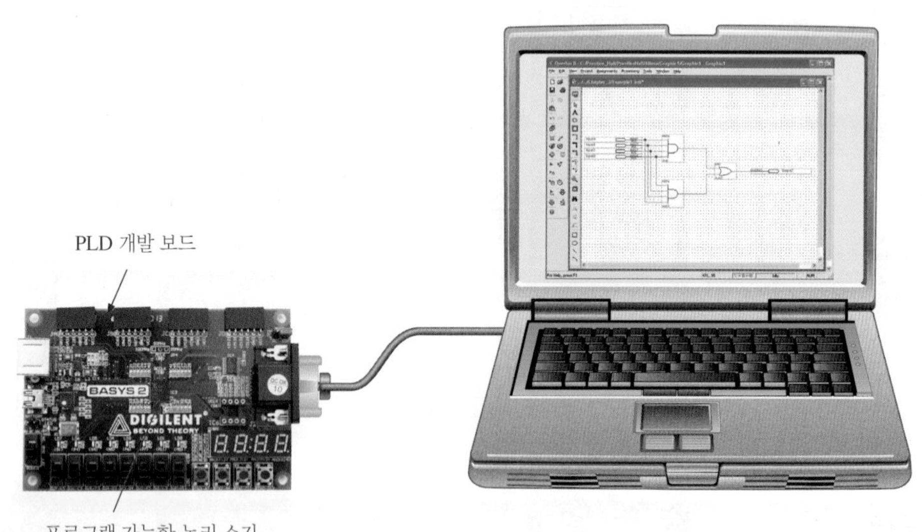

그림 1-36 PLD 또는 FPGA 프로그래밍을 위한 기본 설정. 그림에는 논리회로의 그래픽 입력이 표시되었다. VHDL과 같은 텍스트 입력이 역시 사용될 수도 있다. Digilent, Inc. 제공

설계 흐름(design flow)이라고 하는 여러 단계가 프로그램 가능한 논리 장치에서 디지털 논리 설계를 구현하는 과정에 관여한다. 일반적인 프로그래밍 프로세스의 블록도를 그림 1-37에 보였다. 표시된 대로, 설계 흐름에는 개발 소프트웨어가 있다.

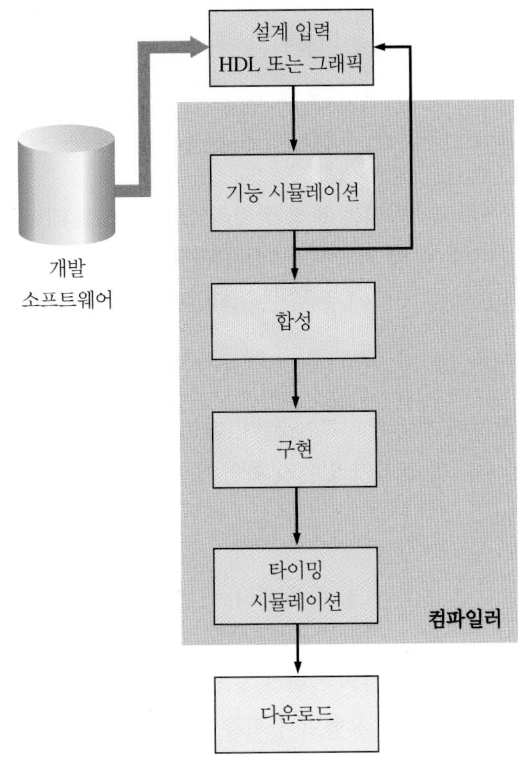

그림 1-37 기본적인 프로그램 가능한 논리 설계 흐름 블록도

설계 입력

이것은 첫 번째 프로그래밍 단계이다. 회로 또는 시스템 설계는 텍스트 기반 입력, 그래픽 기반 입력(도식 캡쳐), 또는 상태 다이어그램 설명을 사용하여 설계 응용 소프트웨어로 입력되어야 한다. 설계 입력은 장치에 독립적이다. 텍스트 기반 입력은 VHDL, Verilog, 또는 AHDL과 같은 **HDL**(hardware description language, 하드웨어 설명 언어)로 수행된다. 그래픽(회로도) 입력을 사용하면 미리 저장된 함수를 선택하고 화면에 배치한 다음 상호 연결하여 논리 설계를 만들 수 있다. 상태 다이어그램 입력은 순차 논리회로가 진행하는 상태와 각 상태의 변화를 초래하는 조건 모두를 지정해야 한다. VHDL은 이 교재에서 디지털 설계의 텍스트 기반 입력을 설명하는데 사용된다. VHDL 사용 지침서가 웹사이트에서 제공된다.

설계가 입력되면 컴파일된다. **컴파일러**(compiler)는 설계 흐름 프로세스를 제어하고 논리적으로 테스트할 수 있거나 대상 장치에 다운로드할 수 있는 형식으로 소스 코드를 오브젝트 코드로 번역하는 프로그램이다. 소스 코드는 설계 입력 과정에서 작성되며, 오브젝트 코드는 실제로 프로그램 가능한 장치에 설계가 구현되도록 하는 최종 코드이다.

기능 시뮬레이션

입력되고 컴파일된 설계는 소프트웨어로 논리회로가 예상대로 동작하는지 확인하기 위하여 시뮬레이션된다. 시뮬레이션은 지정된 입력 세트에 대하여 올바른 출력이 생성되는지 확인한다. 이 작업을 수행하는 장치 독립적인 소프트웨어 툴은 일반적으로 **파형 편집기**(waveform editor)라고 한다. 시뮬레이션으로 확인된 결함은 설계 입력으로 돌아가 적절한 수정을 함으로써 고쳐지게 된다.

합성

합성(synthesis)은 설계가 네트리스트로 변환되는 것이며, 네트리스트는 표준 형식을 가지며 장치 독립적이다.

구현

구현(implementation)은 프로그래밍되는 특정 장치의 실제 구조로 네트리스트에 의하여 기술된 논리 구조가 매핑되는 곳이다. 구현 과정은 피팅(fitting) 또는 배치 및 라우트(place and route)라고 하며, 비트스트림이라고 하는 장치에 종속적인 출력을 생성한다.

타이밍 시뮬레이션

이 단계는 설계가 특정 장치에 매핑된 이후에 온다. 타이밍 시뮬레이션은 기본적으로 설계 결함 또는 전파 지연으로 인한 타이밍 문제가 없는지 확인하는 데 사용된다.

다운로드

비트스트림이 특정 프로그램 가능한 장치에 대하여 생성되면, 소프트웨어 설계가 하드웨어로 구현되도록 그 장치에 다운로드되어야 한다. 일부 프로그램 가능한 장치는 **소자 프로그래머**(device programmer) 또는 개발 보드라는 특별한 장치에 설치되어야 한다. 표준 JTAG(Joint Test Action Group) 인터페이스라는 다른 유형의 장치를 사용하면 시스템 내에서 프로그래밍할 수 있는데, 이를 ISP(in-system programming)라 한다. 일부 장치는 휘발성이므로 리셋되거나 전원을 끄면 내용이 손실된다. 이 경우 비트 스트림 데이터를 메모리에 저장하고 각 리셋 또는 전원 끄기 후 장치에 다시 로드해야 한다. 또한 ISP 장치의 내용은 시스템에서 동작하는 동안에도 조작하거나 업그레이드될 수 있다. 이를 '온더플라이(on-the-fly)' 재구성이라 한다.

마이크로컨트롤러

마이크로컨트롤러는 PLD와는 다르다. 마이크로컨트롤러의 내부 회로는 고정되어 있으며, 프로그램(일련의 명령어)은 특정 결과를 얻기 위하여 마이크로컨트롤러의 동작을 지시한다. PLD 내부 회로가 프로그램되고, 일단 프로그램되면 회로가 필요한 동작으로 수행한다. 따라서 프로그램은 마이크로컨트롤러의 동작을 결정하지만, PLD에서 프로그램은 논리 함수들을 결정한다.

마이크로컨트롤러(microcontroller)는 기본적으로 특수 목적의 소형 컴퓨터이다. 마이크로컨트롤러는 일반적으로 임베디드 시스템 응용제품에 사용된다. **임베디드 시스템**(embedded system)은 대형 시스템 내에서 하나 또는 몇 개의 전용 기능을 수행하도록 설계된 시스템이다. 반면, 랩톱과 같은 범용 컴퓨터는 광범위한 기능 및 응용 프로그램을 수행하도록 설계된다.

임베디드 마이크로컨트롤러는 많은 일반적인 응용 제품에 사용된다. 임베디드 마이크로컨트롤러는 완전한 시스템의 일부이며, 시스템은 추가적인 전자 장치 및 기계 부품을 포함할 수 있다. 예를 들어, 텔레비전 세트에서 마이크로컨트롤러는 리모컨의 입력을 표시하고 채널 선택, 음성, 밝기 및 대비와 같은 다양한 조정들을 제어한다. 자동차에서 마이크로컨트롤러는 엔진 센서 입력을 받아 스파크 타이밍과 연료 혼합을 제어한다. 다른 응용 분야로는 가전제품, 온도조절기, 휴대전화, 장난감 등이 있다.

복습문제 1-5

1. 프로그램 가능한 논리 소자 3개의 주요 범주를 나열하고 약어를 쓰라.
2. CPLD는 SPLD와 어떻게 다른가?
3. 프로그래밍 프로세스의 단계들을 말하라.
4. 질문 3에서 명명된 각 단계를 간단히 설명하라.
5. 마이크로컨트롤러의 두 가지 주요 기능적 특성은 무엇인가?

1-6 고정 기능 논리 소자

논의된 모든 논리 소자 및 함수들은 일반적으로 집적회로(IC) 형태로 이용 가능하다. 디지털 시스템은 크기가 작고, 신뢰성이 높고, 비용이 낮고, 전력 소모가 적기 때문에, 수년 동안 IC 형태로 통합되었다. 프로그램 가능한 논리로의 추세에도 불구하고, 고정 기능 논리는 특정 응용 분야에서 좀 더 제한적이지만 지속적으로 사용된다. 회로 복잡성과 회로 기술이 다양한 IC의 종류를 결정하는 방식에 대하여 익숙해지는 것뿐만 아니라, IC 패키지를 인식할 수 있고 어떻게 핀 번호가 매겨지는지를 아는 것도 중요하다.

이 절의 학습내용

- 스루 홀 소자와 표면 실장 고정 기능 소자의 차이를 인식한다.
- 듀얼 인라인 패키지(DIP)를 식별한다.
- 소형 아웃라인 집적회로 패키지(SOIC)를 식별한다.
- 플라스틱 리드 칩 캐리어 패키지(PLCC)를 식별한다.
- 리드리스(leadless) 세라믹 칩 캐리어 패키지(LCC)를 식별한다.
- 다양한 유형의 IC 패키지에서 핀 번호를 결정한다.
- 고정 기능 IC에서 복잡도에 따른 분류를 설명한다.

단일체(monolithic) **집적회로**(integrated circuit, IC)는 작은 단일한 실리콘 칩 위에 전체 전자 회로가 구성되는 것이다. 트랜지스터, 다이오드, 저항 및 커패시터와 같은 회로를 구성하는 모든 요소는 단일 칩에 일부로 들어가 있는 부분이다. 고정 기능 논리와 프로그램 가능한 논리는 IC의 두 가지 큰 범주이다. **고정 기능 논리**(fixed-function logic) 소자에서 논리 함수는 제조업체가 설정하며 변경할 수 없다.

그림 1-38은 한 유형의 패키지 안에 있는 회로 칩과 고정 기능 IC 패키지의 내부를 보여주는 그림이다. 칩상의 점들은 패키지 핀과 연결되어 외부 세계와의 입출력 연결을 가능하게 한다.

IC 패키지

집적회로(IC) 패키지는 인쇄 회로 기판(PCB)에 실장되는(mounted) 방식에 따라 스루 홀(through-hole) 또는 표면 실장 중 하나로 분류된다. 스루 홀 유형 패키지는 PCB의 구멍을 통해 삽입되는 핀(리드)을 가지며 반대쪽 도체에 납땜될 수 있다. 가장 일반적인 유형의 스루 홀 패키지는 그림 1-39(a)에 보인 **DIP**(dual in-line package, 듀얼 인 라인 패키지)이다.

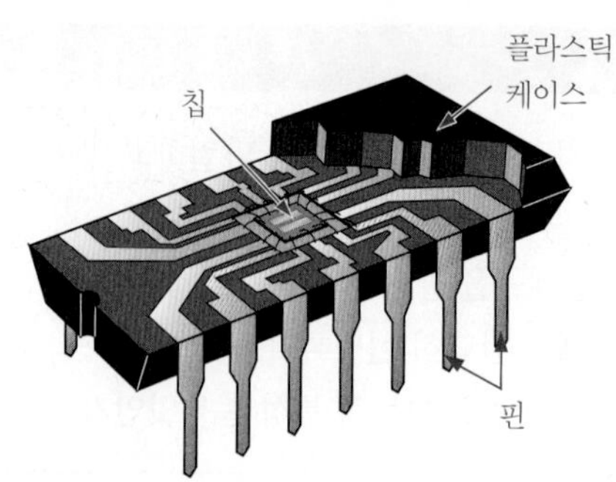

그림 1-38 입력 및 출력 핀과 연결된 내부의 장착 칩을 보여주는 한 유형의 고정 기능 IC 패키지(듀얼 인 라인 패키지) 단면도

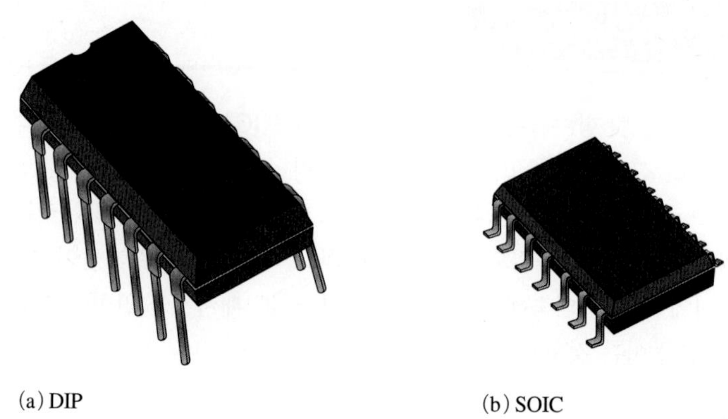

(a) DIP (b) SOIC

그림 1-39 스루 홀과 표면 실장 소자의 예. DIP는 동일한 리드에서 SOIC보다 크다. 이 특정 DIP는 길이가 0.785인치이고 SOIC는 0.385인치이다.

또다른 유형의 IC 패키지는 **SMT**(surface-mount technology, 표면 실장 기술)를 사용한다. 표면 실장은 스루 홀 실장에 대하여 공간 절약을 위한 대안이다. PCB를 통과한 구멍은 SMT에서 불필요하다. 표면 실장 패키지의 핀들은 보드의 한쪽 면 도체에 직접 납땜되어 다른 쪽 면은 다른 회로를 위하여 남겨 둔다. 또한 동일한 핀을 가진 회로에서 표면 실장 패키지는 핀들이 더 가깝게 배치되어 있기 때문에 듀얼 인 라인 패키지에 비하여 훨씬 더 작다. 표면 실장 패키지의 한 예는 그림 1-39(b)에 보인 **SOIC**(small-outline integrated circuit)이다.

다양한 유형의 SMT 패키지는 리드 수에 따라(더 복잡한 회로와 리드 구성에는 더 많은 수의 리드가 필요하다) 다양한 크기로 제공된다. 그림 1-40에 몇몇 유형의 예를 보였다. 여기서 볼 수 있듯이, **SSOP**(shrink small-outline package)의 리드는 '갈매기 날개' 모양으로 형성된다. **PLCC**(plastic-leaded chip carrier)의 리드는 패키지 아래에서 J자 형태로 구부러져 있다. **LCC**(leadless ceramic chip)는 리드 대신에 세라믹 바디에 금속 접점이 성형되어 있다. CSP(chip scale package)와 FBGA(fine-pitch ball grid array) 둘 다 패키지 바닥에 접점을 가지고 있다.

핀 번호 매기기

모든 IC 패키지에는 핀(리드) 번호를 지정하기 위한 표준 형식이 있다. DIP와 SSOP는 16핀 패키지의 경우 그림 1-41(a)의 번호 매기기 방법을 사용한다. 패키지 상단을 보면, 1번 핀은 작은 점, 노치 또는 경사진 가장자리 중 하나인 식별자로 표시된다. 점은 항상 1번 핀 옆에 있다. 또한 노치를 위로 향하게 한 경우, 1번 핀은 그림과 같이 왼쪽 상단에 있다. 1번 핀으로부터 시작해서 핀 번호는 아래로 갈수록 커지고 끝나면 넘어가서 위로 간다. 가장 높은 핀 번호는 항상 노치의

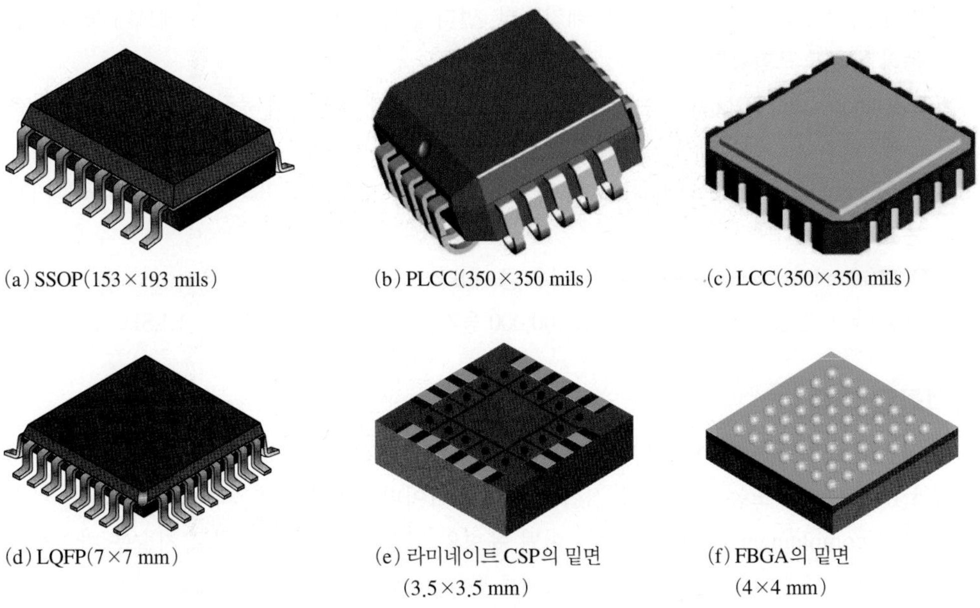

(a) SSOP(153×193 mils) (b) PLCC(350×350 mils) (c) LCC(350×350 mils)

(d) LQFP(7×7 mm) (e) 라미네이트 CSP의 밑면 (3.5×3.5 mm) (f) FBGA의 밑면 (4×4 mm)

그림 1-40 SMT 패키지 구성의 예. 부품 (e)와 (f)는 밑면을 나타낸다.

오른쪽 또는 점의 반대편에 있다.

PLCC와 LCC 패키지에는 4면 모두에 리드가 배열되어 있다. 1번 핀은 점 또는 다른 인덱스 마크로 표시되며 한 세트의 리드 중앙에 있다. 핀 번호는 패키지 상단에서 볼 때 반시계 방향으로 증가한다. 가장 높은 핀 번호는 항상 1번 핀의 오른쪽에 있다. 그림 1-41(b)는 20핀 PLCC 패키지에서 이런 형식을 보여준다.

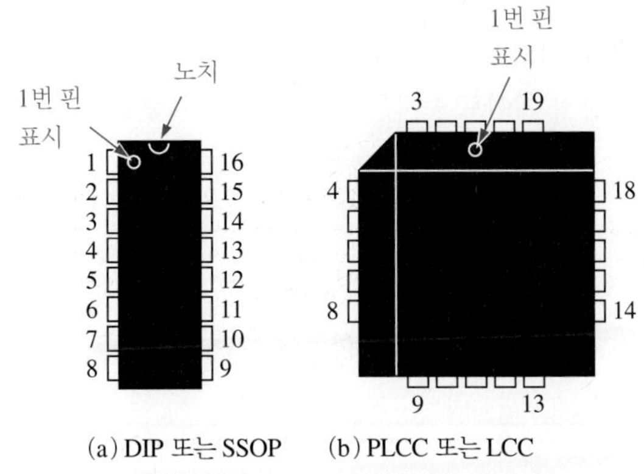

(a) DIP 또는 SSOP (b) PLCC 또는 LCC

그림 1-41 표준 유형 IC 패키지의 두 가지 예에 대한 핀 번호 지정(위에서 본 모습)

고정 기능 IC의 복잡도 분류

고정 기능 디지털 IC는 그 복잡도에 따라 분류된다. 다음에 가장 덜 복잡한 것부터 가장 복잡한 것까지 나열된다. SSI, MSI, LSI, VLSI, ULSI에 대해 여기서 언급된 복잡성 수치는 일반적으로 인정되지만, 정의는 소스마다 다를 수 있다.

- **SSI**(small-scale integration)는 단일 칩에 최대 10개의 등가 게이트 회로를 갖는 고정 기능 IC를 말하며, 기본 게이트 및 플립플롭을 포함한다.
- **MSI**(medium-scale integration)는 단일 칩에 10~100개의 등가 게이트를 갖는 집적회로를

말한다. 인코더, 디코더, 카운터, 레지스터, 멀티플렉서, 연산 회로, 작은 메모리 등과 같은 논리 함수를 포함한다.

- **LSI**(large-scale integration)는 칩당 100~10,000개 등가 게이트의 복잡도를 가지는 IC의 분류에 해당하며, 메모리가 여기에 포함된다.
- **VLSI**(very large-scale integration)는 칩당 10,000~100,000개 등가 게이트의 복잡도를 가지는 IC를 말한다.
- **ULSI**(ultra large-scale integration)는 매우 큰 메모리, 대형 마이크로프로세서(microprocessor), 대형 단일 칩 컴퓨터를 말한다. 칩당 100,000 등가 게이트 이상의 복잡도는 ULSI로 분류된다.

집적회로 기술

모든 집적회로가 구현되는 트랜지스터의 유형은 MOSFET(metal-oxide semiconductor field-effect transistor) 또는 바이폴라 접합 트랜지스터이다. MOSFET을 사용하는 회로 기술은 CMOS(complementary MOS)이다. 어떤 유형의 고정 기능 디지털 회로 기술은 바이폴라(bipolar) 접합 트랜지스터를 사용하며, 때때로 TTL(transistor-transistor logic)이라고 불린다. BiCMOS는 CMOS와 바이폴라를 둘 다 혼합하여 사용한다.

모든 게이트 및 기타 기능은 두 유형의 회로 기술로 구현될 수 있다. SSI 및 MSI 회로는 일반적으로 CMOS 및 바이폴라로 둘 다 제공된다. LSI, VLSI, ULSI는 일반적으로 더 적은 칩 면적을 필요로 하고 소비 전력도 더 적은 CMOS로 구현된다. 이러한 집적 기술에 대하여 3장에서 더 다루게 된다. 더 자세한 내용은 13장 집적회로 기술을 참조하라.

복습문제 1-6

1. 집적회로란 무엇인가?
2. DIP, SMT, SOIC, SSI, MSI, LSI, VLSI, ULSI 용어를 정의하라.
3. 일반적으로, 다음의 등가 게이트 숫자를 가지는 고정 기능 IC는 어떤 등급으로 분류되나?
   (a) 10
   (b) 75
   (c) 500
   (d) 15,000
   (e) 200,000

1-7 테스트 및 계측 장비

다양한 장비들이 시험과 고장 진단에서 사용된다. 이 절에서는 일반적인 유형의 계기들을 소개하고 설명한다.

이 절의 학습내용

- 아날로그와 디지털 오실로스코프를 구분한다.
- 일반적인 오실로스코프의 조작법을 인지한다.
- 오실로스코프로 펄스 파형의 진폭, 주기, 주파수를 결정한다.

- 논리 분석기와 몇 가지 공통 형식에 대해 논의한다.
- 디지털 멀티미터(DMM), 직류 전원 공급기, 논리 프로브 및 논리 펄서의 목적을 설명한다.

오실로스코프

오실로스코프(혹은 스코프)는 일반적인 시험 및 고장 진단을 위하여 가장 널리 사용되는 계기 중 하나이다. 스코프는 기본적으로 측정한 전기 신호의 그래프를 표시하는 그래프 표시 장치이다. 대부분의 응용에서, 그래프는 시간에 따라 신호가 어떻게 변하는지 보여준다. 표시 화면의 수직 축은 전압, 그리고 수평 축은 시간을 나타낸다. 신호의 진폭, 주기 및 주파수는 오실로스코프를 사용하여 측정할 수 있다. 또한 펄스 파형의 펄스 폭, 듀티 사이클, 상승 시간 및 하강 시간을 결정할 수 있다. 대부분의 스코프는 최소 2개의 신호를 동시에 표현할 수 있으므로, 이들의 시간 관계를 관찰할 수 있다. 전압 프로브가 연결된 일반적인 디지털 오실로스코프를 그림 1-42에 보였다.

정보노트

아날로그 스코프는 가장 초기 형식의 오실로스코프 유형이다. 아날로그 스코프를 가끔 볼 수는 있지만 대부분 디지털 스코프로 대체되었다. 아날로그 스코프는 음극선관(CRT)을 사용하며 화면을 가로지르는 전자 빔을 스윕(sweep)하고 측정된 파형에 따라 그의 상하 동작을 제어함으로써 파형을 표시한다. 아날로그 스코프는 세부 파형을 저장하고 표현하는 측면에서 디지털 스코프보다 기능의 제한이 있다.

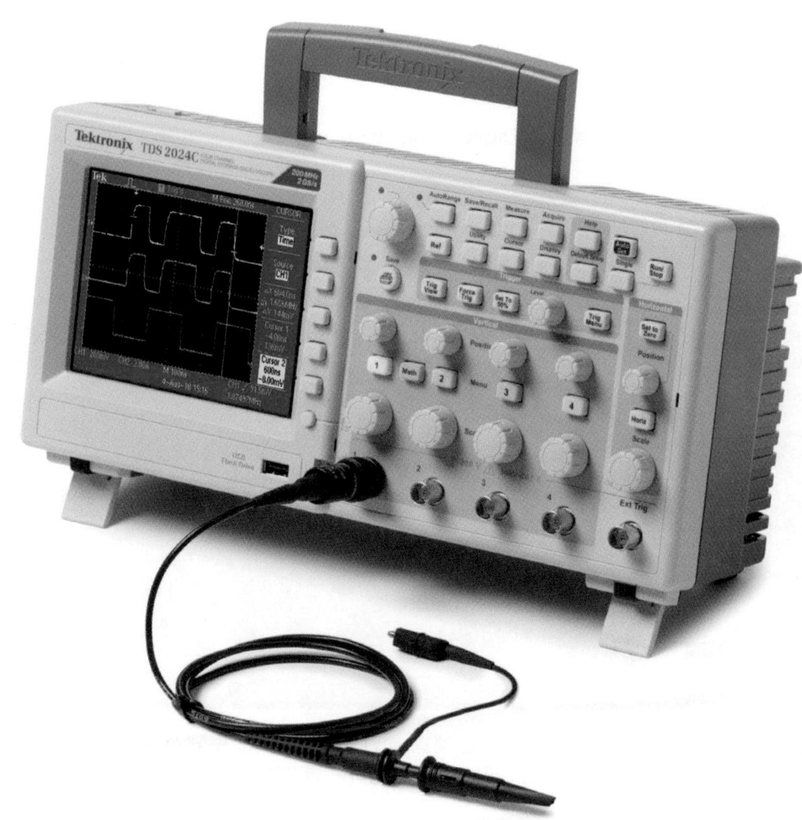

그림 1-42 전압 프로브가 있는 디지털 오실로스코프. Tektronix, Inc.의 허락하에 사용

디지털 스코프는 아날로그-디지털 변환기(ADC)의 샘플링 과정으로 측정 파형을 디지털 정보로 변환한다. 그 후 디지털 정보는 화면상에 파형을 재구성하는 데 사용된다. 그림 1-43은 디지털 오실로스코프의 기본 블록도를 보여준다.

오실로스코프 조정

그림 1-44는 일반적인 4-채널 디지털 오실로스코프의 전면 패널의 모양을 보여준다(일부 스코프는 2개의 채널만 가진다). 계기는 모델과 제조사에 따라 다르지만 대부분 일정한 공통 기능을 갖고 있다. 예를 들어, 4개의 수직 영역에는 각각 위치 조정, 채널 메뉴 단추, 눈금(volts/div) 조

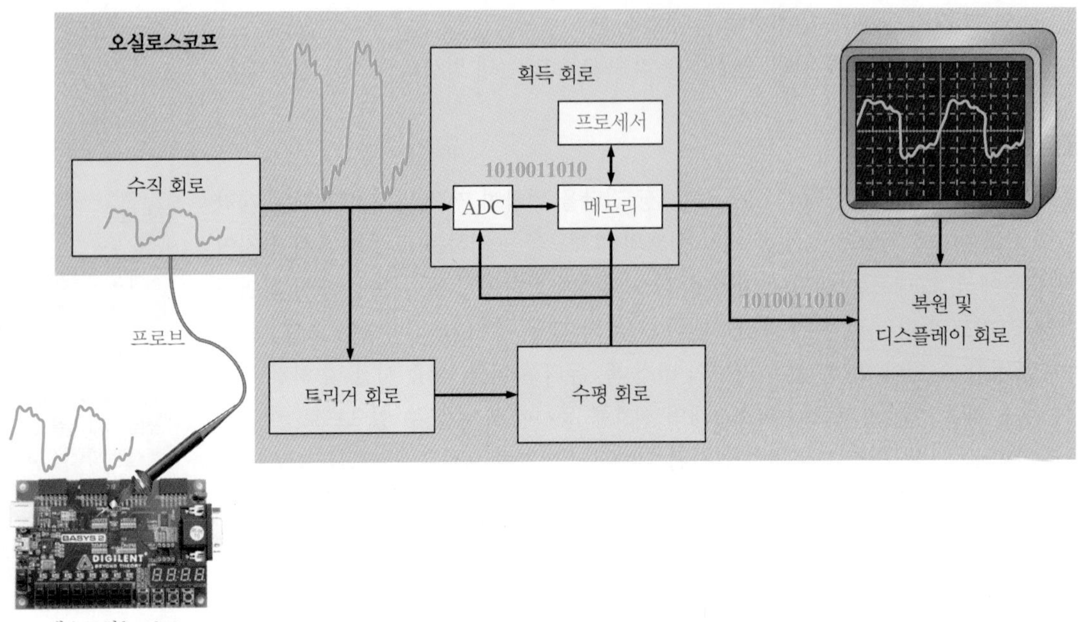

그림 1-43 디지털 오실로스코프의 블록도. Digilent Inc. 제공

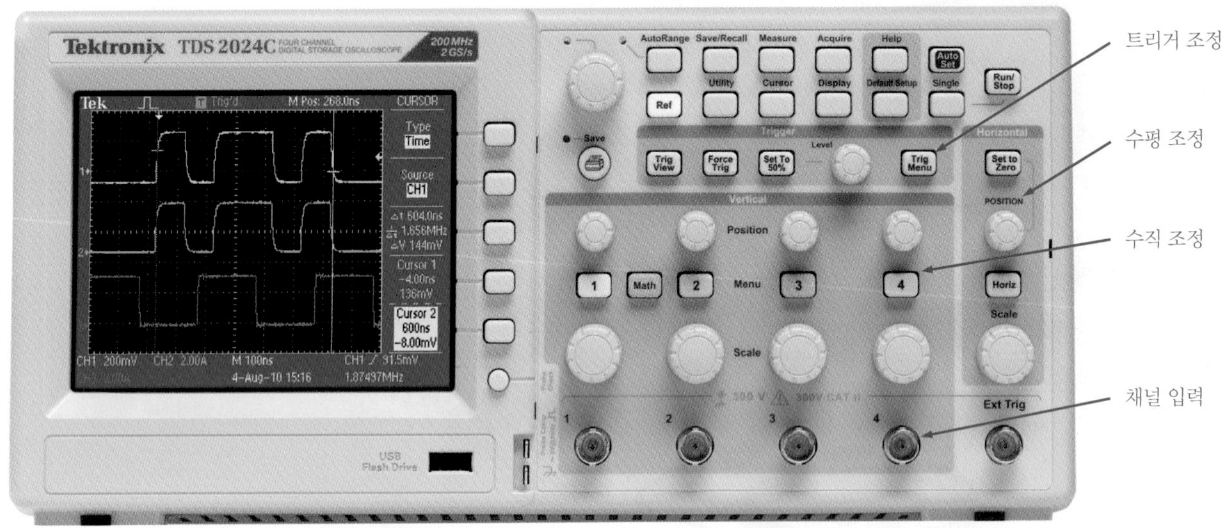

그림 1-44 일반적인 디지털 오실로스코프의 전면 패널. 화면 아래의 숫자는 수직(전압) 및 수평(시간) 눈금의 각 부분에 대한 값을 표시하며 스코프의 수직 및 수평 조정을 사용하여 변경할 수 있다. Tektronix, Inc.의 허락하에 사용

정이 있다. 수평 영역에도 눈금(sec/div) 조정이 있다.

이제 주요 오실로스코프 조정법을 설명한다. 특정 스코프의 자세한 내용은 사용자 설명서를 참조하라.

수직 조정

그림 1-44의 스코프의 수직 부분에는 4개의 채널(1, 2, 3, 4) 각각에 동일한 조정부가 있다. 위치 조정을 사용하면 표시된 파형을 화면에서 수직 방향 아래위로 배치할 수 있다. 화면 오른쪽의 버튼은 커플링 모드(교류, 직류 또는 접지), 눈금(volts/div)의 대략 조정 또는 미세 조정, 신호 반전, 그리고 다른 파라미터 등과 같이 화면에 표시되는 여러 항목의 선택을 할 수 있게 한다.

volts/div 기능은 화면의 수직 구간으로 표시되는 전압의 크기를 조정하게 한다. 각 채널의 volts/div 설정은 화면 하단에 표시된다.

수평 조정

수평 부분의 조정은 모든 채널에 적용된다. 위치 조정을 사용하면 표시된 파형을 화면의 좌우 수평으로 이동할 수 있다. 메뉴 버튼은 주 시간 기준, 파형의 부분 확대, 다른 파라미터와 같이 화면에 나타나는 몇 가지 항목들의 선택을 할 수 있게 한다. sec/div 설정은 화면의 하단에 표시된다.

트리거 조정

트리거 조정 부분에서, 레벨 조정은 입력 파형을 표시하기 위한 스윕을 시작하도록 트리거링이 발생하는 트리거링 파형상의 지점을 결정한다. Trig 메뉴 버튼은 에지 또는 슬로프 트리거링, 트리거 소스, 트리거 모드 및 기타 파라미터를 포함하여 화면에 표시하는 여러 항목들을 선택할 수 있게 한다. 외부 트리거 신호에 대한 입력도 있다.

트리거링은 화면에서 파형을 안정화시키거나 한 번 또는 불규칙적으로 발생하는 펄스에 대해 적절하게 표시하게 한다. 또한 이 기능은 두 파형 사이의 시간 지연을 관찰할 수 있도록 한다. 그림 1-45에 트리거된 신호와 그렇지 않은 신호를 비교하여 보였다. 트리거되지 않은 신호는 화면을 가로 질러 흐르는 경향이 있어 마치 여러 개의 파형이 있는 것처럼 보인다.

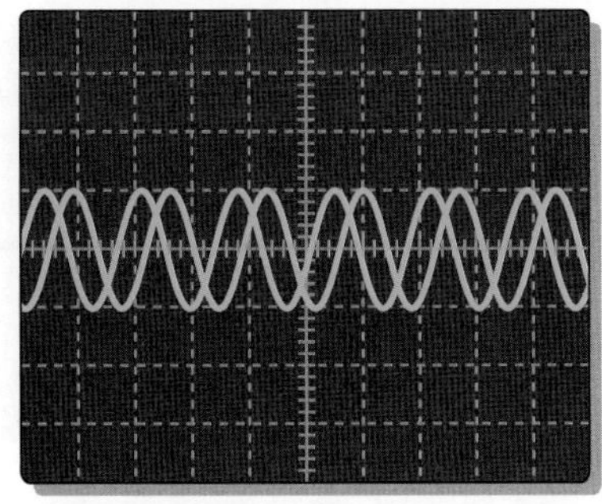

(a) 트리거되지 않은 파형 표시

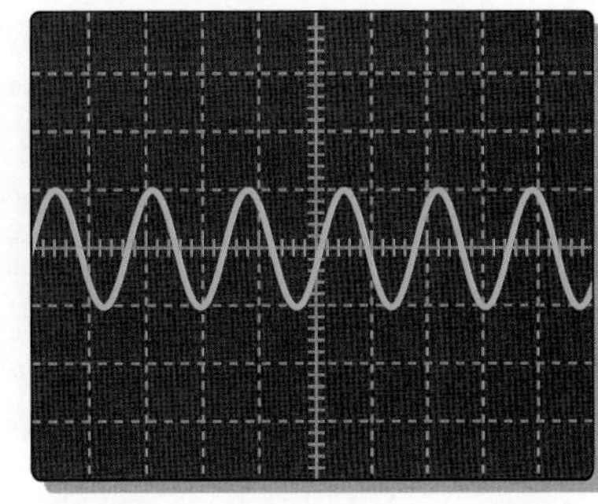

(b) 트리거된 파형 표시

그림 1-45 오실로스코프에서 트리거된 파형과 그렇지 않은 파형 비교

신호를 스코프에 결합

커플링은 측정될 신호 전압을 오실로스코프에 연결하는 데 사용되는 방법이다. 일반적으로 스코프의 수직 메뉴에서 DC와 AC 커플링이 선택된다. DC 커플링은 직류 성분을 포함한 파형을 표시하게 한다. AC 커플링은 신호의 직류 성분을 차단하여 중심이 0 V에 있는 파형을 볼 수 있게 한다. 접지 모드를 사용하면 채널의 입력을 접지로 연결하여 화면에서 0 V의 기준이 어디에 있는지 볼 수 있게 한다. 그림 1-46에 직류 성분이 있는 펄스 파형을 사용하여 DC 및 AC 커플링의 결과를 보였다.

그림 1-42의 오실로스코프에 연결된 전압 **프로브**(probe)는 신호를 스코프에 연결하는 데 필요하다. 모든 계측기는 부하로 인하여 측정되는 회로에 영향을 미치므로, 대부분의 스코프 프로브는 부하 효과를 최소화하기 위하여 높은 직렬 저항을 가진다. 스코프의 입력 저항보다 10배 큰 직렬 저항을 가지는 프로브는 ×10 프로브라 한다. 직렬 저항이 없는 프로브는 ×1 프로브라 한다. 오실로스코프는 사용되는 프로브 유형의 감쇠에 따라 교정을 맞추어야 한다. 대부분의 측

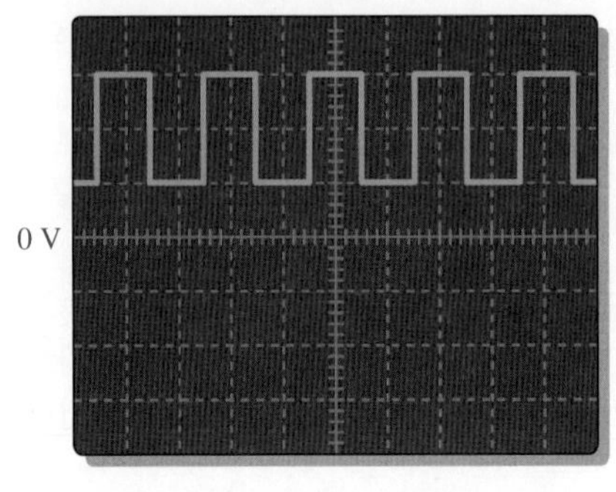

(a) DC 커플링된 파형

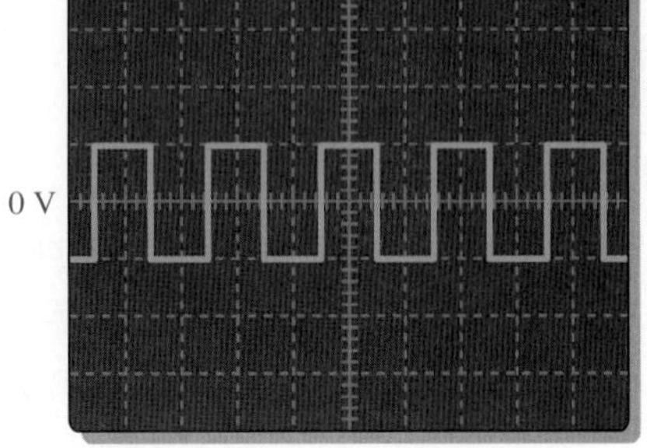

(b) AC 커플링된 파형

그림 1-46 직류 성분이 있는 동일 파형의 표시

정에서 ×10 프로브를 사용해야 한다. 그러나 매우 작은 신호를 측정하는 경우, ×1이 최선의 선택이 될 수 있다.

프로브에는 스코프의 입력 커패시턴스를 보상할 수 있는 조정 기능이 있다. 대부분의 스코프에는 프로브 보정을 위해 교정된 구형파를 제공하는 프로브 보정 출력이 있다. 측정을 하기 전에 프로브 왜곡을 제거하기 위하여 프로브가 적절히 보정되었는지 확인해야 한다. 일반적으로 프로브상에 보정을 조정하기 위한 나사 또는 다른 조절 수단이 있다. 그림 1-47은 적절한 보정, 부족한 보정, 과도한 보정의 세 가지 프로브 조건에 대한 스코프의 파형을 보여준다. 파형이 과도하거나 부족한 상태로 나타나면, 적절히 보정된 구형파를 얻을 때까지 프로브를 보정한다.

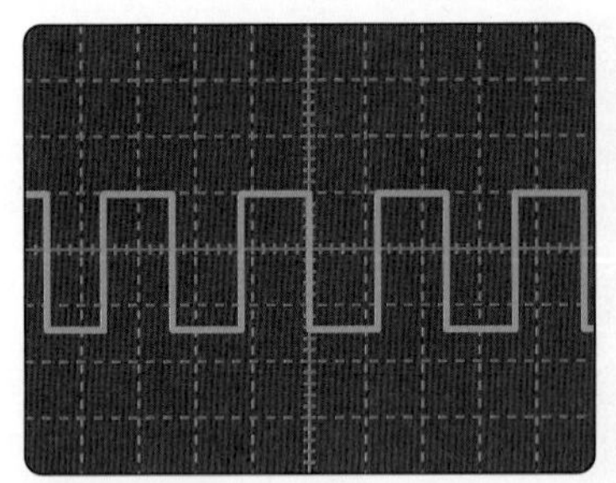

(a) 적절한 보정

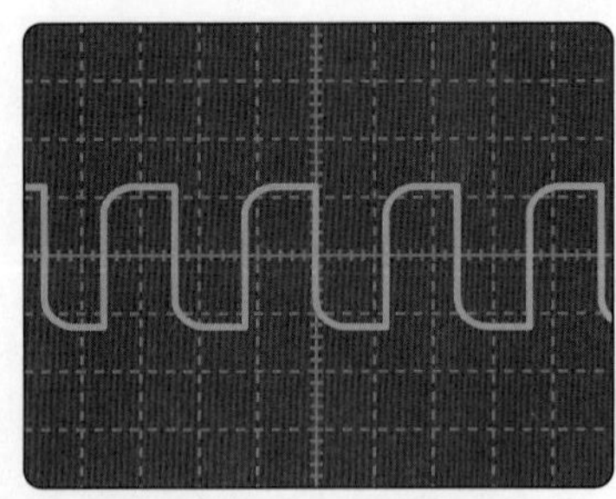

(b) 부족한 보정

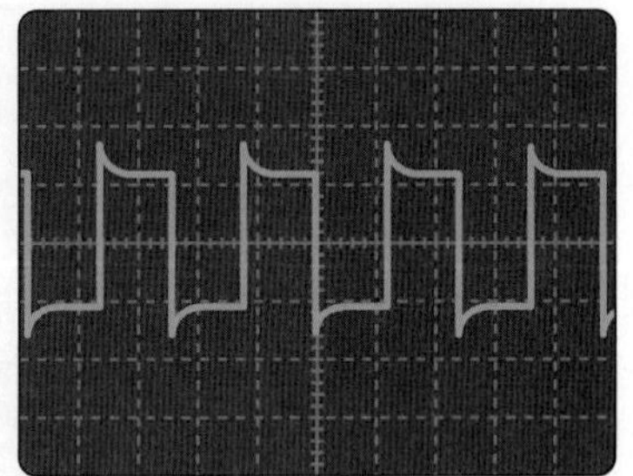

(c) 과도한 보정

그림 1-47 프로브 보정 조건

예제 1-3

판독값에 따라, 그림 1-48에 보인 디지털 오실로스코프의 화면에서 펄스 파형의 진폭과 주기를 결정하라. 그리고 주파수를 계산하라.

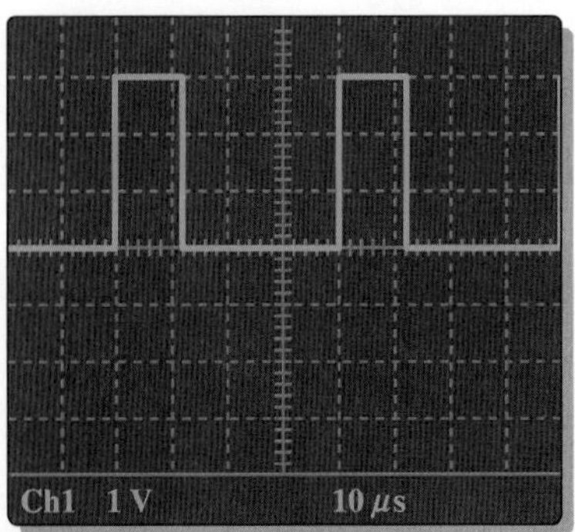

그림 1-48

풀이

volts/div 설정은 1 V이다. 펄스의 높이는 세 칸이다. 각 칸은 1 V이므로, 펄스의 전폭은

$$\text{진폭} = (3\ \text{div})(1\ \text{V/div}) = \mathbf{3\ V}$$

sec/div 설정은 10 μs이다. 파형의 한 주기(한 펄스의 시작에서부터 다음 펄스의 시작까지)는 네 칸을 차지한다. 그러므로 주기는

$$\text{주기} = (4\ \text{div})(10\ \mu\text{s/div}) = \mathbf{40\ \mu s}$$

주파수는 다음과 같이 계산된다.

$$f = \frac{1}{T} = \frac{1}{40\ \mu\text{s}} = \mathbf{25\ kHz}$$

관련 문제

volts/div 설정이 4 V이고 sec/div가 2 ms인 경우, 그림 1-48의 화면에 보인 펄스의 진폭과 주기를 결정하라.

오실로스코프 사양

몇 가지 주요 사양은 디지털 오실로스코프의 성능을 규정한다.

대역폭

대역폭은 큰 왜곡 없이 오실로스코프에 의하여 처리될 수 있는 입력 신호의 주파수 범위를 나타낸다. **대역폭**(bandwidth)은 정현파 입력 신호가 원래 진폭의 70.7%로 감쇠되는 주파수이다. 일반적으로 입력 신호에서 최대 주파수 성분의 적어도 두 배 이상 되는 대역폭의 스코프를 사용한다.

펄스 신호는 날카로운 상승 및 하강 에지를 가지고 높은 주파수의 고조파로 구성된다. 예를 들어, 구형파와 같은 10 MHz의 펄스 파형은 10 MHz의 사인파(기본파)와 고조파(harmonics)라 불리는 많은 수의 중요한 높은 주파수를 가지는 정현파를 포함한다. 신호의 모양을 정확하게 포착하려면, 오실로스코프가 이러한 고조파 중 몇몇을 포착할 수 있는 대역폭을 가져야 한다. 충분한 수의 고조파가 포착되지 않으면, 결과 신호가 왜곡되고 부정확한 측정 결과가 나온다.

샘플링 속도

샘플링 속도(sampling rate)는 오실로스코프의 아날로그-디지털 변환기(ADC)가 입력 신호를 디지털화하기 위하여 읽어 들이는 속도이다. 샘플링 속도와 대역폭은 직접 관련이 없지만, 샘플링 속도는 대역폭의 최소 다섯 배 이상이어야 한다. 그림 1-49는 낮은 샘플링 속도와 훨씬 높은 샘플링 속도의 차이를 보여준다. (a) 부분은 너무 낮은 샘플링 속도가 어떻게 상승 에지의 형태를 왜곡시키는가를 보여준다. (b) 부분에서, 더 높은 샘플링 속도는 상승 에지를 훨씬 더 정확하게 표현할 수 있음을 보여준다. 샘플링 속도가 충분히 높을 때, 신호는 정확하게 재생될 수 있다.

레코드 길이

레코드 길이(record length)는 오실로스코프가 포착하고 저장할 수 있는 샘플(데이터 점) 수이다. 획득 메모리의 용량에 따라 최대 레코드 길이가 결정된다. 메모리는 특정 시간 간격 동안 샘플링되는 모든 데이터 포인트들을 저장할 수 있어야 한다. 획득 시간, 샘플링 속도 및 레코드 길

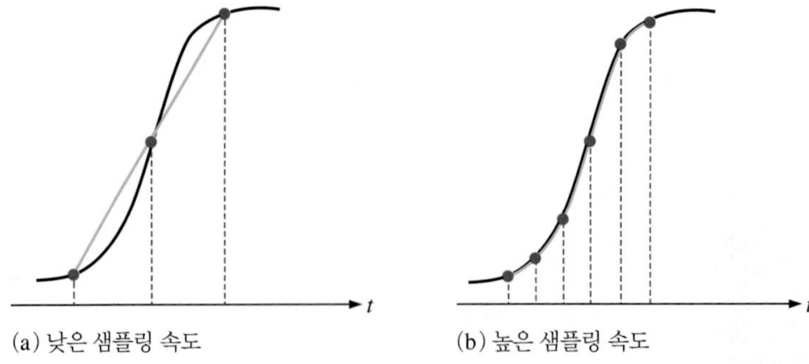

그림 1-49 파형 샘플링의 예. 점선은 클록(샘플링) 속도를 나타낸다. 입력 신호는 검은색이며 결과 표현은 파란색이다. 붉은색 점은 파형값이 샘플링되는 지점이다.

이 사이의 관계는 다음과 같다.

$$\text{획득 시간} = \frac{\text{레코드 길이}}{\text{샘플링 속도}}$$

획득 시간(샘플들이 수집되는 시간 길이) 및/또는 샘플링 속도는 오실로스코프의 레코드 길이에 따라 제한된다. 예를 들어, 레코드 길이가 1 Msample(100만 샘플)이고 샘플링 속도가 200 Msample/s이면 오실로스코프의 획득 시간은 1 Msample ÷ 200 Msample/s = 5 ms이다. 따라서 샘플링된 신호의 한 5 ms 구간이 한 번에 획득되고 저장될 수 있다.

분해능

분해능(resolution)은 샘플값을 디지털로 표현하는 데 사용되는 비트 수이다. 신호를 표현하는 데 사용되는 이산화된 전압 레벨의 수는, x를 비트 단위의 분해능이라 할 때, 2^x으로 표현된다. 예를 들어, 분해능이 4비트인 경우, $2^4 = 16$ 레벨이 표현될 수 있다. 분해능이 8비트이면, $2^8 = 256$레벨이 표현될 수 있다. 신호를 표현하는 데 사용되는 레벨이 많을수록, 분해능은 더 높아지므로 더 정확한 표현을 얻는다. 또한 분해능이 높을수록 더 작은 신호가 측정될 수 있다.

수직 감도

수직 감도는 오실로스코프의 수직 증폭기가 신호를 증폭할 수 있는 정도를 말한다. 수직 감도는 일반적으로 화면의 수직 구간당 볼트, 밀리볼트(mV) 또는 마이크로 볼트(μV) 단위로 표시된다.

수평 정확도

수평 정확도 또는 시간 기준은 수평 시스템이 신호의 타이밍을 얼마나 정확히 표현할 수 있는가를 나타내며 대개 퍼센트로 표시된다. 시간 기준은 화면의 수평축에 구간당 초의 단위로 표시된다.

논리 분석기

논리 분석기는 다수의 디지털 신호를 측정할 때와 트리거 조건이 까다로운 측정 환경에서 사용된다. 기본적으로 논리 분석기는 오실로스코프가 제공하는 것보다 많은 입력이 필요한 고장 진단이나 디버깅이 적용되는 마이크로프로세서로 인해 출현하였다. 많은 오실로스코프에는 2개의 입력 채널이 있으며 일부는 4개가 있다. 논리 분석기는 보통 16~136개의 입력 채널을 사용할 수 있다. 일반적으로 오실로스코프는 한 번에 몇 가지 신호의 진폭, 주파수 및 기타 타이밍 파라미터 또는 상승 하강 시간, 오버슈트 및 지연 시간과 같은 파라미터를 측정하는 경우에 사용된다. 논리 분석기는 많은 신호의 논리 레벨을 결정할 필요가 있을 때 및 타이밍 관계에 기초한 동시 신호의 상관관계를 관측하는 데 사용된다. 그림 1-50에 전형적인 논리 분석기를 보였고 그림 1-51에는 단순화된 블록도를 보였다.

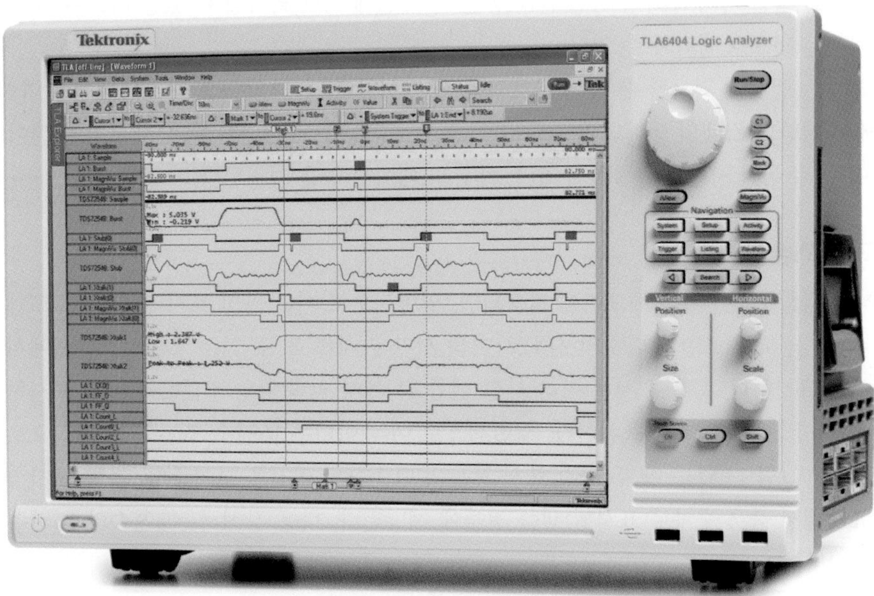

그림 1-50 전형적인 논리 분석기. Tektronix, Inc.의 허락하에 사용

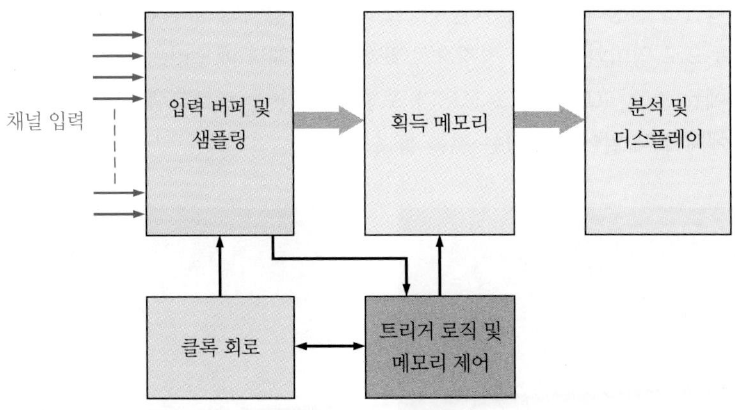

그림 1-51 논리 분석기의 단순화된 블록도

데이터 획득

한 번에 획득할 수 있는 많은 수의 신호는 오실로스코프와 논리 분석기를 구별하는 중요한 요소이다. 일반적으로 논리 분석기는 타이밍 획득과 상태 획득의 두 가지 유형의 데이터 획득으로 사용된다. 타이밍 획득은 주로 다양한 신호 간의 타이밍 관계를 결정할 때 사용된다. 상태 획득은 테스트 과정에서 시스템에 나타나는 상태의 순서를 볼 필요가 있을 때 사용된다.

종종 연관되어 있는 타이밍과 상태 데이터를 확보하는 것은 도움이 되며, 대부분의 논리 분석기는 동시에 해당 데이터를 획득할 수 있다. 예를 들어, 어떤 문제는 초기에는 유효하지 않은 상태로 검출될 수 있다. 그러나 이 유효하지 않은 조건은 테스트 중인 시스템에서 타이밍의 위반으로 발생할 수 있다. 두 가지 정보를 동시에 사용할 수 없으면, 문제를 분리하는 것이 매우 어려울 수 있다.

채널의 수와 메모리 깊이

논리 분석기에는 실시간 획득 메모리가 있어 모든 채널의 샘플 데이터가 발생하는 대로 저장된다. 이런 기능의 가장 중요한 두 가지 특성은 채널 수와 메모리 깊이이다. 획득 메모리는 채널의 수와 동일한 폭을 가지고 특정 시간 간격 동안 각 채널에 의해 획득될 수 있는 비트 수와 같은 깊이를 가지는 것으로 생각할 수 있다.

채널 수는 동시에 획득될 수 있는 신호의 수를 결정한다. 특정 유형의 시스템에서는 마이크로프로세서 기반 시스템의 데이터 버스와 같이 많은 수의 신호가 있다. 획득 메모리의 길이(레코드 길이)는 주어진 시간에 관찰할 수 있는 채널의 데이터 양을 결정한다.

분석과 디스플레이

데이터가 샘플링되어 획득 메모리에 저장되면, 일반적으로 여러 가지 표시 및 분석 모드에서 사용할 수 있다. 파형 표현은 다수의 신호 사이의 시간 관계를 볼 수 있는 오실로스코프에서 보는 것과 매우 유사하다. 목록 표시는 여러 시점(샘플 점)에서 입력 파형의 값(1과 0)을 표시하여 테스트 중인 시스템의 상태를 표시한다. 일반적으로 이 데이터는 16진수 또는 다른 형식으로 표시될 수 있다. 그림 1-52는 이 두 가지 표시 모드의 단순화된 버전을 보여준다. 목록 표시 샘플은 파형 표시에서 붉은 숫자로 표시된 샘플 점들에 해당된다. 다음 장에서는 2진수와 16진수를 공부하게 된다.

컴퓨터와 마이크로프로세서 기반 시스템의 테스트에 유용한 두 가지 모드는 명령 추적과 소스 코드 디버그이다. 예를 들어, 명령 추적은 마이크로프로세서 기반 시스템의 데이터 버스에서 발생하는 명령들을 결정하고 표시한다. 이 모드에서 명령어의 op-code와 니모닉(mnemonic, 연상기호라는 뜻으로 영어와 비슷한 명칭으로 표현됨)이 해당 메모리 주소와 함께 표시된다. 많은 논리 분석기에는 소스 코드 디버그 모드가 포함되어 있어, 프로그램 명령이 실행될 때 테스트 중인 시스템에서 실제 일어나고 있는 것을 볼 수 있다.

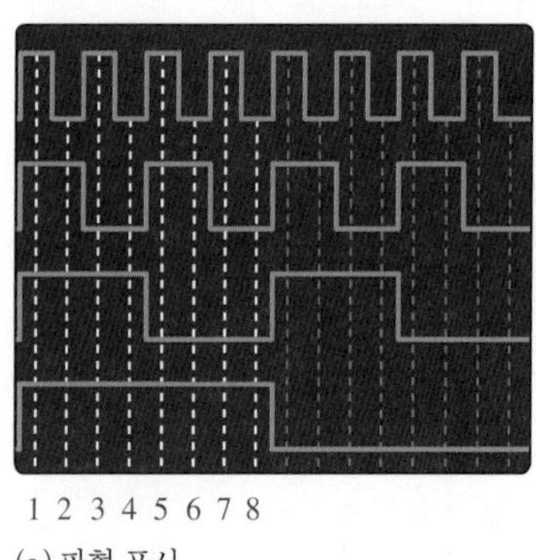

(a) 파형 표시

Sample	Binary	Hex	Time
1	1111	F	1 ns
2	1110	E	10 ns
3	1101	D	20 ns
4	1100	C	30 ns
5	1011	B	40 ns
6	1010	A	50 ns
7	1001	9	60 ns
8	1000	8	70 ns

(b) 목록 표시

그림 1-52 논리 분석기의 두 표시 모드

프로브

논리 분석기에는 세 가지 기본 유형의 프로브가 사용된다. 하나는 테스트 중인 회로 보드의 포인트에 부착될 수 있는 그림 1-53의 멀티채널 프로브이다. 그림의 것과 유사한 또 다른 유형의 멀티채널 프로브는 회로 보드 위에 장착된 전용 소켓에 삽입하는 것이다. 세 번째 유형은 단일 채널 클립-온 프로브이다.

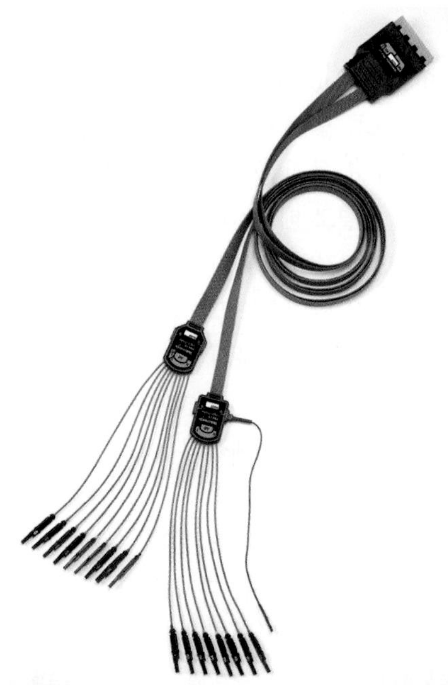

그림 1-53 일반적인 멀티채널 논리회로 프로브. Tektronix, Inc.의 허락하에 사용

신호 발생기

논리 신호 소스

이 계측기는 펄스 발생기 또는 함수 발생기라고도 한다. 이들은 정밀한 에지의 위치와 진폭을 가진 디지털 신호를 발생시키고 컴퓨터 버스, 마이크로프로세서 및 기타 디지털 시스템을 테스트하는 데 필요한 1과 0의 스트림을 생성하도록 특별히 설계되었다.

임의 파형 발생기 및 함수 발생기

임의 파형 발생기는 정현파, 삼각파, 펄스와 같은 표준 신호뿐만 아니라 다양한 모양과 특성을 가지는 신호를 발생시키는 데 사용된다. 파형은 수학적 또는 그래픽 입력으로 지정할 수 있다. 그림 1-54(a)는 일반적인 임의 파형 발생기이다.

(b) 부분에 있는 함수 발생기는 펄스, 정현파 및 삼각 파형을 제공하며, 때때로 프로그램 기능과 함께 제공한다. 신호 발생기는 디지털 회로 입력에 적절한 레벨과 구동을 제공하기 위하여 논리 호환의 출력을 가진다.

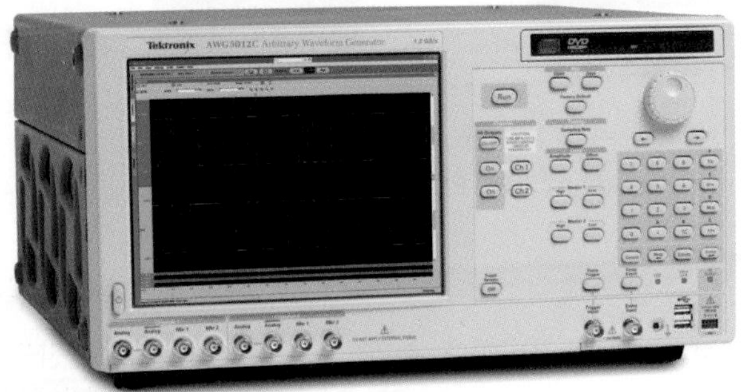

(a) 임의 파형 발생기

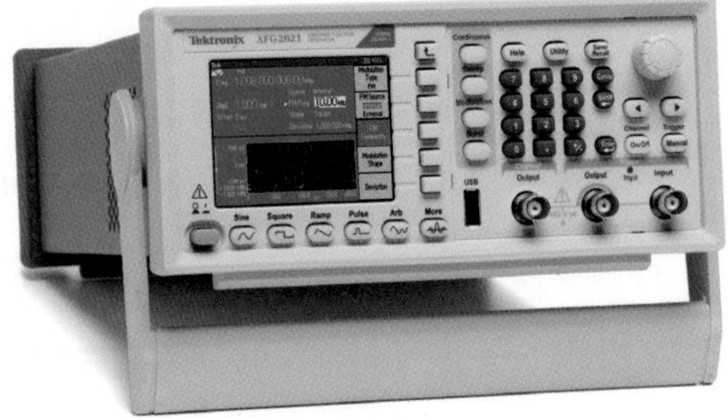

(b) 함수 발생기

그림 1-54 일반적인 신호 발생기. Tektronix, Inc.의 허락하에 사용

디지털 멀티미터

디지털 멀티미터(digital multimeter, DMM)는 사실상 모든 작업대에서 찾아볼 수 있는 다기능 계측기이다. 모든 DMM은 기본 교류 및 직류 전압, 전류 및 저항 측정을 할 수 있다. 전압 및 저항 측정은 DMM으로 측정되는 주요 물리량이다. 전류 측정의 경우, 리드는 별도의 잭 쌍으로 바꾸어 꽂아야 하고 전류 경로에 직렬로 배치한다. 이 모드에서 미터는 단락회로와 같이 동작하므로 미터가 병렬로 잘못 배치되면 심각한 문제가 발생할 수 있다.

기본 측정 외에, 대부분의 DMM은 다이오드 및 커패시터를 테스트할 수 있으며, 주파수 측정과 같은 다른 기능도 종종 갖추고 있다. 대부분의 신형 DMM은 자동 범위 조정 기능을 가지며, 이는 사용자가 측정을 위해 범위를 선택할 필요가 없다는 것을 의미한다. 범위가 자동으로 설정되지 않으면 미터의 손상을 방지하기 위하여 예상되는 값보다 더 높은 전압 측정 범위로 설정할 필요가 있다.

디지털 회로에서 DMM은 직류 전원 공급기의 전압 설정이나 회로의 다양한 지점에서 공급 전압을 확인하기 위해서 선호되는 계측기이다. 디지털 신호는 비정현파이므로, DMM은 (비록 몇몇 경우에 평균 또는 유효 값을 측정할 수 있지만) 디지털 신호의 측정에는 일반적으로 사용되지 않는다. 신호 측정에는 오실로스코프가 선호되는 계측기이다.

또한 DMM은 디지털 회로에서 회로의 점과 점 사이의 연결성을 테스트하고 저항계 기능으로 저항을 검사하는 데 사용된다. 회로 경로의 점검이나 단락을 찾으려면 DMM은 선택될 수 있는 계측기이다. 많은 DMM은 리드 사이가 단락되었을 때 경보음이나 신호음을 내므로, 화면을 볼 필요 없이 경로를 추적하는 데 편리하다. 만일 DMM에 단락 테스트 기능이 없으면, 저항계 기능을 대신 사용할 수 있다. 회로 전압이 측정값에 지장을 주고 위험할 수 있으므로 절대로 '동작하는' 회로에서 단락이나 저항 측정이 수행되지 않아야 한다.

그림 1-55는 일반적인 테스트 벤치와 휴대용 DMM을 나타낸다.

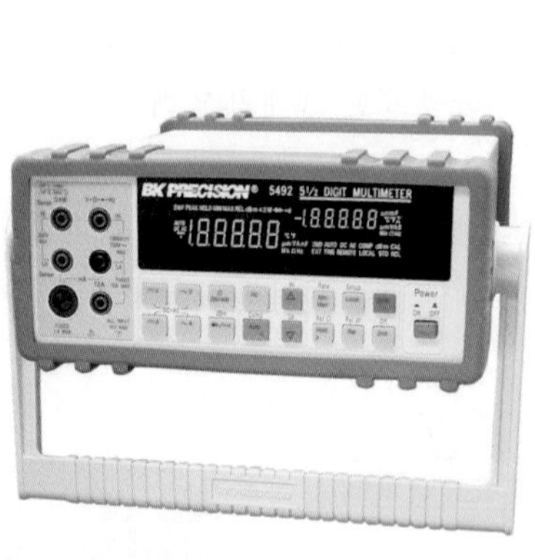

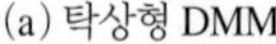
(a) 탁상형 DMM

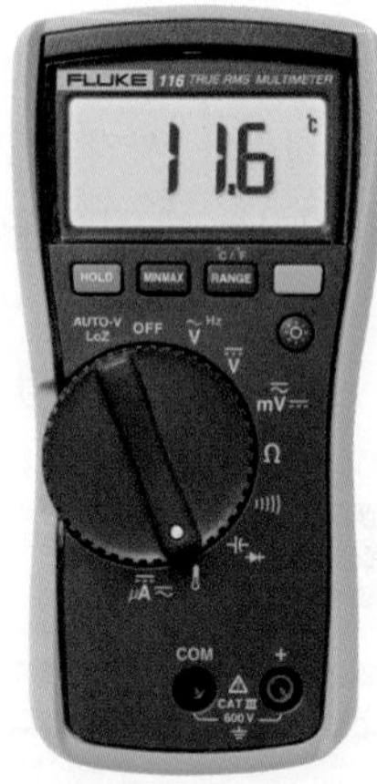

(b) 휴대용 DMM

그림 1-55 일반적인 DMM. (a) B + K Precision®과 (b) Fluke의 허락하에 사용

직류 전원 공급기

이 계측기는 모든 테스트 벤치에서 필수적인 장비이다. 전원 공급기는 상용 교류 전원을 규정된 직류 전압으로 변환한다. 모든 디지털 회로는 직류 전압을 필요로 한다. 대부분의 논리회로는 1.2 V에서 5 V에서 동작한다. 전원 공급기는 내부 전원이 없을 때, 설계, 개발 및 고장 진단 중 회로에 전원을 공급하는 데 사용된다. 그림 1-56은 일반적인 탁상형 직류 전원 공급기이다.

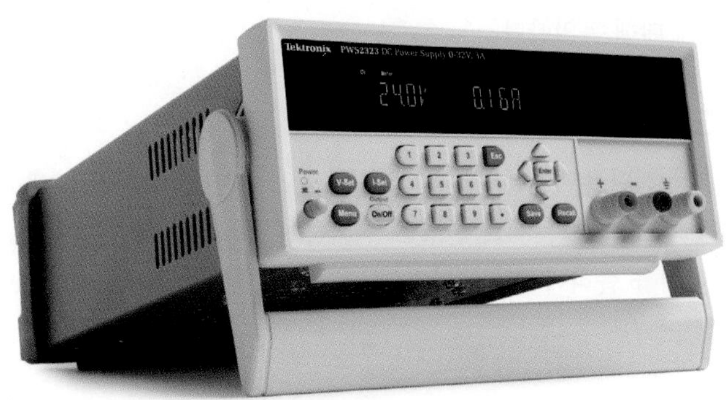

그림 1-56 일반적인 탁상형 직류 전원 공급기. Tektronix, Inc의 허락하에 사용

논리 프로브 및 논리 펄서

논리 프로브는 회로의 한 지점에서 다양한 조건을 감지하여 디지털 회로의 고장 진단 방법을 제공하는 편리하고 저렴한 휴대용 장비이다. 프로브는 높은 레벨의 전압, 낮은 레벨의 전압, 단일 펄스, 반복 펄스, PCB의 개방을 검출할 수 있다. 프로브 램프는 특정 지점에서 존재하는 조건을 표시한다.

논리 펄스는 회로의 모든 지점에 적용할 수 있는 반복 펄스 파형을 생성한다. 회로의 한 지점에서 펄서를 이용하여 펄스를 공급하고 다른 지점에서 논리 프로브를 사용하여 결과 펄스를 확인할 수 있다.

복습문제 1-7

1. 오실로스코프의 기본 기능은 무엇인가?
2. 오실로스코프와 논리 분석기의 두 가지 주요 차이점을 말하라.
3. 오실로스코프의 volts/div 조정은 무엇을 하는가?
4. 오실로스코프의 sec/div 조정은 무엇을 하는가?
5. 디지털 오실로스코프와 관련하여 레코드 길이는 무엇인가?
6. 함수 발생기의 목적은 무엇인가?

1-8 고장 진단의 소개

고장 진단(troubleshooting)은 시스템의 결함 또는 고장을 인식, 격리, 수정하는 절차다. 효과적인 고장 진단사가 되려면, 시스템이 어떻게 동작하고 잘못된 기능은 무엇인지 인식할 수 있어야 한다. 고장 진단은 시스템 수준, 회로 보드 수준 또는 소자 수준에서 수행될 수 있다. 오늘날 보통 고장 진단은 보드 수준 정도까지 내려가는 것으로 충분하다. 보드에 결함이 있는 것으로 판명되면, 보통 새 보드로 대체된다. 그러나 회로 보드를 절약하려면, 소자 수준의 고장 진단이 필요할 수 있다.

이 절의 학습내용

- 고장 진단 절차의 단계를 설명한다.
- 반분할 방법에 대해 논의한다.

- 신호추적 방법에 대해 논의한다.

기본 하드웨어 고장 진단 방법

시스템 수준에서 고장 진단은 우수한 검출 작업을 필요로 한다. 문제가 발생하면, 보통 잠재적인 원인 목록이 매우 방대하다. 문제를 판별하기 위하여 충분한 세부 정보를 수집하고 체계적으로 잠재적인 원인 목록을 좁혀야 한다. 시스템 고장 진단의 일반적인 지침으로서 다음 단계를 따른다.

1. 문제의 정보를 수집한다.
2. 증상 및 가능한 고장을 식별한다.
3. 고장 지점을 분리한다.
4. 문제의 원인을 판별할 도구를 사용한다.
5. 문제를 해결한다.

명백한 것의 점검

문제에 대한 정보를 수집한 다음, 직류 전원의 부재, 퓨즈 단선, 회로 차단기 열림, 램프와 같은 표시기 불량, 느슨한 커넥터, 느슨하거나 끊어진 선, 잘못된 위치에 있는 스위치, 물리적 손장, 잘못 삽입된 보드, 선 조각 또는 소자를 단락시키는 납땜 덩어리, 인쇄 회로 기판의 접촉 불량 등의 명백한 잘못에 대한 점검을 확실하게 한다. 고장 진단 작업을 수행하려면, 시스템/회로의 도면이 있어야 한다. 다른 유용한 문서는 특정 시스템에 대한 신호 특성 표와 미리 작성되어 있는 고장 진단 안내서이다.

활용 팁

올바른 접지는 시스템에서 측정을 설정하거나 실행할 때 중요하다. 오실로스코프의 적절한 접지는 항상 중요하다. 오실로스코프를 올바르게 접지하면 충격으로부터 사람이 보호받을 수 있으며, 사람이 접지되어 있으면 회로가 손상으로부터 보호된다. 오실로스코프를 접지한다는 것은 3구 전원 코드를 접지된 콘센트에 꽂아 그것을 대지 접지에 연결함을 의미한다. 사람을 접지한다는 것은, 특히 CMOS 소자와 작업할 때 손목형 접지 스트랩의 사용을 의미한다. 손목 스트랩에는 전압원과의 우발적인 접촉으로부터 보호하기 위하여 스트랩과 접지 사이에 높은 값의 저항이 있어야 한다.

정확한 측정을 위해서는 테스트 중인 회로의 접지가 스코프의 접지와 동일한지 확인하라. 이는 스코프 프로브의 접지 리드를 금속 섀시 또는 회로의 접지 지점과 같은 회로의 알려진 접지 점을 연결하여 수행할 수 있다.

교체

주어진 시스템에 다수의 회로 보드가 있다고 가정한다. 문제를 해결하는 가장 간단하고 빠른 방법은 문제가 해결될 때까지 회로 보드를 하나씩 양품의 보드로 교체하는 것이다. 물론 이 방법은 교체 보드가 사용 가능해야 한다. 이 방법의 또 다른 단점은 커넥터의 단락과 같은 외부의 소스가 고장을 일으킬 수 있다는 것이다. 즉, 보드를 교체하면 새 보드도 고장이 날 수 있다는 것이다.

증상 재현

결함이 있는 시스템의 증상이 확인되면 문제를 재현할 수 있는 방법을 찾는다. 문제점이 재현될 수 있으면, 이를 분리하여 해결할 수 있다. 일부 시스템에서는 증상이 자명할 수도 있지만, 다른 경우에는 주어진 지점에서 레벨이나 신호를 적용해야 증상이 나타날 수도 있다. 일단 이것이 끝나면, 체계적인 접근법을 사용하여 문제의 원인을 분리할 수 있다. 항상 하나 이상의 오류가 있을 수 있다는 가능성을 고려해야 한다.

증상이 간헐적으로 발생하면 고장 진단 작업이 더 어려워진다. 예를 들어, 소자가 온도에 민감하여 온도가 너무 높거나 낮을 때만 오동작할 수 있다. 이러한 경우, 시스템의 작동 상태를 모니터링하면서 의심이 가는 소자의 온도를 낮추기 위하여 찬 공기를 불어 넣거나 온도를 높이기 위하여 히트 건을 사용하는 방법으로 온도를 변화시킬 수 있다.

반분할 방법

이 방법에서는 입력과 출력 중간 지점에서 신호의 유무를 확인한다. 신호가 있는 경우, 후반부에 오류가 있음을 알 수 있다. 만일 신호가 없으면 전반부에 오류가 있음을 알 수 있다. 그런 다음 오류가 있는 반을 다시 반으로 나누고 신호를 확인한다. 시스템의 특정 부분이 분리될 때까지 이 과정은 계속된다. 이것은 많은 회로 보드가 있는 시스템에서 한 장의 보드가 될 수 있거나 주어진 회로 보드에서 한 소자가 될 수 있다. 대형 시스템에서 이 절차를 수행하면 선을 따라 각 블록이나 단계를 점검하는 것에 비하여 많은 시간을 절약할 수 있다. 이 방법은 일반적으로 대형의 복잡한 시스템에 가장 잘 적용된다. 그림 1-57은 이 방법을 간단히 설명한 것이다. 시스템은 4개의 녹색 블록으로 표시되었다. 추가 단계는 왼쪽이나 오른쪽에 추가 블록을 위해 더해진다.

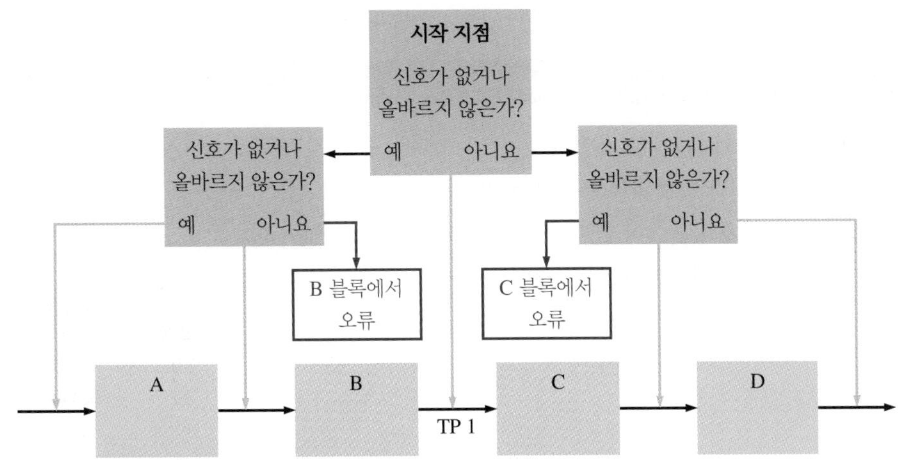

그림 1-57 반분할 방법의 개념. 파란색 화살표는 테스트 지점을 나타낸다.

신호추적 방법

신호추적은 시스템의 입력에서 출력 방향으로 진행하면서 신호를 추적하는 방법이다. 신호추적은 신호의 부재가 감지된 각 점에서 신호를 확인하는 반분할 방법과 함께 사용될 수 있다. 신호추적은 올바르지 않거나 부재의 신호 출력에서 시작하여 올바른 신호를 찾을 때까지 지점을 이동하여 입력으로 되돌아간다. 또한 입력에서 시작하여 신호를 점검하며, 올바른 신호가 손실될 때까지 지점을 이동하여 출력 쪽으로 이동할 수도 있다. 두 경우 모두, 오류는 그 지점과 출력 사이에 있다. 물론 어떤 것이 잘못되었다는 것을 알기 위해서는 신호가 어떤 모양이 되어야 하는지는 알고 있어야 한다. 그림 1-58은 신호추적의 개념을 보여준다.

신호 대체 및 주입

신호 대체는 테스트 중인 시스템이 신호원에서 분리되었을 때 사용된다. 발생기 신호는 시스템 또는 시스템의 일부가 일반적인 입력 신호를 생성하는 부분과 재결합될 때 소스에서 오는 정상

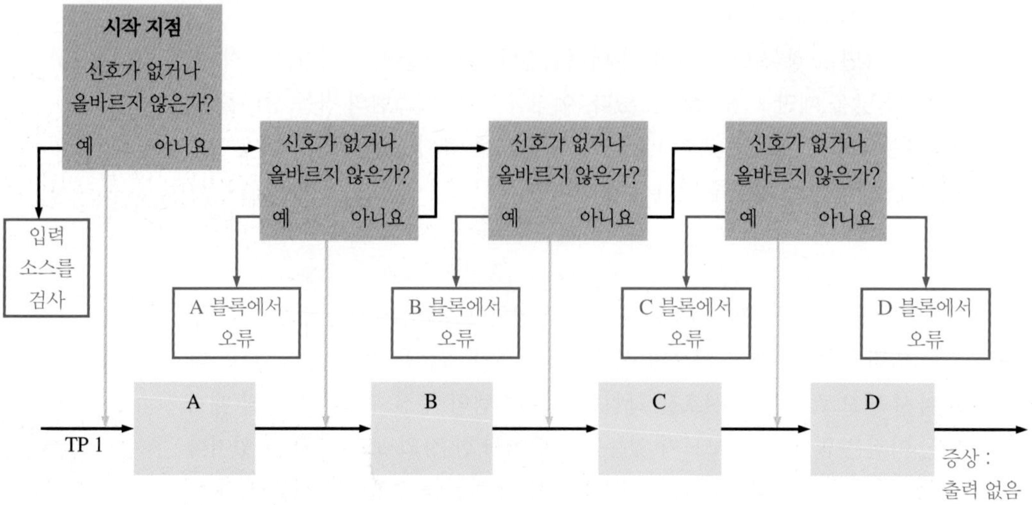

그림 1-58 신호추적 방법의 개념. 입력에서 출력을 나타낸다. 출력에서 시작하여 입력 쪽으로 가더라도 동일하게 적용된다.

신호를 대체하는 데 사용된다. 신호 주입은 반분할 접근 방법을 사용하는 시스템에서 특정 지점에서 신호를 인가하는 데 사용될 수 있다.

복습문제 1-8

1. 고장 진단 절차의 5단계를 나열하라.
2. 두 가지 고장 진단 방법의 이름을 말하라.
3. 고장난 시스템에서 찾아야 할 다섯 가지 명백한 사항을 열거하라.
4. 원인과 증상의 관계에 대해 아는 것이 중요한가?

요약

- 아날로그 양은 연속적인 값을 가진다.
- 디지털 양은 이산적인 값을 가진다.
- 하나의 2진 숫자를 비트라 한다.
- 펄스는 상승 시간, 하강 시간, 펄스 폭 및 진폭을 특징으로 한다.
- 주기 파형의 주파수는 주기의 역수이다. 주파수와 주기 사이의 관련 식은 다음과 같다.

$$f = \frac{1}{T} \quad \text{그리고} \quad T = \frac{1}{f}$$

- 펄스 파형의 듀티 사이클은 펄스 폭 대 주기의 비로서, 다음 식과 같이 백분율로 표현한다.

$$\text{듀티 사이클} = \left(\frac{t_W}{T}\right)100\%$$

- 타이밍도는 2개 이상의 파형에 대하여 시간에 관한 상호관계를 나타낸다.
- 세 가지 기본 논리 연산은 NOT, AND, OR이다. 이들의 표준 기호는 그림 1-59와 같다.

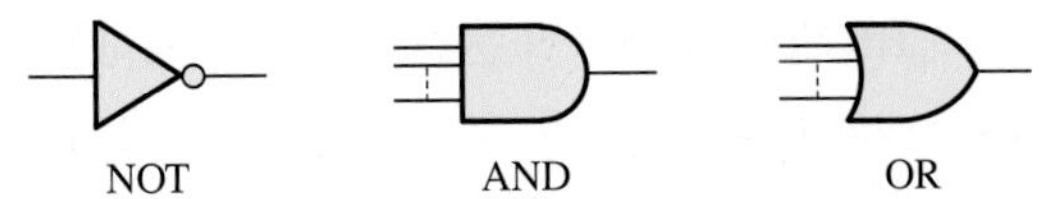

그림 1-59

- 기본 논리 함수는 비교, 산술, 코드 변환, 디코딩, 인코딩, 데이터 선택, 저장 및 계수 등이다.
- 두 가지 유형의 SPLD(simple programmable logic device)로 PAL(programmable array logic)과 GAL(generic array logic)이 있다.
- CPLD(complex programmable logic device)에는 프로그램 가능한 연결선이 있는 여러 개의 SPLD가 포함되어 있다.
- FPGA(field-programmable gate array)는 CPLD와는 다른 내부 구조를 가지며 일반적으로 더 복잡한 회로와 시스템에 사용된다.
- IC 패키지의 두 가지 큰 물리적 범주는 스루 홀 장착과 표면 실장이다.
- 고정 기능 집적회로에는 CMOS, 바이폴라 및 BiCMOS의 세 계열이 있다.
- 바이폴라는 TTL(transistor-transistor logic)이라고도 한다.
- 회로 복잡성 측면에서 IC의 범주로 SSI(small-scale integration), MSI(medium-scale integration), LSI(large-scale integration), VLSI(very large-scale integration), ULSI(ultra large-scale integration)가 있다.
- 디지털 회로의 테스트 및 고장 진단에 사용되는 일반적인 계측기로 오실로스코프, 논리 분석기, 임의 파형 발생기, 데이터 패턴 발생기, 함수 발생기, 직류 전원 공급기, 디지털 멀티미터, 논리 프로브, 논리 펄서 등이 있다.
- 고장 진단의 두 가지 기본 방법은 반분할 방법과 신호추적 방법이다.

핵심용어

이 장의 핵심용어 및 기타 굵은 글씨는 책 마지막 용어해설에도 정리되어 있다.

게이트(gate) AND 또는 OR와 같은 기본 논리 연산을 수행하는 논리회로

고장 진단(troubleshooting) 회로 또는 시스템의 오류를 체계적으로 식별, 분리, 수정하는 기법 또는 과정

고정 기능 논리(fixed-function logic) 변경할 수 없는 기능을 가진 디지털 집적회로의 한 범주

논리(logic) 디지털 전자공학에서, HIGH가 참을 나타내고 LOW가 거짓을 나타내는 게이트 회로에서 의사를 결정하는 능력

데이터(data) 숫자, 알파벳 또는 기타 형태로 표현된 정보

듀티 사이클(duty cycle) 디지털 파형의 펄스 폭 대 주기의 비를 백분율로 표시한 것

디지털(digital) 숫자 또는 이산화된 양과 관련이 있으며 이산화 값을 가짐

마이크로컨트롤러(microcontroller) 단일 칩에 완전한 컴퓨터로 구성되며 지정된 제어 기능에 사용되는 집적회로

병렬(parallel) 디지털 시스템에서 데이터는 여러 라인에서 동시에 발생한다. 동시에 여러 비트들을 전송하거나 또는 처리하는 것

비트(bit) 1 또는 0일 수 있는 2진에서 한 숫자

아날로그(analog) 연속 또는 연속 값을 가지는 것

인버터(inverter) NOT 회로. HIGH를 LOW로 또는 그 반대로 변경하는 회로

임베디드 시스템(embedded system) 일반적으로, 시스템 제어 목적으로 더 큰 시스템에 내장되는 프로세서와 같은 단일 목적의 시스템

입력(input) 회로에 들어오는 신호 또는 라인

직렬(serial) 비트의 직렬 전송에서와 같이 한 요소 다음에 다른 요소가 있다. 동시에 발생하는 것이 아니라 연속적으로 발생한다.

집적회로(integrated circuit, IC) 모든 소자들이 매우 작은 크기의 반도체 재료로 된 단일 칩에 집약된 형태의 회로

출력(output) 회로로부터 나오는 신호 또는 라인

컴파일러(compiler) 설계 흐름 과정을 제어하고 논리적으로 테스트하거나 타깃 소자로 다운로드할 수 있는 형식으로 소스 코드를 오브젝트 코드로 변환하는 프로그램

클록(clock) 디지털 시스템의 기본 타이밍 신호. 동작을 동기화하는 데 사용되는 주기 파형

타이밍도(timing diagram) 2개 이상의 파형의 시간 관계를 보여주는 디지털 파형의 그래프

펄스(pulse) 한 레벨에서 다른 레벨로의 갑작스러운 변화가 있고, 펄스 폭이라 불리는 시간이 지나면 다시 원래 레벨로 갑작스럽게 돌아가는 변화

프로그램 가능한 논리(programmable logic) 특정 기능이 수행되도록 프로그래밍할 수 있는 디지털 집적회로의 한 부류

2진(binary) 2개의 값 또는 상태. 2를 기수로 가지고 1과 0을 숫자로 사용하는 수 체계

AND 모든 입력 조건이 참(HIGH)일 때만 참(HIGH)의 출력이 발생하는 기본 논리 연산

CPLD 기본적으로 프로그램 가능한 연결선이 있는 다수의 SPLD 어레이로 구성되는 복잡한 프로그램 가능한 논리 소자

FPGA field-programmable gate array의 약자

NOT 반전을 수행하는 기본 논리 연산

OR 하나 이상의 입력 조건이 참(HIGH)일 때 참(HIGH)의 출력이 발생하는 기본 논리 연산

SPLD simple programmable logic device의 약자

참/거짓 퀴즈

정답은 이 장의 끝에 있다.

1. 아날로그 양은 연속적인 값을 가진다.
2. 디지털 양에 이산 값은 없다.
3. 2진 체계에 2개의 숫자가 있다.
4. 비트라는 용어는 binary digit의 약자이다.
5. 양의 논리에서 LOW 레벨은 이진수 1을 표시한다.
6. 주기 파형은 고정된 시간 간격으로 파형을 반복한다.
7. 타이밍도는 2개 이상의 디지털 파형의 시간 관계를 나타낸다.
8. AND 함수는 인버터라고 알려진 논리회로에 의해 구현된다.
9. 플립플롭은 한 번에 2비트만 저장할 수 있는 쌍안정 논리회로이다.
10. 두 가지 넓은 유형의 디지털 집적회로는 고정 기능 집적회로와 프로그램 가능한 집적회로이다.

자습문제

정답은 이 장의 끝에 있다.

1. 이산화된 숫자 값을 가지는 양은 무엇인가?
   (a) 아날로그 양 (b) 디지털 양
   (c) 2진 양 (d) 자연적인 양
2. 비트라는 용어는?
   (a) 소량의 데이터 (b) 하나의 1 또는 하나의 0
   (c) 2진의 숫자(binary digit) (d) (b)와 (c) 둘 다
3. 상승 에지와 하강 에지의 50% 점들 사이의 시간 간격은?
   (a) 상승 시간 (b) 하강 시간 (c) 펄스 폭 (d) 주기
4. 펄스 파형의 주파수가 50 Hz이다. 이 파형을 반복하는 시간은?
   (a) 1 ms (b) 20 ms (c) 50 ms (d) 100 ms
5. 특정 디지털 파형에서 주기는 펄스 폭의 네 배이다. 듀티 사이클은?
   (a) 25% (b) 50% (c) 75% (d) 100%
6. 인버터는 어떤 일을 하는가?
   (a) NOT 동작을 수행한다. (b) HIGH에서 LOW로 변환한다.
   (c) LOW에서 HIGH로 변환한다. (d) 앞의 모든 것을 수행한다.
7. OR 게이트의 출력은 어떤 경우에 LOW가 되나?
   (a) 어떤 입력이 HIGH일 때 (b) 모든 입력이 HIGH일 때
   (c) 아무 입력도 HIGH가 아닐 때 (d) (a)와 (b) 둘 다
8. AND 게이트의 출력은 어떤 경우에 LOW가 되나?
   (a) 어떤 입력이 LOW일 때 (b) 모든 입력이 HIGH일 때
   (c) 아무 입력도 HIGH가 아닐 때 (d) (a)와 (b) 둘 다
9. 2진수를 7-세그먼트 디스플레이 형식으로 변환하는 데 사용되는 장치는?
   (a) 멀티플렉서 (b) 인코더 (c) 디코더 (d) 레지스터
10. 데이터 저장 장치의 예는 어느 것인가?
    (a) 논리 게이트 (b) 플립플롭 (c) 비교기
    (d) 레지스터 (e) (b)와 (d) 둘 다
11. VHDL이란 무엇인가?
    (a) 논리 장치 (b) PLD 프로그래밍 언어
    (c) 컴퓨터 언어 (d) 매우 높은 집적도의 논리
12. CPLD는 무엇인가?
    (a) controlled program logic device
    (b) complex programmable logic driver
    (c) complex programmable logic device
    (d) central processing logic device
13. FPGA란 무엇인가?
    (a) field-programmable gate array
    (b) fast programmable gate array

(c) field-programmable generic array

(d) flash process gate application

14. 4개의 AND 게이트를 포함하는 고정 기능 IC 패키지는 다음 중 어디에 속하는가?

(a) MSI (b) SMT (c) SOIC (d) SSI

15. LSI 소자의 복잡도는?

(a) 10~100개의 등가 게이트

(b) 100~10,000개의 등가 게이트 이상

(c) 2,000~5,000개의 등가 게이트

(d) 10,000~100,000개의 등가 게이트 이상

문제

홀수 문제의 정답은 책의 끝에 있다.

1-1절 디지털과 아날로그 양

1. 아날로그 데이터에 대한 디지털 데이터의 장점 두 가지를 말하라.
2. 아날로그와 디지털 중 어느 양이 잡음에 더 많이 영향을 받는가?
3. 아날로그 양을 측정하는 보편적인 상품 세 가지를 나열하라.

1-2절 2진수, 논리 레벨, 디지털 파형

4. 디지털 시스템은 완전한 시간 구간에서 존재할 수 있는가? 또는 없다면 그 이유는?
5. 다음 레벨 시퀀스로 표현되는 비트(1과 0) 시퀀스를 표시하라.

(a) HIGH, HIGH, LOW, LOW, LOW, LOW, HIGH, HIGH

(b) HIGH, LOW, HIGH, LOW, HIGH, LOW, HIGH, LOW

6. 다음의 비트 시퀀스 각각을 표현하는 레벨(HIGH와 LOW)의 시퀀스를 나열하라.

(a) 1 0 0 0 0 1 0 1 (b) 1 1 1 1 0 0 1 1

7. 그림 1-60에 표시된 펄스의 그림에서 다음을 결정하라.

(a) 상승 시간 (b) 하강 시간 (c) 펄스 폭 (d) 진폭

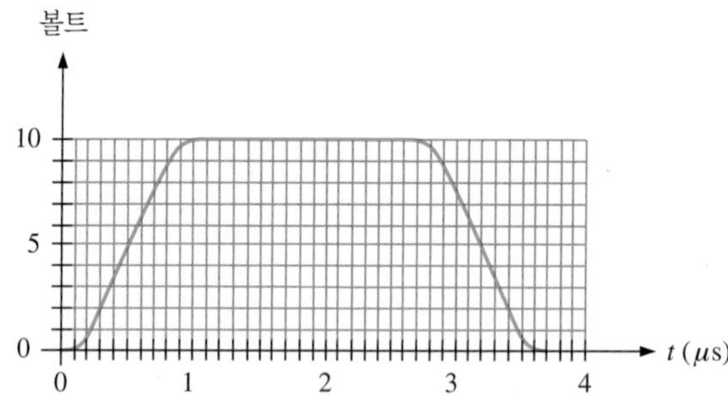

그림 1-60

8. 그림 1-61의 디지털 파형을 펄스 열이라 부를 수 있는가?
9. 그림 1-61에서 파형의 주파수는?
10. 그림 1-61의 펄스 파형은 주기적인가 비주기적인가?

11. 그림 1-61에서 파형의 듀티 사이클을 결정하라.

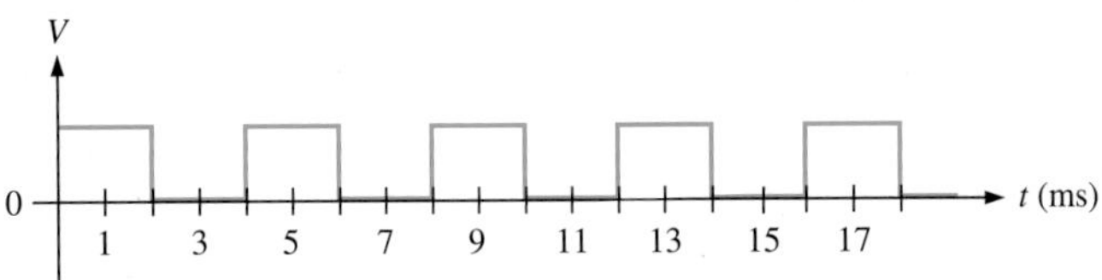

그림 1-61

12. 그림 1-62의 파형이 나타내는 비트 시퀀스를 결정하라. 이 경우 비트 시간은 1 μs이다.

13. 그림 1-62의 8비트에 대한 총 직렬 전송 시간은? 병렬 전송 시간은?

14. 클록 주파수가 4 kHz이면 주기는 얼마인가?

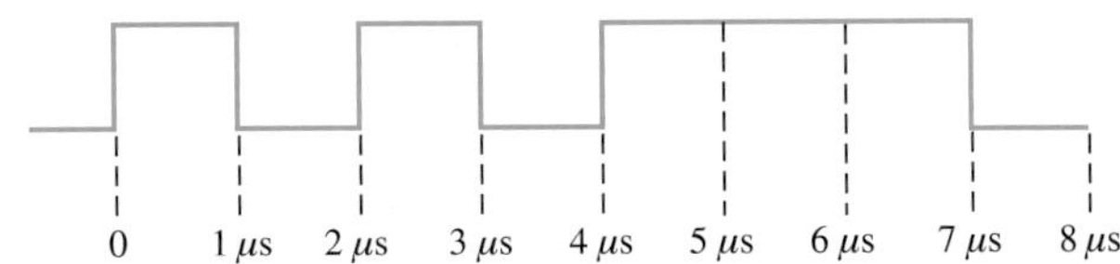

그림 1-62

1-3절 기본 논리 함수

15. 다음의 정보에서 하나의 논리 문장을 작성하라.
   (a) SW1이 닫혀 있으면 전등은 ON이다.
   (b) SW2가 닫혀 있으면 전등은 ON이다.
   (c) SW1과 SW2가 열려 있으면 전등은 OFF이다.

16. 논리 게이트의 출력은 입력의 반전이다. 어떤 유형의 논리 게이트인가?

17. 기본 2-입력 논리회로는 한 입력에 HIGH를, 다른 한 입력에 LOW를 가지고 출력은 HIGH이다. 어떤 회로인가?

18. 기본 3-입력 논리회로는 한 입력에 LOW를, 다른 두 입력에 HIGH를 가지고 출력은 LOW이다. 어떤 종류의 논리회로인가?

1-4절 조합 논리 함수와 순차 논리 함수

19. 입력 및 출력의 관찰에 기반하여, 그림 1-63에 보인 각 블록의 논리 함수의 이름을 말하라.

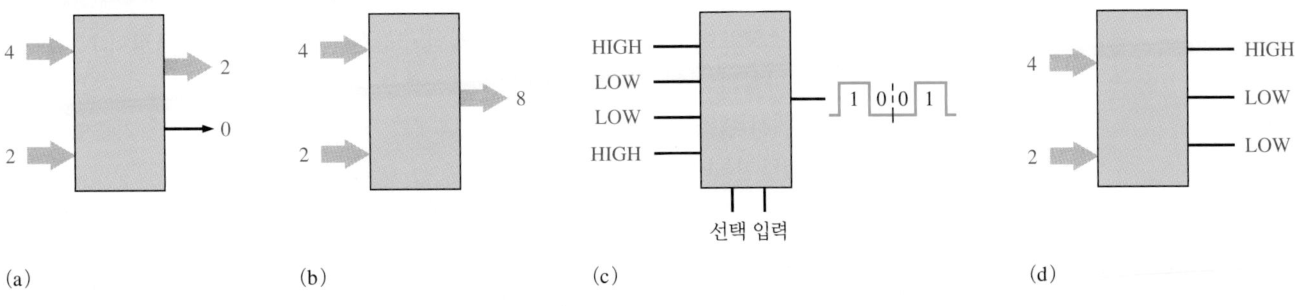

그림 1-63

20. 20 kHz의 주파수를 가지는 펄스 파형이 카운터의 입력에 인가된다. 40 ms 동안 몇 개의 펄스가 계수되는가?

21. 8비트를 저장할 수 있는 레지스터가 있다. 모든 위치에 0이 되도록 리셋되었다고 가정한다. 4개의 교번하는 비트(0101)를 직렬로 레지스터에 전송하고, 1부터 시작하여 오른쪽으로 이동한다면, 네 번째 비트가 저장될 때 레지스터의 전체 내용은 무엇이 되는가?

1-5절 프로그램 가능한 논리의 소개

22. 다음 각 프로그래밍 단계를 설명하라.
    (a) 합성 (b) 구현 (c) 컴파일러
23. 다음 각각은 무엇을 의미하는가?
    (a) SPLD (b) CPLD (c) HDL
    (d) FPGA (e) GAL
24. 다음 PLD 프로그래밍 용어를 설명하라.
    (a) 설계 입력 (b) 시뮬레이션
    (c) 컴파일 (d) 다운로드
25. 배치 및 라우트 과정을 설명하라.

1-6 고정 기능 논리 소자

26. 집적회로 패키지는 어떻게 분류되는가?
27. LSI 회로란 무엇인가?
28. 위에서 본 그림 1-64의 패키지에서 핀 번호를 붙이라.

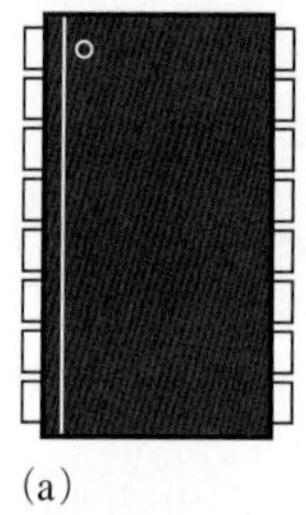
(a)

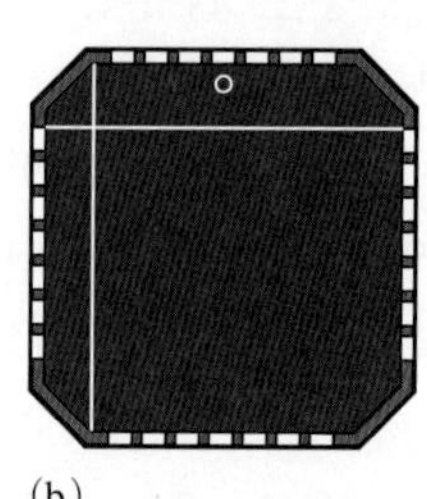
(b)

그림 1-64

1-7절 테스트 및 계측 장비

29. 오실로스코프의 화면에 펄스가 표시되고, 기준선을 2 V, 펄스의 상단을 10 V로 측정하였다. 진폭은 얼마인가?
30. 파형이 오실로스코프에서 측정되며 진폭이 2개의 구간을 차지한다. 수직 조정이 1 V/div로 설정되었다면 파형의 전체 진폭은 얼마인가?
31. 오실로스코프에서 펄스 파형의 주기가 가로로 4개의 구간을 차지한다. 시간 기준이 2 ms/div로 설정되었다면 파형의 주파수는 얼마인가?
32. 오실로스코프의 샘플링 속도가 12 Msamples/sec이고 입력 파형이 2 ms 동안 샘플링되는 경우, 필요한 레코드 길이는 얼마인가?

1-8절 고장 진단의 소개

33. 고장 진단(troubleshooting)을 정의하라.
34. 고장 진단의 반분할 방법을 설명하라.
35. 고장 진단의 신호추적 방법을 설명하라.

36. 신호 대체 및 주입에 대하여 논의하라.
37. 시스템이 고장 난 것으로 보고될 때, 찾는 정보 유형의 몇 가지 예를 말하라.
38. 특정 시스템의 증상이 출력이 없는 것으로 나타나면, 두 가지 가능한 일반적 원인을 말하라.
39. 특정 시스템의 증상이 올바르지 않은 출력으로 나타나면, 두 가지 가능한 원인을 말하라.
40. 고장 진단 과정을 시작하기 전에 찾아야 하는 명백한 사항은 무엇인가?
41. 시스템에서 오류를 어떻게 분리하는가?
42. 고장 진단에서 사용되는 두 가지 보편적인 계측기를 말하라.
43. 특정 회로 보드 단계까지 문제를 분리하였다고 가정하자. 이 시점에서 선택해야 하는 것은 무엇인가?

정답

복습문제

1-1절 디지털과 아날로그 양

1. 아날로그는 연속적인 것을 의미한다.
2. 디지털은 이산적인 것을 의미한다.
3. 디지털 양은 이산적인 값을 가지고 아날로그 양은 연속적인 값이다.
4. 공중 방송 시스템은 아날로그이다. CD 플레이어는 아날로그 및 디지털이다. 컴퓨터는 모두 디지털이다.
5. 메카트로닉스 시스템은 기계와 전자의 요소 둘 다로 구성된다.

1-2절 2진수, 논리 레벨, 디지털 파형

1. 2진은 2개의 상태 또는 값을 가짐을 의미한다.
2. 비트는 2진 숫자이다.
3. 비트는 1과 0이다.
4. 상승 시간 : 진폭의 10%에서 90%, 하강 시간 : 진폭의 90%에서 10%
5. 주파수는 주기의 역수이다.
6. 클록 파형은 다른 파형이 유도되는 기본 타이밍 파형이다.
7. 타이밍도는 2개 이상의 파형 간 시간 관계를 보여준다.
8. 병렬 전송은 직렬 전송보다 더 빠르다.

1-3절 기본 논리 함수

1. 입력이 LOW일 때
2. 모든 입력이 HIGH일 때
3. 어떤 또는 모든 입력이 HIGH일 때
4. 인버터는 NOT 회로이다.
5. 논리 게이트는 논리 연산(AND, OR)을 수행하는 회로이다.

1-4절 조합 논리 함수와 순차 논리 함수

1. 비교기는 두 입력 수의 크기를 비교한다.
2. 더하기, 빼기, 곱하기, 나누기
3. 인코딩은 10진수와 같은 친숙한 형식을 2진과 같은 부호화된 형식으로 변환한다.
4. 디코딩은 2진에서 10진과 같이 코드를 친숙한 형태로 변환한다.
5. 멀티플렉싱은 여러 소스의 데이터를 한 라인으로 보내준다. 디멀티플렉싱은 한 라인에서 데이터를 받아서 여러 목적지로 배분한다.
6. 플립플롭, 레지스터, 반도체 메모리, 자기 디스크
7. 카운터는 2진 상태의 시퀀스로 사건을 계수한다.

1-5절 프로그램 가능한 논리의 소개

1. SPLD(simple programmable logic device), CPLD(complex programmable logic device), FPGA(field-programmable gate array)
2. CPLD는 다수의 SPLD로 구성된다.
3. 설계 입력, 기능 시뮬레이션, 구현, 타이밍 시뮬레이션 및 다운로드
4. 설계 입력 : 논리 설계는 개발 소프트웨어를 사용하여 입력된다.
   기능 시뮬레이션 : 설계가 논리적으로 동작하는지 소프트웨어로 검증한다.
   합성 : 설계는 네트리스트로 변환된다.
   구현 : 네트리스트로 기술된 논리는 프로그램 가능한 소자로 매핑된다.
   타이밍 시뮬레이션 : 설계는 타이밍 문제가 없는지 소프트웨어로 검증된다.

다운로드 : 설계가 프로그램 가능한 소자에 이식된다.

5. 마이크로컨트롤러는 고정된 내부 회로를 가지며 그 동작은 프로그램에 의하여 결정된다.

1-6절 고정 기능 논리 소자

1. IC는 단일 실리콘 칩에 모든 소자가 집약된 전자회로다.
2. DIP : dual in-line package, SMT : surface-mount technology, SOIC : small-outline integrated circuit, SSI : small-scale integration, MSI : medium-scale integration, LSI : large-scale integration, VLSI : very large-scale integration, ULSI : ultra large-scale integration
3. (a) SSI
   (b) MSI
   (c) LSI
   (d) VLSI
   (e) ULSI

1-7절 테스트 및 계측 장비

1. 오실로스코프는 전기 파형을 측정, 처리 및 표시한다.
2. 논리 분석기는 오실로스코프보다 많은 채널을 가지며, 2개 이상의 데이터 표시 형식이 있다.
3. volts/div 조정은 화면 각 구간의 전압을 설정한다.
4. sec/div 조정은 화면 각 구간의 시간을 설정한다.
5. 함수 발생기는 다양한 유형의 파형을 생성한다.
6. 레코드 길이는 주어진 시간 동안 획득할 수 있는 최대 샘플 수이다.

1-8절 고장 진단의 소개

1. 정보를 수집하고, 증상 및 가능한 원인을 확인하고, 고장 지점을 분리하고, 원인을 결정하기 위한 적절한 도구를 적용하고, 문제를 해결한다.
2. 반분할 방법과 신호추적 방법
3. 퓨즈 끊김, 직류 전원 없음, 헐거운 연결, 끊어진 배선, 느슨하게 연결된 보드
4. 그렇다.

예제의 관련문제

1-1 $f = 6.67$ kHz, 듀티 사이클 = 16.7%

1-2 직렬 전송 : 33.3ns

1-3 진폭 = 12 V, $T = 8$ ms

참/거짓 퀴즈

1. T	2. F	3. T	4. T	5. F
6. T	7. T	8. F	9. F	10. T

자습문제

1. (b)	2. (c)	3. (c)	4. (b)	5. (a)
6. (d)	7. (c)	8. (a)	9. (c)	10. (e)
11. (b)	12. (c)	13. (a)	14. (d)	15. (b)

CHAPTER 2

수 체계, 연산, 코드

학습목차

학습목표

- 10진수 체계를 복습한다.
- 2진수 체계에서 계수할 수 있다.
- 10진수에서 2진수로, 2진수에서 10진수로 변환한다.
- 2진수에 산술 연산을 적용한다.
- 부호 크기, 1의 보수, 2의 보수 및 부동소수점 형식의 부호 있는 2진수를 표현할 수 있다.
- 부호 있는 2진수의 산술 연산을 수행한다.
- 2진수와 16진수를 상호 변환한다.
- 16진수로 덧셈을 한다.
- 2진수와 8진수를 상호 변환한다.
- 2진화 10진수(BCD) 형식으로 10진수를 표현한다.
- BCD 수의 덧셈을 할 수 있다.
- 2진수와 그레이 코드를 상호 변환한다.
- ASCII(American Standard Code for Information Interchange)를 해석한다.
- 코드 오류의 검출 방법을 설명한다.
- 순환 중복 검사(cyclic redundancy check, CRC)에 대하여 논의한다.

학습지원 웹사이트

http://www.pearsonglobaleditions.com/floyd

핵심용어

- LSB
- MSB
- 바이트
- 부동소수점 수
- 16진수
- 8진수
- BCD
- 영숫자
- ASCII
- 패리티
- 순환 중복 검사(CRC)

개요

2진수 체계와 디지털 코드는 일반적으로 컴퓨터와 디지털 전자공학의 기초이다. 이 장에서는 2진수 체계와 10진수, 16진수, 8진수와 같은 다른 수 체계와의 관계에 대하여 설명한다. 2진수를 사용한 산술 연산은 컴퓨터 및 기타 여러 유형의 디지털 시스템이 동작하는 방식을 이해하기 위한 기초를 제공할 목적으로 다룬다. 또한 BCD(binary coded decimal), 그레이 코드 및 ASCII와 같은 디지털 코드도 다룬다. 코드에서 오류를 검출하기 위한 패리티 방법도 소개한다. TI-36X 계산기는 특정 동작을 설명하기 위하여 사용된다. 제시된 절차는 유형에 따라 달라질 수 있다.

2-1 10진수

일상생활에서는 10진수를 사용하므로 10진수 체계에는 매우 익숙하다. 10진수는 일상적이지만, 가중치 구조를 이해하지 못하는 경우도 종종 있다. 이 절에서는 10진수의 구조를 복습한다. 이 복습은 컴퓨터 및 디지털 전자기기에서 중요한 2진수 체계를 보다 쉽게 이해하는 데 도움이 된다.

이 절의 학습내용

- 10진수 체계가 가중치 구조임을 설명한다.
- 10진수 체계에서 10의 지수가 어떻게 사용되는지 설명한다.
- 10진수에서 각 자리의 가중치를 결정한다.

10진수 체계에는 10개의 숫자가 있다.

10진(decimal) 수 체계에서 0부터 9까지의 10개의 숫자 각각은 일정한 양을 나타낸다. 알고 있듯이, 10개의 기호[**숫자**(digit)]는 적절한 위치에 있는 다양한 숫자를 사용하여 수량의 크기를 나타내므로, 10개의 다른 양만을 표현하도록 제한되지 않는다. 숫자가 소진되기 전까지 9까지의 수량을 표현할 수 있다. 9보다 큰 양을 표현하려면, 2개 이상의 숫자를 사용하고 각 숫자의 자리는 그것이 나타내는 크기를 알려준다. 예를 들어, 23이라는 수량을 표현하고 싶은 경우, (숫자의 해당 자리에 따라) 숫자 2는 수량 20을 나타내고 숫자 3은 수량 3을 아래 그림과 같이 표현한다.

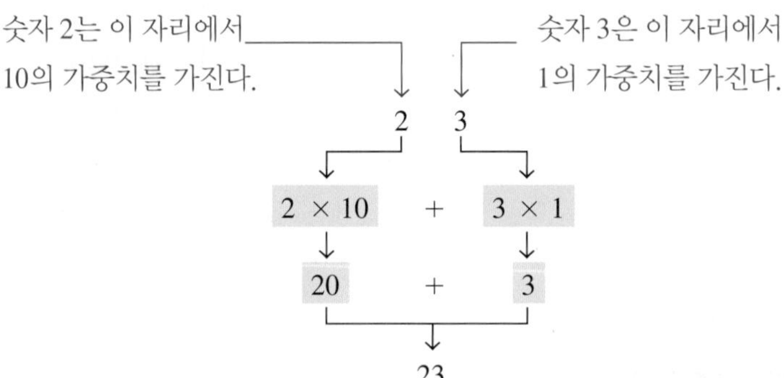

10진수 체계의 기수는 10이다.

10진수의 각 숫자의 자리는 표시된 양의 크기를 나타내며 **가중치**(weight)가 지정될 수 있다. 정수의 가중치는 $10^0 = 1$부터 시작하여 오른쪽에서 왼쪽으로 증가하는 10의 지수값이다.

$$\ldots\ 10^5\ 10^4\ 10^3\ 10^2\ 10^1\ 10^0$$

분수의 경우, 가중치는 10^{-1}에서 시작하여 왼쪽에서 오른쪽으로 감소하는 10의 음의 지수값이다.

$$10^2\ 10^1\ 10^0.10^{-1}\ 10^{-2}\ 10^{-3}\ldots$$

↑ 소수점

숫자의 값은 숫자의 위치에 의해 결정된다.

10진수의 값은, 예제 2-1과 2-2에 보였듯이, 각 숫자에 가중치를 곱하여 구한 자릿수의 합계이다.

예제 2-1

10진수 47을 각 자릿수의 합으로 표시하라.

풀이

숫자 4는 자리에 나타난 것과 같이 가중치로 10^1인 10을 가진다. 숫자 7은 자리에 나타난 것과 같이 가중치로 10^0인 1을 가진다.

$$47 = (4 \times 10^1) + (7 \times 10^0)$$
$$= (4 \times 10) + (7 \times 1) = \mathbf{40} + \mathbf{7}$$

관련 문제*

939의 각 숫자가 가지는 값을 결정하라.

* 정답은 이 장의 끝에 있다.

예제 2-2

10진수 568.23을 각 숫자가 가지는 값의 합으로 표현하라.

풀이

숫자 5의 가중치는 10^2인 100, 숫자 6의 가중치는 10^1인 10, 숫자 8의 가중치는 10^0인 1, 소수 자릿수 2의 가중치는 10^{-1}인 0.1, 소수 자릿수 3의 가중치는 10^{-2}인 0.01이다.

$$568.23 = (5 \times 10^2) + (6 \times 10^1) + (8 \times 10^0) + (2 \times 10^{-1}) + (3 \times 10^{-2})$$
$$= (5 \times 100) + (6 \times 10) + (8 \times 1) + (2 \times 0.1) + (3 \times 0.01)$$
$$= \mathbf{500} + \mathbf{60} + \mathbf{8} + \mathbf{0.2} + \mathbf{0.03}$$

관련 문제

67.924에 있는 각 숫자의 값을 결정하라.

계산기 활용

10의 지수

10^3의 값을 구하라

TI-36X 단계 1 : 1 0 y^x

단계 2 : 3 =

1000

복습문제 2-1

정답은 이 장의 끝에 있다.

1. 숫자 7은 다음과 같은 수에서 어떤 가중치를 가지는가?
   (a) 1370 (b) 6725 (c) 7051 (d) 58.72
2. 각 자릿수에 적절한 가중치를 곱하여 얻은 곱의 합으로 다음 10진수 각각을 표현하라.
   (a) 51 (b) 137 (c) 1492 (d) 106.58

2-2 2진수

2진수 체계는 양을 표현하는 또 다른 한 방법이다. 2진수 체계는 2개의 숫자만 있기 때문에 10진수 체계보다 덜 복잡하다. 10개의 숫자가 있는 10진수 체계는 10을 기수(base)로 하는 체계이다. 2개의 숫자가 있는 2진수 체계는 2를 기수로 하는 체계다. 두 2진 숫자(비트)는 1과 0이다. 2진수 1과 0의 자리는, 10진수에서 자리가 그 수의 값을 결정하듯이, 그 수의 가중치를 나타낸다. 2진수의 가중치는 2의 거듭제곱을 기반으로 한다.

이 절의 학습내용

- 2진수로 계수한다.
- 주어진 비트 수로 표현할 수 있는 가장 큰 10진수를 결정한다.
- 2진수를 10진수로 변환한다.

2진수의 계수

2진수 체계는 2개의 숫자(비트)를 가진다.

2진수 체계에서 계수하는 방법을 익히기 위해서, 먼저 10진수 체계에서 계수하는 방법을 먼저 살펴본다. 0에서 시작하여 숫자를 다 소진하기 전인 9까지 센다. 그러면 다른 숫자 자리(왼쪽의)를 시작하고 10에서 99까지 세는 것을 계속한다. 이 시점에서 두 자리 수의 조합을 다 사용하였으므로, 100에서 999까지 세기 위하여 세 번째 자리를 시작할 필요가 있다.

2진수 체계의 기수는 2이다.

비트(bit)라 하는 2개의 숫자만 있다는 점을 제외하면, 2진으로 계수할 때 비슷한 상황이 발생한다. 계수를 시작하면 0, 다음 1로 진행된다. 이 시점에서 두 숫자를 다 사용했다. 그래서 다른 자릿수를 포함하여 진행하면 10, 11이다. 이제 두 숫자의 조합을 모두 소진했다. 그래서 세 번째 자리가 필요하다. 세 자릿수로 계속 계수하면 100, 101, 110, 111이다. 이제 계속하려면 네 번째 자릿수가 필요하고, 이러한 방법으로 계속 진행한다. 0부터 15까지 2진수를 계수하는 과정을 그림 2-1에 나타냈다. 각 열에서 1과 0이 교대로 나타나는 패턴에 주목하라.

정보노트

프로세서 동작에서, 계수기에 저장된 숫자에 1을 더하거나 빼는 것이 필요한 경우가 많다. 프로세서에는 ADD 또는 SUB 명령보다 더 적은 시간을 소모하고 더 적은 기계어 코드를 생성하는 특수 명령이 있다. 인텔 프로세서에서, INC(증가) 명령은 숫자에 1을 더한다. 빼기의 경우, 해당 명령은 DEC(감소)이며, 숫자에서 1을 뺀다.

표 2-1

10진수	2진수			
0	0	0	0	0
1	0	0	0	1
2	0	0	1	0
3	0	0	1	1
4	0	1	0	0
5	0	1	0	1
6	0	1	1	0
7	0	1	1	1
8	1	0	0	0
9	1	0	0	1
10	1	0	1	0
11	1	0	1	1
12	1	1	0	0
13	1	1	0	1
14	1	1	1	0
15	1	1	1	1

비트의 값은 숫자의 위치에 의해 결정된다.

표 2-1에서 보듯이, 0에서 15까지 계수하려면 4비트가 필요하다. 일반적으로, n 비트를 사용하면 숫자 2^n-1까지 셀 수 있다.

$$\text{가장 큰 10진수} = 2^n - 1$$

예를 들어, 5비트($n = 5$)로 0에서 31까지 셀 수 있다.

$$2^5 - 1 = 32 - 1 = 31$$

6비트($n = 6$)로는 0에서 63까지 셀 수 있다.

$$2^6 - 1 = 64 - 1 = 63$$

계산기 활용

2의 지수

2^5의 값을 구하라.

TI-36X 단계 1 : 2 y^x

단계 2 : 5 =

32

응용

2진수로 계수하는 것을 익히면 기본적으로 디지털 회로가 이벤트를 세는 데 어떻게 사용될 수 있는가를 이해하는 데 도움이 된다. 컨베이어 벨트에서 상자에 들어가는 테니스 공을 세는 간단한 예를 들어본다. 각 박스에 9개의 공이 들어가야 한다고 가정한다.

그림 2-1의 계수기(카운터)는 공의 통과를 감지하고 4개의 병렬 출력 각각에 논리 레벨의 시퀀스(디지털 파형)를 생성하는 센서의 펄스를 계수한다. 논리 레벨의 각 세트는 그림과 같이 4비트의 2진수를 표현한다(HIGH = 1, LOW = 0). 디코더가 이 파형을 받으면, 4비트의 각 세트를 디코드하고 이를 7-세그먼트 디스플레이의 해당 10진수로 변환한다. 카운터가 이진 상태 1001로 되면, 그것은 9개의 테니스 공을 세었다는 것이고, 디스플레이는 10진수 9를 표시하며, 새로운 박스가 컨베이어 벨트 아래로 이동한다. 그러면 카운터는 영 상태(0000)로 되돌아가며 과정은 다시 시작된다. (숫자 9는 한 자릿수의 단순함을 위하여 사용되었다.)

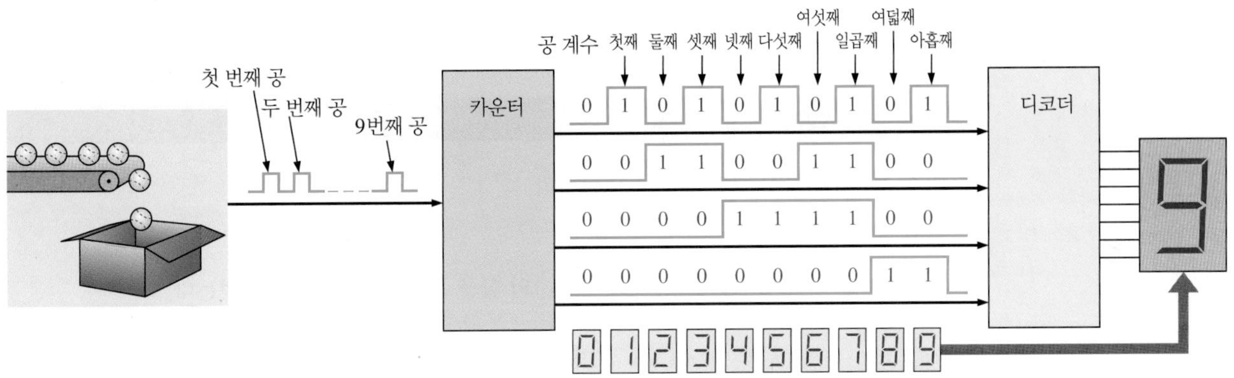

그림 2-1 간단한 2진 계수 응용의 설명

2진수의 가중치 구조

2진수에서 비트의 가중치 또는 값은 우측에서 좌측 방향으로 증가한다.

2진수는 가중치가 있는 숫자다. 정수 2진수의 가장 오른쪽에 있는 비트는 **LSB**(least significant bit, 최하위 비트)이고 가중치는 $2^0 = 1$이다. 가중치는 오른쪽에서 왼쪽으로 각 비트에 대하여 2의 거듭제곱으로 증가한다. 가장 왼쪽에 있는 비트는 **MSB**(most significant bit, 최상위 비트)이며, 가중치는 2진수의 크기에 달려 있다.

소수가 10진수에서 소수점의 오른쪽에 위치하는 것과 같이 2진수에서도 소수는 소수점 오른쪽에 위치한다. 2진 소수에서 맨 왼쪽 비트가 MSB이고 가중치는 $2^{-1}=0.5$이다. 소수 가중치는 왼쪽에서 오른쪽으로 각 비트에 대해 2의 음의 거듭제곱으로 감소한다.

2진수의 가중치 구조는 다음과 같다.

$$2^{n-1} \ldots 2^3\, 2^2\, 2^1\, 2^0\, .\, 2^{-1}\, 2^{-2} \ldots 2^{-n}$$

(↑ 2진 소수점)

여기서 n은 2진 소수점으로부터 비트의 수이다. 따라서 2진 소수점 왼쪽에 있는 모든 비트들은, 앞서 정수의 논의에서 있었듯이 2의 양의 거듭제곱의 가중치를 가진다. 2진 소수점의 오른쪽에 있는 모든 비트들은 2의 음의 거듭제곱의 가중치 또는 분수 가중치를 가진다.

정보노트

컴퓨터에서는 메모리 위치를 나타내기 위하여 2진수를 사용한다. 각 위치는 '주소(address)'라는 고유한 수에 의하여 지정된다. 예를 들어, 32비트의 주소 라인을 가지는 마이크로프로세서는 2^{32}(4,294,967,296)개의 고유한 메모리 위치를 선택할 수 있다.

8비트 2진수 정수와 6비트 2진 소수에 대한 2의 거듭제곱과 이것의 등가 십진 가중치를 표 2-2에 나타냈다. 2의 양의 거듭제곱에서는 가중치가 두 배가 되고 2의 음의 거듭제곱에서는 가중치가 반으로 되는 것에 유의하라. 2의 가장 큰 거듭제곱을 가지는 가중치를 두 배로 하고 2의 가장 작은 거듭제곱을 반으로 줄이면 이 표를 쉽게 확장할 수 있다. 예를 들어 $2^9 = 512$이고 $2^{-7} = 0.0078125$이다.

표 2-2

2진 가중치

2의 양의 거듭제곱(정수)									2의 음의 거듭제곱(소수)					
2^8	2^7	2^6	2^5	2^4	2^3	2^2	2^1	2^0	2^{-1}	2^{-2}	2^{-3}	2^{-4}	2^{-5}	2^{-6}
256	128	64	32	16	8	4	2	1	1/2 0.5	1/4 0.25	1/8 0.125	1/16 0.625	1/32 0.03125	1/64 0.015625

2진수에서 10진수로 변환

2진수에서 모든 1이 가지는 가중치들을 더하면 10진수 값을 얻는다.

임의의 2진수의 10진수 값은 1인 비트들의 모든 가중치를 더하고 0인 모든 비트들의 가중치는 버림으로써 구할 수 있다.

예제 2-3

이진 정수 1101101을 10진수로 변환하라.

풀이

1인 각 비트의 가중치를 결정하고 가중치의 합을 구하여 10진수 값을 얻는다.

가중치 : $2^6\ 2^5\ 2^4\ 2^3\ 2^2\ 2^1\ 2^0$

2진수 : 1 1 0 1 1 0 1

$$1101101 = 2^6 + 2^5 + 2^3 + 2^2 + 2^0$$
$$= 64 + 32 + 8 + 4 + 1 = \mathbf{109}$$

관련 문제

2진수 10010001을 10진수로 변환하라.

예제 2-4

이진 소수 0.1011을 10진수로 변환하라.

풀이

1인 각 비트의 가중치를 결정하고, 가중치의 합을 구하여 10진 소수값을 얻는다.

가중치 : $2^{-1}\ \ 2^{-2}\ \ 2^{-3}\ \ 2^{-4}$

2진수 : 0 . 1 0 1 1

$$0.1011 = 2^{-1} + 2^{-3} + 2^{-4}$$
$$= 0.5 + 0.125 + 0.0625 = \mathbf{0.6875}$$

관련 문제

2진수 10.111을 10진수로 변환하라.

복습문제 2-2

1. 8비트 2진수로 표현할 수 있는 가장 큰 10진수는?
2. 2진수 10000에서 1의 가중치를 결정하라.
3. 2진수 10111101.011을 10진수로 변환하라.

2-3 10진수에서 2진수로 변환

2-2절에 2진수를 동등한 10진수로 변환하는 방법을 배웠다. 이제 10진수에서 2진수로 변환하는 두 가지 방법을 배울 것이다.

이 절의 학습내용

- 가중치의 합 방법을 사용하여 10진수를 2진수로 변환한다.
- 반복하여 2로 나누기 방법을 사용하여 10진 정수를 2진수로 변환한다.
- 반복하여 2로 곱하기 방법을 사용하여 10진 소수를 2진수로 변환한다.

가중치의 합 방법

주어진 10진수와 동등한 2진수를 찾는 한 방법은 합계가 10진수와 같은 2진 가중치들의 집합을 결정하는 것이다. 2진 가중치를 기억하는 쉬운 방법은 가장 작은 것이 2^0인 1이고 가중치를 두 배로 하면 다음으로 높은 가중치를 얻는다는 것이다. 따라서 앞의 절에서 배운 것처럼 7개의 2진 가중치는 64, 32, 16, 8, 4, 2, 1이다. 예를 들어, 10진수 9는 다음과 같은 2진 가중치의 합으로 표현될 수 있다.

주어진 10진수에 대한 2진수를 얻기 위하여, 합산하여 10진수가 되는 2진 가중치들을 찾는다.

$$9 = 8 + 1 \quad \text{또는} \quad 9 = 2^3 + 2^0$$

가중치 2^3과 2^0에는 1을, 2^2과 2^1에는 0을 위치시켜 10진수 9에 대한 2진수를 결정한다.

2^3	2^2	2^1	2^0	
1	0	0	1	10진수 9에 대한 2진수

예제 2-5

다음 10진수를 2진수로 변환하라.

(a) 12 (b) 25 (c) 58 (d) 82

풀이

(a) $12 = 8 + 4 = 2^3 + 2^2 \longrightarrow$ **1100**

(b) $25 = 16 + 8 + 1 = 2^4 + 2^3 + 2^0 \longrightarrow$ **11001**

(c) $58 = 32 + 16 + 8 + 2 = 2^5 + 2^4 + 2^3 + 2^1 \longrightarrow$ **111010**

(d) $82 = 64 + 16 + 2 = 2^6 + 2^4 + 2^1 \longrightarrow$ **1010010**

관련 문제

10진수 125를 2진수로 변환하라.

반복하여 2로 나누기 방법

주어진 10진수에 대하여 2진수를 찾기 위하여, 몫이 0이 될 때까지 10진수를 2로 나눈다. 나머지들이 2진수가 된다.

10진수 정수에서 2진수로 변환하는 체계적인 방법은 반복하여 2로 나누기(repeated division-by-2)다. 예를 들어, 10진수 12를 2진수로 변환하려면 12를 2로 나누는 것으로 시작한다. 다음 결과로 얻은 몫을 2로 나누고, 이 과정을 몫이 0이 될 때까지 반복한다. 각 나눗셈에서 발생된 **나머지**(remainder)가 2진수가 된다. 생성된 첫 번째 나머지가 2진수의 LSB(최하위 비트)이며 생성된 마지막 나머지는 MSB(최상위 비트)이다. 다음 그림에 10진수 12를 2진수로 변환하는 절차를 보였다.

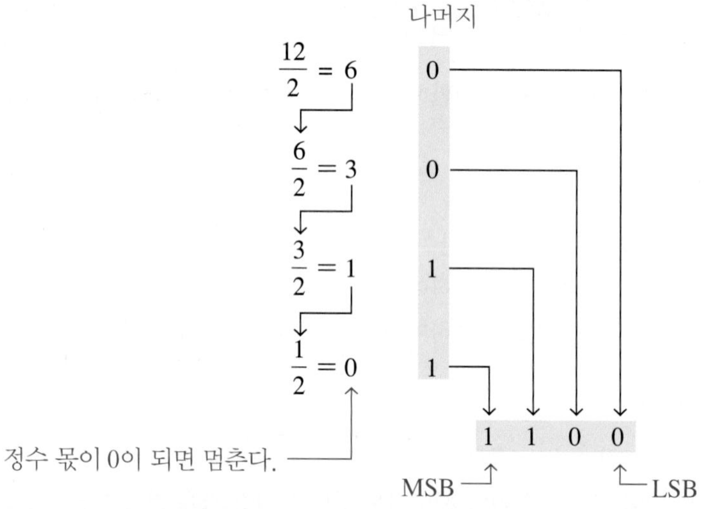

예제 2-6

다음 10진수를 2진수로 변환하라.

(a) 19 **(b)** 45

풀이

(a)

나머지

$\frac{19}{2} = 9$ 1

$\frac{9}{2} = 4$ 1

$\frac{4}{2} = 2$ 0

$\frac{2}{2} = 1$ 0

$\frac{1}{2} = 0$ 1

1 0 0 1 1

MSB LSB

(b)

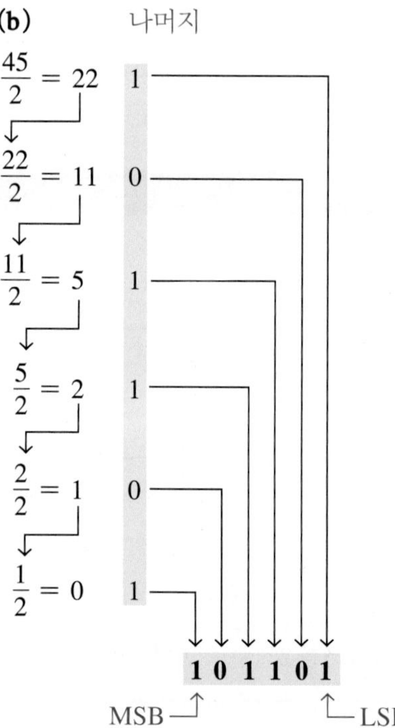

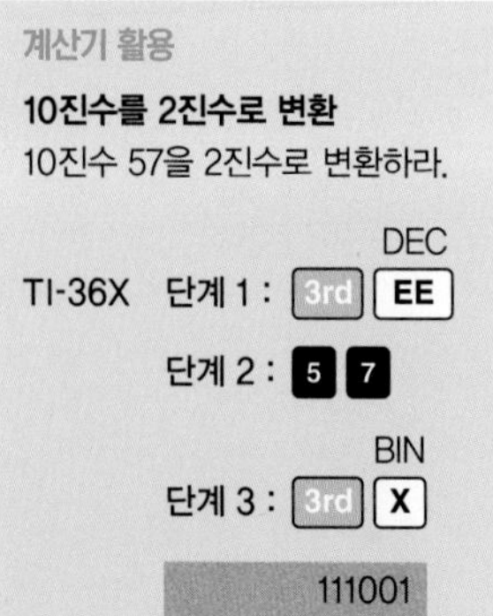

관련 문제

10진수 39를 2진수로 변환하라.

10진 소수를 2진수로 변환하기

예제 2-5와 2-6은 정수 변환을 보였다. 이제 소수 변환을 살펴보겠다. 소수 2진 가중치를 기억하는 쉬운 방법은 최상위 가중치가 2^{-1}인 0.5이고 가중치를 반으로 나누면 다음으로 낮은 가중치를 얻는다는 것이다. 따라서 4개의 이진 소수 가중치 목록은 0.5, 0.25, 0.125, 0.0625가 된다.

가중치의 합

가중치의 합 방법을 다음 예와 같이 10진 소수에 적용할 수 있다.

$$0.625 = 0.5 + 0.125 = 2^{-1} + 2^{-3} = 0.101$$

2^{-1} 위치에 1, 2^{-2} 위치에 0, 2^{-3} 위치에 1이 있다.

반복하여 2를 곱하기

앞서 보았듯이, 10진 소수는 반복하여 2를 곱하여 2진수로 변환될 수 있었다. 예를 들어 10진 소수 0.3125를 2진수로 변환하려면 0.3125에 2를 곱하는 것으로 시작한다. 그런 후 소수값이 0이 되거나 원하는 소수 자릿수에 도달할 때까지 곱의 소수 각 부분에 2를 곱한다. 곱셈으로 생성된 자리 올림수 또는 **캐리**(carry)가 2진수를 만든다. 첫 번째 생성된 캐리는 MSB이며 마지막 캐리는 LSB이다. 이 과정은 다음과 같다.

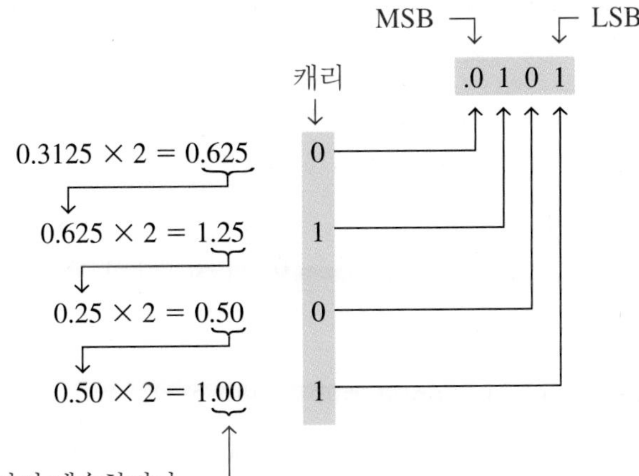

복습문제 2-3

1. 가중치의 합 방법을 사용하여 각 10진수를 2진수로 변환하라.
   (a) 23 (b) 57 (c) 45.5
2. 반복하여 2로 나누기 방법(소수는 반복하여 2를 곱하기 방법)을 사용하여 각 10진수를 2진수로 변환하라.
   (a) 14 (b) 21 (c) 0.375

2-4 2진 연산

2진 연산은 모든 디지털 컴퓨터와 많은 유형의 디지털 시스템에서 필수적이다. 디지털 시스템을 이해하려면 2진 덧셈, 빼셈, 곱셈, 나눗셈의 기본 사항을 알아야 한다. 이 절에서는 이들에 대하여 간단히 소개하고 다음 절에서 자세히 다룰 것이다.

이 절의 학습내용

- 2진수를 더한다.
- 2진수를 뺀다.
- 2진수를 곱한다.
- 2진수를 나눈다.

2진 덧셈

2진수에서 1 + 1은 2가 아니라 10이다.

2진수의 덧셈에는 다음과 같은 네 가지의 기본 규칙이 있다.

0 + 0 = 0	캐리가 0이고 합이 0
0 + 1 = 1	캐리가 0이고 합이 1
1 + 0 = 1	캐리가 0이고 합이 1
1 + 1 = 10	캐리가 1이고 합이 0

처음 세 규칙은 단일 비트가 되고 네 번째 규칙에서는 두 1의 합이 두 자리의 2진수(10)가 된다. 2진수를 더할 때, 네 번째 규칙에서는 주어진 열에 합으로 0을 만들고 왼쪽의 한 열 높은 곳에 캐리 1을 만든다. 다음 예에 11 + 1의 합을 보였다.

```
캐리 캐리
 1    1
 0    1    1
+0    0    1
-------------
 1    0    0
```

오른쪽 열에서는 1 + 1 = 0이고 캐리 1은 왼쪽의 다음 열로 간다. 가운데 열에서 1 + 1 = 0이고 캐리 1은 왼쪽의 다음 열로 간다. 왼쪽 열에서 1 + 0 + 0 = 1이다.

캐리 1이 있을 때, 3개의 비트를 더해야 하는 상황이 생긴다(두 숫자의 각 비트와 캐리 비트). 이 상황은 다음과 같다.

캐리 비트

1 + 0 + 0 = 01	캐리가 0이고 합이 1
1 + 1 + 0 = 10	캐리가 1이고 합이 0
1 + 0 + 1 = 10	캐리가 1이고 합이 0
1 + 1 + 1 = 11	캐리가 1이고 합이 1

예제 2-7

다음 2진수를 더하라.

(a) 11 + 11 (b) 100 + 10

(c) 111 + 11 (d) 110 + 100

풀이

참고로 같은 값의 10진수 덧셈을 보였다.

(a)
$$\begin{array}{r} 11 \\ +\,11 \\ \hline \mathbf{110} \end{array} \qquad \begin{array}{r} 3 \\ +\,3 \\ \hline 6 \end{array}$$

(b)
$$\begin{array}{r} 100 \\ +\,10 \\ \hline \mathbf{110} \end{array} \qquad \begin{array}{r} 4 \\ +\,2 \\ \hline 6 \end{array}$$

(c)
$$\begin{array}{r} 111 \\ +\,11 \\ \hline \mathbf{1010} \end{array} \qquad \begin{array}{r} 7 \\ +\,3 \\ \hline 10 \end{array}$$

(d)
$$\begin{array}{r} 110 \\ +\,100 \\ \hline \mathbf{1010} \end{array} \qquad \begin{array}{r} 6 \\ +\,4 \\ \hline 10 \end{array}$$

관련 문제

1111과 1100을 더하라.

2진 뺄셈

2진수의 뺄셈에는 다음과 같은 네 가지의 기본 규칙이 있다.

2진수에서 10 − 1은 9가 아니라 1이다.

0 − 0 = 0
1 − 1 = 0
1 − 0 = 1
10 − 1 = 1 0 − 1일 때 빌려오기 1이 있다.

숫자를 빼는 경우엔 가끔 옆에 있는 왼쪽 열에서 값을 빌려야 한다. 빌려오기(borrow)는 0에서 1을 빼려고 할 때 필요하다. 이 경우, 1을 왼쪽 옆의 열에서 빌려와 10이 빼기 열에 만들어지고 방금 나열한 네 가지 기본 규칙 중 마지막 것을 적용한다. 예제 2-8 및 2-9는 2진 뺄셈을 보여준다. 그리고 동등한 10진수의 뺄셈도 역시 나타냈다.

예제 2-8

다음 2진 뺄셈을 수행하라.

(a) 11 − 01 (b) 11 − 10

풀이

(a)
$$\begin{array}{r} 11 \\ -01 \\ \hline \mathbf{10} \end{array} \qquad \begin{array}{r} 3 \\ -1 \\ \hline 2 \end{array}$$

(b)
$$\begin{array}{r} 11 \\ -10 \\ \hline \mathbf{01} \end{array} \qquad \begin{array}{r} 3 \\ -2 \\ \hline 1 \end{array}$$

이 예제에서 빌려오기는 필요하지 않다. 2진수 01은 1과 같다.

관련 문제

111에서 100을 빼라.

예제 2-9

101에서 011을 빼라.

풀이

$$\begin{array}{rr} 101 & 5 \\ -011 & -3 \\ \hline \mathbf{010} & 2 \end{array}$$

빌려오기가 필요하므로 두 2진수의 뺄셈에서 수행된 것을 정확히 살펴본다. 오른쪽 열부터 시작한다.

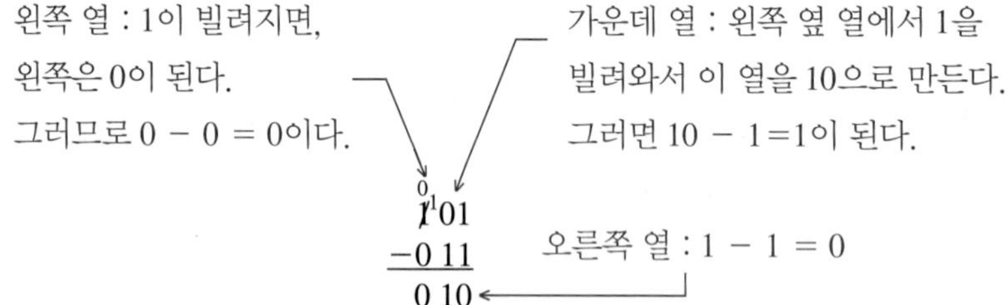

관련 문제

110에서 101을 빼라.

2진 곱셈

두 비트들의 2진 곱셈은 10진수 0과 1의 곱과 동일하다.

비트를 곱하는 네 가지 기본 규칙은 다음과 같다.

$$0 \times 0 = 0$$
$$0 \times 1 = 0$$
$$1 \times 0 = 0$$
$$1 \times 1 = 1$$

2진수 곱셈은 10진수와 같은 방법으로 수행된다. 여기에는 부분 곱을 만들고 각 부분 곱을 왼쪽으로 한 자리 이동하고 그리고 모든 부분 곱을 더하는 작업이 포함된다. 그림 2-10은 이 과정과 동등한 10진 곱도 참고로 나타낸다.

예제 2-10

다음의 2진 곱셈을 수행하라.

(a) 11 × 11 **(b)** 101 × 111

풀이

(a)

$$\begin{array}{lrr} & 11 & 3 \\ & \times\ 11 & \times\ 3 \\ \hline \text{부분 곱} & 11 & 9 \\ & +11 & \\ \hline & \mathbf{1001} & \end{array}$$

(b)

$$\begin{array}{lrr} & 111 & 7 \\ & \times\ 101 & \times\ 5 \\ \hline \text{부분 곱} & 111 & 35 \\ & 000 & \\ & +111 & \\ \hline & \mathbf{100011} & \end{array}$$

관련 문제

1101 × 1010을 수행하라.

2진 나눗셈

2진수의 나눗셈 예제 2-11에서 볼 수 있듯이 10진수의 나눗셈과 동일한 과정을 따른다. 동등한 10진수의 나눗셈도 나타냈다.

전자계산기는 전자계산기의 용량이 초과되지 않는 한 2진수를 사용하여 산술 연산을 수행할 수 있다.

예제 2-11

다음의 2진 나눗셈을 수행하라

(a) 110 ÷ 11 **(b)** 110 ÷ 10

풀이

(a)
```
     10      2
11)110    3)6
   11       6
   000      0
```

(b)
```
     11      3
10)110    2)6
   10       6
    10      0
    10
    00
```

관련 문제

1100을 100으로 나누라.

복습문제 2-4

1. 다음의 2진 덧셈을 수행하라.
   (a) 1101 + 1010 **(b)** 10111 + 01101
2. 다음의 2진 뺄셈을 수행하라.
   (a) 1101 − 0100 **(b)** 1001 − 0111
3. 표시된 2진 연산을 수행하라.
   (a) 110 × 111 **(b)** 1100 ÷ 011

2-5 2진수의 보수

2진수의 1의 보수와 2의 보수는 음수를 표현할 수 있도록 하므로 중요하다. 2의 보수 연산 방법은 컴퓨터에서 음수를 다루기 위하여 일반적으로 사용된다.

이 절의 학습내용

- 2진수를 1의 보수로 변환한다.
- 두 가지 방법 중 하나를 사용하여 2진수를 2의 보수로 변환한다.

1의 보수 찾기

1의 보수를 얻기 위하여 각 비트들을 변경한다.

2진수의 1의 **보수**(complement)는 아래 그림과 같이 모든 1을 0으로, 0을 1로 변경하여 찾을 수 있다.

```
1 0 1 1 0 0 1 1    2진수
↓ ↓ ↓ ↓ ↓ ↓ ↓ ↓
0 1 0 0 1 1 0 1    1의 보수
```

디지털 회로로 2진수의 1의 보수를 얻는 가장 간단한 방법은 8비트 2진수에 대하여 그림 2-2에서 보듯이 병렬 인버터(NOT 회로)를 사용하는 것이다.

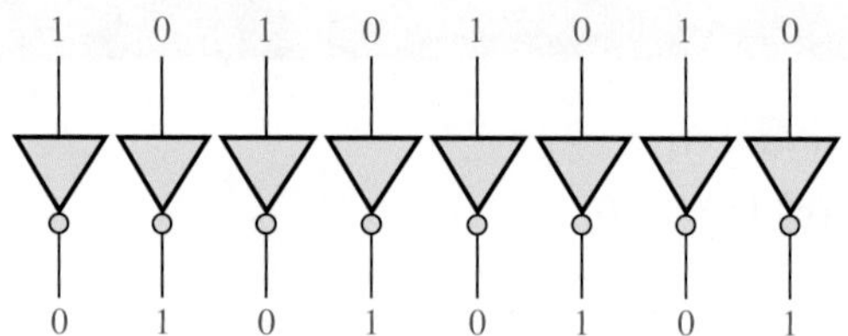

그림 2-2 2진수의 1의 보수를 얻기 위하여 사용되는 인버터의 예

2의 보수 찾기

2의 보수를 얻기 위해 1의 보수에 1을 더한다.

2진수의 2의 보수는 1의 보수의 LSB에 1을 더하여 구한다.

2의 보수 = 1의 보수 + 1

예제 2-12

10110010의 2의 2의 보수를 구하라.

풀이

10110010	2진수
01001101	1의 보수
+ 1	1을 더한다.
01001110	2의 보수

관련 문제

11001011의 2의 보수를 결정하라.

2의 보수를 얻기 위하여, 최하위에 있는 1보다 왼쪽에 있는 모든 비트들을 바꾼다.

2진수의 2의 보수를 찾는 두 번째 방법은 다음과 같다.

1. 오른쪽 LSB에서 시작하여 처음으로 1을 만날 때까지 비트를 적는다. 처음 만난 1도 포함하여 적는다.
2. 나머지 비트들은 1의 보수를 취한다.

예제 2-13

두 번째 방법으로 10111000의 2의 보수를 구하라.

풀이

10111000 2진수
01001000 2의 보수

원래 비트들의 1의 보수 → (0100)   (1000) ← 이들 비트는 그대로 둔다.

관련 문제
11000000의 2의 보수를 구하라.

음수 2진수의 2의 보수는 그림 2-3과 같이 인버터와 덧셈기를 사용하여 얻을 수 있다. 이 그림은 먼저 각 비트를 반전(1의 보수를 구함)시킨 후 덧셈 회로로 1의 보수에 1을 더하는 방법으로 8비트의 수가 2의 보수로 변환되는 것을 보여준다.

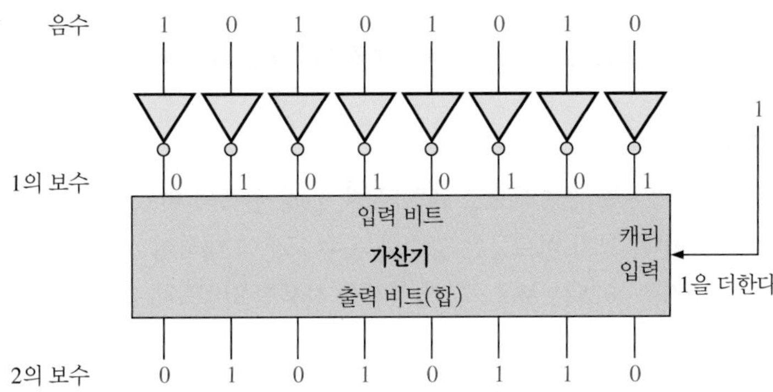

그림 2-3 음수 2진수의 2의 보수를 구하는 예

1의 보수 또는 2의 보수를 원래의 2진수로 변환하려면 이전에 설명한 두 절차를 동일하게 사용하면 된다. 1의 보수에서 원래의 2진수로 되돌리려면, 모든 비트를 반전시킨다. 2의 보수 형식에서 원래의 2진수로 되돌리려면, 2의 보수의 1의 보수를 구하고 최하위 비트에 1을 더하면 된다.

복습문제 2-5

1. 각 2진수의 1의 보수를 구하라.
   (a) 00011010 (b) 11110111 (c) 10001101
2. 각 2진수의 2의 보수를 구하라.
   (a) 00010110 (b) 11111100 (c) 10010001

2-6 부호가 있는 수

컴퓨터와 같은 디지털 시스템은 양수와 음수 모두를 처리할 수 있어야 한다. 부호가 있는 2진수(signed binary number)는 부호와 크기 정보로 구성된다. 기호는 숫자가 양인지 음인지를 나타내고 크기는 숫자의 값이다. 2진수에서 부호가 있는 정수는 세 가지 형식으로 표현될 수 있는데, 부호-크기(sign-magnitude), 1의 보수, 그리고 2의 보수 방법이 그것이다. 이들 가운데 2의 보수가 가장 중요하고 부호-크기는 거의 사용되지 않는다. 정수가 아니거나 매우 큰 수 또는 작은 수는 부동소수점 형식으로 표현될 수 있다.

이 절의 학습내용

- 부호-크기로 양수와 음수를 표현한다.
- 1의 보수로 양수와 음수를 표현한다.

- 2의 보수로 양수와 음수를 표현한다.
- 부호가 있는 2진수의 10진수 값을 결정한다.
- 2진수를 부동소수점 형식으로 표현한다.

부호 비트

부호가 있는 2진수의 가장 왼쪽에 있는 비트가 **부호 비트**(sign bit)이며, 숫자가 양수인지 음수인지 알려준다.

부호 비트 0은 양수를 나타내고 부호 비트 1은 음수를 나타낸다.

부호-크기 형식

부호가 있는 2진수가 부호-크기 형식으로 표현될 때, 가장 왼쪽의 비트가 부호 비트이고 나머지 비트들은 크기 비트들이다. 크기 비트들은 양수와 음수 모두에 대하여 (보수화되지 않은) 참 2진수이다. 예를 들어, 10진수 +25는 부호-크기 형식을 사용한 8비트의 부호가 있는 2진수로 다음과 같이 표현된다.

00011001

부호 비트 ⟶ 0 ; 크기 비트 ⟶ 0011001

10진수 −25는 다음과 같이 표현된다.

10011001

크기 비트들은 양수와 음수 모두에 대하여 참 2진수이므로 +25와 −25 사이의 유일한 차이점은 부호 비트이다.

부호-크기 형식에서 음수는 해당 양수와 동일한 크기 비트를 가지지만 부호 비트는 0이 아니라 1이다.

1의 보수 형식

1의 보수 형식의 양수는 부호-크기의 양수와 동일한 방식으로 표현된다. 그러나 음수는 대응되는 양수의 1의 보수이다. 예를 들어 8비트를 사용하는 경우, 10진수 −25는 +25(00011001)의 1의 보수로 다음과 같이 표현된다.

11100110

1의 보수 형식에서 음수는 대응되는 양수의 1의 보수이다.

정보노트

프로세서는 산술 연산에서 음의 정수로 2의 보수를 사용한다. 그 이유는 뺄셈이 2의 보수의 덧셈과 동일하기 때문이다. 프로세서는 비트를 반전시키고 1을 더하여 2의 보수를 만들며, 그림 2-3의 가산기와 동일한 결과를 생성하는 특수한 명령어를 사용한다.

2의 보수 형식

2의 보수 형식의 양수는 부호-크기와 1의 보수 형식과 동일한 방법으로 표현된다. 음수는 대응되는 양수의 2의 보수이다. 다시 8비트를 사용하여 10진수 −25를 가져와 +25(00011001)의 2의 보수로 표시해보자. 각 비트를 반전하고 1을 더하면 다음을 얻는다.

−25 = 11100111

2의 보수 형식에서, 음수는 대응되는 양수의 2의 보수이다.

예제 2-14

10진수 −39를 8비트의 부호-크기, 1의 보수 및 2의 보수 형식으로 표시하라.

풀이

먼저 +39를 8비트 수로 적는다.

00100111

부호-크기 형식(sign-magnitude form)에서 −39는 부호 비트를 1로 변경하고 크기 비트들은 그대로 남겨두어 만든다.

10100111

1의 보수 형식에서 −39는 +39(00100111)의 1의 보수를 취하여 만든다.

11011000

2의 보수 형식에서 −39는 +39(00100111)의 2의 보수를 취하여 만든다.

```
  11011000   1의 보수
+        1
----------
  11011001   2의 보수
```

관련 문제

+19 및 −19를 8비트 부호-크기, 1의 보수 및 2의 보수로 표현하라.

부호가 있는 수의 10진 값

부호-크기

부호-크기 형식에서 양수 및 음수의 10진 값은 1이 있는 자리의 모든 크기 비트들의 가중치를 합하고 0인 자리는 무시하여 구한다. 부호는 부호 비트를 검사하여 결정한다.

예제 2-15

부호-크기로 표시된 부호가 있는 이진수 10010101의 10진 값을 결정하라.

풀이

7개의 크기 비트와 2의 거듭제곱 가중치는 다음과 같다.

2^6	2^5	2^4	2^3	2^2	2^1	2^0
0	0	1	0	1	0	1

1이 있는 곳의 가중치를 합하면 다음과 같다.

$$16 + 4 + 1 = 21$$

부호 비트는 1이다. 그러므로 10진수는 **−21**이다.

관련 문제

부호-크기 수 01110111의 10진 값을 결정하라.

1의 보수

1의 보수 형식에서 양수의 10진 값은 1이 있는 모든 비트 자리의 가중치를 합하고 0이 있는 비트 자리는 무시하여 결정한다. 음수의 10진 값은 부호 비트의 가중치에 음수를 할당하고 1이 있는 곳의 가중치를 모두 합한 다음, 결과에 1을 더하여 결정한다.

예제 2-16

1의 보수로 표현된 부호가 있는 2진수의 10진 값을 결정하라.

(a) 00010111 **(b)** 11101000

풀이

(a) 양수에 대한 비트와 2의 거듭제곱 가중치는 다음과 같다.

-2^7	2^6	2^5	2^4	2^3	2^2	2^1	2^0
0	0	0	1	0	1	1	1

1이 있는 곳의 가중치를 합한다.

$$16 + 4 + 2 + 1 = \mathbf{+23}$$

(b) 음수에 대한 비트와 2의 거듭제곱 가중치는 다음과 같다. 음수 부호 비트의 가중치는 -2^7 또는 -128임에 유의하라.

-2^7	2^6	2^5	2^4	2^3	2^2	2^1	2^0
1	1	1	0	1	0	0	0

1이 있는 곳의 가중치를 합산한다.

$$-128 + 64 + 32 + 8 = -24$$

결과에 1을 더하여 최종 10진수를 얻는다.

$$-24 + 1 = \mathbf{-23}$$

관련 문제

1의 보수로 표현된 11101011의 10진 값을 결정하라.

2의 보수

2의 보수 형식에서 양수와 음수의 10진 값은 1이 있는 모든 비트 자리의 가중치를 더하고 0이 있는 비트 위치는 무시하여 결정한다. 음수의 부호 비트의 가중치는 음수값으로 한다.

예제 2-17

2의 보수로 표현된 부호가 있는 2진수의 10진 값을 결정하라.

(a) 01010110 **(b)** 10101010

풀이

(a) 양수에 대한 2의 거듭제곱 가중치와 비트는 다음과 같다.

-2^7	2^6	2^5	2^4	2^3	2^2	2^1	2^0
0	1	0	1	0	1	1	0

1이 있는 곳의 가중치를 더한다.

$$64 + 16 + 4 + 2 = \mathbf{+86}$$

(b) 음수에 대한 2의 거듭제곱 가중치와 비트는 다음과 같다. 음수 부호 비트의 가중치는 $-2^7 = -128$임에 주목하라.

-2^7	2^6	2^5	2^4	2^3	2^2	2^1	2^0
1	0	1	0	1	0	1	0

1이 있는 곳의 가중치를 더한다.

$$-128 + 32 + 8 + 2 = \mathbf{-86}$$

관련 문제

2의 보수 숫자 11010111의 10진 값을 결정하라.

이 예제에서 2의 보수 형식이 부호가 있는 정수를 표현하는 데 선호되는 이유를 알 수 있다. 10진으로 변환하기 위하여, 숫자가 양수인지에 관계 없이 간단히 가중치의 합만 구하면 된다. 1의 보수 체계에서 음수에서는 가중치의 합에 1을 더하지만 양수에 대해서는 더하지 않아야 한다. 또한 0의 두 표현(00000000 또는 11111111)이 가능하므로 1의 보수는 일반적으로 사용되지 않는다.

부호가 있는 정수의 범위

2진수로 표현된 수의 크기 범위는 비트의 수(n)에 따라 결정된다.

대부분의 컴퓨터에서 **바이트**(byte)라 불리는 8비트 그룹이 일반적이므로 설명을 위하여 8비트 숫자를 사용했다. 1바이트 또는 8비트로 256개의 다른 숫자를 표현할 수 있다. 2바이트 또는 16비트로는 65,536개의 다른 숫자를 표현할 수 있다. n 비트로 가능한 조합의 수는 다음과 같이 찾을 수 있다.

$$\text{전체 조합} = 2^n$$

2의 보수 부호가 있는 숫자의 경우, n 비트 수의 값의 범위는 다음과 같다.

$$\text{범위} = -(2^{n-1}) \sim +(2^{n-1} - 1)$$

각 경우에 하나의 부호 비트와 $n-1$ 크기 비트가 있다. 예를 들어, 4비트로 $-(2^3) = -8$에서 $2^3 - 1 = +7$의 범위를 가지는 2의 보수를 표현할 수 있다. 마찬가지로 8비트로 -128에서 $+127$까지 가능하며, 16비트로 $-32{,}768$에서 $+32{,}767$까지 가능하다. 0이 양수(모두 0)로 표현되기 때문에 음수보다 하나 작은 양수가 있다.

부동소수점 수

매우 큰 **정수**(integer)를 표현하기 위해서 많은 비트가 필요하다. 23.5618과 같이 정수와 소수부 모두가 있는 숫자를 표현할 필요가 있을 때도 문제가 발생한다. 과학적 표기법(scientific notation)에 기반한 부동소수점 수 체계는 비트 수를 늘리지 않고 매우 크고 매우 작은 수를 표현할 수 있으며, 정수와 소수부 모두 가진 수도 표현할 수 있다.

부동소수점 수(floating-point number, 실수로도 알려짐)는 두 부분과 부호로 구성된다. **가수**(mantissa)는 0과 1 사이의 크기를 표현하는 부동소수점 수의 한 부분이다. **지수**(exponent)는 10진 소수점(또는 2진 소수점)이 이동해야 하는 자릿수를 표현하는 부동소수점 수의 한 부분이다.

10진수의 예는 부동소수점 수의 기본 개념을 이해하는 데 도움이 된다. 정수 형태로 241,506,800인 10진수를 생각해보자. 가수는 0.2415068이고 지수는 9이다. 정수가 부동소수점 수로 표현되면 10진 소수점이 모든 숫자의 왼쪽으로 이동되어 정규화된다. 그래서 가수는 소수가 되고 지수는 10의 거듭제곱이 된다. 부동소수점 수는 다음과 같이 표현된다.

$$0.2415068 \times 10^9$$

> **정보노트**
>
> 중앙처리장치(CPU) 외에도 컴퓨터는 '보조프로세서(coprocessor)'를 사용하여 부동소수점 수의 복잡한 수학 연산을 수행한다. 이 목적은 다른 작업을 위하여 CPU를 비워둠으로써 성능을 향상시키는 것이다. 수학적 보조프로세서는 FPU(floating-point unit)라고도 한다.

2진 부동소수점 수의 경우, 형식은 ANSI/IEEE 표준 754-1985에 따라 **단정도**(single-precision), **배정도**(double-precision) 및 **확장정도**(extended-precision)의 세 가지로 정의된다. 이들은 비트 수를 제외하고 동일한 기본 형식을 가진다. 단정도 부동소수점 수는 32비트, 배정도 수는 64비트, 확장정도 수는 80비트를 가진다. 여기서의 논의는 단정도 부동소수점 수로 국한한다.

단정도 부동소수점 2진수

단정도 2진수의 표준 형식에서 다음에 보인 것과 같이 부호 비트(S)는 가장 왼쪽의 비트, 지수(E)는 다음 8비트를 포함하고, 가수 또는 소수 부분(F)은 나머지 23비트를 포함한다.

←――― 32비트 ―――→

S	지수(E)	가수(소수, F)
1비트	8비트	23비트

가수 또는 소수 부분에서 2진 소수점은 23비트의 왼쪽에 있는 것으로 인식된다. 2진수에서 가장 왼쪽(가장 큰 자리)의 비트는 항상 1이므로, 실질적으로 가수는 24비트에 해당된다. 따라서 이 1의 비트는 실제 비트 자리를 차지하지 않지만 비트가 거기에 있는 것으로 간주된다.

지수에서 8비트는 실제 지수에 127을 더하여 얻은 **편향 지수**(biased exponent)를 나타낸다. 편향의 목적은 지수에 별도의 부호 비트를 사용하지 않고 매우 크거나 작은 수의 표현을 허용하는 것이다. 편향 지수는 −126에서 +127까지의 실제 지수값 범위를 허용한다.

2진수가 부동소수점 형식으로 표현되는 방법을 설명하기 위하여, 1011010010001을 예를 들어 사용하자. 먼저 2진 소수점을 왼쪽으로 12자리 이동한 다음 2의 적절한 거듭제곱을 곱하면 1과 2진수 소수의 합으로 표현할 수 있다.

$$1011010010001 = 1.011010010001 \times 2^{12}$$

양수라고 가정하면, 부호 비트(S)는 0이다. 지수 12는 127을 더하여(12 + 127 = 139) 편향 지수로 표현된다. 편향 지수(E)는 2진수 10001011로 표현된다. 가수는 2진수의 소수 부분(F)인 .011010010001이다. 2의 거듭제곱 표현에서 2진 소수점 왼쪽에 항상 1이 있으므로, 가수에 포함되지 않았다. 완전한 부동소수점 숫자는 다음과 같다.

S	E	F
0	10001011	01101001000100000000000

다음으로, 이미 부동소수점 형식인 2진수의 값을 구하는 방법을 살펴본다. 부동소수점 수의 값을 결정하는 일반적인 방법은 다음과 같은 공식으로 표현된다.

$$수 = (-1)^S(1 + F)(2^{E-127})$$

설명을 위하여, 다음의 부동소수점 수를 생각해보자.

S	E	F
1	10010001	10001110001000000000000

부호 비트는 1이다. 편향 지수는 10010001 = 145이다. 이 공식을 적용하여 다음을 얻는다.

$$\begin{aligned} 수 &= (-1)^1 (1.10001110001)(2^{145-127}) \\ &= (-1)(1.10001110001)(2^{18}) = -1100011100010000000 \end{aligned}$$

이 부동소수점 2진수는 10진수의 −407,688과 같다. 지수는 −126과 +127 사이의 임의의 값을 가질 수 있으므로, 매우 크고 작은 숫자를 표현할 수 있다. 32비트 부동소수점 수는 129비트를 가지는 2진 정수를 대체할 수 있다. 지수가 2진 소수점의 위치를 결정하므로 정수와 소수 부분 모두를 포함하는 숫자를 표현할 수 있다.

부동소수점 수 형식에는 두 가지 예외가 있다. 숫자 0.0은 모두 0으로 하여 표시하고, 무한대는 지수에는 모두 1로 가수에는 모두 0으로 하여 표현한다.

예제 2-18

10진수 3.248×10^4을 단정도 부동소수점 2진수로 표현하라.

풀이

10진수를 2진수로 변환한다.

$$3.248 \times 10^4 = 32480 = 111111011100000_2 = 1.11111011100000 \times 2^{14}$$

MSB는 항상 1이므로 비트 자리를 차지하지 않는다. 따라서 가수는 소수 23비트 2진수 11111011100000000000000이고 편향 지수는 다음과 같다.

$$14 + 127 = 141 = 10001101_2$$

완전한 부동소수점 수는 다음과 같다.

0	10001101	11111011100000000000000

관련 문제

다음의 부동소수점 2진수의 2진 값을 결정하라.

0 10011000 10000100010100110000000

복습문제 2-6

1. 부호-크기 체계에서 10진수 +9를 8비트 2진수로 표현하라.
2. 1의 보수 체계에서 10진수 −33을 8비트 2진수로 표현하라.
3. 2의 보수 체계에서 10진수 −46을 8비트 2진수로 표현하라.
4. 부호가 있는 부동소수점 수의 세 부분을 나열하라.

2-7 부호가 있는 수의 산술 연산

앞 절에서 부호가 있는 숫자는 세 가지 다른 형태로 표현됨을 배웠다. 이 절에서 부호가 있는 숫자의 더하기, 빼기, 곱하기 및 나누기 방법에 대하여 배운다. 부호가 있는 숫자를 표현하는 2의 보수 형식은 컴퓨터 및 마이크로프로세서 기반 시스템에서 가장 널리 사용되므로, 이 절에서는 2의 보수에 대한 산술 연산을 다룬다. 이 절에서 다루는 과정은 필요한 경우 다른 형식으로 확장될 수 있다.

이 절의 학습내용

- 부호가 있는 2진수를 더한다.
- 오버플로우를 정의한다.
- 컴퓨터가 숫자 열을 더하는 방법에 대하여 설명한다.
- 부호가 있는 2진수를 뺀다.
- 직접 덧셈 방법을 사용하여 부호가 있는 2진수를 곱한다.
- 부분 곱 방법을 사용하여 부호가 있는 2진수를 곱한다.
- 부호가 있는 2진수를 나눈다.

덧셈

덧셈의 두 숫자는 **가수**(addend)와 **피가수**(augend)이다. 결과는 **합**(sum)이다. 2개의 부호가 있는 2진수를 더할 때 네 가지 경우가 발생할 수 있다.

1. 두 수 모두 양수
2. 음수보다 더 큰 크기의 양수
3. 양수보다 더 큰 크기의 음수
4. 두 수 모두 음수

8비트 부호가 있는 숫자를 예로 하여 각각의 경우를 살펴본다. 동등한 10진수를 참고로 보였다.

두 양수의 합은 양수가 된다.

두 수 모두 양수 :

```
    00000111        7
  + 00000100      + 4
    --------      ---
    00001011       11
```

합은 양이므로 참(보수화되지 않은) 2진수이다.

양수와 더 작은 음수의 합은 양수가 된다.

음수보다 더 큰 크기의 양수 :

```
                       00001111       15
                     + 11111010     + -6
                       --------     ----
캐리를 버림 ──────→ 1  00001001        9
```

최종 캐리는 버린다. 합은 양이므로 참(보수화 되지 않은) 2진수이다.

양수와 더 큰 크기의 음수 또는 두 음수의 합은 2의 보수로 표현된 음수가 된다.

양수보다 더 큰 크기의 음수 :

```
    00010000        16
  + 11101000     + -24
    --------     -----
    11111000        -8
```

합은 음이므로 2의 보수 형식이다.

두 수 모두 음수 :

```
                       11111011       -5
                     + 11110111     + -9
                       --------     ----
캐리를 버림 ──────→ 1  11110010      -14
```

최종 캐리는 버린다. 합은 음이므로 2의 보수 형삭이다.

컴퓨터에서 음수는 2의 보수 형식으로 저장되므로, 우리가 볼 수 있듯이 덧셈 과정은 매우 간단하다. 2개의 숫자를 더하고 최종 캐리는 버린다.

오버플로우 조건

두 숫자를 더하고 합을 표현하는 데 필요한 비트 수가 두 숫자의 비트 수를 초과할 때, **오버플로우**(overflow)가 발생하고 잘못된 부호 비트가 나타난다. 오버플로우는 두 수 모두 양이거나 두 수 모두 음일 때만 발생할 수 있다. 결과의 부호 비트가 더해지는 숫자의 부호 비트와 다르게 되면, 오버플로우가 표시된다. 다음 8비트 예제는 이 조건을 보여준다.

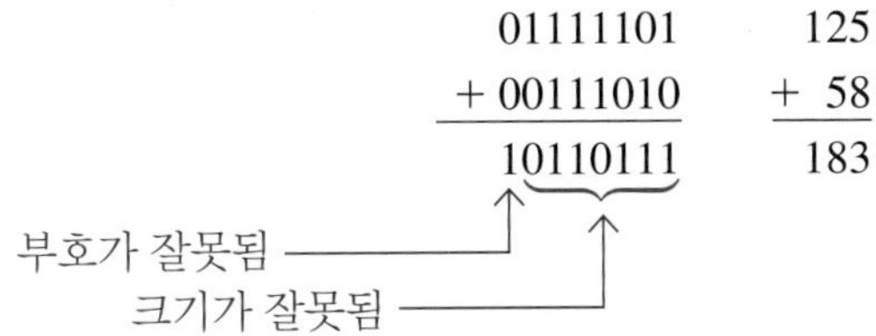

이 예제에서 183의 합은 8개의 크기 비트를 필요로 한다. 숫자에는 7개의 크기 비트(한 비트는 부호 비트)가 있으므로 부호 비트에 캐리가 만들어지며, 이는 오버플로우 표시를 생성한다.

한 번에 2개씩 더해진 숫자

이제 한 번에 2개씩 더해지는 숫자 열의 덧셈을 살펴본다. 이것은 처음 두 숫자를 더한 다음, 세 번째 숫자를 첫 두 숫자의 합에 더하고, 네 번째 숫자를 이 결과에 더하는 식으로 수행될 수 있다. 이것이 컴퓨터가 숫자 열을 합산하는 방법이다. 예제 2-19는 한 번에 2개씩 숫자를 더하는 것을 나타낸다.

예제 2-19

부호가 있는 숫자 01000100, 00011011, 00001110, 00010010을 더하라.

풀이

등가 10진 덧셈을 참고로 보였다.

68	01000100	
+ 27	+ 00011011	처음 두 숫자를 더한다.
95	01011111	첫 번째 합
+ 14	+ 00001110	세 번째 숫자를 더한다.
109	01101101	두 번째 합
+ 18	+ 00010010	네 번째 숫자를 더한다.
127	**01111111**	최종 합계

관련 문제

00110011, 10111111, 01100011을 더하라. 이들은 부호가 있는 숫자이다.

뺄셈

빼셈은 감수의 부호를 바꾼 덧셈과 같다.

뺄셈은 덧셈의 특별한 경우이다. 예를 들어, +9[**피감수**(minuend)]에서 +6[**감수**(subtrahend)]을 빼는 것은 +9에 −6을 더하는 것과 같다. 기본적으로, 뺄셈 연산은 감수의 부호를 바꾸고 그것을 피감수에 더하는 것이다. 뺄셈의 결과는 **차**(difference)라 한다.

2진수에서 양 또는 음의 부호는 2의 보수를 취하여 바꾼다.

예를 들어, 양수 00000100(+4)의 2의 보수를 취하면 11111100이 되며 다음과 같이 가중치의 합 방법으로 계산하면 −4이다.

$$-128 + 64 + 32 + 16 + 8 + 4 = -4$$

또 다른 예로, 음수 11101101(−19)의 2의 보수를 취하면 00010011이 되며, 다음과 같이 가중치의 합 방법으로 계산하면 +19이다.

$$16 + 2 + 1 = 19$$

2의 보수 방법으로 두 2진수의 뺄셈을 할 때, 두 숫자의 비트 수를 동일하게 하는 것은 중요하다.

뺄셈은 부호가 변경된 감수의 단순한 덧셈이므로, 과정은 다음과 같이 기술된다.

두 부호가 있는 숫자를 빼려면 감수의 2의 보수를 취하고 더한다. 최종 캐리 비트는 버린다.

예제 2-20은 빼기의 절차를 나타낸다.

예제 2-20

부호가 있는 숫자의 다음과 같은 뺄셈을 수행하라.

(a) 00001000 − 00000011 **(b)** 00001100 − 11110111

(c) 11100111 − 00010011 **(d)** 10001000 − 11100010

풀이

다른 예와 마찬가지로, 동등한 10진 뺄셈을 참고로 보였다.

(a) 이 경우, 8 − 3 = 8 + (−3) = 5.

	00001000	피감수(+8)
	+ 11111101	감수의 2의 보수(−3)
캐리를 버림 ⟶	**1 00000101**	차(+5)

(b) 이 경우, 12 − (−9) = 12 + 9 = 21.

00001100	피감수(+12)
+ 00001001	감수의 2의 보수(+9)
00010101	차(+21)

(c) 이 경우, −25 − (+19) = −25 + (−19) = −44.

	11100111	피감수(−25)
	+ 11101101	감수의 2의 보수(−19)
캐리를 버림 ⟶	**1 11010100**	차(−44)

(d) 이 경우, −120 − (−30) = −120 + 30 = −90.

10001000	피감수(−120)
+ 00011110	감수의 2의 보수(+30)
10100110	차(−90)

관련 문제

01011000에서 01000111을 빼라.

곱셈

곱셈에서 수는 **피승수**(multiplicand), **승수**(multiplier), **곱**(product)이 있다. 이들을 다음 10진수 곱셈에서 보였다.

8	피승수
× 3	승수
24	곱

대부분의 컴퓨터에서 곱셈 연산은 덧셈을 사용하여 수행된다. 이미 보았듯이 뺄셈은 가산기로 수행된다. 이제 곱셈이 어떻게 수행되는지 살펴본다.

곱셈은 숫자 자신을 승수의 횟수만큼 더하는 것과 동일하다.

덧셈을 이용하여 곱셈을 수행하는 두 가지 기본 방법은 **직접 덧셈**(direct addition)과 **부분 곱**(partial product) 방법이다. 직접 덧셈 방법에서, 승수와 같은 횟수만큼 피승수를 더한다. 이전의 10진 예제(8 × 3)에서, 3개의 피승수가 더해진다. 즉, 8 + 8 + 8 = 24이다. 이 방법은 승수가 큰 경우, 연산이 길어지는 단점이 있다. 예를 들어 350 × 75의 곱셈에서, 350을 자신과 75번 더해야 한다. 이것이 용어 번(times)이 곱셈을 의미하는 데 사용되는 이유이다(영어에서 5 × 3은 five times three라고 읽는다-역주)

2진수 2개가 곱해질 때, 두 숫자는 참(보수화되지 않은) 형태이어야 한다. 예제 2-21에 한 번에 2개의 2진수를 더하는 직접 덧셈 방법을 보였다.

예제 2-21

직접 덧셈 방법을 사용하여 부호가 있는 2진수 01001101(피승수)와 00000100(승수)을 곱하라.

풀이

두 숫자 모두 양수이므로, 참 형태이고 곱은 양수가 된다. 승수의 10진값은 4이므로, 다음과 같이 피승수는 자신에 네 번 더해진다.

01001101	첫 번째
+ 01001101	두 번째
10011010	부분 합
+ 01001101	세 번째
11100111	부분 합
+ 01001101	네 번째
100110100	곱

피승수의 부호 비트가 0이므로 결과에 영향을 주지 않는다. 곱의 모든 비트는 크기 비트이다.

관련 문제

직접 덧셈 방법을 사용하여 01100001에 00000110을 곱하라.

부분 곱 방법은 사람이 손으로 곱셈을 하는 방법을 반영하기 때문에 더 일반적인 방법이다. 피승수는 가장 낮은 자리 수부터 시작하여 각 승수와 곱해진다. 피승수와 각 승수 숫자의 곱셈 결과는 **부분 곱**(partial product)이라고 한다. 각각의 연속되는 부분 곱은 왼쪽으로 한 자리씩 이동되고, 모든 부분 곱이 구해지면 최종 곱을 얻기 위하여 더해진다. 10진수의 예는 다음과 같다.

239	피승수
× 123	승수
717	첫 번째 부분 곱(3 × 239)
478	두 번째 부분 곱(2 × 239)
+ 239	세 번째 부분 곱(1 × 239)
29,397	최종 곱

곱셈 결과의 부호는 다음 두 규칙에 따라 피승수와 승수의 부호에 따라 결정된다.

- **부호가 같으면, 곱은 양수이다.**
- **부호가 다르면, 곱은 음수이다.**

2진 곱셈의 부분 곱 방법의 기본 과정은 다음과 같다.

단계 1 : 피승수와 승수의 부호가 같은지 다른지를 결정한다. 이것은 곱의 부호가 무엇이 될 것인지를 결정한다.

단계 2 : 음수는 참(보수화되지 않은) 형태로 변환한다. 대부분의 컴퓨터는 음수를 2의 보수로 저장하므로, 음수를 참 형태로 만들기 위해서는 2의 보수 연산이 필요하다.

단계 3 : 승수의 최하위 비트부터 시작하여 부분 곱을 구한다. 승수 비트가 1일 때, 부분 곱은 피승수와 같다. 승수 비트가 0일 때, 부분 곱은 0이다. 연속되는 각 부분 곱을 왼쪽으로 한 비트씩 이동시킨다.

단계 4 : 각각의 연속되는 부분 곱을 이전 연속 곱에 더하여 최종 곱을 구한다.

단계 5 : 단계 1에서 결정된 부호 비트가 음이면 2의 보수를 취한다. 만일 양이면 곱을 참 형태 그대로 둔다. 곱에다 부호 비트를 붙인다.

예제 2-22

부호가 있는 2진 수 01010011(피승수)에 11000101(승수)을 곱하라.

풀이

단계 1 : 피승수의 부호 비트는 0이고 승수의 부호 비트는 1이다. 곱의 부호 비트는 1(음)이다.

단계 2 : 승수의 2의 보수를 참 형태로 바꾼다.

$$11000101 \longrightarrow 00111011$$

단계 3과 4 : 곱셈은 다음과 같이 진행된다. 이 단계에서 크기 비트들만이 사용됨에 유의하라.

1010011	피승수
× 0111011	승수
1010011	첫 번째 부분 곱
+ 1010011	두 번째 부분 곱
11111001	첫 번째와 두 번째의 합
+ 0000000	세 번째 부분 곱
011111001	합
+ 1010011	네 번째 부분 곱
1110010001	합
+ 1010011	다섯 번째 부분 곱
100011000001	합
+ 1010011	여섯 번째 부분 곱
1001100100001	합
+ 0000000	일곱 번째 부분 곱
1001100100001	최종 곱

단계 5 : 단계 1에서 결정되었듯이 곱의 부호는 1이므로, 곱의 2의 보수를 취한다.

1001100100001 ⟶ 0110011011111

부호 비트를 붙인다. ⟶ **1 0110011011111**

관련 문제

10진수로 변환하고 곱셈을 수행하여 곱셈이 올바른지 확인하라.

나눗셈

나눗셈의 수는 **피제수**(dividend), **제수**(divisor), **몫**(quotient)이 있다. 이들을 다음의 표준 나눗셈 형식에서 설명한다.

$$\frac{\text{피제수}}{\text{제수}} = \text{몫}$$

컴퓨터에서 나누기 연산은 뺄셈을 이용하여 수행된다. 뺄셈은 가산기로 수행되므로, 가산기로 나눗셈 역시 수행될 수 있다.

나눗셈 결과는 몫이라 한다. 몫은 피제수로 제수가 들어갈 수 있는 횟수이다. 이것은 몫이 피제수에서 제수를 뺄 수 있는 횟수를 의미한다. 다음에 21 나누기 7을 나타냈다.

21	피제수
− 7	첫 번째 제수의 빼기
14	첫 번째 부분 나머지
− 7	두 번째 제수의 빼기
7	두 번째 부분 나머지
− 7	세 번째 제수의 빼기
0	나머지 0

이 간단한 예에서, 피제수에서 나머지가 0이 되기 전까지 제수의 뺄셈을 세 번 하였다. 그래서 몫은 3이다.

몫의 부호는 다음의 두 가지 규칙에 의해 피제수와 제수의 부호에 따라 결정된다.

- **부호가 같으면, 몫은 양수이다.**
- **부호가 다르면, 몫은 음수이다.**

두 2진수가 나누어질 때, 두 숫자는 모두 참(보수화되지 않은) 형태이어야 한다. 2진 나눗셈의 기본 과정은 다음과 같다.

단계 1 : 피제수와 제수의 부호가 같은지 다른지를 결정한다. 이것은 몫의 부호가 무엇이 될 것인지를 결정한다. 몫을 0으로 초기화한다.

단계 2 : 첫 번째 부분 나머지를 구하기 위하여 2의 보수 덧셈으로 피제수에서 제수를 빼고, 몫에 1을 더한다. 부분 나머지가 양수이면 단계 3으로 이동한다. 부분 나머지가 0 또는 음수이면 나눗셈이 완료된다.

단계 3 : 부분 나머지에서 제수를 빼고 몫에 1을 더한다. 결과가 양이면, 다음의 부분 나머지에 대하여 과정을 반복한다. 결과가 0이거나 음이면 나눗셈이 완료된다.

0 또는 음수의 결과가 나올 때까지 피제수와 부분 나머지에서 제수의 뺄셈을 계속한다. 제수의 뺄셈이 수행된 회수를 세면 몫의 값을 얻는다. 예제 2-23은 8비트 부호가 있는 2진수를 사용하여 이러한 단계를 설명한다.

예제 2-23

01100100을 00011001로 나누어라.

풀이

단계 1 : 두 수의 부호가 양이므로 몫은 양수이다. 몫은 00000000으로 초기화한다.

단계 2 : 2의 보수 덧셈을 사용하여 피제수에서 제수를 뺀다(최종 캐리는 버려짐을 기억한다).

```
  01100100    피제수
+ 11100111    제수의 2의 보수
  01001011    첫 번째 양의 부분 나머지
```

몫에 1을 더한다. 00000000 + 00000001 = 00000001.

단계 3 : 2의 보수 덧셈을 사용하여 첫 번째 부분 나머지에서 제수를 뺀다.

```
  01001011    첫 번째 부분 나머지
+ 11100111    제수의 2의 보수
  00110010    두 번째 양의 부분 나머지
```

몫에 1을 더한다. 00000001 + 00000001 = 00000010.

단계 4 : 2의 보수 덧셈을 사용하여 두 번째 부분 나머지에서 제수를 뺀다.

```
  00110010    두 번째 부분 나머지
+ 11100111    제수의 2의 보수
  00011001    세 번째 양의 부분 나머지
```

몫에 1을 더한다. 00000010 + 00000001 = 00000011.

단계 5 : 2의 보수 덧셈을 사용하여 세 번째 부분 나머지에서 제수를 뺀다.

00011001	세 번째 부분 나머지
+ 11100111	제수의 2의 보수
00000000	나머지 0

몫에 1을 더한다. 00000011 + 00000001 = **00000100**(최종 몫). 과정이 완료되었다.

관련 문제

10진수로 변환하고 나눗셈을 수행하여 과정이 올바른지 확인하라.

복습문제 2-7

1. 덧셈의 네 가지 경우를 나열하라.
2. 부호가 있는 숫자 00100001과 10111100을 더하라.
3. 부호가 있는 숫자 01110111에서 00110010을 빼라.
4. 두 음수가 곱해질 때 곱의 부호는?
5. 01111111을 00000101과 곱하라.
6. 양수가 음수로 나누어질 때 몫의 부호는?
7. 00110000을 00001100으로 나누라.

2-8 16진수

16진수 체계에는 16개의 문자가 있다. 2진수와 16진수 사이의 변환이 쉽기 때문에 16진수는 주로 2진수를 쓰거나 표시하는 간결한 방법으로 사용된다. 여러분들이 인지하고 있는 것처럼, 긴 2진수는 비트를 누락하거나 순서를 바꾸기 쉽기 때문에 읽기 및 쓰기가 어렵다. 컴퓨터와 마이크로프로세서는 1과 0만 이해하므로 '기계어'로 프로그램할 때는 이 숫자를 사용할 필요가 있다. 마이크로프로세서 시스템에 16비트 명령을 1과 0으로 쓴다고 상상해보라. 16진수나 8진수를 사용하는 것이 훨씬 더 효율적이다. 8진수는 2-9절에서 다룬다. 16진법은 컴퓨터 및 마이크로프로세서 응용에서 널리 사용된다.

이 절의 학습내용

- 16진 문자를 나열한다.
- 16진수로 계수한다.
- 2진수를 16진수로 변환한다.
- 16진수를 2진수로 변환한다.
- 16진수를 10진수로 변환한다.
- 10진수를 16진수로 변환한다.
- 16진수를 더한다.
- 16진수의 2의 보수를 결정한다.
- 16진수를 뺀다.

16진수 체계는 숫자 0~9와 문자 A~F로 구성된다.

16진수(hexadecimal) 체계의 기수는 16이다. 즉, 16개의 **숫자**(numeric)와 **영문자**(alphabetic character)로 구성된다. 대부분의 디지털 시스템은 4비트의 배수인 그룹으로 2진 데이터를 처리한다. 각 16진수는 (표 2-3에 나열된 것처럼) 4비트 2진수를 표현하므로 16진수가 매우 편리하다.

표 2-3

10진수	2진수	16진수
0	0000	0
1	0001	1
2	0010	2
3	0011	3
4	0100	4
5	0101	5
6	0110	6
7	0111	7
8	1000	8
9	1001	9
10	1010	A
11	1011	B
12	1100	C
13	1101	D
14	1110	E
15	1111	F

정보노트

기가바이트(GB) 범위의 메모리에서, 메모리 주소를 2진수로 지정하는 것은 상당히 복잡하다. 예를 들어, 4GB 메모리의 주소를 지정하는 데 32비트가 필요하다. 8자리의 16진수를 사용하면 32비트 코드를 표현하는 것이 훨씬 쉽다.

10개의 숫자와 6개의 영문자가 16진수 체계를 구성한다. 숫자를 나타내기 위하여 문자 A, B, C, D, E, F를 사용하는 것은 처음에는 이상하게 보일 수 있지만, 숫자 시스템은 순차적 기호의 집합일 뿐이라는 것을 생각하면 된다. 이 기호가 나타내는 양을 이해하고 사용법에 익숙해지면, 기호 자체의 형태는 덜 중요하다. 10진수와의 혼동을 피하기 위하여 아래 첨자 16을 사용하여 16진수임을 알려준다. 때때로 16진수 다음에 'h'가 있기도 한다.

16진수의 계수

16진수에서 F가 되면 다음은 어떻게 셀까? 다른 열을 시작하고 다음과 같이 계속한다.

… , E, F, 10, 11, 12, 13, 14, 15, 16, 17, 18, 19, 1A, 1B, 1C, 1D, 1E, 1F,
20, 21, 22, 23, 24, 25, 26, 27, 28, 29, 2A, 2B, 2C, 2D, 2E, 2F, 30, 31, …

2개의 16진수로 10진수로 255인 FF_{16}까지 셀 수 있다. 이를 넘어 계수하려면, 3개의 16진수 자리가 필요하다. 예를 들어, 100_{16}은 10진수 256 , 101_{16}은 10진수 257 등이다. 최대 세 자리 16진수는 FFF_{16}, 또는 10진수 4095이다. 최대 네 자리 16진수는 $FFFF_{16}$이며, 10진수는 65,535이다.

2진수에서 16진수로 변환

2진수를 16진수로 변환하는 과정은 간단하다. 오른쪽 끝 비트로부터 시작하여 2진수를 4비트 그룹으로 나누고 각 4비트 그룹을 해당하는 16진 기호로 바꾼다.

예제 2-24

다음의 2진수를 16진수로 변환하라.

(a) 1100101001010111 (b) 111111000101101001

풀이

(a) 1100101001010111 → C A 5 7 = $\mathbf{CA57}_{16}$

(b) 00111111000101101001 → 3 F 1 6 9 = $\mathbf{3F169}_{16}$

(b)에서 좌측의 4비트 그룹을 완성하기 위하여 2개의 0이 추가되었다.

관련 문제

2진수 1001111011110011100을 16진수로 변환하라.

16진수에서 2진수로 변환

16진수를 2진수로 변환하려면, 과정을 반대로 하여 각 16진 기호를 적절한 4비트로 바꾼다.

16진법은 2진수를 표현하기에 편리한 방법이다.

예제 2-25

다음 16진수의 2진수를 결정하라.

(a) $10A4_{16}$ (b) $CF8E_{16}$ (c) 9742_{16}

풀이

(a) 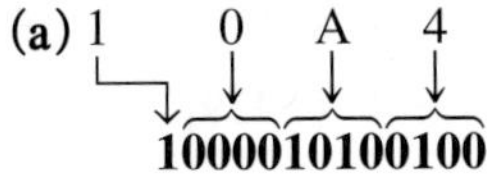

(b) 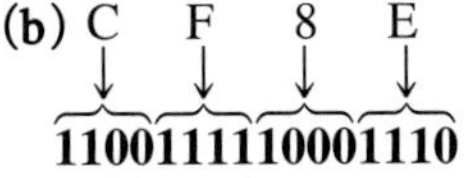

(c) 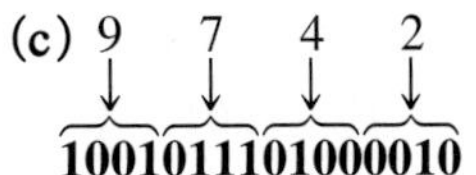

(a)에서 MSB는 앞에 3개의 0이 있는 것으로 간주하면, 4비트 그룹이 형성된다.

관련 문제

16진수 6BD3을 2진수로 변환하라.

2진수보다 동등한 16진수를 다루는 것이 훨씬 쉽다는 것은 명백하다. 변환이 쉽기 때문에 16진 체계는 프로그래밍, 출력, 디스플레이에서 2진수를 표현하는 데 널리 사용된다.

16진수와 2진수 간의 변환은 직관적이며 쉽다.

16진수에서 10진수로 변환

16진수와 동등한 10진수를 찾는 한 가지 방법은 16진수를 먼저 2진수로 바꾸고, 다음 2진수에서 10진수로 변환하는 것이다.

예제 2-26

다음의 16진수를 10진수로 변환하라.

(a) $1C_{16}$ (b) $A85_{16}$

풀이

16진수를 2진수로 먼저 변환하고, 다음 10진수로 변환하는 것을 기억하라.

(a) 1 C

$$\underbrace{0001}\underbrace{1100} = 2^4 + 2^3 + 2^2 = 16 + 8 + 4 = \mathbf{28_{10}}$$

(b) A 8 5

$$\underbrace{1010}\underbrace{1000}\underbrace{0101} = 2^{11} + 2^9 + 2^7 + 2^2 + 2^0 = 2048 + 512 + 128 + 4 + 1 = \mathbf{2693_{10}}$$

관련 문제

16진수 6BD를 10진수로 변환하라.

전자계산기는 16진수로 산술 연산을 수행하는 데 사용될 수 있다.

16진수를 10진수로 변환하는 또 다른 방법은 각 16진수 숫자의 10진수 값을 가중치와 곱하고 이 곱들의 합을 구하는 것이다. 16진수의 가중치는 16의 거듭제곱으로 (오른쪽에서 왼쪽으로) 증가한다. 네 자리 16진수의 경우, 가중치는 다음과 같다.

16^3	16^2	16^1	16^0
4096	256	16	1

예제 2-27

다음의 16진수를 10진수로 변환하라.

(a) $E5_{16}$ **(b)** $B2F8_{16}$

풀이

표 2-3에서 문자 A에서 F는, 10진수 10에서 15를 각각 나타낸다는 것을 상기하자.

(a) $E5_{16} = (E \times 16) + (5 \times 1) = (14 \times 16) + (5 \times 1) = 224 + 5 = \mathbf{229_{10}}$

(b) $B2F8_{16} = (B \times 4096) + (2 \times 256) + (F \times 16) + (8 \times 1)$

$= (11 \times 4096) + (2 \times 256) + (15 \times 16) + (8 \times 1)$

$= 45{,}056 + 512 + 240 + 8 = \mathbf{45{,}816_{10}}$

관련 문제

$60A_{16}$을 10진수로 변환하라.

계산기 활용

16진수에서 10진수로 변환

16진수 28A를 10진수로 변환하라.

TI-36X 단계 1 : [3rd] [(] (HEX)

단계 2 : [2] [8] [3rd] [1/x] (A)

단계 3 : [3rd] [EE] (DEC)

650

10진수에서 16진수로 변환

10진수를 16으로 반복해서 나누면 나눗셈의 나머지의 형태로 해당하는 16진수가 생성된다. 첫 번째 나머지는 최하위 숫자(least significant digit, LSD)이다. 연속한 16의 각 나눗셈은 나머지를 생성하며, 이는 해당 16진수에서 각 자리의 숫자가 된다. 이 과정은 2-3절에서 다루었던 10진수의 2진수 변환에서 연속된 2의 나눗셈과 유사하다. 예제 2-28에서 이 과정을 보였다. 몫에 소수 부분이 있는 경우, 나머지를 얻기 위하여 소수 부분은 제수로 곱하는 것에 유의하라.

예제 2-28

반복되는 16의 나눗셈으로 10진수 650을 16진수로 변환하라.

풀이

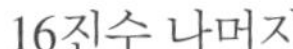

$$\frac{650}{16} = 40.625 \rightarrow 0.625 \times 16 = 10 = \text{A}$$

$$\frac{40}{16} = 2.5 \rightarrow 0.5 \times 16 = 8 = 8$$

$$\frac{2}{16} = 0.125 \rightarrow 0.125 \times 16 = 2 = 2$$

몫의 정수 부분이 0이면 멈춘다.

2 8 A 16진수

MSD LSD

관련 문제

10진수 2591을 16진수로 변환하라.

16진수의 덧셈

16진수 숫자 0~9는 10진수 숫자 0~9와 동일하고 16진수 숫자 A~F는 10진수 숫자 10~15와 동등하다는 것을 기억하면, 덧셈은 16진수로 직접 할 수 있다. 2개의 16진수를 더할 때는 다음의 규칙을 이용하라(10진수는 아래 첨자 10으로 표시하였다).

1. 덧셈 문제의 주어진 열에서, 두 16진수 숫자를 10진수 값으로 생각하라. 예를 들어, $5_{16} = 5_{10}$이고 $C_{16} = 12_{10}$이다.
2. 이 두 숫자의 합이 15_{10} 이하이면, 해당 16진수를 아래로 가져온다.
3. 이 두 숫자의 합이 15_{10}보다 크면, 16_{10}을 초과하는 수를 아래로 가져오고 다음 열로 캐리 1을 올린다.

계산기 활용

10진수를 16진수로 변환

10진수 650을 16진수로 변환하라.

TI-36X 단계 1 : 3rd EE (DEC)

단계 2 : 6 5 0

단계 3 : 3rd ((HEX)

28A

예제 2-29

다음의 16진수의 덧셈을 하라.

(a) $23_{16} + 16_{16}$ **(b)** $58_{16} + 22_{16}$ **(c)** $2B_{16} + 84_{16}$ **(d)** $DF_{16} + AC_{16}$

풀이

(a) $\begin{array}{r} 23_{16} \\ +\ 16_{16} \\ \hline \mathbf{39_{16}} \end{array}$

오른쪽 열 : $3_{16} + 6_{16} = 3_{10} + 6_{10} = 9_{10} = 9_{16}$
왼쪽 열 : $2_{16} + 1_{16} = 2_{10} + 1_{10} = 3_{10} = 3_{16}$

(b) $\begin{array}{r} 58_{16} \\ +\ 22_{16} \\ \hline \mathbf{7A_{16}} \end{array}$

오른쪽 열 : $8_{16} + 2_{16} = 8_{10} + 2_{10} = 10_{10} = A_{16}$
왼쪽 열 : $5_{16} + 2_{16} = 5_{10} + 2_{10} = 7_{10} = 7_{16}$

(c) $\begin{array}{r} 2B_{16} \\ +\ 84_{16} \\ \hline \mathbf{AF_{16}} \end{array}$

오른쪽 열 : $B_{16} + 4_{16} = 11_{10} + 4_{10} = 15_{10} = F_{16}$
왼쪽 열 : $2_{16} + 8_{16} = 2_{10} + 8_{10} = 10_{10} = A_{16}$

(d) $\begin{array}{r} DF_{16} \\ +\ AC_{16} \\ \hline \mathbf{18B_{16}} \end{array}$

오른쪽 열 : $F_{16} + C_{16} = 15_{10} + 12_{10} = 27_{10}$
$27_{10} - 16_{10} = 11_{10} = B_{16}$ 및 캐리 1

왼쪽 열 : $D_{16} + A_{16} + 1_{16} = 13_{10} + 10_{10} + 1_{10} = 24_{10}$
$24_{10} - 16_{10} = 8_{10} = 8_{16}$ 및 캐리 1

관련 문제

$4C_{16}$과 $3A_{16}$을 더하라.

16진수의 뺄셈

학습한 바와 같이, 2의 보수를 이용하면 2진수의 덧셈으로 뺄셈을 할 수 있다. 16진수는 2진수를 표현하는 데 사용될 수 있으므로, 2진수의 2의 보수 방법으로 뺄셈을 수행할 수 있다.

16진수의 2의 보수를 얻는 데는 세 가지 방법이 있다. 방법 1이 가장 일반적이며 사용하기 쉽다. 방법 2와 3도 차선으로 사용된다.

방법 1 : 16진수를 2진수로 변환한다. 2진수의 2의 보수를 취한다. 결과를 16진수로 변환한다. 그림 2-4에 이를 설명하였다.

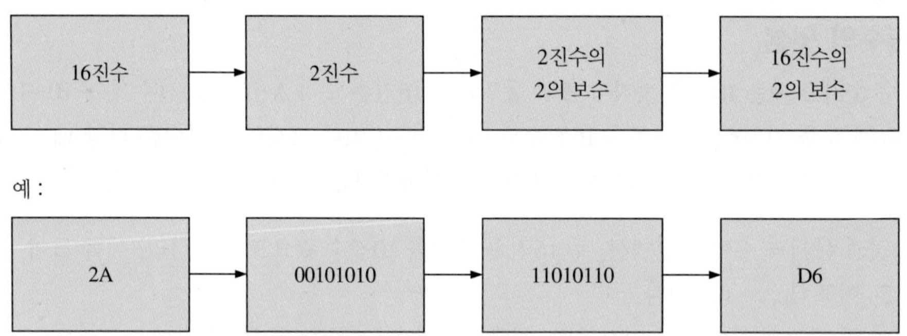

그림 2-4 방법 1, 16진수의 2의 보수 구하기

방법 2 : 최대 16진수에서 16진수를 빼고 1을 더한다. 그림 2-5에 이를 설명하였다.

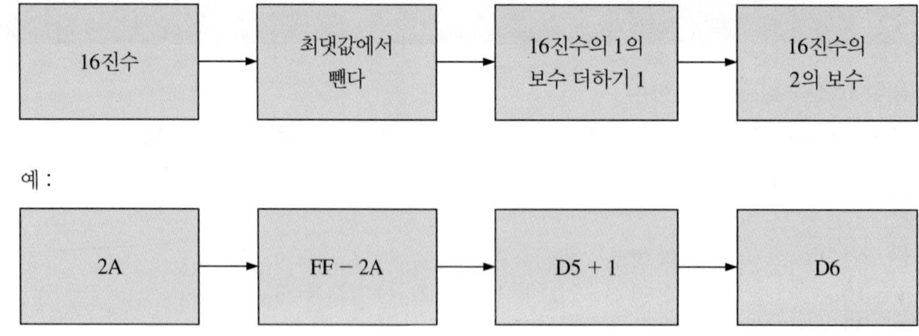

그림 2-5 방법 2, 16진수의 2의 보수 구하기

방법 3 : 16진수 한 자리를 순서대로 적는다. 그 아래에 순서를 바꾸어 적는다. 각 16진수의 1의 보수는 바로 아래에 있는 숫자이다. 2의 보수를 얻기 위하여 결과 숫자에 1을 더한다. 그림 2-6에 이를 설명하였다.

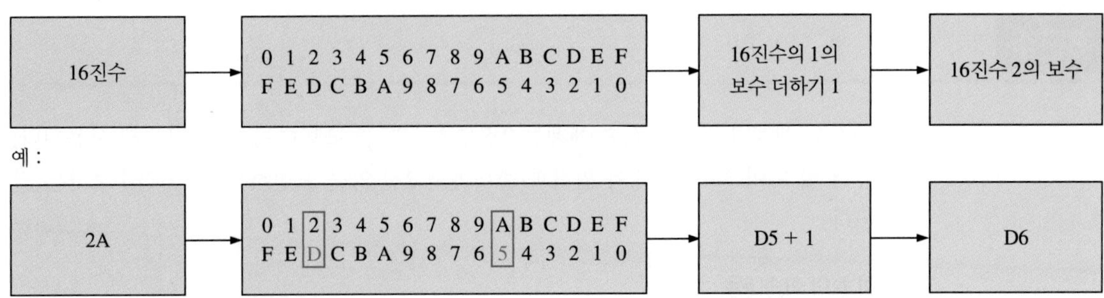

그림 2-6 방법 3, 16진수의 2의 보수 구하기

예제 2-30

다음의 16진수 뺄셈을 수행하라.

(a) $84_{16} - 2A_{16}$　　　**(b)** $C3_{16} - 0B_{16}$

풀이

(a) $2A_{16} = 00101010$

$2A_{16}$의 2의 보수 $= 11010110 = D6_{16}$　(방법 1을 사용)

$$\begin{array}{r} 84_{16} \\ +\ D6_{16} \\ \hline \not{1}5A_{16} \end{array}$$

더하기
2의 보수 덧셈에서와 같이 캐리를 버린다.

차는 $\mathbf{5A_{16}}$이다.

(b) $0B_{16} = 00001011$

$0B_{16}$의 2의 보수 $= 11110101 = F5_{16}$　(방법 1을 사용)

$$\begin{array}{r} C3_{16} \\ +\ F5_{16} \\ \hline \not{1}B8_{16} \end{array}$$

더하기
캐리를 버린다.

차는 $\mathbf{B8_{16}}$이다.

관련 문제

BCD_{16}에서 173_{16}을 빼라.

복습문제 2-8

1. 다음 2진수를 16진수로 변환하라.
   (a) 10110011　　　**(b)** 110011101000
2. 다음의 16진수를 2진수로 변환하라.
   (a) 57_{16}　　　**(b)** $3A5_{16}$　　　**(c)** $F80B_{16}$
3. $9B30_{16}$을 10진수로 변환하라.
4. 10진수 573을 16진수로 변환하라.
5. 다음의 16진수의 덧셈을 직접 하라.
   (a) $18_{16} + 34_{16}$　　　**(b)** $3F_{16} + 2A_{16}$
6. 다음 16진수의 뺄셈을 수행하라.
   (a) $75_{16} - 21_{16}$　　　**(b)** $94_{16} - 5C_{16}$

2-9 8진수

16진수 체계와 같이, 8진수 체계는 2진수와 코드를 표현하는 데 편리하게 사용된다. 그러나 컴퓨터 및 마이크로프로세서 입력과 출력에서 2진 양을 표현하는 데 16진수보다는 덜 자주 사용된다.

이 절의 학습내용

- 8진수 체계의 숫자를 쓴다.
- 8진수에서 10진수로 변환한다.
- 10진수에서 8진수로 변환한다.
- 8진수에서 2진수로 변환한다.
- 2진수에서 8진수로 변환한다.

8진수(octal) 체계는 다음과 같은 8개의 숫자로 구성된다.

0, 1, 2, 3, 4, 5, 6, 7

7보다 큰 수를 세기 위하여, 다른 열을 시작하여 다음과 같이 센다.

10, 11, 12, 13, 14, 15, 16, 17, 20, 21, ⋯

8진수 체계에서 기수는 8이다.

8진수로 계수하는 것은 10진수로 계수하는 것과 유사하지만 숫자 8과 9는 사용되지 않는다. 10진수 또는 16진수와 8진수를 구별하기 위해서 8진수에 첨자 8을 사용한다. 예를 들어, 8진수 15_8은 10진수 13_{10}, 16진수 D와 같다. 때때로 8진수 다음에 'o' 또는 'Q'가 표시될 수 있다.

8진수에서 10진수로 변환

8진수 체계는 8을 기수로 하므로, 각 연속되는 숫자의 자리값은 가장 오른쪽 열의 8^0부터 시작하여 8의 거듭제곱으로 증가한다. 8진수를 동등한 10진수로 환산하는 것은 각 숫자를 가중치와 곱하고 곱들을 합산하여 이루어진다. 다음에 2374_8을 예로 들어 설명하였다.

가중치 : $8^3\ 8^2\ 8^1\ 8^0$

8진수 : 2 3 7 4

$$\begin{aligned} 2374_8 &= (2 \times 8^3) + (3 \times 8^2) + (7 \times 8^1) + (4 \times 8^0) \\ &= (2 \times 512) + (3 \times 64) + (7 \times 8) + (4 \times 1) \\ &= 1024 + 192 + 56 + 4 = 1276_{10} \end{aligned}$$

10진수에서 8진수로 변환

10진수를 8로 변환하는 방법은, 10진수를 2진수 또는 16진수로 변환하는 데 사용된 것과 유사한, 반복해서 8로 나누는 방법이다. 동작하는 방법을 알아보기 위하여, 10진수 359를 8진수로 변환해보자. 각 연속적인 8로 나누기는 나머지를 만드는데, 이 나머지는 동등한 8진수의 한 자리수가 된다. 첫 번째 발생되는 나머지는 LSD가 된다.

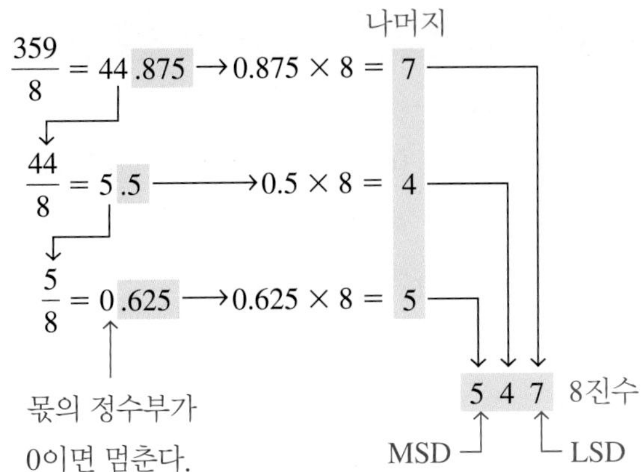

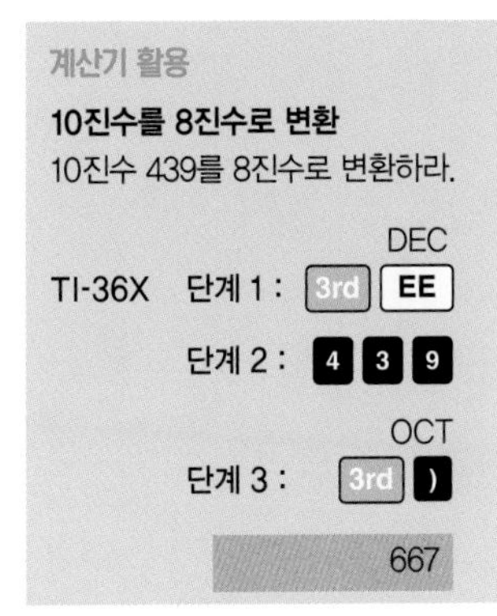

8진수에서 2진수로 변환

각 8진수는 3비트의 2진수로 표현할 수 있으므로, 8진수를 2진수로 변환하기는 매우 쉽다. 각 8진수는 표 2-4와 같이 3비트로 표현된다.

8진법은 2진수를 표현하는 데 편리한 방법이지만, 16진법만큼 일반적으로 사용되지는 않는다.

표 2-4

8진수/2진수 변환

8진수	0	1	2	3	4	5	6	7
2진수	000	001	010	011	100	101	110	111

8진수를 2진수로 변환하려면, 각 8진수를 적절한 3비트로 바꾸기만 하면 된다.

예제 2-31

다음의 8진수 각각을 2진수로 변환하라.

(a) 13_8 (b) 25_8 (c) 140_8 (d) 7526_8

풀이

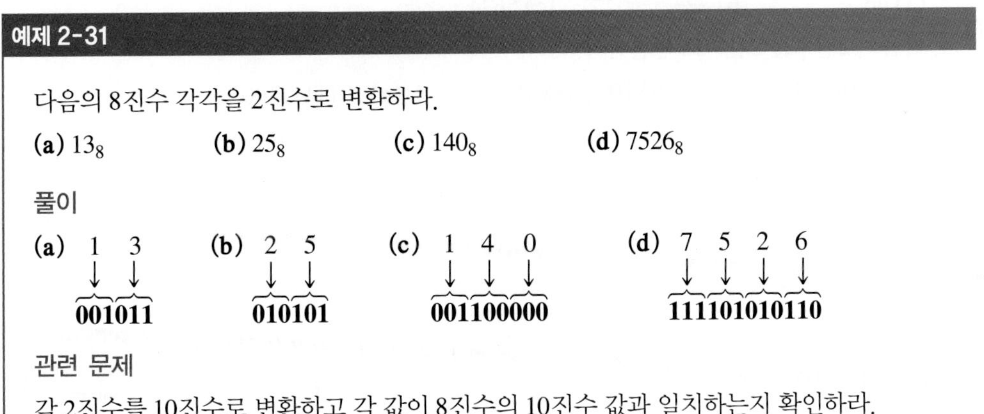

관련 문제

각 2진수를 10진수로 변환하고 각 값이 8진수의 10진수 값과 일치하는지 확인하라.

2진수에서 8진수로 변환

2진수를 8진수로 변환하는 것은 8진수에서 2진수로 변환하는 것의 반대이다. 과정은 다음과 같다. 가장 오른쪽에 있는 3비트 그룹으로 시작하고, 오른쪽에서 왼쪽으로 이동하여 각 3비트 그룹을 등가의 8진수 숫자로 변환한다. 맨 왼쪽 그룹에 사용할 수 있는 3비트가 없으면 하나 또는 두 개의 0을 추가하여 완전한 그룹을 만든다. 앞자리에 0을 추가하는 것은 2진수 값에 영향을 주지 않는다.

예제 2-32

다음의 각 2진수를 8진수로 변환하라.

(a) 110101　　**(b)** 101111001　　**(c)** 100110011010　　**(d)** 11010000100

풀이

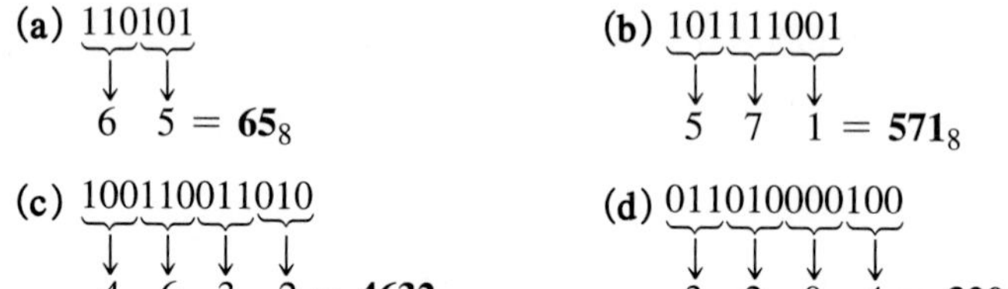

관련 문제

2진수 1010101000111110010을 8진수로 변환하라.

복습문제 2-9

1. 다음의 8진수를 10진수로 변환하라.
   (a) 73_8　　(b) 125_8
2. 다음의 10진수를 8진수로 변환하라.
   (a) 98_{10}　　(b) 163_{10}
3. 다음의 8진수를 2진수로 변환하라.
   (a) 46_8　　(b) 723_8　　(c) 5624_8
4. 다음의 2진수를 8진수로 변환하라.
   (a) 110101111　　(b) 1001100010　　(c) 10111111001

2-10 2진화 10진수

2진화 10진수(binary coded decimal, BCD)는 10진수 숫자 각각을 2진 코드로 표현하는 방법이다. BCD 체계에는 10개의 코드 그룹만이 있으므로, 10진수와 BCD 사이의 변환은 매우 쉽다. 사람들은 10진수로 읽고 쓰기를 원하므로, BCD 코드는 2진 체계에 우수한 인터페이스를 제공한다. 이러한 인터페이스의 예로는 키패드 입력과 디지털 판독이 있다.

이 절의 학습내용

- 각 10진수에서 BCD로 변환한다.
- 10진수를 BCD로 표현한다.
- BCD에서 10진수로 변환한다.
- BCD 숫자를 더한다.

8421 BCD 코드

BCD에서 4개의 비트들이 하나의 10진수를 표시한다.

8421 코드는 **BCD**(binary coded decimal, 2진화 10진수) 코드의 한 유형이다. BCD란 각 0~9의

10진수 각 숫자가 4비트의 2진수 코드로 표현됨을 의미한다. 8421은 4비트의 2진 가중치(2^3, 2^2, 2^1, 2^0)를 나타낸다. 매우 용이한 8421 코드 숫자와 친숙한 10진수 숫자 사이의 변환이 이 코드의 주된 장점이다. 표 2-5에 있는 10개의 10진 숫자를 나타내는 10개의 2진수 조합을 기억하면 된다. 8421 코드는 가장 널리 사용되는 BCD 코드이며, BCD를 언급할 때 별도로 명시하지 않으면 항상 8421 코드를 의미한다고 간주한다.

표 2-5

10진/BCD 변환

10진	0	1	2	3	4	5	6	7	8	9
BCD	0000	0001	0010	0011	0100	0101	0110	0111	1000	1001

무효 코드

4비트로 16개의 숫자(0000에서 1111)를 표현할 수 있지만 8421 코드에서는 이들 중 10개만 사용된다. 사용되지 않는 1010, 1011, 1100, 1101, 1110, 1111의 여섯 부호는 8421 BCD 코드에서 유효하지 않다.

BCD에서 10진수를 표현하려면 예제 2-33과 같이 각 10진수 숫자를 적절한 4비트 코드로 바꾸면 된다.

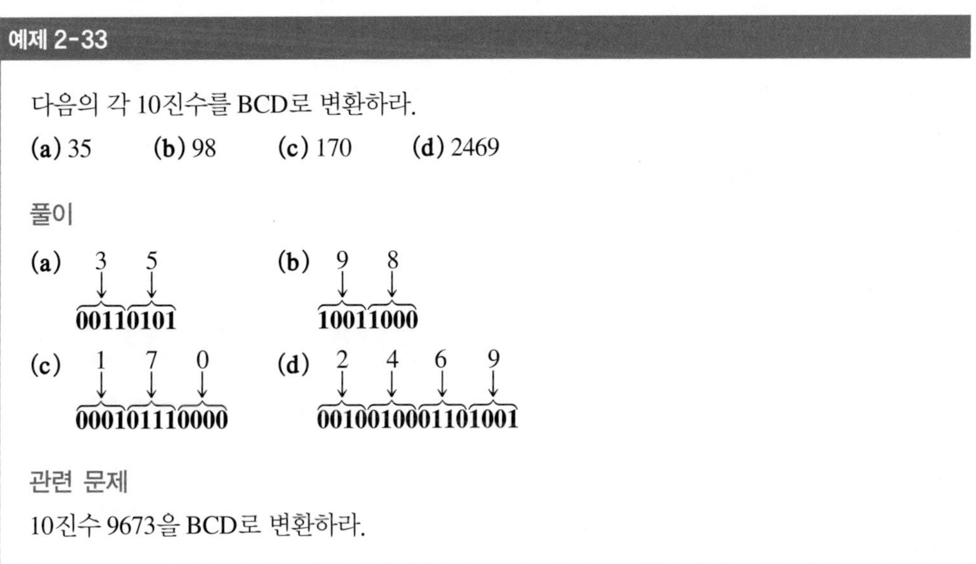

예제 2-33

다음의 각 10진수를 BCD로 변환하라.

(a) 35 (b) 98 (c) 170 (d) 2469

풀이

(a) 3 → 0011, 5 → 0101: **00110101**

(b) 9 → 1001, 8 → 1000: **10011000**

(c) 1 → 0001, 7 → 0111, 0 → 0000: **000101110000**

(d) 2 → 0010, 4 → 0100, 6 → 0110, 9 → 1001: **0010010001101001**

관련 문제

10진수 9673을 BCD로 변환하라.

BCD 숫자에서 10진수를 결정하는 것은 마찬가지로 쉽다. 가장 오른쪽 비트에서 시작하여 4비트의 그룹으로 코드를 나눈다. 그런 다음 각 4비트 그룹이 나타내는 10진수 숫자를 쓴다.

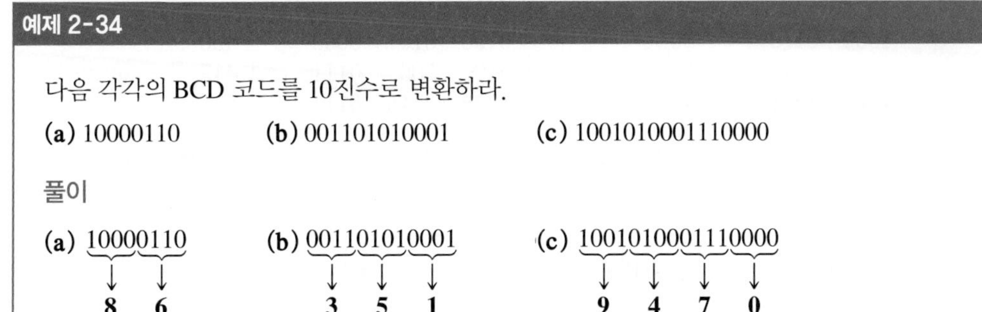

예제 2-34

다음 각각의 BCD 코드를 10진수로 변환하라.

(a) 10000110 (b) 001101010001 (c) 1001010001110000

풀이

(a) 1000 0110 → **8 6**

(b) 0011 0101 0001 → **3 5 1**

(c) 1001 0100 0111 0000 → **9 4 7 0**

관련 문제

BCD 코드 10000010001001110110을 10진수로 변환하라.

정보노트

BCD는 때때로 프로세서에서 산술 연산에 사용된다. 프로세서의 BCD 숫자 표현에서, BCD는 (4비트 단위로) '패킹되어' 있으므로, 8비트에는 2개의 BCD 숫자가 있다. 일반적인 경우, 프로세서는 보통의 2진수처럼 숫자를 더할 것이다. BCD 숫자의 덧셈이나 뺄셈에서 컴퓨터 프로그래머가 결과를 보정할 수 있도록 특별한 명령을 사용할 수 있다. 예를 들어, 어셈블리 언어에서 DAA(Decimal Adjust for Addition) 명령은 덧셈 이후의 답을 BCD로 보정한다.

응용

디지털 시계, 디지털 온도계, 디지털 미터 및 7-세그먼트 디스플레이가 있는 기타 장치들은 일반적으로 10진수의 표시를 단순화하기 위하여 BCD 코드를 사용한다. BCD는 2진수만큼 계산에서 효율적이지는 않지만, 디지털 온도계와 같이 제한된 처리가 필요한 경우에는 특별히 유용하다.

BCD의 덧셈

BCD는 숫자 코드이며 산술 연산에 사용될 수 없다. 덧셈은 가장 중요한 연산이다. 왜냐하면 다른 세 연산(뺄셈, 곱셈, 나눗셈)은 덧셈을 사용하여 수행될 수 있기 때문이다. 2개의 BCD 숫자를 더하는 방법은 다음과 같다.

단계 1 : 2-4절의 2진 덧셈 규칙을 사용하여, 2개의 BCD 숫자를 더한다.

단계 2 : 만일 4비트의 합이 9 이하이면, 합은 유효한 BCD 숫자이다.

단계 3 : 4비트 합이 9보다 크거나 4비트 그룹에서 캐리가 발생한 경우 잘못된 결과이다. 6개의 무효 상태를 건너뛰고 코드를 8421로 되돌리기 위하여 4비트 합에 6(0110)을 더한다. 6이 더해질 때 캐리가 발생하면 다음의 4비트 그룹에 캐리를 더해준다.

예제 2-35는 각 4비트 열의 합이 9 이하이므로 4비트의 합이 유효한 BCD 숫자가 되는 BCD 덧셈을 보인다. 예제 2-36에는 유효하지 않은 합이 되는(9보다 크거나 캐리가 발생하는) 경우의 절차를 보여준다.

BCD 숫자의 또 다른 덧셈 방법은 이들을 10진수로 변환하고, 덧셈을 수행한 다음, 결과를 다시 BCD로 변환하는 것이다.

예제 2-35

다음의 BCD 숫자를 더하라.

(a) 0011 + 0100 **(b)** 00100011 + 00010101

(c) 10000110 + 00010011 **(d)** 010001010000 + 010000010111

풀이

비교를 위하여 10진수 덧셈을 보였다.

(a)

0011	3
+ 0100	+ 4
0111	7

(b)

0010	0011	23
+ 0001	0101	+ 15
0011	**1000**	38

(c)

1000	0110	86
+ 0001	0011	+ 13
1001	**1001**	**99**

(d)

0100	0101	0000	450
+ 0100	0001	0111	+ 417
1000	**0110**	**0111**	**867**

각 경우에 4비트 열의 합이 9를 초과하지 않으면 결과가 유효한 BCD 숫자임에 유의하라.

관련 문제

다음 BCD 덧셈을 수행하라. 1001000001000011 + 0000100100100101.

예제 2-36

다음의 BCD 숫자를 더하라.

(a) 1001 + 0100 (b) 1001 + 1001

(c) 00010110 + 00010101 (d) 01100111 + 01010011

풀이

비교를 위하여 10진수 덧셈을 보였다.

(a)

```
          1001                          9
        + 0100                         +4
          1101    무효 BCD 숫자(>9)     13
        + 0110    6을 더한다.
  0001    0011    유효한 BCD 숫자
    ↓       ↓
    1       3
```

(b)

```
          1001                          9
        + 1001                         +9
     1    0010    캐리가 발생하므로 무효  18
        + 0110    6을 더한다.
  0001    1000    유효한 BCD 숫자
    ↓       ↓
    1       8
```

(c)

```
    0001    0110                                  16
  + 0001    0101                                 +15
    0010    1011    오른쪽 그룹은 무효이고(>9),       31
                     왼쪽 그룹은 유효하다.
          + 0110    무효 코드에 6을 더한다. 캐리
                     0001을 다음 그룹에 더한다.
    0011    0001    유효 BCD 숫자
      ↓       ↓
      3       1
```

(d)

```
          0110      0111                                67
        + 0101      0011                               +53
          1011      1010    두 그룹 모두 무효(>9)        120
        + 0110    + 0110    두 그룹 모두에 6을 더한다.
  0001    0010      0000    유효한 BCD 숫자
    ↓       ↓         ↓
    1       2         0
```

관련 문제

다음의 BCD 숫자를 더하라 : 01001000 + 00110100

복습문제 2-10

1. 다음 BCD 숫자에서 각 1의 2진 가중치는?

(a) 0010 (b) 1000 (c) 0001 (d) 0100

2. 다음 10진수를 BCD로 변환하라.
   (a) 6　(b) 15　(c) 273　(d) 849
3. 각 BCD 코드가 나타내는 10진수는?
   (a) 10001001　(b) 001001111000　(c) 000101010111
4. BCD 덧셈에서, 4비트의 합이 무효로 되는 경우는?

2-11 디지털 코드

많은 특수한 코드가 디지털 시스템에서 사용된다. 방금 BCD 코드에 관해 학습하였다. 이제 다른 몇 가지를 살펴본다. 일부 코드는 BCD와 같이 엄격하게 숫자이며, 다른 일부 코드는 영숫자이다. 영숫자는 숫자, 문자, 기호 및 명령을 나타내는 데 사용된다. 이 절에서 소개되는 코드는 그레이 코드, ASCII 코드 및 유니코드이다.

이 절의 학습내용

- 그레이 코드의 장점을 설명한다.
- 그레이 코드에서 2진 코드로, 2진 코드에서 그레이 코드로 변환한다.
- ASCII 코드를 사용한다.
- 유니코드에 대해 논의하다.

그레이 코드

그레이 코드의 단일 비트 변화 특성은 오류의 발생 가능성을 최소화한다.

그레이 코드(Gray code)는 가중치가 없고 산술 코드가 아니다. 즉 비트 자리에 할당된 특정 가중치가 없다. 그레이 코드의 중요한 특징은 어떤 코드 워드에서 다음 순서의 코드 워드로 바뀔 때 한 비트의 변화만 있다는 것이다. 이 특성은 연속되는 인접한 숫자 사이의 비트가 변화하는 개수가 많아지면 오류에 대한 민감도가 증가하게 되는 샤프트 위치 인코더와 같은 많은 응용 분야에서 매우 중요하다.

표 2-6은 10진수 0~15까지의 4비트 그레이 코드의 목록이다. 2진수를 참고로 표에 제시하였다. 2진수와 같이 그레이 코드는 임의의 비트 수를 가질 수 있다. 연속하는 그레이 코드 워드 사이에

표 2-6
4비트 그레이 코드

10진수	2진수	그레이 코드	10진수	2진수	그레이 코드
0	0000	0000	8	1000	1100
1	0001	0001	9	1001	1101
2	0010	0011	10	1010	1111
3	0011	0010	11	1011	1110
4	0100	0110	12	1100	1010
5	0101	0111	13	1101	1011
6	0110	0101	14	1110	1001
7	0111	0100	15	1111	1000

는 하나의 비트만이 변화한다는 것에 주목하라. 예를 들어 10진수 3에서 4로 갈 때, 2진 코드는 0011에서 0100으로 변경되어 3비트의 변화가 있는 데 비하여, 그레이 코드는 0010에서 0110으로 바뀐다. 그레이 코드는 우측에서 세 번째 비트 자리의 변화만이 있으며, 다른 비트는 그대로 유지된다.

2진수에서 그레이 코드로 변환

2진 코드와 그레이 코드 사이의 변환은 때때로 유용하다. 다음 규칙은 2진수를 그레이 코드 워드로 변환하는 방법을 설명한다.

1. 그레이 코드의 최상위 비트(가장 왼쪽)는 2진수의 MSB와 같다.
2. 왼쪽에서 오른쪽으로 진행하여 인접한 2진 코드의 합으로 다음 그레이 코드의 비트를 얻는다. 캐리는 버린다.

예를 들어, 2진수 10110을 그레이 코드로 변환하면 다음과 같다.

```
1 − + → 0 − + → 1 − + → 1 − + → 0     2진수
↓       ↓       ↓       ↓       ↓
1       1       1       0       1     그레이
```

그레이 코드는 11101이다.

그레이 코드에서 2진 코드로 변환

그레이 코드에서 2진 코드로 변환하는 과정도 비슷하다. 그러나 몇 가지 차이점이 있다. 다음 규칙이 적용된다.

1. 2진 코드에서 최상위 비트(가장 왼쪽)는 그레이 코드에서 해당 비트와 같다.
2. 새로 만들어진 비트를 다음 자리의 그레이 코드와 더한다. 캐리는 버린다.

예를 들어, 그레이 코드 워드 11011을 2진 코드로 다음과 같이 변환한다.

```
1         1         0         1         1      그레이
↓   +↗    ↓   +↗    ↓   +↗    ↓   +↗    ↓
  ↗         ↗         ↗         ↗
1         0         0         1         0      2진수
```

2진수는 10010이다.

예제 2-37

(a) 2진수 11000110을 그레이 코드로 변환하라.
(b) 그레이 코드 10101111을 2진 코드로 변환하라.

풀이

(a) 2진 코드를 그레이 코드로

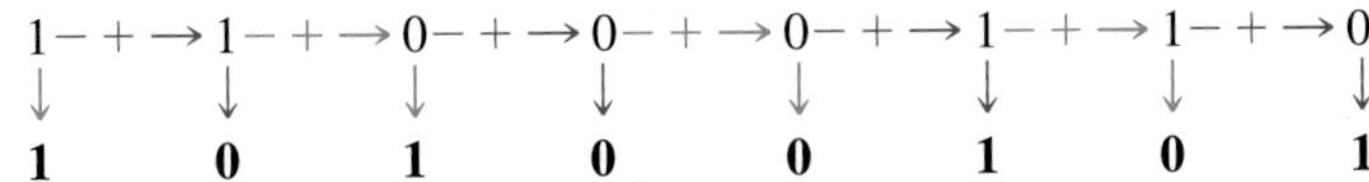

(b) 그레이 코드를 2진 코드로

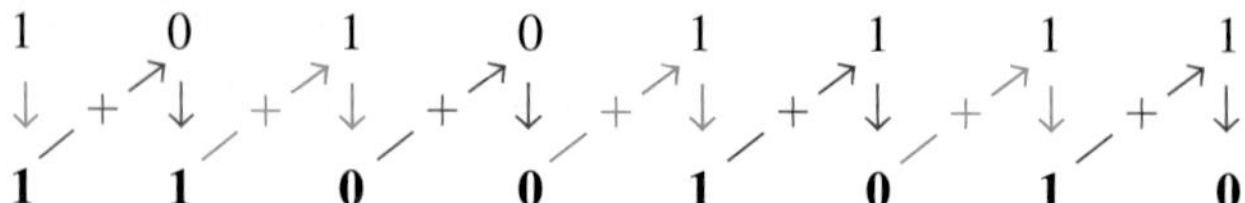

관련 문제

(a) 2진 코드 101101을 그레이 코드로 변환하라.

(b) 그레이 코드 100111을 2진 코드로 변환하라.

응용

3비트 샤프트 위치 인코더의 개념을 그림 2-7에 나타냈다. 기본적으로 8개의 섹터가 있는 3개의 동심원 고리가 있다. 섹터가 많을수록 더 정확하게 위치를 나타낼 수 있지만, 설명을 위하여 8개의 섹터만 사용한다. 고리의 각 섹터는 빛을 반사하거나 반사하지 않는다. 고리가 샤프트와 함께 회전함에 따라, 3개의 IR(적외선) 빔을 생성하는 IR 방출기 아래에 오게 된다. 반사되는 빔이 있으면 1이 표시되고 반사되는 빔이 없으면 0이 표시된다. IR 검출기는 반사 빔의 유무를 감지하고 해당하는 3비트 코드를 발생시킨다. IR 방출기/감지기는 고정된 위치에 있다. 샤프트가 360도 반시계 방향으로 회전하면 8개의 섹터가 3개의 빔 아래로 이동한다. 각 빔은 섹터 표면에 반사되거나 흡수되어 샤프트의 위치를 나타내는 2진 코드 또는 그레이 코드 숫자를 나타낸다.

그림 2-7(a)에서 섹터들은 2진수 패턴으로 정렬되어 검출기 출력은 000에서 001, 010, 011 등으로 간다. 빔이 반사형 섹터 위에 정렬되면 출력은 1이다. 빔이 비반사형 섹터 위에 정렬되면 출력은 0이다. 한 섹터에서 다른 섹터로 전환하는 동안 하나의 빔이 다른 빔보다 조금 앞선 경우 잘못된 출력이 발생할 수 있다. 빔이 111 섹터 위에 있고 000 섹터로 진입하려 할 때 어떤 일이 일어날지 생각해보자. MSB 빔이 조금 앞서 있으면 111 또는 000 대신에 잠깐 동안 011로 위치가 잘못 표시된다. 이러한 유형의 응용에서, IR 방출기/검출기 빔의 정확한 기계적 정렬을 유지하는 것은 사실상 불가능하다. 따라서 많은 섹터 간의 전환에서 일반적으로 오류가 발생한다.

그레이 코드는 2진 코드에 내재된 오류 문제를 제거하는 데 사용된다. 그림 2-7(b)에서 볼 수

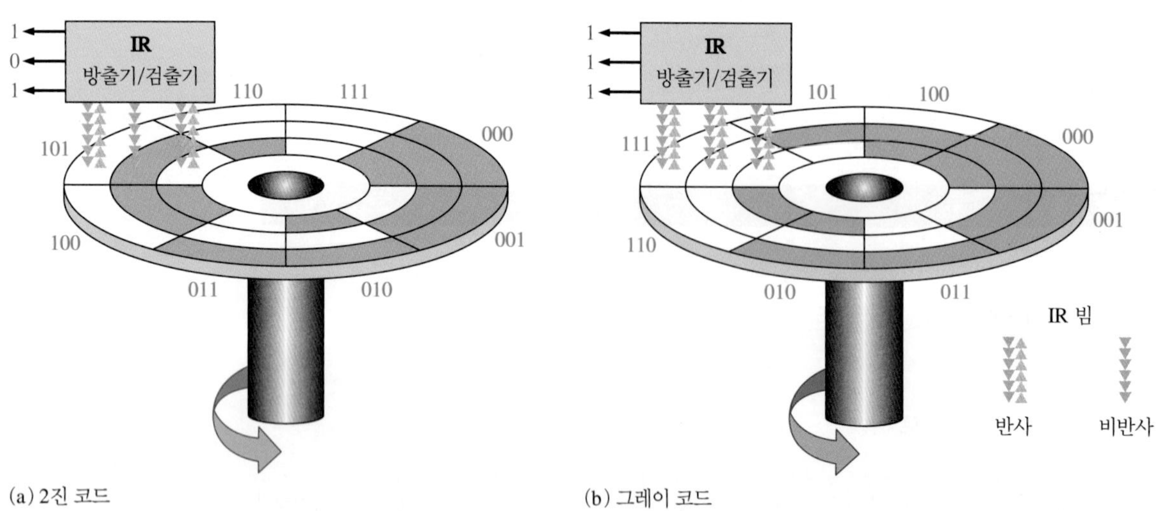

(a) 2진 코드 (b) 그레이 코드

그림 2-7 그레이 코드가 샤프트 위치 인코더의 오류 문제를 해결하는 방법에 대한 간략한 설명. 대부분의 샤프트 인코더는 더 높은 해상도를 위하여 10비트보다 많은 비트를 사용하지만 개념을 설명하기 위하여 3비트로 설정하였다.

있듯이, 그레이 코드는 인접한 섹터 사이에서 하나의 비트만 변경되도록 한다. 이것은 빔들이 정확하게 정렬되지 않은 경우에도 전환 시의 오류가 발생하지 못한다는 것을 의미한다. 예를 들어, 빔이 111 섹터 위에 있고 다음 101 섹터로 이동하려 할 때 어떤 일이 발생하는지 다시 생각해보자. 전환 도중 가능한 두 가지 출력은 빔의 정렬에 무관하게 111과 101이다. 비슷한 상황이 다른 섹터들 사이의 전환에서도 발생한다.

영숫자 코드

정보 전달을 위해서는 숫자뿐만 아니라 문자와 기타 기호도 필요하다. 엄밀한 의미에서 **영숫자**(alphanumeric) 코드는 숫자와 영문자들을 표현하는 코드이다. 그러나 대부분 그러한 코드는 정보 전달에 필요한 기호와 다양한 명령과 같은 다른 문자도 표현한다.

영숫자 코드는 최소한 10진수 숫자 10개와 알파벳 문자 26개 등, 총 36개를 표현해야 한다. 이 숫자는 5비트는 불충분하므로($2^5 = 32$) 각 코드 조합에 6비트를 필요로 한다. 6비트에는 총 64개의 조합이 있으므로 28개의 사용하지 않는 코드 조합이 있다. 많은 응용 분야에서 완전한 통신을 위해서 숫자와 문자 외에 다른 기호가 명백히 필요하다. 즉, 공백, 마침표, 콜론, 세미콜론, 물음표 등이 필요하다. 또한 수신 시스템에 정보를 어떻게 처리할지 알려주는 명령도 필요하다. 6비트 길이의 코드로 10진수, 알파벳, 그리고 28개의 다른 기호를 다룰 수 있다. 이러한 사실들로 기본 영숫자 코드에 대한 요구 사항을 파악할 수 있다. ASCII는 일반적인 영숫자 코드이며 다음에 설명한다.

ASCII

ASCII는 American Standard Code for Information Interchange의 약자이다. '아스키'로 발음되는 ASCII는 대부분의 컴퓨터와 기타 전자 장비에서 보편적으로 사용되는 영숫자 코드이다. 대부분의 컴퓨터 키보드는 ASCII로 표준화되어 있다. 문자, 숫자, 또는 제어 명령을 입력하면 해당 ASCII 코드가 컴퓨터로 전송된다.

ASCII에는 7비트 2진 코드로 표현되는 문자와 기호 128개가 있다. 실제로 ASCII는 MSB가 항상 0인 8비트 코드로 간주될 수 있다. 이 8비트 코드는 16진수로 00에서 7F이다. 처음 32개의 ASCII 문자는 비그래픽 명령이며, 인쇄되거나 표시되지 않고 제어 목적으로만 사용된다. 제어 문자의 예로 '널(null)', '개행(line feed)', '텍스트 시작(start of text)', 그리고 '이스케이프(escape)' 등이 있다. 다른 문자는 인쇄하거나 표시할 수 있는 그래픽 기호로 영문자(대문자와 소문자), 10진수 10개 숫자, 문장 부호, 기타 일반적으로 사용되는 기호 등을 포함한다.

표 2-7은 각 문자 및 기호에 대한 10진수, 16진수 및 2진수 표현을 보여주는 ASCII 코드의 목록이다. 표의 왼쪽 부분에는 제어 문자 32개(16진수 00에서 1F)의 이름이 나열되어 있다. 그래픽 기호는 표의 나머지 부분에 나열되어 있다(16진수로 20에서 7F).

정보노트

컴퓨터 키보드에는 지속적으로 키보드 회로를 스캔하여 키가 눌리거나 놓아질 때를 감지하는 전용 마이크로프로세서가 있다. 고유한 스캔 코드는 특정 키를 나타내는 컴퓨터 소프트웨어에 의하여 생성된다. 스캔 코드는 컴퓨터에서 사용할 수 있도록 영숫자 코드(ASCII)로 변환된다.

예제 2-38

표 2-7을 사용하여 다음 C 언어 프로그램 문장을 입력할 때 컴퓨터 키보드에서 입력한 이진 ASCII 코드를 결정하라. 또한 각 코드를 16진수로 표시하라.

if (x > 5)

풀이

각 기호에 대한 ASCII 코드를 표 2-7에서 찾는다.

기호	2진수	16진수
i	1101001	69_{16}
f	1100110	66_{16}
Space	0100000	20_{16}
(	0101000	28_{16}
x	1111000	78_{16}
>	0111110	$3E_{16}$
5	0110101	35_{16}
)	0101001	29_{16}

관련 문제

표 2-7을 사용하여 다음 C 언어 프로그램 문장에 필요한 ASCII 코드들을 구하고 각 코드를 16진수로 표현하라.

if (y < 8)

ASCII 제어 문자

ASCII 표(표 2-7)에서 처음 32개 코드는 제어 문자를 나타낸다. 이들은 정보와 데이터를 전달할 때 컴퓨터와 프린터 같은 장치가 서로 통신할 수 있게 하는 데 사용된다. 컨트롤 키(CTRL)와 해당 기호를 눌러서 컨트롤 키 기능을 사용하면 ASCII 키보드에서 제어 문자를 직접 입력할 수 있다.

확장 ASCII 문자

표준 ASCII의 128개 문자 외에도 IBM이 PC(개인용 컴퓨터)용으로 채택한 추가 128개 문자가 있다. PC의 많은 보급으로 인하여, 이러한 특수 확장 ASCII 문자는 PC 이외의 응용 분야에서도 역시 사용되고 있으며 비공식 표준이 되었다.

확장 ASCII 문자는 16진수 80에서 16진수 FF까지의 8비트의 연속적인 코드들로 표현되며, 비영어권의 알파벳 문자, 비영어권의 화폐 기호, 그리스 문자, 수학 기호, 그림 문자, 막대 그래프 문자 및 음영 문자 등과 같은 범주의 그룹으로 나눌 수 있다.

유니코드

유니코드는 국제 문자 집합(universal character set, UCS)을 사용하여 세계 각국의 문자에 고유한 숫자 값과 이름을 할당하여 세계 각국 언어의 문서에 사용되는 모든 문자를 인코딩할 수 있게 한다. 유니코드는 다국어 문자, 수학 기호 또는 기술 문자를 컴퓨터 응용 프로그램에 적용할 수 있다.

유니코드는 광범위한 문자들의 배열을 가지며, 다양한 인코딩 형태가 여러 환경에서 사용된다. ASCII는 기본적으로 7비트 코드를 사용하지만, 유니코드는 상대적으로 추상적인 '코드 포인트'(음이 아닌 정수 숫자)를 사용하는데, 이는 다른 인코딩 형식과 방법을 사용하여 한 바이트 이상의 배열을 대응시킨다. 호환성을 유지하도록 유니코드는 최초 128코드 포인트를 ASCII와

표 2-7

ASCII(American Standard Code for Standard Information Interchange)

제어 문자				그래픽 기호											
기호	10진수	2진수	16진수	기호	10진수	2진수	16진수	기호	10진수	2진수	16진수	기호	10진수	2진수	16진수
NUL	0	0000000	00	space	32	0100000	20	@	64	1000000	40	'	96	1100000	60
SOH	1	0000001	01	!	33	0100001	21	A	65	1000001	41	a	97	1100001	61
STX	2	0000010	02	”	34	0100010	22	B	66	1000010	42	b	98	1100010	62
ETX	3	0000011	03	#	35	0100011	23	C	67	1000011	43	c	99	1100011	63
EOT	4	0000100	04	$	36	0100100	24	D	68	1000100	44	d	100	1100100	64
ENQ	5	0000101	05	%	37	0100101	25	E	69	1000101	45	e	101	1100101	65
ACK	6	0000110	06	&	38	0100110	26	F	70	1000110	46	f	102	1100110	66
BEL	7	0000111	07	’	39	0100111	27	G	71	1000111	47	g	103	1100111	67
BS	8	0001000	08	(	40	0101000	28	H	72	1001000	48	h	104	1101000	68
HT	9	0001001	09	)	41	0101001	29	I	73	1001001	49	i	105	1101001	69
LF	10	0001010	0A	*	42	0101010	2A	J	74	1001010	4A	j	106	1101010	6A
VT	11	0001011	0B	1	43	0101011	2B	K	75	1001011	4B	k	107	1101011	6B
FF	12	0001100	0C	,	44	0101100	2C	L	76	1001100	4C	l	108	1101100	6C
CR	13	0001101	0D	2	45	0101101	2D	M	77	1001101	4D	m	109	1101101	6D
SO	14	0001110	0E	.	46	0101110	2E	N	78	1001110	4E	n	110	1101110	6E
SI	15	0001111	0F	/	47	0101111	2F	O	79	1001111	4F	o	111	1101111	6F
DLE	16	0010000	10	0	48	0110000	30	P	80	1010000	50	p	112	1110000	70
DC1	17	0010001	11	1	49	0110001	31	Q	81	1010001	51	q	113	1110001	71
DC2	18	0010010	12	2	50	0110010	32	R	82	1010010	52	r	114	1110010	72
DC3	19	0010011	13	3	51	0110011	33	S	83	1010011	53	s	115	1110011	73
DC4	20	0010100	14	4	52	0110100	34	T	84	1010100	54	t	116	1110100	74
NAK	21	0010101	15	5	53	0110101	35	U	85	1010101	55	u	117	1110101	75
SYN	22	0010110	16	6	54	0110110	36	V	86	1010110	56	v	118	1110110	76
ETB	23	0010111	17	7	55	0110111	37	W	87	1010111	57	w	119	1110111	77
CAN	24	0011000	18	8	56	0111000	38	X	88	1011000	58	x	120	1111000	78
EM	25	0011001	19	9	57	0111001	39	Y	89	1011001	59	y	121	1111001	79
SUB	26	0011010	1A	:	58	0111010	3A	Z	90	1011010	5A	z	122	1111010	7A
ESC	27	0011011	1B	;	59	0111011	3B	[	91	1011011	5B	{	123	1111011	7B
FS	28	0011100	1C	<	60	0111100	3C	\	92	1011100	5C	|	124	1111100	7C
GS	29	0011101	1D	5	61	0111101	3D	]	93	1011101	5D	}	125	1111101	7D
RS	30	0011110	1E	>	62	0111110	3E	^	94	1011110	5E	~	126	1111110	7E
US	31	0011111	1F	?	63	0111111	3F	_	95	1011111	5F	Del	127	1111111	7F

같은 문자로 할당한다. 따라서 ASCII는 유니코드와 UCS의 매우 작은 부분집합에 대한 7비트 인코딩 체계로 생각할 수 있다.

유니코드는 약 10만 개의 문자, 시각적 참조를 위한 코드 차트 집합, 인코딩 방법 및 표준 문자 인코딩 집합, 대문자 및 소문자와 같은 문자 속성의 목록 등으로 구성된다. 또한 유니코드는 문자 속성, 문장 정규화, 분해, 조합, 렌더링 및 양방향 표시 순서(아랍어 또는 히브리어와 같이 우측에서 좌측으로 쓰거나 좌측에서 우측으로 쓰는 문서의 올바른 표시를 위하여)와 같은 여러 가지 관련 항목으로 구성된다.

복습문제 2-11

1. 다음 2진수를 그레이 코드로 변환하라.
   (a) 1100 (b) 1010 (c) 11010
2. 다음 그레이 코드를 2진 코드로 변환하라.
   (a) 1000 (b) 1010 (c) 11101
3. 다음 문자 각각에 대한 ASCII 표현은 무엇인가? 각각을 비트 패턴 및 16진수로 표현하라.
   (a) K (b) r (c) $ (d) +

2-12 오류 코드

이 절에서는 단일 비트 오류를 검출하기 위하여 코드에 비트를 추가하는 세 가지 방법에 대하여 설명한다. 오류 검출을 위한 패리티 방법을 소개하고 순환 중복 검사에 대해 설명한다. 또한 오류 검출 및 정정을 위한 해밍 코드가 소개된다.

이 절의 학습내용

- 패리티 비트에 기반하여 코드에 오류가 있는지 결정한다.
- 코드에 적절한 패리티 비트를 할당한다.
- 순환 중복 검사를 설명한다.
- 해밍 코드를 설명한다.

오류 검출을 위한 패리티 방법

패리티 비트는 1의 발생 숫자가 홀수인지 짝수인지를 알려준다.

많은 시스템들이 비트 **오류 검출**(error detection)을 위한 수단으로 패리티 비트를 사용한다. 모든 비트 그룹에는 짝수 또는 홀수 개의 1이 있다. 패리티 비트는 비트 그룹에 덧붙여져 그룹의 총 1의 개수를 항상 짝수 또는 홀수가 되도록 한다. 짝수 패리티 비트는 1의 총수를 짝수로 만들고, 홀수 패리티 비트는 총수를 홀수로 만든다.

주어진 시스템은 짝수 또는 홀수 **패리티**(parity)로 동작하지만, 둘 다로 동작하지는 않는다. 예를 들어, 시스템이 짝수 패리티로 동작하면 수신된 각 비트 그룹을 검사하여 그룹에 있는 1의 총개수가 짝수가 되는지 확인한다. 만약 1의 총개수가 홀수이면, 오류가 발생한 것이다.

패리티 비트가 코드에 덧붙여지는 방법을 설명한 표 2-8에서 각 BCD 숫자의 짝수 패리티 비트 및 홀수 패리티 비트 모두를 나열하였다. 각 BCD 숫자의 패리티 비트는 P열에 있다.

표 2-8

패리티 비트가 있는 BCD 코드

짝수 패리티		홀수 패리티	
P	**BCD**	***P***	**BCD**
0	0000	1	0000
1	0001	0	0001
1	0010	0	0010
0	0011	1	0011
1	0100	0	0100
0	0101	1	0101
0	0110	1	0110
1	0111	0	0111
1	1000	0	1000
0	1001	1	1001

시스템 설계에 따라 패리티 비트는 코드의 시작 또는 끝부분에 덧붙일 수 있다. 패리티 비트를 포함하여 짝수 패리티에서는 1의 총개수가 항상 짝수이고, 홀수 패리티에서는 항상 홀수임에 유의하여야 한다.

오류 검출

패리티 비트는 단일 비트 오류(또는 가능성이 희박하지만 홀수 개의 오류)를 검출할 수 있게 하지만, 그룹 내에서 2개의 오류는 검사할 수 없다. 예를 들어, BCD 코드 0101을 전송한다고 가정해보자(패리티는 임의의 비트 수와 함께 사용할 수 있지만, 설명을 위하여 4비트를 사용한다). 짝수 패리티 비트를 포함한 전체 전송 코드는 다음과 같다.

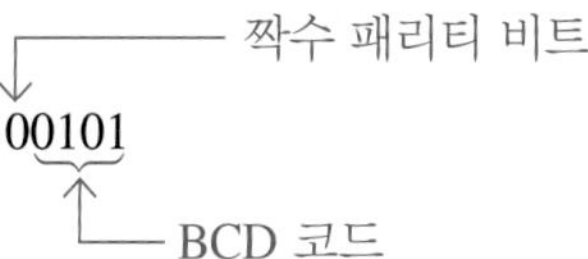

이제 왼쪽에서 세 번째 비트에 오류가 발생하였다(1이 0으로 바뀐다)고 가정한다.

짝수 패리티 비트

00001

비트 오류

이 코드가 수신되면, 패리티 검사 회로는 짝수 개의 1이 있어야 할 때 하나(홀수)의 1만 있다고 결정한다. 코드가 수신되면 짝수 개의 1이 코드에 나타나지 않으므로, 오류가 표시된다.

홀수 패리티 비트도 역시 유사한 방법으로 주어진 비트 그룹에서 단일 오류를 검출할 수 있다.

예제 2-39

다음 코드 그룹에 적절한 짝수 패리티 비트를 할당하라.

(a) 1010 **(b)** 111000 **(c)** 101101

(d) 1000111001001 **(e)** 101101011111

풀이

패리티 비트를 필요에 따라 1 또는 0으로 설정하여 총 1의 개수를 짝수로 만든다. 패리티 비트는 맨 왼쪽 비트(컬러)이다.

(a) 01010 **(b)** 1111000 **(c)** 0101101
(d) 0100011100101 **(e)** 1101101011111

관련 문제

문자 K에 대한 7비트 ASCII 코드에 짝수 패리티 비트를 추가하라.

예제 2-40

홀수 패리티 시스템이 10110, 11010, 110011, 110101110100, 그리고 1100010101010의 코드 그룹을 수신하였다. 오류가 발생한 그룹을 결정하라.

풀이

홀수 패리티를 요구하므로, 짝수 개의 1이 있는 그룹은 올바르지 않다. 그룹 **110011**과 **1100010101010**에 오류가 있다.

관련 문제

홀수 패리티 시스템이 00110111의 ASCII 코드를 수신하였다. 올바른가?

순환 중복 검사

순환 중복 검사(cyclic redundancy check, CRC)는 디지털 데이터가 통신 링크에서 전송될 때 1비트 및 2비트 전송 오류를 검출하는 데 널리 사용되는 코드이다. 통신 링크는 네트워크에 연결된 두 컴퓨터 사이 또는 (CD, DVD, 또는 하드 디스크와 같은) 디지털 저장 장치와 PC 사이일 수 있다. 적절하게 설계된 경우, CRC는 비트열에서 다수의 오류를 검출할 수 있다. CRC에서 체크섬(checksum)이라 불리는 특정 개수의 검사 비트가 전송되는 데이터 비트에 부가된다(끝부분에 더해진다). 전송 데이터는 수신기에서 CRC를 사용하여 오류가 있는지 검사된다. 모든 가능한 오류를 식별할 수 있는 것은 아니지만, CRC는 단순한 패리티 검사보다 훨씬 더 효율적이다.

CRC는 수학적으로 두 다항식을 나누어 나머지를 생성하는 것으로 종종 설명된다. 다항식은 양의 지수를 가지는 항들이 더해진 수학적 표현이다. 계수가 1과 0으로 한정되면, 이는 단변량 다항식(univariable polynomial)이라 불린다. 단변량 다항식의 예는 $1x^3 + 0x^2 + 1x^1 + 1x^0$ 또는 간단히 $x^3 + x^1 + x^0$이며, 이는 4비트 2진수 1011로 완전하게 표현될 수 있다. 대부분의 CRC는 16비트 이상의 다항식을 사용하지만, 여기서는 단순함을 위하여 4비트로 과정을 설명한다.

모듈로-2 연산

간단히 말해, CRC는 2진수의 나눗셈을 기반으로 한다. 그리고 잘 알고 있듯이, 나눗셈은 일련의 빼기와 이동이다. 뺄셈을 수행하기 위하여 모듈로-2 덧셈이라 불리는 방법이 사용될 수 있다. 모듈로-2 덧셈(또는 뺄셈)은 캐리가 없는 2진 덧셈과 같으며, 표 2-9에 이것의 진리표를 나타냈다. **진리표**(truth table)는 3장에서 배우게 될 논리회로의 동작을 기술하는 데 널리 사용된다. 표에서 볼 수 있듯이, 2비트의 경우 가능한 총 4개의 조합이 있다. 이 특정 표는 배타적-

표 2-9
모듈로-2 연산

입력 비트	출력 비트
0 0	0
0 1	1
1 0	1
1 1	0

OR(exclusive-OR)로 역시 알려진 모듈로-2 연산의 동작을 설명하며 3장에서 소개될 논리 게이트로 구현될 수 있다. 모듈로-2의 간단한 규칙은 입력이 다른 경우 출력이 1이고 그렇지 않으면 출력이 0이 된다는 것이다.

CRC의 처리 과정

처리 과정은 다음과 같다.

1. 생성 코드를 선택한다. 생성 코드는 검사할 데이터 비트 수보다 더 적은 비트를 가질 수 있다. 이 코드는 송신 및 수신 장치 둘 다가 미리 알고 있어야 하고 양쪽 모두 같아야 한다.
2. 생성 코드의 비트 수와 동일한 수의 0을 데이터 비트에 덧붙인다.
3. 부가된 비트가 포함된 데이터 비트를 모듈로-2를 사용하여 생성 코드로 나눈다.
4. 나머지가 0이면 데이터와 부가 비트가 그대로 전송된다.
5. 나머지가 0이 아닌 경우, 나머지가 0이 될 수 있도록 데이터가 전송되기 전 나머지를 부가 비트로 사용한다.
6. 수신 측에서, 수신기는 송신기에서 사용된 같은 생성 코드로 부가 비트가 포함된 입력 데이터 비트를 나눈다.
7. 나머지가 0이면 오류가 없는 것이다(드물게 다수의 오류가 있을 가능성도 있다). 나머지가 0이 아니면, 전송에서 오류가 검출되고 수신기는 재전송을 요구한다.

그림 2-8은 CRC 처리 과정을 보여준다.

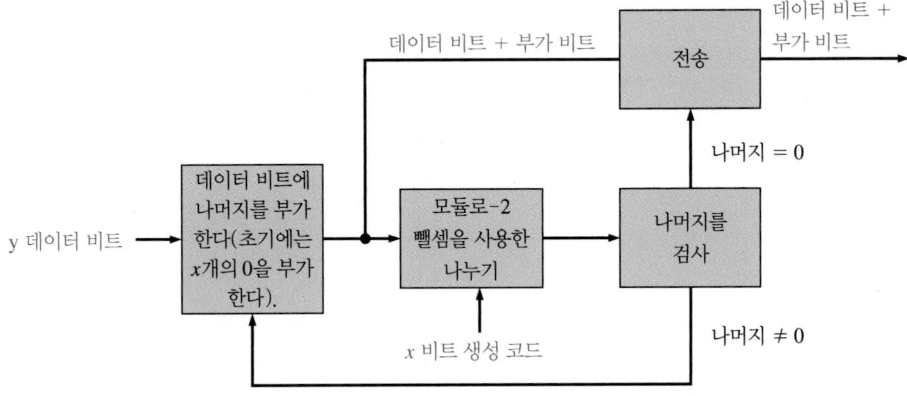

(a) 통신 링크에서 송신단

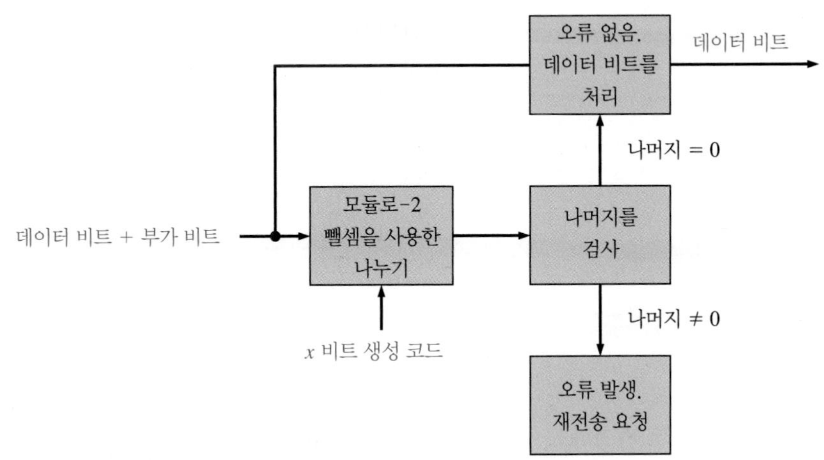

(b) 통신 링크에서 수신단

그림 2-8 CRC 처리 과정

예제 2-41

다음의 데이터(D) 바이트와 생성 코드(G)에 대하여 전송될 CRC를 결정하라. 나머지가 0인지 확인하라.

D: 11010011

G: 1010

풀이

생성 코드에 4개의 비트가 있으므로 데이터 바이트에 4개의 0(푸른색)을 부가한다. 부가된 데이터(D′)는 다음과 같다.

$$D' = 110100110000$$

모든 비트가 사용될 때까지 모듈로-2 연산을 사용하여 생성 코드(빨간색)로 부가된 데이터를 나눈다.

$$\frac{D'}{G} = \frac{110100110000}{1010}$$

```
110100110000
1010
 1110
 1010
  1000
  1010
    1011
    1010
       1000
       1010
        100
```

나머지 = 0100. 나머지가 0이 아니므로, 데이터에 나머지 4비트(푸른색)를 부가한다. 그런 다음 생성 코드(빨간색)로 나눈다. 전송되는 CRC는 **110100110100**이다.

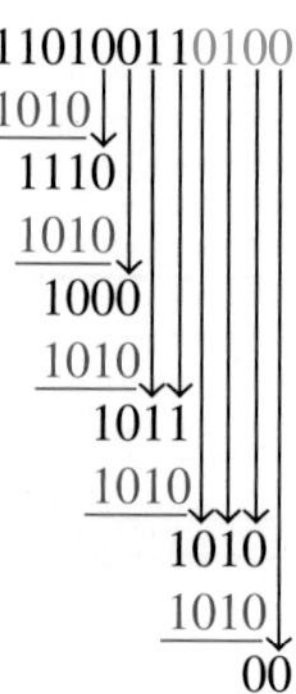

나머지 = 0

관련 문제

생성 코드를 1100으로 변경하고, 데이터 바이트 11010011에 CRC가 적용될 때 나머지가 0이 됨을 확인하라.

예제 2-42

예제 2-41에서 만들어진 부가 데이터 바이트에서 전송 중 좌측에서 두 번째 비트에 오류가 발생하였다. 즉, 수신된 데이터는 다음과 같다.

$$D' = 100100110100$$

오류를 검출하기 위하여 동일한 생성 코드(1010)를 사용하여 수신된 데이터에 CRC 처리 과정을 적용하라.

풀이

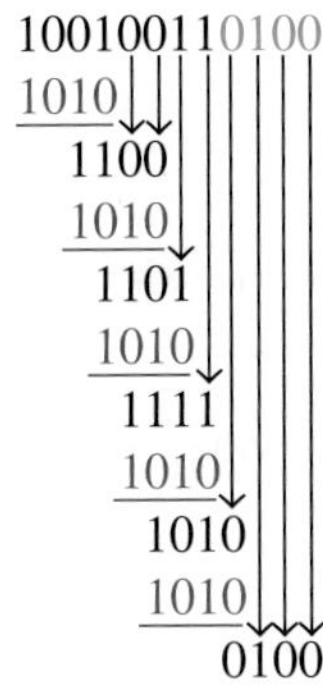

나머지=0100. 나머지가 0이 아니므로, 오류가 발생하였다.

관련 문제
데이터 바이트 10011011에 2개의 오류가 있다고 가정한다. 수신된 데이터에 오류가 있는지 검사하기 위하여 동일한 생성 코드를 사용하여 CRC 처리 절차를 적용하라.

해밍 코드

해밍 코드(Hamming code)는 전송된 코드에서 단일 비트의 오류를 검출하고 정정하는 데 사용된다. 이를 달성하기 위하여, 7비트 그룹에 4비트의 잉여 비트가 도입된다. 이러한 잉여 비트는 원래의 데이터 비트 내에 비트 위치 $2^n(n = 0, 1, 2, 3)$에 산재되어 있다. 전송이 끝나면, 잉여 비트들은 데이터 비트에서 분리된다. 최신 버전의 해밍 코드에서는 모든 잉여 비트들을 데이터 비트의 끝에 배치하여 산재된 경우보다 더 쉽게 분리할 수 있다. 고전적인 해밍 코드의 관련 내용은 웹사이트에서 확인할 수 있다.

복습문제 2-12

1. 다음의 홀수 패리티 코드에서 오류가 있는 것은?
   (a) 1011 (b) 1110 (c) 0101 (d) 1000
2. 다음의 짝수 패리티 코드에서 오류가 있는 것은?
   (a) 11000110 (b) 00101000 (c) 10101010 (d) 11111011
3. 다음의 코드의 끝부분에 짝수 패리티를 덧붙이라.
   (a) 1010100 (b) 0100000 (c) 1110111 (d) 1000110

4. CRC는 무엇을 의미하는가?
5. 모듈로-2 연산을 사용하여 다음을 계산하라.
(a) 1 + 1 (b) 1 − 1 (c) 1 − 0 (d) 0 + 1

요약

- 2진수는 정수부의 가중치가 2의 양의 거듭제곱이고 소수부의 가중치가 2의 음의 거듭제곱인 가중치를 가지는 숫자이다. 정수부 가중치는 오른쪽에서 왼쪽 방향으로 증가한다. 즉, 최하위 숫자에서 최상위 숫자 방향으로 증가한다.
- 2진수에서 모든 1이 있는 자리의 가중치가 가지는 10진수 값을 합산하여 2진수를 10진수로 변환할 수 있다.
- 10진수 정수는 가중치의 합 방법 또는 반복하여 2로 나누기 방법을 사용하여 2진수로 변환할 수 있다.
- 10진수 소수는 가중치의 합 방법 또는 반복하여 2로 곱하기 방법을 사용하여 2진수로 변환할 수 있다.
- 2진수 덧셈의 기본 규칙은 다음과 같다.

$$0 + 0 = 0$$
$$0 + 1 = 1$$
$$1 + 0 = 1$$
$$1 + 1 = 10$$

- 2진수 뺄셈의 기본 규칙은 다음과 같다.

$$0 - 0 = 0$$
$$1 - 1 = 0$$
$$1 - 0 = 1$$
$$10 - 1 = 1$$

- 2진수의 1의 보수는 1을 0으로, 0을 1로 변환하여 얻는다.
- 2진수의 2의 보수는 1의 보수에 1을 더하여 얻는다.
- 2진 뺄셈은 1의 보수 또는 2의 보수를 사용한 덧셈으로 수행될 수 있다.
- 양의 2진수는 0의 부호 비트로 표현된다.
- 음의 2진수는 1의 부호 비트로 표현된다.
- 산술 연산의 경우, 음의 2진수는 1의 보수 또는 2의 보수 형식으로 표현된다.
- 덧셈 연산에서, 오버플로우는 두 수가 모두 양이거나 두 수가 모두 음일 때 발생할 수 있다. 합의 잘못된 부호 비트는 오버플로우의 발생을 나타낸다.
- 16진수 체계는 0~9, 이어서 A~F의 16개 숫자와 문자로 구성된다.
- 16진수 숫자 하나는 4비트의 2진수를 표현하며, 주로 비트 패턴을 단순화하고 읽기 쉽게 만드는 데 유용하게 사용된다.
- 10진수는 반복하여 16으로 나누기 방법으로 16진수로 변환될 수 있다.

- 8진수 체계는 0~7까지 8개 숫자로 구성된다.
- 10진수는 반복하여 8로 나누기 방법으로 8진수로 변환될 수 있다.
- 8진수에서 2진수로 변환은 각 8진수 숫자를 등가의 3비트 2진수로 대체하여 이루어질 수 있다. 이 절차는 2진수에서 8진수로 변환할 때 반대로 수행된다.
- 10진수의 각 숫자를 적절한 4비트 2진 코드로 대체하여 10진수를 BCD로 변환한다.
- ASCII는 정보의 입출력을 위하여 컴퓨터 시스템에서 사용되는 7비트 영숫자 코드이다.
- 패리티 비트는 코드 내의 오류를 검출하는 데 사용된다.
- CRC(cyclic redundancy check)는 모듈로-2 연산을 사용한 다항식 나눗셈에 기반한다.

핵심용어

이 장의 핵심용어 및 기타 굵은 글씨는 책 마지막 용어해설에도 정리되어 있다.

바이트(byte) 8비트의 그룹

부동소수점 수(floating-point number) 숫자가 지수와 가수로 구성되는 과학적 표기법에 기반한 숫자 표현법

순환 중복 검사(cyclic redundancy check, CRC) 오류 검출 코드의 한 종류

영숫자(alphanumeric) 숫자, 문자 및 기타 기호들로 구성됨

패리티(parity) 2진 코드에서 코드 그룹의 1의 갯수가 홀수 또는 짝수가 되는 조건

16진(hexadecimal) 16을 기수로 사용하는 수 체계

8진수(octal) 8을 기수로 사용하는 수 체계

ASCII American Standard Code for Information Interchange의 약자로 가장 널리 사용되는 영숫자 코드

BCD(2진화 10진수) binary coded decimal의 약자로, 10진 숫자 0~9를 4비트의 그룹으로 표현하는 디지털 코드

LSB(최하위 비트) least significant bit의 약자. 2진 정수 또는 코드에서 가장 오른쪽에 있는 비트

MSB(최상위 비트) most significant bit의 약자. 2진 정수 또는 코드에서 가장 왼쪽에 있는 비트

참/거짓 퀴즈

정답은 이 장의 끝에 있다.

1. 8진수 체계는 8개의 숫자가 있는 가중치 시스템이다.
2. 2진수 체계는 2개의 숫자가 있는 가중치 시스템이다.
3. MSB는 최상위 비트를 나타낸다.
4. 16진수로, 9 + 1 = 10이다.
5. 2진수 1010의 1의 보수는 0101이다.
6. 2진수 1111의 2의 보수는 0000이다.
7. 부호가 있는 2진수에서 가장 오른쪽의 비트는 부호 비트이다.
8. 16진수 체계는 16개의 문자가 있는데, 그중 6개는 알파벳 문자이다.
9. BCD는 2진화 10진수를 나타낸다.

10. 주어진 코드에서 오류는 패리티 비트를 검증하여 검출될 수 있다.
11. CRC는 cyclic redundancy check의 약자이다.
12. 11과 10의 모듈로−2 합은 100이다.

자습문제

정답은 이 장의 끝에 있다.

1. $3 \times 10^1 + 4 \times 10^0$은?
   (a) 0.34 (b) 3.4 (c) 34 (d) 340
2. 1000의 등가 10진수 값은?
   (a) 2 (b) 4 (c) 6 (d) 8
3. 2진수 11011101과 동일한 10진수는?
   (a) 121 (b) 221 (c) 441 (d) 256
4. 10진수 21과 같은 2진수는?
   (a) 10101 (b) 10001 (c) 10000 (d) 11111
5. 10진수 250과 같은 2진수는?
   (a) 11111010 (b) 11110110 (c) 11111000 (d) 11111011
6. 2진수 1111 + 1111의 합과 같은 것은?
   (a) 0000 (b) 2222 (c) 11110 (d) 11111
7. 빼기 1000 − 100의 값은?
   (a) 100 (b) 101 (c) 110 (d) 111
8. 11110000의 1의 보수는?
   (a) 11111111 (b) 11111110 (c) 00001111 (d) 10000001
9. 11001100의 2의 보수는?
   (a) 00110011 (b) 00110100 (c) 00110101 (d) 00110110
10. 10진수 +122를 2의 보수 형식으로 표현하면?
   (a) 01111010 (b) 11111010 (c) 01000101 (d) 10000101
11. 10진수 −34를 2의 보수 형식으로 표현하면?
   (a) 01011110 (b) 10100010 (c) 11011110 (d) 01011101
12. 단정도 부동소수점 2진수의 총 표현 비트수는?
   (a) 8비트 (b) 16비트 (c) 24비트 (d) 32비트
13. 2의 보수 형식의 2진수 10010011을 10진수로 표현한 것은?
   (a) −19 (b) +109 (c) +91 (d) −109
14. 2진수 1011001110010101000001을 8진수로 표현한 것은?
   (a) 5471230_8 (b) 5471241_8 (c) 2634521_8 (d) 23162501_8
15. 2진수 10001101010001101111을 16진수로 표현한 것은?
   (a) $AD467_{16}$ (b) $8C46F_{16}$ (c) $8D46F_{16}$ (d) $AE46F_{16}$
16. $F7A9_{16}$의 2진수로 변환한 것은?
   (a) 1111011110101001 (b) 1110111110101001
   (c) 1111111010110001 (d) 1111011010101001

17. 10진수 473을 BCD로 표현한 것은?
(a) 111011010 (b) 110001110011 (c) 010001110011 (d) 010011110011

18. 표 2-7을 참조하여 STOP 명령을 ASCII로 표현한 것은?
(a) 1010011101010010011111010000 (b) 1010010100110010011101010000
(c) 1001010110110110011101010001 (d) 1010011101010010011101100100

19. 짝수 패리티 조건에서 오류가 있는 것은?
(a) 1010011 (b) 1101000 (c) 1001000 (d) 1110111

20. CRC에서 오류가 없는 경우는?
(a) 나머지 = 생성 코드 (b) 나머지 = 0
(c) 나머지 = 1 (d) 몫 = 0

문제

홀수 문제의 정답은 책의 끝에 있다.

2-1절 10진수

1. 다음 각 10진수에서 숫자 7의 가중치는 얼마인가?
(a) 1947 (b) 1799 (c) 1979

2. 다음 각 10진수를 10의 거듭제곱으로 표현하라.
(a) 1000 (b) 10000000 (c) 1000000000

3. 다음 10진수에서 각 숫자의 값을 구하라.
(a) 263 (b) 5436 (c) 234543

4. 6개의 10진수로 얼마까지 셀 수 있는가?

2-2절 2진수

5. 다음 2진수를 10진수로 변환하라.
(a) 001 (b) 010 (c) 101 (d) 110
(e) 1010 (f) 1011 (g) 1110 (h) 1111

6. 다음의 2진수를 10진수로 변환하라.
(a) 100001 (b) 100111 (c) 101010 (d) 111001
(e) 1100000 (f) 11111101 (g) 11110010 (h) 11111111

7. 각 2진수를 10진수로 변환하라.
(a) 110011.11 (b) 101010.01 (c) 1000001.111 (d) 1111000.101
(e) 1011100.10101 (f) 1110001.0001 (g) 1011010.1010 (h) 1111111.11111

8. 다음의 각 2진 비트수로 표현할 수 있는 가장 큰 10진수는?
(a) 2 (b) 3 (c) 4 (d) 5
(e) 6 (f) 7 (g) 8 (h) 9
(i) 10 (j) 11

9. 다음의 10진수를 2진수로 표현하는 데 필요한 비트의 수는 얼마인가?
(a) 5 (b) 10 (c) 15 (d) 20
(e) 100 (f) 120 (g) 140 (h) 160

10. 각 10진수 열에 대한 2진수 열을 구하라.

(a) 0에서 7 **(b)** 8에서 15 **(c)** 16에서 31
(d) 32에서 63 **(e)** 64에서 75

2-3절 10진수에서 2진수로 변환

11. 가중치의 합 방법을 사용하여 각 10진수를 2진수로 변환하라.

(a) 12 **(b)** 15 **(c)** 25 **(d)** 50
(e) 65 **(f)** 97 **(g)** 127 **(h)** 198

12. 가중치의 합 방법을 사용하여 아래의 10진 소수를 2진 소수로 변환하라.

(a) 0.26 **(b)** 0.762 **(c)** 0.0975

13. 반복하여 2로 나누기 방법을 사용하여 각 10진수를 2진수로 변환하라.

(a) 13 **(b)** 17 **(c)** 23 **(d)** 30
(e) 35 **(f)** 40 **(g)** 49 **(h)** 60

14. 반복하여 2를 곱하기 방법으로 각 10진 소수를 2진 소수로 변환하라.

(a) 0.76 **(b)** 0.456 **(c)** 0.8732

2-4절 2진 연산

15. 2진 덧셈을 수행하라.

(a) 10 + 10 **(b)** 10 + 11 **(c)** 100 + 11
(d) 111 + 101 **(e)** 1111 + 111 **(f)** 1111 + 1111

16. 다음 2진수에 대하여 직접 뺄셈을 수행하라.

(a) 10 − 1 **(b)** 100 − 11 **(c)** 110 − 100
(d) 1111 − 11 **(e)** 1101 − 101 **(f)** 110000 − 1111

17. 다음 2진 곱셈을 수행하라.

(a) 11 × 10 **(b)** 101 × 11 **(c)** 111 × 110
(d) 1100 × 101 **(e)** 1110 × 1110 **(f)** 1111 × 1100

18. 다음 2진 나눗셈을 수행하라.

(a) 110 ÷ 11 **(b)** 1010 ÷ 10 **(c)** 1111 ÷ 101

2-5절 2진수의 보수

19. 1의 보수 형식에서 0을 표현하는 두 가지 방법은 무엇인가?

20. 2의 보수 형식에서 0은 어떻게 표현되는가?

21. 각 2진수의 1의 보수를 구하라.

(a) 100 **(b)** 111 **(c)** 1100
(d) 10111011 **(e)** 1001010 **(f)** 10101010

22. 두 가지 방법 중 하나를 사용하여 각 2진수의 2의 보수를 구하라.

(a) 11 **(b)** 110 **(c)** 1010 **(d)** 1001
(e) 101010 **(f)** 11001 **(g)** 11001100 **(h)** 11000111

2-6절 부호가 있는 수

23. 각 10진수를 부호-크기 형태의 8비트 2진수로 표현하라.

(a) +29 **(b)** −85 **(c)** +100 **(d)** −123

24. 각 10진수를 8비트 1의 보수 형태로 표현하라.

(a) −34 (b) +57 (c) −99 (d) +115

25. 각 10진수를 8비트 2의 보수 형태로 표현하라.

(a) +12 (b) −68 (c) +101 (d) −125

26. 부호-크기 형태로 표현된 부호가 있는 각 2진수의 10진수 값을 구하라.

(a) 10011001 (b) 01110100 (c) 10111111

27. 1의 보수 형태로 표현된 부호가 있는 각 2진수의 10진수 값을 구하라.

(a) 10011001 (b) 01110100 (c) 10111111

28. 2의 보수 형태로 표현된 부호가 있는 각 2진수의 10진수 값을 구하라.

(a) 10011001 (b) 01110100 (c) 10111111

29. 다음 각 부호-크기 2진수를 단정도 부동소수점 형식으로 표현하라.

(a) 0111110000101011 (b) 100110000011000

30. 다음 단정도 부동소수점 숫자의 값을 결정하라.

(a) 1 10000001 01001001110001000000000

(b) 0 11001100 10000111110100100000000

2-7절 부호가 있는 수의 산술 연산

31. 10진수 각 쌍을 2진수로 변환하고 2의 보수 형식을 사용하여 더하라.

(a) 33과 15 (b) 56과 −27 (c) −46과 25 (d) −110과 −84

32. 2의 보수 형식으로 표현된 각 덧셈을 수행하라.

(a) 00010110 + 00110011 (b) 01110000 + 10101111

33. 2의 보수 형식으로 표현된 각 덧셈을 수행하라.

(a) 10001100 + 00111001 (b) 11011001 + 11100111

34. 2의 보수 형식으로 각 뺄셈을 수행하라.

(a) 00110011 − 00010000 (b) 01100101 − 11101000

35. 2의 보수 형식으로 표현된 곱셈 01101010 × 11110001을 수행하라.

36. 2의 보수 형식으로 표현된 나눗셈 10001000 ÷ 00100010을 수행하라.

2-8절 16진수

37. 각 16진수를 2진수로 변환하라.

(a) 46_{16} (b) 54_{16} (c) $B4_{16}$ (d) $1A3_{16}$

(e) FA_{16} (f) ABC_{16} (g) $ABCD_{16}$

38. 각 2진수를 16진수로 변환하라.

(a) 1111 (b) 1011 (c) 11111

(d) 10101010 (e) 10101100 (f) 10111011

39. 각 16진수를 10진수로 변환하라.

(a) 42_{16} (b) 64_{16} (c) $2B_{16}$ (d) $4D_{16}$

(e) FF_{16} (f) BC_{16} (g) $6F1_{16}$ (h) ABC_{16}

40. 각 10진수를 16진수로 변환하라.

(a) 10 (b) 15 (c) 32 (d) 54

(e) 365 (f) 3652 (g) 7825 (h) 8925

41. 다음 덧셈을 수행하라.

(a) $25_{16} + 33_{16}$ (b) $43_{16} + 62_{16}$ (c) $A4_{16} + F5_{16}$ (d) $FC_{16} + AE_{16}$

42. 다음 뺄셈을 수행하라.

(a) $60_{16} - 39_{16}$ (b) $A5_{16} - 98_{16}$ (c) $F1_{16} - A6_{16}$ (d) $AC_{16} - 10_{16}$

2-9절 8진수

43. 각 8진수를 10진수로 변환하라.

(a) 14_8 (b) 53_8 (c) 67_8 (d) 174_8
(e) 635_8 (f) 254_8 (g) 2673_8 (h) 7777_8

44. 반복하여 8로 나누기 방법으로 각 10진수를 8진수로 변환하라.

(a) 23 (b) 45 (c) 65 (d) 84
(e) 124 (f) 156 (g) 654 (h) 9999

45. 각 8진수를 2진수로 변환하라.

(a) 17_8 (b) 26_8 (c) 145_8 (d) 456_8
(e) 653_8 (f) 777_8

46. 각 2진수를 8진수로 변환하라.

(a) 100 (b) 110 (c) 1100
(d) 1111 (e) 11001 (f) 11110
(g) 110011 (h) 101010 (i) 10101111

2-10절 2진화 10진수

47. 다음의 각 10진수를 8421 BCD로 변환하라.

(a) 10 (b) 13 (c) 18 (d) 21
(e) 25 (f) 36 (g) 44 (h) 57
(i) 69 (j) 98 (k) 125 (l) 156

48. 문제 47에서 각 10진수를 2진수로 변환하고 표현에 필요한 비트 수를 BCD에 필요한 비트 수와 비교하라.

49. 다음의 10진수를 BCD로 변환하라.

(a) 104 (b) 128 (c) 132
(d) 150 (e) 186 (f) 210
(g) 359 (h) 547 (i) 1051

50. 각 BCD 숫자를 10진수로 변환하라.

(a) 0001 (b) 0110 (c) 1001
(d) 00011000 (e) 00011001 (f) 00110010
(g) 01000101 (h) 10011000 (i) 100001110000

51. 각 BCD 숫자를 10진수로 변환하라.

(a) 10000000 (b) 001000110111
(c) 001101000110 (d) 010000100001
(e) 011101010100 (f) 100000000000
(g) 100101111000 (h) 0001011010000011
(i) 1001000000011000 (j) 0110011001100111

52. 다음 BCD 숫자를 더하라.
   (a) 0010 + 0001 (b) 0101 + 0011
   (c) 0111 + 0010 (d) 1000 + 0001
   (e) 00011000 + 00010001 (f) 01100100 + 00110011
   (g) 01000000 + 01000111 (h) 10000101 + 00010011
53. 다음 BCD 숫자를 더하라.
   (a) 1000 + 0110 (b) 0111 + 0101 (c) 1001 + 1000
   (d) 1001 + 0111 (e) 00100101 + 00100111 (f) 01010001 + 01011000
   (g) 10011000 + 10010111 (h) 010101100001 + 011100001000
54. 10진수 각 쌍을 BCD로 변환하고, 표시된 것과 같이 더하라.
   (a) 4 + 3 (b) 5 + 2 (c) 6 + 4 (d) 17 + 12
   (e) 28 + 23 (f) 65 + 58 (g) 113 + 101 (h) 295 + 157

2-11절 디지털 코드

55. 특정 응용 시스템에서 4비트의 2진수 열은 1111에서 0000을 주기적으로 반복한다. 4개의 비트가 변경되는 경우 회로 지연으로 인하여, 이들 변경은 동일한 순간에 발생하지 않을 수 있다. 예를 들어 LSB가 먼저 변경되면, 숫자가 1111에서 0000으로 천이하는 동안 1110으로 나타나고 이는 시스템에서 잘못 해석될 수 있다. 이러한 문제를 그레이 코드에서는 어떻게 회피하는지 설명하라.
56. 각 2진수를 그레이 코드로 변환하라.
   (a) 11011 (b) 1001010 (c) 1111011101110
57. 각 그레이 코드를 2진수로 변환하라.
   (a) 1010 (b) 00010 (c) 11000010001
58. 표 2-7을 참조하여, 다음의 각 10진수를 ASCII로 변환하라.
   (a) 1 (b) 3 (c) 6
   (d) 10 (e) 18 (f) 29
   (g) 56 (h) 75 (i) 107
59. 표 2-7을 참조하여 각 ASCII 문자를 구하라.
   (a) 0011000 (b) 1001010 (c) 0111101
   (d) 0100011 (e) 0111110 (f) 1000010
60. ASCII 코드로 표현된 다음 메시지를 해독하라.

   1001000 1100101 1101100 1101100 1101111 0101110
   0100000 1001000 1101111 1110111 0100000 1100001
   1110010 1100101 0100000 1111001 1101111 1110101
   0111111

61. 문제 60의 메시지를 16진수로 적으라.
62. 다음의 문장을 ASCII로 변환하라.

   30 INPUT A, B

2-12절 오류 코드

63. 짝수 패리티 코드에서 오류가 있는 것은 어느 것인가?
   (a) 100110010 (b) 011101010 (c) 10111111010001010

64. 다음의 홀수 패리티 코드에서 오류가 있는 것은 어느 것인가?
(a) 11110110 (b) 00110001 (c) 010101010101010

65. 다음 데이터 바이트에 적절한 짝수 패리티 비트를 부가하라.
(a) 10100100 (b) 00001001 (c) 11111110

66. 다음에 모듈로-2 연산을 적용하라.
(a) 1100 + 1011 (b) 1111 + 0100 (c) 10011001 + 100011100

67. 문제 66의 각 연산 결과를 원래의 두 수 중 한 수에 더하면 다른 수를 얻을 수 있음을 보임으로써 모듈로-2 뺄셈이 모듈로-2 덧셈과 동일함을 확인하라. 이것은 더한 결과가 두 수의 차와 동일함을 보여준다.

68. 생성 코드 1010으로 데이터 비트 10110010에 CRC를 적용하여 전송을 위한 CRC 코드를 구하라.

69. 문제 68에서 얻은 코드의 최상위 비트에 전송 중 오류가 발생하였다고 가정한다. CRC를 적용하여 오류를 검출하라.

정답

복습문제

2-1절 10진수

1. (a) 1370 : 10 (b) 6725 : 100
   (c) 7051 : 1000 (d) 58.72 : 0.1
2. (a) $51 = (5 \times 10) + (1 \times 1)$
   (b) $137 = (1 \times 100) + (3 \times 10) + (7 \times 1)$
   (c) $1492 = (1 \times 1000) + (4 \times 100) + (9 \times 10) + (2 \times 1)$
   (d) $106.58 = (1 \times 100) + (0 \times 10) + (6 \times 1) + (5 \times 0.1) + (8 \times 0.01)$

2-2절 2진수

1. $2^8 - 1 = 255$
2. 가중치는 16이다.
3. 10111101.011 = 189.375

2-3절 10진수에서 2진수로 변환

1. (a) 23 = 10111 (b) 57 = 111001
   (c) 45.5 = 101101.1
2. (a) 14 = 1110 (b) 21 = 10101
   (c) 0.375 = 0.011

2-4절 2진 연산

1. (a) 1101 + 1010 = 10111
   (b) 10111 + 01101 = 100100
2. (a) 1101 − 0100 = 1001
   (b) 1001 − 0111 = 0010
3. (a) 110 × 111 = 101010
   (b) 1100 ÷ 011 = 100

2-5절 2진수의 보수

1. (a) 00011010의 1의 보수 = 11100101
   (b) 11110111의 1의 보수 = 00001000
   (c) 10001101의 1의 보수 = 01110010
2. (a) 00010110의 2의 보수 = 11101010
   (b) 11111100의 2의 보수 = 00000100
   (c) 10010001의 2의 보수 = 01101111

2-6절 부호가 있는 수

1. 부호-크기 : +9 = 00001001
2. 1의 보수 : −33 = 11011110
3. 2의 보수 : −46 = 11010010
4. 부호 비트, 지수와 가수

2-7절 부호가 있는 수의 산술 연산

1. 덧셈의 경우 : 양수가 더 크다, 음수가 더 크다, 두 수 모두 양수이다, 두 수 모두 음수이다.
2. 00100001 + 10111100 = 11011101

3. 01110111 − 00110010 = 01000101
4. 곱의 부호는 양이다.
5. 00000101 × 01111111 = 01001111011
6. 몫의 부호는 음이다.
7. 00110000 ÷ 00001100 = 00000100

2-8절 16진수

1. (a) $10110011 = B3_{16}$
   (b) $110011101000 = CE8_{16}$
2. (a) $57_{16} = 01010111$
   (b) $3A5_{16} = 001110100101$
   (c) $F8OB_{16} = 1111100000001011$
3. $9B30_{16} = 39,728_{10}$
4. $573_{10} = 23D_{16}$
5. (a) $18_{16} + 34_{16} = 4C_{16}$
   (b) $3F_{16} + 2A_{16} = 69_{16}$
6. (a) $75_{16} - 21_{16} = 54_{16}$
   (b) $94_{16} - 5C_{16} = 38_{16}$

2-9절 8진수

1. (a) $73_8 = 59_{10}$ (b) $125_8 = 85_{10}$
2. (a) $98_{10} = 142_8$ (b) $163_{10} = 243_8$
3. (a) $46_8 = 100110$ (b) $723_8 = 111010011$
   (c) $5624_8 = 101110010100$
4. (a) $110101111 = 657_8$
   (b) $1001100010 = 1142_8$
   (c) $10111111001 = 2771_8$

2-10절 2진화 10진수

1. (a) 0010 : 2 (b) 1000 : 8
   (c) 0001 : 1 (d) 0100 : 4
2. (a) $6_{10} = 0110$ (b) $15_{10} = 00010101$
   (c) $273_{10} = 001001110011$
   (d) $849_{10} = 100001001001$
3. (a) $10001001 = 89_{10}$
   (b) $001001111000 = 278_{10}$
   (c) $000101010111 = 157_{10}$
4. 9_{10}보다 클 때 4비트의 합은 유효하지 않다.

2-11절 디지털 코드

1. (a) $1100_2 = 1010$ 그레이
   (b) $1010_2 = 1111$ 그레이
   (c) $11010_2 = 10111$ 그레이
2. (a) 1000 그레이 $= 1111_2$
   (b) 1010 그레이 $= 1100_2$
   (c) 11101 그레이 $= 10110_2$
3. (a) K : $1001011 \rightarrow 4B_{16}$
   (b) r : $1110010 \rightarrow 72_{16}$
   (c) \$: $0100100 \rightarrow 24_{16}$
   (d) + : $0101011 \rightarrow 2B_{16}$

2-12절 오류 코드

1. (c) 0101에 오류가 있다.
2. (d) 11111011에 오류가 있다.
3. (a) 10101001 (b) 01000001
   (c) 11101110 (d) 10001101
4. 순환 중복 검사
5. (a) 0 (b) 0
   (c) 1 (d) 1

예제의 관련 문제

2-1 9는 900의 값을 가지고, 3은 30의 값을 가지고, 9는 9의 값을 가진다.

2-2 6은 60의 값을 가지고, 7은 7의 값을 가지고, 9는 9/10(0.9)의 값을 가지고, 2는 2/100(0.02)의 값을 가지고, 4는 4/1000(0.004)의 값을 가진다.

2-3 10010001 = 128 + 16 + 1 = 145

2-4 10.111 = 2 + 0.5 + 0.25 + 0.125 = 2.875

2-5 125 = 64 + 32 + 16 + 8 + 4 + 1 = 1111101

2-6 39 = 100111

2-7 1111 + 1100 = 11011

2-8 111 − 100 = 011

2-9 110 − 101 = 001

2-10 1101 × 1010 = 10000010

2-11 1100 ÷ 100 = 11

2-12 00110101

2-13 01000000

2-14 표 2-10 참조

표 2-10

	부호-크기	1의 보수	2의 보수
+19	00010011	00010011	00010011
−19	10010011	11101100	11101101

2-15 $01110111 = +119_{10}$

2-16 $11101011 = -20_{10}$

2-17 $11010111 = -41_{10}$

2-18 11000010001010011000000000

2-19 01010101

2-20 00010001

2-21 1001000110

2-22 $(83)(-59) = -4897$
(2의 보수로 10110011011111)

2-23 $100 \div 25 = 4$ (0100)

2-24 $4F79C_{16}$

2-25 0110101111010011_2

2-26 $6BD_{16} = 011010111101 = 2^{10} + 2^9 + 2^7 + 2^5 + 2^4 + 2^3 + 2^2 + 2^0$
$= 1024 + 512 + 128 + 32 + 16 + 8 + 4 + 1 = 1725_{10}$

2-27 $60A_{16} = (6 \times 256) + (0 \times 16) + (10 \times 1) = 1546_{10}$

2-28 $2591_{10} = A1F_{16}$

2-29 $4C_{16} + 3A_{16} = 86_{16}$

2-30 $BCD_{16} - 173_{16} = A5A_{16}$

2-31 (a) $001011_2 = 11_{10} = 13_8$
(b) $010101_2 = 21_{10} = 25_8$
(c) $001100000_2 = 96_{10} = 140_8$
(d) $111101010110_2 = 3926_{10} = 7526_8$

2-32 1250762_8

2-33 1001011001110011

2-34 $82{,}276_{10}$

2-35 1001100101101000

2-36 10000010

2-37 **(a)** 111011 (그레이) **(b)** 111010_2

2-38 if (y < 8)에 대한 코드 열은
$69_{16}66_{16}20_{16}28_{16}79_{16}3C_{16}38_{16}29_{16}$이다.

2-39 01001011

2-40 그렇다.

2-41 나머지는 0이다.

2-42 오류가 발견된다.

참/거짓 퀴즈

1. T **2.** T **3.** T **4.** F **5.** T
6. F **7.** F **8.** T **9.** T **10.** T
11. T **12.** F

자습문제

1. (c) **2.** (d) **3.** (b) **4.** (a) **5.** (a)
6. (c) **7.** (a) **8.** (c) **9.** (b) **10.** (a)
11. (c) **12.** (d) **13.** (d) **14.** (b) **15.** (c)
16. (a) **17.** (c) **18.** (a) **19.** (b) **20.** (b)

CHAPTER 3

논리 게이트

학습목차

학습목표

- 인버터, AND 게이트, OR 게이트의 동작을 기술한다.
- NAND 게이트와 NOR 게이트의 동작을 기술한다.
- NOT, AND, OR, NAND, NOR 게이트의 동작을 불 대수로 표현한다.
- 배타적-OR 게이트와 배타적-NOR 게이트의 동작을 기술한다.
- 단순 응용에서 각각의 논리 게이트를 사용한다.
- 논리 게이트를 표현하기 위해 고유 기호와 ANSI/IEEE 표준 91-1984의 사각 기호를 인지하고 사용한다.
- 다양한 논리 게이트의 입력과 출력에 대해 적절한 시간 관계를 나타내는 타이밍도를 구성한다.
- 프로그램 가능한 논리의 기본 개념을 설명한다.
- 주요 IC 기술인 CMOS와 바이폴라(TTL)에 대해 간단하게 비교 분석한다.
- CMOS와 바이폴라(TTL) 제품군에 속하는 계열에 대해 차이점을 설명한다.
- 논리 게이트에 관하여 전파지연시간, 전력 소비, 속도-전력 곱과 팬-아웃을 정의한다.
- 다양한 논리 게이트를 포함하는 특정한 고정기능 집적회로소자들을 나열한다.
- 오실로스코프를 사용하여 논리 게이트의 개방 또는 단락을 고장 진단한다.

학습지원 웹사이트

http://www.pearsonglobaleditions.com/floyd

핵심용어

- 인버터
- 진리표
- 불 대수
- 보수
- AND 게이트
- OR 게이트
- NAND 게이트
- NOR 게이트
- 배타적-OR 게이트
- 배타적-NOR 게이트
- AND 배열
- 퓨즈
- 안티퓨즈
- EPROM
- EEPROM
- 플래시
- SRAM
- 대상 소자
- JTAG
- VHDL
- CMOS
- 바이폴라
- 전파지연시간
- 팬-아웃
- 단위 부하

개요

이 장에서는 논리 게이트의 동작 및 응용, 고장 진단이 강조된다. 타이밍도를 사용하여 게이트의 입력과 출력 파형의 관계가 세밀히 다루어진다.

논리 게이트를 나타내는 데 사용되는 논리 기호는 ANSI/IEEE 표준 91-1984/표준 91a-1991에 의해 규정되어 있으며, 이는 산업용이나 군사용으로 표준화되어 있다.

이 장에서는 고정기능 논리와 프로그램 가능한 논리에 대해 설명한다. 집적회로(IC)는 모든 전자 응용회로에서 사용되고 있기 때문에, IC 패키지의 부품 레벨에 대한 상세한 회로 동작보다는 소자의 논리기능 자체가 일반적으로 훨씬 더 중요하다. 따라서 구성요소 수준의 장치에 대한 자세한 적용 범위는 선택 항목으로 처리할 수 있다. 디지털 집적회로 기술은 13장에서 논의될 것이다.

제안 : 이 장을 시작하기 전에 1-3절을 검토하라.

3-1 인버터

인버터(NOT 회로)는 반전 또는 보수화라 불리는 연산을 수행한다. 인버터는 어떤 논리 레벨을 반대의 레벨로 변환시키고, 비트로 말하면 '1'을 '0'으로 '0'을 '1'로 변환시키는 동작을 한다.

이 절의 학습내용

- 부정과 극성 표시기를 식별한다.
- 독특한 형태의 기호 또는 사각 기호에 의해 인버터를 식별한다.
- 인버터에 대한 진리표를 작성한다.
- 인버터에 대한 논리 동작을 설명한다.

인버터(inverter)에 대한 표준 논리기호는 그림 3-1에 나타낸 것과 같으며, (a)는 **고유 기호**(distinctive shape)를 나타내고 (b)는 **사각 기호**(rectangular outline)이다. 이 책에서는 (a)와 같은 고유 기호를 주로 사용하지만, 사각 기호도 다른 책들에서 볼 수 있으므로 잘 익혀 두어야 한다(논리기호는 **ANSI/IEEE** 표준 91-1984/표준 91a-1991과 동일하다).

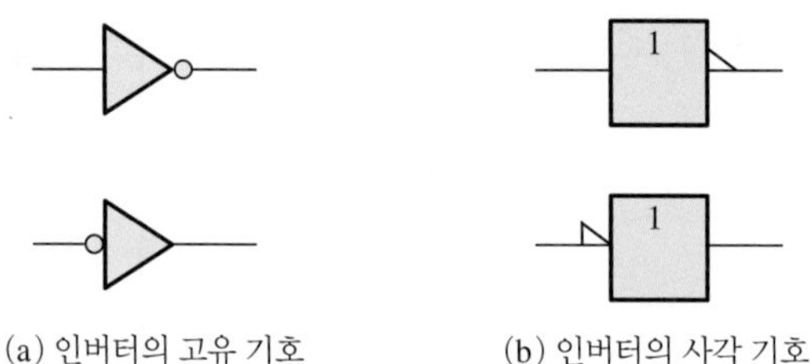

그림 3-1 인버터의 표준 논리기호(ANSI/IEEE Std. 91-1984/Std. 91a-1991)

부정과 극성 표시

그림 3-1(a)에서와 같이 입력 혹은 출력에 버블(bubble)이 있을 경우, 이는 **반전**(inversion) 혹은 **보수화**(complementation)를 의미하고 부정을 나타낸다. 일반적으로 논리기호의 좌측은 입력, 우측은 출력을 나타낸다. 버블이 입력에 있을 경우 '0'이 액티브(active) 또는 **어서트**(asserted) 입력 상태로 액티브-LOW 입력으로 부르며, 마찬가지로 출력에 있을 경우 출력은 액티브-LOW 출력으로 부른다. 입력이나 출력에 버블이 없으면 '1'이 액티브 또는 어서트 상태를 나타내며, 이 경우 입력이나 출력은 액티브-HIGH라고 한다.

극성이나 레벨 표시기는 그림 3-1(b)와 같이 논리소자의 입력 또는 출력에 삼각형(◺)으로 표시하며, 이때 삼각형은 반전을 의미한다. 삼각형이 입력에 있을 경우 LOW 레벨이 액티브 또는 어서트 입력이며, 출력에 있을 경우 LOW 레벨이 액티브 또는 어서트 출력임을 의미한다.

버블이나 삼각형 모두 고유 기호와 사각 기호에 사용될 수 있으나, 이 책에서는 그림 3-1(a)의 기호를 주로 인버터 기호로 사용한다. 인버터의 동작은 부정이나 극성 표시의 위치에 관계없이 변하지 않는다.

표 3-1
인버터의 진리표

입력	출력
LOW (0)	HIGH (1)
HIGH (1)	LOW (0)

인버터의 진리표

인버터 입력에 HIGH 레벨이 인가되면 출력에는 LOW 레벨이 나타나고, 입력에 LOW 레벨이 인가되면 출력에 HIGH 레벨이 나타난다. 표 3-1에 인버터의 레벨과 비트에 따른 입력과 출력의 관계가 요약되어 있다. 이와 같은 표를 **진리표**(truth table)라 한다.

인버터의 동작

그림 3-2는 펄스 입력에 대한 인버터의 출력을 나타낸 것으로, t_1과 t_2는 입력과 출력 펄스 파형에서 대응되는 시점을 나타낸다.

입력이 LOW일 때 출력은 HIGH가 되고 입력이 HIGH일 때 출력은 LOW가 되기 때문에 반전된 펄스가 출력된다.

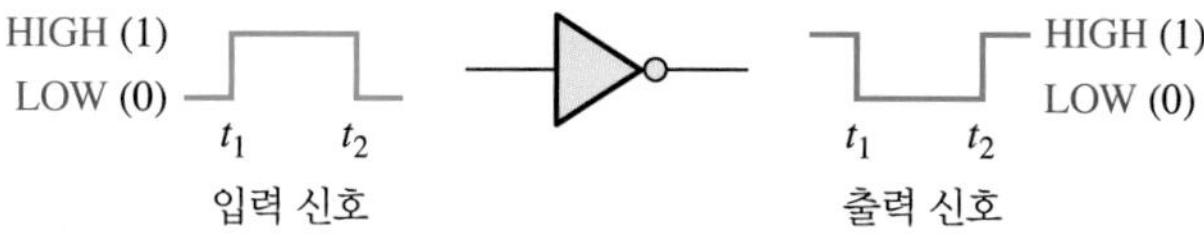

그림 3-2 펄스 입력으로부터 인버터 동작. 파일 F03-02를 열여 인버터 동작을 확인하라. Multisim 지침서는 웹사이트에서 사용할 수 있다.

타이밍도

1장에서도 언급하였듯이 타이밍도(timing diagram)는 기본적으로 시간에 대한 2개 이상의 파형의 관계를 정확하게 나타내는 그래프이다. 예를 들어 그림 3-2에서 입력 펄스에 대한 출력 펄스의 시간 관계는 에지의 발생 시점이 적절하게 나타나도록 두 펄스를 정렬시킨 간단한 타이밍도로 나타낼 수 있다. 이상적인 경우, 입력 펄스의 상승 에지와 출력 펄스의 하강 에지는 동시에 발생한다. 이와 마찬가지로 입력 펄스의 하강 에지와 출력 펄스의 상승 에지도 동시에 발생한다. 그림 3-3은 이러한 타이밍 관계를 나타내고 있으며, 실제로는 입력 변화로부터 이에 해당하는 출력 변화가 일어날 때까지 매우 작은 시간 지연이 있다. 타이밍도는 여러 개의 펄스로 표현되는 디지털 파형들의 상호 시간 관계를 나타내는 데 매우 유용하게 사용된다.

타이밍도는 2개 이상의 파형에 대한 상호 시간 관계를 나타낸다.

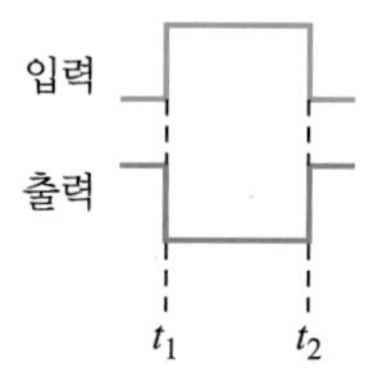

그림 3-3 그림 3-2에 대한 타이밍도

예제 3-1

그림 3-4의 펄스 파형이 인버터에 인가되었을 때 출력 파형을 구하고, 타이밍도를 그리라. 버블의 위치로 볼 때 액티브 출력 상태는 어떤 상태인가?

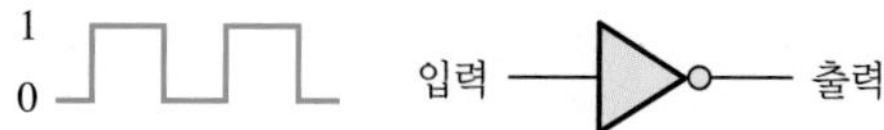

그림 3-4

풀이

출력 파형은 그림 3-5에서 알 수 있듯이 기본 타이밍도에 나타낸 것처럼 입력과 정확하게 반대이다. 액티브 또는 어서트 출력 상태는 **0**이다.

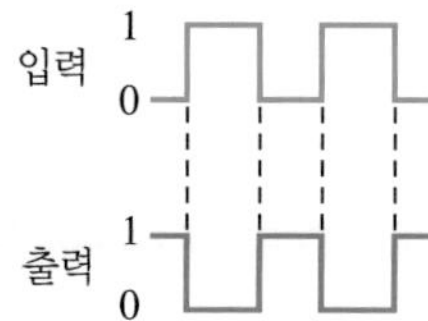

그림 3-5

관련 문제*

인버터의 출력 대신에 입력에 부정 표시(버블)가 있다면 타이밍도는 어떻게 바뀌는가?

* 정답은 이 장의 끝에 있다.

인버터에 대한 논리식

불 대수는 논리회로를 기술하기 위해 변수와 연산자를 사용한다.

불 대수(Boolean algebra, 논리회로에 쓰이는 수학으로 4장에서 자세히 다룸)에서 모든 변수는 하나 또는 그 이상의 문자로 표현된다. 영문자를 사용하여 불 대수식을 표현하는 경우 끝부분의 영문자는 출력으로, 시작 부분의 영문자는 입력으로 사용된다. 변수의 **보수**(complement)는 문자 위에 바(Bar)를 붙여 나타내며, 각 변수는 '1'이나 '0'의 값을 갖는다. 어떤 변수가 '1'일 때, 이 변수의 보수는 '0'이며 역도 마찬가지이다.

인버터(NOT 회로)의 연산은 다음과 같이 표현될 수 있다. 입력 변수를 A, 출력 변수를 X라고 하면, 아래와 같이 표현된다.

$$X = \overline{A}$$

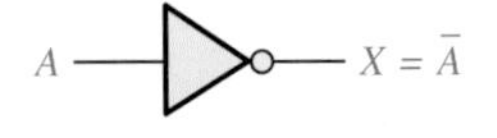

그림 3-6 인버터는 입력 변수를 보수화한다.

이러한 표현은 출력이 입력의 보수임을 나타내므로 그림 3-6에서와 같이 A = '0'이면 X = '1'이고 A = '1' 이면 X = '0'이다. 보수 변수 $\overline{A}$는 "A bar" 또는 "not A"라고 읽는다.

응용

그림 3-7에는 8비트 2진수의 '1'의 보수를 구하는 회로를 나타낸다. 2진수의 각 비트들이 인버터의 입력에 인가되면, 출력에는 입력된 2진수의 '1'의 보수가 나타난다.

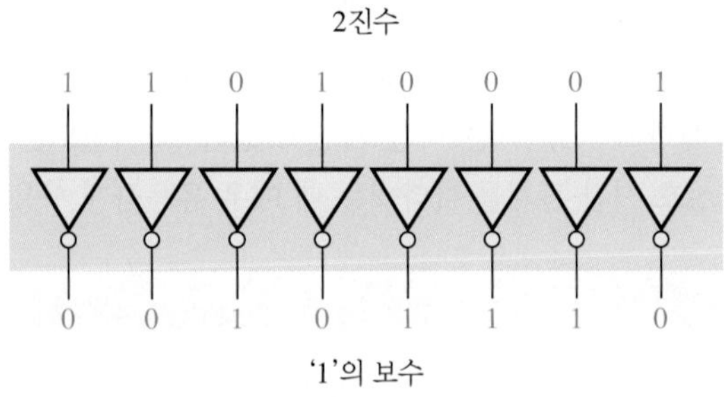

그림 3-7 인버터를 사용한 '1'의 보수 회로의 예

복습문제 3-1

정답은 이 장의 끝에 있다.

1. '1'이 인버터의 입력에 인가될 때, 출력은 어떤 상태인가?
2. 액티브 HIGH 펄스(어서트될 때 HIGH 레벨이고, 그렇지 않을 때 LOW 레벨)를 인버터 입력에 인가하고자 한다.
   (a) 이 응용에서 인버터에 대한 고유 기호와 부정 표시기를 사용하여 적당한 논리기호를 그리라.
   (b) 양의 펄스가 인버터의 입력에 인가될 때, 출력에 대해 설명하라.

3-2 AND 게이트

AND 게이트는 임의의 논리기능을 구축하는 데 필요한 기본 게이트 중의 하나로, 2개 또는 그 이상의 입력을 가지고 있으며 논리곱을 수행한다.

이 절의 학습내용

- 고유 기호와 사각 기호에 의해 AND 게이트를 식별한다.
- AND 게이트 동작을 설명한다.
- 여러 개의 입력을 갖는 AND 게이트의 진리표를 작성한다.
- 특정한 입력 파형을 갖는 AND 게이트에 대해 타이밍도를 만든다.
- 여러 개의 입력을 갖는 AND 게이트의 논리식을 작성한다.
- AND 게이트의 응용 예를 알아본다.

게이트(gate)라는 용어는 1장에서 설명한 것과 같이 기본 논리 연산을 수행하는 회로를 기술하는 데 사용된다. AND 게이트는 2개 또는 그 이상의 입력과 하나의 출력으로 구성되며, 표준 논리기호는 그림 3-8과 같다. 이 기호에서 좌측은 입력을 우측은 출력을 나타낸다. 그림에는 2개의 입력을 가진 게이트가 나타나 있으나, AND 게이트는 그 이상의 입력도 가질 수 있다. 그림 3-8에는 고유 기호와 사각 기호가 모두 표시되어 있으나, 이 책에서는 그림 (a)의 고유 기호를 주로 사용한다.

정보노트

논리 게이트는 디지털 시스템의 기본 구성 요소 중 하나다. 컴퓨터 내부에는 어떤 형태의 메모리만을 제외하고 대부분의 기능들이 대규모의 논리 게이트로 구현되어 있다. 예를 들어 컴퓨터의 주요 부분인 마이크로프로세서는 수십만 개 혹은 수백만 개의 논리 게이트들로 이루어진다.

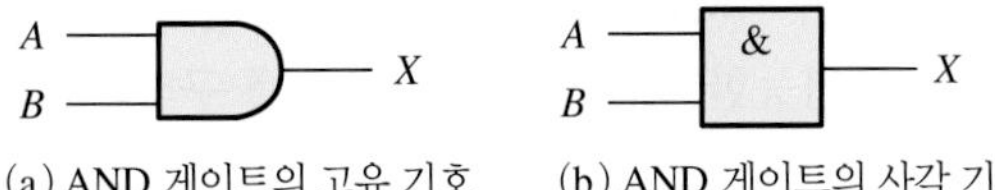

(a) AND 게이트의 고유 기호 (b) AND 게이트의 사각 기호

그림 3-8 2-입력 AND 게이트의 표준 논리기호(ANSI/IEEE Std. 91-1984/Std. 91a-1991)

AND 게이트의 동작

AND 게이트(AND gate)는 모든 입력이 HIGH일 때만 출력이 HIGH로 되고, 1개의 입력이라도 LOW면 출력은 LOW로 된다. 따라서 AND 게이트는 어떤 조건들이 동시에 참인 경우(즉 모든 입력이 HIGH 레벨일 때)에 출력 신호를 HIGH로 만들기 위한 목적으로 사용된다. 그림 3-8의 2-입력 AND 게이트에서 입력을 A와 B, 출력을 X로 표시할 때 게이트의 동작은 다음과 같다.

AND 게이트는 2개 이상의 입력을 갖는다.

2-입력 AND 게이트 동작에서, *A*와 *B*가 모두 HIGH이면 *X*는 HIGH가 되고, *A* 또는 *B*가 LOW이거나, *A*와 *B*가 모두 LOW이면, *X*는 LOW가 된다.

그림 3-9에는 2-입력 AND 게이트에 대한 네 가지의 가능한 모든 입력 조합과 각각에 대한 출력을 나타내고 있다.

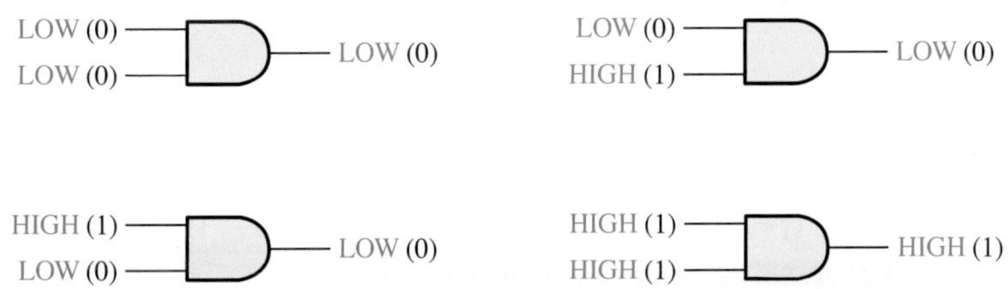

그림 3-9 2-입력 AND 게이트에 대한 논리 동작. 파일 F03-09를 열여 AND 게이트 동작을 확인하라.

MultiSim

AND 게이트의 진리표

게이트의 논리 동작은 모든 입력 조합과 이에 대응되는 출력을 나열한 진리표에 의해 표현될 수 있다. 2-입력 AND 게이트에 대한 진리표는 표 3-2와 같으며, 입력이 더 많을 경우에도 확장될 수 있다. HIGH와 LOW라는 용어가 입력은 출력 상태에 대하여 현실감을 주나, 진리표에서는

AND 게이트에서 모든 HIGH 입력은 HIGH 출력을 만든다.

표 3-2

2-입력 AND 게이트

입력		출력
A	*B*	*X*
0	0	0
0	1	0
1	0	0
1	1	1

1 = HIGH, 0 = LOW

'1'과 '0'으로 표시된다. 양의 논리에서 HIGH는 '1'이고, LOW는 '0'이다. 모든 AND 게이트는 입력의 수에 관계없이, 모든 입력이 HIGH일 때만 출력이 HIGH로 된다.

게이트에 대한 2진 입력의 가능한 모든 조합의 수는 다음 공식에 의해서 결정된다.

$$N = 2^n \qquad \text{식 3-1}$$

여기서, N은 가능한 모든 조합의 수이고 n은 입력 변수의 수이다. 예를 들면 다음과 같다.

입력 변수가 2개일 때 : $N = 2^2 = 4$

입력 변수가 3개일 때 : $N = 2^3 = 8$

입력 변수가 4개일 때 : $N = 2^4 = 16$

식 3-1을 이용하여 임의의 입력 수를 가진 게이트에 대해 가능한 모든 조합의 수를 구할 수 있다.

예제 3-2

표 3-3

입력			출력
A	*B*	*C*	*X*
0	0	0	0
0	0	1	0
0	1	0	0
0	1	1	0
1	0	0	0
1	0	1	0
1	1	0	0
1	1	1	1

(a) 3-입력 AND 게이트에 대한 진리표를 작성하라.

(b) 4-입력 AND 게이트에 대해 가능한 모든 입력 조합의 수를 구하라.

풀이

(a) 3-입력 AND 게이트의 경우 8개($2^3 = 8$)의 입력 조합이 가능하다. 진리표(표 3-3)의 입력 측은 3개의 비트로 구성되어 8개의 조합을 나타내고, 출력 측은 3개의 입력 비트가 모두 '1'일 때를 제외하고 모두 '0'이 된다.

(b) $N = 2^4 =$ **16**. 4-입력 AND 게이트에서 가능한 모든 입력 조합의 수는 16개이다.

관련 문제

4-입력 AND 게이트에 대한 진리표를 작성하라.

입력 파형에 대한 AND 게이트의 동작

대부분의 응용에서, 게이트의 입력은 정적인 레벨이 아니고 HIGH와 LOW의 논리 레벨 사이에서 수시로 변하는 전압 파형이다. AND 게이트는 입력이 일정한 레벨이든 수시로 변화하는 레벨이든 관계없이 진리표 동작을 따른다는 사실에 유의하고, 펄스 파형이 입력될 때 AND 게이트 동작을 살펴보자.

임의의 시간에서 AND 게이트의 출력 레벨을 구하기 위해서는 입력 상호 간의 관계를 살펴보아야 한다. 그림 3-10에서 t_1 시간 간격 동안 A와 B 입력이 모두 HIGH(1)이므로 출력은 X HIGH(1)이다. t_2 시간 간격 동안에 입력 A는 LOW(0), 입력 B는 HIGH(1)이므로 출력은 LOW(0)이다. t_3 시간 동안에는 두 입력이 다시 HIGH(1)이므로 출력은 HIGH(1)이다. t_4 시간 동안 입력 A는 HIGH(1)이고 입력 B는 LOW(0)이므로 출력은 LOW(0)가 된다. 마지막으로 t_5 시간 동안 입력 A와 B가 모두 LOW(0)이므로 출력은 LOW(0)이다. 이미 알고 있듯이, 입력과 출력 파형의 시간 관계를 나타낸 그래프를 타이밍도라 한다.

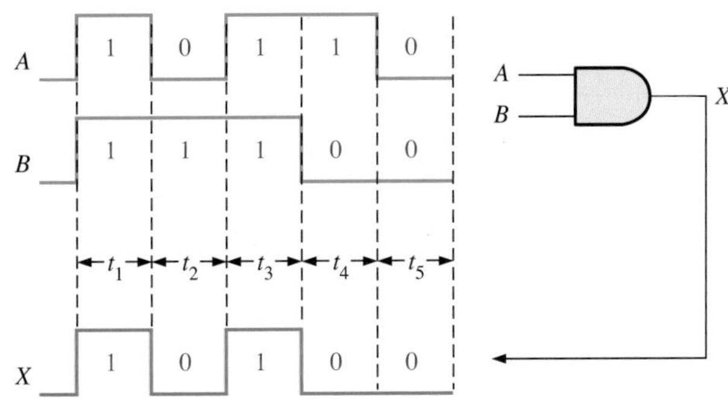

그림 3-10 AND 게이트에서 입력과 출력 관계를 보이는 타이밍도의 예

예제 3-3

AND 게이트의 두 입력(A, B)에 그림 3-11과 같은 파형이 인가될 때, 출력 파형을 구하라.

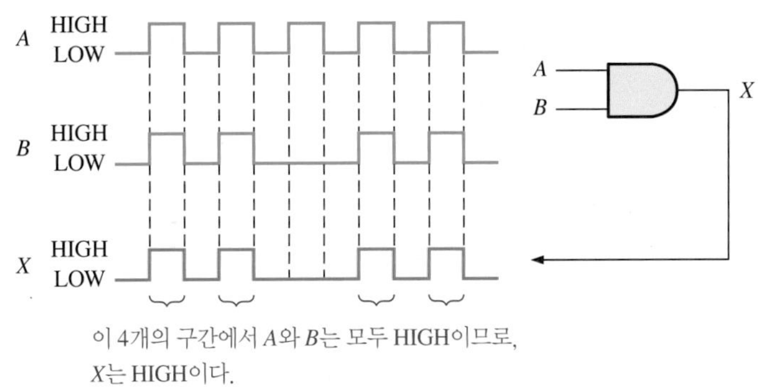

그림 3-11

풀이

그림 3-11의 타이밍도에서와 같이 출력 파형 X는 A와 B가 모두 HIGH일 때만 HIGH이다.

관련 문제

그림 3-11의 파형 A에서 두 번째 펄스와 네 번째 펄스가 LOW 레벨로 될 때, 입력과 출력의 타이밍도를 완성하라.

논리 게이트의 펄스 동작을 분석할 때, 모든 입력들과의 시간 관계뿐만 아니라 이들과 출력과의 시간 관계에 세심한 주의를 기울이는 것이 매우 중요하다.

예제 3-4

그림 3-12의 두 입력 파형 A와 B에 대해, 입력의 적절한 관계를 고려하여 출력 파형을 그리라.

풀이

타이밍도에서 보여주는 바와 같이, 두 입력 파형이 모두 HIGH일 때만 출력 파형은 HIGH 가 된다.

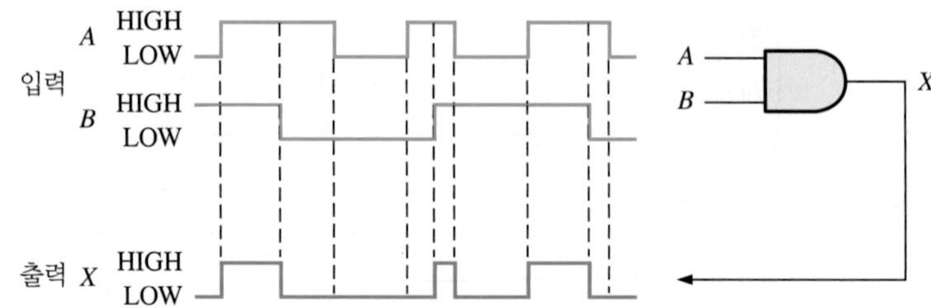

그림 3-12

관련 문제

그림 3-12에서 AND 게이트의 *B* 입력이 항상 HIGH로 되었을 경우, 이때의 출력 파형을 그리라.

예제 3-5

그림 3-13의 3-입력 AND 게이트에서 입력에 대한 출력 파형을 구하라.

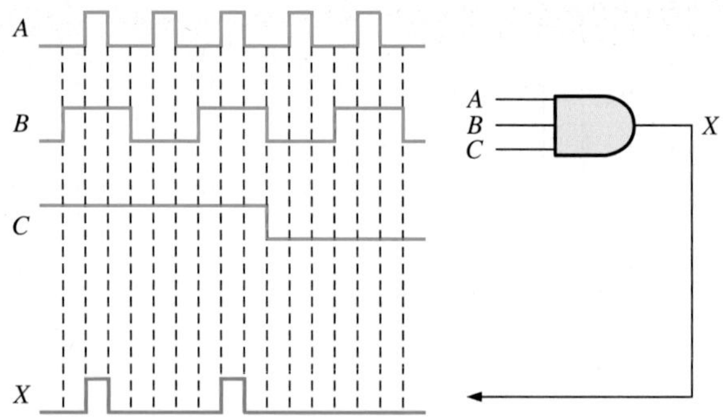

그림 3-13

풀이

3개의 입력 파형 *A*, *B*, *C*가 모두 HIGH일 때만 3-입력 AND 게이트의 출력 파형 *X*는 HIGH이다.

관련 문제

그림 3-13에서 *C* 입력이 항상 HIGH로 되었을 경우, 이때의 AND 게이트의 출력 파형을 그리라.

예제 3-6

Multisim을 사용하여 이진수 0~9까지 순환하는 입력 파형을 갖는 3-입력 AND 게이트를 시뮬레이션하라.

풀이

업 카운터 모드에서 Multisim 워드 생성기를 사용하여 그림 3-14와 같이 바이너리 시퀀스를 나타내는 파형 조합을 제공한다. 오실로스코프 디스플레이의 처음 세 파형은 입력이며 하단 파형은 출력이다.

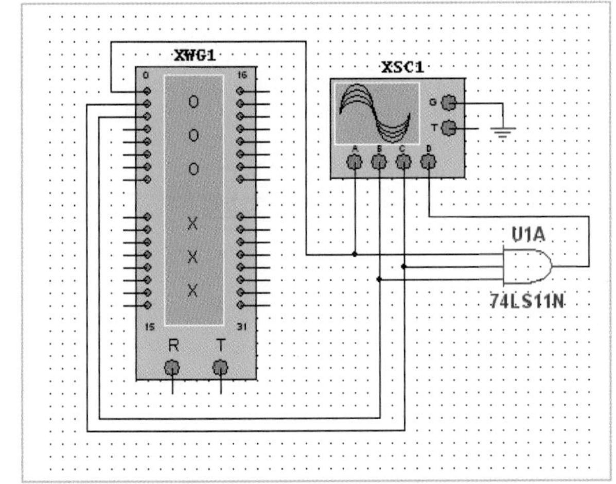

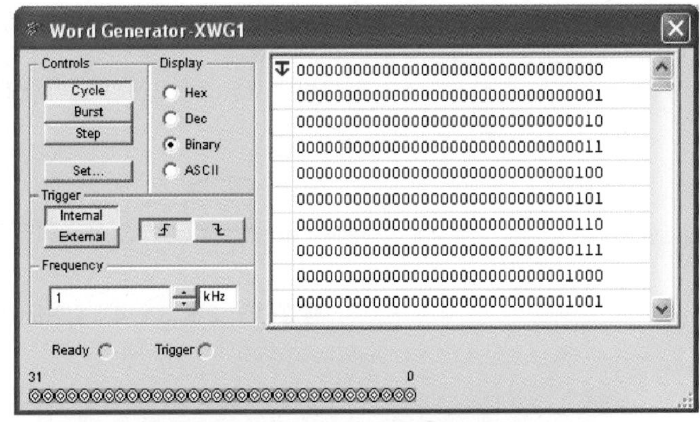

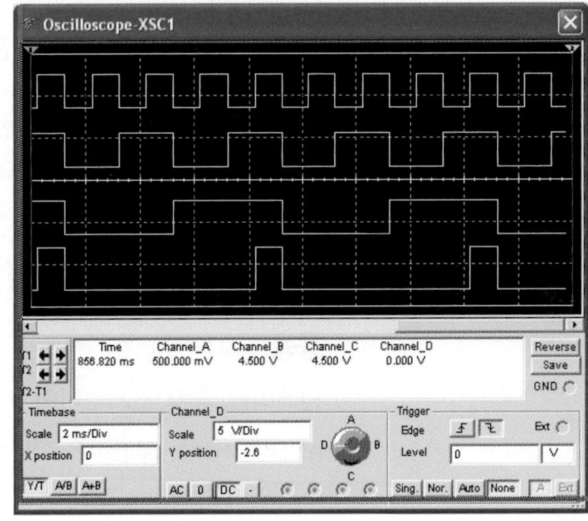

그림 3-14

관련 문제

이 예제에서와 같이 Multisim 소프트웨어를 사용하여 셋업을 생성하고 3-입력 AND 게이트를 시뮬레이션하라.

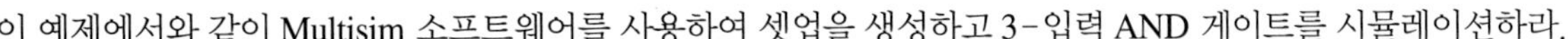

AND 게이트에 대한 논리식

두 변수의 논리 AND 함수는 수학적으로 $A \cdot B$와 같이 두 변수 사이에 점을 찍거나, 점을 찍지 않고 간단히 AB로 표현한다. 여기서는 표현이 더 간단한 방법을 사용하기로 한다.

불 곱셈(Boolean multiplication)은 다음과 같이 2장에서 논의한 2진 곱셈의 기본 규칙을 따른다.

$$0 \cdot 0 = 0$$
$$0 \cdot 1 = 0$$
$$1 \cdot 0 = 0$$
$$1 \cdot 1 = 1$$

즉, 불 곱셈은 AND 기능과 같다.

2-입력 AND 게이트의 연산은 다음과 같은 식으로 표현된다. 두 입력 변수를 각각 A, B라 하고 출력변수를 X라 하면, 불 식은 다음과 같다.

정보노트

한 바이트 이상의 데이터 중에서 어떤 특정 비트들을 선택적으로 다루고자 할 경우에는 모든 기본적인 논리 연산자가 이용될 수 있다. 선택적인 비트 조작은 '마스크'로 수행된다. 예를 들어 한 바이트의 데이터에서 왼쪽의 4비트는 그대로 두고 오른쪽 4비트를 클리어(모두 0)하려면, 데이터 바이트를 1110000으로 AND 연산하면 된다. 0으로 AND된 비트는 0이 되고 1로 AND된 비트는 그대로 남게 된다. 만약 10101010을 마스크 바이트 11110000으로 AND하면, 결과는 10100000이 된다.

변수가 ABC로 되어 있으면, 이는 모두 AND된 것이다.

$$X = AB$$

그림 3-15(a)는 2개의 입력과 1개의 출력 변수를 갖는 AND 게이트의 논리기호를 나타낸다.

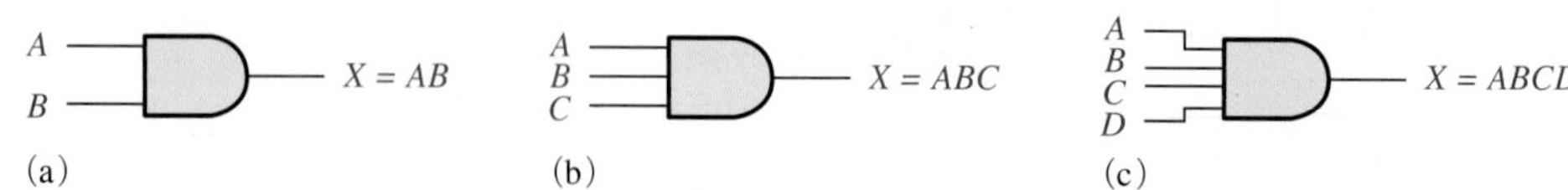

그림 3-15 2개, 3개, 4개 입력을 갖는 AND 게이트의 불 식

2개 이상의 입력 변수에 대한 AND 표현식은 각 입력 변수에 해당하는 새로운 문자를 쓰기만 하면 된다. 예를 들어 3-입력 AND 게이트에서 입력이 A, B, C일 때 $X = ABC$이다. 4-입력 AND 게이트의 경우에는 $X = ABCD$ 등으로 표현된다. 그림 3-15(b)와 (c)는 각각 3개와 4개의 입력 변수를 갖는 AND 게이트를 나타낸다.

표 3-4

A	B	$AB = X$
0	0	$0 \cdot 0 = 0$
0	1	$0 \cdot 1 = 0$
1	0	$1 \cdot 0 = 0$
1	1	$1 \cdot 1 = 1$

AND 게이트의 연산은 출력에 대한 불 식을 사용하여 계산할 수 있다. 표 3-4의 2-입력 AND 게이트의 경우와 같이, 각 입력 변수는 '1'이거나 '0'이므로 불 식에 이들의 조합을 대입함으로써 출력 X를 구할 수 있다. AND 게이트의 출력 X는 두 입력이 모두 '1'(HIGH)일 때만 '1'(HIGH)이 됨을 알 수 있다. 임의의 수를 갖는 입력 변수의 경우에도 이와 유사하게 분석할 수 있다.

응용

인에이블/금지 소자로서의 AND 게이트

AND 게이트는 일반적으로 임의의 시간에 한 지점에서 다른 지점으로 신호(펄스파형)의 흐름을 **인에이블**(enable)하고 다른 시간에 흐름을 **금지**(inhibit, 방해)하는 용도로 사용된다.

그림 3-16은 이러한 적용 예를 나타내고 있으며, AND 게이트의 역할은 디지털 카운터로의 신호(파형 A)의 흐름을 제어하는 것이다. 이 회로는 보편적으로 파형 A의 주파수를 측정하는 데 사용된다. 인에이블 펄스의 펄스폭은 정확하게 1 ms이다. 인에이블 펄스가 HIGH일 때, 파형 A는 게이트를 통과하여 카운터로 들어가며, 인에이블 펄스가 LOW일 때, 신호는 게이트를 통과하지 못한다(금지된다).

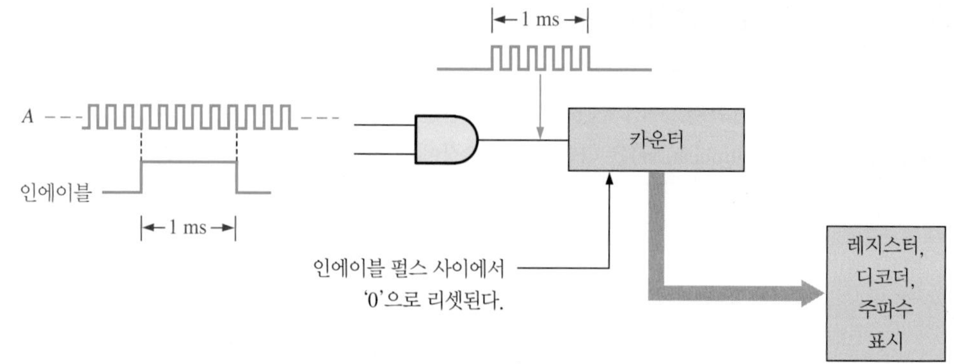

그림 3-16 주파수 카운터에서 인에이블/금지 기능을 수행하는 AND 게이트

파형 A의 펄스는 인에이블 펄스의 1 ms 동안에 AND 게이트를 통과하여 카운터로 입력된다. 1 ms 동안 통과한 펄스의 수는 파형 A의 주파수와 같다. 예를 들어 그림 3-16에서는 1 ms 동안 6개의 펄스가 통과하고 있으므로, 주파수는 6 kHz이다. 1 ms의 인에이블 펄스 간격 동안 1,000개의 펄스가 게이트를 통과하였다면, 주파수는 1000 pulses/ms 또는 1 MHz가 된다.

카운터는 초당 펄스의 수를 계수하며, 주파수를 나타내기 위하여 디코딩 회로와 표시 회로를 거쳐 2진 출력을 만든다. 인에이블 펄스는 임의의 간격으로 반복되며, 주파수가 변경되면 새로운 값을 표시하기 위하여 변경된 카운트가 만들어진다. 인에이블 펄스가 발생하는 시점에서 카운터가 '0'에서 다시 계수를 시작하도록 인에이블 펄스 사이에서 카운터는 리셋된다. 현재 계수된 주파수는 카운터의 리셋에 영향을 미치지 않도록 레지스터에 저장된다.

좌석 벨트 경보 시스템

그림 3-17은 자동차의 좌석 벨트 경보 시스템에 사용되는 AND 게이트를 나타낸 것으로, AND 게이트는 점화 스위치가 켜지고 좌석벨트가 풀려 있는 상태를 감지한다. 점화 스위치가 켜지면 AND 게이트의 입력 A는 HIGH가 된다. 또한 점화 스위치가 켜지면 타이머가 작동되어 C 입력이 30초 동안 HIGH로 유지된다. 점화 스위치가 켜지고 좌석 벨트가 풀려 있고, 타이머가 작동하는 세 가지 조건하에서 AND 게이트의 출력은 HIGH가 되며, 운전자에게 주의를 환기시키는 경보음이 울리게 된다.

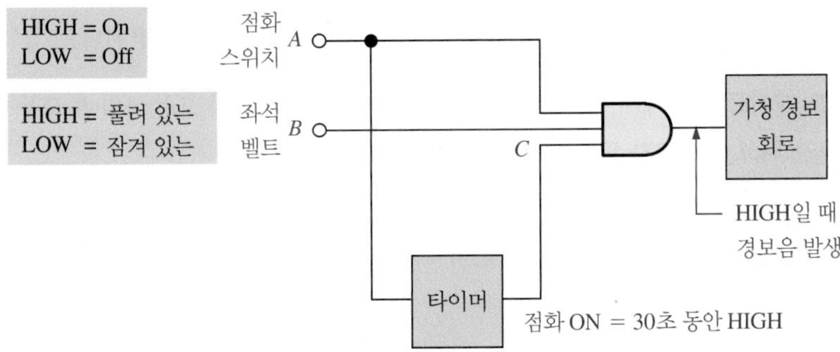

그림 3-17 AND 게이트를 이용한 단순한 좌석 벨트 경보 회로

복습문제 3-2

1. AND 게이트의 출력이 HIGH인 경우는 언제인가?
2. AND 게이트의 출력이 LOW인 경우는 언제인가?
3. 5-입력 AND 게이트의 진리표를 작성하라.

3-3 OR 게이트

OR 게이트는 임의의 논리기능을 구축하는 데 필요한 기본 게이트 중의 하나로, 2개 또는 그 이상의 입력을 가지고 있으며 논리합을 수행한다.

이 절의 학습내용

- 고유 기호와 사각 기호에 의해 OR 게이트를 식별한다.
- OR 게이트 동작을 설명한다.
- 여러 개의 입력을 갖는 OR 게이트의 진리표를 작성한다.
- 특정한 입력 파형을 갖는 OR 게이트에 대해 타이밍도를 만든다.

- 여러 개의 입력을 갖는 OR 게이트의 논리식을 작성한다.
- OR 게이트의 응용 예를 알아본다.

OR 게이트는 2개 이상의 입력을 가진다.

OR 게이트(OR gate)는 2개 이상의 입력과 1개의 출력을 가지며, 2-입력 OR 게이트는 그림 3-18의 표준 논리기호로 표시된다. 그림에는 고유 기호와 사각 기호 모두 표시되어 있으나, 이 책에서는 그림 (a)의 고유 기호를 주로 사용한다.

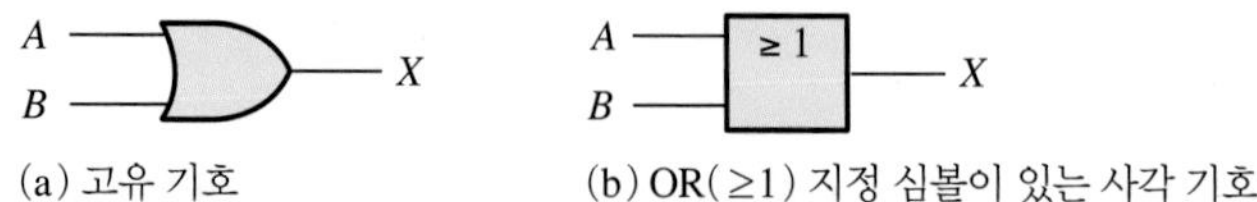

(a) 고유 기호 (b) OR(≥1) 지정 심볼이 있는 사각 기호

그림 3-18 2-입력 OR 게이트에 대한 표준 논리기호(ANSI/IEEE Std. 91-1984/Std. 91a-1991)

OR 게이트의 동작

OR 게이트는 입력이 최소한 하나 이상 HIGH일 때 출력이 HIGH가 된다.

OR 게이트는 입력 중 어느 하나라도 HIGH가 되면 출력은 HIGH가 되고, 입력이 모두 LOW 일 때만 출력은 LOW가 된다. 따라서 OR 게이트는 하나 또는 그 이상의 입력이 HIGH인 경우에 출력 신호를 HIGH로 만들기 위한 목적으로 사용된다. 그림 3-18에서 2-입력 OR 게이트의 입력을 각각 *A*와 *B*, 출력을 *X*라고 하면, OR 게이트의 동작은 다음과 같이 설명된다.

2-입력 OR 게이트 동작에서, 입력 *A* 혹은 입력 *B*가 HIGH이거나 또는 *A*와 *B* 모두 HIGH이면 *X*는 HIGH가 되고, *A*와 *B*가 모두 LOW이면 *X*는 LOW가 된다.

OR 게이트에서 액티브 또는 어서트 출력 레벨은 HIGH 레벨이다. 그림 3-19는 2-입력 OR 게이트에 대한 4개의 가능한 모든 입력 조합과 각각에 대한 출력을 나타내고 있다.

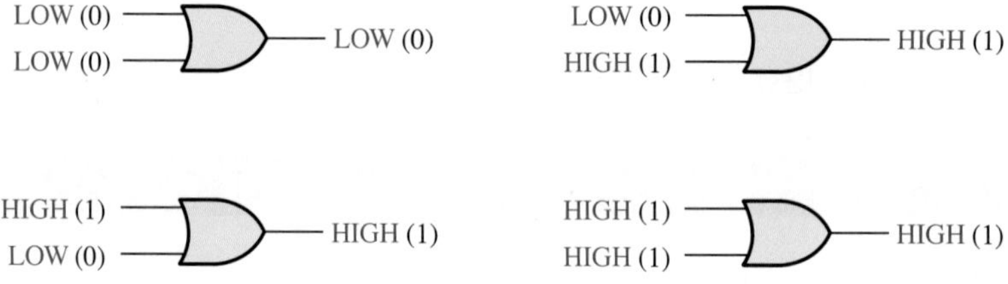

MultiSim

그림 3-19 2-입력 OR 게이트에 대한 논리 동작. 파일 F03-19를 열어 OR 게이트 동작을 확인하라.

OR 게이트의 진리표

표 3-5

2-입력 OR 게이트에 대한 진리표

입력		출력
A	***B***	***X***
0	0	0
0	1	1
1	0	1
1	1	1

1 = HIGH, 0 = LOW

2-입력 OR 게이트에 대한 논리동작을 표 3-5에 나타냈다. 이 진리표는 임의의 수의 입력에 대해서도 확장될 수 있다. 즉, 입력의 수에 관계없이 입력 중 하나 또는 그 이상이 HIGH이면 출력이 HIGH가 된다.

입력 파형에 대한 동작

OR 게이트의 논리연산을 기억하면서 펄스 입력을 갖는 OR 게이트의 동작을 살펴보자. 펄스 파형에 대한 게이트 동작을 분석하는 경우 모든 파형의 시간 관계가 중요하다. 예를 들어 그림 3-20에서 t_1 시간 동안 입력 *A*와 *B*가 모두 HIGH(1)이므로 출력은 HIGH(1)가 된다. t_2 시간 동안 입력 *A*는 LOW(0)이지만 입력 *B*가 HIGH(1)이므로 출력은 HIGH(1)가 된다. t_3 시간 동안 두 입력이 모두 LOW(0)이므로 출력은 LOW(0)이다. t_4 시간 동안 입력 *A*가 HIGH(1)이므로 출력은 HIGH(1)가 된다.

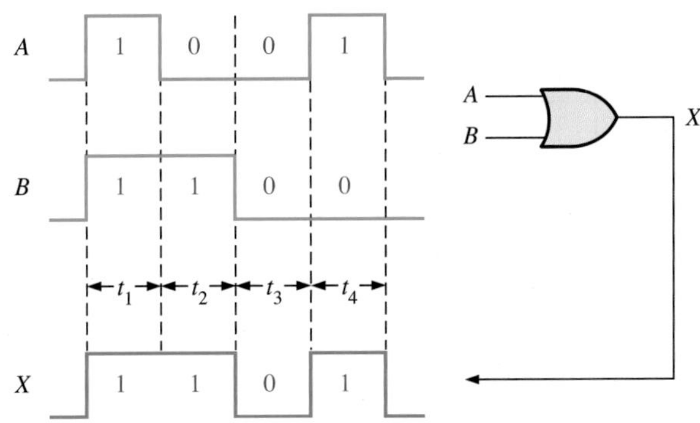

그림 3-20 OR 게이트에서 입력과 출력 시간 관계를 나타내는 타이밍도의 예

이 예에서 레벨이 바뀌지 않는 각 시간 간격에 대하여 OR 게이트의 진리표 연산을 적용하였다. 예제 3-7에서 예제 3-9를 통하여 펄스 파형이 인가된 OR 게이트의 동작으로 자세히 살펴보자.

예제 3-7

그림 3-21의 두 입력 파형 *A*와 *B*가 OR 게이트에 인가될 때, 출력 파형을 구하라.

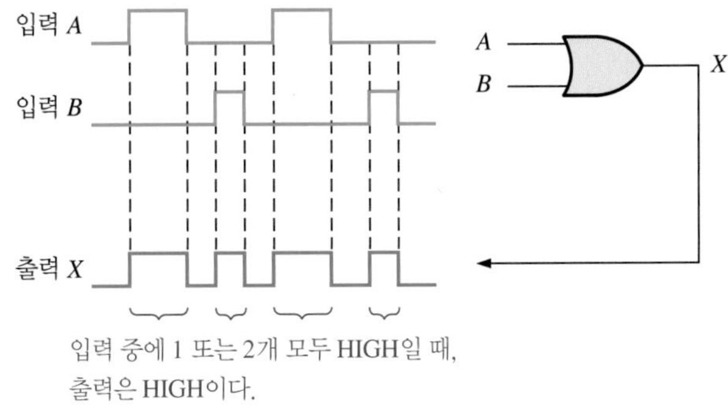

그림 3-21

풀이

타이밍도에서 나타난 것처럼, 2-입력 OR 게이트의 출력 파형 *X*는 입력 중 어느 하나 또는 두 입력이 모두 HIGH이면 HIGH가 된다. 이 경우, 두 입력 파형 모두 동시에 HIGH가 될 수 없다.

관련 문제

입력 *A*의 첫 번째 펄스와 두 번째 펄스 사이가 HIGH로 변경되었을 때, 입력과 출력의 타이밍도를 완성하라.

예제 3-8

2-입력 OR 게이트에 그림 3-22의 두 입력 파형 *A*와 *B*가 인가될 때, 입력에 대한 출력 파형을 그리라.

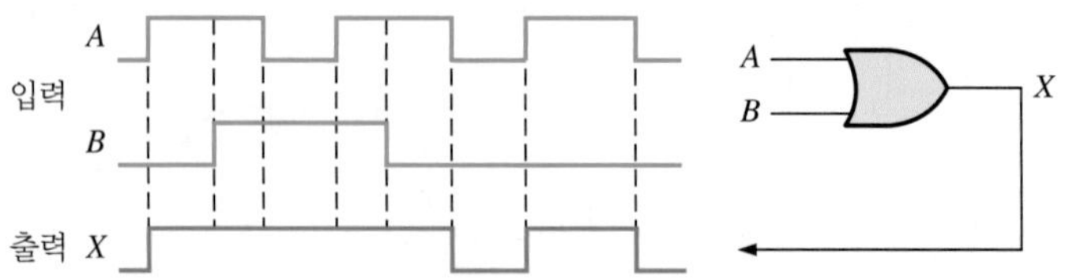

그림 3-22

풀이

타이밍도의 출력파형 *X*와 같이, 입력 중 어느 하나 또는 두 입력이 HIGH이면 출력은 HIGH이다.

관련 문제

입력 *A*의 가운데 펄스가 LOW 레벨로 될 때, 입력과 출력의 타이밍도를 완성하라.

예제 3-9

그림 3-23의 3-입력 OR 게이트에서 입력에 대한 출력 파형을 구하라.

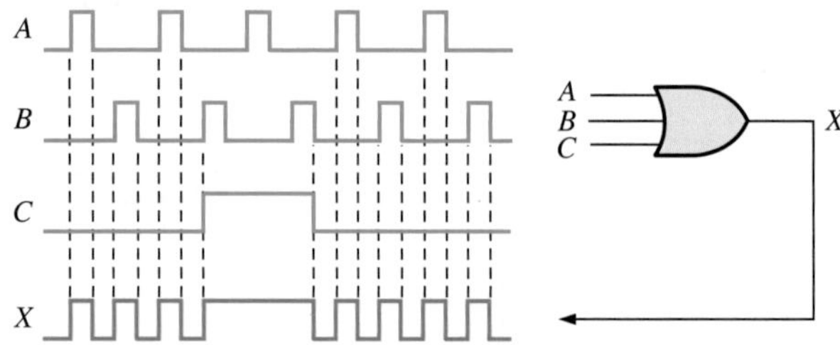

그림 3-23

풀이

타이밍도의 출력 파형 *X*와 같이, 입력 중 어느 하나 또는 그 이상의 입력이 HIGH이면 출력은 HIGH이다.

관련 문제

입력 *C*가 항상 LOW일 때, 입력과 출력의 타이밍도를 완성하라.

OR 게이트에 대한 논리식

변수가 +로 분리되면, OR가 된다.

두 변수의 논리적 OR 함수는 수학적으로 두 변수 사이에 플러스(+)를 써서 $A + B$와 같이 표현한다. 플러스 기호는 'OR'로 읽는다.

불 대수에서 덧셈은 2진수 '1' 또는 '0'의 값을 갖는 변수들을 포함한다. **불 덧셈**(Boolean addition)에 대한 기본 규칙은 다음과 같다.

$$0 + 0 = 0$$
$$0 + 1 = 1$$
$$1 + 0 = 1$$
$$1 + 1 = 1$$

불 덧셈은 OR 기능과 같다.

불 덧셈은 2개의 '1'이 더해지는 경우, 2진 덧셈과 다르다는 것에 유의하여야 한다. 즉, 불 덧셈에서는 캐리가 발생하지 않는다.

2-입력 OR 게이트의 연산은 다음과 같이 표현될 수 있다. 두 입력 변수를 각각 A와 B, 출력 변수를 X라 할 때, 불 표현식은 다음과 같다.

$$X = A + B$$

그림 3-24(a)는 2개의 입력 변수와 출력 변수로 표시되는 OR 게이트의 논리기호를 나타낸다.

A B — $X = A + B$ (a)
A B C — $X = A + B + C$ (b)
A B C D — $X = A + B + C + D$ (c)

그림 3-24 2, 3, 4개의 입력을 갖는 OR 게이트의 불 식

입력 변수를 2개 이상으로 확장하기 위해서, 각 변수에 새로운 문자를 사용함으로써 OR 표현식을 확장할 수 있다. 예를 들어 3-입력 OR 게이트의 경우에는 $X = A + B + C$로 표현되고, 4-입력 OR 게이트의 불 식은 $X = A + B + C + D$로 표현된다. 그림 3-24의 (b)와 (C)는 각각 3개와 4개의 입력 변수를 갖는 OR 게이트를 나타낸다.

OR 게이트 연산은 표 3-6의 2-입력 OR 게이트의 경우와 같이, 출력에 대한 불 식에 입력 변수의 가능한 조합인 네 가지 경우에 대해 '1'과 '0'을 대입하여 계산될 수 있다. 이 계산의 결과를 요약하면, OR 게이트의 출력 X는 하나 또는 그 이상의 입력이 '1'(HIGH)일 때, '1'(HIGH)이 되고, 이러한 과정은 OR 게이트의 입력이 늘어나더라도 동일하게 적용된다.

정보노트

컴퓨터 프로그래밍 과정에서 데이터 바이트 중에서 다른 비트들에 영향을 주지 않고, 임의의 비트들을 선택적으로 1로 만들기 위해 OR 연산자를 사용하여 마스크 연산이 이루어진다. 마스크 연산에 의해 임의의 위치에 있는 데이터 비트를 1로 만든다. 예를 들어 8비트 부호화 수에서 모든 다른 비트는 변화시키지 않고 부호 비트를 1로 하려면, 마스크 10,000,000으로 데이터 바이트를 OR 연산하면 된다.

표 3-6

A	B	$A+B=X$
0	0	$0+0=0$
0	1	$0+1=1$
1	0	$1+0=1$
1	1	$1+1=1$

응용

그림 3-25는 침입을 탐지하여 경보음을 발생하는 경보 시스템을 간단하게 표현한 것으로, 창문 2개와 문 1개가 있는 일반 가정에 적용할 수 있다. 이 시스템에 사용되는 각각의 센서는 자기(magnetic) 스위치로서 문이 열려 있을 때 HIGH를 출력하고 닫혀 있을 때 LOW를 출력한다. 창문과 문이 닫혀 있을 때에 스위치가 닫혀 있으며, OR 게이트의 세 입력은 LOW가 된다. 창문 중의 하나 또는 문이 열려 있으면, OR 게이트에 HIGH가 입력되므로 게이트의 출력은 HIGH가 된다. 이때 경보회로가 작동되어 침입을 알리는 경보음이 울리게 된다.

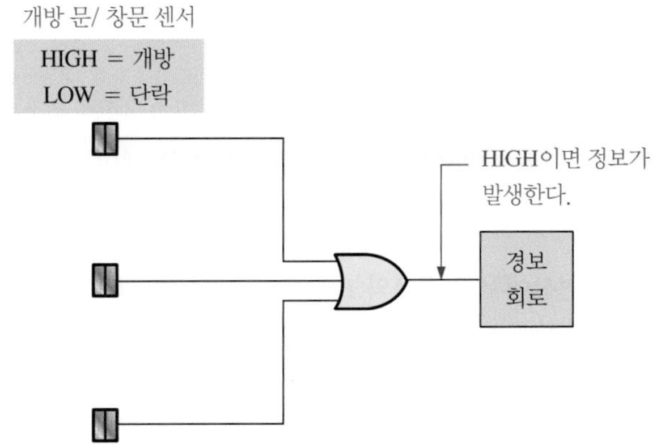

그림 3-25 OR 게이트를 이용한 간단한 침입 탐지 시스템의 개요도

복습문제 3-3

1. OR 게이트의 출력이 HIGH인 경우는 언제인가?
2. OR 게이트의 출력이 LOW인 경우는 언제인가?
3. 3-입력 OR 게이트의 진리표를 작성하라.

3-4 NAND 게이트

NAND 게이트는 범용 게이트로 사용될 수 있어서 매우 유용한 논리소자로 사용된다. 즉, NAND 게이트의 조합만으로 AND, OR, 인버터 등의 동작을 수행할 수 있다. 자세한 NAND 게이트의 특성은 5장에서 다루어진다.

이 절의 학습내용

- 고유 기호와 사각 기호에 의해 NAND 게이트를 식별한다.
- NAND 게이트 동작을 설명한다.
- 여러 개의 입력을 갖는 NAND 게이트의 진리표를 작성한다.
- 특정한 입력 파형을 갖는 NAND 게이트에 대해 타이밍도를 만든다.
- 여러 개의 입력을 갖는 NAND 게이트의 논리식을 작성한다.
- NAND 게이트 연산을 등가의 네거티브-OR로 기술한다.
- NAND 게이트의 응용 예를 알아본다.

NAND 게이트는 AND 게이트와 비교하여 출력이 반전된 것을 제외하면 동일하다.

NAND는 NOT-AND의 약자로서, 보수(반전) 출력을 갖는 AND 게이트의 연산을 의미한다. 그림 3-26(a)에는 2-입력 NAND 게이트의 표준 논리기호와 AND 게이트의 뒤에 인버터가 연결된 등가 회로를 나타내고 있으며, 기호 ≡는 등가를 의미한다. 그림 (b)는 사각 기호를 나타낸다.

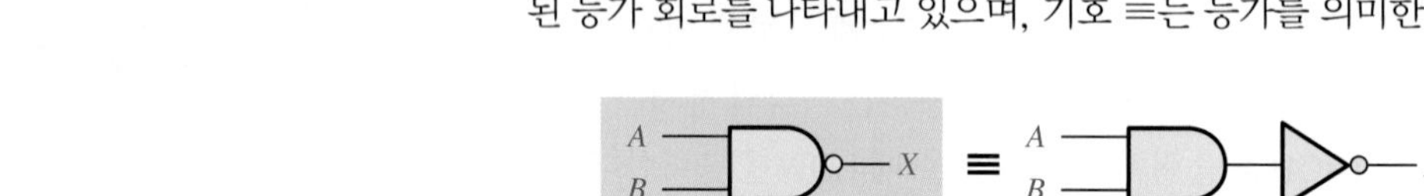

(a) 2-입력 NAND 게이트의 고유 기호로 NOT/AND와 등가이다.

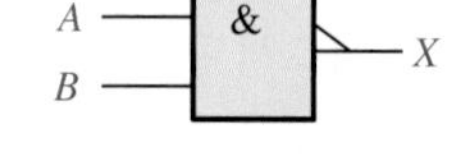

(b) 사각 기호. 극성 표시가 있는 2-입력 NAND 게이트

그림 3-26 NAND 게이트의 표준 논리기호(ANSI/IEEE Std. 91-1984/Std. 91a-1991)

NAND 게이트의 동작

NAND 게이트는 모든 입력이 HIGH일 때만 출력이 LOW가 되고, 입력 중 어느 하나라도 LOW가 되면 출력은 HIGH가 된다. 그림 3-26에 나타낸 2-입력 NAND 게이트에 대해서, 입력을 A와 B, 출력을 X라 하면, NAND의 동작은 다음과 같다.

2-입력 NAND 게이트 연산에서 입력 A와 B가 모두 HIGH이면 출력 X는 LOW이다. A 또는 B가 LOW이거나 A와 B가 모두 LOW이면 X는 HIGH이다.

이는 AND 게이트의 동작에 비해 출력 레벨만 반대로 된다. NAND 게이트에서 출력은 버블이 의미하듯이 액티브 LOW 레벨 또는 어서트 출력 레벨이 된다. 그림 3-27은 4개의 가능한 모든 입력 조합에 대한 2-입력 NAND 게이트의 동작을 나타내며, 표 3-7은 2-입력 NAND 게이트의 논리 동작을 요약한 진리표이다.

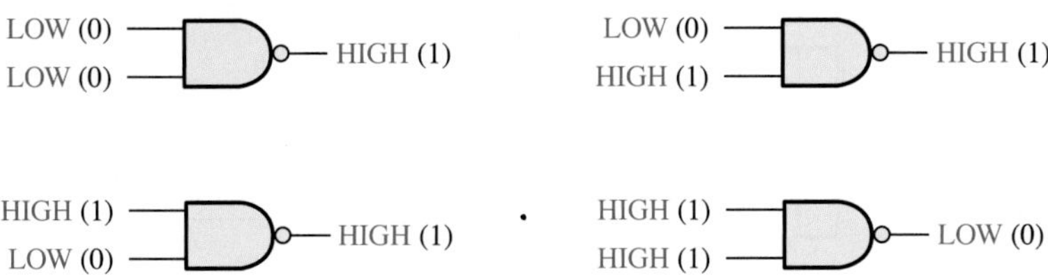

그림 3-27 2-입력 NAND 게이트의 동작. 파일 F03-27을 열어 NAND 게이트 동작을 확인하라.

표 3-7
2-입력 NAND 게이트의 진리표

입력		출력
A	*B*	*X*
0	0	1
0	1	1
1	0	1
1	1	0

1 = HIGH, 0 = LOW

MultiSim

입력 파형에 대한 동작

NAND 게이트의 펄스 파형의 동작을 살펴보자. 진리표로부터 모든 입력이 HIGH일 때만 출력이 LOW임을 기억한다.

예제 3-10

그림 3-28의 두 입력 파형 *A*와 *B*가 NAND 게이트에 인가될 때, 출력 파형을 구하라.

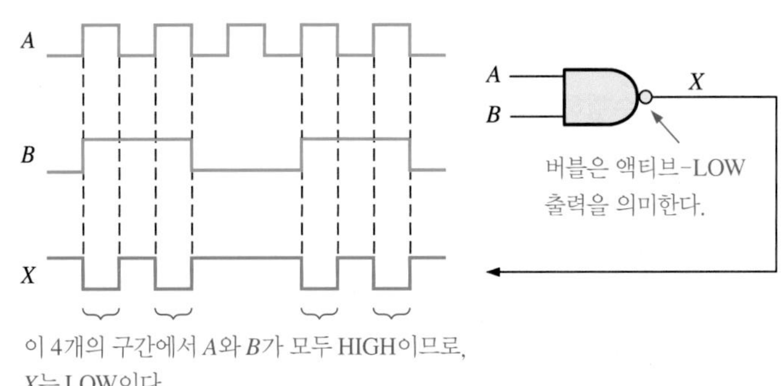

그림 3-28

풀이

출력 파형 *X*는 타이밍도에서 볼 수 있듯이, 두 입력 파형 *A*와 *B*가 모두 HIGH인 4개의 구간에서만 LOW로 된다.

관련 문제

입력 파형 *B*가 반전되었을 때, 출력 파형을 구하고 타이밍도를 그리라.

예제 3-11

그림 3-29의 3-입력 NAND 게이트에서, 입력에 대한 출력 파형을 그리라.

풀이

출력 파형 *X*는 3개의 입력 파형이 모두 HIGH일 때만 LOW가 된다.

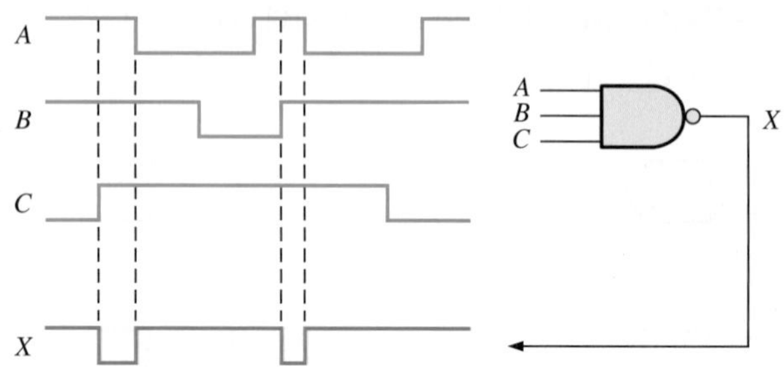

그림 3-29

관련 문제

입력 파형 A가 반전되었을 때, 출력 파형을 구하고 타이밍도를 그리라.

NAND 게이트의 네거티브-OR로의 등가 동작

NAND 게이트의 동작은 원래 입력 중 어느 하나 이상이 LOW이면 출력이 HIGH가 된다. 표 3-7을 살펴보면 입력 A, B 중 어느 하나라도 LOW(0)가 되면 출력 X는 HIGH(1)임을 알 수 있다. 이러한 관점에서 볼 때, NAND 게이트는 1개 이상의 입력이 LOW일 때 출력이 HIGH가 되는 OR 연산으로 대치될 수 있다. 이러한 NAND 연산을 **네거티브-OR**(negative-OR)이라 한다. 여기에서 네거티브는 입력이 LOW일 때, 액티브 또는 어서트 상태임을 나타낸다.

네거티브-OR 동작을 수행하는 2-입력 NAND 게이트에서, 입력 A 또는 입력 B가 LOW이거나 A와 B 모두 LOW이면 출력 X는 HIGH이다.

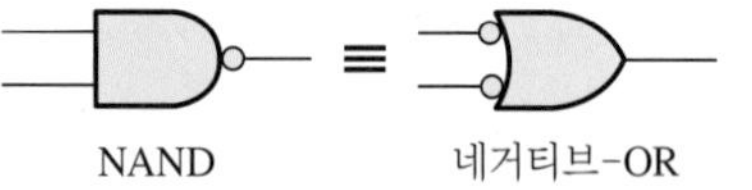

그림 3-30 NAND 게이트의 등가 기호(ANSI/IEEE 표준기호)

NAND 게이트가 모든 입력이 HIGH인 경우보다 하나 이상의 LOW 입력이 있는 경우를 찾기 위해 사용될 때, NAND 게이트는 네거티브-OR 동작을 수행하며 그림 3-30과 같은 표준 논리 기호로 표시된다. 그림 3-30의 두 기호는 물리적으로 같은 게이트를 표현하나, 예제 3-12와 예제 3-13과 같이 특별한 응용에 따라, 역할과 동작 모드가 정의된다.

예제 3-12

어떤 제조 공장에서는 제조 공정에 필요한 액체 화학물을 저장하기 위하여 2개의 탱크를 사용한다. 각 탱크에는 화학물이 만수위 대비 25% 이하로 떨어졌을 때를 감지하는 센서가 부착되어 있다. 센서의 출력은 탱크가 1/4 이상 채워졌을 경우 5 V인 HIGH 레벨을 출력한다. 탱크에서 화학물의 양이 1/4 이하일 경우, 센서는 0 V인 LOW 레벨을 출력한다.

2개의 탱크 모두 1/4 이상 채워졌을 때, 지시 패널 위의 녹색 발광 다이오드(LED)가 켜져야 한다. NAND 게이트가 이러한 기능을 어떻게 수행하는지를 설명하라.

풀이

그림 3-31과 같이 NAND 게이트의 두 입력에는 탱크 레벨 센서를, 출력에는 지시 패널을 연결한다. 이 회로의 동작은 두 탱크 모두(탱크 A와 B) 1/4 이상 채워졌을 경우에 한하여 LED는 ON 된다.

두 센서의 출력이 모두 HIGH(5 V)일 경우, 즉 두 탱크 모두 1/4 이상 채워지면 NAND 게이트의 출력은 LOW(0 V)가 된다. 녹색 LED 회로는 LOW가 출력되면 켜지고, 저항은 LED 전류를 제한하는 기능을 한다.

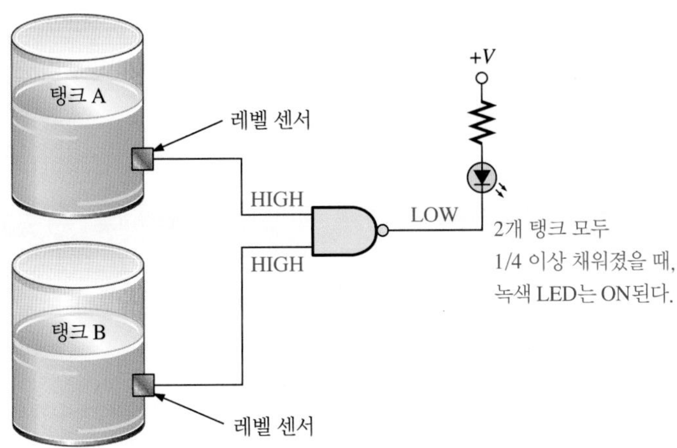

그림 3-31

관련 문제

3개의 탱크 레벨을 감시하기 위하여 그림 3-31의 회로를 수정하라.

예제 3-13

예제 3-12에서 설명한 제조 공정의 감독자는 2개의 탱크 모두 1/4 이상일 때 녹색 LED가 켜지는 것이 아니고, 탱크 중에 어느 하나라도 1/4 이하로 떨어졌을 때 적색 LED가 켜지는 것이 좋다고 생각했다. 이 조건을 구현하기 위한 방법을 설명하라.

풀이

그림 3-32에서 NAND 게이트는 입력에 적어도 1개의 LOW가 있는지를 검출하는 네거티브-OR 게이트로 동작한다. 탱크의 수위가 1/4 이하로 떨어지면 센서의 출력은 LOW가 된다. 이때 게이트의 출력은 HIGH가 되어 지시패널의 적색 LED가 켜지게 된다. 동작은 다음과 같다. 탱크 A, 탱크 B 또는 두 탱크가 모두 1/4 이하이면, LED가 켜진다.

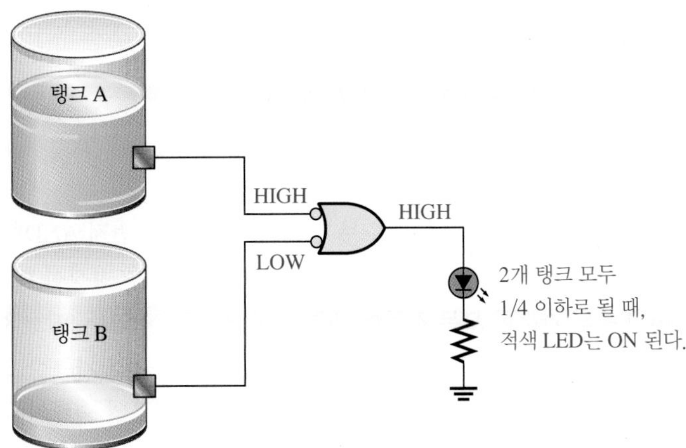

그림 3-32

이 예제와 예제 3-12는 모두 동일한 2-입력 NAND 게이트를 사용하고 있으나, 회로의 기능이 서로 다르기 때문에 NAND와 네거티브-OR 동작으로 구분하여 사용하고 있다.

관련 문제

2개의 탱크를 감시하는 회로를 4개의 탱크를 감시하도록 확장하려면 그림 3-32의 회로는 어떻게 수정되어야 하는지 설명하라.

예제 3-14

네거티브-OR 게이트로 동작하는, 그림 3-33의 4-입력 NAND 게이트에 대하여 입력에 대한 출력을 구하라.

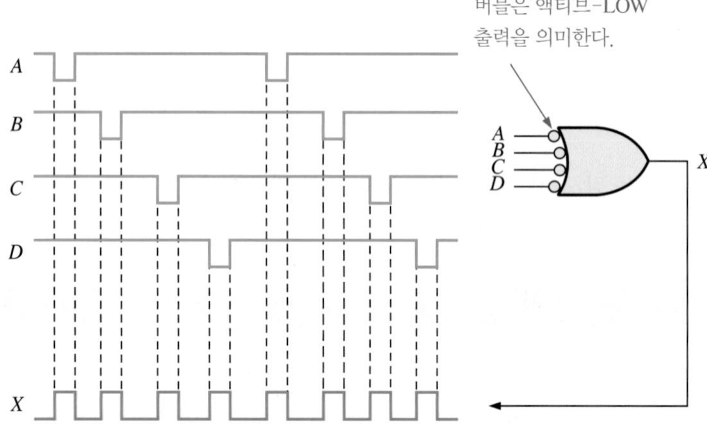

그림 3-33

풀이

타이밍도에 나타낸 바와 같이, 하나의 입력이라도 LOW이면 출력 파형 X는 HIGH가 된다.

관련 문제

입력 파형 A가 게이트에 인가되기 전에 반전될 경우, 출력 파형을 구하라.

NAND 게이트에 대한 논리식

변수 또는 변수들 위의 바는 반전을 의미한다.

2-입력 NAND 게이트에 대한 불 식은 다음과 같다.

$$X = \overline{AB}$$

이 식은 AND 위에 바(bar)로 표현하였듯이, 두 입력 변수 A, B를 먼저 AND한 후에 보수를 취한 것을 의미한다. 이 식은 2개의 입력을 갖는 NAND 게이트 연산을 방정식 형태로 나타낸 논리 표현이다. 두 입력 변수의 가능한 모든 값들에 대한 이 식의 계산 결과는 표 3-8과 같다.

일단 주어진 논리 동작에 대해 표현식이 구해지면, 입력 변수들의 가능한 조합에 대한 연산 결과를 알 수 있다. 연산 결과로부터, 각 입력 조건에 대한 논리회로의 출력이 무엇인지 알 수 있으므로 회로의 논리연산을 완전히 파악할 수 있다. 변수가 2개 이상일 경우에도 각 변수에 새로운 문자를 사용함으로써 NAND 표현식은 확장될 수 있다.

표 3-8

A	B	$\overline{AB} = X$
0	0	$\overline{0 \cdot 0} = \overline{0} = 1$
0	1	$\overline{0 \cdot 1} = \overline{0} = 1$
1	0	$\overline{1 \cdot 0} = \overline{0} = 1$
1	1	$\overline{1 \cdot 1} = \overline{1} = 0$

복습문제 3-4

1. NAND 게이트의 출력이 LOW인 경우는 언제인가?
2. NAND 게이트의 출력이 HIGH인 경우는 언제인가?
3. NAND 게이트와 네거티브-OR 게이트의 기능적인 차이를 기술하라. 둘 다 같은 진리표를 가지는가?
4. 입력이 A, B, C인 NAND 게이트의 출력식을 작성하라.

3-5 NOR 게이트

NAND 게이트와 마찬가지로 NOR 게이트도 범용 게이트로 사용될 수 있는 유용한 논리소자이다. 즉 NOR 게이트의 조합만으로 AND, OR, 인버터 등의 동작을 수행할 수 있다. 자세한 NAND 게이트의 특성은 5장에서 다룬다.

이 절의 학습내용

- 고유 기호와 사각 기호에 의해 NOR 게이트를 식별한다.
- NOR 게이트 동작을 설명한다.
- 여러 개의 입력을 갖는 NOR 게이트의 진리표를 작성한다.
- 특정한 입력 파형을 갖는 NOR 게이트에 대해 타이밍도를 만든다.
- 여러 개의 입력을 갖는 NOR 게이트의 논리식을 작성한다.
- NOR 게이트 연산을 등가의 네거티브-AND로 기술한다.
- NOR 게이트의 응용 예를 알아본다.

NOR는 NOT-OR의 약자로서 반전(보수) 출력을 갖는 OR 게이트의 연산을 의미한다. 그림 3-34(a)에는 2-입력 NOR 게이트의 표준 논리기호와 OR 게이트의 뒤에 인버터가 연결된 등가 회로를 나타내고 있으며, 그림 (b)는 사각 기호를 나타낸다.

NOR 게이트는 OR 게이트와 비교하여 출력이 반전된 것을 제외하면 동일하다.

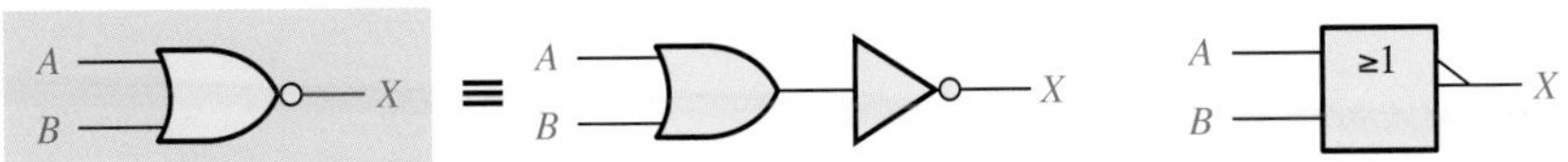

(a) 2-입력 NOR 게이트의 고유 기호로 NOT/OR와 등가이다.

(b) 사각 기호, 극성을 가지는 2-입력 NOR 게이트

그림 3-34 NOR 게이트의 표준 논리기호(ANSI/IEEE Std. 91-1984/Std. 91a-1991)

NOR 게이트의 동작

NOR 게이트는 입력 중에 어느 하나라도 HIGH가 되면 출력은 LOW가 되고, 모든 입력이 LOW일 때만 출력은 HIGH가 된다. 그림 3-34에 나타낸 2-입력 NOR 게이트에 대해서, 입력을 A와 B, 출력을 X라 할 때, NOR 게이트의 연산은 다음과 같다.

2-입력 NOR 게이트 연산에서 입력 A 또는 입력 B가 HIGH이거나 A와 B가 모두 HIGH이면 출력 X는 LOW이다. A와 B가 모두 LOW이면 출력 X는 HIGH이다.

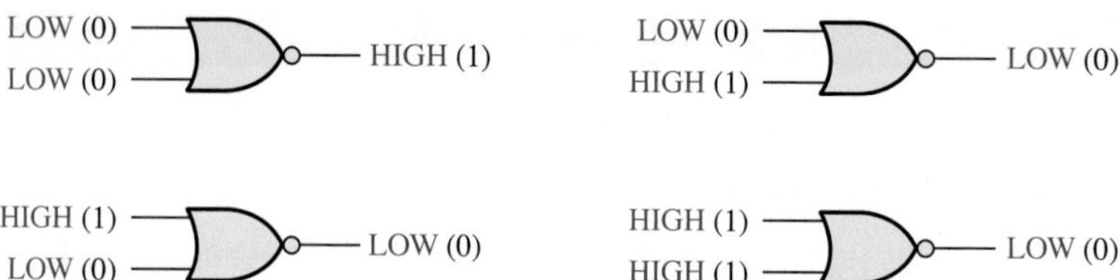

MultiSim

그림 3-35 2-입력 NOR 게이트의 연산. 파일 F03-35를 열어 NOR 게이트 동작을 확인하라.

표 3-9

2-입력 NOR 게이트의 진리표

입력		출력
A	*B*	*X*
0	0	1
0	1	0
1	0	0
1	1	0

1 = HIGH, 0 = LOW

이 연산은 OR 게이트의 출력과 반대이다. NOR 게이트에서 출력은 버블이 의미하듯이 액티브 LOW 레벨 또는 어서트 출력 레벨이 된다. 그림 3-35는 4개의 가능한 모든 입력 조합에 대한 2-입력 NOR 게이트의 동작을 나타내며, 표 3-9는 2-입력 NOR 게이트의 진리표를 나타낸다.

입력 파형에 대한 NOR 게이트의 동작

다음의 두 가지 예제는 펄스 입력에 대한 NOR 게이트의 연산 동작을 설명하고 있다. 다른 게이트의 경우에서와 같이 진리표를 참조하여 입력 파형에 대한 출력 파형을 간단하게 구할 수 있다.

예제 3-15

그림 3-36 두 입력 파형이 NOR 게이트에 인가될 때, 출력 파형을 구하라.

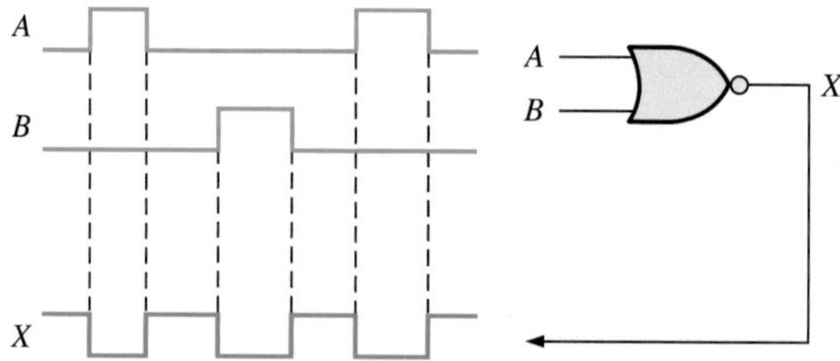

그림 3-36

풀이

타이밍도의 출력 파형은 *X*에서 볼 수 있듯이, NOR 게이트의 동작은 어느 입력이라도 HIGH가 되면 출력은 LOW가 된다.

관련 문제

입력 파형 *B*가 반전되었을 때, 출력 파형을 구하고 타이밍도를 그리라.

예제 3-16

3-입력 NOR 게이트로 그림 3-37 입력 파형이 인가될 때 출력 파형을 구하라.

풀이

타이밍도의 출력 파형 *X*에서 볼 수 있듯이, NOR 게이트의 동작은 어느 입력이라도 HIGH가 되면 출력은 LOW가 된다.

관련 문제

입력 파형 *B*와 *C*가 반전되었을 때, 출력 파형을 구하고 타이밍도를 그리라.

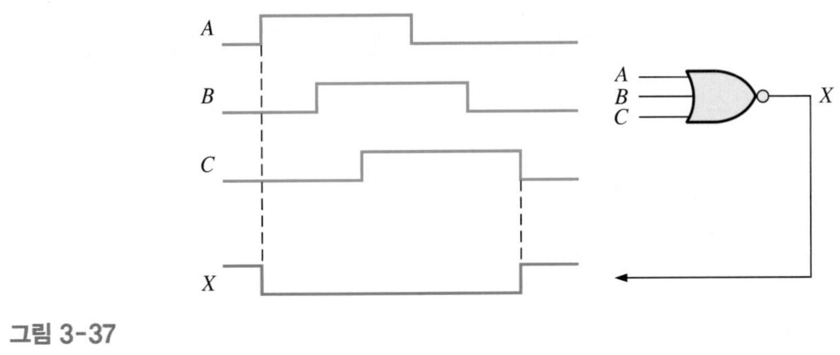

그림 3-37

NOR 게이트의 네거티브-AND로의 등가 동작

NOR 게이트도 NAND 게이트와 마찬가지로 논리적인 동작 방법에 의해 다른 형태로 표현할 수 있다. 표 3-9를 살펴보면, 모든 입력이 LOW일 때만 게이트 출력이 HIGH가 됨을 알 수 있다. 이러한 관점에서 볼 때, NOR 게이트는 모든 입력이 LOW일 때 HIGH가 출력되는 AND 연산으로 사용될 수 있다. 이와 같은 개념으로 NOR 연산을 **네거티브-AND**(negative-AND)라 한다. 여기에서 네거티브는 입력이 LOW일 때, 액티브 또는 어서트 상태임을 나타낸다.

네거티브-AND 동작을 수행하는 2-입력 NOR 게이트에서, 두 입력 *A*와 *B*가 모두 LOW일 때만 출력 *X*는 HIGH이다.

NOR 게이트가 하나 이상의 HIGH 입력이 있는 경우보다 모든 입력이 LOW인 경우를 찾기 위해 사용될 때, NOR 게이트는 네거티브-AND 연산을 수행하며 그림 3-38과 같은 표준 논리 기호로 표시된다. 그림 3-38의 두 기호는 물리적으로는 같은 게이트를 표현하며 단지 동작 모드만 다를 뿐이다. 다음 세 가지의 예제를 통해 이를 알아보기로 한다.

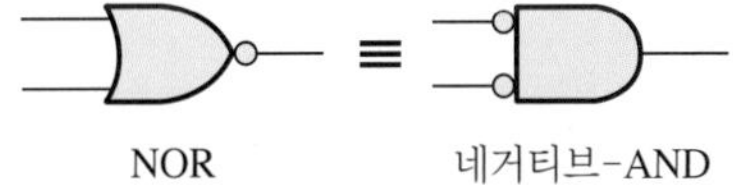

그림 3-38 NOR 게이트의 두 가지 등가 연산을 나타내는 표준 기호

예제 3-17

2개의 LOW 레벨이 동시에 입력될 경우, 이 상황을 나타내기 위해 HIGH를 출력시키는 소자가 필요하다. 어떤 소자를 사용하는 것이 바람직한지를 설명하라.

풀이

두 입력이 LOW일 때, HIGH를 출력하는 소자로는 그림 3-39에 제시한 것과 같이 네거티브-AND 게이트로 동작하는 2-입력 NOR 게이트가 필요하다.

LOW
LOW
HIGH

그림 3-39

관련 문제

1개 또는 2개의 HIGH 레벨이 입력될 경우, 이 상황을 나타내기 위해 LOW를 출력시키는 소자가 필요하다. 어떤 소자를 사용하는 것이 바람직한지를 설명하라.

예제 3-18

비행기의 기능 감시 시스템의 일부분으로, 착륙 전에 착륙 기어의 상태를 알려주는 회로가 필요하다. 착륙 준비로 '기어 내림' 스위치가 작동되었을 때, 3개의 기어가 모두 적절히 펴진 경우 녹색 LED에 불이 켜지고, 착륙 전에 기어 중의 하나라도 적절히 펴지지 않았으면 적색 LED에 불이 켜진다. 착륙 기어가 펴졌을 때, 센서의 출력은 LOW이고, 착륙 기어가 펴지지 않았을 때 센서의 출력은 HIGH이다. 이러한 요구 사항을 만족시키는 회로를 구현하라.

풀이

전원은 '기어 내림' 스위치가 작동되었을 때 회로에 공급된다. 두 요구 사항을 만족시키는 회로를 구현하기 위해 그림 3-40과 같이 NOR 게이트를 사용한다. 하나의 NOR 게이트는 네거티브-AND로 동작하며 3개의 각 착륙 기어 센서로부터 LOW가 입력되는지를 알아낸다. 3개의 게이트 입력이 모두 LOW일 때, 3개의 착륙 기어는 적절히 펴지고 그 결과 네거티브-AND 게이트의 출력이 HIGH가 되어 녹색 LED에 불이 켜진다. 나머지 NOR 게이트는 NOR로 동작하며 '기어 내림' 스위치가 작동되었을 때, 착륙 기어가 펴지지 않았는지를 알아낸다. 하나 이상의 착륙 기어가 펴지지 않았을 때, 해당 센서의 출력은 HIGH가 되므로 NOR 게이트의 출력은 LOW가 되고 적색 LED에 경고등이 켜진다.

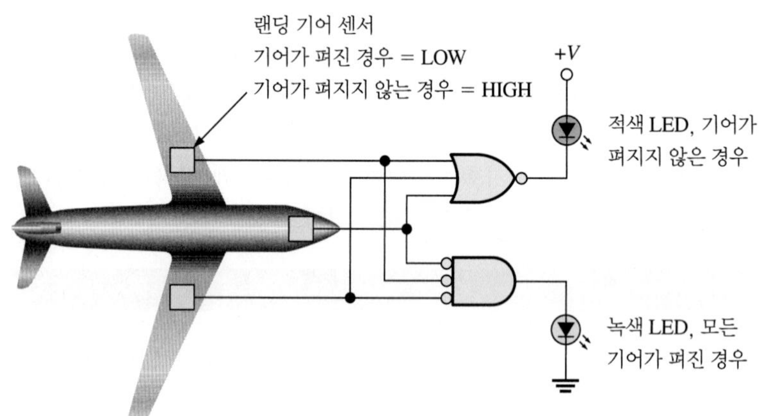

그림 3-40

관련 문제

LED가 LOW 출력에 의해 동작한다면, 이륙 후에 3개의 착륙 기어가 모두 접혔을 때를 알아내기 위해 어떤 형태의 게이트가 사용되어야 하는가?

활용 팁

논리 게이트로 LED와 같은 부하를 구동할 때에는 제조사에서 제공되는 데이터 시트를 참조하여 최대 구동 능력(출력 전류)을 알아야 한다. 일반적인 논리 게이트 IC는 LED와 같은 특정 부하에서 필요로 하는 전류를 처리할 수 없을 수 있다. 많은 종류의 논리 게이트 IC 종류 중에 개방-콜렉터(OC) 또는 개방-드레인(OD) 출력과 같은 버퍼 형태(buffered)의 출력을 가진 논리 게이트는 LED를 구동하기에 적합하다. 일반적인 논리 게이트 IC의 출력 전류는 μA 또는 수 mA 범위로 제한된다. 예를 들어 표준 TTL의 경우에는 출력이 LOW일 때, 출력 전류는 16 mA까지 구동된다. 대부분의 LED는 10~50 mA 범위 내의 전류를 필요로 한다.

예제 3-19

그림 3-41의 네거티브-AND로 동작하는 4-입력 NOR 게이트에 대해, 입력에 대한 출력을 구하라.

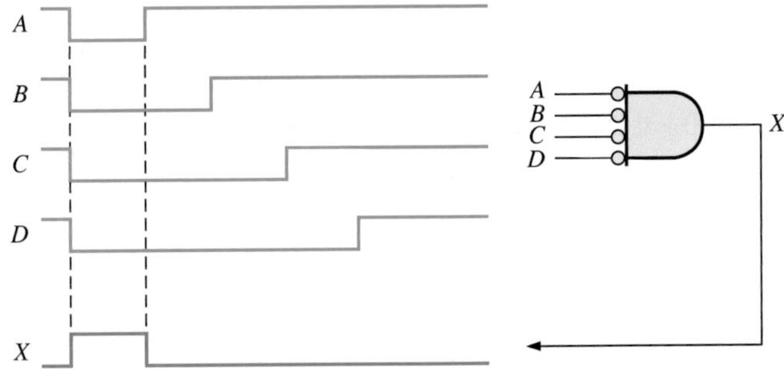

그림 3-41

풀이

타이밍도의 출력 파형 X에서 볼 수 있듯이, 입력이 모두 LOW이면 출력은 HIGH가 된다.

관련 문제

입력 D가 반전된 경우, 출력을 구하고 타이밍도를 그리라.

NOR 게이트에 대한 논리식

2-입력 NOR 게이트에 대한 불 식은 다음과 같다.

$$X = \overline{A + B}$$

이 식은 OR 식 위에 바(bar)로 표현하였듯이, 두 입력 변수들이 먼저 OR한 후에 보수를 취한 것을 의미한다. 이 식의 계산 결과는 표 3-10과 같다. NOR 표현식은 변수가 2개 이상일 경우에도 각 변수에 새로운 문자를 사용함으로써 확장될 수 있다.

표 3-10

A	B	$\overline{A + B} = X$
0	0	$\overline{0 + 0} = \overline{0} = 1$
0	1	$\overline{0 + 1} = \overline{1} = 0$
1	0	$\overline{1 + 0} = \overline{1} = 0$
1	1	$\overline{1 + 1} = \overline{1} = 0$

복습문제 3-5

1. NOR 게이트의 출력이 HIGH인 경우는 언제인가?
2. NOR 게이트의 출력이 LOW인 경우는 언제인가?
3. NOR 게이트와 네거티브-AND 게이트의 기능적인 차이를 기술하라. 둘 다 같은 진리표를 가지는가?
4. 입력 변수가 A, B, C인 3-입력 NOR 게이트의 출력식을 작성하라.

3-6 배타적-OR 게이트와 배타적-NOR 게이트

배타적-OR 게이트와 배타적-NOR 게이트는 5장에서 볼 수 있듯이, 이미 논의된 다른 게이트들의 조합으로 구성된다. 그러나 많은 응용 분야에서 중요한 역할을 하기 때문에, 이 게이트들은 종종 고유 기호를 가진 기본 논리소자로 취급된다.

이 절의 학습내용

- 고유기호와 사각기호에 의해 배타적-OR 및 배타적-NOR 게이트를 식별한다.
- 배타적-OR 및 배타적-NOR 게이트 동작을 설명한다.
- 배타적-OR 및 배타적-NOR 게이트의 진리표를 작성한다.
- 특정한 입력 파형을 갖는 배타적-OR 및 배타적-NOR 게이트에 대해 타이밍도를 만든다.
- 배타적-OR 및 배타적-NOR 게이트의 응용 예를 알아본다.

배타적-OR 게이트

정보노트

가산기(adder) 회로를 구성하는 배타적-OR 게이트는 컴퓨터 내부의 산술 논리장치(ALU)에서 덧셈, 뺄셈, 곱셈, 나눗셈을 하는 데 사용된다. 배타적-OR 게이트는 기본적인 AND, OR, NOR 논리를 결합하여 구성된다.

배타적-OR(XOR) 게이트의 표준 기호는 그림 3-42와 같다. XOR 게이트는 2개의 입력만을 가지고 있다. **배타적-OR 게이트**는 모듈로(modulo)-2 덧셈을 수행한다(2장 참고). 배타적-OR 게이트의 출력은 두 입력이 서로 다른 입력에 대해 HIGH를 출력한다.

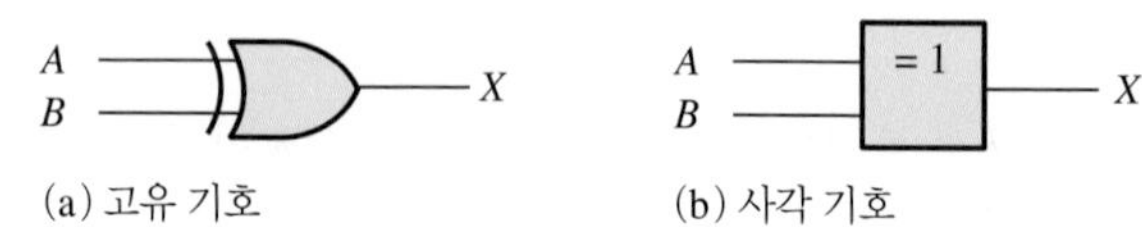

그림 3-42 배타적-OR 게이트의 표준 논리기호

배타적-OR 게이트는 서로 다른 입력에 대해 HIGH를 출력한다.

즉, 입력을 각각 *A*와 *B*라고 하고, 출력을 *X*라 하면, XOR 게이트의 동작은 다음과 같다.

배타적-OR 게이트 연산에서 입력 *A*가 LOW이고 입력 *B*가 HIGH이거나, 입력 *A*가 HIGH이고 입력 *B*가 LOW이면 출력 *X*는 HIGH이다. *A*와 *B*가 모두 HIGH이거나 모두 LOW이면 *X*는 LOW이다.

그림 3-43은 4개의 가능한 모든 입력 조합에 대한 XOR 게이트의 동작을 나타내며, XOR 게이트의 출력은 액티브 또는 어서트 HIGH 출력이고, 입력이 반대인 경우에만 발생한다. XOR 게이트의 연산은 표 3-11의 진리표로 요약된다.

표 3-11

배타적-OR 게이트의 진리표

입력		출력
A	*B*	*X*
0	0	0
0	1	1
1	0	1
1	1	0

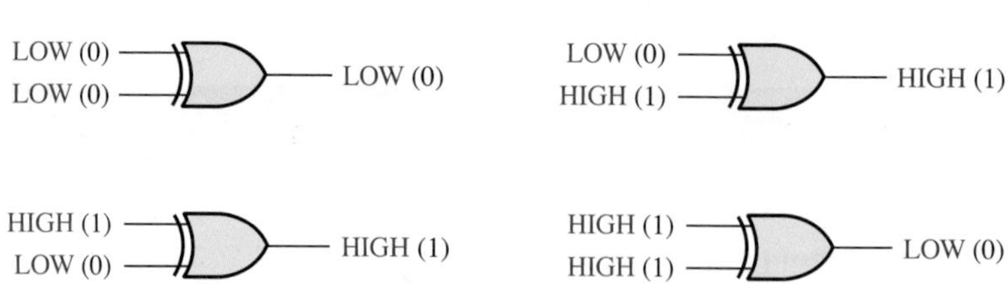

MultiSim

그림 3-43 배타적-OR 게이트에 가능한 모든 논리 레벨. 파일 F03-43을 열어 XOR 게이트 동작을 확인하라.

예제 3-20

2개의 같은 회로가 병렬로 동작하는 시스템이 있다. 두 회로가 모두 정상적으로 동작하는 한 출력은 항상 같다. 만일 한 회로에 고장이 있는 경우, 두 출력은 반대 레벨이 된다. 이 회로 중 어느 하나에서 고장이 발생하였을 때 이 상황을 나타내는 회로를 고안하라.

풀이

회로의 출력은 그림 3-44에 나타낸 바와 같이 XOR 게이트의 입력에 연결된다. 두 회로 중에 하나에 고장이 발생하였을 경우, XOR 입력은 서로 반대 레벨로 되고 출력은 HIGH가 되어, 출력에는 고장임을 표시하는 HIGH가 출력된다.

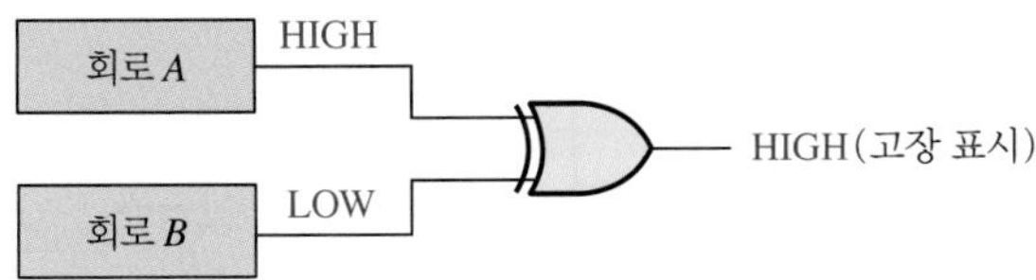

그림 3-44

관련 문제
그림 3-44에서 두 회로에서 동시에 고장이 발생할 경우 배타적-OR 게이트는 이를 감지할 수 있는가? 만약 그렇지 않다면 어떤 조건하에서 가능한가?

배타적-NOR 게이트

배타적-NOR(XNOR) **게이트**의 표준 기호는 그림 3-45와 같다. XOR 게이트와 같이, XNOR는 2개의 입력을 가진다. XNOR 기호의 출력에 있는 버블은 게이트 출력이 XOR 게이트의 출력과 반대임을 나타낸다. 배타적-NOR 게이트의 출력은 두 입력의 논리 레벨이 반대일 때 LOW가 되고, 두 입력을 *A*, *B*로 하고, *X*를 출력이라 할 때 XNOR 게이트의 동작은 다음과 같다.

배타적-NOR 게이트 연산에서 입력 *A*가 LOW이고 입력 *B*가 HIGH이거나, *A*가 HIGH이고 *B*가 LOW이면, 출력 *X*는 LOW이다. *A*와 *B*가 모두 HIGH이거나 모두 LOW이면 *X*는 HIGH이다.

그림 3-45 배타적-NOR 게이트의 표준 논리기호

XNOR 게이트에서 4개의 가능한 모든 입력 조합에 대한 출력의 관계는 그림 3-46과 같으며, 이를 표 3-12에 요약하였다. 두 입력에 같은 레벨이 인가될 때, 출력은 HIGH임을 유의하기 바란다.

표 3-12
배타적-NOR 게이트의 진리표

입력		출력
A	*B*	*X*
0	0	1
0	1	0
1	0	0
1	1	1

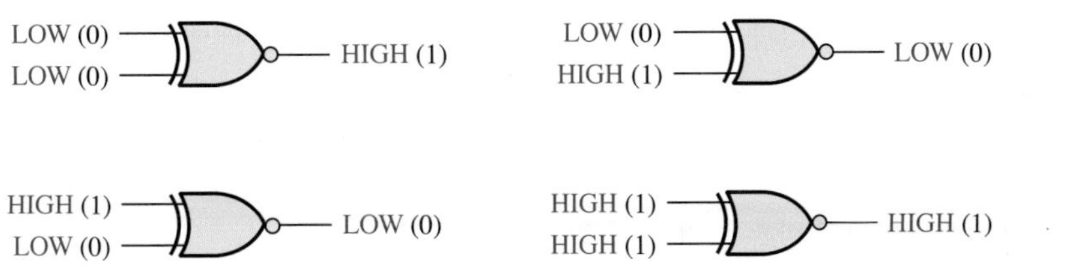

그림 3-46 배타적-NOR 게이트에 가능한 모든 논리 레벨. 파일 F03-46을 열어 XNOR 게이트 동작을 확인하라.

MultiSim

입력 파형에 대한 동작

다른 게이트에서와 마찬가지로 펄스 파형에 대한 XOR와 XNOR의 동작을 살펴보도록 하자. 이전의 기본 게이트의 동작에서와 같이, 펄스 입력의 각 시간 간격에 대해, 진리표의 연산 결과를 적용한다. 그림 3-47에는 XOR 게이트의 입력 펄스에 대한 출력 파형 관계의 예를 나타내었다.

시간 간격 t_2와 t_4 동안, 입력 파형 A와 B가 반대 레벨임을 알 수 있다. 그러므로 2개의 시간 간격 동안 출력 X는 HIGH가 된다. 시간 간격 t_1과 t_3 동안, 두 입력이 같은 레벨로 모두 HIGH이거나 LOW이므로, 출력은 이 시간 동안 LOW가 된다.

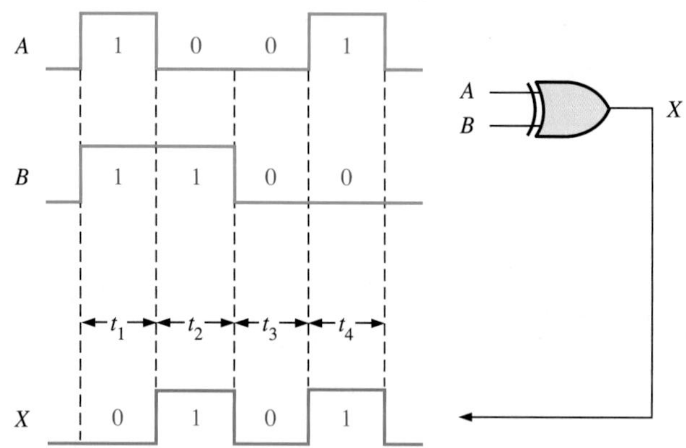

그림 3-47 펄스 입력에 대한 배타적-OR 게이트 동작의 예

예제 3-21

그림 3-48에 주어진 입력 파형 A와 B에 대해, XOR 게이트와 XNOR 게이트의 출력 파형을 구하라.

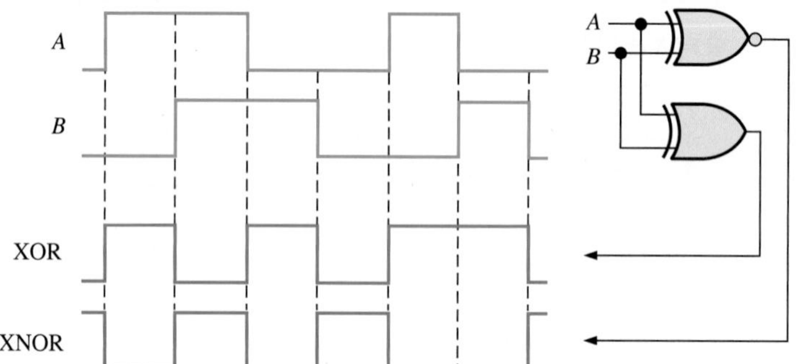

그림 3-48

풀이

출력 파형은 그림 3-48과 같다. XOR 출력은 두 입력이 반대 레벨일 때만 HIGH가 되고, XNOR 출력은 두 입력이 같은 레벨일 때만 HIGH가 됨에 유의하라.

관련 문제

두 입력 파형 A와 B가 반전될 경우, 출력 파형을 구하라.

응용

배타적-OR 게이트는 2비트 모듈로-2 가산기로 사용될 수 있다. 2장에서 다룬 2진 덧셈의 기본 규칙은 다음과 같다. 0 + 0 = 0, 0 + 1 = 1, 1 + 0 = 1, 1 + 1 =10. XOR 게이트의 진리표를 살펴보면 출력은 두 입력 비트에 대한 2진 합이 된다. 두 입력이 모두 '1'일 경우, 출력은 합이 '0'

이 되나 캐리 '1'은 무시된다. XOR 게이트를 이용하여 전체 가산기를 구현하는 방법은 6장에서 다루어진다. 표 3-13에는 모듈로-2 가산기로 사용하기 위한 XOR 게이트를 나타내고 있으며, 2장에서 설명한 나눗셈 과정을 구현하기 위한 CRC 시스템에서 사용된다.

표 3-13

2비트를 덧셈하는 데 사용되는 XOR 게이트

입력 비트		출력(합)
A	*B*	Σ
0	0	0
0	1	1
1	0	1
1	1	0 (캐리 비트가 없음)

복습문제 3-6

1. XOR 게이트의 출력이 HIGH인 경우는 언제인가?
2. XNOR 게이트의 출력이 HIGH인 경우는 언제인가?
3. 두 비트가 다른 것을 검출하기 위한 XOR 게이트를 사용하는 방법을 설명하라.

3-7 프로그램 가능한 논리

1장에서는 프로그램 가능한 논리소자의 개요에 대해 살펴보았다. 이번 절에서는 대부분의 프로그램 가능한 논리소자에서 채택하고 있는 프로그램 가능한 AND 배열의 기본적인 개념과 주요 처리 기술들에 대해 알아본다. 프로그램 가능한 논리소자(PLD)는 초기에는 고정된 논리기능을 하고 있지 않지만, 임의의 논리 설계 과정을 거쳐 프로그램될 수 있다. 이미 설명하였듯이, PLD는 SPLD와 CPLD의 두 가지 형태로 구분되고, 이외에 FPGA가 있으나 이들 모두는 간단하게 PLD로 간주할 수 있다. 또한 이 절에서는 프로그래밍 과정에서 사용되는 몇 가지 중요한 개념들에 대해서도 간단하게 논의하기로 한다.

이 절의 학습내용

- 프로그램 가능한 AND 배열에 대한 개념을 설명한다.
- PLD 프로그래밍을 위한 다양한 처리 기술들에 대해 논의한다.
- 프로그램 가능한 논리소자로 설계된 내용을 다운로드하는 방법을 설명한다.
- 프로그램 논리 설계에 사용되는 텍스트 입력과 그래픽 입력 방법에 대해 설명한다.
- 시스템 내 프로그래밍에 대해 설명한다.
- 논리 게이트의 VHDL 프로그램을 작성한다.

AND 배열

대부분의 PLD는 몇 가지 형태의 **AND 배열**(AND array)을 사용한다. 기본적으로 이 배열은 그림 3-49(a)와 같이, AND 게이트와 각 교차점에서 프로그램 가능한 링크의 상호 연결된 매트릭스로 구성된다. 프로그램 가능한 링크의 목적은 상호 연결 매트릭스에서 행과 열 사이를 연결하거나 끊는 것이다. AND 게이트의 각 입력에 대해, 단 하나의 프로그램 가능한 링크만 남겨 목적으로 하는 변수를 연결한다. 그림 3-49(b)는 프로그램된 후의 배열을 나타낸다.

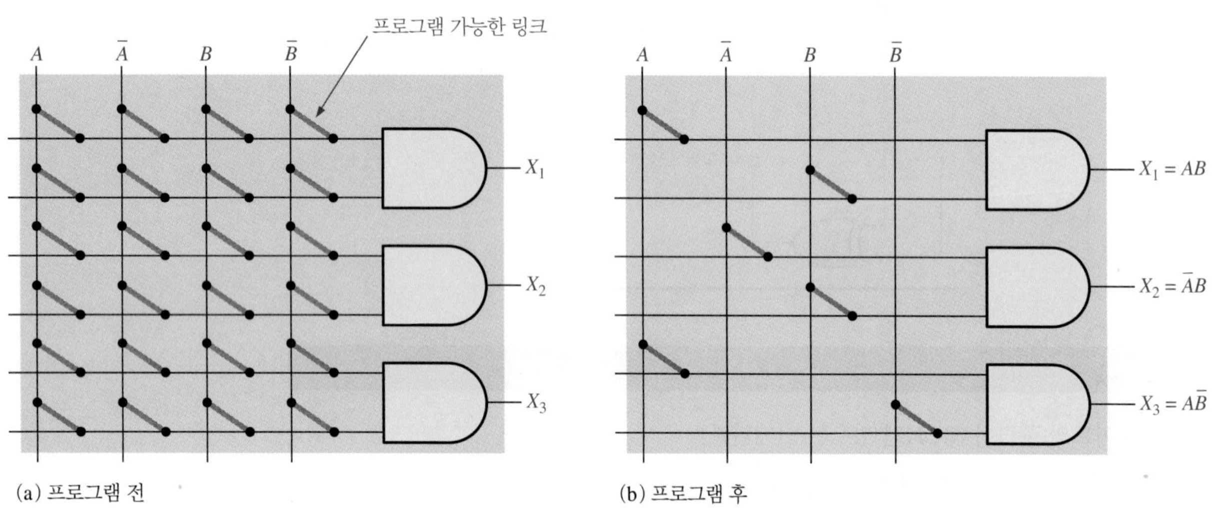

그림 3-49 프로그램 가능한 AND 배열의 기본 개념

예제 3-22

그림 3-49(a)의 AND 배열이 출력 $X_1 = A\overline{B}$, $X_2 = \overline{A}B$, $X_3 = \overline{A}\overline{B}$로 프로그램된 것을 보이라.

풀이

그림 3-50을 참조하라.

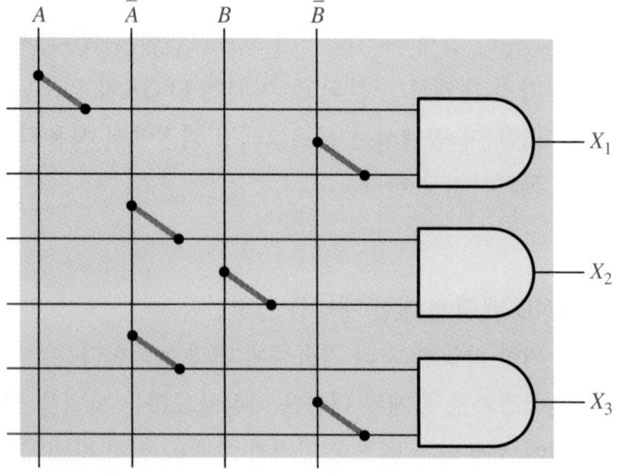

그림 3-50

관련 문제

3-AND 게이트 배열의 3-입력 변수에 대해 몇 개의 행, 열과 AND 게이트 입력이 필요한가?

프로그램 가능한 링크 처리 기술

PLD의 프로그램 가능한 링크에 몇 가지 다른 처리 기술들이 사용된다.

퓨즈 기술

기본적인 프로그램 가능한 링크 기술로서 아직도 일부 SPLD에 사용되고 있다. **퓨즈**(fuse)는 매트릭스 상호 연결에서 행과 열을 연결하는 금속 링크이다. 프로그래밍 전에 각 교차점에는 퓨즈 연결이 있으며, 이 소자를 프로그래밍하기 위하여, 선택된 퓨즈는 충분한 전류를 통과시킴으로써 개방되고 연결이 끊어진다. 영향을 받지 않은 퓨즈는 남아 있고 행과 열 사이에 연결을 제공한다. 퓨즈 연결은 그림 3-51에 나타냈다. 퓨즈 기술을 사용하는 프로그램 가능한 논리소자들은 한 번 프로그램이 가능한(**OTP**) 소자이다.

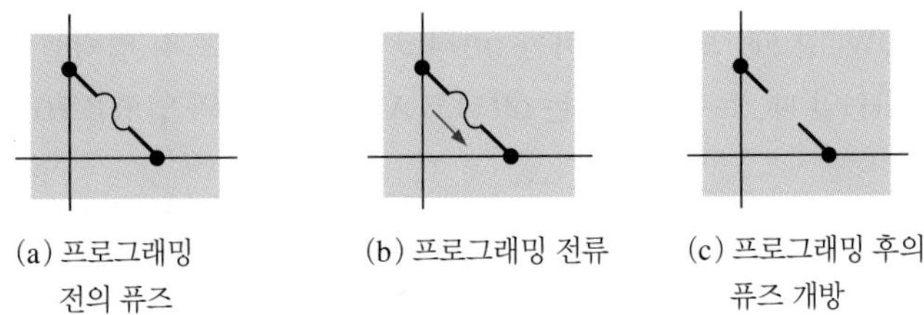

그림 3-51 프로그래밍 가능한 퓨즈 링크

안티퓨즈 기술

안티퓨즈(antifuse) 프로그램 가능한 링크는 퓨즈 링크와 반대 개념으로, 연결을 끊은 대신에 프로그램하는 동안에 퓨즈는 연결된다. 안티퓨즈는 개방회로를 연결하는 것이고, 퓨즈는 단락회로를 끊는 것이다. 안티퓨즈 기술은 프로그래밍 전에는 매트릭스 상호연결에서 행과 열 사이에 아무 연결도 없고, 기본적으로 2개의 도체가 절연체에 의해 분리되어 있다. 안티퓨즈 기술로 소자를 프로그램할 때, 프로그래머 도구(tool)는 2개의 전도성 물질 사이의 절연을 끊기 위해, 선택된 안티퓨즈에 충분한 전압을 공급하여 절연체가 저-저항 링크가 되도록 한다. 안티퓨즈 링크는 그림 3-52에 나타나 있으며, 안티퓨즈 소자도 퓨즈소자와 마찬가지로 한 번 프로그램 가능한(OTP) 소자이다.

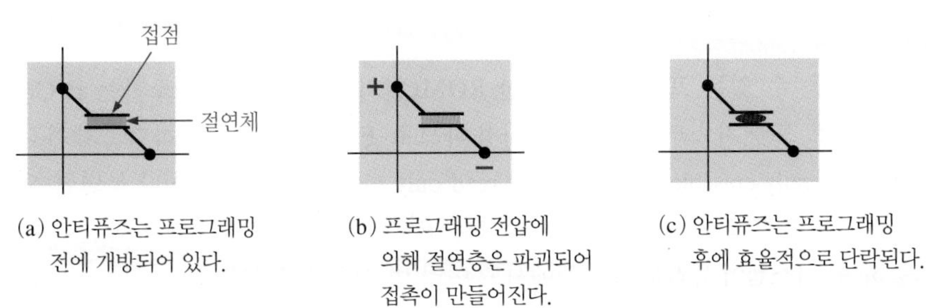

그림 3-52 프로그램 가능한 안티퓨즈 링크

EPROM 기술

일부 프로그램 가능한 논리소자에서는 프로그램 가능한 링크가 **EPROM**(electrically programmable read-only memory)의 메모리 셀과 비슷한 구조로 되어 있다. 이러한 PLD 형태는 소자 프로그래머로 알려진 특별한 도구를 사용하여 프로그램된다. 이 소자는 컴퓨터에서 프로그래밍 소프트웨어를 사용하여 프로그램할 수 있으며, 대부분의 EPROM 기반의 PLD는 단한 번의 프로그램이 가능하다(OTP). 그러나 창을 가지고 있는 형태의 것들은 UV(자외선) 광을 사용하여 지울 수 있으며, 표준 PLD 프로그래밍 도구를 사용하여 재프로그램이 가능하다. EPROM 처리 기술은 프로그램 가능한 링크에 부동-게이트 트랜지스터라고 하는 특별한 형태의 MOS 트랜지스터를 사용한다. 부동 게이트 소자는 부동 게이트에 전자들을 배치하기 위해 Fowler-Nordheim 터널링이라고 하는 처리과정을 이용한다.

프로그램 가능한 AND 배열에서, 부동 게이트 트랜지스터는 입력 변수에 따라, 행을 HIGH나 LOW로 연결하기 위해 스위치처럼 동작한다. 사용하지 않는 입력 변수들에 대해 트랜지스터는 영구적으로 off(개방)로 프로그램된다. 그림 3-53은 단순한 형태의 배열에서 AND 게이트를 나타낸다. 변수 A는 첫 번째 열에서 트랜지스터의 상태를 제어하고, 변수 B는 세 번째 열에서 트랜지스터를 제어한다. 개방 스위치처럼, 트랜지스터가 off일 때, AND 게이트에 대한 입력은 $+V$(HIGH)에 있다. 단락 스위치처럼 트랜지스터가 on일 때, 입력은 접지(LOW)로 연결된다. 변수 A 혹은 B가 '0'(LOW)일 때, 트랜지스터는 on되고 AND 게이트의 입력을 LOW로 유지한다. A혹은 B가 '1'(HIGH)일 때, 트랜지스터는 off되고 AND 게이트의 입력을 HIGH로 유지한다.

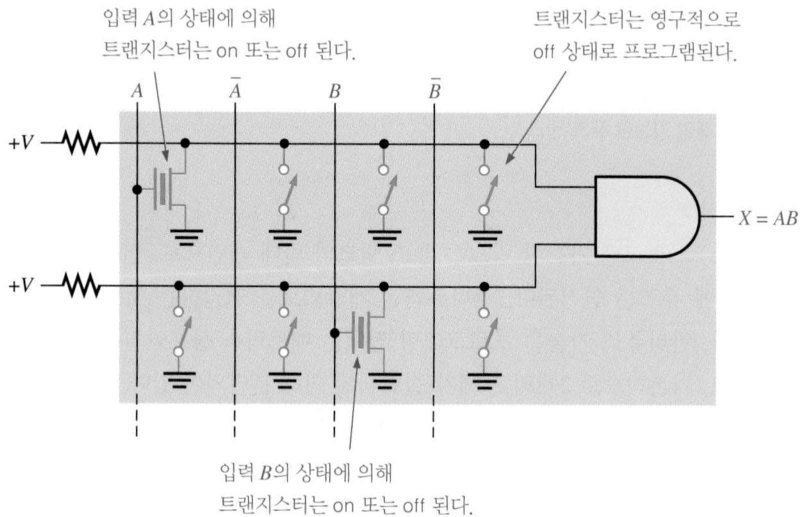

그림 3-53 EPROM 기술로 구현된 단순한 형태의 AND 배열. 간단한 표현을 위해 배열에는 게이트 하나만 나타낸다.

EEPROM 기술

전기적으로 지울 수 있는 프로그램 가능한 ROM(읽기-전용 메모리) 소자는 E^2CMOS 셀의 부동 게이트 트랜지스터의 형태를 사용하므로 EPROM과 비슷하다. 차이점으로는 **EEPROM**(electrically erasable programmable read-only memory)은 UV광이나 특별한 장치 없이 전기적으로 지울 수 있고 재프로그램이 가능하다. E^2CMOS 소자는 PCB에 장착된 후에 프로그램이 가능하며, 시스템이 동작되는 과정에서도 여러 번 재프로그램이 가능하다. 이와 같은 과정을 **시스템-내 프로그래밍**(in-system programming, ISP)이라 한다. 그림 3-53은 EEPROM 기술에서 AND 배열을 나타내는 하나의 예로 사용될 수 있다.

> **정보노트**
>
> 대부분의 시스템-레벨 설계 과정에서는 RAM, ROM, 컨트롤러와 종종 '글루(glue)' 논리라고 하는 많은 양의 범용 논리소자들에 의해 상호 연결된 프로세서와 같은 다양한 소자를 함께 사용한다. PLD는 많은 SSI와 MSI '글루' 소자들을 대체하기 위해 개발되었다. PLD를 사용하면 패키지 수를 감소시킬 수 있다.
>
> 예를 들어 메모리 시스템에서, PLD는 메모리 주소 디코딩에 사용되고 다른 기능들과 함께 메모리 쓰기 신호를 발생한다.

플래시 기술

플래시(flash) 기술은 하나의 트랜지스터 링크를 기반으로 하고 비휘발성이고 재프로그램 가능하다. 플래시 요소는 EEPROM의 한 형태이나 더 빠르고 표준 EEPROM 링크보다 더 높은 밀도 소자이다. 플래시 메모리 요소의 자세한 논의는 11장에서 다룬다.

SRAM 기술

대부분의 FPGA와 몇몇의 CPLD는 **SRAM**(static random-access memory, 정적 랜덤-액세스 메모리)에서 사용되는 것과 비슷한 처리 기술을 사용한다. SRAM 기반의 프로그램 가능한 논리 배열의 기본 개념은 그림 3-54(a)에 나타냈다. SRAM 형태의 메모리 셀은 행과 열을 연결하거나 끊기 위해 트랜지스터를 on이나 off로 변경한다. 예를 들어 메모리 셀이 '1'일 때(초록색), 트랜지스터는 on이고, 그림 (b)와 같이 관련 있는 행과 열을 연결한다. 메모리 셀이 '0'일 때(파란색), 트랜지스터는 off이고 그림 (c)와 같이 연결되지 않는다.

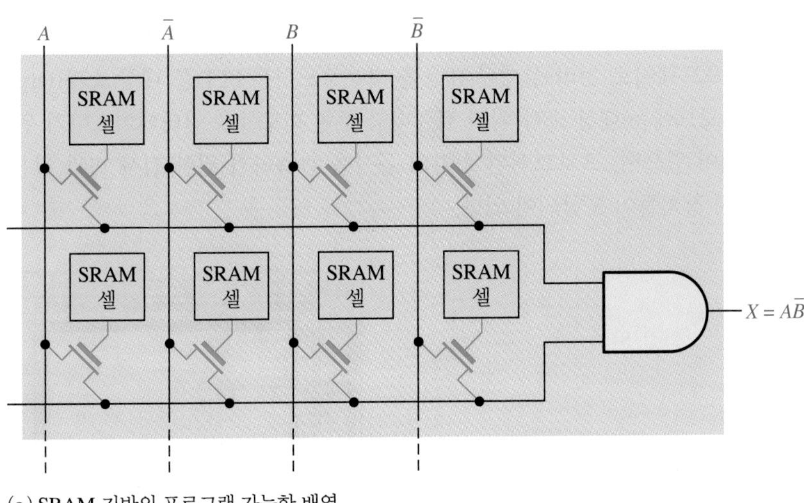

(a) SRAM 기반의 프로그램 가능한 배열

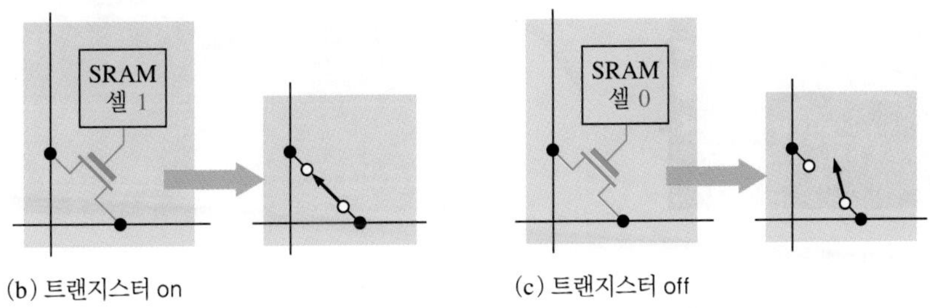

(b) 트랜지스터 on (c) 트랜지스터 off

그림 3-54 SRAM 기술로 구현된 AND 배열의 기본 개념

SRAM 기술은 휘발성 기술로 되어 있어서 위에서 설명한 처리 기술들과는 다른 개념으로 동작한다. 즉 SRAM 셀은 전원이 off일 때, 데이터를 보존하지 않는다. 프로그래밍 데이터는 메모리로 적재되어야 하고 전원이 on될 때, 메모리의 데이터가 SRAM 기반의 PLD를 재프로그램하도록 되어 있다.

퓨즈, 안티퓨즈, EPROM, EEPROM과 플래시 기술은 비휘발성이고, 전원이 off일 때 프로그래밍된 상태를 유지한다. 따라서 퓨즈는 영구히 개방이고, 안티퓨즈는 단락인 상태이고, EPROM과 EEPROM 기반의 배열에 사용된 부동 게이트 트랜지스터는 잠정적으로 on이나 off 상태를 유지한다.

소자 프로그래밍

1장에 소개한 프로그래밍의 일반적인 개념과 상호 연결 방법은 프로그램 가능한 링크를 개방하거나 단락함으로써 단순 배열로 만들어진다. SPLD, CPLD, FPGA는 본질적으로 동일한 방법으로 프로그램된다. 한 번 프로그램이 가능한 처리 기술(퓨즈, 안티퓨즈 또는 EPROM)로 구현된 소자는 **프로그래머**(programmer)라고 하는 특별한 하드웨어 장치에 의해 프로그램된다. 프로그래머는 표준 인터페이스 케이블로 컴퓨터에 연결된다. 개발 소프트웨어는 컴퓨터에 장착되고 소자는 프로그래머 소켓에 삽입된다. 대부분의 프로그래머는 다른 형태의 패키지들도 삽입하여 프로그램할 수 있도록 어댑터를 가지고 있다.

EEPROM, 플래시, SRAM 기반의 프로그램 가능한 논리소자는 재프로그램이 가능하고, 여러 번 다시 구성될 수 있다. 소자 프로그래머는 이러한 형태의 소자에 사용될 수 있지만, 일반적으로 그림 3-55와 같이 PLD 개발 보드에서 직접 프로그램된다. 이러한 과정을 사용하여 PLD의 내용은 논리 설계 과정에서 새롭게 재프로그래밍될 수 있으므로, 이러한 방법이 더 효과적으로 사용된다. 소프트웨어로 논리 설계된 내용을 다운로드하는 PLD를 **대상 소자**(target device)로 부른다. 개발 보드에는 대상 소자 외에 컴퓨터와 주변 회로들을 인터페이스하기 위한 회로와 커넥터가 장착되어 있으며, 프로그램된 소자의 동작을 관측하기 위한 검사 핀과 같은 검사 점, LED와 같은 표시 장치들이 포함되어 있다.

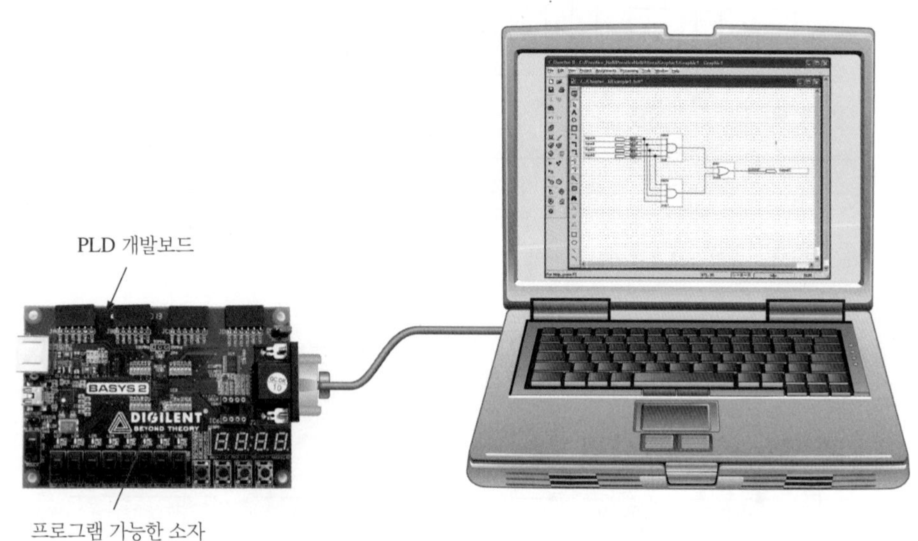

그림 3-55 재프로그램 가능한 논리소자를 위한 프로그래밍 관련 설비. Digilent Inc 제공

설계 입력

1장에서 배웠듯이 설계 입력은 PLD 개발 소프트웨어에서 논리 설계를 시작하는 방법이다. 논리 설계를 입력하는 방법으로는 주로 텍스트 기반 입력과 그래픽(도면) 기반 입력 방법이 사용된다. 프로그램 가능한 논리 소자를 제작하는 제조사에서는 이 두 가지 방법을 통해 개발할 수 있는 소프트웨어 패키지를 제공하고 있다.

대부분의 개발 소프트웨어에서 **텍스트 기반**(text entry)의 입력 방법으로는 제조자에 관계없이 두 가지 또는 그 이상의 하드웨어 개발 언어(HDLs)를 제공하고 있다. 예를 들어 모든 소프트웨어 패키지는 IEEE 표준 HDL, VHDL, Verilog를 지원하고 있으며, 일부 소프트웨어 패키지는 AHDL과 같은 독점 언어를 지원하고 있다.

그래픽(회로도) 기반[graphic (schematic) entry]의 입력 방법으로는 AND 게이트와 OR 게이트 같은 논리기호를 화면상에 배치하고 원하는 회로를 구성하기 위해 상호 연결하는 방법을 제공하고 있다. 이와 같은 방법에서 비슷한 논리기호를 사용하지만 소프트웨어는 각 기호와 상호 연결을 문자 파일로 변환하는 데 그 과정을 볼 수는 없다. AND 게이트에 대한 텍스트 입력 화면과 그래픽 입력 화면의 간단한 예는 그림 3-56에 나타내었으며, 일반적으로 그래픽 입력은 회로가 복잡하지 않은 경우에 사용되고, 문자 입력은 논리회로가 매우 단순한 경우에도 사용될 수 있지만, 회로가 크고 복잡한 경우에 사용된다.

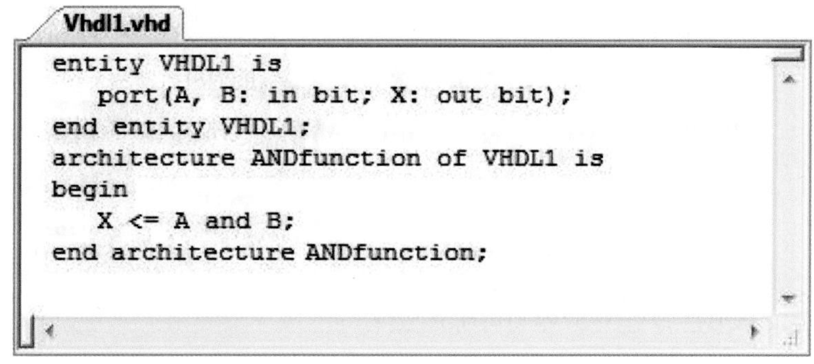

(a) VHDL 텍스트 입력

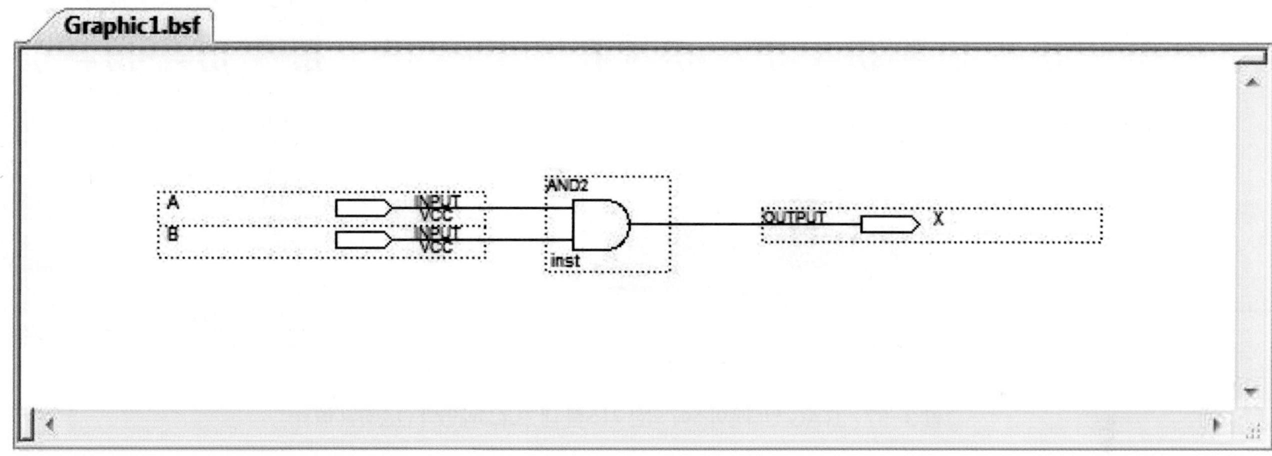

(b) 등가의 그래픽(도면) 입력

그림 3-56 AND 게이트의 설계 입력 예

시스템-내 프로그래밍(ISP)

일부 CPLD와 FPGA는 PCB상에 장착된 후에 프로그램될 수 있다. 논리회로의 설계가 끝나고 개발 보드상에서 완전히 시험이 완료된 경우에, 동작하고 있는 시스템 보드상에 납땜되어 장착되어 있는 '비어 있는(blank)' 소자에 프로그램될 수 있다. 이 상황에서 회로 설계가 변경되어야 할 필요가 있는 경우에는 시스템 보드상의 대상 소자는 설계 수정을 위하여 재구성될 수 있다.

생산할 때, 시스템 보드상에서 소자를 직접 프로그램하는 과정은 프로그램된 소자의 처리를 최소화하고 재고 유지의 필요성을 없앨 수 있는 장점이 있으며, 생산 과정에서 미리 장착되어 있는 부품이 잘못된 경우에 이를 수리하는 과정을 배제할 수도 있다. 따라서 프로그램되지 않은(비어 있는) 소자들은 창고에 두고 필요에 따라 보드에서 사용할 수 있다. 이로 인하여 재고품에 대한 사업 필요성을 최소화할 수 있고, 생산의 질을 향상시킬 수 있다.

JTAG

JTAG는 Joint Test Action Group에 의해 만들어진 표준안으로 일반적으로 IEEE 표준 1149.1이라 불린다. JTAG 표준은 PLD 내부의 오결선(핀의 단락, 핀의 개방, 잘못된 추적)에 따른 회로의 검사뿐만 아니라 회로의 오작동을 시험하기 위한 경계 스캔(boundary scan)이라고 하는 간단한 방법을 제공한다. 최근에 JTAG는 시스템상에서 PLD의 내용을 재구성하는 방법으로 보편적으로 사용되고 있으며, 현장에서 직접 시스템의 기능을 업그레이드하는 기능이 점차 증가하고 있기 때문에, CPLD와 FPGA를 재프로그래밍하는 편리한 방법으로 JTAG의 사용은 지속적으로 증가할 것으로 예상된다.

JTAG-의존 소자들은 4개의 전용 신호에 의해 인터페이스되고, 이 인터페이스 선을 통해 명령어와 데이터를 받아 이를 해석하는 내부 전용 하드웨어를 갖고 있다. 이러한 신호들은 JTAG 표준에 의해 TDI(Test Data In), TDO(Test Data Out), TMS(Test Mode Select), TCK(Test Clock)로 정의된다. 전용의 JTAG 하드웨어는 TDI와 TMS 신호로 명령어와 데이터를 해석하고 TDO 신호로 데이터를 출력한다. TCK 신호는 처리과정에서 클록으로 사용된다. JTAG-의존 PCB는 그림 3-57에 나타내고 있다.

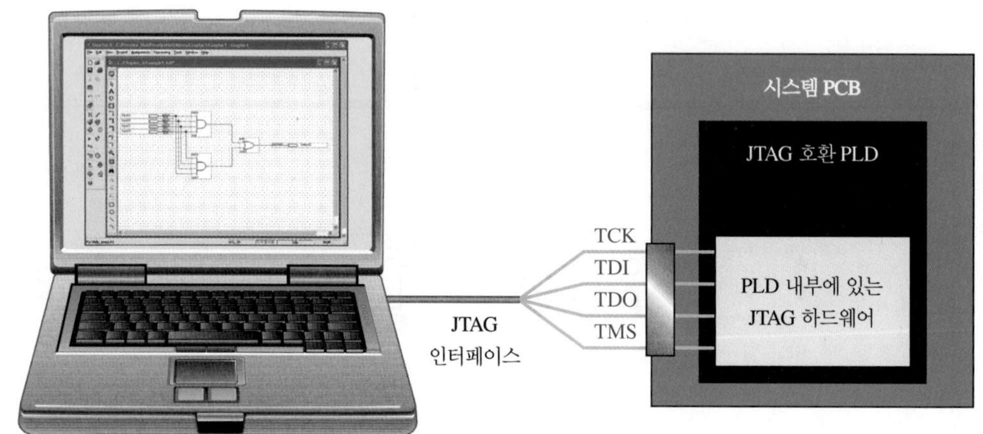

그림 3-57 JTAG 인터페이스에 의한 시스템 내 프로그래밍의 단순화된 예시

임베디드 프로세서

시스템 내 프로그래밍(ISP)에 대한 또 다른 접근 방법으로는 임베디드 마이크로프로세서와 메모리를 사용하는 것이 있다. 프로세서는 CPLD 또는 FPGA, 다른 회로와 함께 시스템 내에 내장되어 있고, PLD 소자의 ISP 기능으로 사용되고 있다.

SRAM 기반의 소자들은 휘발성이고 전원이 off되면 프로그램된 데이터가 손실된다. 따라서 프로그램하고자 하는 데이터는 비휘발성인 PROM(프로그램 가능한 읽기-전용 메모리)에 저장해야 한다. 전원이 on되면, 임베디드 프로세서는 PROM에 저장된 데이터를 CPLD와 FPGA로 자동으로 전달한다.

또한 임베디드 프로세서는 시스템이 동작하는 동안에도 프로그램 가능한 소자의 재구성을 위해 사용된다. 이러한 경우 설계의 변경은 소프트웨어에 의해 이루어지고, 새로운 데이터는 시스템 동작을 방해하지 않고 PROM에 적재된다. 프로세서는 적절한 시간에 소자로 데이터 전송을 제어한다.

논리 게이트의 VHDL 기술

하드웨어 기술 언어 (HDL)는 소프트웨어 프로그래밍 언어와 다르기 때문에 HDL에는 로직 연결 및 특성을 설명하는 방법이 포함된다. HDL 구현 하드웨어(PLD)의 논리 디자인인 반면, C 또는 BASIC은 기존 하드웨어에 무엇을 해야 하는지 지시한다. 프로그래밍에 사용되는 2개의 표준 HDL PLD는 VHDL 및 Verilog이다. 이 두 HDL 모두 옹호자가 있지만 VHDL이 사용된다. VHDL 지침서는 웹사이트에서 제공된다.

그림 3-58은 이 장에서 설명하는 게이트용 **VHDL** 프로그램을 보여준다. 2개의 문은 복습문제로 남겨 둔다. VHDL에는 엔티티/아키텍처 구조가 있다. **엔티티**(entity)는 논리 소자 및 그 입력/출력 또는 포트를, **아키텍처**(architecture)는 로직 동작을 설명한다. VHDL 구문의 일부인 키워드는 명확하게 나타내기 위해 굵게 표시된다.

A X

$X = \overline{A}$

```
entity Inverter is
  port (A: in bit; X: out bit);
end entity Inverter;
architecture NOTfunction of Inverter is
begin
  X <= not A;
end architecture NOTfunction;
```

(a) 인버터

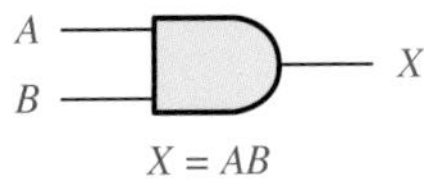

$X = AB$

```
entity ANDgate is
  port (A, B: in bit; X: out bit);
end entity ANDgate;
architecture ANDfunction of ANDgate is
begin
  X <= A and B;
end architecture ANDfunction;
```

(b) AND 게이트

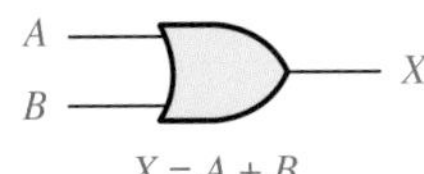

$X = A + B$

```
entity ORgate is
  port (A, B: in bit; X: out bit);
end entity ORgate;
architecture ORfunction of ORgate is
begin
  X <= A or B;
end architecture ORfunction;
```

(c) OR 게이트

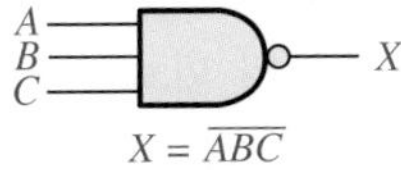

$X = \overline{ABC}$

```
entity NANDgate is
  port (A, B, C: in bit; X: out bit);
end entity NANDgate;
architecture NANDfunction of NANDgate is
begin
  X <= A nand B nand C;
end architecture NANDfunction;
```

(d) NAND 게이트

A B X

$X = \overline{A}\overline{B} + AB$

```
entity XNORgate is
  port (A, B: in bit; X: out bit);
end entity XNORgate;
architecture XNORfunction of XNORgate is
begin
  X <= A xnor B;
end architecture XNORfunction;
```

(e) XNOR 게이트

그림 3-58 VHDL로 기술된 논리 게이트

복습문제 3-7

1. 프로그램 가능한 논리에서 프로그램 가능한 링크에 사용되는 여섯 가지 프로세스 기술을 열거하라.
2. PLD와 관련하여 휘발성이라는 용어는 무엇이며 어떤 공정 기술이 휘발성이 있는가?
3. PLD와 FPGA 프로그래밍을 위한 두 가지 설계 입력 방법은 무엇인가?
4. JTAG를 정의하라.
5. 3-입력 NOR 게이트에 대한 VHDL 프로그램을 작성하라.
6. XOR 게이트의 VHDL 프로그램을 작성하라.

3-8 고정기능 논리 게이트

고정 함수 논리 집적회로는 오랫동안 사용되어 왔으며 다양한 논리 기능으로 사용이 가능하다. PLD와 달리 고정 기능 IC에는 논리 프로그래밍을 할 수 없고 변경할 수 없다. 고정 함수 논리 PLD에 프로그래밍 할 수 있는 논리의 양보다 훨씬 작은 규모이다. 기술의 추세는 분명히 프로그램 가능한 논리를 지향하고 있지만, 고정 함수 논리는 PLD가 최적의 선택이 아닌 특수 애플리케이션에 사용된다. 고정 함수 논리 장치는 종종 '글루 로직(glue logic)'이라고 불리는데, 그 이유는 시스템의 PLD와 같은 더 큰 논리 단위를 연결하기 때문이다.

이 절의 학습내용

- 공통 74 시리즈 게이트 논리 기능을 열거한다.
- 주요 집적회로 기술을 열거하고 일부 집적회로 제품 이름을 명명한다.
- 데이터 시트 정보를 얻는다.
- 전파지연시간을 정의한다.
- 전력 소모를 정의한다.
- 단위 하중 및 팬-아웃을 정의한다.
- 속도-전력 곱을 정의한다.

현재 이용 가능한 다양한 고정 기능 논리 장치는 모두 2개 종류의 회로 기술로 구현된다 : **CMOS**(complementary metal-oxide semiconductor) 및 **바이폴라**(bipolar)[트랜지스터-트랜지스터 논리(**TTL**)라고도 함]. 매우 제한된 장치에서 사용할 수 있는 바이폴라 기술은 ECL(emitter-coupled logic)이다. BiCMOS는 바이폴라 및 CMOS를 결합한 또 다른 집적회로 기술이다. CMOS는 직접 회로의 제조에 있어 가장 지배적인 회로 기술이다.

74 시리즈 논리 게이트 기능

74 시리즈는 표준 고정 기능 논리 장치다. 장치 분류 형식에는 IC 패키지의 논리회로 기술 제품 유형을 식별하는 하나 이상의 문자와 논리 기능의 유형을 식별하는 둘 이상의 숫자가 포함된다. 예를 들어, 74HC04는 04로 표시된 대로 패키지에 6개의 인버터가 있는 고정 기능 IC이다. 접두어 74 뒤에 오는 문자 HC는 회로 기술 제품군을 CMOS 논리 유형으로 식별한다.

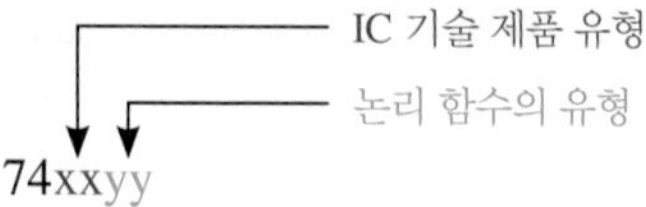

AND 게이트

그림 3-59는 74 시리즈의 고정 기능 AND 게이트의 세 가지 구성을 보여준다. 74xx08은 쿼드 2-입력 AND 게이트 장치, 74xx11은 트리플 3-입력 AND 게이트 장치, 74xx21은 더블 4-입력 AND 게이트 장치이다. 라벨 xx는 HC 또는 LS와 같은 집적회로 기술군을 나타낼 수 있다. 입력 및 출력의 숫자는 IC 패키지 핀 번호다.

NAND 게이트

그림 3-60은 74 시리즈의 고정 기능 NAND 게이트의 네 가지 구성을 보여준다. 74xx00은 쿼드

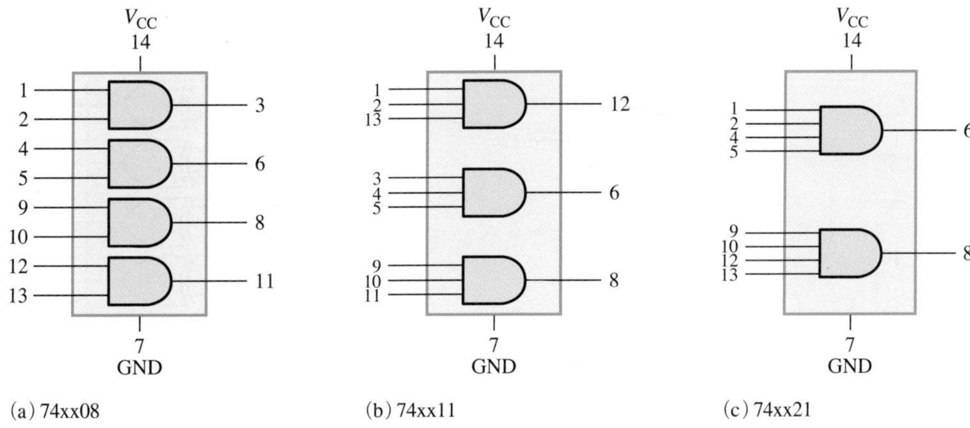

(a) 74xx08 (b) 74xx11 (c) 74xx21

그림 3-59 74 시리즈 AND 게이트 장치(핀 번호 포함)

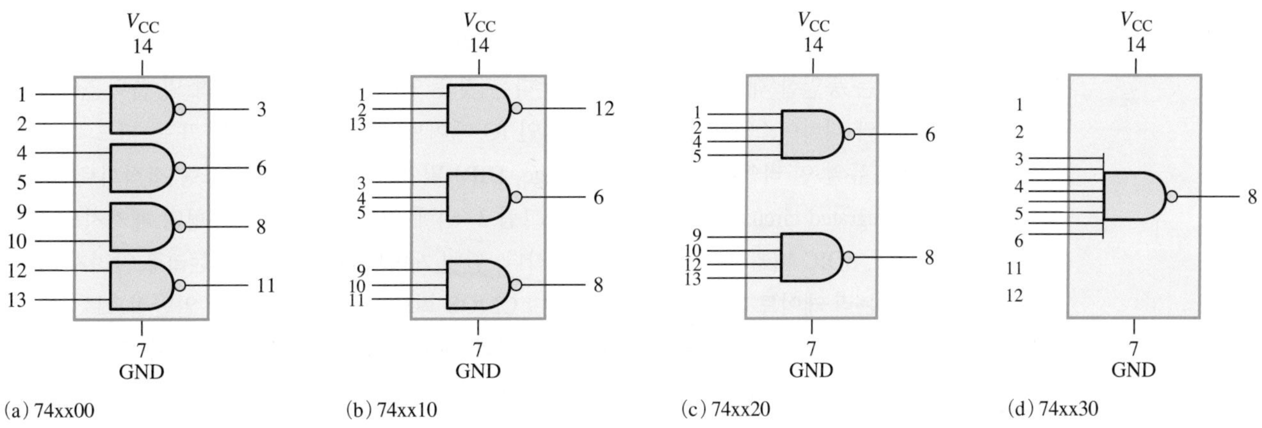

(a) 74xx00 (b) 74xx10 (c) 74xx20 (d) 74xx30

그림 3-60 74 시리즈 NAND 게이트 장치(핀 번호 포함)

2-입력 NAND 게이트 장치, 74xx10은 트리플 3-입력 NAND 게이트 장치, 74xx20은 더블 4-입력 NAND 게이트 장치, 74xx30은 단일 8-입력 NAND 게이트 장치다.

OR 게이트

그림 3-61은 74 시리즈의 고정 함수 OR 게이트를 보여준다. 74xx32는 쿼드 2-입력 OR 게이트 장치이다.

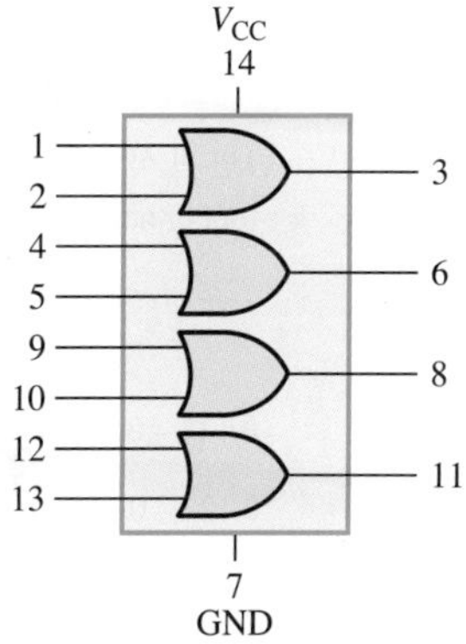

74xx32

그림 3-61 74 시리즈 OR 게이트 장치

NOR 게이트

그림 3-62는 74 시리즈의 고정 기능 NOR 게이트의 두 가지 구성을 보여준다. 74xx02는 쿼드 2-입력 NOR 게이트 장치이고 74xx27은 트리플 3-입력 NOR 게이트 장치이다.

XOR 게이트

그림 3-63은 74 시리즈의 고정 함수 XOR(배타적 OR) 게이트를 보여준다. 74xx86은 쿼드 2-입력 XOR 게이트이다.

IC 패키지

74 시리즈 CMOS는 모두 양극성의 동일한 유형의 소자와 핀 호환이 가능하다. 이것은 하나의 IC

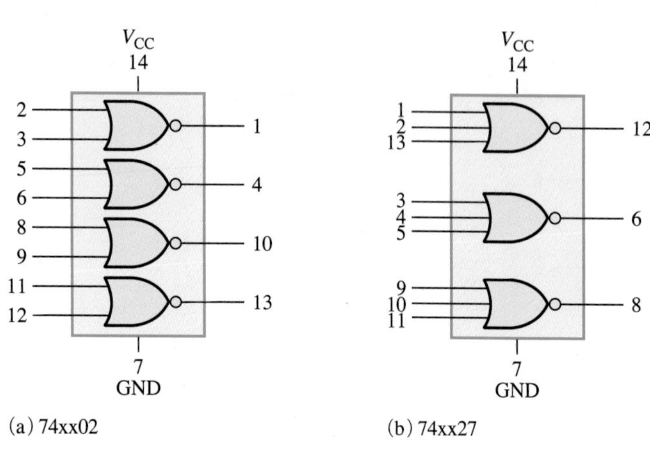

(a) 74xx02 (b) 74xx27

그림 3-62 74 시리즈 NOR 게이트 장치

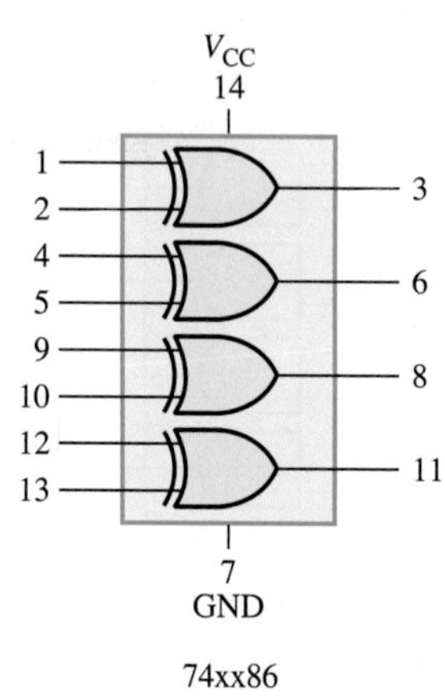

74xx86

그림 3-63 74 시리즈 XOR 게이트

패키지에 쿼드 2-입력 NAND 게이트가 포함된 74HC00(4개의 2-입력 NAND)과 같은 CMOS 디지털 IC는 동일한 패키지 핀 번호를 갖는다는 것을 의미하고, 각각의 입력 및 출력은 대응하는 바이폴라 디바이스와 동일하다. 전형적인 IC 게이트 패키지, 플러그 인 또는 피드 스루 장착을 위한 듀얼 인 라인(dual in-line package, DIP) 및 표면 실장을 위한 소형 집적회로(small-outline integrated circuit, SOIC) 패키지가 그림 3-64에 있다. 일부 다른 유형의 패키지도 사용할 수 있다. SOIC 패키지는 DIP보다 훨씬 작다. 단일 게이트 패키지는 작은 논리로 알려져 있다. 대부분의 논리 게이트 기능이 사용 가능하며 CMOS 회로 기술로 구현된다. 일반적으로 게이트는 단지 2개의 입력을 가지며 멀티 게이트 장치와 다른 지정을 갖는다. 예를 들어, 74xx1G00은 단일 2-입력 NAND 게이트이다.

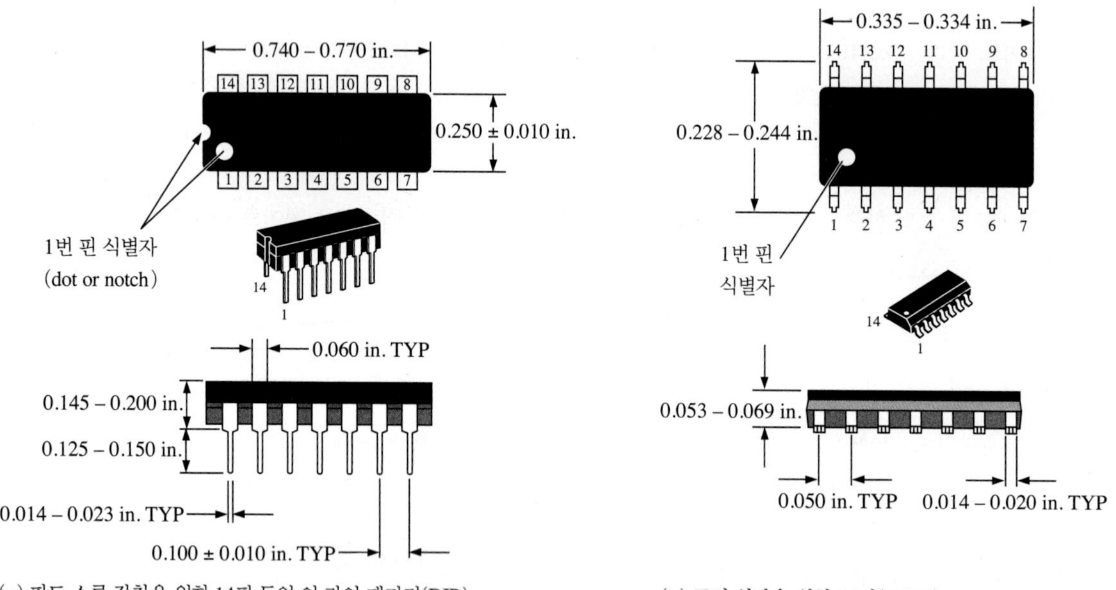

(a) 피드 스루 장착을 위한 14핀 듀얼 인 라인 패키지(DIP) (b) 표면 실장을 위한 14핀(SOIC)

그림 3-64 핀 번호 및 기본 치수를 보여주는 일반적인 듀얼 인라인(DIP) 및 소형 직접회로(SOIC) 패키지

CMOS 취급 시 주의 사항

CMOS 논리는 정전기에 매우 민감하며 ESD(electrostatic discharge)에 의해 손상될 수 있다. 다음과 같이 주의를 기울여 다루어야 한다.

1. 전도성 폼에 보관하고 선적한다.
2. 장비를 접지에 연결한다.
3. 대형 직렬 저항을 통해 손목을 접지에 연결한다.
4. 전원이 켜진 상태에서 회로에서 장치를 제거하지 않는다.
5. 전원이 꺼져 있을 때는 신호 전압을 가하지 않는다.

74 시리즈 논리회로 제품군

많은 논리회로 제품군이 폐기되고 일부는 급속도로 감소하고 있지만 다른 것들은 여전히 매우 활발하고 유용하다. CMOS는 가장 많이 사용되는 가장 일반적인 논리회로 기술이며 HC(high-speed CMOS) 제품군이 새로운 프로젝트에 권장된다. 바이폴라의 경우 LS(low-power schottky) 제품군이 가장 널리 사용된다. HC 계열의 변형인 HCT는 LS와 같은 양극성 장치와 호환된다.

표 3-14에는 많은 논리회로 기술 제품군이 나와 있다. 주어진 논리 제품군의 활성 상태는 항상 유동적이기 때문에 주어진 회로 기술에서 논리 기능의 활성/비활성 상태 및 가용성에 대한 정보는 텍사스 인스트루먼트와 같은 제조업체에서 확인하라.

표 3-14

회로 종류에 따른 74 시리즈 논리 제품군

회로 유형	종류	회로 분류
ABT	Advanced BiCMOS	BiCMOS
AC	Advanced CMOS	CMOS
ACT	Bipolar compatible AC	CMOS
AHC	Advanced high-speed CMOS	CMOS
AHCT	Bipolar compatible AHC	CMOS
ALB	Advanced low-voltage BiCMOS	BiCMOS
ALS	Advanced low-power Schottky	바이폴라
ALVC	Advanced low-voltage CMOS	CMOS
AUC	Advanced ultra-low-voltage CMOS	CMOS
AUP	Advanced ultra-low-power CMOS	CMOS
AS	Advanced Schottky	바이폴라
AVC	Advanced very-low-power CMOS	CMOS
BCT	Standard BiCMOS	BiCMOS
F	Fast	바이폴라
FCT	Fast CMOS technology	CMOS
HC	High-speed CMOS	CMOS
HCT	Bipolar compatible HC	CMOS
LS	Low-power Schottky	바이폴라
LV-A	Low-voltage CMOS	CMOS
LV-AT	Bipolar compatible LV-A	CMOS
LVC	Low-voltage CMOS	CMOS
LVT	Low-voltage biCMOS	BiCMOS
S	Schottky	바이폴라

Quad 2-Input NAND Gate High-Performance Silicon–Gate CMOS

The MC54/74HC00A is identical in pinout to the LS00. The device inputs are compatible with Standard CMOS outputs; with pullup resistors, they are compatible with LSTTL outputs.

- Output Drive Capability: 10 LSTTL Loads
- Outputs Directly Interface to CMOS, NMOS and TTL
- Operating Voltage Range: 2 to 6 V
- Low Input Current: 1 μA
- High Noise Immunity Characteristic of CMOS Devices
- In Compliance With the JEDEC Standard No. 7A Requirements
- Chip Complexity: 32 FETs or 8 Equivalent Gates

LOGIC DIAGRAM

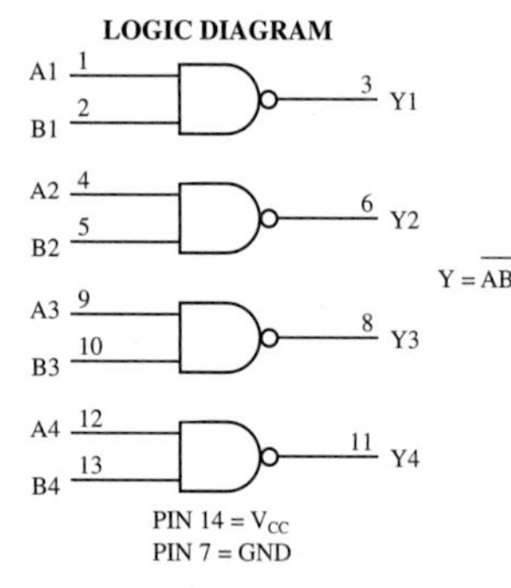

Pinout: 14–Load Packages (Top View)

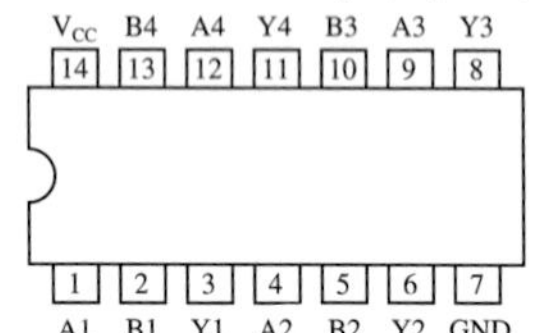

MC54/74HC00A

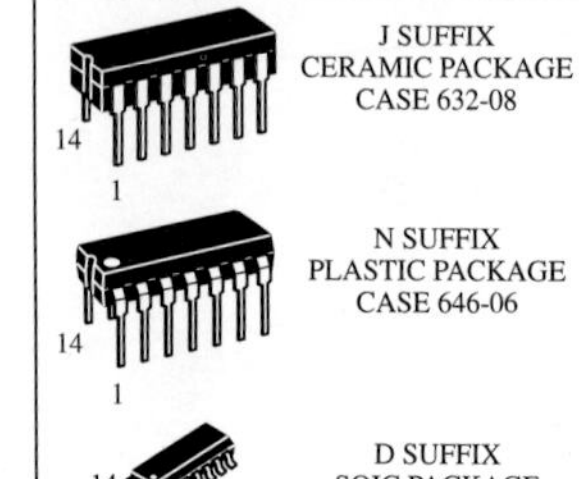

J SUFFIX
CERAMIC PACKAGE
CASE 632-08

N SUFFIX
PLASTIC PACKAGE
CASE 646-06

D SUFFIX
SOIC PACKAGE
CASE 751A-03

DT SUFFIX
TSSOP PACKAGE
CASE 948G-01

ORDERING INFORMATION

MC54HCXXAJ	Ceramic
MC74HCXXAN	Plastic
MC74HCXXAD	SOIC
MC74HCXXADT	TSSOP

FUNCTION TABLE

Inputs		Output
A	B	Y
L	L	H
L	H	H
H	L	H
H	H	L

MAXIMUM RATINGS*

Symbol	Parameter	Value	Unit
V_{CC}	DC Supply Voltage (Referenced to GND)	– 0.5 to + 7.0	V
V_{in}	DC Input Voltage (Referenced to GND)	– 0.5 to V_{CC} + 0.5	V
V_{out}	DC Output Voltage (Referenced to GND)	– 0.5 to V_{CC} + 0.5	V
I_{in}	DC Input Current, per Pin	± 20	mA
I_{out}	DC Output Current, per Pin	± 25	mA
I_{CC}	DC Supply Current, V_{CC} and GND Pins	± 50	mA
P_D	Power Dissipation in Still Air, Plastic or Ceramic DIP†	750	mW
	SOIC Package†	500	
	TSSOP Package†	450	
T_{stg}	Storage Temperature	– 65 to + 150	°C
T_L	Lead Temperature, 1 mm from Case for 10 Seconds		°C
	Plastic DIP, SOIC or TSSOP Package	260	
	Ceramic DIP	300	

* Maximum Ratings are those values beyond which damage to the device may occur. Functional operation should be restricted to the Recommended Operating Conditions.

† Derating — Plastic DIP: – 10 mW/°C from 65° to 125° C
Ceramic DIP: – 10 mW/°C from 100° to 125° C
SOIC Package: – 7 mW/°C from 65° to 125° C
TSSOP Package: – 6.1 mW/°C from 65° to 125° C

RECOMMENDED OPERATING CONDITIONS

Symbol	Parameter	in	Max	Unit
V_{CC}	DC Supply Voltage (Referenced to GND)	2.0	6.0	V
V_{in}, V_{out}	DC Input Voltage, Output Voltage (Referenced to GND)	0	V_{CC}	V
T_A	Operating Temperature, All Package Types	–55	+125	°C
t_r, t_f	Input Rise and Fall Time V_{CC} = 2.0 V	0	1000	ns
	V_{CC} = 4.5 V	0	500	
	V_{CC} = 6.0 V	0	400	

DC CHARACTERISTICS (Voltages Referenced to GND) MC54/74HC00A

Symbol	Parameter	Condition	V_{CC} V	Guaranteed Limit –55 to 25°C	≤85°C	≤125°C	Unit
V_{IH}	Minimum High-Level Input Voltage	V_{out} = 0.1V or V_{CC} – 0.1V	2.0	1.50	1.50	1.50	V
		$\|I_{out}\| \le 20\mu A$	3.0	2.10	2.10	2.10	
			4.5	3.15	3.15	3.15	
			6.0	4.20	4.20	4.20	
V_{IL}	Maximum Low-Level Input Voltage	V_{out} = 0.1V or V_{CC} – 0.1V	2.0	0.50	0.50	0.50	V
		$\|I_{out}\| \le 20\mu A$	3.0	0.90	0.90	0.90	
			4.5	1.35	1.35	1.35	
			6.0	1.80	1.80	1.80	
V_{OH}	Minimum High-Level Output Voltage	$V_{in} = V_{IH}$ or V_{IL}	2.0	1.9	1.9	1.9	V
		$\|I_{out}\| \le 20\mu A$	4.5	4.4	4.4	4.4	
			6.0	5.9	5.9	5.9	
		$V_{in} = V_{IH}$ or V_{IL} $\|I_{out}\| \le 2.4mA$	3.0	2.48	2.34	2.20	
		$\|I_{out}\| \le 4.0mA$	4.5	3.98	3.84	3.70	
		$\|I_{out}\| \le 5.2mA$	6.0	5.48	5.34	5.20	
V_{OL}	Maximum Low-Level Output Voltage	$V_{in} = V_{IH}$ or V_{IL}	2.0	0.1	0.1	0.1	V
		$\|I_{out}\| \le 20\mu A$	4.5	0.1	0.1	0.1	
			6.0	0.1	0.1	0.1	
		$V_{in} = V_{IH}$ or V_{IL} $\|I_{out}\| \le 2.4mA$	3.0	0.26	0.33	0.40	
		$\|I_{out}\| \le 4.0mA$	4.5	0.26	0.33	0.40	
		$\|I_{out}\| \le 5.2mA$	6.0	0.26	0.33	0.40	
I_{in}	Maximum Input Leakage Current	$V_{in} = V_{CC}$ or GND	6.0	±0.1	±1.0	±1.0	μA
I_{CC}	Maximum Quiescent Supply Current (per Package)	$V_{in} = V_{CC}$ or GND, $I_{out} = 0\mu A$	6.0	1.0	10	40	μA

AC CHARACTERISTICS (C_L = 50 pF, Input $t_r = t_f$ = 6 ns)

Symbol	Parameter	V_{CC} V	Guaranteed Limit –55 to 25°C	≤85°C	≤125°C	Unit
t_{PLH}, t_{PHL}	Maximum Propagation Delay, Input A or B to Output Y	2.0	75	95	110	ns
		3.0	30	40	55	
		4.5	15	19	22	
		6.0	13	16	19	
t_{TLH}, t_{THL}	Maximum Output Transition Time, Any Output	2.0	75	95	110	ns
		3.0	27	32	36	
		4.5	15	19	22	
		6.0	13	16	19	
C_{in}	Maximum Input Capacitance		10	10	10	pF

		Typical @ 25°C, V_{CC} = 5.0 V, V_{EE} = 0 V	
C_{PD}	Power Dissipation Capacitance (Per Buffer)	22	pF

그림 3-65 CMOS 논리. 54/74HC00A 쿼드 2-입력 NAND 게이트용 부분 데이터 시트. 54는 군용 등급을 나타내고 74는 상업용 등급을 나타낸다.

집적회로 기술의 유형은 논리 기능 자체와 아무런 관련이 없다. 예를 들어, 74HC00, 74HCT00, 74LS00은 동일한 패키지 핀 구성을 갖는 모든 쿼드 2-입력 NAND 게이트다. 이 세 가지 논리 디바이스 간의 차이점은 전력 소비, DC 공급 전압, 스위칭 속도 및 입/출력 전압 레벨과 같은 전기적 및 성능 특성에 있다. CMOS 및 바이폴라 회로는 두 가지 유형의 트랜지스터로 구현된다. 그림 3-65 및 3-66은 CMOS 및 바이폴라 기술의 74HC00A 쿼드 2-입력 NAND 게이트에 대한 부분 데이터 시트를 각각 보여준다.

성능 특성 및 매개 변수

논리회로의 성능을 정의하는 몇 가지 요소가 있다. 이러한 성능 특성은 전파지연시간, 전력 팬-아웃 또는 드라이브 기능, 속도-전력 제품, DC 전원 전압 및 입/출력 논리 레벨 등이 포함된다.

고속 논리는 전파지연시간이 짧다.

전파지연시간

이 매개 변수는 논리회로가 작동할 수 있는 스위칭 속도 또는 주파수에 대한 제한의 결과다. 논리회로에 적용되는 **저속** 및 **고속**이라는 용어는 전파지연시간을 나타낸다. 전파 지연이 짧을수록 회로의 스위칭 속도가 빨라지고 따라서 작동할 수 있는 주파수가 높아진다.

전파지연시간(propagation delay time, t_P)은 논리 게이트의 전이 간의 시간 간격 및 출력 펄스의 결과적인 전이 발생을 포함할 수 있다. 모든 유형의 기본 게이트에 적용되는 논리 게이트와 관련된 전파지연시간을 측정하는 방법은 두 가지가 있다.

- t_{PHL} : 출력 펄스가 HIGH 레벨에서 LOW 레벨(HL)로 바뀌면서 입력 펄스의 지정된 기준점과 결과 출력 펄스의 해당 기준점 사이의 시간
- t_{PLH} : 출력 펄스가 LOW 레벨에서 HIGH 레벨(LH)로 변하면서 입력 펄스의 지정된 기준점과 결과 출력 펄스의 해당 기준점 사이의 시간

HCT 제품군 CMOS의 경우 전파 지연은 7 ns이고, AC 제품군의 경우 5 ns이며, ALVC 계열의 경우 3 ns이다. 표준 제품군 바이폴라(TTL) 게이트의 경우, 일반적인 전파 지연은 11 ns이고 F 제품군 게이트의 경우 3.3 ns이다. 모든 지정된 값은 데이터 시트에 명시된 특정 작동 조건에 따라 다르다.

예제 3-23

인버터의 전파지연시간을 나타낸다.

풀이

그림 3-67에는 인버터의 입/출력 펄스가 나와 있으며 전파지연시간 t_{PHL}과 t_{PLH}가 표시된다. 이 경우 지연은 입력 및 출력 펄스의 해당 에지의 50% 포인트 사이에서 측정된다. t_{PHL}과 t_{PLH}의 값은 반드시 동일하지는 않지만 대부분의 경우 동일하다.

관련 문제

한 유형의 논리 게이트는 지정된 최대 t_{PLH}와 t_{PHL}이 10 ns다. 다른 것을 위해 게이트 유형은 4 ns다. 어떤 게이트가 가장 높은 주파수에서 작동할 수 있는가?

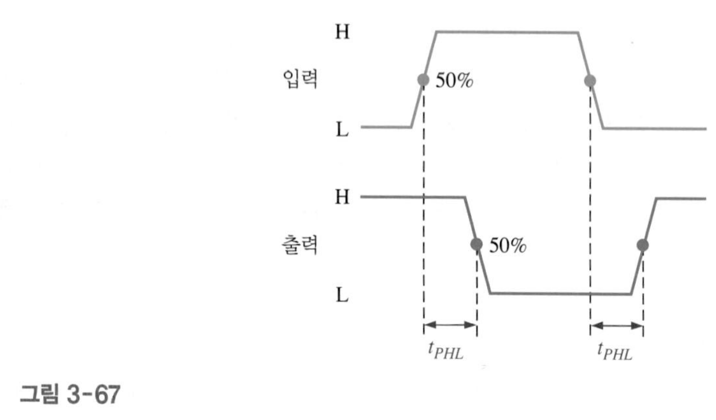

그림 3-67

DC 공급 전압(V_{CC})

CMOS 논리의 일반적인 DC 전원 전압은 카테고리에 따라 5 V, 3.3 V, 2.5 V 또는 1.8 V이다. CMOS의 장점은 공급 전압이 바이폴라 논리보다 넓은 범위에서 변할 수 있다는 것이다. 5 V CMOS는 2~6 V의 공급 변동을 견딜 수 있으며 전파지연시간과 전력 손실에 큰 영향을 미치지만 계속해서 적절히 작동한다. 3.3 V CMOS는 2~3.6 V의 공급 전압으로 작동할 수 있다. 바이폴라 논리의 일반적인 DC 전원 전압은 최소 4.5 V 및 최대 5.5 V인 5.0 V다.

QUAD 2-INPUT NAND GATE

• ESD > 3500 Volts

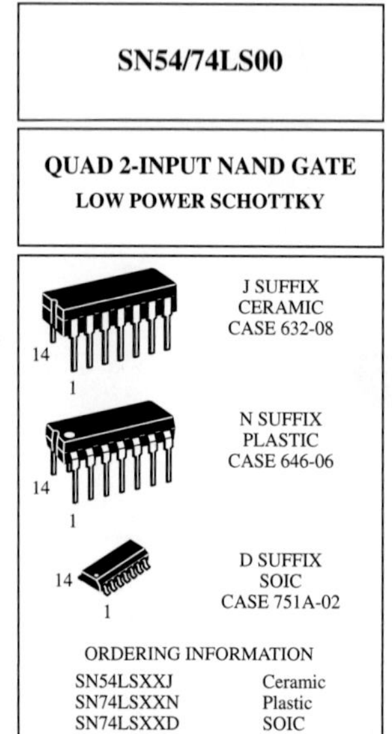

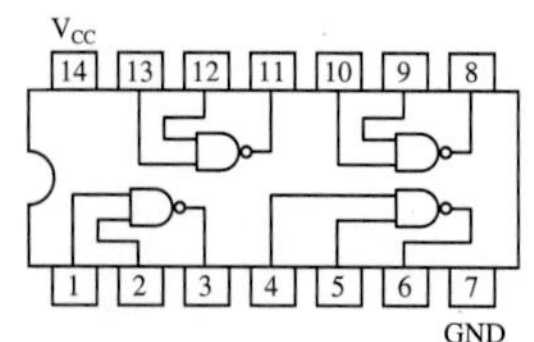

SN54/74LS00

DC CHARACTERISTICS OVER OPERATING TEMPERATURE RANGE (unless otherwise specified)

Symbol	Parameter		Limits Min	Typ	Max	Unit	Test Conditions	
V_{IH}	Input HIGH Voltage		2.0			V	Guaranteed Input HIGH Voltage for All Inputs	
V_{IL}	Input LOW Voltage	54			0.7	V	Guaranteed Input LOW Voltage for All Inputs	
		74			0.8			
V_{IK}	Input Clamp Diode Voltage			−0.65	−1.5	V	V_{CC} = MIN, I_{IN} = −18 mA	
V_{OH}	Ouput HIGH Voltage	54	2.5	3.5		V	V_{CC} = MIN, I_{OH} = MAX, V_{IN} = V_{IH} or V_{IL} per Truth Table	
		74	2.7	3.5		V		
V_{OL}	Ouput LOW Voltage	54, 74		0.25	0.4	V	I_{OL} = 4.0 mA	V_{CC} = V_{CC} MIN, V_{IN} = V_{IL} or V_{IH} per Truth Table
		74		0.35	0.5	V	I_{OL} = 8.0 mA	
I_{IH}	Input HIGH Current				20	μA	V_{CC} = MAX, V_{IN} = 2.7 V	
					0.1	mA	V_{CC} = MAX, V_{IN} = 7.0 V	
I_{IL}	Input LOW Current				−0.4	mA	V_{CC} = MAX, I_N = 0.4 V	
I_{OS}	Short Circuit Current (Note 1)		−20		−100	mA	V_{CC} = MAX	
I_{CC}	Power Supply Current Total, Output HIGH				1.6	mA	V_{CC} = MAX	
	Total, Output LOW				4.4			

NOTE 1: Not more than one output should be shorted at a time, nor for more than 1 second.

AC CHARACTERISTICS (T_A = 25°C)

Symbol	Parameter	Limits Min	Typ	Max	Unit	Test Conditions
t_{PLH}	Turn-Off Delay, Input to Output		9.0	15	ns	V_{CC} = 5.0 V
t_{PHL}	Turn-On Delay, Input to Output		10	15	ns	C_L = 15 pF

GUARANTEED OPERATING RANGES

Symbol	Parameter		Min	Typ	Max	Unit
V_{CC}	Supply Voltage	54 74	4.5 4.75	5.0 5.0	5.5 5.25	V
T_A	Operating Ambient Temperature Range	54 74	−55 0	25 25	125 70	°C
I_{OH}	Output Current — High	54, 74			−0.4	mA
I_{OL}	Output Current — Low	54 74			4.0 8.0	mA

그림 3-66 바이폴라 논리. 54/74LS00 쿼드 2-입력 NAND 게이트용 부분 데이터 시트

전력 소모

논리 게이트의 **전력 소모**(power dissipation) P_D는 dc 공급 전압과 평균 공급 전류이다. 일반적으로 게이트 출력이 LOW인 경우의 공급 전류는 게이트 출력이 HIGH인 경우보다 크다. 제조업체의 데이터 시트는 일반적으로 LOW 출력 상태에 대한 공급 전류를 I_{CCL}로 지정하고 HIGH 상태에 대해서는 I_{CCH}로 지정한다. 평균 공급 전류는 50% 듀티 사이클(출력 LOW 시간의 반과 HIGH 시간의 반)을 기준으로 결정되므로 논리 게이트의 평균 전력 손실은

낮은 전력 손실은 dc 전원으로부터의 전류가 적다는 것을 의미한다.

$$P_D = V_{CC}\left(\frac{I_{CCH} + I_{CCL}}{2}\right) \qquad \text{식 3-2}$$

CMOS 게이트는 바이폴라 제품군 대비 전력 소모가 매우 적다. 그러나 CMOS의 전력 소모는 동작 주파수에 의존한다. 제로 주파수에서 대기 전력은 일반적으로 마이크로 와트/게이트 범위이며 최대 작동 주파수에서 낮은 밀리 와트 범위가 될 수 있다. 따라서 주어진 주파수에서 전력이 지정되는 경우가 있다. 예를 들어, HC 제품군은 0 Hz(대기)에서 2.75 μW/게이트, 1 MHz에서 600 μW/게이트의 전력을 갖는다.

높은-팬 아웃은 게이트 출력을 더 많은 게이트 입력에 연결할 수 있음을 의미한다. 바이폴라 게이트의 전력 소모는 주파수와 무관하다. 예를 들어 ALS 제품군은 주파수에 관계없이 1.4 mW/게이트를 사용하고 F 제품군은 6 mW/게이트를 사용한다.

입력 및 출력 논리 레벨

V_{IL}은 논리 게이트의 LOW 레벨 입력 전압, V_{IH}는 HIGH 레벨 입력 전압이다. 5 V CMOS의 경우, V_{IL}의 최대 전압은 1.5 V이고, V_{IH}의 최소 전압은 3.5 V이다. 바이폴라 논리는 V_{IL}로 최대 0.8 V, V_{IH}로 최소 2 V를 수용한다.

V_{OL}은 LOW 레벨 출력 전압이고 V_{OH}는 HIGH 레벨 출력 전압이다. 5 V CMOS의 경우 최대 V_{OL}은 0.33 V이고 최소 V_{OH}는 4.4 V다. 바이폴라 논리의 경우 최대 V_{OL}은 0.4 V이고 최소 V_{OH}는 2.4 V다. 모든 값은 데이터 시트에 지정된 작동 조건에 따라 다르다.

속도-전력 곱

이 파라미터[**속도-전력 곱**(speed-power product, SPP)]는 전파지연시간과 전력 손실을 고려하여 논리회로의 성능을 측정하는 데 사용할 수 있다. 특히 CMOS 및 바이폴라 기술 제품군 내 다양한 논리 게이트 시리즈를 비교하거나 CMOS 게이트를 TTL 게이트와 비교하는 데 유용하다. 논리회로의 SPP는 전파지연시간과 전력의 곱이고 에너지의 단위인 줄(J)로 표시된다. 수식은 다음과 같다.

$$SPP = t_p P_D \qquad \text{식 3-3}$$

예제 3-24

특정 게이트는 5 ns의 전파 지연을 가지며 I_{CCH} = 1 mA 및 I_{CCL} = 2.5 mA dc 전원 전압은 5 V다. 속도-전력 곱을 결정하라.

풀이

$$P_D = V_{CC}\left(\frac{I_{CCH} + I_{CCL}}{2}\right) = 5\text{ V}\left(\frac{1\text{ mA} + 2.5\text{ mA}}{2}\right) = 5\text{ V}(1.75\text{ mA}) = 8.75\text{ mW}$$

$SPP = (5\text{ ns})(8.75\text{ mW}) = \mathbf{43.75\ pJ}$

관련 문제

게이트의 전파 지연이 15 ns이고 *SPP*가 150 pJ이면 평균 전력 손실은 얼마인가?

팬-아웃 및 부하

논리 게이트의 **팬-아웃**(fan-out)은 게이트의 출력에 연결하여 출력 전압 레벨을 유지할 수 있는 동일 계열 게이트의 최대 입력의 수로, 회로 기술의 한계로 인하여 TTL 논리의 경우 중요한 파라미터로 작용한다. 팬-아웃 이하의 게이트가 연결될 때에만 규정된 사양 내의 출력 레벨이 보장된다. 팬-아웃은 회로 기술의 차이로 인하여 TTL의 경우에 중요한 의미를 갖는다. CMOS 회로에서는 입력 임피던스가 매우 크기 때문에 팬-아웃은 매우 크나 정전용량 효과에 의해 주파수에 따라 다르게 나타난다.

높은 팬-아웃은 게이트 출력을 더 많은 게이트 입력에 연결할 수 있음을 의미한다.

팬-아웃은 **단위 부하**(unit load)로 지정된다. 논리 게이트에 대한 단위 부하는 같은 회로에 대한 하나의 입력과 동일하다. 예를 들어, 74LS00 NAND 게이트의 단위 부하는 74LS 제품군의 다른 논리 게이트에 대한 하나의 입력과 같다(반드시 NAND 게이트일 필요 없음). 74LS00 게이트의 LOW 입력 (I_{IL}) 전류는 0.4 mA이고 LOW 출력(I_{OL})이 수용할 수 있는 전류는 8.0 mA이기 때문에 74LS00 게이트가 LOW 상태에서 구동할 수 있는 단위 부하의 수는 다음과 같다.

$$\text{단위 부하} = \frac{I_{OL}}{I_{IL}} = \frac{8.0\text{ mA}}{0.4\text{ mA}} = 20$$

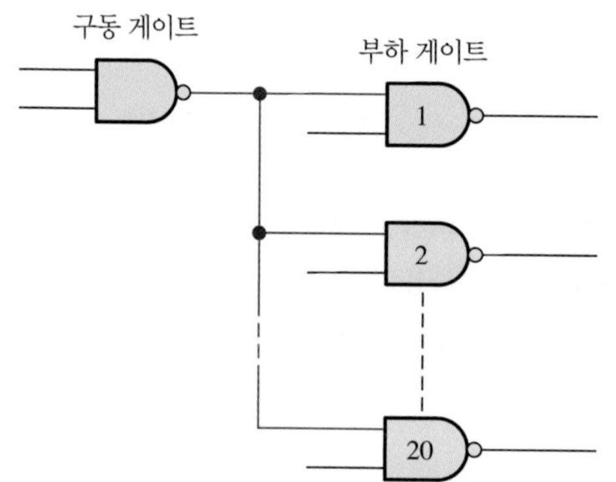

그림 3-68 최대 20개의 LS 제품군 부하를 구동하는 LS 제품군 NAND 게이트 출력

그림 3-68은 LS 논리 게이트가 같은 회로 기술로 구현된 다른 게이트들을 구동하는 것을 나타내는 것으로, 게이트의 수는 회로 기술에 따라 다르다. 예를 들어 74LS 제품군의 바이폴라 게이트가 구동할 수 있는 최대 게이트 입력(단위 부하)의 수는 20개이다.

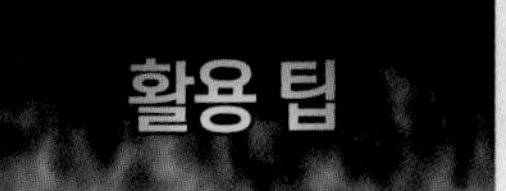

바이폴라(TTL)와 CMOS의 사용되지 않는 게이트 입력은 적절한 논리 레벨(HIGH 혹은 LOW)로 연결되어야 한다. AND/NAND에서 사용되지 않는 입력은 V_{CC}(바이폴라에서는 1.0 KΩ 저항을 통해)로 연결시키고, OR/NOR에서 사용되지 않는 입력은 접지로 연결시키는 것이 바람직하다.

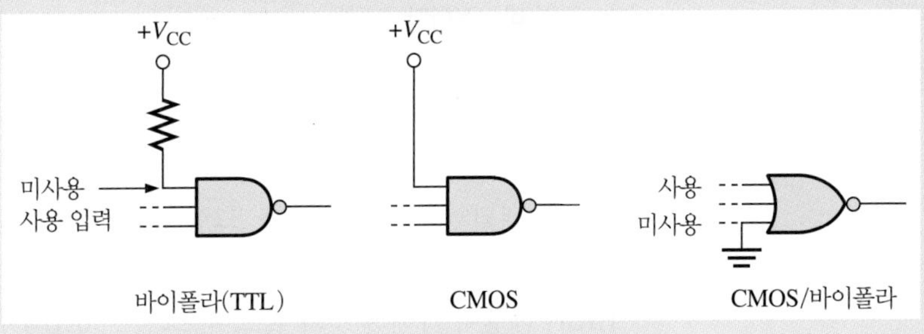

복습문제 3-8

1. 고정기능 논리와 PLD 논리가 어떻게 다른가?
2. 가장 널리 사용되는 두 가지 종류의 IC 기술을 작성하라.
3. 다음의 IC 논리 지정자는 무엇을 의미하는가?
   (a) LS　　(b) HC　　(c) HCT
4. 어떤 IC 기술이 일반적으로 전력 소모가 가장 적은가?
5. hex 인버터는 무엇을 의미하는가? 쿼드 2-입력 NAND는 무엇을 의미하는가?
6. 양의 펄스가 인버터에 입력된다. 입력의 상승 에지에서 출력의 상승 에지까지의 시간은 10 ns이다. 입력의 하강 에지에서의 출력의 하강 에지까지의 시간은 8 ns이다. t_{PLH}의 t_{PHL} 값은 얼마인가?
7. 어느 게이트의 전파지연시간이 6 ns이고, 전력소모는 3 mW이다. 속도-전력 곱을 구하라.
8. I_{CCL}과 I_{CCH}를 정의하라.
9. V_{IL}과 V_{IH}를 정의하라.
10. V_{OL}과 V_{OH}를 정의하라.

3-9 고장 진단

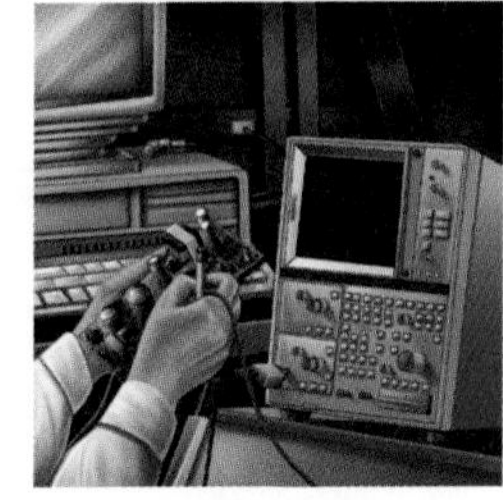

고장 진단은 회로나 시스템에서 발생하는 오류나 고장의 원인을 밝혀내고 분리해서 수리하는 과정을 말한다. 고장 진단을 효율적으로 하기 위해서는 회로나 시스템의 동작에 대해 미리 알고 있어야 하고, 오동작을 인지할 수 있어야 한다. 예를 들어 어떤 논리 게이트의 고장을 판단하기 위해서는 주어진 입력에 대한 출력을 알고 있어야 한다.

이 절의 학습내용

- IC 게이트에서 내부적인 개방 입력과 출력에 대해 검사한다.
- 단락된 IC 입력과 출력의 영향을 인지한다.
- PCB상에서 외부 오류에 대해 검사한다.
- 오실로스코프를 사용하여 간단한 주파수 카운터를 고장 진단한다.

IC 논리 게이트의 내부 고장

개방과 단락은 가장 일반적인 형태의 내부 게이트 고장이다. 이것들은 IC 패키지 내부의 게이트의 입력과 출력에서 발생한다. 고장 진단을 시도하기 전에, dc 공급 전압과 접지 여부를 항상 확인하는 것이 바람직하다.

내부 개방 입력의 영향

내부 개방은 칩 내부의 어떤 소자가 개방되었거나 IC 칩과 패키지의 핀을 연결하는 미세한 전선이 파괴되었을 때 일어난다. 그림 3-69(a)의 2-입력 NAND 게이트에서 볼 수 있는 바와 같이 개방된 입력에 가해진 신호는 출력에 도달할 수 없다. TTL 입력(바이폴라)이 개방된 경우는 HIGH 레벨이 가해진 것과 같으며, 그림 3-69(b)에 보인 바와 같이 정상적인 입력에 가해진 펄스들은 NAND 게이트의 출력에 도달하게 된다.

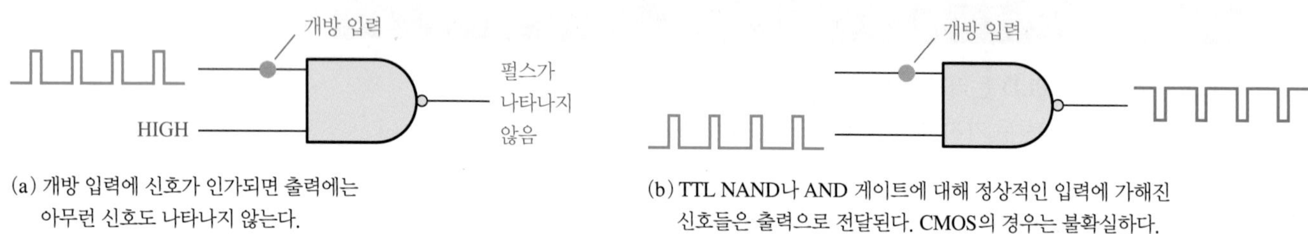

(a) 개방 입력에 신호가 인가되면 출력에는 아무런 신호도 나타나지 않는다.

(b) TTL NAND나 AND 게이트에 대해 정상적인 입력에 가해진 신호들은 출력으로 전달된다. CMOS의 경우는 불확실하다.

그림 3-69 NAND 게이트의 개방 입력의 영향

게이트 검사 조건

NAND 게이트나 AND 게이트를 검사할 경우, 게이트의 동작이 인에이블되도록 펄스를 가하지 않은 입력은 항상 HIGH 상태를 유지시켜야 한다. NOR 게이트나 OR 게이트의 경우, 펄스를 가하지 않은 입력은 항상 LOW 상태가 되어야 한다. XOR 게이트나 XNOR 게이트를 검사할 때, 다른 입력의 펄스가 같은 레벨과 반대 레벨 사이에서 반복되도록 입력에 인가되도록 하기 때문에 펄스가 아닌 입력의 레벨은 중요하지 않다.

개방 입력의 고장 진단

이러한 종류의 고장을 진단하는 것은 2-입력 NAND 게이트 패키지의 경우에 대해 그림 3-70에 나타낸 것과 같이 오실로스코프와 함수 발생기를 이용하여 쉽게 찾아낼 수 있다. 스코프로 디지털 신호를 측정할 때, 항상 dc 커플링(coupling)을 사용한다.

고장이라고 생각되는 IC를 고장 진단하는 과정으로 첫 번째로 검사해야 하는 것은 IC의 dc 공급 전압(V_{CC})과 접지를 확인하는 것이다. 다음으로는 게이트의 입력 중의 하나에 연속적인 펄스를 가하고 다른 입력이 HIGH인지를 확인한다(NAND 게이트의 경우). 그림 3-70(a)에서와 같이 고장이 의심되는 게이트의 입력 중의 하나인 13번 핀에 펄스 파형을 인가한다. 펄스 파형이 출력(11번 핀)에 나타나면, 13번 핀의 입력은 개방되지 않았음을 나타낸다. 다음으로 다른 게이트 입력(12번 핀)에 펄스를 인가하고 다른 입력이 HIGH인지 확인한다. 그림 3-70(b)에 보인 것처럼, 출력 11번 핀에서 펄스가 관측되지 않고, 출력이 LOW이면, 12번 입력 핀이 개방되었음을 나타낸다. NAND 게이트 또는 AND 게이트의 경우에 펄스를 인가하지 않은 입력은 반드시 HIGH이어야 한다. 만약 NOR 게이트라면 펄스를 가하지 않은 입력에는 LOW를 인가해야 한다.

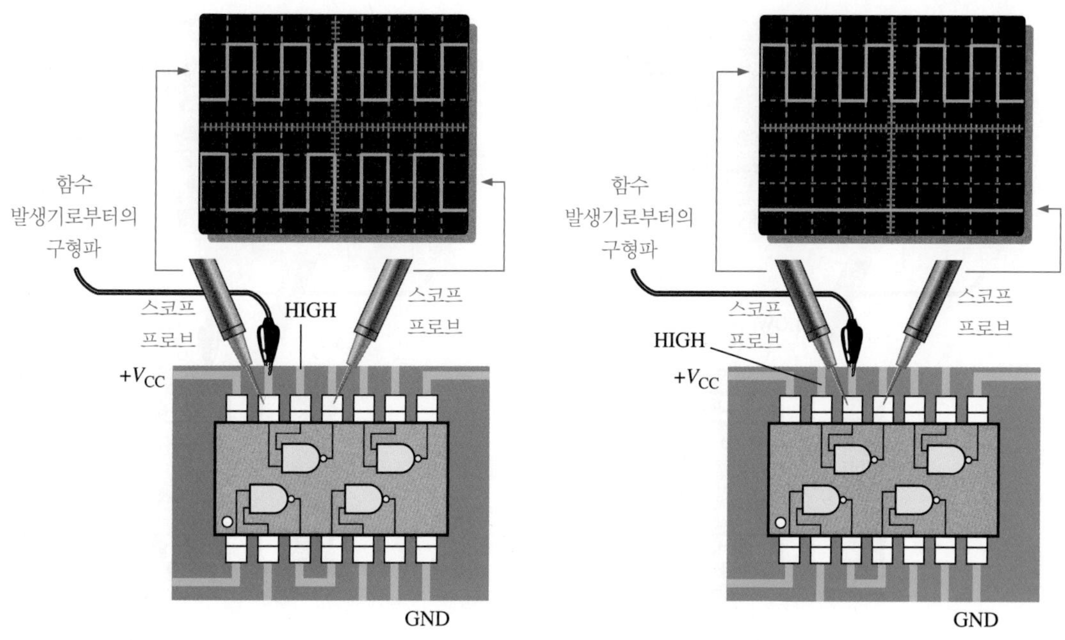

(a) 13번 핀 입력과 11번 핀 출력은 정상 (b) 12번 핀 입력은 개방

그림 3-70 개방 입력에 대한 NAND 게이트 고장 진단

내부 개방 출력의 영향

게이트의 출력이 개방된 경우 어떤 입력도 출력에 도달할 수 없다. 따라서 출력은 입력에 전혀 영향을 받지 않는다. IC 출력 핀의 전압 레벨은 외부적으로 어디에 연결되어 있느냐에 따라 다르다. HIGH, LOW 혹은 플로팅(어느 기준에 고정되지 않음)일 것이다. 어떤 경우에도 출력 핀에는 신호가 나타나지 않는다.

개방 출력의 고장 진단

그림 3-71은 NOR 게이트의 출력이 개방된 경우에 고장 진단을 하는 과정을 나타낸다. (a)의 경우 고장이 의심되는 게이트의 한 입력(11번 핀)에 펄스를 인가할 때, 출력(13번 핀)에 펄스가 보이지 않는다. (b)의 경우 다른 입력(12번 핀)에 펄스를 가해도, 역시 출력에 아무런 변화가 없다. 펄스를 가하지 않은 입력에 LOW 레벨이 인가되었다고 가정할 때, 이 검사 결과는 출력이 내부적으로 개방되었음을 의미한다.

입력과 출력의 단락

개방만큼 흔하지는 않지만 입력과 출력이 내부적으로 dc 공급 전원과 접지에 단락되는 경우와 두 입력 또는 출력이 서로 단락되는 경우도 있다. 입력 또는 출력이 dc 공급 전원과 단락될 경우에는 모두 HIGH 상태로 된다. 입력 또는 출력이 접지와 단락될 경우에는 모두 LOW 상태(0 V)로 고정된다. 두 입력이 서로 단락되거나 한 입력과 출력이 단락될 경우, 단락된 단자들에는 항상 같은 레벨의 전압이 나타난다.

외부 개방 및 단락

디지털 IC 등에서 발생하는 대부분의 고장은 IC 패키지 외부의 문제에 기인한다. 이러한 것은 납땜이 불량하거나, 납땜 시 튀긴 납이 남아 있거나, 전선이 벗겨진 경우, PCB의 애칭이 잘못된

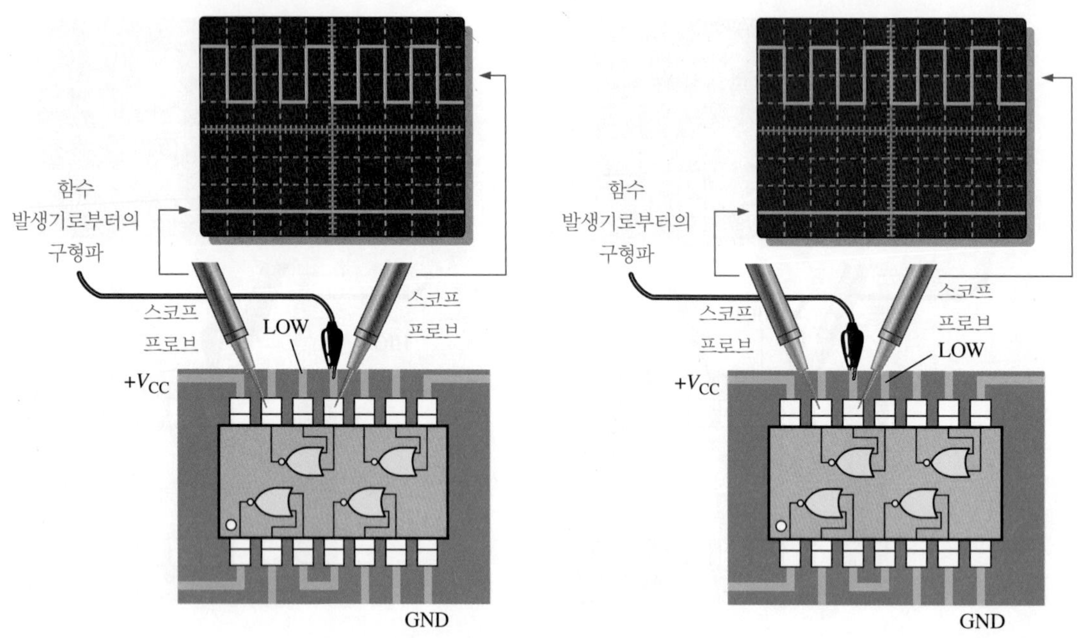

(a) 11번 핀에 신호를 인가. 출력에는 신호가 나타나지 않음 (b) 12번 핀에 신호를 인가. 출력에는 신호가 나타나지 않음

그림 3-71 개방 출력에 대한 NOR 게이트 고장 진단

경우, 전선이나 PCB 연결선이 파손되었거나 금이 간 경우 등이다. 이러한 원인에 의해 개방이나 단락이 생긴 경우 논리 게이트의 내부 오류와 똑같은 영향을 미치며 고장 진단도 같은 방법으로 하면 된다. 어떤 회로가 의심스러운 경우 우선 육안 검사를 하는 것이 필요하다.

예제 3-25

PCB에 장착된 여러 개의 IC 중의 하나인 74LS10 트리플 3-입력 NAND 게이트 IC를 검사하고 있다. 1번과 2번 핀을 검사한 결과 모두 HIGH였다. 펄스 파형을 13번 핀에 연결한 다음, 그림 3-72에 보인 것과 같이 스코프 프로브로 12번 핀과 PCB의 연결선을 차례로 검사하였다. 스코프 화면에 나타난 프로브의 응답으로 볼 때, 고장의 원인은 무엇이라고 생각되는가?

풀이

프로브의 응답으로 보아 위치 1의 12번 핀의 게이트 출력에는 펄스가 관측되고 있으나 위치 2의 PCB의 연결선에는 펄스가 나타나지 않는다. 게이트는 정상 동작을 하고 있으나, 신호가 12번 핀에서 PCB 연결선으로 펄스가 출력되고 있지 않다.

이 상황을 고려해볼 때, 가장 가능성이 높은 고장의 원인으로 IC의 12번 핀과 PCB 사이의 납땜 불량일 것으로 생각되며, 이로 인해 개방된 것처럼 동작한다. 그 부분을 납땜한 후 다시 검사한다.

관련 문제

그림 3-72의 두 프로브 위치 1과 2에서 펄스가 나타나지 않는다면, 어떤 고장이 발생한 것으로 생각할 수 있는가?

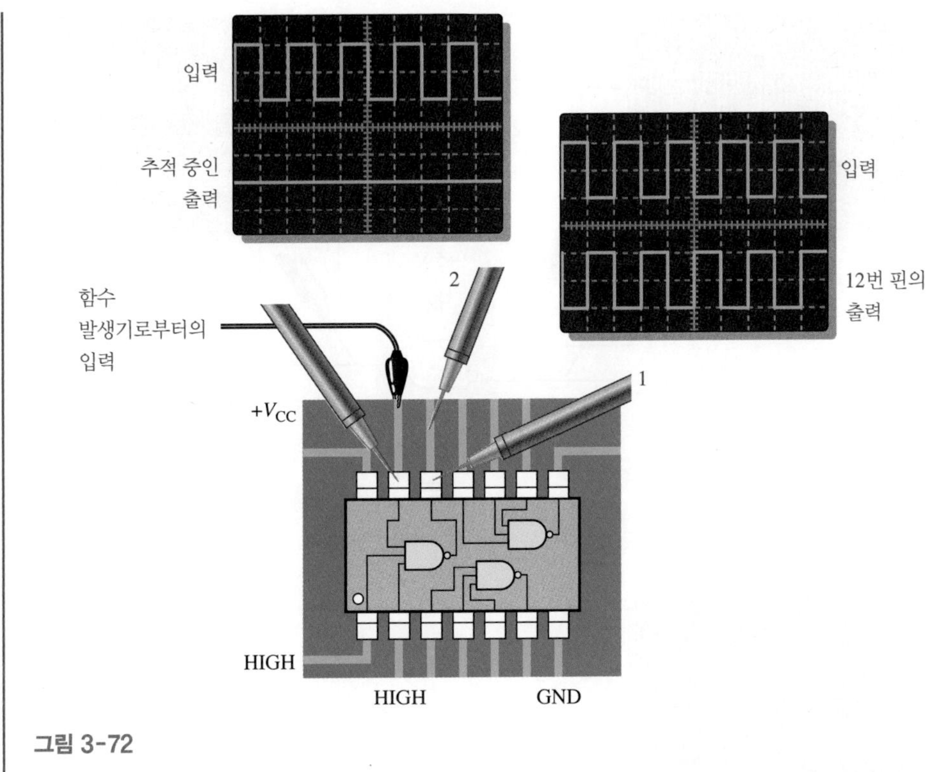

그림 3-72

대부분의 경우, 고장 진단은 PCB나 초기 조립품에 장착되어 서로 연결된 상태의 IC들에 대하여 이루어진다. 이 책을 공부하면서 서로 다른 형태의 디지털 IC들이 시스템 기능을 수행하기 위하여 어떻게 조합되는지를 알게 될 것이다. 지금은 개별적인 IC 게이트에 대해 고장 진단을 하고 있지만, 이 과정은 시스템을 이해하는 데 아주 기본적이고 간단한 단계로서 복잡한 시스템으로 확장하는 데에도 활용될 수 있다.

다음의 예제 3-26과 3-27에서는 3-2절에서 소개된 주파수 카운터의 고장을 점검하는 방법을 소개한다.

예제 3-26

그림 3-73과 같이 주파수 카운터를 동작시키고자 했을 때, 입력 주파수와 관계없이 화면에는 계속 0이 나타나는 것을 발견하였다. 오동작의 원인을 규명하라. 인에이블 펄스는 1 ms의 폭을 갖는다.

그림 3-73(a)는 AND 게이트에 12 kHZ의 펄스를 인가했을 때, 주파수 카운터가 정상적인 동작을 하는 것을 나타낸다. (b)는 오동작으로 인해 0 Hz가 출력되고 있는 것을 나타낸다.

풀이

고장의 원인은 세 가지로 볼 수 있다.

1. 카운터의 리셋 입력에 액티브 레벨이 계속 인가되어, 카운터를 '0'으로 유지시킨다
2. 카운터의 내부 개방 또는 단락으로 인해 펄스가 카운터에 입력되지 않는다. 카운터는 '0'으로 리셋된 후 계속하지 못한다.
3. AND 게이트의 출력이 개방되었거나 입력 신호가 없기 때문에, 카운터에 펄스가 인가되지 않아 카운터는 '0'에서 더 이상 계수하지 못한다.

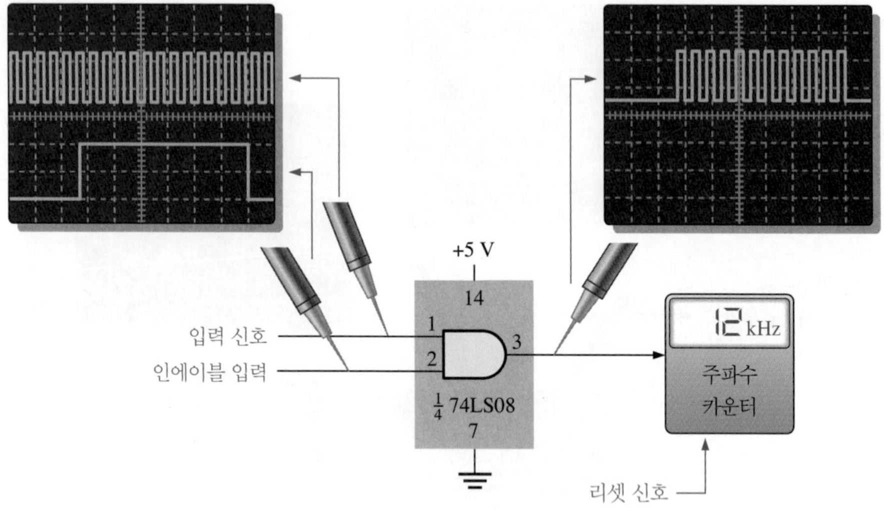

(a) 카운터가 정상적으로 동작함

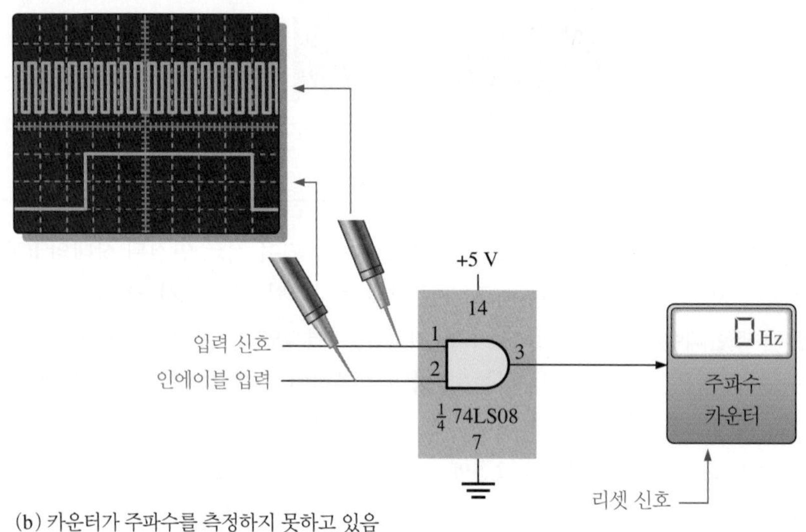

(b) 카운터가 주파수를 측정하지 못하고 있음

그림 3-73

우선 V_{CC}와 접지가 정상적으로 연결되었는지 확인한다(이상이 없다고 가정한다). 다음에는 AND 게이트의 두 입력에서의 펄스를 검사한다. 프로브로 검사한 결과 두 입력 모두에 펄스가 나타난다. 카운터의 리셋 입력에도 비활성화 레벨인 LOW가 인가되고 있으므로, 이 문제도 아니다. 74LS08의 3번 핀을 검사한 결과 AND 게이트의 출력에 펄스가 나타나지 않아, 게이트의 출력이 내부적으로 개방되었음을 알 수 있다. 74LS08 IC를 교체한 후 동작을 다시 확인한다.

관련 문제

74LS08 IC의 2번 핀이 개방되었을 경우, 주파수 화면은 어떻게 되는가?

예제 3-27

그림 3-74의 주파수 카운터는 입력 신호의 주파수를 잘못 측정하고 있다. 정확하게 주파수를 알고 있는 신호를 AND 게이트의 1번 핀에 인가했을 때, 오실로스코프 화면에는 더 높은 주파수가 나타나고 있다. 잘못된 원인을 규명하라. 화면상의 정보는 time/div이다.

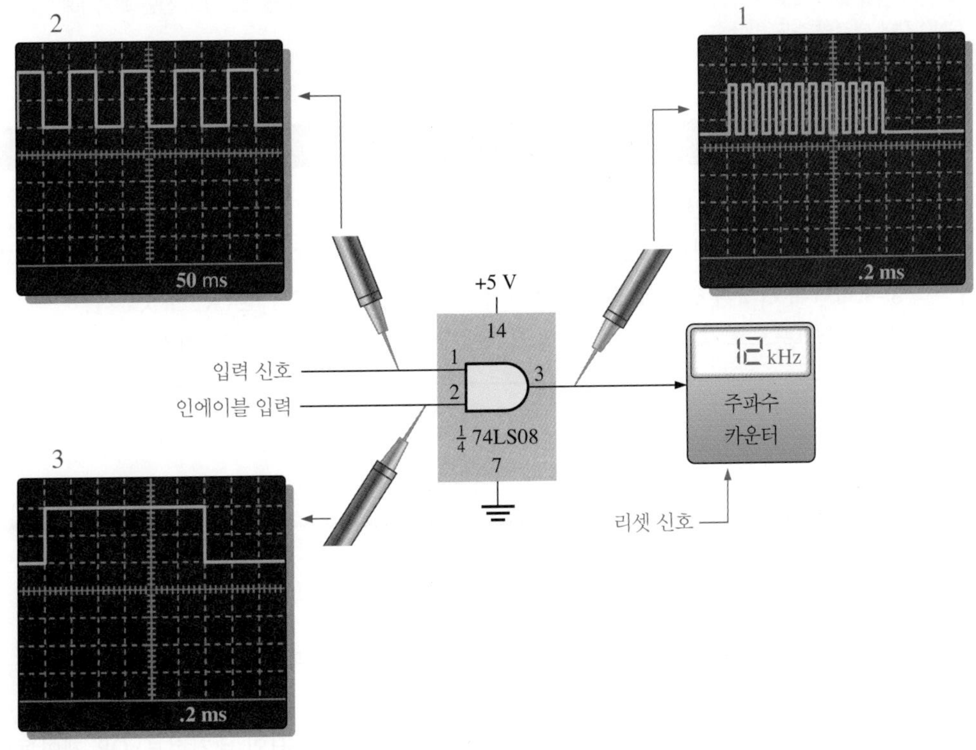

그림 3-74

풀이

입력 펄스는 정확하게 1 ms 동안만 AND 게이트를 통과할 수 있으며, 통과한 펄스의 수가 곧 주파수이다. 따라서 1 ms 간격 동안, AND 게이트의 2번 핀에 가해자는 인에이블 펄스가 정확한 주파수의 측정에 매우 중요하다. 인에이블 펄스는 정밀한 발진 회로에 의해 내부에서 만들어진다. 펄스 폭은 정확하게 1 ms가 되어야 하며, 이 예제의 경우 3 ms마다 펄스가 게이트에 입력된다. 인에이블 펄스가 들어오기 전에 카운터는 '0'으로 리셋되어 다시 계수하게 된다.

카운터가 더 많은 펄스를 계수하고 있으므로 우선 인에이블 펄스에 의심이 간다. 정확한 시간 간격 측정은 오실로스코프를 사용해야 한다.

정확하게 10 kHz의 입력 펄스 파형을 AND 게이트의 1번 핀에 인가했을 때, 주파수 카운터는 부정확하게 12 kHz를 보인다. AND 게이트의 출력에서 먼저 스코프 측정은 인에이블 펄스당 12개의 펄스가 있음을 나타낸다. 다음에 입력 주파수는 정확히 10 kHz(주기 = 100 μs)임을 알았다. 마지막으로 인에이블 펄스의 폭은 1초가 아닌 1.2 ms임이 확인되었다.

결론적으로 인에이블 펄스는 어떤 이유로 인해 교정되지 않은 상태이다.

관련 문제

입력 신호의 주파수보다 낮은 주파수가 화면에 나타났다면 무엇이 문제인가?

활용 팁

회로를 조작하거나 측정을 시작할 때, 적절하게 접지를 하는 것은 매우 중요하다. 오실로스코프를 적절하게 접지를 하면, 충격으로부터 시험자를 보호할 수 있고, 회로의 손상을 막을 수 있다. 오실로스코프에 접지를 한다는 것은 3구(three-prong) 전원 코드를 접지된 콘센트에 꽂기 때문에 회로가 바로 접지(earth ground)에 연결된다는 것을 의미한다. 특히 CMOS 논리를 작업할 때, 시험자는 접지된 상태에서 작업을 해야 하는데, 이는 팔찌의 우연한 접촉을 막기 위해 고리와 접지 사이에서 높은 값의 저항을 가져야 한다. 또한 정확한 측정을 위해, 검사하고자 하는 회로의 접지는 스코프 접지와 같아야 한다. 이것은 스코프 프로브상의 접지 단자를 금속 샤시(chassis) 또는 회로 보드의 접지 점과 같이 회로의 알려진 접지에 연결함으로써 이루어진다. 또한 회로 접지를 스코프의 전면 패널상에 있는 GND 잭에 연결할 수도 있다.

복습문제 3-9

1. IC에서 가장 일반적인 고장의 원인은 무엇인가?
2. 두 가지 다른 입력 파형이 2-입력 바이폴라 NAND 게이트에 입력되며 출력 파형이 입력 중의 하나의 파형과 같고 반전된다면, 가장 가능성이 있는 고장 원인은 무엇인가?
3. 오실로스코프로로 측정할 수 있는 펄스 파형의 두 가지 특성은 무엇인가?

요약

- 인버터 출력은 입력의 보수이다.
- AND 게이트 출력은 모든 입력이 HIGH일 때만 HIGH이다.
- OR 게이트 출력은 입력 중 어느 하나라도 HIGH이면 HIGH이다.
- NAND 게이트 출력은 모든 입력이 HIGH일 때만 LOW이다.
- NAND 게이트는 입력 중 어느 하나라도 LOW이면 출력이 HIGH인 네거티브-OR 게이트로 간주할 수 있다.
- NOR 게이트 출력은 입력 중의 어느 하나라도 HIGH이면 LOW이다.
- NOR 게이트는 모든 입력이 LOW일 때만 출력이 HIGH인 네거티브-AND 게이트로 간주할 수도 있다.
- 배타적-OR 게이트 출력은 입력이 서로 같지 않을 때 HIGH이다.
- 배타적-NOR 게이트 출력은 입력이 서로 같지 않을 때 LOW이다.
- 다양한 논리 게이트(2-입력으로 제한)에 대한 고유 기호와 진리표는 그림 3-75와 같다.
- 대부분의 프로그램 가능한 장치(PLD)들은 AND 배열의 형태를 기반으로 한다.
- 프로그램 가능한 링크 기술들은 퓨즈, 안티퓨즈, EPROM, EEPROM, 플래시와 SRAM이다.
- PLD는 프로그래머라고 하는 하드웨어 장비 또는 개발된 PCB상에 설치되어 프로그램된다.
- PLD의 프로그래밍 과정은 소프트웨어 개발 패키지에 이루어진다.
- 프로그래밍 소프트웨어를 사용하여 회로를 입력하는 방법으로는 텍스트 입력(HDL)과 그래픽(도면) 입력이 있다.
- ISP PLD는 시스템에 설치된 후에 프로그램되고 언제든지 재프로그램된다.
- Joint Test Action Group을 나타내는 JTAG는 PLD를 프로그래밍하고 테스트하기 위해 사용되는 인터페이스 표준(IEEE 표준 1149.1)이다.
- 임베디드 프로세서는 PLD의 시스템 내 프로그래밍을 용이하게 하기 위해 사용된다.
- PLD에서 회로는 프로그래밍되고 다시 프로그래밍하여 변경할 수 있다.

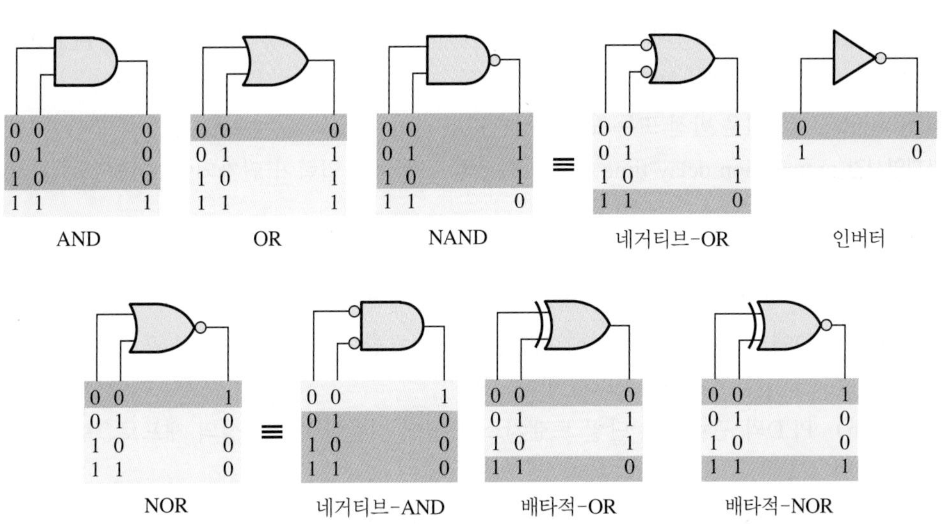

입력	출력
0 0	0
0 1	0
1 0	0
1 1	1

AND

입력	출력
0 0	0
0 1	1
1 0	1
1 1	1

OR

입력	출력
0 0	1
0 1	1
1 0	1
1 1	0

NAND

≡

입력	출력
0 0	1
0 1	1
1 0	1
1 1	0

네거티브-OR

입력	출력
0	1
1	0

인버터

입력	출력
0 0	1
0 1	0
1 0	0
1 1	0

NOR

≡

입력	출력
0 0	1
0 1	0
1 0	0
1 1	0

네거티브-AND

입력	출력
0 0	0
0 1	1
1 0	1
1 1	0

배타적-OR

입력	출력
0 0	1
0 1	0
1 0	0
1 1	1

배타적-NOR

참고 : 액티브 상태는 노란색으로 표시되어 있다.

그림 3-75

- 논리 게이트의 평균 전력 소모는 다음과 같다.

$$P_D = V_{CC}\left(\frac{I_{CCH} + I_{CCL}}{2}\right)$$

- 논리 게이트의 속도-전력 곱은 다음과 같다.

$$SPP = t_p P_D$$

- 일반적으로 CMOS는 바이폴라보다 전력 소모가 작다 .
- 고정 함수 논리에서 회로는 변경될 수 없다.

핵심용어

이 장의 핵심용어 및 기타 굵은 글씨는 책 마지막 용어해설에도 정리되어 있다.

단위 부하(unit load) 팬-아웃의 측정 단위로, 동일한 IC 계열에서 하나의 게이트 입력은 게이트의 출력에 대해 단위 부하로 작용한다.

대상 소자(target device) 소프트웨어에 의해 설계된 논리회로를 다운로드하여 실제 확인할 수 있는 개발 보드 또는 프로그램 고정대에 장착된 PLD

바이폴라(bipolar) 바이폴라 트랜지스터로 구현된 집적 논리회로의 한 종류. TTL이라 알려져 있음

배타적 NOR 게이트[exclusive-NOR(XNOR) gate] 두 입력이 서로 다를 때에만 LOW를 출력하는 논리 게이트

배타적 OR 게이트[exclusive-OR(XOR) gate] 두 입력이 서로 다를 때에만 HIGH를 출력하는 논리 게이트

보수(complement) 수의 역수. 불 대수에서는 역함수로 변수 위에 줄(Bar)을 붙여 표현하고 '1'의 보수는 '0'이고, '0'의 보수는 '1'이다.

불 대수(Boolean algebra) 논리회로에 대한 수학

안티퓨즈(antifuse) 프로그램에 의해 한 번은 단락시키거나 개방된 상태로 둘 수 있는 PLD의 비휘발성 프로그램 링크의 한 종류

인버터(inverter) 입력을 반전 또는 보수화시키는 논리회로

전파지연시간(propagation delay time) 논리회로의 동작에서 입력이 인가되어 출력으로 나타날 때까지의 시간 간격

진리표(truth table) 논리회로의 입력에 대한 출력의 논리 동작을 나타내는 표

팬-아웃(fan-out) 논리 게이트가 구동할 수 있는 동일 계열의 입력 게이트(부하)의 수

퓨즈(fuse) PLD에서 프로그램에 의해 개방되거나 단락될 수 있는 비휘발성 프로그램 가능한 링크로 퓨즈 가능한(fusible) 링크라 한다.

플래시(flash) PLD와 관련하여 단일 트랜지스터 셀에 기반한 비휘발성의 재프로그램 가능한 링크 기술

AND 게이트(AND gate) 모든 입력이 HIGH일 때만 HIGH 출력을 갖는 논리 게이트

AND 배열(AND array) 프로그램 가능한 상호 연결 매트릭스 구조에서 AND 게이트의 배열

CMOS complementary metal-oxide semiconductor(상보형 금속 산화막 반도체)의 약자. 전계효과 트랜지스터(field-effect transistor, FET)로 구현된 집적 논리회로의 종류

EEPROM electrically erasable programmable read-only memory(전기적으로 지우고 프로그램 가능한 ROM)의 약자

EPROM erasable programmable read-only memory(지우고 프로그램 가능한 ROM)의 약자

JTAG Joint Test Action Group의 약자. IEEE 표준 1149.1 표준 인터페이스

NAND 게이트(NAND gate) 모든 입력이 HIGH일 때 LOW를 출력하는 논리회로

NOR 게이트(NOR gate) 하나 또는 그 이상의 입력이 모두 HIGH일 때 LOW를 출력하는 논리 게이트

OR 게이트(OR gate) 하나 또는 그 이상의 입력이 HIGH일 때 LOW를 출력하는 논리회로

SRAM static random-access memory(정적 RAM)의 약자. 정적 RAM과 같은 재프로그램이 가능한 휘발성의 PLD 종류

VHDL 엔티티와 아키텍처 구조를 토대로 하드웨어를 기술하는 표준 언어

참/거짓 퀴즈

정답은 이 장의 끝에 있다.

1. 인버터는 NOR 연산을 수행한다.
2. NOT 게이트는 하나 이상의 입력을 가질 수 없다.
3. OR의 어느 입력이 0이면, 출력은 0이다.
4. AND 게이트의 모든 입력이 1이면, 출력은 0이다.
5. NAND 게이트는 NOT 게이트가 연결된 AND 게이트로 고려될 수 있다.
6. NOR 게이트는 인버터가 연결된 OR 게이트로 고려될 수 있다.
7. 배타적-OR의 출력은 입력이 반대이면 0이다.
8. 고정 기능의 논리 직접회로의 두 종류는 바이폴라와 NMOS이다.
9. 일단 프로그래밍되면 PLD 논리를 변경할 수 있다.
10. 팬-아웃은 주어진 게이트가 구동할 수 있는 비슷한 게이트의 수이다.

자습문제

정답은 이 장의 끝에 있다.

1. 인버터의 입력이 LOW(0)일 때, 출력의 상태는?

(a) HIGH 혹은 0 **(b)** LOW 혹은 0 **(c)** HIGH 혹은 1 **(d)** LOW 혹은 1

2. 다음 중에 인버터의 동작을 의미하는 것은 무엇인가?

(a) 보수 **(b)** 어서트 **(c)** 반전 **(d)** (a)와 (c)

3. 입력 A, B, C인 AND 게이트의 출력은 언제 LOW(0)가 되는가?

(a) $A = 0, B = 0, C = 0$ **(b)** $A = 0, B = 1, C = 1$ **(c)** (a)와 (b)

4. 입력 A, B, C인 OR 게이트의 출력은 언제 LOW(0)가 되는가?

(a) $A = 0, B = 0, C = 0$ **(b)** $A = 0, B = 1, C = 1$ **(c)** (a)와 (b)

5. 펄스가 2-입력 NAND 게이트의 각 입력에 인가되고 있다. 한 펄스는 $t = 0$에서 HIGH이고 $t = 1$ ms에서 LOW가 된다. 다른 펄스는 $t = 0.8$ ms에서 HIGH이고 $t = 3$ ms에서 LOW가 된다. 다음 중 출력 펄스에 대해 올바르게 설명하고 있는 것은 어떤 것인가?

(a) $t = 0$에서 LOW이고 $t = 3$ ms에서 HIGH이다.

(b) $t = 0.8$ ms에서 LOW이고 $t = 3$ ms에서 HIGH이다.

(c) $t = 0.8$ ms에서 LOW이고 $t = 1$ ms에서 HIGH이다.

(d) $t = 0.8$ ms에서 LOW이고 $t = 1$ ms에서 LOW이다.

6. 펄스가 2-입력 NOR 게이트의 각 입력에 인가되고 있다. 한 펄스는 $t = 0$에서 HIGH이고 $t = 1$ ms에서 LOW가 된다. 다른 펄스는 $t = 0.8$ ms에서 HIGH이고 $t = 3$ ms에서 LOW가 된다. 다음 중 출력 펄스에 대해 올바르게 설명하고 있는 것은 어떤 것인가?

(a) $t = 0$에서 LOW이고 $t = 3$ ms에서 HIGH이다.

(b) $t = 0.8$ ms에서 LOW이고 $t = 3$ ms에서 HIGH이다.

(c) $t = 0.8$ ms에서 LOW이고 $t = 1$ ms에서 HIGH이다.

(d) $t = 0.8$ ms에서 HIGH이고 $t = 1$ ms에서 LOW이다.

7. 펄스가 배타적-OR 게이트의 각 입력에 인가되고 있다. 한 펄스는 $t = 0$에서 HIGH이고 $t = 1$ ms에서 LOW가 된다. 다른 펄스는 $t = 0.8$ ms에서 HIGH이고 $t = 3$ ms에서 LOW가 된다. 다음 중 출력 펄스에 대해 올바르게 설명하고 있는 것은 어떤 것인가?

(a) $t = 0$에서 HIGH이고 $t = 3$ ms에서 LOW이다.

(b) $t = 0$에서 HIGH이고 $t = 0.8$ ms에서 LOW이다.

(c) $t = 1$ ms에서 HIGH이고 $t = 3$ ms에서 LOW이다.

(d) (b)와 (c)

8. 양(positive-going)의 펄스가 인버터에 주어진다. 입력의 상승 에지에서 출력의 상승 에지까지의 시간 간격은 7 ns이다. 이것이 의미하는 동작 파라미터는 무엇인가?

(a) 속도-전력 곱 **(b)** 전파지연, t_{PHL}

(c) 전파지연, t_{PLH} **(d)** 펄스 폭

9. PLD 배열에 대부분 이용된 게이트는?

(a) NOT 게이트 **(b)** NOR 게이트

(c) OR 게이트 **(d)** AND 게이트

10. SPLD에서 상호 연결 매트릭스의 행과 열은 무엇으로 연결되어 있는가?
(a) 퓨즈 (b) 스위치 (c) 게이트 (d) 트랜지스터
11. 안티퓨즈는 무엇인가?
(a) 도체로 분리된 2개의 절연체 (b) 절연체로 분리된 2개의 도체
(c) 도체 옆에 채워진 절연체 (d) 직렬로 연결된 2개의 도체
12. EPROM을 프로그래밍할 수 있는 것은?
(a) 트랜지스터 (b) 다이오드
(c) 다중 프로그래머 (d) 장치 프로그래머
13. PLD 개발 소프트웨어를 사용한 논리 설계에 입력하는 두 가지 방법은 무엇인가?
(a) 문자 기호 (b) 문자와 그래픽
(c) 그래픽과 부호 (d) 컴파일과 정렬
14. JTAG의 약자는 무엇인가?
(a) Joint Test Action Group (b) Java Top Array Group
(c) Joint Test Array Group (d) Joint Time Analysis Group
15. PLD를 프로그램하기 위해 사용되는 ISP는 무엇을 이용하는가?
(a) 임베디드 클록 발생기 (b) 임베디드 프로세서
(c) 임베디드 PROM (d) (a)와 (b)
(e) (b)와 (c)
16. 펄스 파형의 주기를 측정하기 위한 장비는 무엇인가?
(a) DMM (b) 논리 프로브
(c) 오실로스코프 (d) 논리 펄서
17. 펄스 파형의 주기가 측정되면, 주파수는 무엇으로 구해지는가?
(a) 다른 설정 사용 (b) 듀티 사이클 측정
(c) 주기의 격(reciprocal) 찾음 (d) 다른 종류의 도구 사용

문제

홀수 문제의 정답은 책의 끝에 있다.

3-1 인버터

1. 그림 3-76과 같은 입력 파형이 인버터에 가해질 때 출력 파형의 타이밍도를 그리라.

그림 3-76

2. 그림 3-77과 같이 직렬로 연결된 인버터에서 *A*에 HIGH를 인가할 때, *E*에서 *F*까지의 논리 레벨을 구하라.

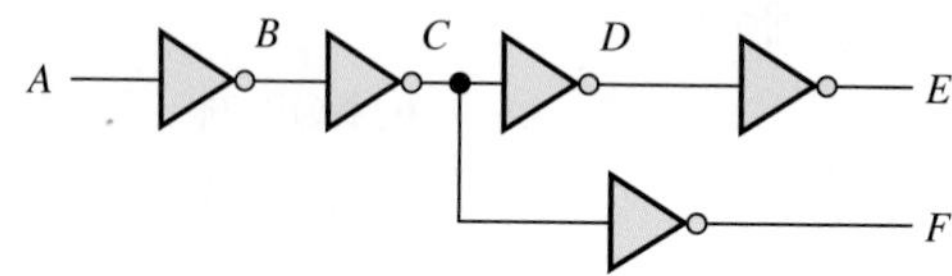

그림 3-77

3. 그림 3-76의 파형이 그림 3-77의 A에 인가될 때, B에서 F까지의 파형을 구하라.

3-2 AND 게이트

4. 4-입력 AND 게이트에 대한 사각 기호를 그리라.
5. 2-입력 AND 게이트에 그림 3-78과 같은 입력 파형이 인가될 때, 출력 X를 구하라. 입력에 대한 출력의 적절한 관계를 타이밍도로 나타내라.

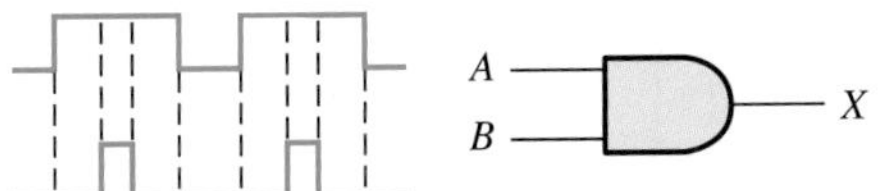

그림 3-78

6. 2-입력 게이트에 그림 3-79의 A 및 B와 같은 파형이 인가될 때, 출력 파형을 그리라.

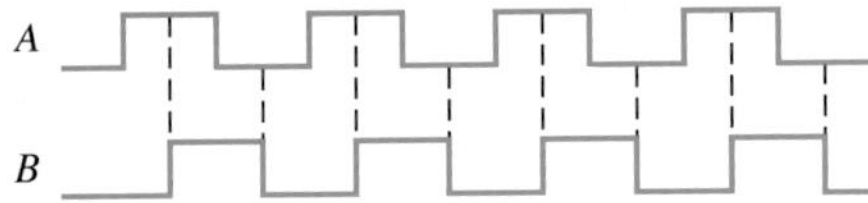

그림 3-79

7. 3-입력 AND 게이트에 그림 3-80과 같은 파형이 인가될 때, 입력에 대한 출력 파형을 타이밍도로 그리라.

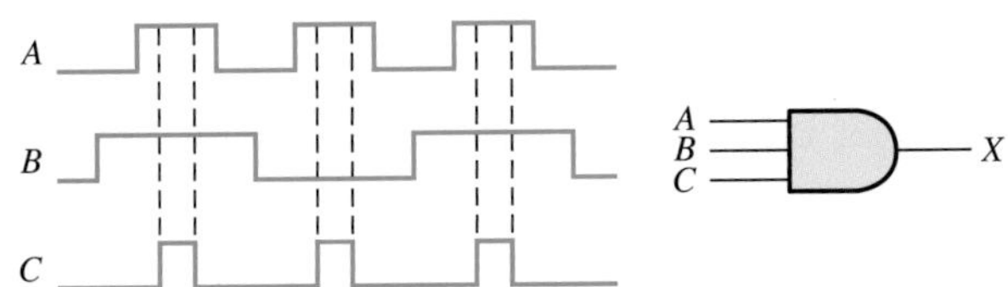

그림 3-80

8. 4-입력 AND 게이트에 그림 3-81과 같은 파형이 인가될 때, 입력에 대한 출력 파형을 타이밍도로 그리라.

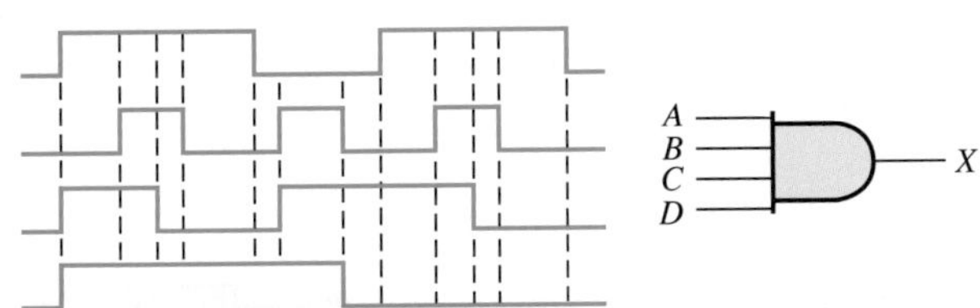

그림 3-81

3-3 OR 게이트

9. 3-입력 OR 게이트에 대한 사각형 기호를 그리라.
10. 입력 A, B, C, D 및 출력 X가 있는 4-입력 OR 게이트에 대한 표현식을 나타내라.
11. 입력 파형이 그림 3-79와 같을 때 2-입력 OR 게이트의 출력 파형을 타이밍도로 그리라.
12. 3-입력 OR 게이트에 대해 문제 7을 반복하라
13. 4-입력 OR 게이트에 대해 문제 8을 반복하라.

14. 그림 3-82에서 주어진 파형의 경우, *A*와 *B*는 출력 *F*와 AND 연산되고, *D*와 *E*는 출력 *G*와 AND 연산되고 *C*, *F*, *G*는 OR 처리된다. 순출력 파형을 그리라.

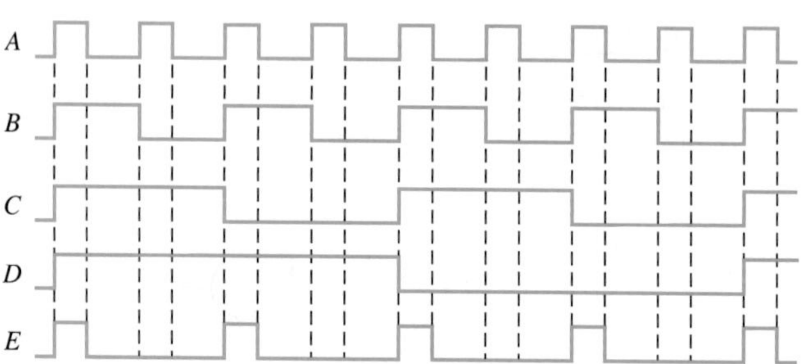

그림 3-82

15. 4-입력 OR 게이트에 대한 사각 기호를 그리라.

16. 3-입력 OR 게이트와 인버터가 연결된 시스템의 진리표를 그리라.

3-4 NAND 게이트

17. 그림 3-83의 입력 파형에 대해 게이트의 출력을 구하고 타이밍도를 그리라.

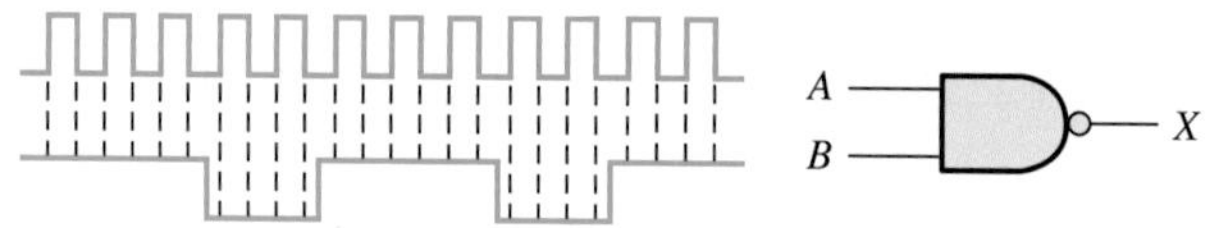

그림 3-83

18. 그림 3-84의 입력 파형에 대해 게이트의 출력을 구하고 타이밍도를 그리라.

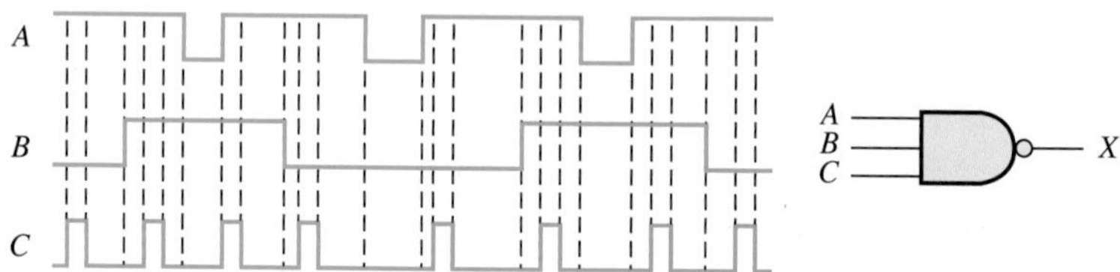

그림 3-84

19. 그림 3-85의 출력 파형을 구하라.

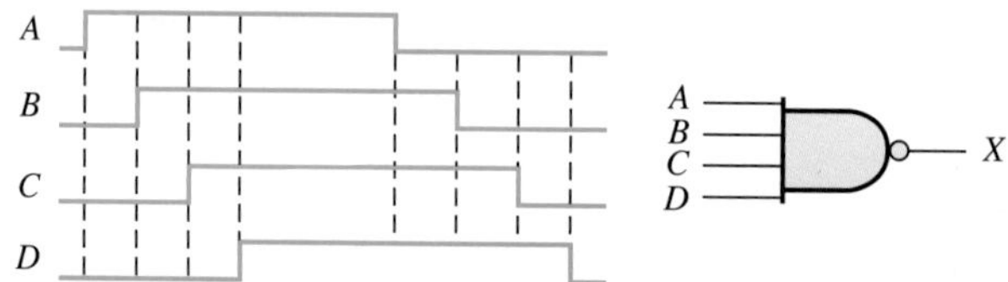

그림 3-85

20. 그림 3-86에 나타낸 2개의 논리기호는 같은 연산을 나타낸다. 기능적인 관점에서만 차이가 있다. NAND 기호에 대해 두 입력이 모두 HIGH이면 출력은 LOW가 된다. 네거티브-OR 기호에서는 입력 중 하나라도 LOW이면 출력은 HIGH가 된다. 이러한 두 가지 기능적인 관점에서 각각의 게이트는 주어진 입력에 대해 같은 출력을 나타냄을 보이라.

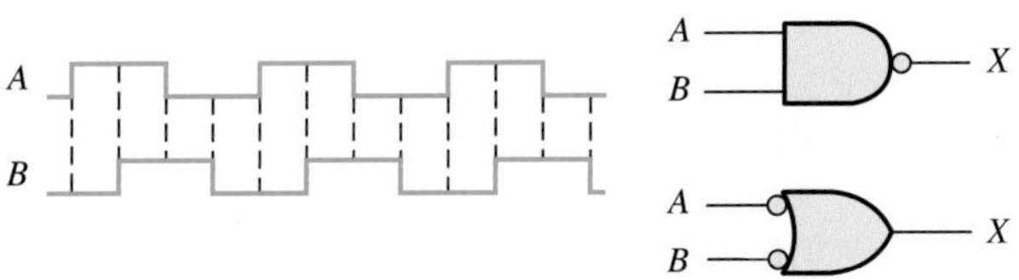

그림 3-86

3-5 NOR 게이트

21. 2-입력 NOR 게이트에 대해 문제 17을 반복하라.

22. 그림 3-87의 출력 파형을 구하고 타이밍도를 그리라.

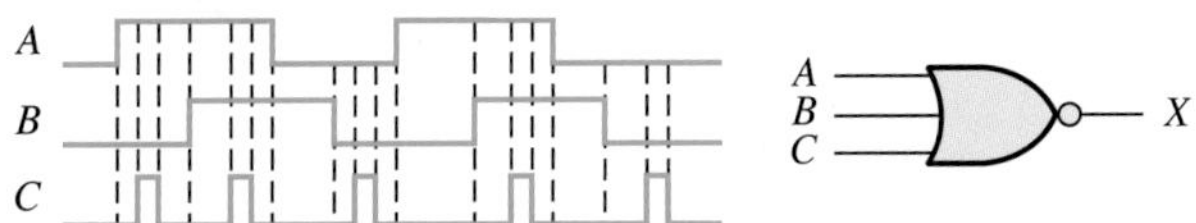

그림 3-87

23. 4-입력 NOR 게이트에 대해 문제 19를 반복하라.

24. NAND와 네거티브-OR 기호는 같은 연산을 나타내지만, 기능적으로 서로 다르다. NOR 기호는 입력 중 하나라도 HIGH이면 출력은 LOW이다. 네거티브-AND 기호는 두 입력이 LOW이면 출력은 HIGH가 된다. 이러한 2개의 기능적인 관점으로 그림 3-88의 두 게이트가 주어진 입력에 대해 같은 출력을 나타냄을 보이라.

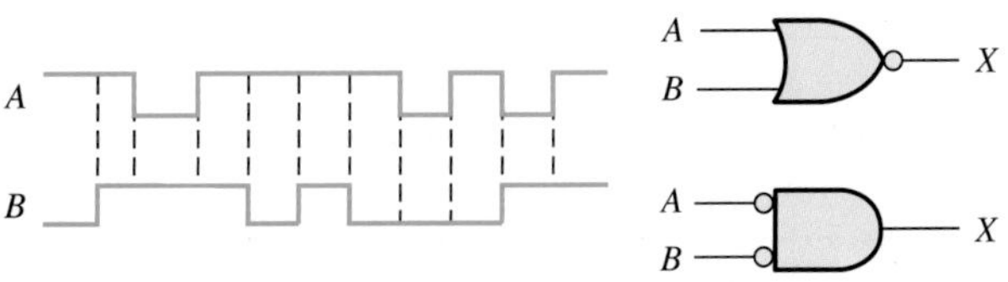

그림 3-88

3-6 배타적-OR 게이트와 배타적-NOR 게이트

25. 논리적인 연산에서 배타적-OR 게이트와 OR 게이트의 차이점을 설명하라.

26. 배타적-OR 게이트에 대해 문제 17을 반복하라.

27. 배타적-NOR 게이트에 대해 문제 17을 반복하라.

28. 그림 3-79의 입력에 대해 배타적-OR 게이트의 출력을 구하고 타이밍도를 그리라.

3-7 프로그램 가능한 논리

29. 그림 3-89와 같이 프로그램 가능한 링크를 갖는 간단하게 프로그램된 AND 배열에서 불 출력식을 구하라.

30. 다음 곱항을 각각을 구현하기 위하여, 그림 3-90의 프로그램 가능한 AND 배열에서 어느 가변 퓨즈 링크를 개방시켜야 하는지 행과 열 번호를 구하라.

$X_1 = \overline{A}BC, X_2 = AB\overline{C}, X_3 = \overline{A}B\overline{C}$

31. VHDL을 사용하는 4-입력 AND 게이트를 설명하라.

32. VHDL을 사용하여 5-입력 NOR 게이트를 설명하라.

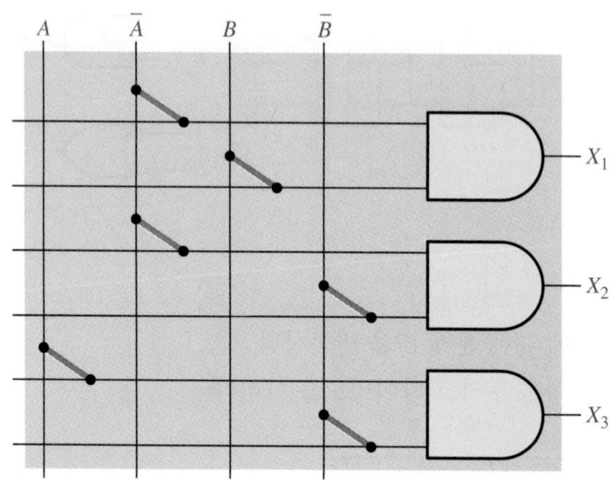

그림 3-89

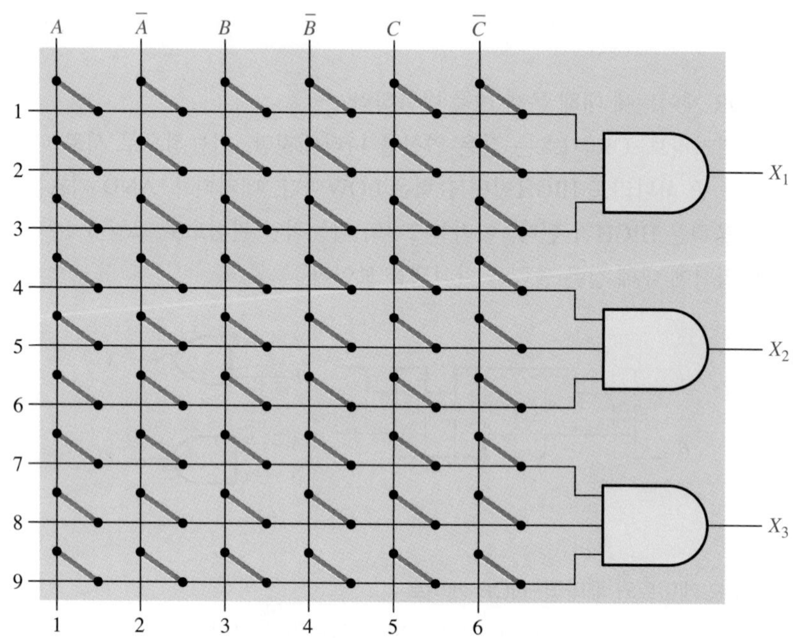

그림 3-90

3-8 고정기능 논리

33. 논리 소자의 비교에서 어느 특정 형태의 전력 소모가 주파수 증가에 따라 증가하는 것으로 나타났다. 이 소자는 바이폴라인가 CMOS인가?

34. 그림 3-65와 그림 3-66의 데이터 시트에서 다음을 구하라.

(a) 최대 공급 전압과 50% 듀티 사이클에서 74LS00의 전력소모

(b) 74LS00에 대한 최소 HIGH 레벨 출력 전압

(c) 74LS00에 대한 최대 전파지연

(d) 74HC00A에 대한 최대 LOW 레벨 출력 전압

(e) 74HC00A에 대한 최대 전파지연

35. 그림 3-91의 오실로스코프 화면에서 t_{PLH}와 t_{PHL}을 구하라. 각 채널에 대해 눈금은 volts/div와 sec/div를 나타낸다.

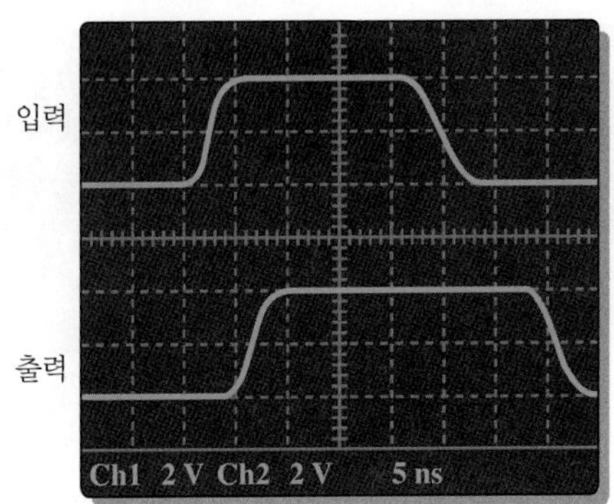

그림 3-91

36. 게이트 A는 $t_{PLH} = t_{PHL} = 6$ ns이고, 게이트 B는 $t_{PLH} = t_{PHL} = 10$ ns이다. 어느 게이트가 더 높은 주파수에서 동작할 수 있는가?

37. 어느 논리 게이트가 +5 V 직류 공급 전압에서 동작하고 4 mA의 평균 전류가 흐른다면 전력 소모는 얼마인가?

38. I_{CCH}는 IC의 모든 출력이 HIGH일 때, V_{CC}로부터 공급되는 직류 전류를 나타낸다. I_{CCL}은 모든 출력이 Low일 때, 공급되는 직류 전류를 나타낸다. 74LS00 IC에 대해 4개의 게이트 출력이 HIGH일 때, 전력 소모를 구하라(그림 3-66의 데이터 시트 참조).

3-9 고장 진단

39. 그림 3-92의 조건들을 검사하여 고장난 게이트를 찾으라.

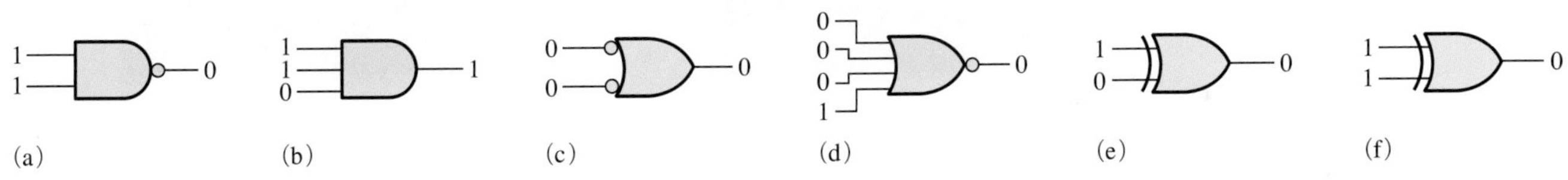

그림 3-92

40. 그림 3-93의 타이밍도를 분석하여 고장난 게이트를 찾으라.

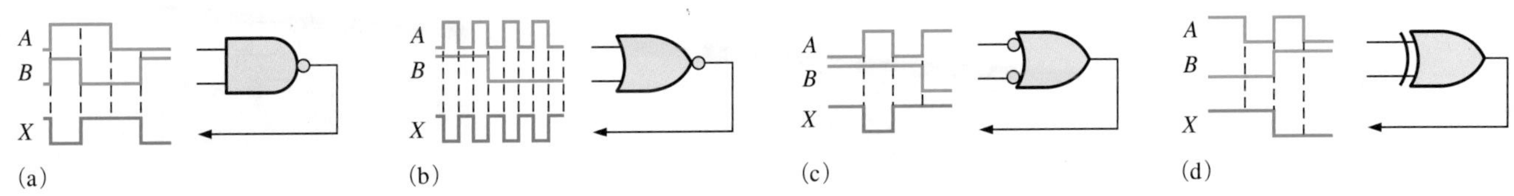

그림 3-93

41. 오실로스코프를 사용하여 그림 3-94와 같이 관측되었다. 각각 관측된 화면을 기반으로 게이트의 고장 원인을 결정하라.

42. 그림 3-17의 좌석 벨트 경보 회로가 오동작하고 있다. 점화 스위치를 켜고 좌석 벨트를 매지 않았을 때, 경보음이 울리고 멈추지 않는다. 가장 가능성이 있는 고장은 무엇인가? 고장 진단을 어떻게 하는가?

43. 그림 3-17의 회로에서 점화 스위치를 켤 때마다, 좌석 벨트를 매었음에도 경보음이 30초 동안 울린다. 가장 가능성이 있는 오동작의 원인은 무엇인가?

44. 3-입력 NAND 게이트의 출력이 입력에 무관하게 HIGH 상태에 있다면, 의심스러운 고장 원인은 무엇인가?

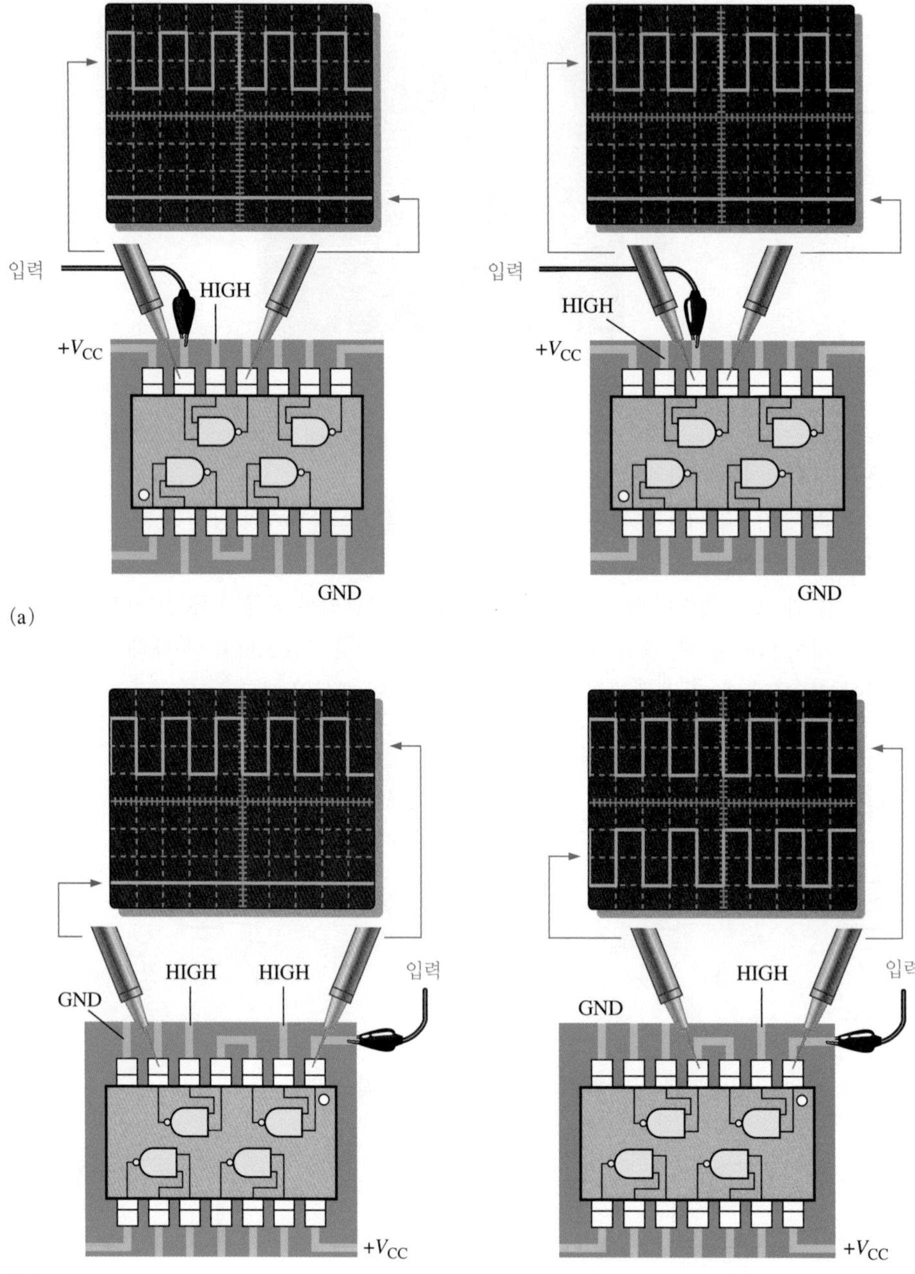

그림 3-94

특수 설계 문제

45. 그림 3-16의 주파수 카운터에서 1 ms 간격 동안 HIGH 대신 LOW인 인에이블 펄스로 동작하도록 회로를 수정하라.

46. 그림 3-16의 인에이블 신호가 그림 3-95와 같은 파형을 갖는다고 하자. 파형 B 또한 이용 가능하다고 하자. 인에이블 신호가 LOW인 시간 동안만 카운터에 액티브-HIGH 리셋 펄스를 제공하는 회로를 설계하라.

47. 자동차 전조등의 스위치가 켜져 있더라도, 점화 스위치가 꺼진 뒤 15초 후에 자동적으로 꺼지도록 그림 3-96의 블록에 적합한 회로를 설계하라. 출력은 전조등을 끄는 것으로 액티브-LOW로 출력된다고 가정한다.

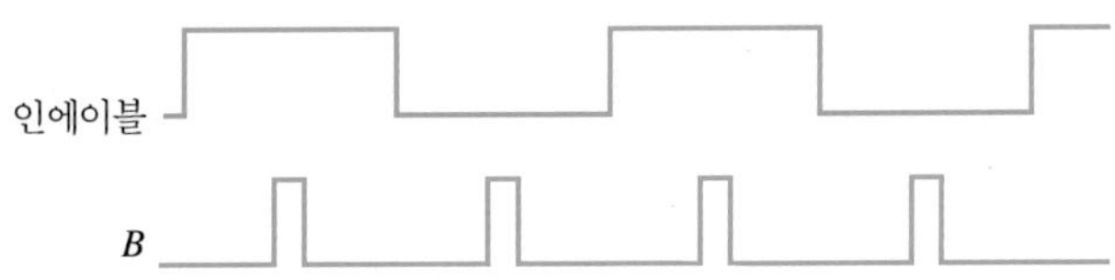

그림 3-95

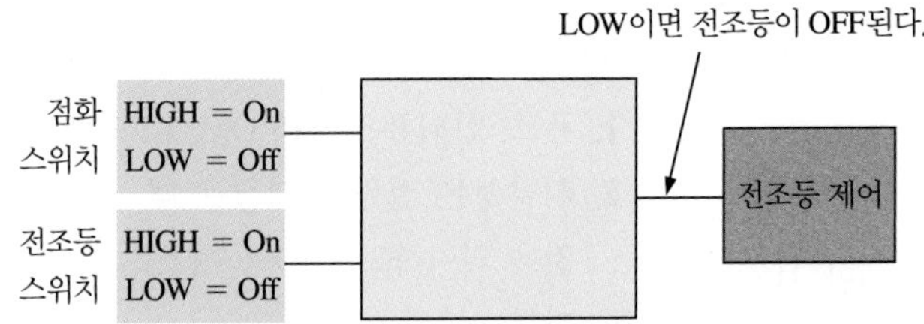

그림 3-96

48. 그림 3-25에서 2개의 창문과 하나의 문이 있는 방이 2개 더 있을 경우, 침입 정보에 대한 논리 회로를 수정하라.
49. 센서 출력이 Open = LOW, Closed = HIGH인 변화에 대해 문제 48의 논리회로를 수정하라.
50. 센서가 큰 통에 저장된 어떤 화학 용액의 압력과 온도를 모니터링하기 위해 사용된다, 각 센서 회로는 정해진 최댓값을 초과했을 때 HIGH 전압을 출력한다. 압력이나 온도가 초과되었을 때 LOW 전압 입력을 요하는 경보음이 울려야 한다. 이 응용에 대한 회로를 설계하라.
51. 어떤 자동화된 제조 공정에서, 전기 소자들은 자동적으로 PCB에 삽입된다. 삽입 도구가 동작하기 전에, PCB는 올바른 위치에 있어야 하고 삽입될 소자도 적절한 용기(chamber)에 있어야 한다. 이러한 선행 조건들은 HIGH 전압으로 표시된다. 삽입 도구는 LOW 전압에 의해 동작한다. 이 공정을 구현하기 위한 회로를 설계하라.

Multisim 고장 진단 연습

52. 파일 P03-52를 열어 지정된 오류에 대해서는 회로에 미치는 영향을 예측하라. 그런 다음 오류를 검토하고 예측이 올바른지 확인하라.
53. 파일 P03-53을 열어 지정된 오류에 대해서는 회로에 미치는 영향을 예측하라. 그런 다음 오류를 검토하고 예측이 올바른지 확인하라.
54. 파일 P03-54를 열어 지정된 오류에 대해서는 회로에 미치는 영향을 예측하라. 그런 다음 의심되는 오류를 검토하고 예측이 올바른지 확인하라.
55. 파일 P03-55를 열어 지정된 오류에 대해서는 회로에 미치는 영향을 예측하라. 그런 다음 의심되는 오류를 검토하고 예측이 올바른지 확인하라.

정답

3-1 인버터

1. 인버터 입력이 '1'일 때 출력은 '0'이다.
2. (a) 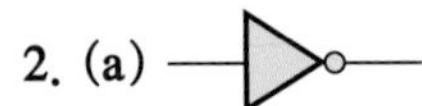

   (b) 음의 펄스가 출력에 나타난다(HIGH에서 LOW로 다시 HIGH).

3-2 AND 게이트

1. AND 게이트 출력은 모든 입력이 HIGH일 때만, HIGH이다.
2. AND 게이트 출력은 하나 이상의 입력이 LOW일 때, LOW이다.
3. 5-입력 AND: $ABCDE = 11111$일 때 $X = 1$이고 $ABCDE$의 다른 모든 조합에 대해 $X = 0$이다.

3-3 OR 게이트

1. OR 게이트 출력은 하나 이상의 입력이 HIGH일 때, HIGH이다.
2. OR 게이트 출력은 모든 입력이 LOW일 때만, LOW다.
3. 3-입력 OR : $ABC = 000$일 때 $X = 0$이고 ABC의 다른 모든 조합에 대해 $X = 1$이다.

3-4 NAND 게이트

1. NAND 출력은 모든 입력이 HIGH일 때만, LOW이다.
2. NAND 출력은 하나 이상의 입력이 LOW일 때, HIGH이다.
3. NAND : 모든 HIGH 입력에 대해 액티브-LOW 출력, 네거티브-OR : 하나 이상의 LOW 입력에 대해 액티브-HIGH 출력. 두 가지 모두 같은 진리표를 갖는다.
4. $X = \overline{ABC}$

3-5 NOR 게이트

1. NOR 출력은 모든 입력이 LOW일 때만, HIGH이다.
2. NOR 출력은 하나 이상의 입력이 HIGH일 때, LOW다.
3. NOR : 하나 이상의 HIGH 입력에 대해 액티브-LOW 출력, 네거티브-AND : 모든 LOW 입력에 대해 액티브-HIGH 출력. 두 가지 모두 같은 진리표를 갖는다.
4. $X = \overline{A + B + C}$

3-6 배타적-OR 게이트와 배타적-NOR 게이트

1. XOR 출력은 입력이 반대 레벨일 때, HIGH이다.
2. XNOR 출력은 입력이 같은 레벨일 때, HIGH이다.
3. 비트들을 XOR 게이트에 입력한다. 출력이 HIGH이면, 비트들은 다른 것이다.

3-7 프로그램 가능한 논리

1. 퓨즈, 안티퓨즈, EPROM, EEPROM, 플래시와 SRAM
2. 휘발성은 전원이 꺼졌을 때, 모든 데이터가 손실되는 것을 의미하고 PLD는 재프로그램되어야 한다. SRAM 기반
3. 텍스트 입력과 그래픽 입력
4. JTAG는 Joint Test Action Group으로, 프로그래밍과 인터페이싱을 위한 IEEE 표준 1149.1이다.
5.
```
entity NORgate is
  port (A, B, C: in bit; X: out bit);
end entity NORgate;
architecture NORfunction of NORgate is
begin
  X <= A nor B nor C;
end architecture NORfunction;
```
6.
```
entity XORgate is
  port (A, B: in bit; X: out bit);
end entity XORgate;
architecture XORfunction of XORgate is
begin
  X <= A xor B;
end architecture XORfunction;
```

3-8 고정기능 논리 게이트

1. 고정기능 논리는 변경할 수 없다. PLD는 모든 논리 기능에 대해 프로그래밍할 수 있다.
2. CMOS와 바이폴라(TTL)
3. (a) LS : low-power schottky

   (b) HC : high-speed CMOS

   (c) HCT : HC CMOS TTL compatible
4. 가장 적은 전력 : CMOS
5. 한 패키지 내에 6개의 인버터, 한 패키지 내에 4개의 2-입력 NAND 게이트
6. $t_{PLH} = 10$ ns, $t_{PHL} = 8$ ns
7. 18 pJ

8. I_{CCL} : LOW 출력 상태에 대한 dc 공급 전류, I_{CCH} : HIGH 출력 상태에 대한 dc 공급 전류
9. V_{IL} : LOW 입력 전압, V_{IH} : HIGH 입력 전압
10. V_{OL} : LOW 출력 전압, V_{OH} : HIGH 출력 전압

3-9 고장 진단

1. 개방과 단락은 가장 일반적인 고장이다.
2. 입력을 HIGH로 만드는 개방 입력
3. 진폭과 주기

예제의 관련 문제

3-1 타이밍도는 영향받지 않는다.

3-2 표 3-15를 참조하라.

표 3-15

입력 ABCD	출력 X	입력 ABCD	출력 X
0000	0	1000	0
0001	0	1001	0
0010	0	1010	0
0011	0	1011	0
0100	0	1100	0
0101	0	1101	0
0110	0	1110	0
0111	0	1111	1

3-3 그림 3-97을 참조하라.

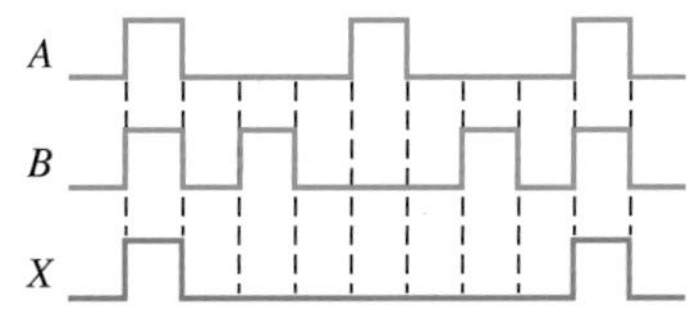

그림 3-97

3-4 출력 파형은 입력 A와 같다.

3-5 그림 3-98을 참조하라.

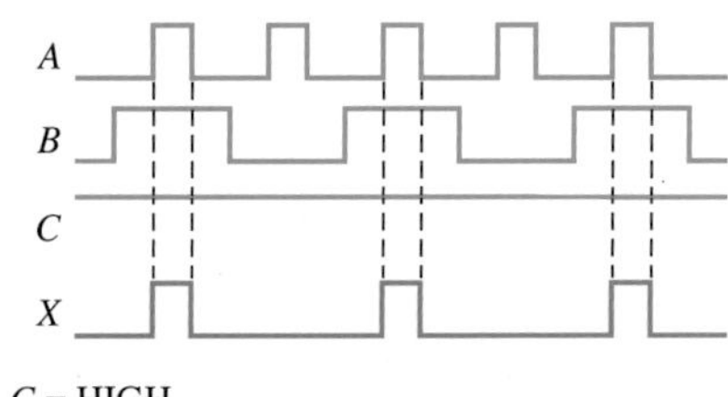

그림 3-98

3-6 예제와 결과는 동일하다.

3-7 그림 3-99를 참조하라.

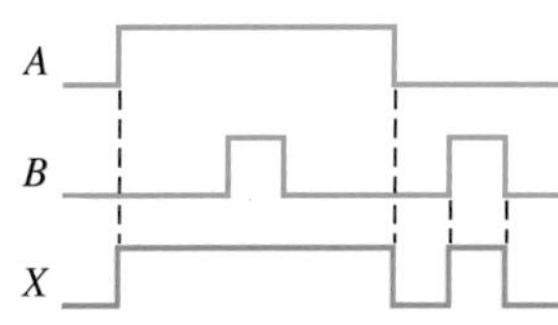

그림 3-99

3-8 그림 3-100을 참조하라.

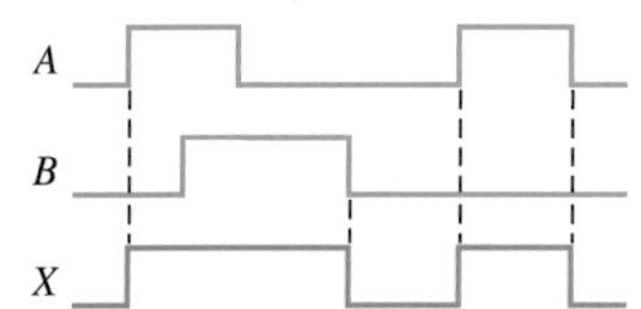

그림 3-100

3-9 그림 3-101을 참조하라.

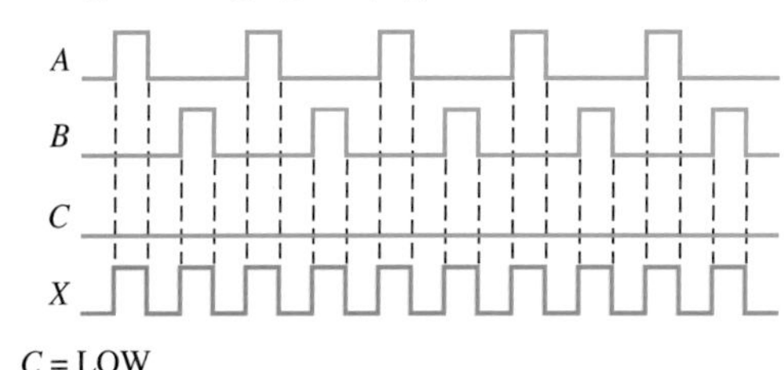

그림 3-101

3-10 그림 3-102를 참조하라.

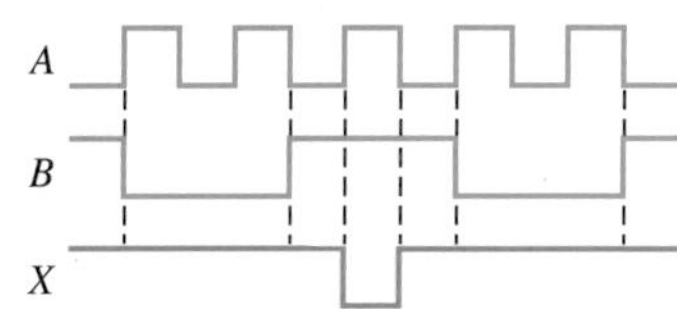

그림 3-102

3-11 그림 3-103을 참조하라.

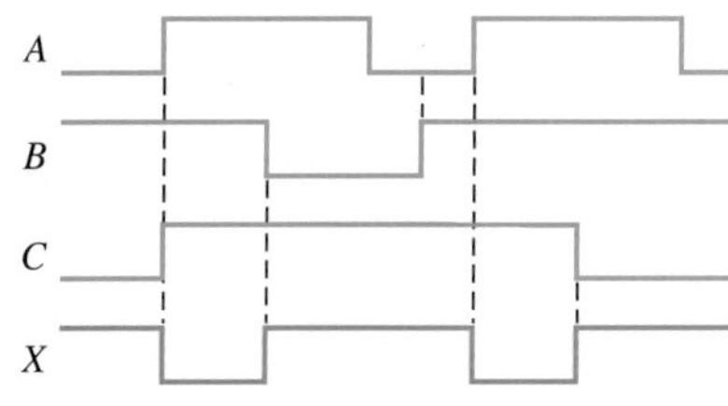

그림 3-103

3-12 3-입력 NAND 게이트를 사용하라.

3-13 네거티브-OR 게이트로 동작하는 4-입력 NAND 게이트를 사용하라.

3-14 그림 3-104를 참조하라.

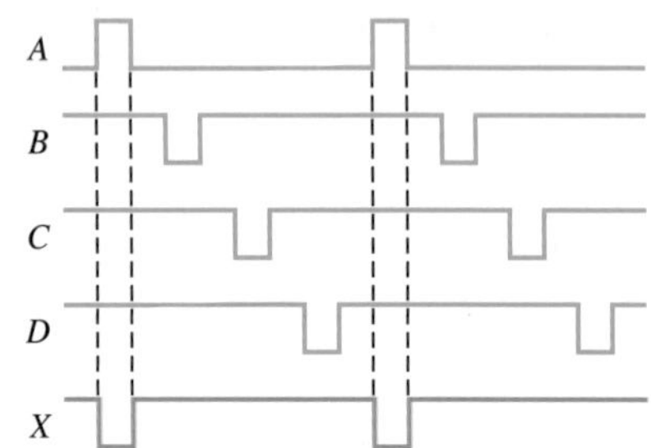

그림 3-104

3-15 그림 3-105를 참조하라.

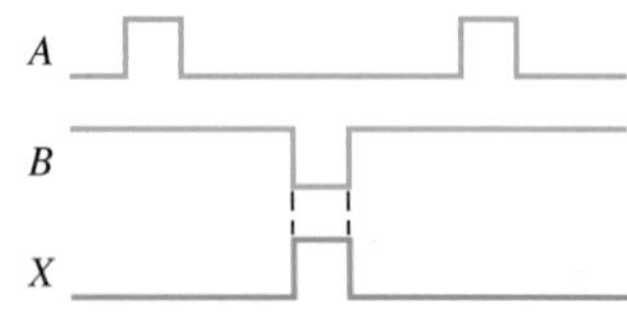

그림 3-105

3-16 그림 3-106을 참조하라.

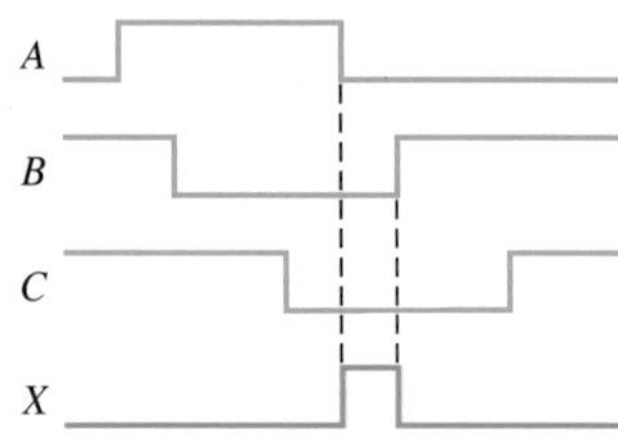

그림 3-106

3-17 2-입력 NOR 게이트를 사용하라.

3-18 3-입력 NAND 게이트

3-19 출력은 항상 LOW이다. 출력은 직선이다.

3-20 배타적-OR 게이트는 두 회로가 같은 출력을 낼 때, 고장을 검출하지 못할 것이다.

3-21 출력은 영향받지 않는다.

3-22 각각 3개의 입력을 갖는 6열, 9행 및 3 AND 게이트

3-23 4 ns의 t_{PLH}와 t_{PHL}을 갖는 게이트가 가장 높은 주파수에서 동작할 수 있다.

3-24 10 mW

3-25 게이트 출력 혹은 핀 13번 입력은 내부적으로 개방이다.

3-26 카운터가 리셋될 때까지 계속되기 때문에 화면은 엉뚱한 정보를 나타낼 것이다.

3-27 인에이블 펄스가 너무 짧거나 혹은 카운터가 너무 빠르게 리셋된다.

참/거짓 퀴즈

1. T	**2.** T	**3.** F	**4.** F	**5.** T
6. T	**7.** F	**8.** F	**9.** T	**10.** T

자습문제

1. (c)	**2.** (d)	**3.** (c)	**4.** (a)	**5.** (c)
6. (a)	**7.** (d)	**8.** (b)	**9.** (d)	**10.** (a)
11. (b)	**12.** (d)	**13.** (b)	**14.** (a)	**15.** (d)
16. (c)	**17.** (c)			

CHAPTER 4

불 대수와 논리 간략화

학습목차

학습목표

- 불 대수의 기본 법칙과 규칙을 적용한다.
- 드모르간의 정리를 불 식에 적용한다.
- 불 식으로 게이트 회로를 구성한다.
- 불 식을 평가한다.
- 불 대수의 법칙과 규칙을 사용하여 식을 간략화한다.
- 불 식을 곱의 합(SOP) 형태로 변환한다.
- 불 식을 합의 곱(POS) 형태로 변환한다.
- 불 식을 진리표와 연결한다.
- 카르노 맵을 사용하여 불 식을 간략화한다.
- 카르노 맵을 사용하여 진리표 함수를 간략화한다.
- '무정의(don't care)' 조건을 이용하여 논리함수를 간략화한다.
- 퀸-맥클러스키 방법을 사용해 불 식을 간략화한다.
- 간략화한 논리에 대해 VHDL 프로그램을 작성한다.
- 불 대수와 카르노 맵 방법을 시스템 응용에 적용한다.

학습지원 웹사이트

http : //www.pearsonglobaleditions.com/floyd

핵심용어

- 변수
- 보수
- 합항
- 곱항
- 곱의 합(SOP)
- 합의 곱(POS)
- 카르노 맵
- 최소화
- 무정의

개요

1854년 조지 불은 'An Investigation of the Laws of Thought, on Which Are Founded the Mathematical Theories of Logic and Probabilities'라는 논문을 발표했다. 이 논문에서 오늘날 불 대수로 알려진 '논리 대수'가 공식화되었다. 불 대수는 논리회로의 연산을 표현하고 해석하는 데 있어 편리하고 조직적인 방법이다. 클로드 섀넌은 논리회로의 해석과 설계에 불의 이론을 처음으로 적용하였다. 섀넌은 MIT에서 'A Symbolic Analysis of Relay and Switching Circuits'라는 논문을 작성했다.

이 장에서는 불 대수의 법칙, 규칙, 이론과 이를 디지털 회로에 응용하는 방법에 대해 학습한다. 주어진 회로를 불 식으로 정의하고, 연산을 평가하는 법을 학습한다. 또한 불 대수와 카르노 맵을 사용하여 논리회로를 간략화하는 방법도 학습한다.

하드웨어 기술 언어인 VHDL을 사용한 불 식 또한 소개된다.

4-1 불 연산과 불 식

불 대수는 디지털 시스템의 기본이 되는 수학으로서, 논리회로를 설계하고 분석하기 위해서는 불 대수에 대한 기본 지식이 반드시 필요하다. 앞 장에서는 불 연산과 불 식을 NOT, AND, OR, NAND, NOR 게이트와 관련지어 소개하였다.

이 절의 학습내용

- 변수를 정의한다.
- 문자를 정의한다.
- 합항을 구별한다.
- 합항을 평가한다.
- 곱항을 구별한다.
- 곱항을 평가한다.
- 불 덧셈을 설명한다.
- 불 곱셈을 설명한다.

정보노트

마이크로프로세서에서 산술논리장치(arithmetic logic unit, ALU)는 프로그램 명령에 의해 지시되는 디지털 데이터에 대해 산술과 불 논리 연산을 수행한다. 논리 연산은 이미 친숙해져 있는 게이트의 기본적인 연산과 같지만, 한 번에 최소 8비트에 대해 연산이 이루어진다. 불 논리 명령의 예로는 AND, OR, NOT, XOR을 들 수 있으며 이를 연상기호(mnemonics)라고 한다. 어셈블리 언어 프로그램은 ALU의 연산을 지정하기 이해 연상기호를 사용한다. 어셈블러(assembler)라고 하는 또 다른 프로그램은 연상기호를 마이크로프로세서가 이해할 수 있도록 2진 코드로 번역한다.

불 대수에서는 **변수**, **보수**, **문자**라는 용어를 사용한다. **변수**(variable)는 동작, 조건 또는 데이터를 나타내는 데 사용하는 기호(보통 이탤릭 대문자)이다. 단일 변수는 1이나 0의 값을 가질 수 있다. **보수**(complement)는 변수의 역이며 변수 위에 바($\overline{\ }$) 기호를 써서 표현한다. 예를 들어 변수 A의 보수는 $\overline{A}$이다. $A = 1$이면 $\overline{A} = 0$이고, $A = 0$이면 $\overline{A} = 1$이다. 변수 A의 보수는 "A 바" 또는 "not A"로 읽는다. 때로는 바 기호 대신 프라임(′) 기호를 사용하여 보수를 표시하기도 한다. 예를 들어 B'은 B의 보수를 의미한다. 이 책에서는 바 기호만 사용한다. **문자**(literal)는 변수나 변수의 보수를 말한다.

불 덧셈

불 덧셈(Boolean addition)은 3장에서 언급한 바와 같이 OR 연산과 같으며, 불 덧셈의 기본 규칙을 OR 게이트에 적용하면 그림 4-1과 같다.

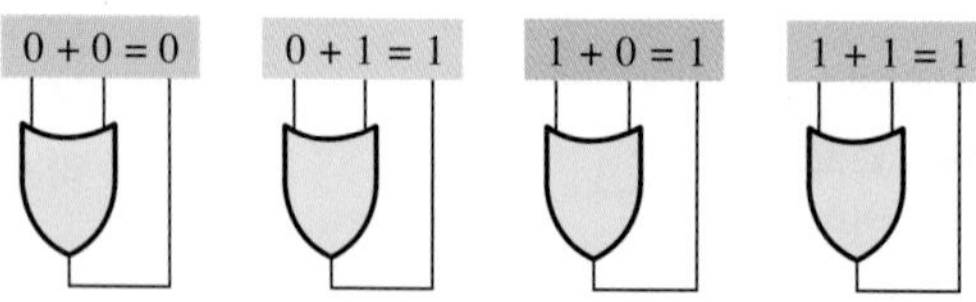

그림 4-1

불 대수에서, **합항**(sum term)은 문자들의 합이다. 논리회로에서 합항은 AND 연산이 포함되지 않은 OR 연산에 의해서만 생기게 된다. 합항에 대한 몇 가지 예를 들면 다음과 같다.

$$A + B, A + \overline{B}, A + B + \overline{C}, \overline{A} + B + C + \overline{D}$$

OR 연산은 불 형태의 덧셈이다.

합항은 하나 이상의 문자가 1일 때 1이다. 합항은 모든 문자가 0일 때만 0이다.

예제 4-1

합항 $A + \overline{B} + C + \overline{D}$가 0일 때 A, B, C, D의 값을 구하라.

풀이

합항이 0이 되기 위해서는 합항에 포함되어 있는 모든 문자들이 0이어야 한다. 그러므로 $A = \mathbf{0}$, $\overline{B} = 0$이므로 $B = \mathbf{1}$, $C = \mathbf{0}$, $\overline{D} = 0$이므로 $D = \mathbf{1}$이다.

$$A + \overline{B} + C + \overline{D} = 0 + \overline{1} + 0 + \overline{1} = 0 + 0 + 0 + 0 = 0$$

관련 문제*

합항 $\overline{A} + B$가 0일 때, A와 B의 값을 구하라.

* 정답은 이 장의 끝에 있다.

불 곱셈

AND 연산은 불 형태의 곱셈이다.

불 곱셈(Boolean multiplication)은 3장에서 언급한 바와 같이 AND 연산과 같으며, 불 곱셈의 기본 규칙을 AND 게이트에 적용하면 그림 4-2와 같은 관계가 성립한다.

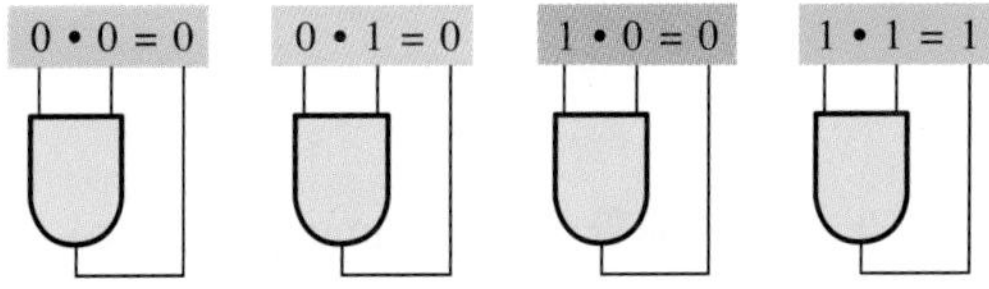

그림 4-2

불 대수에서 **곱항**(product term)은 문자들의 곱이다. 논리회로에서 곱항은 OR 연산이 포함되지 않은 AND 연산에 의해서만 생기게 된다. 곱항에 대한 몇 가지 예를 들면 다음과 같다.

$$AB,\ A\overline{B},\ ABC,\ A\overline{B}C\overline{D}$$

곱항은 문자들이 모두 1일 때만 1이고, 하나 이상의 문자가 0일 때 0이다.

예제 4-2

곱항 $A\overline{B}C\overline{D}$가 1일 때, A, B, C, D의 값을 구하라.

풀이

곱항이 1이 되기 위해서는 그 항의 모든 문자들이 1이어야 한다.
그러므로 $A = \mathbf{1}$, $\overline{B} = 1$이므로 $B = \mathbf{0}$, $C = \mathbf{1}$, $\overline{D} = 1$이므로 $D = \mathbf{0}$이다.

$$A\overline{B}C\overline{D} = 1 \cdot \overline{0} \cdot 1 \cdot \overline{0} = 1 \cdot 1 \cdot 1 \cdot 1 = 1$$

관련 문제

곱항 $\overline{A}\,\overline{B}$가 1일 때, A와 B의 값을 구하라.

복습문제 4-1

정답은 이 장의 끝에 있다.

1. $A = 0$ 이면 $\overline{A}$는 어떤 값을 갖는가?

2. 합항 $\overline{A} + \overline{B} + C$를 0으로 만드는 변수 A, B, C를 구하라.
3. 곱항 $A\overline{B}C$를 1로 만드는 변수 A, B, C를 구하라.

4-2 불 대수의 법칙과 규칙

수학의 다른 분야와 마찬가지로 불 대수에도 올바르게 적용하기 위해 따라야만 하는 잘 정립된 몇 가지 규칙과 법칙들이 있다. 이 절에서는 이들 법칙과 규칙에 대해 가장 중요한 점들을 설명한다.

이 절의 학습내용

- 덧셈과 곱셈의 교환 법칙을 적용한다.
- 덧셈과 곱셈의 결합 법칙을 적용한다.
- 분배 법칙을 적용한다.
- 불 대수의 12개 기본 규칙을 적용한다.

불 대수의 법칙

불 대수의 기본 법칙은 덧셈과 곱셈의 **교환 법칙**(commutative laws), 덧셈과 곱셈의 **결합 법칙**(associative laws)과 **분배 법칙**(distributive law)으로 이는 일반 대수학과 같다. 이 부분에서는 각 법칙에 대해 2개 또는 3개의 변수만을 적용하여 설명하거나, 변수의 수에는 제한이 없다.

교환 법칙

2개의 변수에 대한 덧셈의 교환 법칙(commutative law of addition)은 다음과 같이 나타낸다.

$$A + B = B + A \qquad \text{식 4-1}$$

이 법칙은 변수들이 OR되는 순서에 차이가 없음을 의미한다. 논리회로에 적용되는 불 대수에서 덧셈은 OR 연산과 같다. 그림 4-3은 OR 게이트를 사용하여 교환 법칙을 설명한 것으로 변수가 어느 입력에 인가되든 관계가 없음을 보여준다(기호 ≡는 '등가'임을 의미한다).

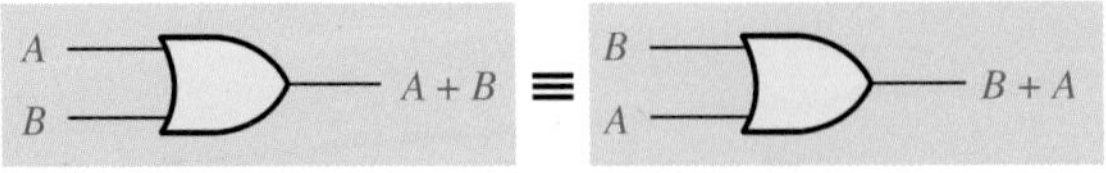

A, B → A + B ≡ B, A → B + A

그림 4-3 덧셈의 교환 법칙

2개의 변수에 대한 곱셈의 교환 법칙(commutative law of multiplication)은 다음과 같다.

$$AB = BA \qquad \text{식 4-2}$$

이 법칙은 변수들이 AND되는 순서에 관계가 없음을 의미한다. 그림 4-4는 AND 게이트를 사용하여 교환 법칙을 설명한 것이다. 논리회로에 적용된 불 대수에서 곱셈과 AND 함수는 동일함을 알 수 있다.

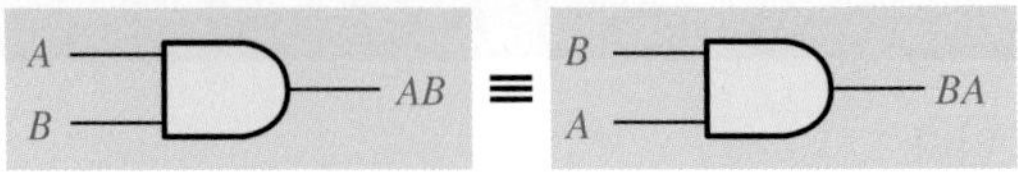

A, B → AB ≡ B, A → BA

그림 4-4 곱셈의 교환 법칙

결합 법칙

덧셈의 결합 법칙(associative law of addition)은 세 변수의 경우 다음과 같이 나타낸다.

$$A + (B + C) = (A + B) + C \qquad \text{식 4-3}$$

이 법칙은 3개 이상의 변수들을 OR하는 경우 변수를 묶는 방법이나 순서에 관계없이 결과가 같다는 것을 나타낸다. 그림 4-5는 이러한 결합 법칙을 2-입력 OR 게이트에 적용하여 설명한 것이다.

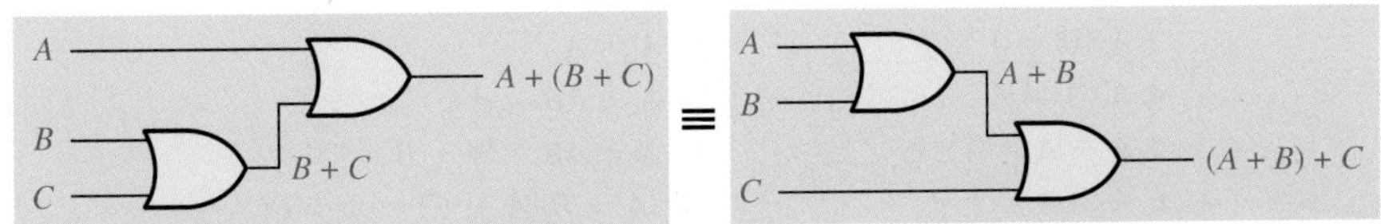

그림 4-5 덧셈의 결합 법칙. F04-05 파일을 열어 확인하라. Multisim 지침서는 웹사이트에서 사용할 수 있다.

곱셈의 결합 법칙(associative law of multiplication)은 세 변수의 경우 다음과 같이 나타낸다.

$$A(BC) = (AB)C \qquad \text{식 4-4}$$

이 법칙은 3개 이상의 변수를 AND할 때 변수를 묶는 순서에는 관계가 없음을 나타낸다. 그림 4-6은 결합 법칙을 2-입력 AND 게이트에 적용하여 설명한 것이다.

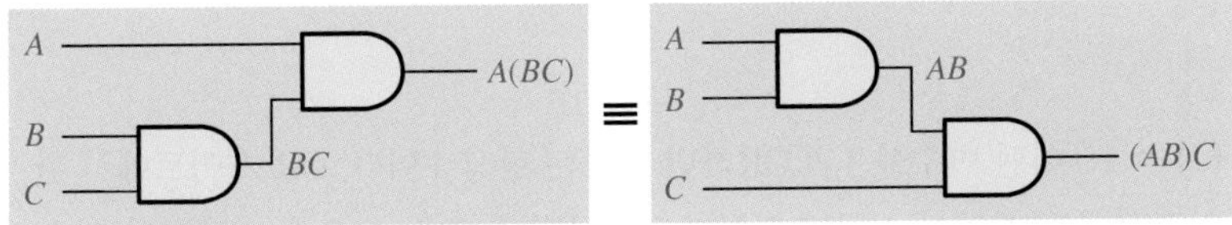

그림 4-6 곱셈의 결합 법칙. F04-06 파일을 열어 확인하라.

MultiSim

분배 법칙

분배 법칙은 세 변수의 경우 다음과 같이 적용된다.

$$A(B + C) = AB + AC \qquad \text{식 4-5}$$

이 법칙은 2개 이상의 변수를 OR하여 다시 단일 변수와 AND한 것은 단일 변수를 각각의 변수와 AND한 후 모든 곱항들을 OR한 것과 같다는 것을 의미한다. 분배 법칙은 또한 $AB + AC = A(B + C)$와 같이 공통 변수 A가 분해되는 분해 과정을 표현한다. 그림 4-7은 이 법칙을 게이트로 구현하여 설명한 것이다.

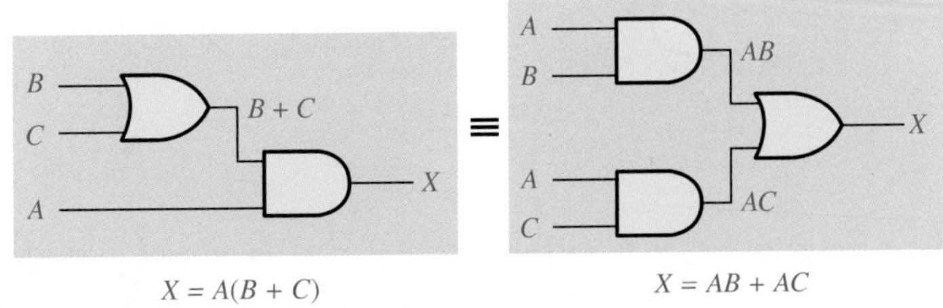

그림 4-7 분배 법칙. F04-07 파일을 열어 확인하라.

불 대수의 규칙

표 4-1은 **불 식**(Boolean expressions)을 계산하고 간략화하는 데 유용하게 사용할 수 있는 12개의 기본 규칙을 나타낸 것이다. 규칙 1~9까지를 논리 게이트에 적용하여 살펴볼 것이다. 규칙 10~12까지는 앞에서 설명한 간단한 규칙들과 법칙들을 적용하여 유도할 것이다.

표 4-1

불 대수의 기본 규칙들

1. $A + 0 = A$	**7.** $A \cdot A = A$
2. $A + 1 = 1$	**8.** $A \cdot \overline{A} = 0$
3. $A \cdot 0 = 0$	**9.** $\overline{\overline{A}} = A$
4. $A \cdot 1 = A$	**10.** $A + AB = A$
5. $A + A = A$	**11.** $A + \overline{A}B = A + B$
6. $A + \overline{A} = 1$	**12.** $(A + B)(A + C) = A + BC$

A, *B* 또는 *C*는 단일 변수 또는 변수의 조합을 의미할 수 있다.

규칙 1 : $A + 0 = A$ 어떤 변수를 0과 OR하면 결과는 항상 그 변수의 값과 같다. 변수 *A*가 1이면 출력은 1로서 변수의 값과 같다. *A*가 0이면 출력은 0으로 역시 변수의 값과 같다. 이 규칙은 그림 4-8에 예시되어 있으며, 게이트의 아래쪽 입력은 0으로 고정되어 있다.

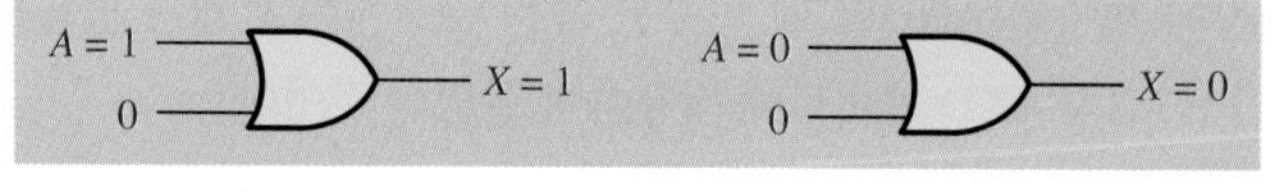

$X = A + 0 = A$

그림 4-8

규칙 2 : $A + 1 = 1$ 어떤 변수를 1과 OR하면 결과는 항상 1이다. OR 게이트에서 한 입력이 1일 경우 다른 입력값에 관계없이 1을 출력한다. 이 규칙은 그림 4-9에 예시되어 있으며 게이트의 아래쪽 입력은 1로 고정되어 있다.

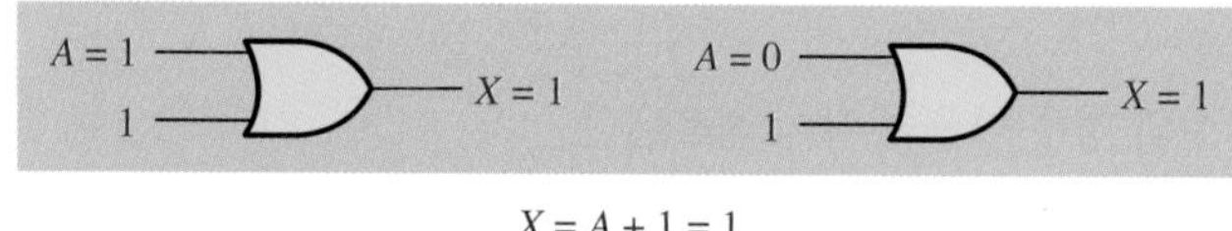

$X = A + 1 = 1$

그림 4-9

규칙 3 : $A \cdot 0 = 0$ 어떤 변수를 0과 AND하면 결과는 항상 0이다. AND 게이트의 한 입력이 0이면 다른 입력값에 관계없이 0을 출력한다. 이 규칙은 그림 4-10에 예시되어 있으며 게이트의 아래쪽 입력은 0으로 고정되어 있다.

A = 1, 0 → X = 0 A = 0, 0 → X = 0

$X = A \bullet 0 = 0$

그림 4-10

규칙 4 : $A \cdot 1 = A$ 어떤 변수를 1과 AND하면 결과는 항상 그 변수의 값과 같다. *A*가 0이면 AND 게이트의 출력은 0이다. *A*가 1이면 두 입력이 1이므로 AND 게이트의 출력은 1이다. 이 규칙은 그림 4-11에 예시되어 있으며 게이트의 아래쪽 입력은 1로 고정되어 있다.

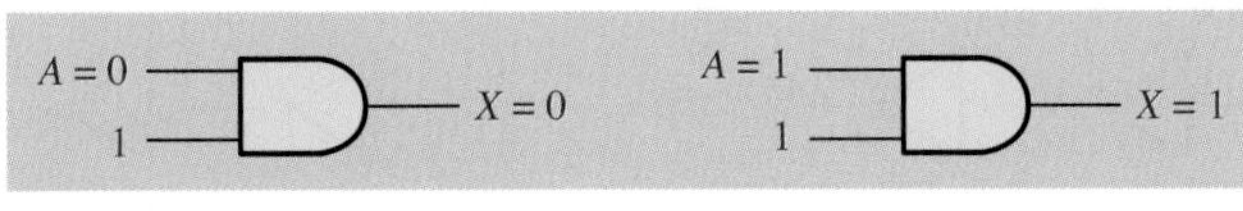

$X = A \bullet 1 = A$

그림 4-11

규칙 5 : $A + A = A$ 어떤 변수를 자신과 OR하면 결과는 항상 그 변수가 된다. A가 0이면 $0 + 0 = 0$이고, A가 1이면 $1 + 1 = 1$이다. 이 규칙은 그림 4-12에 예시되어 있으며 두 입력은 같은 변수를 갖는다.

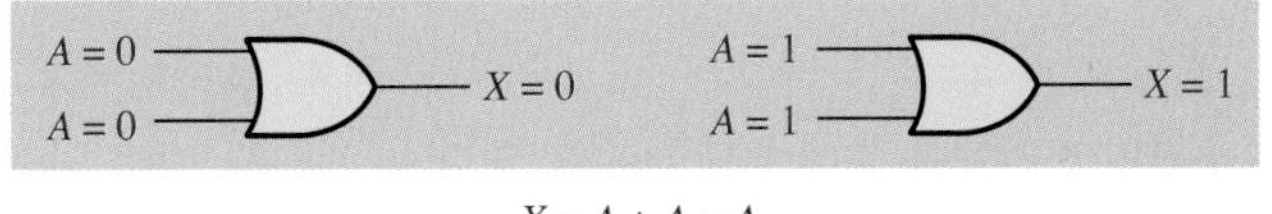

$X = A + A = A$

그림 4-12

규칙 6 : $A + \overline{A} = 1$ 어떤 변수를 자신의 보수와 OR하면 결과는 항상 1이된다. A가 0이면 $0 + \overline{0} = 0 + 1 = 1$이 된다. A가 1이면 $1 + \overline{1} = 1 + 0 = 1$이 된다. 이 규칙은 그림 4-13에 예시되어 있으며, 두 입력의 관계는 보수이다.

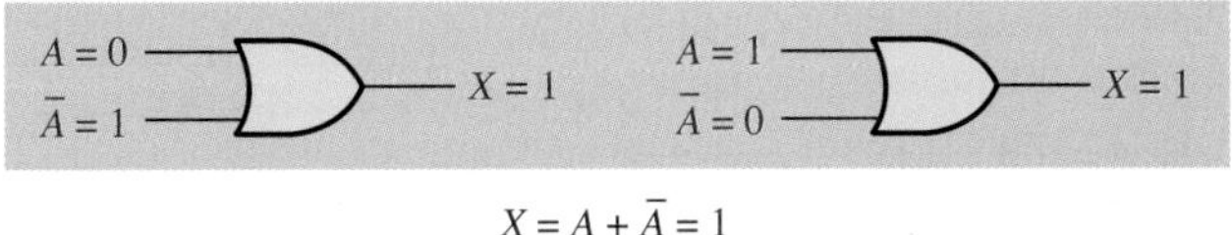

$X = A + \overline{A} = 1$

그림 4-13

규칙 7 : $A \cdot A = A$ 어떤 변수를 자신과 AND하면 결과는 항상 그 변수가 된다. $A = 0$이면, $0 \cdot 0 = 0$이 되고, $1 \cdot 1 = 1$이면 $A = 1$이 된다. 그림 4-14는 이 규칙을 나타낸다.

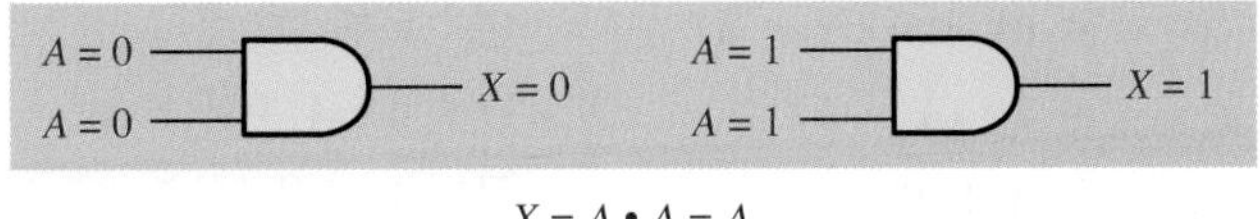

$X = A \bullet A = A$

그림 4-14

규칙 8 : $A \cdot \overline{A} = 0$ 어떤 변수를 자신의 보수와 AND하면 결과는 항상 0이 된다. A 또는 $\overline{A}$의 어느 하나가 항상 0이 될 것이다. 0이 AND 게이트에 입력되면 출력은 항상 0이 된다. 그림 4-15는 이 규칙을 나타낸다.

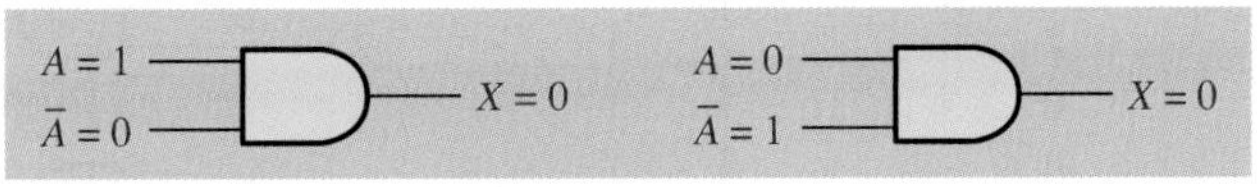

A = 1, Ā = 0 → X = 0   A = 0, Ā = 1 → X = 0

$X = A \bullet \overline{A} = 0$

그림 4-15

규칙 9 : $\overline{\overline{A}} = A$ 어떤 변수가 두 번 보수화되면 결과는 항상 변수 그 자체가 된다. 변수 A에 대해 한 번 보수(반전)를 취하면 $\overline{A}$가 된다. $\overline{A}$에 다시 보수를 취하면 원래의 변수 A가 된다. 이 규칙은 인버터를 사용하여 그림 4-16에 나타난다.

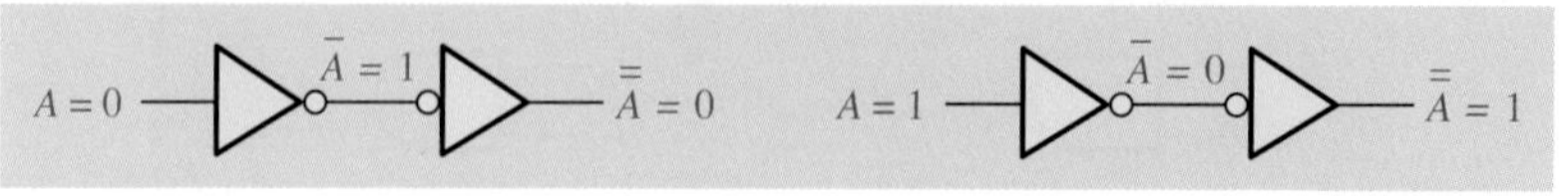

$A=0$ → $\overline{A}=1$ → $\overline{\overline{A}}=0$ $A=1$ → $\overline{A}=0$ → $\overline{\overline{A}}=1$

$\overline{\overline{A}} = A$

그림 4-16

규칙 10 : $A + AB = A$ 이 규칙은 다음과 같이 분배 법칙, 규칙 2, 규칙 4를 적용하여 증명할 수 있다.

$$A + AB = A \cdot 1 + AB = A(1 + B) \quad \text{인수분해(분배법칙)}$$
$$= A \cdot 1 \quad \text{규칙 2 : } (1 + B) = 1$$
$$= A \quad \text{규칙 4 : } A \cdot 1 = A$$

또한 이 규칙은 표 4-2의 진리표를 통해 증명할 수도 있다.

MultiSim

표 4-2

규칙 10 : $A + AB = A$. T04-02 파일을 열어 확인하라.

A	B	AB	$A + AB$
0	0	0	0
0	1	0	0
1	0	0	1
1	1	1	1

등가

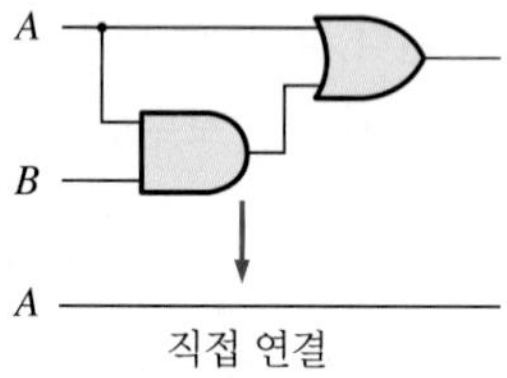

A, B, A, 직접 연결

규칙 11 : $A + \overline{A}B = A + B$ 이 규칙은 다음과 같이 증명할 수 있다.

$$A + \overline{A}B = (A + AB) + \overline{A}B \quad \text{규칙 10 : } A = A + AB$$
$$= (AA + AB) + \overline{A}B \quad \text{규칙 7 : } A = AA$$
$$= AA + AB + A\overline{A} + \overline{A}B \quad \text{규칙 8 : } A\overline{A} = 0\text{을 추가}$$
$$= (A + \overline{A})(A + B) \quad \text{인수분해}$$
$$= 1 \cdot (A + B) \quad \text{규칙 6 : } A + \overline{A} = 1$$
$$= A + B \quad \text{규칙 4 : 1을 생략}$$

또한 이 규칙은 표 4-3의 진리표를 통해 증명할 수도 있다.

MultiSim

표 4-3

규칙 11 : $A + \overline{A}B = A + B$. T04-03 파일을 열어 확인하라.

A	B	$\overline{A}B$	$A + \overline{A}B$	$A + B$
0	0	0	0	0
0	1	1	1	1
1	0	0	1	1
1	1	0	1	1

등가

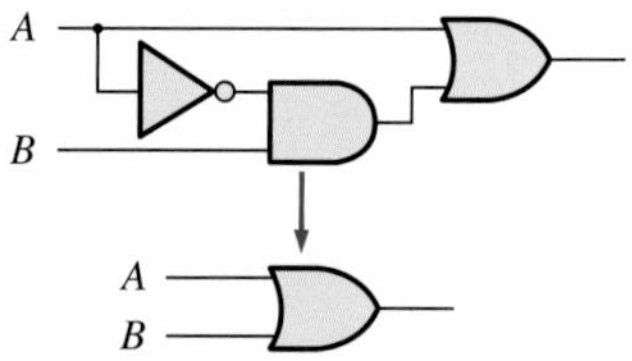

A, B, A, B

규칙 12 : $(A + B)(A + C) = A + BC$ 이 규칙은 다음과 같이 증명할 수 있다.

$$(A + B)(A + C) = AA + AC + AB + BC \quad \text{분배법칙}$$
$$= A + AC + AB + BC \quad \text{규칙 7 : } AA = A$$

$$= A(1 + C) + AB + BC \quad \text{인수분해(분배법칙)}$$
$$= A \cdot 1 + AB + BC \quad \text{규칙 2 : } 1 + C = 1$$
$$= A(1 + B) + BC \quad \text{인수분해(분배법칙)}$$
$$= A \cdot 1 + BC \quad \text{규칙 2 : } 1 + B = 1$$
$$= A + BC \quad \text{규칙 4 : } A \cdot 1 = A$$

또한 이 규칙은 표 4-4의 진리표를 통해 증명할 수도 있다.

표 4-4

규칙 12 : $(A + B)(A + C) = A + BC$. T04-04 파일을 열어 확인하라.

A	B	C	$A + B$	$A + C$	$(A + B)(A + C)$	BC	$A + BC$
0	0	0	0	0	0	0	0
0	0	1	0	1	0	0	0
0	1	0	1	0	0	0	0
0	1	1	1	1	1	1	1
1	0	0	1	1	1	0	1
1	0	1	1	1	1	0	1
1	1	0	1	1	1	0	1
1	1	1	1	1	1	1	1

등가

복습문제 4-2

1. 식 $A + (B + C + D)$에 덧셈의 교환 법칙을 적용하라.
2. 식 $A(B + C + D)$에 분배 법칙을 적용하라.

4-3 드모르간의 정리

드모르간은 불의 절친한 수학자로 불 대수에서 중요한 역할을 하는 두 가지 정리를 제안하였다. 실제적인 의미로 드모르간의 정리는 3장에서 논의한 NAND와 네거티브-OR 게이트의 등가성, NOR와 네거티브-NAND 게이트의 등가성을 수학적으로 증명한 것이다.

이 절의 학습내용

- 드모르간의 정리를 설명한다.
- 드모르간의 정리가 NAND와 네거티브-OR 게이트의 등가성, NOR와 네거티브-AND 게이트의 등가성에 관계가 있다는 것을 설명한다.
- 불 식의 간략화를 위하여 드모르간의 정리를 적용한다

드모르간의 정리를 적용하여 변수의 곱항 위에 있는 바(bar)를 나누고 AND 기호를 OR 기호로 교체할 수 있다.

드모르간의 첫 번째 정리는 다음과 같다.

변수들의 곱의 보수는 보수화된 변수의 합과 같다.

다시 말하면 다음과 같다.

2개 이상의 변수를 AND한 결과의 보수는 각각의 변수의 보수들을 OR한 것과 같다.

두 변수에 대해 이 정리를 식으로 표현하면 다음과 같다.

$$\overline{XY} = \overline{X} + \overline{Y} \qquad \text{식 4-6}$$

드모르간의 두 번째 정리는 다음과 같다.

변수들의 합의 보수는 보수화된 변수의 곱과 같다.

다시 말하면 다음과 같다.

2개 이상의 변수를 OR한 결과의 보수는 각각의 변수의 보수들을 AND한 것과 같다.

두 변수에 대해 이 정리를 식으로 표현하면 다음과 같다.

$$\overline{X + Y} = \overline{X}\,\overline{Y} \qquad \text{식 4-7}$$

그림 4-17은 식 4-6, 4-7 드모르간의 정리를 등가의 게이트와 진리표를 이용하여 설명한 것이다.

이미 설명한 것과 같이 드모르간의 정리는 두 변수 이상의 식에도 적용될 수 있다. 다음의 예제들은 3-변수와 4-변수에 대해 드모르간의 정리를 적용한 것이다.

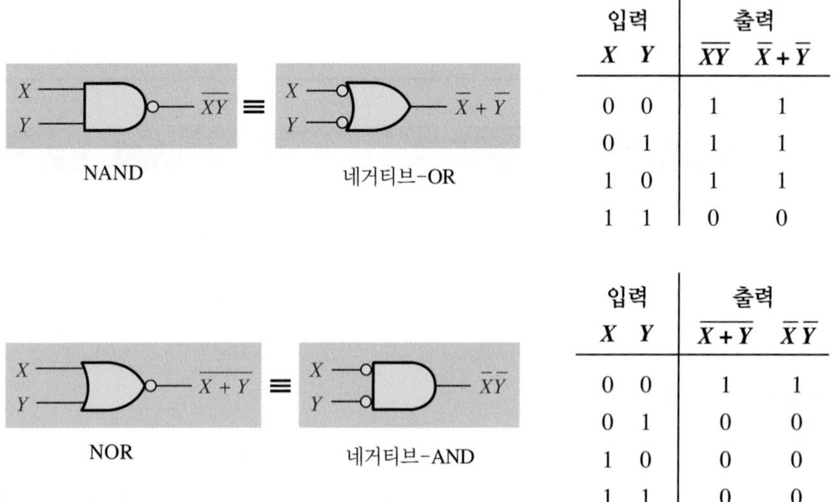

입력		출력	
X	Y	$\overline{XY}$	$\overline{X}+\overline{Y}$
0	0	1	1
0	1	1	1
1	0	1	1
1	1	0	0

입력		출력	
X	Y	$\overline{X+Y}$	$\overline{X}\,\overline{Y}$
0	0	1	1
0	1	0	0
1	0	0	0
1	1	0	0

그림 4-17 드모르간의 정리를 나타내는 등가 게이트와 진리표. 각각의 두 출력 열이 동일한지 확인하라. 이것은 등가 게이트가 동일한 논리 기능을 수행함을 나타낸다.

예제 4-3

식 $\overline{XYZ}$와 $\overline{X + Y + Z}$에 대해 드모르간의 정리를 적용하라.

풀이

$$\overline{XYZ} = \overline{X} + \overline{Y} + \overline{Z}$$
$$\overline{X + Y + Z} = \overline{X}\,\overline{Y}\,\overline{Z}$$

관련 문제

식 $\overline{\overline{X} + \overline{Y} + \overline{Z}}$에 대해 드모르간의 정리를 적용하라.

예제 4-4

식 $\overline{WXYZ}$와 $\overline{W + X + Y + Z}$에 대해 드모르간의 정리를 적용하라.

풀이

$$\overline{WXYZ} = \overline{W} + \overline{X} + \overline{Y} + \overline{Z}$$
$$\overline{W + X + Y + Z} = \overline{W}\,\overline{X}\,\overline{Y}\,\overline{Z}$$

관련 문제

식 $\overline{\overline{W}\,\overline{X}\,\overline{Y}\,\overline{Z}}$에 대해 드모르간의 정리를 적용하라.

드모르간의 정리에서 각 변수는 다른 변수들의 조합을 나타낼 수도 있다. 예를 들어 $(AB + C)$ 항을 X라 하고 $(A + BC)$ 항을 Y라 하자. 식 $\overline{(AB + C)(A + BC)}$를 $\overline{XY} = \overline{X} + \overline{Y}$로 나타내고 두 변수에 드모르간의 정리를 적용하면, 다음과 같은 결과를 얻을 수 있다.

$$\overline{(AB + C)(A + BC)} = (\overline{AB + C}) + (\overline{A + BC})$$

$\overline{AB + C}$와 $\overline{A + BC}$의 각각에 대하여 드모르간의 정리 $\overline{X + Y} = \overline{X}\,\overline{Y}$를 다시 적용하면 다음과 같다.

$$(\overline{AB + C}) + (\overline{A + BC}) = (\overline{AB})\overline{C} + \overline{A}(\overline{BC})$$

아직도 드모르간의 정리를 적용할 수 있는 2개의 항 $\overline{AB}$와 $\overline{BC}$가 있다. 마지막으로 두 항에 대하여 드모르간의 정리를 적용하면 다음과 같은 결과를 얻을 수 있다.

$$(\overline{AB})\overline{C} + \overline{A}(\overline{BC}) = (\overline{A} + \overline{B})\overline{C} + \overline{A}(\overline{B} + \overline{C})$$

이 결과는 불 규칙과 법칙을 이용하여 더욱 간략화될 수 있지만, 드모르간의 정리는 더 이상 사용할 수 없다.

드모르간 정리의 적용

다음은 식에 드모르간의 정리와 불 대수를 적용하는 과정을 단계별로 나타낸 것이다.

$$\overline{\overline{A + B\overline{C}} + D(\overline{E + \overline{F}})}$$

단계 1 : 드모르간의 정리를 적용할 수 있는 항들을 찾아 각 항을 단일 변수로 간주한다. $\overline{A + B\overline{C}} = X$, $D(\overline{E + \overline{F}}) = Y$라고 하자.

단계 2 : $\overline{X + Y} = \overline{X}\,\overline{Y}$이므로

$$\overline{(\overline{A + B\overline{C}}) + (\overline{D(\overline{E + \overline{F}})})} = (\overline{\overline{A + B\overline{C}}})(\overline{D(\overline{E + \overline{F}})})$$

단계 3 : 좌측 항의 이중 바를 제거하기 위하여 규칙 $9(\overline{\overline{A}} = A)$를 적용한다.

$$(\overline{\overline{A + B\overline{C}}})(\overline{D(\overline{E + \overline{F}})}) = (A + B\overline{C})(\overline{D(\overline{E + \overline{F}})})$$

단계 4 : 두 번째 항에 드모르간의 정리를 적용한다.

$$(A + B\overline{C})(\overline{D(\overline{E + \overline{F}})}) = (A + B\overline{C})(\overline{D} + (\overline{\overline{E + \overline{F}}}))$$

단계 5 : $E + \overline{F}$항의 이중 바를 제거하기 위하여 규칙 9($\overline{\overline{A}} = A$)를 적용한다.

$$(A + B\overline{C})(\overline{D} + \overline{\overline{E + \overline{F}}}) = (A + B\overline{C})(\overline{D} + E + \overline{F})$$

다음의 세 예제를 통해 드모르간의 정리를 이용하는 방법에 대해 좀 더 자세히 설명한다.

예제 4-5

다음의 각 식에 대해 드모르간의 정리를 적용하라.

(a) $\overline{(A + B + C)D}$

(b) $\overline{ABC + DEF}$

(c) $\overline{A\overline{B} + \overline{C}D + EF}$

풀이

(a) $A + B + C = X$, $D = Y$로 놓으면 식 $\overline{(A + B + C)D}$는 $\overline{XY} = \overline{X} + \overline{Y}$의 형식이므로 다음과 같다.

$$\overline{(A + B + C)D} = \overline{A + B + C} + \overline{D}$$

$\overline{A + B + C}$에 드모르간의 정리를 적용한다.

$$\overline{A + B + C} + \overline{D} = \overline{A}\,\overline{B}\,\overline{C} + \overline{D}$$

(b) $ABC = X$와 $DEF = Y$로 놓으면 식 $\overline{ABC + DEF}$는 $\overline{X + Y} = \overline{X}\,\overline{Y}$의 형식이므로 다음과 같다.

$$\overline{ABC + DEF} = (\overline{ABC})(\overline{DEF})$$

식 $\overline{ABC}$, $\overline{DEF}$에 각각 드모르간 정리를 적용하면 다음과 같다.

$$(\overline{ABC})(\overline{DEF}) = (\overline{A} + \overline{B} + \overline{C})(\overline{D} + \overline{E} + \overline{F})$$

(c) $A\overline{B} = X$, $\overline{C}D = Y$, $EF = Z$로 놓으면, 식 $\overline{A\overline{B} + \overline{C}D + EF}$는 $\overline{X + Y + Z} = \overline{X}\,\overline{Y}\,\overline{Z}$의 형식이므로 다음과 같다.

$$\overline{A\overline{B} + \overline{C}D + EF} = (\overline{A\overline{B}})(\overline{\overline{C}D})(\overline{EF})$$

$\overline{A\overline{B}}$, $\overline{\overline{C}D}$, $\overline{EF}$에 각각 드모르간의 정리를 적용한다.

$$(\overline{A\overline{B}})(\overline{\overline{C}D})(\overline{EF}) = (\overline{A} + B)(C + \overline{D})(\overline{E} + \overline{F})$$

관련 문제

식 $\overline{\overline{ABC} + D + E}$에 대해 드모르간의 정리를 적용하라.

예제 4-6

다음의 각 식에 대해 드모르간의 정리를 적용하라.

(a) $\overline{\overline{(A + B)} + \overline{C}}$

(b) $\overline{(\overline{A} + B) + CD}$

(c) $\overline{(A + B)\overline{C}\,\overline{D} + E + \overline{F}}$

풀이

(a) $\overline{\overline{(A+B)}+\overline{C}} = \overline{\overline{(A+B)}}\,\overline{\overline{C}} = (A+B)C$

(b) $\overline{(\overline{A}+B)+CD} = \overline{(\overline{A}+B)}\,\overline{CD} = (\overline{\overline{A}}\,\overline{B})(\overline{C}+\overline{D}) = A\overline{B}(\overline{C}+\overline{D})$

(c) $\overline{(A+B)\overline{C}\,\overline{D}+E+\overline{F}} = \overline{((A+B)\overline{C}\,\overline{D})}\,\overline{(E+\overline{F})} = (\overline{A}\,\overline{B}+C+D)\overline{E}F$

관련 문제

식 $\overline{\overline{A}B(C+\overline{D})+E}$에 대해 드모르간의 정리를 적용하라.

예제 4-7

배타적-OR 게이트에 대한 불 식은 $A\overline{B}+\overline{A}B$이다. 드모르간의 정리와 적절한 법칙과 규칙을 이용하여 배타적-NOR 게이트에 대한 식을 구하라.

풀이

배타적-OR 식을 보수화하고, 드모르간의 정리를 적용하면 다음과 같다.

$$\overline{A\overline{B}+\overline{A}B} = (\overline{A\overline{B}})(\overline{\overline{A}B}) = (\overline{A}+\overline{\overline{B}})(\overline{\overline{A}}+\overline{B}) = (\overline{A}+B)(A+\overline{B})$$

다음 분배 법칙과 규칙 8($A \cdot \overline{A} = 0$)을 적용한다.

$$(\overline{A}+B)(A+\overline{B}) = \overline{A}A+\overline{A}\,\overline{B}+AB+B\overline{B} = \overline{A}\,\overline{B}+AB$$

XNOR에 대한 최종 식은 $\overline{A}\,\overline{B}+AB$이다. 이 식은 두 변수가 모두 0이거나 1일 때만 1이 되는 것에 주목하라.

관련 문제

4-입력 NAND 게이트에 대한 식으로부터 드모르간의 정리를 이용하여 4-입력 네거티브-OR 게이트에 대한 식을 유도하라.

복습문제 4-3

1. 다음 식에 드모르간의 정리를 적용하라.
   (a) $\overline{ABC}+(\overline{\overline{D}+E})$ (b) $\overline{(A+B)C}$ (c) $\overline{A+B+C}+\overline{\overline{D}E}$

4-4 논리회로의 불 분석

불 대수는 논리 게이트의 조합으로 이루어진 논리회로의 연산을 표현하는 간결한 방법을 제공하므로, 다양한 입력값의 조합에 대한 출력을 쉽게 구할 수 있다.

이 절의 학습내용

- 게이트의 조합에 대하여 불 식을 구한다.
- 불 식에서 회로의 논리 연산을 수행한다.
- 진리표를 작성한다.

논리회로에 대한 불 식

조합 논리회로는 불 식으로 기술될 수 있다.

주어진 조합 논리회로의 불 식을 유도하기 위해서, 가장 좌측의 입력으로부터 시작하여 최종 출력 방향으로 각 게이트에 대한 식을 차례로 구한다. 예를 들어 그림 4-18의 회로에 대한 불 식은 다음과 같이 세 단계로 구할 수 있다.

1. 입력 C와 D를 가진 가장 좌측의 AND 게이트에 대한 식은 CD이다.
2. OR 게이트의 입력 중의 하나는 가장 좌측 AND 게이트의 출력이고 다른 입력은 B이다. 따라서 OR 게이트에 대한 식은 $B + CD$이다.
3. 가장 우측 AND 게이트의 식은 $A(B + CD)$이며, 이 식은 전체 회로의 최종 출력식이다.

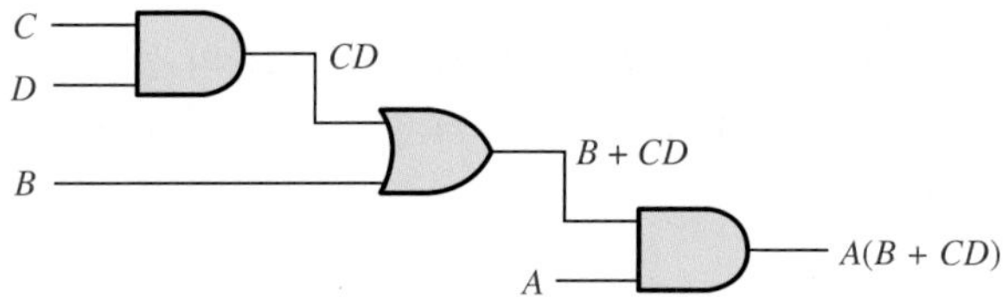

그림 4-18 불 식의 전개를 보여주는 조합 논리회로

논리회로에 대한 진리표 작성

조합 논리회로는 진리표로 기술될 수 있다.

주어진 논리회로에 대한 불 식이 결정되면, 입력 변수의 모든 가능한 값에 대한 출력을 나타내는 진리표를 만들 수 있다. 이 과정은 입력 변수의 모든 가능한 조합에 대한 불 식 계산을 필요로 한다. 그림 4-18의 회로의 경우, 4개의 변수(A, B, C, D)가 있으므로 16 (2^4)개의 변수 조합이 가능하다.

식의 계산

식 $A(B + CD)$의 값을 구하기 위해서 먼저 불 덧셈과 곱셈에 대한 규칙을 이용하며, 식의 값을 1로 만드는 변수의 값을 찾는다. 이 경우 식은 $A = 1$이고, $B + CD = 1$일 때만 1이 되며, 그 이유는 다음과 같다.

$$A(B + CD) = 1 \cdot 1 = 1$$

다음에 $B + CD$ 항이 1이 되는 경우를 찾는다. $B + CD$ 항은 $B = 1$이거나 $CD = 1$ 또는 B와 CD가 모두 1일 때 1이며, 그 이유는 다음과 같다.

$$B + CD = 1 + 0 = 1$$
$$B + CD = 0 + 1 = 1$$
$$B + CD = 1 + 1 = 1$$

CD 항은 $C = 1$이고 $D = 1$일 때만 1이다.

이상의 내용을 요약하면 식 $A(B + CD)$는 C, D와 관계없이 $A = 1$, $B = 1$일 경우 또한 B의 값에 관계없이 $A = 1$, $C = 1$, $D = 1$이다. 그 외의 모든 다른 조합에 대해서 식 $A(B + CD) = 0$이 된다.

진리표 작성

첫 번째 단계로 표 4-5에 나타낸 2진수 열에서 16개의 입력 변수값의 조합을 순서대로 나열한다. 다음으로 계산 결과 식의 값이 1인 각 입력 변수의 조합에 대하여 출력 열에 1을 기입한다.

마지막으로 그 외의 모든 다른 조합에 대해서 0을 기입한다. 이러한 결과는 표 4-5의 진리표에 나타난다.

표 4-5

그림 4-18의 논리회로에 대한 진리표

입력				출력
A	*B*	*C*	*D*	*A*(*B* + *CD*)
0	0	0	0	0
0	0	0	1	0
0	0	1	0	0
0	0	1	1	0
0	1	0	0	0
0	1	0	1	0
0	1	1	0	0
0	1	1	1	0
1	0	0	0	0
1	0	0	1	0
1	0	1	0	0
1	0	1	1	1
1	1	0	0	1
1	1	0	1	1
1	1	1	0	1
1	1	1	1	1

예제 4-8

Multisim을 사용하여 그림 4-18의 논리회로에 대한 진리표를 생성하라.

풀이

그림 4-19와 같이 Multisim에 회로를 구성하고 Multisim Logic Converter를 입력 및 출력에 연결한다.

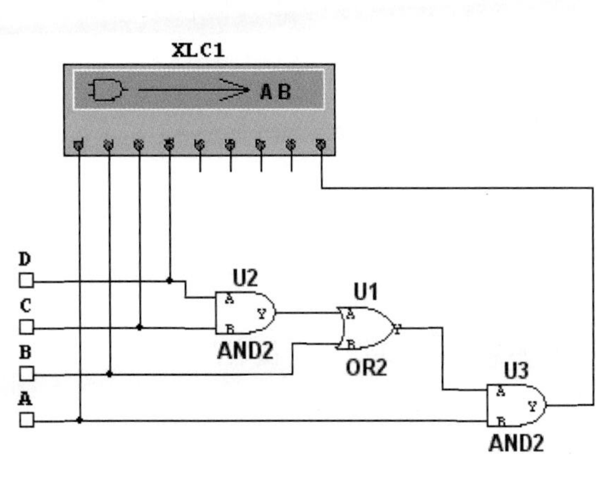

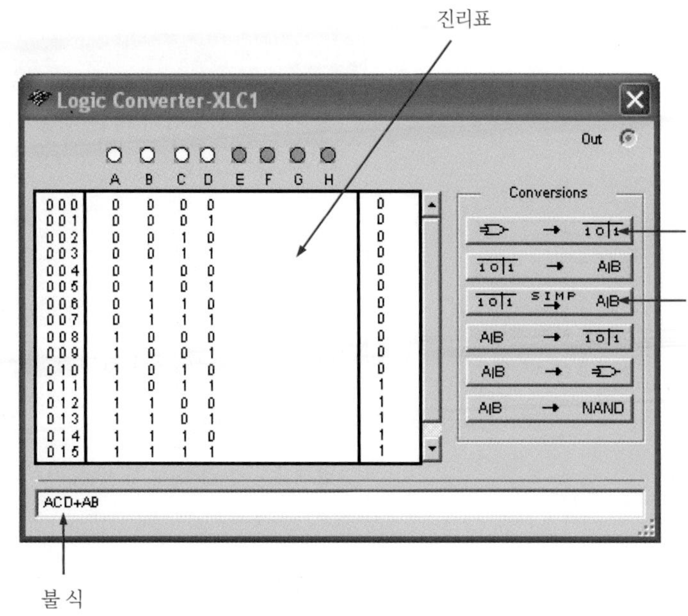

그림 4-19

"1011" 막대를 클릭하면 그림과 같이 진리표가 화면에 나타난다.

또한 "1011 SIMP A|B" 막대를 클릭하면 진리표에서 간략화된 불 식을 생성할 수 있다.

관련 문제

Multisim을 연다. 이 예에서 설정을 만들고 변환을 수행하라.

복습문제 4-4

1. 그림 4-18에서 AND 게이트를 OR 게이트로, OR 게이트를 AND 게이트로 대체하고 출력에 대한 불 식을 구하라.
2. 문제 1의 회로에 대한 진리표를 작성하라.

4-5 불 대수를 이용한 간략화

불 대수를 적용하는 대부분의 경우에 식을 가장 효과적(간략화된 행태)으로 구현할 수 있도록 특정 식을 가장 간략한 형태로 줄이거나 또는 좀 더 편리한 형태로 표현해야 한다. 이 절에서는 식을 조작하여 간략화하기 위해서 불 대수의 기본 법칙, 규칙과 정리를 적용하는 방법을 살펴본다. 이 방법은 약간의 재주와 영리함은 말할 것도 없고, 불에 대한 완전한 이해와 상당한 연습을 필요로 한다.

이 절의 학습내용

- 일반적인 식을 간략화하기 위해 불 대수의 법칙, 규칙, 정리를 적용한다.

간략화된 불 식은 가능한 적은 수의 게이트를 사용하여 주어진 식을 구현한다. 예제 4-9에서 예제 4-12를 통하여 불 간략화 기법을 단계적으로 설명한다.

예제 4-9

불 대수를 사용하여 다음 식을 간략화하라.

$$AB + A(B + C) + B(B + C)$$

풀이

다음은 반드시 유일한 해결 방법은 아니다.

단계 1 : 다음과 같이 식의 두 번째와 세 번째 항에 분배 법칙을 적용한다.

$$AB + AB + AC + BB + BC$$

단계 2 : 네 번째 항에 규칙 7($BB = B$)를 적용한다.

$$AB + AB + AC + B + BC$$

단계 3 : 처음 두 항에 규칙 5($AB + AB = AB$)를 적용한다.

$$AB + AC + B + BC$$

단계 4 : 마지막 두 항에 규칙 10($B + BC = B$)를 적용한다.

$$AB + AC + B$$

단계 5 : 첫 번째와 세 번째 항에 규칙 10($AB + B = B$)를 적용한다.

$$B + AC$$

이 시점에서 식은 가능한 가장 간략한 형태로 표현되었다. 불 대수를 적용하는 과정에 경험이 많으면, 여러 단계들을 하나로 결합하여 사용할 수도 있다.

관련 문제

불 식 $A\overline{B} + A(\overline{B + C}) + B(\overline{B + C})$를 간략화하라.

그림 4-20은 예제 4-9에 주어진 식과 간략화 과정을 통해 구현된 식에 대한 회로도를 나타낸다. 이 그림으로부터 간략화를 하면 게이트의 수가 현저하게 줄어듦을 알 수 있다. 그림 (a)는 원래 식을 그대로 구현한 것으로 5개의 게이트가 필요한 것을 보여준다. 그림 (b)는 간략화된 식을 구현한 것으로 단지 2개의 게이트만을 사용하여 구현되었다. 이 2개의 게이트 회로는 등가이다. 즉 입력 A, B, C의 어떤 레벨 조합에 대해서도 두 회로의 출력은 같다.

간략화는 같은 기능에 대해 게이트를 적게 사용하는 것을 의미한다.

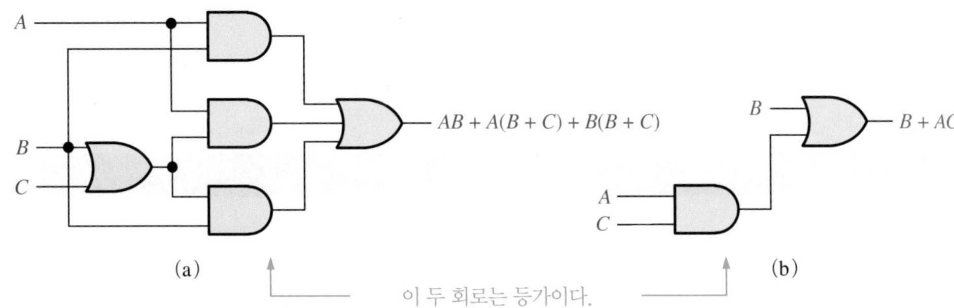

그림 4-20 예제 4-9의 게이트 회로. 파일 F04-20을 열어 동일한지 확인하라.

예제 4-10

다음 불 식을 간략화하라.

$$[A\overline{B}(C + BD) + \overline{A}\,\overline{B}]C$$

대괄호와 괄호는 동일한 의미다. 내부 항은 외부 항과 곱해진다 (ANDed).

풀이

단계 1 : 대괄호 안의 항에 분배 법칙을 적용한다.

$$(A\overline{B}C + A\overline{B}BD + \overline{A}\,\overline{B})C$$

단계 2 : 괄호 안의 두 번째 항에 규칙 8($\overline{B}B = 0$)을 적용한다.

$$(A\overline{B}C + A \cdot 0 \cdot D + \overline{A}\,\overline{B})C$$

단계 3 : 괄호 안의 두 번째 항에 규칙 3($A \cdot 0 \cdot D = 0$)을 적용한다.

$$(A\overline{B}C + 0 + \overline{A}\,\overline{B})C$$

단계 4 : 괄호 안에 규칙 1(0 생략)을 적용한다.

$$(A\overline{B}C + \overline{A}\,\overline{B})C$$

단계 5 : 분배 법칙을 적용한다.

$$A\overline{B}CC + \overline{A}\,\overline{B}C$$

단계 6 : 첫 번째 항에 규칙 7($CC = C$)을 적용한다.

$$A\overline{B}C + \overline{A}\,\overline{B}C$$

단계 7 : $\overline{B}C$로 묶는다.

$$\overline{B}C(A + \overline{A})$$

단계 8 : 규칙 6($A + \overline{A} = 1$)을 적용한다.

$$\overline{B}C \cdot 1$$

단계 9 : 규칙 4(1 생략)를 적용한다.

$$\overline{B}C$$

관련 문제

불 식 $[AB(C + \overline{BD}) + \overline{AB}]CD$를 간략화하라.

예제 4-11

다음 불 식을 간략화하라.

$$\overline{A}BC + A\overline{B}\,\overline{C} + \overline{A}\,\overline{B}\,\overline{C} + A\overline{B}C + ABC$$

풀이

단계 1 : 첫 번째와 마지막 항을 BC로 묶는다.

$$BC(\overline{A} + A) + A\overline{B}\,\overline{C} + \overline{A}\,\overline{B}\,\overline{C} + A\overline{B}C$$

단계 2 : 괄호 안의 항에 규칙 6($\overline{A} + A = 1$)을 적용하고, 두 번째와 마지막 항을 $A\overline{B}$로 묶는다.

$$BC \cdot 1 + A\overline{B}(\overline{C} + C) + \overline{A}\,\overline{B}\,\overline{C}$$

단계 3 : 첫 번째 항에 규칙 4(1 생략)를 적용하고, 괄호 안의 항에 규칙 6 ($\overline{C} + C = 1$)을 적용한다.

$$BC + A\overline{B} \cdot 1 + \overline{A}\,\overline{B}\,\overline{C}$$

단계 4 : 두 번째 항에 규칙 4(1 생략)를 적용한다.

$$BC + A\overline{B} + \overline{A}\,\overline{B}\,\overline{C}$$

단계 5 : 두 번째와 세 번째 항을 $\overline{B}$로 묶는다.

$$BC + \overline{B}(A + \overline{A}\,\overline{C})$$

단계 6 : 괄호 안의 항에 규칙 11($A + \overline{A}\overline{C} = \mathrm{A} + \overline{C}$)을 적용한다.

$$BC + \overline{B}(A + \overline{C})$$

단계 7 : 분배 법칙과 교환 법칙을 이용하면 다음 식을 구할 수 있다.

$$BC + A\overline{B} + \overline{B}\,\overline{C}$$

관련 문제

불 식 $AB\overline{C} + \overline{A}\,\overline{B}C + \overline{A}BC + \overline{A}\,\overline{B}\,\overline{C}$를 간략화하라.

예제 4-12

다음 불 식을 간략화하라.

$$\overline{AB + AC} + \overline{A}\,\overline{B}C$$

풀이

단계 1 : 첫 번째 항에 드모르간의 정리를 적용한다.

$$(\overline{AB})(\overline{AC}) + \overline{A}\,\overline{B}C$$

단계 2 : 괄호 안의 각 항에 드모르간의 정리를 적용한다.

$$(\overline{A} + \overline{B})(\overline{A} + \overline{C}) + \overline{A}\,\overline{B}C$$

단계 3 : 괄호가 있는 두 항에 분배 법칙을 적용한다.

$$\overline{A}\,\overline{A} + \overline{A}\,\overline{C} + \overline{A}\,\overline{B} + \overline{B}\,\overline{C} + \overline{A}\,\overline{B}C$$

단계 4 : 첫 번째 항에는 규칙 7($\overline{A}\,\overline{A} = \overline{A}$)을 적용하고, 세 번째와 마지막 항에 규칙 10[$\overline{A}\,\overline{B} + \overline{A}\,\overline{B}C = \overline{A}\,\overline{B}(1 + C) = \overline{A}\,\overline{B}$]을 적용한다.

$$\overline{A} + \overline{A}\,\overline{C} + \overline{A}\,\overline{B} + \overline{B}\,\overline{C}$$

단계 5 : 첫 번째와 두 번째 항에 규칙 10 [$\overline{A} + \overline{A}\,\overline{C} = \overline{A}(1 + \overline{C}) = \overline{A}$]을 적용한다.

$$\overline{A} + \overline{A}\,\overline{B} + \overline{B}\,\overline{C}$$

단계 6 : 첫 번째와 두 번째 항에 규칙 10 [$\overline{A} + \overline{A}\,\overline{B} = \overline{A}(1 + \overline{B}) = \overline{A}$]을 적용한다.

$$\overline{A} + \overline{B}\,\overline{C}$$

관련 문제

불 식 $\overline{AB} + \overline{AC} + \overline{A}\,\overline{B}\,\overline{C}$를 간략화하라.

예제 4-13

Multisim을 사용하여 그림 4-20과 같은 논리 간략화를 수행하라.

풀이

단계 1 : 그림 4-21과 같이 Multisim Logic Converter를 회로에 연결한다.

단계 2 : [→ 101]를 클릭하여 진리표를 생성하라.
단계 3 : [101 SIMP A|B]를 클릭하여 간략화된 불 식을 생성하라.
단계 4 : [A|B →]를 클릭하여 간략화된 논리회로를 생성하라.

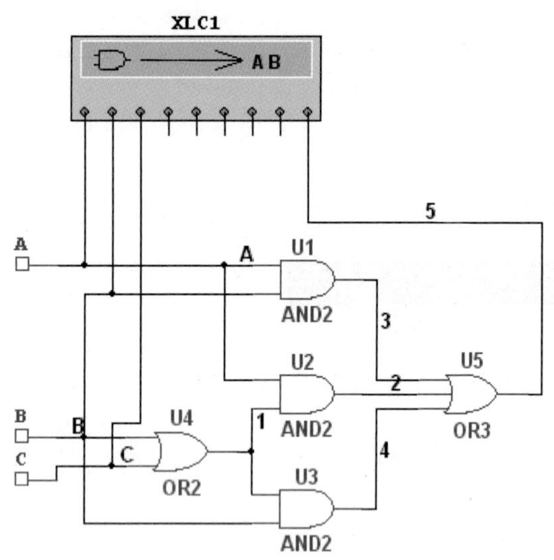

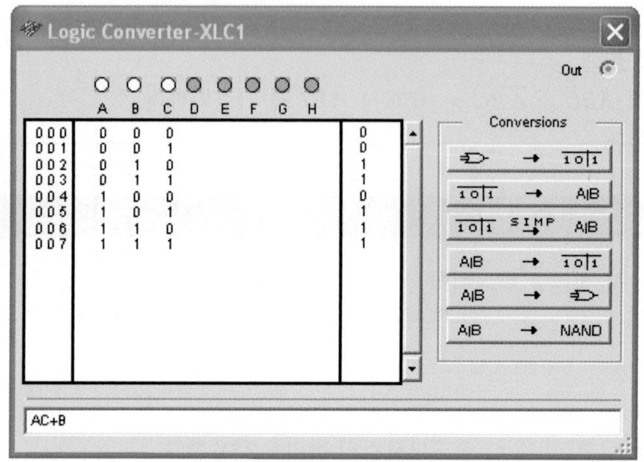

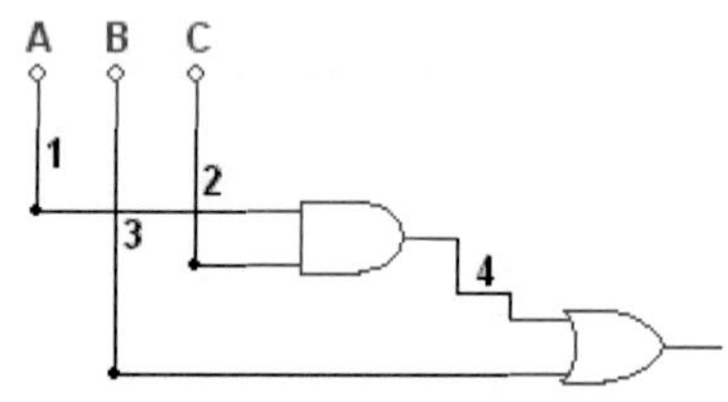

그림 4-21

관련 문제

Multisim을 연다. 이 예제에서 설명한대로 설정을 만들고 논리 간략화를 수행하라.

복습문제 4-5

1. 다음 불 식을 간략화하라.
   (a) $A + AB + A\overline{B}C$ (b) $(\overline{A} + B)C + ABC$
   (c) $A\overline{B}C(BD + CDE) + A\overline{C}$
2. 문제 1의 원래 식과 간략화한 식에 대해 적절한 논리 게이트를 사용하여 구현하고, 게이트의 수를 비교하라.

4-6 불 식의 표준형

모든 불 식은 두 가지 표준형인 곱의 합(sum-fo-product) 또한 합의 곱(product-of-sum) 형태 중의 하나로 변환될 수 있다. 표준형으로 표현할 경우 불 식을 계산하고, 간략화하고 구현하는 과정이 보다 더 조직적이고 쉽게 수행된다.

이 절의 학습내용

- 곱의 합 식을 구분한다.
- 불 식의 정의역(domain)을 구한다.
- 곱의 합 식을 표준형으로 변환한다.
- 2진 값을 갖는 항으로 표준 곱의 합 식을 계산한다.
- 합의 곱 식을 구분한다.
- 합의 곱 식을 표준형으로 변환한다.
- 2진 값을 갖는 항으로 표준 합의 곱 식을 계산한다.
- 하나의 표준형에서 다른 형으로 변환한다.

곱의 합 형

곱항은 문자들(변수 또는 변수의 보수)의 곱(불 곱셈)으로 구성되는 항이라고 4-1절에서 정의되었다. 2개 이상의 곱항이 불 덧셈에 의해 더해질 때, 결과 식을 **곱의 합**(sum-of-products, SOP)이라고 한다. 몇 가지 예는 다음과 같다.

SOP식은 하나의 OR 게이트와 2개 이상의 AND 게이트로 구현될 수 있다.

$$AB + ABC$$
$$ABC + CDE + \overline{B}C\overline{D}$$
$$\overline{A}B + \overline{A}B\overline{C} + AC$$

또한 SOP식에는 $A + \overline{A}\overline{B}C + BC\overline{D}$처럼 단일 변수 항이 포함될 수도 있다. 앞 절의 간략화 예제를 참조하면 각각의 최종 식은 단일 곱항이거나 SOP형임을 알 수 있다. SOP식에서 독립적인 '바'를 갖는 몇 개의 변수가 있을 수는 있으나 몇 개의 변수가 공통 '바'를 가질 수는 없다. 예를 들어 SOP식에서 $\overline{A}\,\overline{B}\,\overline{C}$는 가능하나 $\overline{ABC}$는 나타날 수 없다.

불 식의 정의역

일반 불 식의 **정의역**(domian)은 보수 또는 비보수 형태로 식에 포함된 변수의 집합이다. 예를 들어 식 $\overline{A}B + A\overline{B}C$의 정의역은 변수 A, B, C의 집합이고 식 $AB\overline{C} + C\overline{D}E + \overline{B}C\overline{D}$의 정의역은 변수 A, B, C, D, E의 집합이다.

SOP식의 AND/OR 구현

SOP식의 구현은 2개 이상의 AND 게이트 출력을 단순히 OR하면 된다. 곱항은 AND 연산에 의해 이루어지고, 2개 이상의 곱항의 덧셈은 OR 연산에 의해 이루어진다. 따라서 SOP식은 여러 개의 AND 게이트 출력(곱항의 수와 같음)이 OR 게이트의 입력에 연결되는 AND-OR 논리에 의해 구현될 수 있다. 식 $AB + BCD + AC$에 대한 예가 그림 4-22에 나타나 있다. OR 게이트의 출력 X는 SOP식과 같다.

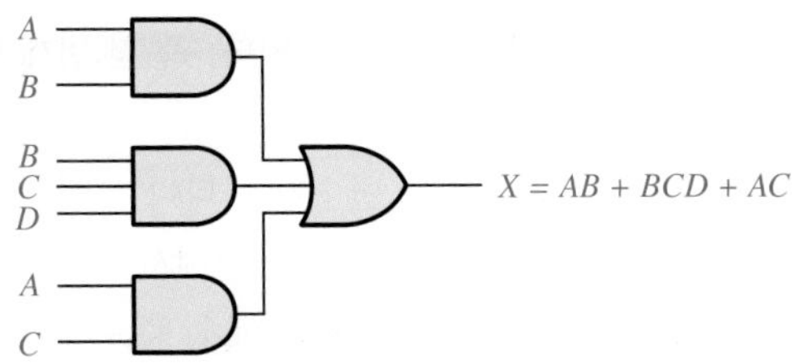

그림 4-22 SOP식 $AB + BCD + AC$의 구현

SOP식의 NAND/NAND 구현

NAND 게이트가 SOP식을 구현하기 위해서 사용될 수 있다. NAND 게이트만을 사용하여 AND/OR 기능이 그림 4-23과 같이 구현될 수 있다. 첫 번째 단의 NAND 게이트는 네거티브-OR 게이트로 동작하는 NAND 게이트로 입력된다. NAND와 네거티브-OR의 버블은 삭제되고 결과는 AND/OR 회로가 된다.

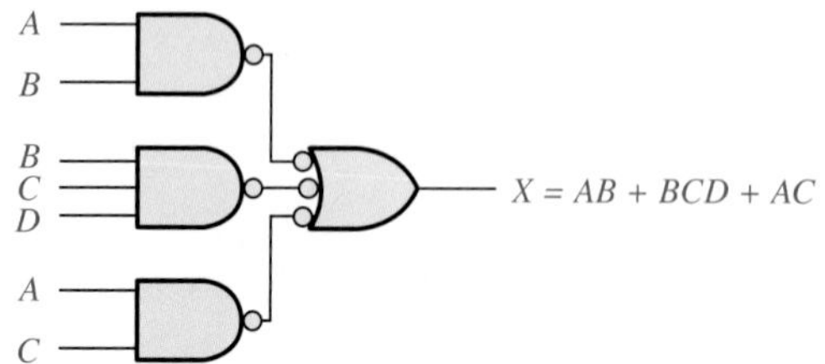

그림 4-23 NAND/NAND 형태로 구현된 회로는 그림 4-22의 AND/OR 회로와 등가이다.

일반식의 SOP형으로의 변환

모든 논리식은 불 대수 기법을 적용하여 SOP형으로 변환될 수 있다. 예를 들어 식 $A(B + CD)$에 분배 법칙을 적용하여 다음과 같이 SOP형으로 변환할 수 있다.

$$A(B + CD) = AB + ACD$$

예제 4-14

다음의 불 식을 SOP형으로 변환하라.

(a) $AB + B(CD + EF)$ (b) $(A + B)(B + C + D)$ (c) $\overline{(\overline{A + B}) + C}$

풀이

(a) $AB + B(CD + EF) = AB + BCD + BEF$

(b) $(A + B)(B + C + D) = AB + AC + AD + BB + BC + BD$

(c) $\overline{(\overline{A + B}) + C} = (\overline{\overline{A + B}})\overline{C} = (A + B)\overline{C} = A\overline{C} + B\overline{C}$

관련 문제

식 $\overline{A}B\overline{C} + (A + \overline{B})(B + \overline{C} + A\overline{B})$를 SOP형으로 변환하라.

표준 SOP형

지금까지 보아온 SOP식에서 곱항의 일부는 식의 정의역에 있는 모든 변수들을 포함하지 않았다. 예를 들어 식 $\overline{A}B\overline{C} + A\overline{B}D + \overline{A}B\overline{C}D$는 변수 A, B, C, D로 된 정의역을 갖는다. 그러나 식의 첫 번째와 두 번째 항은 정의역의 일부 변수만 가지고 있다. 즉 첫 번째 항에는 D나 $\overline{D}$가 없으며 두 번째 항에는 C나 $\overline{C}$가 없다.

표준 SOP식은 식의 각 곱항에 정의역의 모든 변수가 나타나는 식이다. 예를 들어 $A\overline{B}CD + \overline{A}\overline{B}C\overline{D} + AB\overline{C}\overline{D}$는 표준 SOP식이다. 표준 SOP식은 4-7절에서 다루어지는 진리표를 작성하거나, 4-8절에서 다루어지는 카르노 맵 간략화 방법에서 매우 중요한 역할을 한다. 모든 비표준 SOP식(간단히 SOP라고 함)은 불 대수를 이용하여 표준형으로 변환될 수 있다.

곱항을 표준 SOP형으로의 변환

SOP식에서 정의역의 모든 변수들을 포함하지 않는 각 곱항은 정의역의 모든 변수나 보수를 포함하는 표준형으로 확장될 수 있다. 다음의 단계와 같이 비표준 SOP식은 표 4-1의 불 대수 규칙 6 $(A + \overline{A} = 1)$을 사용하여 표준형으로 변환된다.

단계 1 : 각 비표준 곱항에 빠진 변수와 그 변수의 보수의 합으로 이루어진 항을 곱한다. 그 결과 2개의 곱항이 생긴다. 이미 알고 있는 바와 같이 어떤 변수에 1을 곱해도 그 값은 변하지 않는다.

단계 2 : 모든 곱항이 정의역의 모든 변수, 보수형이거나 비보수형을 포함할 때까지 단계 1을 반복한다. 곱항을 표준형으로 변환할 때, 곱항의 수는 예제 4-15에서 알 수 있는 바와 같이 빠진 변수의 두 배가 된다.

예제 4-15

다음의 불 식을 표준 SOP형으로 변환하라.

$$A\overline{B}C + \overline{A}\,\overline{B} + AB\overline{C}D$$

풀이

이 SOP식의 정의역은 A, B, C, D이다. 첫 번째 항 $A\overline{B}C$에는 변수 D 또는 $\overline{D}$ 가 빠져 있으므로 다음과 같이 $D + \overline{D}$를 곱한다.

$$A\overline{B}C = A\overline{B}C(D + \overline{D}) = A\overline{B}CD + A\overline{B}C\overline{D}$$

이 경우 2개의 표준 곱항이 생긴다.

두 번째 항 $\overline{A}\,\overline{B}$에는 변수 C 또는 $\overline{C}$, D 또는 $\overline{D}$가 빠져 있으므로, 다음과 같이 먼저 $C + \overline{C}$를 곱한다.

$$\overline{A}\,\overline{B} = \overline{A}\,\overline{B}(C + \overline{C}) = \overline{A}\,\overline{B}C + \overline{A}\,\overline{B}\,\overline{C}$$

두 항 모두에 변수 D 또는 $\overline{D}$가 빠져 있으므로, 다음과 같이 $D + \overline{D}$를 두 항에 모두 곱한다.

$$\begin{aligned}\overline{A}\,\overline{B} &= \overline{A}\,\overline{B}C + \overline{A}\,\overline{B}\,\overline{C} = \overline{A}\,\overline{B}C(D + \overline{D}) + \overline{A}\,\overline{B}\,\overline{C}(D + \overline{D}) \\ &= \overline{A}\,\overline{B}CD + \overline{A}\,\overline{B}C\overline{D} + \overline{A}\,\overline{B}\,\overline{C}D + \overline{A}\,\overline{B}\,\overline{C}\,\overline{D}\end{aligned}$$

이 경우 4개의 표준 곱항이 생긴다.

세 번째 항 $AB\overline{C}D$는 이미 표준형이므로, 주어진 식의 완전한 표준 SOP형은 다음과 같다.

$$A\overline{B}C + \overline{A}\,\overline{B} + AB\overline{C}D = A\overline{B}CD + A\overline{B}C\overline{D} + \overline{A}\,\overline{B}CD + \overline{A}\,\overline{B}C\overline{D} + \overline{A}\,\overline{B}\,\overline{C}D + \overline{A}\,\overline{B}\,\overline{C}\,\overline{D} + AB\overline{C}D$$

관련 문제

식 $W\overline{X}Y + \overline{X}Y\overline{Z} + WX\overline{Y}$를 표준 SOP형으로 변환하라.

표준 곱항의 2진수 표현

표준 곱항은 변수값의 여러 조합 중 한 가지 경우에 대해서만 1이다. 예를 들어 곱항 $A\overline{B}C\overline{D}$는 아래와 같이 $A = 1$, $B = 0$, $C = 1$, $D = 0$일 때만 1이고, 다른 모든 경우에는 0이다.

$$A\overline{B}C\overline{D} = 1 \cdot \overline{0} \cdot 1 \cdot \overline{0} = 1 \cdot 1 \cdot 1 \cdot 1 = 1$$

이 경우 곱항은 1010(10진수 10)의 2진수 값을 갖는다.

곱항은 AND 게이트로 구현되며, 모든 입력이 1일 때만 출력이 1임을 기억하라. 필요한 경우 인버터는 변수의 보수를 만들기 위하여 사용된다.

SOP식은 표현식의 곱항 중 하나 이상이 1과 같은 경우에만 1과 같다.

예제 4-16

다음의 표준 SOP식이 1일 때 2진수 값을 구하라.

$$ABCD + A\overline{B}\,\overline{C}D + \overline{A}\,\overline{B}\,\overline{C}\,\overline{D}$$

풀이

$A=1, B=1, C=1, D=1$일 때, 항 $ABCD$는 1이다.

$$ABCD = 1 \cdot 1 \cdot 1 \cdot 1 = 1$$

$A=1, B=0, C=0, D=1$일 때, 항 $A\overline{B}\,\overline{C}D$는 1이다.

$$A\overline{B}\,\overline{C}D = 1 \cdot \overline{0} \cdot \overline{0} \cdot 1 = 1 \cdot 1 \cdot 1 \cdot 1 = 1$$

$A=0, B=0, C=0, D=0$일 때, 항 $\overline{A}\,\overline{B}\,\overline{C}\,\overline{D}$는 1이다.

$$\overline{A}\,\overline{B}\,\overline{C}\,\overline{D} = \overline{0} \cdot \overline{0} \cdot \overline{0} \cdot \overline{0} = 1 \cdot 1 \cdot 1 \cdot 1 = 1$$

3개의 곱항들 중 하나 이상이 1이면 SOP식은 1이다.

관련 문제

다음의 SOP식이 1일 때 2진수 값을 구하라.

$$\overline{X}YZ + X\overline{Y}Z + XY\overline{Z} + \overline{X}Y\overline{Z} + XYZ$$

이 식은 표준 SOP식인가?

합의 곱 형

합항은 문자들(변수 또는 변수의 보수)의 합(불 덧셈)으로 구성되는 항이라고 4-1절에서 정의했다. 2개 이상의 합항을 곱할 때, 결과 식을 **합의 곱**(product-of-sums, POS)이라고 한다. 몇 가지 예는 다음과 같다.

$$(\overline{A} + B)(A + \overline{B} + C)$$
$$(\overline{A} + \overline{B} + \overline{C})(C + \overline{D} + E)(\overline{B} + C + D)$$
$$(A + B)(A + \overline{B} + C)(\overline{A} + C)$$

$\overline{A}(A + \overline{B} + C)(\overline{B} + \overline{C} + D)$처럼 단일 변수 항이 포함될 수도 있다. POS식에서 독립적인 '바'를 갖는 몇 개의 변수가 있을 수는 있으나 몇 개의 변수가 공통 '바'를 가질 수는 없다. 예를 들어 POS식에서 항 $\overline{A} + \overline{B} + \overline{C}$는 가능하나 $\overline{A + B + C}$는 나타날 수 없다.

POS식의 구현

POS식의 구현은 2개 이상의 OR 게이트 출력을 단순히 AND하면 된다. 합항은 OR 연산에 의해 이루어지고, 2개 이상의 합항의 곱셈은 AND 연산에 의해 이루어진다. 따라서 POS식은 여러 개의 OR 게이트의 출력(합항의 수와 같음)이 AND 게이트의 입력에 연결되는 논리에 의해 구현될 수 있다. 식 $(A + B)(B + C + D)(A + C)$에 대한 예가 그림 4-24에 나타나 있다. AND 게이트의 출력 X는 POS식과 같다.

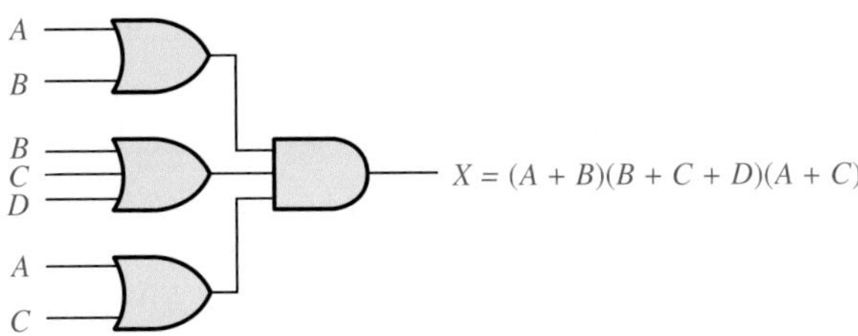

그림 4-24 POS식 $(A + B)(B + C + D)(A + C)$의 구현

표준 POS 형

지금까지 보아온 POS식에서 합항의 일부는 식의 정의역에 있는 모든 변수들을 포함하지 않았다. 예를 들어 식은 다음과 같고,

$$(A + \overline{B} + C)(A + B + \overline{D})(A + \overline{B} + \overline{C} + D)$$

변수 A, B, C, D로 된 정의역을 갖는다. 식의 첫 번째와 두 번째 항은 정의역의 모든 변수를 가지고 있지 않다. 즉 첫 번째 항에는 D나 $\overline{D}$가 없으며 두 번째 항에는 C나 $\overline{C}$가 없다.

표준 POS식은 식의 각 합항에 정의역의 모든 변수가 나타나는 식이다. 예를 들어 아래 식은 표준 POS식이다.

$$(\overline{A} + \overline{B} + \overline{C} + \overline{D})(A + \overline{B} + C + D)(A + B + \overline{C} + D)$$

모든 비표준 POS식(간단히 POS라고 함)은 불 대수를 사용하여 표준형으로 변환될 수 있다.

합항을 표준 POS로의 변환

POS식에서 정의역의 모든 변수를 포함하지 않는 각 합항은 정의역의 모든 변수나 보수를 포함하는 표준형으로 변환될 수 있다. 다음 단계에서 설명하듯 이 비표준 POS식은 표 4-1의 불 대수 규칙 8 $(A \cdot \overline{A} = 0)$을 사용하여 표준형으로 변환된다. 어떤 변수와 그것의 보수와의 곱은 0과 같다.

단계 1 : 각각의 비표준 합항에 빠진 변수와 그 변수의 보수의 곱으로 이루어진 항을 더한다. 그 결과 2개의 합항이 생긴다. 이미 알고 있듯이 어떤 변수에 0을 더해도 그 값은 변하지 않는다.

단계 2 : 표 4-1의 규칙 12를 적용한다. $A + BC = (A + B)(A + C)$

단계 3 : 결과적인 합항이 정의역의 모든 변수, 보수형이거나 비보수형을 포함할 때까지 단계 1을 반복한다.

예제 4-17

다음의 불 식을 표준 POS형으로 변환하라.

$$(A + \overline{B} + C)(\overline{B} + C + \overline{D})(A + \overline{B} + \overline{C} + D)$$

풀이

이 POS식의 정의역은 A, B, C, D이다. 첫 번째 항 $A + \overline{B} + C$에는 변수 D 또는 $\overline{D}$가 빠져 있으므로 다음과 같이 $D\overline{D}$를 더한 후, 규칙 12를 적용한다.

$$A + \overline{B} + C = A + \overline{B} + C + D\overline{D} = (A + \overline{B} + C + D)(A + \overline{B} + C + \overline{D})$$

두 번째 항 $\overline{B} + C + \overline{D}$에는 변수 A 또는 $\overline{A}$ 가 빠져 있으므로 다음과 같이 $A\overline{A}$를 더한 다음, 규칙 12를 적용한다.

$$\overline{B} + C + \overline{D} = \overline{B} + C + \overline{D} + A\overline{A} = (A + \overline{B} + C + \overline{D})(\overline{A} + \overline{B} + C + \overline{D})$$

세 번째 항 $A + \overline{B} + \overline{C} + \overline{D}$는 이미 표준형이므로 주어진 식의 표준 POS형은 다음과 같이 된다.

$$(A + \overline{B} + C)(\overline{B} + C + \overline{D})(A + \overline{B} + \overline{C} + D) =$$
$$(A + \overline{B} + C + D)(A + \overline{B} + C + \overline{D})(A + \overline{B} + C + \overline{D})(\overline{A} + \overline{B} + C + \overline{D})(A + \overline{B} + \overline{C} + D)$$

관련 문제

식 $(A + \overline{B})(B + C)$를 표준 POS형으로 변환하라.

표준 합항의 2진수 표현

표준 합항은 변수값의 여러 조합 중 한 가지 경우에 대해서만 0이다. 예를 들어 합항 $A + \overline{B} + C + \overline{D}$는 다음과 같이 $A = 0$, $B = 1$, $C = 0$, $D = 1$일 때만 0이고, 다른 모든 경우에는 1이다.

$$A + \overline{B} + C + \overline{D} = 0 + \overline{1} + 0 + \overline{1} = 0 + 0 + 0 + 0 = 0$$

이 경우 합항은 0101(10진수 5)의 2진수 값을 갖는다. 합항은 OR 게이트로 구현되며, 모든 입력이 0일 때만 출력이 0임을 기억하라. 필요한 경우 인버터는 변수의 보수를 만들기 위하여 사용된다.

표현식의 합항 중 하나 이상이 0과 같은 경우에만 0과 같다.

예제 4-18

다음의 표준 POS식이 0일 때, 2진수 값을 구하라.

$$(A + B + C + D)(A + \overline{B} + \overline{C} + D)(\overline{A} + \overline{B} + \overline{C} + \overline{D})$$

풀이

$A=0, B=0, C=0, D=0$일 때 항 $A + B + C + D$는 0이다.

$$A + B + C + D = 0 + 0 + 0 + 0 = 0$$

$A=0, B=1, C=1, D=0$일 때 항 $A + \overline{B} + \overline{C} + D$는 0이다.

$$A + \overline{B} + \overline{C} + D = 0 + \overline{1} + \overline{1} + 0 = 0 + 0 + 0 + 0 = 0$$

$A=1, B=1, C=1, D=1$일 때 항 $\overline{A} + \overline{B} + \overline{C} + \overline{D}$는 0이다.

$$\overline{A} + \overline{B} + \overline{C} + \overline{D} = \overline{1} + \overline{1} + \overline{1} + \overline{1} = 0 + 0 + 0 + 0 = 0$$

세 합항 중의 어느 하나가 0일 때, POS식은 0이 된다.

관련 문제

다음의 POS식이 0일 때 2진수 값을 구하라.

$$(X + \overline{Y} + Z)(\overline{X} + Y + Z)(X + Y + \overline{Z})(\overline{X} + \overline{Y} + \overline{Z})(X + \overline{Y} + \overline{Z})$$

이 식은 표준 POS식인가?

표준 SOP를 표준 POS로의 변환

주어진 표준 SOP식에서 곱항의 2진수 값은 등가의 표준 POS식에 나타나지 않는다. 또한 SOP식에 나타나지 않은 2진수 값은 등가의 POS식에 나타난다. 따라서 표준 SOP식을 표준 POS식으로 변환하는 과정은 다음과 같다.

단계 1 : SOP식의 각 곱항을 계산한다. 즉 곱항에 나타나는 2진수를 구한다.
단계 2 : 단계 1의 계산에 포함되지 않은 모든 2진수를 구한다.
단계 3 : 단계 2의 각 2진수에 대해 등가의 합항을 구하고 POS 형태로 표현한다.

이와 유사한 절차를 사용하여 POS를 SOP로 변환할 수 있다.

예제 4-19

다음 SOP식을 등가의 POS식으로 변환하라.

$$\overline{A}\,\overline{B}\,\overline{C} + \overline{A}B\overline{C} + \overline{A}BC + A\overline{B}C + ABC$$

풀이

계산은 다음과 같다.

$$000 + 010 + 011 + 101 + 111$$

이 식의 정의역에는 3개의 변수가 있으므로 총 $8(2^3)$개의 조합이 가능하다. 이 SOP식에는 5개의 조합만 나타나므로 POS식에는 나머지 3개인 001, 100, 110이 포함되어야 한다. 이들이 합항 0을 구성하는 2진수 값임을 기억하라. 등가의 POS식은 다음과 같다.

$$(A + B + \overline{C})(\overline{A} + B + C)(\overline{A} + \overline{B} + C)$$

관련 문제

이 예에서 각 변수에 2진수 값을 대입하여 SOP와 POS식이 같음을 증명하라.

복습문제 4-6

1. 다음의 각 식이 SOP인지, 표준 SOP인지, POS인지, 표준 POS인지 구별하라.
   (a) $AB + \overline{A}BD + \overline{A}C\overline{D}$ (b) $(A + \overline{B} + C)(A + B + \overline{C})$
   (c) $\overline{A}BC + AB\overline{C}$ (d) $(A + \overline{C})(A + B)$
2. 문제 1의 SOP식을 표준형으로 변환하라.
3. 문제 1의 POS식을 표준형으로 변환하라.

4-7 불 식과 진리표

모든 표준 불 식은 식에서의 각 항에 대한 2진수 값을 이용하여 진리표 형태로 쉽게 변환될 수 있다. 진리표는 회로의 논리 연산을 간단한 형태로 표현하는 일반적인 방법이다. 또한 표준 SOP나 POS식은 진리표에서 구할 수도 있다. 진리표는 디지털 회로의 동작과 관련된 데이터 시트나 그 밖의 문서에서 많이 볼 수 있다.

이 절의 학습내용

- 표준 SOP식을 진리표로 변환한다.
- 표준 POS식을 진리표로 변환한다.
- 진리표에서 표준식을 유도한다.
- 진리표의 데이터를 적절하게 해석한다.

SOP식의 진리표로의 변환

4-6절에서 SOP식은 곱항 중 적어도 하나의 항이 1이면, 1이 됨을 상기하라. 진리표는 단순히 입력 변수의 가능한 모든 조합과 이에 해당하는 출력값(1 또는 0)들을 나열한 것이다. 2-변수의 정의역을 가진 식에서는 4가지($2^2 = 4$)의 조합이 있다. 3-변수의 정의역을 가진 식에서는 8가지($2^3 = 8$), 4-변수의 정의역을 가진 식에서는 16가지($2^4 = 16$)의 다른 조합이 있다.

진리표 작성의 첫 번째 단계는 우선 식에 나타난 변수들의 가능한 모든 2진수 값을 나열한다. 다음의 SOP식이 비표준 형태이면 표준 형태로 변환한다. 마지막으로 표준 SOP식을 1로 만드는 각 2진수 값의 출력 열(X)에 1을 넣고, 나머지에 0을 넣는다. 이 절차는 예제 4-20에서 자세히 설명된다.

예제 4-20

표준 SOP식 $\overline{A}\overline{B}C + A\overline{B}\overline{C} + ABC$에 대한 진리표를 작성하라.

풀이

이 식의 정의역에는 3개의 변수가 있으므로, 표 4-6의 좌측 3개의 열에 나열한 바와 같이 8개의 가능한 2진수 값이 있다. 주어진 식의 곱항이 1이 되는 2진수 값은 다음과 같다.

표 4-6

입력			출력	
A	B	C	X	곱항
0	0	0	0	
0	0	1	1	$\overline{A}\overline{B}C$
0	1	0	0	
0	1	1	0	
1	0	0	1	$A\overline{B}\overline{C}$
1	0	1	0	
1	1	0	0	
1	1	1	1	ABC

$\overline{A}\overline{B}C$: 001, $A\overline{B}\overline{C}$: 100, ABC: 111. 이 2진수 값의 각각에 대해 표의 출력 열에 1을 기록하고, 나머지 2진 조합의 각각에 대해서는 출력 열에 0을 기록한다.

관련 문제

표준 SOP식 $\overline{A}B\overline{C} + A\overline{B}C$에 대한 진리표를 작성하라.

POS식을 진리표로 변환

POS식은 합항 중 적어도 하나의 항이 0이면 0이 된다. POS식으로부터 진리표를 작성하기 위해서, SOP식에서와 같이 변수의 가능한 모든 2진 조합 값들을 나열한다. 다음에 POS식이 표준이 아니면 표준 형태로 변환한다. 마지막으로 이 식을 0으로 만드는 각 2진수 값의 출력 열(X)에 0을 넣고, 나머지에 1을 넣는다. 이 절차는 예제 4-21에서 자세히 설명한다.

예제 4-21

다음의 표준 POS식에 대한 진리표를 작성하라.

$$(A + B + C)(A + \overline{B} + C)(A + \overline{B} + \overline{C})(\overline{A} + B + \overline{C})(\overline{A} + \overline{B} + C)$$

풀이

정의역에 3개의 변수가 있으므로 8개의 가능한 2진수 값이 표 4-7의 좌측 3개의 열에 나열된다. 주어진 식의 합항이 0이 되는 2진수 값은 다음과 같다. $A + B + C$: 000, $A + \overline{B} + C$: 010, $A + \overline{B} + \overline{C}$: 011, $\overline{A} + B + \overline{C}$: 101, $\overline{A} + \overline{B} + C$: 110. 이 2진수 값의 각각에 대해 표의 출력 열에 0을 기록하고, 나머지 2진 조합의 각각에 대해서는 출력 열에 1을 기록한다.

표 4-7

입력			출력	
A	B	C	X	합항
0	0	0	0	$(A + B + C)$
0	0	1	1	
0	1	0	0	$(A + \overline{B} + C)$
0	1	1	0	$(A + \overline{B} + \overline{C})$
1	0	0	1	
1	0	1	0	$(\overline{A} + B + \overline{C})$
1	1	0	0	$(\overline{A} + \overline{B} + C)$
1	1	1	1	

이 예제의 진리표는 예제 4-20의 진리표와 같음에 주목하라. 이것은 앞 예제의 SOP식과 이 예제의 POS식이 등가라는 것을 의미한다.

관련 문제

다음 POS식 $(A + \overline{B} + C)(A + B + \overline{C})(\overline{A} + \overline{B} + \overline{C})$에 대한 진리표를 작성하라.

진리표로부터 표준식의 유도

진리표로 표현된 표준 SOP식을 구하기 위하여, 출력이 1인 입력 변수의 2진수 값들을 나열한다. 각 2진수 값에 대하여 1은 해당 변수로 0은 해당 변의 보수로 대체하여 각 2진수 값을 곱항으로 변환한다. 예를 들어 2진수 값 1010은 다음과 같이 곱항으로 변환된다.

$$1010 \longrightarrow A\overline{B}C\overline{D}$$

이 곱항에 2진수를 대입하면 곱항이 1임을 알 수 있다.

$$A\overline{B}C\overline{D} = 1 \cdot \overline{0} \cdot 1 \cdot \overline{0} = 1 \cdot 1 \cdot 1 \cdot 1 = 1$$

진리표로 표현된 표준 POS식을 구하기 위하여, 출력이 0인 입력 변수의 2진수 값들을 나열한다. 각 2진수 값에 대하여 0은 해당 변수로 1은 해당 변수의 보수로 대체하여 각 2진수 값을 합항으로 변환한다. 예를 들어 2진수 값 1001은 다음과 같이 합항으로 변환된다.

$$1001 \longrightarrow \overline{A} + B + C + \overline{D}$$

이 합항에 2진수를 대입하면 합항이 0임을 알 수 있다.

$$\overline{A} + B + C + \overline{D} = \overline{1} + 0 + 0 + \overline{1} = 0 + 0 + 0 + 0 = 0$$

예제 4-22

표 4-8의 진리표로부터 표준 SOP식과 등가인 표준 POS식을 구하라.

표 4-8

입력			출력
A	*B*	*C*	*X*
0	0	0	0
0	0	1	0
0	1	0	0
0	1	1	1
1	0	0	1
1	0	1	0
1	1	0	1
1	1	1	1

풀이

출력 열에 4개의 1이 있고 이에 대응되는 2진수 값은 011, 100, 110, 111이다. 이 2진수 값들은 다음과 같이 곱항으로 변환된다.

$$011 \longrightarrow \overline{A}BC$$
$$100 \longrightarrow A\overline{B}\,\overline{C}$$
$$110 \longrightarrow AB\overline{C}$$
$$111 \longrightarrow ABC$$

따라서 출력 X에 대한 표준 SOP식은 다음과 같다.

$$X = \overline{A}BC + A\overline{B}\,\overline{C} + AB\overline{C} + ABC$$

POS식의 경우 2진수 값 000, 001, 010, 101에 대한 출력이 0이다. 이 2진수 값들은 다음과 같이 합항으로 변환된다.

$$000 \longrightarrow A + B + C$$
$$001 \longrightarrow A + B + \overline{C}$$
$$010 \longrightarrow A + \overline{B} + C$$
$$101 \longrightarrow \overline{A} + B + \overline{C}$$

따라서 출력 X에 대한 표준 POS식은 다음과 같다.

$$X = (A + B + C)(A + B + \overline{C})(A + \overline{B} + C)(\overline{A} + B + \overline{C})$$

관련 문제

2진수 값을 대입하여 이 예에서 구한 SOP식과 POS식이 등가임을 보이라. 즉 각 SOP와 POS의 2진수 값은 1이거나 0일 것이다.

복습문제 4-7

1. 어떤 불 식이 5-변수의 정의역을 가질 때, 진리표에는 몇 개의 2진수 값이 나타나는가?
2. 어떤 진리표에서 2진수 0110에 대한 출력이 1이다. 변수 W, X, Y, Z를 사용하여 2진수 값을 곱항으로 변환하라.
3. 어떤 진리표에서 2진수 1100에 대한 출력이 0이다. 변수 W, X, Y, Z를 사용하여 2진수 값을 합항으로 변환하라.

4-8 카르노 맵

카르노(Karnaugh) 맵은 불 식을 간략화하기 위한 체계적인 방법으로, 이를 적절이 사용하면 최소식으로 알려진 가장 간략화된 SOP 및 POS식을 얻을 수 있다. 이미 설명한 바와 같이 대수적 간략화의 효율성은 불 대수의 모든 법칙, 규칙, 정리에 대한 이해와 그들을 적용하는 능력에 따라 달라진다. 반면에 카르노 맵은 간략화를 위한 '기계적인' 방법을 제시한다. 또 다른 간략화 방법으로는 퀸-맥클러스키(Quine-McClusky) 방법과 에스프레소(Espresso) 알고리즘 등이 있다.

이 절의 학습내용

- 3-변수 또는 4-변수의 카르노 맵을 구성한다.
- 카르노 맵에서 각 셀의 2진수 값을 결정한다.
- 카르노 맵의 각 셀에 의해 표현되는 표준 곱항을 결정한다.
- 셀의 인접을 설명하고 인접한 셀을 구별한다.

카르노 맵(Karnaugh map)은 입력 변수의 가능한 모든 값과 각 값에 대한 결과 출력을 나타내므로 진리표와 유사하다. 카르노 맵은 진리표와 같이 행과 열로 구성되지 않고, 입력 변수의 2진수 값을 나타내는 **셀**(cell)들의 배열로 구성되어 있다. 셀들이 정렬되어 있으므로, 주어진 식에 대한 간략화는 단지 셀들을 적절히 묶음으로써 구할 수 있다. 카르노 맵은 2-변수, 3-변수, 4-변수, 5-변수로 이루어진 식에 대해 적용될 수 있지만, 이 절에서는 기본적인 원리를 설명하기 위해 3-변수와 4-변수의 경우만 살펴본다. 32개의 셀을 사용하는 5-변수 카르노 맵은 웹사이트에서 볼 수 있다.

카르노 맵을 사용하는 목적은 불 식을 간략화하는 것이다.

카르노 맵에서 셀의 수는 진리표의 행의 수와 같을 뿐만 아니라 입력 변수의 가능한 모든 조합의 수와 같다. 3-변수일 경우 셀의 수는 $2^3 = 8$개이고, 4-변수일 경우 셀의 수는 $2^4 = 16$이다.

3-변수 카르노 맵

3-변수 카르노 맵은 그림 4-25(a)와 같이 8개 셀의 배열로 이루어진다. *A*, *B*, *C*가 변수로 사용되었으나 다른 문자를 사용할 수도 있다. *A*와 *B*의 2진수 값은 왼쪽에 있으며(순서에 유의) *C*의 값은 위쪽에 있다. 주어진 셀의 값은 같은 열의 왼쪽에 있는 *A*, *B*의 2진수 값과 같은 행의 위쪽에 있는 *C*의 값을 조합한 것이다. 예를 들어 가장 위쪽의 왼쪽 셀의 2진수 값은 000이고 가장 아래의 오른쪽 셀의 2진수 값은 101이다. 그림 4-25(b)는 카르노 맵의 각 셀에 의해 표현되는 표준 곱항들을 나타낸 것이다.

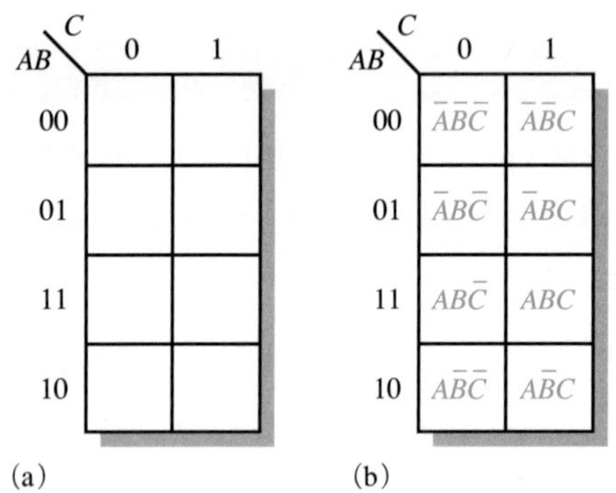

그림 4-25 곱항을 나타내는 3-변수 카르노 맵

4-변수 카르노 맵

4-변수 카르노 맵은 그림 4-26(a)와 같이 16개 셀의 배열로 이루어진다. *A*, *B*의 2진수 값은 왼쪽에 있고 *C*, *D*의 값은 위쪽에 있다. 주어진 셀의 값은 같은 열의 왼쪽에 있는 *A*, *B*의 2진수 값과 같은 행의 위쪽에 있는 *C*, *D*의 2진수 값을 조합한 것이다. 예를 들어 가장 위쪽의 오른쪽에 있는 셀의 2진수 값은 0010이고, 가장 아래의 오른쪽에 있는 셀의 2진수 값은 1010이다. 그림 4-26(b)는 4-변수 카르노 맵의 각 셀에 의해 표현되는 표준 곱항들을 나타낸 것이다.

셀의 인접

카르노 맵에서 셀들은 인접한 셀과 단지 하나의 변수만 다르도록 배열되어 있다. 여기서 **인접**(adjacency)이란 하나의 변수만 다른 것을 의미한다. 3-변수 맵에서 010셀은 000, 011, 110셀과 인접하고 있고 010셀은 001, 111, 100, 101셀과 인접하고 있지 않다.

단지 하나의 변수만 다른 셀들이 서로 인접하고 있다.

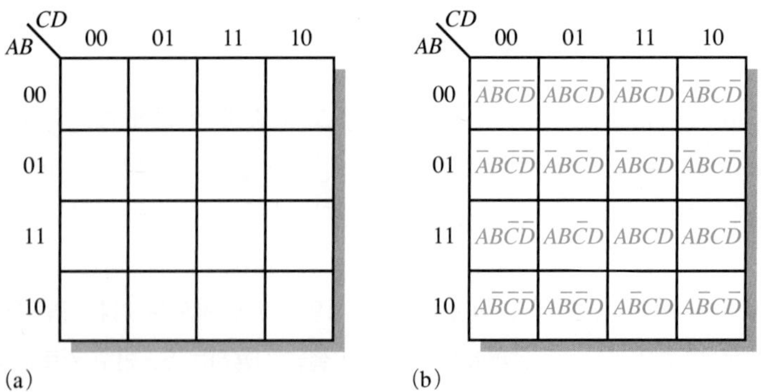

그림 4-26 4-변수 카르노 맵

하나의 변수 이상이 다른 셀들은 인접하고 있지 않다.

물리적으로 각 셀은 바로 다음 셀인 4면의 어느 하나에 인접해 있다. 대각선으로 인접한 셀들은 서로 인접하고 있지 않다. 또한 가장 위쪽 행에 있는 셀은 가장 아래쪽 행의 대응되는 셀과 인접해 있으며 가장 왼쪽 열의 셀은 가장 오른쪽 열의 대응되는 셀과 인접해 있다. 이것은 위와 아래 또는 왼쪽과 오른쪽을 연결하여 원통을 만드는 것과 같으므로 '둘러싸인(wrap-around)' 인접이라고 한다. 그림 4-27은 4-변수 맵에서의 셀 인접을 보인 것이며, 임의의 수의 셀을 갖는 카르노 맵에 똑같은 인접 규칙을 적용할 수 있다.

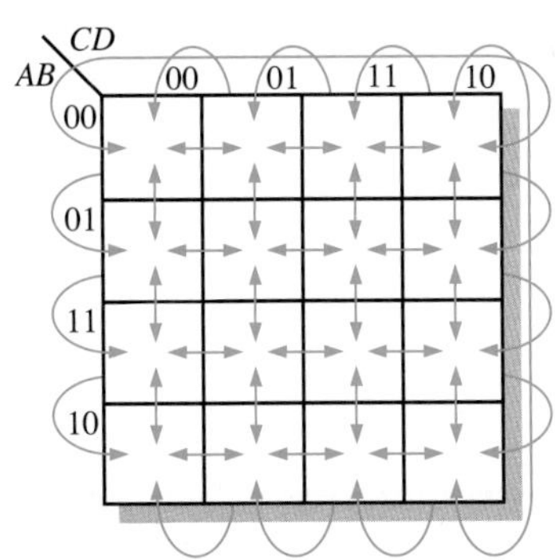

그림 4-27 카르노 맵의 인접 셀들은 단지 한 변수만 다르다. 화살표는 인접 셀들을 지시하고 있다.

퀸-맥클러스키 방법

카르노 맵을 5-변수 이상에 대해 간략화하는 과정은 복잡하고 어렵기 때문에, 카르노 맵은 실제 4-변수까지 적용된다. 또한 이 방법은 컴퓨터 프로그램의 형태로 자동화되기에 적합하지 않다.

퀸-맥클러스키 방법은 4-변수 또는 5-변수 이상을 갖는 논리함수를 간략화할 때보다 더 실용적으로 사용된다. 또한 컴퓨터나 프로그램 가능한 계산기로 더 쉽게 구현되는 이점이 있다.

퀸-맥클러스키 방법은 기능적으로 카르노 맵 작성과 비슷하지만, 컴퓨터 알고리즘으로 쉽게 구현할 수 있도록 테이블 형태의 방법을 채택하고 있고 또한 최소화 형태로 구현되었는지를 점검하기 위한 방법을 제공하고 있어 카르노 맵에 비해 보다 효율적인 방법이다. 이 방법은 종종 **도표작성 방법(tabulation method)**으로도 불린다. 퀸-맥클러스키 방법에 대한 자세한 소개는 4-11절에서 제공된다.

에스프레소 알고리즘

퀸-맥클러스키 방법이 컴퓨터 프로그램으로 구현되기에 적합하고 카르노 맵에 비해 더 많은 변수를 다룰 수 있지만, 처리 시간과 메모리 사용의 측면에서 여전히 효율적이지 못하다. 함수에 변수를 추가하는 것은 파라미터들이 대략적으로 두 배가 되는데, 이는 진리표 길이가 변수의 수에 따라 지수적으로 증가하기 때문이다. 큰 수의 변수를 갖는 함수는 사실상(de facto) 세계 표준이 된 에스프레소 논리 최소화기(minimizer) 등과 같은 다른 방법으로 최소화되어야 한다. 에스프레소 알고리즘 지침서는 웹사이트에서 사용 가능하다.

다른 방법에 비해 에스프레소는 감소된 메모리 사용과 몇 가지 크기 차수에 의한 계산 시간 측면에서 더 효율적이다. 본질적으로 변수의 수, 출력 함수, 조합 논리의 곱항에 제한이 없다. 일반적으로 수십 개의 출력 함수를 갖는 수십 개의 변수들이 에스프레소에 의해 다루어질 것이다.

에스프레소 알고리즘은 프로그램 가능한 논리 소자들을 위한 대부분의 논리 합성 툴에서 표준 논리함수 최소화 단계로 통합된다. 멀티레벨 논리로 함수를 구현하기 위하여, 최소화된 결과는 인수분해로 최적화되어 FPGA(field-programmable gate array) 등과 같은 대상 소자 내의 이용 가능한 기본 논리 셀에 매핑된다.

복습문제 4-8

1. 3-변수 카르노 맵에서 다음 위치에 있는 각 셀의 2진수 값은 무엇인가?
   (a) 최상위 좌측 셀 (b) 최하위 우측 셀
   (c) 최하위 좌측 셀 (d) 최상위 우측 셀
2. 문제 1의 각 셀에 대해 변수 X, Y, Z를 사용한 표준 곱항은 무엇인가?
3. 4-변수 맵에서 문제 1을 반복하라.
4. 변수 W, X, Y, Z를 사용하여 4-변수 맵에 대한 문제 2를 반복하라.

4-9 카르노 맵 SOP 최소화

4-8절에서 설명하였듯이 카르노 맵은 불 식을 최소의 형태로 간략화시키는 데 사용된다. 최소화된 SOP식은 가능한 최소한의 항만 포함되며, 각 항도 최소한의 변수로만 구성된다. 일반적으로 최소 SOP식은 표준식보다 더 적은 수의 논리 게이트로 구현된다.

이 절의 학습내용

- 카르노 맵에 표준 SOP식을 매핑한다.
- 맵에서 1들을 최대 그룹으로 결합한다.
- 맵에서 각 그룹에 대해 최소 곱항을 구한다.
- 최소 SOP식을 형성하기 위해 최소 곱항을 결합한다.
- 표현된 식의 간략화를 위해 진리표를 카르노 맵으로 변환한다.
- 카르노 맵에 '무정의' 조건을 사용한다.

표준 SOP식에 대한 맵 작성

표준 SOP식의 경우 각 곱항에 대하여 카르노 맵에 1을 넣는다. 즉 각 곱항의 값에 해당되는 셀에 1을 넣는다. 예를 들어 곱항 $A\bar{B}C$에 대해 3-변수 맵의 101셀에 1을 넣는다.

SOP식에 대한 맵 작성이 끝나면, 카르노 맵의 1의 수는 표준 SOP식의 곱항의 수와 같다. 1로 되어 있지 않은 셀은 식이 0인 셀이다. 일반적으로 SOP식에 대한 맵을 작성할 때, 0은 맵에 표시하지 않는다. 맵 작성 과정을 그림 4-28에 나타내었으며, 이를 정리하면 다음과 같다.

단계 1 : 표준 SOP식의 각 곱항에 대한 2진수 값을 구한다.
단계 2 : 구해진 각 곱항의 2진 값에 대응하는 카르노 맵의 셀에 1을 넣는다.

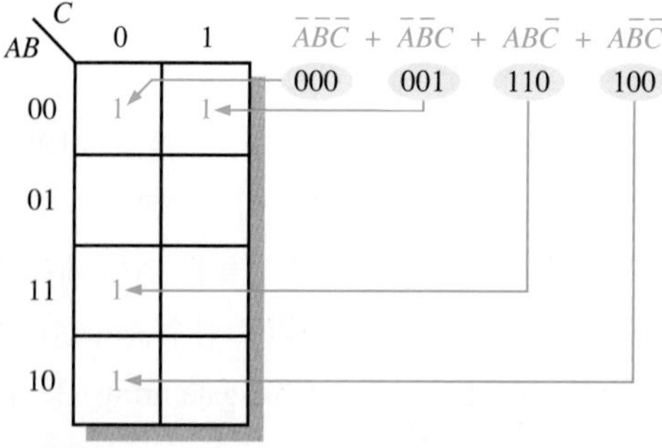

그림 4-28 표준 SOP식의 맵 작성 예

예제 4-23

다음의 표준 SOP식에 대한 카르노 맵을 작성하라.

$$\overline{A}\,\overline{B}C + \overline{A}B\overline{C} + AB\overline{C} + ABC$$

풀이

아래와 같이 식의 2진수 값을 구한다. 식의 각 표준 곱항에 대하여 그림 4-29와 같이 3-변수 카르노 맵에 1을 기록한다.

$$\begin{array}{cccc} \overline{A}\,\overline{B}C + & \overline{A}B\overline{C} + & AB\overline{C} + & ABC \\ 001 & 010 & 110 & 111 \end{array}$$

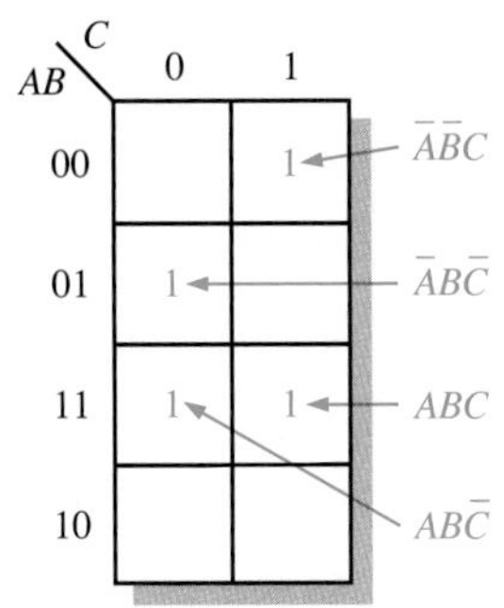

그림 4-29

관련 문제

표준 SOP식 $\overline{A}BC + A\overline{B}C + A\overline{B}\,\overline{C}$에 대한 카르노 맵을 작성하라.

예제 4-24

다음의 표준 SOP식에 대한 카르노 맵을 작성하라.

$$\overline{A}\,\overline{B}CD + \overline{A}B\overline{C}\,\overline{D} + AB\overline{C}D + ABCD + AB\overline{C}\,\overline{D} + \overline{A}\,\overline{B}\,\overline{C}D + A\overline{B}C\overline{D}$$

풀이

아래와 같이 식의 곱항에 대한 2진수 값을 구한다. 식의 각 표준 곱항에 대하여 그림 4-30과 같이 4-변수 카르노 맵에 1을 기록한다.

$$\begin{array}{ccccccc} \overline{A}\,\overline{B}CD + & \overline{A}B\overline{C}\,\overline{D} + & AB\overline{C}D + & ABCD + & AB\overline{C}\,\overline{D} + & \overline{A}\,\overline{B}\,\overline{C}D + & A\overline{B}C\overline{D} \\ 0011 & 0100 & 1101 & 1111 & 1100 & 0001 & 1010 \end{array}$$

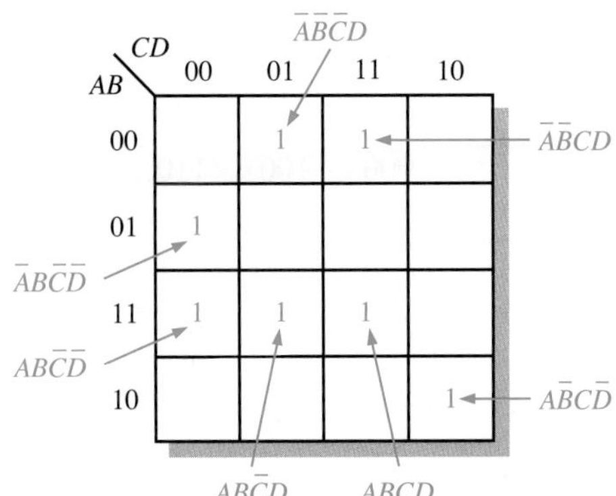

그림 4-30

관련 문제

다음의 표준 SOP식 $\overline{A}BC\overline{D} + ABC\overline{D} + AB\overline{C}\,\overline{D} + ABCD$에 대한 카르노 맵을 작성하라.

비표준 SOP식에 대한 맵 작성

불 식은 카르노 맵을 작성하기 전에 먼저 표준형으로 표현되어 있어야 한다. 만약 식이 표준형으로 되어 있지 않으면, 4-6절에 제시된 절차나 수치 확장에 의해 표준형으로 변환되어야 한다. 여하튼 맵 작성을 하기 전에 식은 평가되어야 하고, 수치 확장은 가장 효율적인 접근 방법이 된다.

비표준 곱항의 수치 확장

비표준 곱항에는 1개 이상의 변수가 빠져 있음을 기억하라. 예를 들어 어떤 3-변수 SOP식의 곱항 중의 하나를 $A\overline{B}$라고 하자. 이 항은 다음과 같이 표준형에 대하여 수치적으로 확장될 수 있다. 먼저 두 변수의 2진수 값을 쓰고 빠진 변수 $\overline{C}$에 해당하는 0을 붙인다(100). 다음 두 변수의 2진수 값을 쓰고 빠진 변수 C에 해당하는 1을 붙인다(101). 2개의 결과적인 2진수는 표준 SOP항인 $A\overline{B}\,\overline{C}$와 $A\overline{B}C$의 값이 된다.

다른 예로 3-변수 식의 곱항 중의 하나를 B라고 하자(단일 변수도 SOP식의 곱항으로 간주한다). 이 항은 다음과 같이 표준형에 대해 수치적으로 확장될 수 있다. 변수의 2진수 값을 쓰고, 다음과 같이 빠진 변수 A와 C에 대하여 가능한 모든 값을 붙인다.

B
010
011
110
111

4개의 2진수는 표준 SOP항인 $\overline{A}B\overline{C}$, $\overline{A}BC$, $AB\overline{C}$, ABC의 값을 나타낸다.

예제 4-25

다음의 SOP식에 대한 카르노 맵을 작성하라 : $\overline{A} + A\overline{B} + AB\overline{C}$

풀이

SOP식은 모든 곱항이 3개의 변수를 가지고 있지 않기 때문에 분명히 표준형이 아니다. 첫 번째 항에는 2개의 변수가 빠졌고, 두 번째 항에는 1개의 변수가 빠졌으며, 세 번째 항은 표준형이다. 먼저 항들을 다음과 같이 확장시킨다.

$\overline{A}$	$+ A\overline{B}$	$+ AB\overline{C}$
000	100	110
001	101	
010		
011		

이상의 곱항에 대해 그림 4-31과 같이 각각의 2진수의 값에 대응하는 3-변수 카르노 맵의 셀에 1을 기입한다.

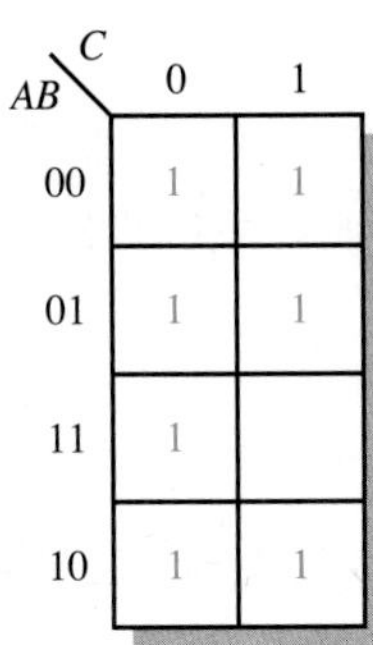

그림 4-31

관련 문제

SOP식 $BC + \overline{A}\,\overline{C}$에 대한 카르노 맵을 작성하라.

예제 4-26

다음의 SOP식에 대한 카르노 맵을 작성하라.

$$\overline{B}\,\overline{C} + A\overline{B} + AB\overline{C} + A\overline{B}C\overline{D} + \overline{A}\,\overline{B}\,\overline{C}D + A\overline{B}CD$$

풀이

SOP식은 모든 곱항이 3개의 변수를 가지고 있지 않기 때문에 분명히 표준형이 아니다. 첫 번째와 두 번째 항에는 2개의 변수가 빠졌고, 세 번째 항에는 1개의 변수가 빠졌으며, 나머지 항들은 표준형이다. 먼저 빠진 변수의 모든 조합을 포함하므로 항들을 다음과 같이 확장시킨다.

$\overline{B}\,\overline{C}$	+ $A\overline{B}$	+ $AB\overline{C}$	+ $A\overline{B}C\overline{D}$	+ $\overline{A}\,\overline{B}\,\overline{C}D$	+ $A\overline{B}CD$
0000	1000	1100	1010	0001	1011
0001	1001	1101			
1000	1010				
1001	1011				

이상의 곱항에 대해 그림 4-32와 같이 각각의 2진수의 값에 대응하는 4-변수 카르노 맵의 셀에 1을 기입한다. 확장 식에서 일부 값들은 불필요하다.

AB \ CD	00	01	11	10
00	1	1		
01				
11	1	1		
10	1	1	1	1

그림 4-32

관련 문제

식 $A + \overline{C}D + AC\overline{D} + \overline{A}BC\overline{D}$에 대한 카르노 맵을 작성하라.

SOP식의 카르노 맵 간략화

주어진 식을 최소한의 변수를 사용해 최소한의 항을 갖는 식으로 간략화시키는 과정을 **최소화**(minimization)라고 한다. SOP식으로 맵이 작성된 후 최소 SOP식은 그 맵에서 1을 그룹화하고 최소 SOP식을 정하므로 구해진다.

1의 그룹화

1을 포함하는 인접 셀들을 다음 규칙에 따라 사각형(직사각형 또는 정사각형) 형태로 묶음으로써, 카르노맵상의 1들을 그룹화할 수 있다. 목표는 그룹의 크기를 최대로 하고 그룹의 수를 최소로 하는 것이다.

1. 각 그룹은 2의 지수승인 1, 2, 4, 8, 16개의 셀을 가져야 한다. 3-변수 맵의 경우, 최대 그룹은 $2^3 = 8$개의 셀을 가진다.
2. 그룹 내의 각 셀은 그 그룹 내에서 하나 이상의 셀과 인접해 있어야 하지만, 그룹 내의 모든 셀들이 서로 인접해 있을 필요는 없다.
3. 항상 규칙 1에 따라 그룹 내의 1의 수가 가능한 최대가 되도록 한다.
4. 맵에 있는 모든 1은 적어도 하나의 그룹에 속해야 한다. 이미 1이 어떤 한 그룹에 속해 있어도, 공유하지 않는 1을 포함하기만 하면 다른 그룹에 속할 수 있다. 즉 하나의 1은 여러 그룹에 동시에 사용될 수 있다.

예제 4-27

그림 4-33의 각 카르노 맵에서 1을 그룹화하라.

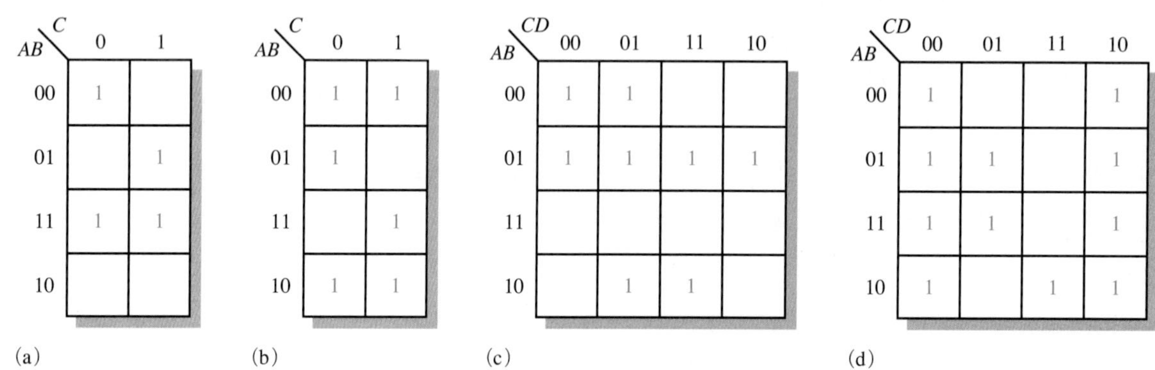

그림 4-33

풀이

그룹화 결과는 그림 4-34에 나타나 있다. 경우에 따라서, 최대 그룹화를 위해 1을 그룹화하는 방법이 여러 개 있을 수도 있다.

관련 문제

최소 그룹 수를 얻기 위해 그림 4-34에서 1을 그룹화하는 다른 방법이 있는지 검토하라.

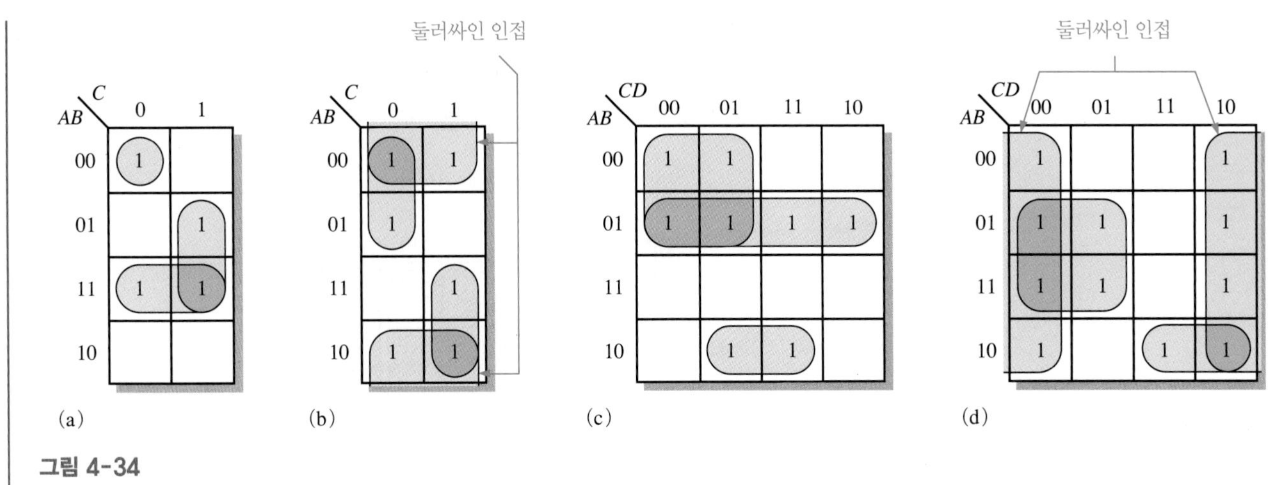

그림 4-34

맵으로부터 최소 SOP식의 결정

식에서 표준 곱항을 나타내는 모든 1에 대한 맵이 작성되고 그룹화되면, 결과적인 최소 SOP식을 구하는 과정이 시작된다. 다음의 규칙들은 최소 곱항과 최소 SOP식을 찾는 데 적용된다.

1. 1이 있는 셀들을 그룹화한다. 각 그룹은 그룹 내에서 단지 하나의 형태(비보수 또는 보수)로만 나타나는 모든 변수로 구성된 하나의 곱항을 만든다. 그 그룹 내에서 보수와 비보수가 모두 나타나는 변수는 제거된다. 이러한 것들은 **상반된 변수**(contradictory variables)들로 불린다.

2. 각 그룹에 대한 최소 곱항을 구한다.

(a) 3-변수 맵의 경우

(1) 1-셀 그룹에서는 3-변수 곱항이 만들어진다.

(2) 2-셀 그룹에서는 2-변수 곱항이 만들어진다.

(3) 4-셀 그룹에서는 1-변수 항이 만들어진다.

(4) 8-셀 그룹에서는 그 식의 값으로 1이 만들어진다.

(b) 4-변수 맵의 경우

(1) 1-셀 그룹에서는 4-변수 곱항이 만들어진다.

(2) 2-셀 그룹에서는 3-변수 곱항이 만들어진다.

(3) 4-셀 그룹에서는 2-변수 곱항이 만들어진다.

(4) 8-셀 그룹에서는 1-변수 항이 만들어진다.

(5) 16-셀 그룹에서는 그 식의 값으로 1이 만들어진다.

3. 모든 최소 곱항이 카르노 맵에서 유도될 때, 모든 최소 곱항들이 더해져 최소 SOP식이 된다.

예제 4-28

그림 4-35의 카르노 맵에 대한 곱항을 구하고, 최소 SOP식을 작성하라.

풀이

보수와 비보수형 모두를 그룹화하는 변수들은 제거되어야 한다. 그림 4-35에서 8-셀 그룹의 곱항은 A와 $\overline{A}$, C와 $\overline{C}$, D와 $\overline{D}$를 포함하고 있는 셀들이 제거되어야 하기 때문에 B이다. 4-셀 그룹은 B와 $\overline{B}$, D와 $\overline{D}$를 포함하고 있으므로 곱항은 $A\overline{C}$이다. 2-셀 그룹은 B와 $\overline{B}$를 포함하고 있으므로 곱항은 $A\overline{C}D$이다. 그룹의 크기를 최대로 하기 위하여, 겹침(overlapping)이 사용되는 방법에 주목하라. 최소 SOP식은 이 곱항들의 합으로 다음과 같다.

$$B + \overline{A}C + A\overline{C}D$$

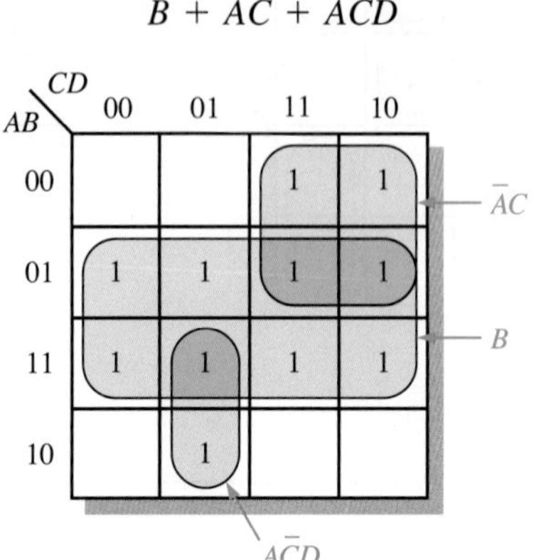

그림 4-35

관련 문제

그림 4-35의 카르노 맵에 대해서, 가장 오른쪽 아래의 셀(1010)에 1을 추가하고 SOP식을 구하라.

예제 4-29

그림 4-36의 카르노 맵에 대한 곱항을 구하고, 최소 SOP식을 작성하라.

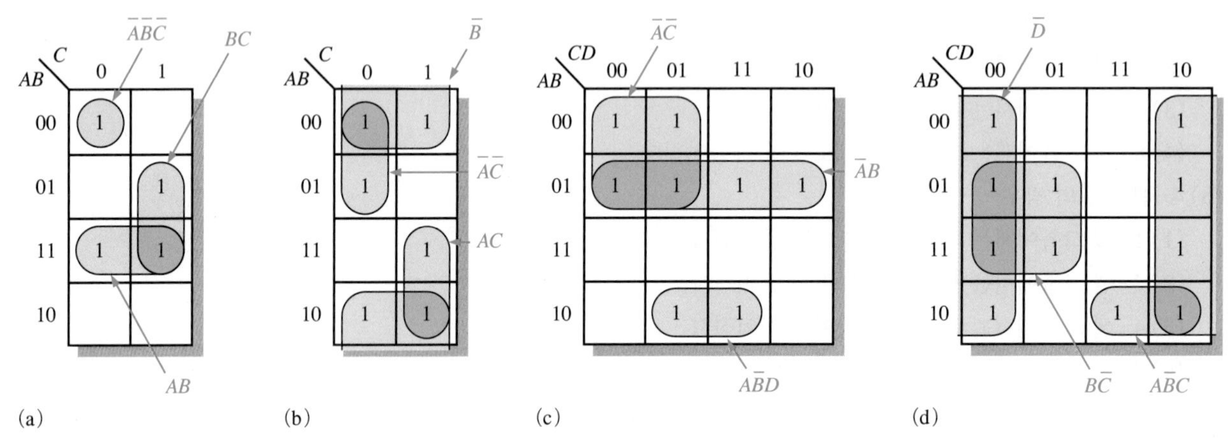

그림 4-36

풀이

각 그룹에 대한 최소 곱항은 그림 4-36과 같다. 따라서 각 카르노 맵에 대한 최소 SOP식은 다음과 같다.

(a) $AB + BC + \overline{A}\,\overline{B}\,\overline{C}$

(b) $\overline{B} + \overline{A}\,\overline{C} + AC$

(c) $\overline{A}B + \overline{A}\,\overline{C} + A\overline{B}D$

(d) $\overline{D} + A\overline{B}C + B\overline{C}$

관련 문제
그림 4-36(d)의 카르노 맵에 대해서, 0111 셀에 1을 추가하고 SOP식을 구하라.

예제 4-30

카르노 맵을 사용하여 다음 표준 SOP식을 최소화하라.

$$A\overline{B}C + \overline{A}BC + \overline{A}\,\overline{B}C + \overline{A}\,\overline{B}\,\overline{C} + A\overline{B}\,\overline{C}$$

풀이
주어진 식의 2진수 값은 다음과 같다.

$$101 + 011 + 001 + 000 + 100$$

그림 4-37과 같이 표준 SOP식에 대한 맵을 작성하고 셀을 그룹화한다.

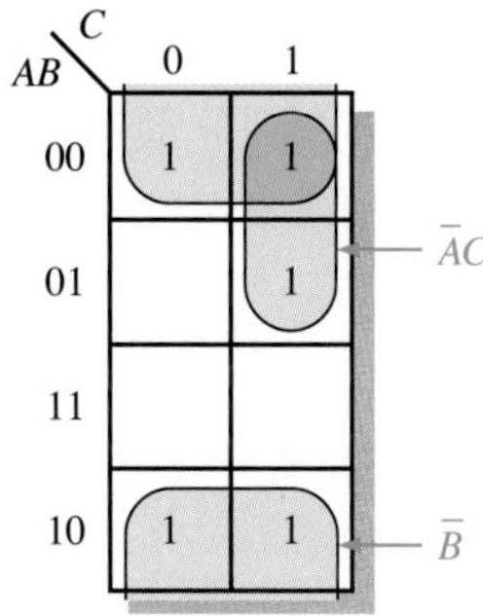

그림 4-37

가장 위쪽의 열과 가장 아래의 열을 포함하는 '둘러싸인' 4-셀 그룹에 주목하라. 나머지 1개의 1은 2-셀의 겹쳐진 그룹으로 합병된다. 4개의 1로 구성된 그룹은 단일 변수 항 $\overline{B}$를 만든다. 그룹 내의 관측에 의해 $\overline{B}$만이 그룹 내의 각 셀에 대해 변하지 않는 변수이다. 2개의 1로 구성된 그룹은 2-변수 항 $\overline{A}C$를 만든다. 그룹 내에서 $\overline{A}$와 C가 변하지 않는 변수이다. 각 그룹에 대한 곱항이 그림에 표시되어 있으며, 최소 SOP식은 다음과 같다.

$$\overline{B} + \overline{A}C$$

이 최소식과 본래의 표준식은 등가임을 기억하라.

관련 문제
카르노 맵을 사용하여, 다음 표준 SOP식을 간략화하라.

$$X\overline{Y}Z + XY\overline{Z} + \overline{X}YZ + \overline{X}Y\overline{Z} + X\overline{Y}\,\overline{Z} + XYZ$$

예제 4-31

카르노 맵을 사용하여 다음 SOP식을 최소화하라.

$$\overline{B}\,\overline{C}\,\overline{D} + \overline{A}B\overline{C}\,\overline{D} + AB\overline{C}\,\overline{D} + \overline{A}\,\overline{B}CD + A\overline{B}CD + \overline{A}\,\overline{B}C\overline{D} + \overline{A}BC\overline{D} + ABC\overline{D} + A\overline{B}C\overline{D}$$

풀이

표준 SOP식을 얻기 위해 첫 번째 항 $\overline{B}\overline{C}\overline{D}$는 $A\overline{B}\overline{C}\overline{D}$와 $\overline{A}\overline{B}\overline{C}\overline{D}$로 확장되어야 하며, 그 후에 맵을 작성한다. 그림 4-38과 같이 셀을 그룹화한다.

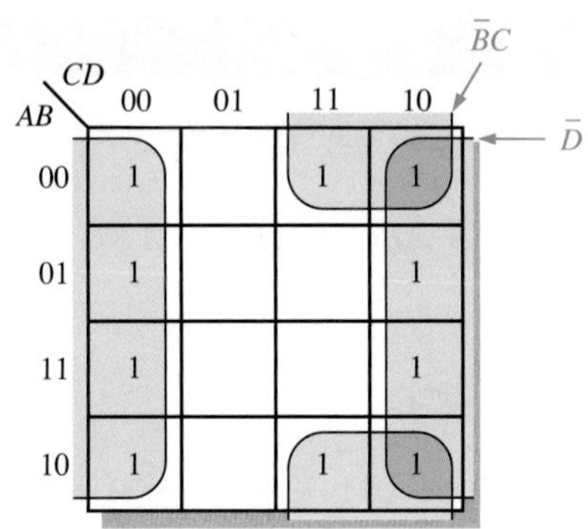

그림 4-38

2개의 그룹이 모두 '둘러싸인' 인접임에 주목하라. 8개의 셀로 구성된 그룹은 바깥쪽 열이 인접해 있다. 4개의 셀 그룹은 위쪽과 아래쪽 셀이 인접해 있으므로 남은 2개의 1을 포함해 구성된다. 각 그룹에 대한 곱항이 그림에 표시되어 있으며, 최소 SOP식은 다음과 같다.

$$\overline{D} + \overline{B}C$$

이 최소식과 본래의 표준식은 등가임을 기억하라.

관련 문제

카르노 맵을 사용하여 다음 SOP식을 최소화하라.

$$\overline{W}\overline{X}\overline{Y}\overline{Z} + W\overline{X}YZ + W\overline{X}\overline{Y}Z + \overline{W}YZ + W\overline{X}\overline{Y}\overline{Z}$$

진리표로부터의 맵 작성

지금까지 불 식에 대한 맵의 작성 방법을 알아보았으며, 이제 진리표로부터 직접 카르노 맵을 작성하는 방법에 대해 알아본다. 진리표는 입력 변수의 가능한 모든 조합에 대한 불 식의 출력을 나타낸다. 그림 4-39는 불 식과 진리표의 상관관계를 나타낸다. 진리표에서 출력 X는 4개의 다른 입력 변수 조합에 대해 1이다. 진리표의 출력 열이 1인 입력 변수 조합에 대하여 카르노 맵의 대응되는 셀에 직접 1을 기입하여 맵을 작성한다. 그림으로부터 불 식, 진리표, 카르노 맵은 단지 논리기능을 표현하는 다른 방법들임을 알 수 있다.

'무정의' 조건

때때로 어떤 입력 변수 조합이 허용되지 않는 상황이 발생한다. 예를 들어 2장에서 다른 BCD 코드에는 6개의 유효하지 않은 조합 1010, 1011, 1100, 1101, 1110, 1111 등이 있다. 이러한 비허용 상태는 BCD 코드에 관련된 응용에서 결코 발생하지 않기 때문에, 출력에서의 영향에 관하여 '**무정의**(don't care)'로 처리할 수 있다. 즉 이러한 '무정의' 항에 대해서 1 또는 0이 출력으로 할당될 것이다. 유효하지 않은 조합이 절대로 발생되지 않기 때문에 문제가 되지 않는다.

$X = \overline{A}\,\overline{B}\,\overline{C} + A\overline{B}\,\overline{C} + AB\overline{C} + ABC$

입력 A B C	출력 X
0 0 0	1
0 0 1	0
0 1 0	0
0 1 1	0
1 0 0	1
1 0 1	0
1 1 0	1
1 1 1	1

AB \ C	0	1
00	1	
01		
11	1	1
10	1	

그림 4-39 진리표로부터 카르노 맵을 작성하는 예

'무정의' 항은 카르노 맵을 작성할 때 유용하게 사용될 수 있다. 그림 4-40에서 각 '무정의' 항은 X로 표시되어 있다. 1을 그룹화할 때 더 큰 그룹으로 만들기 위해서 X를 1로 취급할 수도 있고, 그룹화에 도움이 되지 않으면 0으로 취급할 수도 있다. 그룹을 크게 하면 할수록 결과적으로 더 간략한 항이 만들어진다.

입력 A B C D	출력 Y	
0 0 0 0	0	
0 0 0 1	0	
0 0 1 0	0	
0 0 1 1	0	
0 1 0 0	0	
0 1 0 1	0	
0 1 1 0	0	
0 1 1 1	1	
1 0 0 0	1	
1 0 0 1	1	
1 0 1 0	X	무정의
1 0 1 1	X	
1 1 0 0	X	
1 1 0 1	X	
1 1 1 0	X	
1 1 1 1	X	

(a) 진리표

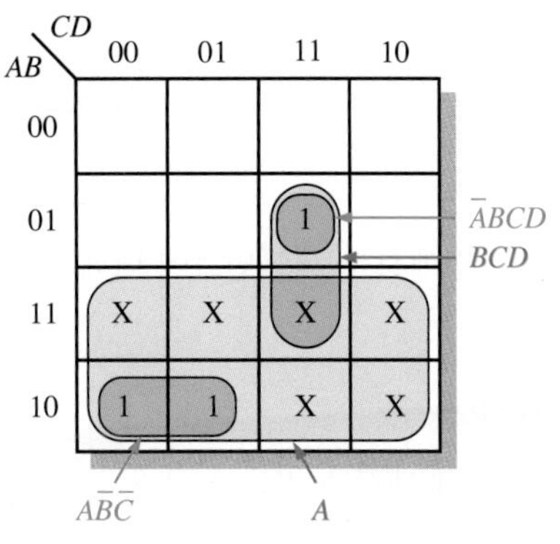

(b) 무정의 조건이 없을 때 $Y = A\overline{B}\,\overline{C} + \overline{A}BCD$
무정의 조건이 있을 때 $Y = A + BCD$

그림 4-40 식을 간략화하기 위한 '무정의' 조건의 사용 예

그림 4-40(a)의 진리표는 7, 8, 9에 대한 BCD 코드가 입력될 때만 출력이 1인 논리함수를 보인 것이다. '무정의'가 1로 사용되면 그림 (b)와 같이, 이 함수에 대한 결과 식은 $A + BCD$가 된다. '무정의'를 1로 사용하지 않으면, 결과 식은 $A\overline{B}\,\overline{C} + \overline{A}BCD$가 된다. 따라서 '무정의' 항을 적절히 사용함으로써 더 간략화된 식을 구할 수 있는 이점이 있다.

예제 4-32

7-세그먼트 표시에서 각각 7-세그먼트는 다양한 숫자에서 활성화된다. 예를 들어 세그먼트 *a*는 그림 4-41과 같이 숫자 0, 2, 3, 5, 6, 7, 8, 9에서 활성화된다. 각 숫자는 BCD 코드에 의

해 표현되기 때문에, 변수 $ABCD$를 사용해서 세그먼트 a에 대한 SOP식을 구하고 카르노 맵을 사용하여 식을 최소화하라.

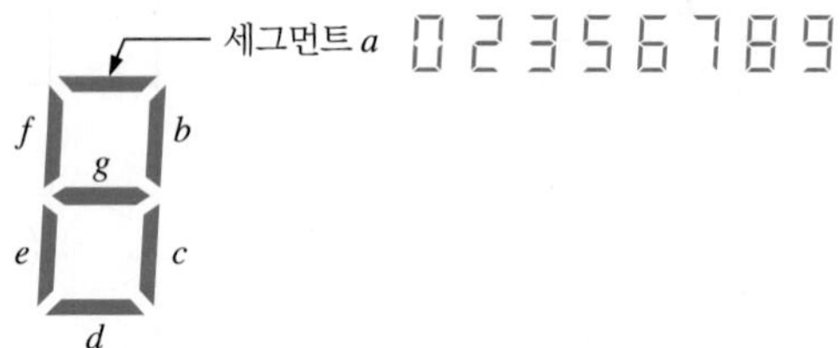

그림 4-41 7-세그먼트 표시

풀이

세그먼트에 대한 식은 다음과 같다.

$$a = \overline{A}\,\overline{B}\,\overline{C}\,\overline{D} + \overline{A}\,\overline{B}C\overline{D} + \overline{A}\,\overline{B}CD + \overline{A}B\overline{C}D + \overline{A}BC\overline{D} + \overline{A}BCD + A\overline{B}\,\overline{C}\,\overline{D} + A\overline{B}\,\overline{C}D$$

식에서 각 항은 세그먼트 a가 사용되는 숫자 중의 하나를 나타낸다. 카르노 맵 간략화는 그림 4-42와 같다. X(무정의)는 BCD 코드에서 발생하지 않는 상태에 대해 입력된다.

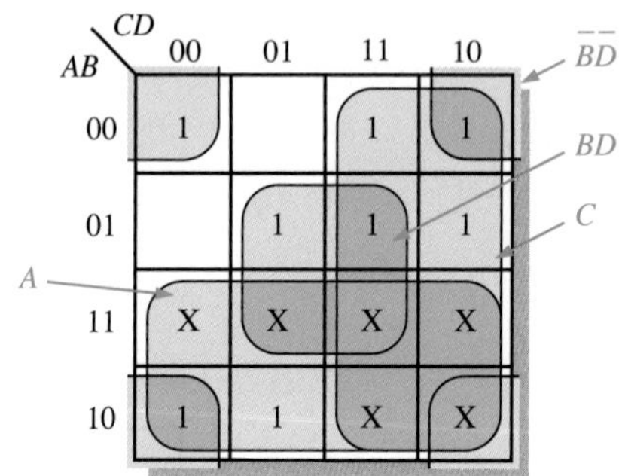

그림 4-42

카르노 맵에서, a 세그먼트에 대해 최소화된 식은 다음과 같다.

$$a = A + C + BD + \overline{B}\,\overline{D}$$

관련 문제

세그먼트 a에 대한 논리도를 그리라.

복습문제 4-9

1. 3-변수와 4-변수의 카르노 맵의 구조를 그리라.
2. 그림 4-29의 카르노 맵에서 1을 그룹화하고 간략화된 SOP 표현을 나타내라.
3. 그림 4-36의 각 카르노 맵에서 원래의 표준 SOP 표현을 작성하라.

4-10 카르노 맵 POS 최소화

4-9절에서 설명했듯이 카르노 맵을 사용해 SOP식 최소화를 하였다. 이 절에서는 POS식에 중점을 둔다. 접근 방식은 POS식을 사용하는 경우를 제외하고는 표준 합계를 나타내는 0이 1 대

신 카르노 맵에 배치된다.

이 절의 학습내용

- 카르노 맵에 표준 POS식을 매핑한다.
- 맵에서 0들을 최대 그룹으로 결합한다.
- 맵에서 각 그룹에 대해 최소 합항을 구한다.
- 최소 POS식을 형성하기 위해 최소 합항을 결합한다.
- 카르노 맵을 사용하여 POS와 SOP 간 변환한다.

표준 POS식에 대한 맵 작성

표준 POS식의 경우 각 합항에 대하여 카르노 맵에 0을 넣는다. 각 합항의 값에 해당되는 셀에 0을 넣는다. 예를 들어 합항 $A + \overline{B} + C$에 대해 3-변수 맵의 010 셀에 0을 넣는다.

POS식에 대한 맵 작성이 끝나면, 카르노 맵의 0의 수는 표준 POS식의 합항의 수와 같다. 0으로 되어 있지 않은 셀은 식이 1인 셀이다. 일반적으로 POS식에 대한 맵을 작성할 때, 1은 맵에 표시하지 않는다. 맵 작성 과정을 그림 4-43에 나타내었으며, 이를 정리하면 다음과 같다.

단계 1 : 표준 POS식의 각 합항에 대한 2진수 값을 구한다. 이것은 항을 0으로 만드는 2진 값이다.

단계 2 : 구해진 각 합항이 계산될 때 대응하는 카르노 맵의 셀에 0을 넣는다.

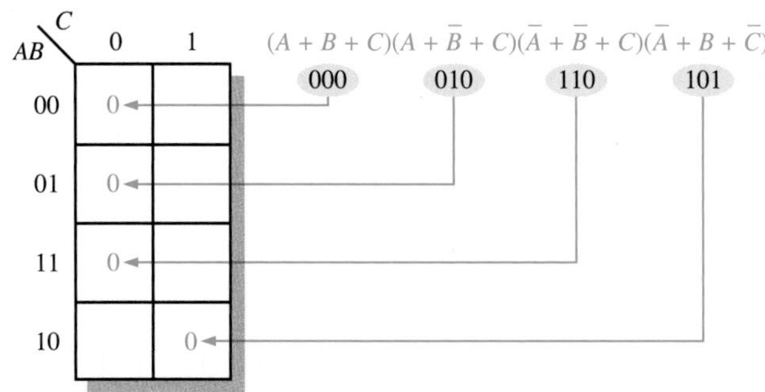

그림 4-43 표준 POS식의 맵 작성 예

예제 4-33

다음 표준 POS식에 대한 카르노 맵을 작성하라.

$$(\overline{A} + \overline{B} + C + D)(\overline{A} + B + \overline{C} + \overline{D})(A + B + \overline{C} + D)(\overline{A} + \overline{B} + \overline{C} + \overline{D})(A + B + \overline{C} + \overline{D})$$

풀이

아래와 같이 식의 표준 합항에 대해여 그림 4-44와 같이 4-변수 카르노 맵에 0을 기록한다.

$$\underset{1100}{(\overline{A} + \overline{B} + C + D)}\underset{1011}{(\overline{A} + B + \overline{C} + \overline{D})}\underset{0010}{(A + B + \overline{C} + D)}\underset{1111}{(\overline{A} + \overline{B} + \overline{C} + \overline{D})}\underset{0011}{(A + B + \overline{C} + \overline{D})}$$

관련 문제

다음 표준 POS식 카르노 맵을 작성하라.

$$(A + \overline{B} + \overline{C} + D)(A + B + C + \overline{D})(A + B + C + D)(\overline{A} + B + \overline{C} + D)$$

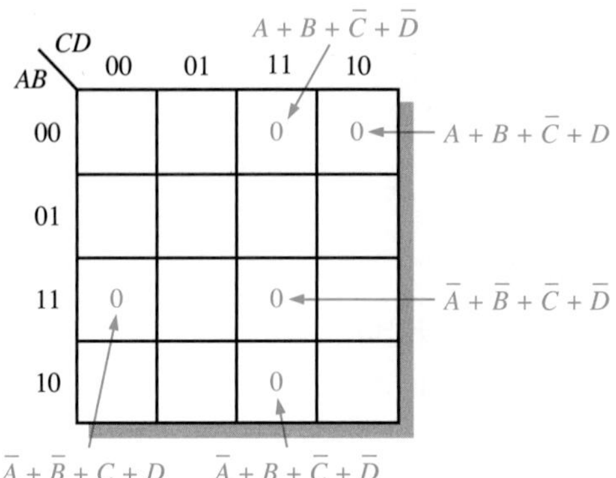

그림 4-44

POS식의 카르노 맵 간략화

POS식을 최소화하는 프로세스는 SOP식과 기본적으로 동일하다. 단, 최소 곱항을 생성하기 위해 1을 그룹화하는 대신에 0을 그룹화하여 최소 합항을 생성한다. 0을 그룹화하는 규칙은 4-9절에서 배운 1을 그룹화하는 규칙과 동일하다.

예제 4-34

다음 표준 POS식을 카르노 맵을 사용하여 최소화하라.

$$(A + B + C)(A + B + \overline{C})(A + \overline{B} + C)(A + \overline{B} + \overline{C})(\overline{A} + \overline{B} + C)$$

또한 동등한 SOP식을 유도하라.

풀이

식의 2진수 값은 다음과 같다.

$$(0 + 0 + 0)(0 + 0 + 1)(0 + 1 + 0)(0 + 1 + 1)(1 + 1 + 0)$$

그림 4-45와 같이 표준 POS식을 맵에 작성하고 셀을 그룹화한다.

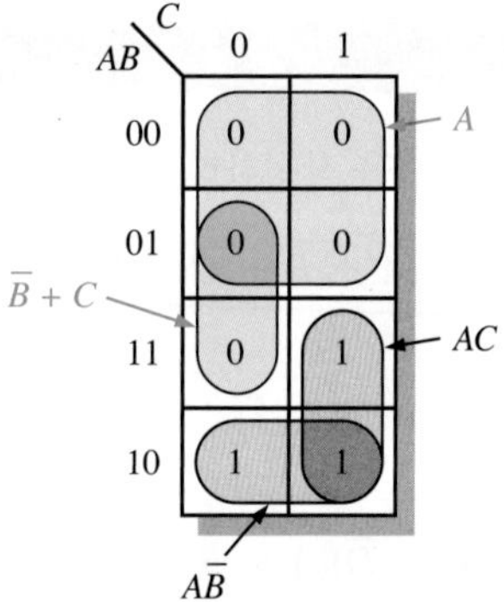

그림 4-45

110 셀의 0이 4셀 그룹의 0을 사용하여 2-셀 그룹에 포함시키라. 각 파란 그룹에 대한 합항이 그림에 표시된 결과로 나오는 최소 POS식은 다음과 같다.

$$A(\overline{B} + C)$$

이 최소 POS식은 원래 표준 POS식과 같다. 회색 영역으로 표시된 대로 1을 그룹화하면 0을 그룹화하는 것과 동일한 SOP식이 산출된다.

$$AC + A\overline{B} = A(\overline{B} + C)$$

관련 문제

카르노 맵을 사용하여 다음 표준 POS식을 최소화하라.

$$(X + \overline{Y} + Z)(X + \overline{Y} + \overline{Z})(\overline{X} + \overline{Y} + Z)(\overline{X} + Y + Z)$$

예제 4-35

카르노 맵을 사용해서 다음 POS식을 최소화하라.

$$(B + C + D)(A + B + \overline{C} + D)(\overline{A} + B + C + \overline{D})(A + \overline{B} + C + D)(\overline{A} + \overline{B} + C + D)$$

풀이

첫 번째 항은 표준 POS식을 얻기 위해 $\overline{A} + B + C + D$와 $A + B + C + D$로 확장되어야 하고, 그다음 맵에 작성된다. 그림 4-46과 같이 셀이 그룹화된다. 각 그룹의 합항이 표시되고 결과로 나오는 최소 POS식은 다음과 같다.

$$(C + D)(A + B + D)(\overline{A} + B + C)$$

이 최소 POS식은 원래 표준 POS식과 같다

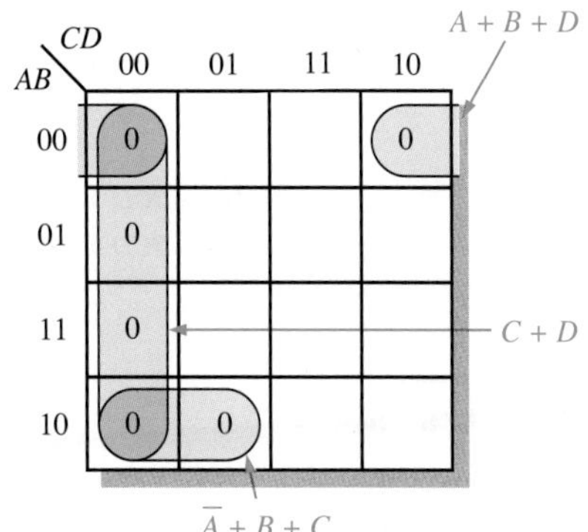

그림 4-46

관련 문제

카르노 맵을 사용하여 POS식을 최소화하라.

$$(W + \overline{X} + Y + \overline{Z})(W + X + Y + Z)(W + \overline{X} + \overline{Y} + Z)(\overline{W} + \overline{X} + Z)$$

카르노 맵을 사용하여 POS와 SOP 간 변환

POS식이 맵에 작성되면 카르노 맵에서 같은 SOP식으로 쉽게 변환할 수 있다. 또한 맵에 작성된 SOP식이 주어지면 같은 POS식이 맵에 나타난다. 이는 표현식의 두 최소형 모두를 비교하여 이들 중 하나가 다른 게이트보다 적은 게이트로 구현될 수 있는지를 판별하는 좋은 방법이다.

POS식의 경우 0을 포함하지 않는 모든 셀은 1을 포함하며 SOP식이 나타난다. 마찬가지로, SOP식의 경우 1을 포함하지 않는 모든 셀에는 0이 들어 있으며 그 위치에서 POS식이 나타난다. 예제 4-36에서는 이 변환을 보여준다.

예제 4-36

카르노 맵을 사용하여 다음 표준 POS식을 최소 POS식, 표준 SOP식, 최소 SOP식으로 변환하라.

$$(\overline{A} + \overline{B} + C + D)(A + \overline{B} + C + D)(A + B + C + \overline{D})(A + B + \overline{C} + \overline{D})(\overline{A} + B + C + \overline{D})(A + B + \overline{C} + D)$$

풀이

표준 POS식에 대한 0은 그림 4-47(a)에서 최소 POS식을 얻기 위해 맵에 그려지고 그룹화된다. 그림 4-47(b)에서 0을 포함하지 않는 셀에 1이 추가된다. 1을 포함하는 각각의 셀로부터 지시된 바와 같이 표준값을 갖는다. 이 곱항은 표준 SOP 표현을 형성한다. 그림 4-47(c)에서, 1이 그룹화되고 최소 SOP식이 얻어진다.

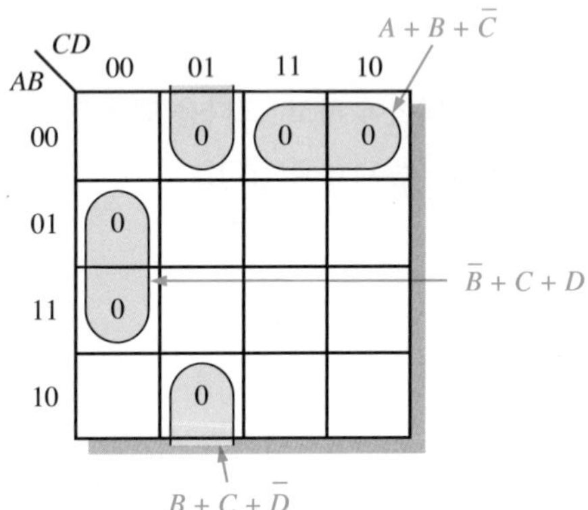

(a) 최소 POS : $(A + B + \overline{C})(B + C + \overline{D})(\overline{B} + C + D)$

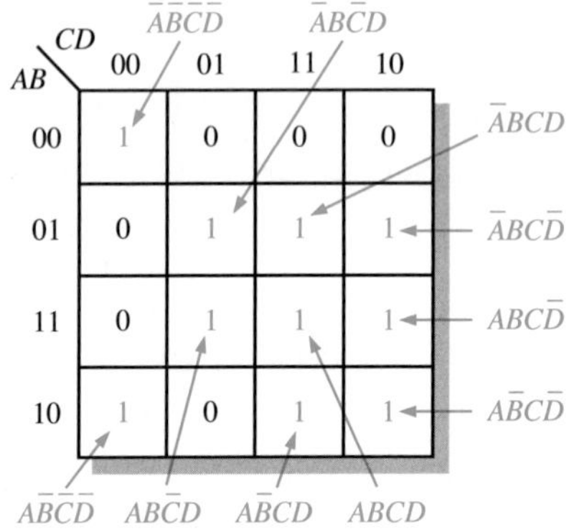

(b) 표준 SOP : $\overline{A}\overline{B}\overline{C}\overline{D} + \overline{A}B\overline{C}D + \overline{A}BCD + \overline{A}BC\overline{D} + ABC\overline{D} + A\overline{B}C\overline{D} + A\overline{B}\overline{C}\overline{D} + AB\overline{C}D + A\overline{B}CD + ABCD$

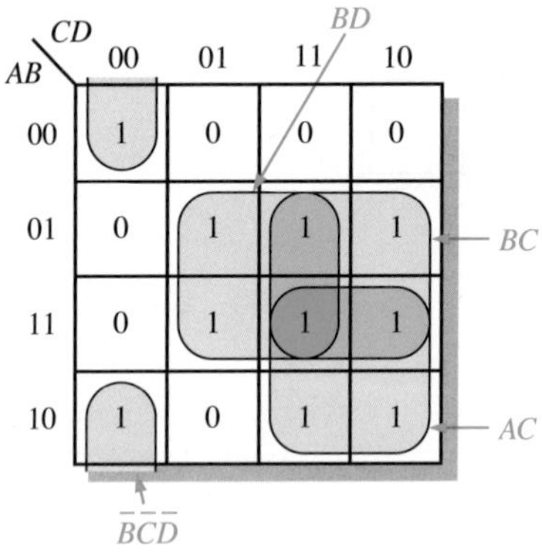

(c) 최소 SOP : $AC + BC + BD + \overline{B}\overline{C}\overline{D}$

그림 4-47

관련 문제

카르노 맵을 사용하여 다음 식을 최소 SOP식으로 변환하라.

$$(W + \overline{X} + Y + \overline{Z})(\overline{W} + X + \overline{Y} + \overline{Z})(\overline{W} + \overline{X} + \overline{Y} + Z)(\overline{W} + \overline{X} + \overline{Z})$$

복습문제 4-10

1. POS식과 SOP식을 맵에 나타낼 때의 차이점은 무엇인가?
2. 셀 1011의 0에 대한 표준 합항은 무엇인가?
3. 셀 0010의 1에 대한 표준 곱항은 무엇인가?

4-11 퀸-맥클러스키 방법

최대 4개의 변수에 대한 불 함수의 경우, 카르노 맵 방법은 확실한 최소화 방법이다. 5개의 변수가 있을 때, 카르노 맵 방법은 적용하기 어렵고 5개를 넘어서게 되면 비효율적이다. 퀸-맥클러스키 방법은 불 분배 법칙을 다양한 항에 적용하여 보수로 두 항에 표현된 문자를 제거하여 최소 곱의 항을 찾는 공식적인 표 형식 방법이다(예를 들어, $ABCD + ABC\overline{D} = ABC$). 퀸-맥클러스키 방법 지침서는 웹사이트에서 제공된다.

이 절의 학습내용

- 퀸-맥클러스키 방법을 설명한다.
- 퀸-맥클러스키 방법을 사용하여 불 표현식을 줄인다.

카르노 맵 작성 방법과 달리, 퀸-맥클러스키는 불 표현의 컴퓨터화된 감소에 도움이 된다. 간단한 표현식의 경우, 최대 4개 또는 5개의 변수까지도 그래픽 방법이기 때문에 카르노 맵은 대부분의 사람들에게 더 쉽다.

퀸-맥클러스키 방법을 적용하려면 먼저 표준 **최소항**(minterm)(SOP) 형식으로 함수를 작성한다. 설명을 위해, 표 4-9에 나와 있는 진리표에서 표현식을 사용하여

$$X = \overline{A}\,\overline{B}\,\overline{C}D + \overline{A}\,\overline{B}CD + \overline{A}B\overline{C}\,\overline{D} + \overline{A}B\overline{C}D + A\overline{B}C\overline{D} + AB\overline{C}\,\overline{D} + AB\overline{C}D + ABCD$$

이진수로 표현한다. 나타나는 최소항은 오른쪽 열에 나열된다.

표 4-9

ABCD	*X*	최소항
0000	0	
0001	1	m_1
0010	0	
0011	1	m_3
0100	1	m_4
0101	1	m_5
0110	0	
0111	0	
1000	0	
1001	0	
1010	1	m_{10}
1011	0	
1100	1	m_{12}
1101	1	m_{13}
1110	0	
1111	1	m_{15}

퀸-맥클러스키 방법을 적용하는 두 번째 단계는 표 4-10에 나와 있는 것처럼 각 최소항의 1의 수에 따라 그룹에서 원래 식의 최소항을 정렬한다. 이 예에서는 네 가지 그룹이 있다(m_0가 원래 표현식에 있다면 5개의 그룹이다).

표 4-10

1의 수	최소항	*ABCD*
1	m_1	0001
	m_4	0100
2	m_3	0011
	m_5	0101
	m_{10}	1010
	m_{12}	1100
3	m_{13}	1101
4	m_{15}	1111

세 번째로 인접한 그룹을 비교하여, 하나를 제외한 모든 위치에서 동일한 최소항이 있는지 알아본다. 그러한 경우, 표 4-11에 표시된 대로 2개의 최소항에 체크 표시를 한다. 다음 그룹의 모든 다른 항목과 비교하여 각 항목을 점검해야 하지만, 인접하지 않은 그룹을 확인할 필요는 없다. 첫 번째 레벨 레이블이 붙은 열에서 최소항 이름 목록과 x가 리터럴의 자리 표시자인 이진 파일에 해당하는 목록을 갖는다. 이 예에서 그룹 1(0001)의 최소항 m_1은 C 위치를 제외하고 그룹 2(0011)의 m_3와 동일하므로 이 2개의 최소항에 의해 확인 표시를 하고 첫 번째 레벨이라고 표시된 열에 00x1을 입력하라. 최소항 m_4(0100)은 D 위치를 제외하고 m_5(0101)과 동일하므로 이 두 항목을 확인하고 마지막 열에 010x를 입력한다. 주어진 항에 두 번 이상 사용될 수 있다면, 그것은 있어야 한다. 이 경우 두 번째 행에서 m_1을 m_5와 함께 다시 사용할 수 있으며 x는 이제 B 위치에 있다.

표 4-11

최소항에서 1의 수	최소항	*ABCD*	첫 번째 레벨
1	m_1	0001 ✓	(m_1, m_3) 00x1
	m_4	0100 ✓	(m_1, m_5) 0x01
2	m_3	0011 ✓	(m_4, m_5) 010x
	m_5	0101 ✓	(m_4, m_{12}) x100
	m_{10}	1010	(m_5, m_{13}) x101
	m_{12}	1100 ✓	(m_{12}, m_{13}) 110x
3	m_{13}	1101 ✓	(m_{13}, m_{15}) 11x1
4	m_{15}	1111 ✓	

표 4-11에서 최소항 m_4 및 최소항 m_{12}는 A 위치를 제외하고 동일하다. 두 가지 최소항이 모두 확인되고 첫 번째 레벨 열에 x100이 입력된다. 그룹 2와 그룹 3에 대해 이 절차를 따른다. 이 그룹에서는 m_5와 m_{13}이 결합되어 m_{12}와 m_{13}도 있다(m_{12}에서 이전에 m_4가 사용되고 다시 사용됨). 그룹 3과 그룹 4의 경우 m_{13}과 m_{15}이 둘 다 첫 번째 레벨 열의 목록에 추가된다.

이 예에서 최소항 m_{10}에는 확인 표시가 없다. 다른 최소항이 하나의 위치를 제외하고는 동일한 요구 사항을 충족시키지 않기 때문이다. 이 항은 **필수항**이라 불리며 최종 축소 표현에 포함되어야 한다.

첫 번째 레벨에 나열된 항은 이전보다 하나 적은 그룹으로 감소된 테이블(표 4-12)을 형성하는 데 사용된다. 첫 번째 레벨에 남아 있는 1의 수를 세어 3개의 새 그룹을 형성한다.

표 4-12

첫 번째 레벨	첫 번째 레벨에서 1의 수	두 번째 레벨
(m_1, m_3) 00x1 (m_1, m_5) 0x01 (m_4, m_5) 010x ✓ (m_4, m_{12}) x100 ✓	1	$(m_4, m_5, m_{12}, m_{13})$ x10x $(m_4, m_5, m_{12}, m_{13})$ x10x
(m_5, m_{13}) x101 ✓ (m_{12}, m_{13}) 110x ✓	2	
(m_{13}, m_{15}) 11x1	3	

새 그룹의 항은 인접한 그룹의 항과 비교된다. x가 인접한 그룹에서 같은 상대적 위치에 있는 경우에만 이 항을 비교해야 한다. 그렇지 않으면 계속한다. 두 표현식이 정확히 한 위치에서 다른 경우 이전과 같이 두 항 옆에 확인 표시가 있으며 **두 번째 레벨 수준 목록**에 모든 항이 나열된다. 이전과 같이 변경된 한 위치는 **두 번째 레벨**에서 x로 입력된다.

예를 들어, 그룹 1의 세 번째 항과 그룹 2의 두 번째 항은 이 요구 사항을 충족시키며 A 문자와만 다르다. 그룹 1의 네 번째 항은 그룹 2의 첫 번째 항과 결합되어 중복되는 중복 항 집합을 형성할 수 있다. 이 중 하나는 목록에서 벗어나 최종 표현식에 사용되지 않는다.

복잡한 표현을 사용하면 설명된 프로세스를 계속 진행할 수 있다. 예를 들어, **두 번째 레벨** 표현을 $B\overline{C}$로 읽을 수 있다. 확인되지 않은 항은 최종 축소 표현에 다른 항을 형성한다. 확인되지 않은 첫 번째 항은 $\overline{A}\overline{B}D$로 읽는다. 다음 것은 $\overline{A}\overline{C}D$로 읽는다. 마지막으로 확인되지 않은 항은 ABD이다. m_{10}은 필수항 문자이므로 최종 표현식에서 선택되었다. 확인되지 않은 항을 사용한 축소 표현식은 다음과 같다.

$$X = B\overline{C} + \overline{A}\overline{B}D + \overline{A}\overline{C}D + ABD + A\overline{B}C\overline{D}$$

이 표현식은 정확하지만 가능한 최소 표현식이 아닐 수 있다. 불필요한 항을 제거할 수 있는 최종 검사가 있다. 표현식을 위한 항들은 표 4-13에서 볼 수 있듯이 후보항 표에 작성되어 각 후보항에 대한 최소항이 확인된다.

표 4-13

	최소항							
후보항	m_1	m_3	m_4	m_5	m_{10}	m_{12}	m_{13}	m_{15}
$B\overline{C}$ $(m_4, m_5, m_{12}, m_{13})$			✓	✓		✓	✓	
$\overline{A}\overline{B}D$ (m_1, m_3)	✓	✓						
$\overline{A}\overline{C}D$ (m_1, m_5)	✓			✓				
ABD (m_{13}, m_{15})							✓	✓
$A\overline{B}C\overline{D}$ (m_{10})					✓			

최소항에 하나의 체크 표시가 있는 경우, 후보항은 필수적이며 최종 표현식에 포함되야 한다. ABD라는 항은 m_{15}이 그것의 적용을 받기 때문에 포함되어야 한다. 마찬가지로 m_{10}은 $A\overline{B}C\overline{D}$로만 처리되므로 최종 표현식에 있어야 한다. $\overline{A}\overline{C}D$의 2개의 문자는 처음 두 줄의 후보항 문자로 덮여 있으므로 이 항은 불필요하다.

$$X = B\overline{C} + \overline{A}\,\overline{B}D + ABD + A\overline{B}C\overline{D}$$

복습문제 4-11

1. 최소항은 무엇인가?
2. 필수항은 무엇인가?

4-12 VHDL을 사용한 불 식

VHDL 프로그램에서 간단하고 작은 한 코드를 만드는 기능이 중요하다. 주어진 논리 함수에 대한 불 식을 간략화함으로써 VHDL 코드를 작성하고 디버그하는 것이 더 쉽다. 또한 그 결과는 더 명확하고 간결한 프로그램이다. 많은 VHDL 개발 소프트웨어 패키지에는 컴파일되고 다운로드 가능한 파일로 변환될 때 프로그램을 자동으로 최적화하는 도구가 포함되어 있다. 그러나 이것이 명확하고 간결한 프로그램 코드를 작성하는 데 도움이 되지는 않는다. 코드 줄 수에 관심을 가질 뿐만 아니라 각 줄의 코드 복잡성에도 관심을 가져야 한다. 이 장에서는 간략화 방법이 적용될 때 VHDL 코드의 차이점을 볼 수 있다. 또한 논리 함수의 기술에서 사용된 추상화의 세 가지 레벨이 있다. VHDL 지침서를 웹사이트에서 사용할 수 있다.

이 절의 학습내용

- VHDL 코드를 작성하여간략화된 논리 표현식을 표현하고 원래 표현식의 코드와 비교한다.
- 대상 장치에 적용된 최적화된 불 표현식의 장점을 관련시킨다.
- 추상화의 세 가지 수준에서 논리 함수를 설명하는 방법을 이해한다.
- VHDL 접근법을 논리 함수 설명과 세 가지 추상화 수준에 연관시킨다.

VHDL 프로그래밍의 불 대수

이 장에서 배운 불 대수의 기본 규칙은 적용 가능한 모든 VHDL 코드에 적용되어야 한다. 불필요한 게이트 논리를 제거하면, 나중에 돌아가서 프로그램을 업데이트하거나 수정해야 할 때 이해하기 쉬운 간결한 코드를 작성할 수 있다.

예제 4-37에서, 드모르간의 정리는 불 식을 간략화하는 데 사용되며 원래 식과 간략화된 식의 VHDL 프로그램을 비교한다.

예제 4-37

먼저, 다음 불 표현식에 의해 설명된 논리에 대한 VHDL 프로그램을 작성하라. 다음으로 드모르간의 정리 및 불 규칙을 적용하여 표현식을 간략화하라. 그런 다음 간단한 표현을 포함하는 프로그램을 작성하라.

$$X = \overline{(AC + \overline{\overline{BC}} + D)} + \overline{\overline{BC}}$$

풀이

원래 표현으로 표현된 논리에 대한 VHDL 프로그램은 다음과 같다.

```
entity OriginalLogic is
  port (A, B, C, D: in bit; X: out bit);
end entity OriginalLogic;
architecture Expression1 of OriginalLogic is
begin
  X <= not((A and C) or not(B and not C) or D) or not(not(B and C));
end architecture Expression1;
```

4개의 입력과 1개의 출력이 설명된다.

원래 논리는 4개의 입력, 3개의 AND 게이트, 2개의 OR 게이트, 3개의 인버터로 구성된다.

드모르간의 정리와 불 대수의 법칙을 선택적으로 적용함으로써 불 식을 가장 간단한 형태로 줄일 수 있다.

$$\begin{aligned}
\overline{(AC + \overline{\overline{BC}} + D)} + \overline{\overline{BC}} &= (\overline{AC})(\overline{\overline{\overline{BC}}})\overline{D} + \overline{\overline{BC}} && \text{드모르간 적용} \\
&= (\overline{AC})(B\overline{C})\overline{D} + BC && \text{이중 바를 제거} \\
&= (\overline{A} + \overline{C})B\overline{C}\overline{D} + BC && \text{드모르간 적용} \\
&= \overline{A}B\overline{C}\overline{D} + B\overline{C}\overline{D} + BC && \text{분배 법칙} \\
&= B\overline{C}\overline{D}(1 + \overline{A}) + BC && \text{결합 법칙} \\
&= B\overline{C}\overline{D} + BC && \text{규칙 : } 1 + A = 1
\end{aligned}$$

감소된 표현으로 표현된 논리에 대한 VHDL 프로그램은 다음과 같다.

```
entity ReducedLogic is
  port (B, C, D: in bit; X: out bit);
end entity ReducedLogic;
architecture Expression2 of ReducedLogic is
begin
  X <= (B and not C and not D) or ( B and C);
end architecture Expression2;
```

3개의 입력과 1개의 출력이 설명된다.

원래 논리는 3개의 입력, 3개의 AND게이트, 1개의 OR게이트, 2개의 인버터로 구성된다.

불 간략화는 간략화 VHDL 프로그램에도 적용된다.

관련 문제

설명한 $X = (\overline{A} + B + C)D$ 식에 대한 VHDL 아키텍처 구문을 작성하라. 해당 불 규칙을 적용하고 VHDL 구문을 다시 작성하라.

예제 4-38은 표현을 줄이기 위해 카르노 맵을 사용하여 VHDL 코드의 복잡성을 크게 감소한 것을 보여준다.

예제 4-38

(a) 다음 SOP 표현을 설명하는 VHDL 프로그램을 작성하라.

(b) 표현을 최소화하고 VHDL 프로그램이 얼마나 간략화되는지 보이라.

$$X = \overline{A}\,\overline{B}\,\overline{C}\,\overline{D} + \overline{A}\,\overline{B}\,\overline{C}D + \overline{A}B\overline{C}\,\overline{D} + \overline{A}BC\overline{D} + \overline{A}\,\overline{B}C\overline{D} + A\overline{B}\,\overline{C}\,\overline{D}$$
$$+ A\overline{B}C\overline{D} + ABC\overline{D} + AB\overline{C}\,\overline{D} + A\overline{B}\,\overline{C}D + \overline{A}B\overline{C}D + AB\overline{C}D$$

풀이

(a) 최소화하지 않고 SOP 표현을 위한 VHDL 프로그램은 크고 다음 VHDL 코드에서 볼 수 있듯이 따라하기가 어렵다. 이와 같은 코드는 오류가 발생할 수 있다. 원래 SOP 표현을 위한 VHDL 프로그램은 다음과 같다.

```
entity OriginalSOP is
  port (A, B, C, D: in bit; X: out bit);
end entity OriginalSOP;
architecture Equation1 of OriginalSOP is
begin
  X <= (not A and not B and not C and not D) or
       (not A and not B and not C and D) or
       (not A and B and not C and not D) or
       (not A and B and C and not D) or
       (not A and not B and C and not D) or
       (A and not B and not C and not D) or
       (A and not B and C and not D) or
       (A and B and C and not D) or
       (A and B and not C and not D) or
       (A and not B and not C and D) or
       (not A and B and not C and D) or
       (A and B and not C and D);
end architecture Equation1;
```

(b) 이제 네 가지 변수 카르노 맵을 사용하여 원래 SOP식을 최소 형식으로 줄인다. 원래 SOP 식은 그림 4-48 맵에 작성되어 있다.

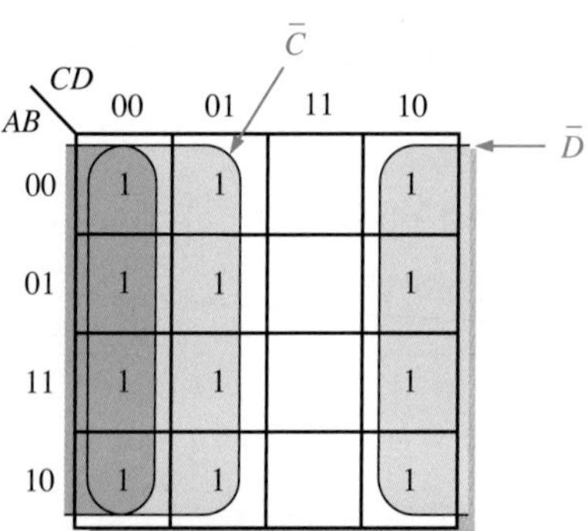

그림 4-48

그림 4-48의 카르노 맵에 그려지는 원래의 SOP 불 식은 맵에 12개의 1로 표시된 12개의 4변수 항을 포함한다. 그룹 내에서 변경되지 않는 변수만 해당 그룹의 표현식에 남아 있음을 알아두라. 맵에서 가져온 간단한 표현이 다음에 나타난다.

카르노 맵의 조건을 결합하면 원래의 SOP식과 동일한 다음과 같은 간단한 표현식을 얻을 수 있다.

$$X = \overline{C} + \overline{D}$$

간략화된 표현식을 사용하면, VHDL 코드를 더 적은 항으로 다시 볼 수 있으므로 코드를 더 읽기 쉽고, 쉽게 수정할 수 있다. 또한 감소된 코드에 의해 대상 소자에 구현되는 논리는 PLD에서 훨씬 적은 공간을 소비한다. 간략화된 SOP식의 VHDL 프로그램은 다음과 같다.

```
entity SimplifiedSOP is
  port (A, B, C, D: in bit; X: out bit);
end entity SimplifiedSOP;
architecture Equation2 of SimplifiedSOP is
begin
  X <= not C or not D
end architecture Equation2;
```

관련 문제
VHDL 아키텍처 구문을 작성하여 표현식의 논리를 설명하라.

$$X = A(BC + \overline{D})$$

불 논리의 간략화는 VHDL에 설명된 논리 함수의 설계에 중요하다. 대상 장치는 한정된 용량을 가지므로 작고 효율적인 프로그램 코드를 작성해야 한다. 이 장에서 복잡한 불 논리를 간략화하면 불필요한 논리를 제거하고 VHDL 코드를 간략화할 수 있다는 것을 알 수 있다.

추상화 수준

주어진 논리 함수는 세 가지 다른 레벨에서 설명할 수 있다. 진리표 또는 논리 다이어그램(회로도)으로 설명할 수 있다.

진리표와 상태도는 논리 함수를 설명하는 가장 추상적인 방법이다. 불 식은 차세대 추상화 수준이며 설계도는 가장 낮은 수준의 추상화이다. 이 개념은 간단한 논리회로의 그림 4-49에 나와 있다. VHDL은 세 가지 수준의 추상화에 해당하는 기능을 설명하는 세 가지 접근 방식을 제공한다.

- 데이터 흐름 접근법은 불 식을 사용하여 논리 함수를 설명하는 것과 유사하다. 데이터 흐름 접근 방식은 각 논리 게이트와 데이터가 어떻게 통과하는지를 지정한다. 이 접근법은 예제 4-37과 4-38에 적용되었다.
- 구조적 접근 방식은 논리 다이어그램 또는 회로도를 사용하여 논리 기능을 설명하는 것과 유사하다. 이는 신호(데이터)가 어떻게 흐르는지보다 어떻게 게이트와 연결되는지를 구체화한다. 구조적 접근법은 5장에서 논리회로를 설명하기 위한 VHDL 코드를 개발하는 데 사용된다.
- 행동적 접근법은 상태도나 진리표를 사용하여 논리 함수를 설명하는 것과 유사하다. 그러나 접근법은 가장 복잡하다. 일반적으로 연산이 시간에 종속적이며 일부 유형의 메모리가 필요한 논리 함수로 제한된다.

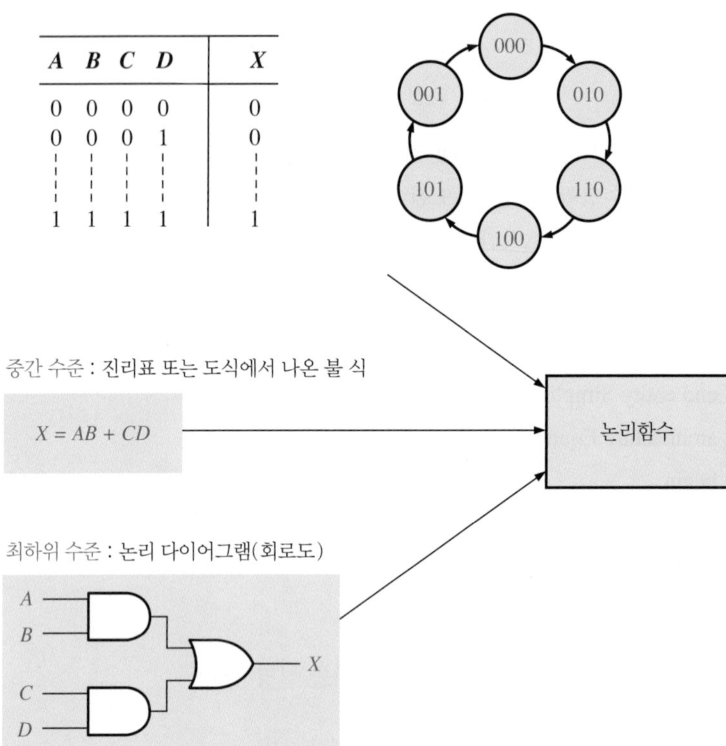

그림 4-49 논리 함수를 설명하는 세 가지 추상화 수준의 그림

복습문제 4-12

1. VHDL 프로그램 작성과 관련하여 불 논리 간략화의 이점은 무엇인가?
2. 논리 간략화는 대상 장치 측면에서 VHDL 프로그램에 어떤 이점이 있는가?
3. 조합 논리 함수에 대한 추상화의 세 가지 레벨을 명명하고 논리 함수를 설명하는 해당 VHDL 접근법을 기술하라.

9:00

응용 논리

7-세그먼트 표시 논리

7-세그먼트 표시장치는 문자나 숫자를 표시하기 위한 장비 등에서 쉽게 찾아볼 수 있다. 이 표시장치는 1장에서 소개한 정제-병입 시스템에 이미 사용되었다. 병을 계수하는 시스템에서 표시장치는 2진화 10진수(BCD)를 디코드하고, 이를 표시장치의 적당한 자리에 표시하는 논리회로에 의해 구동된다. BCD-세그먼트 디코더/구동기는 10진수를 표시하기 위해 단일 IC 패키지로 이용 가능하다.

0~9까지의 숫자 외에 7-세그먼트 표시장치는 어떤 문자들을 표시할 수 있다. 정제-병입 시스템에서는 숫자와 문자에 대한 16진수 키패드를 사용하여 개별적인 양극 공통 7-세그먼트 표시장치에 A, b, C, d, E와 같은 문자들을 표시하기 위한 조건들이 더해졌다. 이러한 문자들은 주어진 시간에 병에 넣어야 하는 비타민 정제의 종류를 구별하기 위해 사용될 것이다. 이와 같은 응용 활동에서 5개 문자를 표시하기 위한 해독 논리는 시스템에서의 사용을 위해 개발되었다.

7-세그먼트 표시장치

7-세그먼트 표시장치는 일반적으로 LED와 LCD를 사용하여 구현된다. LED 표시장치에서 각각의 7-세그먼트는 전류가 흐를 때 어둠 속에서 볼 수 있는 유색 광의 발광 다이오드를 사용한다. LCD 또는 액정 표시장치는 편광(polarizing light)에 의해 동작하여 하나의 세그먼트가 전압에 의해 활성화되지 않을 때, 입사광을 반사시켜 배경에 대해 보이지 않게 한다. 그러나 세그먼트가 활성화될 때, 광을 반사시키지 않아 검게 나타난다. LCD 표시장치는 어둠 속에서 볼 수 없다.

LED와 LCD 표시장치의 7-세그먼트는 그림 4-50과 같이 배열되며 (a)에 나타난 것과 같이 각 세그먼트에는 *a*, *b*, *c*, *d*, *e*, *f*, *g*로 이름이 각각 부여된다. 이 세그먼트를 조합하여 구동함으로써 그림 (b)에 나타낸 것과 같이 10개의 숫자 외에 다양한 영문자를 표현할 수 있다. 그림에서 문자 *b*는 소문자로 표시하였는데, 이는 대문자 B가 숫자 8과 같기 때문이다. 영문자 *d*도 마찬가지로 대문자가 0으로 표시되기 때문에 소문자로 표시하였다.

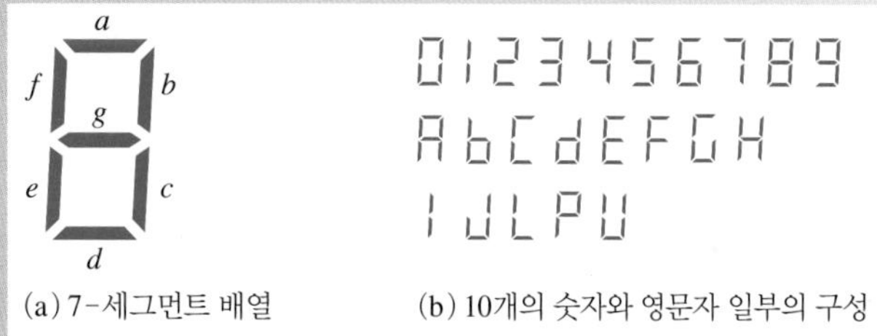

(a) 7-세그먼트 배열 (b) 10개의 숫자와 영문자 일부의 구성

그림 4-50 7-세그먼트 표시장치

연습문제

1. 숫자 2를 만들기 위해 사용된 세그먼트를 나열하라.
2. 숫자 5를 만들기 위해 사용된 세그먼트를 나열하라.
3. 문자 A를 만들기 위해 사용된 세그먼트를 나열하라.
4. 문자 E를 만들기 위해 사용된 세그먼트를 나열하라.
5. 모든 숫자에 공통으로 사용되는 세그먼트가 있는가?
6. 모든 문자에 공통으로 사용되는 세그먼트가 있는가?

표시 논리

7-세그먼트 표시장치에서 세그먼트는 그림 4-50(b)에 나타낸 것과 같은 다양한 문자 구성에 사용될 수 있다. 각 세그먼트는 임의의 문자에 대한 코드를 검출하는 고유의 디코딩 회로에 의해 활성화되어야 한다. 양극 공통 표시장치가 사용되기 때문에, 세그먼트들은 액티브-LOW(0) 논리 레벨로 발광되고 HIGH(1) 논리 레벨로는 발광되지 않는다. 표 4-14는 정제-병입 시스템에서 사용하고 있는 문자에 대해 활성화된 세그먼트를 보여준다. 활성화 레벨이 LOW(LED 발광)이

지만, 논리 표현은 이 장에서 설명한 것과 같은 방식으로 전개된다. 즉 모든 가능한 입력에 대해 바람직한 출력(1, 0 또는 X)을 매핑하고 맵에서 1을 묶어 SOP 식으로 나타낸다 사실 간략화된 논리 표현은 주어진 세그먼트를 OFF시키기 위한 논리이다. 처음 듣기에는 약간 혼란스럽기는 하지만 실제로는 매우 단순하다. 즉 바이폴라(TTL) 논리의 출력이 HIGH인 경우보다 LOW인 경우가 외부 구동 전류가 크기 때문에, 일반적으로 액티브-LOW로 구동하는 논리가 사용된다.

표 4-14

시스템 표시 장치에 사용된 5개 문자의 활성화 세그먼트

문자	활성화된 세그먼트
A	*a, b, c, e, f, g*
b	*c, d, e, f, g*
C	*a, d, e, f*
d	*b, c, d, e, g*
E	*a, d, e, f, g*

그림 4-51의 (a)는 7-세그먼트 논리부와 5개 문자를 발생하기 위한 표시장치를 나타내며, (b)는 이에 대한 진리표를 나타낸다. 논리는 4개의 16진수 입력과 각 세그먼트에 하나씩, 7개 출력을 갖는다. 문자 F는 입력으로 사용되지 않으므로, 진리표에서 모든 출력을 1로(OFF) 나타낼 것이다.

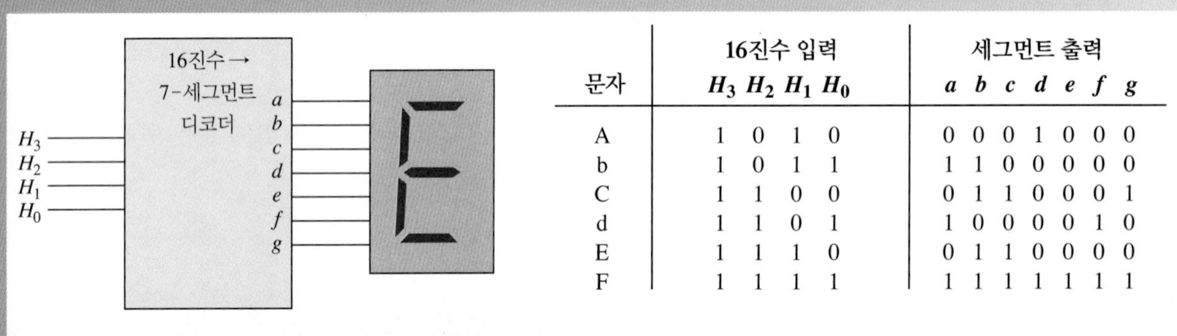

문자	16진수 입력 H_3 H_2 H_1 H_0	세그먼트 출력 *a b c d e f g*
A	1 0 1 0	0 0 0 1 0 0 0
b	1 0 1 1	1 1 0 0 0 0 0
C	1 1 0 0	0 1 1 0 0 0 1
d	1 1 0 1	1 0 0 0 0 1 0
E	1 1 1 0	0 1 1 0 0 0 0
F	1 1 1 1	1 1 1 1 1 1 1

그림 4-51 문자 *A*~*E*까지의 16진수 → 7세그먼트 디코더

카르노 맵과 유효하지 않는 BCD 코드 검출기

각 세그먼트에 대해 간략화된 논리를 전개하기 위하여, 그림 4-51의 진리표 정보가 카르노 맵상에 매핑된다. BCD 수가 나타나지 않음을 기억하라. 이런 이유로 BCD 수를 나타내는 입력은 K-맵상에 'X(무정의)'로 입력된다. 이것은 논리를 더 간략화하지만, 가능성을 제거하기 위한 단계가 고려되지 않으면 이상한 출력이 화면에 보일 것이다. 모든 문자들이 유효하지 않은 BCD 수이기 때문에, 표시는 유효하지 않은 BCD 코드가 키패드에 입력될 때만 활성화되어 단지 문자들만 표시되도록 할 것이다. 유효하지 않은 BCD 코드 검출기에 대한 논리는 실험에서 확장될 것이다.

세그먼트 논리에 대한 표현

그림 4-51(b)의 표 사용으로 표준 SOP식은 각 세그먼트에 대해 작성될 수 있고 K-맵을 사용하여 최소화된다. 진리표에서 바람직한 출력은 6개 입력을 나타내는 적절한 셀에 입력된다. 표시 논리의 최소화된 SOP 표현을 얻기 위하여, 1과 X가 서로 묶인다.

세그먼트 *a* 세그먼트 *a*는 문자 A, C, E에 사용된다. 문자 A에 대해 16진수 코드는 1010 또는 변수로 $H_3\overline{H}_2H_1\overline{H}_0$이다. 문자 C에 대해 16진수 코드는 1100 또는 $H_3H_2\overline{H}_1\overline{H}_0$이다. 문자 E는 코드로 1110 또는 $H_3H_2H_1\overline{H}_0$이다. 세그먼트 *a*의 완전한 표준 SOP식은 다음과 같다.

$$a = H_3\overline{H}_2H_1\overline{H}_0 + H_3H_2\overline{H}_1\overline{H}_0 + H_3H_2H_1\overline{H}_0$$

LOW는 각 세그먼트 논리회로의 활성화 출력 상태이므로, 0은 세그먼트가 *on*인 문자의 코드를 나타내는 카르노 맵의 각 셀에 입력된다. 세그먼트의 최소화된 식은 그림 4-52(a)와 같다.

세그먼트 *b* 세그먼트 *b*는 문자 A와 d에 사용된다. 세그먼트 *b*의 완전한 표준 SOP식은 다음과 같다.

$$b = H_3\overline{H}_2H_1\overline{H}_0 + H_3H_2\overline{H}_1H_0$$

세그먼트 *b*의 간략화된 식은 그림 4-52(b)와 같다.

세그먼트 *c* 세그먼트 *c*는 문자 A, b, d에 사용된다. 세그먼트 *c*의 완전한 표준 SOP식은 다음과 같다.

$$c = H_3\overline{H}_2H_1\overline{H}_0 + H_3\overline{H}_2H_1H_0 + H_3H_2\overline{H}_1H_0$$

세그먼트 *c*의 최소화 식은 그림 4-52(c)와 같다.

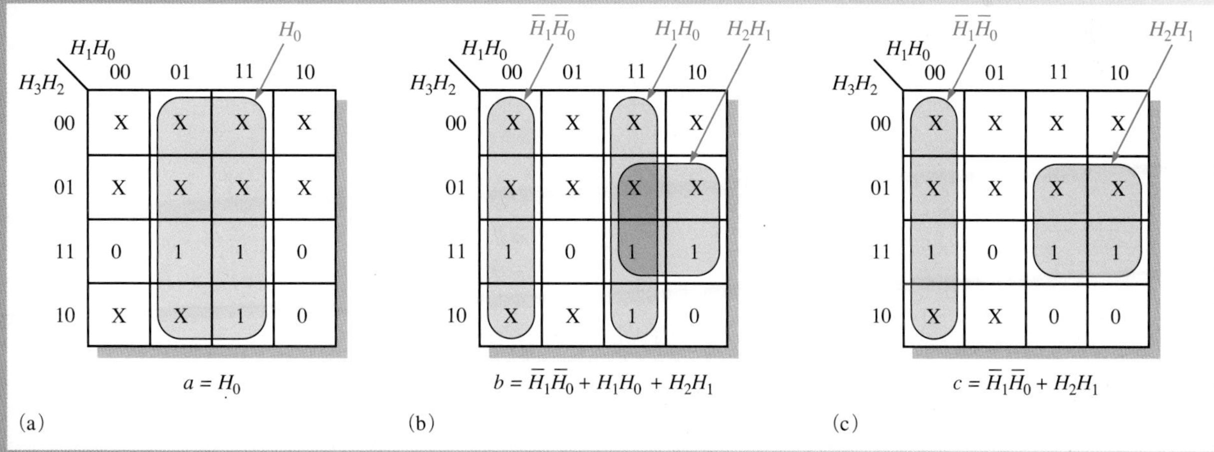

그림 4-52 세그먼트 *a*, *b*, *c*의 최소화 식

연습문제

7. 세그먼트 *d*의 최소화된 식을 나타내라.
8. 세그먼트 *e*의 최소화된 식을 나타내라.
9. 세그먼트 *f*의 최소화된 식을 나타내라.
10. 세그먼트 *g*의 최소화된 식을 나타내라.

논리회로

최소화 식으로부터 각 세그먼트의 논리회로는 구현될 수 있다. 세그먼트 a에서, H_0 입력을 표시장치의 세그먼트 a에 직접 연결한다(게이트가 필요하지 않음). 세그먼트 b와 세그먼트 c의 논리는 AND 또는 OR게이트를 사용하여 그림 4-53과 같이 구현된다. 2개의 항(H_2H_1과 $\overline{H}_1\overline{H}_0$)이 세그먼트 b와 c에 나타나므로 2개의 AND 게이트가 사용된다.

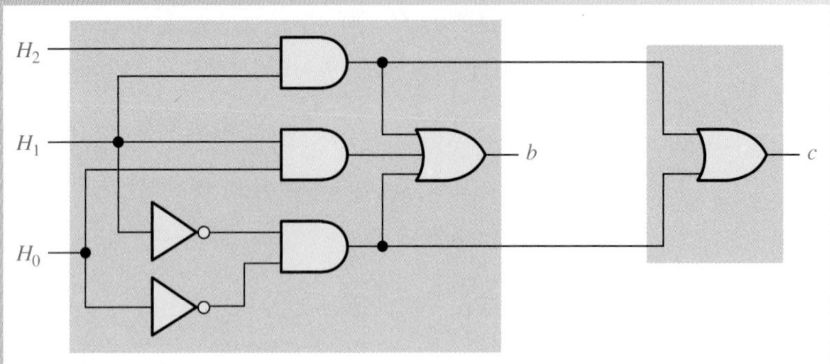

그림 4-53 세그먼트-b와 세그먼트-c에 대한 논리회로

연습문제

11. 세그먼트 d의 논리를 작성하라.

12. 세그먼트 e의 논리를 작성하라.

13. 세그먼트 f의 논리를 작성하라.

14. 세그먼트 g의 논리를 작성하라.

VHDL로 디코딩 논리 기술하기

7-세그먼트 디코딩 논리는 프로그램 가능한 논리 디바이스(PLD)에서의 구현을 위해 VHDL을 사용하여 기술된다. 세그먼트 a, b, c에 대한 논리식은 다음과 같다.

$$a = H_0$$
$$b = \overline{H}_1\overline{H}_0 + H_1H_0 + H_2H_1$$
$$c = \overline{H}_1\overline{H}_0 + H_2H_1$$

- 세그먼트 a에 대한 VHDL 코드는

```
entity SEGLOGIC is
  port (H0: in bit; SEGa: out bit);
end entity SEGLOGIC;
architecture LogicFunction of SEGLOGIC is
begin
  SEGa <= H0;
end architecture LogicFunction;
```

- 세그먼트 b에 대한 VHDL 코드는

```
entity SEGLOGIC is
```

```
    port (H0, H1, H2: in bit; SEGb: out bit);
  end entity SEGLOGIC;
  architecture LogicFunction of SEGLOGIC is
  begin
    SEGb <= (not H1 and not H0) or (H1 and H0) or (H2 and H1);
  end architecture LogicFunction;
```

- 세그먼트 c에 대한 VHDL 코드는

```
  entity SEGLOGIC is
    port (H0, H1, H2: in bit; SEGc: out bit);
  end entity SEGLOGIC;
  architecture LogicFunction of SEGLOGIC is
  begin
    SEGc <= (not H1 and not H0) or (H2 and H1);
  end architecture LogicFunction;
```

연습문제

15. 세그먼트 d, e, f, g에 대한 VHDL 코드를 작성하라.

모의 실험

그림 4-54는 문자 E에 대한 디코더 논리회로를 Multisim 화면에 나타낸 것이다. 하위 회로는 활동으로 또는 실험실에서 개발할 세그먼트 논리에 사용된다. 시뮬레이션의 목적은 회로의 적절한 작동을 확인하는 것이다.

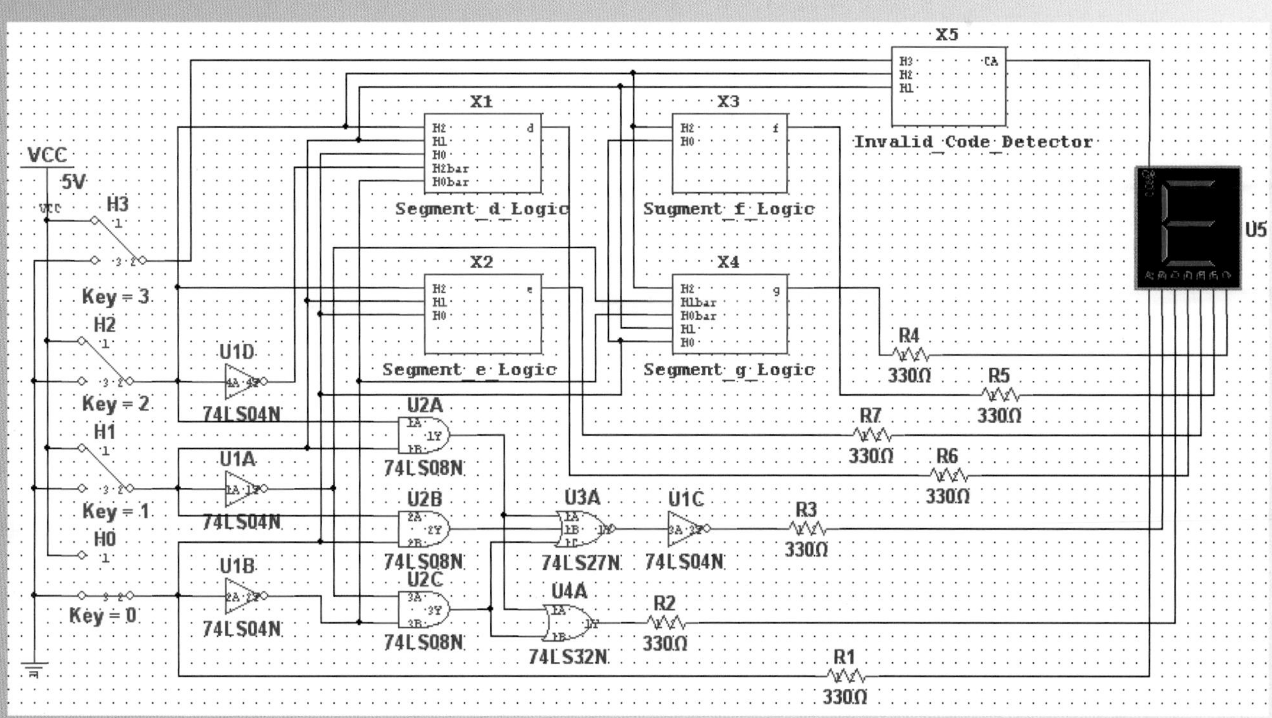

그림 4-54 디코더와 표시에 대한 Multisim 회로 화면

MultiSim

웹사이트의 Applied Logic 폴더에서 AL04 파일을 연다. 디코더의 시뮬레이션을 실행하고 Multisim 소프트웨어를 사용하여 표시한다. 지정된 문자에 대한 작업을 관찰한다.

지식 적용

만약 표시장치로 음극 공통 7-세그먼트를 사용한다면 어떻게 회로를 수정하면 되는가?

요약

- 인버터와 2-입력 게이트의 게이트 기호와 출력에 대한 불 식은 그림 4-55와 같다.

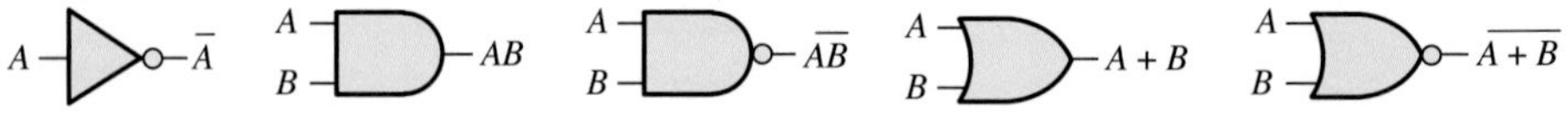

$A \rightarrow \overline{A}$, $A, B \rightarrow AB$, $A, B \rightarrow \overline{AB}$, $A, B \rightarrow A + B$, $A, B \rightarrow \overline{A + B}$

그림 4-55

- 교환 법칙 : $A + B = B + A$

  $AB = BA$
- 결합 법칙 : $A + (B + C) = (A + B) + C$

  $A(BC) = (AB)C$
- 분배 법칙 : $A(B + C) = AB + AC$
- 불 규칙 :

1. $A + 0 = A$	7. $A \cdot A = A$
2. $A + 1 = 1$	8. $A \cdot \overline{A} = 0$
3. $A \cdot 0 = 0$	9. $\overline{\overline{A}} = A$
4. $A \cdot 1 = A$	10. $A + AB = A$
5. $A + A = A$	11. $A + \overline{A}B = A + B$
6. $A + \overline{A} = 1$	12. $(A + B)(A + C) = A + BC$

- 드모르간의 정리

  1. 곱의 보수는 각 항의 보수의 합과 같다.

$$\overline{XY} = \overline{X} + \overline{Y}$$

  2. 합의 보수는 각 항의 보수의 곱과 같다.

$$\overline{X + Y} = \overline{X}\,\overline{Y}$$

- 카르노 맵에는 3개의 변수가 있고 8개의 셀에는 4개의 변수가 있으며 16개의 셀이 있다.
- 퀸-맥클러스키는 불 표현식을 간략화하는 방법이다.
- VHDL의 세 가지 추상화 수준은 데이터 흐름, 구조, 동작이다.

핵심용어

이 장의 핵심용어 및 기타 굵은 글씨는 책 마지막 용어해설에도 정리되어 있다.

곱의 합(SOP) 불 식에서 AND항의 OR형태로 표현된 것

곱항(product term) 불 식에서 2개 이상의 문자가 AND 연산으로 구성된 것

무정의('don't care') 발생할 수 없는 입력의 조합으로 카르노 맵에서 간략화를 위해 1 또는 0으로 사용될 수 있다.

변수(variable) 동작, 조건 또는 1또는 0의 값을 갖는 데이터를 나타내는 데 사용되는 기호로 보통 이탤릭체 문자로 표시된다.

보수(complement) 수의 역수, 불 대수에서는 역함수로 변수 위에 바(bar)를 붙여 표현하고 1의 보수는 0이고, 0의 보수는 1이다.

최소화(minimization) 항목당 가장 작은 문자 상수를 갖도록 SOP 또는 POS 형태의 불 식으로 바꾸는 과정

카르노 맵(karnaugh map) 불 식으로 표현된 조합 논리식을 간략화시키거나, 이에 대응하는 진리표를 간단한 논리회로로 바꾸는 데 쓰이는 도식적인 방법

합의 곱(POS) 불 식에서 OR항의 AND 형태로 표현된 것

합항(sum term) OR 연산과 등가의 2개 이상의 문자에 대한 불의 합

참/거짓 퀴즈

정답은 이 장의 끝에 있다.

1. 변수, 보수, 문자는 불 대수에서 모두 사용되는 용어이다.
2. 불 대수에서 덧셈은 NOR 함수와 등가이다.
3. 불 대수에서 곱셈은 AND 함수와 등가이다.
4. 교환 법칙, 결합 법칙, 배분 법칙은 불 대수에서 모두 사용되는 법칙이다.
5. 0의 보수는 0이다.
6. 어떤 불 변수가 자신의 보수와 곱해지면 결과는 변수이다.
7. 드모르간의 정리에 의하면 "변수의 곱의 보수는 각 변수의 보수와 합과 같다."
8. SOP는 곱의 합이다.
9. 카르노 맵은 불 식을 간략화하기 위해 사용된다.
10. 3-변수 카르노 맵은 6개의 셀을 갖는다.
11. VHDL은 하드웨어 정의 언어의 한 유형이다.
12. VHDL 프로그램은 엔티티와 아키텍처로 구성된다.

자습문제

정답은 이 장의 끝에 있다.

1. 변수는 불 대수에서 무엇을 나타내는 데 사용되는 기호인가?
   (a) 데이터 **(b)** 조건 **(c)** 행동 **(d)** (a), (b), (c) 모두

2. 불 식 $A + B + C$는 다음 중 무엇인가?
(a) 합항 (b) 문자 항 (c) 역항 (d) 곱항

3. 불 식 $\overline{ABCD}$는 다음 중 무엇인가?
(a) 합항 (b) 문자 항 (c) 역항 (d) 곱항

4. 식 $A\overline{B}CD + A\overline{B} + \overline{C}D + B$의 정의역은?
(a) A, D (b) B
(c) A, B, C, D (d) 이것 중에 없음

5. 다음 중 덧셈의 교환 법칙은?
(a) $A + B = B + A$ (b) $A = A + A$
(c) $(A + B) + C = A + (B + C)$ (d) $A + 0 = A$

6. 다음 중 곱셈의 결합 법칙은?
(a) $AB = BA$ (b) $A = AA$
(c) $(AB)C = A(BC)$ (d) $A0 = A$

7. 다음 중 분배 법칙은 무엇인가?
(a) $A(B + C) = AB + AC$ (b) $A(BC) = ABC$
(c) $A(A + 1) = A$ (d) $A + AB = A$

8. 다음 중 불 대수의 유효한 규칙이 아닌 것은?
(a) $A + 1 = 1$ (b) $A = \overline{A}$
(c) $AA = A$ (d) $A + 0 = A$

9. 다음 중 어느 것이 "AND 게이트의 한 입력이 항상 1이면, 출력은 다른 입력과 동일하다."를 의미하는가?
(a) $A + 1 = 1$ (b) $A + A = A$
(c) $A \cdot A = A$ (d) $A \cdot 1 = A$

10. 다음 중 드모르간의 정리에 변수 곱의 보수는 무엇인가?
(a) 합의 보수 (b) 보수의 합
(c) 보수의 곱 (d) (a), (b), (c) 모두

11. 불 식 $X = (A + B)(C + D)$는 다음 중 무엇으로 표현되는가?
(a) 2개의 OR항이 AND 됨 (b) 2개의 AND항이 OR 됨
(c) 4-입력 AND 게이트 (d) 4-입력 OR 게이트

12. 곱의 합 형식으로 표현된 것은 다음 중 어느 것인가?
(a) $A + B(C + D)$ (b) $\overline{A}B + A\overline{C} + A\overline{B}C$
(c) $(\overline{A} + B + C)(A + \overline{B} + C)$ (d) (a)와 (b)

13. 합의 곱 형식으로 표현된 것은 다음 중 어느 것인가?
(a) $A(B + C) + A\overline{C}$ (b) $(A + B)(\overline{A} + B + \overline{C})$
(c) $\overline{A} + \overline{B} + BC$ (d) (a)와 (b)

14. 다음 중 표준 SOP식으로 표현된 것은 어느 것인가?
(a) $\overline{A}B + A\overline{B}C + AB\overline{D}$ (b) $A\overline{B}C + A\overline{C}D$
(c) $A\overline{B} + \overline{A}B + AB$ (d) $A\overline{B}C\overline{D} + \overline{A}B + \overline{A}$

15. 4-변수 카르노 맵은 몇 개의 셀을 갖는가?
(a) 4개 셀 (b) 8개 셀 (c) 16개 셀 (d) 32개 셀

16. 4-변수 카르노 맵에서 2-변수 곱항은 무엇에 의해 만들어지는가?
   (a) 1인 2개 셀을 그룹화 (b) 1인 8개 셀을 그룹화
   (c) 1인 4개 셀을 그룹화 (d) 0인 4개 셀을 그룹화
17. 퀸-맥클러스키 방법은 다음 중 무엇에 사용되는가?
   (a) 카르노 맵 방법의 대체 (b) 5-변수 이상의 식을 간략화
   (c) (a)와 (b) (d) 어느 것도 아님
18. VHDL은 무엇의 종류인가?
   (a) 프로그램 가능한 논리 (b) 하드웨어 기술 언어
   (c) 프로그램 가능한 배열 (d) 논리 수학
19. VHDL에서 port는 무엇인가?
   (a) 엔티티의 한 종류 (b) 아키텍처의 한 종류
   (c) 입력이나 출력 (d) 변수의 한 종류
20. VHDL 사용 시 논리회로의 입력과 출력은 무엇으로 표현되는가?
   (a) 아키텍처 (b) 구성 요소
   (c) 엔티티 (d) 데이터 흐름

문제

홀수 문제의 정답은 책의 끝에 있다.

4-1절 불 연산과 불 식

1. 불 식을 사용하여 모든 변수(A, B, C, D)가 0일 때만 0인 표현식을 작성하라.
2. 모든 변수 A, B, C, D, E가 1일 때만 출력이 0인 불 식을 작성하라.
3. 하나 또는 그 이상의 변수(A, B, C)들이 0일 때, 출력이 0인 불 식을 작성하라.
4. 다음 연산을 구하라.
   (a) $0 + 0 + 0 + 0$ (b) $0 + 0 + 0 + 1$ (c) $1 + 1 + 1 + 1$
   (d) $1 \cdot 1 + 0 \cdot 0 + 1$ (e) $1 \cdot 0 \cdot 1 \cdot 0$ (f) $1 \cdot 0 + 1 \cdot 0 + 0 \cdot 1 + 0 \cdot 1$
5. 다음 각각에 대해 곱항을 1로 만들고, 합항을 0으로 만드는 변수들의 값을 구하라.
   (a) ABC (b) $A + B + C$ (c) $\overline{A}\,\overline{B}C$
   (d) $\overline{A} + \overline{B} + C$ (e) $A + \overline{B} + \overline{C}$ (f) $\overline{A} + \overline{B} + \overline{C}$
6. 변수들의 모든 가능한 값에 대한 X의 값을 구하라.
   (a) $X = A + B + C$ (b) $X = (A + B)C$
   (c) $X = (A + B)(\overline{B + C})$ (d) $X = (A + B) + (\overline{AB + BC})$
   (e) $X = (\overline{A} + \overline{B})(A + B)$

4-2절 불 대수의 법칙과 규칙

7. 다음의 등식에 사용된 불 대수의 법칙은 무엇인가?
   (a) $A + AB + ABC + \overline{ABCD} = \overline{ABCD} + ABC + AB + A$
   (b) $A + \overline{AB} + ABC + \overline{ABCD} = \overline{DCBA} + CBA + \overline{BA} + A$
   (c) $AB(CD + \overline{CD} + EF + \overline{EF}) = ABCD + AB\overline{CD} + ABEF + AB\overline{EF}$

8. 다음의 등식에 사용된 불 규칙은 무엇인가?

(a) $\overline{\overline{AB + CD}} + \overline{EF} = AB + CD + \overline{EF}$

(b) $A\overline{A}B + AB\overline{C} + AB\overline{B} = AB\overline{C}$

(c) $A(BC + BC) + AC = A(BC) + AC$

(d) $AB(C + \overline{C}) + AC = AB + AC$

(e) $A\overline{B} + A\overline{B}C = A\overline{B}$

(f) $ABC + \overline{AB} + \overline{ABC}D = ABC + \overline{AB} + D$

4-3절 드모르간의 정리

9. 다음의 각 식에 드모르간의 정리를 적용하라.

(a) $\overline{A + \overline{B}}$

(b) $\overline{\overline{A}B}$

(c) $\overline{A + B + C}$

(d) $\overline{ABC}$

(e) $\overline{A(B + C)}$

(f) $\overline{AB} + \overline{CD}$

(g) $\overline{AB + CD}$

(h) $\overline{(A + \overline{B})(\overline{C} + D)}$

10. 다음의 각 식에 드모르간의 정리를 적용하라.

(a) $\overline{A\overline{B}(C + \overline{D})}$

(b) $\overline{AB(CD + EF)}$

(c) $\overline{(A + \overline{B} + C + \overline{D})} + \overline{ABC\overline{D}}$

(d) $\overline{\overline{(\overline{\overline{A}} + B + C + D)}\,\overline{(A\overline{B}\,\overline{CD})}}$

(e) $\overline{\overline{AB}(CD + \overline{E}F)(\overline{AB} + \overline{CD})}$

11. 다음의 각 식에 드모르간의 정리를 적용하라.

(a) $\overline{\overline{(\overline{ABC})(\overline{EFG})} + \overline{(\overline{HIJ})(\overline{KLM})}}$

(b) $\overline{(A + \overline{B\overline{C}} + CD)} + \overline{\overline{BC}}$

(c) $\overline{\overline{(\overline{A + B})(\overline{C + D})(\overline{E + F})(\overline{G + H})}}$

4-4절 논리회로의 불 해석

12. 그림 4-56의 각 논리 게이트에 대한 불 식을 작성하라.

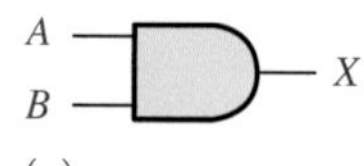

(a)

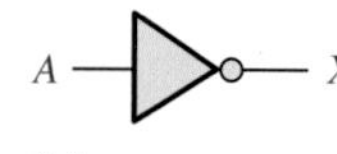

(b)

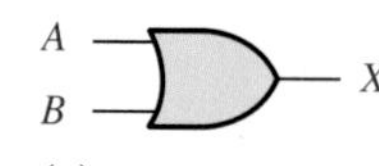

(c)

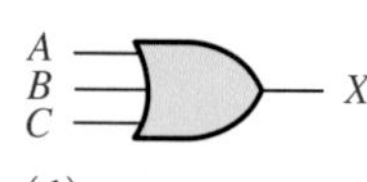

(d)

그림 4-56

13. 그림 4-57의 각 논리회로에 대한 불 식을 작성하라.

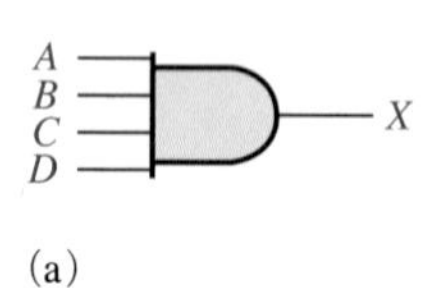

(a)

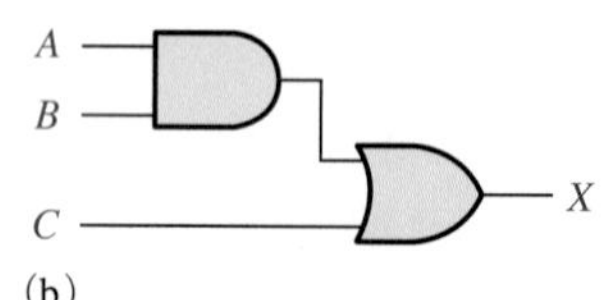

(b)

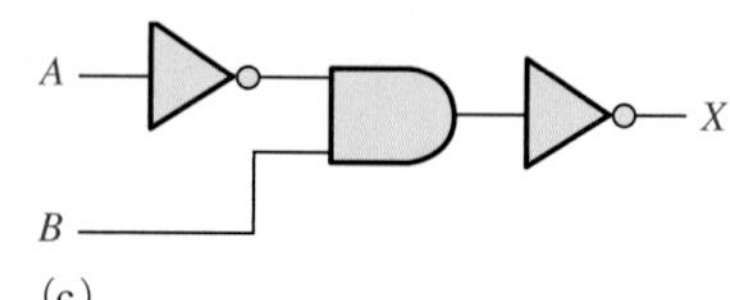

(c)

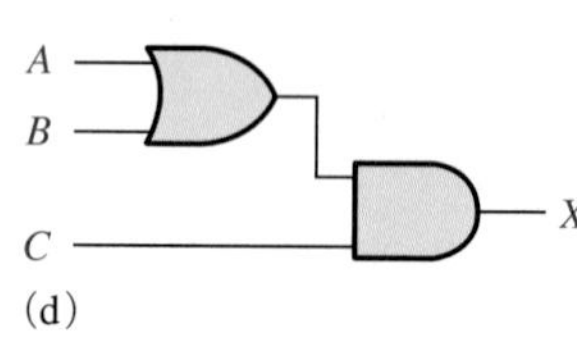

(d)

그림 4-57

14. 다음 식에 의해 표현되는 논리회로를 그리라.

(a) $A + B + C + D$

(b) $ABCD$

(c) $A + BC$

(d) $ABC + D$

15. 각 식에 의해 표현되는 논리회로를 그리라.

(a) $AB + \overline{AB}$

(b) $ABCD$

(c) $A + BC$

(d) $ABC + D$

16. (a) 입력 ASSERT와 READY가 LOW인 경우에만, 출력 ENABLE이 HIGH인 논리회로를 그리라.

(b) 입력 LOAD가 LOW이고 입력 READY가 HIGH인 경우에만, 출력 HOLD가 HIGH인 논리회로를 그리라.

17. 그림 4-58의 각 회로에 대한 진리표를 구하라.

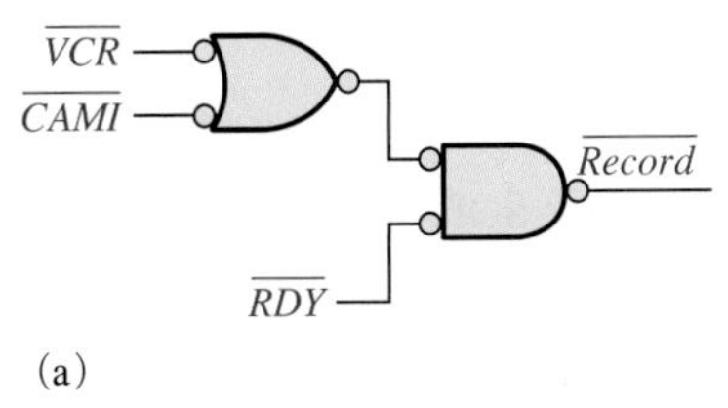

(a)

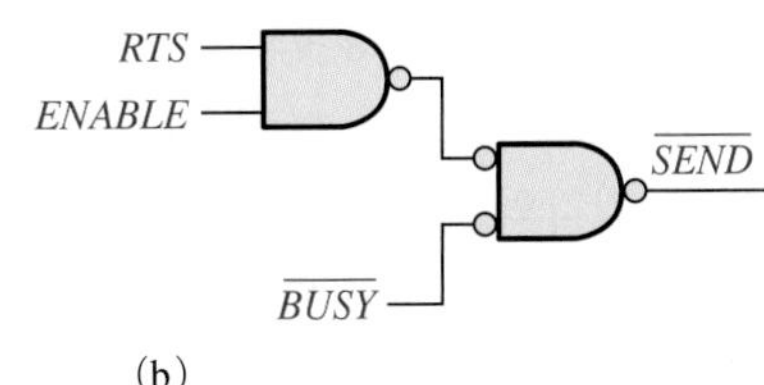

(b)

그림 4-58

18. 각각의 불 식에 대한 진리표를 구하라.
   (a) $A + B + C$ (b) ABC (c) $AB + BC + CA$
   (d) $(A + B)(B + C)(C + A)$ (e) $A\overline{B} + B\overline{C} + C\overline{A}$

4-5절 불 대수를 이용한 간략화

19. 불 대수를 사용하여 다음 식을 가능한 최대로 간략화하라.
   (a) $A(A + B)$ (b) $A(\overline{A} + AB)$ (c) $BC + \overline{B}C$
   (d) $A(A + \overline{A}B)$ (e) $A\overline{B}C + \overline{A}BC + \overline{A}\,\overline{B}C$
20. 불 대수를 사용하여 다음 식을 간략화하라.
   (a) $(\overline{A} + B)(A + C)$ (b) $A\overline{B} + A\overline{B}C + A\overline{B}CD + A\overline{B}CDE$
   (c) $BC + \overline{BCD} + B$ (d) $(B + \overline{B})(BC + BC\overline{D})$
   (e) $BC + (\overline{B} + \overline{C})D + BC$
21. 불 대수를 사용하여 각 식을 간략화하라.
   (a) $CE + C(E + F) + \overline{E}(E + G)$ (b) $\overline{B}\,\overline{C}D + (\overline{B + C + D}) + \overline{B}\,\overline{C}\,\overline{D}E$
   (c) $(C + CD)(C + \overline{C}D)(C + E)$ (d) $BCDE + BC(\overline{DE}) + (\overline{BC})DE$
   (e) $BCD[BC + \overline{D}(CD + BD)]$
22. 그림 4-59에서 어느 논리회로가 등가인지 찾으라.

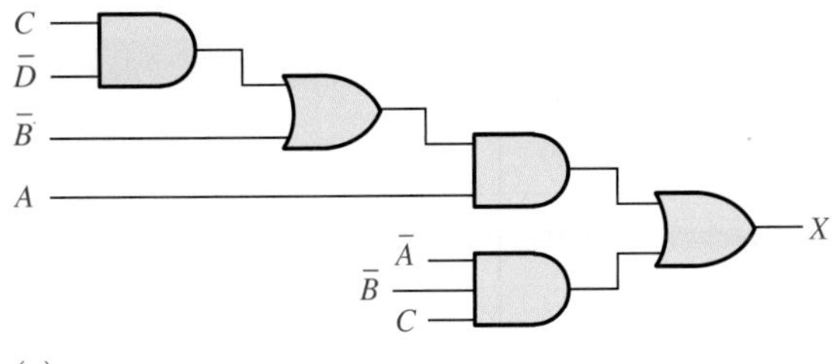

(a)

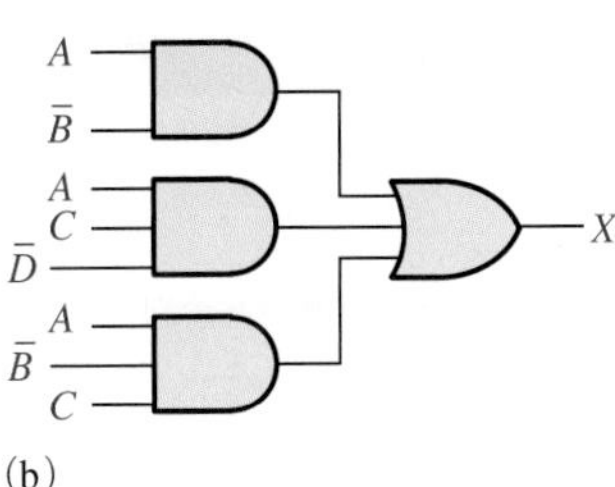

(b)

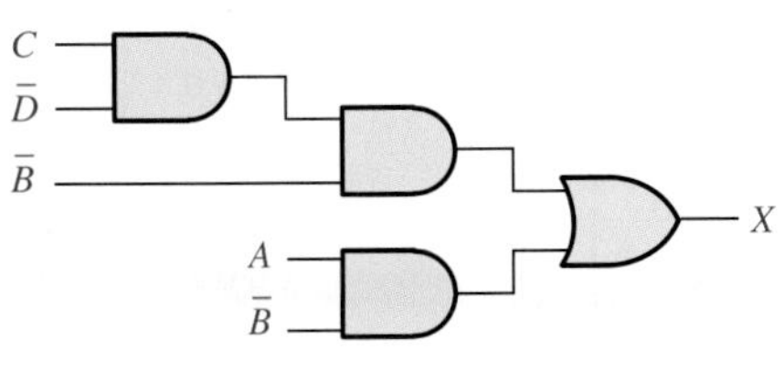

(c)

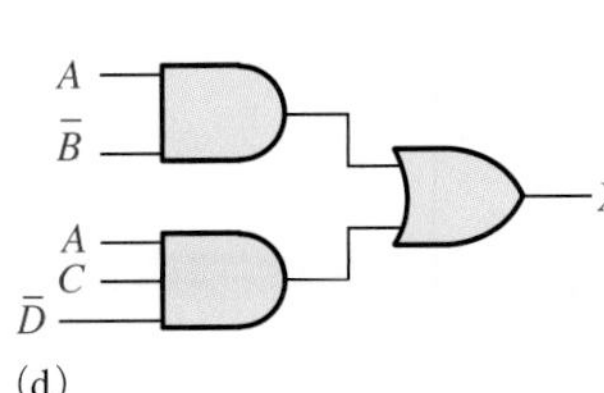

(d)

그림 4-59

4-6절 불 식의 표준형

23. 다음 식을 곱의 합(SOP) 형태로 변환하라.
   (a) $(C + D)(A + \overline{D})$ (b) $A(A\overline{D} + C)$ (c) $(A + C)(CD + AC)$

24. 다음 식을 곱의 합(SOP) 형태로 변환하라.

(a) $BC + DE(B\overline{C} + DE)$ (b) $BC(\overline{C}\,\overline{D} + CE)$ (c) $B + C[BD + (C + \overline{D})E]$

25. 문제 23에서 각각의 SOP식의 영역을 정의하고 식을 표준 SOP식으로 변환하라.

26. 문제 24의 각 SOP식을 표준 SOP식으로 변환하라.

27. 문제 25의 표준 SOP식에서 각 항의 2진수 값을 정하라.

28. 문제 26의 표준 SOP식에서 각 항의 2진수 값을 정하라.

29. 문제 25의 각각의 표준 SOP식을 표준 POS식으로 변환하라.

30. 문제 26의 각각의 표준 SOP식을 표준 POS식으로 변환하라.

4-7절 불 식과 진리표

31. 다음 각각의 표준 SOP식에 대해 진리표를 구하라.

(a) $ABC + \overline{A}\,\overline{B}C + AB\overline{C}$ (b) $\overline{X}\,\overline{Y}\,\overline{Z} + \overline{X}Y\overline{Z} + X\overline{Y}Z + \overline{X}YZ + XY\overline{Z}$

32. 다음 각각의 표준 SOP식에 대해 진리표를 구하라.

(a) $A\overline{B}C\overline{D} + AB\overline{C}\,\overline{D} + \overline{A}\,\overline{B}CD + \overline{A}\,\overline{B}\,\overline{C}\,\overline{D}$

(b) $WXYZ + \overline{W}X\overline{Y}Z + W\overline{X}Y\overline{Z} + \overline{W}\,\overline{X}YZ + WX\overline{Y}\,\overline{Z}$

33. 다음 각각의 SOP식에 대해 진리표를 구하라

(a) $\overline{A}B + AB\overline{C} + \overline{A}\,\overline{C} + A\overline{B}C$ (b) $\overline{X} + Y\overline{Z} + WZ + X\overline{Y}Z$

34. 다음 각각의 표준 POS식에 대해 진리표를 구하라.

(a) $(\overline{A} + \overline{B} + \overline{C})(A + B + C)(A + B + \overline{C})$

(b) $(A + \overline{B} + C + \overline{D})(\overline{A} + B + \overline{C} + D)(A + B + \overline{C} + \overline{D})(\overline{A} + \overline{B} + C + D)$

35. 다음 각각의 표준 POS식에 대해 진리표를 구하라.

(a) $(A + B)(A + C)(A + B + C)$

(b) $(A + \overline{B})(A + \overline{B} + \overline{C})(B + C + \overline{D})(\overline{A} + B + \overline{C} + D)$

36. 표 4-15의 각 진리표에 대해 표준 SOP와 표준 POS식을 유도하라.

표 4-15

ABCD	X
000	0
001	1
010	0
011	0
100	1
101	1
110	0
111	1

(a)

ABCD	X
000	0
001	0
010	0
011	0
100	0
101	1
110	1
111	1

(b)

ABCD	X
0000	1
0001	1
0010	0
0011	1
0100	0
0101	1
0110	1
0111	0
1000	0
1001	1
1010	0
1011	0
1100	1
1101	0
1110	0
1111	0

(c)

ABCD	X
0000	0
0001	0
0010	1
0011	0
0100	1
0101	1
0110	0
0111	1
1000	0
1001	0
1010	0
1011	1
1100	1
1101	0
1110	0
1111	1

(d)

4-8절 카르노 맵

37. 3-변수 카르노 맵을 그리고 2진수로 각 셀에 명칭을 붙이라.
38. 4-변수 카르노 맵을 그리고 2진수로 각 셀에 명칭을 붙이라.
39. 3-변수 카르노 맵에서 각 셀에 대한 표준 곱항을 작성하라.

4-9절 카르노 맵 SOP 최소화

40. 카르노 맵을 사용하여 각각의 식을 최소화된 SOP 형태로 표현하라.
   (a) $\overline{A}\,\overline{B}\,\overline{C} + \overline{A}\overline{B}C + A\overline{B}C$
   (b) $AC(\overline{B} + C)$
   (c) $\overline{A}(BC + B\overline{C}) + A(BC + B\overline{C})$
   (d) $\overline{A}\,\overline{B}\,\overline{C} + A\overline{B}\,\overline{C} + \overline{A}B\overline{C} + AB\overline{C}$
41. 카르노 맵을 사용하여 각 식을 최소화된 SOP 형태로 간략화하라.
   (a) $\overline{A}\,\overline{B}\,\overline{C} + A\overline{B}C + \overline{A}BC + AB\overline{C}$
   (b) $AC[\overline{B} + B(B + \overline{C})]$
   (c) $DE\overline{F} + \overline{D}E\overline{F} + \overline{D}\,\overline{E}\,\overline{F}$
42. 각 식을 표준 SOP 형태로 확장하라.
   (a) $AB + A\overline{B}C + ABC$
   (b) $A + BC$
   (c) $A\overline{B}\,\overline{C}D + AC\overline{D} + B\overline{C}D + \overline{A}BC\overline{D}$
   (d) $A\overline{B} + A\overline{B}\,\overline{C}D + CD + B\overline{C}D + ABCD$
43. 문제 42의 각 식을 카르노 맵으로 최소화하라.
44. 카르노 맵을 사용하여 각 식을 최소화된 SOP 형태로 줄이라.
   (a) $A + B\overline{C} + CD$
   (b) $\overline{A}\,\overline{B}\,\overline{C}\,\overline{D} + \overline{A}\,\overline{B}\,\overline{C}D + ABCD + ABC\overline{D}$
   (c) $\overline{A}B(\overline{C}\,\overline{D} + \overline{C}D) + AB(\overline{C}\,\overline{D} + \overline{C}D) + A\overline{B}\,\overline{C}D$
   (d) $(\overline{A}\,\overline{B} + A\overline{B})(CD + C\overline{D})$
   (e) $\overline{A}\,\overline{B} + A\overline{B} + \overline{C}\,\overline{D} + C\overline{D}$
45. 카르노 맵을 사용하여 진리표 4-16에 규정된 함수를 최소화된 SOP 형태로 줄이라.
46. 카르노 맵을 사용하여 진리표 4-17에 규정된 논리함수를 최소화된 SOP 형태로 구현하라.

표 4-16

입력			출력
A	*B*	*C*	*X*
0	0	0	1
0	0	1	1
0	1	0	0
0	1	1	1
1	0	0	1
1	0	1	1
1	1	0	0
1	1	1	1

표 4-17

입력				출력
A	*B*	*C*	*D*	*X*
0	0	0	0	0
0	0	0	1	1
0	0	1	0	1
0	0	1	1	0
0	1	0	0	0
0	1	0	1	0
0	1	1	0	1
0	1	1	1	1
1	0	0	0	1
1	0	0	1	0
1	0	1	0	1
1	0	1	1	0
1	1	0	0	1
1	1	0	1	1
1	1	1	0	0
1	1	1	1	1

47. 마지막에 6개의 2진수 조합이 사용되지 않을 때, 문제 46을 반복하라.

4-10절 카르노 맵 POS 최소화

48. 카르노 맵을 사용하여 각각의 식을 최소화된 POS 형태로 표현하라.
   (a) $(A + B + C)(\overline{A} + \overline{B} + \overline{C})(A + \overline{B} + C)$
   (b) $(X + \overline{Y})(\overline{X} + Z)(X + \overline{Y} + \overline{Z})(\overline{X} + \overline{Y} + Z)$
   (c) $A(B + \overline{C})(\overline{A} + C)(A + \overline{B} + C)(\overline{A} + B + \overline{C})$
49. 카르노 맵을 사용하여 각 식을 최소화된 POS 형태로 간략화하라.
   (a) $(A + \overline{B} + C + \overline{D})(\overline{A} + B + \overline{C} + D)(\overline{A} + \overline{B} + \overline{C} + \overline{D})$
   (b) $(X + \overline{Y})(W + \overline{Z})(\overline{X} + \overline{Y} + \overline{Z})(W + X + Y + Z)$
50. 카르노 맵을 사용하여 표 4-16에 규정된 함수를 최소화된 POS 형태로 줄이라.
51. 표 4-17의 기능에 대한 최소 POS 표현식을 구현하라.
52. 카르노 맵을 사용하여 다음 POS 표현식을 각각 최소 SOP 표현식으로 변환하라.
   (a) $(A + \overline{B})(A + \overline{C})(\overline{A} + \overline{B} + C)$
   (b) $(\overline{A} + B)(\overline{A} + \overline{B} + \overline{C})(B + \overline{C} + D)(A + \overline{B} + C + \overline{D})$

4-11절 퀸-맥클러스키 방법

53. 표현식에 있는 최소항을 표현하라.

$$X = ABC + \overline{A}\overline{B}C + AB\overline{C} + A\overline{B}C + \overline{A}BC$$

54. 표현식에 있는 최소항을 표현하라.

$$X = \overline{A}\overline{B}\overline{C}\overline{D} + \overline{A}\overline{B}CD + \overline{A}B\overline{C}D + AB\overline{C}\overline{D} + A\overline{B}C\overline{D} + \overline{A}BC\overline{D} + A\overline{B}\overline{C}D$$

55. 문제 54의 식에 대한 최소항의 1의 수에 대한 표를 만들라(표 4-10과 유사).
56. 문제 54에서 표현식에 대한 첫 번째 수준의 최소항 표를 만들라(표 4-11과 유사)
57. 문제 54의 표현식에 대한 두 번째 수준의 최소항 표를 만들라(표 4-12와 유사).
58. 문제 54에서 표현식에 대한 후보항의 표를 작성하라(표 4-13과 유사).
59. 문제 54의 표현식에 대한 최종 축소 표현식을 결정하라.

4-12절 VHDL을 사용한 불 식

60. 그림 4-60의 논리회로에 대한 VHDL 프로그램을 작성하라.

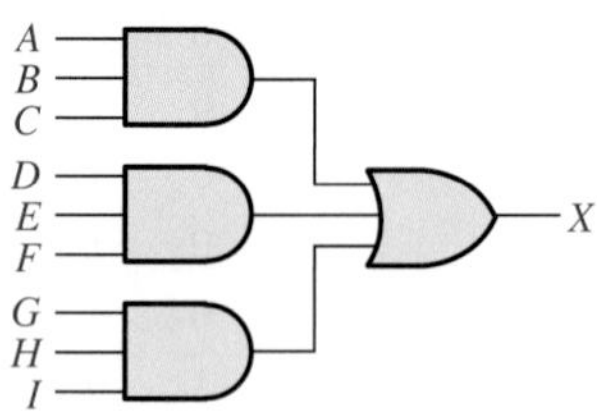

그림 4-60

61. 다음 식을 VHDL 프로그램으로 작성하라.

$$Y = A\overline{B}C + \overline{A}\overline{B}C + A\overline{B}\overline{C} + \overline{A}BC$$

응용 논리

62. 낮은 광 조건에 대해 디지털 표시 장치를 종류를 선택한다면 LED 또는 LCD 7-세그먼트 표

시장치를 선택하겠는가? 이유는 무엇인가?

63. 유효하지 않은 코드 검출기의 목적을 설명하라.
64. 세그먼트 c에서, 최소화된 SOP식을 구현하기 위해 표준 SOP식에 비해 얼마나 적은 수의 게이트와 인버터가 필요한가?
65. 세그먼트 $d \sim g$까지의 논리에 대해 문제 64를 반복하라.

특수 설계 문제

66. 그림 4-53의 세그먼트 b와 c에 대한 논리는 세그먼트를 활성화하기 위해 LOW 출력을 만든다. 어떤 7-세그먼트 표시장치가 세그먼트를 활성화하기 위해 HIGH가 요구될 때, 논리를 수정하라.
67. 문자 F를 포함시키기 위해 응용 논리에서 세그먼트 a의 논리를 재설계하라.
68. 세그먼트 $b \sim g$까지 문제 67을 반복하라.
69. 유효하지 않은 코드 검출기를 설계하라.

Multisim 고장 진단 연습

MultiSim

70. 파일 P04-70을 열어 지정된 오류에 대해서는 회로에 미치는 영향을 예측하라. 그런 다음 오류를 검토하고 예측이 올바른지 확인하라.
71. 파일 P04-71을 열어 지정된 오류에 대해서는 회로에 미치는 영향을 예측하라. 그런 다음 오류를 검토하고 예측이 올바른지 확인하라.
72. 파일 P04-72를 열어 표시, 관찰된 동작에 대해 회로의 오류를 예측하라. 그런 다음 의심되는 오류를 검토하고 예측이 올바른지 확인하라.

정답

복습문제

4-1절 불 연산과 불 식

1. $\overline{A} = \overline{0} = 1$
2. $A = 1, B = 1, C = 0; \overline{A} + \overline{B} + C = \overline{1} + \overline{1} + 0 = 0 + 0 + 0 = 0$
3. $A = 1, B = 0, C = 1; A\overline{B}C = 1 \cdot \overline{0} \cdot 1 = 1 \cdot 1 \cdot 1 = 1$

4-2절 불 대수의 법칙과 규칙

1. $A + (B + C + D) = (A + B + C) + D$
2. $A(B + C + D) = AB + AC + AD$

4-3절 드모르간의 정리

1. (a) $\overline{ABC} + (\overline{\overline{D} + E}) = \overline{A} + \overline{B} + \overline{C} + D\overline{E}$
   (b) $\overline{(A + B)C} = \overline{A}\,\overline{B} + \overline{C}$
   (c) $\overline{A + B + C} + \overline{\overline{DE}} = \overline{A}\,\overline{B}\,\overline{C} + D + \overline{E}$

4-4절 논리회로의 불 분석

1. $(C + D)B + A$
2. 단축된 진리표 : 식은 A가 1이거나, B와 C가 1 또는 B와 D가 1일 때 1이다. 식은 모든 다른 변수 조합에 대해 0이다.

4-5절 불 대수를 이용한 간략화

1. (a) $A + AB + A\overline{B}C = A$
   (b) $(\overline{A} + B)C + ABC = C(\overline{A} + B)$
   (c) $A\overline{B}C(BD + CDE) + A\overline{C} = A(\overline{C} + \overline{B}DE)$
2. (a) 원래 식 : 2 AND 게이트, 1 OR 게이트, 1 인버터
   간략화된 식 : 게이트 필요 없음(직렬 연결)
   (b) 원래 식 : 2 OR 게이트, 2 AND 게이트, 1 인버터
   간략화된 식 : 1 OR 게이트, 1 AND 게이트, 1 인버터
   (c) 원래 식 : 5 AND 게이트, 2 OR 게이트, 2 인버터
   간략화된 식 : 2 AND 게이트, 1 OR 게이트, 2 인버터

4-6절 불 식의 표준형

1. (a) SOP (b) 표준 POS
   (c) 표준 SOP (d) POS

2. (a) $AB\overline{C}\,\overline{D} + AB\overline{C}D + ABC\overline{D} + ABCD + \overline{A}B\overline{C}D +$
$\overline{A}BCD + \overline{A}\,\overline{B}C\overline{D} + \overline{A}BC\overline{D}$
(c) 이미 표준형
3. (b) 이미 표준형
(d) $(A + \overline{B} + \overline{C})(A + \overline{B} + C)(A + B + \overline{C})(A + B + C)$

4-7절 불 식과 진리표

1. $2^5 = 32$
2. 0110 $\longrightarrow \overline{W}XY\overline{Z}$
3. 1100 $\longrightarrow \overline{W} + \overline{X} + Y + Z$

4-8절 카르노 맵

1. (a) 최상위 좌측 셀 : 000
(b) 최하위 우측 셀 : 101
(c) 최하위 좌측 셀 : 100
(d) 최상위 우측 셀 : 001
2. (a) 최상위 좌측 셀 : $\overline{X}\,\overline{Y}\,\overline{Z}$
(b) 최하위 우측 셀 : $X\overline{Y}Z$
(c) 최하위 좌측 셀 : $X\overline{Y}\,\overline{Z}$
(d) 최상위 우측 셀 : $\overline{X}\,\overline{Y}Z$
3. (a) 최상위 좌측 셀 : 0000
(b) 최하위 우측 셀 : 1010
(c) 최하위 좌측 셀 : 1000
(d) 최상위 우측 셀 : 0010
4. (a) 최상위 좌측 셀 : $\overline{W}\,\overline{X}\,\overline{Y}\,\overline{Z}$
(b) 최하위 우측 셀 : $W\overline{X}Y\overline{Z}$
(c) 최하위 좌측 셀 : $W\overline{X}\,\overline{Y}\,\overline{Z}$
(d) 최상위 우측 셀 : $\overline{W}\,\overline{X}Y\overline{Z}$

4-9절 카르노 맵 SOP 최소화

1. 3-변수인 경우 8개 셀의 맵, 4-변수인 경우 16개 셀의 맵
2. $AB + B\overline{C} + \overline{A}\,\overline{B}C$
3. (a) $\overline{A}\,\overline{B}\,\overline{C} + \overline{A}BC + ABC + AB\overline{C}$
(b) $\overline{A}\,\overline{B}\,\overline{C} + \overline{A}\,\overline{B}C + \overline{A}B\overline{C} + ABC + A\overline{B}\,\overline{C} + A\overline{B}C$
(c) $\overline{A}\,\overline{B}\,\overline{C}\,\overline{D} + \overline{A}\,\overline{B}\,\overline{C}D + \overline{A}B\overline{C}\,\overline{D} + \overline{A}B\overline{C}D + \overline{A}BCD +$
$\overline{A}BC\overline{D} + A\overline{B}\,\overline{C}D + A\overline{B}CD$
(d) $\overline{A}\,\overline{B}\,\overline{C}\,\overline{D} + \overline{A}B\overline{C}\,\overline{D} + AB\overline{C}\,\overline{D} + A\overline{B}\,\overline{C}\,\overline{D} + \overline{A}B\overline{C}D +$
$AB\overline{C}D + A\overline{B}CD + \overline{A}\,\overline{B}C\overline{D} + \overline{A}BC\overline{D} + ABC\overline{D} +$
$A\overline{B}C\overline{D}$

4-10절 카르노 맵 POS 최소화

1. POS 표현식을 맵핑할 때, 값은 표준 합계 항을 0으로 만드는 셀에 0을 넣는다.
매핑에서 SOP 표현식 1은 곱셈 항과 동일한 값을 갖는 셀에 위치한다.
2. 1011 셀에서 0 : $\overline{A} + B + \overline{C} + \overline{D}$
3. 0010 셀에서 1 : $\overline{A}\,\overline{B}C\overline{D}$

4-11절 퀸-맥클러스키 방법

1. 최소항은 각 변수가 보완 또는 비보완 중 하나로 나타나는 곱항
2. 필수항은 다른 항과 결합하여 더 단순화할 수 없는 곱항

4-12절 VHDL을 사용한 불 식

1. 간략화는 VHDL 프로그램을 더 짧고, 읽기 쉽고, 수정하기 쉽도록 만든다.
2. 코드 간략화는 대상 장치에서 사용되는 공간을 줄여 더 복잡한 회로를 위한 용량을 허용한다.
3. 진리표 : 행동
불 표현식 : 데이터 흐름
논리 다이어그램 : 구조

예제 관련 문제

4-1 $A = 1$이고 $B = 0$일 때, $\overline{A} + B = 0$
4-2 $A = 0$이고 $B = 0$일 때, $\overline{A}\,\overline{B} = 1$
4-3 XYZ
4-4 $W + X + Y + Z$
4-5 $ABC\overline{D}\,\overline{E}$
4-6 $(A + \overline{B} + \overline{C}D)\overline{E}$
4-7 $\overline{ABCD} = \overline{A} + \overline{B} + \overline{C} + \overline{D}$
4-8 결과는 예제와 동일해야 한다.
4-9 $A\overline{B}$
4-10 CD
4-11 $AB\overline{C} + \overline{A}C + \overline{A}\,\overline{B}$
4-12 $\overline{A} + \overline{B} + \overline{C}$
4-13 결과는 예제와 동일해야 한다.
4-14 $\overline{A}B\overline{C} + AB + A\overline{C} + A\overline{B} + \overline{B}\,\overline{C}$
4-15 $W\overline{X}YZ + W\overline{X}Y\overline{Z} + W\overline{X}Y\overline{Z} + \overline{W}\,\overline{X}Y\overline{Z} + WX\overline{Y}Z + WX\overline{Y}\,\overline{Z}$
4-16 001, 101, 110, 010, 111. 그렇다.
4-17 $(A + \overline{B} + C)(A + \overline{B} + \overline{C})(A + B + C)(\overline{A} + B + C)$
4-18 010, 100, 001, 111, 011. 그렇다.
4-19 SOP와 POS 표현은 등가이다.
4-20 표 4-18을 참조하라.

표 4-18

A	*B*	*C*	*X*
0	0	0	0
0	0	1	0
0	1	0	1
0	1	1	0
1	0	0	0
1	0	1	1
1	1	0	0
1	1	1	0

4-21 표 4-19를 참조하라.

표 4-19

A	*B*	*C*	*X*
0	0	0	1
0	0	1	0
0	1	0	0
0	1	1	1
1	0	0	1
1	0	1	1
1	1	0	1
1	1	1	0

4-22 SOP와 POS 표현은 등가이다.

4-23 그림 4-61을 참조하라.

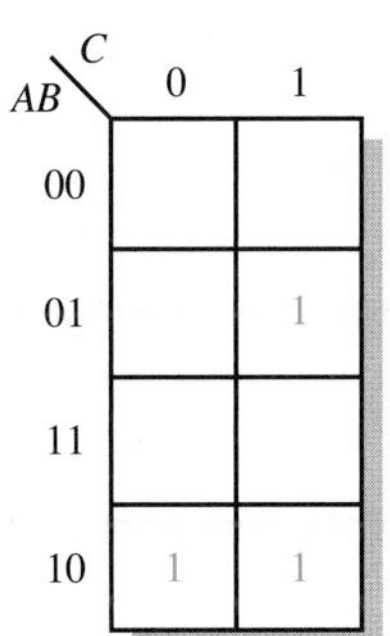

그림 4-61

4-24 그림 4-62를 참조하라.

4-25 그림 4-63을 참조하라.

4-26 그림 4-64를 참조하라.

4-27 다른 방법이 없다.

4-28 $X = B + \overline{A}C + A\overline{C}D + C\overline{D}$

4-29 $X = \overline{D} + A\overline{B}C + B\overline{C} + \overline{A}B$

4-30 $Q = X + Y$

4-31 $Q = \overline{X}\,\overline{Y}\,\overline{Z} + W\overline{X}Z + \overline{W}YZ$

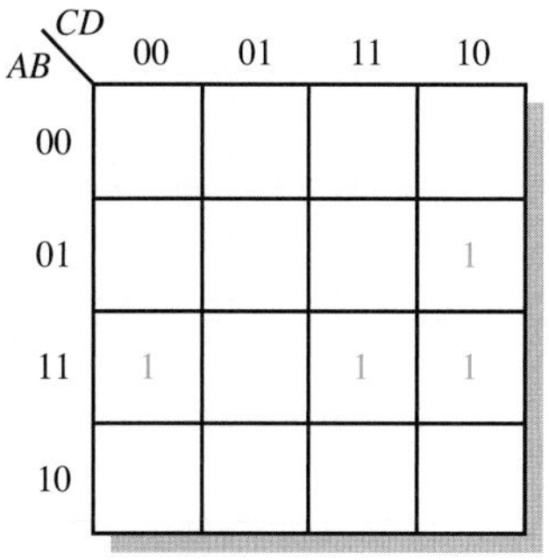

AB \ CD	00	01	11	10
00				
01				1
11	1		1	1
10				

그림 4-62

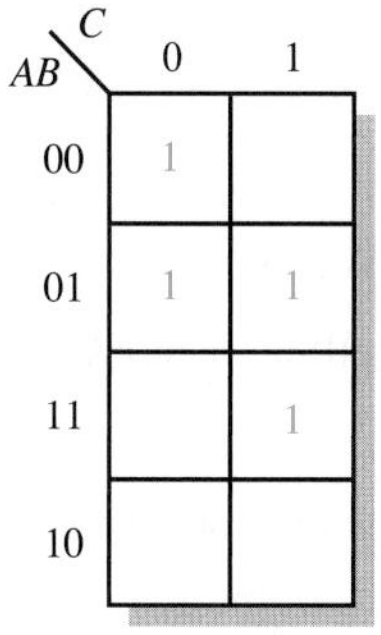

AB \ C	0	1
00	1	
01	1	1
11		1
10		

그림 4-63

AB \ CD	00	01	11	10
00		1		
01		1		1
11	1	1	1	1
10	1	1	1	1

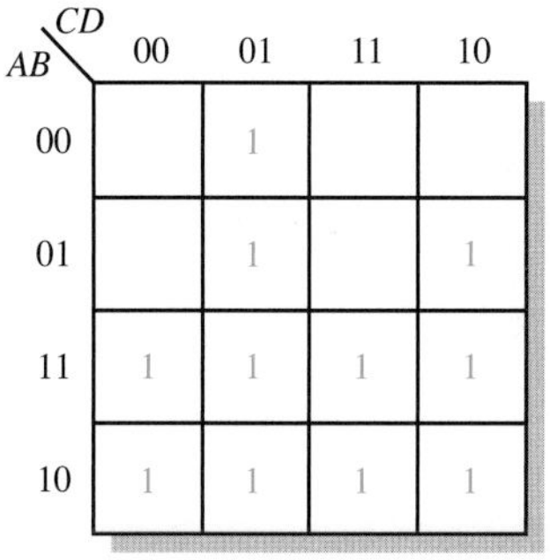

그림 4-64

4-32 그림 4-65를 참조하라.

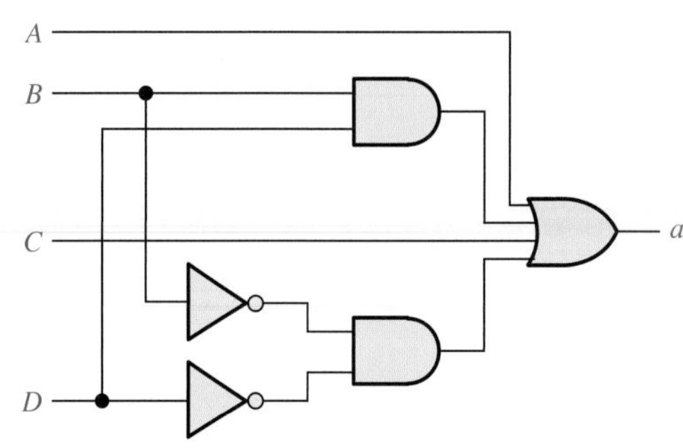

그림 4-65

4-33 그림 4-66을 참조하라.

AB \ CD	00	01	11	10
00	0	0		
01				0
11				
10				0

그림 4-66

4-34 $(X + \overline{Y})(X + \overline{Z})(\overline{X} + Y + Z)$

4-35 $(\overline{X} + \overline{Y} + Z)(\overline{W} + \overline{X} + Z)(W + X + Y + Z)(W + \overline{X} + Y + \overline{Z})$

4-36 $\overline{Y}\overline{Z} + \overline{X}\overline{Z} + \overline{W}Y + \overline{X}\overline{Y}Z$

4-37

```
architecture RelProb_1 of Example4_37 is
begin
  X<= (not A or B or C) and D;
end architecture RelProb_1;
```

```
architecture RelProb_2 of Example4_37 is
begin
  X <= (not A and D or B and D or C and D);
end architecture RelProb_2;
```

4-38

```
architecture RelProb of Example4_38 is
begin
  X<= not(A and ((B and C) or not D))
end architecture RelProb;
```

참/거짓 퀴즈

1. T	**2.** F	**3.** T	**4.** T	**5.** F
6. F	**7.** T	**8.** T	**9.** T	**10.** F
11. F	**12.** T			

자습문제

1. (d)	**2.** (a)	**3.** (a)	**4.** (c)	**5.** (a)
6. (c)	**7.** (a)	**8.** (b)	**9.** (d)	**10.** (b)
11. (a)	**12.** (b)	**13.** (b)	**14.** (c)	**15.** (c)
16. (c)	**17.** (c)	**18.** (b)	**19.** (c)	**20.** (c)

CHAPTER 5

조합 논리의 해석

학습목차

학습목표

- AND-OR, AND-OR-Invert, 배타적-OR, 배타적-NOR와 같은 기본 조합 논리회로를 분석한다.
- AND-OR와 AND-OR-Invert 회로를 사용하여 곱의 합(SOP)과 합의 곱(POS) 식을 구현한다.
- 임의의 조합 논리회로에 대한 불 출력식을 작성한다.
- 조합 논리회로에 대한 출력식에서 진리표를 전개한다.
- 생략된 변수를 갖는 항을 포함하는 출력식을 완전한 SOP 형태로 확장하기 위해 카르노 맵을 사용한다.
- 주어진 불 출력식에 대한 조합 논리회로를 설계한다.
- 주어진 진리표에 대한 조합 논리회로를 설계한다.
- 최소항 형태로 조합 논리회로를 간략화한다.
- NAND 게이트를 사용하여 임의의 조합 논리함수를 구현한다.
- NOR 게이트를 사용하여 임의의 조합 논리함수를 구현한다.
- 펄스 입력으로 논리회로의 동작을 분석한다.
- 단순한 논리회로에 대해 VHDL 프로그램을 작성한다.
- 오류가 있는 논리회로 문제를 해결한다.
- 신호 추적과 파형 분석을 통해 논리회로를 고장 진단한다.
- 조합 논리회로를 시스템 응용에 적용한다.

학습지원 웹사이트

http://www.pearsonglobaleditions.com/floyd

핵심용어

- 범용 게이트
- 네거티브-OR
- 네거티브-AND
- 컴포넌트
- 신호
- 노드
- 신호 추적

개요

3장과 4장에서 논리 게이트는 각각의 논리 게이트와 이들의 간단한 조합 그리고 조합 논리의 기본 형태인 SOP와 POS 구현에 대하여 소개하였다. 조합 논리란 규정된 입력 변수의 조합에 대하여 규정된 출력이 나오도록 논리 게이트를 연결한 회로를 의미하며, 이 논리조합에는 저장 장치를 포함하지 않는다. 따라서 **조합 논리회로**(combinational logic)의 출력 레벨은 항상 입력 레벨의 조합에 따라 결정된다. 이 장에서는 앞에서 소개된 내용을 확장하여 다양한 조합 논리회로의 해석, 설계, 고장 점검 등을 다룬다. 또한 조합 논리회로를 VHDL을 사용하여 구현하는 방법에 대해서도 소개한다.

5-1 기본적인 조합 논리회로

4장에서 SOP식은 각 곱항에 대해서는 AND 게이트를 사용하고, 모든 곱항의 합에 대해서는 OR 게이트를 사용하여 구현한다는 것을 학습하였다. 이러한 SOP 구현 과정은 AND-OR 논리를 사용하며, 표준 불 함수를 구현하는 데 기본이 된다. 이 절에서는 AND-OR와 AND-OR-Invert 논리에 대해 살펴보고 실제로, AND-OR 논리의 한 형태인 배타적-OR와 배타적-NOR에 대해서도 살펴본다.

이 절의 학습내용

- AND-OR 회로를 적용하고 해석한다.
- AND-OR-Invert 회로를 적용하고 해석한다.
- 배타적-OR 게이트를 적용하고 해석한다.
- 배타적-NOR 게이트를 적용하고 해석한다.

AND-OR 논리

AND-OR 논리는 SOP로 표현된다.

그림 5-1(a)는 2개의 2-입력 AND 게이트와 1개의 2-입력 OR 게이트로 구성된 AND-OR 회로를 나타내고, 그림 5-1(b)는 이에 대한 ANSI 표준 사각 기호를 나타낸다. 그림에는 AND 게이트 출력에 대한 불 식과 출력 X에 대한 SOP식이 나타나 있다. 일반적으로 AND-OR 회로에 사용되는 AND 게이트의 수에는 제한이 없으며, 각 AND 게이트의 입력의 수에도 제한이 없다.

표 5-1은 4-입력 AND-OR 논리회로의 진리표를 나타낸다. 중간의 AND 게이트 출력(AB와 CD열)도 표에 나타냈다.

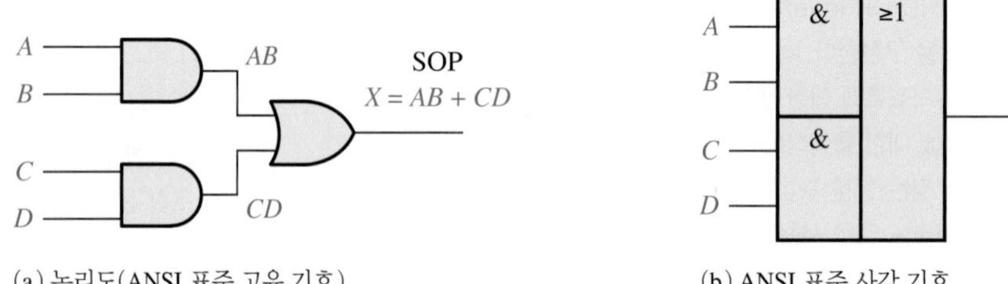

(a) 논리도(ANSI 표준 고유 기호) (b) ANSI 표준 사각 기호

그림 5-1 AND-OR 논리의 예. F05-01 파일을 열어 동작을 검증하라. Multisim 지침서를 웹사이트에서 사용할 수 있다.

표 5-1

그림 5-1 AND-OR 논리의 진리표

입력						출력
A	*B*	*C*	*D*	*AB*	*CD*	*X*
0	0	0	0	0	0	0
0	0	0	1	0	0	0
0	0	1	0	0	0	0
0	0	1	1	0	1	1
0	1	0	0	0	0	0
0	1	0	1	0	0	0
0	1	1	0	0	0	0
0	1	1	1	0	1	1
1	0	0	0	0	0	0
1	0	0	1	0	0	0

(계속)

입력						출력
A	**B**	**C**	**D**	**AB**	**CD**	**X**
1	0	1	0	0	0	0
1	0	1	1	0	1	1
1	1	0	0	1	0	1
1	1	0	1	1	0	1
1	1	1	0	1	0	1
1	1	1	1	1	1	1

변수의 보수가 이용되더라도 AND-OR 회로는 SOP식을 바로 구현할 수 있다. 그림 5-1의 AND-OR 회로의 연산은 다음과 같이 설명된다.

4-입력 AND-OR 논리회로에서 출력 X는 입력 A와 B가 모두 HIGH(1)이거나, 입력 C와 D가 모두 HIGH(1)일 때만 HIGH(1)이다.

예제 5-1

어떤 화학물 처리 공장에서는 액체 화학물들이 제조과정에서 사용된다. 화학물들은 3개의 다른 탱크에 저장되어 있으며, 각 탱크의 수위 센서는 탱크 안의 화학물의 수위가 지정된 수위 아래로 떨어졌을 때 HIGH 전압을 출력한다.

각 탱크의 화학물 수위를 감시하여 탱크 중 2개가 지정된 수위 아래로 떨어졌을 때, 이를 알려주는 회로를 설계하라.

풀이

그림 5-2의 AND-OR 회로에는 탱크 A, B, C의 수위 센서의 출력이 입력된다. AND 게이트 G_1은 탱크 A와 B의 수위를 검사하고, 게이트 G_2는 탱크 A와 C의 수위를, 게이트 G_3는 탱크 B와 C의 수위를 각각 검사한다. 어느 두 탱크의 화학물 수위가 너무 낮으면, AND 게이트 중 하나는 탱크로부터의 입력이 둘 다 HIGH이므로, 출력은 HIGH가 된다. 따라서 OR 게이트의 최종 출력 X도 HIGH가 된다. 이 HIGH 출력은 그림에 나타난 바와 같이, 램프나 오디오 경보기 같은 지시기를 작동시키는 데 사용된다.

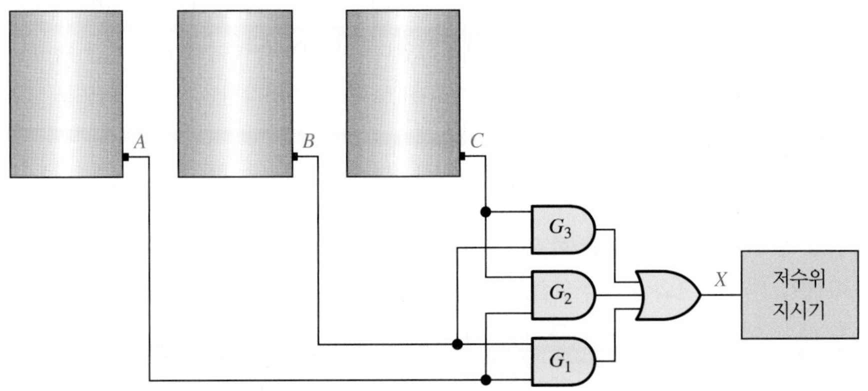

그림 5-2

관련 문제*

그림 5-2의 AND-OR 논리에 대한 불 SOP식을 작성하라.

* 정답은 이 장의 끝에 있다.

AND-OR-Invert 논리

AND-OR 회로의 출력이 보수화(반전)되면, AND-OR-Invert 회로가 된다. AND-OR 논리는 SOP식을 직접 구현한다는 것을 상기하라. POS식은 AND-OR-Invert 논리로 구현할 수 있는데, 다음과 같이 POS식에 대응하는 AND-OR-Invert 식으로 표현해보자.

$$X = (\overline{A} + \overline{B})(\overline{C} + \overline{D}) = (\overline{AB})(\overline{CD}) = \overline{\overline{(\overline{AB})(\overline{CD})}} = \overline{\overline{\overline{AB}} + \overline{\overline{CD}}} = \overline{AB + CD}$$

그림 5-3(a)는 4개의 입력을 가진 AND-OR-Invert 회로와 POS의 출력식을, 그림 5-3(b)는 ANSI 표준 사각 기호를 나타낸다. 일반적으로 AND-OR-Invert 회로에서는 AND 게이트의 수에 제한이 없으며, 각 AND 게이트도 임의의 수의 입력을 가질 수 있다.

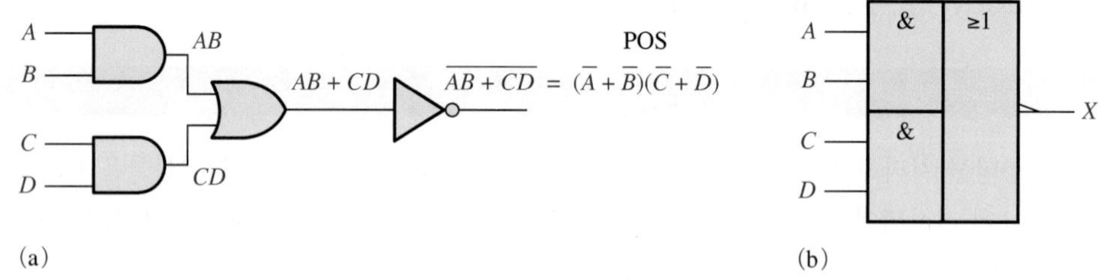

MultiSim **그림 5-3** AND-OR-Invert 회로와 POS 출력 F05-03 파일을 열어 동작을 검증하라.

그림 5-3의 AND-OR-Invert 회로에 대한 연산은 다음과 같이 설명된다.

4-입력 AND-OR-Invert 논리회로에서 출력 *X*는 입력 *A*와 *B*가 모두 HIGH(1)이거나 입력 *C*와 *D*가 모두 HIGH(1)일 때만 LOW이다.

이 회로의 진리표는 단순히 표 5-1의 AND-OR 진리표에서 출력 열의 모든 1을 0으로, 0을 1로 바꾸기만 하면 된다.

예제 5-2

예제 5-1에서 탱크의 화학물 수위가 임계점 아래로 떨어졌을 때, HIGH 전압 대신 LOW 전압을 출력시키는 모델로 모든 센서를 교체하였다. 센서의 출력이 달라졌지만 탱크 중 2개의 수위가 임계점 아래로 떨어졌을 때, 역시 HIGH 출력에 의해 지시기가 작동되도록 그림 5-2의 회로를 수정하라.

풀이

그림 5-4의 AND-OR-Invert 회로에는 탱크 A, B, C의 수위 센서의 출력이 입력된다. AND 게이트 G_1은 탱크 A와 B의 수위를 검사하고, 게이트 G_2는 탱크 A와 C의 수위를 검사하고, 게이트 G_3는 탱크 B와 C의 수위를 각각 검사한다. 어느 두 탱크의 화학물 수위가 너무 낮으면, 각 AND 게이트에는 적어도 1개의 LOW가 입력되므로, 출력은 LOW가 된다. 따라서 인버터의 최종 출력 X는 HIGH가 된다. 이 HIGH 출력은 지시기를 작동시키는 데 사용된다.

관련 문제

그림 5-4의 AND-OR-Invert 논리에 대해 불 식을 작성하고 입력 A, B, C 중 어느 2개가 LOW(0)일 때, 출력이 HIGH(1)가 되는 것을 증명하라.

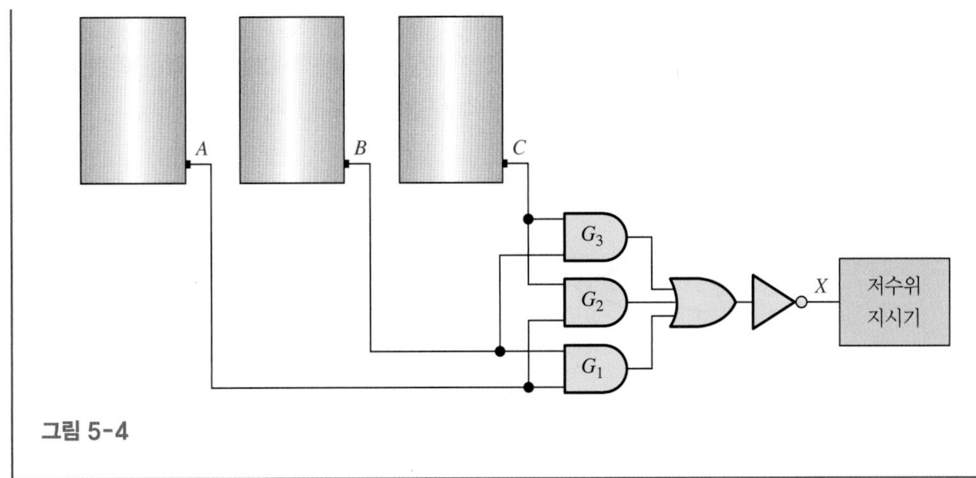

그림 5-4

배타적-OR 논리

배타적-OR 게이트는 3장에서 소개되었다. 이 회로는 중요성 때문에 고유 기호를 가진 논리 게이트로 취급되나, 실제로는 그림 5-5(a)에 나타낸 것과 같이 2개의 AND 게이트, 1개의 OR 게이트 및 2개의 인버터 조합으로 이루어진다. 2개의 ANSI 표준 배타적-OR 논리기호가 그림 (b)와 그림 (c)에 나타나 있다.

XOR 게이트는 실제로 다른 논리회로를 조합한 것이다.

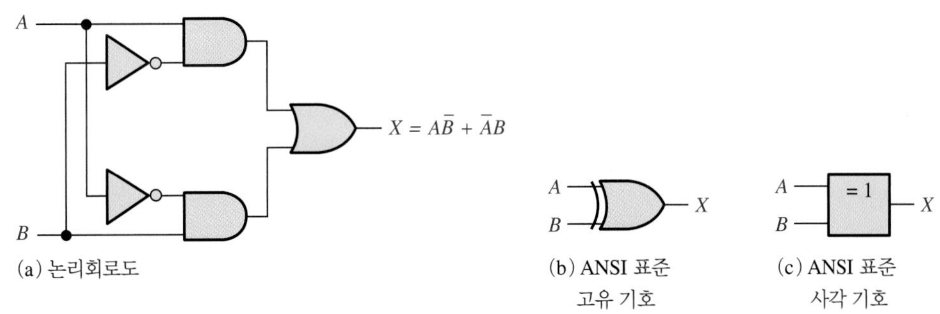

그림 5-5 배타적-OR 논리회로도와 기호. F05-05 파일을 열어 동작을 검증하라.

그림 5-5의 회로에 대한 출력 식은 다음과 같다.

$$X = A\overline{B} + \overline{A}B$$

이 식을 계산하여 진리표로 작성하면 표 5-2와 같이 표현된다. 두 입력이 서로 반대이기 때문에 출력이 HIGH가 되는 것에 주목하라. 배타적-OR는 연산자 ⊕를 사용하여 표현되기도 한다. 따라서 식 $A\overline{B} + \overline{A}B$는 "X는 A 배타적-OR B와 같다."라고 말하며 다음과 같이 표기될 수 있다.

$$X = A \oplus B$$

표 5-2
배타적-OR 게이트의 진리표

A	B	X
0	0	0
0	1	1
1	0	1
1	1	0

배타적-NOR 논리

이미 알고 있는 바와 같이 배타적-OR 함수의 보수는 배타적-NOR이고, 이는 다음과 같은 출력 식으로 표현된다.

$$X = \overline{A\overline{B} + \overline{A}B} = \overline{(A\overline{B})}\,\overline{(\overline{A}B)} = (\overline{A} + B)(A + \overline{B}) = \overline{A}\,\overline{B} + AB$$

출력 X는 두 입력 A와 B가 같은 레벨일 때만, HIGH가 됨에 주목하라.

배타적-NOR는 그림 5-6(a)에 나타낸 바와 같이 단순히 배타적-OR의 출력을 반전시켜 구현되거나, 그림 (b)와 같이 $\overline{A}\overline{B} + AB$를 사용해 직접 구현될 수도 있다.

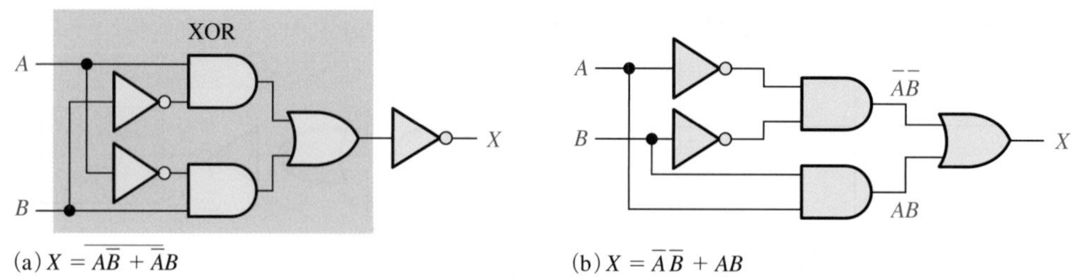

MultiSim **그림 5-6 배타적-NOR를 구현하는 두 가지 등가 방법. F05-06(a)와 (b) 파일을 열어 동작을 검증하라.**

예제 5-3

배타적-OR 게이트를 사용하여 4비트 코드에 대해 짝수-패리티 코드 발생기를 구현하라.

풀이

패리티 비트는 2진 코드의 오류 검출을 위해 부가되는 비트라고 2장에서 설명하였다. 짝수 패리티 비트는 코드의 1의 총개수가 짝수가 되도록 본래의 코드에 부가되는 비트이다. 그림 5-7의 회로는 홀수 개의 1이 입력될 때, 출력에서 1의 총개수를 짝수로 만들기 위하여 1을 출력한다. 짝수 개의 1이 입력될 때, 0이 출력된다.

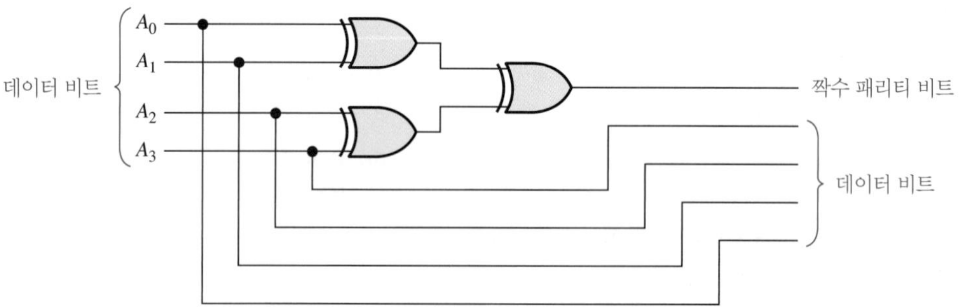

그림 5-7 짝수-패리티 발생기

관련 문제

4개의 데이터 비트의 각 조합에 대해 발생된 짝수-패리티 비트가 정확하게 발생하였다는 것을 검증하는 방법을 설명하라.

예제 5-4

배타적-OR 게이트를 사용하여 예제 5-3의 회로에서 발생되는 5비트 코드에 대한 짝수-패리티 검출기(checker)를 구현하라.

풀이

그림 5-8의 회로는 5비트 코드에서 오류가 있을 때 1을, 오류가 없을 때 0을 출력한다.

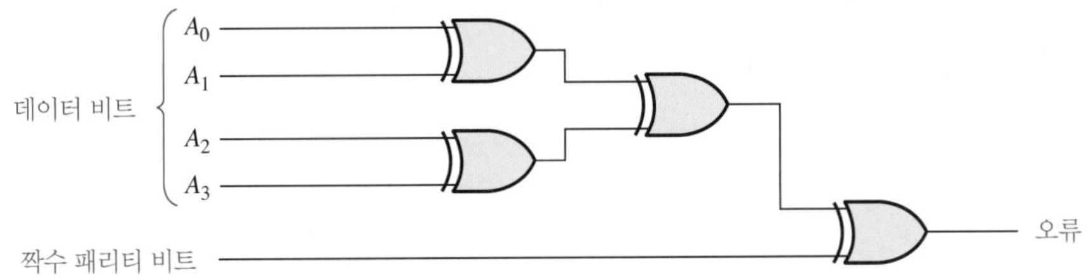

그림 5-8 짝수-패리티 검출기

관련 문제

입력 코드에 오류가 있다면, 이를 검증하는 방법을 설명하라.

복습문제 5-1

정답은 이 장의 끝에 있다.

1. 다음 각각의 입력 조건에 대해 4-변수 AND-OR-Invert 회로의 출력(1 또는 0)을 구하라.

   (a) $A = 1, B = 0, C = 1, D = 0$ (b) $A = 1, B = 1, C = 0, D = 1$

   (c) $A = 0, B = 1, C = 1, D = 1$

2. 다음 각각의 입력 조건에 대해 배타적-OR 게이트의 출력(1 또는 0)을 구하라.

   (a) $A = 1, B = 0$ (b) $A = 1, B = 1$

   (c) $A = 0, B = 1$ (d) $A = 0, B = 0$

3. 다음 출력식을 갖는 3-입력 논리회로에 대해 진리표를 구하라.

$$X = A\overline{B}C + \overline{A}BC + \overline{A}\,\overline{B}\,\overline{C} + AB\overline{C} + ABC$$

4. 배타적-NOR 게이트의 논리회로를 그리라.

5-2 조합 논리의 구현

이 절에서는 불 식이나 진리표로부터 논리회로를 구현하는 방법을 몇 가지 예를 들어 설명한다. 4장에서 소개한 방법을 이용하여 논리회로를 간략화하는 과정도 포함하여 설명한다.

이 절의 학습내용

모든 불 식은 논리회로로 표현되고, 모든 논리회로는 불 식으로 표현된다.

- 불 식으로부터 논리회로를 구현한다.
- 진리표로부터 논리회로를 구현한다.
- 논리회로를 간략화한다.

불 식으로부터 논리회로를 구현하기

다음과 같은 불 식에 대해 논리회로를 구현해보자.

$$X = AB + CDE$$

5개의 변수를 갖는 이 식은 AB와 CDE의 2개 항으로 구성되어 있다. 첫째 항은 A와 B가 AND되

정보노트

많은 제어 프로그램에는 컴퓨터에 의해 수행되는 논리 연산이 포함된다. 드라이버 프로그램은 컴퓨터 주변 장치들과 함께 사용되는 제어 프로그램이다. 예를 들어 마우스 드라이버는 버튼이 눌려졌는지를 확인하는 논리 시험과, 마우스가 수평 또는 수직으로 이동했는지를 확인하는 논리 연산을 필요로 한다. 마이크로프로세서의 핵심은 산술 논리 장치(arithmetic logic unit, ALU)이며, 프로그램 명령에 의해 이와 같은 논리 연산들을 수행한다. 이 장에서 설명한 모든 논리는 또한 적절한 명령이 주어지면, ALU에 의해 수행될 것이다.

어 있고, 둘째 항은 C, D, E가 AND되어 있다. 이들 두 항이 OR되어 출력 X가 된다. 이 연산은 다음과 같은 식의 구조로 표시된다.

$$X = AB + CDE$$

(AND: AB, CDE / OR: $+$)

이 식에서 AND 연산이 2개의 항 AB, CDE를 구성하기 위해 OR 연산보다 먼저 수행되어야 한다.

이 불 식을 논리회로로 구현하기 위해서, AB항에 대해 2-입력 AND 게이트와 CDE항에 대해 3-입력 AND 게이트가 필요하고, 또한 2개의 AND항을 결합하기 위한 2-입력 OR 게이트가 필요하다. 결과적인 논리회로는 그림 5-9와 같다.

또 다른 예로, 다음 식을 논리회로로 구현해보자.

$$X = AB(C\overline{D} + EF)$$

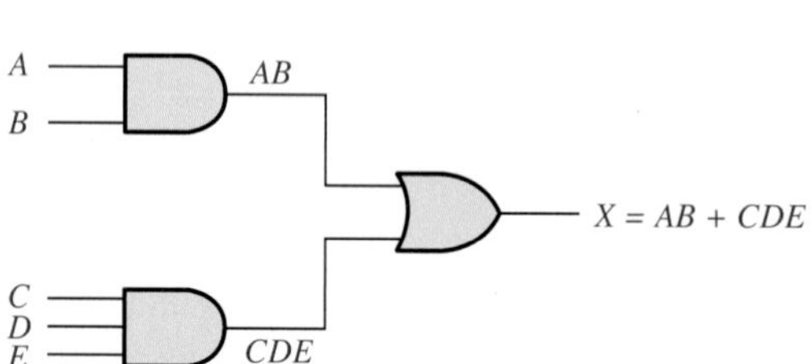

그림 5-9 $X = AB + CDE$**에 대한 논리회로**

이 식은 AB항과 $(C\overline{D} + EF)$항이 AND되어 있다. $C\overline{D} + EF$항은 먼저 C와 $\overline{D}$, E와 F를 각각 AND한 후 2개의 항을 OR한 것이다. 이러한 구조는 다음과 같은 식의 관계로 나타낼 수 있다.

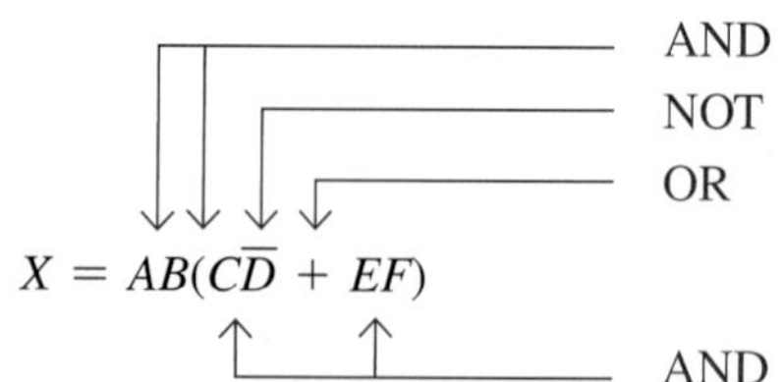

최종 식을 구현하기 위해서, 합항 $C\overline{D} + EF$가 필요하다. 그러나 $C\overline{D} + EF$항을 얻으려면 곱항 $C\overline{D}$와 EF가 필요하고 $C\overline{D}$항을 구하려면 $\overline{D}$가 있어야 한다. 즉 논리 연산은 올바른 순서로 수행되어야 한다.

식 $X = AB(C\overline{D} + EF)$를 구현하는 데 필요한 논리 게이트는 다음과 같다.

1. $\overline{D}$를 만들기 위한 1개의 인버터
2. $C\overline{D}$와 EF를 만들기 위한 2개의 2-입력 AND 게이트
3. $C\overline{D} + EF$를 만들기 위한 1개의 2-입력 OR 게이트
4. X를 만들기 위한 1개의 3-입력 AND 게이트

이 식에 대한 논리회로는 그림 5-10(a)와 같다. 이 회로의 입력과 출력 사이에는 최대 3개의 게이트와 1개의 인버터가 있음에 주목하라(입력 D로부터 출력까지). 종종 논리회로를 거치는 동안의 전파지연시간이 주요 고려 사항일 때가 있다. 전파지연은 계속 더해지므로, 입력과 출력 사이에 게이트가 많을수록 전파지연시간은 더 길어진다.

그림 5-10(a)의 $C\overline{D}$와 EF항과 같은 중간 단계의 출력이 다른 목적으로 사용되지 않는 한, 전체 전파지연시간을 줄이기 위하여 회로를 SOP 형태로 간략화하는 것이 좋다. 식을 SOP 형태로 변환시키면 다음과 같으며, 이에 대한 회로가 그림 5-10(b)에 나타나 있다.

$$AB(C\overline{D} + EF) = ABC\overline{D} + ABEF$$

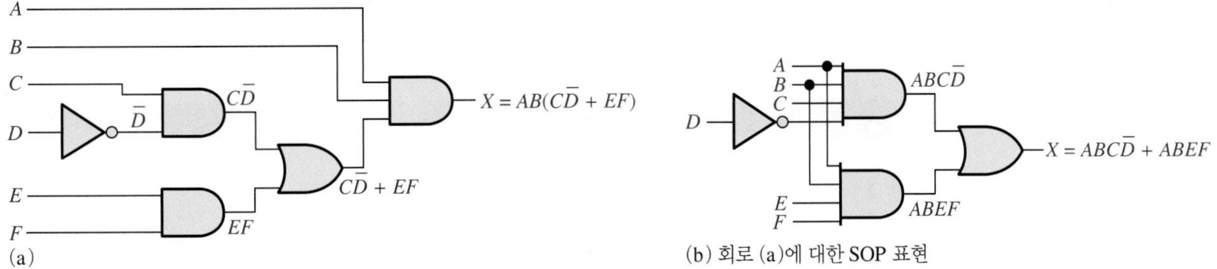

그림 5-10 $X = AB(C\overline{D} + EF) = ABC\overline{D} + ABEF$**에 대한 논리회로**

표 5-3

입력			출력	
A	***B***	***C***	***X***	**곱항**
0	0	0	0	
0	0	1	0	
0	1	0	0	
0	1	1	1	$\overline{A}BC$
1	0	0	1	$A\overline{B}\overline{C}$
1	0	1	0	
1	1	0	0	
1	1	1	0	

진리표로부터 논리회로를 구현하기

식 대신 진리표가 주어진 경우, 진리표로부터 SOP식을 작성한 후에 논리회로를 구현할 수 있다. 표 5-3에 논리함수의 한 예를 나타냈다.

진리표에서 $X = 1$인 곱항들을 OR하면 다음과 같은 불 SOP식이 구해진다.

$$X = \overline{A}BC + A\overline{B}\overline{C}$$

식의 첫째 항은 3개의 변수 $\overline{A}$, B, C를 AND한 것이고, 둘째 항은 3개의 변수 A, $\overline{B}$, $\overline{C}$를 AND한 것이다.

이 식을 회로로 구현하기 위해서는 $\overline{A}$, $\overline{B}$, $\overline{C}$를 만들기 위한 3개의 인버터, $\overline{A}BC$항과 $A\overline{B}\overline{C}$항을 만들기 위한 2개의 3-입력 AND 게이트, 최종 출력 함수, $\overline{A}BC + A\overline{B}\overline{C}$를 만들기 위한 1개의 2-입력 OR 게이트 등이 필요하다.

이 논리함수를 회로로 구현하면 그림 5-11과 같다.

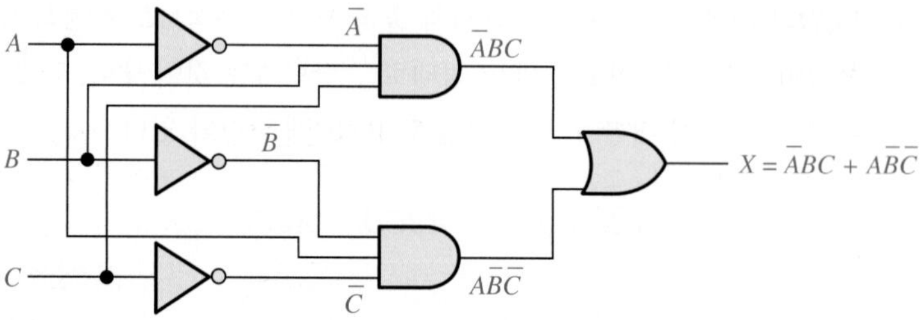

MultiSim

그림 5-11 $X = \overline{A}BC + A\overline{B}\overline{C}$에 대한 논리회로. F05-11 파일을 열어 동작을 검증하라.

예제 5-5

표 5-4의 진리표의 연산을 구현하는 논리회로를 설계하라.

표 5-4

입력			출력	
A	***B***	***C***	***X***	곱항
0	0	0	0	
0	0	1	0	
0	1	0	0	
0	1	1	1	$\overline{A}BC$
1	0	0	0	
1	0	1	1	$A\overline{B}C$
1	1	0	1	$AB\overline{C}$
1	1	1	0	

풀이

3개의 입력 조건에 대해서만 $X = 1$임에 주목하라. 따라서 논리식은 다음과 같다.

$$X = \overline{A}BC + A\overline{B}C + AB\overline{C}$$

논리 게이트로 3개의 인버터, 3개의 3-입력 AND 게이트와 하나의 3-입력 OR 게이트가 필요하다. 구현된 논리회로는 그림 5-12와 같다.

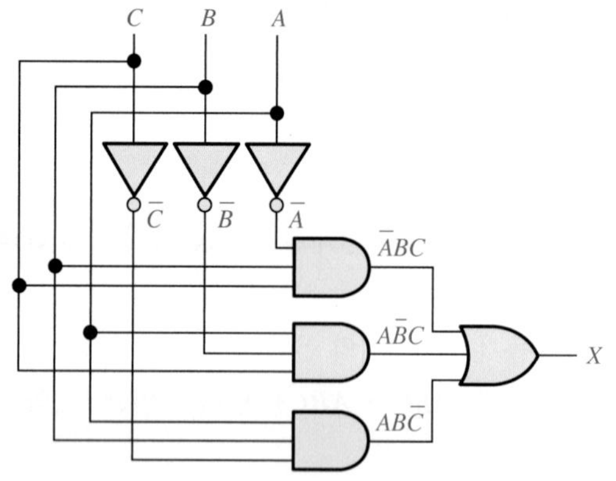

그림 5-12 F05-12 파일을 열어 동작을 검증하라.

MultiSim

관련 문제

그림 5-12의 논리회로를 간략화할 수 있는지 검토하라.

예제 5-6

4개의 입력 변수 중에 3개의 입력 변수가 1일 때만, 출력이 1이 되는 논리회로를 설계하라.

풀이

4-변수의 가능한 조합 16가지 중에, 3개의 입력이 1인 상태와 이에 해당 하는 곱항을 표 5-5에 나타냈다.

표 5-5

A	B	C	D	곱항
0	1	1	1	$\overline{A}BCD$
1	0	1	1	$A\overline{B}CD$
1	1	0	1	$AB\overline{C}D$
1	1	1	0	$ABC\overline{D}$

곱항들을 모두 OR하면 다음과 같은 식이 구해진다.

$$X = \overline{A}BCD + A\overline{B}CD + AB\overline{C}D + ABC\overline{D}$$

이 식은 그림 5-13과 같이 AND-OR 논리로 구현될 수 있다.

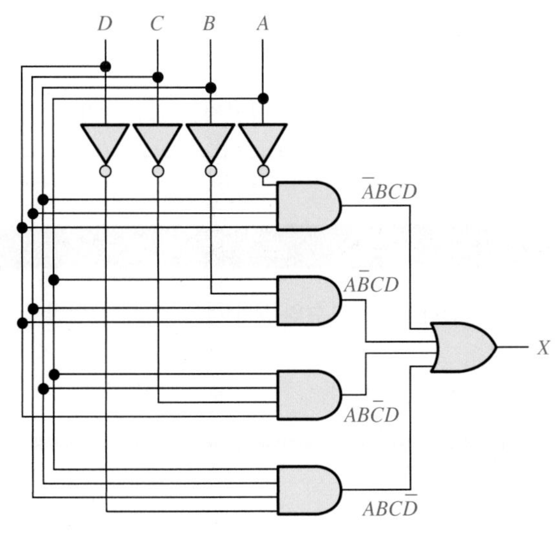

그림 5-13 F05-13 파일을 열어 동작을 검증하라.

MultiSim

관련 문제

그림 5-13의 회로를 간략화할 수 있는지 검토하라.

예제 5-7

그림 5-14의 조합 논리회로를 최소 형태로 간략화하라.

풀이

회로의 출력식은 다음과 같다.

$$X = (\overline{\overline{A}\,\overline{B}\,\overline{C}})C + \overline{\overline{A}\,\overline{B}\,\overline{C}} + D$$

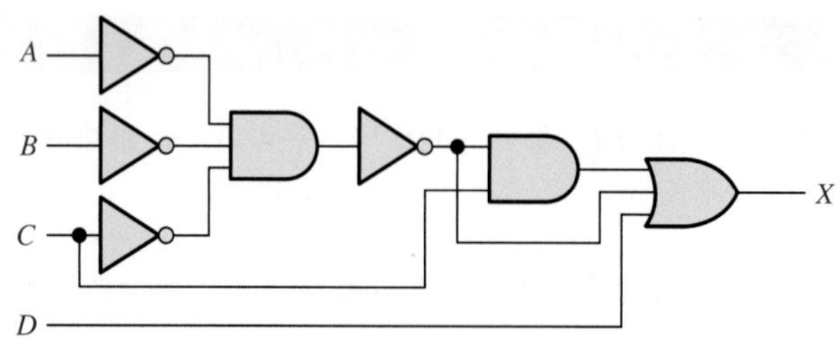

그림 5-14 F05-14 파일을 열어 이 회로가 그림 5-15 게이트와 같은지 확인하라.

MultiSim

드모르간의 정리와 불 대수를 적용하면 다음과 같다.

$$
\begin{aligned}
X &= (\bar{\bar{A}} + \bar{\bar{B}} + \bar{\bar{C}})C + \bar{\bar{A}} + \bar{\bar{B}} + \bar{\bar{C}} + D \\
&= AC + BC + CC + A + B + C + D \\
&= AC + BC + C + A + B + \cancel{C} + D \\
&= C(A + B + 1) + A + B + D \\
X &= A + B + C + D
\end{aligned}
$$

따라서 그림 5-14 회로는 그림 5-15와 같이 4-입력 OR 게이트로 간략화되어 표현될 수 있다.

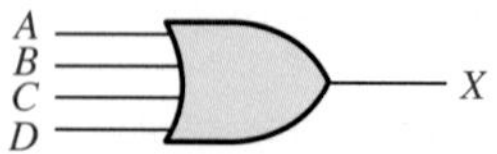

그림 5-15

관련 문제

카르노 맵을 사용하여 간략화된 식 $A + B + C + D$가 최소화된 식인지를 검증하라.

예제 5-8

그림 5-16의 조합 논리회로를 간략화하라. 그림에 입력 변수의 보수를 표현하기 위한 인버터는 나타내지 않았다.

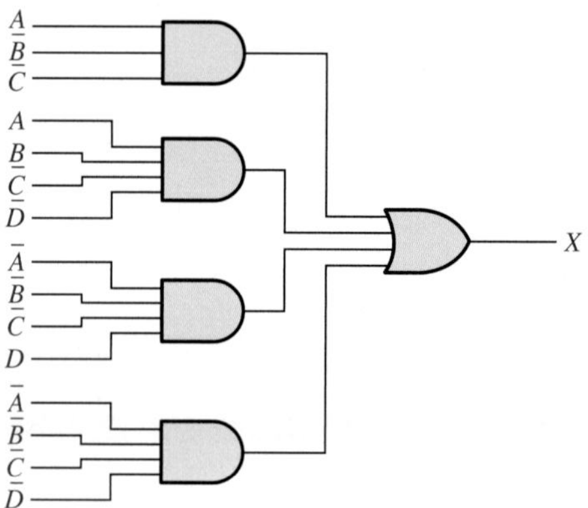

그림 5-16

풀이

이 회로의 출력식은 다음과 같다.

$$X = A\bar{B}\bar{C} + AB\bar{C}\bar{D} + \bar{A}\bar{B}\bar{C}D + \bar{A}\bar{B}\bar{C}\bar{D}$$

첫 번째 항에 생략된 변수 D와 $\overline{D}$를 포함시켜 표현하면 다음과 같다.

$$X = A\overline{B}\,\overline{C}(D + \overline{D}) + AB\overline{C}\,\overline{D} + \overline{A}\,\overline{B}\,\overline{C}D + \overline{A}\,\overline{B}\,\overline{C}\,\overline{D}$$
$$= A\overline{B}\,\overline{C}D + A\overline{B}\,\overline{C}\,\overline{D} + AB\overline{C}\,\overline{D} + \overline{A}\,\overline{B}\,\overline{C}D + \overline{A}\,\overline{B}\,\overline{C}\,\overline{D}$$

이 SOP식을 그림 5-17(a)의 카르노 맵을 이용하여 간략화한다. 그림 (b)는 간략화된 식을 회로로 구현한 것이며, 인버터는 나타내지 않았다.

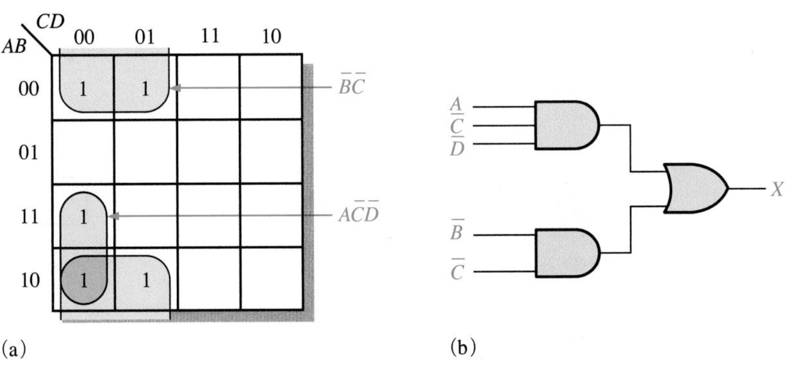

그림 5-17

관련 문제

그림 5-17(b) 회로와 등가인 POS를 구하라. 4-10절을 참조하라.

복습문제 5-2

1. 다음 불 식을 회로로 구현하라.
   (a) $X = ABC + AB + AC$ **(b)** $X = AB(C + DE)$
2. 3개의 입력 변수를 갖는 경우, 모든 입력이 1이거나 0일 때 1을 출력하는 회로를 설계하라.
3. 문제 1의 회로를 최소의 SOP 형태로 간략화하라.

5-3 NAND와 NOR 게이트의 범용성

지금까지 AND 게이트, OR 게이트와 인버터로 구현된 조합회로를 살펴보았다. 이 절에서는 NAND 게이트와 NOR 게이트의 범용성에 대하여 알아본다. NAND 게이트를 범용 게이트라고 하는 이유는 NAND 게이트가 인버터로 사용될 수 있고, NAND 게이트의 조합만으로 AND, OR, NOR 연산을 구현할 수 있기 때문이다. 마찬가지로 NOR 게이트도 인버터(NOT), AND, OR 및 NAND 연산을 구현하는 데 사용될 수 있다.

이 절의 학습내용

- NAND 게이트만을 사용하여 인버터, AND 게이트, OR 게이트와 NOR 게이트를 구현한다.
- NOR 게이트만을 사용하여 인버터, AND 게이트, OR 게이트와 NOR 게이트를 구현한다.

범용논리소자로서의 NAND 게이트

NAND 게이트를 조합하면 모든 논리함수를 구현할 수 있다.

NAND 게이트는 NOT 연산, AND 연산, OR 연산 및 NOR 연산을 수행할 수 있기 때문에 **범용 게이트**(universal gate)라고 한다. 인버터는 그림 5-18(a)에서와 같이, 2-입력 NAND 게이트의 모든 입력을 연결시켜 실제로 하나의 입력을 만들어주면 된다. AND 연산과 OR 연산은 그림 5-18(b)와 그림 5-18(c)와 같이 각각 NAND 게이트만을 사용하여 만들어질 수 있다. 그리고 NOR 연산도 그림 5-18(d)와 같이 NAND 게이트만을 사용하여 구현될 수 있다.

(a) 1개의 NAND 게이트로 구현한 인버터

(b) 2개의 NAND 게이트로 구현한 AND 게이트

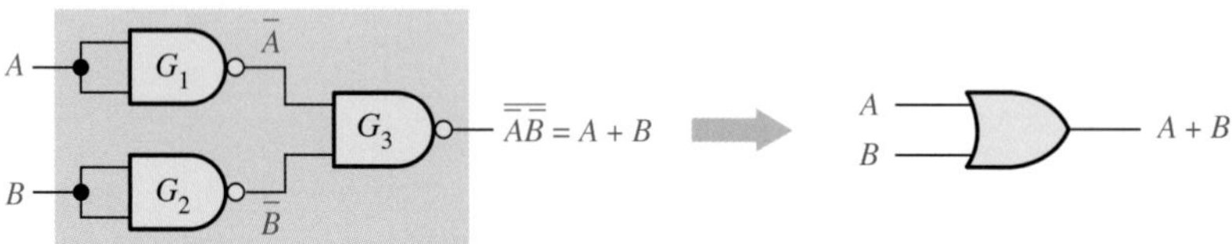

(c) 3개의 NAND 게이트로 구현한 OR 게이트

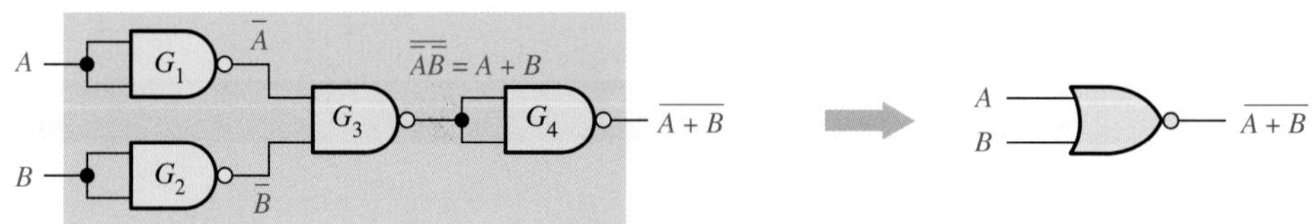

(d) 4개의 NAND 게이트로 구현한 NOR 게이트

MultiSim **그림 5-18** NAND 게이트의 범용성. 파일 F05-18 (a), (b), (c), (d)를 열어 동일한지 확인하라.

그림 5-18(b)에서 NAND 게이트는 NAND 게이트 출력을 반전시킴으로써 다음 식과 같이 AND 연산을 수행한다.

$$X = \overline{\overline{AB}} = AB$$

그림 5-18(c)에서 NAND 게이트 G_1과 G_2는 NAND 게이트 G_3에 입력되기 전에 두 입력 변수를 반전시키기 위해 사용된다. 최종 OR 출력은 다음과 같이 드모르간의 정리에 의해 유도된다.

$$X = \overline{\overline{A}\,\overline{B}} = A + B$$

그림 5-18(d)에서 NAND 게이트 G_4는 그림 5-18(c)의 회로에 연결된 인버터로 사용되어, NOR 연산 $\overline{A + B}$가 수행된다.

범용논리소자로서의 NOR 게이트

NOR 게이트를 조합하면 모든 논리함수를 구현할 수 있다.

NAND 게이트와 마찬가지로 NOR 게이트도 NOT, AND, OR 및 NAND 연산에 사용될 수 있다. NOT 회로 또는 인버터는 그림 5-19(a)의 2-입력 NOR 게이트의 모든 입력을 연결시켜 실제로 하나의 입력을 만들어주면 된다. 또한 OR 게이트는 그림 5-19(b)와 같이 NOR 게이트로부터 구현될 수 있다.

(a) 1개의 NOR 게이트로 구현한 인버터

(b) 2개의 NOR 게이트로 구현한 OR 게이트

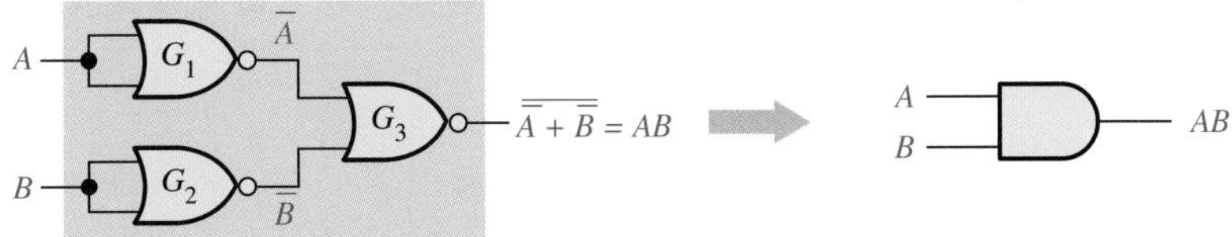

(c) 3개의 NOR 게이트로 구현한 AND 게이트

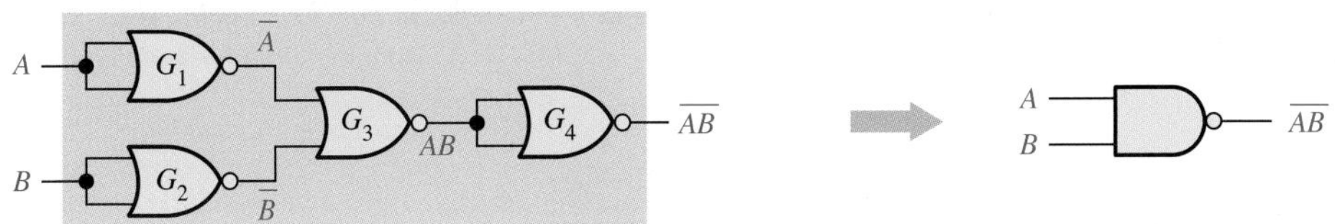

(d) 4개의 NOR 게이트로 구현한 NAND 게이트

그림 5-19 NOR 게이트의 범용성. F05-19 (a), (b), (c), (d) 파일을 열어 동일한지 확인하라.

AND 게이트도 그림 5-19(c)와 같이 NOR 게이트를 사용함으로써 구현될 수 있다. 이 경우 NOR 게이트 G_1과 G_2는 인버터로 사용되었으며, 최종 출력은 다음과 같이 드모르간의 정리에 의해 유도된다.

$$X = \overline{\overline{A} + \overline{B}} = AB$$

그림 5-19(d)는 NAND 연산을 수행하기 위하여 NOR 게이트가 사용되는 방법을 보인 것이다.

복습문제 5-3

1. 다음 식을 NAND 게이트를 사용하여 구현하라.
   (a) $X = \overline{A} + B$ **(b)** $X = A\overline{B}$
2. 다음 식을 NOR 게이트를 사용하여 구현하라.
   (a) $X = \overline{A} + B$ **(b)** $X = A\overline{B}$

5-4 NAND와 NOR 게이트를 사용한 조합 논리

이 절에서는 NAND 게이트와 NOR 게이트를 이용하여 논리함수를 구현하는 방법을 알아본다. NAND 게이트는 네거티브-OR라고 하는 등가 연산으로 표현할 수 있고, NOR 게이트는 네거티브-AND라고 하는 등가 연산으로 표현할 수 있다는 것을 3장에서 이미 학습하였다. 이러한 NAND 게이트와 NOR 게이트의 등가 연산 표현 방법을 이용하여 논리회로도를 보다 쉽게 분석할 수 있을 것이다.

이 절의 학습내용

- NAND 게이트를 사용하여 논리함수를 구현한다.
- NOR 게이트를 사용하여 논리함수를 구현한다.
- 논리회로도에서 적절한 이중(dual) 기호를 사용하여 회로를 분석한다.

NAND 논리

이미 학습한 바와 같이 NAND 게이트의 동작은 드모르간의 정리에 의해 NAND나 네거티브-OR로 설명된다.

$$\overline{AB} = \overline{A} + \overline{B}$$

NAND ↑ ↑ 네거티브-OR

그림 5-20의 NAND 논리 게이트로 구현된 회로를 고려하자. 출력식은 다음과 같은 단계를 거쳐 구해진다.

$$\begin{aligned} X &= \overline{(\overline{AB})(\overline{CD})} \\ &= \overline{(\overline{A} + \overline{B})(\overline{C} + \overline{D})} \\ &= (\overline{\overline{A} + \overline{B}}) + (\overline{\overline{C} + \overline{D}}) \\ &= \overline{\overline{A}}\,\overline{\overline{B}} + \overline{\overline{C}}\,\overline{\overline{D}} \\ &= AB + CD \end{aligned}$$

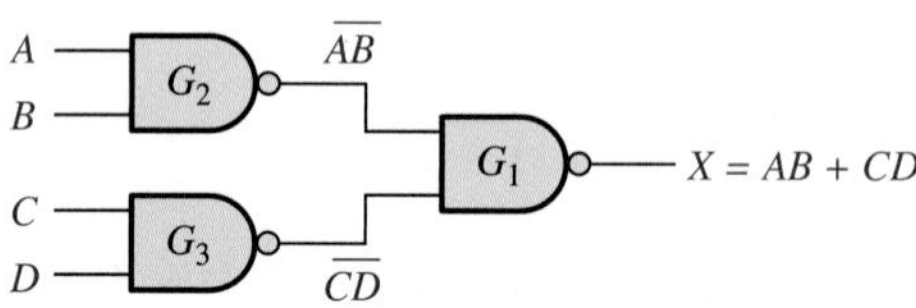

그림 5-20 $X = AB + CD$**에 대한 NAND 논리**

출력식은 그림 5-20에 나타낸 것과 같이 $AB + CD$로 되며, 이는 2개의 AND항이 OR된 형태로 구현된다. 이 출력식과 그림 5-20의 회로를 비교하여 보면 그림 5-21(a)에 나타낸 것과 같이 게이트 G_2와 G_3는 AND 게이트로 동작하고, 게이트 G_1은 OR 게이트로 동작하는 것을 알 수 있다. 따라서 그림 5-21(a)의 회로를 AND 게이트와 OR 게이트의 형태로 표현하면 그림 5-21(b)와 같이 표현할 수 있다.

여기서 G_2와 G_3의 출력과 게이트 G_1의 입력 사이에 버블과 버블이 연결되어 있다. 버블은 반전을 의미하므로, 2개의 연결된 버블은 이중 반전을 나타내어 서로 소거된다. 이러한 반전의 소거는 출력식 $AB + CD$를 구하는 과정에서도 볼 수 있으며, 출력식에 바(bar)가 없는 것으로 나타난다. 따라서 그림 5-21(b)의 회로는 실질적으로 그림 5-21(c)에 보여지는 AND-OR 회로와 같다.

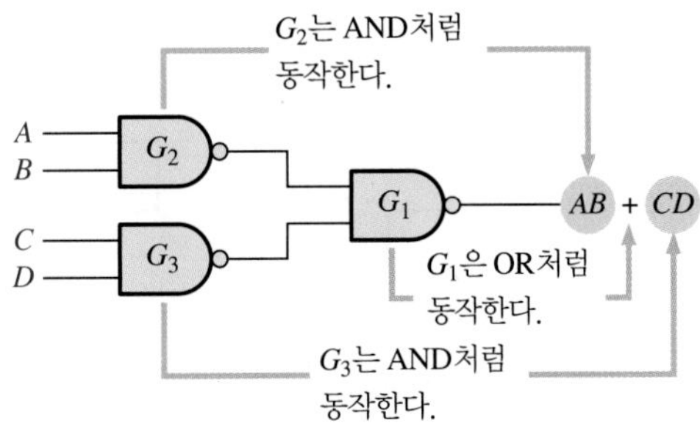

(a) 출력식을 NAND 게이트 기호로 표현한 논리회로도

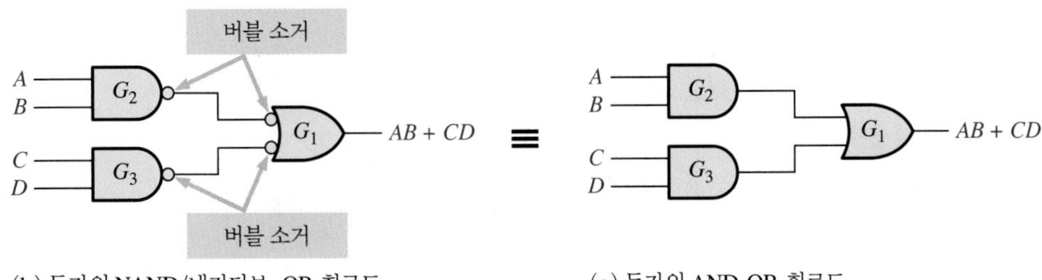

(b) 등가의 NAND/네거티브-OR 회로도

(c) 등가의 AND-OR 회로도

그림 5-21 그림 5-20 회로의 AND-OR 등가 표현

이중 기호를 사용한 NAND 논리회로도

NAND 게이트를 사용하여 모든 논리회로도를 그릴 경우에, 회로 내의 각 게이트들은 논리회로의 기능에 따라서 NAND 기호나 등가의 네거티브-OR 기호로 나타내어야 한다. NAND 기호와 **네거티브-OR**(negative-OR) 기호를 **이중 기호**(dual symbols)라고 한다. NAND 게이트로 논리회로도를 그릴 경우에는, 항상 게이트 출력과 게이트 입력 사이에는 버블과 버블이 연결되거나 버블이 없는 것끼리 연결되어야 한다. 일반적으로 버블 출력은 버블이 없는 입력에 연결되지 않아야 하고, 반대의 경우도 마찬가지이다.

그림 5-22는 이중 기호를 사용하는 과정을 설명하기 위하여 NAND 게이트를 여러 단으로 배열한 회로이다. 비록 그림 5-22(a)와 같이 NAND 기호만으로 회로를 표현해도 상관없지만, 그림 (b)와 같이 회로의 출력 레벨을 고려하여 입력 NAND 게이트를 등가의 네거티브-OR 기호로 표현하는 것이 회로를 해석하는 데 매우 편리하고, 효과적인 방법이다.

이렇게 표현하면, 게이트의 모양에 의해 입력이 출력식으로 표현되는 방법을 알 수 있으며, 논리회로 내에서 게이트 기능도 알 수 있게 된다. 그림 5-22(b)에서 알 수 있는 바와 같이, NAND 기호의 입력은 출력식에 AND되어 나타나고, 네거티브-OR 기호의 입력은 출력식에 OR되어 나타난다. 그림 (b)의 이중 기호의 경우, 각 게이트 기호로부터 출력식에 나타나는 입력 변수들의 관계를 알 수 있기 때문에, 논리회로도로부터 출력식을 구하는 것이 훨씬 더 쉽다는 것을 알 수 있다.

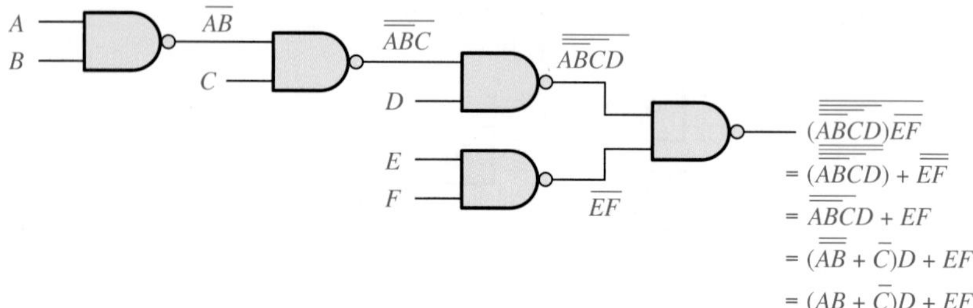

(a) 최종식을 표현하기 위한 여러 단계의 불 식

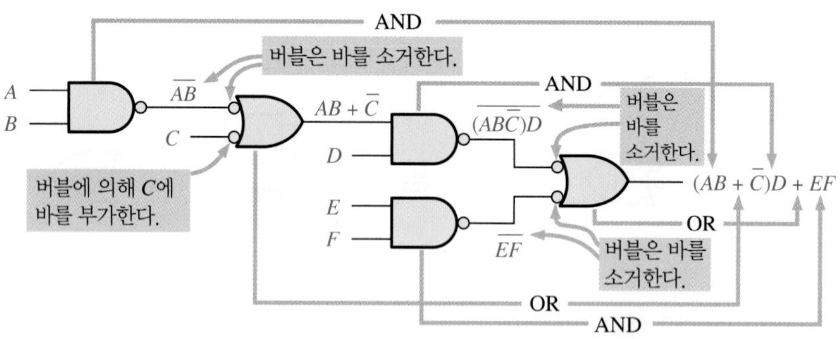

(b) 논리 회로도에서 출력식은 각 게이트 기호의 기능으로부터 직접 구할 수 있다.

그림 5-22 NAND 논리회로도에서 이중 기호의 사용 예

예제 5-9

그림 5-23의 회로에 대해 적절한 이중 기호를 사용하여 논리회로도를 다시 그리고, 출력식을 구하라.

풀이

그림 5-23의 논리회로도를 등가의 네거티브-OR 기호를 사용하여 다시 그리면 그림 5-24와 같다. 각 게이트의 논리연산으로부터 X에 대한 식을 직접 작성하면 다음과 같다. $X = (\overline{A} + \overline{B})C + (\overline{D} + \overline{E})F$

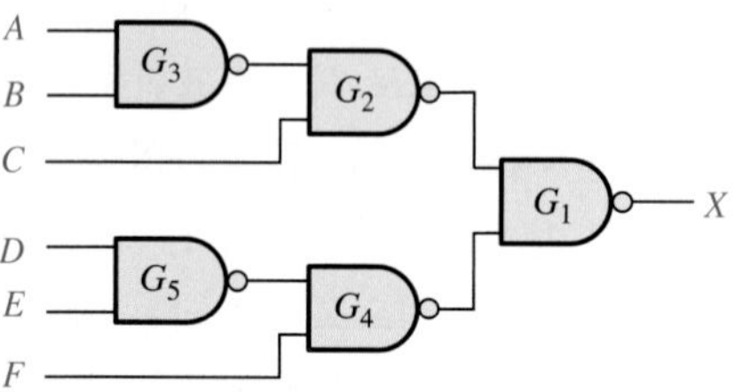

그림 5-23

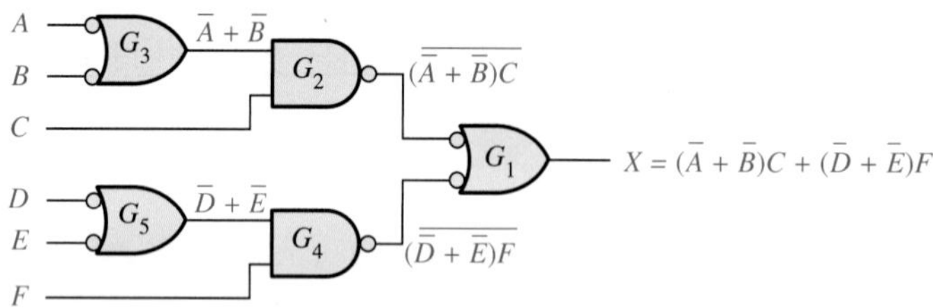

그림 5-24

관련 문제

그림 5-23의 출력식을 구하고, 결과식이 그림 5-24의 식과 등가임을 증명하라.

예제 5-10

적절한 이중 기호를 사용하여 다음의 각 식을 NAND 논리로 구현하라.

(a) $ABC + DE$ **(b)** $ABC + \overline{D} + \overline{E}$

풀이

그림 5-25를 참조하라.

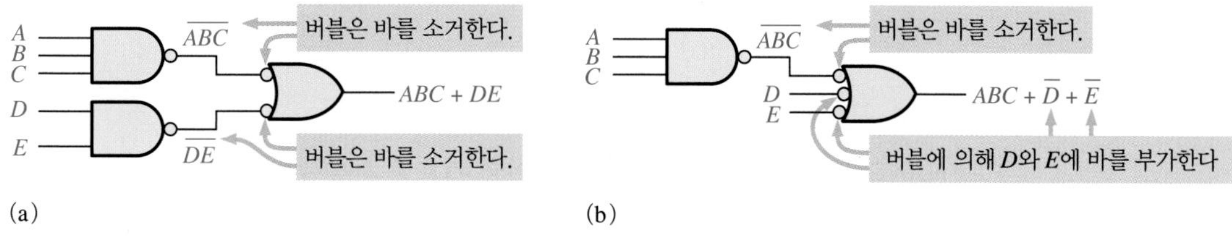

그림 5-25

관련 문제

그림 5-25(a)와 (b)의 NAND 회로를 등가의 AND-OR 논리로 변환하라.

NOR 논리

NOR 게이트의 동작은 드모르간의 정리에 의해 NOR 혹은 **네거티브-AND**(negative-AND)로 설명된다.

$$\overline{A + B} = \overline{A}\,\overline{B}$$

NOR ↑ ↑ 네거티브-AND

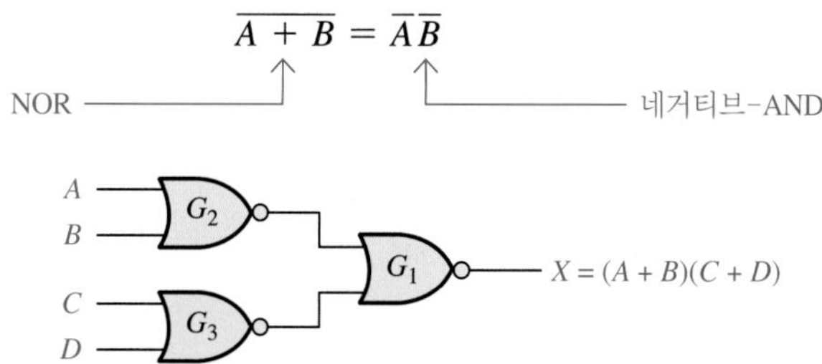

그림 5-26 $X = (A + B)(C + D)$**에 대한 NOR 논리**

그림 5-26의 NOR 논리 게이트로 구현된 회로를 고려하자. 출력식은 다음과 같은 단계를 거쳐 구해진다.

$$X = \overline{\overline{A + B} + \overline{C + D}} = (\overline{\overline{A + B}})(\overline{\overline{C + D}}) = (A + B)C + D)$$

출력식은 그림 5-26에 나타낸 것과 같이 $(A + B)(C + D)$로 되며, 이는 2개의 OR항이 AND된 형태로 구현된다. 이 출력식과 그림 5-26의 회로를 비교해보면 그림 5-27(a)에 보인 바와 같이, 게이트 G_2와 게이트 G_3는 OR 게이트로 동작하고 게이트 G_1은 AND 게이트로 동작하는 것을 알 수 있다. 따라서 그림 5-27(a)의 회로를 OR 게이트와 AND 게이트의 형태로 표현하면 그림 5-27(b)와 같이 표현할 수 있으며, 여기서 G_2와 G_3를 NOR 기호로, G_1을 네거티브-AND로 다시 표현하였다.

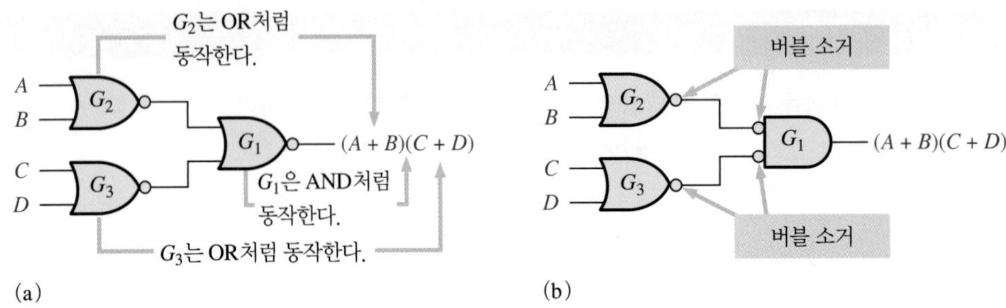

그림 5-27

이중 기호를 사용한 NOR 논리회로도

NAND 논리의 경우와 마찬가지로 이중 기호를 사용하는 목적은 논리회로도의 판독과 분석을 보다 쉽게 하기 위한 것이다. 그림 5-28의 NOR 논리회로는 이러한 예를 나타낸 것이다. 그림 (a)의 회로를 그림 (b)의 이중 기호로 다시 그릴 경우, 게이트 사이의 모든 출력-입력 연결은 버블과 버블이 연결되거나 또는 버블이 없는 것끼리 연결된다는 점에 유의하기 바란다. 또한 각 게이트 기호의 모양에 의해 입력이 출력식으로 표현되는 형태(AND 또는 OR)를 알 수 있으므로, 논리회로도로부터 출력식을 구하는 것이 훨씬 더 쉽다는 것을 알 수 있다.

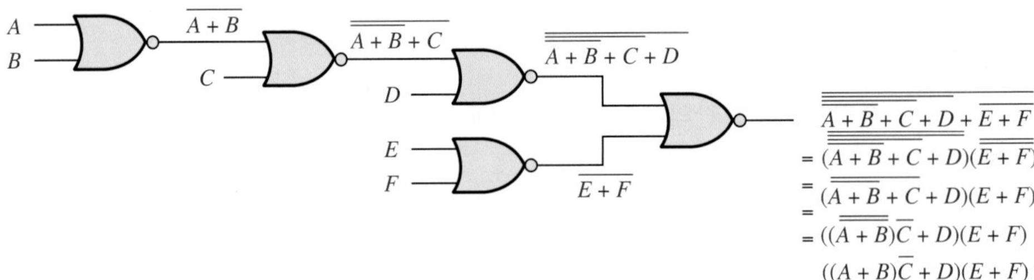

(a) 최종식을 표현하기 위한 여러 단계의 불 식

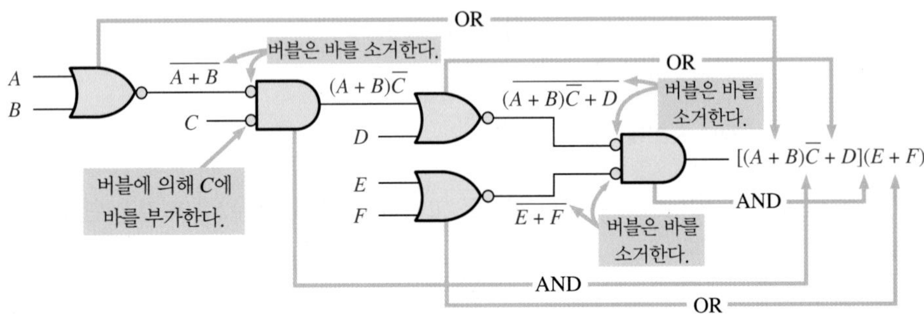

(b) 논리회로도에서 출력식은 각 게이트 기호의 기능으로부터 직접 구할 수 있다.

그림 5-28 NOR 논리회로도에서 이중 기호의 사용 예

예제 5-11

적절한 이중 기호를 사용하여 그림 5-29의 회로에 대한 논리회로도를 다시 그리고, 출력식을 구하라.

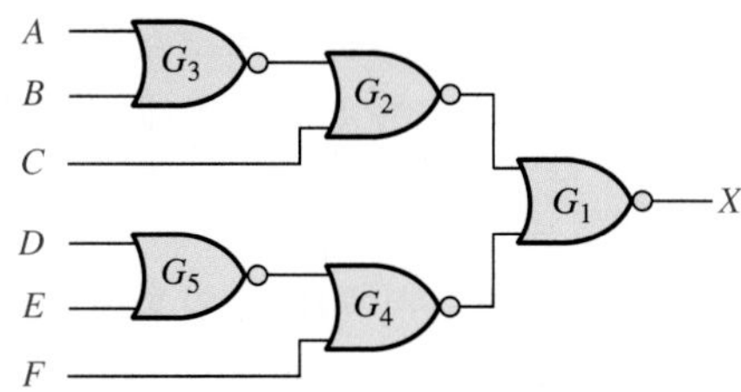

그림 5-29

풀이

등가의 네거티브-AND 기호로 논리회로도를 다시 그리면 그림 5-30과 같다. 각 게이트의 논리 연산으로부터 X에 대한 식을 직접 작성하면 다음과 같다.

$$X = (\bar{A}\bar{B} + C)(\bar{D}\bar{E} + F)$$

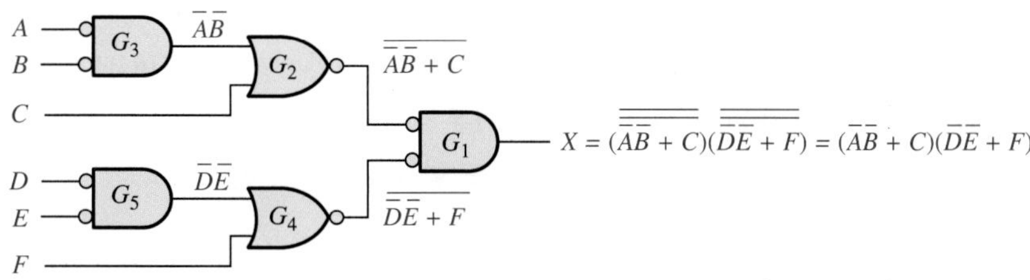

그림 5-30

관련 문제

그림 5-29의 NOR 회로에 대한 출력이 그림 5-30의 회로와 등가임을 증명하라.

복습문제 5-3

1. 식 $X = \overline{(\bar{A} + \bar{B} + \bar{C})DE}$를 NAND 논리를 사용하여 구현하라.
2. 식 $X = \overline{\bar{A}\bar{B}\bar{C} + (D + E)}$를 NOR 논리를 사용하여 구현하라.

5-5 펄스 파형에 대한 논리회로 동작

이 절에서는 펄스 파형 입력에 대한 일반적인 조합 논리회로의 동작에 대해 살펴본다. 각 게이트의 논리연산은 일정 레벨의 입력을 인가한 것이나, 펄스 파형을 인가한 것이나 모두 동일함을 기억하기 바란다. 임의의 시간에서 논리회로의 출력은 그 시간에서의 입력에 따라 결정되므로, 시간에 따라 변하는 입력의 상호관계는 매우 중요하다.

이 절의 학습내용

- 펄스 파형 입력에 대한 조합 논리회로의 동작을 분석한다.
- 조합 논리회로에 규정된 입력이 주어지면 이의 입력과 출력의 타이밍도를 구한다.

모든 게이트의 논리연산은 입력이 펄스이든 일정한 레벨이든 관계없이 동일하며, 회로의 진리표 또한 입력의 형태(펄스 또는 일정한 레벨)에 따라 변경되지 않는다. 이 절에서는 여러 가지 예제들을 통해 펄스 파형 입력을 갖는 조합 논리회로의 동작을 분석한다.

다음은 펄스 파형 입력을 갖는 조합 회로를 분석하는 데 사용되는 각 게이트의 연산을 다시 정리한 것이다.

1. AND 게이트의 출력은 모든 입력이 동시에 HIGH일 때만 HIGH이다.
2. OR 게이트의 출력은 적어도 하나의 입력이 HIGH일 때만 HIGH이다.
3. NAND 게이트의 출력은 모든 입력이 동시에 HIGH일 때만 LOW이다.
4. NOR 게이트의 출력은 적어도 하나의 입력이 HIGH일 때만 LOW이다.

예제 5-12

그림 5-31과 같은 회로에 입력 파형 *A*, *B*, *C*가 인가될 때 출력 파형 *X*를 구하라.

풀이

출력식은 $\overline{AB + AC}$이므로 *A*와 *B*가 모두 HIGH이거나, *A*와 *C*가 모두 HIGH 또는 모든 입력이 HIGH일 때, 출력 *X*가 LOW된다. 그림 5-31은 이 관계를 이용하여 구한 출력 파형 *X*의 타이밍도이며, 여기에 OR 게이트의 중간 출력 *Y*도 함께 표시하였다.

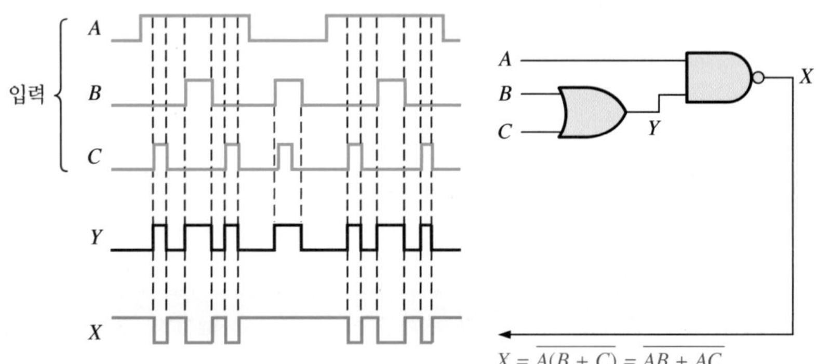

그림 5-31

관련 문제

입력 *A*가 HIGH 레벨로 일정할 때, 출력 파형을 구하라.

예제 5-13

그림 5-32의 회로에 입력 파형 *A*, *B*가 인가될 때, G_1, G_2, G_3의 출력 파형을 나타내는 타이밍도를 그리라.

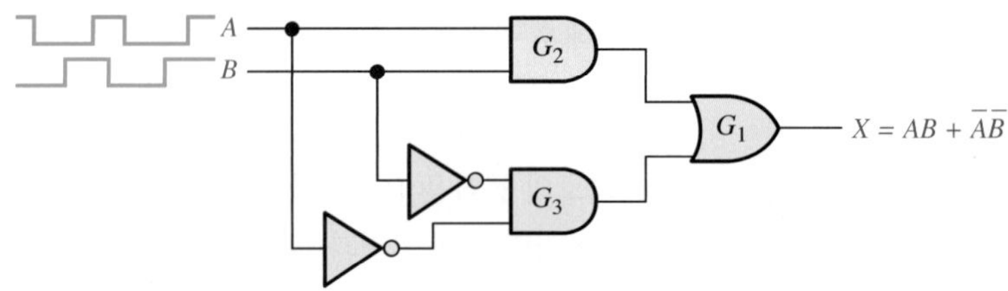

그림 5-32

풀이

그림 5-33과 같이 두 입력이 모두 HIGH이거나 모두 LOW일 때, 출력 X는 HIGH가 된다. 이것은 배타적-NOR 회로이다. 게이트 G_2와 G_3의 중간 출력도 그림 5-33에 같이 표시하고 있다.

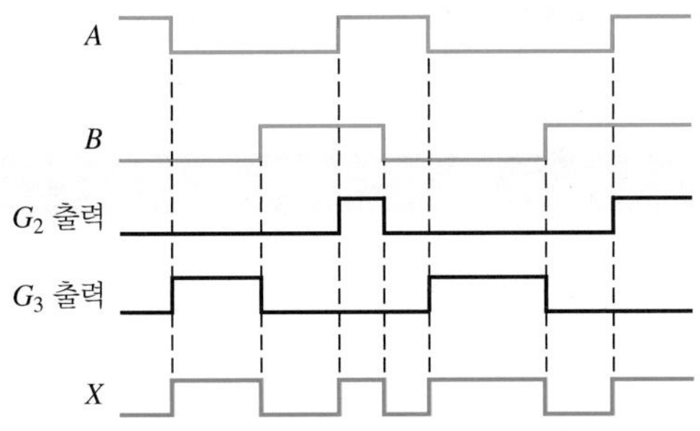

그림 5-33

관련 문제

입력 B가 반전될 때, 그림 5-32의 출력 X를 구하라.

예제 5-14

그림 5-34(a)의 논리회로에서 먼저 각 점 Y_1, Y_2, Y_3, Y_4에서의 중간 출력파형을 구하고 이를 이용하여 출력파형 X를 구하라. 입력파형은 그림 5-34(b)와 같다.

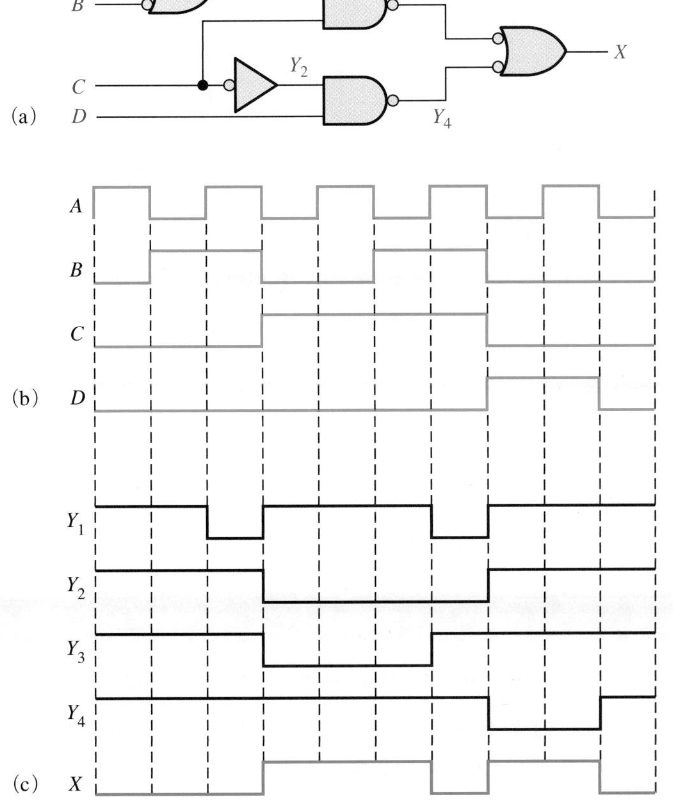

그림 5-34

풀이

모든 중간 출력 파형과 최종 출력 파형은 그림 5-34(c)의 타이밍도와 같다.

관련 문제

입력 파형 A가 반전될 경우 파형 Y_1, Y_2, Y_3, Y_4와 X를 구하라.

예제 5-15

그림 5-34(a)의 회로에 대한 출력 파형 X를 출력식으로부터 직접 구하라.

풀이

회로에 대한 출력식은 그림 5-35에 나타낸 바와 같다. 식이 SOP 형으로 주어져 있으므로 A가 LOW이고 C가 HIGH이거나, B가 LOW이고 C가 HIGH이거나 혹은 C가 LOW이고 D가 HIGH일 때, 회로의 출력이 HIGH임을 나타낸다

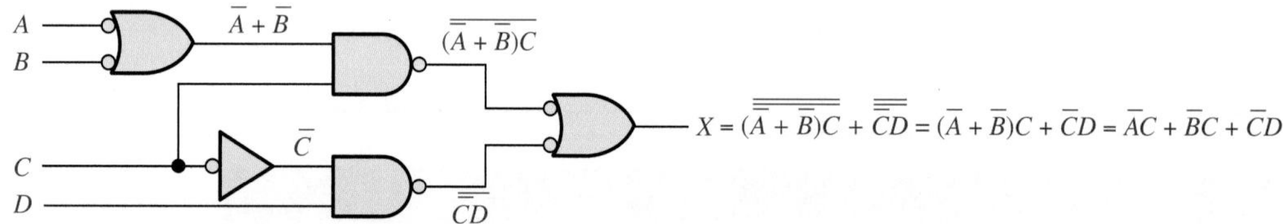

그림 5-35

결과는 그림 5-36에 나타나며, 예제 5-14에서 중간 파형 방법을 사용했을 때의 결과와 동일하다. 그림에는 출력이 HIGH가 되는 파형 조건에 해당하는 곱항이 표시되어 있다.

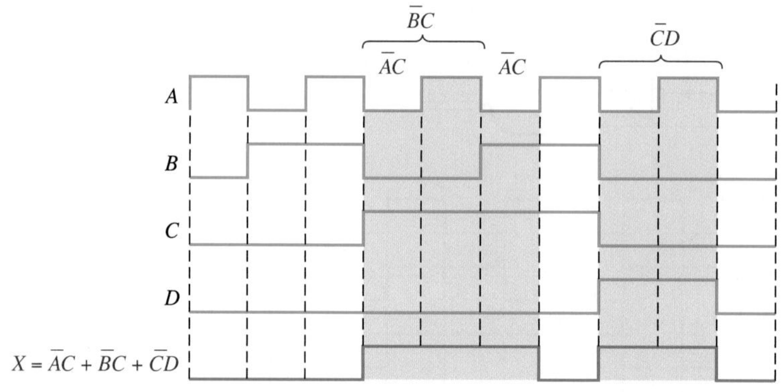

그림 5-36

관련 문제

모든 입력 파형이 반전되었을 때, 이 예제를 반복하라.

복습문제 5-5

1. 펄스 폭 t_W가 50 μs인 펄스가 배타적-OR 게이트의 한 입력에 인가되고, 이 펄스의 선두 에지로부터 15 μs 후에 펄스 폭 t_W가 10 μs인 펄스가 배타적-OR 게이트의 다른 입력에 인가된다. 입력에 대한 출력 파형을 구하라.
2. 그림 5-32의 회로에 그림 5-31의 A와 B의 펄스 파형이 인가될 때, 타이밍도를 구하라.

5-6 VHLD로 조합 논리 구현하기

VHDL을 사용하여 논리를 기술하는 목적은 PLD로 프로그램될 수 있기 때문이다. VHDL 프로그램을 작성하기 위한 데이터 흐름 접근법은 4장에서 이미 설명하였다. 이 절에서는 VHDL을 사용하여 논리회로를 기술하기 위해 데이터 흐름 접근법과 구조적인 접근법에 대해 소개한다. 이 과정에서 VHDL 컴포넌트가 소개되고, 이는 구조적인 접근법의 예로 사용될 것이다. 또한 소프트웨어 개발 도구에 대해서도 간단하게 설명된다.

이 절의 학습내용

- VHDL 컴포넌트를 기술하고, 프로그램에서 사용되는 방법에 대해 설명한다.
- VHDL 코드를 작성하기 위하여 구조적인 접근법과 데이터 흐름 접근법을 적용한다.
- 두 가지 기본적인 소프트웨어 개발 도구에 대해 설명한다.

VHDL 프로그래밍에 대한 구조적인 접근법

논리함수를 VHDL로 작성하는 구조적인 접근법은 IC 소자를 회로 보드상에 설치하고 전선으로 상호 연결하는 것과 비교할 수 있다. 구조적인 접근법을 사용하여 논리함수를 기술하고, 이들이 어떻게 연결되는지를 지정할 수 있다. VHDL **컴포넌트**(component)는 하나의 프로그램이나 다른 프로그램에서 반복적으로 사용하기 위해 논리함수를 미리 정의하는 방법이다. 컴포넌트는 단순한 논리 게이트에서 복잡한 논리기능을 기술하기 위해 사용될 수 있다. VHDL **신호**(signal)는 컴포넌트 사이에서 '전선'을 연결하기 위한 방법으로 생각할 수 있다.

그림 5-37은 회로 보드에서 구현한 하드웨어와 구조적인 접근법을 간단하게 비교한 것이다.

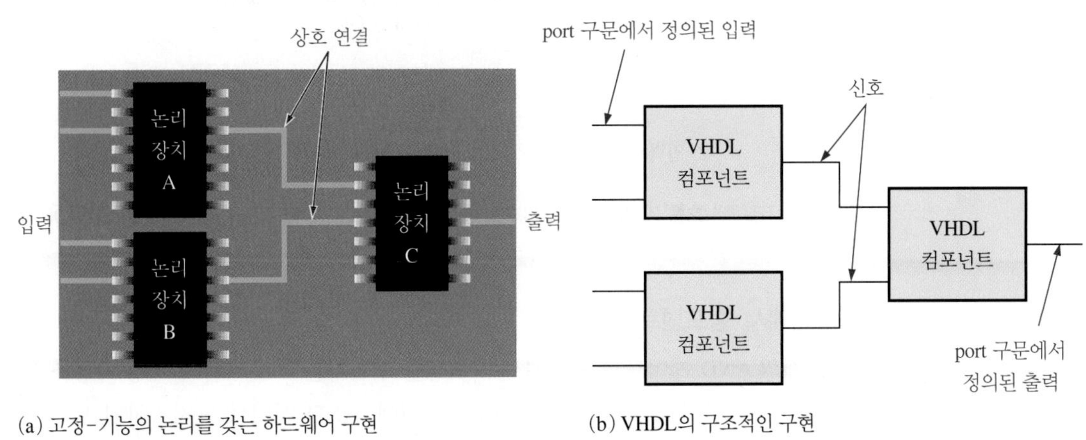

그림 5-37 하드웨어 구현과 VHDL 구조적인 접근법과의 간단한 비교. VHDL 신호는 회로 보드에서 상호 연결과 일치하고, VHDL 컴포넌트는 74 시리즈 IC 소자에 상응한다.

VHDL 컴포넌트

VHDL 컴포넌트는 VHDL 라이브러리에 패키지 선언으로 저장될 수 있는 미리 지정된 논리를 의미하고, 프로그램에서 필요할 때마다 여러 번 호출될 수 있다. 컴포넌트를 사용함으로써 프로그램에서 똑같은 코드를 여러 번 반복하는 과정을 피할 수 있다. 예를 들어 AND 게이트에 대한 VHDL 컴포넌트를 만든 후에, 이를 사용할 때마다 AND 게이트에 대한 프로그램을 다시 작성하지 않고 이를 호출하여 사용할 수 있다.

VHDL 컴포넌트는 저장되어 프로그램을 작성할 때마다 재사용이 가능하다. 이것은 회로를 만들 때 IC가 보관되고 있는 용기와 비슷한 개념이다. 즉 회로를 구성하는 데 이 부품을 사용하고자 할 경우에는 보관 용기에서 이를 찾아 구성하는 회로에 배치한다.

임의의 논리함수에 대한 VHDL 프로그램은 하나의 컴포넌트가 될 수 있고, 다음과 같이 일반화된 형태로 컴포넌트를 선언함으로써 더 큰 프로그램에서 필요할 때마다 호출하여 사용할 수 있다. **컴포넌트**는 VHDL의 핵심어이다.

```
component name_of_component is
   port (port definitions);
end component name_of_component;
```

이를 간단하게 설명하기 위해, 그림 5-38과 같이 엔티티(entity) 이름이 AND_gate인 2-입력 AND 게이트와 엔티티 이름이 OR_gate 인 2-입력 OR 게이트가 VHDL 데이터 흐름 기법으로 기술되어 있다고 가정하자.

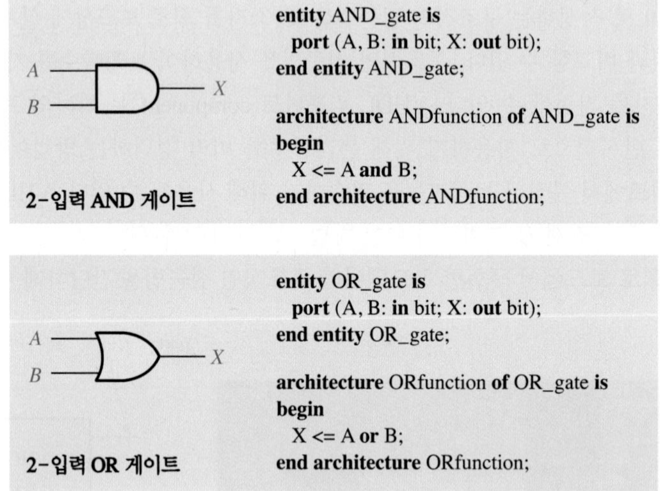

그림 5-38 데이터 흐름 기법에서 컴포넌트로 사용될 수 있는 2-입력 AND 게이트와 2-입력 OR 게이트에 대한 미리 정의된 프로그램

프로그램에서 컴포넌트 사용하기

이제 몇 개의 AND 게이트로 구성된 논리회로를 구현하는 프로그램의 작성 과정을 살펴보자. 그림 5-38의 프로그램을 반복해서 작성하는 대신에, AND 게이트를 지정하기 위한 컴포넌트 선언(component declaration)을 통해 AND 게이트를 재사용할 수 있다. 컴포넌트 선언에서 port 구문은 AND 게이트에 대한 엔티티 선언의 port 구문과 일치해야 한다.

```
component AND_gate is
   port (A, B: in bit; X: out bit);
end component AND_gate;
```

프로그램에서 컴포넌트를 사용하기 위하여, 컴포넌트가 사용되는 각 실체에 대한 컴포넌트 인스턴스화 구문(instantiation statement)을 작성해야 한다. 컴포넌트 인스턴스화는 메인 프로그램에서 컴포넌트가 사용될 수 있도록 호출되거나 요구될 수 있는 것으로 간주될 수 있다. 예를 들어 그림 5-39의 단순한 SOP 논리회로에는 2개의 AND 게이트와 하나의 OR 게이트가 있다. 그러므로 이 회로에 대해 VHDL 프로그램을 작성하면 프로그램에는 2개의 컴포넌트가 있으며, 3개의 컴포넌트 인스턴스화 또는 호출이 있게 된다.

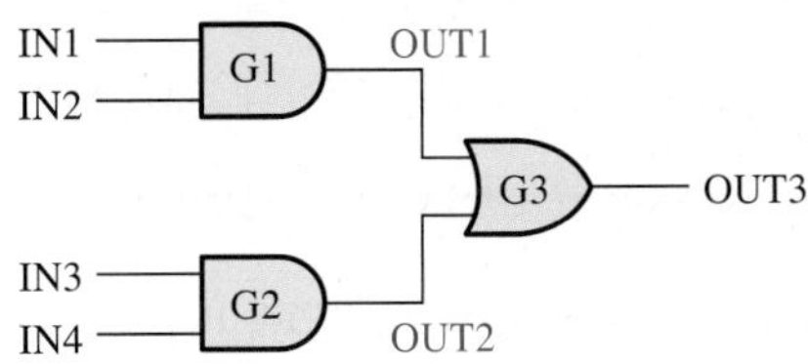

그림 5-39

신호

VHDL에서 신호는 회로 보드에서 부품들을 상호 연결하는 전선과 유사하다. 그림 5-39에서 신호는 OUT1과 OUT2로, 논리회로에서 내부 연결을 의미하고 입력과 출력은 다르게 취급된다. 입력과 출력은 port 구문을 사용하여 엔티티 선언에서 선언되는 데 반해서, 신호는 신호 구문을 사용하여 아키텍처(architecture) 내에서 선언된다. **신호**(signal)는 VHDL 핵심어이다.

프로그램

그림 5-39의 논리회로에 대한 프로그램은 엔티티 선언으로 시작되고 다음과 같다.

```
entity AND_OR_Logic is
   port (IN1, IN2, IN3, IN4: in bit; OUT3: out bit);
end entity AND_OR_Logic;
```

아키텍처 선언은 AND 게이트와 OR 게이트에 대한 컴포넌트 선언, 신호 정의, 컴포넌트 인스턴스화에 대한 컴포넌트 선언을 포함한다.

```
architecture LogicOperation of AND_OR_Logic is
```

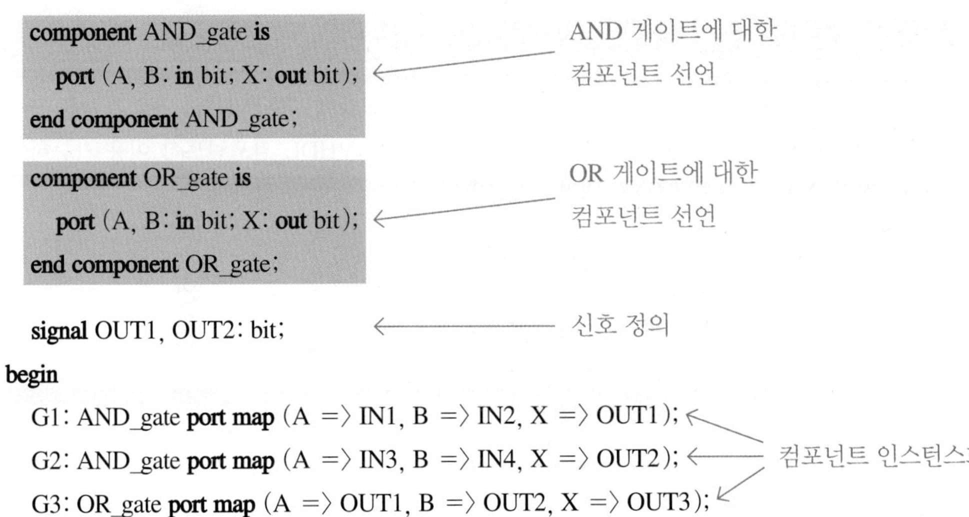

```
  component AND_gate is
     port (A, B: in bit; X: out bit);
  end component AND_gate;

  component OR_gate is
     port (A, B: in bit; X: out bit);
  end component OR_gate;

  signal OUT1, OUT2: bit;
begin
  G1: AND_gate port map (A => IN1, B => IN2, X => OUT1);
  G2: AND_gate port map (A => IN3, B => IN4, X => OUT2);
  G3: OR_gate port map (A => OUT1, B => OUT2, X => OUT3);
```



```
end architecture LogicOperation;
```

컴포넌트 인스턴스화

컴포넌트 인스턴스화(component instantiations)에 대해 살펴보자. 먼저 컴포넌트 인스턴스화는 핵심어 **begin**과 **end architecture** 구문 사이에 배치된다. 각 인스턴스화에 대해 식별자는 G1, G2, G3와 같이 정의된다. 그러고 나서 컴포넌트 이름이 지정된다. **port map**은 근본적으로 => 연산자를 사용하여 논리함수에 대해 모든 연결을 하는 것이다. 예를 들어 첫 번째 인스턴스화 문장은

G1: AND_gate **port map**(A => IN1, B => IN2, X => OUT1)

다음과 같이 설명된다. AND 게이트 G1의 입력 A는 입력 IN1에 연결되고, 게이트의 입력 *B*는 입력 IN2에 연결되고 게이트의 출력 *X*는 신호 OUT1에 연결된다.

3개의 인스턴스화 구문은 그림 5-40과 같으며, 그림 5-39의 논리회로를 완벽하게 기술한다.

불 식을 사용하는 데이터 흐름 접근법은 이 특별한 회로를 기술하는 데 가장 좋은 방법으로 사용하기 편리하지만, 이러한 단순한 회로는 구조적인 접근법의 개념을 적용하여 설계할 수도 있다. 예제 5-16은 SOP 논리회로의 VHDL 프로그램을 작성하기 위해 구조적 접근법과 데이터 흐름 접근법을 비교한 것이다.

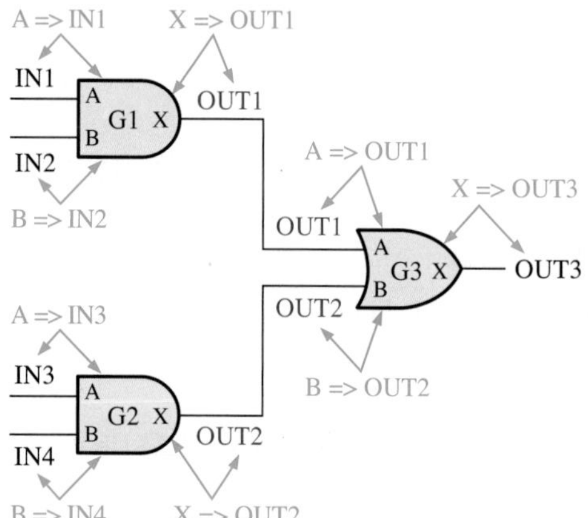

그림 5-40 인스턴스화 구문과 AND-OR 논리에 적용된 port 매핑의 예. 신호는 빨간색이다.

예제 5-16

구조적인 접근법을 사용하여 그림 5-41의 SOP 논리회로에 대한 VHDL 프로그램을 작성하라. 3-입력 NAND 게이트와 2-입력 NAND 게이트의 VHDL 컴포넌트가 이용 가능하다고 가정하라. NAND 게이트 G4는 네거티브-OR와 같다는 것에 주의하라.

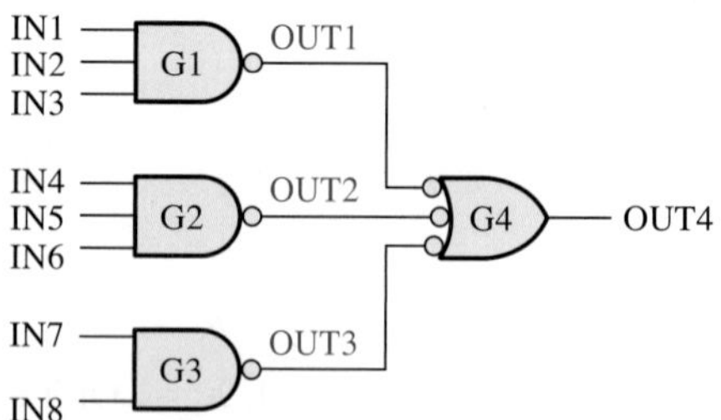

그림 5-41

풀이

구조적 접근 :

컴포넌트와 컴포넌트 인스턴스화에 대해서만 강조하여 설명한다. 2개의 하이픈으로 시작하

는 줄은 주석 줄이며 프로그램의 일부가 아니다.

```
--그림 5-41의 논리회로에 대한 프로그램
entity SOP_Logic is
  port (IN1. IN2, IN3, IN4, IN5, IN6, IN7, IN8: in bit; OUT4: out bit);
end entity SOP_Logic;
architecture LogicOperation of SOP_Logic is
--3-입력 NAND 게이트의 컴포넌트 선언
  component NAND_gate3 is
    port (A, B, C: in bit X: out bit);
  end component NAND_gate3;
--2-입력 NAND 게이트의 컴포넌트 선언
  component NAND_gate2 is
    port (A, B: in bit; X: out bit);
  end component NAND_gate2;
  signal OUT1, OUT2, OUT3: bit;
begin
G1: NAND_gate3 port map (A => IN1, B => IN2, C => IN3, X => OUT1);
G2: NAND_gate3 port map (A => IN4, B => IN5, C => IN6, X => OUT2);
G3: NAND_gate2 port map (A => IN7, B => IN8, X => OUT3);
G4: NAND_gate3 port map (A => OUT1, B => OUT2, C => OUT3, X => OUT1);
end architecture LogicOperation;
```

데이터 흐름 접근 :

비교를 위해 데이터 흐름 접근법을 사용하여 그림 5-41의 논리회로에 대한 프로그램을 작성해보자.

```
entity SOP_Logic is
  port (IN1. IN2, IN3, IN4, IN5, IN6, IN7, IN8: in bit; OUT4: out bit);
end entity SOP_Logic;
architecture LogicOperation of SOP_Logic is
begin
  OUT4<= (IN1 and IN2 and IN3) or (IN4 and IN5 and IN6) or (IN7 and IN8);
end architecture LogicOperation;
```

이상의 과정에서 쉽게 알 수 있듯이, 데이터 흐름 접근법을 사용하면 이와 같은 특별한 논리함수에 대해서 더 간단하게 코드가 작성된다. 그러나 논리함수가 복잡한 논리의 많은 블록으로 구성된 상황에서는 구조적인 접근법이 데이터 흐름 접근법에 비해 훨씬 편리하다는 장점을 갖게 된다.

관련 문제

입력 IN9와 IN10을 갖는 다른 NAND 게이트가 그림 5-41의 회로에 부가된다면, 프로그램에 더해져야 할 컴포넌트 인스턴스화 과정을 작성하라.

소프트웨어 개발 도구 적용

소프트웨어 개발 패키지는 HDL로 설계된 내용을 대상 소자로 구현하기 위해 사용한다. 논리가 HDL을 사용하여 기술되고, 코드 또는 문자 에디터라고 하는 소프트웨어 도구를 통해 입력되면, 실제 대상 소자에 프로그램되기 전에 모의실험 과정을 거쳐야 한다. 모의실험 과정에서는 회로의 동작을 검증한다.

전형적인 소프트웨어 개발 도구에서는 VHDL 코드의 입력을 위해 문자 기반 에디터를 제공한다. 그림 5-42는 문자 기반의 에디터로 특정 기능을 갖는 조합 논리회로에 대해 VHDL로 작성한 화면을 나타낸다. 대부분의 코드 에디터에서는 핵심어 강조와 같은 향상된 기능을 포함하고 있다.

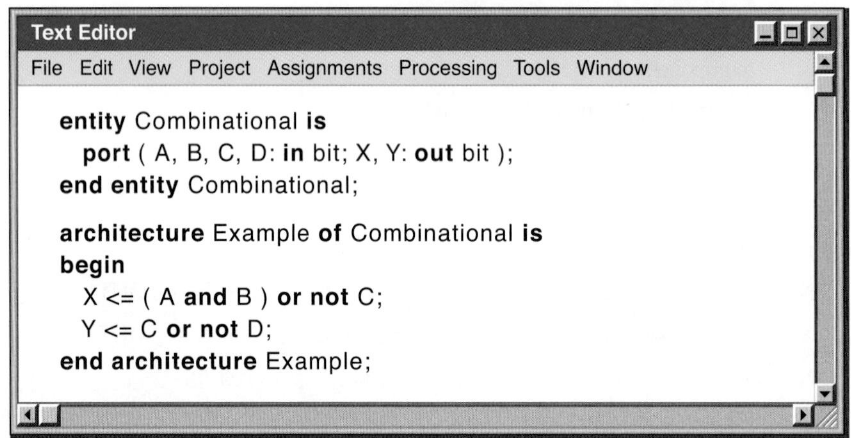

그림 5-42 소프트웨어 개발 도구인 일반적인 문자 에디터 화면에 특정의 조합 논리회로에 대한 VHDL 프로그램을 작성한 화면

프로그램이 문자 에디터에서 작성되고 나면, 컴파일러 과정으로 넘어간다. 컴파일러는 상위-레벨 VHDL 코드를 대상 소자로 다운로드할 수 있는 파일로 변환한다. 프로그램이 컴파일되면, 회로의 검증을 위한 모의실험 과정을 수행할 수 있다. 모의실험에 사용되는 입력값들은 논리 설계 과정에 포함되어져 출력의 검증을 위해 사용될 수 있다.

그림 5-43과 같이 파형 에디터라고 하는 소프트웨어 도구에 입력 파형을 지정한다. 출력 파

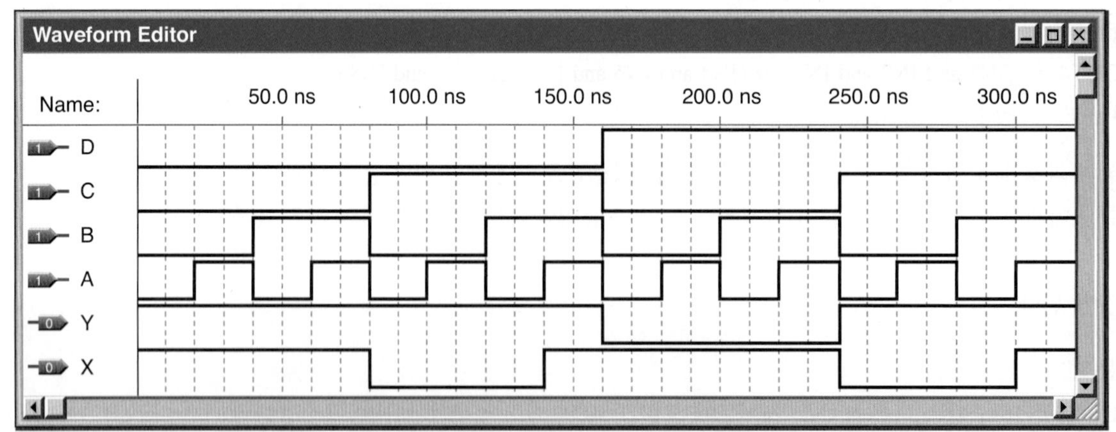

그림 5-43 그림 5-42의 VHDL 코드에 의해 기술되는 논리회로의 모의 실험된 파형을 나타내는 전형적인 파형 에디터 도구

형은 그림 5-42의 문자 에디터에 입력되는 VHDL 코드의 모의실험에 의해 발생된다. 모의실험 파형은 $0\,0\,0\,0_2$에서 $1\,1\,1\,1_2$에 이르는 모든 16개의 조합인 입력 A, B, C, D에 대해 결과적인 출력 X, Y를 제공한다.

디지털 시스템을 설계할 때 고려해야 하는 논리회로의 성능 특성에 대해 3장에서 설명하였다. 예를 들어 전파지연은 논리회로가 동작하는 속도 또는 주파수를 결정한다. 타이밍 모의실험 과정은 실제 대상 소자에서 발생하는 전파지연에 대한 내용을 설계 과정에서 검증하기 위해 사용된다.

복습문제 5-6

1. VHDL 컴포넌트에 대해 설명하라.
2. 프로그램 구조에서 컴포넌트 인스턴스화의 사용 목적에 대해 설명하라.
3. VHDL에서 컴포넌트 사이의 연결은 어떠한 과정을 거쳐 이루어지는가?
4. VHDL 프로그램에서 컴포넌트를 사용하는 목적은 무엇인가?

5-7 고장 진단

지금까지 조합 논리회로의 연산과 입력과 출력의 관계에 대하여 자세하게 살펴보았다. 디지털 회로를 고장 진단할 때, 주어진 입력 조건에 대한 회로의 전반적인 논리 레벨이나 파형을 알아야 하기 때문에 조합 논리회로의 동작에 대해 이해하고 있어야 한다.

이 절에서는 게이트의 출력이 여러 게이트의 입력에 연결되고 있을 때, 회로의 오류를 고장 진단하기 위해 오실로스코프를 사용한다. 또한 오실로스코프를 이용하야 신호를 추적하고 파형을 분석함으로써 조합 논리회로의 고장 부분을 찾아내는 방법을 소개할 것이다.

이 절의 학습내용

- 회로의 노드를 정의한다.
- 오실로스코프를 사용하여 회로의 고장 노드를 찾는다.
- 오실로스코프를 사용하여 개방된 게이트의 입력과 출력을 찾는다.
- 오실로스코프를 사용하여 단락된 게이트의 입력과 출력을 찾는다.
- 오실로스코프나 논리 분석기를 사용하여 조합 논리회로의 신호를 추적하는 방법을 배운다.

조합 논리회로에서 하나의 게이트 출력이 그림 5-44와 같이 2개 이상의 게이트 입력단에 연결되는 경우가 있다. 게이트들은 **노드**(node)라 불리는 공통의 점을 통해 상호 연결된다.

그림 5-44에서 구동 게이트는 노드를 구동하고 있으며, 다른 게이트들은 노드에 연결된 부하를 나타낸다. 구동 게이트는 데이터 시트에 규정된 수만큼의 부하 게이트를 구동할 수 있으며, 이때 여러 가지 형태의 고장이 발생할 수 있다. 한 게이트에 고장이 발생했다 하더라도 노드에 연결된 모든 게이트에 영향을 미치기 때문에 고장 난 게이트를 찾아내는 것이 어려운 경우도 있다. 흔히 일어나는 고장의 종류는 다음과 같다.

1. **구동 게이트의 출력 개방** : 이러한 경우 모든 부하 게이트에 신호가 전달되지 않는다.
2. **부하 게이트의 입력 개방** : 이 경우 노드에 연결된 다른 모든 게이트는 영향을 받지 않으나 고장 난 게이트에서 출력 신호가 나타나지 않는다.

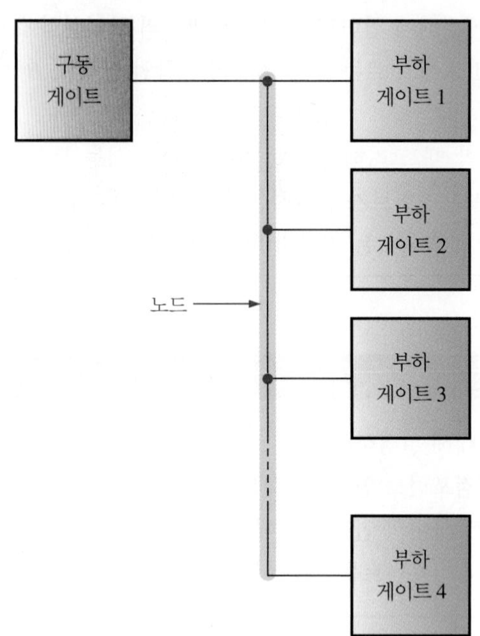

그림 5-44 논리회로의 노드의 예

3. **구동 게이트의 출력 단락** : 이 경우에는 노드의 레벨이 LOW 상태(접지에 단락) 또는 HIGH 상태(V_{CC}에 단락)로 고정될 수 있다.
4. **부하 게이트의 입력 단락** : 이 경우 또한 노드의 레벨이 LOW 상태(접지에 단락) 또는 HIGH 상태(V_{CC}에 단락)로 고정될 수 있다.

일반적인 오류를 고장 진단하기

구동 게이트의 출력 개방

이러한 경우 노드에서 펄스가 관측되지 않는다. 회로에 전원을 공급하면 개방된 노드는 보통 부동(floating) 레벨 상태에 있기 때문에 그림 5-45에 나타낸 바와 같이 논리프로브의 램프는 희미한 상태가 된다.

부하 게이트의 입력 개방

IC1의 구동 게이트 출력에 대해 개방 검사를 수행한 결과, 출력에서는 펄스가 관측되지 않았다. 이때에는 부하 게이트 입력의 개방 여부를 확인해야 한다. 그림 5-46과 같이 각 게이트의 출력에 대해 펄스 동작을 검사한다. 노드에 정상적으로 연결된 입력 중 하나가 개방되었을 경우, 게이트의 출력에는 아무런 펄스도 출력되지 않는다.

출력 또는 입력이 접지에 단락된 경우

앞에서도 언급한 바와 같이 구동 게이트에서 출력이 접지에 단락되어 있거나, 부하 게이트의 입력이 접지에 단락되어 있는 경우, 노드는 LOW 상태로 고정된다. 이 경우는 그림 5-47과 같이 스코프 프로브를 이용하여 쉽게 검사해볼 수 있다. 구동 게이트의 출력이나 부하 게이트의 입력이 접지에 단락된 경우 이러한 증상을 나타내며, 따라서 단락된 게이트를 격리시키고 어느 부분이 고장인지 조사하여야 한다.

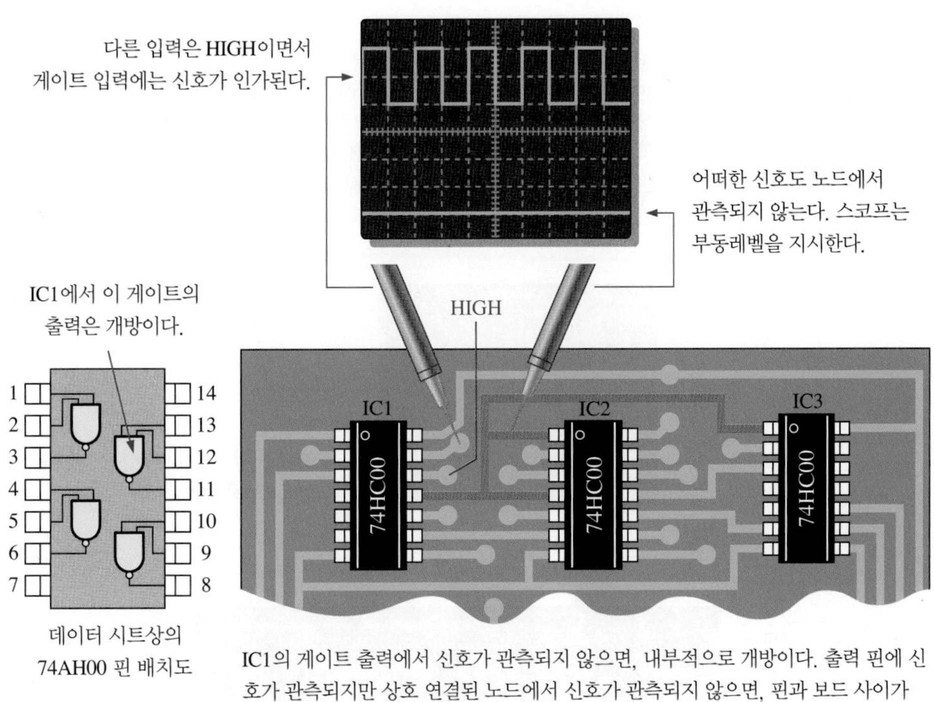

그림 5-45 구동 게이트의 출력 개방. 입력 게이트의 입력은 HIGH라 가정한다.

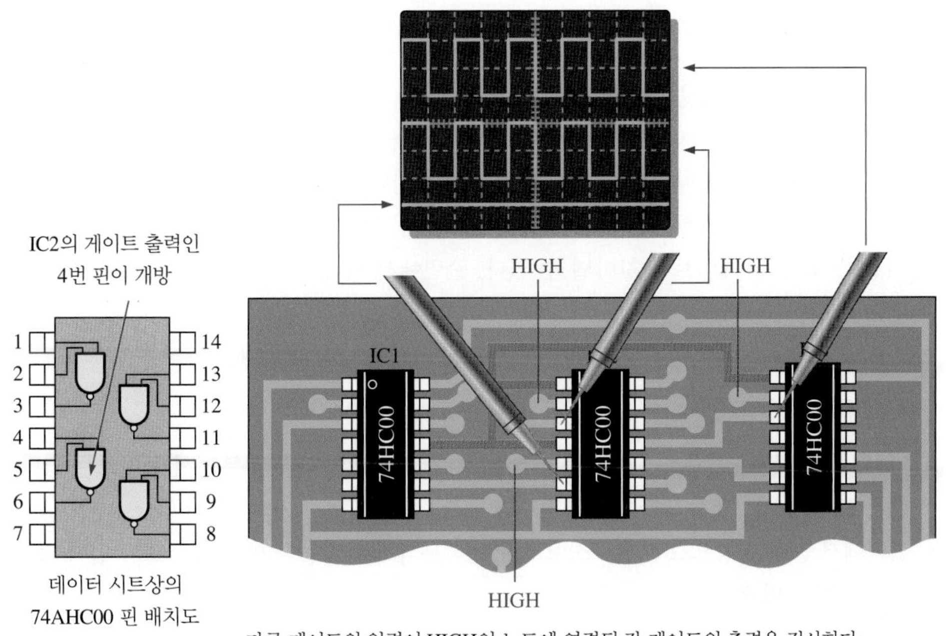

그림 5-46 부하 게이트의 입력 개방

신호 추적과 파형 분석

노드점에서 개방과 단락을 찾아내는 방법은 때때로 매우 유용하게 사용되지만, 모든 고장을 진단할 때 **신호 추적**(signal tracing)이 보다 보편적으로 사용된다. 이 경우에는 오실로스코프나 논

활용 팁

논리회로를 고장 진단할 때 시각적인 검사를 먼저 하고, 명백한 문제를 찾아낸다. 시각검사는 부품뿐만 아니라 커넥터에서도 이루어져야 한다. 에지 커넥터는 회로 보드에 전원, 접지와 신호를 공급하는 데 사용된다. 커넥터가 부착되는 PCB의 표면은 청결하고 기계적인 접합부의 상태가 양호해야 한다. 커넥터가 오염되어 있으면, 회로에서 간헐적 또는 완전한 고장 원인이 된다. 따라서 에지 커넥터는 고무 지우개로 깨끗하게 청소를 하거나 Q-팁 소켓에 알코올을 발라 청소를 해야 한다. 또한 모든 커넥터는 견고하게 삽입되어 있는지를 검사해야 한다.

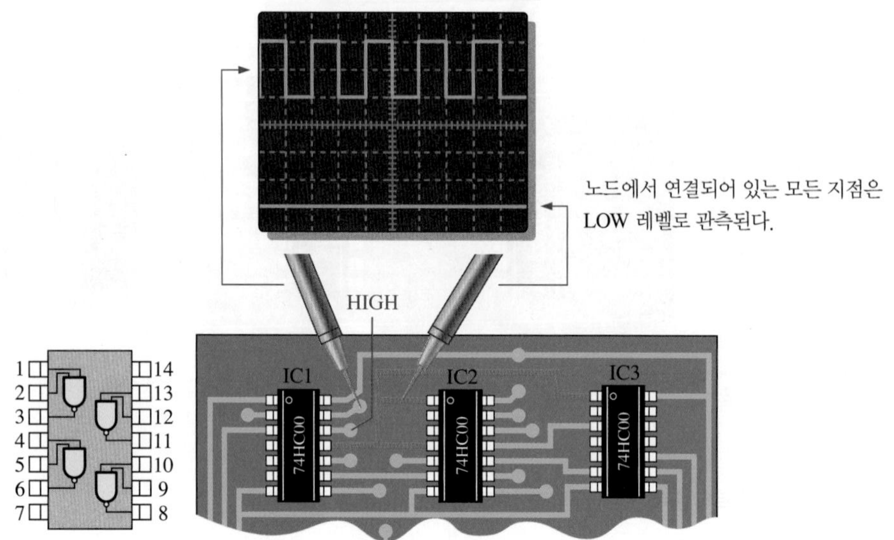

그림 5-47 구동 게이트의 출력이 단락되거나 부하 게이트의 입력이 단락된 경우

리분석기를 이용하여 파형을 측정한다.

기본적으로 신호 추적 방법을 사용하여 회로의 고장을 검사하는 과정에서는 논리회로의 모든 부분에 대한 파형과 이들 파형과의 시간 관계를 관측한다. 입력부터 시작하여 각 부분의 파형 타이밍도를 분석함으로써 잘못된 파형이 어디에서 처음 발생하였는지를 알아낸다. 이러한 과정을 통해 보통 고장 난 게이트를 찾아낼 수 있다. 출력에서 시작하여 입력 방향으로 진행할 수도 있다.

입력에서 시작하는 신호 추적 과정을 간단하게 정리하면 다음과 같다.

- 시스템 내에서 고장이 의심스러운 부분을 규정한다.
- 의심 나는 부분의 입력부터 검사를 시작한다. 이때 회로의 다른 부분에서 들어오는 입력 파형은 모두 올바르게 동작한다고 가정한다.
- 입력에서 출력 방향으로 오실로스코프나 논리분석기를 이용하여 각 게이트의 입력 파형과 출력 파형을 비교한다.
- 게이트의 논리연산을 이용하여 출력 파형이 올바르게 관측되는지 살펴본다.
- 출력 파형이 다르게 나올 경우, 검사 중인 게이트가 고장일 수 있다. 이 게이트를 포함하는 IC를 꺼내 검사해본 결과, 게이트에 이상이 발견되면 IC를 교체한다. 정상적으로 동작할 경우에는 외부 회로나 게이트에 연결된 다른 IC에 고장이 발생한 것이다.
- 출력 파형이 올바르다고 생각될 경우 다음 게이트로 진행한다. 잘못된 파형이 관찰될 때까지 각 게이트를 계속 검사해 나간다.

그림 5-48은 특정 논리회로에 대해 신호 추적을 하는 과정으로, 다음과 같이 진행된다.

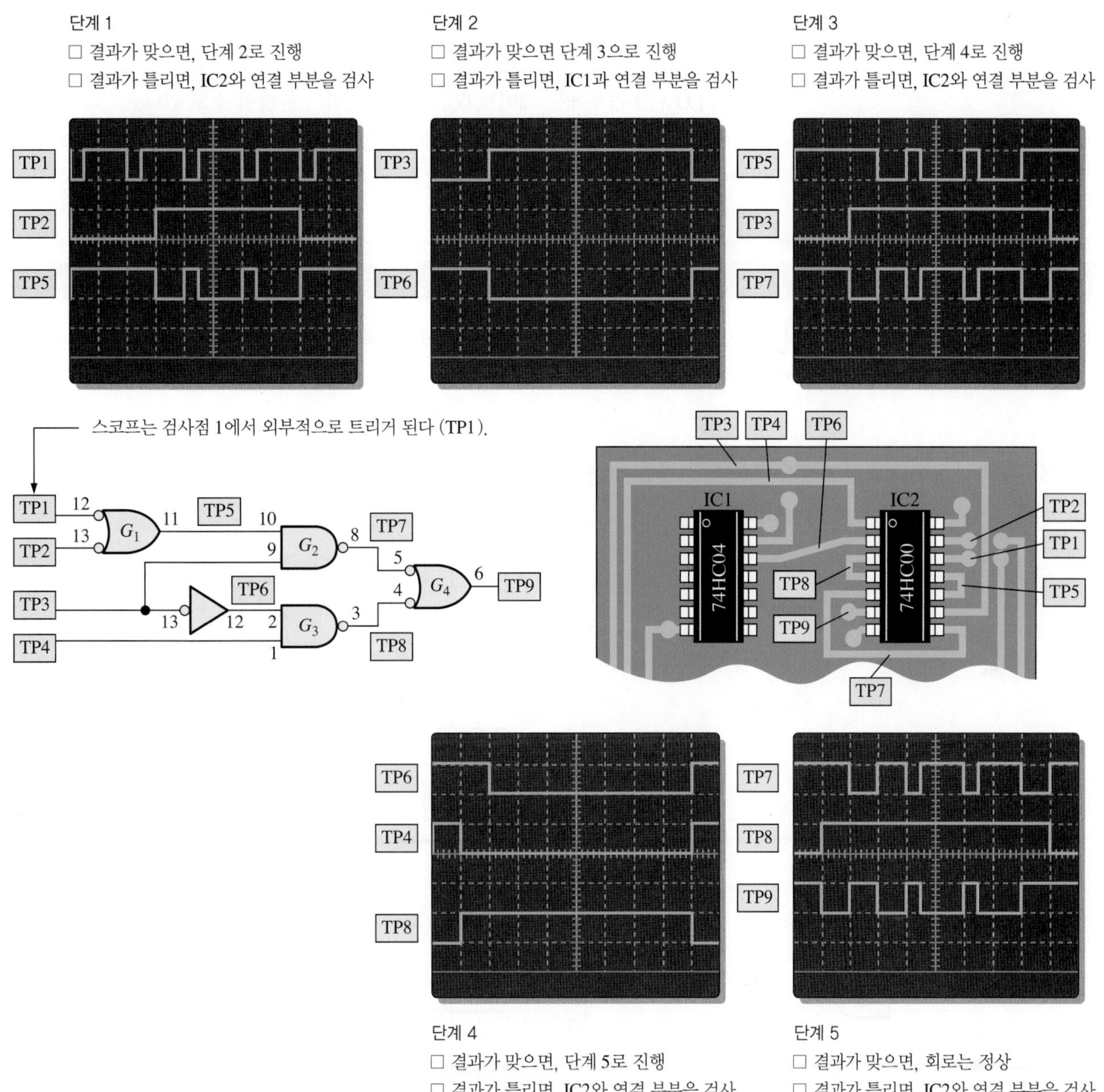

그림 5-48 PCB의 일부분을 신호 추적 및 파형 분석 방법을 사용하여 검사하는 예

단계 1 : 입력에 대한 게이트 G_1의 출력(TP5)을 관찰한다. 올바르게 동작할 경우 인버터를 검사한다. 출력이 올바르지 않다면 게이트나 연결 부분에 이상이 발생한 것이거나, 출력이 LOW인 경우에는 게이트 G_2의 입력이 단락일 수도 있다.

단계 2 : 입력에 대한 인버터의 출력(TP6)을 관찰한다. 올바르게 동작할 경우 G_2를 검사한다. 출력이 올바르지 않다면 인버터나 연결 부분에 이상이 발생한 것이거나, 출력이 LOW인 경우에는 게이트 G_3의 입력이 단락일 수도 있다.

단계 3 : 입력에 대한 게이트 G_2의 출력(TP7)을 관찰한다. 올바르게 동작할 경우, 게이트 G_3를 검사한다. 출력이 올바르지 않다면, 게이트나 연결 부분에 이상이 발생한 것이거나 출력이 LOW인 경우에는 게이트 G_4의 입력이 단락일 수도 있다.

단계 4 : 입력에 대한 게이트 G_3의 출력(TP8)을 관찰한다. 올바르게 동작할 경우 게이트 G_4를 검사한다. 출력이 올바르지 않다면 게이트나 연결 부분에 이상이 발생한 것이거나 출력이 LOW인 경우에는 게이트 G_4(TP7)의 입력이 단락일 수도 있다.

단계 5 : 입력에 대한 게이트 G_4의 출력(TP9)을 관찰한다. 올바르게 동작할 경우에는 회로에 이상이 없는 것이다. 출력이 올바르지 않을 경우에는 게이트나 연결 부분에 이상이 발생한 것이다.

예제 5-17

파형 분석을 통해 그림 5-49(a)의 논리회로의 고장을 검사하라. 그림 5-49(b)의 녹색 파형은 관측된 파형이고, 붉은색 파형은 이 회로가 정상적으로 동작할 때의 파형이다.

풀이

1. 각 게이트에 대하여 정확한 파형을 구한다. 그림 5-49(b)에서 붉은색 파형은 이 회로가 정상적으로 동작할 때의 파형으로, 실제 측정된 파형에 같이 표시하였다.

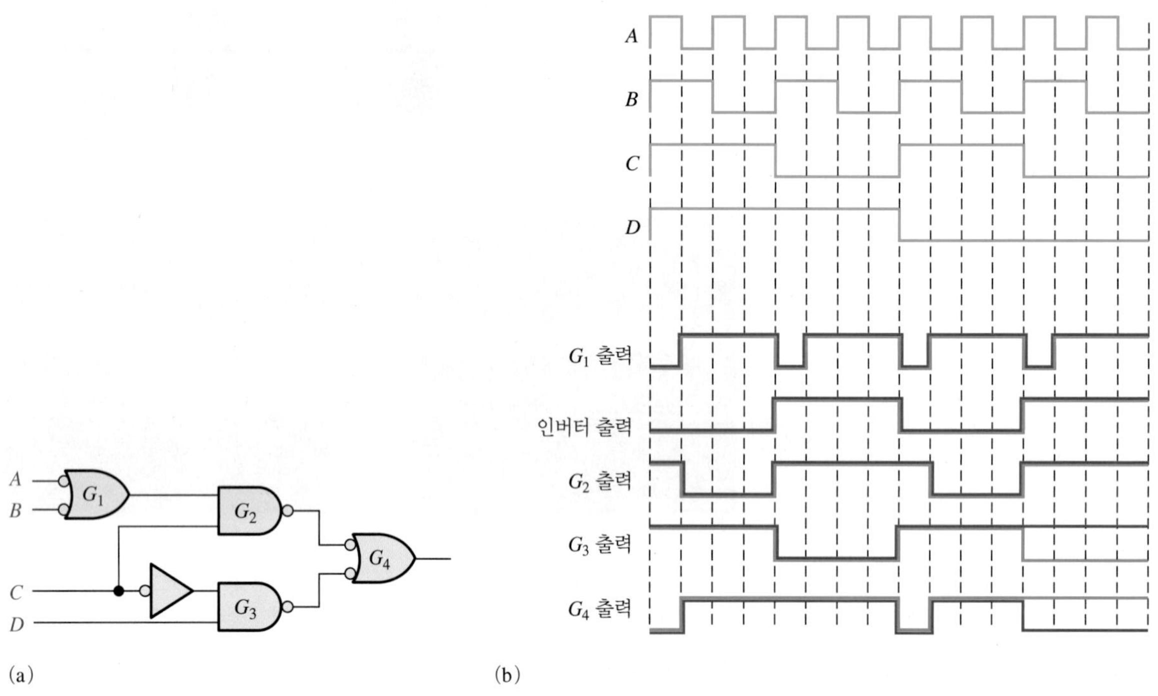

그림 5-49

2. 정상적인 파형과 일치하지 않은 측정된 파형이 나타날 때까지 게이트별로 파형을 비교한다.

이 예제에서 게이트 G_3 전까지는 이상이 없다. 그림에서 알 수 있는 바와 같이 게이트 G_3의 출력은 오동작을 하고 있다. 파형을 분석해보면, 게이트 G_3의 D 입력이 개방되어 HIGH 역할을 하는 경우 그림과 같은 출력 파형이 측정된다는 것을 알 수 있다. G_3로부터 잘못된 입력이 들어온다 하더라도, 이 입력에 대한 게이트 G_4의 출력은 정상적인 것에 주목하기 바란다.

G_3가 들어 있는 IC를 교체하고 회로의 동작을 다시 검사한다.

관련 문제

그림 5-49(b)의 입력 파형에서 인버터의 출력이 개방되었다고 가정할 경우에, 논리회로의 출력 파형(G_4의 출력)을 구하라.

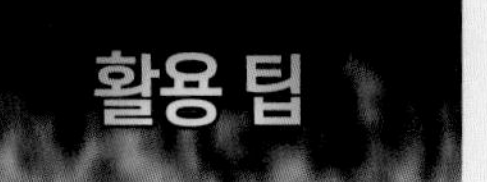

이미 학습한 바와 같이 논리회로를 검사하고 고장 진단할 때는, 게이트의 입력과 출력 같은 두 디지털 파형을 오실로스코프로 동시에 비교하고 검사하는 것이 필수적이다. 오실로스코프를 사용하여 디지털 파형을 관측할 때는 접지 레벨이 시프트하는 것을 피하기 위해 각 채널 입력을 DC 커플링하여야 한다. 따라서 2개의 채널에 대해 화면상에서 어디가 0 V 레벨인지 정해야 한다.

파형의 타이밍을 비교하기 위해서 스코프의 한 채널은 반드시 트리거되어야 한다(수직 모드 또는 복합 트리거 모드를 사용하지 않는다). 트리거링을 위해 선택되는 채널은 가능하면 낮은 주파수를 갖는 것이어야 한다.

복습문제 5-7

1. 논리 게이트에서 발생할 수 있는 내부 고장의 네 가지 종류를 나열하라.
2. NOR 게이트의 한 입력이 외부의 $+V_{CC}$에 단락되어 있다. 게이트 동작은 어떻게 되는지 설명하라.
3. 그림 5-49(a)에서 다음과 같은 고장이 발생했을 때 게이트 G_4의 출력을 구하라. 입력되는 파형은 그림 (b)와 같다.
   (a) G_1 입력 중에 하나가 접지로 단락
   (b) 인버터 입력이 접지로 단락
   (c) G_3 출력을 개방

응용 논리

탱크 제어 논리

그림 5-50은 팬케익 시럽 제조 공장에서 사용되는 저장 탱크 시스템을 나타낸다. 이 시스템은 다량의 옥수수 시럽이 지정된 온도로 예열되도록 만들어 설탕, 향료, 방부제, 색소와 같은 성분들이 더해지는 혼합용기로 보내지기 전에 적절한 점성을 갖도록 제어된다. 이렇게 제어하기 위해 탱크의 레벨과 온도 센서 및 흐름 센서가 제어의 입력으로 사용된다.

시스템 동작과 해석

탱크는 팬케익 제조 과정에서 사용되는 옥수수 시럽을 보관한다. 혼합을 위한 준비과정에서 옥수수 시럽의 온도는 탱크로부터 혼합 용기로 방출될 때, 요구되는 흐름 특성을 갖기 위해 적당한 점성 값으로 설정되어야 한다. 이 온도는 키패드 입력을 통하여 선택된다. 제어 논리에 의해 가열장치는 켜지거나 꺼져서 설정한 온도를 유지한다. 온도 트랜스듀서에서의 아날로그 출력(T_{analog})은 아날로그→디지털 변환기에 의해 8비트 2진 코드로 변환되고 8비트 BCD 코드로 된다. 온도 제어기는 온도가 지정된 값 아래로 떨어졌을 때를 감지하여 가열장치를 켠다. 온도가 지정된 값에 이르면 가열장치는 꺼진다.

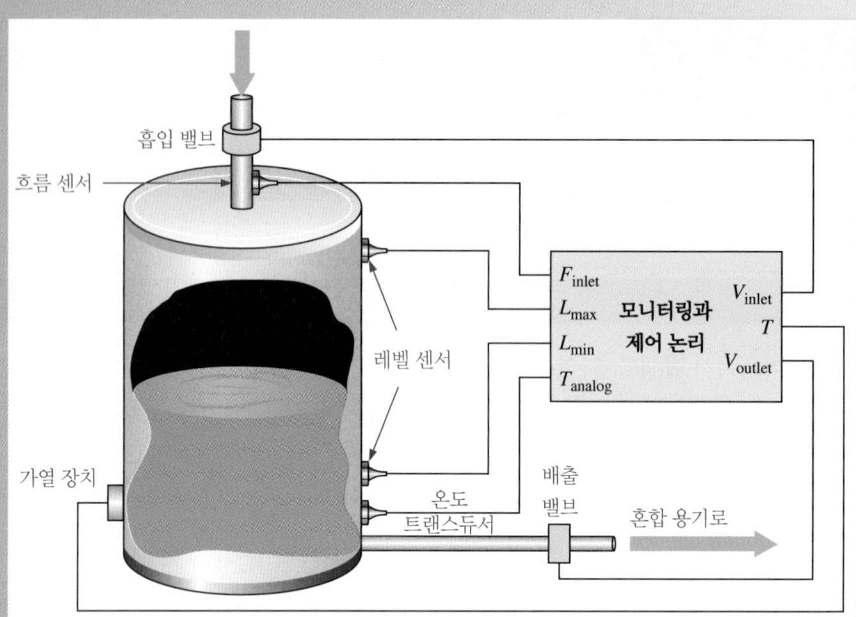

그림 5-50 레벨과 온도 센서를 갖는 탱크와 제어

레벨 센서는 옥수수 시럽이 최솟값 이상이거나 최대 레벨일 때 HIGH를 출력한다. 밸브 제어 논리는 최대 레벨(L_{max})이거나 최소 레벨(L_{min})에 도달했을 때와 용액이 탱크로 흡입될 때(F_{inlet})를 감지한다. 이러한 입력을 바탕으로 제어 논리는 각 밸브(V_{inlet}과 V_{outlet})를 개방하거나 닫는다. 새로운 옥수수 시럽은 최소 레벨에 도달할 때에만 흡입 밸브를 통해 탱크로 더해진다. 흡입 밸브가 개방되면 탱크의 레벨은 흡입 밸브가 닫히기 전에 최댓값에 도달한다. 또한 배출 밸브가 개방되면 레벨은 배출 밸브가 닫히기 전에 최솟값에 도달한다. 새로운 시럽은 항상 탱크에 있는 시럽보다 온도가 낮다. 시럽이 채워지거나 온도가 지정된 값보다 낮을 때, 탱크에서 유출될 수 없다.

흡입 밸브 제어 흡입 밸브가 개방되어 탱크가 채워지는 조건은 다음과 같다.

- 용액 레벨이 최소(L_{min})일 때
- 탱크가 채워지지만(F_{inlet}) 최대 레벨에 도달하지 않은 때($\overline{L}_{max}$)

표 5-6은 흡입 밸브의 진리표이다. HIGH(1)은 흡입 밸브가 개방(*on*)되기 위한 활성화 레벨이다.

표 5-6

흡입 밸브 제어에 대한 진리표

입력			출력	
L_{max}	L_{min}	F_{inlet}	V_{inlet}	설명
0	0	0	1	최소 이하의 레벨, 흡입으로의 흐름이 없음
0	0	1	1	최소 이하의 레벨, 흡입 흐름이 있음
0	1	0	0	최소 이상과 최대 이하의 레벨, 흡입으로의 흐름이 없음
0	1	1	1	최소 이상과 최대 이하의 레벨, 흡입 흐름이 있음
1	0	0	X	발생하지 않음

(계속)

입력			출력	
L_{max}	L_{min}	F_{inlet}	V_{inlet}	설명
1	0	1	X	발생하지 않음
1	1	0	0	최대의 레벨, 흡입으로의 흐름이 없음
1	1	1	0	최대의 레벨, 흡입 흐름이 있음

연습문제

1. 진리표에서 2개의 조건이 발생하지 않는 이유를 설명하라.
2. 어떤 입력 조건하에서 흡입 밸브가 개방되는가?
3. 레벨이 최솟값 이하로 떨어져 탱크가 다시 채워지기 시작하면, 언제 흡입 밸브가 닫히는가?

진리표로부터 흡입 밸브의 제어 출력에 대한 식은 다음과 같다.

$$V_{inlet} = \overline{L}_{max}\overline{L}_{min}\overline{F}_{inlet} + \overline{L}_{max}\overline{L}_{min}F_{inlet} + \overline{L}_{max}L_{min}F_{inlet}$$

SOP 표현은 다음과 같이 간략화되어 표현된다.

$$V_{inlet} = \overline{L}_{min} + \overline{L}_{max}F_{inlet}$$

연습문제

4. K-맵을 사용하여 간략화된 식이 정확함을 증명하라.
5. 간략화된 식을 사용하여, 흡입 밸브 제어에 대한 논리회로도를 그리라.

배출 밸브 제어 배출 밸브가 개방되어 탱크에서 배출되는 조건은 다음과 같다.

- 시럽 레벨이 최솟값 이상이고 탱크가 채워지지 않았을 때
- 시럽의 온도가 지정된 값일 때

표 5-7은 배출 밸브의 진리표이다. HIGH(1)은 배출 밸브가 개방(*on*)되기 위한 활성화 레벨이다(참고 : T는 입력 및 출력 모두이다. T = Temp).

표 5-7

배출 밸브 제어에 대한 진리표

입력				출력	
L_{max}	L_{min}	F_{inlet}	T	V_{outlet}	설명
0	0	0	0	0	최소 이하의 레벨, 흡입으로의 흐름이 없음, 온도가 낮음
0	0	0	1	0	최소 이하의 레벨, 흡입으로의 흐름이 없음, 온도가 정확함
0	0	1	0	0	최소 이하의 레벨, 흡입으로의 흐름이 있음, 온도가 낮음
0	0	1	1	0	최소 이하의 레벨, 흡입으로의 흐름이 있음, 온도가 정확함
0	1	0	0	0	최소 이상과 최대 이하의 레벨, 흡입으로의 흐름이 없음, 온도가 낮음
0	1	0	1	1	최소 이상과 최대 이하의 레벨, 흡입으로의 흐름이 없음, 온도가 정확함
0	1	1	0	0	최소 이상과 최대 이하의 레벨, 흡입으로의 흐름이 있음, 온도가 낮음
0	1	1	1	0	최소 이상과 최대 이하의 레벨, 흡입으로의 흐름이 있음, 온도가 정확함
1	0	0	0	X	발생하지 않음
1	0	0	1	X	발생하지 않음
1	0	1	0	X	발생하지 않음

(계속)

입력				출력	
L_{max}	L_{min}	F_{inlet}	T	V_{outlet}	설명
1	0	1	1	X	발생하지 않음
1	1	0	0	0	최대의 레벨, 흡입으로의 흐름이 없음, 온도가 낮음
1	1	0	1	1	최대의 레벨, 흡입으로의 흐름이 없음, 온도가 정확함
1	1	1	0	0	최대의 레벨, 흡입으로의 흐름이 있음, 온도가 낮음
1	1	1	1	0	최대의 레벨, 흡입으로의 흐름이 있음, 온도가 정확함

연습문제

6. 배출 밸브 제어를 제어하는 데 4개의 입력이 필요하고, 흡입 밸브는 제어하는 데 3개의 입력이 필요한 이유를 설명하라.
7. 어떤 입력 조건하에서 배출 밸브가 개방되는가?
8. 레벨이 최댓값에 도달해 탱크가 배출하기 시작하면, 언제 배출 밸브가 닫히는가?

진리표로부터 배출 밸브의 제어 출력에 대한 식은 다음과 같다.

$$V_{outlet} = \overline{L}_{max}L_{min}\overline{F}_{inlet}T + L_{max}L_{min}\overline{F}_{inlet}T$$

SOP 표현은 다음과 같이 간략화되어 표현된다.

$$V_{outlet} = L_{min}\overline{F}_{inlet}T$$

연습문제

9. K-맵을 사용하여 간략화된 식이 정확함을 증명하라.
10. 간략화된 식을 사용하여 배출 밸브 제어에 대한 논리회로도를 그리라.

온도 제어 온도 제어 논리는 측정된 온도를 나타내는 8비트 BCD 코드를 입력받아 지정된 온도의 BCD 코드와 비교한다. 블록도는 그림 5-51과 같다. 아날로그 → 디지털 변환기와 2진 → BCD 변환기는 이 응용의 범주를 벗어나므로 여기서는 다루지 않는다.

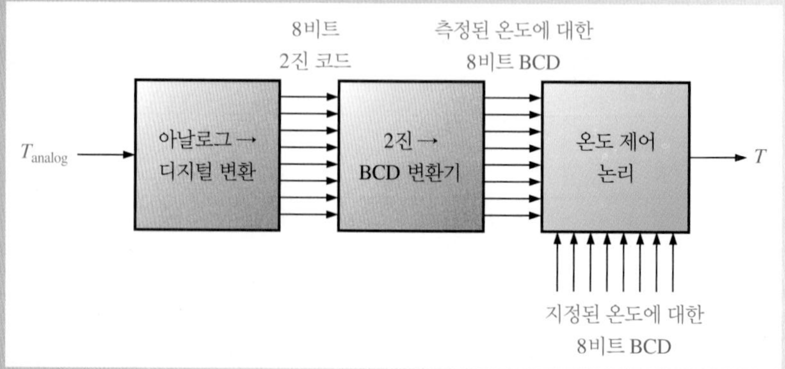

그림 5-51 **온도 제어 회로에 대한 블록도**

측정된 온도와 지정된 온도가 같을 때, 두 BCD 코드는 같으며 T 출력은 LOW(0)이다. 측정 온도가 지정 온도 아래로 떨어질 때, BCD 코드가 다르며 T 출력은 HIGH(1)가 되어 가열장치를 켠다. 온도 제어 논리는 그림 5-52에 나타낸 바와 같이 배타적-OR 게이트로 구현된다. 두 BCD 코드에서 일치하는 비트 위치의 각 값이 배타적-OR 게이트에 입력된다.

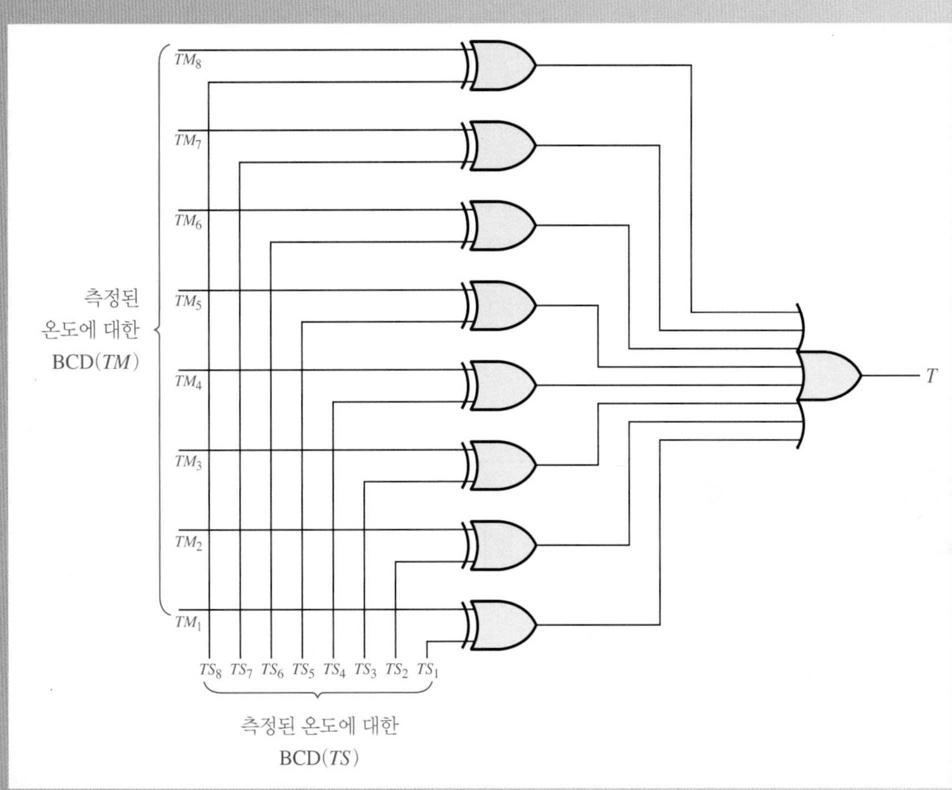

그림 5-52 **온도 제어 회로에 대한 논리회로도**

비트값이 같을 때 XOR 게이트의 출력은 0이고 다를 때, XOR 게이트의 출력은 1이다. 하나 이상의 XOR 출력이 1이면, OR 게이트의 *T* 출력은 1이 되어서 가열장치를 켠다.

VHDL에 의한 탱크 제어 논리

입구 밸브, 출구 밸브 및 온도에 대한 제어 논리는 데이터 흐름 접근법(논리 불 설명에 기반함)을 사용하여 VHDL로 설명된다. 연습문제 11은 비교를 위해 구조적 접근 방식(게이트와 연결 방식을 기반으로 함)이 필요하다.

```
entity TankControl is
  port (Finlet, Lmax, Lmin, TS1, TS2, TS3, TS4, TS5, TS6, TS7, TS8, TM1, TM2,
  TM3, TM4, TM5, TM6, TM7, TM8: in bit; Vinlet, Voutlet, T: out bit);
end entity TankControl;
architecture ValveTempLogic of TankControl is
begin
  Vinlet <= not Lmin or (not Lmax and Finlet);
  Voutlet <= Lmin and not Finlet and T;
  T <= (TS1 xor TM1) or (TS2 xor TM2) or (TS3 xor TM3) or (TS4 xor TM4)
  or (TS5 xor TM5) or (TS6 xor TM6) or (TS7 xor TM7) or (TS8 xor TM8);
end architecture ValveTempLogic;
```

연습문제

11. 구조적 접근 방식을 사용하여 탱크 제어 논리용 VHDL 코드를 작성하라.

밸브 제어 논리의 모의실험

그림 5-53은 흡입과 배출 밸브의 제어 논리에 대한 모의실험 화면이다. SPDT 스위치는 레벨과 흐름 센서의 입력과 온도 표시를 나타낸다. 프로브는 출력 상태를 가리키는 데 사용된다.

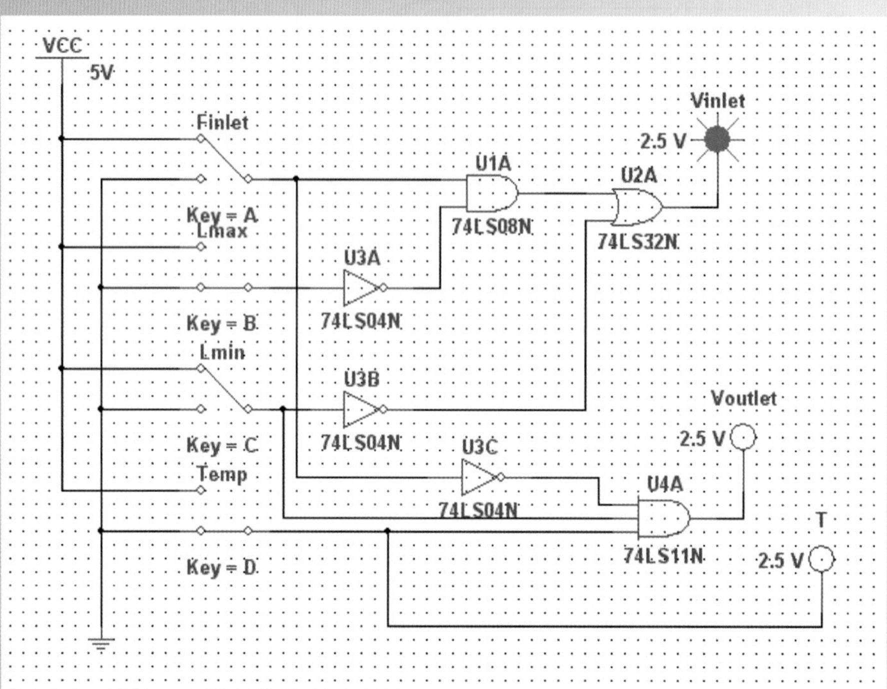

그림 5-53 **밸브 제어 논리에 대한 Multisim 회로**

MultiSim

웹사이트의 Applied Logic 폴더에 있는 AL05 파일을 연다. Multisim 소프트웨어를 사용하여 밸브 제어 논리의 시뮬레이션을 실행하고 작동을 관찰하라. 새로운 Multisim 파일을 만들고 온도 제어 논리를 연결한 다음 시뮬레이션을 실행하라.

지식 적용

시럽의 온도가 지정된 레벨 이하인 9℃ 이상이 안 되면 온도 제어 논리는 간단하게 될 수 있는가? 만약 그렇다면 어떻게 하면 되는가?

요약

- AND-OR 논리의 출력식은 SOP 형으로 표현된다.
- AND-OR-Invert 논리의 출력식은 보수화된 SOP 형이며, 이는 실제로 POS 형태로 표현된다.
- 배타적-OR의 연산 기호는 ⊕이다. 배타적-OR 식은 다음과 같이 두 가지 방법으로 나타낼 수 있다.

$$A\overline{B} + \overline{A}B = A \oplus B$$

- 논리회로를 분석하기 위하여, 논리회로로부터 불 식을 만들거나 진리표를 작성한다. 또는 이 2개를 모두 만들기도 한다.
- 논리회로의 구현 과정은 불 출력식이나 진리표로 출력 함수를 만드는 논리회로의 전개 과정을 의미한다.
- 모두 NAND이거나 NOR인 논리회로도는 적절한 이중 기호를 이용하여 버블 출력은 버블 입력에 연결하고, 버블이 없는 출력은 버블이 없는 입력에 연결하도록 다시 그려질 수 있다.
- 2개의 부정 표시기(버블)가 연결되면, 서로 소거된다.
- VHDL 컴포넌트는 하나의 프로그램 또는 다른 프로그램에서 사용될 수 있도록 저장되어 있는 미리 정의된 논리함수이다.
- 컴포넌트 인스턴스화는 프로그램에서 컴포넌트를 호출하기 위해 사용된다.
- VHDL 신호는 VHDL의 구조적 기술에서 내부적인 상호 연결처럼 동작한다.

핵심용어

이 장의 핵심 용어 및 기타 굵은 글씨는 책 마지막 용어해설에도 정리되어 있다.

네거티브-AND(negative-AND) 모든 입력이 LOW일 때 HIGH를 출력하는 논리회로로 NOR 게이트와 동일한 동작을 한다.

네거티브-OR(negative-OR) 입력 중에 하나 이상이 LOW일 때 HIGH를 출력하는 논리회로로 NAND 게이트와 동일한 동작을 한다.

노드(node) 게이트의 출력이 하나 또는 그 이상의 입력으로 연결되는 회로에서의 결합점

범용 게이트(universal gate) NAND 게이트 또는 NOR 게이트. 범용이라는 용어는 NAND 게이트 또는 NOR를 조합하여 임의의 논리 기능을 구현할 수 있는 게이트의 성질을 의미한다.

신호(signal) 파형, 데이터를 유지하는 VHDL 객체의 한 종류

신호 추적(signal tracing) 회로의 상태를 검사하기 위해 입력에서 시작해 출력에 이르기까지 단계별로 또는 이와 역과정으로 파형을 관측하여 고장 진단을 하는 기술. 각 지점에서 관측된 파형은 그 지점에서의 정확한 파형과 비교된다.

컴포넌트(component) 프로그램을 통해 여러 용도로 사용할 수 있도록 논리함수를 미리 정의하기 위해 사용되는 VHDL 특징

참/거짓 퀴즈

정답은 이 장의 끝에 있다.

1. AND-OR 논리는 단지 2개의 2-입력 AND 게이트를 가질 수 있다.
2. AOI는 AND-OR-Invert의 약자이다.
3. 배타적-OR 게이트의 입력이 같으면 출력은 LOW(0)이다.
4. 배타적-NOR 게이트의 입력이 서로 다르면 출력은 HIGH(1)이다.
5. 패리티 발생기는 배타적-OR 게이트를 사용하여 구현될 수 있다.
6. NAND 게이트는 AND 연산을 위해 사용될 수 있다.
7. NOR 게이트는 OR 연산을 위해 사용될 수 없다.
8. 어떠한 SOP 표현식도 NAND 게이트를 사용하여 구현될 수 있다.
9. NAND 게이트에 대한 이중 기호는 네거티브-AND 기호이다.
10. 네거티브-OR는 NAND와 등가이다.

자습문제

정답은 이 장의 끝에 있다.

1. 입력 A, B, C, D를 갖는 AND 게이트와 입력 D, E, F를 갖는 AND 게이트를 조합한 AND-OR 회로의 출력식은 어느 것인가?
   (a) $ABCDEF$ (b) $A + B + C + D + E + F$
   (c) $ABC + DEF$ (d) $(A + B + C)(D + E + F)$
2. 출력 $X = \overline{\overline{AB} + \overline{ABC}}$인 논리회로에 대한 설명으로 적합한 것은 무엇인가?
   (a) 2개의 AND 게이트와 1개의 OR 게이트로 구성되어 있다.
   (b) 2개의 AND 게이트, 1개의 OR 게이트와 1개의 인버터로 구성되어 있다.
   (c) 2개의 AND 게이트, 2개의 AND 게이트와 2개의 인버터로 구성되어 있다.
   (d) 2개의 AND 게이트, 1개의 OR 게이트와 3개의 인버터로 구성되어 있다.
3. 식 $\overline{X}\,\overline{Y}\,\overline{Z} + \overline{X}Y\overline{Z} + X\overline{Y}Z + \overline{X}YZ + XY\overline{Z}$를 구현하려면?
   (a) 5개 AND 게이트, 1개 OR 게이트 및 8개 인버터
   (b) 4개 AND 게이트, 2개 OR 게이트 및 6개 인버터
   (c) 5개 AND 게이트, 3개 OR 게이트 및 7개 인버터
   (d) 5개 AND 게이트, 1개 OR 게이트 및 7개 인버터
4. 식 $\overline{A}BCD + ABC\overline{D} + A\overline{B}\,\overline{C}D$에 대한 설명으로 적합한 것은 무엇인가?
   (a) 간략화될 수 없다. (b) $\overline{A}BC + A\overline{B}$로 간략화된다.
   (c) $ABC\overline{D} + \overline{A}B\overline{C}$로 간략화된다. (d) 3개 모두 정답이 아니다.
5. A, B, C 입력을 갖는 AND 게이트와 D, E, F 입력을 갖는 AND 게이트를 갖는 AND-OR-Invert 회로에 대한 출력식은 어느 것인가?
   (a) $ABC + DEF$ (b) $(A + B + C)(D + E + F)$
   (c) $(\overline{A} + \overline{B} + \overline{C})(\overline{D} + \overline{E} + \overline{F})$ (d) $\overline{A} + \overline{B} + \overline{C} + \overline{D} + \overline{E} + \overline{F}$

6. 배타적-NOR 함수의 표현식은 무엇인가?
   (a) $\overline{A}\,\overline{B} + AB$ (b) $\overline{A}B + A\overline{B}$
   (c) $(\overline{A} + B)(A + \overline{B})$ (d) $(\overline{A} + \overline{B})(A + B)$
7. AND 연산은 다음 중 어떤 것으로 구현되는가?
   (a) 2개의 NAND 게이트 (b) 3개의 NAND 게이트
   (c) 1개의 NOR 게이트 (d) 3개의 NOR 게이트
8. OR 연산은 다음 중 어떤 것으로 구현되는가?
   (a) 2개의 NOR 게이트 (b) 3개의 NAND 게이트
   (c) 4개의 NAND 게이트 (d) (a)와 (b)
9. 논리회로도에서 이중 기호를 사용할 때 설명이 맞는 것은 어느 것인가?
   (a) 버블 출력은 버블 입력에 연결된다.
   (b) NAND 기호는 AND 연산을 수행한다.
   (c) 네거티브-OR 기호는 OR 연산을 수행한다.
   (d) 3개 모두 맞다.
   (e) 모두 아니다.
10. 모든 불 식은 어떤 게이트로 구현될 수 있는가?
   (a) NAND 게이트만으로
   (b) NOR 게이트만으로
   (c) NAND와 NOR 게이트의 조합으로
   (d) AND 게이트, OR 게이트와 인버터의 조합으로
   (e) 위의 설명 모두
11. VHDL 컴포넌트에 대한 설명으로 맞는 것은?
   (a) 각 프로그램에서 한 번 사용될 수 있다.
   (b) 논리함수를 미리 지정하는 기술(description)이다.
   (c) 프로그램에서 여러 번 사용될 수 있다.
   (d) 데이터 흐름을 기술하는 일부분이다.
   (e) (b)와 (c)가 정답
12. VHDL 컴포넌트는 프로그램에서 사용을 위해 호출되는데, 무엇을 사용하여 호출되는가?
   (a) 신호 (b) 변수
   (c) 컴포넌트 인스턴스화 (d) 아키텍처 선언

문제

홀수 문제의 정답은 책의 끝에 있다.

5-1절 기본적인 조합 논리회로

1. 3개의 4-입력 AND-OR-Invert 회로에 대해서 ANSI 고유 기호를 사용하여 논리회로도를 그리라. 또한 ANSI 표준 사각 기호를 사용하여 논리회로를 그리라.
2. 그림 5-54의 각 회로에 대한 출력식을 구하라.
3. 그림 5-55의 각 회로에 대한 출력식을 구하라.
4. 그림 5-56의 각 회로에 대한 출력식을 구하고, 각 회로를 등가의 AND-OR 구조로 변경하라.

(a)

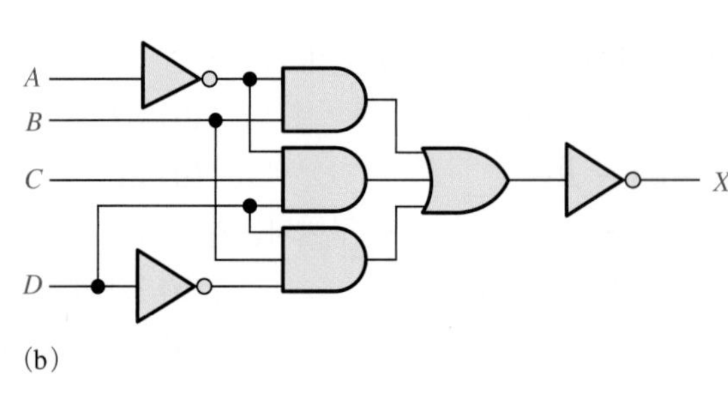

(b)

그림 5-54

(a)

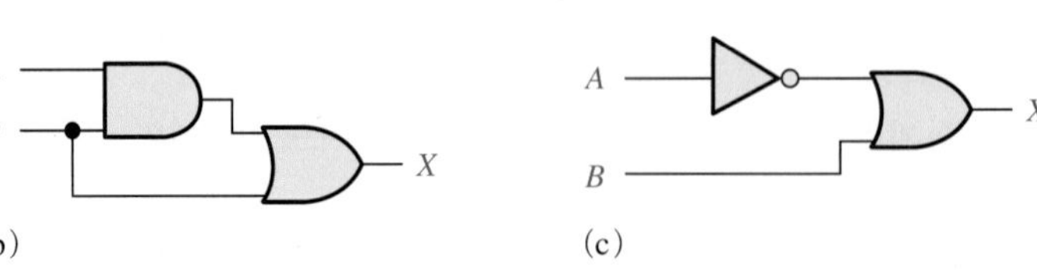

(b) (c)

(d)

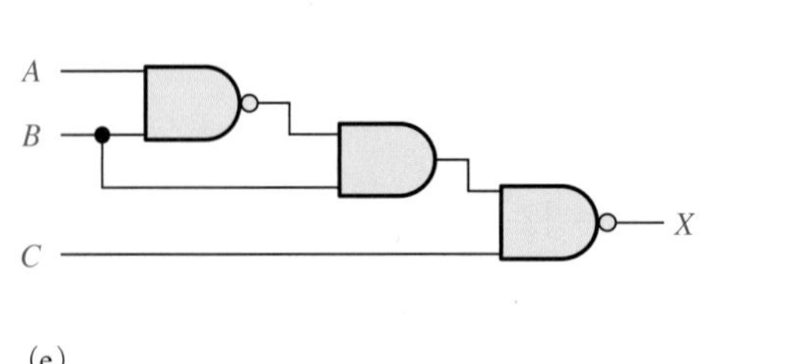

(e)

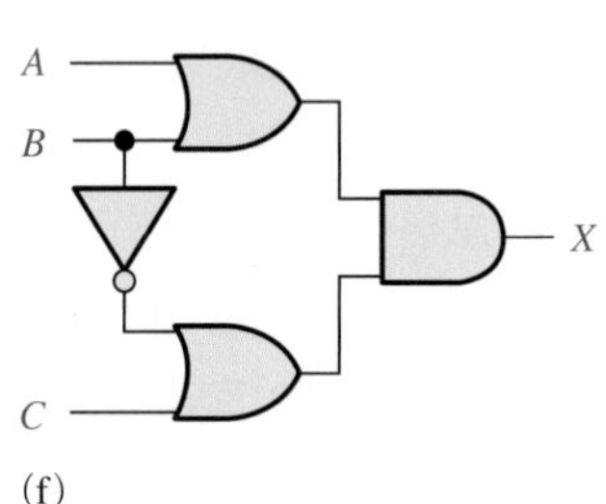

(f)

그림 5-55

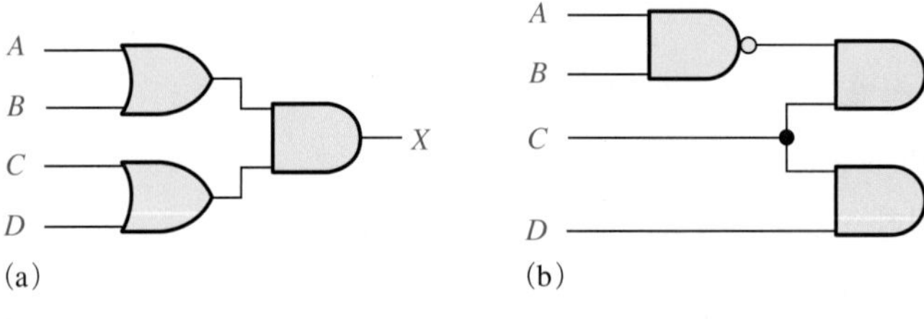

(a) (b)

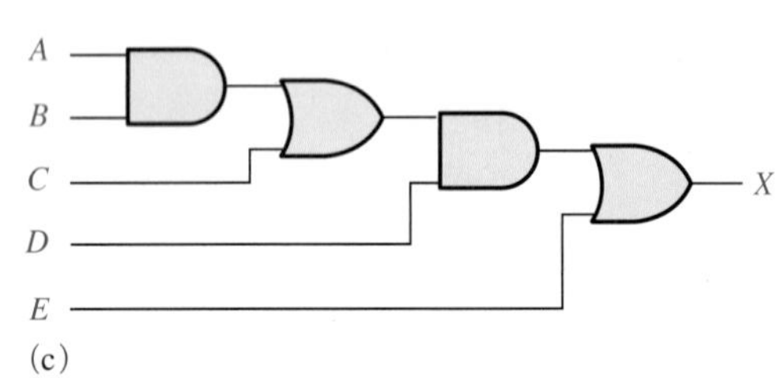

(c)

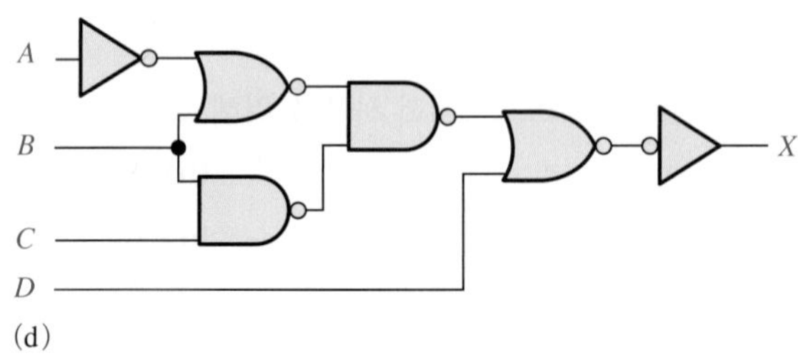

(d)

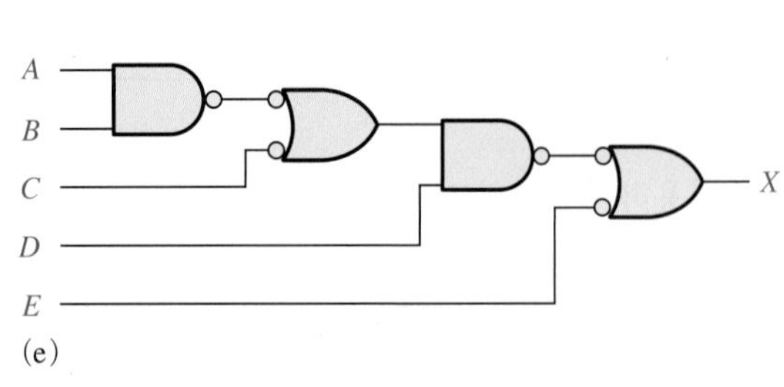

(e)

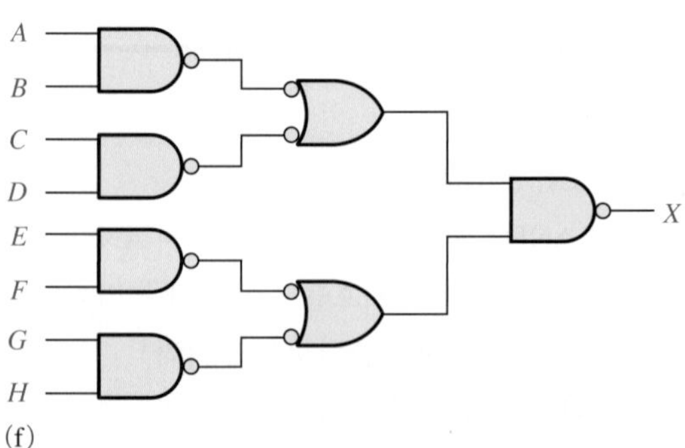

(f)

그림 5-56

5. 그림 5-55의 각 회로에 대한 진리표를 작성하라.
6. 그림 5-56의 각 회로에 대한 진리표를 작성하라.
7. 배타적-NOR 회로의 출력식이 POS 출력임을 증명하라.

5-2절 조합 논리의 구현

8. 만약 가드가 제 위치에 있고(논리 1), 스위치가 on(논리 1)이거나 모터가 너무 뜨거울 경우(논리 0) 스위치가 off(논리 0)되는 구동회로를 위한 AND-OR-Invert 회로로 구현하라.
9. AOI(AND-OR-Invert) 논리 IC는 2개의 4-입력 AND 게이트가 2-입력 NOR 게이트에 연결된다. 회로(입력은 A~H까지로 가정한다)에 대한 불 식을 작성하라.
10. AND 게이트, OR 게이트 또는 두 가지 게이트를 조합하여 다음의 논리식을 구현하라.
    (a) $X = A + B + C$
    (b) $X = ABC$
    (c) $X = A + BC$
    (d) $X = AB + CD$
    (e) $X = (A + B)(C + D)$
    (f) $X = A + BCD$
    (g) $X = ABC + BCD + DEF$
    (h) $X = ABC(D + E + F) + AC(C + D + E)$
11. AND 게이트, OR 게이트와 인버터를 사용하여 다음의 논리식을 구현하라.
    (a) $X = AB + \overline{B}C$
    (b) $X = A(B + \overline{C})$
    (c) $X = A\overline{B} + AB$
    (d) $X = \overline{ABC} + B(EF + \overline{G})$
    (e) $X = A[BC(A + B + C + D)]$
    (f) $X = B(C\overline{D}E + \overline{E}FG)(\overline{AB} + C)$
12. NAND 게이트, NOR 게이트 또는 두 가지 게이트를 조합하여 다음의 논리식을 구현하라.
    (a) $X = \overline{A}B + CD + (\overline{A + B})(ACD + \overline{BE})$
    (b) $X = AB\overline{C}\overline{D} + D\overline{E}F + \overline{AF}$
    (c) $X = \overline{A}[B + \overline{C}(D + E)]$
13. 표 5-8의 진리표에 대한 논리회로를 구현하라.

표 5-8

입력			출력
A	B	C	X
0	0	0	1
0	0	1	0
0	1	0	1
0	1	1	0
1	0	0	1
1	0	1	0
1	1	0	1
1	1	1	1

14. 표 5-9의 진리표에 대한 논리회로를 구현하라.

표 5-9

입력				출력
A	*B*	*C*	*D*	*X*
0	0	0	0	0
0	0	0	1	0
0	0	1	0	1
0	0	1	1	1
0	1	0	0	1
0	1	0	1	0
0	1	1	0	0
0	1	1	1	0
1	0	0	0	1
1	0	0	1	1
1	0	1	0	1
1	0	1	1	1
1	1	0	0	0
1	1	0	1	0
1	1	1	0	0
1	1	1	1	1

15. 그림 5-57의 회로를 최대한 간략화하고, 간략화한 회로가 원래의 회로와 등가임을 진리표를 통해 검증하라.

16. 그림 5-58의 회로에 대해 문제 15를 반복하라.

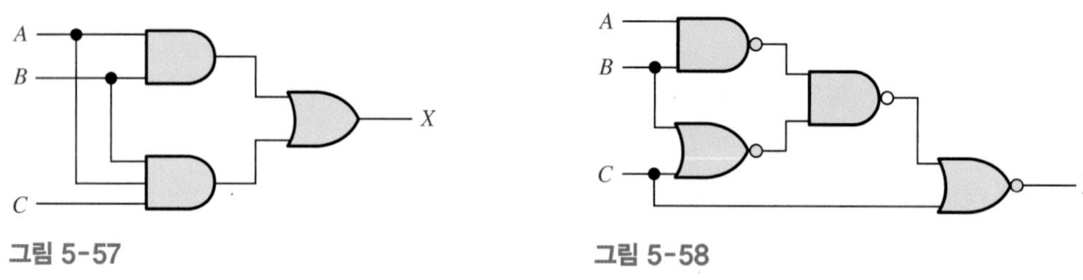

그림 5-57

그림 5-58

17. 최소한의 게이트를 사용하여 문제 11의 각각에 대한 함수를 SOP 형으로 구현하라.

18. 최소한의 게이트를 사용하여 문제 12의 각각에 대한 함수를 SOP 형으로 구현하라.

19. 최소한의 게이트를 사용하여 그림 5-56의 각각에 대한 회로 함수를 SOP 형으로 구현하라.

5-3절 NAND와 NOR 게이트의 범용성

20. NAND 게이트만을 사용하여 그림 5-54의 논리회로를 구현하라.

21. NAND 게이트만을 사용하여 그림 5-58의 논리회로를 구현하라.

22. NOR 게이트만을 사용하여 문제 20을 반복하라.

23. NOR 게이트만을 사용하여 문제 21을 반복하라.

5-4절 NAND와 NOR 게이트를 사용한 조합 논리

24. NOR 게이트만을 사용하여 다음 식을 구현하라.

(a) $X = ABC$ **(b)** $X = \overline{ABC}$ **(c)** $X = A + B$

(d) $X = A + B + \overline{C}$ **(e)** $X = \overline{AB} + \overline{CD}$ **(f)** $X = (A + B)(C + D)$

(g) $X = AB[C(\overline{DE} + \overline{AB}) + \overline{BCE}]$

25. NAND 게이트만을 사용하여 문제 24를 반복하라.
26. NAND 게이트만을 사용하여 문제 10의 각 함수를 구현하라.
27. NAND 게이트만을 사용하여 문제 11의 각 함수를 구현하라.

5-5절 펄스 파형에 대한 논리회로 동작

28. 논리회로와 입력 파형이 그림 5-59와 같이 주어질 때, 출력 파형을 그리라.

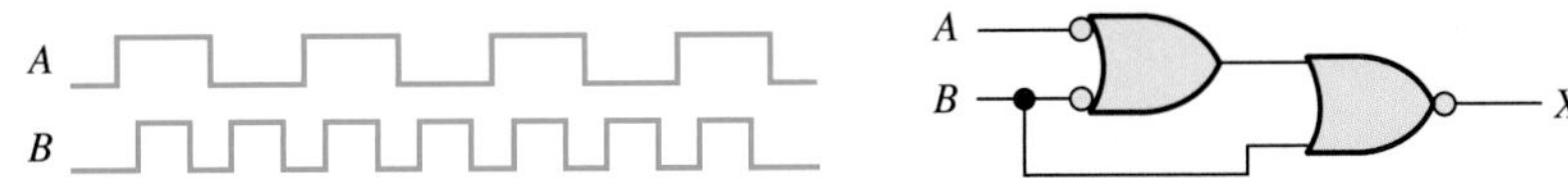

그림 5-59

29. 그림 5-60의 논리회로에 대해 입력에 대한 출력 파형을 그리라.

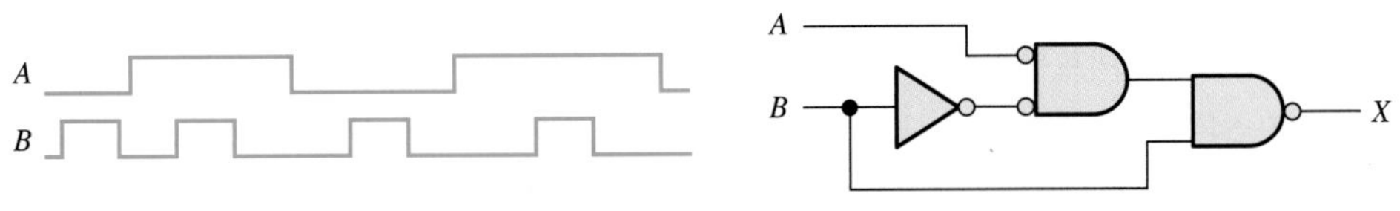

그림 5-60

30. 그림 5-61의 입력 파형에 대해 다음의 출력 파형을 발생시키는 논리회로는 무엇인가?

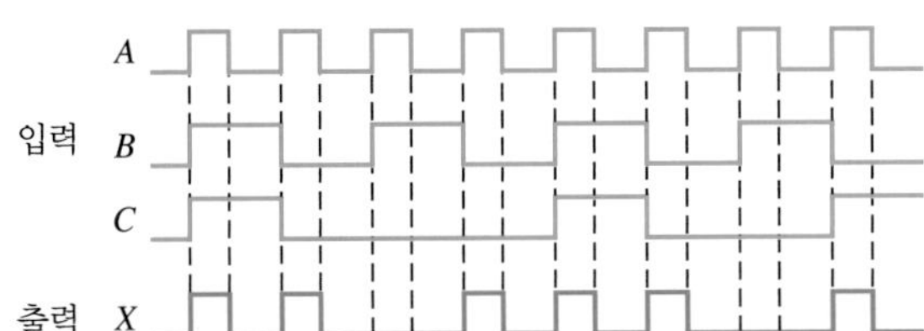

그림 5-61

31. 그림 5-62의 파형에 대해 문제 30을 반복하라.

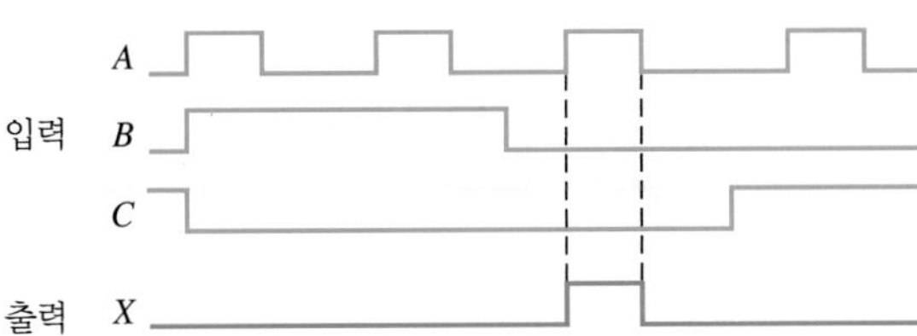

그림 5-62

32. 그림 5-63의 회로에 대해 숫자로 표시된 지점의 파형을 그리라.

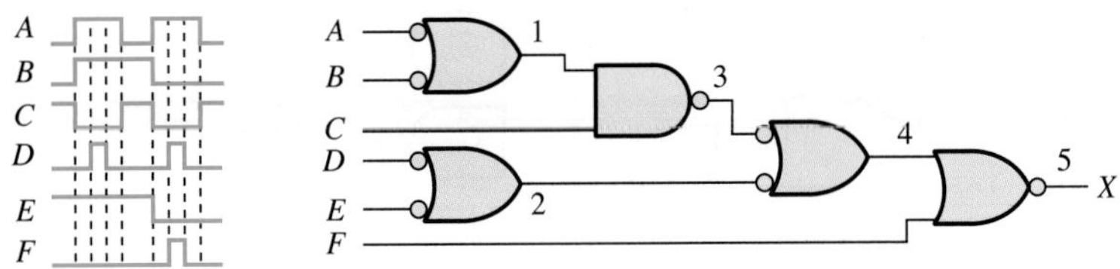

그림 5-63

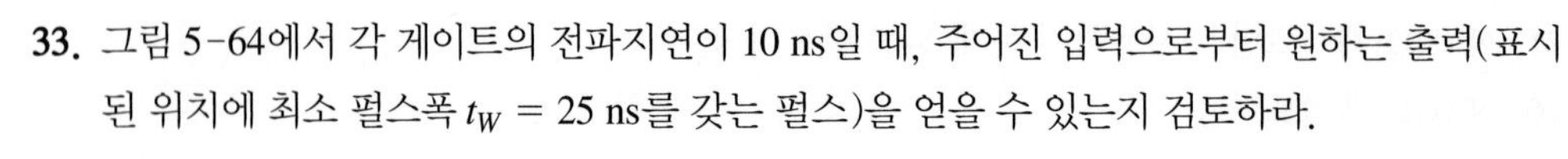

33. 그림 5-64에서 각 게이트의 전파지연이 10 ns일 때, 주어진 입력으로부터 원하는 출력(표시된 위치에 최소 펄스폭 t_W = 25 ns를 갖는 펄스)을 얻을 수 있는지 검토하라.

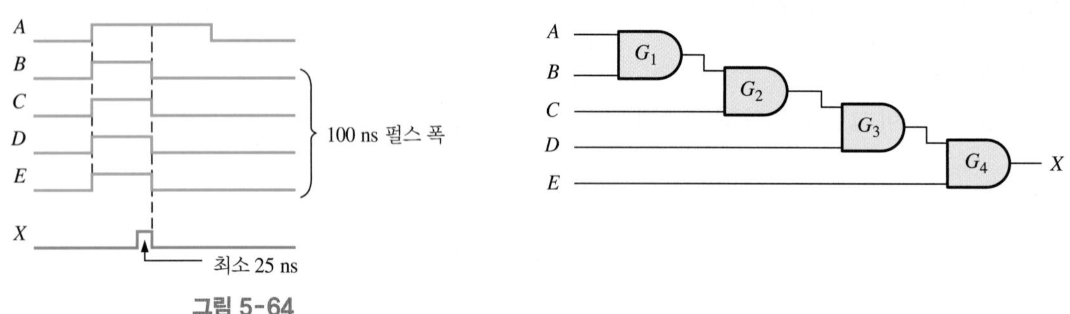

그림 5-64

5-6절 VHDL로 조합 논리 구현하기

34. 2-입력 NAND 게이트를 VHDL로 기술하라.

35. 3-입력 AND 게이트를 VHDL로 기술하라.

36. 그림 5-54(b)의 논리회로에 대해, 데이터 흐름 접근법(불 식)을 사용하여 VHDL 프로그램을 작성하라.

37. 그림 5-55(e)와 (f)의 논리회로에 대해, 데이터 흐름 접근법(불 식)을 사용하여 VHDL 프로그램을 작성하라.

38. 그림 5-56(d)의 논리회로에 대해, 구조적 접근법을 사용하여 VHDL 프로그램을 작성하라. 각각의 게이트 형태에 대한 컴포넌트 선언이 이용이 가능하다고 가정한다.

39. 그림 5-56(f)의 논리회로에 대해 문제 38을 반복하라.

40. 표 5-8의 진리표에 대한 논리를 먼저 SOP 형으로 변환하고, 이를 VHDL 프로그램으로 작성하라.

41. 그림 5-65의 논리에 대해 데이터 흐름 접근법과 구조적인 접근법을 사용하여 VHDL 프로그램을 작성하고, 결과 프로그램을 비교하라.

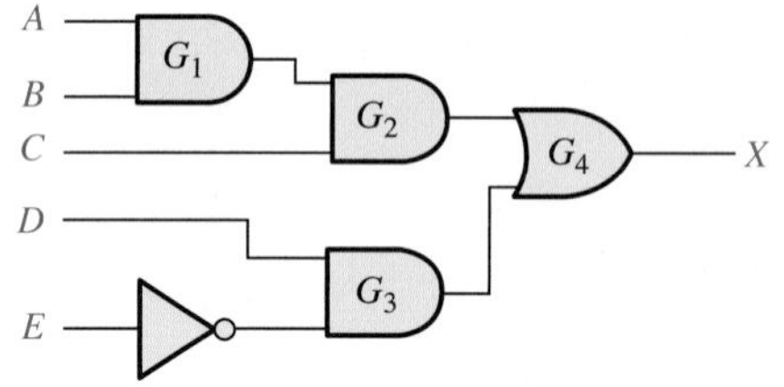

그림 5-65

42. 그림 5-66의 논리에 대해 데이터 흐름 접근법과 구조적인 접근법을 사용하여 VHDL 프로그램을 작성하고, 결과 프로그램을 비교하라.

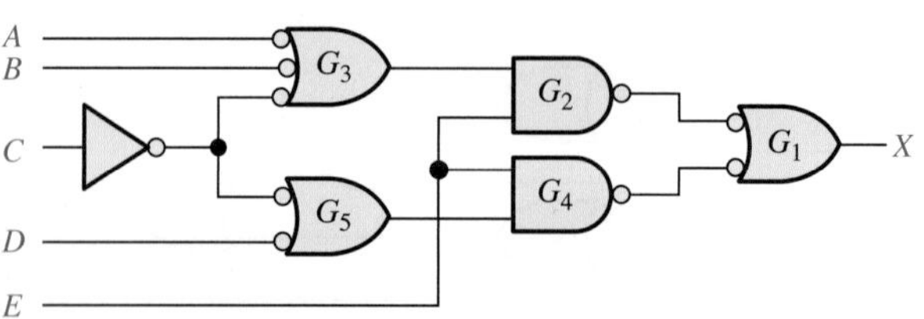

그림 5-66

43. 다음의 VHDL 프로그램이 주어질 때, 논리회로를 기술하는 진리표를 작성하라.

```
entity CombLogic is
  port(A, B, C, D: in bit; X: out bit);
end entity CombLogic;
architecture Example of CombLogic is
  begin
    X<=not((not A and not B) or (not A and not C) or (not A and not D) or
          (not B and not C) or (not D and not C));
end architecture Example;
```

44. 데이터 흐름 접근법을 사용하여, 그림 5-67의 논리회로를 VHDL 프로그램으로 기술하라.

45. 구조적인 접근법을 사용하여 문제 44를 반복하라.

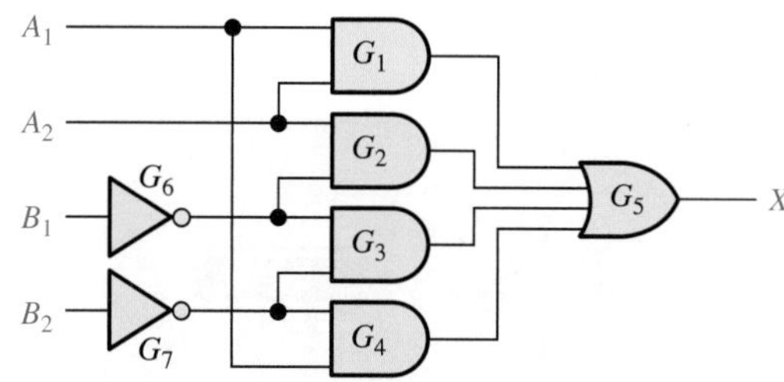

그림 5-67

5-7절 고장 진단

46. 그림 5-68에 제시된 회로에서 입력 파형이 인가되었을 때 다음과 같은 출력 파형이 관측되었다. 출력 파형이 정확한지 검토하라.

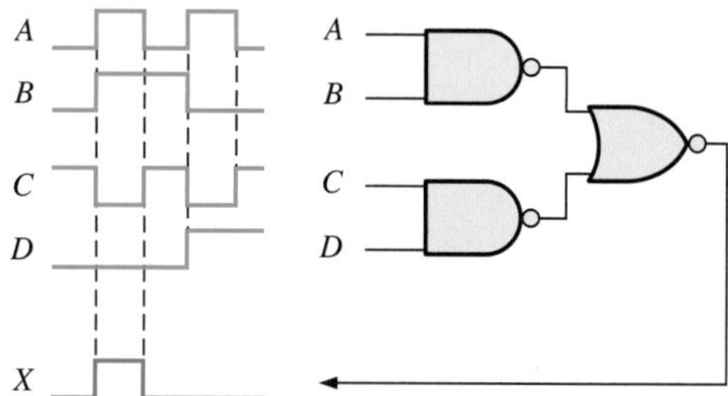

그림 5-68

47. 그림 5-69의 회로와 입력 파형에 대하여 부정확한 출력 파형 X가 관측되었다. 한 게이트의 출력이 HIGH 또는 LOW라고 가정할 때, 고장 난 부분의 게이트와 고장의 종류를 찾아라(출력 개방 또는 단락).

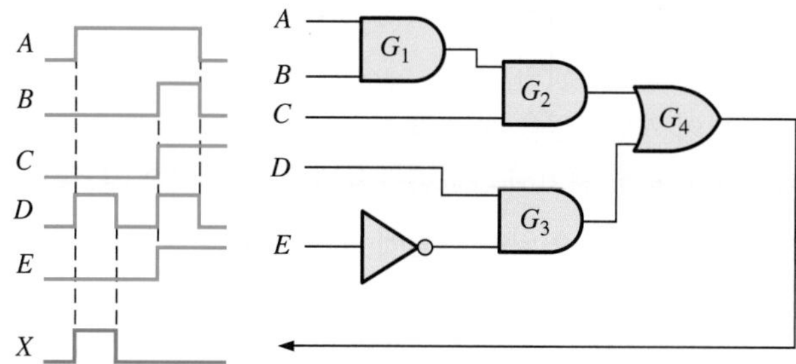

그림 5-69

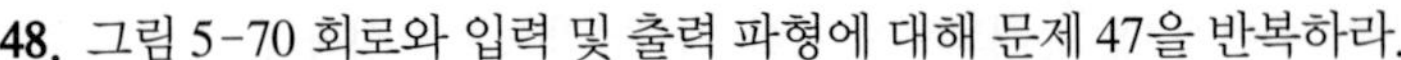

48. 그림 5-70 회로와 입력 및 출력 파형에 대해 문제 47을 반복하라.

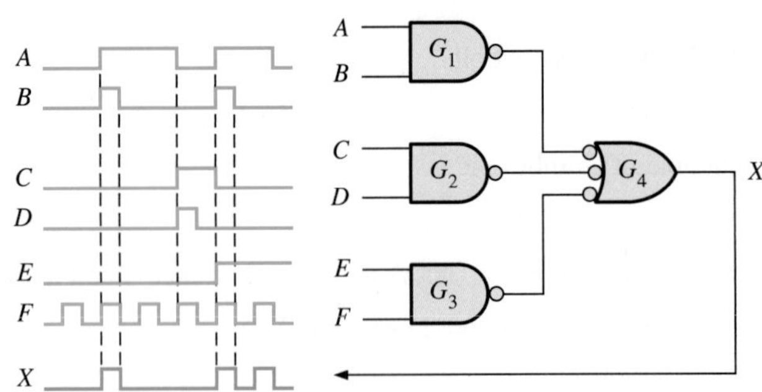

그림 5-70

49. 그림 5-71의 연결 부분을 조사하여, 소자와 핀 번호를 제시하면서 구동 게이트와 부하 게이트를 구하라.

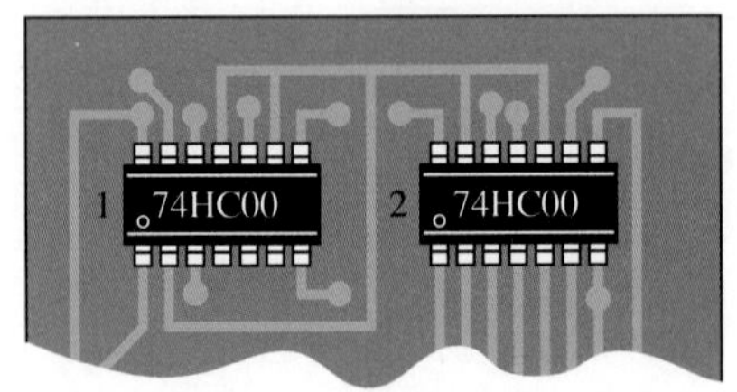

그림 5-71

50. 그림 5-72(a)의 회로를 검사하고 있다. 논리분석기를 사용하여 파형을 관측한 결과는 그림 5-72(b)와 같으며, 출력 파형에는 입력 파형에 대해 오류가 있다. 한 게이트의 출력이 항상 HIGH 또는 LOW라고 가정할 때, 고장 난 부분의 게이트와 고장의 종류를 찾아라.

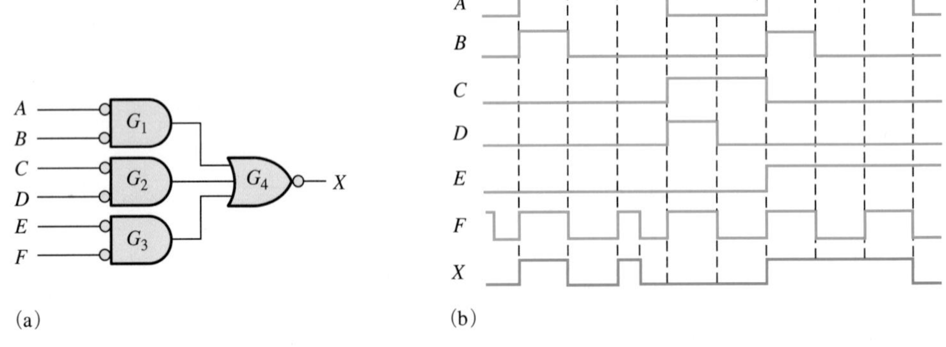

그림 5-72

51. 그림 5-73에 논리회로와 이에 대한 입력 파형이 나타나 있다.

(a) 입력에 대해 출력 파형을 구하라.

(b) G_3 게이트의 출력이 개방되었을 때 출력 파형을 구하라.

(c) 게이트 G_5의 위쪽 입력이 접지에 단락되었을 때 출력 파형을 구하라.

52. 그림 5-74의 논리회로는 출력 이외에 그림에 표시된 중간 부분에서만 검사가 가능하다. 주어진 입력 파형에 대해 이 부분을 측정한 결과의 파형이 그림에 나타나 있다. 이 파형이 정확한지 검토하고, 정확하지 않다면 원인을 밝히라.

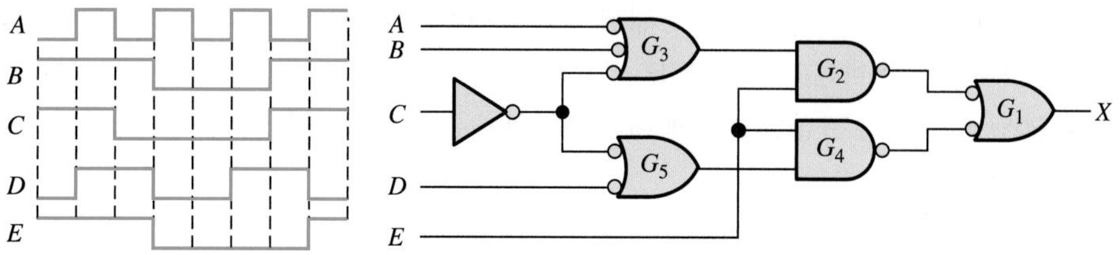

그림 5-73

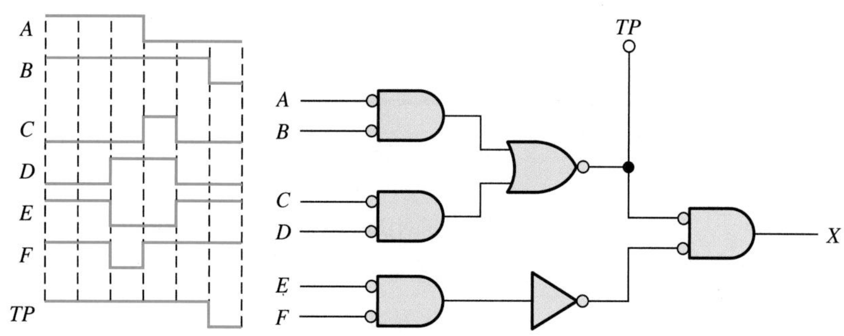

그림 5-74

응용 논리

53. 탱크에 있는 3개의 센서 각각의 기능을 설명하라.

54. NOR 게이트와 인버터를 사용하여 흡입 밸브 논리를 구현하라.

55. 배출 밸브에 대해 문제 54를 반복하라.

56. XNOR 게이트를 사용하여 온도 제어 논리를 구현하라.

57. 온도가 지정된 값에 있고 시럽이 저레벨 센서에 있을 때에만 첨가제가 다른 흡입 밸브를 통해 시럽으로 유입될 수 있도록 인에이블하는 회로를 설계하라.

특수 설계 문제

58. **(a)** 4비트 2진수로 표현되는 입력이 12보다 크거나 3보다 작을 때에만 출력이 HIGH가 되는 논리회로를 설계하라. 우선 진리표를 작성한 후에 논리회로를 그리라.

(b) VHDL을 사용하여 논리를 기술하라.

59. **(a)** 다음 조건을 만족하는 논리회로를 설계하라.

어떤 방에 있는 배터리 구동 램프는 2개의 스위치로 작동된다. 하나는 뒷문에 있고 하나는 앞문에 있다. 2개의 스위치 중에 하나만 ON되면 램프는 ON되고, 2개의 스위치가 모두 ON 또는 OFF될 때 램프는 꺼진다. 단 ON과 OFF 상태를 HIGH와 LOW 상태로 하여 구현하라.

(b) VHDL을 사용하여 논리를 기술하라.

60. **(a)** 키패드로 입력되는 16진수를 2진수로 변화시키는 인코더를 NAND 게이트를 이용하여 구현하라.

(b) VHDL을 사용하여 논리를 기술하라.

Multisim 고장 진단 연습

61. 파일 P05-61을 열어 지정된 오류에 대해 회로에 미치는 영향을 예측하라. 그런 다음 오류를 확인하고 예측이 올바른지 확인하라.

62. 파일 P05-62를 열어 지정된 오류에 대해 회로에 미치는 영향을 예측하라. 그런 다음 오류를 검토하고 예측이 올바른지 확인하라.

63. 파일 P05-63을 열어 관찰된 동작에 대해 회로의 오류를 예측하라. 그런 다음 오류를 검토하고 예측이 올바른지 확인하라.

64. 파일 P05-64를 열어 관찰된 동작에 대해 회로의 의심되는 오류를 예측하라. 그런 다음 오류를 검토하고 예측이 올바른지 확인하라.

정답

복습문제

5-1절 기본적인 조합 논리회로

1. (a) $\overline{AB + CD} = \overline{1 \cdot 0 + 1 \cdot 0} = 1$
   (b) $\overline{AB + CD} = \overline{1 \cdot 1 + 0 \cdot 1} = 0$
   (c) $\overline{AB + CD} = \overline{0 \cdot 1 + 1 \cdot 1} = 0$
2. (a) $A\overline{B} + \overline{A}B = 1 \cdot \overline{0} + \overline{1} \cdot 0 = 1$
   (b) $A\overline{B} + \overline{A}B = 1 \cdot \overline{1} + \overline{1} \cdot 1 = 0$
   (c) $A\overline{B} + \overline{A}B = 0 \cdot \overline{1} + \overline{0} \cdot 1 = 1$
   (d) $A\overline{B} + \overline{A}B = 0 \cdot \overline{0} + \overline{0} \cdot 0 = 0$
3. ABC = 000, 011, 101, 110, 111일 때 $X = 1$; ABC = 001, 010, 100일 때 $X = 0$이다.
4. $X = AB + \overline{A}\overline{B}$; 회로는 2개의 AND 게이트, 하나의 OR 게이트와 2개의 인버터로 구성된다. 그림 5-6(b)의 회로도를 참조하라.

5-2절 조합 논리의 구현

1. (a) $X = ABC + AB + AC$: 3개의 AND 게이트, 1개의 OR 게이트
   (b) $X = AB(C + DE)$; 3개의 AND 게이트, 1개의 OR 게이트
2. $X = ABC + \overline{A}\overline{B}\overline{C}$; 2개의 AND 게이트, 1개의 OR 게이트, 3개의 인버터
3. (a) $X = AB(C + 1) + AC = AB + AC$
   (b) $X = AB(C + DE) = ABC + ABDE$

5-3절 NAND와 NOR 게이트의 범용성

1. (a) $X = \overline{A} + B$: 입력 A와 $\overline{B}$를 갖는 2-입력 NAND 게이트
   (b) $X = A\overline{B}$: 입력 A와 $\overline{B}$를 갖는 2-입력 NAND 게이트, 뒷단의 NOR 게이트는 인버터로 사용된다.
2. (a) $X = \overline{A} + B$: 입력 $\overline{A}$와 B를 갖는 2-입력 NOR 게이트, 뒷단의 NOR 게이트는 인버터로 사용된다.
   (b) $X = A\overline{B}$; 입력 $\overline{A}$와 B를 갖는 2-입력 NOR 게이트

5-4절 NAND와 NOR 게이트를 사용한 조합 논리

1. $X = \overline{(\overline{A} + \overline{B} + \overline{C})DE}$: A, B, C 입력을 갖는 3-입력 NAND 게이트와 이의 출력이 D, E 입력을 갖는 두 번째의 3-입력 NAND에 연결됨
2. $X = \overline{\overline{A}\,\overline{B}\,\overline{C} + (D + E)}$: A, B, C 입력을 갖는 3-입력 NOR 게이트와 이의 출력이 D, E 입력을 갖는 두 번째의 3-입력 NOR에 연결됨

5-5절 펄스 파형에 대한 논리회로 동작

1. 배타적-OR 게이트의 출력은 15 μs 동안 1이고, 그다음 10 μs 동안은 0이고, 그다음 25 μs 동안은 1이다.
2. 배타적-NOR 게이트의 출력은 두 입력이 모두 HIGH이거나 LOW일 때 HIGH가 된다.

5-6절 VHDL로 조합 논리 구현하기

1. VHDL 컴포넌트는 특정의 논리함수를 기술하는 미리 지정된 프로그램이다.
2. 컴포넌트 인스턴스화는 프로그램 아키텍처에서 지정된 컴포넌트를 호출하는 데 사용된다.
3. 컴포넌트 간의 연결은 VHDL 신호를 사용하여 만들어진다.
4. 컴포넌트는 구조적 접근방법에서 사용된다.

5-7절 고장 진단

1. 공통 게이트의 오류는 입력 또는 출력 개방. 입력 또는 출력이 접지에 단락됨
2. 입력이 V_{CC}에 단락되면 출력은 LOW로 고정된다.
3. (a) 7번째 펄스의 상승 에지까지 G_4의 출력은 HIGH이고 이후에 LOW로 됨
   (b) G_4 출력은 입력 D와 같다.

(c) G_4 출력은 그림 5-49(b)에 나타낸 것과 같이 G_2 출력이 반전된 것이다.

예제의 관련 문제

5-1. $X = AB + AC + BC$

5-2. $X = \overline{AB + AC + BC}$

만약 $A = 0$이고 $B = 0$이면

$X = \overline{0 \cdot 0 + 0 \cdot 1 + 0 \cdot 1} = \overline{0} = 1$

만약 $A = 0$이고 $C = 0$이면

$X = \overline{0 \cdot 1 + 0 \cdot 0 + 1 \cdot 0} = \overline{0} = 1$

만약 $B = 0$이고 $C = 0$이면

$X = \overline{1 \cdot 0 + 1 \cdot 0 + 0 \cdot 0} = \overline{0} = 1$

5-3. 모든 16개의 입력 조합에 대해 짝수 패리티 출력을 구한다. 각 조합은 패리티 비트를 포함해서 1의 개수를 짝수로 가져야 한다.

5-4. 홀수 개의 1을 갖는 코드를 인가하고 출력이 1인지 확인한다.

5-5. 간략화되지 않는다.

5-6. 간략화되지 않는다.

5-7. $X = A + B + C + D$는 유효하다.

5-8. 그림 5-75를 참조하라.

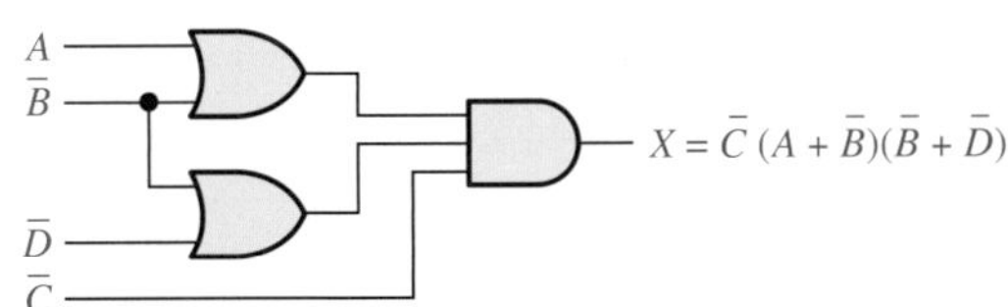

그림 5-75

5-9. $X = \overline{\overline{(\overline{ABC})(\overline{DEF})}} = (\overline{AB})C + (\overline{DE})F = (\overline{A} + \overline{B})C + (\overline{D} + \overline{E})F$

5-10. 그림 5-76을 참조하라.

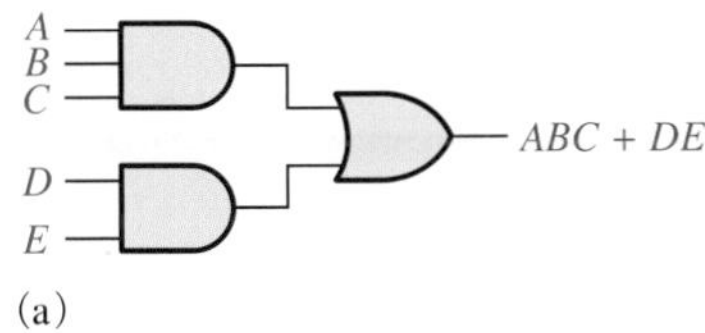

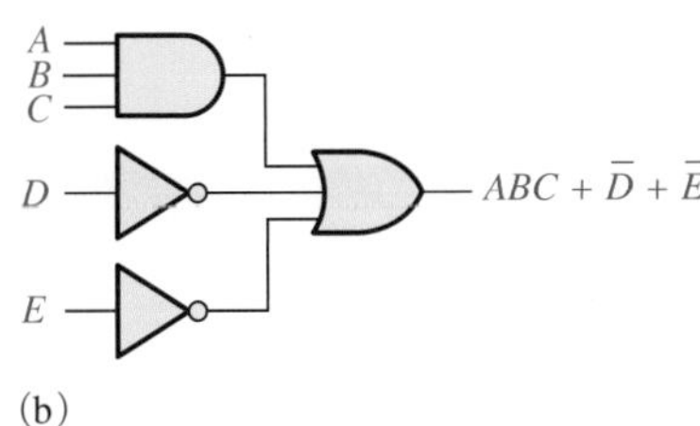

그림 5-76

5-11. $X = \overline{\overline{(\overline{\overline{A + B}} + C)} + \overline{(\overline{\overline{D + E}} + F)}} = (\overline{A + B} + C)(\overline{D + E} + F) = (\overline{A}\,\overline{B} + C)(\overline{D}\,\overline{E} + F)$

5-12. 그림 5-77을 참조하라.

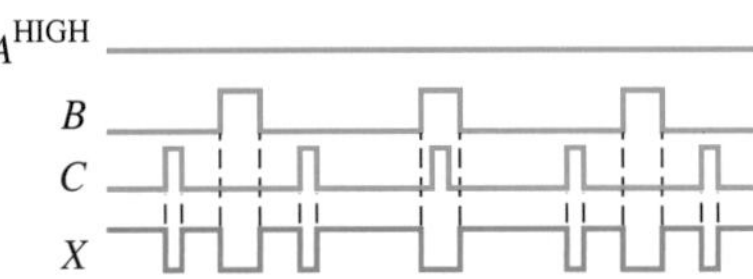

그림 5-77

5-13. 그림 5-78을 참조하라.

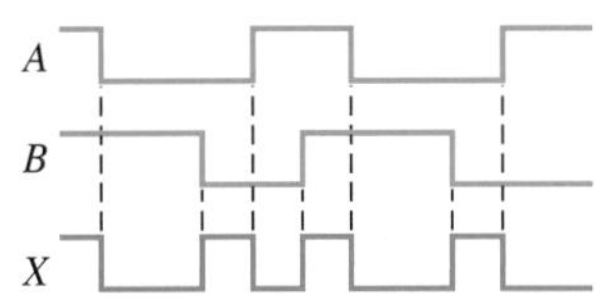

그림 5-78

5-14. 그림 5-79를 참조하라.

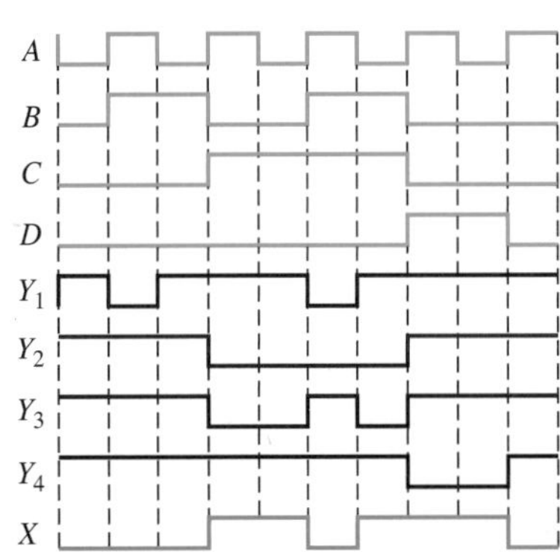

그림 5-79

5-15. 그림 5-80을 참조하라.

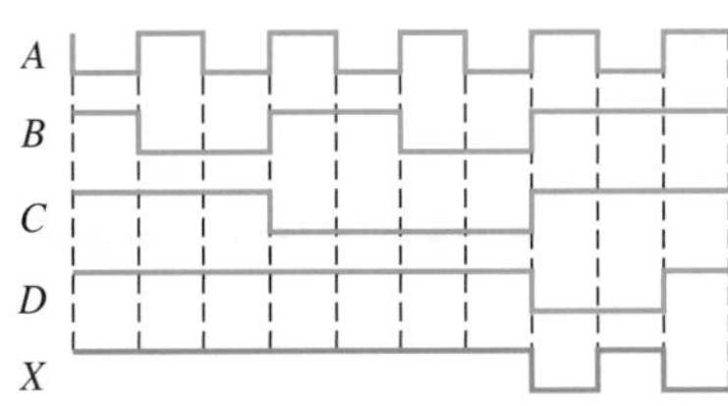

그림 5-80

5-16. G5: NAND_gate2 **port map** (A =〉 IN9, B =〉 IN10, X =〉 OUT5)

5-17. 그림 5-81을 참조하라.

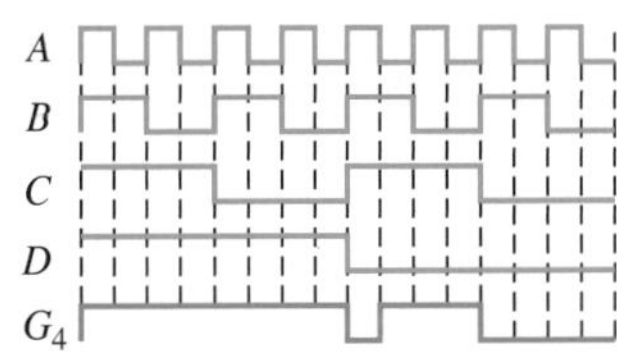

그림 5-81

참/거짓 퀴즈

1. F	**2.** T	**3.** T	**4.** F	**5.** F
6. T	**7.** F	**8.** T	**9.** F	**10.** T

자습문제

1. (c)	**2.** (d)	**3.** (a)	**4.** (a)	**5.** (c)
6. (a)	**7.** (a)	**8.** (d)	**9.** (d)	**10.** (e)
11. (e)	**12.** (c)			

CHAPTER 6

조합 논리의 기능

학습목차

6-1 반가산기와 전가산기
6-2 병렬 2진 가산기
6-3 리플 캐리와 룩-어헤드 캐리 가산기
6-4 비교기
6-5 디코더
6-6 인코더
6-7 코드 변환기
6-8 멀티플렉서
6-9 디멀티플렉서
6-10 패리티 발생기/검사기
6-11 고장 진단
논리회로의 응용

학습목표

- 반가산기와 전가산기의 차이점을 이해한다.
- 전가산기를 이용하여 복수 비트의 병렬 2진 가산기를 구현한다.
- 리플 캐리와 룩-어헤드 캐리 병렬 가산기의 차이점을 설명한다.
- 크기 비교기는 두 2진수 간의 크기를 결정하기 위해 사용하고 종속 연결 비교기는 자릿수가 많은 2진수 비교에 사용한다.
- 기본적인 2진 디코더를 구현한다.
- 표시기 시스템에서 BCD → 7-세그먼트 디코더를 이용한다.
- 10진수 → 2진수 우선순위 인코더를 간단한 키보드에 응용해본다.
- 2진 코드를 그레이 코드로 변환하고 그레이 코드를 2진 코드로 변환한다.
- 데이터 선택기/멀티플렉서를 표시기에 응용하며 함수 발생기로서 동작시켜본다.
- 디코더를 디멀티플렉서로 이용한다.
- 패리티의 의미를 설명한다.
- 디지털 시스템에서 패리티 발생기와 검사기를 사용하여 비트 오류를 검출한다.
- 간단한 데이터 통신 시스템을 구현한다.
- 여러 논리 기능을 위한 VHDL(하드웨어 기술 언어) 프로그램을 이용한다.
- 디지털 시스템에서 글리치와 공통적인 오류들을 확인한다.

학습지원 웹사이트

http://www.pearsonglobaleditions.com/floyd

핵심용어

- 반가산기
- 전가산기
- 종속 연결
- 리플 캐리
- 룩-어헤드 캐리
- 비교기
- 디코더
- 인코더
- 우선순위 인코더
- 멀티플렉서(MUX)
- 디멀티플렉서(DEMUX)
- 패리티 비트
- 글리치

개요

이 장에서는 가산기, 비교기, 디코더, 인코더, 코드 변환기, 멀티플렉서(데이터 선택기), 디멀티플렉서 그리고 패리티 발생기/검사기 등과 같은 조합 논리회로에 대해 소개한다. 고정기능 IC 소자도 소개한다. 여기서 소개되는 소자들은 다른 논리 형태에도 동일하게 적용할 수 있다.

6-1 반가산기와 전가산기

가산기는 컴퓨터뿐만 아니라 수치 데이터를 처리하는 디지털 시스템에서도 매우 중요한 요소이기 때문에 가산기의 기본 동작에 대한 이해는 디지털 시스템을 공부하는 데 중요한 기초가 된다. 이 절에서는 반가산기와 전가산기를 소개한다.

이 절의 학습내용

- 반가산기의 기능을 이해한다.
- 반가산기의 논리도를 그린다.
- 전가산기의 기능을 이해한다.
- 전가산기의 논리도를 반가산기를 이용하여 구현한다.
- AND-OR 논리를 이용하여 전가산기를 구현한다.

반가산기

반가산기는 2개의 비트를 더하고 합과 출력 캐리를 만든다.

2장에서 학습한 2진수 덧셈의 기본 법칙을 상기해보자.

$$0 + 0 = 0$$
$$0 + 1 = 1$$
$$1 + 0 = 1$$
$$1 + 1 = 10$$

이러한 연산은 **반가산기**(half-adder)라고 하는 논리회로에서 수행된다.

반가산기는 2개의 2진 비트를 입력받아서 합의 비트와 캐리 비트를 발생한다.

반가산기의 논리기호는 그림 6-1과 같다.

MultiSim

그림 6-1 반가산기의 논리기호. 파일 F06-01을 열어 동작을 검증하라. Multisim 지침서는 웹사이트에서 사용 가능하다.

반가산기 논리

표 6-1

반가산기 진리표

A	B	C_{out}	Σ
0	0	0	0
0	1	0	1
1	0	0	1
1	1	1	0

Σ=합
C_{out}=출력 캐리
A와 B=입력 변수

표 6-1에 나타난 반가산기 연산결과의 합과 출력 캐리를 입력의 함수로 유도할 수 있다. 출력 캐리(C_{out})는 A와 B 모두 1일 때만 1이다. 따라서 C_{out}은 입력 변수들의 AND로 나타낼 수 있다.

$$C_{out} = AB \quad \text{식 6-1}$$

그리고 합의 출력(Σ)은 입력 변수 A와 B가 같지 않을 때만 1인 것을 알 수 있다. 따라서 합은 입력 변수들의 배타적-OR로 나타낼 수 있다.

$$\Sigma = A \oplus B \quad \text{식 6-2}$$

식 6-1과 6-2로부터 반가산기 기능의 논리구현이 가능하다. 그림 6-2와 같이 출력 캐리는 입력이 A와 B인 AND 게이트에 의해 출력되고 합의 출력은 배타적-OR 게이트의 출력으로 얻을 수 있다.

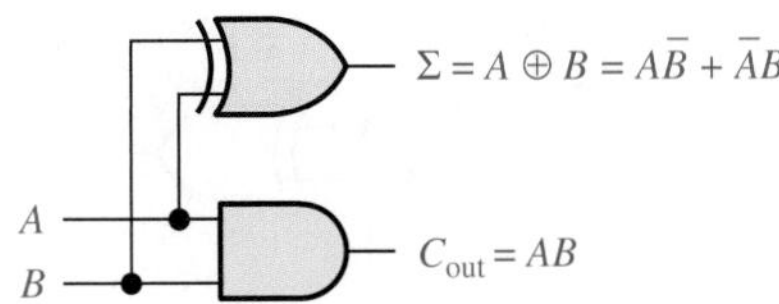

그림 6-2 반가산기 논리도

전가산기

다음은 **전가산기**(full-adder)에 대해 알아본다.

전가산기는 반가산기에서는 없는 입력 캐리를 받는다.

전가산기는 2개의 입력 비트와 입력 캐리를 받아 합의 출력과 출력 캐리를 발생한다.

전가산기가 반가산기와 다른 점은 전가산기는 입력 캐리를 받아들인다는 것이다. 전가산기의 논리기호는 그림 6-3과 같으며 표 6-2의 진리표는 전가산기의 동작을 보여준다.

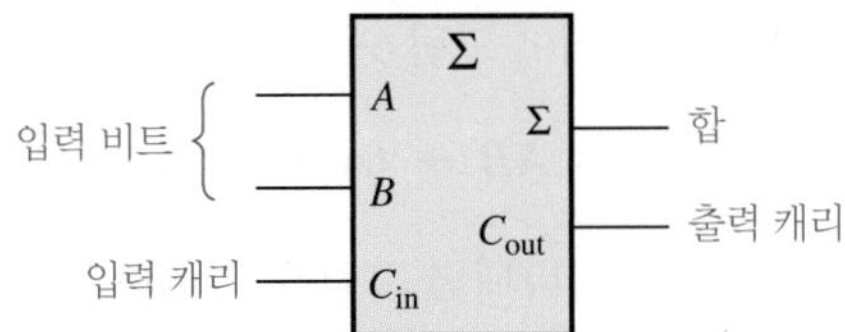

그림 6-3 전가산기의 논리기호. 파일 F06-03을 사용하여 동작을 검증하라.

표 6-2

전가산기 진리표

A	B	C_{in}	C_{out}	Σ
0	0	0	0	0
0	0	1	0	1
0	1	0	0	1
0	1	1	1	0
1	0	0	0	1
1	0	1	1	0
1	1	0	1	0
1	1	1	1	1

C_{in}=입력 캐리
C_{out}=출력 캐리
Σ=합
A와 B=입력 변수

전가산기 논리

전가산기는 두 입력 비트와 입력 캐리를 모두 덧셈한다. 반가산기와 같이 입력 비트 A와 B의 덧셈은 두 변수의 배타적-OR, $A \oplus B$이다. 입력 비트에 더해지는 입력 캐리 C_{in}은 배타적-OR이며, 전가산기의 합에 대한 출력식은 다음과 같다.

$$\Sigma = (A \oplus B) \oplus C_{in} \quad \text{식 6-3}$$

이 식에 의하면 전가산기 합은 2개의 2-입력 배타적-OR 게이트가 사용된다. 그림 6-4(a)에서와 같이 첫 번째 XOR 게이트에서 $A \oplus B$가 출력되고, 그 결과와 입력 캐리가 두 번째 게이트에 입력된다.

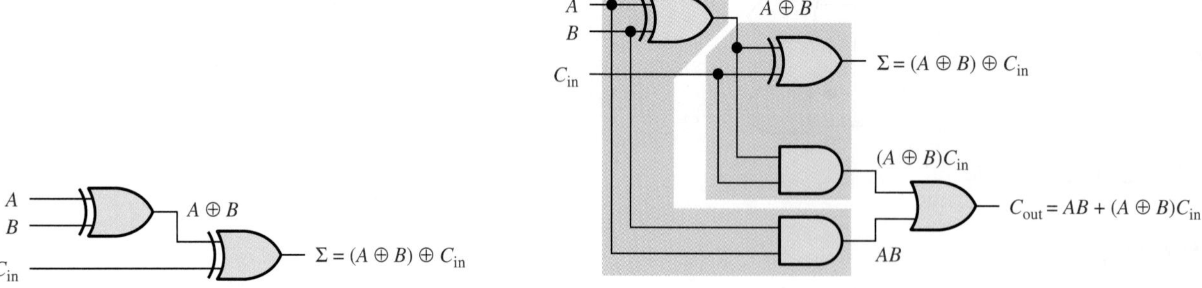

(a) 3비트 합을 위한 논리회로

(b) 완성된 전가산기의 논리회로(각 음영 부분은 반가산기)

MultiSim

그림 6-4 전가산기 논리회로. F06-04 파일을 확인하라.

첫 번째 XOR 게이트의 두 입력이 1이거나 혹은 두 번째 XOR 게이트의 두 입력이 1일 때, 출력 캐리는 1이 된다. 이러한 사실은 표 6-2를 통하여 확인할 수 있다. 따라서 전가산기의 출력 캐리는 식 6-4에 나타난 바와 같이 입력 A와 B의 AND 결과, 그리고 C_{in}과 AND $A \oplus B$의 결과에 의해 얻어진다. 이러한 논리가 합의 논리와 결합되어 그림 6-4(b)와 같이 전가산기가 완성된다.

$$\mathbf{C_{out} = AB + (A \oplus B)C_{in}} \qquad \text{식 6-4}$$

그림 6-4(b)의 전가산기를 블록도로 나타내면 그림 6-5(a)와 같이 2개의 반가산기가 연결되는 형태로 나타나며 각 반가산기의 출력 캐리는 서로 OR되어 최종 출력 캐리를 만든다.

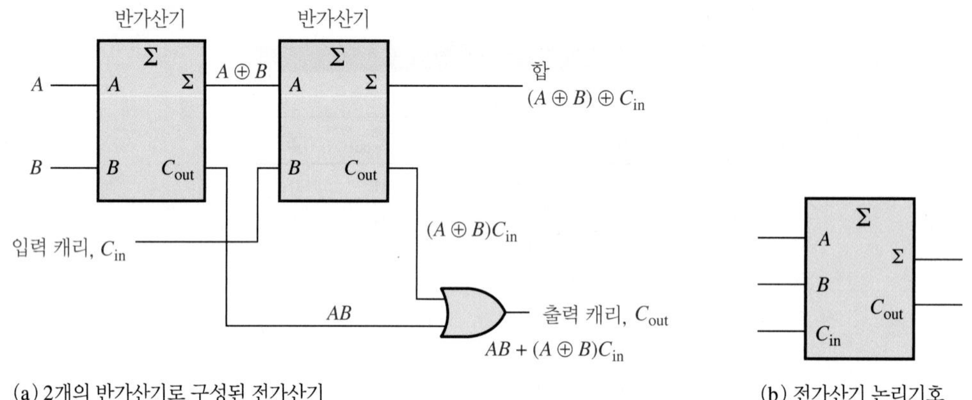

(a) 2개의 반가산기로 구성된 전가산기

(b) 전가산기 논리기호

그림 6-5 반가산기로 구현되는 전가산기

예제 6-1

그림 6-6에 주어진 전가산기의 입력에 대한 각각의 출력을 구하라.

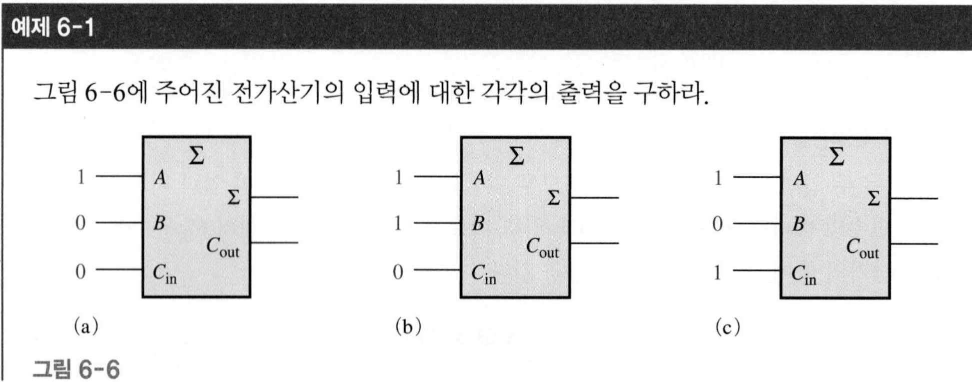

(a) (b) (c)

그림 6-6

풀이

(a) 입력 비트는 각각 $A = 1, B = 0, C_{in} = 0$.

$$1 + 0 + 0 = 1 \text{ (캐리 없음)}$$

따라서 $\Sigma = \mathbf{1}, C_{out} = \mathbf{0}$.

(b) 입력 비트는 각각 $A = 1, B = 1, C_{in} = 0$.

$$1 + 1 + 0 = 0 \text{ (캐리 1)}$$

따라서 $\Sigma = \mathbf{0}, C_{out} = \mathbf{1}$.

(c) 입력 비트는 각각 $A = 1, B = 0, C_{in} = 1$.

$$1 + 0 + 1 = 0 \text{ (캐리 1)}$$

따라서 $\Sigma = \mathbf{0}, C_{out} = \mathbf{1}$.

관련 문제*

$A = 1, B = 1, C_{in} = 1$일 때 전가산기 출력을 구하라.

* 정답은 이 장의 끝에 있다.

복습문제 6-1

정답은 이 장의 끝에 있다.

1. 입력 비트가 각각 다음과 같을 때 반가산기의 합(Σ)과 출력 캐리(C_{out})를 구하라.
   (a) 01 (b) 00 (c) 10 (d) 11
2. 전가산기의 $C_{in}=1$이다. $A=1, B=1$일 때 합(Σ)과 출력 캐리(C_{out})를 구하라.

6-2 병렬 2진 가산기

병렬 2진 가산기는 2개 또는 그 이상의 전가산기로 구성된다. 이 절에서는 병렬 2진 가산기의 기본 동작과 이와 관련된 입출력 함수에 대해 설명한다.

이 절의 학습내용

- 전가산기를 이용하여 병렬 2진 가산기를 구현한다.
- 병렬 2진 가산기에서 덧셈 연산과정을 이해한다.
- 4비트 병렬 가산기에 대해 진리표를 활용한다.
- 2개의 74HC283을 사용하여 8비트 2진수 가산기를 구현한다.
- 4비트 가산기를 확장하여 8비트와 16비트 가산기를 구현한다.
- 4비트 병렬 가산기를 VHDL로 나타낸다.

6-1절에서 살펴본 바와 같이 전가산기 하나는 2개의 1비트 수와 입력 캐리를 더할 수 있다. 따라서 1비트 이상의 2진수 덧셈은 여러 개의 전가산기가 필요하다. 2진수가 다른 2진수와 더해질 때, 다음 예에서와 같이 각 자릿수의 열은 합의 비트를 발생하고 1 또는 0의 캐리 비트는 왼쪽의 높은 자릿수의 열에서 발생한다.

정보노트

컴퓨터에서 덧셈과정은 '소스 피연산수(source operand)'가 누산기(accumulator)인 ALU 레지스터에 저장되어 있는 '목적 피연산수(destination operand)'와 더해지고 그 덧셈 결과는 다시 누산기에 저장된다. 이때 ADD 또는 FADD 명령어에 따라 정수 또는 부동소수 덧셈이 수행된다.

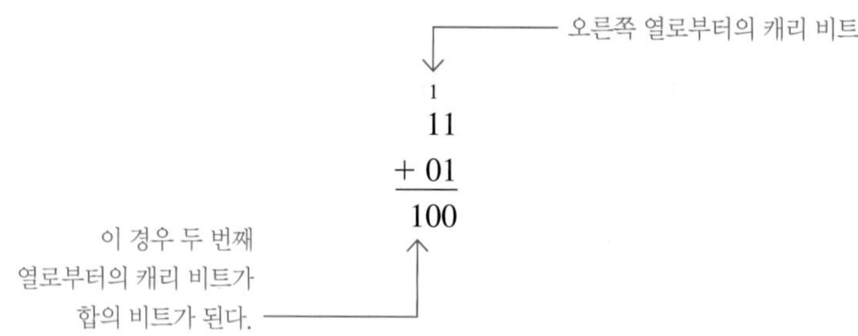

2개의 2진수를 더하기 위해서는 각 비트에 전가산기가 필요하다. 따라서 2비트 수는 2개의 전가산기, 4비트 수의 경우에는 4개의 전가산기가 필요하다. 각 가산기의 캐리 출력은 다음 높은 자릿수의 가산기 캐리 입력으로 연결된다. 그림 6-7은 2비트 가산기의 예를 보여준다. 가장 낮은 자리 비트 덧셈에는 반가산기 또는 전가산기를 사용하나 가장 낮은 자리 비트에는 캐리 입력이 입력되지 않기 때문에 캐리 입력을 0(접지)으로 만들면 된다.

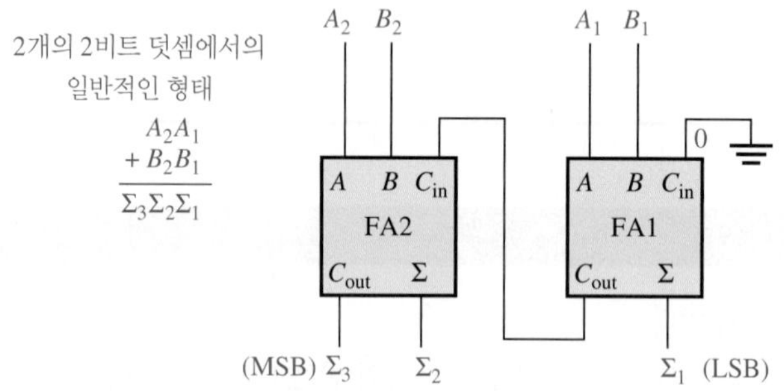

MultiSim

그림 6-7 2개의 전가산기를 이용한 기본적인 2비트 병렬 가산기. 파일 F06-07을 열어 동작을 검증하라.

그림 6-7에서 두 수의 최하위 비트(LSB)는 각각 A_1과 B_1, 그다음 높은 자리 비트는 A_2와 B_2로 표시되어 있으며 Σ_1, Σ_2, Σ_3는 합의 출력 비트이다. 가장 왼쪽 전가산기의 출력 캐리는 MSB가 된다.

예제 6-2

그림 6-8의 3비트 병렬 가산기에서 발생하는 합의 결과를 구하라. 그리고 2진수 101과 011이 더해질 때 중간에 발생하는 캐리를 구하라.

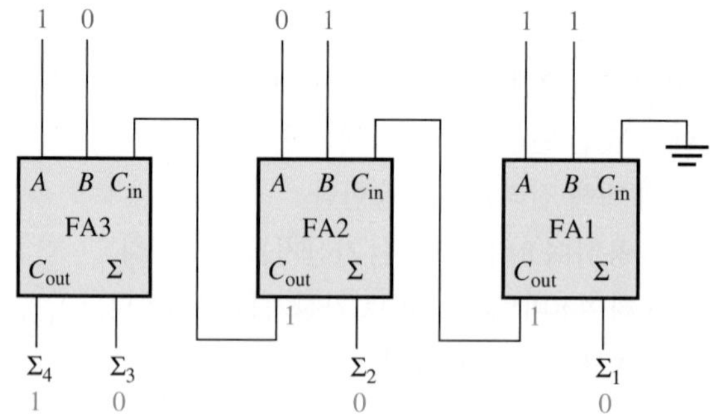

그림 6-8

풀이

더해지는 두 수의 LSB들은 가장 오른쪽의 전가산기에서 더해진다. 합의 비트와 중간에 발생하는 캐리는 그림 6-8에 파란색으로 나타내었다.

관련 문제

3비트 병렬 가산기를 이용하여 111과 101을 더할 때 합의 출력을 구하라.

4비트 병렬 가산기

4비트의 그룹을 **니블**(nibble)이라고 한다. 4비트 병렬 가산기는 그림 6-9에서와 같이 4개의 전가산기로 구성된다. 더해지는 각 수의 LSB(A_1과 B_1)는 가장 오른쪽에 위치한 전가산기로 입력되고 더 높은 자릿수의 비트는 순차적으로 왼쪽으로부터 두 번째, 세 번째 가산기로 입력된다. 그리고 각 수의 MSB(A_4와 B_4)는 가장 왼쪽에 위치한 전가산기로 입력된다. 각 가산기의 캐리 출력은 그다음 높은 자릿수 비트를 덧셈하는 가산기 입력으로 연결된다. 이러한 캐리들을 내부 캐리(internal carry)라고 한다.

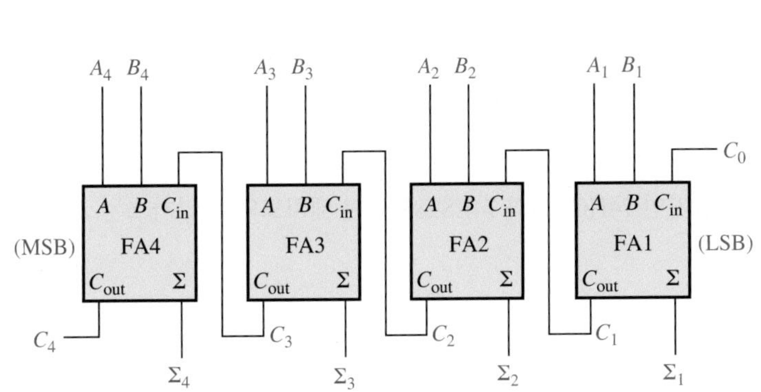

(a) 블록도

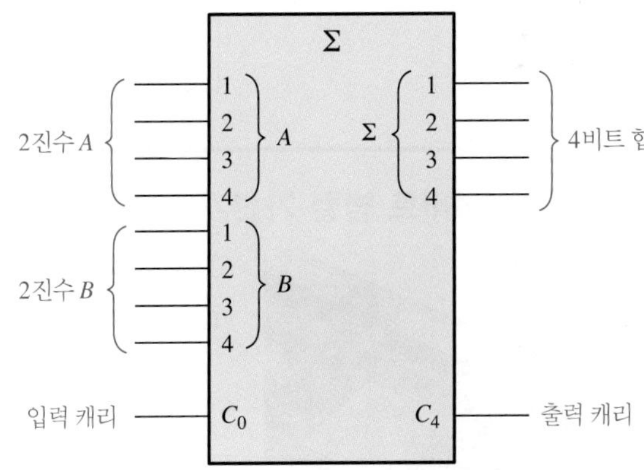

(b) 논리기호

그림 6-9 4비트 병렬 가산기

대부분의 제조사 데이터 시트에서 C_0라 표기된 입력은 LSB를 계산하는 가산기의 입력 캐리를 나타낸다. 4비트 가산기의 경우에 있어 C_4는 MSB를 계산하는 가산기의 출력 캐리이며 Σ_1(LSB)에서 Σ_4(MSB)는 합의 출력을 의미한다. 논리기호는 그림 6-9(b)에 나타나 있다.

병렬 가산기에서 캐리를 처리하는 방법으로는 리플 캐리(ripple carry)와 룩-어헤드(look-ahrad) 캐리의 두 종류가 있다. 이 내용은 6-3절에서 설명한다.

표 6-3

4비트 병렬 가산기의 각 단에 대한 진리표

C_{n-1}	A_n	B_n	Σ_n	C_n
0	0	0	0	0
0	0	1	1	0
0	1	0	1	0
0	1	1	0	1
1	0	0	1	0
1	0	1	0	1
1	1	0	0	1
1	1	1	1	1

4비트 병렬 가산기의 진리표

표 6-3은 4비트 병렬 가산기의 진리표이다. 일부 데이터 시트에서는 진리표(truth table)를 기능표(function table) 또는 함수 진리표(function truth table)라고도 한다. 첨자 n은 가산기의 비트로서 4비트 가산기의 경우에 1, 2, 3, 4이다. C_{n-1}은 이전 단계의 가산기에서 발생된 캐리를 의미한다. C_1, C_2, C_3는 내부적으로 발생되는 캐리다. C_0는 외부로부터 입력되는 캐리이며 C_4는 출력되는 캐리이다. 예제 6-3에서 표 6-3을 활용하는 방법에 대해 알아본다.

예제 6-3

4비트 병렬 가산기 진리표(표 6-3)를 이용하여 입력 캐리 C_{n-1}이 0인 경우, 다음에 주어진 2개의 4비트 수를 더한 합과 출력 캐리를 구하라.

$$A_4A_3A_2A_1 = 1100 \quad \text{그리고} \quad B_4B_3B_2B_1 = 1100$$

풀이

$n=1$의 경우 : $A_1=0$, $B_1=0$, $C_{n-1}=0$. 표의 첫 번째 행으로부터

$\Sigma_1 = \mathbf{0}$이고 $C_1 = 0$

$n=2$의 경우 : $A_2=0$, $B_2=0$, $C_{n-1}=0$. 표의 첫 번째 행으로부터

$\Sigma_2 = \mathbf{0}$이고 $C_2 = 0$

$n=3$의 경우 : $A_3=1$, $B_3=1$, $C_{n-1}=0$. 표의 네 번째 행으로부터

$\Sigma_3 = \mathbf{0}$이고 $C_3 = 1$

$n=4$의 경우 : $A_4=1$, $B_4=1$, $C_{n-1}=1$. 표의 마지막 행으로부터

$\Sigma_4 = \mathbf{1}$이고 $C_4 = \mathbf{1}$

C_4는 출력 캐리가 된다. 따라서 1100과 1100의 합은 11000이다.

관련 문제

진리표(표 6-3)를 이용하여 1011과 1010을 더한 결과를 구하라.

구현 : 4비트 병렬 가산기

고정 기능 소자 4비트 병렬 가산기인 74HC283과 74LS283의 핀 배치도와 논리기호는 그림 6-10과 같다.

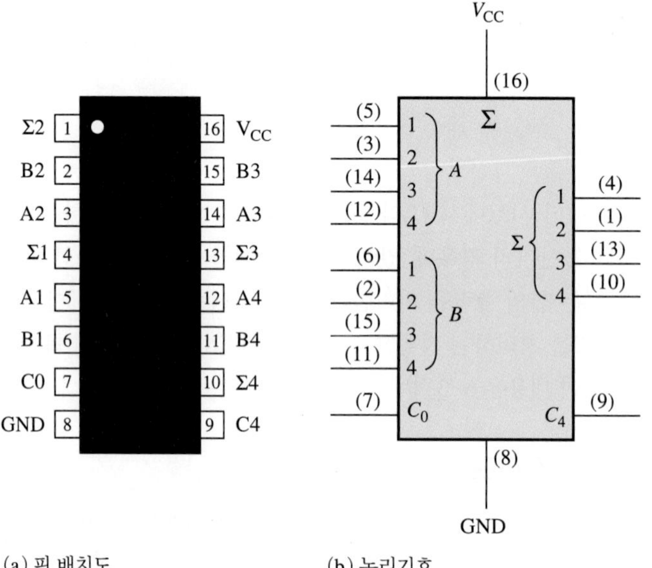

(a) 핀 배치도 (b) 논리기호

그림 6-10 74HC283/74LS283 4비트 병렬 가산기

프로그램 가능한 논리 소자(PLD) 4비트 가산기는 VHDL을 사용하여 표현할 수 있으며 PLD로 구현할 수 있다. 첫 번째, 그림 6-4(b)에서와 같이 게이트로서 전가산기를 사용하여 데이터 흐름을 표현한다(파란 글자의 주석은 프로그램이 아니다).

```
entity FullAdder is
  port(A, B, CIN: in bit; SUM, COUT: out bit);        입력과 출력 선언
end entity FullAdder;
```

```
architecture LogicOperation of FullAdder is
begin
SUM<=(A xor B) xor CIN;                              } 출력을 위한 불 식
COUT<=((A xor B) and CIN) or (A and B);
end architecture LogicOperation;
```

다음으로, FullAdder 프로그램 코드는 그림 6-9(a)의 4비트 전가산기에 대한 VHDL의 구조적 표현의 요소로서 사용된다.

A1-A4 : 입력
B1-B4 : 입력
C0 : 캐리 입력
S1-S4 : 합의 출력
C4 : 캐리 출력

```
entity 4BitFullAdder is
  port(A1, A2, A3, A4, B1, B2, B3, B4, C0: in bit; S1, S2, S3, S4, C4: out bit);
end entity 4BitFullAdder;

architecture LogicOperation of 4BitFullAdder is
  component FullAdder is
    port(A, B, CIN: in bit; SUM, COUT: out bit);      } 전가산기 컴포넌트 선언
  end component FullAdder;
  signal C1, C2, C3: bit;
begin
FA1: FullAdder port map (A=>A1, B=>B1, CIN=>C0, SUM=>S1, COUT=>C1);
FA2: FullAdder port map (A=>A2, B=>B2, CIN=>C1, SUM=>S2, COUT=>C2);
FA3: FullAdder port map (A=>A3, B=>B3, CIN=>C2, SUM=>S3, COUT=>C3);
FA4: FullAdder port map (A=>A4, B=>B4, CIN=>C3, SUM=>S4, COUT=>C4);

end architecture LogicOpertion;
```

4개 전가산기의 각각에 대한 인스턴스화

가산기의 확장

4비트 병렬 가산기를 2개 사용하여 2개의 8비트 수를 덧셈할 수 있다. 그림 6-11에서와 같이 최하위 비트 연산에는 캐리가 없으므로 가산기의 캐리 입력(C_0)은 접지에 연결된다. 그리고 캐리 출력은 그다음 높은 자릿수 가산기의 캐리 입력으로 연결된다. 이러한 연결처리를 **종속 연결**(cascading)이라고 한다. 이때 출력 캐리는 8번째 비트 위치에서 발생되므로 C_8으로 표기된다.

가산기는 종속 연결에 의해 더 많은 비트의 덧셈으로 확장할 수 있다.

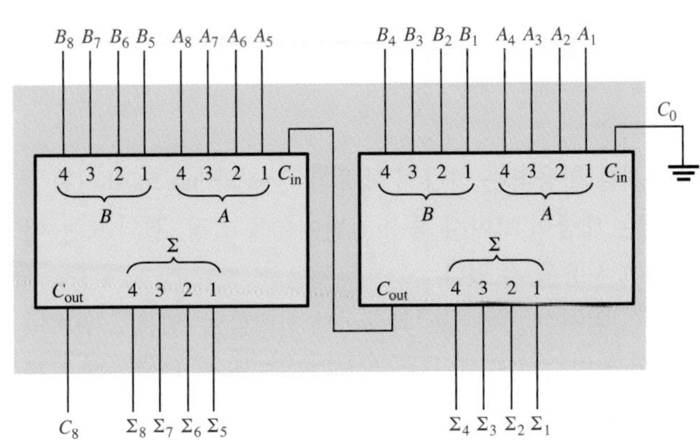

그림 6-11 2개의 4비트를 종속 연결한 8비트 가산기

8비트 중에서 하위 4비트는 하위 자릿수 가산기에서, 상위 4비트는 상위 자릿수 가산기에서 덧셈 연산이 수행된다. 동일한 방법으로 4개의 4비트 가산기를 종속 연결하여 16비트 가산기를 구성할 수 있다.

예제 6-4

2개의 74HC283 가산기를 이용하여 8비트 병렬 가산기를 구성하라. 그리고 다음의 8비트 수가 입력될 때 출력 비트를 구하라.

$$A_8A_7A_6A_5A_4A_3A_2A_1 = 10111001 \quad \text{이며} \quad B_8B_7B_6B_5B_4B_3B_2B_1 = 10011110$$

풀이

8비트 가산기를 구현하기 위해서는 2개의 74HC283 4비트 병렬 가산기가 필요하다. 그림 6-12에 나타난 바와 같이 2개의 74HC283 사이의 연결은 하위 자릿수 가산기의 캐리 출력(9번 핀)과 상위 자릿수 가산기의 캐리 입력(7번 핀)이 연결되어야 한다. 그리고 하위 자릿수 가산기에는 캐리 입력이 없으므로 7번 핀은 접지된다.

2개의 8비트의 합은

$$\Sigma_9\Sigma_8\Sigma_7\Sigma_6\Sigma_5\Sigma_4\Sigma_3\Sigma_2\Sigma_1 = 101010111$$

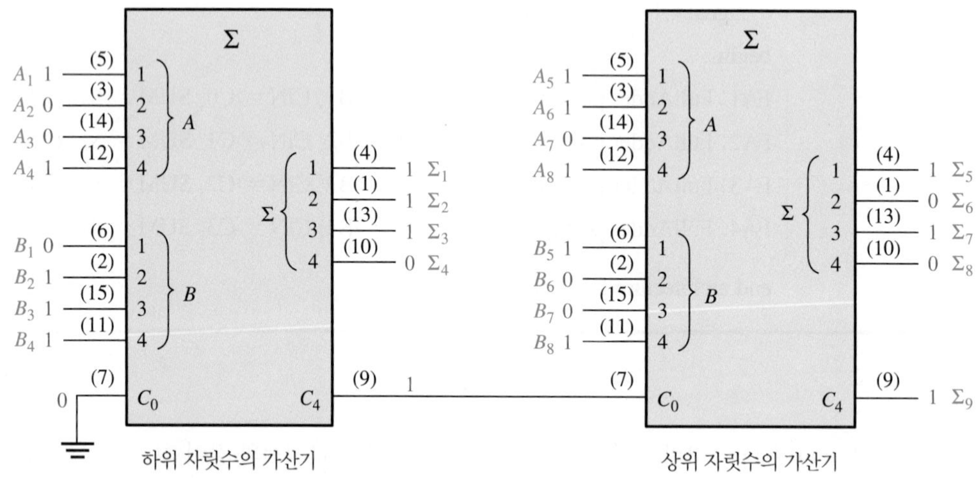

그림 6-12 2개의 74HC283 가산기를 이용한 8비트 병렬 가산기(괄호 안의 숫자는 핀 번호)

관련 문제

74HC283을 이용하여 12비트 병렬 가산기를 구성하라.

응용

전가산기와 병렬 가산기를 활용하는 하나의 예로서, 'yes'와 'no'로 표시된 투표 결과를 합산하는 간단한 투표 시스템은 대중이 모여서 즉시 찬반여론을 결정, 결의 또는 어떤 사안에 대한 투표가 필요할 때 유용하게 사용될 수 있다.

이 시스템은 사람들이 위치한 곳에 'yes'와 'no'를 선택할 수 있는 스위치와 그 투표한 결과의 수를 각각 표시할 수 있는 디지털 표시기로 구성된다. 그림 6-13은 6인 투표 시스템의 기본 구성을 보여주고 있다. 그러나 6인 투표 모듈, 병렬 가산기, 그리고 표시회로를 추가하여 투표 시스템을 확장할 수 있다.

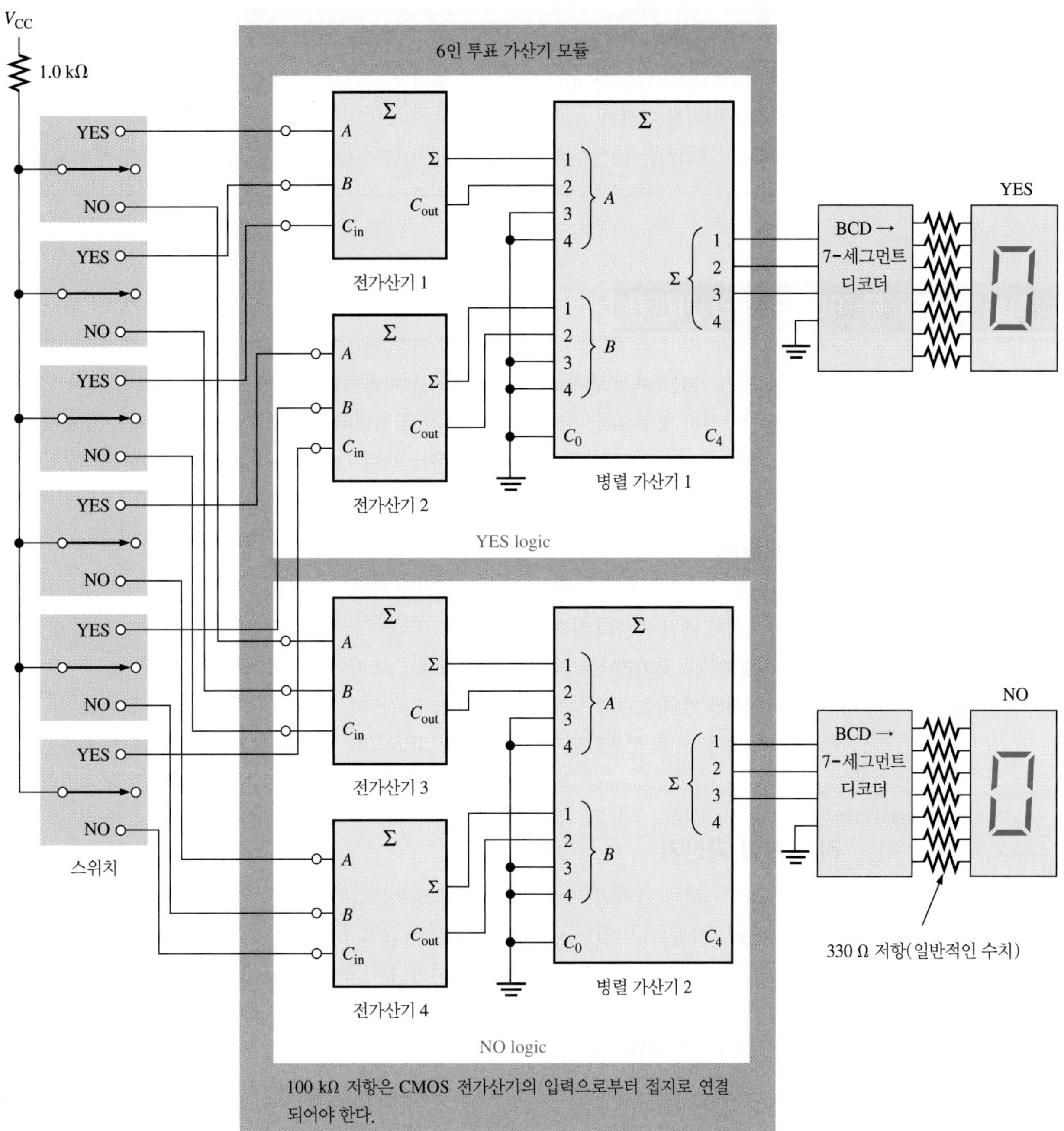

그림 6-13 병렬 2진 가산기와 전가산기를 사용하는 투표 시스템

그림 6-13에서 각각의 전가산기는 3인 투표를 합산한다. 각 전가산기의 합과 출력 캐리는 병렬 가산기의 두 하위 자릿수로 입력된다. 병렬 가산기로 입력되는 2개의 상위 자릿수 입력은 0011(10진수 3)을 초과하지 않으므로 접지(0)로 연결된다. 각각의 병렬 가산기 출력은 7-세그먼트 표시기를 구동시키는 BCD → 7-세그먼트 디코더로 입력된다. 앞서 언급하였듯이 시스템의 확장이 필요할 때는 회로를 추가하면 된다.

스위치 단자가 'yes' 또는 'no'도 아닌 중립일 경우에 입력이 LOW가 되도록 각 전가산기 입력의 저항을 접지로 연결한다. 스위치 단자가 'yes' 혹은 'no'의 위치로 이동하면 전가산기 입력은 HIGH 전압(V_{CC})이 인가된다.

복습문제 6-2

1. 2개의 4비트 수(1101과 1011)가 4비트 병렬 가산기에 입력되고, 입력 캐리는 1이다. 합(Σ)과 출력 캐리를 구하라.
2. 1000_{10}을 초과하는 10진수에 해당하는 2개의 2진수를 더하려면 74HC283이 몇 개 필요한가?

6-3 리플 캐리와 룩-어헤드 캐리 가산기

병렬 가산기는 가산기에서 발생하는 내부 캐리를 처리하는 방식에 따라 리플 캐리 가산기와 룩-어헤드 가산기로 분류된다. 외형적으로 두 가지 형태의 가산기는 입출력 관계는 동일하지만 덧셈을 처리하는 속도에 차이가 있다. 룩-어헤드 캐리 가산기는 리플 캐리 가산기에 비해 처리 속도가 훨씬 빠르다.

이 절의 학습내용

- 리플 캐리 가산기와 룩-어헤드 캐리 가산기의 차이점을 이해한다.
- 룩-어헤드 캐리 가산의 장점을 이해한다.
- 캐리 발생 그리고 캐리 전달의 정의를 이해하고 그 차이를 이해한다.
- 룩-어헤드 캐리 논리를 설계한다.
- 74HC283을 종속 연결하면 왜 리플 캐리 그리고 룩-어헤드 캐리 특성을 갖게 되는지 이해한다.

리플 캐리 가산기

각 전가산기의 캐리 출력이 다음 상위 자릿수 가산기의 입력에 연결되는 구조를 **리플 캐리**(ripple carry) 가산기라고 한다. 그림 6-14에서와 같이 입력 캐리가 입력되기 전에는 각각의 전가산기 출력과 출력 캐리가 발생되지 않으므로 덧셈이 완료되기까지 시간 지연이 발생한다. 입력 A와 B가 준비되어 있더라도 입력 캐리가 입력되어야만 출력 캐리가 발생되므로 이때까지 소요되는 시간이 캐리 전달지연이다.

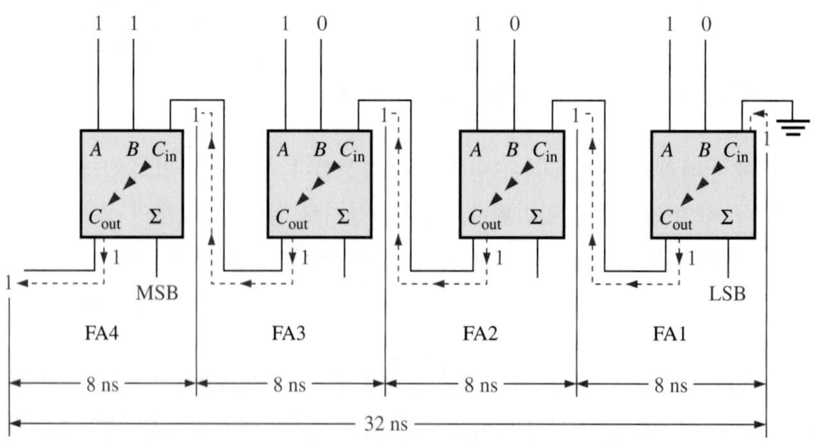

그림 6-14 캐리 전달지연이 가장 큰 경우를 보여주는 4비트 병렬 리플 캐리 가산기

전가산기 1(FA1)은 입력 캐리가 입력된 후에 출력 캐리를 발생할 수 있으며 FA1이 출력 캐리를 발생한 후에 전가산기 2(FA2)는 출력 캐리를 발생할 수 있다. 또한 전가산기 3(FA3)는 FA1이 출력 캐리를 발생하고 이어서 FA2 출력 캐리를 발생한 후에 출력 캐리를 발생할 수 있다. 그림 6-14에서 볼 수 있듯이 최하위 비트 단의 입력 캐리는 최종적인 합이 출력될 때까지 모든 가산기에 영향을 준다. 이때 모든 가산기 단에서 발생하는 지연을 모두 더한 시간이 최대로 소요되는 총시간이다. 이 총지연시간은 각 전가산기에서 발생하는 캐리 비트에 따라 다를 수 있다. 즉 각 전가산기 단에서 캐리가 발생하지 않는다면 (0) 덧셈 시간은 하나의 전가산기에 데이터 비트가 입력되어 덧셈 결과가 나올 때까지 소요되는 시간이 될 것이다. 그러나 전달지연이 가장 큰 경우를 항상 가정해야만 한다.

룩-어헤드 캐리 가산기

덧셈 속도는 병렬 가산기의 전체 단계를 캐리가 지나는 소요시간에 의해 결정되기 때문에 리플 캐리 지연을 제거하여 덧셈 속도를 높이는 한 가지 방법이 **룩-어헤드 캐리**(look-ahead carry) 덧셈이다. 룩-어헤드 캐리 가산기는 입력을 근거로 각 단의 출력 캐리를 예상하고, 캐리 발생 또는 캐리 전달에 의해 출력 캐리를 발생한다.

캐리 발생(carry generation)은 출력 캐리가 전가산기에서 내부적으로 발생할 때 일어난다. 두 입력 비트가 모두 1일 때만 캐리가 발생한다. 발생한 캐리 C_g는 두 입력 비트의 AND 함수로 표현할 수 있다.

$$C_g = AB \qquad \text{식 6-5}$$

캐리 전달(carry propagation)은 입력 캐리가 그대로 출력 캐리로 전달될 때 일어난다. 입력 비트가 모두 또는 하나만 1일 때 입력 캐리는 전가산기를 통해 출력 캐리로 전달된다. 전달 캐리 C_p는 입력 비트의 OR 함수로 표현된다.

$$C_p = A + B \qquad \text{식 6-6}$$

캐리 발생과 캐리 전달의 조건은 그림 6-15에 나타나 있다. 3개의 화살기호는 캐리 전달(리플)을 나타내는 것이다.

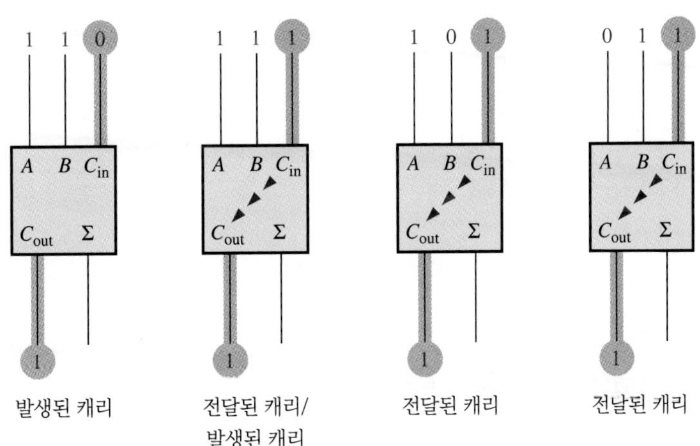

그림 6-15 캐리 발생과 캐리 전달 조건의 예시

전가산기 출력 캐리는 발생된 캐리(C_g)와 전달된 캐리(C_p)로 표현할 수 있다. 발생된 캐리가

1인 경우 또는 전달된 캐리가 1이고 입력 캐리(C_{in})가 1인 경우에 출력 캐리 (C_{out})는 1이다. 즉 전가산기가 (A = 1 AND B = 1)이거나 (A = 1 OR B = 1)일 때, 그 가산기 입력 캐리가 C_{in} = 1이라면 (A = 1 OR B = 1) AND C_{in} = 1로 출력 캐리가 1이 된다. 이런 관계는 다음과 같이 정리할 수 있다.

$$C_{out} = C_g + C_p C_{in} \qquad \text{식 6-7}$$

이제 이러한 개념이 그림 6-16과 같이 4비트 병렬 가산기에 어떻게 적용되는지 살펴보자. 각각의 전가산기에서 출력 캐리는 발생된 캐리(C_g), 전달된 캐리(C_p) 그리고 입력 캐리(C_{in})에 의해서 결정된다. 각 단에서 C_g와 C_p 함수는 입력 비트 A와 B 그리고 LSB 가산기의 입력 캐리 비트가 인가되는 순간 즉시(immediately) 발생된다. 그리고 각 단의 입력 캐리는 이전 단에서 발생된 출력 캐리이다.

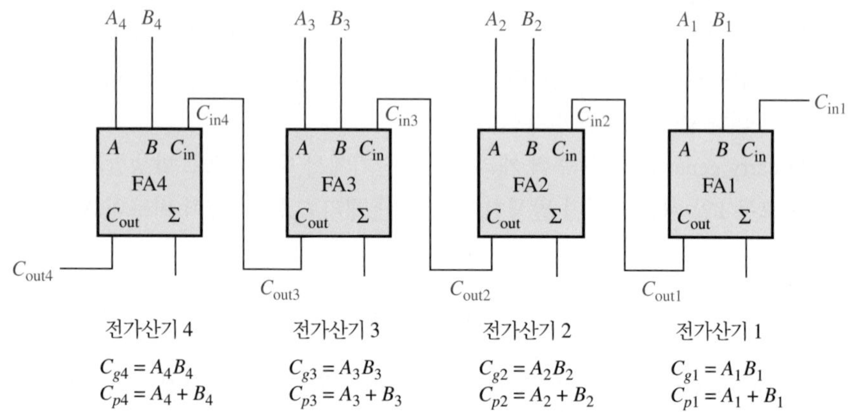

그림 6-16 4비트 가산기 입력 비트들로 표현한 캐리 발생과 캐리 전달

이런 분석 과정을 토대로 4비트의 경우, 각 전가산기 단의 출력 캐리 C_{out}의 표현식은 다음과 같이 정리할 수 있다.

전가산기 1 :

$$C_{out1} = C_{g1} + C_{p1}C_{in1}$$

전가산기 2 :

$$C_{in2} = C_{out1}$$

$$C_{out2} = C_{g2} + C_{p2}C_{in2} = C_{g2} + C_{p2}C_{out1} = C_{g2} + C_{p2}(C_{g1} + C_{p1}C_{in1})$$
$$= C_{g2} + C_{p2}C_{g1} + C_{p2}C_{p1}C_{in1}$$

전가산기 3 :

$$C_{in3} = C_{out2}$$

$$C_{out3} = C_{g3} + C_{p3}C_{in3} = C_{g3} + C_{p3}C_{out2} = C_{g3} + C_{p3}(C_{g2} + C_{p2}C_{g1} + C_{p2}C_{p1}C_{in1})$$
$$= C_{g3} + C_{p3}C_{g2} + C_{p3}C_{p2}C_{g1} + C_{p3}C_{p2}C_{p1}C_{in1}$$

전가산기 4 :

$$C_{in4} = C_{out3}$$

$$C_{out4} = C_{g4} + C_{p4}C_{in4} = C_{g4} + C_{p4}C_{out3}$$

$$= C_{g4} + C_{p4}(C_{g3} + C_{p3}C_{g2} + C_{p3}C_{p2}C_{g1} + C_{p3}C_{p2}C_{p1}C_{in1})$$
$$= C_{g4} + C_{p4}C_{g3} + C_{g4}C_{p3}C_{g2} + C_{p4}C_{p3}C_{p2}C_{g1} + C_{p4}C_{p3}C_{p2}C_{p1}C_{in1}$$

이 표현식에서 각 전가산기의 단에서 출력되는 출력 캐리는 초기 입력 캐리(C_{in1}), 그 전가산기 단의 C_g와 C_p 함수 그리고 그 이전 단의 C_g와 C_p 함수로만 결정된다는 것에 주목할 필요가 있다. 각 단의 C_g와 C_p 함수는 전가산기 입력 비트 A와 B로 나타낼 수 있으며 모든 출력 캐리는 즉시 동작 가능(게이트 지연은 제외)하다. 최종 결과의 출력까지 캐리가 모든 전가산기 단으로 전달되도록 기다릴 필요는 없다. 따라서 룩-어헤드 캐리 기법은 덧셈 연산처리 속도를 높일 수 있게 된다.

4비트 룩-어헤드 캐리 가산기 출력들인 C_{out} 표현식들은 그림 6-17과 같이 논리 게이트로 구현될 수 있다.

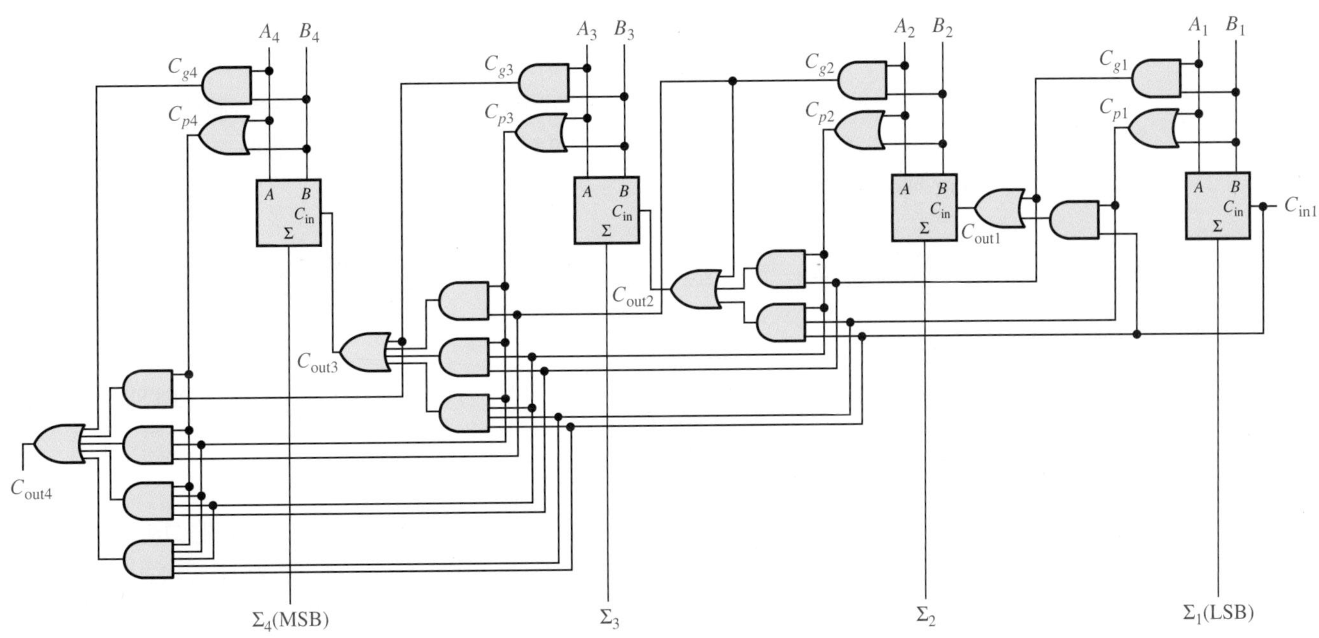

그림 6-17 4단 룩-어헤드 캐리 가산기의 논리도

룩-어헤드와 리플 캐리 가산기의 조합

6-2절에서 설명한 74HC283 4비트 가산기는 룩-어헤드 캐리 가산기이다. 이 가산기를 4비트 이상의 2진수를 처리할 수 있도록 종속 연결하여 확장하려면 한 가산기의 출력 캐리를 다음 단의 입력 캐리와 연결하여야 한다. 따라서 4비트 가산기 사이의 리플 캐리 조건이 만들어지고 2개 이상의 74HC283을 종속 연결하면 룩-어헤드와 리플 캐리 가산기가 조합된 가산기가 된다. 룩-어헤드 캐리 동작은 각 중규모 집적 가산기의 내부에서 이루어지며 출력 캐리가 하나의 가산기에서 다음 가산기로 전송될 때 리플 캐리 특징이 나타난다.

복습문제 6-3

1. 전가산기 입력 비트가 $A = 1$이고 $B = 0$이다. C_g와 C_p를 구하라.
2. $C_{in} = 1$, $C_g = 0$, $C_p = 1$일 때 전가산기의 출력 캐리를 구하라.

6-4 비교기

비교기(comparator)는 두 2진수의 크고 작음을 결정하기 위해 그 두 수의 크기를 비교한다. 비교기는 간단한 회로 구성으로 두 수가 같은지를 결정한다.

이 절의 학습내용

- 배타적-NOR 게이트를 기본적인 비교기로 활용한다.
- 일치와 불일치 출력이 있는 크기 비교기의 내부 논리를 분석한다.
- 74HC85 비교기를 이용하여 2개의 4비트 2진수의 크기를 비교한다.
- 74HC85를 종속 연결하여 8비트 이상의 비트 비교기를 구성한다.
- VHDL을 이용하여 4비트 비교기를 구성한다.

일치

3장에서 살펴본 바와 같이 배타적-NOR 게이트는 두 입력 비트가 다를 때 0을 출력하고, 같을 때 1을 출력하므로 기본적인 비교기로 활용할 수 있다. 그림 6-18은 2비트 비교기로서 배타적-NOR 게이트이다.

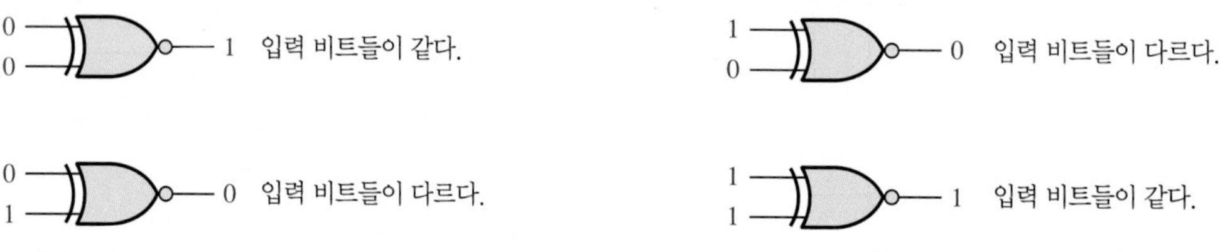

그림 6-18 기본적인 비교기 동작

그러나 2비트 2진수를 비교하려면 배타적-NOR 게이트 1개가 더 필요하다. 그림 6-19는 2비트 2진수 비교기의 논리도이다. 두 수의 최하위 비트(LSB)는 게이트 G_1에서 비교되고 최상위 비트(MSB)는 게이트 G_2에서 비교된다. 비교하는 두 수가 일치한다는 것은 두 수의 대응하는 자릿수의 비트가 동일하다는 의미이므로 각각의 배타적-NOR 게이트 출력은 1이 된다. 이와 반대로 두 수의 대응 자릿수 비트가 같지 않으면 각각의 배타적-NOR 게이트 출력은 0이 될 것이다.

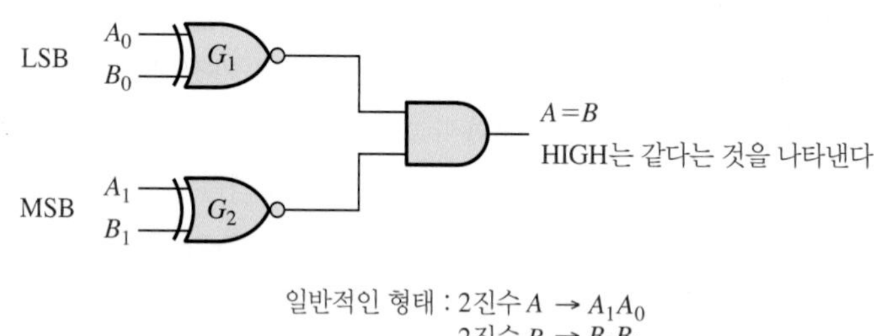

MultiSim **그림 6-19 2비트 수의 크기를 비교하는 논리도. 파일 F06-19를 사용하여 동작을 검증하라.**

두 수의 일치 혹은 불일치를 알려주는 단일 출력을 얻기 위해서는 그림 6-19에서와 같이 AND 게이트를 XNOR 게이트에 연결한다. 각 XNOR 게이트로 입력되는 두 입력 비트가 일치한다면, 같은 자릿수의 비트가 동일하므로 AND 게이트의 두 입력은 1이 되고 출력은 1이다. 두 비트 쌍 중에서 하나 또는 두 쌍의 비트가 서로 다르다면, AND 게이트의 입력 중에서 하나는 0이

되고 그 출력은 0이다. 그러므로 AND 게이트 출력은 두 수의 일치(1) 혹은 불일치(0)를 나타낸다. 예제 6-5는 특정한 두 경우에 있어서의 비교동작을 예시한다.

비교기는 두 2진수가 일치 혹은 불일치인지를 결정한다.

예제 6-5

다음의 2진수 쌍을 그림 6-20의 비교기에 입력할 때 회로 각 단에서의 논리 레벨을 결정하라.

(a) 10과 10 **(b)** 11과 10

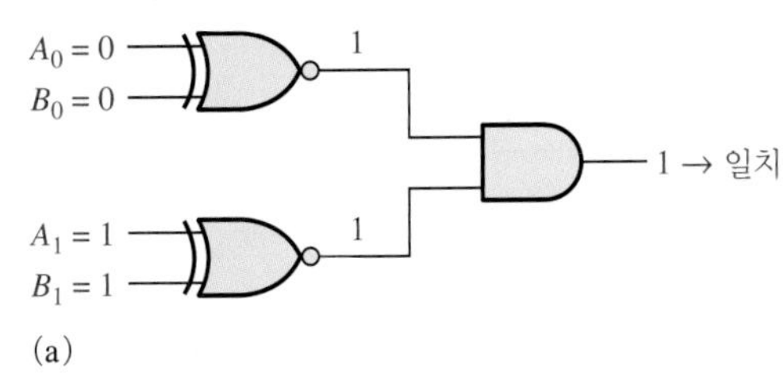

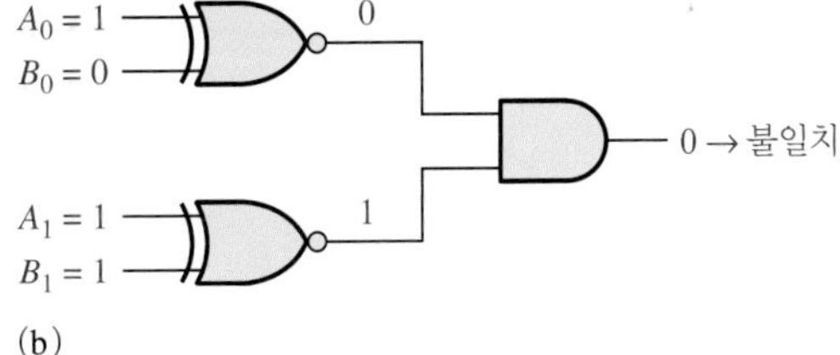

그림 6-20

풀이

(a) 그림 6-20(a)에 나타난 바와 같이 입력 10과 10에 대한 출력은 **1**이다.

(b) 그림 6-20(b)에 나타난 바와 같이 입력 11과 10에 대한 출력은 **0**이다.

관련 문제

이 과정을 입력 01과 10일 경우에 반복하라.

3장에서 이미 설명한 바와 같이 기본적인 비교기는 임의의 비트 수를 갖는 2진수에 대해 확장 가능하다. 그리고 비교되는 두 수가 일치한다면, AND 게이트는 해당 자릿수의 비트들 모두가 같다는 것을 결정한다.

불일치

함수 비교기는 일치 출력뿐만 아니라 비교할 두 2진수 중에서 어느 수가 더 큰지를 나타내는 출력기능을 가지고 있다. 그림 6-21의 4비트 비교기 논리기호에서와 같이 A가 B보다 더 큼($A > B$)을 알려주는 출력, 그리고 A가 B보다 작음($A < B$)을 알려주는 출력을 제공한다.

두 2진수 A와 B의 불일치를 결정하기 위해서는 먼저 두 수의 최상위 비트를 검사하면 된다. 다음과 같은 조건들이 가능할 것이다.

1. $A_3 = 1$이고 $B_3 = 0$이면 A는 B보다 더 크다.

2. $A_3 = 0$이고 $B_3 = 1$이면 A는 B보다 더 작다.

3. $A_3 = B_3$이면 다음 아래 자릿수의 비트를 검사해야 한다.

이 세 가지 동작은 비교대상인 수의 각 비트 위치에서 적용된다. 일반적으로 비교기는 최상위 비트에서 하위 비트 순서로 불일치를 판정한다. 이런 순서로 진행 중에 어느 자릿수의 비트가 일치하지 않는다면, 두 수의 크기 관계는 결정되는 것이다. 따라서 그다음의 하위 비트에서 불일치 판정을 할 필요가 없다.

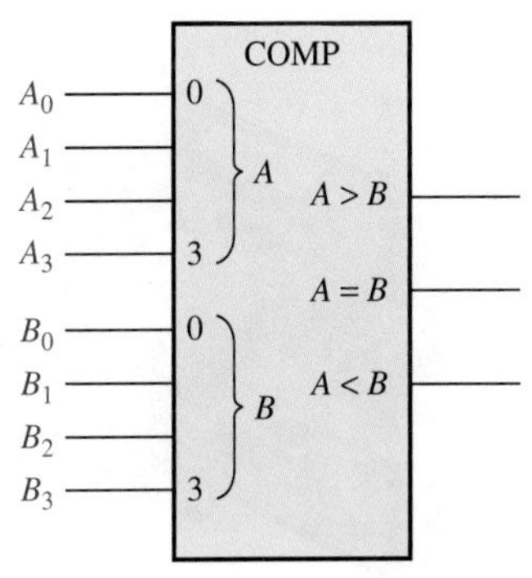

그림 6-21 불일치 표시출력이 있는 4비트 비교기의 논리기호

정보노트

컴퓨터에서 '캐시'는 CPU와 속도가 낮은 주메모리 사이에서 동작하는 속도가 매우 빠른 메모리이다. CPU는 메모리 주소를 전송하여 데이터를 요청한다. 이 주소의 일부를 '태그'라고 한다. '태그 주소 비교기'는 CPU로부터 받은 태그와 캐시 디렉토리에 있는 태그를 비교하여 두 값이 일치하면, 주소가 지정된 데이터는 이미 캐시에 있는 것이므로 매우 빠른 속도로 데이터를 받을 수 있다. 반면 두 태그가 일치하지 않는다면, 주메모리로부터 매우 느린 속도로 데이터를 받아야 한다.

예제 6-6

입력되는 수가 그림 6-22에 나타난 값일 때 $A = B$, $A > B$, $A < B$ 출력을 결정하라.

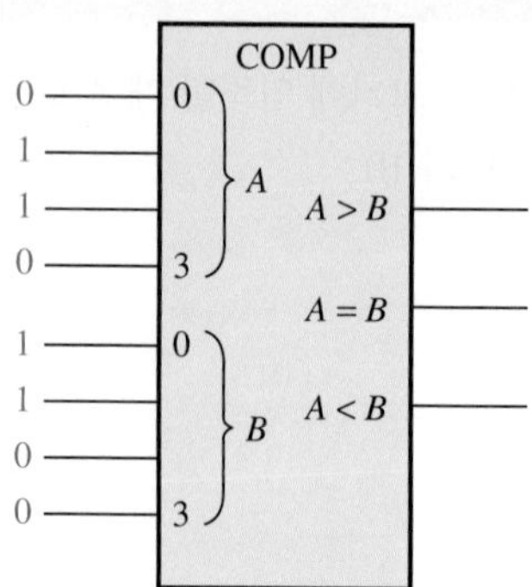

그림 6-22

풀이

입력 A의 수는 0110이고 B는 0011이므로 **$A > B$ 출력은 HIGH이고 다른 출력은 LOW이다.**

관련 문제

$A_3A_2A_1A_0 = 1001$이고 $B_3B_2B_1B_0 = 1010$일 때 비교기 출력을 구하라.

구현 : 4비트 크기 비교기

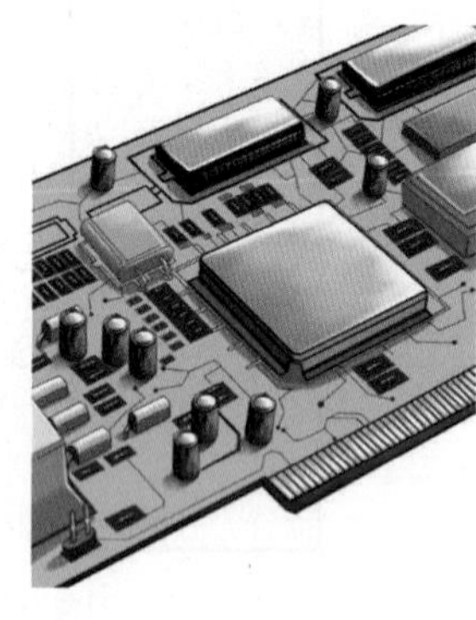

고정 기능 소자 74HC85/74LS85의 핀 배치도와 논리기호는 그림 6-23에 나타나 있다. 이 소자의 모든 입력과 출력은 앞서 언급한 일반적인 비교기와 같고, 3개의 입력 $A < B$, $A = B$, $A > B$가 있다. 이런 입력은 4비트보다 많은 비트의 수를 비교할 때와 여러 비교기를 종속 연결할 때 이용된다. 비교기를 확장하려면 낮은 비트 비교기의 $A < B$, $A = B$, $A > B$ 출력은 다음 높은 자릿수 비트 비교기의 해당 입력으로 연결된다. 최하위 비트 비교기의 $A = B$ 입력은 HIGH, $A > B$와 $A < B$ 입력은 LOW여야 한다.

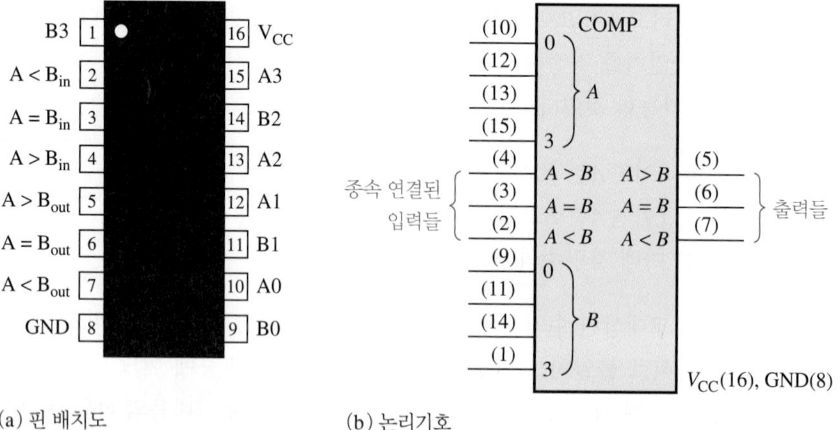

그림 6-23 74HC85/74LS85 4비트 크기 비교기

프로그램 가능한 논리 소자(PLD) 4비트 크기 비교기는 VHDL을 사용하여 표현할 수 있으

며 PLD로 구현할 수 있다. 다음의 VHDL 프로그램은 간략화된 비교기($A = B$의 출력일 경우만)를 구현하기 위한 데이터 흐름이다(파란 글자의 주석은 프로그램이 아니다).

```
entity 4BitComparator is
   port(A0, A1, A2, A3, B0, B1, B2, B3: in bit; AequalB: out bit);
end entity 4BitComparator;                          입력과 출력 선언

architecture LogicOperation of 4BitComparator is
begin
AequalB <=(A0 xnor B0) and (A1 xnor B1) and     } 불 식 출력
(A2 xnor B2) and (A3 xnor B3);

end architecture LogicOpertion;
```

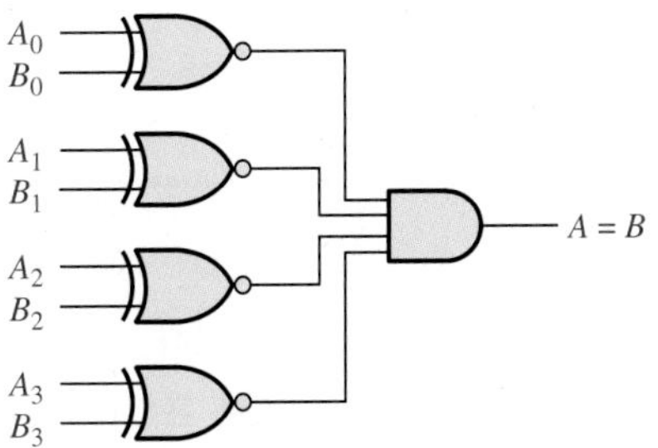

그림 6-24

예제 6-7

74HC85를 이용하여 두 8비트 2진수의 크기 비교기를 완성하라.

풀이

8비트 2진수를 비교하기 위해서는 2개의 74HC85가 필요하다. 그림 6-25와 같이 두 IC를 종속 연결한다.

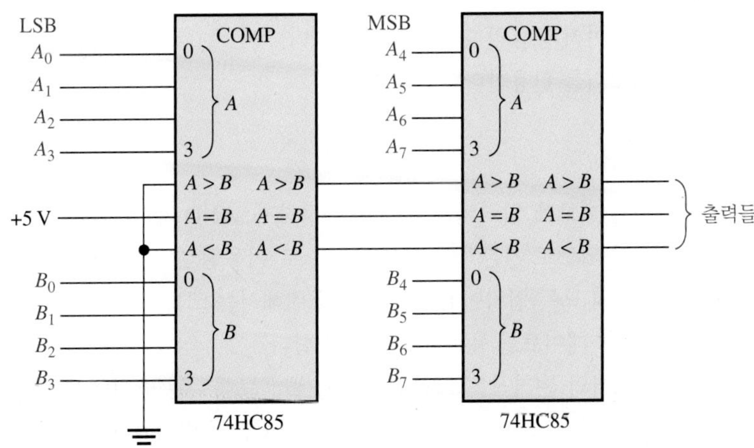

그림 6-25 2개의 74HC85를 이용한 8비트 비교기

관련 문제

그림 6-25의 회로를 16비트 비교기로 확장하라.

활용 팁

대부분의 CMOS 소자는 강력한 정전기 또는 전기장에 의한 충격으로부터 보호하기 위한 보호회로가 포함되어 있다. 그러나 최대 허용전압보다 높은 전압이 인가되지 않도록 주의해야 한다. 올바른 동작을 위해서는 입출력은 반드시 V_{CC}와 접지 범위 안의 전압이어야 한다. 또한 사용하지 않는 출력은 개방 상태라도 상관없지만 사용하지 않는 입력은 반드시 접지나 V_{CC} 등의 적절한 논리 레벨에 연결해야 한다.

복습문제 6-4

1. 2진수 A = 1011과 B = 1010을 74HC85에 입력하였을 경우 출력을 결정하라.
2. 2진수 A = 11001011과 B = 11010100을 그림 6-25의 8비트 비교기에 입력하였을 경우 각 비교기의 출력을 결정하라.

6-5 디코더

디코더(decoder)는 지정된 비트 조합(코드)이 입력되는지를 검출하고 지정된 출력 레벨로 표현하는 디지털 회로를 말한다. 일반적으로 디코더는 n비트 처리를 위한 n개의 입력선과 1비트 이상 n비트 조합의 입력을 표시하기 위한 2^n개의 출력선을 갖는다. 여기서는 세 가지 고정된 기능의 IC 디코더를 소개한다. 기본적인 원리는 다른 형태의 디코더로 확장될 수 있다.

이 절의 학습내용

- 디코더를 정의한다.
- 어떤 비트의 조합을 위한 디코더 회로를 설계한다.
- 74HC154 2진수 → 10진수 디코더를 이해한다.
- 많은 비트 수의 코드처리를 위해 디코더를 확장한다.
- 74HC42 BCD → 10진수 디코더를 이해한다.
- 74HC47 BCD → 7-세그먼트 디코더를 이해한다.
- 7-세그먼트 표시기의 0 억제를 이해한다.
- VHDL을 이용하여 여러 종류의 디코더를 표현한다.
- 특정한 응용에 디코더를 활용한다.

정보노트

'명령어(instruction)'는 컴퓨터가 어떤 동작을 수행해야 하는지 지시하는 것이다. 기계코드(1과 0)로써 컴퓨터가 실행되기 위해서는 명령어가 디코드되어야 한다. 명령어 디코드는 명령어 '파이프라이닝'의 한 단계로서 수행 단계는 다음과 같다. 메모리로부터 명령어가 읽히고(명령어 패치), 디코드되어 메모리로부터 피연산수(operand)가 읽힌 다음, 명령어대로 실행되어 그 결과가 메모리에 다시 쓰여지게 된다. 기본적으로 파이프라이닝이란 현재의 명령어 실행이 완료되기 전에 다음 명령어 실행이 시작되는 것이다.

기본적인 2진 디코더

2진 코드 1001이 디지털 회로에 입력되는 상황을 가정하자. AND 게이트는 모든 입력이 HIGH일 때만 출력이 HIGH가 되므로 기본적인 디코딩 요소로 이용될 수 있다. 따라서 2진수 1001이 입력될 때, AND 게이트의 모든 입력이 HIGH가 되기 위해서는 코드의 중간에 0인 두 비트가 그림 6-26에서와 같이 NOT 게이트를 통과하도록 해야 한다.

그림 6-26(a)의 디코더의 논리식은 그림 6-26(b)에서 보여주는 방법대로 만들 수 있다. $A_0 = 1, A_1 = 0, A_2 = 0, A_3 = 1$이 입력되는 경우를 제외하고는 출력이 0이 되는지를 반드시 확인해야 한다. 여기서 A_0는 LSB이고 A_3는 MSB이다. 그림 6-26에서 AND 게이트 대신 NAND 게이트를 이용하고 1001의 경우, 적절한 2진 코드가 입력될 때 LOW가 출력될 것이다.

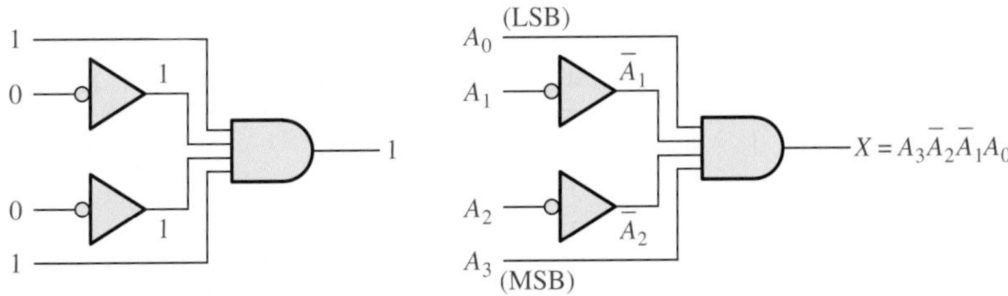

그림 6-26 2진 코드 1001을 디코딩하는 논리도(출력은 액티브-HIGH)

예제 6-8

2진수 1011을 디코딩하여 HIGH가 출력되는 논리를 구하라.

풀이

디코딩 함수는 입력 2진수에서 0인 비트만 보수를 취하여 다음과 같이 구할 수 있다.

$$X = A_3\overline{A}_2A_1A_0 \qquad (1011)$$

이 함수는 A_2를 역변환하여 AND 게이트에 입력하고 A_0, A_1, A_3는 그대로 AND 게이트에 입력되도록 결선하면 논리도가 완성된다. 디코딩 논리는 그림 6-27과 같다.

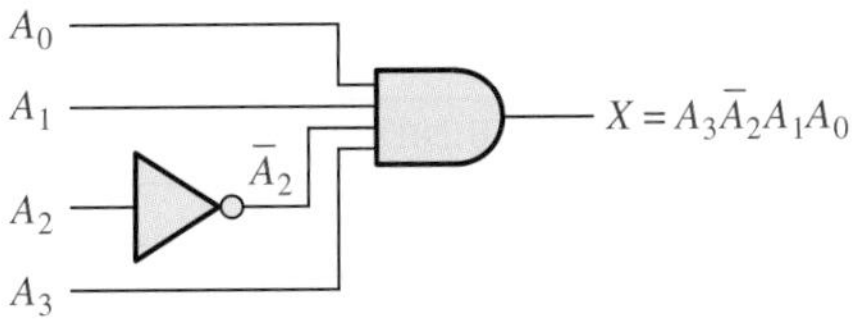

그림 6-27 1011이 입력될 때 출력이 HIGH인 디코딩 논리

관련 문제

2진 코드 10010을 검출하여 액티브-LOW를 출력하는 논리도를 그리라.

4비트 디코더

4비트로 이루어진 모든 코드를 디코딩하기 위해서는 디코딩 게이트 16개가 필요하다($2^4 = 16$). 이런 유형의 디코더는 입력이 4개, 출력이 16개이므로 4선 → 16선 디코더라고 하며 입력 코드에 따라 16가지의 출력 중에서 1개가 활성화되므로 1-of-16 디코더라고도 한다. 16개의 2진 코드와 그 코드에 해당하는 디코딩 함수가 표 6-4에 나타나 있다.

표 6-4

출력이 액티브-LOW인 4선 → 16선(1-of-16) 디코더의 디코딩 함수와 진리표

10진수	2진수 입력				디코딩 함수	출력들															
	A_3	A_2	A_1	A_0		0	1	2	3	4	5	6	7	8	9	10	11	12	13	14	15
0	0	0	0	0	$\overline{A}_3\overline{A}_2\overline{A}_1\overline{A}_0$	0	1	1	1	1	1	1	1	1	1	1	1	1	1	1	1
1	0	0	0	1	$\overline{A}_3\overline{A}_2\overline{A}_1A_0$	1	0	1	1	1	1	1	1	1	1	1	1	1	1	1	1
2	0	0	1	0	$\overline{A}_3\overline{A}_2A_1\overline{A}_0$	1	1	0	1	1	1	1	1	1	1	1	1	1	1	1	1
3	0	0	1	1	$\overline{A}_3\overline{A}_2A_1A_0$	1	1	1	0	1	1	1	1	1	1	1	1	1	1	1	1
4	0	1	0	0	$\overline{A}_3A_2\overline{A}_1\overline{A}_0$	1	1	1	1	0	1	1	1	1	1	1	1	1	1	1	1
5	0	1	0	1	$\overline{A}_3A_2\overline{A}_1A_0$	1	1	1	1	1	0	1	1	1	1	1	1	1	1	1	1
6	0	1	1	0	$\overline{A}_3A_2A_1\overline{A}_0$	1	1	1	1	1	1	0	1	1	1	1	1	1	1	1	1

(계속)

10진수	2진수 입력				디코딩 함수	출력들															
	A_3	A_2	A_1	A_0		0	1	2	3	4	5	6	7	8	9	10	11	12	13	14	15
7	0	1	1	1	$\overline{A}_3A_2A_1A_0$	1	1	1	1	1	1	1	0	1	1	1	1	1	1	1	1
8	1	0	0	0	$A_3\overline{A}_2\overline{A}_1\overline{A}_0$	1	1	1	1	1	1	1	1	0	1	1	1	1	1	1	1
9	1	0	0	1	$A_3\overline{A}_2\overline{A}_1A_0$	1	1	1	1	1	1	1	1	1	0	1	1	1	1	1	1
10	1	0	1	0	$A_3\overline{A}_2A_1\overline{A}_0$	1	1	1	1	1	1	1	1	1	1	0	1	1	1	1	1
11	1	0	1	1	$A_3\overline{A}_2A_1A_0$	1	1	1	1	1	1	1	1	1	1	1	0	1	1	1	1
12	1	1	0	0	$A_3A_2\overline{A}_1\overline{A}_0$	1	1	1	1	1	1	1	1	1	1	1	1	0	1	1	1
13	1	1	0	1	$A_3A_2\overline{A}_1A_0$	1	1	1	1	1	1	1	1	1	1	1	1	1	0	1	1
14	1	1	1	0	$A_3A_2A_1\overline{A}_0$	1	1	1	1	1	1	1	1	1	1	1	1	1	1	0	1
15	1	1	1	1	$A_3A_2A_1A_0$	1	1	1	1	1	1	1	1	1	1	1	1	1	1	1	0

디코딩된 각각의 값에 대해 액티브-LOW 출력이 필요하면 NAND 게이트와 인버터로 전체 디코더를 구성하면 된다. 16개의 2진 코드를 각각 디코드하기 위해서는 16개의 NAND 게이트가 필요하다(AND 게이트들은 HIGH 출력을 얻을 때 이용된다).

액티브-LOW 출력의 4선 → 16선(1-of-16) 디코더의 논리기호는 그림 6-28과 같다. BIN/DEC 표시는 2진수 입력을 10진수로 출력한다는 의미를 나타낸다. 입력표시 8, 4, 2, 1은 입력 비트($2^3 2^2 2^1 2^0$)의 자리값을 나타낸다.

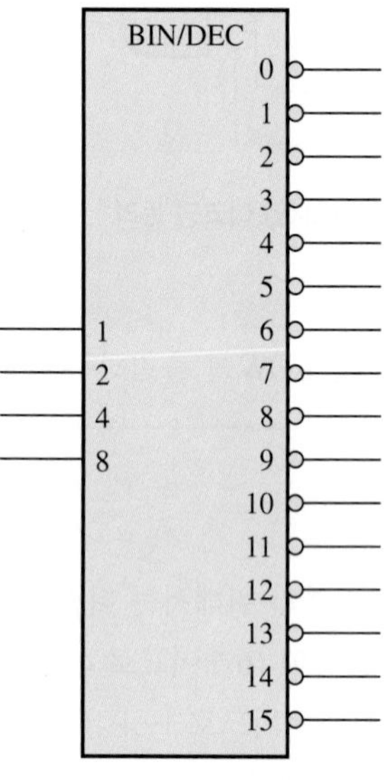

MultiSim **그림 6-28** 4선 → 16선 디코더의 논리기호. F06-28 파일을 확인하라.

구현 : 1-of-16 디코더

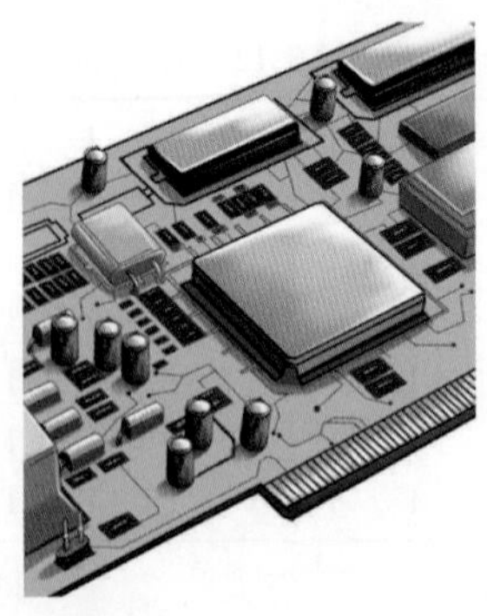

고정 기능 소자 대표적인 디코더 IC로는 74HC154가 있으며 논리기호는 그림 6-29와 같다. 이 디코더에는 네거티브-AND 동작을 하는 NOR 게이트로 구성된 인에이블(*EN*) 기능이 있다. 인에이블 게이트 출력(*EN*)을 HIGH로 만들려면 칩 선택 입력 $\overline{CS}_1$과 $\overline{CS}_2$ 각각을 LOW로 한다. 인에이블 게이트 출력은 디코더 내부의 각 NAND 게이트 입력에 연결되어 있으므로 HIGH일 때 NAND 게이트들이 동작하게 된다. 만약 두 입력이 LOW라서 인에이블 게이트가 동작하지 않는다면 4개의 입력 변수 A_0, A_1, A_2, A_3의 상태에 관계없이 16개의 디코더 출력(*OUT*)은 HIGH가 될 것이다.

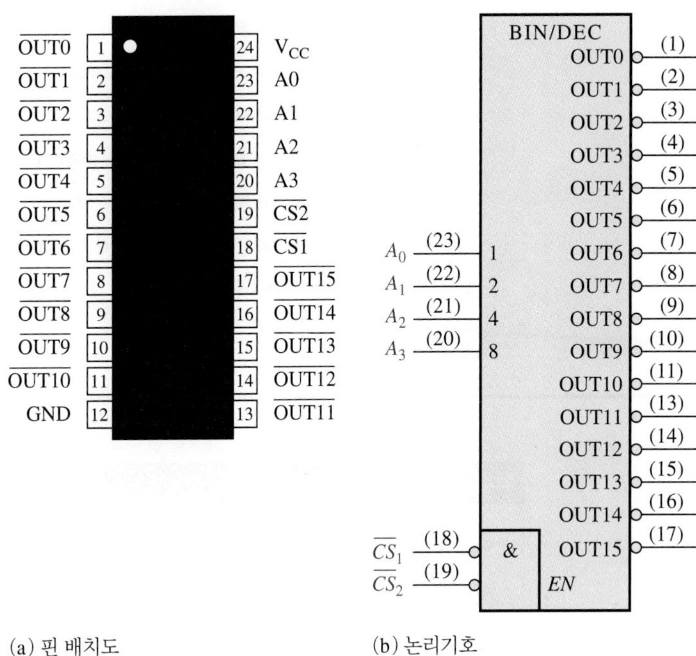

(a) 핀 배치도 (b) 논리기호

그림 6-29 74HC154 1-of-16 디코더의 핀 배치도 및 논리기호

프로그램 가능한 논리 소자(PLD) 1-of-16 디코더는 VHDL을 사용하여 표현할 수 있으며 PLD로 구현할 수 있다. 디코더는 디코딩을 위한 16개의 5-입력 NAND 게이트, EN 기능을 위한 2-입력 네거티브-AND, 그리고 4개의 인버터로 구성된다. 다음은 VHDL 프로그램 코드이다(파란 글자의 주석은 프로그램이 아니다).

```
entity 1of16Decoder is
  port(A0, A1, A2, A3, CS1, CS2: in bit; OUT0, OUT1, OUT2,
  OUT3, OUT4, OUT5, OUT6, OUT7, OUT8, OUT9, OUT10,
  OUT11, OUT12, OUT13, OUT14, OUT15: out bit);
end entity 1of16Decoder;

architecture LogicOperation of 1of16Decoder is
signal EN: bit;
begin
  OUT0<=not(not A0 and not A1 and not A2 and not A3 and EN);
  OUT1<=not(A0 and not A1 and not A2 and not A3 and EN);
  OUT2<=not(not A0 and A1 and not A2 and not A3 and EN);
  OUT3<=not(A0 and A1 and not A2 and not A3 and EN);
  OUT4<=not(not A0 and not A1 and A2 and not A3 and EN);
  OUT5<=not(A0 and not A1 and A2 and not A3 and EN);
  OUT6<=not(not A0 and A1 and A2 and not A3 and EN);
  OUT7<=not(A0 and A1 and A2 and not A3 and EN);
  OUT8<=not(not A0 and not A1 and not A2 and A3 and EN);
  OUT9<=not(A0 and not A1 and not A2 and A3 and EN);
```

입력과 출력 선언

16개의 출력에 대한 불 식

```
        OUT10<=not(not A0 and A1 and not A2 and A3 and EN);
        OUT11<=not(A0 and A1 and not A2 and A3 and EN);
        OUT12<=not(not A0 and not A1 and A2 and A3 and EN);
        OUT13<=not(A0 and not A1 and A2 and A3 and EN);
        OUT14<=not(not A0 and A1 and A2 and A3 and EN);
        OUT15<=not(A0 and A1 and A2 and A3 and EN);
        EN<=not CS1 and not CS2;

end architecture LogicOpertion;
```

예제 6-9

5비트 수를 디코딩하려고 한다. 74HC154 디코더를 이용하여 논리를 구성하라. 2진수는 $A_4A_3A_2A_1A_0$의 형태로 표시한다.

풀이

74HC154는 단지 4비트를 처리하므로 5비트를 디코딩하기 위해서는 2개의 디코더가 필요하다. 다섯 번째 비트 A_4는 그림 6-30에서와 같이 두 디코더 중에서 한 디코더의 칩 선택 입력 $\overline{CS}_1$과 $\overline{CS}_2$에 연결되어야 하고, $\overline{A}_4$는 다른 디코더의 $\overline{CS}_1$과 $\overline{CS}_2$에 연결되어야 한다. 10진수로 15 또는 이보다 작을 때, $A_4 = 0$이고 낮은 자릿수 디코더는 동작 상태가 되며 높은 자릿수 디코더는 동작하지 않는다. 10진수로 15보다 클 때, $A_4 = 1$이라서 $\overline{A}_4 = 0$이고 높은 자릿수 디코더는 동작하며 낮은 자릿수 디코더는 동작하지 않는다.

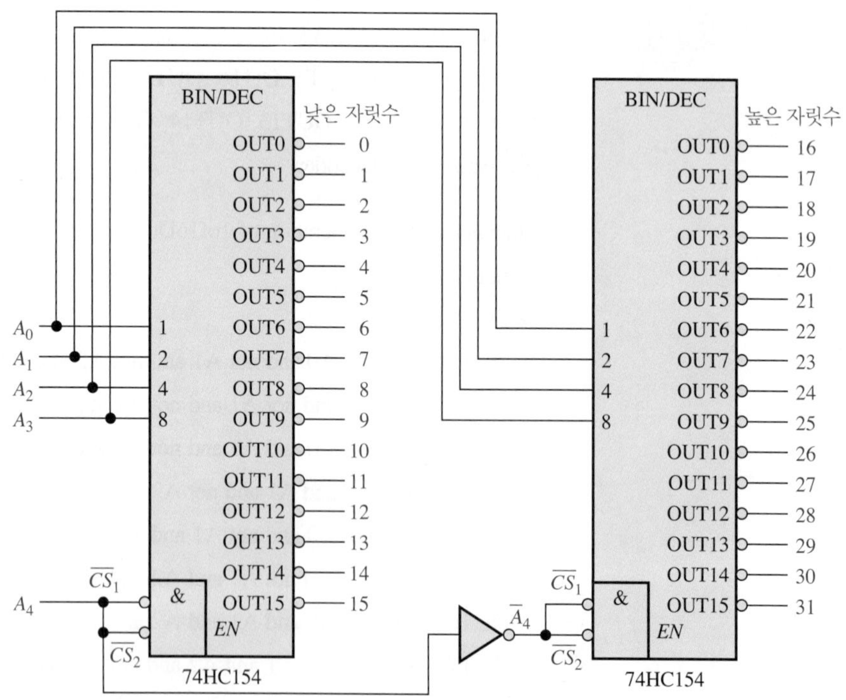

그림 6-30 74HC154를 이용한 5비트 디코더

관련 문제

입력 10110으로 활성화된 그림 6-30에서 출력을 구하라.

BCD → 10진수 디코더

BCD → 10진수 디코더는 각 BCD 코드(8421 코드)를 10가지의 10진 자릿수 중에서 하나로 변환한다. 이 디코더는 4선 → 10선 디코더 또는 1-of-10 디코더라고 한다.

BCD 코드는 0~9까지 10진 숫자를 나타내므로 10개의 디코딩 게이트가 필요하다는 것을 제외하고는 1-of-16 디코더와 동일한 방법으로 BCD 10진수 디코더를 구현할 수 있다. 10개의 BCD 코드 목록과 그에 해당하는 디코딩 함수가 표 6-5에 나열되어 있다. 각각의 디코딩 함수는 액티브-LOW를 출력하는 NAND 게이트 또는 액티브-HIGH 출력이 필요하다면 AND 게이트를 이용하여 구현할 수 있으며 이 논리는 표 6-4에서 1-of-16 디코더의 처음 10개의 논리와 동일하다.

표 6-5

BCD 디코딩 함수

10진수	BCD 코드				디코딩 함수
	A_3	A_2	A_1	A_0	
0	0	0	0	0	$\overline{A}_3\overline{A}_2\overline{A}_1\overline{A}_0$
1	0	0	0	1	$\overline{A}_3\overline{A}_2\overline{A}_1A_0$
2	0	0	1	0	$\overline{A}_3\overline{A}_2A_1\overline{A}_0$
3	0	0	1	1	$\overline{A}_3\overline{A}_2A_1A_0$
4	0	1	0	0	$\overline{A}_3A_2\overline{A}_1\overline{A}_0$
5	0	1	0	1	$\overline{A}_3A_2\overline{A}_1A_0$
6	0	1	1	0	$\overline{A}_3A_2A_1\overline{A}_0$
7	0	1	1	1	$\overline{A}_3A_2A_1A_0$
8	1	0	0	0	$A_3\overline{A}_2\overline{A}_1\overline{A}_0$
9	1	0	0	1	$A_3\overline{A}_2\overline{A}_1A_0$

구현 : BCD → 10진수 디코더

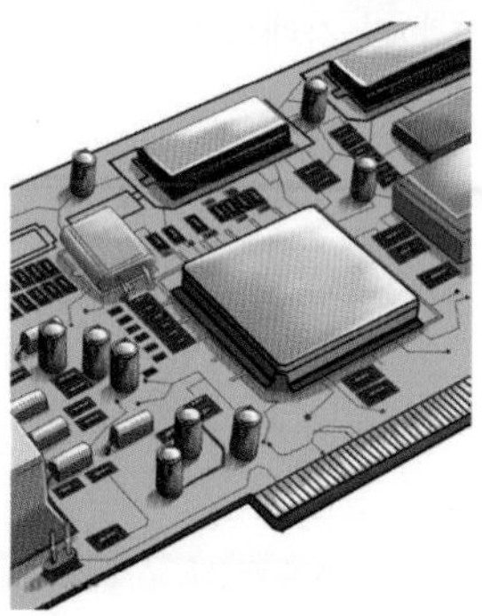

고정 기능 소자 74HC42는 4개의 BCD 입력과 10개의 액티브-LOW 10진 출력이 있는 IC 디코더이다. 논리기호는 그림 6-31과 같다.

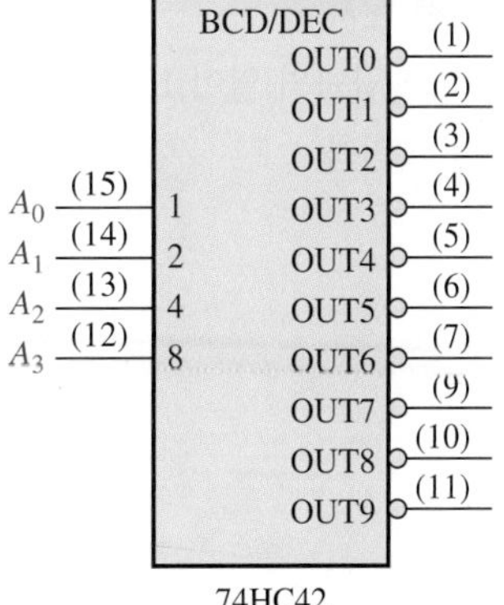

그림 6-31 74HC42 BCD → 10진수 디코더

프로그램 가능한 논리 소자(PLD) BCD → 10진수 디코더의 논리는 1-of-16 디코더와 비슷하며 더 간단하다. 이것은 16개의 게이트와 4개의 인버터 대신에 10개의 게이트와 4개의 인버터를 갖고 있다. 이 디코더는 EN 기능이 없다. 1-of-16 디코더를 위한 VHDL 프로그램 코드로 BCD → 10진수 디코더를 간단히 구현할 수 있다.

```
entity BCDdecoder is
  port(A0, A1, A2, A3: in bit; OUT0, OUT1, OUT2, OUT3,
  OUT4, OUT5, OUT6, OUT7, OUT8, OUT9: out bit);
end entity BCDdecoder;

architecture LogicOperation of BCDdecoder is
begin
  OUT0<=not(not A0 and not A1 and not A2 and not A3);
  OUT1<=not(A0 and not A1 and not A2 and not A3);
  OUT2<=not(not A0 and A1 and not A2 and not A3);
  OUT3<=not(A0 and A1 and not A2 and not A3);
  OUT4<=not(not A0 and not A1 and A2 and not A3);
  OUT5<=not(A0 and not A1 and A2 and not A3);
  OUT6<=not(not A0 and A1 and A2 and not A3);
  OUT7<=not(A0 and A1 and A2 and not A3);
  OUT8<=not(not A0 and not A1 and not A2 and A3);
  OUT9<=not(A0 and not A1 and not A2 and A3);

end architecture LogicOpertion;
```

입력과 출력 선언

10개의 출력에 대한 불 식

예제 6-10

그림 6-32(a)의 입력파형이 74HC42 입력에 인가될 때 출력파형을 나타내라.

풀이

출력파형은 그림 6-32(b)에 나타나 있다. 이 그림에서 0~9의 BCD가 차례로 입력되고 출력파형은 10진값 출력이 차례대로 출력되는 것을 알 수 있다.

관련 문제

BCD 입력의 열이 10진수로 0, 2, 4, 6, 8, 1, 3, 5, 9라고 할 때, 입력과 출력파형의 타이밍도를 그리라.

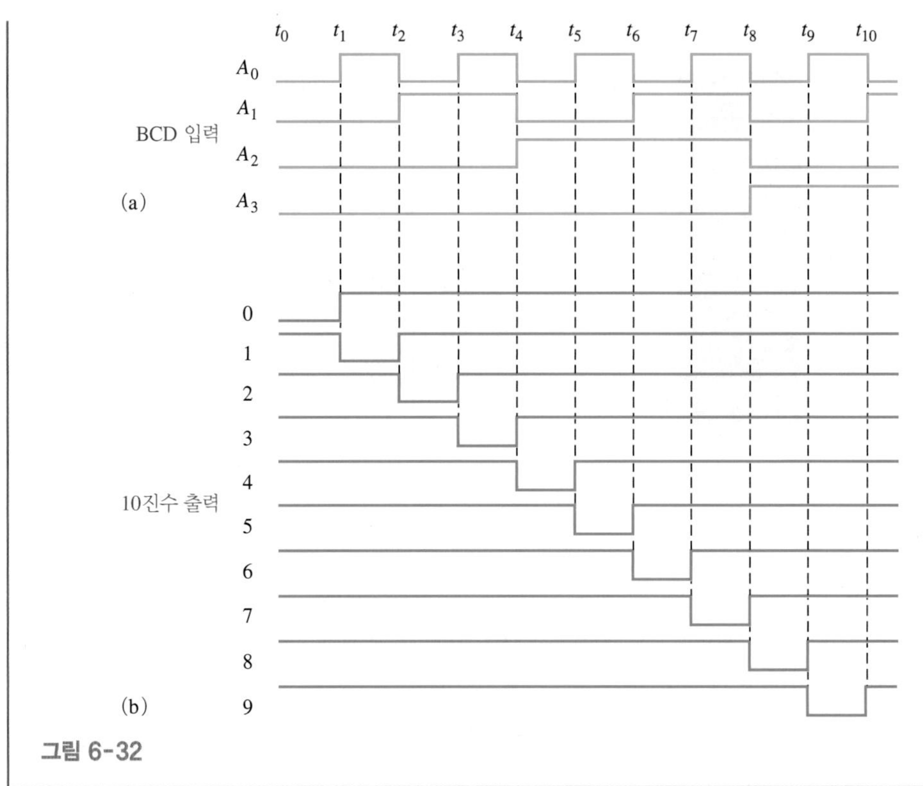

그림 6-32

BCD → 7-세그먼트 디코더

BCD → 7-세그먼트 디코더는 BCD 코드를 입력으로 받아서 10진수를 표시하는 7-세그먼트 표시기를 구동하는 출력을 제공한다. 기본적인 7-세그먼트 디코더의 논리도는 그림 6-33과 같다.

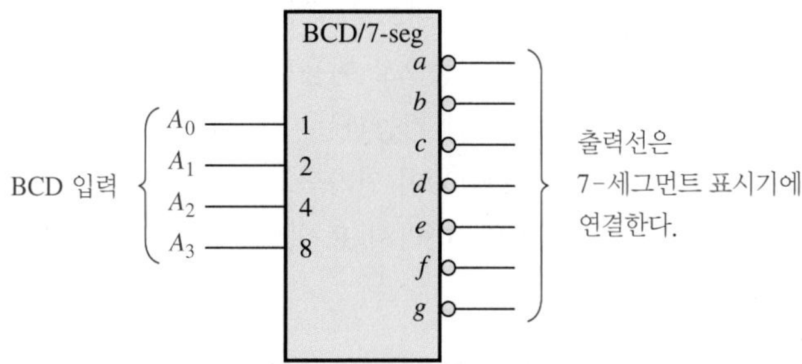

그림 6-33 출력이 액티브-LOW인 BCD → 7-세그먼트 디코더/구동기의 논리기호. 파일 F06-33을 확인하라.

구현 : BCD → 7-세그먼트 디코더/구동기

고정 기능 소자 74HC47은 BCD 입력을 디코딩하여 7-세그먼트 표시기를 구동하는 IC 소자 중 하나이다. 디코딩 및 세그먼트 구동능력 이외에도 74HC47은 그림 6-34의 논리기호에 나타난 것과 같이 $\overline{LT}$, $\overline{RBI}$, $\overline{BI}/\overline{RBO}$로 표시된 몇몇 부가기능을 가지고 있다. 논리기호에 버블이 표시된 것처럼 램프 테스트(lamp test, $\overline{LT}$), 리플-공백입력(ripple blanking input, $\overline{RBI}$) 그리고 공백입력/리플-공백입력(blanking input/ripple blanking output, $\overline{BI}/\overline{RBO}$) 등 모든 출력($a \sim g$)은 액티브-LOW이다. 출력은 공통-애노드형 7-세그먼트 표시기를 직접 구동할 수 있다. 4장에서 설명한 7-세그먼트 표시기를 기억하자.

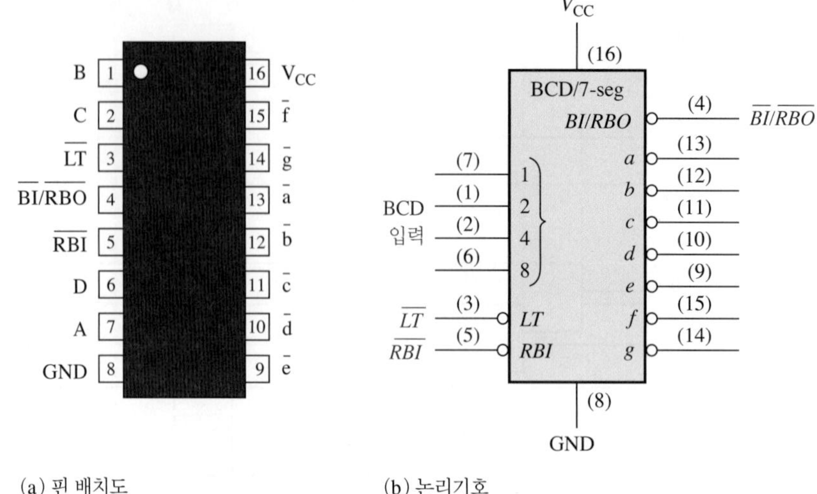

(a) 핀 배치도 (b) 논리기호

그림 6-34 74HC47 BCD → 7-세그먼트 디코더/구동기

램프 테스트 입력 $\overline{LT}$는 LOW이고 $\overline{BI}/\overline{RBO}$는 HIGH일 때 모든 7-세그먼트들은 on 된다. 램프 테스트는 세그먼트들의 이상 유무 테스트에 이용된다.

0 억제 이 기능은 여러 자릿수 표시기에서 불필요한 0을 공백 처리하는 것이다. 예를 들어 6자리 표시기에서 0이 공백 처리되지 않으면 6.4는 006.400으로 표시될 것이다. 표시할 숫자 앞부분의 0을 공백 처리하는 것을 선두 0 억제(leading zero suppression)라 하고 숫자 뒷부분의 0을 공백 처리하는 것을 후미 0 억제(trailing zero suppression)이라고 한다. 불필요한 0만 공백 처리해야 하는 것으로 030.080을 0 억제하면 30.08(필요한 0은 남김)로 표시될 것이다.

74HC47에서 0 억제는 $\overline{RBI}$와 $\overline{BI}/\overline{RBO}$를 이용한다. 여기서 $\overline{BI}$는 리플-공백입력이고 $\overline{RBO}$는 리플-공백출력이다. $\overline{BI}$와 $\overline{RBO}$는 동일한 핀으로서 입력 혹은 출력으로 사용할 수 있다. 다른 모든 입력보다 우선 처리가 되는 $\overline{BI}$ 기능으로 이용될 때 $\overline{BI}$가 LOW이면 모든 세그먼트 출력은 HIGH(비활성)이다. $\overline{BI}$ 기능은 0 억제 기능과는 다르다.

BCD 입력에 모든 비트가 0인 코드인 0000이 인가되고 $\overline{RBI}$가 LOW라면, 디코더의 모든 세그먼트는 출력 비활성 상태(HIGH)이다. 따라서 표시기는 모두 공백이며 $\overline{RBO}$는 LOW가 된다.

프로그램 가능한 논리 소자(PLD) VHDL 프로그램 코드는 74HC47의 더 적은 수의 출력을 제외하면 74HC42 BCD → 10진수 디코더와 같다.

4자리 표시기에서의 0 억제

0 억제는 표시기에 보이지 않는 숫자로서 선두 0 또는 후미 0을 의미한다.

그림 6-35(a)의 논리도는 선두 0 억제의 예를 보여주고 있다. 모든 비트가 0인 코드가 BCD 입력에 들어오면, 최상위 디코더의 $\overline{RBI}$는 접지로 연결되어 LOW 상태이므로 최상위 자릿수 위치(맨 왼쪽)는 항상 공백이다. 각 디코더의 $\overline{RBO}$를 하위 자릿수 디코더의 $\overline{RBO}$와 연결하면, 0이 아닌 첫 자릿수(오른쪽에서 두 번째)의 왼쪽 0은 공백이 된다. 예를 들어 그림의 (a)에서 2개의 최상위 자릿수는 0이므로 공백이 되고 나머지 두 자리는 3과 0이 된다.

그림 6-35(b)의 논리도는 소수에 대해서 후미 0 억제의 예를 보여주고 있다. 모든 비트가 0인 코드가 BCD 입력되면 $\overline{RBI}$가 접지이므로 최하위 자릿수(가장 오른쪽)는 항상 공백이다. 각 디

코더의 $\overline{RBO}$는 다음 높은 자릿수 디코더에 연결되어 0이 아닌 첫 자릿수(왼쪽에서 두 번째)의 오른쪽 0은 공백이 된다. 그림 (b)에서 2개의 최하위 자릿수가 0이므로 공백으로 나타나고 5와 7은 그대로 표시된다. 선두 0 억제와 후미 0 억제를 하나의 표시기에서 동작하고 또한 소수점을 표시할 수 있도록 하려면 별도의 논리가 추가되어야 한다.

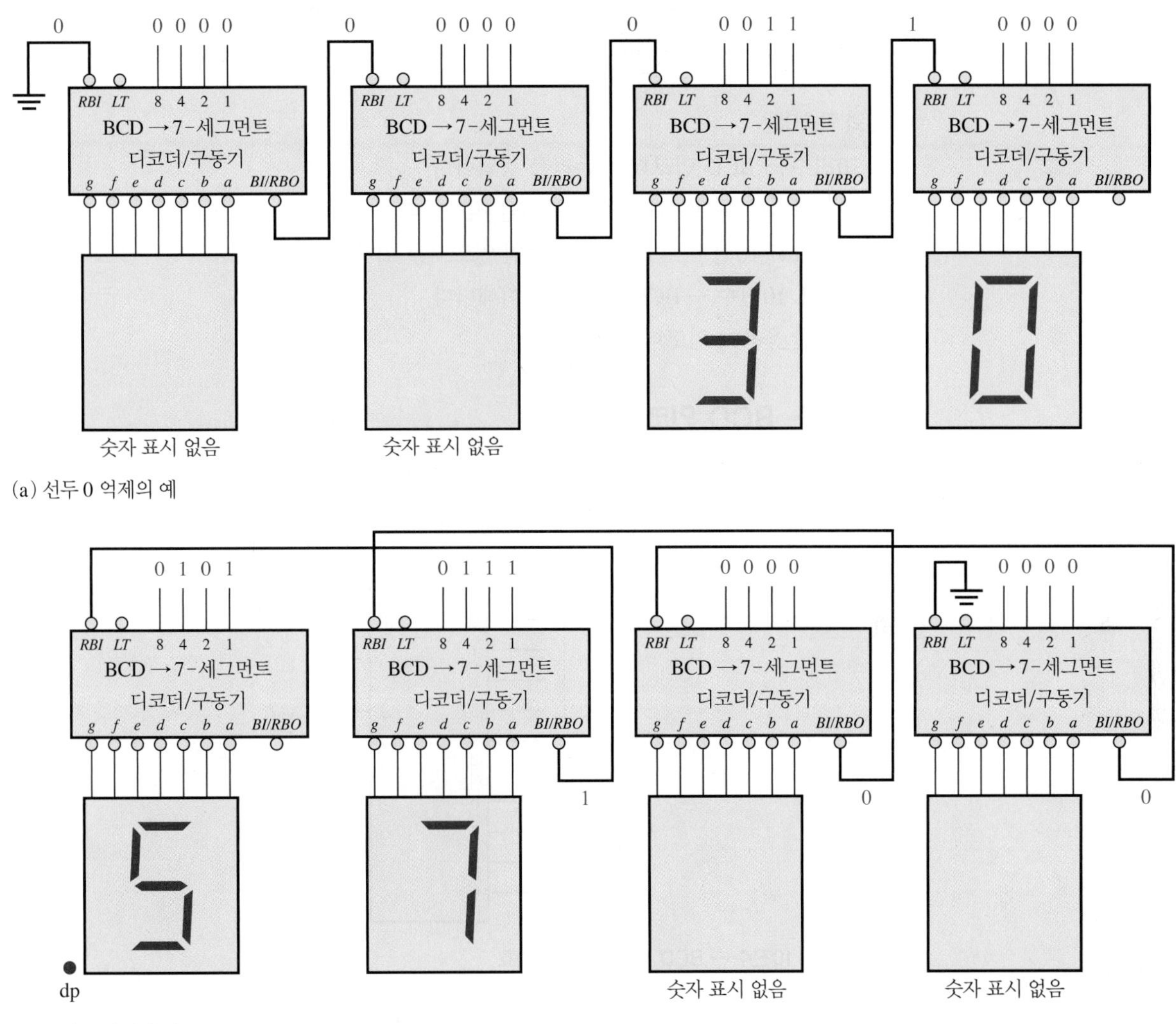

그림 6-35 BCD → 7-세그먼트 디코더/구동기를 이용하는 0 억제의 예

복습문제 6-5

1. 3선 → 8선 디코더는 8진수 → 10진수 디코딩에 사용될 수 있다. 2진수 101이 입력될 때 액티브되는 출력선은 무엇인가?
2. 6비트 2진수를 디코딩하는 데 필요한 74HC154 1-of-16 디코더는 몇 개인가?
3. 공통-캐소드형 7-세그먼트 LED 표시기를 구동하려면 디코더/구동기의 출력은 액티브-HIGH 또는 액티브-LOW 중 어느 것을 선택해야 하는가?

6-6 인코더

인코더(encoder)는 디코더의 기능을 역으로 수행하는 조합회로이다. 10진수 또는 8진수 등의 숫자를 의미하는 액티브 상태의 입력을 BCD 또는 2진 코드화된 출력으로 변환한다. 또한 인코더는 여러 기호나 알파벳 문자를 인코딩할 수도 있다. 기호 또는 숫자를 코드로 변환하는 과정을 인코딩(encoding)이라고 한다.

이 절의 학습내용

- 10진수 → BCD 인코더의 논리를 정의한다.
- 인코더에서 우선순위 특정의 목적을 이해한다.
- 74HC147 10진수 → BCD 우선순위 인코더를 이해한다.
- VHDL 10진수 → BCD 인코더를 이해한다.
- 특정한 응용에 인코더를 활용한다.

10진수 → BCD 인코더

그림 6-36의 인코더는 각각 10진수에 해당하는 10개의 입력과 BCD 코드에 해당하는 4개의 출력을 가지고 있는 기본적인 10선 → 4선 인코더이다.

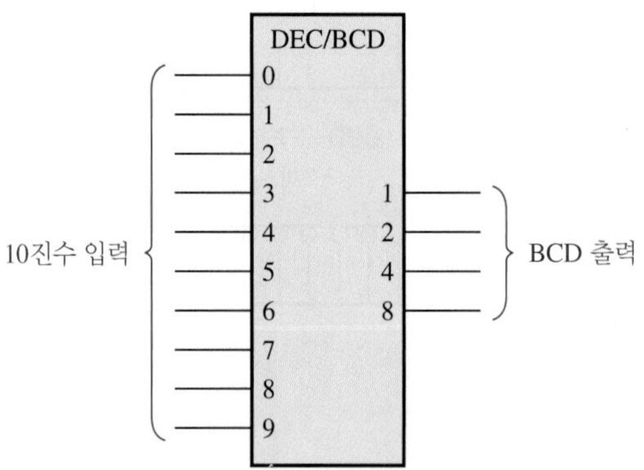

그림 6-36 10진수 → BCD 인코더의 논리기호

표 6-6에 BCD(8421) 코드가 정리되어 있다. 이 표는 BCD 코드 비트와 10진수와의 관계를 나타낸다. 예를 들어 10진 숫자 8 또는 9일 경우에는 BCD 코드의 최상위 비트 A_3는 항상 1이므로 A_3 비트는 다음과 같이 10진 숫자의 OR로 나타낼 수 있다.

$$A_3 = 8 + 9$$

비트 A_2는 10진 숫자 4, 5, 6, 7일 경우에 항상 1이므로 다음과 같이 OR 함수로 나타낼 수 있다.

$$A_2 = 4 + 5 + 6 + 7$$

비트 A_1은 10진 숫자 2, 3, 6, 7일 경우에 항상 1이므로 다음과 같이 나타낼 수 있다.

$$A_1 = 2 + 3 + 6 + 7$$

정보노트

'어셈블러(assembler)'는 연상(mnemonic) 기호로 작성되어 이를 기계어 명령으로 번역하는 소프트웨어로서, 실제 연상 기호를 사용하여 작성된 프로그램을 실제 컴퓨터가 이해할 수 있는 기계어 명령 코드(1과 0의 조합)로 변환하므로 어셈블러는 소프트웨어 인코더라고 생각할 수 있다. 어셈블러에서 사용되는 연상 명령어로는 ADD, MOV(데이터 이동), MUL(곱셈), XOR, JMP, OUT(포트로 출력) 등을 들 수 있다.

표 6-6

10진수	BCD 코드			
	A_3	A_2	A_1	A_0
0	0	0	0	0
1	0	0	0	1
2	0	0	1	0
3	0	0	1	1
4	0	1	0	0
5	0	1	0	1
6	0	1	1	0
7	0	1	1	1
8	1	0	0	0
9	1	0	0	1

마지막으로 비트 A_0는 10진 숫자 1, 3, 5, 7, 9에 대해 항상 1이므로 다음과 같이 나타낼 수 있다.

$$A_0 = 1 + 3 + 5 + 7 + 9$$

이상과 같이 구한 논리식을 이용하여 10진수에 해당하는 입력을 BCD 코드로 인코딩하는 논리회로를 만들어보자. 회로의 구성은 단지 10진 숫자의 입력선을 OR하여 해당 BCD 코드가 출력되도록 하면 된다. 위 식을 사용하여 인코더 회로를 구현하면 그림 6-37과 같다.

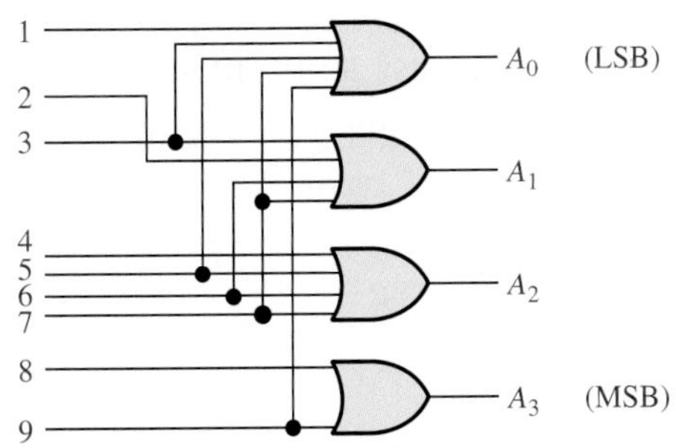

그림 6-37 10진수 → BCD 인코더의 기본적인 논리회로도. HIGH 입력이 없으면 BCD 출력은 항상 LOW이므로 0 입력은 필요하지 않다.

그림 6-37 회로의 기본적인 동작을 보면, 10진 숫자 입력선 중 하나가 HIGH일 때 BCD 4개의 출력선은 각각 해당하는 출력 레벨을 출력한다. 예를 들어 입력선 중에 9가 HIGH(나머지 모든 입력선은 LOW)로 입력되면, 출력 A_0와 A_3는 HIGH이고 A_1과 A_2는 LOW가 되어 10진수 9에 해당하는 BCD 코드 1001이 출력된다.

10진수 → BCD 우선순위 인코더

우선순위 인코더(priority encoder)는 앞에서 설명한 인코더와 동일한 인코딩 기능을 수행하면서 2개 이상의 입력이 동시에 인가될 때 우선순위에 따라 출력이 결정되는 기능을 추가로 가지고 있다. 우선순위 기능은 낮은 자릿수 입력이 활성화되었더라도 무시하고 활성화된 가장 높은 자릿수 입력에 대한 BCD를 출력하는 것이다. 예를 들어 6과 3의 입력선이 활성화되었다면 BCD 출력은 0110이다.

구현 : 10진수 → BCD 인코더

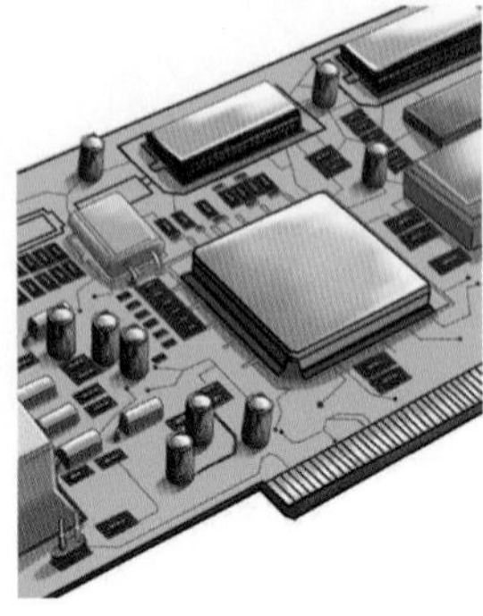

고정 기능 소자 74HC147은 그림 6-38에 나타낸 것과 같이 10진수 입력이 액티브-LOW, BCD 출력이 액티브-LOW로 동작하는 10진수 BCD 우선순위 인코더이다. 어떤 입력도 활성화되지 않으면 BCD 출력은 0이 된다. 괄호 안의 숫자는 핀 번호를 나타낸다.

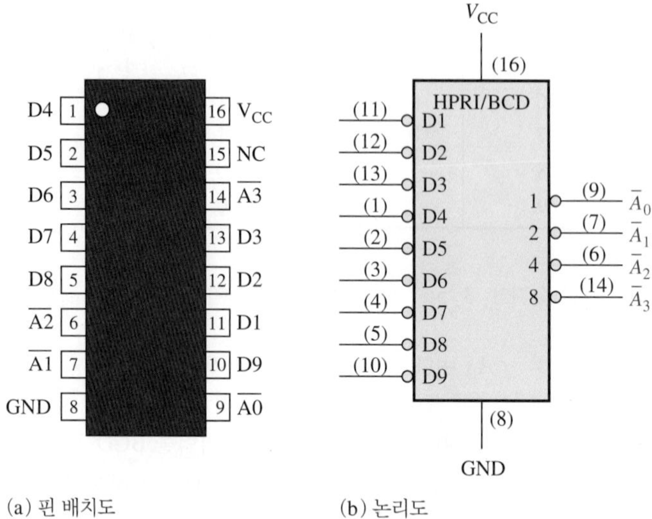

(a) 핀 배치도 (b) 논리도

그림 6-38 74HC147 10진수 → BCD 우선순위 인코더(HPRI는 가장 큰 값 입력이 우선순위임을 표시)

프로그램 가능한 논리 소자(PLD) 그림 6-38에 보여준 10진수 → BCD 인코더는 VHDL을 사용하여 표현할 수 있으며 PLD로 구현할 수 있다. 다음은 VHDL 프로그램 코드이다.

```
entity DecBCDencoder is
  port(D1, D2, D3, D4, D5, D6, D7, D8, D9:      } 입력과 출력 선언
  in bit; A0, A1, A2, A3: out bit);
end entity DecBCDencoder;

architecture LogicFunction of DecBCDencoder is

begin
  A0<=(D1 or D3 or D5 or D7 or D9);
  A1<=(D2 or D3 or D6 or D7);          4개의 BCD 출력에
  A2=(D4 or D5 or D6 or D7);           대한 불 식
  A3<=(D8 or D9);
end architecture LogicFunction;
```

예제 6-11

그림 6-38에서 74HC147의 1, 4, 13번 핀에 LOW가 입력될 때, 4개의 출력선의 상태를 구하라. 다른 모든 입력은 HIGH이다.

풀이

LOW로 입력되는 핀 중에 4번 핀은 10진수의 7을 나타내므로 입력값 중에 가장 높은 우선순위를 가지고 있다. 따라서 출력단에는 10진수 7에 해당하는 BCD 코드가 출력된다.

관련 문제

74HC147의 모든 입력이 LOW일 때의 출력을 구하고, 모든 입력이 HIGH일 때의 출력을 구하라.

응용

키보드에 있는 10개의 10진 숫자들은 논리회로에 의해 인코딩되어야 한다. 키들 중 하나를 누르면 10진수는 그 숫자에 대응하는 BCD 코드로 변환된다. 그림 6-39는 우선순위 인코더를 사용한 간단한 키보드 인코더 회로를 나타낸다. 키는 푸시-버튼 스위치이며 모두 $+V$에 **풀업 저항**(pull-up resistor)이 연결되어 있다. 풀업 저항은 키가 눌려지지 않았을 때 HIGH가 되도록 해준다. 키를 누르면 그 선은 접지로 연결되어 인코더 입력에 LOW가 인가된다. 아무런 키도 눌려지지 않을 때 BCD 출력은 0이므로 키는 연결되어 있지 않다.

모든 숫자 입력이 완료될 때까지 인코더의 BCD 보수 출력은 저장장치로 전달되어 BCD 코드가 연속적으로 저장된다. BCD 수와 2진 데이터가 저장되는 방법은 11장에서 설명할 것이다.

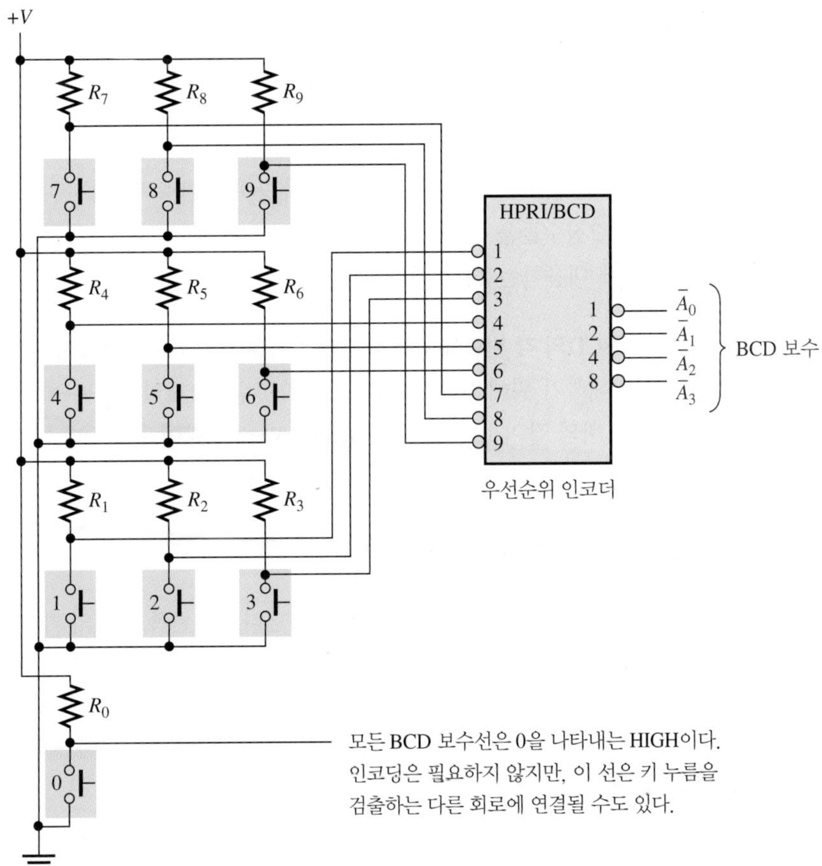

그림 6-39 간단한 키보드 인코더

복습문제 6-6

1. 그림 6-37에서 입력 2와 입력 9가 HIGH라고 할 때
   (a) 출력선의 상태는?
   (b) 이 출력은 유효한 BCD 코드인가?
   (c) 그림 6-37의 인코더 논리에서 제한사항은 무엇인가?
2. (a) 그림 6-38의 74HC147의 1번 핀과 5번 핀에 LOW가 가해질 때 $\overline{A}_3\overline{A}_2\overline{A}_1\overline{A}_0$의 출력은?
   (b) 이 출력의 의미를 설명하라.

6-7 코드 변환기

이 절에서는 임의의 코드를 다른 코드로 변환하는 조합 논리회로에 대해 알아본다.

이 절의 학습내용

- BCD를 2진 코드로 변환하는 과정을 이해한다.
- OR 게이트를 사용하여 2진 코드와 그레이 코드를 상호 변환한다.

BCD → 2진수 변환

BCD를 2진 코드로 변환하는 방법 중 하나는 가산기 회로를 이용하는 것으로 그 기본적인 변환 과정은 다음과 같다.

1. BCD를 구성하는 각 비트의 값 또는 그 비트 자릿수에 해당하는 가중치를 2진수로 바꾼다.
2. BCD 비트가 1인 경우의 2진수들을 전부 더한다.
3. 이 덧셈의 결과가 BCD에 대응하는 2진수이다.

이 동작을 간략히 요약하면, **BCD의 각 비트에 해당하는 가중치들을 모두 더하면 2진수가 된다.**

BCD와 2진수의 관계를 이해하기 위해 8비트 BCD 코드(자릿수가 2개인 10진수에 해당한다)를 예로 든다. 이미 알고 있는 바와 같이 10진수 87은 BCD로 다음과 같이 표현된다.

$$\underbrace{1000}_{8}\quad\underbrace{0111}_{7}$$

왼쪽에 있는 4비트 그룹은 80, 오른쪽 4비트 그룹은 7을 나타낸다. 즉 왼쪽 그룹의 가중치는 10, 오른쪽 그룹의 가중치는 1이다. 각 그룹에서 속하는 비트들의 2진 가중치는 다음과 같다.

	10의 디지트				1의 디지트			
가중치 :	80	40	20	10	8	4	2	1
비트표현 :	B_3	B_2	B_1	B_0	A_3	A_2	A_1	A_0

BCD 코드의 비트 가중치는 바로 그 비트가 나타내는 2진수에 해당한다. 표 6-7은 이 관계를 나타낸다.

표 6-7

2진수로 표현된 BCD 비트의 가중치

BCD 비트	BCD 가중치	(MSB) 64	32	16	2진수 8	4	2	(LSB) 1
A_0	1	0	0	0	0	0	0	1
A_1	2	0	0	0	0	0	1	0
A_2	4	0	0	0	0	1	0	0
A_3	8	0	0	0	1	0	0	0
B_0	10	0	0	0	1	0	1	0
B_1	20	0	0	1	0	1	0	0
B_2	40	0	1	0	1	0	0	0
B_3	80	1	0	1	0	0	0	0

각 BCD 코드의 비트 중에 1로 표시되어 있는 비트의 가중치를 모두 더하면, 그 값이 BCD에 대응하는 2진수가 된다. 예제 6-12는 이 과정을 나타낸다.

예제 6-12

BCD 수 00100111(10진수 27)과 10011000(10진수 98)을 2진수로 변환하라.

풀이

BCD 수에서 모든 1의 가중치를 2진수로 표현하여 모두 더한다.

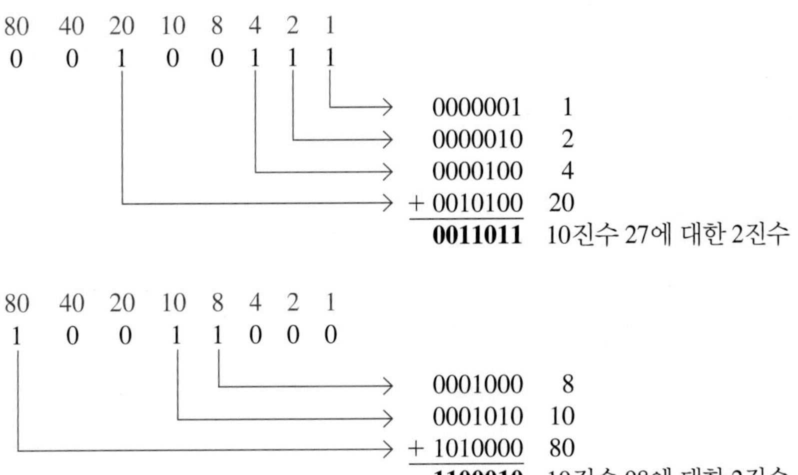

관련 문제

EX06-12 파일을 열고, BCD 01000001을 2진수로 변환하는 과정을 보이라.

2진수 → 그레이와 그레이 → 2진수 변환

그레이 → 2진수로 변환하는 기본적인 과정은 2장에서 다루었고, 이 과정에서는 배타적-OR 게이트를 사용하였다. 물론 프로그램화할 수 있는 논리소자(Programmable Logic Device, PLD)를 이용할 수도 있다. 그림 6-40은 4비트 2진수를 그레이 코드로 변환하는 변환기를 나타내고, 그림 6-41은 4비트 그레이 코드를 2진수로 변환하는 변환기의 예를 보여주고 있다.

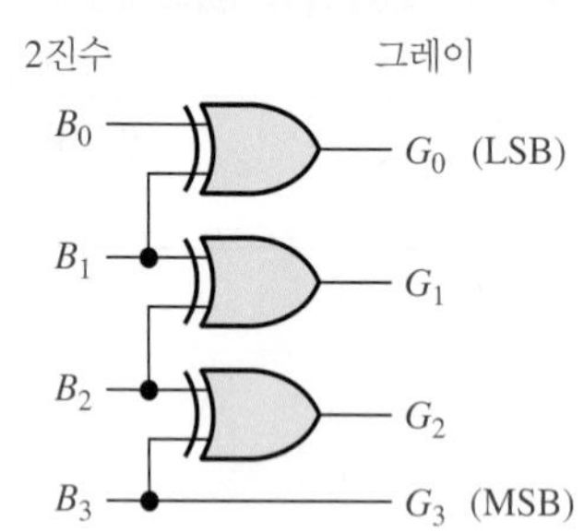

MultiSim

그림 6-40 4비트 2진수 → 그레이 변환 논리. 파일 F06-40을 사용하여 동작을 검증하라.

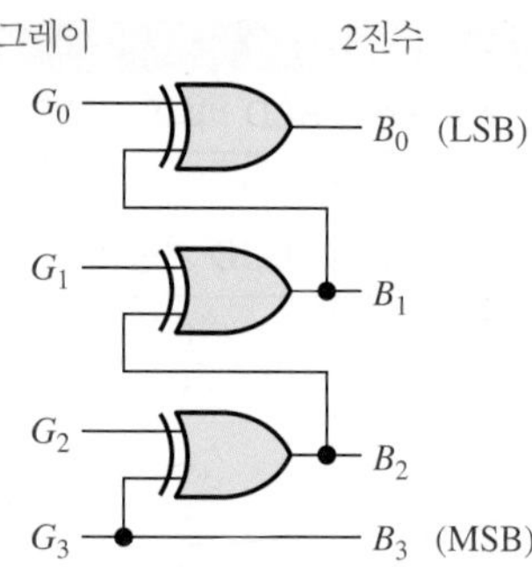

MultiSim

그림 6-41 4비트 그레이 → 2진수 변환 논리. 파일 F06-41을 사용하여 동작을 검증하라.

예제 6-13

(a) 2진수 0101을 배타적-OR 게이트를 이용하여 그레이 코드로 변환하라.

(b) 그레이 코드 1011을 배타적-OR 게이트를 이용하여 2진수로 변환하라.

풀이

(a) 0101_2는 그레이 코드로 0111이다. 그림 6-42(a)를 참조하라.

(b) 1011 그레이 코드는 1101_2이다. 그림 6-42(b)를 참조하라.

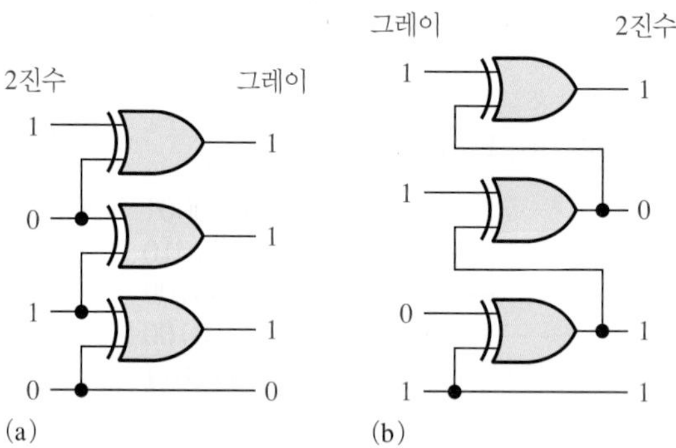

그림 6-42

관련 문제

8비트 2진수 → 그레이 변환기는 몇 개의 배타적-OR 게이트로 구성되는가?

복습문제 6-7

1. BCD 숫자 10000101을 2진수로 변환하라.
2. 8비트 2진수를 그레이 코드로 변환하는 논리도를 그리라.

6-8 멀티플렉서

멀티플렉서(multiplexer, MUX)는 여러 개의 데이터 소스로부터 입력되는 디지털 정보들을 하나의 출력단을 통해 공통의 목적지로 전송하는 소자이다. 기본적인 멀티플렉서는 다수의 입력선과 하나의 출력선 그리고 여러 디지털 입력 데이터 중에서 어떤 데이터를 출력할 것인지를 선택하는 데이터 선택 입력을 가지고 있다. 멀티플렉서는 이런 의미에서 데이터 선택기라고도 한다.

이 절의 학습내용

- 멀티플렉서의 기본 동작을 이해한다.
- 74HC153과 74HC151 멀티플렉서를 이해한다.
- 보다 많은 데이터 입력을 처리하도록 멀티플렉서를 확장한다.
- 논리함수 발생기로 멀티플렉서를 사용한다.
- VHDL의 4-입력과 8-입력 멀티플렉서를 이해한다.

그림 6-43은 4-입력 멀티플렉서를 나타낸다. 2개의 선택 비트를 갖고 있기 때문에 2개의 선택선이 필요하며 4개의 데이터 입력선 중에서 하나를 선택하는 것에 유념하자.

멀티플렉서는 여러 라인으로부터 입력되는 데이터 중 하나를 출력한다.

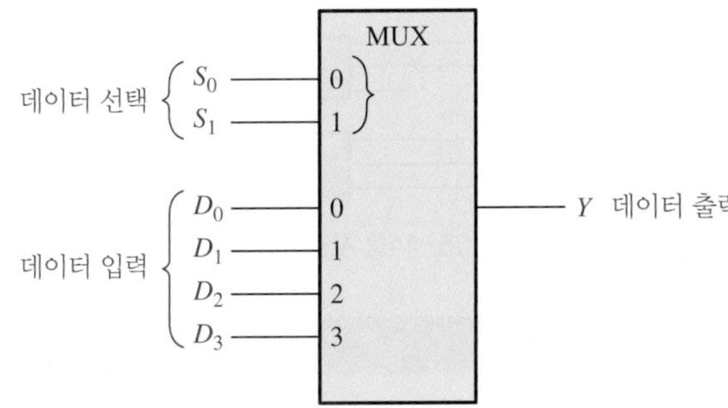

그림 6-43 1-of-4 데이터 선택기/멀티플렉서의 논리기호

그림 6-43에서 2비트의 데이터-선택(S) 코드는 어느 입력 데이터를 데이터 출력으로 통과시킬 것인지를 선택하는 비트로서, 데이터-선택 입력이 2진수 0($S_1 = 0$, $S_0 = 0$)이라면 D_0가 출력되고 2진수 1($S_1 = 0$, $S_0 = 1$)이라면 D_1이, 2진수 2($S_1 = 1$, $S_0 = 0$)라면 D_2가, 그리고 2진수 3($S_1 = 1$, $S_0 = 1$)이라면 D_3가 출력된다. 이러한 동작이 표 6-8에 정리되어 있다.

표 6-8

1-of-4 멀티플렉서에서 데이터 선택

데이터 선택 입력 S_1	S_0	선택된 입력
0	0	D_0
0	1	D_1
1	0	D_2
1	1	D_3

정보노트

'버스(bus)'는 컴퓨터 내에서 전기적인 신호들이 전송되는 통로로서 여러 개의 선으로 이루어져 있다. 다중 마이크로프로세서로 구성된 컴퓨터에서는 데이터 교환을 위해 시스템 내의 마이크로프로세서를 연결하는 것이 '공유버스(shared bus)'이다. 공유버스에는 시스템 내의 마이크로프로세서들이 액세스할 수 있는 메모리 그리고 입출력 장치 등도 연결된다. '버스 중재기'(멀티플렉서의 일종)가 공유버스 액세스를 제어하는데 어떤 순간에 하나의 마이크로프로세서만이 시스템의 공유버스에 엑세스한다.

이러한 멀티플렉서 동작을 구현하는 데 필요한 논리회로를 살펴보자. 출력 데이터는 선택된 데이터 입력과 똑같으므로 출력의 논리식은 데이터 입력과 데이터 선택 입력에 의해 표현된다.

$S_1 = 0$이고 $S_0 = 0$이면 데이터 출력은 D_0이다 : $Y = D_0\overline{S}_1\overline{S}_0$.

$S_1 = 0$이고 $S_0 = 1$이면 데이터 출력은 D_1이다 : $Y = D_1\overline{S}_1S_0$.

$S_1 = 1$이고 $S_0 = 0$이면 데이터 출력은 D_2이다 : $Y = D_2S_1\overline{S}_0$.

$S_1 = 1$이고 $S_0 = 1$이면 데이터 출력은 D_3이다 : $Y = D_3S_1S_0$.

이 조건들을 OR하면 다음과 같은 데이터 출력식이 된다.

$$Y = D_0\overline{S}_1\overline{S}_0 + D_1\overline{S}_1S_0 + D_2S_1\overline{S}_0 + D_3S_1S_0$$

이 식을 구현하려면 그림 6-44에 나타난 바와 같이 3-입력 AND 게이트 4개, 4-입력 OR 게이트 1개 그리고 S_1과 S_0의 보수를 얻기 위한 인버터 2개가 필요하다. 멀티플렉서는 여러 데이터 입력선 중에서 하나를 선택하여 출력하므로 **데이터 선택기**(data selector)라고도 한다.

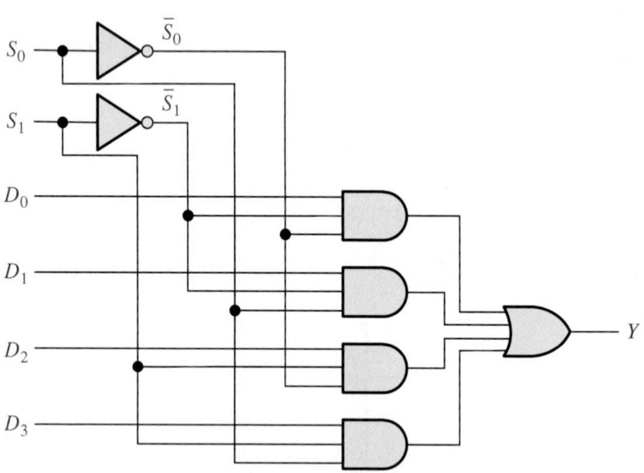

MultiSim **그림 6-44** 4-입력 멀티플렉서 논리도. 파일 F06-44를 사용하여 동작을 검증하라.

예제 6-14

그림 6-45(a)에서와 같이 데이터 입력과 데이터 선택 파형이 그림 6-44의 멀티플렉서에 입력될 때, 입력에 대한 출력파형을 그리라.

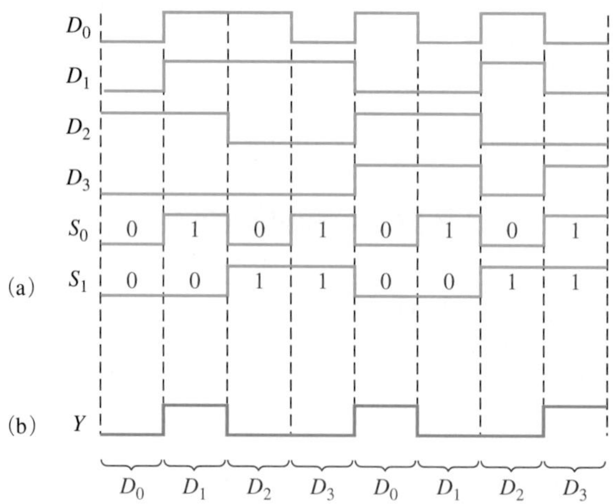

그림 6-45

풀이

각 시간 구간에 해당하는 데이터 선택 입력값에 따라 어느 입력 데이터를 선택하여 출력할 것인지가 결정된다. 데이터 선택 입력은 00, 01, 10, 11, 00, 01, 10, 11 등으로 반복해서 순환되고 있다. 출력파형은 그림 6-45(b)와 같다.

관련 문제

그림 6-45에 나타난 S_0와 S_1 파형이 서로 바뀌었을 때, 입력과 출력의 타이밍도를 그리라.

구현 : 데이터 선택기/멀티플렉서

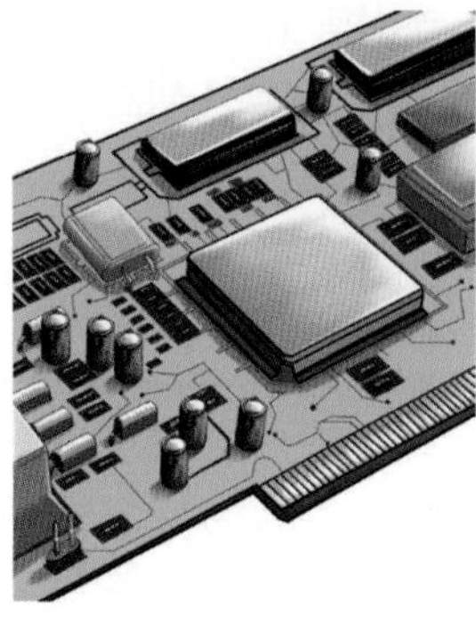

고정 기능 소자 74HC153은 2조의 4-입력 데이터 선택기/멀티플렉서로 구성되어 있다. 멀티플렉서의 입력은 1I3을 거쳐 1I0으로, 두 번째 멀티플렉서의 입력은 2I3을 거쳐 2I0으로 입력된다. 데이터 선택입력은 S0, S1이고 액티브-LOW 인에이블 입력은 1E와 2E이다. 각 멀티플렉서는 액티브-LOW인 인에이블 입력을 갖는다.

ANSI/IEEE 논리기호는 그림 6-46(b)에 나타나 있다. 2개의 멀티플렉서는 각각 독립된 블록으로 구별되어 있고, 두 멀티플렉서의 공통입력은 논리기호 윗부분의 공통 제어블록(common control block)으로 입력된다. G 기호는 두 선택 입력(A와 B)과 각 멀티플렉서 블록 입력들 간의 AND 관계를 나타낸다.

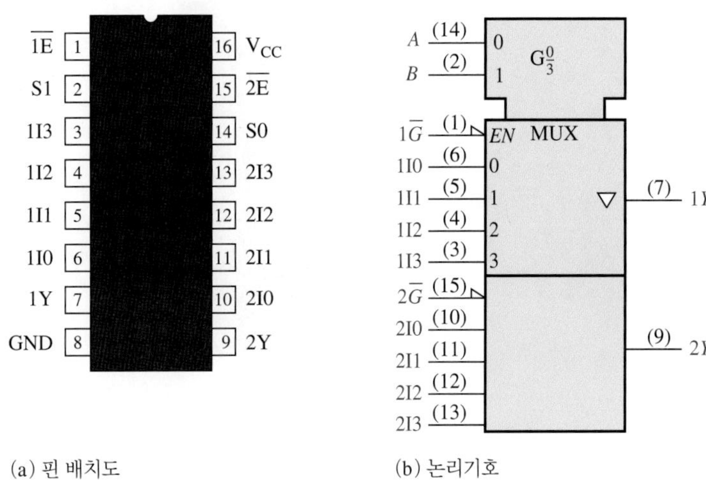

그림 6-46 74HC153 2조의 4-입력 데이터 선택기/멀티플렉서

프로그램 가능한 논리 소자(PLD) 그림 6-44의 논리도에서 보여준 4-입력 멀티플렉서는 VHDL로 구현할 수 있다. 주어진 논리를 위해 작성된 VHDL 프로그램은 PLD 내부로 코드화되고 활성 하드웨어가 된다는 것을 명심하자.

```
entity FourInputMultiplexer is
  port(S0, S1, D0, D1, D2, D3; in bit; Y: out bit);        입력과 출력 선언

end entity FourInputMultiplexer;

architecture LogicFunction of FourInputMultiplexer is

begin
  Y<=(D0 and not S0 and not S1) or (D1 and S0 and not S1)  } 출력에 대한 불 식
  or (D2 and not S0 and S1) or (D3 and S0 and S1);         }

end architecture LogicFunction;
```

구현 : 8-입력 데이터 선택기/멀티플렉서

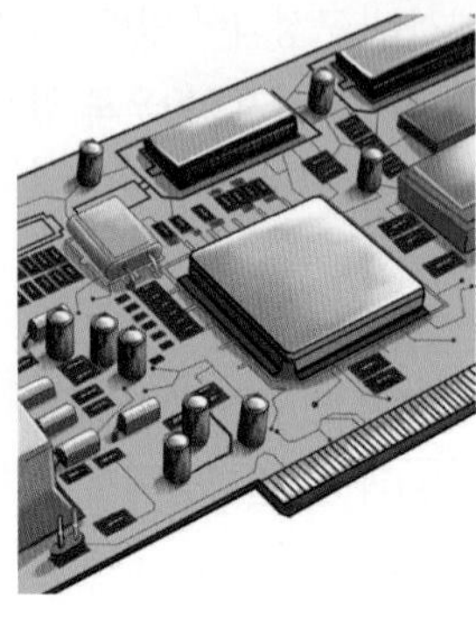

고정 기능 소자 74HC151은 데이터 입력이 8개(D_0-D_7)이므로 데이터 선택 입력이 3개(S_0-S_2)이다. 데이터 입력 8개($2^3 = 8$) 중에서 어떤 하나의 입력을 선택하려면 3비트가 필요하며 선택된 입력이 출력되려면 인에이블($\overline{Enable}$) 입력은 LOW여야 한다(액티브-LOW). 그림 6-47(a)는 핀 배치도, (b)는 ANSI/IEEE 논리기호이다. 이 경우 74HC153과 달리 제어할 멀티플렉서가 1개이므로 논리기호에 공통제어블록은 없다. 논리기호에서 $G\frac{0}{7}$ 라벨은 데이터 선택 입력과 0~7 사이의 AND 관계임을 표시한다.

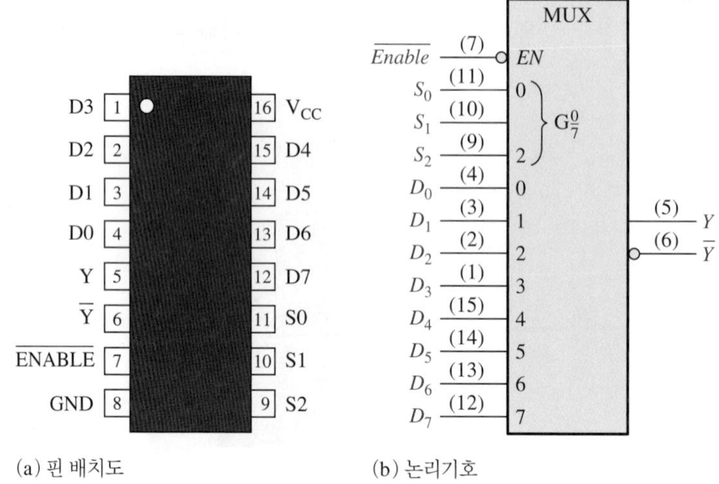

(a) 핀 배치도 (b) 논리기호

그림 6-47 74HC151 8-입력 데이터 선택기/멀티플렉서

프로그램 가능한 논리 소자(PLD) 8-입력 멀티플렉서의 논리는 VHDL로 구현할 수 있다. 74HC151은 8개의 5-입력 AND 게이트와 1개의 8-입력 OR 게이트 그리고 4개의 인버터로 구성된다.

```
entity EightInputMUX is
  port(S0, S1, S2, D0, D2, D3, D4, D5, D6, D7,      } 입력과 출력 선언
  EN: in bit; Y: inout bit; YI: out bit);
end entity EightInputMUX;

architecture LogicOperation of EightInputMUX is
   signal AND0, AND1, AND2, AND3, AND4, AND5, AND6, AND7: bit;   선언된 내부신호 (AND 게이트의 출력)
   begin
   AND0<= not S0 and not S1 and not S2 and D0 and not EN;
   AND1<= S0 and not S1 and not S2 and D1 and not EN;
   AND2<= not S0 and S1 and not S2 and D2 and not EN;
   AND3<= S0 and S1 and not S2 and D3 and not EN;            내부 AND 게이트
   AND4<= not S0 and not S1 and S2 and D4 and not EN;        출력에 대한 불 식
   AND5<= S0 and not S1 and S2 and D5 and not EN;
   AND6<= not S0 and S1 and S2 and D6 and not EN;
   AND7<= S0 and S1 and S2 and D7 and not EN;
```

고정된 출력에 대한 불 식

```
    Y<=AND0 or AND1 or AND2 or AND3 or AND4 or AND5 or AND6 or AND7;
    YI<=not Y;
end architecture LogicOpertion;
```

예제 6-15

74HC151과 기본 논리 게이트를 이용하여 16개의 데이터 입력 중 하나를 선택하여 출력하는 멀티플렉서를 구현하라.

풀이

이 시스템을 논리회로로 구현한 결과는 그림 6-48과 같다. 데이터 입력 16개 중에서 하나를 선택하려면 4비트가 필요하다($2^4 = 16$). 이 응용에서 $\overline{Enable}$ 입력은 최상위 데이터 선택 비트로 사용된다. 데이터 선택 코드에서 MSB가 LOW이면, 왼쪽의 74HC151이 동작하며, 다른 3개의 데이터 선택 비트에 따라서 D_0~D_7의 데이터 입력 중에서 하나가 선택된다. 그리고 데이터 선택 코드에서 MSB가 HIGH이면 오른쪽 74HC151이 동작하여 D_8~D_{15} 데이터 입력 중에서 하나가 선택된다. 선택된 입력 데이터는 네거티브-OR 게이트로 연결되어 하나의 출력선으로 된다.

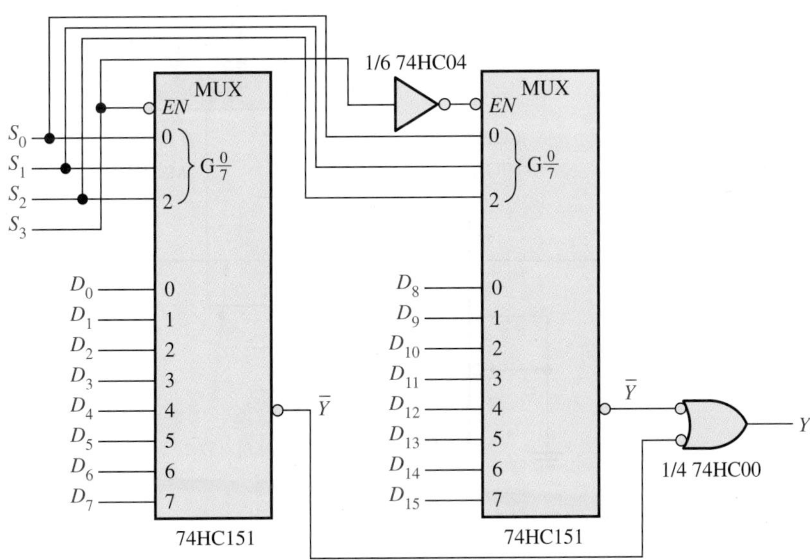

그림 6-48 16-입력 멀티플렉서

관련 문제

데이터 입력 D_0, D_4, D_8, D_{13}을 각각 선택하는 데 필요한 데이터 선택 입력의 코드를 결정하라.

응용

7-세그먼트 표시 멀티플렉서

그림 6-49는 멀티플렉서를 이용하여 BCD 코드를 7-세그먼트로 표시하는 간단한 방법을 보여주고 있다. 이 회로는 BCD → 7-세그먼트 디코더를 하나만 사용하여 두 자리의 숫자를 7-세그

먼트 표시기에 표시하도록 되어 있다. 이와 같은 구조를 확장하면 여러 자릿수의 숫자도 표시할 수 있다. 74HC157은 4조의 2-입력 멀티플렉서이다.

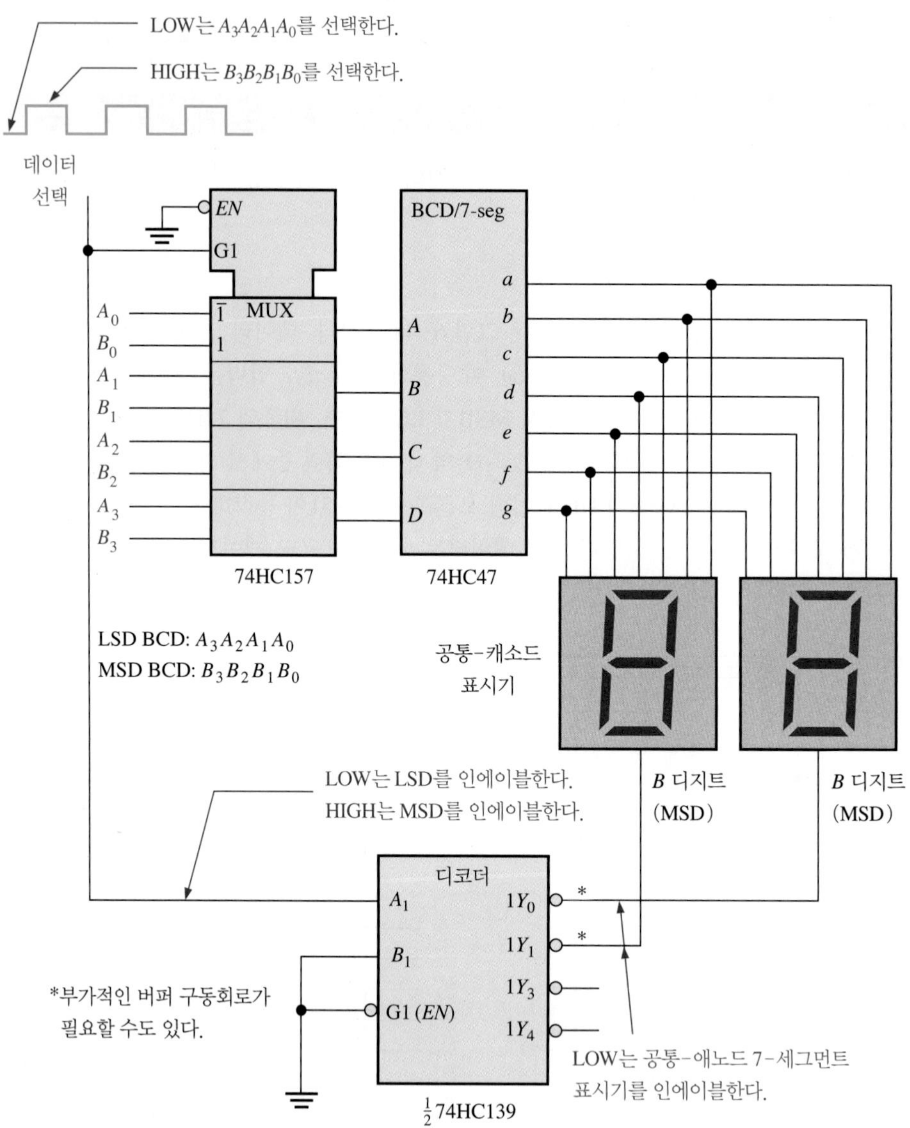

그림 6-49 간략화된 7-세그먼트 표시기 멀티플렉싱 논리

이 논리회로의 기본적인 동작은 다음과 같다. 2개의 BCD 코드($A_3A_2A_1A_0$와 $B_3B_2B_1B_0$)가 멀티플렉서에 입력되고 연속적으로 발생하는 구형파는 데이터 선택 입력에 입력된다. 여기서 구형파가 LOW 상태이면, A비트들($A_3A_2A_1A_0$)이 선택되어 74HC47 BCD → 7-세그먼트 디코더의 입력으로 연결된다. 데이터 선택 LOW 신호는 74HC139 2선 → 4선 디코더의 A_1 입력으로 연결되어 있으므로 이 신호에 의해 출력은 LOW가 된다. 74HC139의 1Y0 출력은 A-자리(LSD)표시기의 공통단자에 연결되어 있어 A-자리 표시기가 동작 상태가 된다. 즉 A-자리 표시기는 켜지고 B-자리 표시기는 꺼진 상태가 된다.

반대로 데이터 선택선이 HIGH로 바뀌면 B비트들($B_3B_2B_1B_0$)이 74HC139 BCD → 7-세그먼트 디코더 입력선으로 출력된다. 또한 74HC139 디코더의 출력 $1Y_1$이 LOW가 되어 이때 B-자리 표시기가 동작 상태가 된다. 즉 B-자리는 켜지고 A-자리는 꺼진다. 이 같은 동작은 데이터 선택 입력인 구형파의 주파수로 반복하는데 이 반복하는 주파수는 자릿수 표시기가 멀티플렉스 되었을 때 깜박거림이 나타나지 않을 정도로 높아야 한다.

논리함수 발생기

데이터 선택기/멀티플렉서의 가장 효과적인 응용은 조합 논리함수를 곱의 합(sum-of-product, SOP) 형식으로 구현하는 것이다. 즉 이 방법을 사용하면 여러 개의 게이트를 멀티플렉서 하나로 대치할 수 있으며 개별적인 게이트 부품을 줄일 수 있을 뿐만 아니라 설계 변경이 훨씬 용이해진다는 장점이 있다.

한 예로 74HC151 8-입력 데이터 선택기/멀티플렉서에서 입력 변수들을 데이터 선택 입력에 연결하고 데이터 입력선은 그 입력 변수에 대한 출력 상태를 표시한 논리함수 진리표에 따라 필요한 논리 레벨로 설정한다면, 3개의 변수를 갖는 임의의 논리함수를 구현할 수 있다. 구체적으로 설명하면 입력 변수 조합이 $\overline{A}_2A_1\overline{A}_0$일 때 논리함수 출력이 1이라면, 데이터 선택 입력선 2(010에 의해 선택됨)를 HIGH에 연결한다. 데이터 선택선에 변수 조합 010이 입력되면 입력선 2에 연결된 HIGH가 출력된다. 다음의 예제 6-16을 통해 이 방법을 구체적으로 알아보자.

예제 6-16

표 6-9에 정의된 논리함수를 74HC151 8-입력 데이터 선택기/멀티플렉서를 이용하여 구현하라. 이 방법을 개별 논리 게이트를 이용하는 경우와 비교하라.

표 6-9

입력			출력
A_2	A_1	A_0	Y
0	0	0	0
0	0	1	1
0	1	0	0
0	1	1	1
1	0	0	0
1	0	1	1
1	1	0	1
1	1	1	0

풀이

진리표를 보면 입력 변수 조합이 001, 011, 101, 110일 때 Y는 1이고, 다른 조합일 때 Y는 0이다. 데이터 선택기로 이 함수를 구현하려면 그림 6-50과 같이 Y가 1이 되는 변수값들의 조합에 대응되는 데이터 입력값들을 HIGH(5 V)에 연결하고 나머지 입력들은 모두 LOW(접지)에 연결한다.

이 함수를 간략화하지 않고 논리 게이트로 구현하려면, 3-입력 AND 게이트 4개와 4-입력 OR 게이트 1개, 3개의 인버터가 필요하다.

관련 문제

74HC151을 이용하여 다음 논리식을 구현하라.

$$Y = \overline{A}_2\overline{A}_1\overline{A}_0 + A_2\overline{A}_1\overline{A}_0 + \overline{A}_2A_1\overline{A}_0$$

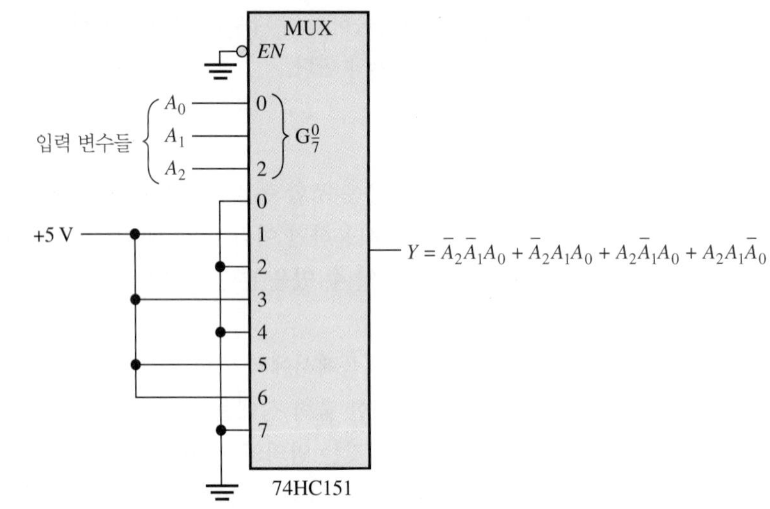

그림 6-50 데이터 선택기/멀티플렉서를 이용한 3-변수 논리함수 발생기

예제 6-16은 8-입력 데이터 선택기가 어떻게 3-변수에 대한 논리함수 발생기로 동작할 수 있는지 보여준다. 사실 데이터 선택 입력 중 한 비트(예를 들어 A_0)를 데이터 입력으로 연계하여 사용하면 4-변수 논리함수 발생기로도 구현이 가능하다.

4-입력의 진리표는 16가지 경우의 입력 변수 조합이므로 8비트 데이터 선택기를 이용하면 각각의 입력은 두 번 선택된다. 즉 A_0가 0일 때와 A_0가 1일 때이다. 이런 상황을 근거로 하면 다음 규칙을 만들 수 있다(Y는 출력이고 A_0는 최하위 비트).

1. A_0가 0 또는 1일 때 두 번 모두 $Y = 0$이면, 입력 변수 $A_3A_2A_1$의 조합으로 선택되는 데이터 입력을 접지(0)에 연결한다.
2. A_0가 0 또는 1일 때 두 번 모두 $Y = 1$이면, 입력 변수 $A_3A_2A_1$의 조합으로 선택되는 데이터 입력을 $+V(1)$에 연결한다.
3. A_0가 0 또는 1일 때 두 번 모두 Y가 다르면서 $Y = A_0$라면, 입력 변수 $A_3A_2A_1$의 조합으로 선택되는 데이터 입력을 A_0에 연결한다.
4. A_0가 0 또는 1일 때 두 번 모두 Y가 다르면서 $Y = \bar{A}_0$라면, 입력 변수 $A_3A_2A_1$의 조합으로 선택되는 데이터 입력을 $\bar{A}_0$에 연결한다.

예제 6-17

표 6-10의 논리함수를 74HC151 8-입력 데이터 선택기/멀티플렉서를 이용하여 구현하라. 이 방법을 개별 논리소자로 구현하는 경우와 비교하라.

풀이

데이터 선택기 입력은 $A_3A_2A_1$이다. 표의 첫째 행에서 $A_3A_2A_1 = 000$이고 $Y = A_0$이다. 둘째 행에서 $A_3A_2A_1$은 다시 000이고 $Y = A_0$이다. 따라서 데이터-선택 000으로 선택되는 입력 0을 A_0와 연결한다. 셋째 행에서 $A_3A_2A_1 = 001$이고 $Y = \bar{A}_0$이다. 또한 넷째 행에서 $A_3A_2A_1$이 001이며 $Y = \bar{A}_0$이다. 따라서 데이터 선택 001로 선택되는 입력 1에 A_0를 반전시켜 연결한다. 이런 과정을 반복하면 그 결과는 그림 6-51과 같다.

이를 논리 게이트로 구현하면, 4-입력 AND 게이트 10개와 10-입력 OR 게이트 1개 그리고 인버터 4개가 필요하다.

표 6-10

10진수	입력				출력
	A_3	A_2	A_1	A_0	Y
0	0	0	0	0	0
1	0	0	0	1	1
2	0	0	1	0	1
3	0	0	1	1	0
4	0	1	0	0	0
5	0	1	0	1	1
6	0	1	1	0	1
7	0	1	1	1	1
8	1	0	0	0	1
9	1	0	0	1	0
10	1	0	1	0	1
11	1	0	1	1	0
12	1	1	0	0	1
13	1	1	0	1	1
14	1	1	1	0	0
15	1	1	1	1	1

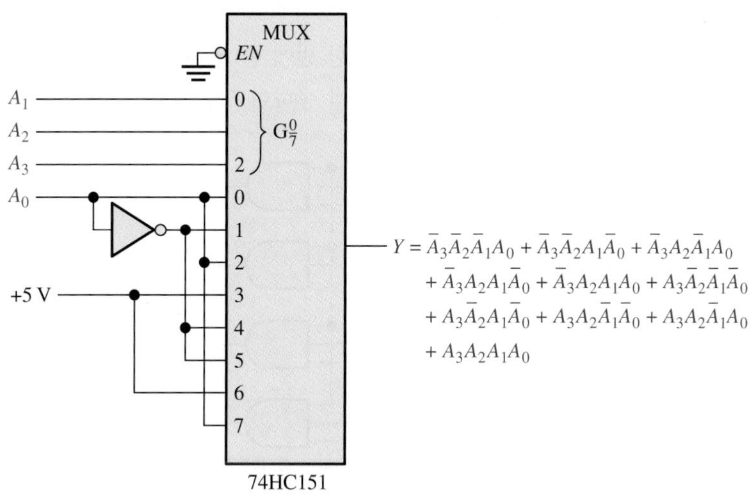

그림 6-51 4-입력 논리함수 발생기 기능을 하는 데이터 선택기/멀티플렉서

관련 문제

표 6-10에서 입력이 0000인 경우에는 $Y = 0$이고 나머지 행들의 출력은 1과 0을 반복한다고 가정할 때, 이 논리함수를 74HC151을 이용하여 구현하라.

복습문제 6-8

1. 그림 6-44에서 $D_0 = 1, D_1 = 0, D_2 = 1, D_3 = 0, S_0 = 1, S_1 = 0$이다. 이때 출력을 구하라.
2. 다음 두 소자의 명칭을 기술하라.
   (a) 74HC153 (b) 74HC151

3. 74HC151의 데이터 입력들은 $D_0 = 0$으로 시작하여 D_7까지 LOW와 HIGH가 교대로 입력된다. 데이터 선택선은 1 kHz 주파수로 000, 001, 010, 011 등과 같이 증가하는 2진수로 그리고 인에이블(enable) 입력은 LOW이다. 이때의 출력파형을 설명하라.
4. 그림 6-49에서 다음 소자들의 기능을 설명하라.
   (a) 74HC157 (b) 74HC47 (c) 74HC139

6-9 디멀티플렉서

디멀티플렉서(demultiplexer, DEMUX)는 기본적으로 멀티플렉스와 반대의 기능을 한다. 즉 하나의 선으로 디지털 정보를 받아서 여러 출력선으로 분배한다. 이런 이유로 디멀티플렉서를 데이터 분배기라고도 한다. 일반적으로 디코더를 디멀티플렉서로 이용할 수 있다.

이 절의 학습내용

- 디멀티플렉서의 기본적인 동작을 이해한다.
- 4선 → 16선 디코더가 디멀티플렉서로 동작하는지 이해한다.
- 정의된 데이터와 데이터-선택 입력에 대한 디멀티플렉서의 타이밍도를 작성한다.

디멀티플렉서는 하나의 데이터 입력선을 여러 개의 출력선으로 전달한다.

그림 6-52는 1선 → 4선 디멀티플렉서 회로를 보여주고 있다. 데이터-입력선은 모든 AND 게이트에 연결되어 있고 2개의 데이터-선택선은 한 번에 한 게이트만을 활성화한다. 따라서 데이터-입력선에 들어오는 데이터는 선택된 게이트를 통하여 해당 데이터-출력선으로 전달된다.

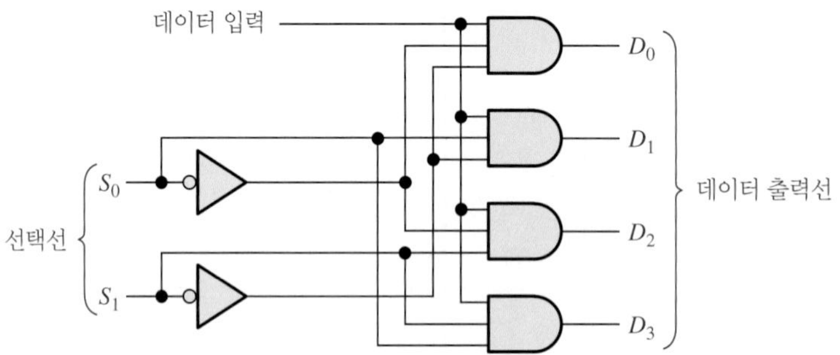

그림 6-52 1선 → 4선 디멀티플렉서

예제 6-18

그림 6-52의 디멀티플렉서에 그림 6-53에 나타난 직렬 데이터-입력(Data in)과 데이터-선택(S_0와 S_1)의 파형이 입력될 때 데이터-출력(D_0~D_3)의 파형을 구하라.

풀이

데이터-선택 입력은 2진수의 순서로 반복되므로 데이터 출력은 D_0, D_1, D_2, D_3 순서로 차례로 연결된다. 따라서 출력파형은 그림 6-53과 같다.

관련 문제

S_0와 S_1의 파형이 모두 반전되었을 때, 디멀티플렉서의 출력파형을 구하라.

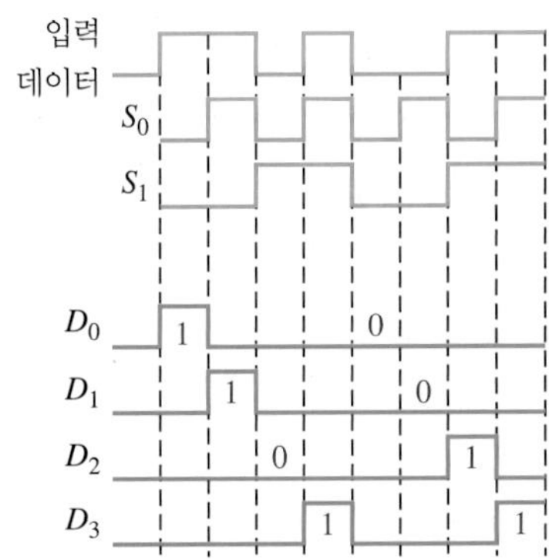

그림 6-53

디멀티플렉서 역할의 4선 → 16선 디코더

6-5절에서 4선 → 16선 디코더에 대해 알아보았다. 이 소자를 포함하여 몇몇의 디코더는 디멀티플렉서로 활용될 수 있다. 이 소자가 디멀티플렉서로 활용될 때의 논리기호는 그림 6-54와 같다. 디멀티플렉서로 활용하려면 입력선을 데이터-선택 입력으로 하고 칩 선택 입력선 중 하나는 데이터-입력으로 이용하면 된다. 이때 칩 선택 입력선은 내부에서 네거티브-AND 게이트로 연결되어 있으므로 나머지 칩 선택 입력선은 LOW로 해야 한다.

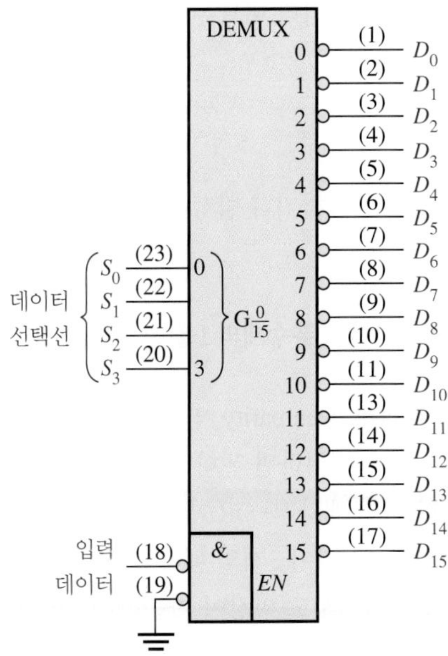

그림 6-54 디멀티플렉서로 활용되는 디코더

복습문제 6-9

1. 일반적으로 디코더를 니멀티플렉서로 사용하는 방법을 설명하라.
2. 그림 6-54의 디멀티플렉서의 데이터-선택선 입력이 2진 코드 1010이고 데이터-입력선이 LOW일 때 출력선의 상태를 결정하라.

6-10 패리티 발생기/검사기

디지털 시스템 내의 한 지점에서 다른 지점으로 또는 한 시스템에서 다른 시스템으로 디지털 코드를 전송할 때 오류가 발생할 수 있다. 오류는 코드 정보를 구성하는 비트값들이 원하지 않는 상태로 변하는 것으로 전송되는 동안에 시스템 구성요소의 기능 장애나 전기적 잡음에 의해 1이 0으로 또는 0이 1로 바뀌는 것이다. 대부분의 디지털 시스템에서 한 비트가 오류일 확률은 매우 낮으며 하나 이상의 비트가 오류일 가능성은 더욱 낮다. 그럼에도 불구하고 오류 발생이 검출되지 않으면 디지털 시스템에 심각한 문제가 발생할 수 있다.

이 절의 학습내용

- 패리티의 개념을 이해한다.
- 배타적-OR 게이트로 기본적인 패리티 회로를 구현한다.
- 기본적인 패리티 발생과 검사 논리동작을 이해한다.
- 74HC280 9비트 패리티 발생기/검사기를 이해한다.
- VHDL 9비트 패리티 발생기/검사기를 이해한다.
- 데이터 전송에서 어떻게 오류 검출이 되는지 이해한다.

전체 1의 개수가 홀수 혹은 짝수가 되도록 하기 위해 **패리티 비트**(parity bit)를 정보 비트에 덧붙여서 오류를 검출하는 패리티 방식은 2장에서 설명하였다. 패리티 비트 외에도 오류를 검출하기 위한 기능을 갖는 코드들도 있다. 패리티 비트는 오류 검출을 위해 코드를 구성하는 1의 개수가 짝수 또는 홀수인지를 알려준다.

기본적인 패리티 논리

패리티 비트는 코드의 1의 개수가 홀수 또는 짝수인지로 오류 검출을 수행한다.

주어진 코드에서 적합한 패리티를 체크하거나 발생하기 위해서는 다음과 같은 기본적인 원칙이 적용된다.

짝수개의 1을 모두 더하면 항상 0이고 홀수개의 1을 모두 더하면 항상 1이다.

따라서 주어진 코드가 **짝수 패리티**(even parity)인지 또는 **홀수 패리티**(odd parity)인지를 결정하려면 그 부호에 포함된 모든 비트를 더하면 된다. 이미 알고 있는 바와 같이 2비트에 대한 모듈로-2의 합은 그림 6-55(a)와 같이 배타적-OR 게이트를 이용하여 구할 수 있으며 4비트에 대한 모듈로-2의 합은 그림 6-55(b)와 같이 3개의 배타적-OR 게이트를 이용하여 구할 수 있다. 이러한 과정은 그 이상의 비트에 대해서도 확장이 가능하다. 입력에 1의 개수가 짝수이면 출력 X는 0(LOW)이고 홀수이면 출력 X는 1(HIGH)이다.

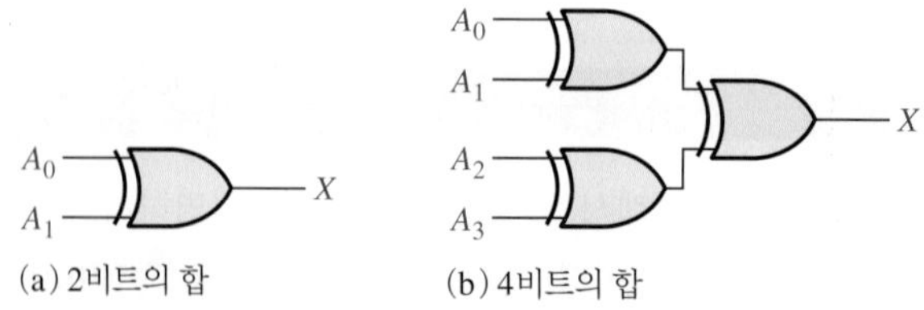

그림 6-55

구현 : 9비트 패리티 발생기/검사기

고정 기능 소자 74HC280의 논리기호와 함수표가 그림 6-56에 나타나 있다. 이 소자는 9비트 코드(8개의 데이터 비트와 1개의 패리티 비트)가 짝수 또는 홀수 패리티인지 검사하거나 또는 최대 9비트로 이루어진 2진 코드에 대해 패리티 발생기로 사용할 수 있다. *A*부터 *I*의 입력에 짝수개의 1이 입력될 때 Σ Even 출력은 HIGH이고 Σ Odd 출력은 LOW이다.

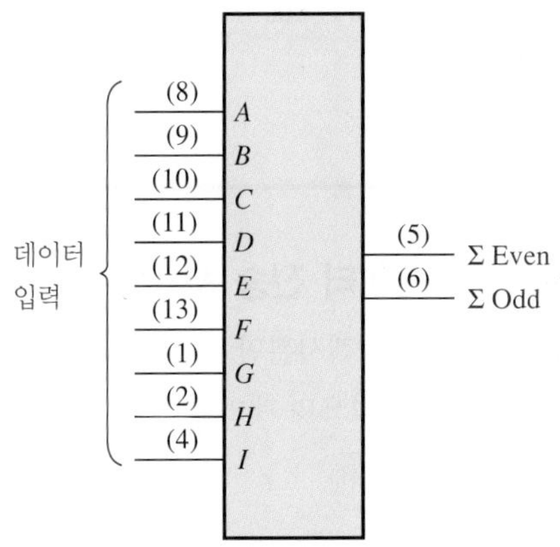

(a) 기본적인 논리기호

입력의 수 *A*-*I*는 High	출력 Σ Even	출력 Σ Odd
0, 2, 4, 6, 8	H	L
1, 3, 5, 7, 9	L	H

(b) 함수표

그림 6-56 74HC280 9비트 패리티 발생기/검사기

패리티 검사기 짝수 패리티 검사기로 이용하려면 입력 비트의 수는 짝수여야 한다. 패리티 오류가 발생할 때 Σ Even 출력은 LOW이고 Σ Odd 출력은 HIGH이다. 이와 반대로 홀수 패리티 검사기로 이용될 때는 입력 비트의 수는 홀수여야 하며 패리티 오류가 발생할 때 Σ Odd 출력은 LOW, Σ Even 출력은 HIGH가 된다.

패리티 발생기 짝수 패리티 발생기로 이용할 때, 입력 비트의 수가 짝수라면 Σ Odd 출력이 0이고 홀수라면 1이므로 이 Σ Odd의 출력이 패리티 비트가 된다. 홀수 패리티 발생기로 이용할 때는 입력 비트의 수가 홀수일 때 Σ Even 출력이 0이므로 이 Σ Even의 출력이 패리티 비트가 된다.

프로그램 가능한 논리 소자(PLD) 9비트 패리티 발생기/검사기는 VHDL로 표현하고 PLD로 구현할 수 있다. 그림 6-57과 같이 그림 6-55(b)의 4비트 논리회로를 확장할 것이다.

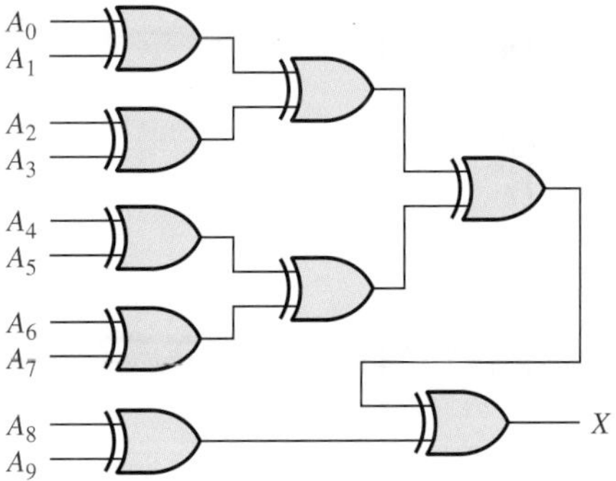

그림 6-57

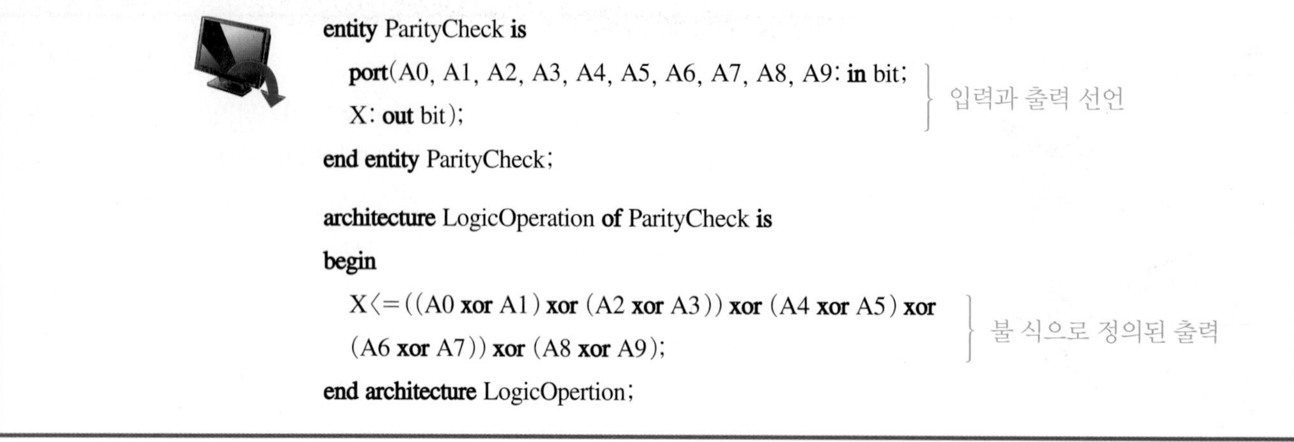

```
entity ParityCheck is
   port(A0, A1, A2, A3, A4, A5, A6, A7, A8, A9: in bit;   } 입력과 출력 선언
   X: out bit);
end entity ParityCheck;

architecture LogicOperation of ParityCheck is
begin
   X<=((A0 xor A1) xor (A2 xor A3)) xor (A4 xor A5) xor   } 불 식으로 정의된 출력
   (A6 xor A7)) xor (A8 xor A9);
end architecture LogicOpertion;
```

오류 검출의 기능을 가진 데이터 전송 시스템

그림 6-58은 멀티플렉서와 디멀티플렉서뿐만 아니라 패리티 발생기/검사기가 응용된 간단한 데이터 전송 시스템의 예를 나타내고 있으며 데이터 저장장치도 사용될 수 있음을 보여주고 있다.

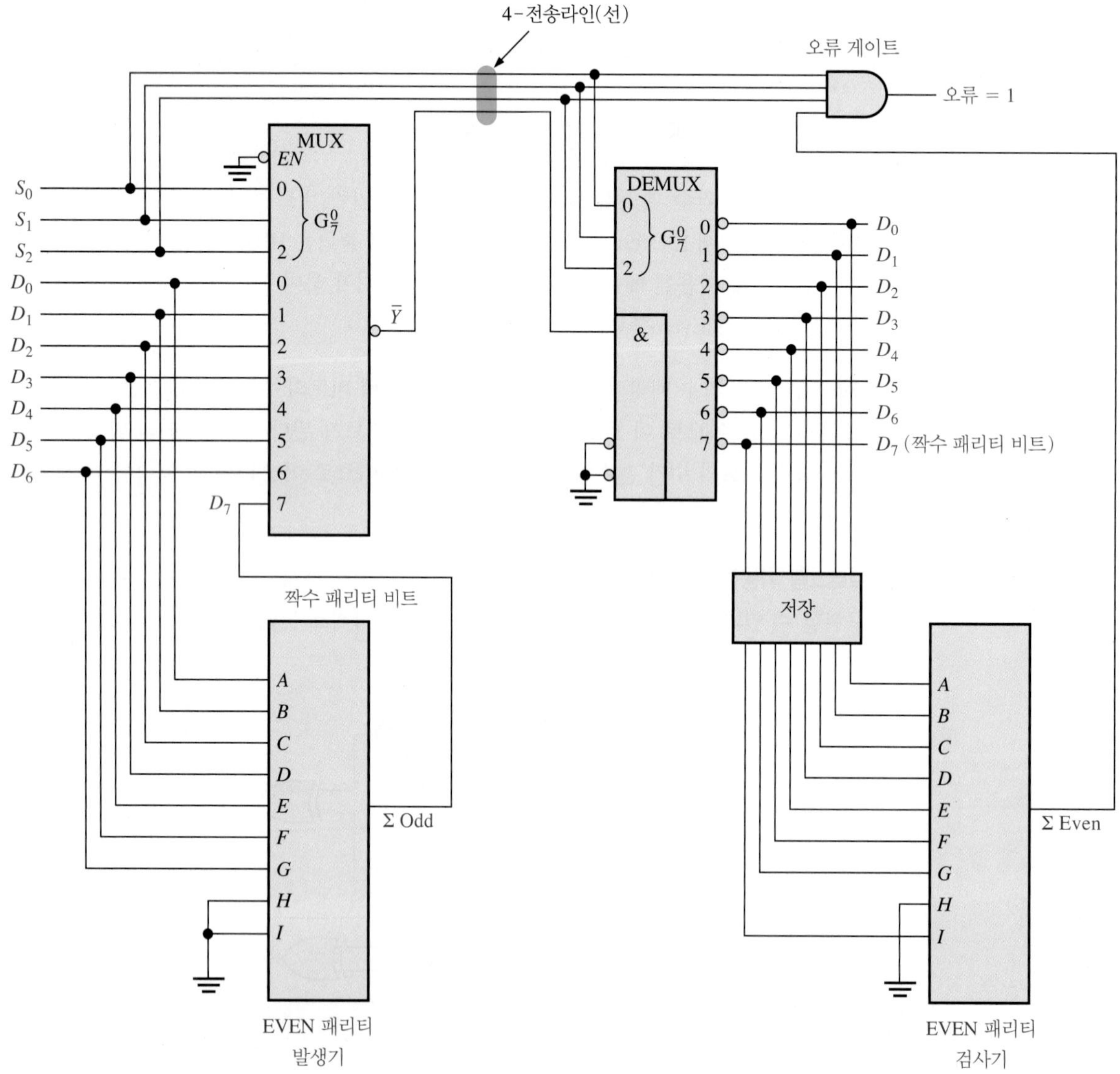

그림 6-58 오류 검출의 기능을 가진 간단한 데이터 전송 시스템

여기서 7개 데이터 소스의 디지털 데이터들은 멀티플렉싱되어 하나의 선을 통해 다른 시스템으로 전송된다. 7개 데이터 비트(D_0~D_6)는 멀티플렉서 데이터로 입력되는 동시에 짝수 패리티 발생기에도 입력된다. 패리티 발생기의 Σ Odd 출력은 짝수 패리티 비트로 이용되어 입력 A~I까지의 입력 데이터에서 1의 개수가 짝수이면 0, 홀수이면 1이 된다. 이 비트는 전송되는 코드에서 일곱 번째 코드 D_7이 된다.

데이터-선택 입력들은 주기적으로 반복되는 2진수이며, D_0~D_7의 각 데이터 비트는 직렬로 전송선($\overline{Y}$)으로 전달된다. 이 예에서 전송선은 4개의 도체로 이루어져 있는데 하나는 직렬 데이터, 나머지 3개는 타이밍 신호(데이터 선택)를 전송하는 데 사용된다. 타이밍 정보를 전송하는 방법에는 여러 가지가 있으나 이 예에서는 기본적인 원리를 보이기 위해 직접 전송하는 방법을 적용한다.

멀티플렉서에서 전송되는 데이터-선택 신호와 직렬 데이터 열은 디멀티플렉서로 입력되며 입력된 데이터 비트들은 멀티플렉서 입력 순서와 동일한 순서로 분배되어 출력된다. 즉 D_0는 D_0에서, D_1은 D_1에서 출력되며 나머지 데이터도 같은 방식으로 출력된다. 그리고 패리티 비트는 D_7에서 출력된다. 이 8개의 비트는 임시로 저장되었다가 짝수 패리티 검사기에 입력되지만, 패리티 비트 D_7이 발생하여 저장될 때까지 모든 비트가 패리티 검사기로 출력되지 않는다. 이때 데이터-선택 코드가 111이 되면 오류 게이트는 동작 가능 상태가 되며 패리티가 올바르면 짝수 출력 0이므로 오류 출력은 0이다. 그러나 패리티가 올바르지 않다면 오류 게이트 입력 모두가 1이므로 오류 출력은 1이 된다.

이와 같은 특별한 응용 예는 데이터 저장장치가 필요함을 보여준다. 저장장치는 7장에서 소개하고 11장에서 자세하게 설명한다.

그림 6-59의 8비트 워드 2개가 전송되는 경우의 타이밍도다. 이것은 오류의 경우와 올바른 패리티의 경우이다.

정보노트

펜티엄 프로세서는 외부 데이터와 주소버스의 패리티 검출은 물론이고 내부 패리티 검출도 수행한다. 읽기 동작에서 외부 시스템은 데이터 바이트와 더불어 패리티 정보를 전송한다. 그러면 펜티엄 프로세서는 패리티가 짝수인지 확인하여 그 결과에 해당하는 신호를 보낸다. 주소 부호를 보낼 때 펜티엄은 주소 패리티 체크는 하지 않고 주소에 대한 짝수 패리티 비트를 발생한다.

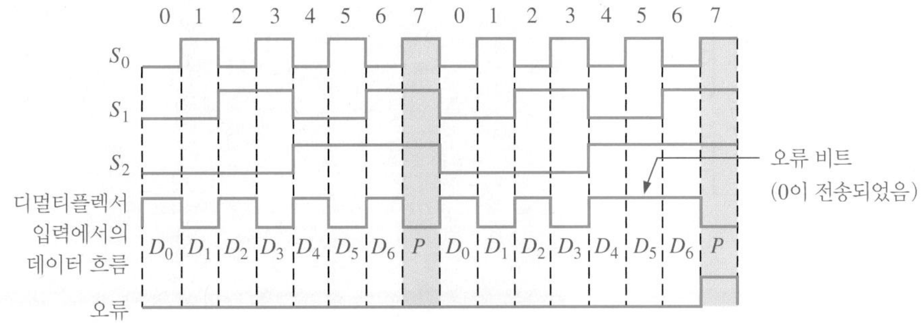

그림 6-59 그림 6-58의 시스템에서 오류가 있는 경우와 없는 경우의 데이터 전송 예

복습문제 6-10

1. 다음의 각 코드에 짝수 패리티 비트를 부가하라.
   (a) 110100　　(b) 01100011
2. 다음의 각 코드에 홀수 패리티 비트를 부가하라.
   (a) 1010101　　(b) 1000001
3. 다음 짝수 패리티 코드에 대해 오류 발생 여부를 검사하라.
   (a) 100010101　　(b) 1110111001

6-11 고장 진단

이 절에서는 디코더의 글리치 문제점들을 소개하고 그 문제가 발생한 곳에서 고장 진단을 실시해본다. **글리치**(glitch)란 지속 시간이 매우 짧은 전압 또는 전류 스파이크(펄스)로서 논리회로는 글리치를 유효한 신호로 인식하여 부적절한 동작을 일으킬 수도 있다.

이 절의 학습내용

- 글리치가 무엇인지 이해한다.
- 디코더 응용에서 글리치 원인을 파악한다.
- 글리치를 억제하기 위해 출력 스트로빙 방법을 사용한다.

그림 6-60은 글리치가 어떻게 발생하는지 그리고 그 원인을 어떻게 판단해야 하는지에 대한 예를 보여주는 그림이다. 이 그림 6-60의 데이터 전송 시스템에서 DEMUX로 이용된 74HC138은 3선 → 8선 디코더(2진수 → 8진수)로 이용된다. 그림 6-60은 디코더 입출력 파형을 보여주는 논리 분석기 화면이다. 이 그림을 살펴보면 디코더 입력 $A_2A_1A_0$는 2진 카운터에서 연속적으로 발생되는 신호이며 A_2의 레벨 변화는 A_1의 변화보다 지연 발생되고 A_1의 레벨 변화는 A_0의 변화보다 지연 발생된다. 이와 같은 2진 카운터의 파형 발생은 9장에서 설명한다.

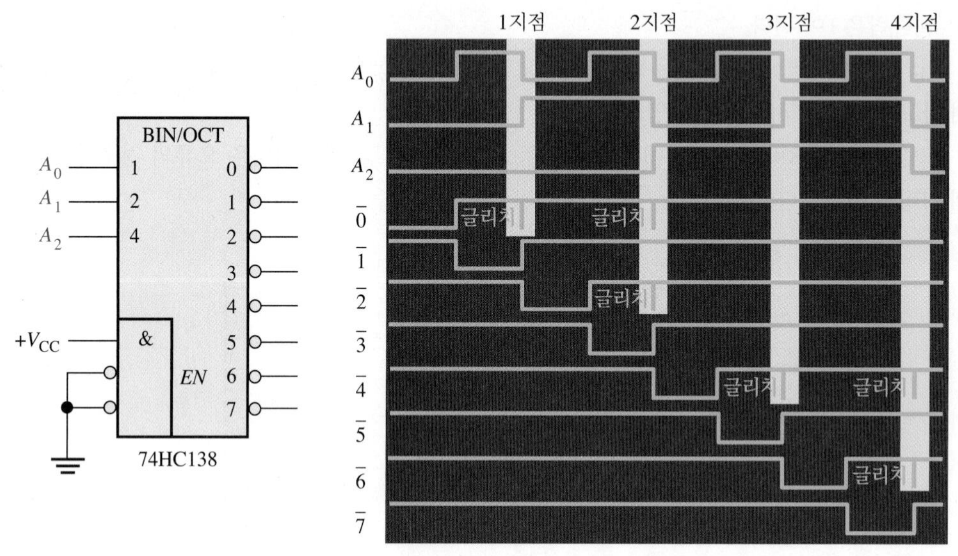

그림 6-60 출력 글리치를 갖는 디코더 파형

올바른 출력신호 파형에는 글리치가 없어야 한다. 논리 분석기 또는 오실로스코프를 이용하여 글리치를 관측할 수 있지만 대개는 관찰이 매우 어렵다. 논리 분석기에는 글리치 포착(glitch capture) 기능이 있으므로 일반적으로 10 kHz 이하로 발생 빈도가 낮거나 또는 불규칙적으로 발생하는 글리치를 관측할 때 논리 분석기가 이용된다. 오실로스코프도 글리치 관측에 사용할 수 있으며, 특히 10 kHz 이상의 발생 빈도가 높은 글리치 관측에 용이하다.

그림 6-61은 그림 6-60의 입력파형에서 밝은 부분으로 처리되어 있는 부분을 자세하게 보여준다. 1지점에서는 입력 A_2, A_1, A_0의 지연 차이에 의한 레벨 변화 중에 000인 과도적인 구간이 있으므로 디코더 출력 $\overline{0}$에 첫 번째 글리치가 발생한다. 2지점에는 010 그리고 000인 과도적인 구간이 있으므로 디코더 출력 $\overline{2}$에 글리치가 보이고 출력 $\overline{0}$에는 두 번째 글리치가 각각 나타난다.

3지점에는 100인 과도적인 구간이 있으므로 디코더 출력 $\overline{4}$에 첫 번째 글리치가 발생한다. 4지점에는 110과 100이 되는 과도적인 구간이 존재하므로 디코더 출력 $\overline{6}$에 글리치가 보이며 출력 $\overline{4}$에는 두 번째 글리치가 각각 발생된다.

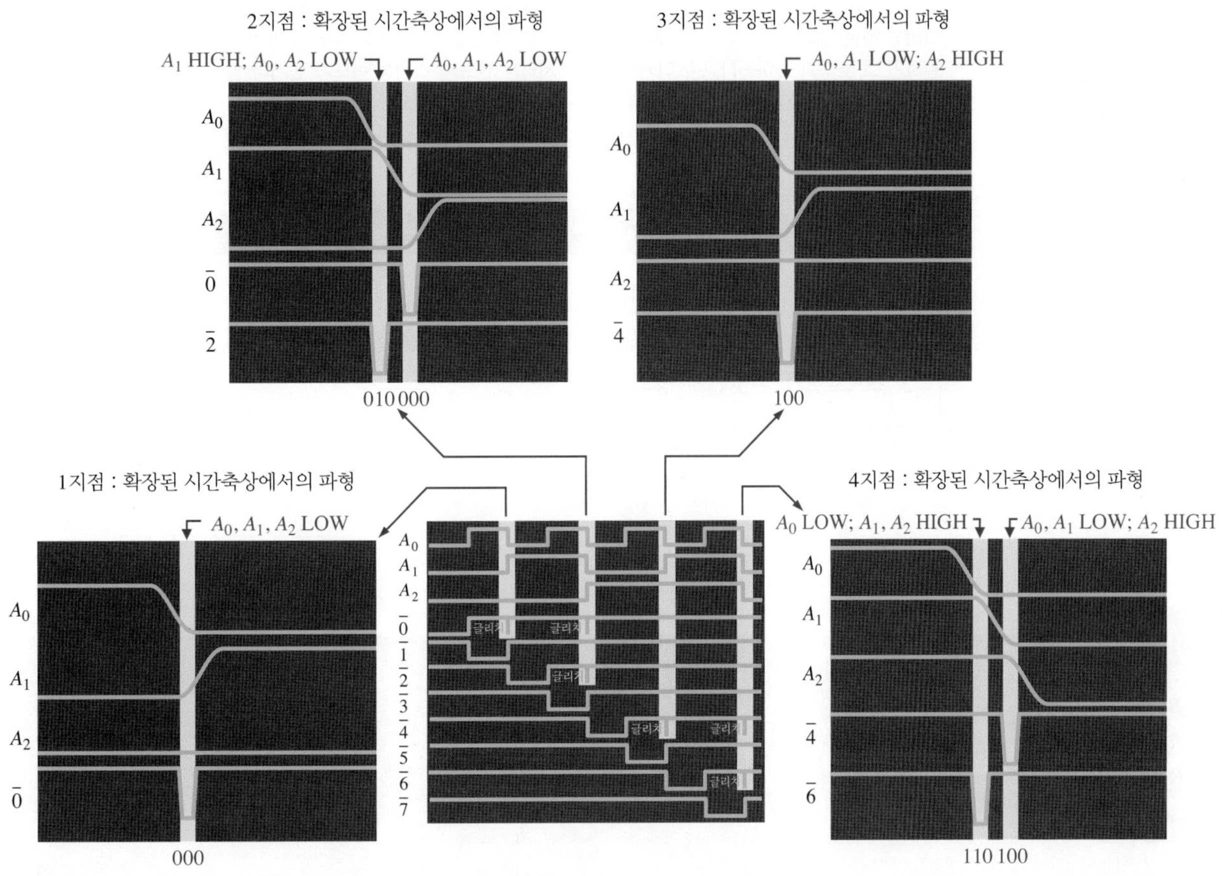

그림 6-61 입력이 과도 상태일 때 출력파형에서 글리치가 발생되는 경우를 보여주는 디코더 파형

글리치 발생을 방지하는 한 가지 방법으로 신호에 레벨 변화가 일어나지 않을 때에만 디코더를 동작 가능 상태로 만드는 스트로브 펄스(strobe pulse)를 이용하는 **스트로빙**(strobing) 방식이 있다. 그림 6-62는 스트로빙 방식을 적용한 예를 보여준다.

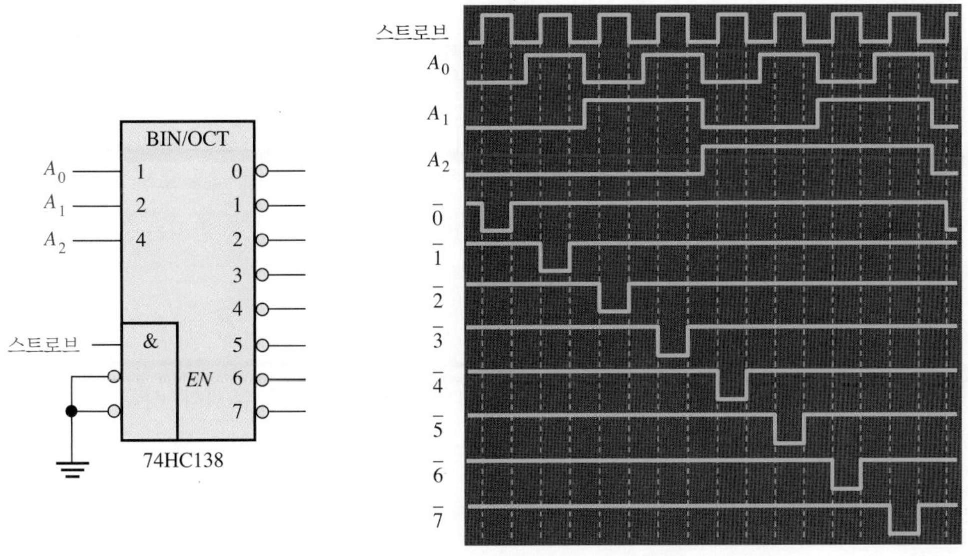

그림 6-62 스트로브 신호를 이용한 글리치 제거

전파지연시간 차이에 의해 발생하는 글리치뿐만 아니라 다른 형태의 불필요한 잡음 스파이크가 문제를 일으킬 수도 있다. 예를 들어 디지털 회로가 고속 스위칭 파형으로 동작할 때 V_{CC}와 접지선 사이에 전류와 전압 스파이크가 발생할 수 있다. 이런 경우에 회로기판에 부품 배치를 적절하게 하거나 스위칭 스파이크를 흡수할 수 있도록 V_{CC}와 접지 사이에 1 μF 커패시터를 이용한 디커플링(decoupling)을 통해 스위칭 스파이크에 의한 문제를 크게 줄일 수 있다. 그리고 작은 값의 디커플링 커패시터(0.022 μF~0.1 μF)를 회로기판의 여러 곳에 배치해서 V_{CC}와 접지 사이에 연결하면 그 효과가 높아진다. 단, 디커플링 커패시터는 반드시 스위칭 속도가 높거나 발진기, 카운터, 버퍼, 버스 구동기를 구동하는 소자 옆에 배치해야 한다.

복습문제 6-11

1. 글리치란 무엇인지 정의하라.
2. 디코더에서 글리치가 발생하는 기본적인 원인을 설명하라.
3. 스트로브가 무엇인지 정의하라.

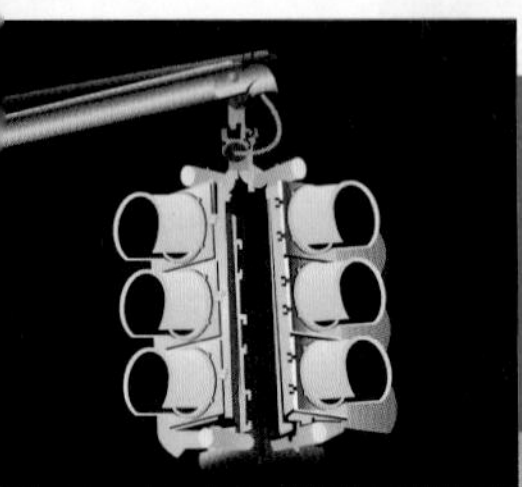

응용 논리

교통신호 제어기 : 1부

지금부터 교통량이 많은 주도로와 한적한 부도로가 교차하는 곳의 교통신호 시스템 설계에 대해 다루기로 한다. 먼저 시스템에 필요한 요구사항을 정리하고, 일반적인 블록도와 동작순서를 정의하는 상태도를 만든다. 이 제어 시스템의 조합 논리 부분은 여기서 다루고 나머지 다른 부분에 대해서는 7장에서 다루기로 한다.

타이밍 요구사항

교통신호등의 동작순서는 제어 논리에 따라 제어되며 시스템의 타이밍 요구사항들은 다음과 같다.

- 주도로의 녹색등은 부도로에 자동차의 통행이 없는 동안 또는 최소 25초 동안 켜져야 한다.
- 부도로의 녹색등은 부도로에 통행 중인 자동차가 없을 때까지 최대 25초 동안 켜져야 한다.
- 황색 경고등은 주도로 또는 부도로의 신호등이 녹색에서 적색으로 전환되는 중간에 4초 동안 켜져야 한다.

상태도

타이밍 요구사항에 따라 전체 시스템 동작을 나타내는 상태도를 만들 수 있다. 상태도는 시스템 상태 순서를 도식적으로 보여주는 것으로 각 상태의 조건과 한 상태에서 다음 상태로 변환하는 조건들을 나타낸다.

변수 정의 이 시스템의 동작순서를 나타내기 위해 필요한 변수들을 다음과 같이 정의한다.

- V_s : 부도로에 통행 중인 자동차가 있다.
- T_L : 25초 타이머(긴 타이머)가 on된다.
- T_s : 4초 타이머(짧은 타이머)가 on된다.

이 변수들의 보수는 반대 상황을 의미한다.

상태 설명 상태도는 그림 6-63과 같다. 이 그림에서 알 수 있듯이 네 가지 상태는 각각 2비트 그레이 코드로 표현된다. 궤환 화살표는 시스템이 그 상태를 유지함을 나타내며 상태 간 연결 화살표는 다음 상태로 변환됨을 나타낸다. 각각의 화살표에 표시된 불 식은 시스템 상태가 유지되거나 또는 다음 상태로 변환되는 조건을 나타내는 것이다.

상태 1 : 그레이 코드는 00이다. 긴 타이머가 on 또는 부도로에 자동차의 통행이 없을 경우이며 주도로는 녹색등, 부도로는 적색등으로 25초 동안 켜지는 상태이다. 이 상태의 조건은 $T_L + \overline{V}_s$로 표현할 수 있다. 긴 타이머가 off되고 부도로에 자동차가 통행 중일 때 다음 상태로 변환된다. 이 상태 변환 조건은 $\overline{T}_L V_s$로 표현할 수 있다.

상태 2 : 그레이 코드는 01이다. 주도로는 황색등이고 부도로는 적색등이 켜지는 상태이며 짧은 타이머가 on일 때 4초 동안 유지된다. 따라서 이 상태의 조건은 T_S로 표현된다. 짧은 타이머가 off될 때 다음 상태로 변환된다. 이 상태 변환 조건은 $\overline{T}_S$로 표현할 수 있다.

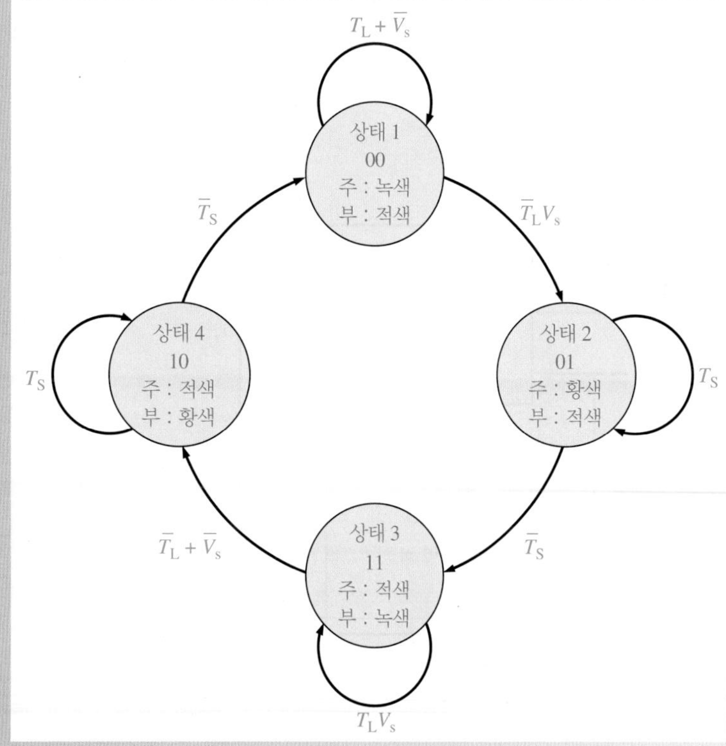

그림 6-63 교통신호 제어기의 상태도

상태 3 : 그레이 코드는 11이다. 긴 타이머가 on이고 부도로에 자동차가 통행 중인 경우이며 주도로는 적색등, 부도로는 녹색등으로 25초 동안 켜지는 상태이다. 이 상태의 조건은 $T_L V_S$로 표현할 수 있다. 긴 타이머가 off되거나 또는 부도로에 자통차가 없을 때 다음 상태로 변환된다. 이 상태 변환 조건은 $\overline{T}_L + \overline{V}_S$로 표현할 수 있다.

상태 4 : 그레이 코드는 10이다. 주도로는 적색등, 부도로는 황색등이 켜진 상태이며 짧은 타이머가 on일 때 4초 동안 유지된다. 이 상태의 조건은 T_S로 표현된다. 짧은 타이머가 off될 때 첫 번째 상태로 되돌아간다. 이 상태 변환 조건은 $\overline{T}_S$로 표현할 수 있다.

연습문제

1. 이 시스템이 얼마 동안 첫 번째 상태를 유지할 수 있는가?
2. 이 시스템이 얼마 동안 네 번째 상태를 유지할 수 있는가?
3. 첫 번째 상태에서 두 번째 상태로 변환되는 조건식을 쓰라.
4. 시스템이 두 번째 상태를 유지하는 조건식을 쓰라.

블록도

교통신호 제어 시스템은 그림 6-64에 나타난 것과 같이 조합 논리회로와 순차 논리회로 그리고 타이밍 회로로 구성된다. 조합 논리회로 부분에서는 신호등을 끄고 켜는 신호 그리고 긴 타이머와 짧은 타이머를 동작시키는 트리거 신호를 출력한다. 이 논리부에는 상태도에 나타난 네 가지 상태를 나타내는 그레이 코드가 입력된다. 타이밍 회로 장치는 25초와 4초 타이밍 출력을 제공하고 회로 내의 분주기는 25초와 4초 신호를 만들기 위해 시스템 클록을 1 Hz씩 나눈다. 순차 논리는 네 가지 상태를 표현하는 2비트 그레이 코드를 발생한다.

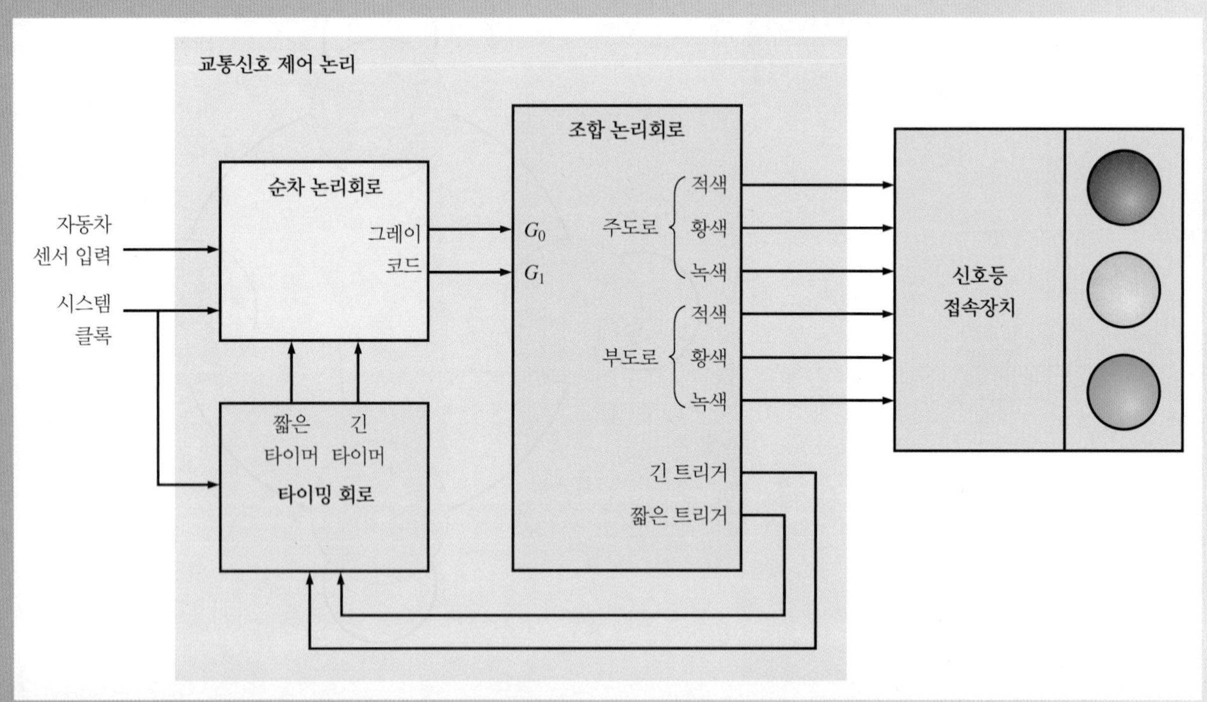

그림 6-64 교통신호 제어기의 블록도

조합 논리

조합 논리는 그림 6-65에 나타낸 바와 같이 상태 디코더와 신호등 출력 그리고 트리거 논리회로로 구성된다.

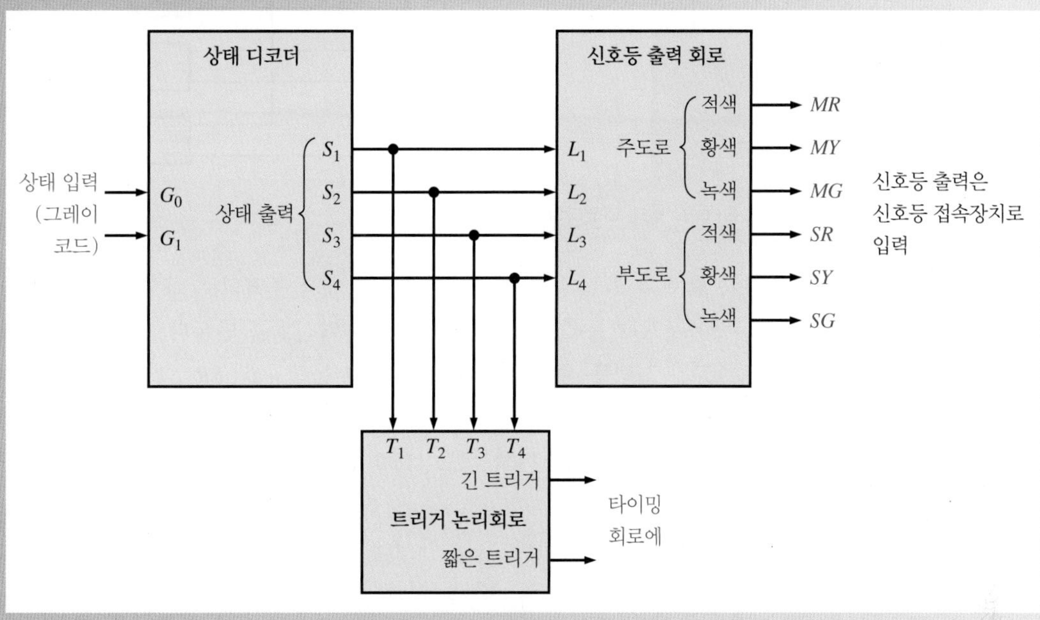

그림 6-65 **시스템의 조합 논리 부분의 블록도**

상태 디코더 네 가지 시스템 상태 중에서 현 상태를 결정하기 위해 순차 논리에서 입력되는 2비트 그레이 코드를 디코드한다. 입력은 2비트 그레이 코드 G_1과 G_0이며 출력은 네 가지 상태를 나타내는 S_1, S_2, S_3, S_4이다. 상태 출력을 불 식으로 표현하면 다음과 같다.

$$S_1 = \overline{G}_1\overline{G}_0$$
$$S_2 = \overline{G}_1G_0$$
$$S_3 = G_1G_0$$
$$S_4 = G_1\overline{G}_0$$

상태 디코더의 진리표는 표 6-11, 논리도는 그림 6-66에 나타나 있다.

표 6-11

상태 디코더의 진리표

상태 입력(그레이 코드)		상태 출력			
G_1	G_0	S_1	S_2	S_3	S_4
0	0	1	0	0	0
0	1	0	1	0	0
1	1	0	0	1	0
1	0	0	0	0	1

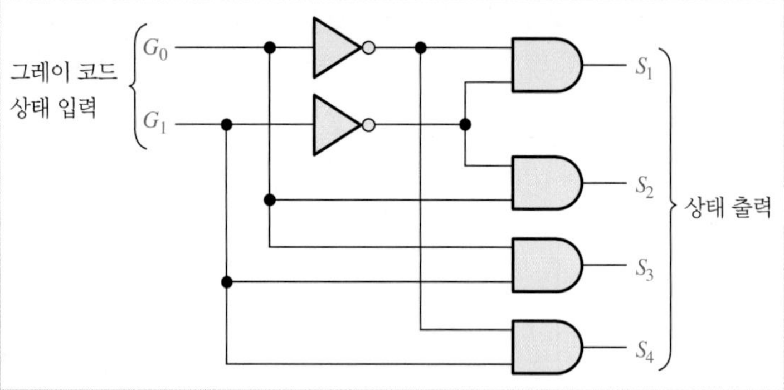

그림 6-66 상태 디코더의 논리

신호등 출력 논리 이 논리는 상태 디코더에서 출력되는 네 가지 상태 출력(S_1-S_4)을 입력(L_1-L_4)받아서 신호등을 켜고 끄는 6개의 출력신호를 만든다. 이 6개의 출력은 각각 *MR*, *MY*, *MG*(주도로 적색등, 주도로 황색등, 주도로 녹색등)과 *SR*, *SY*, *SG*(부도로 적색등, 부도로 황색등, 부도로 녹색등)로 표기한다.

상태도로부터 주도로 적색등은 상태 3(L_3) 또는 상태 4(L_4)에서 켜지므로 불 식은

$$MR = L_3 + L_4$$

이고, 주도로 황색등은 상태 2(L_2)에서 켜지므로 불 식은

$$MY = L_2$$

이고, 주도로 녹색등은 상태 1(L_1)에서 켜지므로 불 식은

$$MG = L_1$$

이고, 동일한 방법으로 상태도를 참고하면 부도로 신호등에 대한 불 식은 다음과 같다.

$$SR = L_1 + L_2$$

$$SY = L_4$$

$$SG = L_3$$

그림 6-67은 논리회로이다.

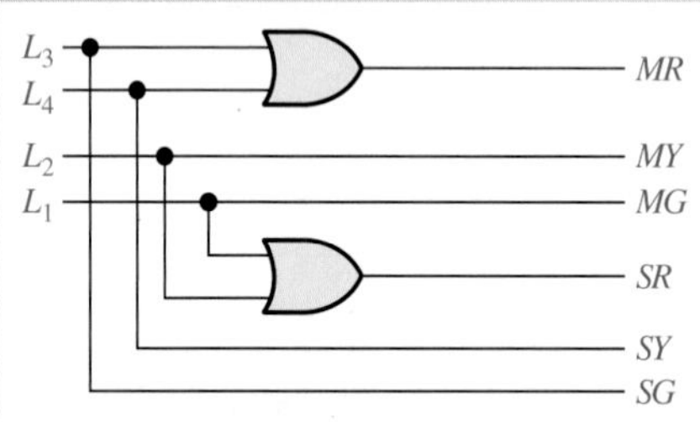

그림 6-67 신호등 출력 논리

연습문제

5. 특정한 IC를 이용하여 신호등 출력 논리의 논리회로를 작성하라.

6. 신호등 출력 논리에 대한 진리표를 작성하라.

트리거 논리 트리거 논리는 두 가지 출력, 즉 긴 트리거와 짧은 트리거 신호를 출력한다. 긴 트리거 출력은 상태 1 또는 상태 2가 시작될 때 LOW에서 HIGH로 레벨이 바뀌면서 25초 타이머

를 동작시킨다. 그리고 짧은 트리거 출력은 상태 2와 상태 4가 시작될 때 LOW에서 HIGH로 레벨이 바뀌면서 4초 타이머를 동작시킨다. 이 논리의 불 식은 다음과 같다.

$$\text{긴 트리거} = T_1 + T_3$$
$$\text{짧은 트리거} = T_2 + T_4$$

등가 논리

$$\text{긴 트리거} = T_1 + T_3$$
$$\text{짧은 트리거} = \overline{T_1 + T_3}$$

그림 6-68에 논리회로를 나타낸다.

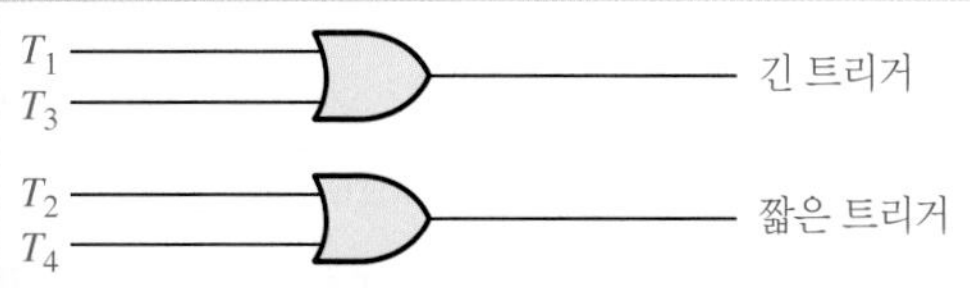

그림 6-68 트리거 논리

연습문제

7. 핀 번호가 있는 특정의 IC를 이용해서 트리거 논리의 논리회로를 작성하라.
8. 트리거 논리에 대한 진리표를 작성하라.
9. 상태 트리거, 신호등 출력 논리 그리고 트리거 논리를 통합한 전체적인 조합 논리회로를 작성하라.

VHDL에 의한 구현

교통신호 제어기의 조합 논리장치를 위한 VHDL 프로그램은 조합 논리장치의 3개 기능 블록을 각각 표현할 수 있다.

- 상태 디코더를 위한 VHDL 프로그램 코드는 다음과 같다.

```
entity StateDecoder is
  port(G0, G1: in bit; S1, S2, S3, S4: out bit);     G1, G0 : 그레이 코드 입력
                                                     S1-S4 : 상태 출력
end entity StateDecoder;
architecture LogicOperation of StateDecoder is
begin
  S1<=not G0 and not G1;
  S2<=G0 and not G1;          상태 디코더 출력에
  S3<=G0 and G1;              대한 불 식
  S4<=not G0 and G1;
end architecture LogicOpertion;
```

- 신호등 출력 논리를 위한 VHDL 프로그램 코드는 다음과 같다.

```
entity LightOutputlogic is
```

```
    port(L1, L2, L3, L4: in bit; MR, MY, MG, SR, SY, SG: out bit);   입력과 출력 선언
  end entity LightOutputLogic;
  architecture LogicOperation of LightOutputLogic is
  begin
    MR<=L3 or L4;
    MY<=L2;
    MG<=L1;          신호등 출력 논리 출력에
    SR<=L1 or L2;    대한 불 식
    SY<=L4
    SG<=L3
  end architecture LogicOpertion;
```

- 트리거 논리회로를 위한 VHDL 프로그램 코드는 다음과 같다.

```
  entity TriggerLogic is
    port(T1, T2, T3, T4: in bit; LongTrig, ShortTrig: out bit);   입력과 출력 선언
  end entity TriggerLogic;
  architecture LogicOperation of TriggerLogic is
  begin
    LongTrig<=T1 or T3;    트리거 논리 출력에
    ShortTrig<=T2 or T4;   대한 불 식
  end architecture LogicOpertion;
```

교통신호 제어기는 7장에서 응용 논리로 계속 이어질 것이다.

모의 실험

MultiSim

웹사이트의 Applied Logic 폴더에서 Multisim 파일 AL06을 연다. 교통신호 제어기의 조합 논리 장치에 대한 시뮬레이션을 실행하고 신호등의 순차적 네 가지 상태에 대한 동작을 관찰한다.

지식 적용

주도로와 부도로에서 4초간의 황색 경고등과 15초간의 적색 신호등을 활성화하는 보행자용 푸시 버튼이 필요하다. (a) 이 추가 기능에 대한 상태 다이어그램을 수정한다. (b) 필요한 추가 논리를 개발한다.

요약

- 반가산기와 전가산기의 동작은 표 6-12, 6-13에 요약되어 있다.

표 6-12

입력		캐리 출력	합
A	B	C_{out}	Σ
0	0	0	0
0	1	0	1
1	0	0	1
1	1	1	0

표 6-13

입력		캐리 입력	캐리 출력	합
A	B	C_{in}	C_{out}	Σ
0	0	0	0	0
0	0	1	0	1
0	1	0	0	1
0	1	1	1	0
1	0	0	0	1
1	0	1	1	0
1	1	0	1	0
1	1	1	1	1

- 조합 논리회로는 비교기, 디코더, 인코더, 코드 변환기, 멀티플렉서, 디멀티플렉서, 패리티 발생기/검사기를 포함한다.
- 74XX 표준 논리함수는 프로그램 가능한 논리 설계에서도 이용된다.

핵심용어

이 장의 핵심 용어 및 기타 굵은 글씨는 책 마지막 용어해설에도 정리되어 있다.

글리치(glitch) 잠정적으로 발생하는 스파이크 형태의 전압 또는 전류로서 일반적으로 원하지 않는 신호를 의미함

디멀티플렉서(demultiplexer, DEMUX) 하나의 입력으로 들어오는 데이터를 정해진 시간 순서에 의해 여러 출력으로 분배하는 디지털 소자

디코더(decoder) 코드화된 정보를 다른 코드화되지 않은 형태(친숙한 정보)로 변환하는 디지털 회로

룩-어헤드 캐리(look-ahead carry) 2진 덧셈의 경우에 상위 단에서 발생하는 캐리를 미리 예측하여 전파지연시간 없이 고속으로 계산하는 방법

리플 캐리(ripplc carry) 가산기에서 각 단의 가산기로부터의 출력 캐리가 다음 단의 입력 캐리로 연결되어 2진 덧셈을 하는 방법

멀티플렉서(multiplexer, MUX) 여러 개의 입력단을 통해 들어오는 디지털 데이터를 정해진 순서대로 1개의 출력단을 통해 전송하는 회로

반가산기(half-adder) 2개의 수를 더하여 합과 출력 캐리를 만드는 디지털 회로

비교기(comparator) 두 양의 관계를 나타내는 출력을 발생하여 그 크기를 비교하는 디지털 회로

우선순위 인코더(priority encoder) 인코더의 입력이 여러 개가 입력될 때 높은 값을 갖는 입력 숫자만이 인코드되고 나머지 입력은 무시되는 인코더

인코더(encoder) 정보를 코드화된 형태로 변환하는 디지털 회로

전가산기(full-adder) 2개의 수와 캐리를 더하여 합과 출력 캐리를 만드는 디지털 회로

종속 연결(cascading) 한 소자의 용량을 확장하기 위해 2개 이상의 유사한 소자를 연결하는 방법

패리티 비트(pariy bit) 비트 그룹에서 1의 개수를 홀수 또는 짝수로 만들기 위해 부가되는 비트

참/거짓 퀴즈

정답은 이 장의 끝에 있다.

1. 반가산기는 2개의 2진 비트를 더한다.
2. 반가산기는 합의 결과만 출력한다.
3. 전가산기는 2비트를 더하며 출력은 2개다.
4. 전가산기는 2-입력 XOR 게이트에 의해서만 실현된다.
5. 두 입력 비트가 모두 1이고 캐리 입력 비트가 1일 때, 전가산기의 합의 출력은 1이다.
6. 비교기는 두 2진수가 같은지를 결정한다.
7. 디코더는 정의된 조합의 비트가 입력되는지 검출한다.
8. 4선 → 10선 디코더와 1-of-10 디코더는 서로 다른 형태의 디코더이다.
9. 인코더는 디코더의 역동작을 한다.
10. 멀티플렉서는 단일 신호원으로부터 입력되는 디지털 정보를 여러 출력 중의 하나로 연결해 준다.

자습문제

정답은 이 장의 끝에 있다.

1. 반가산기는
   (a) 입력이 2개, 출력이 2개다.
   (b) 입력이 3개, 출력이 2개다.
   (c) 입력이 2개, 출력이 3개다.
   (d) 입력이 2개, 출력이 1개다.
2. 전가산기는
   (a) 입력이 2개, 출력이 2개다.
   (b) 입력이 3개, 출력이 2개다.
   (c) 입력이 2개, 출력이 3개다.
   (d) 입력이 2개, 출력이 1개다.
3. 전가산기 입력이 $A = 1$, $B = 0$, $C_{in} = 1$이다. 이때 출력은
   (a) $\Sigma = 0$, $C_{out} = 1$
   (b) $\Sigma = 1$, $C_{out} = 0$
   (c) $\Sigma = 0$, $C_{out} = 0$
   (d) $\Sigma = 1$, $C_{out} = 1$
4. 3비트 병렬 가산기는
   (a) 3개의 2비트 2진수를 더할 수 있다.
   (b) 2개의 3비트 2진수를 더할 수 있다.
   (c) 3비트를 동시에 더할 수 있다.
   (d) 3비트를 차례로 더할 수 있다.
5. 2비트 병렬 가산기를 4비트 병렬 가산기로 확장하려면
   (a) 2개의 2비트 가산기를 이용하지만 서로 연결할 필요는 없다.
   (b) 2비트 가산기와 또 다른 비트 가산기 입력으로 합의 출력으로 연결하여야 한다.
   (c) 4개의 2비트 가산기를 이용하지만 서로 연결할 필요는 없다.
   (d) 2비트 가산기의 캐리 출력은 또 다른 가산기의 캐리 입력과 연결하여야 한다.
6. 74HC85 크기 비교기의 입력이 $A = 1000$이고 $B = 1010$일 때 출력은 다음 중 어느 것인가?
   (a) $A > B = 0, A < B = 0, A = B = 0$
   (b) $A > B = 0, A < B = 0, A = B = 1$
   (c) $A > B = 0, A < B = 1, A = B = 0$
   (d) $A > B = 0, A < B = 1, A = B = 1$

7. 출력이 액티브-LOW인 1-of-16 디코더 출력 12가 LOW라면 이때 입력은 다음 중 어느 것인가?
   (a) $A_3A_2A_1A_0 = 1010$
   (b) $A_3A_2A_1A_0 = 1110$
   (c) $A_3A_2A_1A_0 = 1100$
   (d) $A_3A_2A_1A_0 = 0100$
8. BCD → 7-세그먼트 디코더 입력이 0100일 때 액티브-출력은 다음 중 어느 것인가?
   (a) a, c, f, g
   (b) b, c, f, g
   (c) b, c, e, f
   (d) b, d, e, g
9. 8진수 → 2진수 우선순위 인코더의 입력 0, 2, 5, 6이 액티브 레벨이라면 액티브-HIGH 2진 출력은 다음 중 어느 것인가?
   (a) 110
   (b) 010
   (c) 101
   (d) 000
10. 일반적으로 멀티플렉서는
    (a) 1개의 데이터 입력, 여러 개의 데이터 출력과 선택 입력들을 갖고 있다.
    (b) 1개의 데이터 입력, 1개의 데이터 출력과 1개의 선택 입력을 갖고 있다.
    (c) 여러 개의 데이터 입력, 여러 개의 데이터 출력과 선택 입력들을 갖고 있다.
    (d) 여러 개의 데이터 입력, 1개의 데이터 출력과 선택 입력들을 갖고 있다.
11. 데이터 선택기는 기본적으로 다음의 무엇과 동일한가?
    (a) 디코더
    (b) 디멀티플렉서
    (c) 멀티플렉서
    (d) 인코더
12. 다음 코드들 중에서 짝수 패리티를 나타내는 것은 어느 것인가?
    (a) 10011000
    (b) 01111000
    (c) 11111111
    (d) 11010101
    (e) 모두
    (f) (b)와 (c)

문제

홀수 문제의 정답은 책의 끝에 있다.

6-1절 반가산기와 전가산기

1. 그림 6-4의 전가산기에서 다음 입력에 대한 각 데이터 출력의 논리상태(1또는 0)를 결정하라.
   (a) $A = 0, B = 1, C_{in} = 0$
   (b) $A = 1, B = 0, C_{in} = 1$
   (c) $A = 0, B = 0, C_{in} = 0$
2. 반가산기가 다음과 같은 출력을 할 때 입력을 결정하라.
   (a) $\Sigma = 0, C_{out} = 0$
   (b) $\Sigma = 1, C_{out} = 0$
   (c) $\Sigma = 0, C_{out} = 1$
3. 전가산기 입력이 각각 다음과 같을 때의 출력을 구하라.
   (a) $A = 1, B = 0, C_{in} = 0$
   (b) $A = 0, B = 0, C_{in} = 1$
   (c) $A = 0, B = 1, C_{in} = 1$
   (d) $A = 1, B = 1, C_{in} = 1$

6-2절 병렬 2진 가산기

4. 그림 6-69의 병렬 가산기에서 회로의 논리 동작을 분석하여 덧셈 결과를 구하라. 그리고 두 2진수 입력을 손으로 계산하여 그 결과를 확인하라.

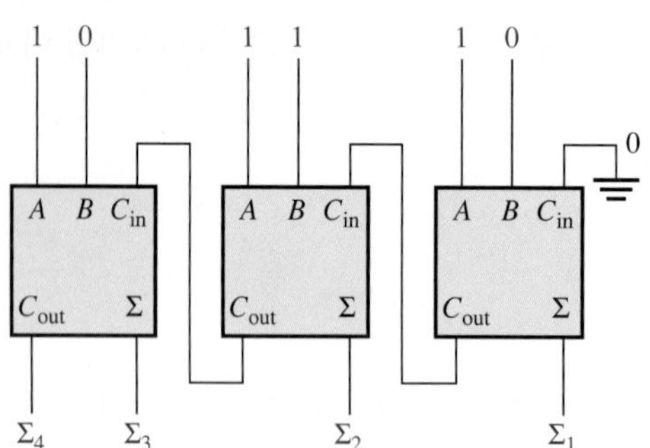

그림 6-69

5. 그림 6-70의 회로와 입력조건으로 문제 4를 반복하라.

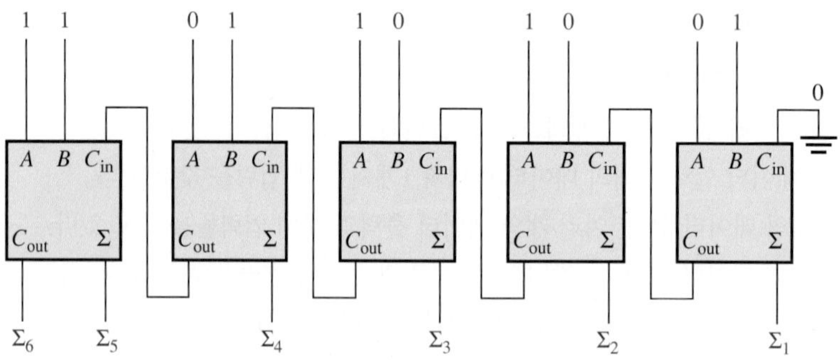

그림 6-70

6. 그림 6-71에 나타난 회로는 컴퓨터에서 덧셈 또는 뺄셈 동작을 할 수 있는 4비트 회로이다. (a) $\overline{Add}/Subt$ 입력이 HIGH일 때 어떤 동작을 하는가? (b) $\overline{Add}/Subt$가 LOW일 때 어떤 동작을 하는가?

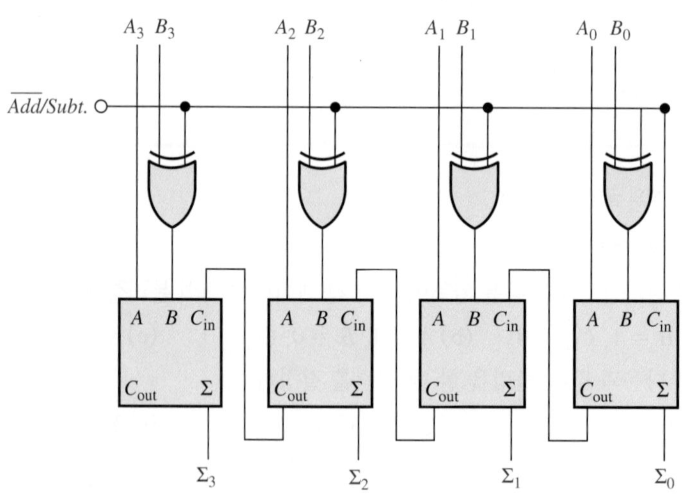

그림 6-71

7. 그림 6-71 회로에서 $\overline{Add}/Subt. = 1$, $A = 1010$, $B = 1101$일 때 출력은 어떻게 되는가?

8. 2비트 가산기의 입력파형이 그림 6-72에 나타나 있다. 이 입력파형에 대한 합과 출력 캐리 파형을 그리라.

그림 6-72

9. 다음과 같은 비트 열(오른쪽이 하위 비트)이 4비트 병렬 가산기로 입력될 때 각각의 합의 출력으로 출력되는 비트 열을 구하라.

A_1	1010
A_2	1100
A_3	0101
A_4	1101
B_1	1001
B_2	1011
B_3	0000
B_4	0001

10. 74HC283 4비트 병렬 가산기를 점검하는 과정에서 각각의 해당 핀에서 논리 레벨이 다음과 같았다 — 1-HIGH, 2-HIGH, 3-HIGH, 4-HIGH, 5-LOW, 6-LOW, 7-LOW, 9-HIGH, 10-LOW, 11-HIGH, 12-LOW, 13-HIGH, 14-HIGH, 15-HIGH. 이 IC가 정상동작을 하고 있는 것인지 결정하라.

6-3절 리플 캐리와 룩-어헤드 캐리 가산기

11. 8비트 병렬 리플 캐리 가산기의 8개 전가산기에서 각각 다음과 같은 전달지연을 나타낸다.

A에서 Σ와 C_{out}까지 :	20 ns
B에서 Σ와 C_{out}까지 :	20 ns
C_{in}에서 Σ까지 :	30 ns
C_{in}에서 C_{out}까지 :	25 ns

8비트 2진수를 덧셈 연산할 때 최대의 총소요시간을 구하라.

12. 그림 6-17의 4비트 룩-어헤드 캐리 가산기를 논리회로를 추가하여 5비트 가산기로 만들려고 한다. 그 5비트 가산기의 논리회로를 그리라.

6-4절 비교기

13. 그림 6-73에 나타난 파형이 그 그림 옆에 있는 비교기에 입력될 때 출력($A = B$)파형을 그리라.

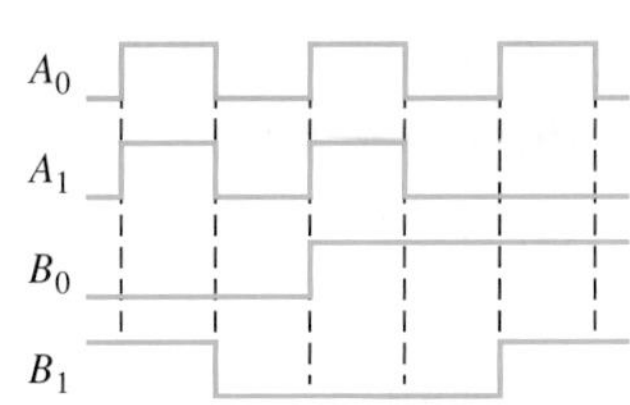

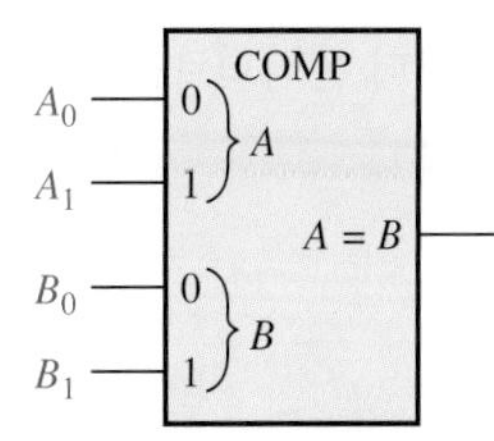

그림 6-73

14. 그림 6-74의 4비트 비교기에서 입력 상태가 그림과 같을 때 출력파형을 그리라. 단, 출력은 액티브-HIGH이다.

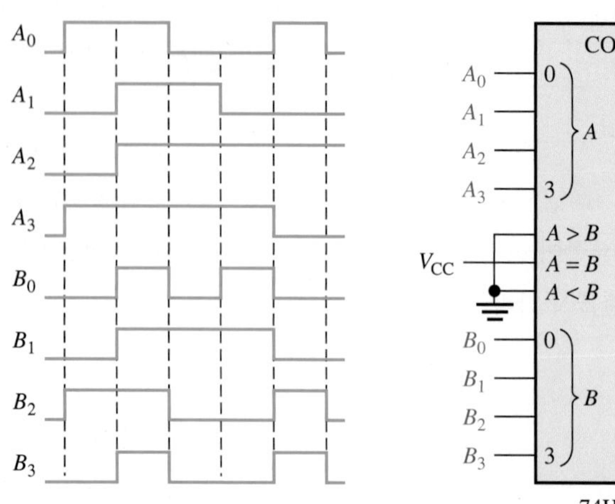

그림 6-74

15. 그림 6-21의 비교기의 입력이 다음의 2진수와 같을 때 출력을 구하라.

(a) $A_3A_2A_1A_0 = 1010$, $B_3B_2B_1B_0 = 1101$
(b) $A_3A_2A_1A_0 = 1101$, $B_3B_2B_1B_0 = 1101$
(c) $A_3A_2A_1A_0 = 1001$, $B_3B_2B_1B_0 = 1000$

6-5절 디코더

16. 그림 6-75에서 각 디코딩 게이트의 출력이 HIGH라면 입력되는 2진 코드를 구하라. 단, A_3가 MSB이다.

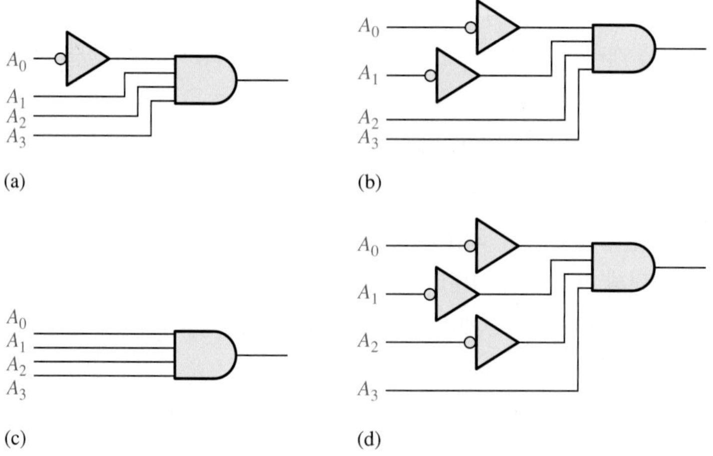

그림 6-75

17. 다음 각 코드의 디코더 논리회로를 그리라. 단, 출력은 액티브-HIGH(1)이다.

(a) 1101
(b) 1000
(c) 11011
(d) 11100
(e) 101010
(f) 111110
(g) 000101
(h) 1110110

18. 출력이 액티브-LOW(0)일 때 문제 17을 반복하라.

19. 다음의 코드 1010, 1100, 0001, 1011을 검출하는 간략화된 디코더 논리회로를 그리라. 입력선들 중에 이 코드 중 하나가 입력되면 검출 결과는 하나의 출력선에 나타나며 이 출력선은 액티브-HIGH이다. 따라서 다른 코드가 입력되면 출력은 LOW여야 한다.

20. 그림 6-76과 같이 입력파형이 디코더 논리회로에 입력될 때 출력파형을 그리라.

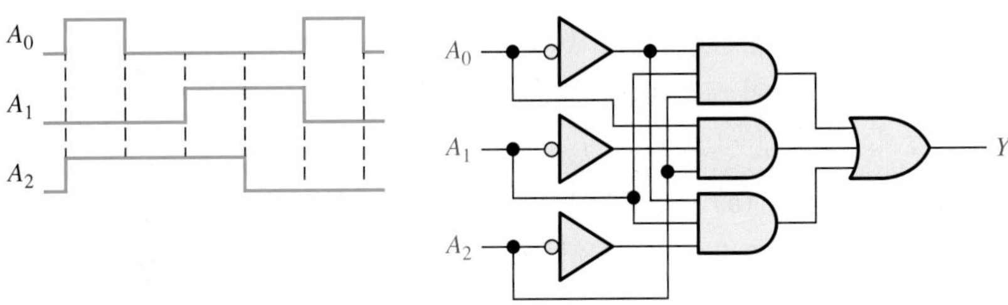

그림 6-76

21. BCD 수가 그림 6-77과 같이 BCD → 10진수 디코더에 연속적으로 입력된다. 이때 출력되는 출력의 타이밍도를 그리라.

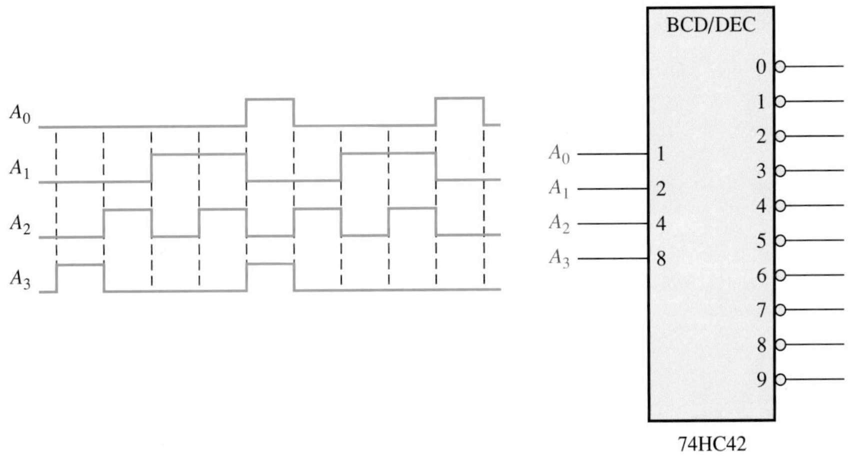

그림 6-77

22. 그림 6-78과 같이 7-세그먼트 디코더/구동기에 다음과 같은 파형이 입력될 때 표시기에 나타나는 숫자 열을 구하라.

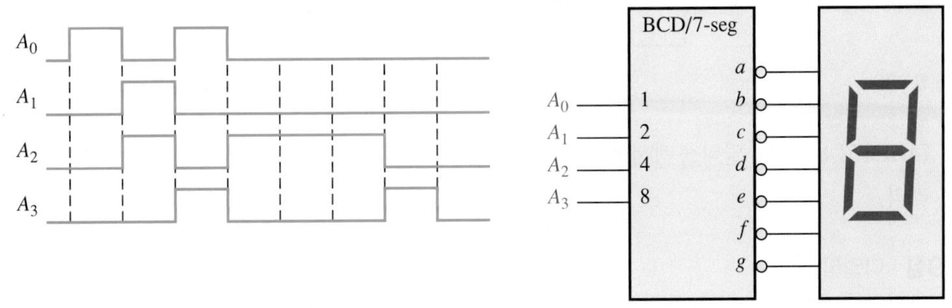

그림 6-78

6-6절 인코더

23. 그림 6-37의 10진수 → BCD 인코더 논리회로에서 입력 9와 입력 3이 모두 HIGH일 때 출력되는 코드는 어떻게 되는가? 그리고 출력되는 코드는 유효한 BCD(8421) 코드인가?

24. 74HC147 인코더의 2, 5, 12번 핀의 레벨이 LOW이다. 나머지 다른 모든 입력은 HIGH일 때 출력에 나타나는 BCD 코드는 어떻게 되는가?

6-7절 코드 변환기

25. 다음 10진수를 BCD 코드로 변환 후 그 코드를 2진수로 변환하라.

(a) 4 (b) 7 (c) 12 (d) 23 (e) 34

26. 10비트 2진수를 그레이 코드로 변환하는 논리도를 그리고, 이 논리도를 이용하여 다음의 2진수를 그레이 코드로 변환하라.

(a) 1010111100 (b) 1111000011 (c) 1011110011 (d) 1000000001

27. 10비트 그레이 코드를 2진수로 변환하는 논리도를 그리고, 이 논리도를 이용하여 다음의 그레이 코드를 2진수로 변환하라.

(a) 1010111100 (b) 1111000011 (c) 1011110011 (d) 1000000001

6-8절 멀티플렉서

28. 그림 6-79의 멀티플렉서에서 입력 $D_0 = 1$, $D_1 = 0$, $D_2 = 0$, $D_3 = 1$, $S_0 = 0$, $S_1 = 1$일 때 출력을 구하라.

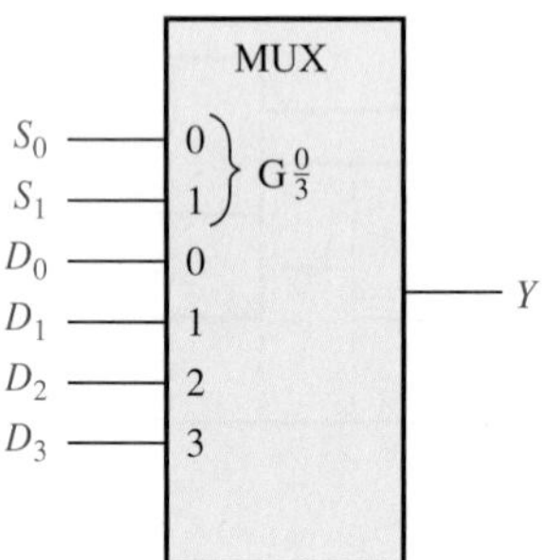

그림 6-79

29. 그림 6-79의 멀티플렉서 데이터 입력은 문제 28에서와 같고, 데이터-선택 입력에는 그림 6-80과 같은 파형이 가해진다고 할 때 출력파형을 그리라.

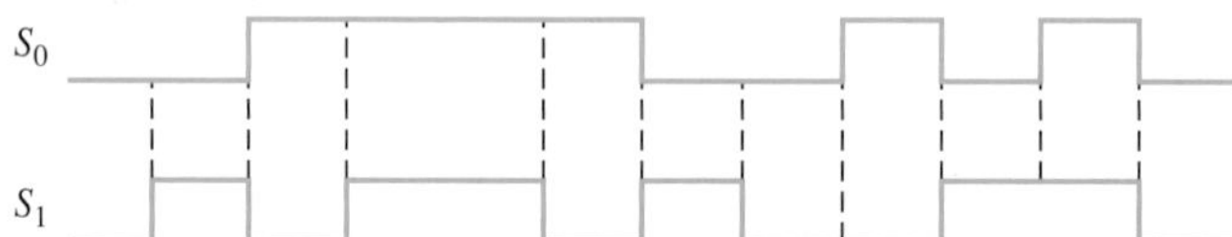

그림 6-80

30. 74HC151 8-입력 멀티플렉서에 그림 6-81에 나타난 파형이 입력된다. 출력 Y의 파형을 그리라.

6-9절 디멀티플렉서

31. 데이터-선택 입력은 0000으로 시작하여 연속적으로 1씩 증가하는 2진 카운터 값이며, 10진수 2468을 표시하는 BCD 코드가 직렬로 데이터 입력선으로 입력된다. 이때 입력 데이터의 입력순서는 최하위 자릿수(8)의 LSB가 먼저 입력되며, 첫 4비트 위치에서 출력으로 나타난다. 이와 같은 입력 조건에서 74HC154가 디멀티플렉서로 동작할 때 전체적인 입력과 출력의 타이밍도를 그리라.

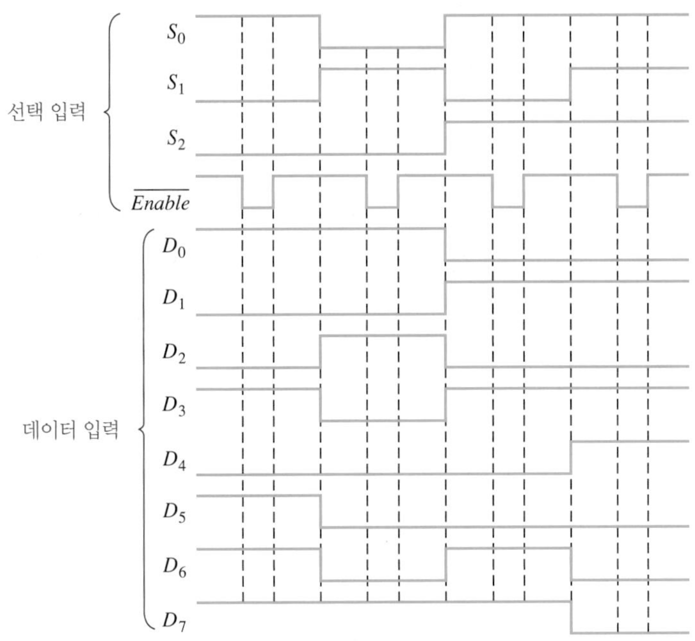

그림 6-81

6-10절 패리티 발생기/검사기

32. 그림 6-82와 같은 파형이 4비트 패리티 논리회로에 입력될 때 각 게이트의 출력파형을 그리라. 이때 짝수 패리티 비트 시간은 몇 번 발생하며 어떤 레벨(HIGH 또는 LOW)로 나타나는가?

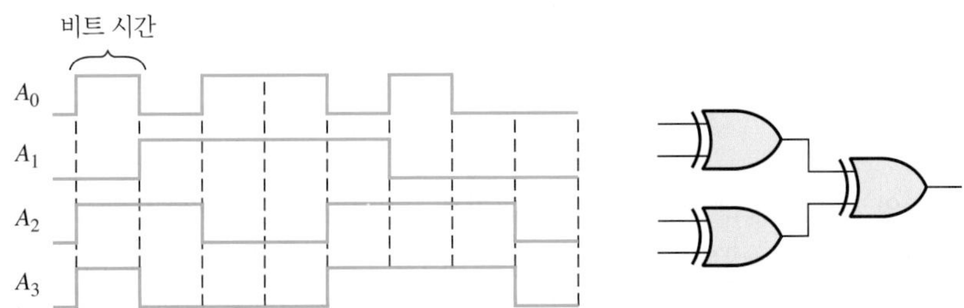

그림 6-82

33. 74HC280 9비트 패리티 발생기/검사기에 그림 6-83과 같이 입력될 때 Σ Even과 Σ Odd 출력을 구하라. 이때 그림 6-56에 나타난 함수표를 참조하라.

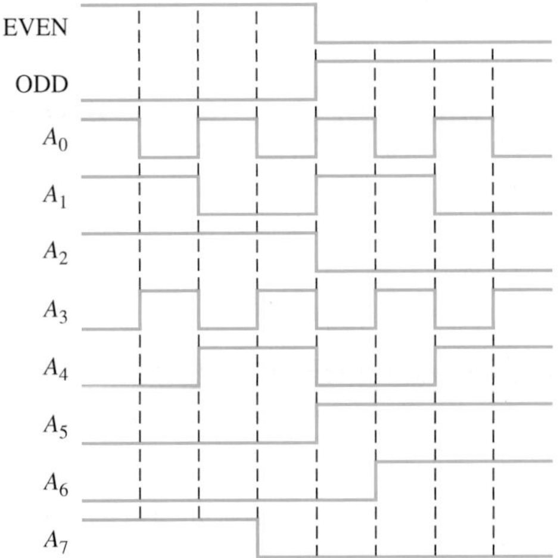

그림 6-83

6-11절 고장 진단

34. 전가산기를 검사하기 위해 그림 6-84와 같은 입력파형을 인가하였다. 출력 Σ와 C_{out} 파형을 기반으로 이 전가산기가 정상동작 하는지를 판정하라. 만약 비정상적인 동작이라면 그 원인은 무엇인가?

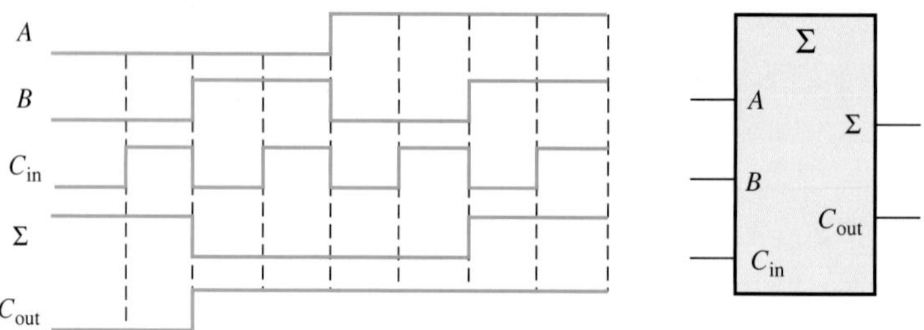

그림 6-84

35. 그림 6-85에 주어진 각 디코더/표시기에서 오류들을 나열하라.

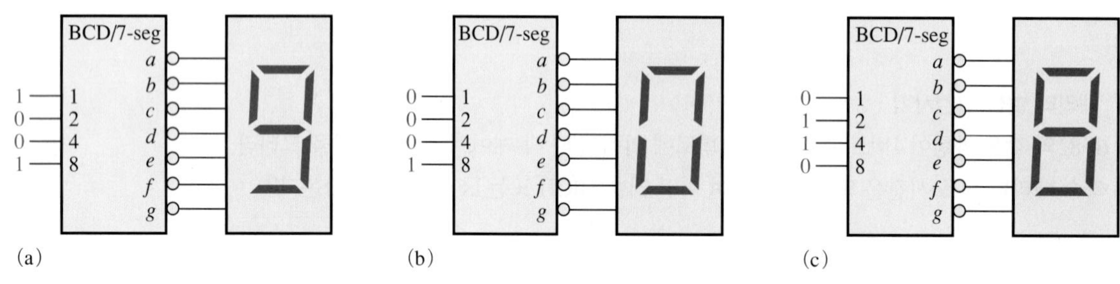

그림 6-85

36. 그림 6-39의 키보드 인코더가 정상동작 하는지를 점검하기 위한 체계적인 검사절차를 만들라.

37. 그림 6-86에 주어진 4비트 가산기로 구성된 BCD → 2진수 변환기를 검사하려고 한다. 먼저 이 회로가 BCD를 2진수로 변환하는 기능을 하는지 확인하기 위해서는 0_{10}으로부터 연속적인 BCD를 입력해보아야 한다. 이때 다음과 같이 주어진 것과 같은 각각의 오류가 있을 때 2진수 출력에서는 어떤 증상이 나타나는가? 그리고 제일 먼저 어떤 BCD에 대해 오류가 나타나는가?

(a) A_1 입력이 개방(위쪽 가산기)

(b) C_{out}이 개방(위쪽 가산기)

(c) 출력 Σ_4가 접지와 연결(위쪽 가산기)

(d) 출력단 32가 접지와 연결(아래쪽 가산기)

38. 그림 6-49의 세그먼트 표시기 멀티플렉싱 시스템에서 다음과 같은 증상이 나타날 때 가장 가능성이 높은 오류의 원인을 찾으라.

(a) B-자릿수(MSD) 표시기가 켜지지 않는다.

(b) 7-세그먼트 표시기가 모두 켜지지 않는다.

(c) 두 7-세그먼트 표시기의 f-세그먼트가 모두 항상 켜져 있다.

(d) 표시기에 깜박거림이 나타난다.

39. 74HC151 데이터 선택기 IC를 전체적으로 검사하기 위한 체계적인 절차를 제시하라.

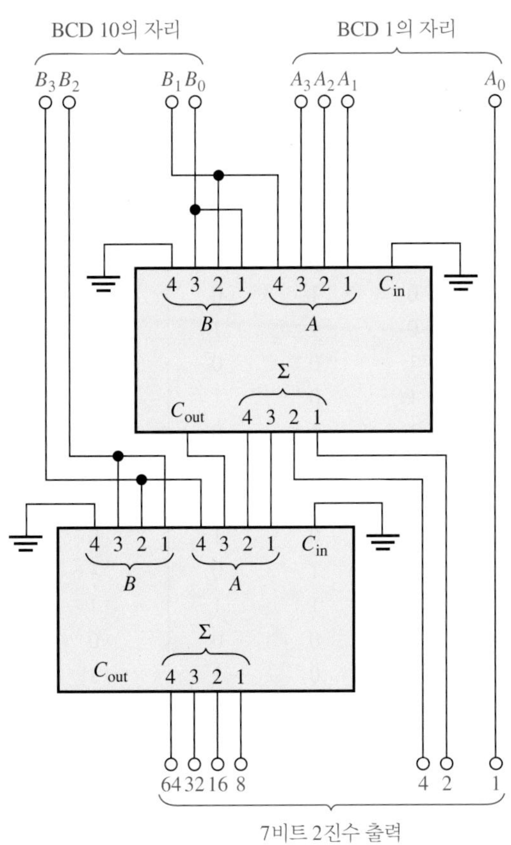

그림 6-86

40. 그림 6-58에 나타난 데이터 전송 시스템을 검사하기 위해 D_0~D_6까지의 입력 핀에 1의 개수가 홀수인 데이터를 입력하였다. 이때 MUX와 DEMUX 사이의 직렬 데이터 전송선에 의도적으로 한 비트의 오류가 발생하도록 하였다. 그러나 이 시스템은 오류 발생을 감지하지 못했다. 즉 오류 게이트 출력은 0이었다. 짝수 패리티 검출기의 입력을 점검한 결과, D_0~D_6까지의 입력 데이터는 원래대로 1이 짝수인 것을 확인하였다. 또한 패리티 비트 D_7이 1인 것도 확인하였다. 이 시스템이 오류 검출을 하지 못한 원인은 무엇인가?

41. 일반적으로 그림 6-58의 데이터 전송 시스템을 어떻게 테스트하는지를 설명하고 패리티 오류의 도입 방법을 지정하라.

응용 논리

42. 주어진 입력에 대해 액티브-HIGH 출력이 되도록 74HC00(4조의 NAND 게이트)와 다른 소자들을 이용하라.

43. 액티브-LOW 출력이 되도록 74HC00을 이용하여 신호등 출력 논리를 구현하라.

특수 설계 문제

44. 그림 6-49의 7-세그먼트 표시기 멀티플렉싱 시스템이 두 자리를 더 표시할 수 있도록 수정하라.

45. 표 6-2에서 전가산기의 출력 Σ와 C_{out}을 SOP 형식으로 표현하라. 그리고 카르노 맵을 이용하여 이 식을 간략화하고 인버터와 AND-OR 논리로 구현하라. 또한 AND-OR 논리를 74HC151 데이터 선택기로 대체해보라.

46. 표 6-14에 정의된 논리함수를 74HC151 데이터 선택기를 이용하여 구현하라.

표 6-14

입력				출력
A_3	A_2	A_1	A_0	Y
0	0	0	0	0
0	0	0	1	0
0	0	1	0	1
0	0	1	1	1
0	1	0	0	0
0	1	0	1	0
0	1	1	0	1
0	1	1	1	1
1	0	0	0	1
1	0	0	1	0
1	0	1	0	1
1	0	1	1	1
1	1	0	0	0
1	1	0	1	1
1	1	1	0	0
1	1	1	1	1

47. 그림 6-13의 6인 투표 모듈 2개를 이용한 12인 투표 시스템을 설계하라.

48. 그림 6-87의 알약포장 시스템에서 가산기 블록은 카운터에서 출력되는 8비트 2진수와 레지스터 B에서 출력되는 16비트 2진수를 더해서 그 출력이 다시 레지스터 B로 입력된다. 이러한 가산기 논리를 74HC283을 이용하여 핀 번호가 표시된 완전한 논리도를 그리라.

49. 그림 6-87의 알약포장 시스템에서 비교기 블록을 74HC85를 사용하여 핀 번호가 표시된 완전한 논리도를 그리라. 비교기는 BCD → 2진수 변환기 출력인 8비트 2진수(실제로는 7비트만 사용됨)와 카운터 출력인 8비트 2진수를 비교한다.

50. 그림 6-87의 알약포장 시스템에서 BCD → 7-세그먼트 디코더가 2개 사용되는데 그중 1개는 병당 알약 수(tablets/bottle)를 두 자리로 표시하고 다른 하나는 병에 포장된 총알약 수(total tablets bottled)를 다섯 자리로 표시하는 데 이용된다. 각각의 디코더를 74HC47을 이용하여 핀 번호가 표시된 완전한 논리도를 그리라.

51. 그림 6-87의 알약포장 시스템 블록 중에서 키패드 입력을 BCD로 변환하는 인코더를 74HC147을 이용하여 핀 번호가 표시된 완전한 논리도를 그리라.

52. 그림 6-87의 시스템은 코드 변환기가 2개 사용된다. 이 중에서 BCD → 2진수 변환기는 레지스터 A의 두 자리 BCD를 8비트 2진수(MSB는 항상 0이므로 실제로는 7비트만 사용됨)로 변환한다. 이러한 BCD → 2진수 변환기 기능을 하는 적합한 코드 변환기 IC를 이용하여 핀 번호가 표시된 완전한 논리도를 그리라.

MultiSim

MultiSim 고장 진단 연습

53. 파일 P06-53을 연다. 지정된 오류가 회로에 끼치는 영향을 예측한다. 그리고 오류에 대한 예측이 맞는지 확인한다.

54. 파일 P06-54를 연다. 지정된 오류가 회로에 끼치는 영향을 예측한다. 그리고 오류에 대한 예측이 맞는지 확인한다.

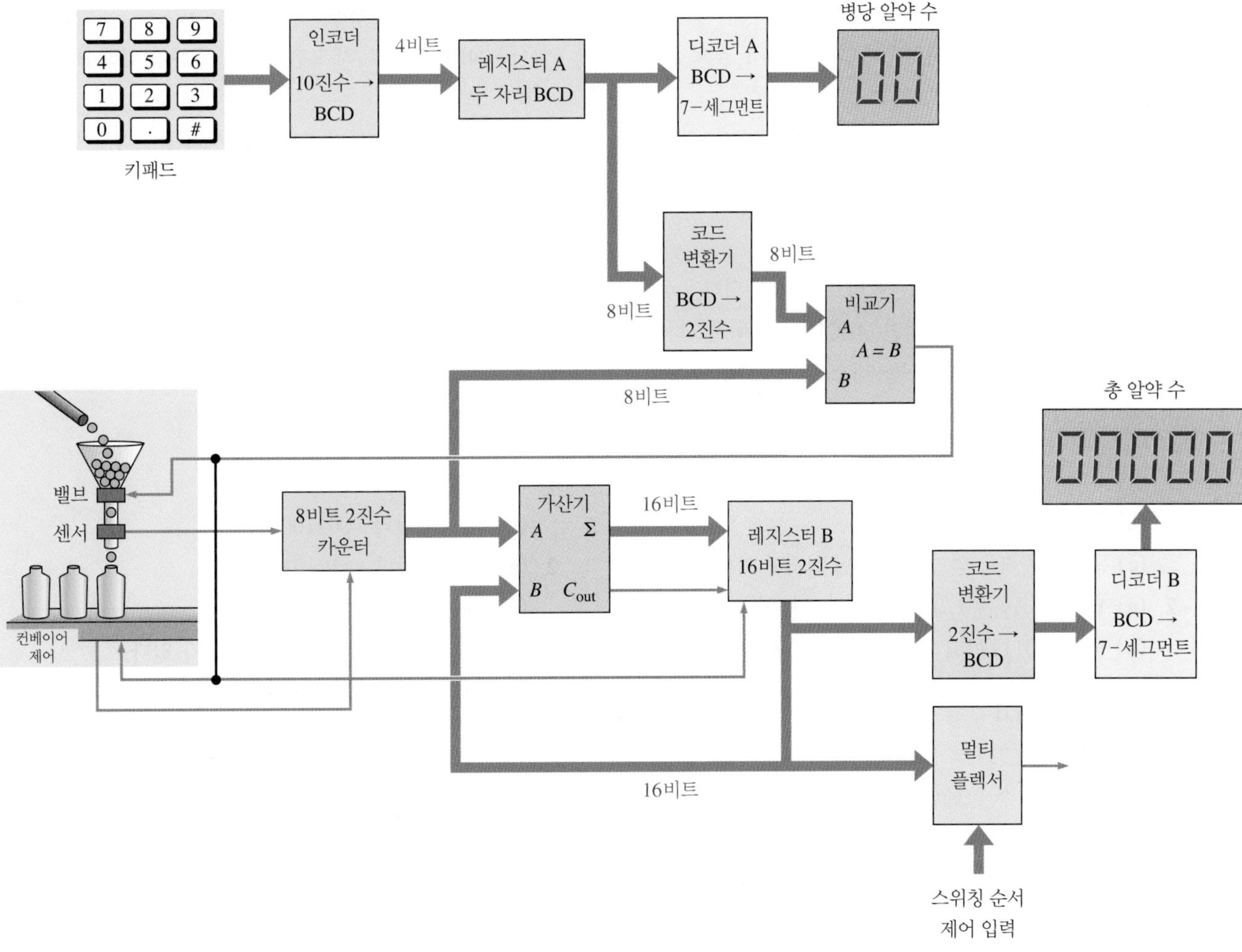

그림 6-87

55. 파일 P06-55를 연다. 예시된 관찰된 동작에 대해 회로의 오류를 예측한다. 그리고 의심되는 오류를 밝히고 예측이 맞는지 확인한다.

56. 파일 P06-56을 연다. 예시된 관찰된 동작에 대해 회로의 오류를 예측한다. 그리고 의심되는 오류를 밝히고 예측이 맞는지 확인한다.

정답

복습문제

6-1절 반가산기와 전가산기

1. (a) $\Sigma = 1,\ C_{out} = 0$
   (b) $\Sigma = 0,\ C_{out} = 0$
   (c) $\Sigma = 1,\ C_{out} = 0$
   (d) $\Sigma = 0,\ C_{out} = 1$
2. $\Sigma = 1,\ C_{out} = 1$

6-2절 병렬 가산기

1. $C_{out}\ \Sigma_4\ \Sigma_3\ \Sigma_2\ \Sigma_1 = 11001$
2. 두 10비트 수를 더하려면 74HC283 3개가 필요하다.

6-3절 리플 캐리와 룩-어헤드 캐리 가산기

1. $C_g = 0,\ C_p = 1$
2. $C_{out} = 1$

6-4절 비교기

1. $A = 1011$이고 $B = 1010$일 때, $A > B = 1$, $A < B = 0$, $A = B = 0$
2. 오른쪽 비교기 : $A < B = 1$; $A = B = 0$; $A > B = 0$
   왼쪽 비교기 : $A < B = 0$; $A = B = 0$; $A > B = 1$

6-5절 디코더

1. 입력이 101일 때 출력 5는 액티브 상태가 된다.
2. 6비트 2진수를 디코드하려면 74HC154 4개가 필요하다.
3. 액티브-HIGH 출력이 공통-캐소드형 LED를 구동한다.

6-6절 인코더

1. (a) $A_0 = 1, A_1 = 1, A_2 = 0, A_3 = 1$
   (b) 유효한 BCD 코드가 아니다.
   (c) 유효한 출력을 얻기 위해서 한 입력만 가해져야 한다.
2. (a) $\overline{A}_3 = 0, \overline{A}_2 = 1, \overline{A}_1 = 1, \overline{A}_0 = 1$
   (b) 출력은 0111이며 이것은 1000(8)의 보수이다.

6-7절 코드 변환기

1. 10000101 (BCD) = 1010101_2
2. 8비트 → 2진수 그레이 변환기는 그림 6-40에 나타난 바와 같이 7개의 배타적-OR 게이트로 구성된다. 이때 입력은 B_0-B_7이다.

6-8절 멀티플렉서

1. 출력은 0이다.
2. (a) 74HC153 : 2개의 4-입력 데이터 선택기/멀티플렉서
   (b) 74HC151 : 8-입력 데이터 선택기/멀티플렉서
3. 주어진 데이터-선택 입력에 대해서 데이터 출력은 LOW와 HIGH가 교대로 나타난다.
4. (a) 74HC157은 2개의 BCD 코드를 7-세그먼트 디코더로 멀티플렉싱한다.
   (b) 74HC47은 7-세그먼트를 구동하기 위해 BCD로 디코딩한다.
   (c) 74HC139는 7-세그먼트 표시기를 교대로 동작 가능 상태로 만든다.

6-9절 디멀티플렉서

1. 입력선을 데이터 선택으로 하고 인에이블 선을 데이터 입력으로 하면 디코더를 멀티플렉서로 사용할 수 있다.
2. 출력은 LOW인 D_{10}을 제외하고 모두 HIGH이다.

6-10절 패리티 발생기/검사기

1. (a) 짝수 패리티 : <u>1</u>110100
   (b) 짝수 패리티 : <u>0</u>01100011
2. (a) 홀수 패리티 : <u>1</u>1010101
   (b) 홀수 패리티 : <u>1</u>1000001
3. (a) 1이 4개이므로 코드에는 오류가 없다.
   (b) 1이 7개이므로 코드에는 오류가 있다.

6-11절 고장 진단

1. 글리치는 매우 짧은 간격을 갖는 전압의 스파이크이다(보통 원하지 않는).
2. 글리치는 전이 상태에 의해 발생한다.
3. 스트로브는 소자가 전이 상태가 아닐 때, 정해진 시간 동안 소자를 인에이블하는 것이다.

예제의 관련 문제

6-1. $\Sigma = 1, C_{out} = 1$

6-2. $\Sigma_1 = 0, \Sigma_2 = 0, \Sigma_3 = 1, \Sigma_4 = 1$

6-3. 1011 + 1010 = 10101

6-4. 그림 6-88을 참조하라.

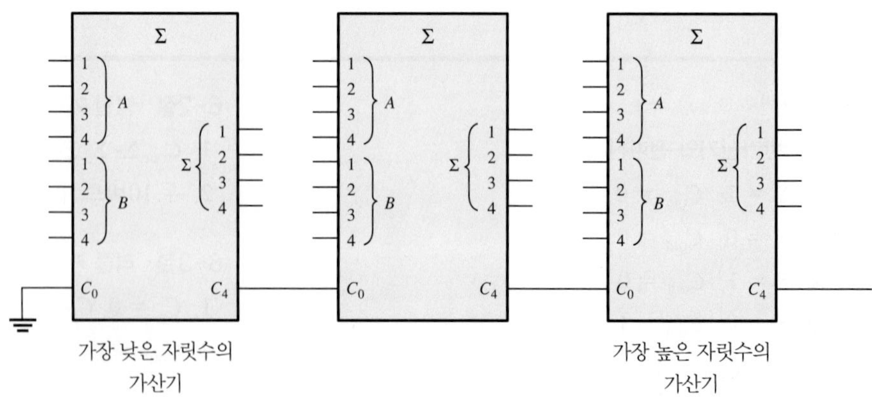

그림 6-88

6-5. 그림 6-89를 참조하라.

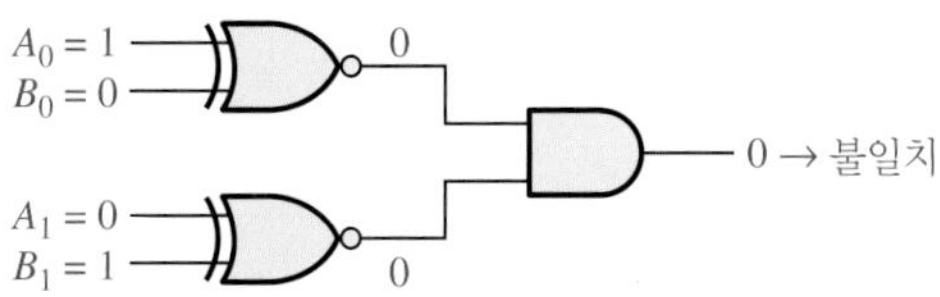

그림 6-89

6-6. $A > B = 0, A = B = 0, A < B = 1$

6-7. 그림 6-90을 참조하라.

6-8. 그림 6-91을 참조하라.

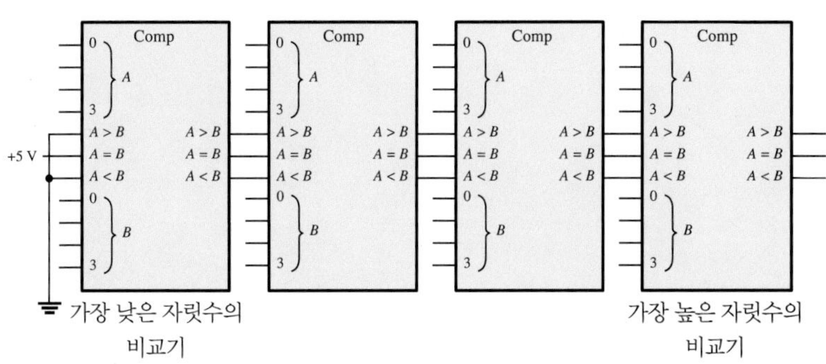

그림 6-90

그림 6-91

6-9. 출력 22

6-10. 그림 6-92를 참조하라.

6-11. 모든 입력이 LOW일 때 : $\bar{A}_0 = 0, \bar{A}_1 = 1, \bar{A}_2 = 1, \bar{A}_3 = 0$

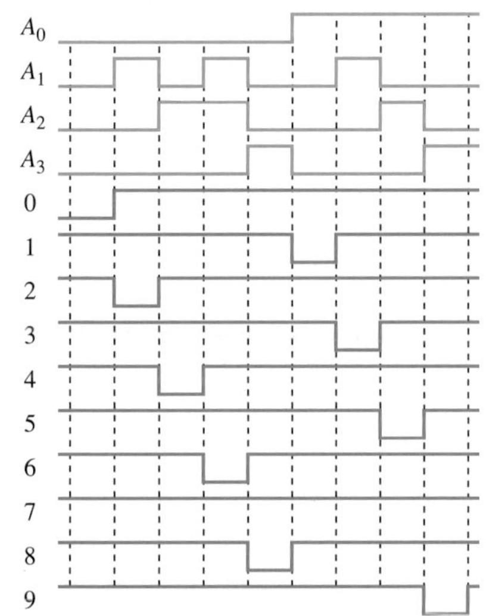

그림 6-92

모든 입력이 HIGH일 때 : 모든 출력은 HIGH

6-12. BCD 01000001

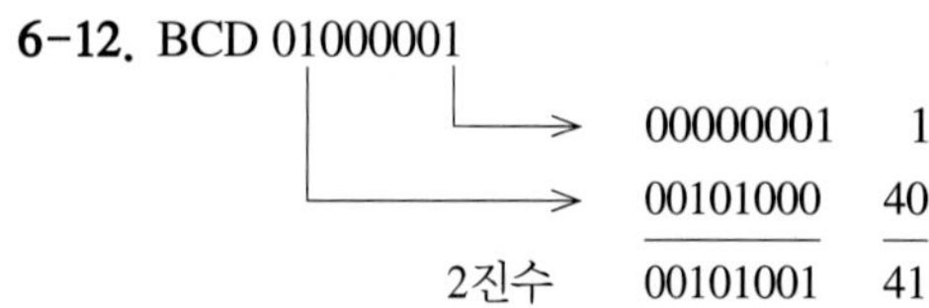

6-13. 7개의 배타적-OR 게이트

6-14. 그림 6-93을 참조하라.

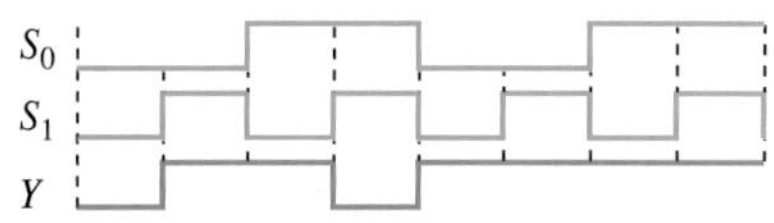

그림 6-93

6-15. $D_0 : S_3 = 0, S_2 = 0, S_1 = 0, S_0 = 0$

$D_4 : S_3 = 0, S_2 = 1, S_1 = 0, S_0 = 0$

$D_8 : S_3 = 1, S_2 = 0, S_1 = 0, S_0 = 0$

$D_{13} : S_3 = 1, S_2 = 1, S_1 = 0, S_0 = 1$

6-16. 그림 6-94를 참조하라.

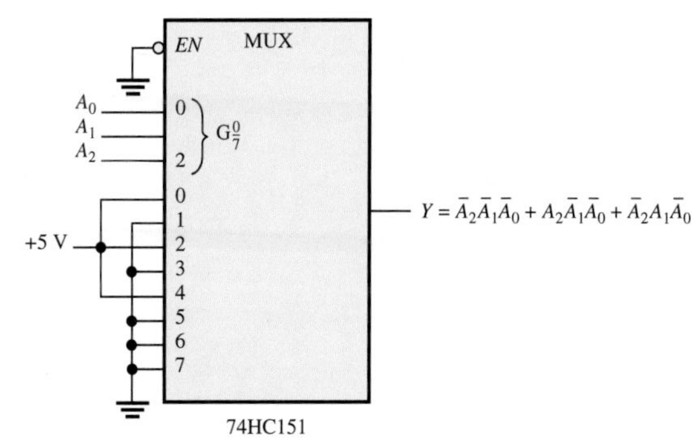

그림 6-94

6-17. 그림 6-95를 참조하라.

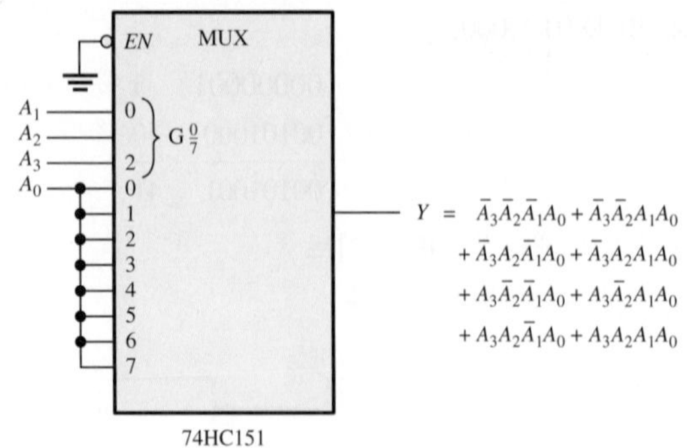

그림 6-95

6-18. 그림 6-96을 참조하라.

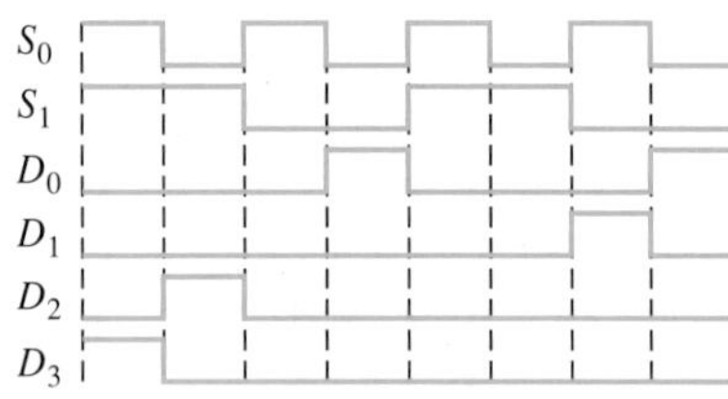

그림 6-96

참/거짓 퀴즈

1. T **2.** F **3.** F **4.** F **5.** T
6. F **7.** T **8.** F **9.** T **10.** F

자습문제

1. (a) **2.** (b) **3.** (a) **4.** (b) **5.** (d)
6. (c) **7.** (c) **8.** (b) **9.** (a) **10.** (d)
11. (b) **12.** (f)

CHAPTER 7

래치, 플립플롭, 타이머

학습목차

학습목표

- 논리 게이트를 이용하여 기본적인 래치를 구성한다.
- S-R 래치와 D 래치의 차이점을 설명한다.
- 래치와 플립플롭의 차이점을 설명한다.
- D와 J-K 플립플롭의 차이점을 설명한다.
- 플립플롭을 사용할 때 고려해야 할 전달지연, 준비시간, 지속시간, 최대 동작주파수, 최소 클록신호 폭, 전력 소모 등에 대한 사항을 이해한다.
- 플립플롭을 기초적인 응용에 적용한다.
- 재트리거할 수 있는 원-숏과 재트리거할 수 없는 원-숏의 차이점을 설명한다.
- 비안정 멀티바이브레이터나 원-숏으로 동작시키기 위해 555 타이머를 사용한다.
- 래치, 플립플롭, VHDL(하드웨어 기술 언어)을 사용하는 타이머를 설명한다.
- 기본 플립플롭 회로를 고장 진단한다.

학습지원 웹사이트

http://www.pearsonglobaleditions.com/floyd

핵심용어

- 래치
- 쌍안정
- 세트
- 리셋
- 클록
- 에지 트리거 플립플롭
- D 플립플롭
- 동기
- J-K 플립플롭
- 토글
- 프리셋
- 클리어
- 전파지연시간
- 준비 시간
- 유지 시간
- 전력 소모
- 원-숏
- 단안정
- 타이머
- 비안정

개요

이 장에서는 순차 논리에 필수적으로 사용되는 쌍안정, 단안정, 비안정 '멀티바이브레이터'를 다룬다. 래치와 플립플롭은 쌍안정 소자로서 안정적인 두 가지 상태(세트와 리셋)를 가진다. 쌍안정 소자는 이와 같은 상태를 계속 유지할 수 있으므로 저장소자 기능을 수행할 수 있다. 래치와 플립플롭은 임의의 상태에서 다른 상태로 변화하는 방법에서 차이점을 갖고 있다. 플립플롭은 카운터, 레지스터 그리고 다른 순차제어 논리를 구성하는 기본적인 요소로서 특정 형태의 메모리로도 사용된다. 원-숏이라는 단안정 멀티바이브레이터는 안정 상태 하나만을 가지며, 활성화되거나 트리거될 때 폭이 조절되는 펄스를 발생시킨다. 비안정 멀티바이브레이터는 안정 상태가 없으므로 주로 자체로 지속적인 파형을 만들어내는 장치인 오실레이터로 사용된다. 디지털 시스템에서 펄스 오실레이터는 타이밍 발생기로 이용된다.

7-1 래치

래치(latch)는 임시 저장소자의 한 종류로서 2개의 안정 상태를 가지고 있으며, 플립플롭과 별개의 부류로 분류되는 쌍안정(bistable) 소자이고, 출력이 반대편 입력으로 연결되는 궤환(피드백)을 이용해서 두 가지 안정 상태 중 하나의 상태로 만들 수 있으므로 플립플롭과 기능은 비슷하다. 그러나 두 소자는 상태를 변화시키는 방법에 차이가 있다.

이 절의 학습내용

- 기본적인 S-R 래치의 동작을 설명한다.
- 게이트 S-R 래치의 동작을 설명한다.
- 게이트 D 래치의 동작을 설명한다.
- 논리 게이트를 이용하여 S-R이나 D 래치를 구현한다.
- 4조의 래치로 이루어진 74HC279A와 74HC75를 설명한다.

정보노트

래치는 데이터를 버스에 멀티플렉싱하기 위해 이용되기도 한다. 예를 들면, 외부 장치로부터 컴퓨터로 입력되는 데이터는 다른 장치에서 보내지는 데이터와 데이터 버스를 공유해야만 한다. 이때 외부에서 입력된 데이터가 버스를 이용할 수 없으면 이 데이터는 일시적으로 저장되어야 하고 외부 장치와 데이터 버스 사이에 설정된 래치가 이 저장장치의 역할을 하게 된다.

S-R(SET-RESET) 래치

래치는 일종의 **쌍안정**(bistable) 논리소자 또는 **멀티바이브레이터**(multivibrator)이다. 입력이 액티브-HIGH로 동작하는 S-R(SET-RESET) 래치는 그림 7-1(a)와 같이 입력과 출력이 교차 연결된 2개의 NOR 게이트를 이용하여 구성된다. 그리고 입력이 액티브-LOW로 동작하는 $\overline{S}$-$\overline{R}$ 래치는 그림 7-1(b)와 같이 입력과 출력이 교차 연결된 2개의 NAND 게이트로 구성된다. 여기서 각 게이트의 출력은 반대편의 게이트로 입력되는 **궤환**(feedback) 구조로 되어 있는 점에 유의하여야 한다. 모든 래치와 플립플롭은 이러한 재생되는 형태의 피드백 특징을 갖고 있다.

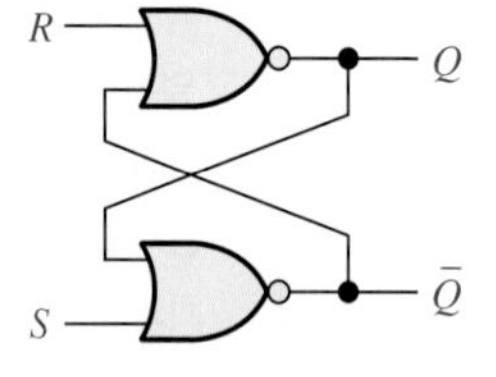

(a) 액티브-HIGH 입력 S-R 래치

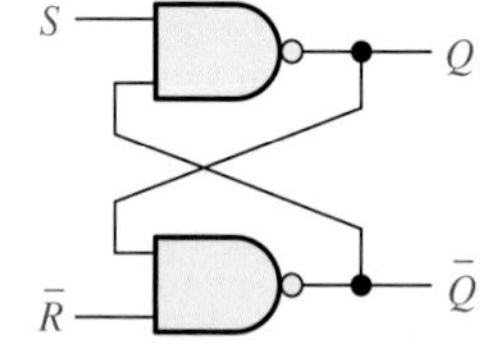

(b) 액티브-LOW 입력 $\overline{S}$-$\overline{R}$ 래치

MultiSim

그림 7-1 S-R(Set-Reset) 래치의 두 가지 형태. F07-01(a)와 (b) 파일을 열고 두 래치의 동작을 확인하라. Multisim 지침서를 웹사이트에서 사용할 수 있다.

래치의 동작을 설명하기 위해서 그림 7-1(b)에 있는 NAND 게이트를 이용한 $\overline{S}$-$\overline{R}$ 플립플롭을 사용한다. 이 래치는 $\overline{S}$와 $\overline{R}$ 입력이 모두 액티브-LOW로 동작하기 때문에 그림 7-2와 같이 NAND 게이트의 기능과 등가인 네거티브-OR 게이트로 바꾸어 생각할 수 있다.

그림 7-2 그림 7-1(b)의 NAND 게이트 $\overline{S}$-$\overline{R}$ 래치와 등가인 네거티브-OR 래치

그림 7-2의 래치는 2개의 입력과 2개의 출력을 가지고 있다. 두 입력과 출력 Q가 모두 HIGH인 정상 래치 상태라 가정하자. 출력 Q는 게이트 G_2의 입력에 연결되어 있고 입력 $\overline{R}$는 HIGH이기 때문에 G_2의 출력은 LOW가 된다. 이 LOW 출력은 다시 G_1 게이트로 입력되므로 G_1의 출력 Q는 HIGH이다.

래치는 SET 또는 RESET의 두 가지 상태를 갖는다.

래치의 출력 Q가 HIGH일 때를 **세트**(SET) 상태라고 한다. 이 상태는 입력 $\overline{R}$에 LOW가 입력될 때까지 계속 유지된다. $\overline{R}$가 LOW이고 $\overline{S}$가 HIGH이면 게이트 G_2의 출력 $\overline{Q}$는 HIGH가 된다. 이 출력은 G_1 게이트로 입력되고 또 다른 입력 $\overline{S}$가 HIGH이므로 G_1의 출력은 LOW가 된다. 그리고 다시 이 출력은 G_2로 입력되므로 $\overline{R}$의 입력 레벨 LOW가 제거되더라도 출력 $\overline{Q}$는 HIGH로

유지된다. 래치의 출력 Q가 LOW일 때를 **리셋**(RESET) 상태라고 하며, 이 상태는 입력 $\overline{S}$에 LOW가 입력될 때까지 계속 유지된다. 래치가 정상동작할 때 두 출력은 서로 반대의 상태, 즉 보수를 갖는다.

Q가 HIGH이면 $\overline{Q}$는 LOW이고 Q가 LOW면 $\overline{Q}$는 HIGH이다.

액티브-LOW 입력을 갖는 $\overline{\text{S}}$-$\overline{\text{R}}$ 래치에서 $\overline{S}$와 $\overline{R}$가 동시에 LOW일 때는 유효하지 않은 조건(무효 조건)이다. 이런 입력조건에서는 Q와 $\overline{Q}$의 출력은 모두 HIGH 상태가 되기 때문에 래치의 두 출력은 항상 서로 보수라는 기본적인 조건에 모순이 발생한다. 이때 LOW인 입력 레벨을 동시에 제거하면 두 출력은 모두 LOW 상태가 되지만, 게이트마다 전파지연시간이 약간씩 다를 수 있으므로 게이트 중 하나가 먼저 LOW로 변하더라도 게이트의 전파지연시간이 긴 게이트의 출력은 HIGH가 된다. 이러한 상황에서는 래치의 다음 상태를 신뢰할 수 없게 된다.

세트는 출력 Q가 HIGH임을 의미한다.

그림 7-3은 입력이 액티브-LOW로 동작하는 $\overline{\text{S}}$-$\overline{\text{R}}$ 래치에서 네 가지 입력조합에 대한 동작을 각각 보여준다(처음 세 가지는 유효한 입력조합이지만 마지막은 무효 조건이다). 표 7-1은 진

리셋은 출력 Q가 LOW임을 의미한다.

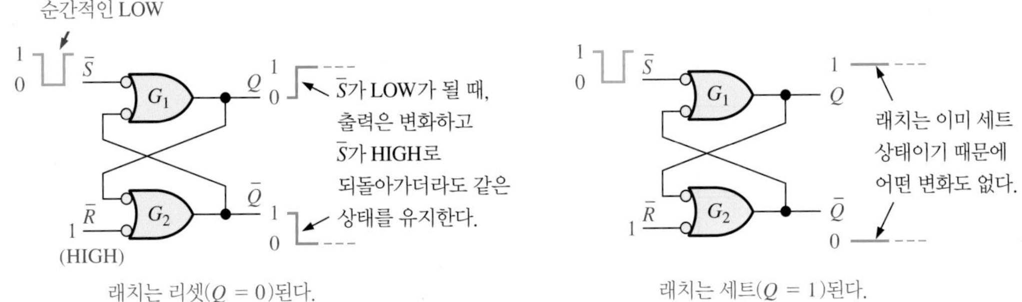

(a) 세트 동작에 대한 두 가지 상태

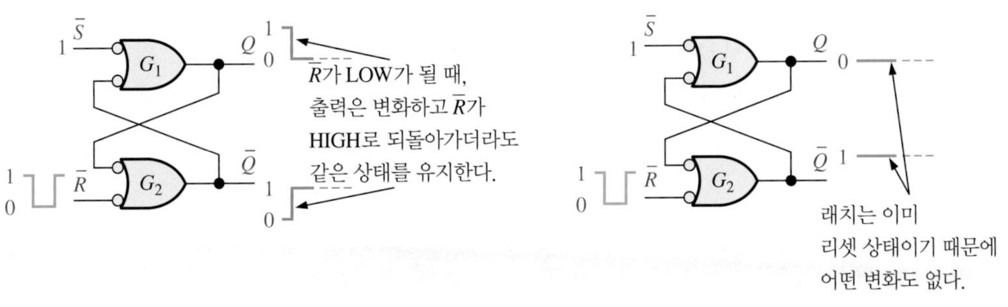

(b) 리셋 동작에 대한 두 가지 상태

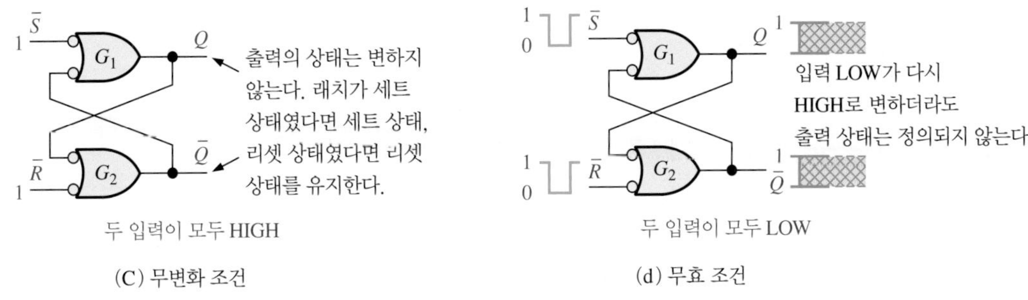

(C) 무변화 조건

(d) 무효 조건

그림 7-3 기본적인 $\overline{\text{S}}$-$\overline{\text{R}}$ 래치 동작의 세 가지 형태(세트, 리셋, 무변화)와 무효 조건

리표 형태로 논리 동작을 요약하여 나타낸 것이다. 그림 7-1(a)의 액티브-HIGH 입력을 갖는 NOR 게이트 래치의 동작은 앞서 설명한 NAND 게이트를 이용하는 S-R 플립플롭과 반대의 논리 레벨을 사용한다는 점을 제외하고 유사한 동작을 한다.

표 7-1

액티브-LOW 입력 $\overline{S}$-$\overline{R}$ 래치의 진리표

입력		출력		비고
$\overline{S}$	$\overline{R}$	Q	$\overline{Q}$	
1	1	NC	NC	무변화 래치는 현재 상태를 유지한다.
0	1	1	0	래치 세트
1	0	0	1	래치 리셋
0	0	1	1	무효 조건

액티브-HIGH 입력을 갖는 래치와 액티브-LOW 입력을 갖는 래치의 논리기호를 그림 7-4에 나타내었다.

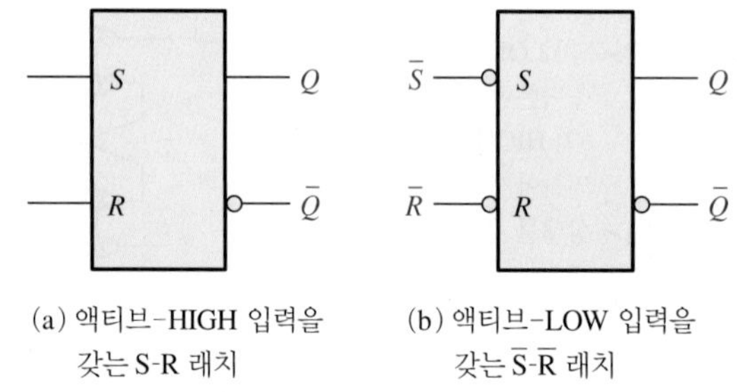

(a) 액티브-HIGH 입력을 갖는 S-R 래치 (b) 액티브-LOW 입력을 갖는 $\overline{S}$-$\overline{R}$ 래치

그림 7-4 S-R 및 $\overline{S}$-$\overline{R}$ 래치의 논리기호

예제 7-1은 액티브-LOW 입력을 갖는 $\overline{S}$-$\overline{R}$ 래치의 동작을 설명한 것이다. 펄스 형태의 입력이 각각의 입력에 LOW 레벨로 입력될 때 출력 Q의 파형을 조사한다. $\overline{S} = 0$, $\overline{R} = 0$인 입력 조건은 무효 상태이므로 이러한 입력을 제외해야 하기 때문에 SET-RESET 래치가 갖고 있는 커다란 결점이 된다.

예제 7-1

그림 7-5(a)의 $\overline{S}$와 $\overline{R}$의 파형이 그림 7-4(b)에 입력될 때, 출력 Q에서 관측할 수 있는 파형을 그리라. Q의 초기 상태는 LOW로 가정한다.

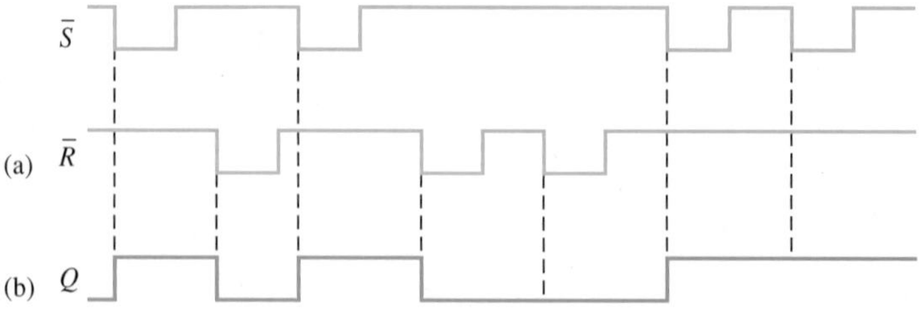

그림 7-5

풀이
그림 7-5(b)를 참조하라.

관련 문제*
그림 7-5(a)의 파형을 액티브-HIGH 입력을 갖는 S-R 래치에 입력하였을 때, 출력 Q의 파형을 그리라.

* 정답은 이 장의 끝에 있다.

응용

스위치 접점 바운스 제거기

$\overline{S}$-$\overline{R}$ 래치를 응용하는 대표적인 사례는 기계적인 스위치를 개폐할 때 발생하는 '바운스(bounce)'를 제거하는 것이다. 스위치를 동작시킬 때 스위치의 한쪽 전극이 다른 쪽의 접점과 접촉하는 순간, 스위치가 안정적으로 접촉되기 전까지 접점의 진동으로 인해 여러 번의 바운스가 발생한다. 비록 이와 같은 바운스는 짧은 시간 동안 발생하지만, 디지털 시스템의 정상적인 동작에 장애를 일으키는 스파이크형 전압이 발생하게 된다. 이 같은 현상을 그림 7-6(a)에 표시하였다.

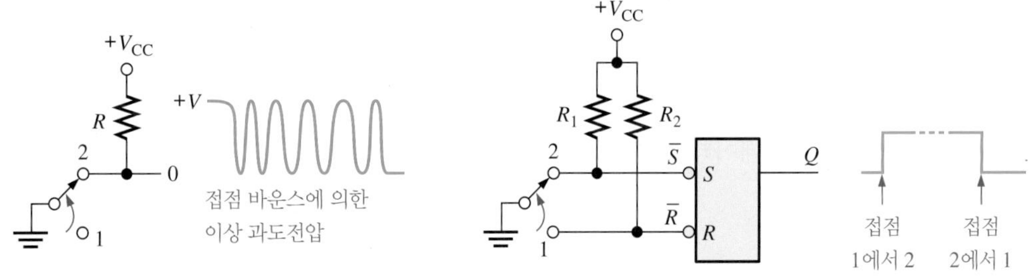

(a) 스위치 접점의 바운스 (b) 스위치 바운스 제거회로

그림 7-6 스위치 접점 바운스 제거에 사용되는 $\overline{S}$-$\overline{R}$ 래치

그림 7-6(b)는 $\overline{S}$-$\overline{R}$ 래치를 이용하여 스위치 접점을 개폐할 때 발생하는 바운스 현상을 제거하는 회로를 보여준다. 스위치는 보통의 경우에는 접점 1에 붙어 있어서 입력 $\overline{R}$가 LOW 상태로 유지되어 래치는 리셋 상태이다. 스위치가 접점 2의 접점으로 옮겨가는 경우, $\overline{R}$는 V_{CC}에 연결된 풀업 저항에 의해 HIGH가 되고 $\overline{S}$는 LOW가 된다. 입력 $\overline{S}$의 입력이 스위치 바운스가 발생하기 전에 매우 짧은 동안이지만 LOW가 된다면 래치는 세트 상태가 될 것이다. 이제 입력 $\overline{S}$에 스위치 바운스에 의한 전압 스파이크가 있더라도 래치는 어떤 영향도 받지 않고 세트 상태를 유지한다. 따라서 래치의 출력 Q는 깨끗하게 LOW에서 HIGH로 바뀌고 스위치 접점에 의한 바운스 현상도 제거된다. 이와 비슷하게 스위치의 접점이 다시 1의 접점으로 가는 경우에도 깨끗하게 HIGH에서 LOW로 바뀐다.

구현 : $\overline{S}$-$\overline{R}$ 래치

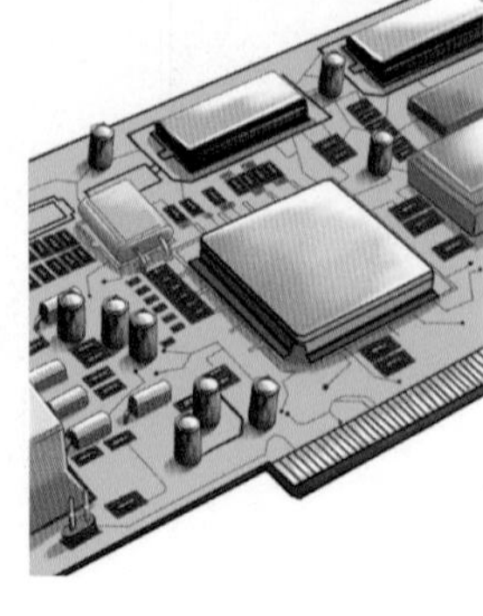

고정 기능 소자 74HC279A는 그림 7-7(a)의 논리도와 같이 4조의 $\overline{S}$-$\overline{R}$ 래치로 구성되어 있으며 핀 배열은 그림 7-7(b)와 같다. 4개 중에 2개의 래치는 각각 2개의 $\overline{S}$ 입력을 가지고 있다.

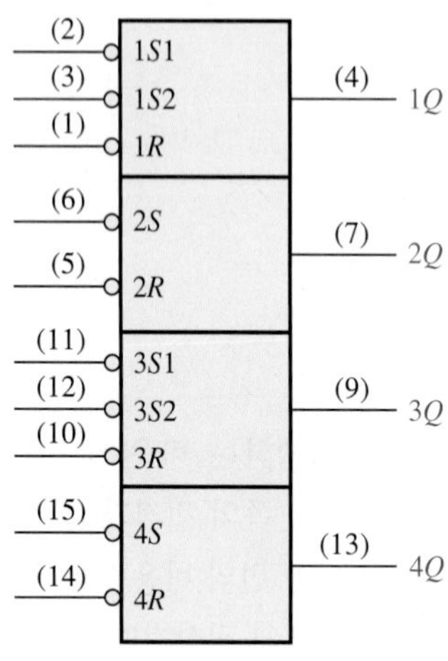

(a) 논리도

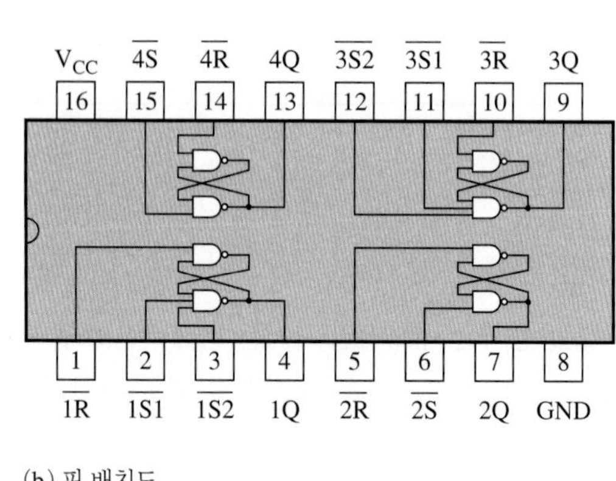

(b) 핀 배치도

그림 7-7 74HC279A 4조의 $\overline{S}$-$\overline{R}$ 래치

프로그램 가능한 논리 소자(PLD) $\overline{S}$-$\overline{R}$ 래치는 프로그램할 수 있는 하드웨어인 VHDL을 사용하여 표현할 수 있다. 이 앞 장에서 사용하지 않았던 VHDL의 소스를 이 장에서 소개한다. 하나의 $\overline{S}$-$\overline{R}$ 래치에서의 데이터 흐름을 프로그램으로 나타낸다(파란 글자의 주석은 프로그램이 아니다).

```
entity SRLatch is
   port (SNot, RNot: in std_logic; Q, Qnot: inout std_logic);
end entity SRLatch;

architecture LogicOperation of SRLatch is
begin
   Q<=QNot nand SNot;
   QNot<=Q nand RNot;
end architecture LogicOperation;
```

SNot : SET 보수
RNot : RESET 보수
Q : 래치 출력
QNot : 래치 출력 보수

(Q<=QNot nand SNot; QNot<=Q nand RNot;) 불 식은 출력을 정의한다.

2개의 입력 SNot과 RNot은 IEEE 라이브러리로부터 **std_logic**으로 정의되고 **inout**은 래치의 Q, QNot 출력을 허락한다.

게이트된 S-R 래치

게이트된 래치는 인에이블 입력 *EN*(*G*라고 표시하는 경우도 많다) 핀을 가지고 있다. 게이트된 S-R 래치의 논리도와 논리기호는 그림 7-8과 같다. *S*와 *R* 입력은 *EN*이 HIGH일 때 래치의 상태를 제어한다. 래치는 *S*와 *R* 입력이 변화되더라도 *EN*이 HIGH가 아니면 상태 변화가 일어나지 않는다. 즉 *EN*이 HIGH일 때만 입력 *S*와 *R*에 따라 래치의 출력이 제어된다. 이 회로에서 *S*와 *R*이 동시에 HIGH가 되고 *EN*도 HIGH가 되는 경우에는 무효 상태가 된다.

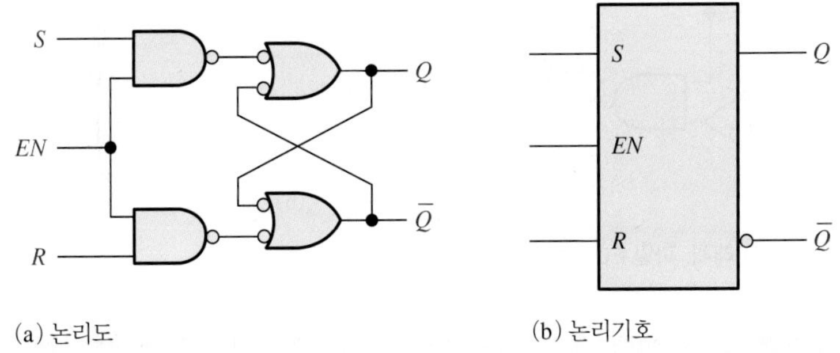

그림 7-8 게이트된 S-R 래치

예제 7-2

초기 상태가 리셋으로 게이트된 S-R 래치에서 그림 7-9(a)의 파형이 가해지는 경우, 출력 *Q*의 파형을 그리라.

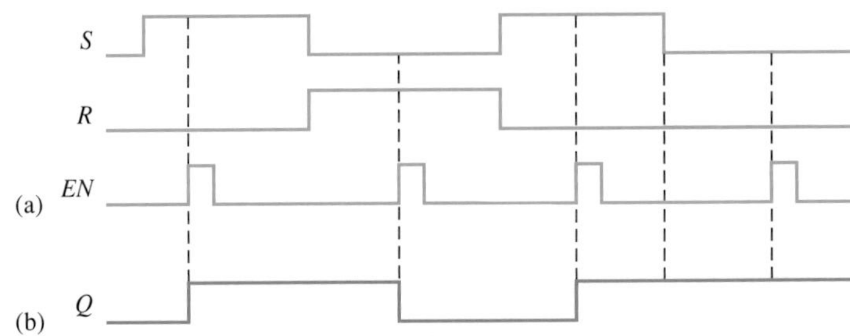

그림 7-9

풀이

*Q*의 파형은 그림 7-9(b)와 같다. *S*가 HIGH이고 *R*이 LOW인 경우 *EN* 입력이 HIGH가 되면 래치는 세트된다. *S*가 LOW이고 *R*이 HIGH인 경우 *EN* 입력이 HIGH가 되면 래치는 리셋된다. *S*와 *R* 모두 LOW 상태가 되는 경우에는 출력 *Q*는 현 상태를 유지한다.

관련 문제

그림 7-9(a)에서 *S*와 *R*이 각각 반전되어 입력될 경우, 게이트된 S-R 래치의 출력 *Q*를 그리라.

게이트된 D 래치

S-R 래치와는 달리 D 래치는 오직 하나의 입력과 *EN* 입력만을 가지고 있다. 이 입력을 *D*(data) 입력이라 한다. 그림 7-10은 논리도와 논리기호를 나타낸다. *D*가 HIGH이고 *EN*이 HIGH이면 래치는 세트되고 *D* 입력이 LOW이고 *EN*이 HIGH인 경우에 래치는 리셋된다. 다시 말해서 *EN*이 HIGH일 때 입력 *D*의 상태가 바로 출력 *Q*가 된다.

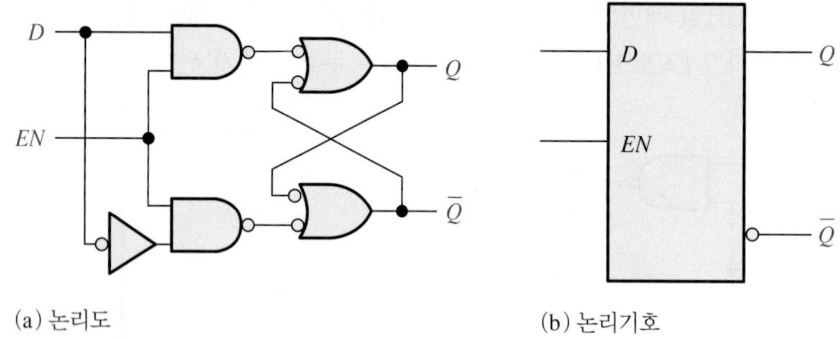

(a) 논리도 (b) 논리기호

MultiSim 그림 7-10 게이트된 D 래치. 파일 F07-10을 사용하여 동작을 검증하라.

예제 7-3

초기 상태가 리셋으로 게이트된 D 래치에 그림 7-11(a)와 같은 입력이 가해질 때 출력 Q의 파형을 그리라.

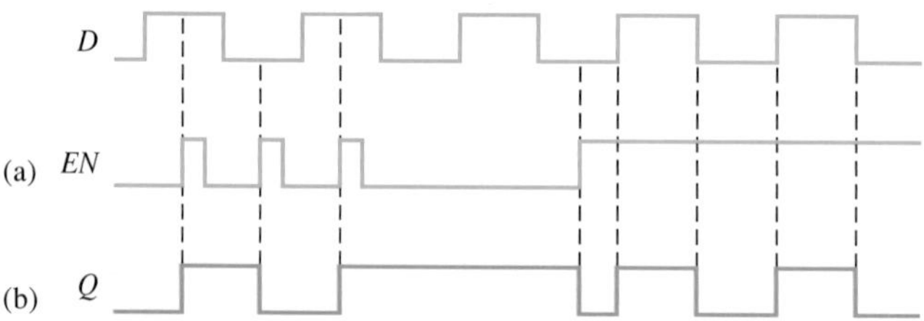

그림 7-11

풀이

Q의 파형은 그림 7-11(b)와 같다. D가 HIGH이고 EN이 HIGH인 경우, Q는 HIGH가 된다. D가 LOW이고 EN이 HIGH이면 Q는 LOW가 된다. EN이 LOW인 경우에는 래치의 상태가 D 입력에 의해 영향을 받지 않는다.

관련 문제

그림 7-11(a)가 반전되었을 경우 게이트된 D 래치의 출력 Q의 파형을 그리라.

구현 : 게이트된 D래치

고정 기능 소자 74HC75는 게이트된 D 래치 IC 중 하나로, 논리기호는 그림 7-12(a)와 같다. 이 소자는 4개의 래치를 갖고 있으며 2개의 래치가 액티브-HIGH EN 입력을 공유하고 있다. EN 입력은 제어입력(C)으로 표시되어 있다. 그림 7-12(b)는 각 래치에 대한 진리표를 나타낸다. 진리표에 있는 X 표시는 '무정의' 조건을 의미한다. 즉 EN 입력이 LOW일 때 출력은 입력의 영향을 받지 않고 이전 상태를 유지하는 것을 의미한다.

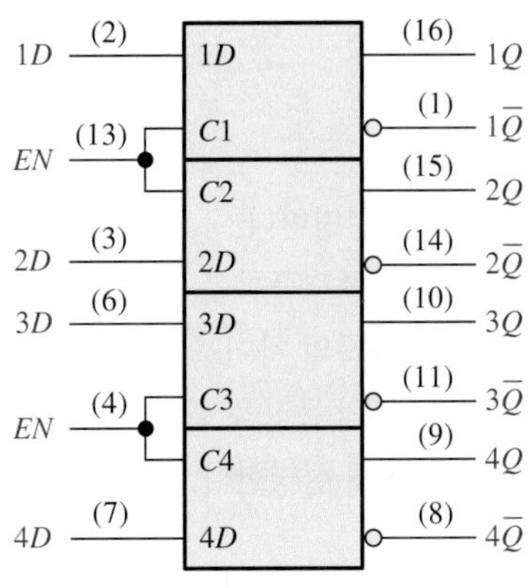

(a) 논리도

입력		출력		비고
D	*EN*	*Q*	$\overline{Q}$	
0	1	0	1	리셋
1	1	1	0	세트
X	0	Q_0	$\overline{Q}_0$	무변화

주의 : Q_0는 표시된 입력 상태가 구성되기 전의 출력 레벨이다.

(b) 진리표(각 래치)

그림 7-12 74HC75 4조 D 래치

프로그램 가능한 논리 소자(PLD) 게이트된 D 래치는 프로그램할 수 있는 하드웨어인 VHDL을 사용하여 표현할 수 있다. 다음은 하나의 D 래치를 표현하기 위한 프로그램이다.

```
library ieee;
use ieee.std_logic_1164.all;

entity DLatch is
   port (D, EN: in std_logic; Q, QNot: inout std_logic);
end entity DLatch1;
architecture LogicOperation of DLatch1 is
begin
   Q<=QNot nand (D nand EN);
   QNot<=Q nand (Not D nand EN;
End architecture LogicOperation;
```

D : 데이터 입력
EN : 인에이블
Q : 래치 출력
QNot : 래치 출력 보수

불 식은 출력을 정의한다.

복습문제 7-1

정답은 이 장의 끝에 있다.

1. 세 가지 형태의 래치 종류를 나열하라.
2. 그림 7-1(a)의 액티브-HIGH 입력을 갖는 S-R 래치에 대한 진리표를 작성하라.
3. $EN = 1$이고 $D = 1$일 때 D 래치의 출력 Q는 무엇인가?

7-2 플립플롭

플립플롭은 동기식 쌍안정 소자로서 쌍안정 멀티바이브레이터(bistable multivibrator)라고도 한다. 이 경우, 동기식(synchronous)이라는 의미는 출력 상태가 클록(clock, CLK)이라고 하는 트리거 입력의 특정한 지점에서만 바뀐다는 의미이다. 즉 에지 트리거 플립플롭에서 출력의 변화는 클록에 동기되어 발생한다. 클록을 제어입력 C라고 표시한다.

이 절의 학습내용

- 클록을 정의한다.
- 에지 트리거 플립플롭을 정의한다.
- 플립플롭과 래치의 차이점을 설명한다.
- 논리기호에 의해 에지 트리거 플립플롭을 구별한다.
- 양과 음의 에지 트리거 플립플롭의 차이를 설명한다.
- D와 J-K 에지 트리거 플립플롭의 동작을 설명/비교하고 진리표 상에서의 차이점을 설명한다.
- 플립플롭의 비동기 입력에 대해 설명한다.

동적 입력표시기(▷)는 클록 펄스의 에지에서만 플립플롭의 상태가 변화한다는 것을 의미한다.

에지 트리거 플립플롭(edge-triggered flip-flop)은 클록 펄스의 양의 에지(상승 에지) 또는 음의 에지(하강 에지)에서 상태가 변화하고 플립플롭의 상태는 클록이 변화할 때 인가된 입력 상태에 따라 결정된다. 이 절에서는 D, J-K 두 가지의 에지 트리거 플립플롭을 다룬다. 그림 7-13에 이와 같은 플립플롭에 대한 논리기호를 나타내었다. 각 플립플롭은 양의 에지 트리거와 음의 에지 트리거 형태로 동작할 수 있다. *C* 입력에 버블이 없는 것은 양의 에지 트리거 플립플롭이고, 버블이 있는 것은 음의 에지 트리거 플립플롭으로 논리기호의 클록 입력(*C*)에 있는 작은 삼각형의 유무로 구별된다. 이 삼각형을 **동적 입력표시**(dynamic input indicator)라고 한다.

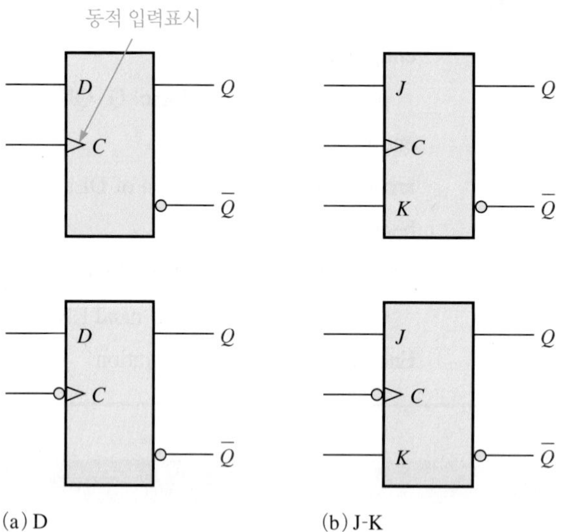

그림 7-13 에지 트리거 플립플롭의 논리기호(위는 양의 에지, 아래는 음의 에지 플립플롭이다)

D 플립플롭

D 플립플롭에서 *D*는 변수이다.

D 플립플롭(D flip-flop)의 *D* 입력은 클록 펄스의 트리거 에지에서만 입력이 출력으로 전달되므로 **동기**(synchronous) 입력이라고 한다. *D*가 HIGH인 경우, 출력 *Q*는 클록 펄스의 트리거 에지에서 HIGH 상태가 되고 플립플롭은 세트된다. *D*가 LOW인 경우, 출력 *Q*는 클록 펄스의 트리거 에지에서 LOW 상태가 되고 플립플롭은 리셋된다.

그림 7-14는 양의 에지 트리거 플립플롭의 기본 동작, 표 7-2는 플립플롭에 대한 진리표를 보여주고 있다. **플립플롭의 출력 형태는 클록 펄스의 트리거 에지가 발생하지 않으면 변화시킬 수 없음**을 기억해야 한다. 플립플롭의 *D* 입력은 클록 입력이 LOW 또는 HIGH일 때 출력의 영향 없이 언제든지 변경이 가능하다. *Q*는 클록의 트리거 에지에서 *D*를 출력한다. 음의 에지 트리거 *D* 플

립플롭에 대한 진리표는 클록이 하강하는 지점을 트리거 에지로 사용하는 것을 제외하면 양의 에지 트리거 소자와 같다.

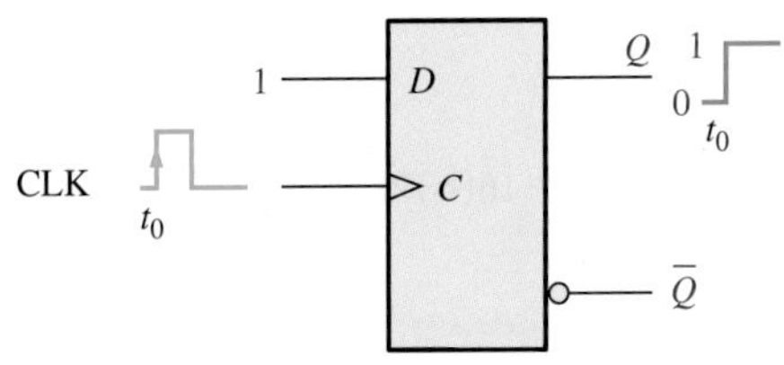

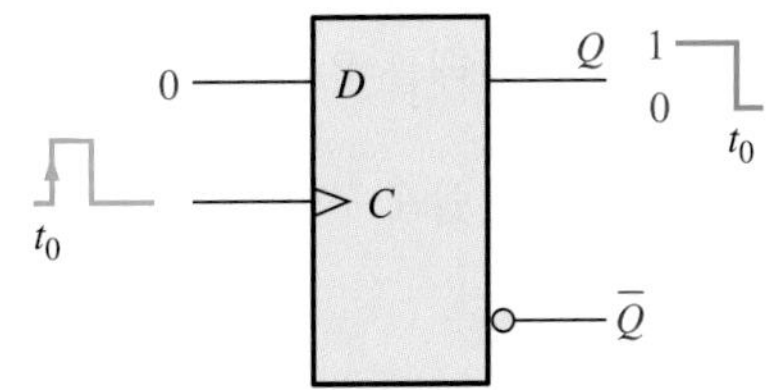

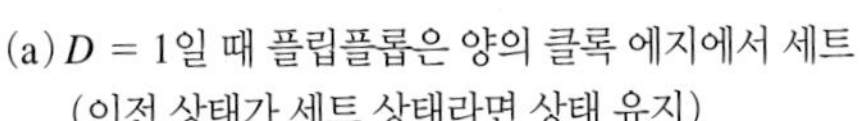
(a) D = 1일 때 플립플롭은 양의 클록 에지에서 세트 (이전 상태가 세트 상태라면 상태 유지)

(b) D = 0일 때 플립플롭은 양의 클록 에지에서 리셋 (이전 상태가 리셋 상태라면 상태 유지)

그림 7-14 양의 에지 트리거 D 플립플롭의 동작

표 7-2

양의 에지 트리거 D 플립플롭의 진리표

입력		출력		비고
D	CLK	Q	$\overline{Q}$	
0	↑	0	1	리셋
1	↑	1	0	세트

↑ =LOW에서 HIGH로 클록 신호의 변화

정보노트

컴퓨터에서 사용하는 반도체 메모리는 다수의 메모리 셀로 구성되어 있다. 각각의 저장 셀은 1이나 0의 값을 가지고 있다. 메모리는 SRAM과 DRAM으로 구분되고 SRAM은 Static Random Access Memory의 약자로서 데이터를 저장하기 위해 플립플롭을 사용한다. 플립플롭은 두 가지의 상태를 표시할 수 있고 전원이 공급되는 동안에는 데이터를 유지할 수 있기 때문에 '정적' 메모리, 즉 SRAM이라고 한다. 그러나 전원이 꺼지면 저장된 데이터는 소멸되기 때문에 '휘발성 메모리(volatile memory)'라고 한다. 반면에 DRAM은 플립플롭과는 달리 데이터를 저장하기 위해 커패시터를 사용한다. 따라서 저장된 데이터를 유지하기 위해서는 주기적으로 재충전해주어야 한다.

음의 에지 트리거된 D 플립플롭이 클록펄스의 하강에지에서 트리거링되는 것을 제외하면 양의 에지트리거된 D 플립플롭과 동작과 진리표가 같다.

예제 7-4

그림 7-15의 플립플롭에 그림 7-16(a)와 같은 D, CLK 입력이 입력될 때 플립플롭의 출력 Q, $\overline{Q}$의 파형을 구하라. 단, 양의 에지 트리거 플립플롭의 초기 상태는 리셋으로 가정한다.

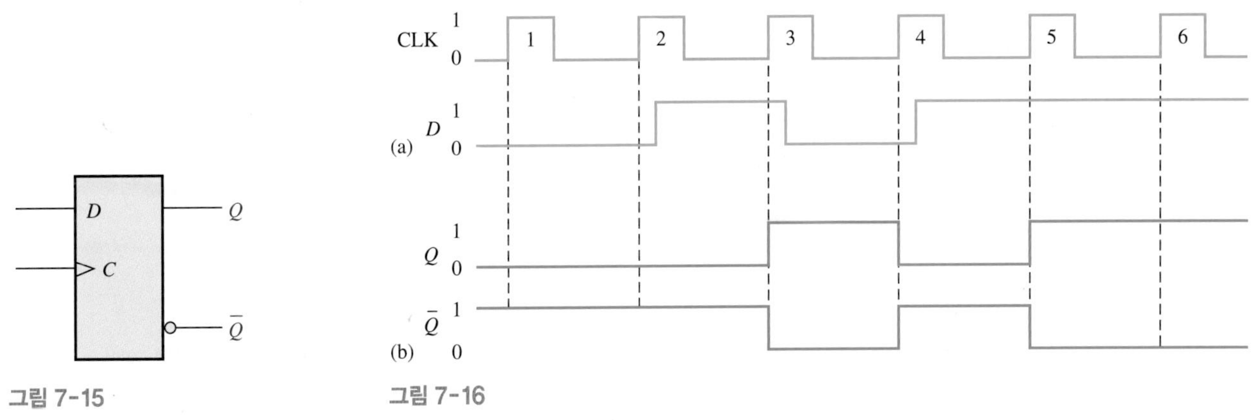

그림 7-15

그림 7-16

풀이

1. 클록 펄스 1에서 D는 LOW이고 Q는 LOW 상태를 유지한다(RESET).
2. 클록 펄스 2에서 D가 LOW이고 Q는 LOW 상태를 유지한다(RESET).

3. 클록 펄스 3에서 D가 HIGH이고 Q는 HIGH 상태가 된다(SET).
4. 클록 펄스 4에서 D가 LOW이고 Q는 LOW 상태가 된다(RESET).
5. 클록 펄스 5에서 D가 HIGH이고 Q는 HIGH 상태가 된다(SET).
6. 클록 펄스 6에서 D가 HIGH이고 Q는 HIGH 상태를 유지한다(SET).

일단 Q가 결정되면 $\overline{Q}$는 항상 Q의 보수이기 때문에 쉽게 구할 수 있다. Q와 $\overline{Q}$의 출력파형은 7-16(b)와 같다.

관련 문제

플립플롭이 음의 에지 트리거 소자인 경우, 그림 7-16(a)의 D 입력에 대한 Q와 $\overline{Q}$의 파형을 구하라.

J-K 플립플롭

J-K 플립플롭(J-K flip-flop)의 J와 K 입력은 클록 펄스의 트리거 에지에서만 입력이 출력으로 전달되므로 동기 입력이라고 한다. J가 HIGH이고 K가 LOW인 경우, 출력 Q는 클록 펄스의 트리거 에지에서 HIGH 상태가 되고 플립플롭은 세트된다. J가 LOW이고 K가 HIGH인 경우, 출력 Q는 클록 펄스의 트리거 에지에서 LOW 상태가 되고 플립플롭은 리셋된다. J와 K가 동시에 LOW이면 이전의 상태를 유지하고, J와 K가 동시에 HIGH이면 상태는 변한다. 이것을 **토글**(toggle) 모드라고 한다.

그림 7-17에 양의 에지 트리거 플립플롭의 기본 동작을, 표 7-3은 플립플롭에 대한 진리표를 보여주고 있다. **플립플롭의 출력 형태는 클록 펄스의 트리거 에지가 발생하지 않으면 변화시킬 수 없음**을 기억해야 한다. J, K 입력은 클록 입력이 LOW 또는 HIGH일 때 출력에 영향 없이 언제든지 바뀔 수 있다.

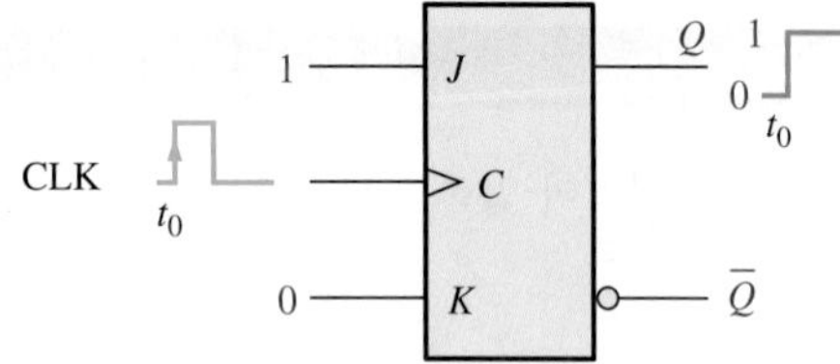

(a) $J = 1$, $K = 0$일 때 플립플롭은 양의 클록 에지에서 세트(이전 상태가 세트 상태라면 상태 유지)

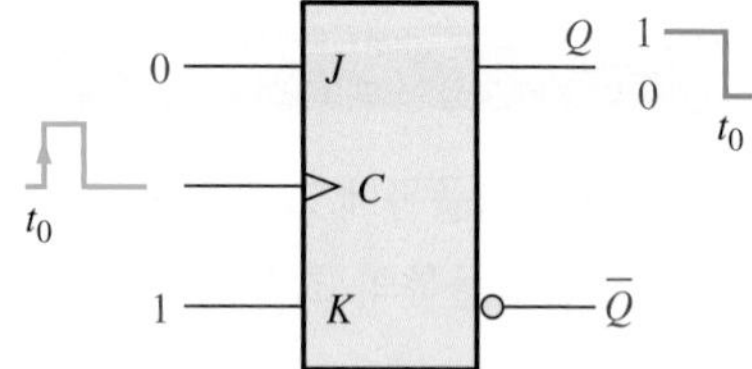

(b) $J = 0$, $K = 1$일 때 플립플롭은 양의 클록 에지에서 리셋(이전 상태가 리셋 상태라면 상태 유지)

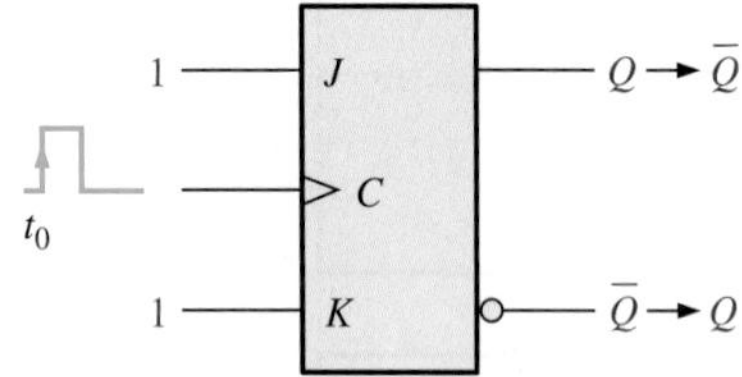

(c) $J = 1$, $K = 1$일 때 플립플롭의 상태가 바뀜(토글)

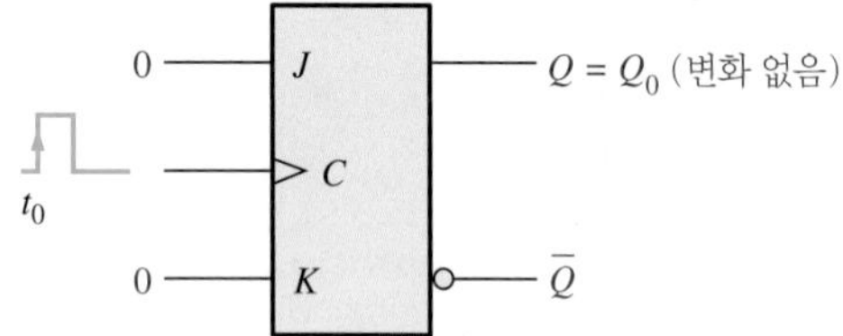

(d) $J = 0$, $K = 0$일 때 플립플롭의 변화는 없음(이전 상태 유지)

그림 7-17 양의 에지 트리거 J-K 플립플롭의 동작

표 7-3

양의 에지 트리거 J-K 플립플롭의 진리표

입력			출력		비고
J	K	CLK	Q	$\overline{Q}$	
0	0	↑	Q_0	$\overline{Q}_0$	무변화
0	1	↑	0	1	리셋
1	0	↑	1	0	세트
1	1	↑	$\overline{Q}_0$	Q_0	토글

↑ = LOW에서 HIGH로 클록 신호의 변화

Q_0 = 클록 신호의 변화 이전의 출력

예제 7-5

그림 7-18(a)에서와 같이 J, K, CLK 입력이 입력될 때, 플립플롭의 출력 Q의 파형을 구하라. 단, 플립플롭의 초기 상태는 리셋으로 가정한다.

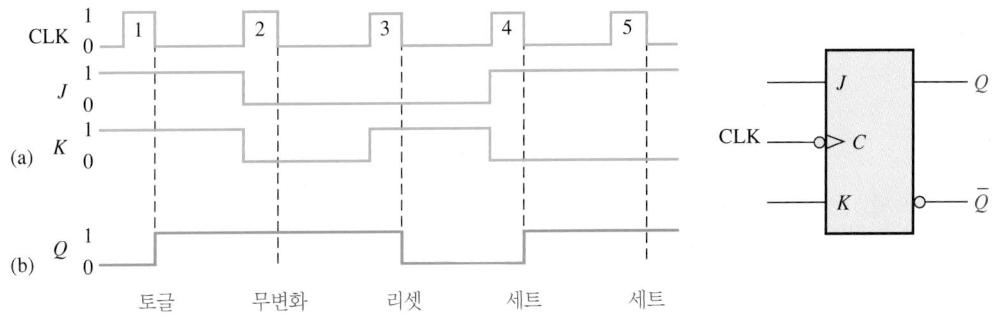

그림 7-18

풀이

음의 에지 트리거 플립플롭이기 때문에 출력 Q는 클록 펄스의 음의 에지에서만 변한다.

1. 클록 펄스 1에서 J, K는 HIGH이므로 Q는 HIGH 상태가 된다.
2. 클록 펄스 2에서 Q는 HIGH로서 상태를 유지한다.
3. 클록 펄스 3에서 J가 LOW이고 K가 HIGH일 때 Q는 LOW 상태가 된다(RESET).
4. 클록 펄스 4에서 J가 HIGH이고 K는 LOW일 때 Q는 HIGH 상태가 된다(SET).
5. 클록 펄스 5에서 Q는 HIGH 상태이고 SET 상태를 유지한다.

Q의 출력파형은 7-18(b)와 같다.

관련 문제

J와 K 입력이 그림 7-18(a)와 반전되었을 때 J-K 플립플롭 Q의 파형을 구하라.

에지 트리거 동작

D 플립플롭

그림 7-19(a)는 에지 트리거 D 플립플롭을 간단하게 구성한 것으로 이 그림을 이용하여 에지 트리거의 개념을 설명한다. 기본적인 D 플립플롭은 펄스 변화 검출기를 갖고 있으나 게이트된

D 래치는 갖고 있지 않다는 것에 주의하자.

그림 7-19(b)는 기본적인 펄스 변화 검출기를 나타낸다. 그림에서 볼 수 있는 것과 같이 인버터에 의해 반전된 클록은 인버터의 지연시간으로 인해 원래의 클록 신호보다 수 ns 짧은 펄스 폭을 갖는 출력 스파이크가 만들어진다. 음의 에지 트리거 플립플롭의 경우에는 클록을 먼저 반전시키면 음의 에지에서 짧은 펄스 폭을 갖는 스파이크가 만들어진다.

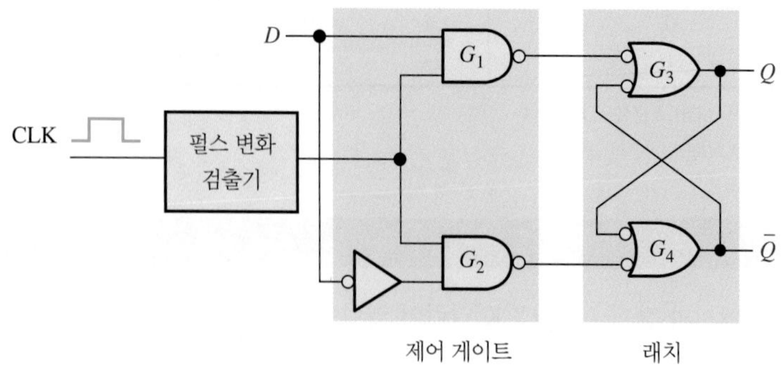

(a) 양의 에지 트리거 D 플립플롭의 간략화된 논리도

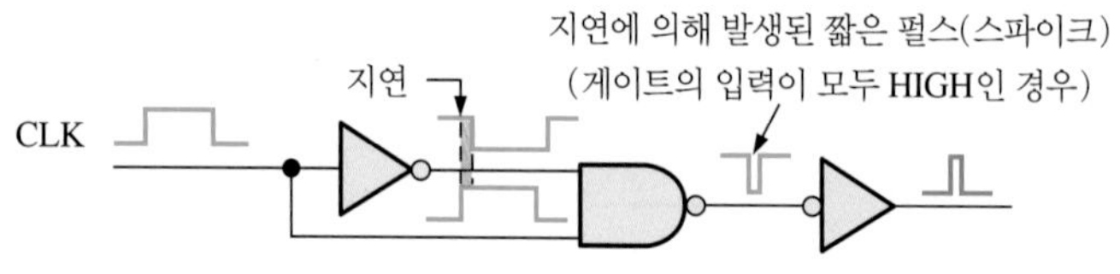

(b) 펄스 변화 검출기의 형태

그림 7-19 에지 트리거링

> **정보노트**
> 하드웨어로 구현되는 모든 논리동작은 소프트웨어로 구현될 수 있다. 예를 들어 J-K 플립플롭의 동작은 특정한 컴퓨터 명령어로 수행될 수 있다. 만일 2개의 비트가 *J*와 *K* 입력으로 사용된다면 00일 경우에는 그 상태를 유지하고, 10일 경우에는 출력 *Q*가 세트(1)되도록 하며, 01에서는 *Q*가 클리어(0) 되도록 한다. 그리고 11에서는 보수를 취해 *Q*로 출력하게 한다. 비록 컴퓨터를 이용해서 플립플롭을 시뮬레이션하는 것은 특별한 경우지만 중요한 것은 모든 하드웨어의 동작을 소프트웨어로 시뮬레이션 할 수 있다는 것이다.

D 플립플롭의 출력 *Q*는 클록의 트리거 에지에서 *D* 입력의 상태로 한다.

그림 7-19(a)의 회로는 제어 게이트(steering gate)와 래치의 두 부분으로 구분된다. 제어 게이트는 클록 스파이크에 의해 입력 D의 상태를 게이트 G_3 또는 G_4에 전달하는 것을 제어한다. 이제 이 플립플롭의 동작에 대해 살펴보자. 플립플롭의 리셋 상태($Q=0$)에 있고 D 및 CLK 입력이 모두 LOW라고 가정하자. 이 상태에서는 게이트 G_1과 G_2의 출력은 모두 HIGH이다. Q 출력 LOW는 게이트 G_4의 입력에 궤환되어 $\overline{Q}$의 출력을 HIGH로 유지시킨다. $\overline{Q}$는 HIGH이고 G_1 게이트의 출력이 HIGH인 것을 상기하면 G_3 게이트의 두 입력은 모두 HIGH가 되고 출력 Q는 LOW 상태를 유지한다. 만일 이때 클록 입력에 펄스가 공급되더라도 입력 D가 LOW이기 때문에 게이트 G_1과 G_2의 출력은 HIGH 상태를 유지한다. 따라서 플립플롭의 상태는 변화하지 않고 리셋 상태를 유지한다.

이제 입력 D를 HIGH로 하고 클록 펄스를 공급해보자. 게이트 G_1의 D는 HIGH이고 게이트 G_1의 출력은 CLK가 HIGH로 변하는 아주 짧은 시간 동안에만 LOW로 되기 때문에 출력 Q는 HIGH가 된다. 게이트 G_4에 대한 양쪽 입력 모두는 현재 HIGH(D가 HIGH이므로 게이트 G_2 출력은 HIGH임을 기억하자)이므로 출력 $\overline{Q}$는 LOW가 된다. 이 출력 $\overline{Q}$의 LOW가 다시 G_3의 한쪽 입력으로 연결되어 있어 출력 Q는 HIGH로 유지된다. 이제 플립플롭은 세트된다. 그림 7-20은 이러한 조건하에서의 플립플롭에 일어나는 논리 레벨의 변화를 설명하고 있다.

이제 입력 D를 LOW로 하고 클록 펄스를 공급해보자. 클록 펄스의 양의 에지에서는 게이트 G_2의 출력에 음의 스파이크를 만들기 때문에 출력 $\overline{Q}$는 HIGH로 된다. 출력 $\overline{Q}$가 HIGH이므로 게이트 G_3의 두 입력 모두는 HIGH(입력 D가 LOW이므로 게이트 G_1의 출력은 HIGH임을 기억하자)가 되어 출력 Q는 LOW가 된다. 이 출력 Q의 LOW는 다시 G_4의 한쪽 입력으로 연결되어 있어 출력 $\overline{Q}$는 HIGH를 유지한다. 따라서 플립플롭은 리셋된다. 그림 7-21은 이러한 조건하에서의 플립플롭에 일어나는 논리 레벨의 변화를 설명하고 있다.

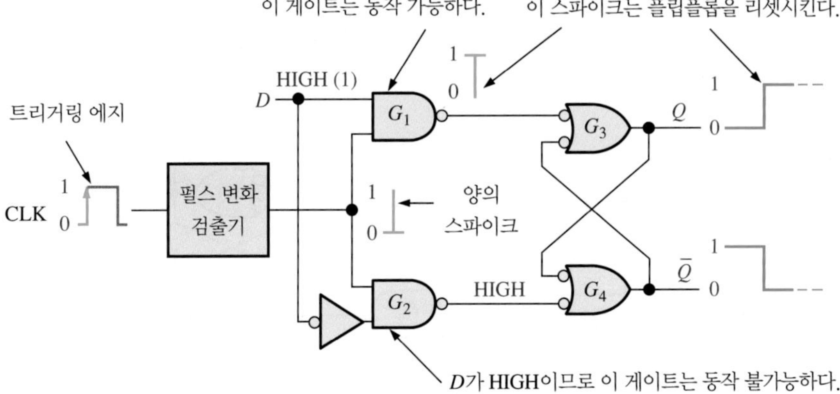

그림 7-20 플립플롭이 클록 펄스의 상승 에지에서 리셋 상태로부터 세트 상태로 변화하는 과정

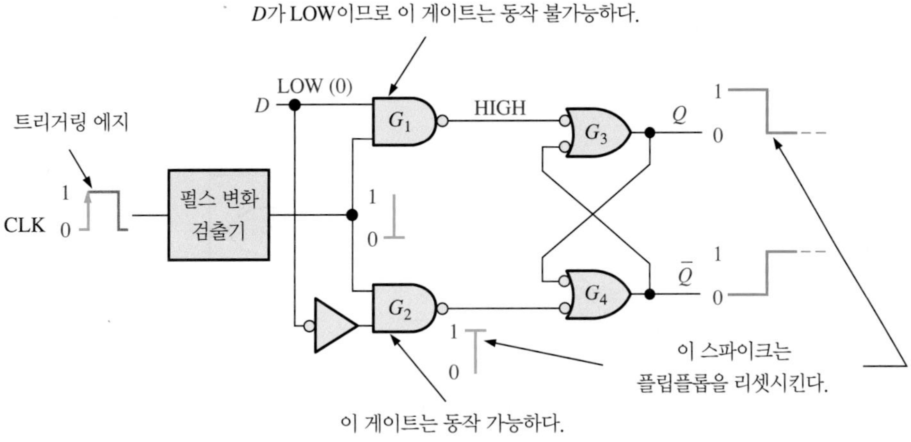

그림 7-21 플립플롭이 클록 펄스의 상승 에지에서 세트 상태로부터 리셋 상태로 변화하는 과정

예제 7-6

입력 D와 클록이 그림 7-22(a)와 같을 때 출력 Q의 파형을 구하라. 플립플롭은 리셋 상태에서 시작한다고 가정한다.

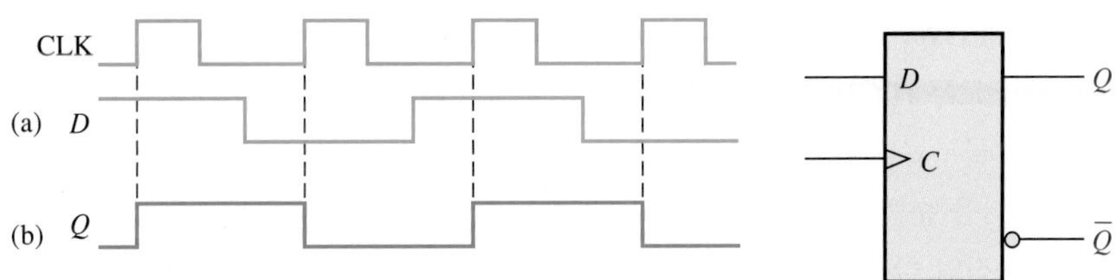

그림 7-22

풀이

출력 Q는 클록의 상승 에지에서 입력 D로 된다. 출력 Q의 파형은 그림 7-22(b)와 같다.

관련 문제

그림 7-22(a)의 파형이 반전되었을 때 D 플립플롭의 출력 Q의 파형을 구하라.

J-K 플립플롭

그림 7-23은 양의 에지 트리거 J-K 플립플롭의 내부 논리도를 나타낸다. 출력 Q가 게이트 G_2에 궤환되어 있고, 출력 $\overline{Q}$가 게이트 G_1에 궤환되어 있다. J-K라는 2개의 제어 입력에 대한 명칭은 집적회로를 처음 발명한 잭 킬비(Jack Kilby)라는 사람에 대한 존경의 표시로 명명되었다. J-K 플립플롭에도 음의 에지 트리거 형이 존재한다.

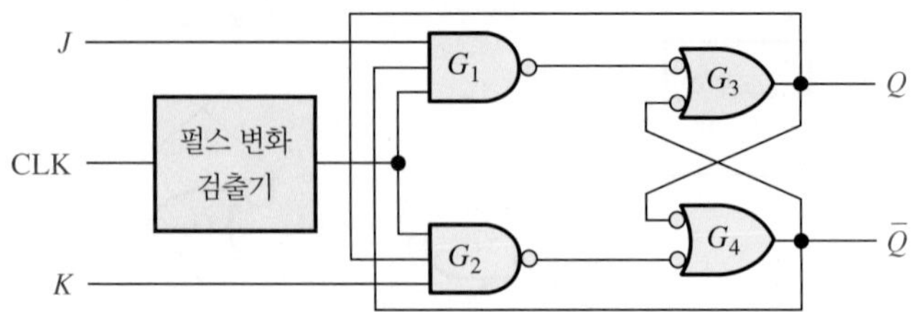

그림 7-23 양의 에지 트리거 J-K 플립플롭의 논리도

그림 7-24의 플립플롭이 리셋 상태에 있고 입력 J는 HIGH, 입력 K는 LOW로 되어 있다고 가정하자. 클록 펄스가 입력되면 ①로 표시된 선두 에지 스파이크는 출력 $\overline{Q}$가 HIGH, J가 HIGH 상태이기 때문에 게이트 G_1을 통과한다. 따라서 플립플롭의 래치 부분은 세트 상태가 되며, 플립플롭은 세트 상태이다.

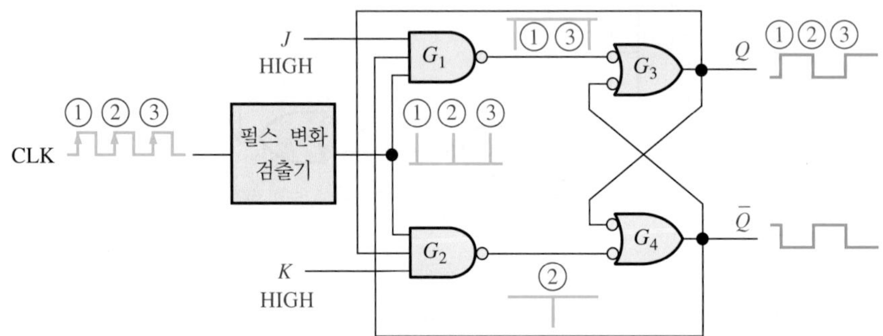

그림 7-24 플립플롭의 동작 과정

토글 모드인 J-K 플립플롭은 매 클록 펄스마다 상태가 바뀐다.

만일 J를 LOW, K를 HIGH로 하면, ②로 표시된 다음 순서의 클록 스파이크는 Q가 HIGH, K가 HIGH이므로 게이트 G_2를 통과한다. 따라서 플립플롭의 래치 부분은 리셋 상태로 바뀐다.

만일 J, K 모두를 LOW 상태로 변경하면 플립플롭은 클록이 발생해도 현재 상태를 유지한다. 즉 J, K 모두가 LOW 상태인 경우에는 현재 상태를 유지한다.

입력 J, K가 모두 HIGH일 때 플립플롭은 리셋되고 $\overline{Q}$가 HIGH이면 게이트 G_1이 활성화되어 ③으로 표시된 클록 스파이크는 게이트 G_2를 통해 전달되어 플립플롭을 세트시킨다. 그리고 Q가 HIGH이므로 다음 순번의 클록 스파이크는 게이트 G_2를 통해서 플립플롭을 리셋시킬 것이다.

따라서 연속적인 클록 스파이크가 발생할 때마다 플립플롭의 상태는 반대로 바뀌게 된다. 이와 같은 동작을 토글(toggle)동작이라고 한다. 그림 7-24는 플립플롭이 토글 모드로 동작하는 과정을 보여주고 있다. 토글 모드로 동작하는 J-K 플립플롭을 T **플립플롭**이라고도 한다.

비동기 프리셋과 클리어 입력

액티브 프리셋 입력은 출력 Q를 HIGH(세트)로 만든다.

지금까지 설명한 플립플롭에서 D, J-K 입력은 이들 입력에 가해지는 입력 펄스의 트리거 에지에서만 플립플롭으로 전달되므로 **동기 입력**이라고 한다. 즉 클록에 동기되어 입력 데이터가 전달된다.

대부분의 집적회로로 구현된 플립플롭에는 **비동기**(asynchronous) 입력단자를 가지고 있으며, 이들 입력들은 **클록과는 독립적으로** 출력 상태에 영향을 준다. 이들 입력은 **프리셋**(preset, PRE)과 **클리어**(clear, CLR)라고 표기되며 상황에 따라 직접세트(direct set, S_D), 직접리셋(direct reset, R_D)이라고 표기하기도 한다. 액티브 레벨의 신호가 프리셋 입력에 가해지면 플립플롭은 세트되고 클리어 입력에 가해지면 플립플롭은 리셋된다. 프리셋과 클리어 단자를 가진 J-K 플립플롭의 논리기호는 그림 7-25와 같다. 이들 입력은 입력단자에 나타난 버블이 의미하는 것과 같이 신호가 LOW일 때(액티브-LOW) 활성화되는 특징을 가지고 있다. 이들 프리셋과 클리어 입력은 플립플롭의 동기식으로 동작할 때에는 HIGH 상태(비활성 상태)가 되어야 하고 정상적인 동작을 하기 위해서는 프리셋과 클리어는 동시에 LOW 상태가 되어서는 안 된다.

액티브 클리어 입력은 출력 Q를 LOW(리셋)로 만든다.

그림 7-26은 액티브-LOW 프리셋 단자($\overline{PRE}$)와 액티브-LOW 클리어 단자($\overline{CLR}$)를 가진 에지 트리거 D 플립플롭의 논리도를 나타낸다. 이 그림을 살펴보면 이러한 입력들이 어떻게 동작하는지 알 수 있다. 또한 이들 입력이 동기입력 D와 클록보다 우선적으로 출력에 영향을 미치도록 서로 연결되어 있음을 알 수 있다.

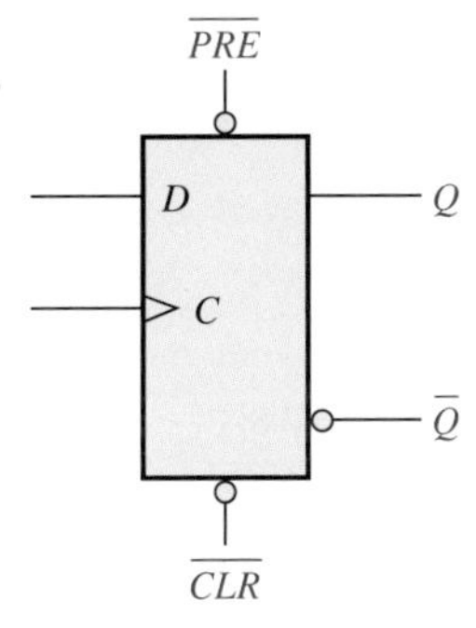

그림 7-25 액티브-LOW 프리셋과 클리어 입력을 갖는 D 플립플롭의 논리기호

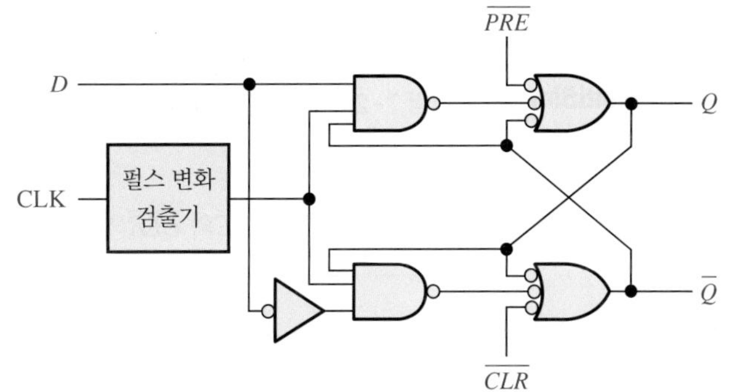

그림 7-26 액티브-LOW 프리셋과 클리어 입력을 갖는 기본적인 D 플립플롭의 논리도

예제 7-7

그림 7-27의 프리셋과 클리어 입력을 가진 양의 에지 트리거 D 플립플롭에 타이밍도와 같은 입력파형이 가해질 때 출력 Q의 파형을 구하라. Q의 초기에 LOW 상태였다고 가정한다.

풀이

1. 클록 1, 2, 3 동안 프리셋($\overline{PRE}$)은 LOW 상태이므로 동기입력 D와는 관계없이 플립플롭은 세트 상태를 유지한다.
2. 클록 4, 5, 6, 7 동안 $\overline{PRE}$과 $\overline{CLR}$은 HIGH 상태이므로 클록 펄스에 따라 출력이 입력 형태를 따른다.
3. 클록 8, 9에서는 $\overline{CLR}$ 입력이 LOW이므로 동기입력에 관계없이 플립플롭은 리셋 상태가 된다.

그림 7-27(b)에 출력 Q를 나타낸다.

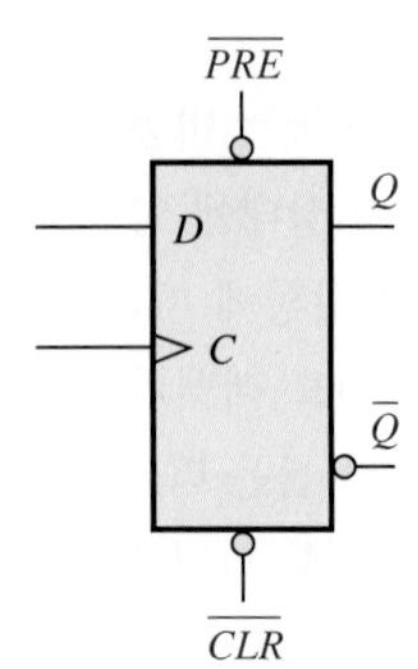

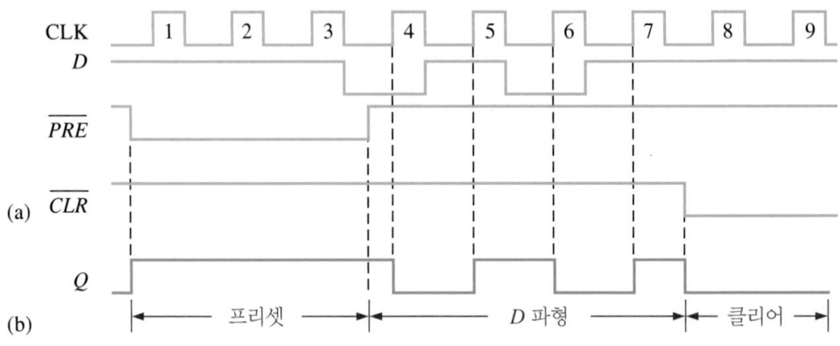

MultiSim

그림 7-27 F07-27 파일을 확인하라.

관련 문제

그림 7-27(a)의 $\overline{PRE}$와 $\overline{CLR}$의 파형을 반전시켰을 때 출력 Q의 파형을 구하라.

이제 CMOS와 TTL 계열에서 IC 형태로 출시되어 있는 에지 트리거 플립플롭 중에서 대표적인 두 가지에 대해 살펴보기로 한다. 또 VHDL을 사용하는 플립플롭에 대해 살펴보자.

구현 : D 플립플롭

고정 기능 소자 2조의 D 플립플롭 74HC74 소자는 V_{CC}와 접지를 제외하고는 서로 독립적으로 사용 가능한 2개의 D 플립플롭을 가지고 있다. 이 플립플롭은 양의 에지 트리거 형태이며 액티브-LOW 비동기 프리셋과 클리어 입력 단자를 가지고 있다. 이 패키지 내의 각 플립플롭에 대한 논리기호는 그림 7-28(a)와 같으며 전체 소자를 대표하는 ANSI/IEEE 기호는 (b)와 같다. 핀 번호는 괄호 안에 표시되어 있다.

프로그램 가능한 논리 소자(PLD) 양의 에지 트리거 D 플립플롭은 프로그램할 수 있는 하드웨어인 VHDL을 사용하여 표현할 수 있다. 이 프로그램은 연속동작을 표현한다. **상승 에지까지 기다리는**(wait until rising_edge) 새 VHDL문을 소개한다. 이것은 원하던 결과를 얻기 위해 *D* 입력의 처리를 클록 펄스의 상승 에지까지 기다리는 프로그램문이다. 여기서 **if then else**문을 소개하며 핵심 처리 과정은 **begin**과 **end**문 사이의 코드 블록이다. 1개의 D 플립플롭 프로그램 코드는 다음과 같다.

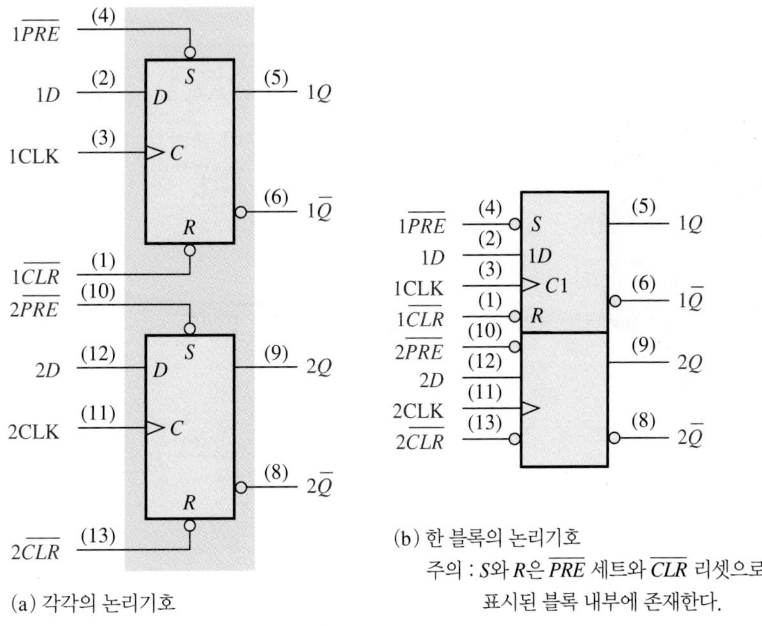

그림 7-28 2조의 양의 에지 트리거 D 플립플롭 74HC74

```
library ieee;
use ieee.std_logic_1164.all;                          D : 플립플롭 입력
                                                      Clock : 시스템 클록
entity dffl is                                        Pre : 프리셋 입력
  port(D, Clock, Pre, Clr: in std_logic; Q: inout std_logic);
end entity dffl;                                      Clr : 클리어 입력
                                                      Q : 플립플롭 출력
architecture LogicOperation of dffl is
begin
process
  begin
    wait until rising_edge(Clock);
      if Clr='1' then            } 프리셋과 클리어 조건을 검사
        if Pre='1' then          }
          if D='1' then
            Q<='1';     Clr과 Pre가 HIGH일 때
          else          Q 출력은 D 입력을 나타낸다.
            Q<='0';
          end if;
        else
          Q<='1';     Pre 입력이 LOW일 때 Q는 HIGH로 세트된다.
        end if;
      else
        Q<='0';     Clr 입력이 LOW일 때 Q는 LOW로 세트된다.
    end if;
  end process;
end architecture LogicOpertion;
```

구현 : J-K 플립플롭

고정 기능 소자 2조의 J-K 플립플롭 74HC112 소자는 음의 에지 트리거 형태인 2개의 동일한 J-K 플립플롭을 가지고 있으며 액티브-LOW 비동기 프리셋과 클리어 입력단자를 가지고 있다. 논리기호는 그림 7-29와 같다.

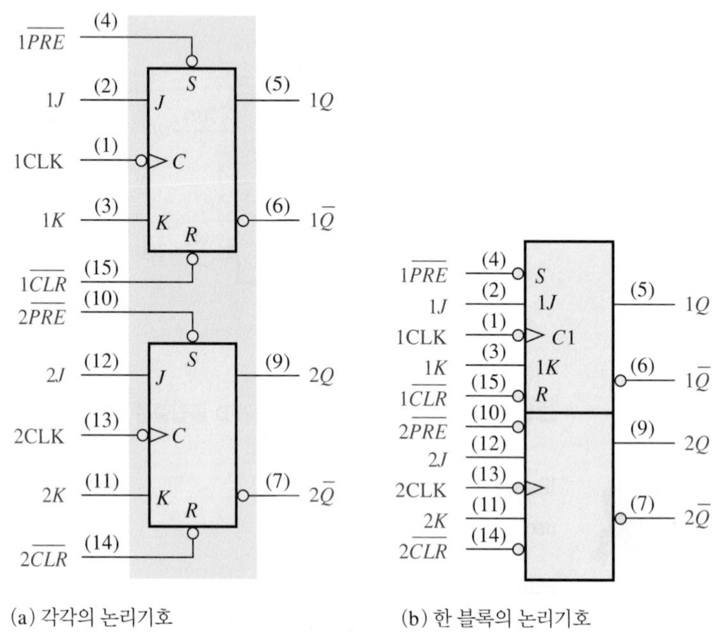

그림 7-29 음의 에지 트리거 2조의 J-K 플립플롭 74HC112

프로그램할 수 있는 논리소자(PLD) 양의 에지 트리거 J-K 플립플롭은 프로그램할 수 있는 하드웨어인 VHDL을 사용하여 표현할 수 있다. 이 프로그램은 연속동작을 표현한다. 새 VHDL문 **if falling edge then**을 소개한다. 이것은 원하던 결과를 얻기 위해 *J*와 *K* 입력의 처리를 클록 펄스의 하강 에지까지 기다리는 프로그램문이다. 다음 프로그램 코드는 프리셋 또는 클리어 입력이 없을 때 1개의 J-K 플립플롭을 표현한다.

```
library ieee;
use ieee.std_logic_1164.all;
entity JKFlipFlop is
  port(J, K, Clock: in std_logic; Q, QNot: inout std_logic);     } 입력과 출력의 선언
end entity JKFlipFlop;

architecture LogicOperation of JKFlipFlop is
signal J1, K1: std_logic;

begin
process (J, K, Clock, J1, K1, Q, QNot)
  begin
    if falling_edge(Clock) and Clock='0' then
      J1<=not (J and not Clock and QNot);     플립플롭 내부의 래치 입력
      K1<=not (K and not Clock and Q);        (J1과 K1)을 불 식으로 표현
```

```
            end if;
              Q<=J1 nand QNot;     불 식으로 표현한 J1과
            QNot<=K1 nand Q;       K1의 관점에서 출력을 정의
        end process;
        end architecture LogicOpertion;
```

예제 7-8

그림 7-30(a)에 나타낸 $1J$, $1K$, $1CCK$, $1\overline{PRE}$, $1\overline{CLR}$의 파형이 74HC112 음의 에지 트리거 플립플롭의 입력으로 가해질 때 출력 $1Q$의 파형을 구하라.

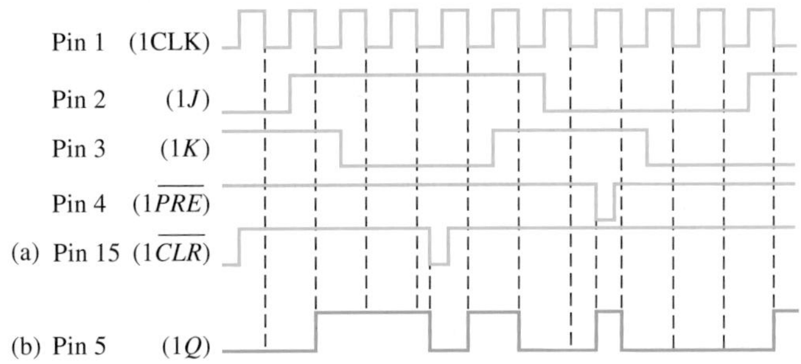

그림 7-30

풀이

출력 $1Q$의 파형은 그림 7-30(b)와 같다. 플립플롭은 $1\overline{PRE}$와 $1\overline{CLR}$에 한 번씩 가해진 LOW 신호에 의해 다른 입력과는 관계없이 세트 또는 리셋된다.

관련 문제

$1\overline{PRE}$, $1\overline{CLR}$가 서로 바뀐 경우에 대해 $1Q$의 출력파형을 구하라.

복습문제 7-2

1. 게이트된 D 래치와 에지 트리거 D 플립플롭의 차이를 설명하라.
2. J-K 플립플롭과 D 플립플롭과의 기본적인 차이점을 설명하라.
3. 그림 7-22의 플립플롭의 음의 에지 트리거 플립플롭이라 가정하고 동일한 CLK과 D 파형에 대해 출력을 구하라.

7-3 플립플롭 동작 특성

데이터 시트를 살펴보면 플립플롭의 성능, 동작 요구사항과 제한사항들에 내해 상세히 제시되어 있다. 일반적인 이러한 동작 특성들은 CMOS나 TTL형 플립플롭 모두에 적용된다.

이 절의 학습내용

- 전파지연시간을 정의한다.

- 여러 종류의 전파지연시간에 대한 사양을 설명한다.
- 준비 시간을 정의하고 플립플롭의 동작에 어떠한 제약이 있는지 설명한다.
- 유지 시간을 정의하고 플립플롭의 동작에 어떠한 제약이 있는지 설명한다.
- 최대 클록 주파수의 의미를 설명한다.
- 다양한 펄스 폭의 규격을 설명한다.
- 전력 소모를 정의하고 특정 소자에 대한 전력 소모를 계산한다.
- 동작 파라미터를 이용하여 여러 가지 플립플롭을 비교할 수 있다.

전파지연시간

전파지연시간(propagation delay time)은 입력신호가 가해지고 이로 인해 출력이 만들어지기까지의 시간간격을 의미한다. 플립플롭 동작에서는 네 가지의 전파지연시간이 중요하다.

1. 전파지연 t_{PLH} : 클록의 트리거 에지로부터 출력이 LOW에서 HIGH로 바뀌는 순간까지의 시간[그림 7-31(a)].
2. 전파지연 t_{PLH} : 클록의 트리거 에지로부터 출력이 HIGH에서 LOW로 바뀌는 순간까지의 시간[그림 7-31(b)].

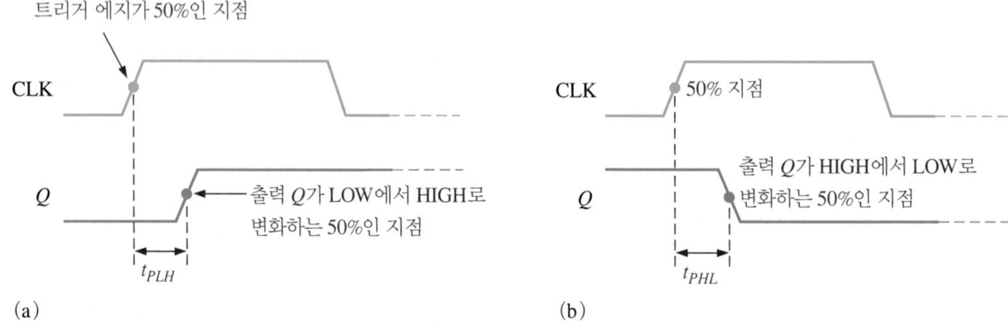

그림 7-31 클록의 변화에서 출력까지의 전파지연

3. 전파지연 t_{PLH} : 프리셋 입력의 선두 에지로부터 출력이 LOW에서 HIGH로 변화하는 순간까지의 시간[그림 7-32(a)].
4. 전파지연 t_{PLH} : 클리어 입력의 선두 에지로부터 출력이 HIGH에서 LOW로 변화하는 순간까지의 시간[그림 7-32(b)].

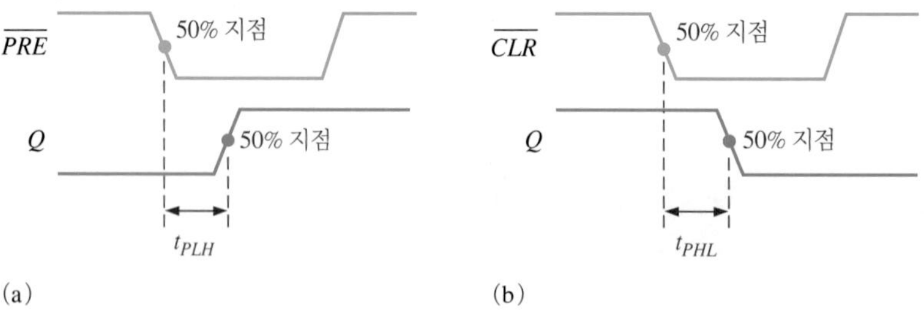

그림 7-32 프리셋 및 클리어 입력의 변화에서 출력까지의 전파지연

준비 시간

준비 시간(setup time, t_s)은 데이터 입력이 플립플롭에 정확하게 입력될 수 있도록 클록 펄스의 트리거 에지가 발생하기 전에 입력(J와 K, 또는 D)이 미리 일정한 레벨을 유지해야 하는 최소의 시간이다. 그림 7-33은 D 플립플롭의 준비 시간을 나타내고 있다.

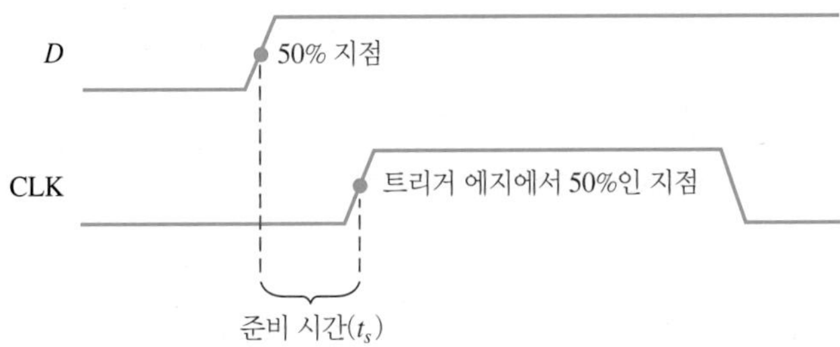

그림 7-33 준비 시간(t_s). 신뢰성 있는 데이터 전달을 위해 클록 펄스의 트리거 에지가 발생하기 전에 t_s보다 같거나 긴 시간 동안 입력 D에 논리신호 레벨이 유지되어야 한다.

유지 시간

유지 시간(hold time, t_h)은 데이터 입력이 플립플롭에 정확하게 입력될 수 있도록 클록의 트리거 에지 이후에도 입력의 논리 레벨을 유지해야 하는 최소의 시간이다. 그림 7-34는 D 플립플롭의 유지 시간을 나타내고 있다.

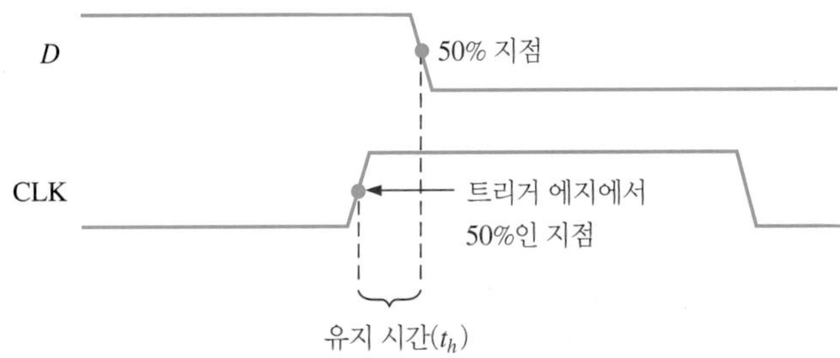

그림 7-34 유지 시간(t_h). 정확한 데이터 전달을 위해 클록 펄스의 트리거 에지 이후에도 t_h보다 같거나 긴 시간 동안 입력 D에 논리신호 레벨이 유지되어야 한다.

최대 클록 주파수

최대 클록 주파수(maximum clock frequency, f_{max})는 플립플롭이 정확하게 동작할 수 있는 최대 주파수를 의미한다. 최대 주파수를 초과하면 플립플롭이 정상 동작을 하지 않을 수도 있다.

펄스 폭

정확한 동작을 위해 제조회사에서는 클록, 프리셋과 클리어 입력에 대한 최소의 펄스 폭을 규정하고 있다. 일반적으로 클록은 최소 HIGH 시간과 최소 LOW 시간으로 정의된다.

전력 소모

디지털 소자의 **전력 소모**(power dissipation)는 그 소자가 소비하는 총전력을 의미한다. 예를 들어, 플립플롭이 +5 V에서 동작하고 5 mA의 전류를 소모한다면, 전력 소모는 다음과 같이 계산된다.

$$P = V_{CC} \times I_{CC} = 5\text{ V} \times 5\text{ mA} = 25\text{ mW}$$

전력 소모는 대부분의 응용분야에서 직류 전원의 용량을 결정하는 데 매우 중요한 문제로 고려된다. 예를 들어 어떤 디지털 시스템에서 총 10개의 플립플롭을 사용하고 각각의 플립플롭은 25 mW의 전력을 소모한다고 가정하면, 총전력 소모는 다음과 같이 계산된다.

$$P_T = 10 \times 25\ \text{mW} = 250\ \text{mW} = 0.25\ \text{W}$$

활용 팁

CMOS 계열의 소자는 TTL 계열의 소자보다 넓은 범위(보통 2~6 V)의 전압에서 동작이 가능하다는 장점 때문에 정밀한 전압을 공급하는 전원장치를 사용하지 않아도 되므로 저가의 제품을 만들 수 있다. 또한 CMOS 회로의 주전원 또는 보조전원으로 배터리를 사용할 수 있다. 낮은 전압에서 동작한다는 것은 전력 소모가 적다는 것을 의미한다. CMOS 계열 소자의 단점은 낮은 전압을 사용하면 CMOS의 성능이 떨어진다는 것이다. 예를 들어 CMOS 플립플롭에서 보증된 최대 클록 주파수는 V_{cc} = 2 V일 경우보다 V_{cc} = 6 V일 경우가 더 높다. 즉 높은 전압에서 최대의 성능을 얻어낼 수 있다.

이것이 바로 필요로 하는 직류 전원의 용량이다. 만약 이 시스템에 +5 V 직류 전압이 사용된다면 공급되는 전류의 크기는 다음과 같이 계산된다.

$$I = \frac{250\ \text{mW}}{5\ \text{V}} = 50\ \text{mA}$$

따라서 이 시스템에는 50 mA의 전류를 공급할 수 있는 +5 V 직류 전원이 필요하다.

플립플롭의 특성 비교

표 7-4는 이 장에서 다룬 동작 파라미터를 비교하기 위해 동일 기능을 갖는 4종류의 CMOS와 TTL 논리 계열 IC의 특성 파라미터를 제시한 것이다.

표 7-4

동일 기능을 갖는 4종류 논리 계열 IC의 동작 파라미터 비교(25℃ 동작 기준)

	CMOS		바이폴라(TTL)	
파라미터	74HC74A	74AHC74	74LS74A	74F74
t_{PHL}(CLK to Q)	17 ns	4.6 ns	40 ns	6.8 ns
t_{PHL}(CLK to Q)	17 ns	4.6 ns	25 ns	8.0 ns
t_{PHL}($\overline{CLR}$ to Q)	18 ns	4.8 ns	40 ns	9.0 ns
t_{PHL}($\overline{PRE}$ to Q)	18 ns	4.8 ns	25 ns	6.1 ns
t_s(set-up time)	14 ns	5.0 ns	20 ns	2.0 ns
t_h(hold time)	3.0 ns	0.5 ns	5 ns	1.0 ns
t_W(CLK HIGH)	10 ns	5.0 ns	25 ns	4.0 ns
t_W(CLK LOW)	10 ns	5.0 ns	25 ns	5.0 ns
t_W($\overline{CLR}$/$\overline{PRE}$)	10 ns	5.0 ns	25 ns	4.0 ns
f_{max}	35 MHz	170 MHz	25 MHz	100 MHz
전력, 정적 상태	0.012 mW	1.1 mW		
전력, 50% 듀티 사이클			44 mW	88 mW

복습문제 7-3

1. 다음 용어를 설명하라.
   (a) 준비 시간 (b) 유지 시간
2. 표 7-4의 플립플롭에서 가장 높은 주파수로 동작할 수 있는 것은 무엇인가?

7-4 플립플롭의 응용

이 절에서는 플립플롭이 적용되는 세 가지 응용 예를 다루기로 한다. 8장과 9장에서 플립플롭을 이용한 카운터와 레지스터에 대하여 자세히 다룰 것이다.

이 절의 학습내용

- 플립플롭의 응용으로 데이터 저장장치를 설명한다.
- 플립플롭의 응용으로 주파수 분주기를 설명한다.
- 플립플롭을 응용하여 기본적인 카운터를 만드는 방법을 설명한다.

병렬 데이터 저장

디지털 시스템에서 공통적으로 필요한 것 중 하나가 병렬 선을 이용하여 여러 개의 데이터 비트를 플립플롭 그룹 내에 동시에 저장하는 것이다. 그림 7-35(a)는 4개의 플립플롭을 사용하여 이를 구현한 것이다. 4개의 병렬 데이터 선은 D 플립플롭의 입력단자에 연결되어 있다. 플립플롭의 클록 입력은 공통의 클록 입력에 연결되어 있어 모든 플립플롭들이 동시에 트리거된다. 이 예에서는 양의 에지 트리거 플립플롭이 사용되었으므로 입력 D에 있는 데이터는 그림 7-35(b)

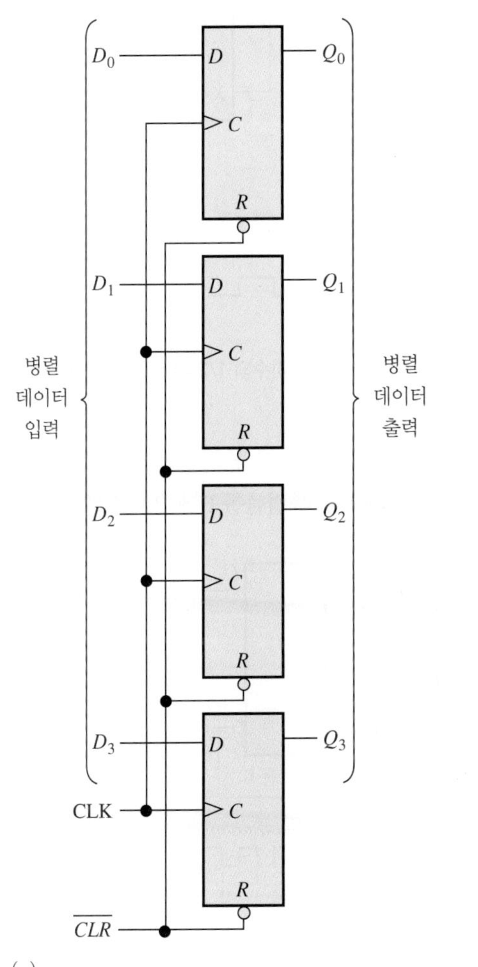

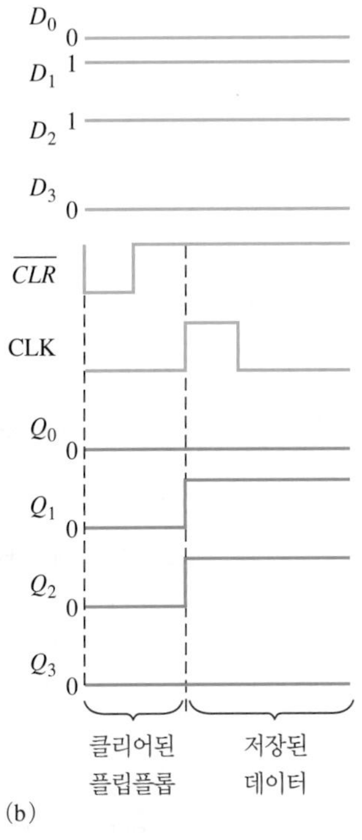

그림 7-35 병렬 데이터 저장장치로 사용되는 플립플롭의 예

와 같이 클록의 양의 에지에서 동시에 플립플롭으로 저장된다. 또한 비동기 리셋(R)이 공통의 $\overline{CLR}$ 입력에 연결되어 있어 모든 플립플롭이 동시에 리셋된다.

여기서 사용된 4개의 플립플롭 그룹은 데이터를 저장하기 위해 사용된 기본적인 레지스터의 예라고 할 수 있다. 디지털 시스템에서 데이터는 보통 숫자와 명령어 등의 정보를 표현하는 8이나 8의 배수로 구성된 비트 그룹으로 저장된다. 레지스터는 8장에서 자세히 다루게 된다.

주파수 분주

플립플롭은 주기 파형의 주파수를 분할하거나 또는 낮은 주파수로 변환하는 용도로도 사용된다. 클록 펄스가 토글 모드 $D = \overline{Q}$ 또는 $J = K = 1$로 동작하는 D 또는 J, K 플립플롭의 클록에 인가되면 출력 Q는 클록 입력 주파수의 1/2인 주파수가 출력된다. 따라서 하나의 플립플롭은 그림 7-36에 나타낸 것과 같이 클록 주파수를 2분주하는 소자로 사용할 수 있다. 그림에서 나타낸 바와 같이 플립플롭은 각 트리거 에지(여기서는 양의 에지)에서 상태가 바뀌게 된다. 따라서 플립플롭이 각 트리거 에지(여기서는 양의 에지)에서 상태가 바뀐 결과로서 클록 파형의 주파수가 1/2 주파수를 가진 출력으로 나타난다.

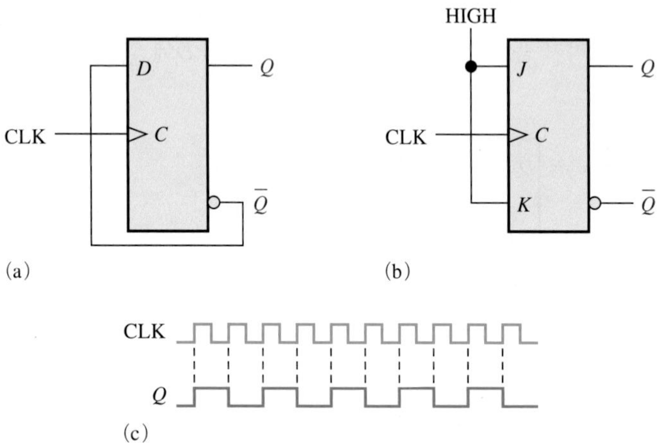

MultiSim

그림 7-36 2분주 소자로 사용된 D 또는 J-K 플립플롭. Q는 CLK 주파수의 1/2이다. 파일 F07-36을 사용하여 동작을 검증하라.

그림 7-37에 나타낸 것과 같이 하나의 플립플롭 출력을 다른 플립플롭의 클록 입력에 연결하면 클록 주파수를 더 분주할 수 있다. Q_A 출력의 주파수는 플립플롭 B에 의해 2분주되므로 Q_B 출

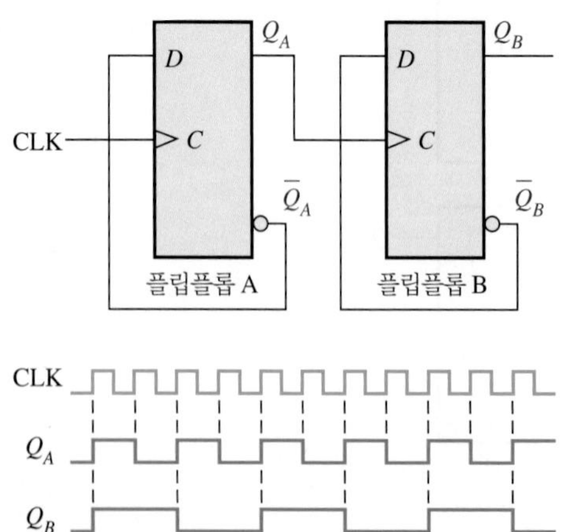

MultiSim

그림 7-37 클록 주파수를 4분주하기 위하여 사용된 2개의 D 플립플롭. 여기서 Q_A는 CLK의 1/2, Q_B는 CLK의 1/4이다. 파일 F07-37을 사용하여 동작을 검증하라.

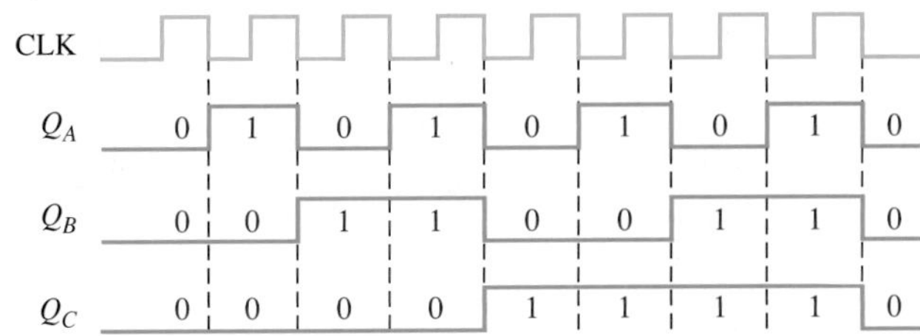

그림 7-42

관련 문제

10진수 0~15를 2진수의 순서로 표현하기 위하여 플립플롭은 몇 개가 필요한가?

복습문제 7-4

1. 데이터 저장장치로 사용되는 플립플롭의 그룹을 무엇이라 하는가?
2. 주파수를 2분주하는 회로를 구현하기 위해서 플립플롭은 어떻게 연결되어야 하는가?
3. 주파수를 64분주하기 위해서는 몇 개의 플립플롭이 필요한가?

7-5 원-숏

원-숏(one-shot)은 **단안정**(monostable) 멀티바이브레이터로서 단 하나의 안정 상태를 가지고 있는 소자다. 원-숏은 보통 안정 상태에 있다가 트리거 신호가 들어오면 불안정 상태로 되고 일단 원-숏이 트리거되면 미리 정해진 시간 동안 불안정 상태로 있다가 자동적으로 안정 상태로 돌아온다. 이 소자가 불안정 상태로 머무는 시간에 의해 출력 펄스 폭이 결정된다.

이 절의 학습내용

- 원-숏의 기본 동작을 설명한다.
- 재트리거할 수 없는 원-숏의 동작을 설명한다.
- 재트리거할 수 있는 원-숏의 동작을 설명한다.
- 74121과 74LS122를 이용하여 특정 출력 펄스 폭을 갖는 회로를 구성한다.
- 슈미트트리거 기호를 알고 그 기본적인 의미를 설명한다.
- 555 타이머 동작에 필요한 기본 요소를 설명한다
- 555를 원-숏으로 사용하는 방법을 배운다.

원-숏은 트리거될 때마다 하나의 펄스를 만들어낸다.

그림 7-43은 논리 게이트와 인버터로 구성된 기본적인 원-숏(단안정 멀티바이브레이터) 회로이다. **트리거**(trigger) 입력에 펄스가 가해지면 게이트 G_1의 출력은 LOW가 된다. HIGH에서 LOW로의 변화는 커패시터를 통해 인버터 G_2로 연결되고 커패시터를 통과하면서 발생하는 일시적인(apparent) LOW에 의해 G_2는 HIGH로 된다. 이 HIGH 상태는 다시 G_1에 연결되어 G_1 출력을 LOW로 유지시킨다. 이 시점까지 트리거 펄스에 의해 원-숏의 출력 Q는 HIGH로 유지된다.

커패시터는 저항 R을 통하여 높은 전압 레벨로 충전되기 시작한다. 충전되는 시간은 RC 시정수에 의하여 결정된다. 이 커패시터가 일정한 전압 이상으로 충전되면, 게이트 G_2 입력이 HIGH가 되므로 게이트 G_2 출력은 다시 LOW로 되돌아간다.

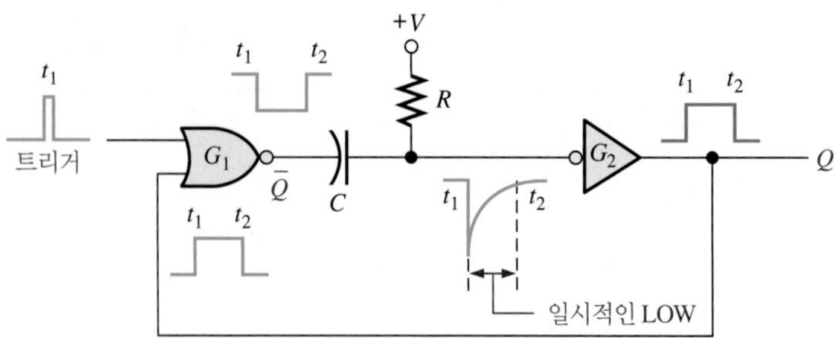

그림 7-43 간단한 원-숏 회로

요약하면, G_2의 출력은 트리거 입력에 의하여 HIGH가 되고 *RC* 시정수로 결정되는 시간 동안 HIGH로 유지되다가 커패시터가 충전되면 LOW로 바뀐다. 즉 폭이 좁은 입력 펄스에 의해 *RC* 시정수에 의하여 결정되는 지속시간을 갖는 펄스가 출력된다. 이 동작 과정이 그림 7-43에 나타나 있다.

그림 7-44(a)는 일반적인 원-숏의 논리기호이고 그림 7-44(b)는 이 논리기호의 외부에 저항 *R*과 커패시터 *C*를 연결한 그림이다. 원-숏 IC에는 재트리거할 수 없는(nonretriggerable) 원-숏과 재트리거할 수 있는(retriggerable) 원-숏의 두 종류가 있다.

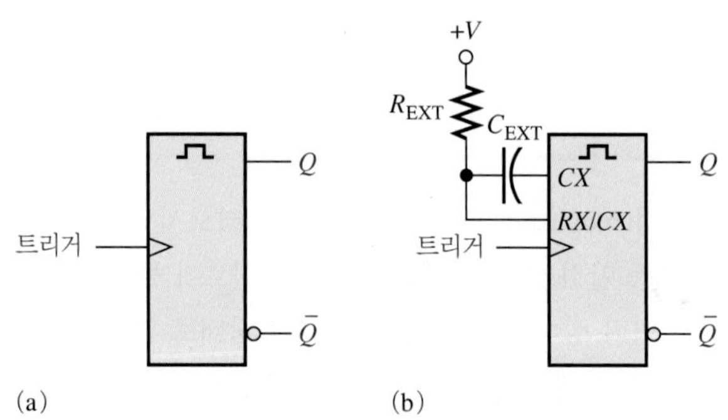

그림 7-44 기본적인 원-숏 논리기호. *CX*와 *RX*는 외부 소자를 의미한다.

재트리거할 수 없는 원-숏은 한 번 트리거되어 불안정 상태가 되면 안정 상태로 되돌아올 때까지 새로 입력되는 트리거 펄스에 응답하지 않는다. 즉 불안정 상태가 지속되는 동안에는 어떤 트리거 신호가 입력되더라도 이에 반응하지 않는다. 불안정 상태의 지속시간이 종료되어야만 트리거 입력에 반응한다. 원-숏이 불안정 상태를 유지하는 시간은 출력의 펄스 폭과 같다.

그림 7-45는 재트리거할 수 없는 원-숏이 펄스 폭보다 긴 시간주기로 트리거되는 경우와 펄스 폭보다 짧은 시간주기로 트리거되는 경우의 동작 상태를 보여주고 있다. 그림 (b)는 트리거의 시간간격이 불안정 상태보다 짧아 이를 무시하는 과정을 나타내고 있다.

재트리거할 수 있는 원-숏은 출력 펄스가 다시 안정 상태로 돌아가지 않아도 재트리거가 가능하다. 재트리거되면 그림 7-46과 같이 펄스 폭이 확대된다.

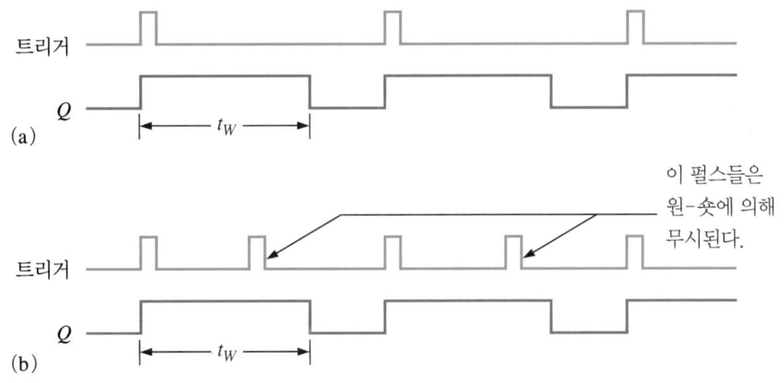

그림 7-45 재트리거할 수 없는 원-숏의 동작

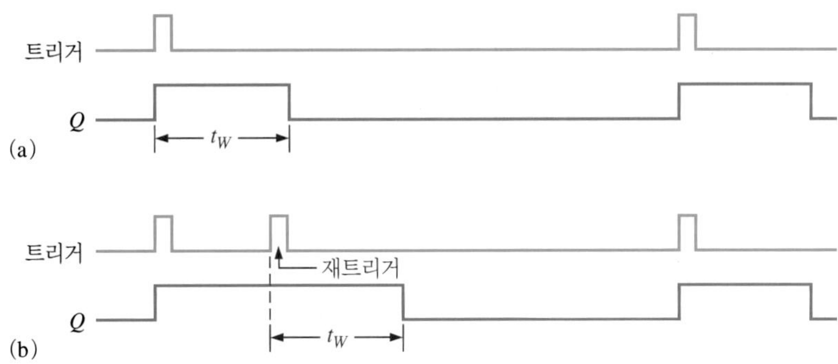

그림 7-46 재트리거할 수 있는 원-숏의 동작

재트리거할 수 없는 원-숏

74121은 재트리거할 수 없는 원-숏 IC 중 하나이다. 이 IC는 그림 7-47에서와 같이 외부의 저항 R과 커패시터 C를 위한 입력단자를 가지고 있다. 입력 A_1, A_2, B는 게이트된 트리거 입력들이고, R_{INT} 입력은 IC 내부의 2 kΩ 타이밍 저항과 연결되어 있다.

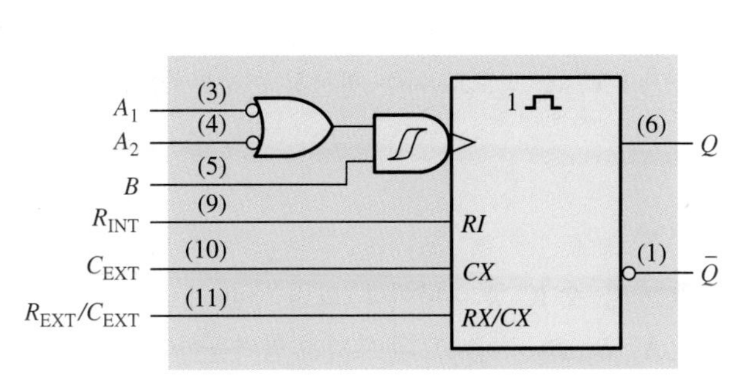

(a) 일반적인 논리기호

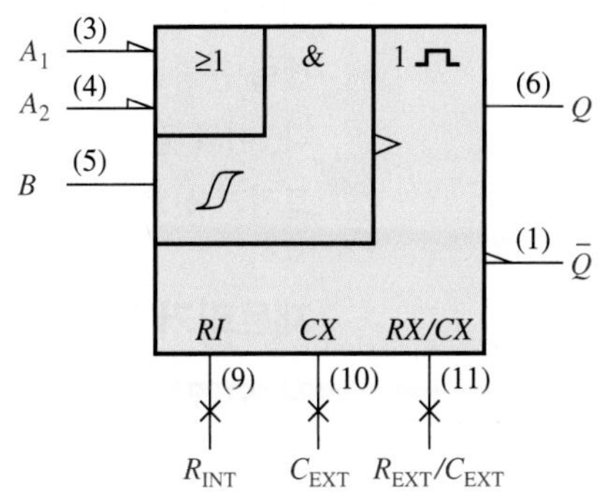

(b) ANSI/IEEE 표준. 91-1984 논리기호(×= 비논리 연결). '1⎍'는 재트리거할 수 없는 원-숏의 기호

그림 7-47 74121 재트리거할 수 없는 원-숏의 논리기호

펄스 폭 설정

그림 7-48(a)와 같이 외부에 타이밍 조절을 위한 어떤 수동소자도 사용하지 않고 타이밍 저항

(R_{INT})을 Vcc에 연결할 때 약 30 ns의 폭을 가진 펄스가 만들어진다. 펄스 폭은 외부의 RC를 조절하여 30 ns에서 28초까지 변경시킬 수 있다. 그림 7-48(b)는 내부 저항(2 kΩ)과 외부 커패시터를 이용하는 구성, 그림 7-48(c)는 외부 저항과 외부 커패시터를 이용하는 구성을 보여주고 있다. 펄스 출력의 폭은 다음과 같은 식에 의하여 저항(R_{INT} = 2 kΩ, R_{EXT}는 선택)과 커패시터의 조합에 의해 결정된다.

$$t_W = 0.7RC_{EXT} \qquad \text{식 7-1}$$

여기서 R은 R_{INT}일 수도, R_{EXT}일 수도 있다. R이 kΩ이고 C_{EXT}가 pF인 경우, 펄스 출력의 폭 t_W는 ns 단위이다.

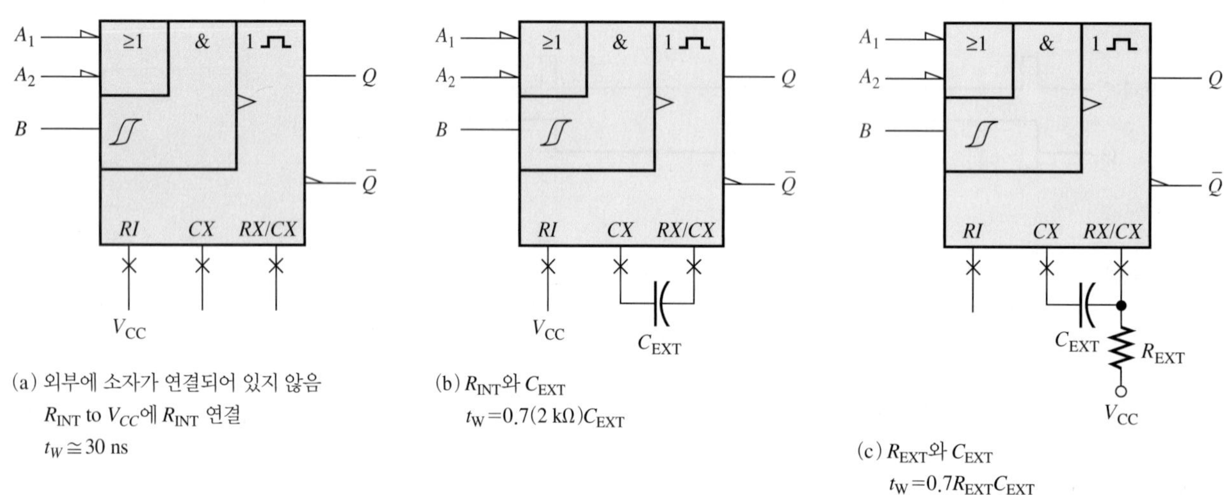

그림 7-48 74121의 펄스 폭을 결정하는 세 가지 방법

슈미트트리거 기호

기호 ∫는 슈미트트리거의 입력을 나타낸다. 이 같은 형태의 입력은 **히스테리시스**(hysteresis)를 만드는 특별한 임계(threshold)회로로서 느리게 변하는 트리거 전압이 어떤 임계 입력 전압 레벨 근방을 오르내릴 때 소자의 상태가 불규칙적으로 바뀌는 것을 방지하는 특성을 가지고 있다. 이와 같은 특성을 이용하면 1 V/sec 정도로 아주 천천히 변하는 입력신호라도 신뢰성 높은 트리거 신호를 만들 수 있다.

재트리거할 수 있는 원-숏

74LS122는 재트리거할 수 있는 원-숏 IC 중 하나이다. 그림 7-49와 같이 외부에 R과 C를 위한 단자를 가지고 있다. 입력 A_1, A_2, B_1, B_2는 게이트된 트리거 입력들이다.

외부에 아무런 수동소자를 사용하지 않으면 약 45 ns의 최소 펄스 폭이 얻어진다. 외부소자 R과 C를 사용하면 이보다 더 큰 펄스 폭을 얻을 수 있다. 특정 펄스 폭(t_W)을 얻기 위한 외부소자값은 다음과 같은 일반 공식에 의해 구해진다.

$$t_W = 0.32RC_{EXT}\left(1 + \frac{0.7}{R}\right) \qquad \text{식 7-2}$$

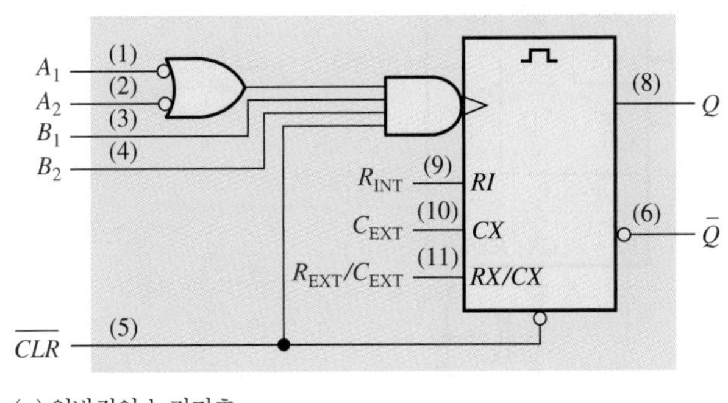

(a) 일반적인 논리기호

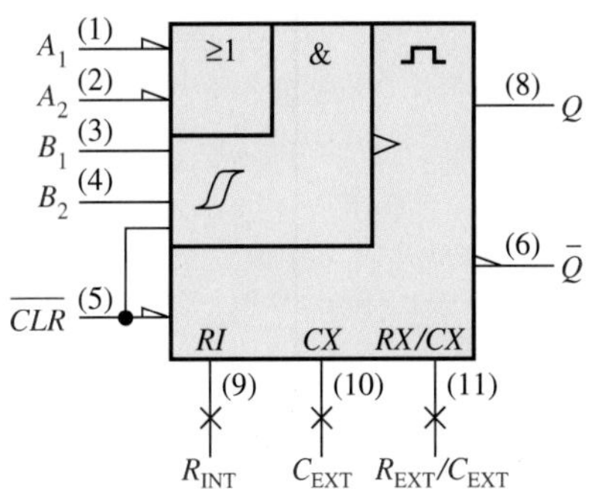

(b) ANSI/IEEE 표준. 91-1984 논리기호 (×=비논리 연결). ⎍는 재트리거할 수 있는 원-숏의 기호

그림 7-49 74LS122 재트리거할 수 있는 원-숏의 논리기호

여기서 0.32는 원-숏에 의해 결정되는 상수이고, R은 kΩ단위로서 내부나 외부 저항을 모두 사용할 수 있으며 C_{EXT}는 보통 pF 단위이다. 따라서 t_W는 ns 단위가 된다. 내부 저항은 10 kΩ이며 외부 저항 대신 사용할 수 있다(이 식은 74121에 대한 식 7-1과 다름에 유의하기 바란다).

예제 7-11

74121을 사용하여 약 100 ms의 펄스 폭을 갖는 원-숏 회로를 완성하라.

풀이

임의로 R_{EXT}를 **39 kΩ**이라고 정하고 커패시터의 용량을 계산해보자.

$$t_W = 0.7R_{EXT}C_{EXT}$$

$$C_{EXT} = \frac{t_W}{0.7R_{EXT}}$$

여기서 C_{EXT}의 단위는 pF이고, R_{EXT}의 단위는 kΩ이다. 또한 t_W의 단위는 ns이다.
100 ms $= 1\times10^8$ ns이므로

$$C_{EXT} = \frac{1 \times 10^8\ \text{ns}}{0.7(39\ \text{k}\Omega)} = 3.66 \times 10^{-6}\ \text{pF} = \mathbf{3.66\ \mu F}$$

3.3 μF의 커패시터를 사용하면, 출력 펄스의 폭은 91 ms가 된다. 최종 완성된 회로는 그림 7-50과 같다. 100 ms의 펄스 폭을 맞추기 위해서는 적절한 R_{EXT}와 C_{EXT}의 조합을 다시 선택해야 한다. 예를 들어 R_{EXT} = 68 kΩ, C_{EXT} = 2.2 μF인 경우에는 105 ms의 펄스 폭을 갖는다.

관련 문제

74121에서 R_{INT}를 사용하여 펄스 폭이 10 μs인 출력을 만들고자 한다. 이때의 C_{EXT}의 값을 계산하라.

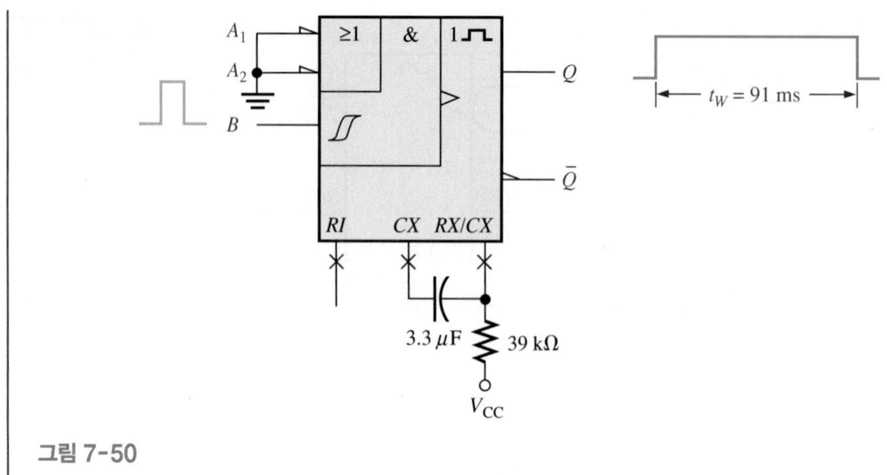

그림 7-50

예제 7-12

74LS122를 사용하여 1 μs의 펄스 폭을 만들기 위한 R_{EXT}와 C_{EXT}의 값을 구하라.

풀이

C_{EXT}를 **560 pF**라고 가정하고 R_{EXT}의 값을 구해보자. 펄스 폭은 ns 단위, C_{EXT}는 pF 단위, R_{EXT}는 kΩ 단위이다.

$$t_w = 0.32R_{EXT}C_{EXT}\left(1 + \frac{0.7}{R_{EXT}}\right) = 0.32R_{EXT}C_{EXT} + 0.7\left(\frac{0.32R_{EXT}C_{EXT}}{R_{EXT}}\right)$$

$$= 0.32R_{EXT}C_{EXT} + (0.7)(0.32)C_{EXT}$$

$$R_{EXT} = \frac{t_W - (0.7)(0.32)C_{EXT}}{0.32C_{EXT}} = \frac{t_W}{0.32C_{EXT}} - 0.7$$

$$= \frac{1000\text{ ns}}{(0.32)560\text{ pF}} - 0.7 = \mathbf{4.88\ k\Omega}$$

따라서 **4.88 kΩ**을 사용하면 된다.

관련 문제

5 μs의 펄스 폭을 가진 출력을 만들기 위해 74LS122 원-숏을 사용하고자 한다. 이때 회로의 구성과 소자의 값을 결정하라. C_{EXT} = 560 pF로 가정한다.

응용

원-숏의 실제 응용 중 하나로 연속적으로 전등을 점멸하는 데 사용되는 순차 타이머가 있다. 이 회로는 자동차의 회전 표시등과 고속도로 건설공사에 사용되는 차선 변경 지시등과 같은 곳에 사용될 수 있다.

그림 7-51은 74LS122 3개를 연결하여 구현한 순차 타이머이며 폭이 1초인 3개의 펄스 열을 발생한다. 첫 번째 원-숏(OS 1)은 스위치가 닫히거나 주파수가 낮은 펄스가 입력될 때 트리거되어 펄스 폭이 1초인 펄스가 출력된다. 첫 번째 원-숏(OS 1)이 일정 시간 경과 후 LOW가 되면 두 번째 원-숏(OS 2)이 트리거되어 폭이 1초인 펄스가 출력된다. 그다음 두 번째 원숏이 일

정 시간 경과 후 LOW가 되면 세 번째 원-숏(OS 3)이 트리거되어 펄스 폭이 1초인 펄스가 출력된다. 각 원-숏의 출력시간은 다음의 그림에 나타나 있다. 이와 같은 기본적인 구성을 응용하여 변형하면 다양한 시간간격을 가진 출력신호를 만들어낼 수 있다.

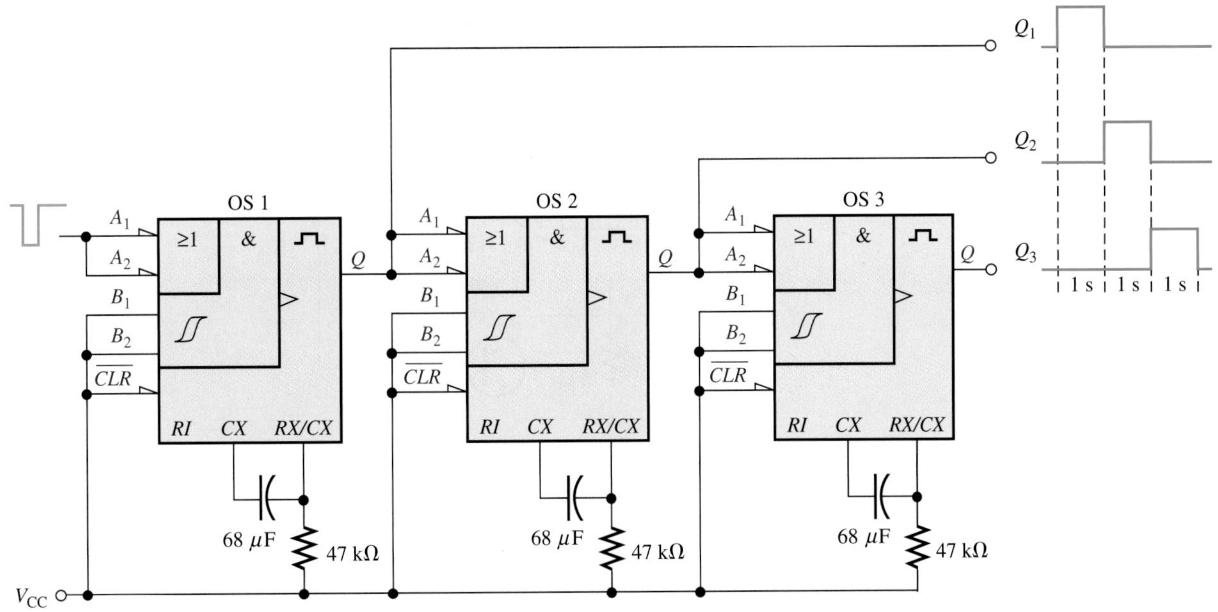

그림 7-51 3개의 74LS122 원-숏을 이용한 순차 타이밍 회로

555 타이머의 원-숏 응용

555 타이머(timer)는 단안정 멀티바이브레이터(one-shot)와 비안정 멀티바이브레이터(pulse oscil1ator)로 사용될 수 있기 때문에 다양한 용도로 사용되는 IC 소자이다. 비안정 멀티바이브레이터는 7-6절에서 논의된다.

555 타이머 동작

그림 7-52는 555 타이머의 내부 기능을 나타낸 기능도이다. 비교기는 양(+)의 입력의 전압이 음(−)의 입력의 전압보다 클 경우에 HIGH를 출력하고, 반대로 음(−)의 입력의 전압이 양(+)의 입력의 전압보다 클 경우에는 LOW를 출력한다. 3개의 5 kΩ 저항으로 구성된 전압 분배기는 $^1/_3\ V_{CC}$인 트리거 레벨과 $^2/_3\ V_{CC}$인 임계전압을 제공하지만 필요에 따라서는 제어전압 입력(5번 핀)을 이용하여 트리거 및 임계값을 다른 값으로 조정할 수도 있다. HIGH 트리거 입력이 순간적으로 V_{CC}의 $^1/_3$ 이하가 되면 비교기 B의 출력은 LOW에서 HIGH로 바뀌므로 S-R 래치는 세트된다. 이로 인해 출력(3번 핀)은 HIGH로 되고 방전 트랜지스터 Q_1은 차단된다. 평상시 LOW인 임계입력이 V_{CC}의 $^2/_3$ 이하에서 555 타이머의 출력은 HIGH를 유지하게 되고 V_{CC}의 $^2/_3$ 이상인 임계입력에서 비교기 A의 출력은 LOW에서 HIGH로 스위칭되어 래치는 리셋된다. 이로 인해 HIGH로 유지되고 있던 출력(3번 핀)은 다시 LOW로 되고 방전 트랜지스터는 동작된다. 외부 리셋 입력(4번 핀)은 임계회로와는 관계없이 래치의 리셋에 사용되며 트리거(2번 핀)와 임계(6번 핀)입력은 단안정 동작이나 비안정 동작을 위해 연결된 외부소자에 의해 제어된다.

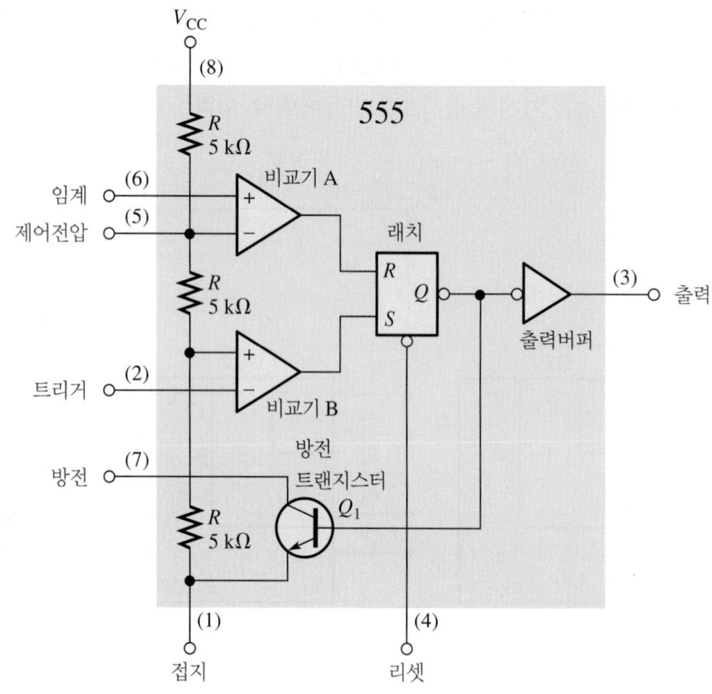

그림 7-52 555 타이머의 내부 기능도(괄호 안은 핀 번호)

단안정(원-숏) 동작

그림 7-53과 같이 외부 저항과 커패시터를 이용하여 555 타이머를 재트리거할 수 없는 원-숏을 만들 수 있다. 펄스 폭은 다음 식에 따라 R_1과 C_1의 시상수에 의해 결정된다.

$$t_W = 1.1R_1C_1 \qquad \text{식 7-3}$$

제어전압 입력은 사용하지 않으며 트리거와 임계입력에 대한 잡음의 영향을 방지하기 위해 제어 입력에 디커플링 커패시터 C_2를 연결하였다.

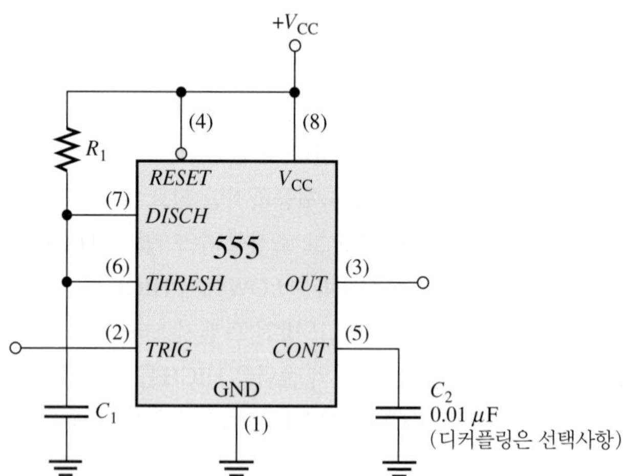

그림 7-53 원-숏으로 동작하는 555 타이머 회로

트리거 펄스가 가해지기 이전에는 그림 7-54(a)와 같이 출력은 LOW이고 방전 트랜지스터 Q_1는 동작 상태이며 커패시터 C_1은 방전 상태이다. t_0에서 하강 에지의 트리거 펄스가 인가되면 출력은 HIGH가 되고 방전 트랜지스터는 차단된다. 따라서 (b)에서와 같이 C_1은 R_1을 통해 충전된다. 이때 C_1이 V_{CC}의 $^1/_3$ 레벨까지 충전되면 출력은 t_1에서 다시 LOW가 되고 Q_1이 바로 동작하면서 (c)처럼 C_1이 방전한다. 앞에서 설명한 바와 같이 C_1이 방전하는 속도에 따라 출력이 얼마나 오랫동안 HIGH를 유지하는지가 결정된다.

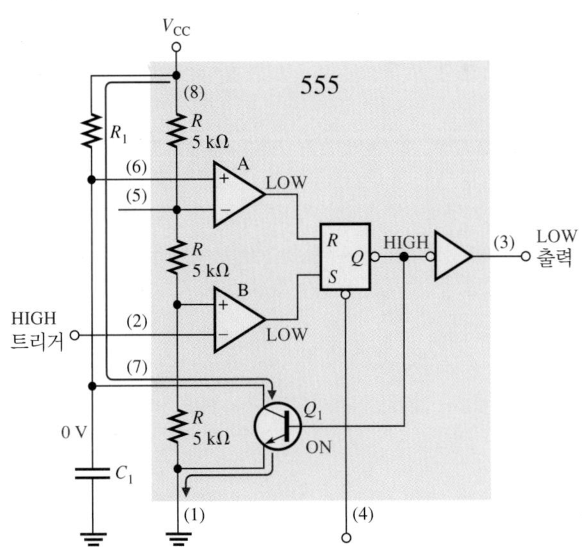

(a) 트리거 이전(전류의 흐름이 적색 화살표로 표시되어 있다)

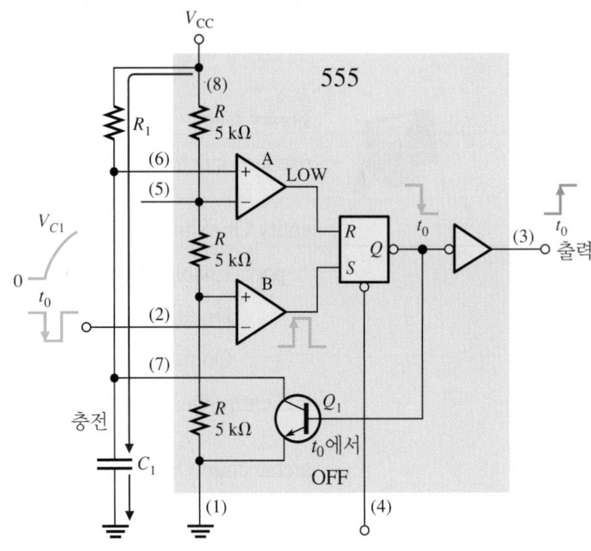

(b) 트리거될 때

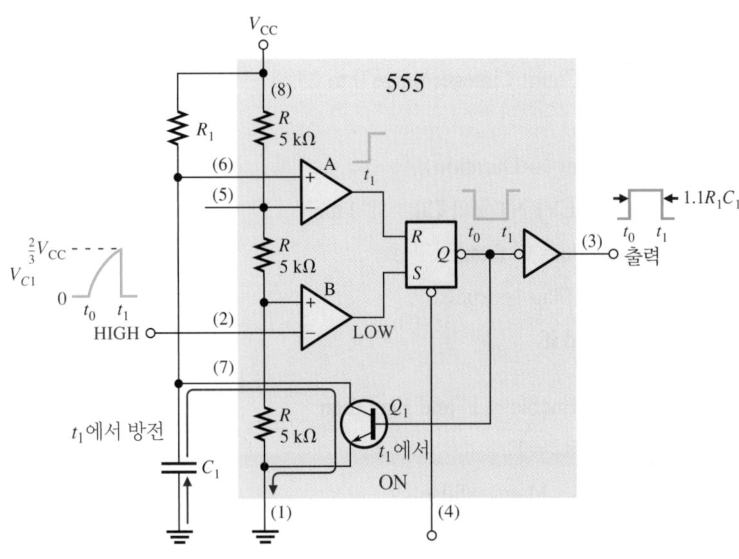

(c) 충전 종료 지점

그림 7-54 555 타이머의 원-숏 동작

예제 7-13

$R_1 = 2.2\ \text{k}\Omega$이고 $C_1 = 0.01\ \mu\text{F}$일 때 555 단안정 회로의 출력 펄스 폭을 구하라.

풀이

식 7-3에 의해 펄스 폭은 다음과 같이 구해진다.

$$t_W = 1.1R_1C_1 = 1.1(2.2\ \text{k}\Omega)(0.01\ \mu\text{F}) = \mathbf{24.2\ \mu s}$$

관련 문제

펄스 폭이 1 ms일 때, $C_1 = 0.01\ \mu$F였다. R_1의 값을 구하라.

VHDL을 갖는 원-숏

원-숏에 대한 VHDL 프로그램 코드의 예는 다음과 같다.

```
library ieee;
use ieee.std_logic_1164.all;

entity OneShot is
  port (Enable, Clk: in std_logic;
       Duration: in integer range 0 to 25;
       Qout: buffer std_logic);
end entity OneShot;

architecture OneShotBehavior of OneShot is
begin
  Counter: process (Enable, Clk, Duration)
  variable Flag      : boolean :=true;
  variable Cnt       : integer range 0 to 25;
  variable SetCount : integer range 0 to 25;
  begin
      SetCount :=Duration;
      if (Clk'EVENT and Clk='1') then
      if Enable='0' then
            Flag :=true;
         end if;

         if Enable='1' and Flag then
         Cnt :=1;
              Flag :=false;
      end if;
         if cnt=SetCount then
        Qout <='0';
              Cnt :=0;
                  Flag :=false;
      else
              if Cnt > 0 then
              Cnt :=Cnt + 1;
                  Qout <='1';
         end if;
```

```
            end if;
        end if;
    end process;
end architecture OneShotBehavior;
```

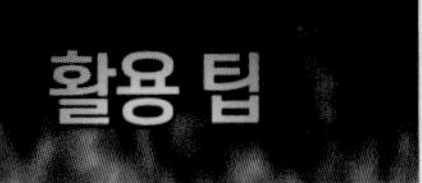

일반적인 동작조건에서 원-숏은 하나의 펄스만을 발생하기 때문에 오실로스코프로 측정하기가 어렵다. 실험목적의 안정적인 표시파형을 얻기 위해서는 원하는 펄스보다 긴 시간 동안 발생하는 파형을 펄스 발생기로부터 받아 원-숏을 트리거하고 그 펄스를 오실로스코프의 트리거 기능을 이용하는 것이 바람직하다. 펄스 폭이 매우 긴 경우에는 디지털 스토리지 오실로스코프를 이용하여 파형을 저장하거나 알고 있는 값을 이용하여 시정수를 짧게 한다. 예를 들어 시정수를 1,000배 짧게 하려면 1000 μF 커패시터 대신에 1 μF 커패시터를 사용하면 된다. 빠른 펄스일수록 오실로스코프로 측정하기 편하다.

복습문제 7-5

1. 재트리거할 수 없는 원-숏과 재트리거 할 수 있는 원-숏의 차이점을 설명하라.
2. 대부분의 원-숏 IC의 출력 펄스 폭은 어떻게 결정되는가?
3. $C = 1\ \mu$F, $R = 10\ k\Omega$일 때 555 타이머 원-숏의 펄스 폭을 구하라.

7-6 비안정 멀티바이브레이터

비안정(astable) 멀티바이브레이터는 안정 상태가 없는 소자로서 외부의 트리거 없이 두 비안정 상태를 오고 간다(진동). 출력신호는 구형파이며 여러 형태의 순차 논리회로의 클록 신호로 사용된다. 그리고 비안정 멀티바이브레이터를 펄스 **오실레이터**(oscillators)라고도 한다.

이 절의 학습내용

- 슈미트트리거 회로를 이용하여 간단한 비안정 멀티바이브레이터 동작을 설명한다.
- 555 타이머를 비안정 멀티바이브레이터로 이용한다.

그림 7-55(a)는 히스테리시스가 있는 인버터(슈미트트리거)와 *RC* 회로를 피드백하여 연결한 형태의 비안정 멀티바이브레이터를 보여주고 있다. 먼저 전원이 인가될 때 커패시터는 충전되지 않은 상태로서, 슈미트트리거 인버터의 입력 V_{in}은 LOW이고 출력 V_{out}은 HIGH이다. 이

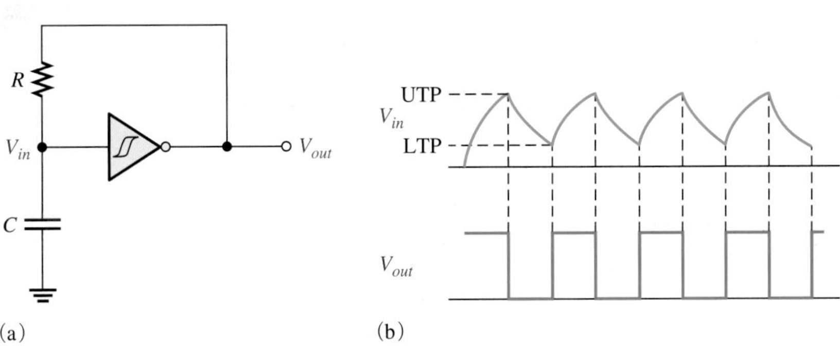

그림 7-55 슈미트트리거를 이용한 기본적인 비안정 멀티바이브레이터

V_{out}에 의해서 커패시터는 그림 7-55(b)와 같이 저항 R을 통해 인버터의 입력전압이 상위 트리거 지점(upper trigger point, UTP)까지 충전된다. 이 시점에서 인버터의 출력은 LOW가 되고, 그림 (b)와 같이 커패시터는 저항 R을 통해서 방전되어 인버터의 입력전압이 하위 트리거 지점(lower trigger point, LTP)까지 떨어지면 출력은 다시 HIGH가 되고 커패시터는 다시 충전된다. 이와 같은 충/방전 사이클은 회로에 전원이 공급되고 있는 동안에 계속 반복되므로 (b)와 같은 펄스파형이 만들어진다.

555 타이머를 이용한 비안정 멀티바이브레이터

그림 7-56은 555 타이머 회로를 이용한 비안정 멀티바이브레이터 회로이다. 여기서 임계입력(*THRESH*)이 트리거 입력(*TRIG*)에 연결되어 있음에 주목해야 한다. 외부소자 R_1, R_2, C_1은 발진주파수를 결정하는 타이밍 회로를 구성하며 제어입력(*CONT*)에 연결된 0.01 μF의 커패시터 C_2는 입력단을 안정시키기 위한 디커플링 커패시터로서 회로 동작에 아무런 영향도 미치지 않는다. 경우에 따라서는 C_2는 없어도 된다.

정보노트

모든 컴퓨터에는 정확한 클록을 발생하는 타이밍 클록 발생기가 필요하다. 타이밍 클록은 시스템 내의 모든 타이밍을 제어하여 시스템 하드웨어가 적절한 동작을 할 수 있도록 중요한 역할을 한다. 이 발생기는 보통 수정 발진기와 주파수 분주를 하는 카운터로 구성된다. 높은 정밀도와 안정된 주파수를 얻기 위해 높은 주파수를 분주하는 방식을 사용한다.

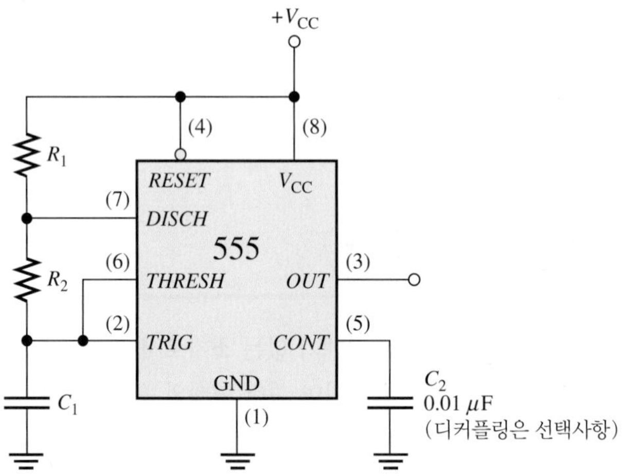

그림 7-56 555 타이머를 이용한 비안정 멀티바이브레이터

전원이 인가되는 초기 상태에는 커패시터 C_1은 방전 상태이므로 트리거 전압(2번 핀)은 0 V이다. 따라서, 비교기 B의 출력은 HIGH가 되고 비교기 A의 출력은 LOW가 되므로 래치의 출력인 Q_1을 LOW로 만들어 트랜지스터는 off된다. 이어서 그림 7-57과 같이 C_1이 저항 R_1과 R_2를 통하여 충전되기 시작한다. 커패시터 전압이 V_{CC}의 $^1/_3$ 이상이 되면 비교기 B의 출력은 LOW로 바뀌고, 충전이 진행되어 커패시터 전압이 V_{CC}의 $^2/_3$ 이상이 되면 비교기 A의 출력은 HIGH가 된다. 이때 래치는 리셋되고 Q_1의 베이스를 HIGH로 만들어 트랜지스터는 on된다. 이와 같은 일련의 커패시터는 앞에서 설명한 바와 같이 저항 R_2와 트랜지스터를 통하여 방전하기 시작하여 비교기 A를 LOW로 만든다. 방전되는 커패시터 전압이 V_{CC}의 $^1/_3$까지 떨어지는 지점에서 비교기 B는 다시 HIGH가 된다. 따라서 래치는 세트되므로 Q_1의 베이스는 LOW가 되어 트랜지스터를 off시킨다. 다시 충전 사이클이 시작되면 이상과 같은 전체 과정이 반복된다. 이와 같은 과정이 반복되면서 구형파 출력이 얻어지며 듀티 사이클은 R_1과 R_2에 의해 결정된다. 이러한 발진주파수는 다음 식과 같으며 그림 7-58의 그래프를 이용하여 구할 수도 있다.

$$f = \frac{1.44}{(R_1 + 2R_2)C_1} \quad \text{식 7-4}$$

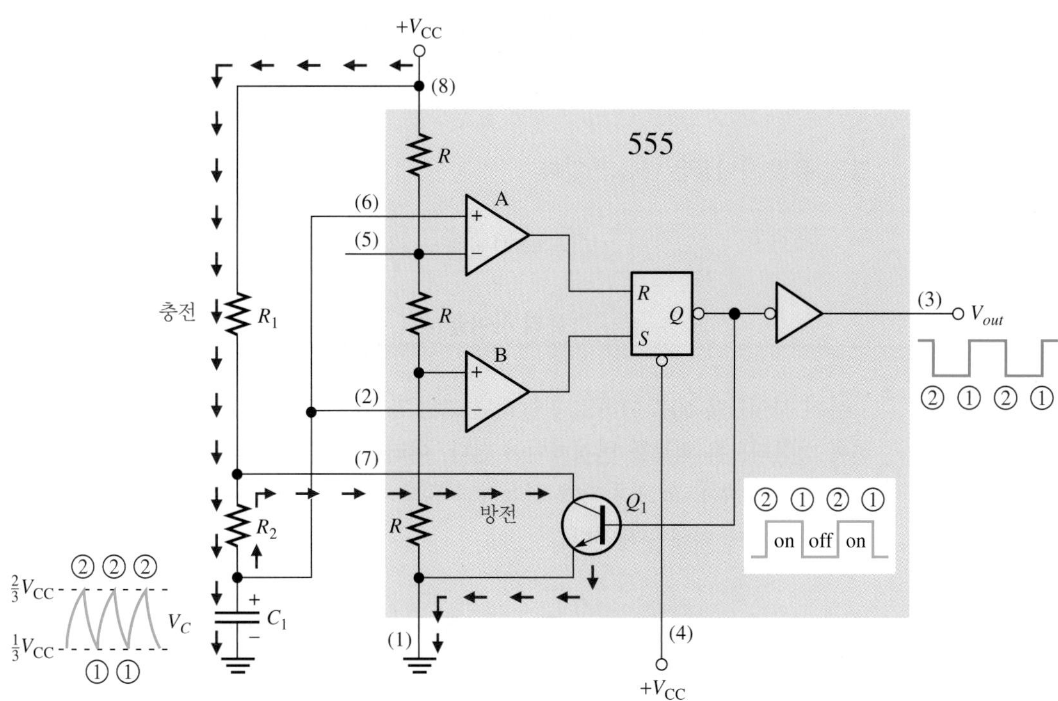

그림 7-57 비안정 동작에서 555 타이머의 동작

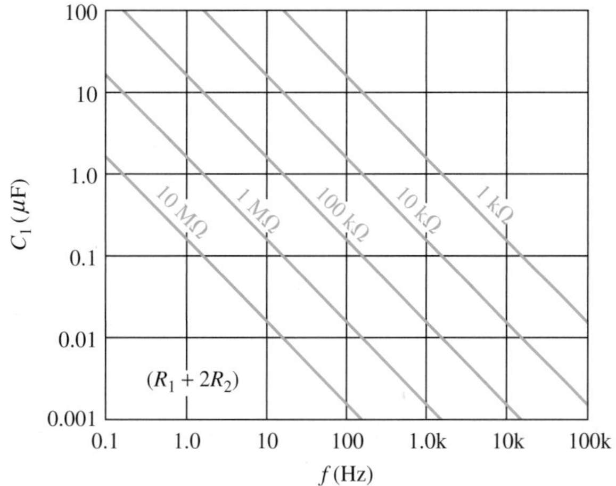

그림 7-58 C_1과 R_1+2R_2의 함수로 만들어지는 발진주파수. 직선 그래프에 쓰여진 값은 R_1+2R_2이다.

출력 펄스의 듀티 사이클은 R_1과 R_2에 의해 정해진다. C_1은 $R_1 + R_2$를 통하여 충전되고, R_2만을 통해 방전되기 때문에 $R_2 \gg R_1$일 경우 듀티 사이클은 최소 50%가 되어 충전과 방전 시간이 거의 같게 된다.

출력 HIGH의 유지 시간(t_H)은 C_1이 V_{CC}의 $^1/_3$에서 V_{CC}의 $^2/_3$까지 충전되는 시간으로 다음 식과 같다.

$$t_H = 0.7(R_1 + R_2)C_1 \quad \text{식 7-5}$$

출력 LOW의 유지 시간(t_L)은 C_1이 V_{CC}의 $^1/_3$에서 V_{CC}의 $^2/_3$까지 방전되는 시간으로 다음 식과 같다.

$$t_L = 0.7R_2C_1 \quad \text{식 7-6}$$

출력파형의 주기 T는 t_H와 t_L의 합으로 식 7-4에 나타난 주파수 f의 역수이기도 하다.

$$T = t_H + t_L = 0.7(R_1 + 2R_2)C_1$$

결국, 듀티 사이클은 다음과 같다.

$$\text{듀티 사이클} = \frac{t_H}{T} = \frac{t_H}{t_H + t_L}$$

$$\textbf{듀티 사이클} = \left(\frac{R_1 + R_2}{R_1 + 2R_2}\right)100\% \qquad \text{식 7-7}$$

듀티 사이클을 50% 이하로 만들려면 그림 7-56 회로에서 R_1을 통해 C_1이 충전되고 R_2를 통하여 방전되도록 회로를 변경하여야 한다. 이러한 구성은 그림 7-59와 같이 다이오드 D_1을 사용하면 된다. R_1을 R_2보다 작게 선정하면 듀티 사이클을 50% 이하로 만들 수 있으며 듀티 사이클은 다음 식에 의해 구해진다.

$$\textbf{듀티 사이클} = \left(\frac{R_1}{R_1 + R_2}\right)100\% \qquad \text{식 7-8}$$

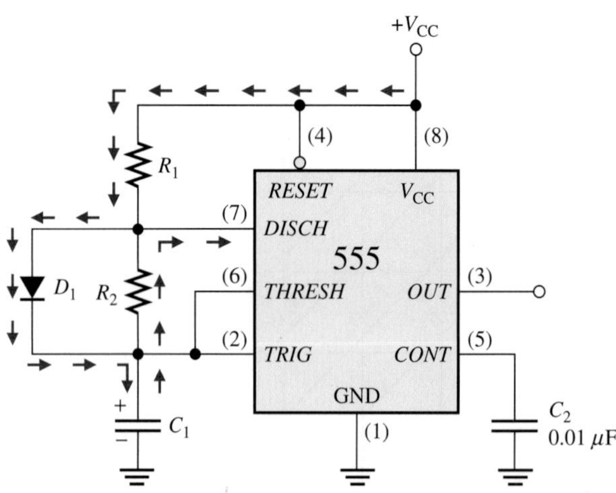

그림 7-59 다이오드 D_1을 추가하고 $R_1 < 2R_2$인 조건으로 듀티 사이클이 50% 이하가 되도록 수정한 555 타이머 회로

예제 7-14

그림 7-60은 비안정 모드(펄스 발생기)로 동작하는 555 타이머 회로이다. 출력주파수와 듀티 사이클을 계산하라.

풀이

식 7-4와 7-7을 이용하여

$$f = \frac{1.44}{(R_1 + 2R_2)C_1} = \frac{1.44}{(2.2\,\text{k}\Omega + 9.4\,\text{k}\Omega)0.022\,\mu\text{F}} = \mathbf{5.64\,kHz}$$

$$\text{듀티 사이클} = \left(\frac{R_1 + R_2}{R_1 + 2R_2}\right)100\% = \left(\frac{2.2\,\text{k}\Omega + 4.7\,\text{k}\Omega}{2.2\,\text{k}\Omega + 9.4\,\text{k}\Omega}\right)100\% = \mathbf{59.5\%}$$

관련 문제

그림 7-59에 나타낸 것과 같이 다이오드를 연결하였다면, 그림 7-60에서 듀티 사이클은 얼마인가?

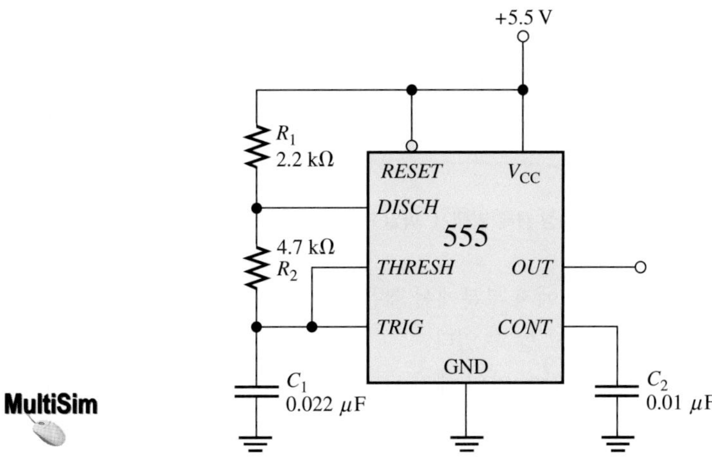

그림 7-60 파일 F07-60을 열어 동작을 검증하라.

복습문제 7-6

1. 비안정 멀티바이브레이터와 단안정 멀티바이브레이터의 차이점을 설명하라.
2. $t_H = 15$ ms, $T = 20$ ms인 비안정 멀티바이브레이터에 대해 출력의 듀티 사이클을 구하라.

7-7 고장 진단

새로운 회로가 목적에 맞게 동작하는지를 알기 위해 회로를 검증하는 것은 당연한 절차이다. 새로운 회로를 '브레드보드(breadboard)'에 실장하여 설계의 내용이 맞는지 시험을 실시한다. 브레드보드에 실장하였다는 의미는 임시로 회로를 제작하고 그 회로의 동작을 검증하며, 이때 발생한 결점을 시제품이 만들어지기 전에 수정 보완하는 일련의 설계 과정을 말한다.

이 절의 학습내용

- 회로상의 타이밍이 어떻게 글리치를 발생시킬 수 있는지 설명한다.
- 내재된 설계상의 문제점을 예측하고 찾아내는 고장 진단 과정을 살펴본다.

그림 7-61(a)는 2개의 클록파형(CLK A와 CLK B)이 교대로 출력되는 회로이다. 각각의 출력파형은 입력 클록(CLK)의 1/2에 해당하는 주파수를 가지며, 그림 (b)에 이상적인 타이밍도가 나타나 있다.

오실로스코프나 논리 분석기를 이용하여 이 회로를 시험하면 그림 7-62(a)와 같은 CLK A와 CLK B가 화면에 나타날 것이다. 두 파형 모두에서 글리치가 발생하므로 기본 설계나 또는 연결 방법에 문제가 있다고 볼 수 있다. 더 자세히 살펴보면 글리치는 CLK 신호와 Q, $\overline{Q}$가 AND 게이트에 입력되면서 발생했음을 알 수 있다. 그림 7-62(b)에서 볼 수 있듯이 CLK와 Q, CLK와 $\overline{Q}$

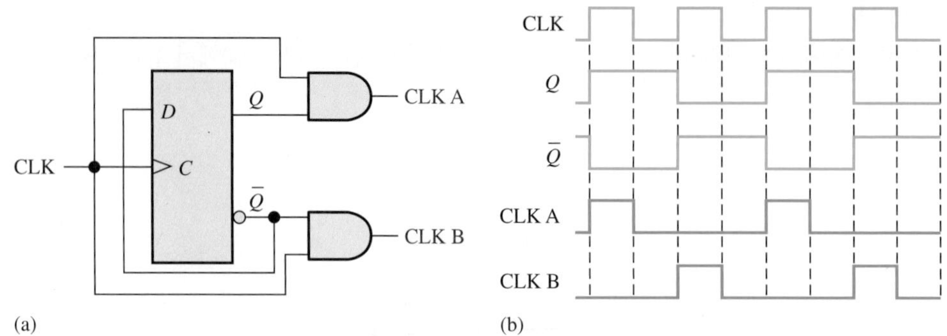

MultiSim 그림 7-61 이상적인 파형을 발생하는 두 위상 클록 발생기. 파일 F07-61을 사용하여 동작을 검증하라.

사이의 전파지연은 클록 펄스의 선두 에지 부분에서 짧은 주기 동안 동시에 HIGH를 만든다. 따라서 이것이 기본 설계상의 결점이라고 할 수 있다.

이와 같은 문제는 그림 7-63(a)와 같이 양의 에지 트리거 소자 대신에 음의 에지 트리거 소자를 사용하면 방지할 수 있다. 비록 CLK와 Q, $\overline{Q}$ 사이에 전파지연시간이 존재하기는 하지만 클록(CLK)의 후미 에지에서 플립플롭을 트리거시키면 그림 7-63(b)와 같이 글리치가 발생하지 않는다.

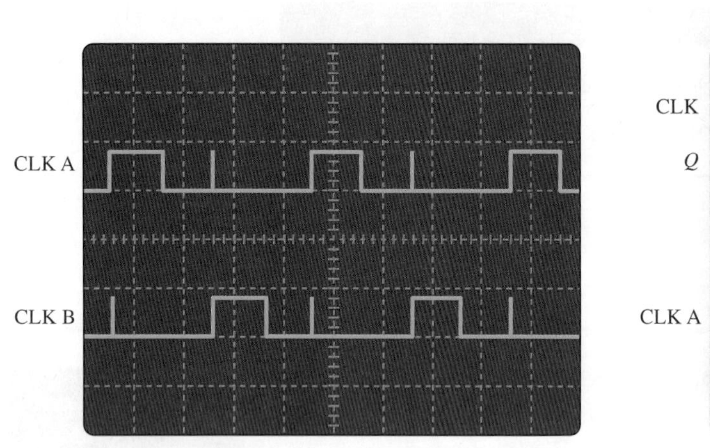

(a) '스파이크' 형태의 글리치가 발생한 CLK A와 CLK B의 오실로스코프 파형

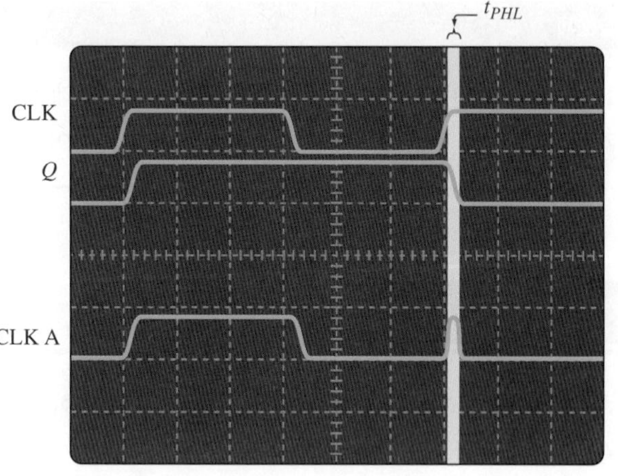

(b) CLK A에서 글리치의 원인인 전파지연시간을 보여주는 오실로스코프 파형

그림 7-62 그림 7-61 회로의 오실로스코프 파형

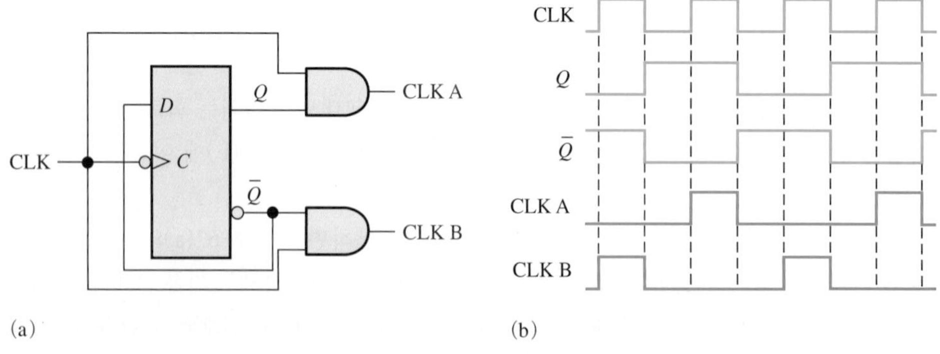

MultiSim 그림 7-63 글리치를 제거하기 위해 음의 에지 트리거 플립플롭을 사용한 두 위상 클록 발생기. 파일 F07-63을 사용하여 동작을 검증하라.

디지털 시스템에서 발생하는 글리치는 매우 빨라서(극단적으로 짧은 시간) 오실로스코프로 측정하기 어렵다. 특히 스위프 시간이 길면 더욱 어렵다. 그러나 논리 분석기를 이용하면 글리치를 쉽게 관찰할 수 있다. 논리 분석기로 글리치를 관찰하려면 '래치' 모드 또는 천이 샘플링(transition sampling) 기능을 선택하여야 한다. 래치 모드에서 논리 분석기는 전압 레벨 변화를 찾는데 만일 전압 레벨의 변화가 있으면 그 시간이 매우 짧더라도 그 정보는 샘플링된 데이터로 분석기의 메모리로 래치된다. 이 저장된 데이터를 보면 글리치의 확실한 변화를 볼 수 있어 판별하기가 쉽다.

복습문제 7-7

1. 그림 7-63의 회로에 음의 에지 트리거 J-K 플립플롭을 사용할 수 있는가?
2. 그림 7-63의 회로에 클록을 제공하려면 어떤 소자가 사용되는가?

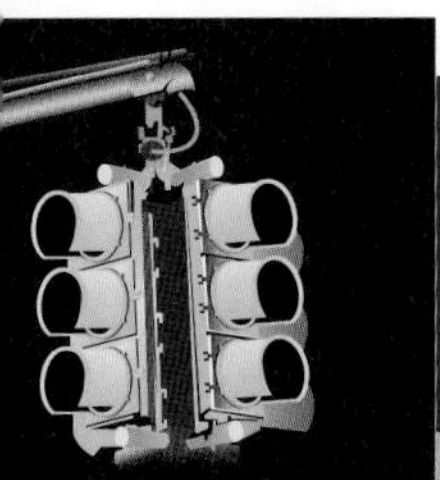

응용 논리

교통신호 제어기 : 2부

교통신호 제어기의 조합 논리 부분은 6장에서 다루었다. 여기서는 타이밍 회로와 순차 논리회로에 대한 내용을 다룬다. 타이밍 회로는 적색등과 녹색등을 위한 25초의 시간간격 그리고 황색 경고등을 위한 4초의 시간간격을 발생한다. 이러한 출력들은 순차 논리회로에서 사용된다. 교통신호등 제어 시스템의 전체 블록도는 그림 7-64와 같다.

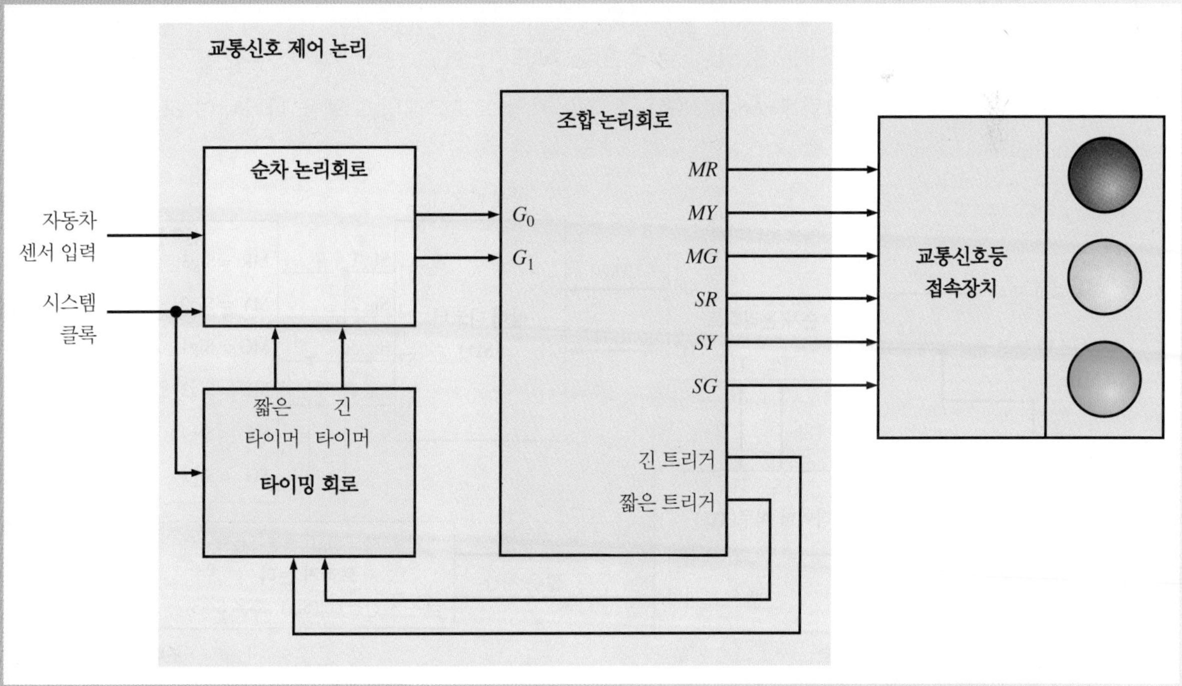

그림 7-64 교통신호 제어기의 블록도

타이밍 회로

교통신호 제어기의 타이밍 회로는 25초 타이머와 4초 타이머 그리고 클록 발생기로 구성된다. 이 타이밍 회로는 앞에서 설명한 비안정 멀티바이브레이터(진동기)로 구성된 1개의 555 타이머, 원-숏으로 구성된 2개의 555 타이머로 구성될 수도 있다. 구성품의 수치는 주어진 공식을 바탕으로 계산된다.

타이머를 구성하는 또 하나의 방법을 그림 7-65에 나타냈다. 외부의 24 MHz 시스템 클록은 주파수 분주기로 정확하게 1 Hz 클록으로 나눌 수 있다. 1 Hz 클록은 1 Hz 펄스들을 계수함으로써 25초와 4초씩의 간격을 구현한다.

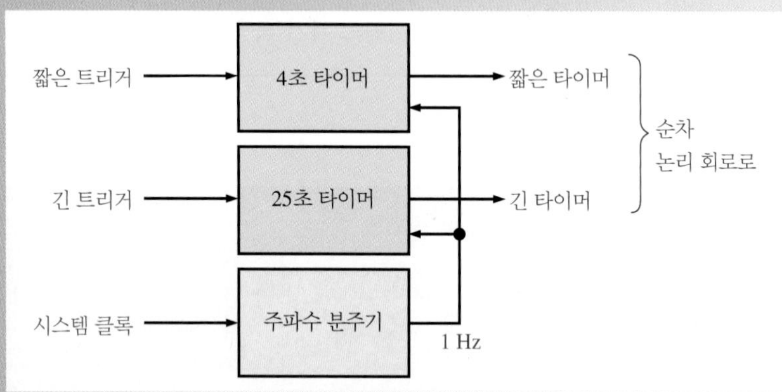

그림 7-65 타이밍 회로의 블록도

연습문제

1. 25초 555 타이머를 구성하기 위해 필요한 저항과 커패시터의 값을 결정한다.
2. 4초 555 타이머를 구성하기 위해 필요한 저항과 커패시터의 값을 결정한다.
3. 주파수 분주기의 목적은 무엇인가?

VHDL에 의한 제어 프로그래밍

그림 7-66은 교통신호 제어기의 프로그래밍 모델을 나타내며 모든 입출력 레벨을 표시하고

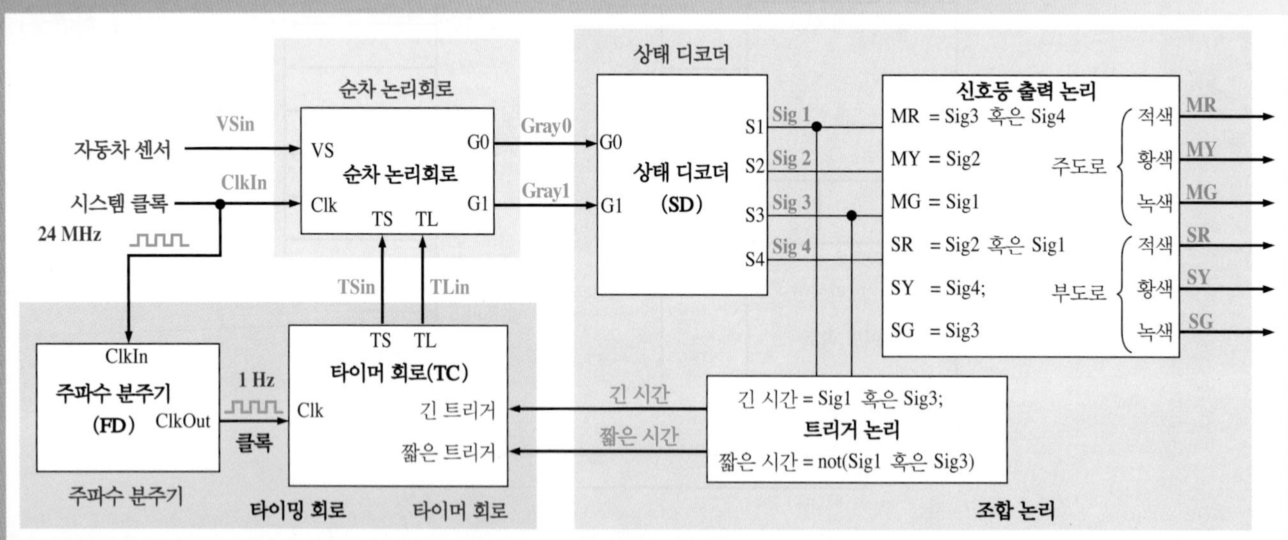

그림 7-66 교통신호 제어기를 위한 프로그래밍 모델

있다. 타이밍 회로 블록은 주파수 분주기와 타이머 회로의 두 부분으로 나뉜다. 조합 논리 블록은 상태 디코더와 2개의 논리 부분으로 나뉜다(신호등 출력 논리와 트리거 논리). 이 모델은 VHDL 코드로 구현될 것이다.

주파수 분주기 주파수 분주기의 목적은 타이머 회로에서 사용하는 1 Hz 클록을 만드는 것이다. 입력 ClkIn은 프로그램 코드를 동작시키는 24.00 MHz 오실레이터이다. SetCount는 1 Hz 간격의 계수를 초기화한다. 프로그램 FreqDivide는 0에서 SetCount에 지정된 값까지 계수하고 출력 ClkOut을 반전시킨다.

정수값 Cnt는 동작 전에 0으로 맞춘다. 클록 펄스는 계수되어 SetCount에 지정된 값과 비교된다. 계수된 펄스의 수가 SetCount의 지정된 값에 도달했을 때, 현재 출력 ClkOut에 설정된 값이 1인지 0인지를 검사하여 ClkOut에 설정된 값이 0이라면 ClkOut을 1로 지정하고, 그렇지 않으면 ClkIn을 1로 설정한다. 그리고 Cnt는 다시 0으로 지정되고 그 과정을 반복한다. 출력 ClkOut이 연속 상태 변화를 함으로써 SetCount의 값에 도달할 때마다 50% 듀티 사이클을 갖는 1 Hz 클록 출력을 발생한다.

주파수 분주기를 위한 VHDL 프로그램 코드는 다음과 같다.

```
library ieee;
use ieee.std_logic_1164.all;

entity FreqDivide is
port (ClkIn, in std_logic;
     ClkOut: buffer std_logic);
end entity FreqDivide;

architecture FreqDivideBehavior of FreqDivide is
begin
  FreqDivide: process(ClkIn)
  variable Cnt: integer :=0;
  variable SetCount: integer;

begin
  SetCount :=12000000; -- 1/2 duty cycle
  if (ClkIn'EVENT and ClkIn='1') then
    if (Cnt=SetCount) then
      if ClkOut='0' then
        ClkOut <='1'; --Output high 50%
      else
        ClkOut <='0'; --Output Low 50%
      end if;
      Cnt :=0;
    else
      Cnt :=Cnt + 1;
    end if;
```

ClkIn: 24.00 MHz 클록 구동기
ClkOut: 1 Hz에서의 출력

Cnt: SetCount 값까지의 계수
SetCount: $^1/_2$ 타이머 간격 값을 유지

SetCount는 1 Hz 출력을 발생하기 위해 시스템 클록의 1/2값으로 지정된다. 이 경우에는 24 MHz 시스템 클록이 사용된다.

if문의 역할은 동작을 개시하기 위해 클록 이벤트와 클록=1이 될 때까지 기다리게 하는 것이다.

SetCount 지정값은 ClkOut의 토글과 Cnt가 0으로 리셋 완료된 것을 검사한다.

← 지정값에 도달하지 못했다면, Cnt는 증가한다.

```
    end if;
  end process;
  end architecture FreqDivideBehavior;
```

타이머 회로 프로그램 TimeerCircuits는 각각 긴 트리거와 짧은 트리거에 의해 트리거되는 25초 타이머(TLong)와 4초 타이머(Tshort)를 구성하는 2개의 원-숏을 이용한다. VHDL 프로그램에서 1 Hz 클록 입력(Clk)으로 구동하는 계수 타이머는 원-숏의 컴포넌트인 TLong과 TShort를 연속 발생한다. SetCountLong과 SetCountShort에 저장된 값은 25초와 4초 간격의 종료로 설정된 원-숏의 TLong과 TShort의 Duration(지속) 입력에 할당된다. 인에이블이 LOW일 때, 원-숏 타이머는 초기화되고 출력 QOut은 HIGH로 세트되며, 원-숏 타이머가 종료될 때 QOut은 LOW로 세트된다. 원-숏의 출력 TLong은 TimerCircuits의 TL, TShort는 TimerCircuits의 TS로 보내진다.

타이밍 회로의 VHDL 프로그램은 다음과 같다.

```
library ieee;
use ieee.std_logic_1164.all;

entity TimerCircuits is                              LongTrig: 긴 종료 타이머 인에이블 입력
  port(LongTrig, ShotTrig, Clk: in std_logic;        ShortTrig: 짧은 종료 타이머 인에이블 입력
       TS, TL: buffer std_logic);                      Clk: 1 Hz 클록 입력
end entity TimerCircuits;                              TS: 짧은 종료 타이머 신호
                                                       TL: 긴 종료 타이머 신호

architecture TimerBehavior of TimerCircuits is
component OneShot is
  port(Enable, Clk: in std_logic;
       Duration: in integer range 0 to 25;            원-숏을 위한 컴포넌트 선언
       QOut    : buffer std_logic);
end component OneShot;

signal SetCountLong, SetCountShot: integer range 0 to 25;    SetConutLong: 긴 타이머 지속 구간 유지
begin                                                         SetCountShort: 짧은 타이머 지속 구간 유지
  SetCountLong <=25;    길고 짧은 계수 시간은 1 Hz 클록을 기반으로
  SetCountShot <=4;     25초와 4초로 하드웨어-코드화 되었다.
  TLong:OneShot port map(Enable=>LongTrig, Clk=>Clk, Duration=>SetCountLong, QOut=>TL);   ← 예시 TLong
  TShot:OneShotport map(Enable=>ShotTrig, Clk=>Clk, Duration=>SetCountShot, QOut=>TS);    ← 예시 TShort
end architecture TimerBehavior;
```

순차 논리회로

순차 논리회로 장치는 부도로 자동차 센서와 타이밍 회로로부터의 입력을 기반으로 교통신호등의 순차성을 제어한다. 순차 논리회로는 6장에서 설명한 네 가지 상태의 각각에 대한 2비트 그레이 코드를 발생한다.

카운터(계수기) 순차 논리는 그림 7-67에서와 같이 2비트 그레이 코드 계수기와 관련된 입력 논리회로로 구성된다. 카운터는 출력 G_0와 G_1에 따라 연속의 네 가지 상태를 만든다. 한 상태로부터 다른 상태로의 이동은 짧은 타이머(T_s)와 긴 타이머(T_L) 그리고 자동차 센서(V_s) 입력에 의해 결정된다.

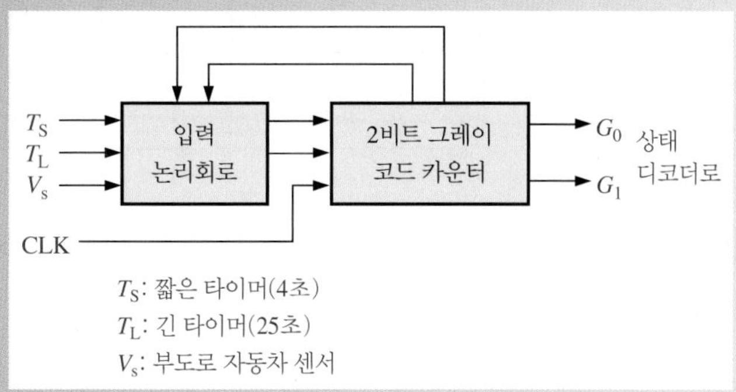

그림 7-67 **순차 논리의 블록도**

그림 7-68은 2개의 D 플립플롭으로 그레이 코드 계수기를 구현하는 방법을 보여주고 있다. 입력 논리회로로부터의 출력은 플립플롭에 D 입력을 제공함으로써 플리플롭이 적절한 상태의 순차동작을 하게 한다.

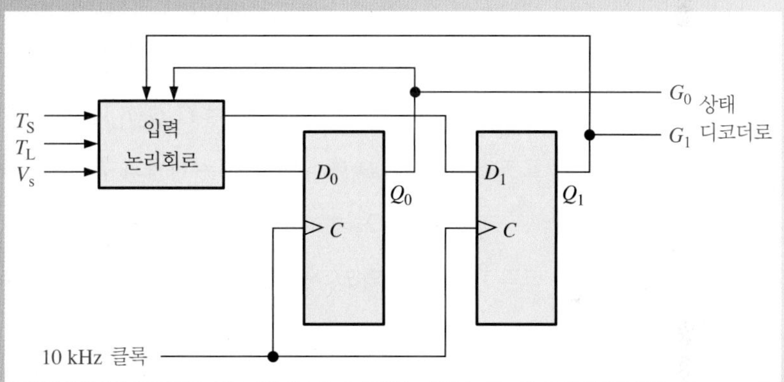

그림 7-68 **2비트 그레이 코드 카운터를 구현하기 위해 사용된 2개의 *D* 플립플롭을 갖는 순차 논리회로도**

표 7-5는 D 플립플롭 상태 변화표이다. 6장 응용 논리의 상태도로부터 확대된 다음 상태표는 표 7-6에 나타낸다. 계수기 디자인에 관해서는 8장에서 보충 설명한다.

표 7-5

D 플립플롭 변화표. Q_N은 클록 펄스 전의 출력이고 Q_{N+1}은 클록 펄스 후의 출력이다.

출력 상태 변화			플립플롭 입력
Q_N		Q_{N+1}	D
0	→	0	0
0	→	1	1
1	→	0	0
1	→	1	1

표 7-6

계수기의 다음 상태표

현재 상태		다음 상태			플립플롭 입력	
Q_1	Q_0	Q_1	Q_0	입력 조건	D_1	D_0
0	0	0	0	$T_L+\overline{V}_s$	0	0
0	0	0	1	$\overline{T}_LV_s$	0	1
0	1	0	1	T_S	0	1
0	1	1	1	$\overline{T}_S$	1	1
1	1	1	1	T_LV_s	1	1
1	1	1	0	$\overline{T}_L+\overline{V}_s$	1	0
1	0	1	0	T_S	1	0
1	0	0	0	$\overline{T}_S$	0	0

입력 논리 표 7-5와 7-6을 이용하면, 상태 1로 가기 위해 요구된 각 플립플롭의 조건들을 결정할 수 있다. 예를 들어 표 7-6의 두 번째 열에 나타낸 것과 같이 현재 상태가 00이고 입력 D_0가 $\overline{T}_LV_s$일 때, G_0는 0에서 1로 된다. 다음 클록 펄스에서 G_0가 1로 유지되거나 1이 되기 위해서 D_0는 1이 되어야 한다. D_0를 1로 만드는 조건을 표현하는 불 식은 다음과 같다(표 7-6으로부터 유도).

$$D_0 = \overline{G}_1\overline{G}_0\overline{T}_LV_s + \overline{G}_1G_0T_S + \overline{G}_1G_0\overline{T}_S + G_1G_0T_LV_s$$

2개의 중간 항에서 T_S와 $\overline{T}_S$는 상쇄되고 다음 항이 남는다.

$$D_0 = \overline{G}_1\overline{G}_0\overline{T}_LV_s + \overline{G}_1G_0 + G_1G_0T_LV_s$$

표 7-6으로부터 D_1에 대한 표현은 다음과 같이 쓸 수 있다.

$$D_1 = \overline{G}_1G_0\overline{T}_S + G_1G_0T_LV_s + G_1G_0\overline{T}_L + G_1G_0\overline{V}_s + G_1\overline{G}_0T_S$$

그림 7-69는 D_0와 D_1에 대해 간략화된 완전한 순차 논리도를 나타낸다.

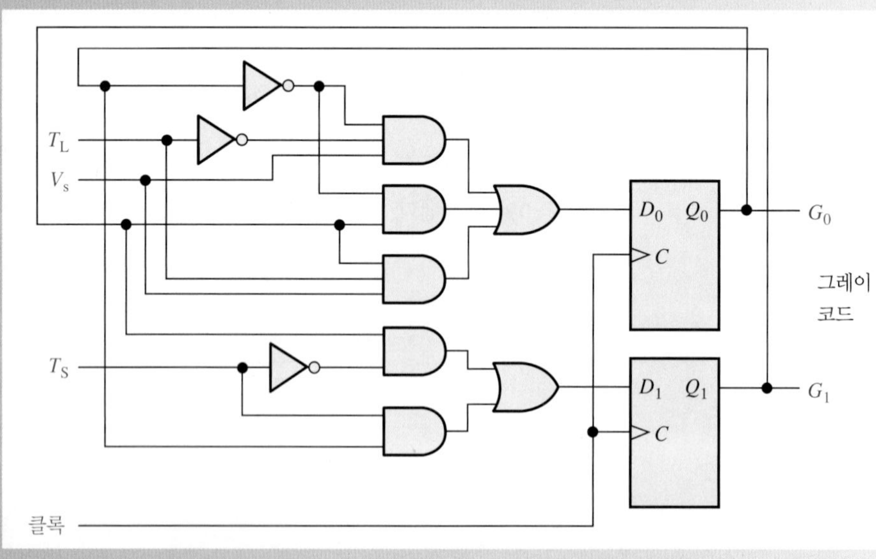

그림 7-69 **순차 논리의 완전한 블록도**

연습문제

4. D_0에서 T_s와 $\overline{T}_s$를 상쇄하는 불법칙에 대해 설명하라.
5. 카르노 맵을 사용하여 D_0를 최소 형태로 표현하라.
6. 불 식 또는 카르노 맵을 사용하여 D_1을 최소 형태로 표현하라.
7. 최소 형태로 표현된 D_0와 D_1이 그림 7-69와 일치하는가?

VHDL에 의한 순차 논리

프로그램 SequentialLogic은 타이밍 회로와 부도로 자동차 센서로부터의 입력을 기반으로 교통신호 제어기를 구동하기 위해 필요한 그레이 코드 논리를 나타낸다. 순차 논리 코드는 4개 연속 상태를 나타내는 각 2비트 그레이 코드를 발생한다. 정의된 dff는 2개의 D 플립플롭인 DFF0와 DFF1을 나타낸다. 2비트 그레이 코드는 DFF0와 DFF1에서 만들어지며 그레이 코드 출력은 4개의 각 상태를 통해 교통신호 제어기를 순차 제어한다. 내부 변수 D0와 D1은 7장의 D0와 D1 불 식의 결과를 저장한다. D0, D1에 저장된 결과는 D 플립플롭 출력 Q로부터 G0와 G1을 출력하기 위해 시스템 클록에 따라 D 플립플롭 DFF0와 DFF1에 할당된다.

순차 논리회로의 VHDL 프로그램 코드는 다음과 같다.

```
library ieee;
use ieee.std_logic_1164.all;

entity SequentialLogic is
port(VS, TL, TS, Clk: in std_logic; G0, G1: inout std_logic);
end entity SequentialLogic;

architecture SequenceBehavior of SequentialLogic is

component dff is
port(D, Clk: in std_logic; Q: out std_logic);
end component dff;

signal D0, D1: std_logic;
begin
D1 <=(G0 and not TS) or (G1 and TS);
D0 <=(not G1 and not TL and VS) or (not G1 and G0)
        or (G0 and TL and VS);

DFF0: dff port map(D=>D0, Clk=>Clk, Q=>G0);
DFF1: dff port map(D=>D1, Clk=>Clk, Q=>G1);

end architecture SequenceBehavior;
```

VS: 자동차 센서 입력
TL: 긴 타이머 입력
TS: 짧은 타이머 입력
Clk: 시스템 클록
G0: 그레이 코드 출력 비트 0
G1: 그레이 코드 출력 비트 1
D0: DFlipFlop DFF0를 위한 논리
D1: DFlipFlop DFF1을 위한 논리

(component dff 선언) D 플립플롭(dff) 컴포넌트에 대한 선언

(D1, D0 정의) 7장의 D 불 식으로부터 유도된 D 플립플롭 입력 D0와 D1에 대한 논리 정의

(DFF0, DFF1) 컴포넌트 예시

완전한 교통신호 제어기

프로그램 TrafficLights는 교통신호 제어기를 완성한다. FreqDivide, TimerCircuits, SequentialLogic, StateDecoder 등의 컴포넌트들은 완전한 시스템을 구성한다. TrafficLights 프로

그램 소스 코드로부터의 신호 CLKin은 FreqDivide에 들어가는 클록이다. 출력 ClkOut으로 나뉜 주파수는 지역 변수 Clock으로 저장되고, TimerCircuits와 SequentialLogic으로 들어가는 클록으로 나뉜다. StateDecoder로부터의 출력 Sig1과 Sig3는 지역변수 LongTime과 ShortTime을 제어하고, 그 지역 변수들은 TimerCircuits를 제어한다. StateDecoder는 교통신호등 MG, SG, MY, SY, MR, SR을 제어하기 위한 출력 Sig1~Sig4를 제공한다. TimerCircuits의 종료신호 TS와 TL은 변수 TLin(timer long in)과 TSin(timer short in)으로 저장된다.

TimerCircuits로부터의 신호 TLin과 TSin은 SequentialLogic의 입력으로서 자동차 센서 VSin에 따라 사용된다. SequentialLogic G0와 G1으로부터의 출력은 StateDecoder의 입력으로서 변수 Gray 0와 Gray1으로 저장된다. StateDecoder는 변수 Sig1~Sig4에 차례로 전달된 신호 Sig1~Sig4를 반환한다. 6장에서 언급한 신호등 출력 논리와 트리거 논리는 이 프로그램에서 컴포넌트로 취급하지 않지만 논리표현으로 언급한다. 변수 Sig1~Sig4로 저장된 값들은 출력 MG, SG, MY, SY, MR, SR을 위한 논리를 제공한다. 그리고 지역 타이머 트리거인 LongTime과 ShortTime은 TimerCircuits에 보내진다.

교통신호 제어기의 VHDL 프로그램 코드는 다음과 같다.

```
library ieee;                                                    VSin  : 자동차 센서 입력
use ieee.std_logic_1164.all;                                     CLKin: 시스템 클록
                                                                 MR   : 주도로 적색등 출력
entity TrafficLights is                                          SR   : 부도로 적색등 출력
port(VSin, ClkIn: in std_logic; MR, SR, MY, SY, MG, SG: out std_logic);   MY   : 주도로 황색등 출력
end entity TrafficLights;                                        SY   : 부도로 황색등 출력
                                                                 MG   : 주도로 녹색등 출력
architecture TrafficLightsBehavior of TrafficLights is           SG   : 부도로 녹색등 출력

component StateDecoder is
port(G0, G1: in std_logic; S1, S2, S3, S4: out std_logic);      StateDecoder를 위한 컴포넌트 선언
end component StateDecoder;

component SequentialLogic is
port(VS, TL, TS, Clk: in std_logic; G0, G1: inout std_logic);   SequentialLogic을 위한 컴포넌트 선언
end component SequentialLogic;

component TimerCircuits is
port(LongTrig, ShortTrig, Clk: in std_logic; TS, TL: buffer std_logic);   TimerCircuits를 위한 컴포넌트 선언
end component TimerCircuits;

component FreqDivide is
port(Clkin: in std_logic; ClkOut: buffer std_logic);            FreqDivider를 위한 컴포넌트 선언
end component FreqDivide;

signal Sig1, Sig2, Sig3, Sig4, Gray0, Gray1: std_logic;
```

```
signal LongTime, ShortTime, TLin, TSin, Clock: std_logic;

begin
MR<=Sig3 or Sig4;
SR<=Sig2 or Sig1;
MY<=Sig2;
SY<=Sig4;
MG<=Sig1;
SG<=Sig3;

LongTime<=Sig1 or Sig3;
ShortTime<=not(Sig1 or Sig3);

SD: StateDecoder      port map(G0=>Gray0, G1=>Gray1, S1=>Sig1, S2=>Sig2, S3=>Sig3, S4=>Sig4);
SL: SequentialLogic port map(VS=>VSin, TL=>TLin, TS=>TSin, Clk=>Fout, G0=>Gray0, G1=>Gray1);
TC: TimerCircuits     port map(LongTrig=>LongTime, ShortTrig=>ShortTime, Clk=>Clock, TS=> TSin, TL=>TLin);
FD: FreqDivide        port map(Clkln=>Clkin, ClkOut=>Clock);

end architecture TrafficLightsBehavior;
```

Sig 1-4: StateDecoder로부터 값을 반환
Gray0-1: SequentialLogic 그레이 코드 반환
LongTime: TimerCircuits에 대한 트리거 입력
ShortTime: TimerCircuits에 대한 트리거 입력
TLin: TimerCircuits 긴 종료를 저장
TSin: TimerCircuits 짧은 종료를 저장
Clock: FreqDivide로부터 분리된 클록

신호등 출력 논리를 위한 논리 정의 (MR ~ SG)

트리거 논리를 위한 논리 정의 (LongTime, ShortTime)

컴포넌트 예시 (SD, SL, TC)

모의 실험

웹사이트의 Applied Logic 폴더에서 AL07 파일을 연다. Multisim 소프트웨어를 사용하여 교통신호 제어기의 시뮬레이션을 실행하고 동작을 관찰한다. 첫 동작에서 신호등은 임의로 켜진다. 시뮬레이션 시간은 다를 수 있다.

MultiSim

지식 적용

6장에서 개발한 보행자 입력에 대한 수정 사항을 추가하고 시뮬레이션을 실행한다.

요약

- 래치는 비동기 입력에 따라 상태가 결정되는 쌍안정 소자이다.
- 에지 트리거 플립플롭은 클록 펄스의 트리거 에지에서만 입력에 따라 상태가 결정되는 동기 입력을 가진 쌍안정 소자이다. 출력의 변화는 클록의 트리거 에지에서 일어난다.
- 단안정 멀티바이브레이터(원-숏)는 하나의 안정 상태를 가진다. 원-숏이 트리거되면 출력은 *RC* 회로에 의해 정해진 시정수 동안 불안정 상태로 변경된다.
- 비안정 멀티바이브레이터는 안정 상태가 없으며 디지털 시스템에서 타이밍 파형을 만드는 데 사용된다.

핵심용어

이 장의 핵심 용어 및 기타 굵은 글씨는 책 마지막 용어해설에도 정리되어 있다.

단안정(monostable) 하나의 안정된 상태를 가지고 있다. 원-숏으로 불리는 단안정 멀티바이브레이터는 트리거 입력이 들어오면 1개의 펄스를 만든다.

동기(synchronous) 고정된 시간관계를 갖는 것

래치(latch) 한 비트를 저장하는 데 사용되는 쌍안정 디지털 회로

리셋(reset) 출력이 0이 되는 플립플롭 또는 래치의 상태. 리셋 상태를 만드는 동작

비안정(astable) 안정 상태를 가지고 있지 않다. 비안정 멀티바이브레이터는 2개의 준안정 상태로 발진한다.

세트(set) 출력이 1이 되는 플립플롭 또는 래치의 상태. 세트 상태로 만드는 동작

쌍안정(bistable) 2개의 안정된 상태를 가지고 있다. 플립플롭과 래치는 쌍안정 멀티바이브레이터이다.

에지 트리거 플립플롭(edge-triggered flip-flop) 데이터의 입력이 클록 에지에 동기되어 출력되는 플립플롭의 한 종류

원-숏(one-shot) 단안정 멀티바이브레이터

유지 시간(hold time) 클록의 에지 신호가 발생되기 전에 플립플롭으로 인가되는 입력이 검출 가능한 레벨 이상으로 유지되어야 하는 시간간격

전력 소모(power dissipation) 회로에서 요구되는 전력의 양

전파지연시간(propagation delay time) 논리회로의 동작에서 입력이 인가되어 출력으로 나타날 때까지의 시간간격

준비 시간(set-up time) 플립플롭과 같은 디지털 회로로 데이터가 입력될 때, 클록 펄스의 트리거 입력에 앞서 데이터가 유지되어야 하는 시간간격

클록(clock) 플립플롭의 트리거 입력

클리어(clear) 플립플롭을 리셋시키는 데 (Q 출력을 0으로 만듦) 사용되는 비동기 입력

타이머(timer) 원-숏 또는 발진기로서 사용될 수 있는 회로

토글(toggle) 매 클록 펄스마다 상태를 변화시키는 플립플롭의 동작

프리셋(preset) 플립플롭의 상태(출력 Q)를 1로 만들기 위한 비동기 입력

D 플립플롭(D flip-flop) 플립플롭의 입력이 클록의 에지 변화에서 D 입력의 상태를 출력하는 쌍안정 멀티바이브레이터의 한 종류

J-K 플립플롭(J-K flip-flop) 세트, 리셋, 무변화, 토글모드로 동작하는 플립플롭의 일종

참/거짓 퀴즈

정답은 이 장의 끝에 있다.

1. 래치는 하나의 안정 상태를 갖는다.
2. 래치는 출력 Q가 LOW 상태에 있을 때 리셋 상태에 있다고 한다.
3. 게이트된 D 래치는 상태를 바꾸는 동작에 사용할 수 없다.
4. 플립플롭과 래치는 모두 쌍안정 소자이다.
5. 에지 트리거 D 플립플롭은 D 입력이 바뀔 때마다 상태를 바꾼다.

6. 에지 트리거 플립플롭에서 클록은 필수적이다.
7. J와 K 입력 모두 HIGH 상태일 때, 에지 트리거 J-K 플립플롭은 각각의 클록 펄스에서 상태를 바꾼다.
8. 원-숏은 비안정 멀티바이브레이터로도 알려져 있다.
9. 트리거되었을 때, 원-숏은 하나의 펄스를 만들어낸다.
10. 555 타이머는 펄스 오실레이터로 사용할 수 없다.

자습문제

정답은 이 장의 끝에 있다.

1. 액티브 HIGH 입력 S-R 래치의 엇갈림 연결을 구성하는 것은 무엇인가?
   (a) 2개의 NOR 게이트　(b) 2개의 NAND 게이트
   (c) 2개의 OR 게이트　(d) 2개의 AND 게이트
2. 액티브 LOW 입력 $\overline{S}$-$\overline{R}$ 래치에서 참이 아닌 조건은 무엇인가?
   (a) $\overline{S} = 1, \overline{R} = 1, Q = NC, \overline{Q} = NC$　(b) $\overline{S} = 0, \overline{R} = 1, Q = 1, \overline{Q} = 0$
   (c) $\overline{S} = 1, \overline{R} = 0, Q = 1, \overline{Q} = 0$　(d) $\overline{S} = 0, \overline{R} = 0, Q = 1, \overline{Q} = 1$
3. D 래치를 리셋시킬 입력 D와 EN의 조합은 무엇인가?
   (a) D = LOW, EN = LOW　(b) D = LOW, EN = HIGH
   (c) D = HIGH, EN = LOW　(d) D = HIGH, EN = HIGH
4. 플립플롭의 상태가 바뀌는 때는 언제인가?
   (a) 클록 펄스 전 구간　(b) 클록 펄스의 하강 에지
   (c) 클록 펄스의 상승 에지　(d) (b)와 (c) 모두
5. 플립플롭에서 클록 입력의 용도는 무엇인가?
   (a) 소자의 클리어
   (b) 소자의 세트
   (c) 항상 출력을 변화시키기 위해
   (d) 출력이 제어입력(J-K, D)에 따라 상태가 변경되도록 하기 위해
6. 트리거된 에지 D 플립플롭의 설명에 대해 맞는 것은 어떤 것인가?
   (a) 플립플롭에서의 상태 변화는 클록 펄스의 에지 부분에서만 발생한다.
   (b) 플립플롭의 상태는 D 입력에 따른다.
   (c) 출력은 각 클록 펄스에서 입력을 따라간다.
   (d) 세 가지 모두
7. J-K 플립플롭과 D 플립플롭이 다른 점은 무엇인가?
   (a) 토글 조건　(b) 프리셋 입력
   (c) 클록의 형태　(d) 클리어 입력
8. 플립플롭의 세트 조건은 어떤 경우에 이루어지는가?
   (a) $J = 0, K = 0$　(b) $J = 0, K = 1$
   (c) $J = 1, K = 0$　(d) $J = 1, K = 1$
9. $J = 1, K = 1$ 상태인 J-K 플립플롭에 10 kHz의 클록 입력이 입력된다. 출력 Q는?
   (a) 연속 HIGH　(b) 연속 LOW
   (c) 10 kHz 구형파　(d) 5 KHz 구형파

10. 원-숏은 다음 중 어떤 형태의 소자인가?
   (a) 단안정 멀티비이브레이터 (b) 비안정 멀티바이브레이터
   (c) 타이머 (d) (a)와 (c)
   (e) (b)와 (c)
11. 재트리거할 수 없는 원-숏의 출력 펄스 폭은 다음의 무엇에 따라 결정되는가?
   (a) 트리거 간격 (b) 공급전압
   (c) 저항과 커패시터 (d) 임계전압
12. 비안정 멀티바이브레이터에 대한 설명이다. 이에 대한 설명으로 맞는 것은 어떤 것인가?
   (a) 주기적인 트리거 입력을 요구한다. (b) 안정 상태가 없다.
   (c) 오실레이터이다. (d) 주기적인 펄스 출력을 만들어낸다.
   (e) 답 (a), (b), (c), (d) (f) 답 (b), (c), (d)만

문제

홀수 문제의 정답은 책의 끝에 있다.

7-1절 래치

1. 그림 7-70의 파형이 액티브-HIGH 입력 S-R 래치에 가해질 때 입력파형에 따른 출력 Q의 파형을 구하라. Q의 초기 상태는 LOW이다.

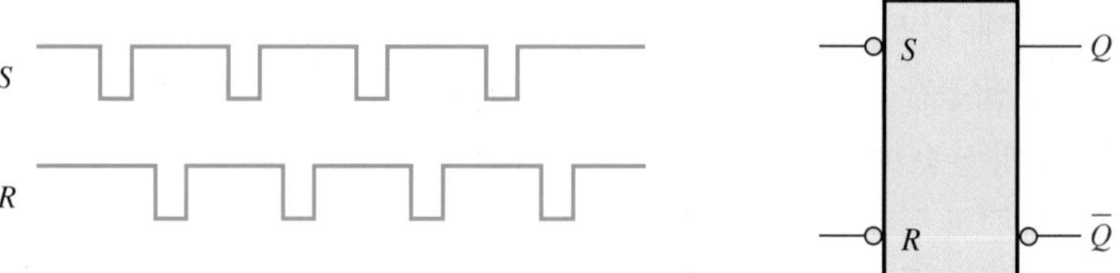

그림 7-70

2. 그림 7-71과 같은 입력파형이 액티브 LOW $\overline{S}$-$\overline{R}$ 래치에 가해질 때 문제 1과 같은 방법으로 출력 Q의 파형을 구하라.

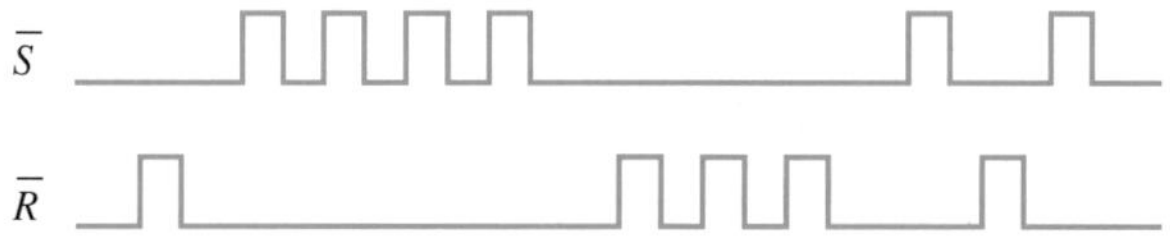

그림 7-71

3. 그림 7-72와 같은 입력파형이 문제 1과 같은 상황에서 가해질 때 출력 Q의 파형을 구하라.

그림 7-72

4. 게이트된 S-R 래치에 그림 7-73과 같은 파형이 입력될 때 Q와 $\overline{Q}$ 출력을 구하라. 그리고 파형을 인에이블(EN) 입력과 연관시켜 표시하라. Q의 초기 상태는 LOW 상태이다.

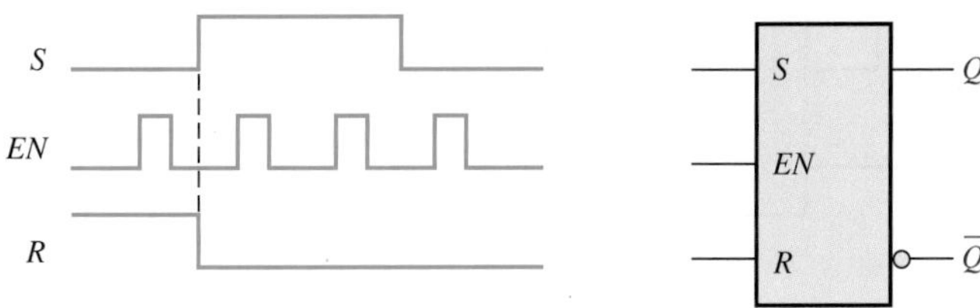

그림 7-73

5. 게이트된 D 래치에 그림 7-74와 같은 파형이 입력될 때 출력을 구하라.

그림 7-74

6. 게이트된 D 래치에 그림 7-75와 같은 파형이 입력될 때 출력을 구하라.

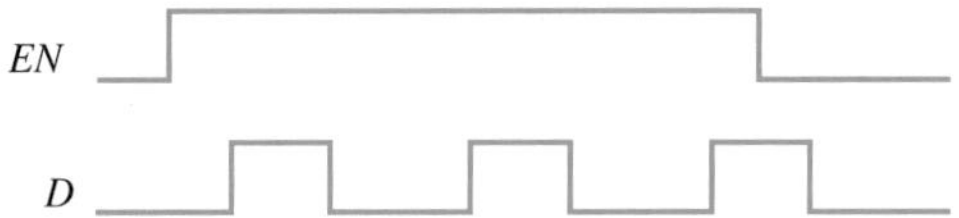

그림 7-75

7. 게이트된 D 래치에 그림 7-76과 같은 파형을 입력하였다. 래치의 초기 상태가 리셋 상태였다면 출력 Q에 나타나는 파형의 타이밍도를 그리라.

그림 7-76

7-2절 플립플롭

8. 2개의 에지 트리거 J-K 플립플롭이 그림 7-77에 나타나 있다. 입력이 그림과 같을 때, 각 플립플롭의 출력 Q를 구하고, 두 출력의 차이점을 설명하라. 플립플롭의 초기 상태는 리셋 상태이다.

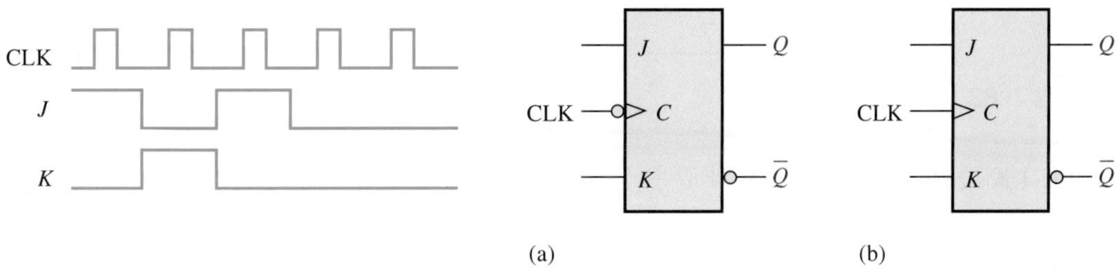

그림 7-77

9. 에지 트리거 D 플립플롭의 출력 Q와 클록 신호와의 관계는 그림 7-78과 같다. 플립플롭이 양의 에지 트리거형일 때, 이와 같은 출력을 얻기 위해 필요한 입력 D의 파형을 구하라.

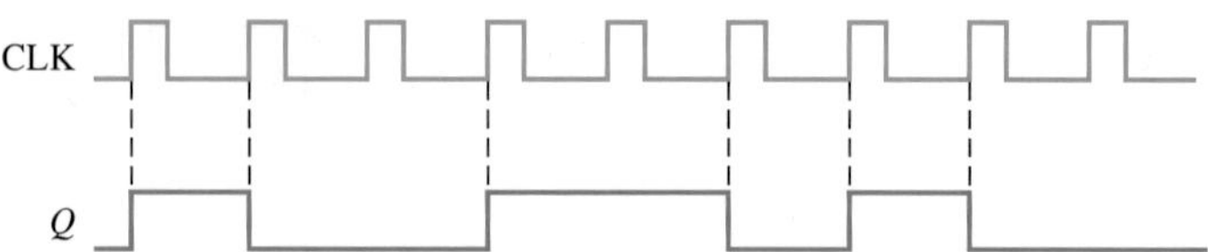

그림 7-78

10. D 플립플롭에 그림 7-79와 같은 신호가 입력될 때, 클록에 동기를 맞추어 출력 Q의 파형을 그리라. 플립플롭은 양의 에지 트리거이며, Q의 초기 상태는 LOW이다.

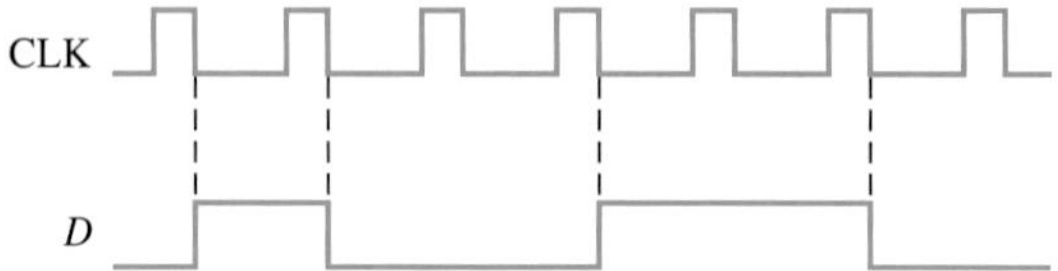

그림 7-79

11. 그림 7-80의 입력에 대하여 문제 10을 반복하라.

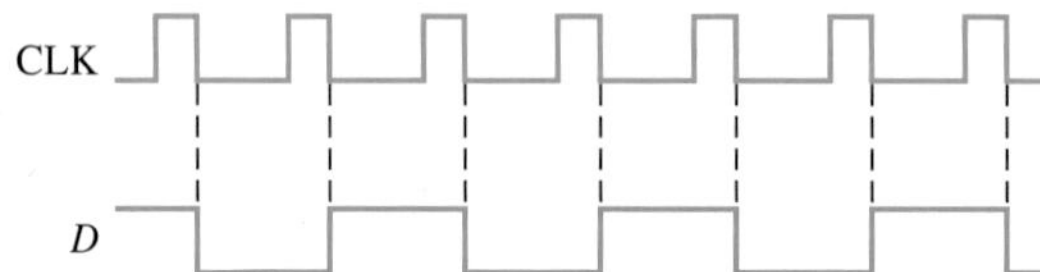

그림 7-80

12. 양의 에지 트리거 D 플립플롭에 그림 7-81과 같은 신호가 입력될 때, 클록에 동기를 맞추어 출력 Q의 파형을 그리라. Q의 초기 상태는 LOW이다.

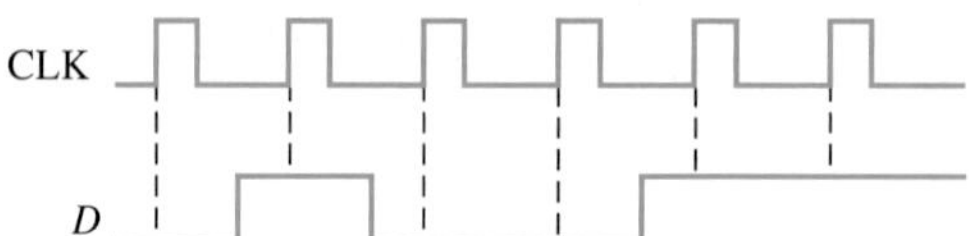

그림 7-81

13. 그림 7-82의 입력에 대하여 문제 12를 반복하라.

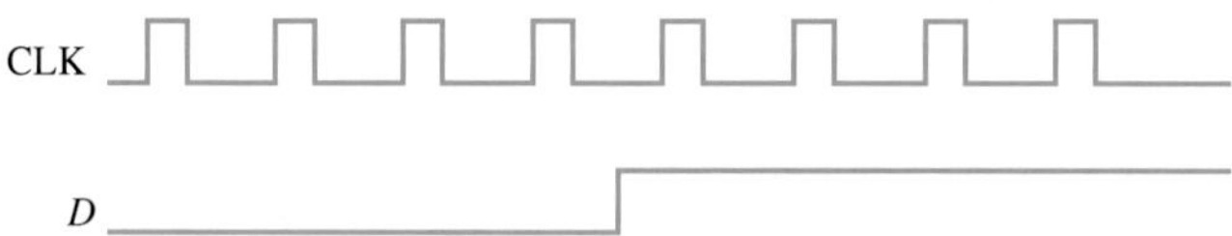

그림 7-82

14. J-K 플립플롭에 그림 7-83과 같은 신호가 입력될 때, 클록에 맞추어 출력 Q의 파형을 그려라. Q의 초기 상태는 LOW이다.

15. 음의 에지 트리거 J-K 플립플롭에 그림 7-84와 같은 입력이 가해질 때, 클록에 맞추어 출력 Q의 파형을 나타내라. Q의 초기 상태는 LOW이다.

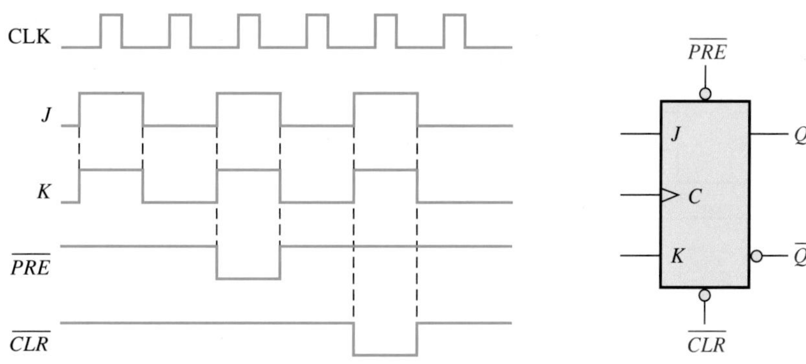

그림 7-83

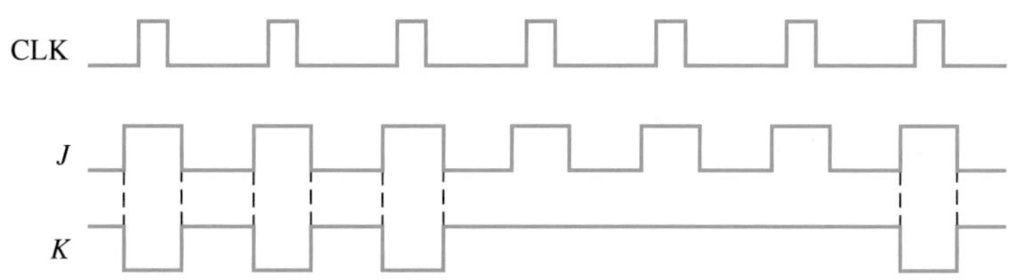

그림 7-84

16. 다음의 직렬 데이터를 그림 7-85의 플립플롭에 AND 게이트를 통하여 입력할 때, Q에서 출력되는 직렬 데이터를 구하라. 각 비트 시간마다 하나의 클록 펄스가 있으며, Q의 초기 상태는 0이고, $\overline{PRE}$, $\overline{CLR}$는 HIGH라고 가정한다. 그리고 제일 오른쪽의 비트가 먼저 입력된다.
J_1 : 1010011, J_2 : 0111010, J_3 : 1111000, K_1 : 0001110; K_2 : 1101100, K_3 : 1010101

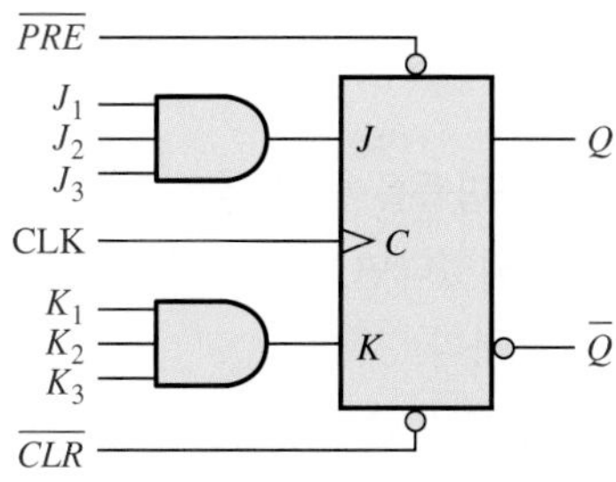

그림 7-85

17. 그림 7-85의 회로에 그림 7-86의 파형을 입력하였다. 출력 Q(초기 상태는 LOW)를 구하라. $\overline{PRE}$, $\overline{CLR}$는 HIGH를 유지한다고 가정한다.

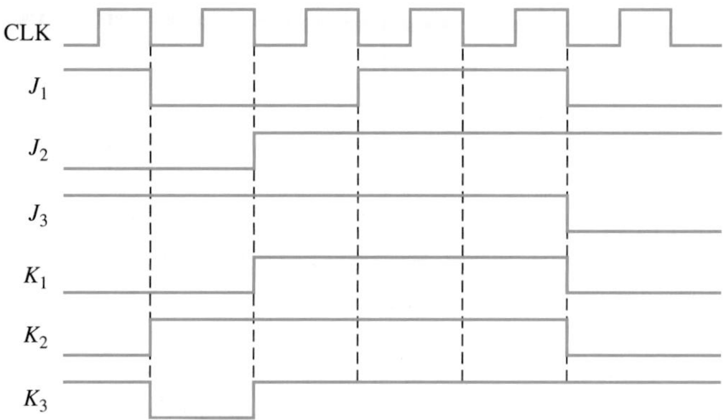

그림 7-86

18. $\overline{PRE}$, $\overline{CLR}$ 신호가 그림 7-87과 같을 때 문제 17을 반복하라. J와 K 입력은 문제 17과 같다.

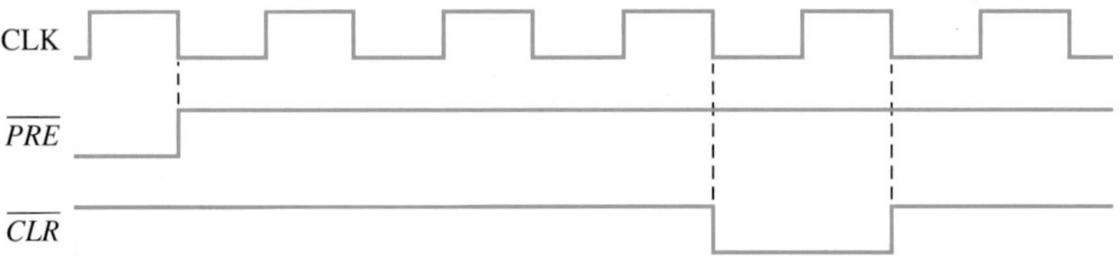

그림 7-87

7-3절 플립플롭의 동작 특성

19. 플립플롭의 전력 소모를 결정하는 요인은 무엇인가?
20. 보통 플립플롭은 유지 시간과 준비 시간 때문에 동작을 제한받는다. 해결방법을 설명하라.
21. 어떤 플립플롭의 데이터 시트에서 클록 펄스의 최소 HIGH 시간이 20 ns이고 최소 LOW 시간이 40 ns이라면 최대 동작주파수는 얼마인가?
22. 그림 7-88의 플립플롭의 초기 상태는 리셋 상태이다. 전파지연시간 t_{PLH}(Q로 입력되는 클록)이 5 ns라고 할 때 클록 펄스와 출력 Q 사이의 관계를 나타내라.

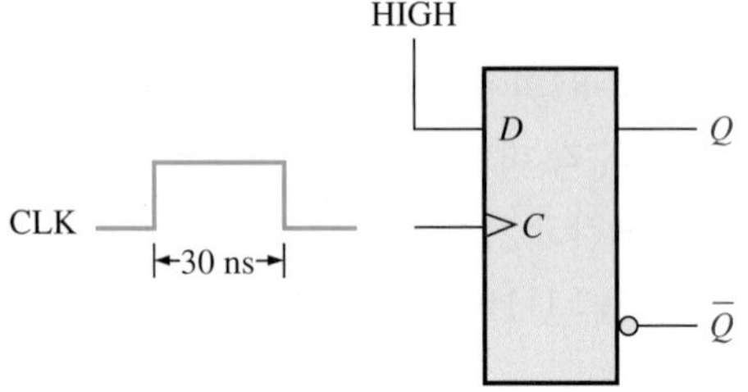

그림 7-88

23. +4 V 직류전압으로 구동되는 플립플롭이 8 mA의 직류 전류를 필요로 한다. 어떤 디지털 장비에 이 플립플롭이 16개 사용되었다면, +4 V 직류 전원장치가 공급해야 하는 전류 용량과 시스템의 전체 전력 소모를 구하라.
24. 그림 7-89의 회로에서 각 플립플롭의 준비 시간이 3 ns이고, 클록에서부터 출력까지 각 플립플롭의 전파지연시간(t_{PLH}와 t_{PHL})이 6 ns일 때, 이 회로의 정상동작을 위한 최대 클록주파수를 구하라.

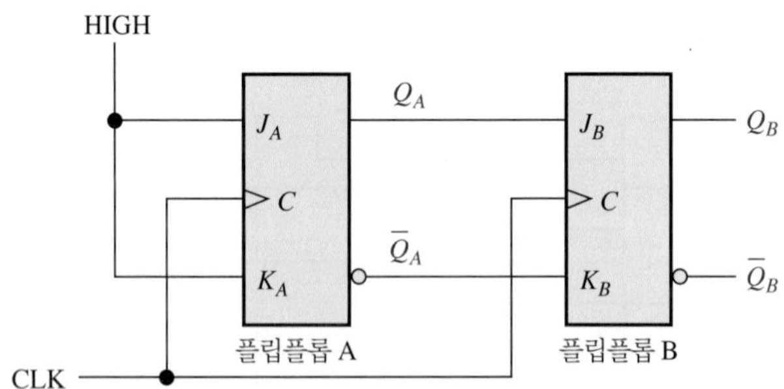

그림 7-89

7-4절 플립플롭의 응용

25. D 플립플롭의 연결이 그림 7-90과 같을 때 출력 Q를 구하라. 이 소자는 어떤 기능을 수행하는가?

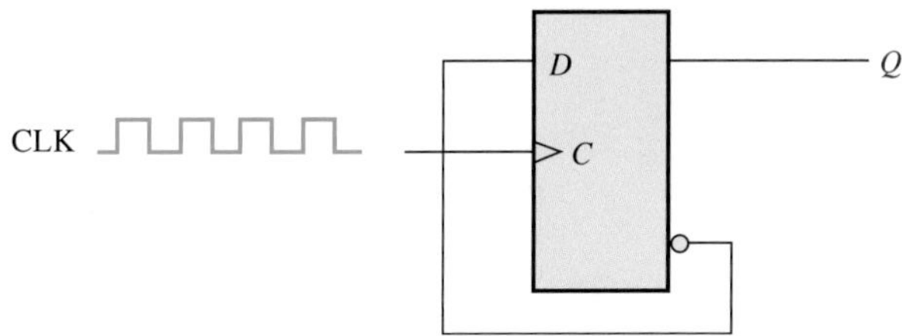

그림 7-90

26. 그림 7-89의 회로에 대해 8개의 클록 펄스가 공급되는 동안의 출력 Q_A와 Q_B에 대한 타이밍 도를 그리라.

7-5절 원-숏

27. 외부 저항이 1 kΩ이고 외부 커패시터가 1 pF일 때, 74121의 펄스 폭을 구하라.
28. 74LS122를 이용하여 지속 시간이 3 μs인 출력 펄스를 만들고자 한다. 50,000 pF의 커패시터를 사용할 때 필요한 외부 저항값을 구하라.
29. 555 타이머를 사용하여 0.5초의 출력 펄스를 발생하는 원-숏 회로를 구현하라.

7-6절 비안정 멀티바이브레이터

30. 그림 7-91에서와 같이 555 타이머는 비안정 멀티바이브레이터로 동작하도록 구성되었다. 이때 주파수를 구하라.

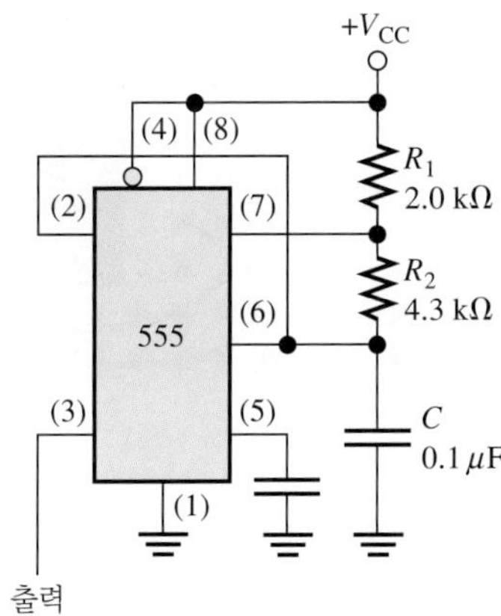

그림 7-91

31. 출력주파수가 10 kHz인 멀티바이브레이터로 동작하는 555 타이머에서 외부 커패시터 C의 값이 0.004 μF이고, 듀티 사이클이 약 80%일 때 외부 저항값을 구하라.

7-7절 고장진단

32. 그림 7-92의 플립플롭을 이 그림에 나타난 모든 입력 조건에서 시험한다면, 이 플립플롭은 정상적으로 동작하는가? 만일 정상이 아니라면 문제는 무엇인가?
33. 74HC00는 4조의 NAND 게이트를 가지고 있는 IC이다. 이 게이트를 사용하여 그림 7-93의 게이트된 S-R 래치를 이용하여 만들고자 한다. 그림 (a)의 회로도는 그림 (b)에 연결된다. 동작을 시켜본 결과, 출력 Q는 입력신호와 상관없이 항상 HIGH를 유지하였다. 무엇이 문제인가?

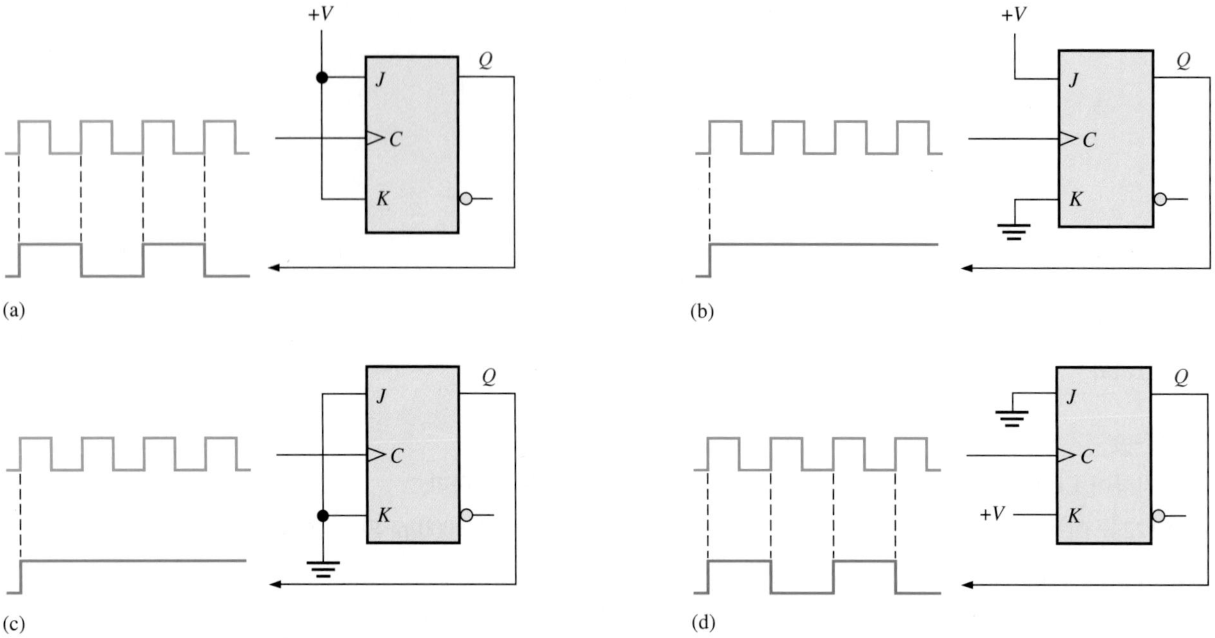

(a) (b)

(c) (d)

그림 7-92

(a) (b)

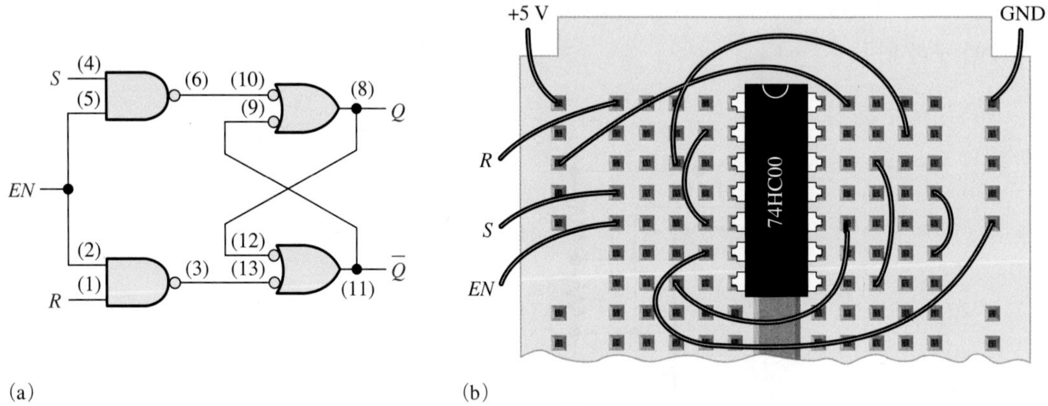

그림 7-93

34. 그림 7-94의 플립플롭이 정상적으로 동작하는지 검증하라. 정상적인 동작을 하고 있지 않다면, 무엇이 문제인가?

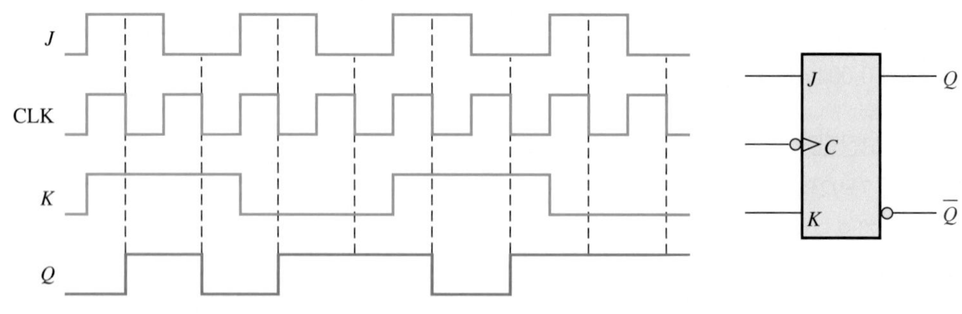

그림 7-94

35. 그림 7-35의 병렬 데이터 저장회로가 정상동작을 하지 않는다. 이 문제를 찾기 위해 첫째, 전원 V_{CC}와 접지가 올바르게 연결되어 있는지 확인하고 그다음 모든 D 입력과 클록에 LOW

를 입력해보았다. 이때 출력 Q를 검사해보니 모두 LOW이다. 다음으로 모든 D 입력과 클록을 HIGH로 만들고 출력 Q를 검사하였더니 여전히 모두 LOW였다. 어떤 문제가 있는 것인가? 그리고 단일 소자에 대해 오류를 찾아내기 위해서 어떤 절차로 시험해야 하는지 설명하라.

36. 그림 7-95(a)의 플립플롭 회로는 2진 카운트의 순서를 만들기 위하여 사용된다. 게이트는 2진수 0(00)이나 2진수 3-상태(11)가 발생했을 때 HIGH가 되는 디코더이다. 출력 Q_A, Q_B를 검사했을 때 그림 (b)와 같은 파형으로 나타났다. 이 그림으로부터 디코더 출력(X)에 정상 펄스와 글리치가 발생했음을 알 수 있다. 이 글리치의 원인은 무엇이며 또 어떻게 이 글리치를 제거할 수 있는가?

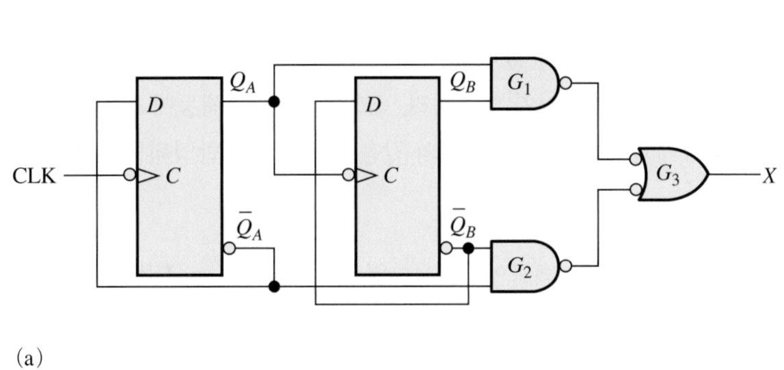

(a)

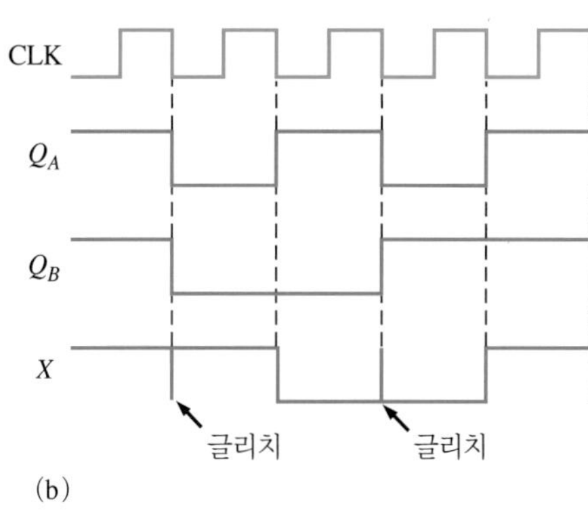

(b)

그림 7-95

37. 그림 7-95(a)의 바이폴라(TTL) 회로에서 다음과 같은 문제가 있을 때 클록 펄스 6주기 동안의 출력 Q_A, Q_B, X의 파형을 그리라. Q_A와 Q_B의 초기 상태는 LOW라고 가정한다.

(a) 입력 D가 개방
(b) 출력 Q_B가 개방
(c) 플립플롭 B의 클록 입력이 단락
(d) 게이트 G_2의 출력이 개방

38. 2개의 74121 원-숏이 그림 7-96과 같이 연결되어 있다. 오실로스코프 파형이 그림과 같다면, 이 회로가 정상적으로 동작하는 것인가? 만일 정상적으로 동작하지 않는다면 어떤 문제인가?

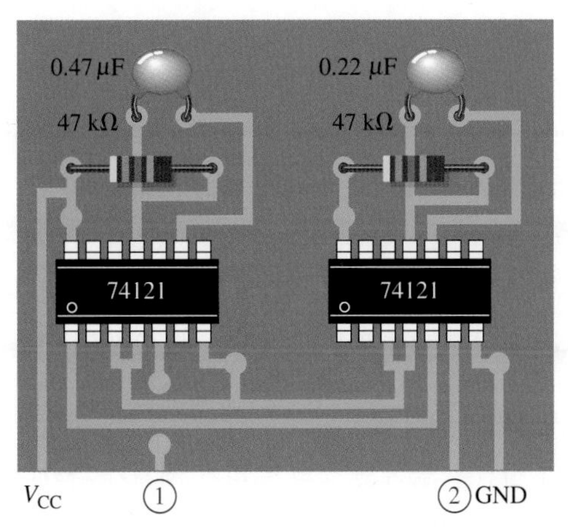

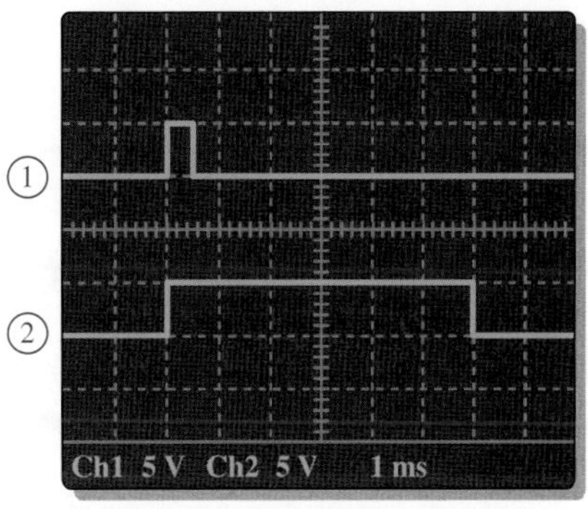

그림 7-96

응용 논리

39. 555 타이머를 사용하여 약 5초 동안 경고등을 켜고, 약 30초 동안 적색등과 녹색등을 켤 수 있는 교통신호 제어 시스템을 설계하라.

40. 문제 39를 74121 원-숏을 이용하여 설계하라.

41. 문제 39를 74122 원-숏을 이용하여 설계하라.
42. NAND 게이트만 사용하여 교통신호 제어기의 순차 논리회로의 입력 논리를 구현하라.
43. 녹색등이 25~60초 시간간격의 변화를 갖도록 설계하라.

특수 설계 문제

44. 음의 에지 트리거 J-K 플립플롭을 사용하여 0~7까지 계수하는 2진 순차회로를 만들어라.
45. 소프트볼을 만든 회사의 선적부서에서 공이 컨베이어로 떨어지고 홈통을 통하여 선적용 박스로 운반되는 공정이 있다. 각각의 공이 홈통을 통해 지나가면 스위치 회로가 동작하여 펄스를 만들어낸다. 각각의 박스는 최대 32개의 공을 담을 수 있다. 32개의 공이 채워져서 박스가 가득 차면 빈 박스가 다시 그 자리에 공급되도록 하는 논리회로를 설계하라.
46. 주도로 상에 15초짜리 좌회전 화살표를 표시하는 신호등을 추가하려고 한다. 이때 교통신호 제어 시스템에 변경할 사항은 무엇인지 나열하라. 좌회전 등은 적색등이 켜진 후, 녹색등이 켜지기 전에 켜진다. 6장에 주어진 상태도에 이와 같은 변경사항이 반영되도록 수정하라.

MultiSim

MultiSim 고장 진단 연습

47. 파일 P07-47을 연다. 지정된 오류가 회로에 끼치는 영향을 예측한다. 그리고 오류에 대한 예측이 맞는지 확인한다.
48. 파일 P07-48을 연다. 지정된 오류가 회로에 끼치는 영향을 예측한다. 그리고 오류에 대한 예측이 맞는지 확인한다.
49. 파일 P07-49를 연다. 예시된 관찰된 동작에 대해 회로의 오류를 예측한다. 그리고 의심되는 오류를 밝히고 예측이 맞는지 확인한다.
50. 파일 P07-50을 연다. 예시된 관찰된 동작에 대해 회로의 오류를 예측한다. 그리고 의심되는 오류를 밝히고 예측이 맞는지 확인한다.
51. 파일 P07-51을 연다. 예시된 관찰된 동작에 대해 회로의 오류를 예측한다. 그리고 의심되는 오류를 밝히고 예측이 맞는지 확인한다.

정답

복습문제

7-1절 래치

1. 래치의 세 가지 형태는 S-R, 게이트된 S-R, 게이트된 D이다.
2. SR = 00, NC; SR = 01, Q = 0; SR = 10, Q = 1; SR = 11, 무효
3. Q = 1

7-2절 플립플롭

1. 게이트된 D 래치는 게이트 인에이블(EN) 입력이 활성화될 때마다 출력 상태가 변한다. 에지 트리거 D 플립플롭의 출력은 클록 펄스의 트리거 에지에서만 변한다.
2. J-K 플립플롭의 출력은 D 플립플롭의 출력이 입력을 따르기 때문에 두 입력의 상태에 따라 결정된다.
3. 출력 Q는 1번째 클록의 후미 에지에서 HIGH, 2번째 클록의 후미 에지에서 LOW, 3번째 클록의 후미 에지에서 HIGH, 4번째 클록의 후미 에지에서 LOW가 된다.

7-3절 플립플롭의 동작 특성

1. **(a)** 준비 시간은 클록 펄스의 트리거 에지가 나타나기 전에 입력 데이터가 대기하는 시간이다.
   (b) 유지 시간은 클록 펄스의 트리거 에지가 나타난 후에도 데이터가 계속 유지되는 시간이다.
2. 74AHC74는 표 7-4에 나와 있는 규격에 제시된 최대 주파수로 동작될 수 있다.

7-4절 플립플롭의 응용

1. 일련의 데이터 저장용 플립플롭을 레지스터라고 한다.
2. 2분주 회로에서 플립플롭은 토글된다($D = \overline{Q}$).
3. 64분주 회로를 만들기 위해서는 6개의 플립플롭이 필요하다.

7-5절 원-숏

1. 재트리거할 수 없는 원-숏은 또 다른 트리거 입력이 들어와도 응답하지 않는다. 재트리거가 가능한 원-숏은 각각의 트리거 입력에 응답한다.
2. 펄스 폭은 외부 저항과 커패시터의 값에 의해 결정된다.
3. 11 ms

7-6절 비안정 멀티바이브레이터

1. 비안정 멀티바이브레이터는 안정 상태를 가지고 있지 않다. 단안정 멀티바이브레이터는 하나의 안정 상태를 가지고 있다.
2. 듀티 사이클 = (15 ms/20 ms) 100% = 75%

7-7절 고장진단

1. 예, 음의 에지 트리거 J-K 플립플롭을 사용할 수 있다.
2. 555 타이머를 사용한 비안정 멀티바이브레이터는 클록을 공급하기 위해 사용될 수 있다.

예제의 관련 문제

7-1. 출력 Q는 그림 7-5(b)와 같다.

7-2. 그림 7-97을 참조하라.

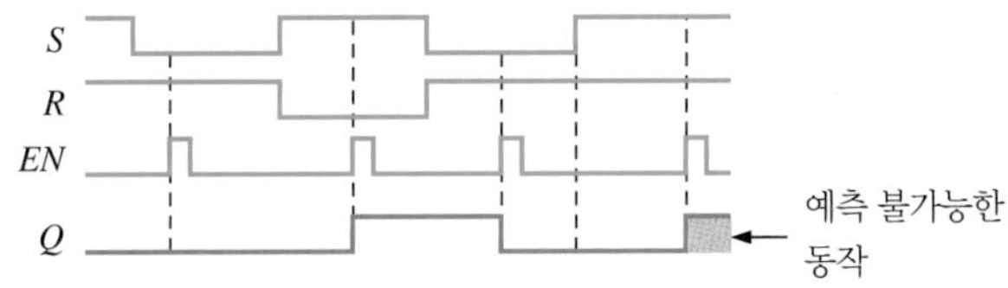

그림 7-97

7-3. 그림 7-98을 참조하라.

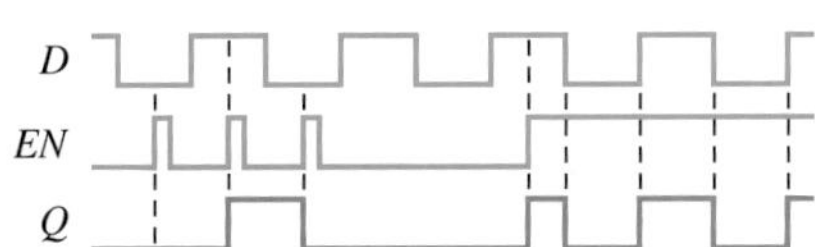

그림 7-98

7-4. 그림 7-99를 참조하라.

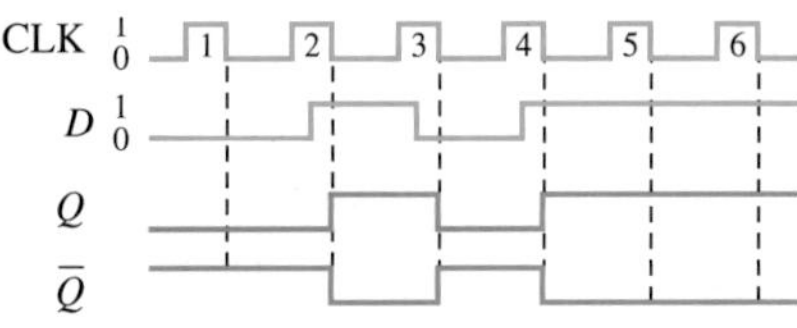

그림 7-99

7-5. 그림 7-100을 참조하라.

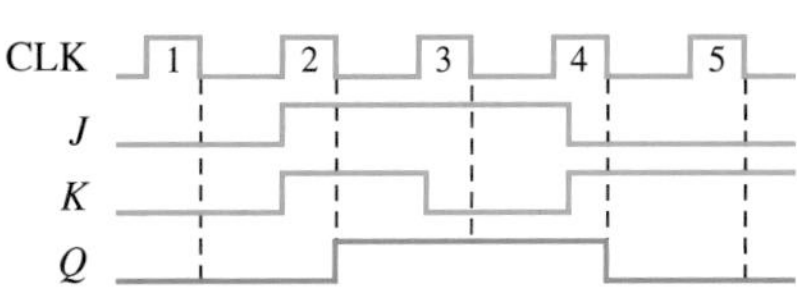

그림 7-100

7-6. 그림 7-101을 참조하라.

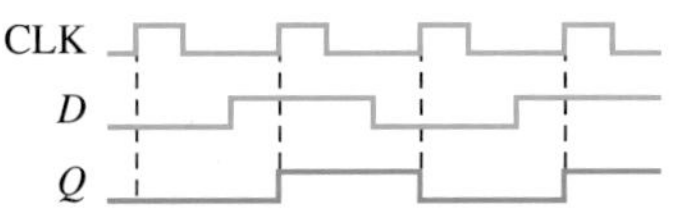

그림 7-101

7-7. 그림 7-102를 참조하라.

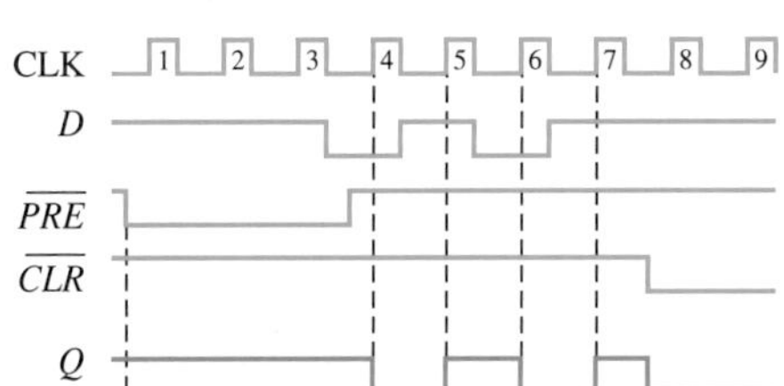

그림 7-102

7-8. 그림 7-103을 참조하라.

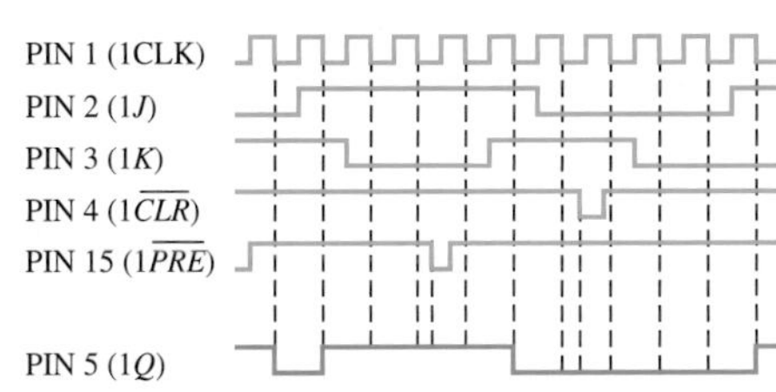

그림 7-103

7-9. $2^5 = 32$. 5개의 플립플롭이 있어야 한다.

7-10. 16개의 상태는 4개의 플립플롭으로 만들 수 있다 ($2^4 = 16$).

7-11. 외부 저항을 가지지 않은 74121의 CX에서 RX/CX에 $C_{EXT} = 7143$ pF를 연결해야 한다.

7-12. 그림 7-104와 같이 $C_{EXT} = 560$ pF, $R_{EXT} = 27$ kΩ.

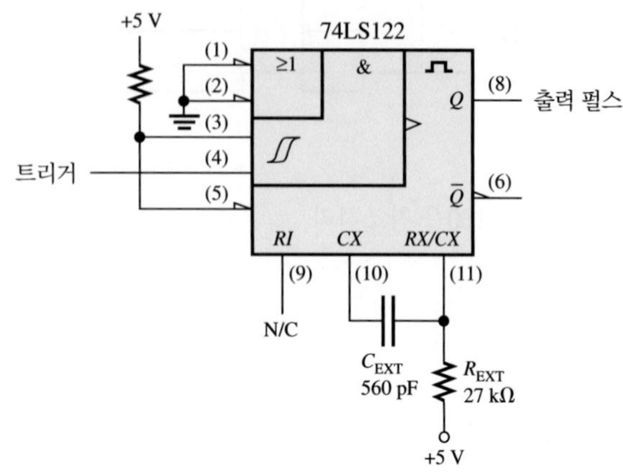

그림 7-104

7-13. $R_1 = 91$ kΩ

7-14. 듀티 사이클 $\cong$ 32%

참/거짓 퀴즈

1. F	**2.** T	**3.** F	**4.** T	**5.**F
6. T	**7.** T	**8.** F	**9.** T	**10.** F

자습문제

1. (a)	**2.** (c)	**3.** (b)	**4.** (d)	**5.** (d)
6. (d)	**7.** (a)	**8.** (c)	**9.** (d)	**10.** (d)
11. (c)	**12.** (f)			

CHAPTER 8

시프트 레지스터

학습목차

학습목표

- 시프트 레지스터에서 데이터가 이동하는 기본 방식을 구분한다.
- 직렬 입력/직렬 출력, 직렬 입력/병렬 출력, 병렬 입력/직렬 출력, 병렬 입력/병렬 출력 시프트 레지스터가 어떻게 동작하는지 설명한다.
- 양방향 시프트 레지스터가 어떻게 동작하는지 설명한다.
- 존슨 카운터(Johnson counter)의 동작순서를 결정한다.
- 특정한 동작순서를 갖도록 링 카운터(ring counter)를 구성한다.
- 시프트 레지스터를 시간 지연 장치로 사용한다.
- 시프트 레지스터를 사용하여 직렬-병렬 데이터 변환기를 구현한다.
- 시프트 레지스터로 제어하는 간단한 키보드 인코더를 구현한다.
- 종속 표기를 갖는 ASNI/IEEE 표준 91-1984 시프트 레지스터 기호의 의미를 해석한다.
- 시프트 레지스터를 사용한 시스템 응용을 학습한다.

학습지원 웹사이트

http://www.pearsonglobaleditions.com/floyd

핵심용어

- 레지스터
- 단
- 적재
- 양방향

개요

시프트 레지스터는 순차 논리회로의 한 종류로서 기본적으로 디지털 데이터를 저장하는 데 사용한다. 카운터는 내부의 상태가 특정한 순서로 변하지만 시프트 레지스터는 보통은 그렇지 않다. 하지만 예외적으로 시프트 레지스터가 카운터와 같이 동작하는 경우가 있으며 이는 8-4절에서 다룬다.

이 장에서는 시프트 레지스터의 기본적인 종류들을 공부하고 몇 가지 응용 예와 고장 진단 방법을 소개한다.

8-1 시프트 레지스터의 동작

시프트 레지스터는 여러 개의 플립플롭으로 구성되고, 디지털 시스템에서 데이터의 저장과 전송에 관련된 응용에서 매우 중요하게 사용된다. 레지스터는 몇 가지 매우 특별한 응용의 경우를 제외하고는 상태가 특정한 순서로 변하지는 않는다. 일반적으로 레지스터는 외부에서 입력되는 데이터(1 또는 0)를 저장하고 시프트하는 용도로만 사용되며, 상태가 특정한 순서로 변화하는 특성을 가지고 있지 않다.

이 절의 학습내용

- 하나의 플립플롭이 어떻게 데이터 비트를 저장하는지 설명한다.
- 시프트 레지스터의 저장 용량을 정의한다.
- 레지스터의 시프트 기능을 설명한다.

레지스터는 1개 이상의 플립플롭으로 구성될 수 있으며 데이터를 저장하고 시프트하는 데 사용한다.

레지스터(register)는 데이터 저장과 이동의 두 가지 기능을 갖는 디지털 회로이다. 레지스터는 저장 기능이 있어서 중요한 저장 장치로 사용된다. 그림 8-1은 D 플립플롭에서 1 또는 0이 저장되는 개념을 설명한 것이다. 그림에서와 같이 1이 데이터 입력선에 인가된 상태에서 클록 펄스가 인가되면, 플립플롭이 **세트**(set)되어 인가된 1이 저장된다. 입력선에서 1이 제거되어도, 플립플롭은 세트 상태로 유지되어 1을 저장한다. 그림 8-1에 나타낸 바와 같이 유사한 방법으로 플립플롭은 **리셋**(reset)되어 0을 저장한다.

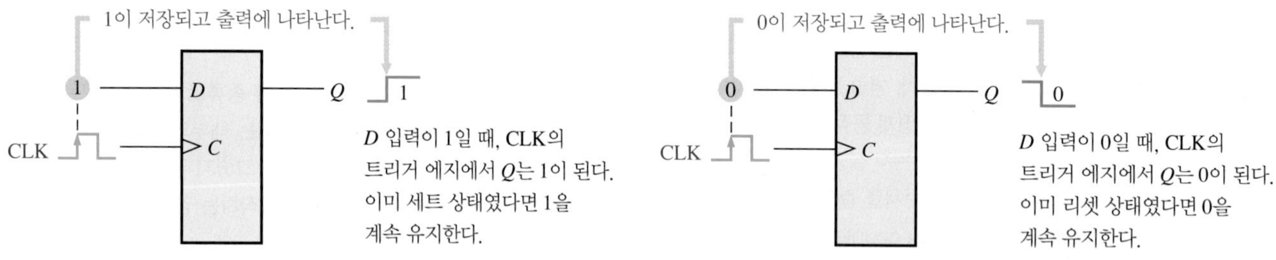

그림 8-1 저장 요소로서의 플립플롭

레지스터의 **저장 용량**은 그 레지스터가 저장할 수 있는 디지털 데이터의 총비트(1과 0) 수이다. 시프트 레지스터의 각 **단**(stage, 플립플롭)은 하나의 비트를 저장할 수 있다. 따라서 레지스터의 저장 용량은 그 레지스터의 단의 수와 같다.

레지스터는 **시프트 기능**이 있어서 클록 펄스를 가해주면 레지스터 내의 한 단에서 다른 단으로 또는 레지스터의 내부나 외부로 데이터를 이동시킬 수 있다. 그림 8-2는 시프트 레지스터에서 데이터의 이동 형태를 나타내고 있다. 이 그림에서 블록들은 임의의 4비트 레지스터를 의미하고 화살표는 데이터의 이동 방향을 나타낸다.

복습문제 8-1

정답은 이 장의 끝에 있다.

1. 시프트 레지스터의 저장 용량을 결정하는 것은 무엇인가?
2. 시프트 레지스터가 수행하는 두 가지 중요한 기능은 무엇인가?

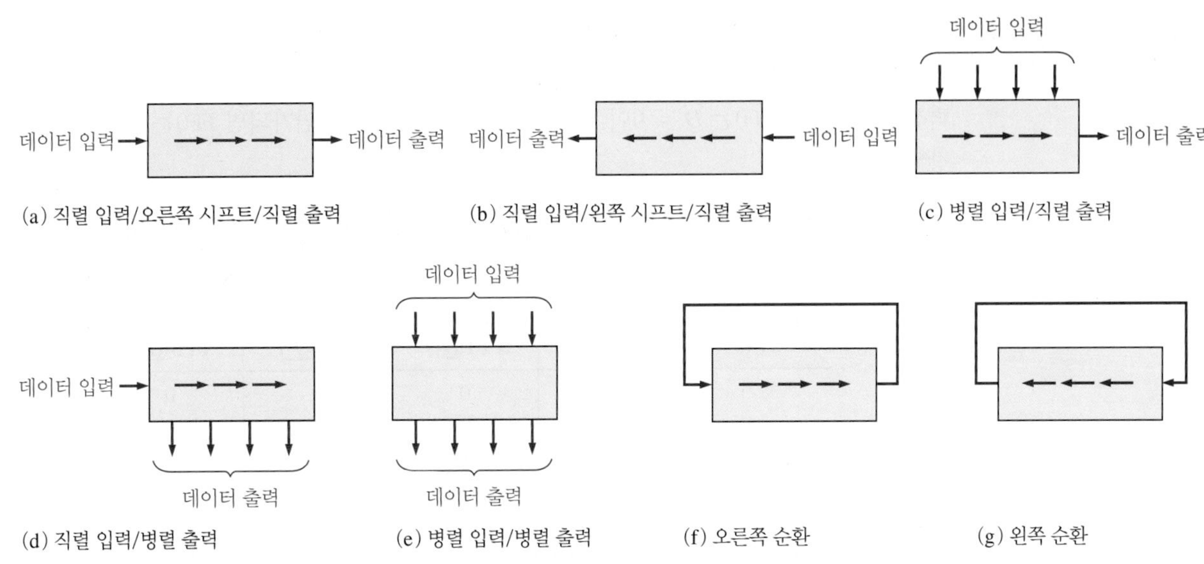

그림 8-2 시프트 레지스터에서의 기본적인 데이터 이동(예로 4개의 비트가 사용되었으며, 데이터 비트는 화살표 방향으로 이동한다)

8-2 시프트 레지스터 데이터의 입출력 형태

이 절에서는 데이터의 입력과 출력에 따라 네 가지 형태의 시프트 레지스터, 즉 직렬 입력/직렬 출력, 직렬 입력/병렬 출력, 병렬 입력/직렬 출력, 병렬 입력/병렬 출력 시프트 레지스터를 다룬다.

이 절의 학습내용

- 네 가지 형태의 시프트 레지스터의 동작을 설명한다.
- 데이터 비트가 어떻게 시프트 레지스터로 들어가는지 설명한다.
- 레지스터 내에서 데이터 비트가 어떻게 시프트되는지 설명한다.
- 데이터 비트가 어떻게 시프트 레지스터에서 나오는지 설명한다.
- 시프트 레지스터의 타이밍도를 그리고 해석한다.

직렬 입력/직렬 출력 시프트 레지스터

직렬 입력/직렬 출력 시프트 레지스터는 직렬로, 즉 단일 선을 통해 한 번에 한 비트씩 데이터를 받아들이고 저장된 정보도 역시 직렬로 출력한다. 먼저 전형적인 시프트 레지스터에서 데이터가 입력되는 과정을 살펴보자. 그림 8-3은 D 플립플롭으로 구현된 4비트 시프트 레지스터를 나타낸다. 이 레지스터는 4단으로 구성되어 있어서 4비트의 데이터를 저장할 수 있다.

정보노트

프로세서 내부에 있는 레지스터를 '클리어(clear)'해야 할 경우가 자주 발생한다. 예를 들어 산술 연산이나 다른 연산을 수행하기 전에 어떤 레지스터를 클리어해야 할 경우가 있다. 레지스터를 클리어하는 한 가지 방법은 소프트웨어적으로 한 레지스터의 내용에서 그 레지스터의 내용을 빼주는 것이다. 이와 같이 하면 결과는 물론 항상 0이 될 것이다. 이러한 연산을 수행하는 프로세서의 명령은 SUB AL, AL과 같은 것이 있다. 이 명령을 수행하면 AL이라는 레지스터는 클리어된다.

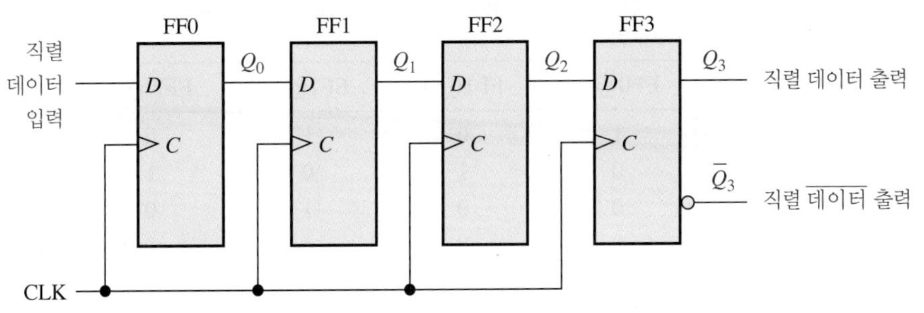

그림 8-3 직렬 입력/직렬 출력 시프트 레지스터

표 8-1은 그림 8-3의 레지스터에 4비트 데이터 1010이 LSB부터 입력되는 과정을 나타낸다. 레지스터는 처음에 0으로 클리어된 상태이다. 4비트 데이터 1010 중에서 LSB인 0이 데이터 입력선에 인가되면 FF0는 $D = 0$이 된다. 첫 번째 클록 펄스가 인가되면 FF0는 리셋되어 0이 저장된다.

표 8-1

그림 8-3의 시프트 레지스터에 4비트 코드를 시프트하기. 데이터 비트들은 베이지색으로 표시되어 있다.

CLK	FF0(Q_0)	FF1(Q_1)	FF2(Q_2)	FF3(Q_3)
초기	0	0	0	0
1	**0**	0	0	0
2	**1**	**0**	0	0
3	**0**	**1**	**0**	0
4	**1**	**0**	**1**	**0**

다음으로 두 번째 비트인 1이 데이터 입력에 인가되면 FF0는 $D = 1$이 된다. FF1의 D 입력은 FF0의 Q_0 출력에 연결되어 있으므로 FF1은 $D = 0$이 된다. 두 번째 클록 펄스가 인가되면 데이터 입력에 있는 1이 FF0로 시프트되어 FF0의 출력이 1이 되고 FF0의 출력에 있던 0은 FF1으로 시프트된다.

세 번째 비트인 0이 데이터 입력에 인가되고 클록 펄스가 인가되면 0이 FF0로 시프트되고, FF0에 저장되어 있던 1이 FF1으로 시프트되고, FF1에 저장되어 있던 0이 FF2로 시프트된다.

직렬 데이터는 한 번에 1비트씩 이동한다.

마지막 비트인 1이 데이터 입력에 인가되고 클록 펄스가 인가되면 1이 FF0에 입력되고 FF0에 저장되어 있던 0은 FF1으로, FF1에 저장되어 있던 1은 FF2로, FF2에 저장되어 있던 0은 FF3로 시프트된다. 이와 같이 4비트의 데이터가 직렬로 시프트 레지스터에 입력되고 저장된다. 플립플롭에 직류 전원이 공급되는 동안에는 이 데이터들은 계속 저장되어 있다.

레지스터로부터 데이터를 출력하려면 표 8-2에 나타낸 바와 같이 비트들을 직렬로 시프트시켜 Q_3 출력으로 나오도록 하여야 한다. 표 8-1에서 설명한 데이터 입력 동작에서 클록 펄스 CLK4가 인가된 이후에는 LSB인 0이 Q_3 출력에 나타난다. 클록 펄스 CLK5가 인가되면 두 번째 비트가 시프트되어 Q_3 출력에 나타난다. 클록 펄스 CLK6가 인가되면 세 번째 비트가 시프트되어 Q_3 출력에 나타나고, 클록 펄스 CLK7이 인가되면 네 번째 비트가 시프트되어 Q_3 출력에 나타난다. 이 네 비트가 시프트되어 출력되는 동안 또 다른 비트들(1 또는 0)이 레지스터 안으로 시프트되어 입력될 수 있다. 표 8-2에서는 레지스터 안으로 0이 시프트되어 들어와서 클록 펄스 CLK8 이후에는 모두 0이 된 경우를 나타낸다.

표 8-2

그림 8-3의 시프트 레지스터에서 4비트 코드를 시프트 출력하기. 데이터 비트들은 베이지색으로 표시되어 있다.

CLK	FF0(Q_0)	FF1(Q_1)	FF2(Q_2)	FF3(Q_3)
초기	**1**	**0**	**1**	**0**
5	0	**1**	**0**	**1**
6	0	0	**1**	**0**
7	0	0	0	**1**
8	0	0	0	0

예제 8-1

데이터 입력과 클록파형이 그림 8-4(a)와 같을 때, 5비트 레지스터의 상태 변화를 보이라. 레지스터는 모두 0으로 초기화되어 있다고 가정하라.

풀이

첫 번째 클록 펄스에서 첫 번째 데이터 비트(1)가 레지스터로 입력되고 나서 왼쪽에서 오른쪽으로 시프트된다. 나머지 비트들도 마찬가지로 입력되고 시프트된다. 다섯 번째 클록 펄스 이후 레지스터는 그림 8-4(b)와 같이 $Q_4Q_3Q_2Q_1Q_0 = 11010$이 된다.

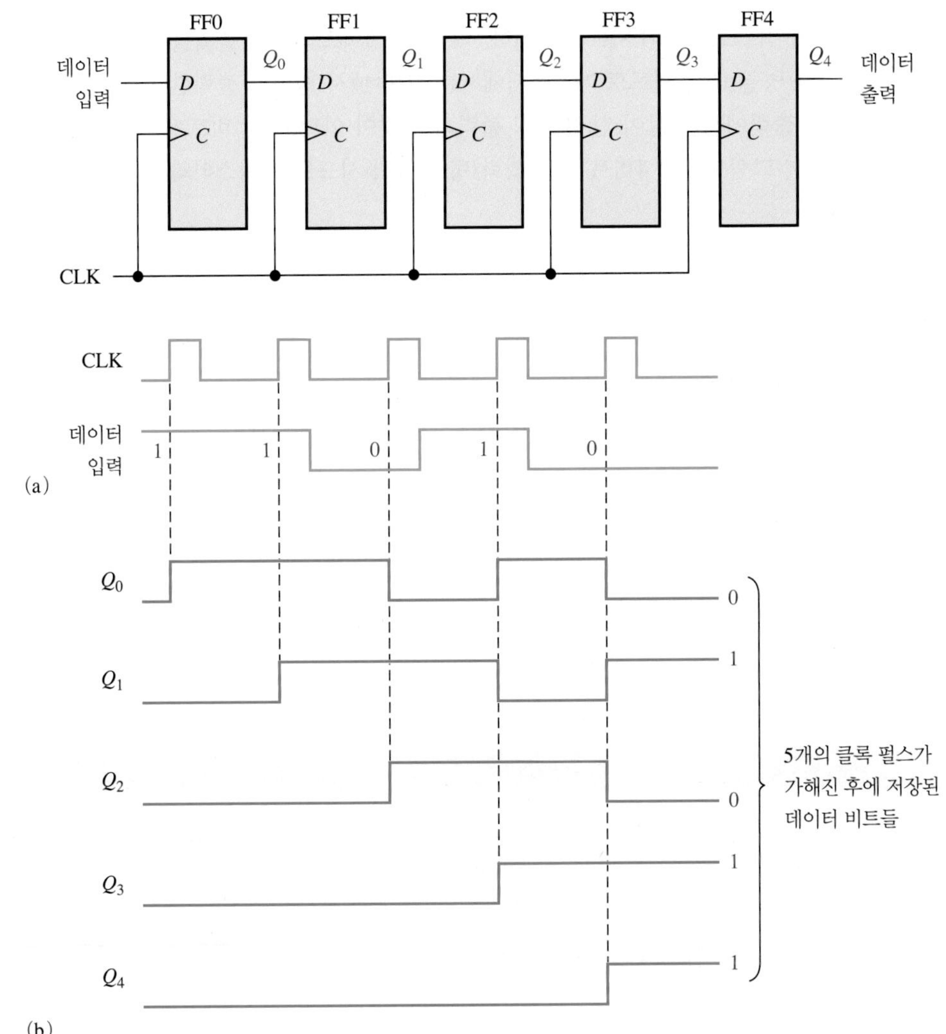

그림 8-4 파일 F08-04를 사용하여 동작을 검증하라. Multisim 지침서를 웹사이트에서 사용할 수 있다.

MultiSim

관련 문제*

데이터 입력이 반전된 경우(즉 00101일 때) 레지스터의 상태 변화를 보이라. 레지스터는 모두 0으로 초기화되어 있다.

* 정답은 이 장의 끝에 있다.

그림 8-5는 8비트 직렬 입력/직렬 출력 시프트 레지스터에 대한 전통적인 논리 블록 기호이다. 이 기호에서 'SRG 8'은 8비트 용량을 갖는 시프트 레지스터(SRG)임을 나타낸다.

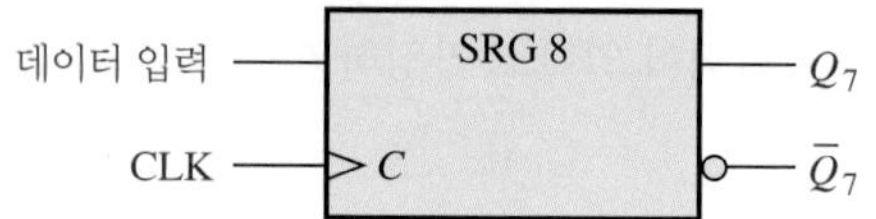

그림 8-5 8비트 직렬 입력/직렬 출력 시프트 레지스터에 대한 논리기호

직렬 입력/병렬 출력 시프트 레지스터

직렬 입력/병렬 출력 시프트 레지스터에서는 직렬 입력/직렬 출력 시프트 레지스터에서와 같이 데이터 비트들이 직렬로 입력(LSB 먼저)된다. 이 둘은 레지스터에서 출력을 꺼내는 방법이 다르다. 직렬 입력/병렬 출력 시프트 레지스터에서는 각 단에서 병렬로 출력한다. 데이터가 일단 저장되면, 직렬 출력에서와 같이 한 비트씩 출력되는 것이 아니고 각 비트가 각자의 출력선에 동시에 나타난다. 그림 8-6은 4비트 직렬 입력/병렬 출력 시프트 레지스터와 논리 블록 기호를 나타낸다.

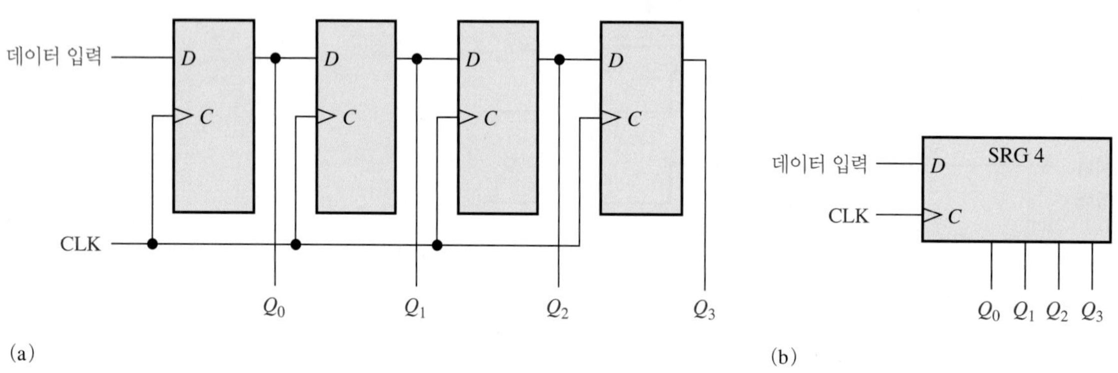

그림 8-6 직렬 입력/병렬 출력 시프트 레지스터

예제 8-2

데이터 입력과 클록파형이 그림 8-7(a)와 같을 때, 4비트 레지스터(SRG 4)의 상태 변화를 보이라. 레지스터는 모두 1로 초기화되어 있다.

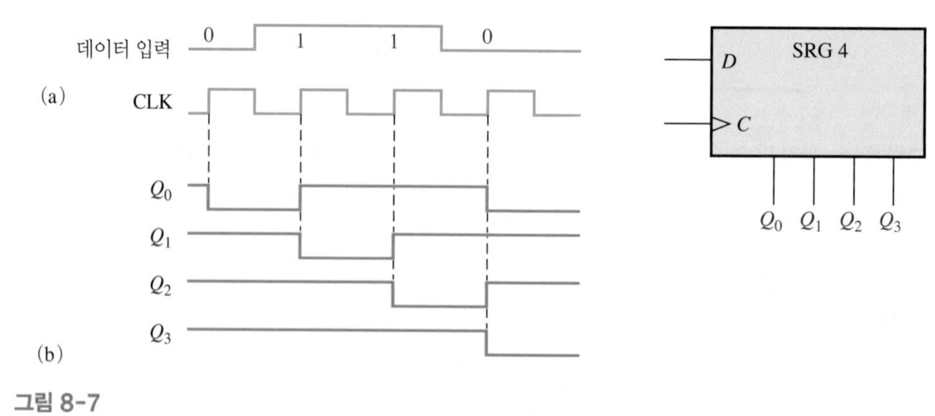

그림 8-7

풀이

4개의 클록 펄스 후에 레지스터에는 0110이 저장된다. 그림 8-7(b)를 참조하라.

관련 문제

네 번째 클록 펄스 이후에 데이터 입력이 계속 0으로 유지된다고 하자. 3개의 클록 펄스가 추가로 가해진 후의 레지스터 상태는 어떻게 되겠는가?

구현 : 8비트 직렬 입력/병렬 출력 시프트 레지스터

고정 기능 소자 74HC164는 직렬 입력/병렬 출력 동작을 하는 고정-기능 IC 시프트 레지스터의 일종이며 논리 블록 기호는 그림 8-8과 같다. 이 소자는 2개의 게이티드(gated) 직렬 입력 *A*, *B*와 액티브-LOW(active-LOW)로 동작하는 비동기 클리어($\overline{CLR}$) 입력을 가지고 있다. 병렬 출력은 Q_0부터 Q_7까지이다.

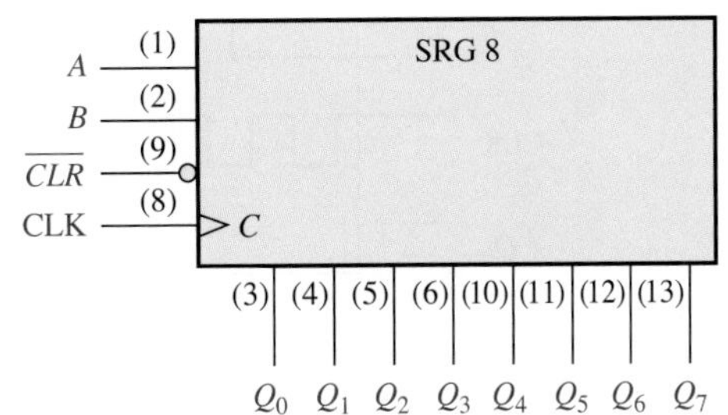

그림 8-8 74HC164 8비트 직렬 입력/병렬 출력 시프트 레지스터

74HC164에 대한 타이밍도의 한 예를 그림 8-9에 나타내었다. 입력 *A*에 가해진 직렬 입력 데이터는 입력 *B*가 HIGH가 된 후에 레지스터 내부로 시프트된다.

프로그램 가능한 논리 소자(PLD) 8비트 직렬 입력/병렬 출력 시프트 레지스터는 VHDL로 기술할 수 있고 PLD를 이용하여 하드웨어로 구현할 수 있다. 프로그램 코드는 다음과 같다(파란 글자의 주석은 프로그램이 아니다).

```
library ieee;

use ieee.std_logic_1164.all;

entity SerInParOutShift is
  port (D0, Clock, Clr: in std_logic; Q0, Q1, Q2, Q3,     D0 : 데이터 입력
  Q4, Q5, Q6, Q7: inout std_logic);                       Clock : 시스템 클록
                                                          Clr : 클리어
end entity SerInParOutShift;                              Q0-Q7 : 레지스터 출력

architecture LogicOperation of SerInParOutShift is
                                                          프리셋과 클리어 입력을 가진
component dff1 is                                         D 플립플롭은 7장에서
  port (D, Clock: in std_logic; Q: inout std_logic);      설명하였고 이를 여기에서
end component dff1;                                       프로그램의 일부로 사용하였다.

begin
```

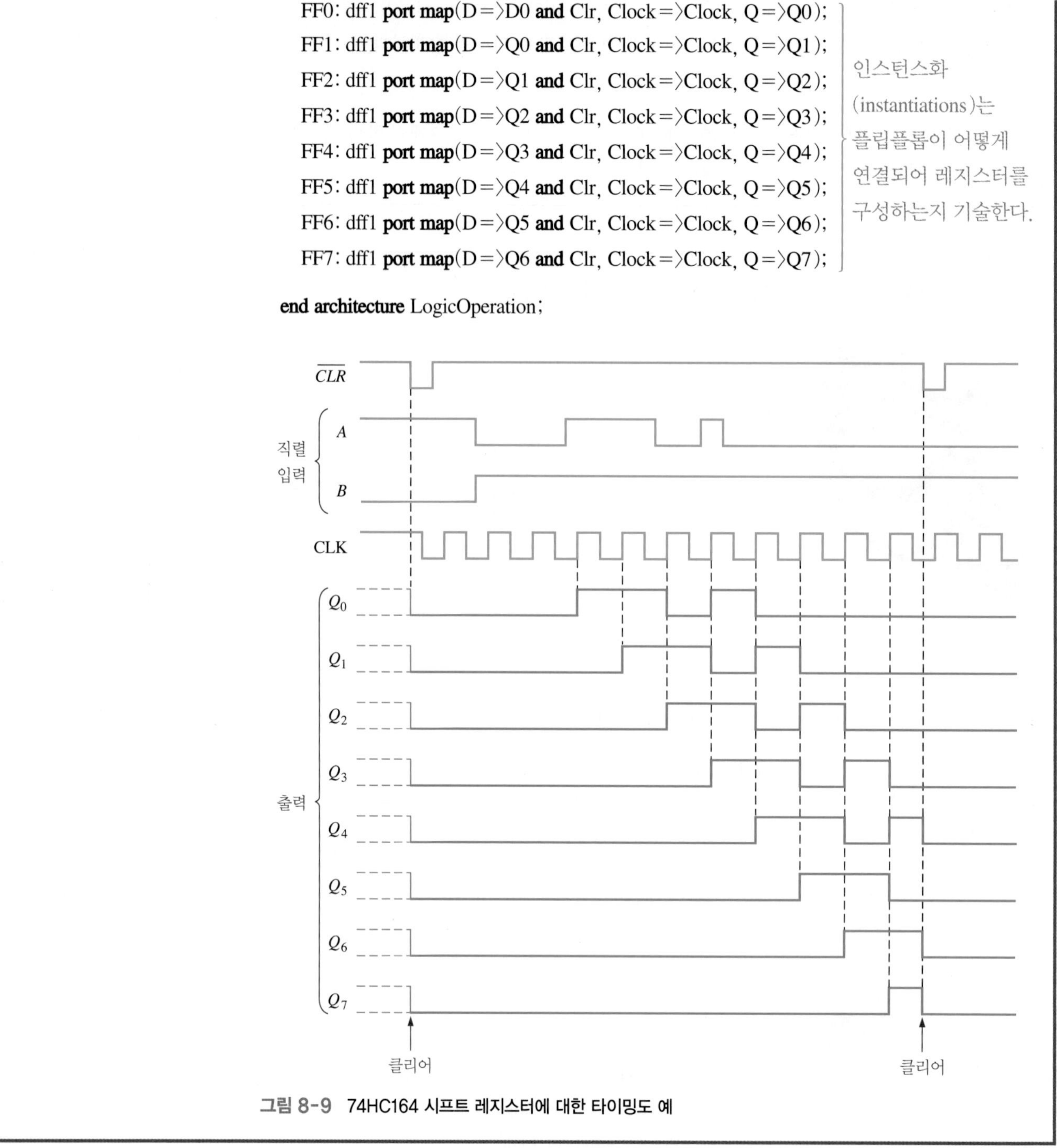


```
FF0: dff1 port map(D=>D0 and Clr, Clock=>Clock, Q=>Q0);
FF1: dff1 port map(D=>Q0 and Clr, Clock=>Clock, Q=>Q1);
FF2: dff1 port map(D=>Q1 and Clr, Clock=>Clock, Q=>Q2);
FF3: dff1 port map(D=>Q2 and Clr, Clock=>Clock, Q=>Q3);
FF4: dff1 port map(D=>Q3 and Clr, Clock=>Clock, Q=>Q4);
FF5: dff1 port map(D=>Q4 and Clr, Clock=>Clock, Q=>Q5);
FF6: dff1 port map(D=>Q5 and Clr, Clock=>Clock, Q=>Q6);
FF7: dff1 port map(D=>Q6 and Clr, Clock=>Clock, Q=>Q7);
end architecture LogicOperation;
```

그림 8-9 74HC164 시프트 레지스터에 대한 타이밍도 예

병렬 입력/직렬 출력 시프트 레지스터

병렬 데이터 입력을 갖는 레지스터는 데이터가 직렬로 한 비트씩 입력되는 것이 아니고 레지스터의 각 단의 병렬선으로 한꺼번에 입력된다. 데이터가 레지스터에 완전히 저장되고 나면, 직렬 출력은 직렬 입력/직렬 출력 시프트 레지스터에서와 같이 한 비트씩 출력된다.

병렬 데이터는 여러 비트가 동시에 이동한다.

그림 8-10은 4비트 병렬 입력/직렬 출력 시프트 레지스터와 논리기호를 나타낸다. 이 레지스터에는 4개의 데이터 입력선인 D_0, D_1, D_2, D_3가 있고, 4비트의 데이터를 레지스터에 병렬로

적재(load)할 수 있게 해주는 $SHIFT/\overline{LOAD}$ 입력이 있다. $SHIFT/\overline{LOAD}$가 LOW이면 게이트 G_1~G_4가 인에이블되어 각 데이터 비트가 각 플립플롭의 D 입력에 가해지게 된다. 이 상태에서 클록 펄스가 인가되면 $D = 1$인 플립플롭은 1로 세트되고 $D = 0$인 플립플롭은 0으로 리셋된다. 즉 4비트가 모두 동시에 저장된다.

$SHIFT/\overline{LOAD}$가 HIGH이면 게이트 $G_1 \sim G_4$는 금지되고 $G_5 \sim G_7$은 인에이블되어 데이터 비트들은 한 단씩 오른쪽으로 시프트될 수 있게 된다. 즉 $SHIFT/\overline{LOAD}$ 입력값에 따라 어떤 AND 게이트들이 인에이블될지 결정되고 인에이블된 AND 게이트의 출력이 OR 게이트를 통해 레지스터의 D 입력으로 가해지고 이에 따라 시프트 동작 또는 병렬 데이터 입력 동작이 수행된다. FF0는 직렬 데이터 입력을 위한 AND/OR 회로가 필요없기 때문에 병렬 입력 D_0를 금지하기 위한 AND 게이트 하나만 연결되어 있다는 것에 유의하라.

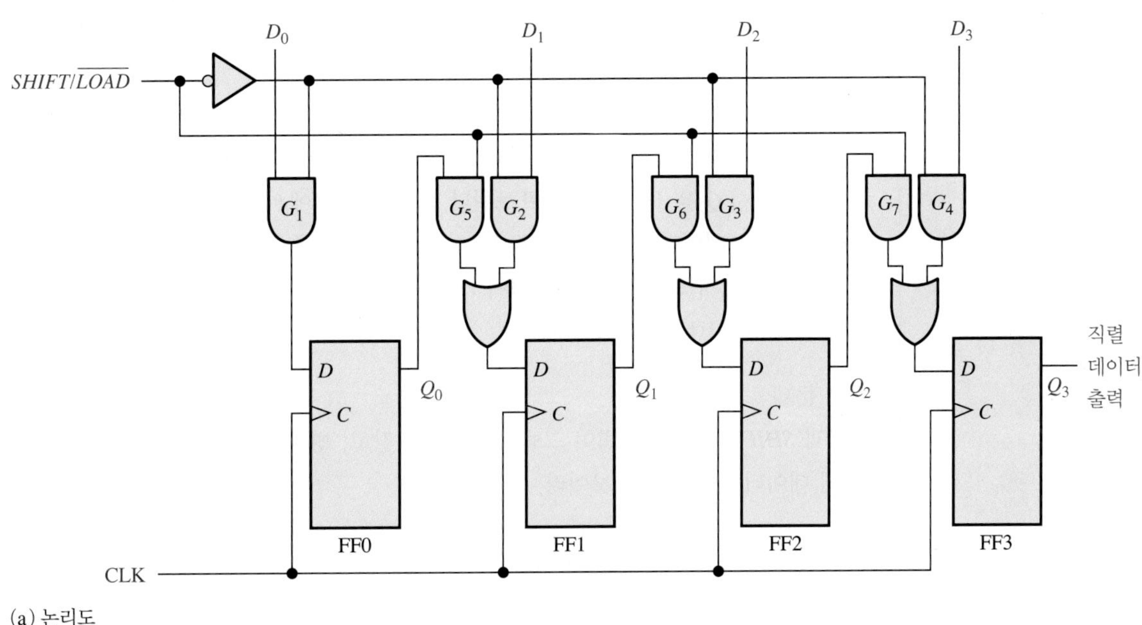

(a) 논리도

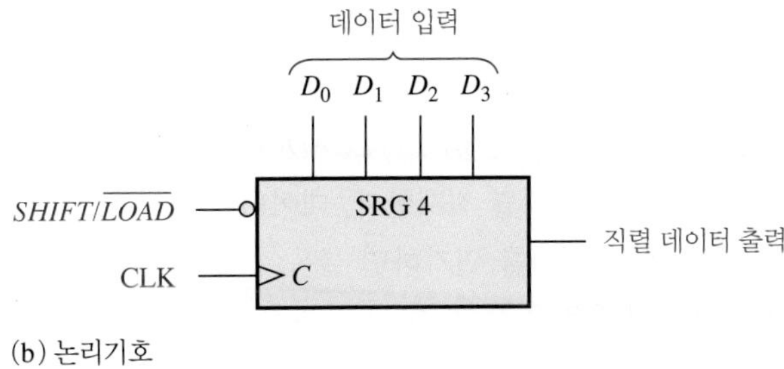

(b) 논리기호

그림 8-10 4비트 병렬 입력/직렬 출력 시프트 레지스터. 파일 F08-10을 사용하여 동작을 검증하라.

예제 8-3

병렬 입력 데이터, 클록파형, $SHIFT/\overline{LOAD}$ 파형이 그림 8-11(a)와 같을 때 4비트 레지스터의 상태 변화를 보이라. 논리도는 그림 8-10(a)를 참조하라.

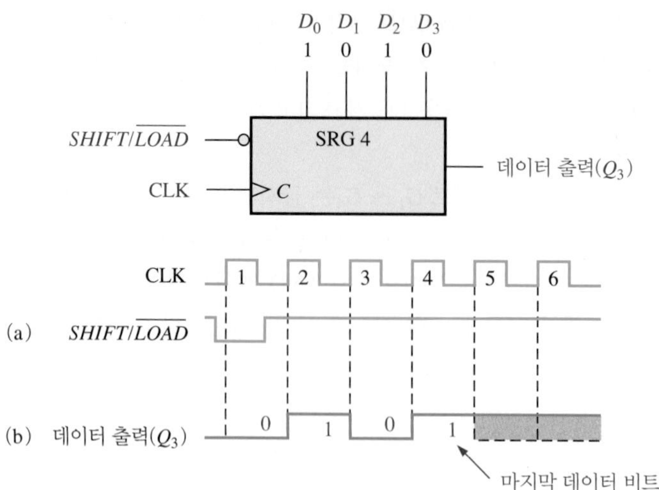

그림 8-11

풀이

클록 펄스 1에서 병렬 데이터($D_0D_1D_2D_3$ = 1010)가 레지스터로 적재되어 Q_3는 0이 된다. 클록 펄스 2에서 Q_2의 1이 Q_3로 시프트된다. 클록 펄스 3에서 0이 Q_3로 시프트된다. 클록 펄스 4에서 마지막 데이터 비트인 1이 Q_3로 시프트된다. 클록 펄스 5에서 모든 데이터 비트가 레지스터 밖으로 시프트되고, D_0 입력이 1로 유지된다고 가정하면 레지스터에는 1만 남아 있게 된다. 그림 8-11(b)를 참조하라.

관련 문제

클록과 *SHIFT*/$\overline{LOAD}$ 입력이 그림 8-11(a)와 같고, 병렬 데이터 입력이 $D_0D_1D_2D_3$ = 0101일 때 데이터 출력파형을 보이라.

구현 : 8비트 병렬 적재 시프트 레지스터

고정-기능 소자 74HC165는 병렬 입력/직렬 출력 동작을 하는 고정-기능 IC 시프트 레지스터의 일종이며(이 레지스터는 직렬 입력/직렬 출력으로도 동작될 수 있다) 논리 블록 기호는 그림 8-12와 같다. *SHIFT*/$\overline{LOAD}$(*SH*/$\overline{LD}$) 입력이 LOW가 되면 클록과 상관없이 비동기적으로 데이터를 병렬 적재한다. 데이터는 *SER* 입력을 통해 직렬로 입력될 수도 있다. *CLK INH* 입력에 HIGH를 인가하면 클록이 금지되어 레지스터로 공급되지 않는다. 레지스터의 직렬 데이터 출력은 Q_7과 $\overline{Q}_7$이다. 여기에서 설명한 구현 방법은 앞에서 설명한 동기식 병렬 적재 방법과는 다르며, 같은 기능이라도 구현하는 방법에는 여러 가지가 있을 수 있음을 보여준다.

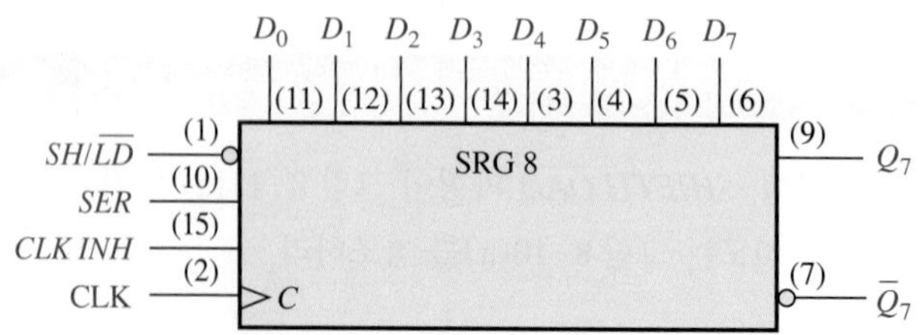

그림 8-12 74HC165 8비트 병렬 적재 시프트 레지스터

그림 8-13은 74HC165 시프트 레지스터의 동작 예를 타이밍도로 나타내고 있다.

프로그램 가능한 논리 소자(PLD) 8비트 병렬 적재 시프트 레지스터는 병렬 입력/직렬 출력 소자이고 다음과 같은 VHDL 코드로 PLD를 이용하여 하드웨어로 구현할 수 있다.

```
library ieee;
use ieee.std_logic_1164.all;

entity ParSerShift is
  port (D0, D1, D2, D3, D4, D5, D6, D7, SHLD, Clock:
       in std_logic; Q, QNot: inout std_logic);
end entity ParSerShift;

architecture LogicOperation of ParSerShift is
  signal S1, S2, S3, S4, S5, S6, S7,
         Q0, Q1, Q2, Q3, Q4, Q5, Q6, Q7: std_logic;

function ShiftLoad (A,B,C: in std_logic)return std_logic is

begin
  return ((A and B) or (not B and C));
end function ShiftLoad;
component dff1 is
port (D, Clock: in std_logic;
      Q: inout std_logic);
end component dff1;

begin
  SL1:S1<=ShiftLoad(Q0, SHLD, D1);
  SL2:S2<=ShiftLoad(Q1, SHLD, D2);
  SL3:S3<=ShiftLoad(Q2, SHLD, D3);
  SL4:S4<=ShiftLoad(Q3, SHLD, D4);
  SL5:S5<=ShiftLoad(Q4, SHLD, D5);
  SL6:S6<=ShiftLoad(Q5, SHLD, D6);
  SL7:S7<=ShiftLoad(Q6, SHLD, D7);
  FF0: dff1 port map(D=>D0 and not SHLD, Clock=>Clock, Q=>Q0);
  FF1: dff1 port map(D=>S1, Clock=>Clock, Q=>Q1);
  FF2: dff1 port map(D=>S2, Clock=>Clock, Q=>Q2);
  FF3: dff1 port map(D=>S3, Clock=>Clock, Q=>Q3);
  FF4: dff1 port map(D=>S4, Clock=>Clock, Q=>Q4);
  FF5: dff1 port map(D=>S5, Clock=>Clock, Q=>Q5);
  FF6: dff1 port map(D=>S6, Clock=>Clock, Q=>Q6);
  FF7: dff1 port map(D=>S7, Clock=>Clock, Q=>Q);
  QNot <=not Q;

end architecture LogicOperation;
```

D0-D7 : 병렬 입력
SHLD : 시프트 적재 입력
Clock : 시스템 클록
Q : 직렬 출력
QNot : 반전된 직렬 출력
S1-S7 : 함수 ShiftLoad로부터의 시프트 적재 신호
Q0-Q7 : 플립플롭 각 단에서의 중간 변수

함수 ShiftLoad는 그림 8-10에 보인 AND-OR 기능을 제공하며, 데이터를 병렬 적재하거나 데이터를 플립플롭의 한 단에서 다음 단으로 시프트할 수 있게 해준다.

시프트 레지스터의 저장 소자로 사용되는 D 플립플롭 컴포넌트

ShiftLoad 인스턴스 SL1-SL7은 8비트 데이터를 플립플롭의 각 단인 FF0-FF7에 적재하도록 하거나 레지스터를 통해 시프트될 수 있도록 하여 병렬 적재, 직렬 출력을 할 수 있도록 한다.

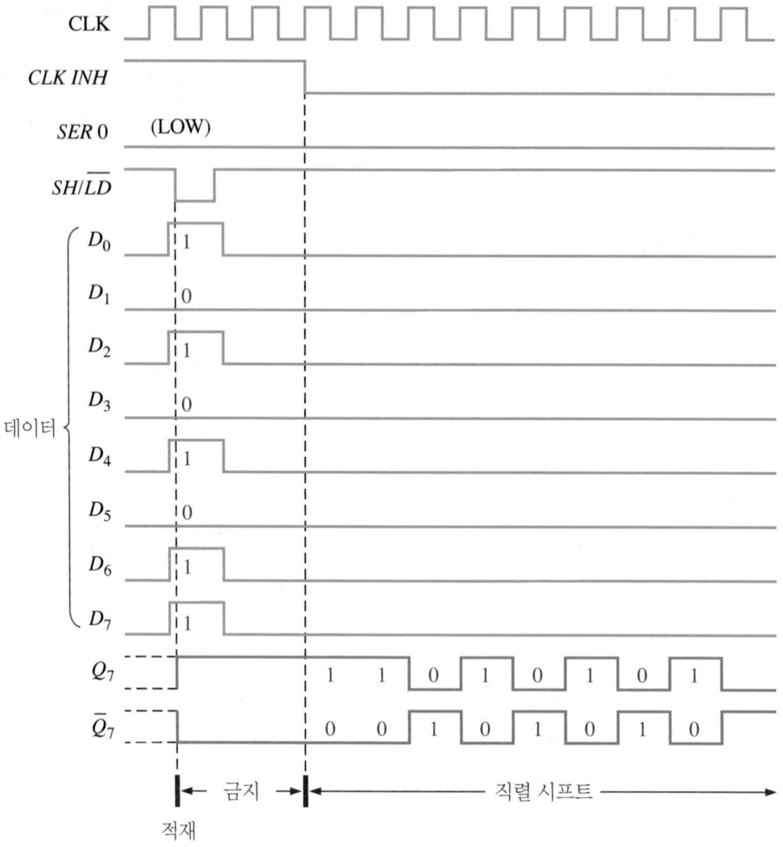

그림 8-13 74HC165 시프트 레지스터에 대한 타이밍도 예

병렬 입력/병렬 출력 시프트 레지스터

데이터의 병렬 입력과 병렬 출력 각각에 대하여 앞에서 설명하였다. 병렬 입력/병렬 출력 레지스터는 이 두 방법을 결합한 것으로, 모든 데이터 비트가 동시에 입력되고, 곧바로 병렬 출력에 나타난다. 그림 8-14는 병렬 입력/병렬 출력 시프트 레지스터를 나타낸다.

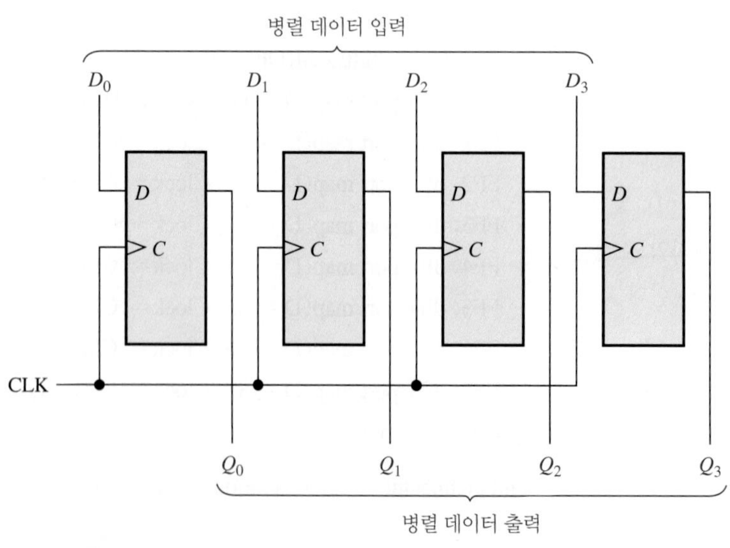

그림 8-14 병렬 입력/병렬 출력 레지스터

구현 : 4비트 병렬-액세스(PARALLEL-ACCESS) 시프트 레지스터

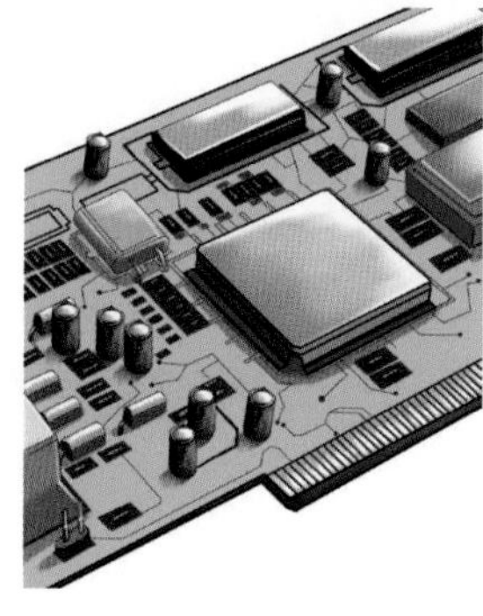

고정-기능 소자 74HC195를 병렬 입력/병렬 출력 동작에 사용할 수 있다. 이 소자는 직렬 입력도 가지고 있기 때문에 직렬 입력/직렬 출력 동작과 직렬 입력/병렬 출력 동작에도 사용할 수 있다. 또한 Q_3를 출력으로 사용하면 병렬 입력/직렬 출력 동작에도 사용할 수 있다. 이 소자의 논리 블록 기호는 그림 8-15와 같다.

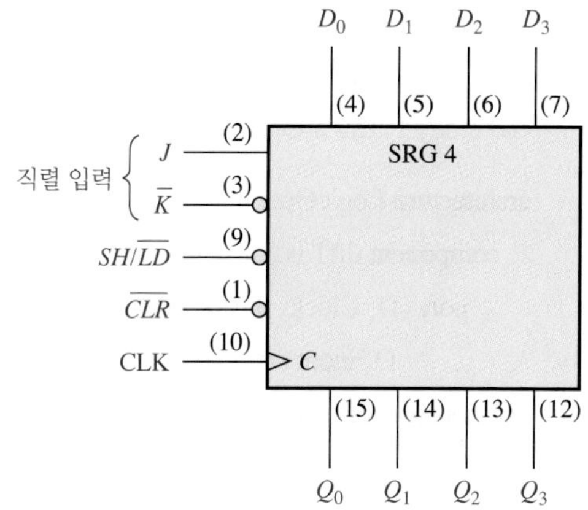

그림 8-15 74HC195 4비트 병렬-액세스 시프트 레지스터

$SHIFT/\overline{LOAD}$($SH/\overline{LD}$) 입력이 LOW이면 클록의 상승 에지와 동기를 맞추어 데이터가 병렬 입력을 통해 레지스터로 입력된다. ($SH/\overline{LD}$) 입력이 HIGH이면 클록의 상승 에지와 동기를 맞추어 데이터가 오른쪽으로(Q_0에서 Q_3로) 시프트된다. 입력 J와 $\overline{K}$는 레지스터의 첫 번째 단(Q_0)으로 입력되는 직렬 데이터 입력이다. Q_3는 직렬 출력 데이터로도 사용될 수 있다. 액티브-LOW인 $\overline{CLR}$ 입력은 비동기 입력이다.

그림 8-16의 타이밍도는 이 레지스터의 동작 예를 나타낸다.

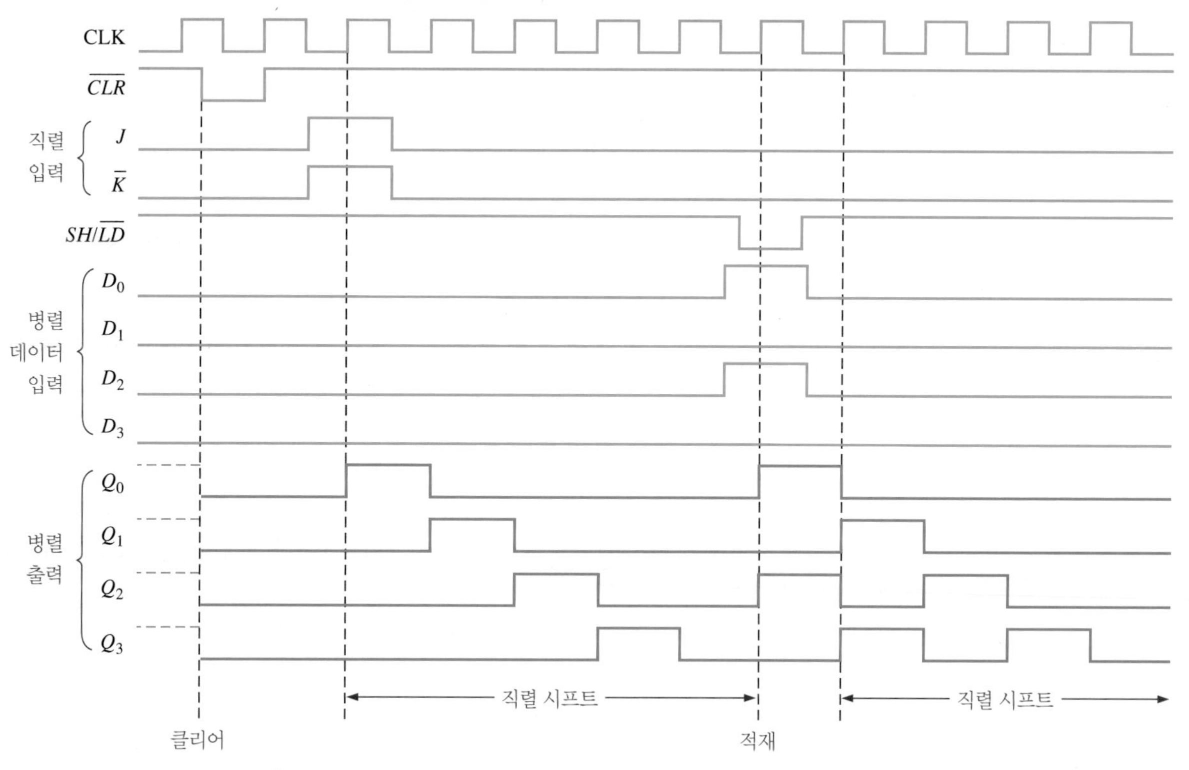

그림 8-16 47HC195 시프트 레지스터에 대한 타이밍도 예

프로그램 가능 소자(PLD) 4비트 병렬 입력/병렬 출력 시프트 레지스터에 대한 VHDL 코드는 다음과 같다.

```
library ieee;
use ieee.std logic_1164.all;

entity ParInParOut is
  port (D0, D1, D2, D3, Clock: in std_logic;
        Q0, Q1, Q2, Q3: inout std_logic);
end entity ParInParOut;

architecture LogicOperation of ParInParOut is
  component dff1 is
    port (D, Clock: in std_logic;
          Q: inout std_logic);
end component dff1;

begin
  FF0: dff1 port map (D=>D0, Clock=>Clock, Q=>Q0);
  FF1: dff1 port map (D=>D1, Clock=>Clock, Q=>Q1);
  FF2: dff1 port map (D=>D2, Clock=>Clock, Q=>Q2);
  FF3: dff1 port map (D=>D3, Clock=>Clock, Q=>Q3);
end architecture LogicOperation;
```

복습문제 8-2

1. 그림 8-3의 시프트 레지스터에 대한 논리도를 D 플립플롭 대신 J-K 플립플롭을 사용하여 그리라.
2. 1바이트의 데이터를 8비트 시프트 레지스터에 직렬로 입력하기 위해서는 몇 개의 클록 펄스가 필요한가?
3. 0으로 초기화된 4비트 병렬 출력 시프트 레지스터에 데이터 1101을 LSB부터 직렬로 입력한다. 2개의 클록 펄스가 가해진 후에 출력 Q는 무엇인가?
4. 어떻게 하면 직렬 입력/병렬 출력 레지스터를 직렬 입력/직렬 출력 레지스터로 사용할 수 있겠는가?
5. $SHIFT/\overline{LOAD}$ 입력의 기능에 대해 설명하라.
6. 74HC165 시프트 레지스터의 병렬 적재 동작은 동기식인가 비동기식인가? 그것의 의미는 무엇인가?
7. 그림 8-14에서 $D_0 = 1, D_1 = 0, D_2 = 0, D_3 = 1$이다. 3개의 클록 펄스가 가해진 후에 데이터 출력은 무엇인가?
8. 74HC195에서 $SH/\overline{LD} = 1, J=1, \overline{K}=1$이다. 1개의 클록 펄스가 가해진 후에 Q_0는 무엇인가?

8-3 양방향 시프트 레지스터

양방향(bidirectional) 시프트 레지스터는 데이터를 왼쪽 또는 오른쪽 양방향으로 이동시킬 수 있는 레지스터이다. 이 레지스터는 제어선의 레벨에 따라 데이터 비트를 왼쪽의 다음 단 또는 오른쪽의 다음 단으로 이동시킬 수 있도록 해주는 논리 게이트들을 이용하여 구현될 수 있다.

이 절의 학습내용

- 양방향 시프트 레지스터의 동작을 설명한다.
- 4비트 양방향 범용 시프트 레지스터인 74HC194에 대해 논의한다.
- 양방향 시프트 레지스터에 대한 타이밍도를 분석하고 그린다.

그림 8-17은 4비트 양방향 시프트 레지스터를 나타낸다. $RIGHT/\overline{LEFT}$ 제어 입력이 HIGH이면 레지스터 내의 데이터 비트는 오른쪽으로 시프트되고, LOW이면 레지스터 내의 데이터 비트는 왼쪽으로 시프트된다. 게이트 논리를 분석해보면 이러한 동작을 분명하게 알 수 있다. $RIGHT/\overline{LEFT}$ 제어 입력이 HIGH이면 게이트 G_1~G_4가 인에이블되어 각 플립플롭의 Q 출력 상태가 다음 단 플립플롭의 D 입력으로 전달된다. 클록 펄스가 인가될 때마다 데이터 비트들은 한 자리씩 오른쪽으로 시프트된다. $RIGHT/\overline{LEFT}$ 제어 입력이 LOW이면 게이트 G_5~G_8이 인에이블되어 각 플립플롭의 Q 출력 상태가 앞 단 플립플롭의 D 입력으로 전달된다. 클록 펄스가 인가될 때마다 데이터 비트들은 한 자리씩 왼쪽으로 시프트된다.

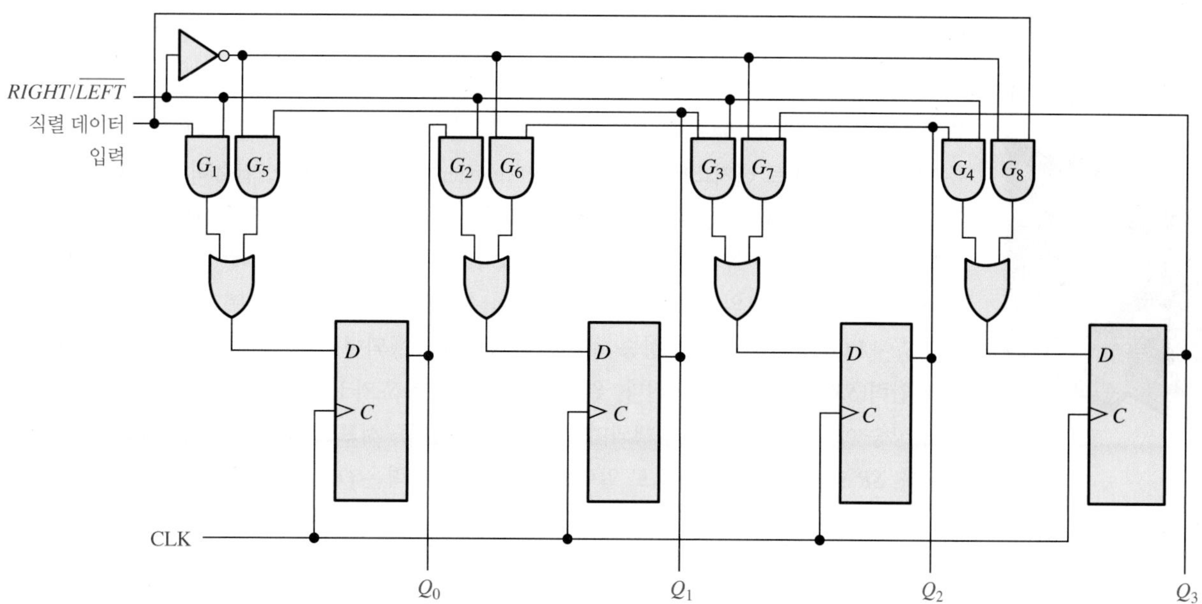

그림 8-17 4비트 양방향 시프트 레지스터. 파일 F08-17을 사용하여 동작을 검증하라.

예제 8-4

$RIGHT/\overline{LEFT}$ 제어 입력파형이 그림 8-18(a)와 같다. 클록 펄스가 가해질 때마다 그림 8-17의 시프트 레지스터의 상태를 구하라. $Q_0 = 1, Q_1 = 1, Q_2 = 0, Q_3 = 1$이고 직렬 데이터 입력선은 LOW로 가정하라.

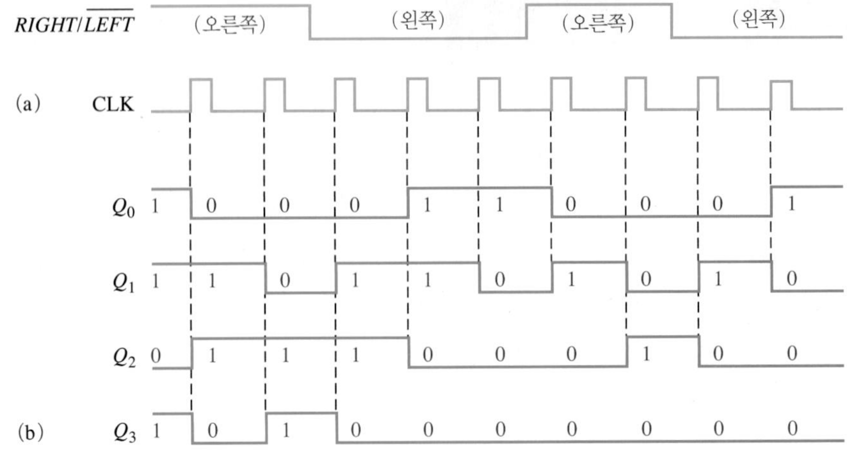

그림 8-18

풀이

그림 8-18(b)를 참조하라.

관련 문제

RIGHT/$\overline{LEFT}$ 제어 입력의 파형을 반전시키고, 클록 펄스가 가해질 때마다 그림 8-17의 시프트 레지스터의 상태를 구하라.

구현 : 4비트 범용 양방향 시프트 레지스터

고정 기능 소자 74HC194는 집적회로 형태로 구현된 범용 양방향 시프트 레지스터의 한 종류이다. **범용 시프트 레지스터**(universal shift register)는 직렬 및 병렬 입출력 기능을 모두 가지고 있다. 그림 8-19는 논리 블록 기호를, 그림 8-20은 타이밍도의 예를 나타낸다.

병렬 적재(LOAD) 동작은 S_0와 S_1입력이 모두 HIGH이고 4비트의 데이터가 병렬 입력에 가해진 상태에서 클록의 상승 에지와 동기되어 수행된다. 오른쪽 시프트 동작은 S_0가 HIGH이고 S_1이 LOW일 때, 클록의 상승 에지와 동기되어 수행되며 직렬 데이터는 오른쪽-시프트 직렬 입력(*SR SER*)으로 입력된다. 왼쪽 시프트 동작은 S_0가 LOW이고 S_1이 HIGH일 때, 클록의 상승 에지와 동기되어 수행되며 새 데이터는 왼쪽-시프트 직렬 입력(*SL SER*)으로 입력된다. *SR SER* 입력은 Q_0단으로 입력되고, *SL SER* 입력은 Q_3단으로 입력된다.

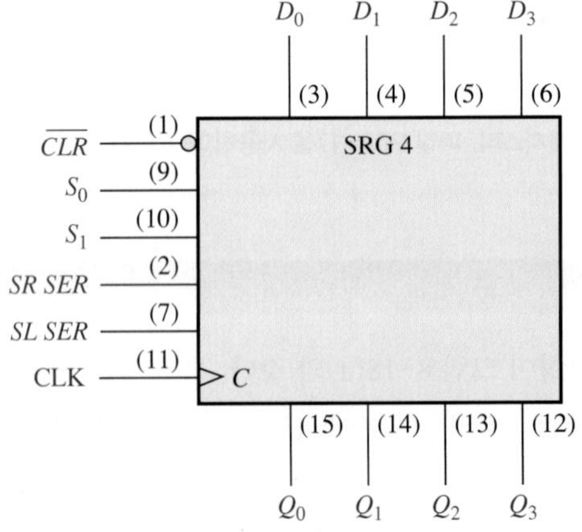

그림 8-19 74HC194 4비트 양방향 범용 시프트 레지스터

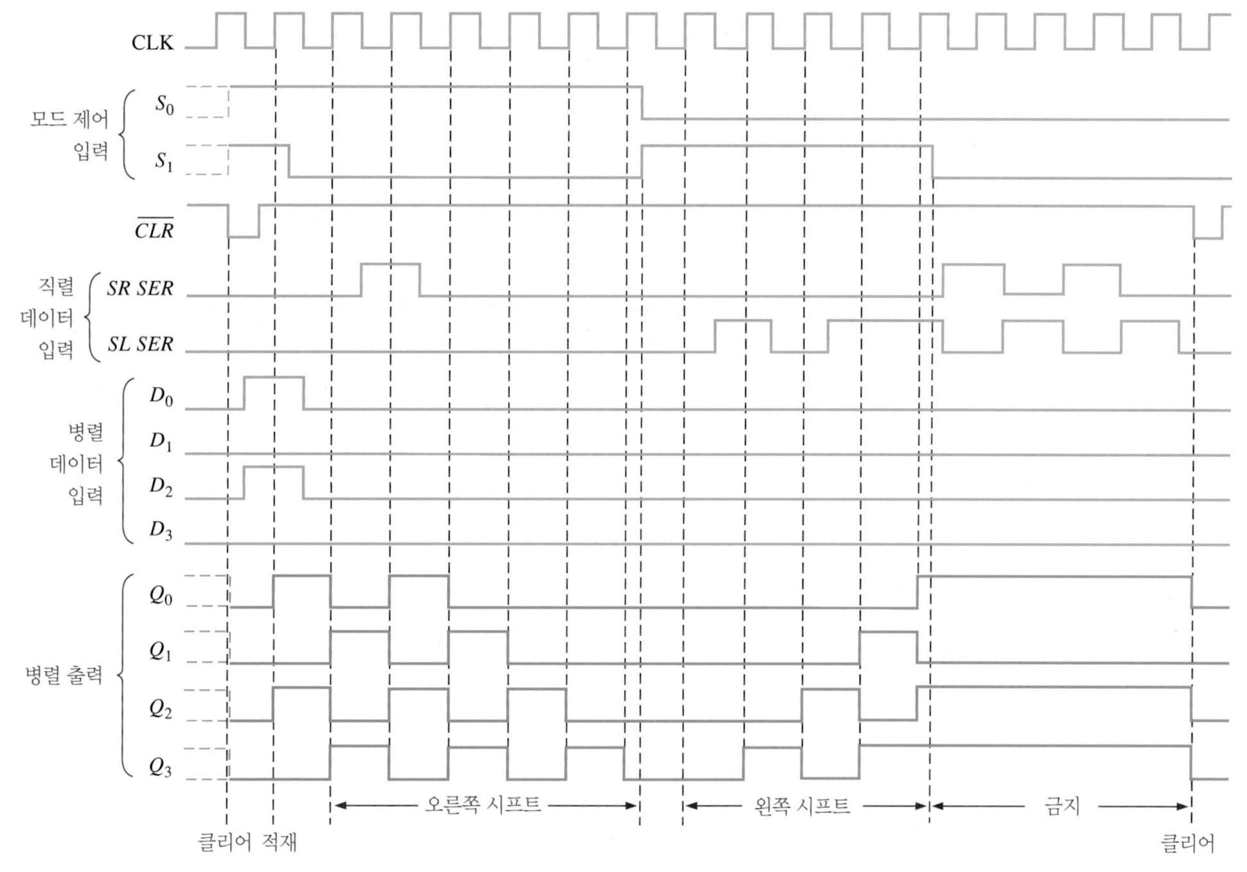

그림 8-20 74HC194 시프트 레지스터의 타이밍도 예

프로그램 가능한 논리 소자(PLD) 다음 코드는 하나의 직렬 입력을 갖는 4비트 양방향 시프트 레지스터를 나타낸다.

```
library ieee;
use ieee.std_logic_1164.all;

entity FourBitBiDirSftReg is                          R_L : Right/left
port (R_L, DataIn, Clock: in std_logic;              DataIn : 직렬 입력 데이터
   Q0, Q1, Q2, Q3: buffer std_logic);                Clock : 시스템 클록
end entity FourBitBiDirSftReg;                       Q0-Q3 : 레지스터 출력
architecture LogicOperation of FourBitBiDirSftReg is
component dff1 is
   port(D,Clock: in std_logic; Q: out std_logic);    D 플립플롭 컴포넌트 선언
end component dff1;

signal D0, D1, D2, D3: std_logic;   내부 플립플롭 입력
begin
   DO <= (DataIn and R_L) or (not R_L and Q1);
   D1 <= (Q0 and R_L) or (not R_L and Q2);          내부 신호들을 불 식으로 기술
   D2 <= (Q1 and R_L) or (not R_L and Q3);
   D3 <= (Q2 and R_L) or (not R_L and DataIn);
```

```
        FF0: dff1 port map(D => D0, Clock => Clock, Q => Q0);
        FF1: dff1 port map(D => D1, Clock => Clock, Q => Q1);    플립플롭이 어떻게
        FF2: dff1 port map(D => D2, Clock => Clock, Q => Q2);    연결되는지 기술
        FF3: dff1 port map(D => D3, Clock => Clock, Q => Q3);

end architecture LogicOperation;
```

복습문제 8-3

1. 그림 8-17의 4비트 양방향 시프트 레지스터의 상태가 $Q_0 = 1$, $Q_1 = 1$, $Q_2 = 0$, $Q_3 = 0$이고, 직렬 데이터 입력선에는 1이 인가되고 있다. $RIGHT/\overline{LEFT}$가 3개의 클록 펄스 동안 HIGH이고, 다음 2개의 클록 펄스 동안에는 LOW라면 다섯 번째 클록 펄스 후에 레지스터의 상태는 어떻게 되겠는가?

8-4 시프트 레지스터 카운터

시프트 레지스터 카운터는 기본적으로 시프트 레지스터이며 레지스터의 상태가 특정한 순서로 변하도록 하기 위해 직렬 출력이 직렬 입력과 연결되는 구조를 갖는다. 이러한 레지스터는 상태가 특정한 순서로 변하기 때문에 종종 카운터로 분류된다. 이 절에서는 시프트 레지스터 카운터의 가장 일반적인 두 가지 형태인 존슨 카운터와 링 카운터에 대해 소개한다.

이 절의 학습내용

- 시프트 레지스터 카운터와 기본적인 시프트 레지스터와의 차이점을 알아본다.
- 존슨 카운터의 동작을 설명한다.
- 임의의 비트수에 대해 존슨 카운터의 순서를 규정한다.
- 링 카운터의 동작을 설명하고, 특정한 링 카운터의 순서를 결정한다.

존슨 카운터

존슨 카운터(Johnson counter)에서는 마지막 플립플롭의 보수 출력이 첫 번째 플립플롭의 D 입력으로 연결된다(다른 종류의 플립플롭을 사용해서도 구현될 수 있다). 이러한 피드백 연결 때문에, 이 카운터가 0에서 시작한다고 하면 4비트 카운터는 표 8-3, 5비트 카운터는 표 8-4와 같은 특정한 순서로 변한다. 4비트 카운터는 총 8개의 상태를, 5비트 카운터는 총 10개의 상태를 갖는다. 일반적으로, 존슨 카운터에서 카운터의 단수가 n이면 $2n$-모듈러스(modulus) 상태를 갖는다.

그림 8-21은 4단과 5단 존슨 카운터를 구현한 것이다. 그림에서 볼 수 있듯이 존슨 카운터는 단 수에 상관없이 같은 방식으로 간단하게 구현한다. D 플립플롭을 사용한다고 가정하면, 각 단의 Q 출력이 다음 단의 D 입력에 연결된다. 단 하나의 예외는 마지막 단에서는 $\overline{Q}$ 출력이 첫 단의 D 입력에 연결된다는 것이다. 표 8-3과 8-4에 나타낸 순서와 같이 카운터는 0에서 시작하여 왼쪽에서 오른쪽으로 1이 '채워지고', 1이 '다 차면' 다시 왼쪽에서 오른쪽으로 0이 채워진다.

그림 8-22와 8-23은 각각 4비트와 5비트 존슨 카운터의 동작에 대한 타이밍도이다.

표 8-3

4비트 존슨 카운터의 순서

클록 펄스	Q_0	Q_1	Q_2	Q_3
0	0	0	0	0
1	1	0	0	0
2	1	1	0	0
3	1	1	1	0
4	1	1	1	1
5	0	1	1	1
6	0	0	1	1
7	0	0	0	1

표 8-4

5비트 존슨 카운터의 순서

클록 펄스	Q_0	Q_1	Q_2	Q_3	Q_4
0	0	0	0	0	0
1	1	0	0	0	0
2	1	1	0	0	0
3	1	1	1	0	0
4	1	1	1	1	0
5	1	1	1	1	1
6	0	1	1	1	1
7	0	0	1	1	1
8	0	0	0	1	1
9	0	0	0	0	1

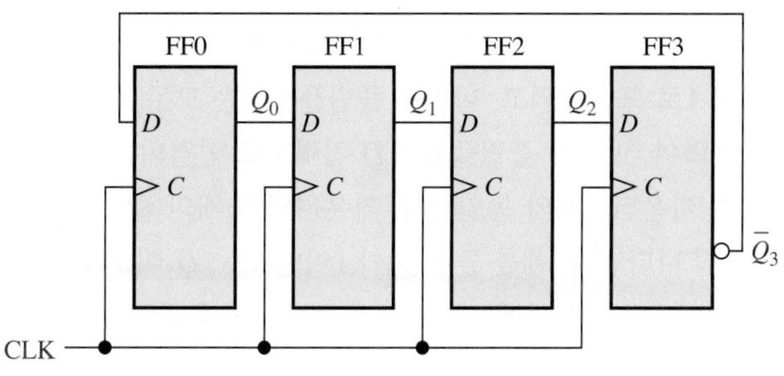

(a) 4비트 존슨 카운터

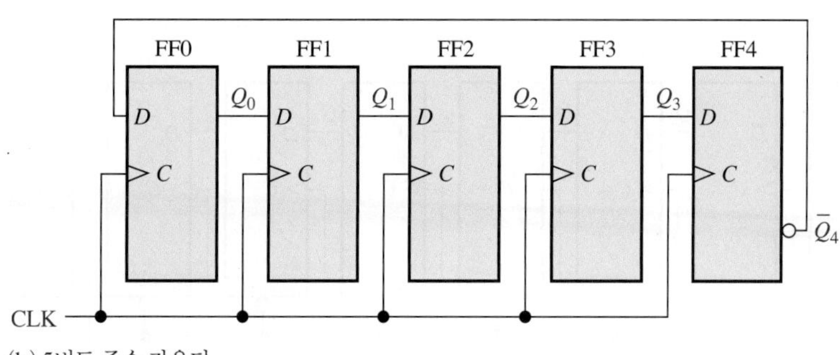

(b) 5비트 존슨 카운터

그림 8-21 4비트와 5비트 존슨 카운터

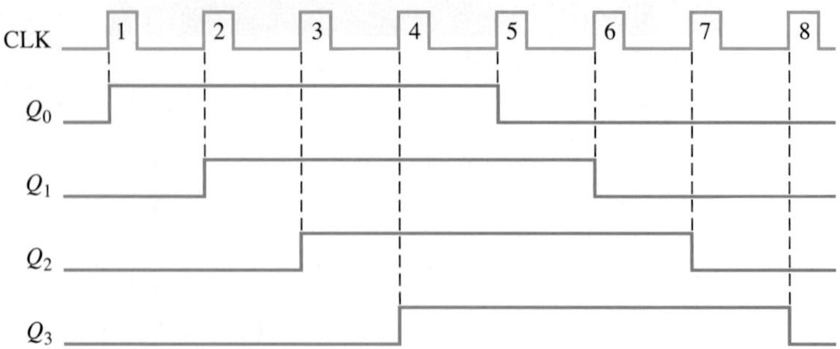

그림 8-22 4비트 존슨 카운터에 대한 타이밍도

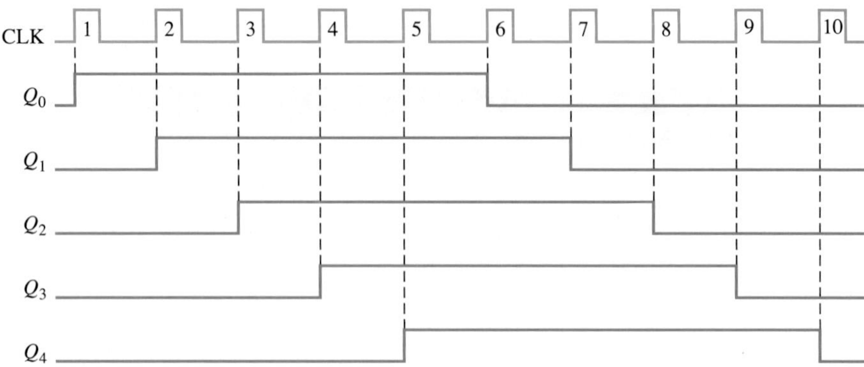

그림 8-23 5비트 존슨 카운터에 대한 타이밍도

링 카운터

링 카운터(ring counter)는 카운터의 한 상태에 하나의 플립플롭을 활용한다. 링 카운터는 디코딩 게이트가 필요없다는 장점이 있다. 10비트 링 카운터의 경우에는 각 10진수에 대해 유일한 출력이 나온다.

10비트 링 카운터에 대한 논리도는 그림 8-24에, 카운터 순서는 표 8-5에 나타내었다. 초기화를 위해 첫 번째 플립플롭은 1로 프리셋되고, 나머지 플립플롭들은 모두 0으로 클리어되었다. 마지막 단에서 $\overline{Q}$가 아닌 Q 출력이 첫 번째 플립플롭의 D 입력으로 연결되는 것을 제외하고, 중간 단 플립플롭의 연결은 존슨 카운터에서와 동일하다. 카운터의 10개의 출력은 클록 펄스가 몇 개 들어왔는지를 10진수로 직접 나타낸다. 예를 들어 Q_0가 1이면 0을 , Q_1이 1이면 1을, Q_2가 1이면 2를, Q_3가 1이면 3을 나타낸다. 이 카운터에는 항상 1이 존재하며 클록 펄스가 인가될 때마다 이 1이 한 단씩 '링을 돌듯이' 시프트된다.

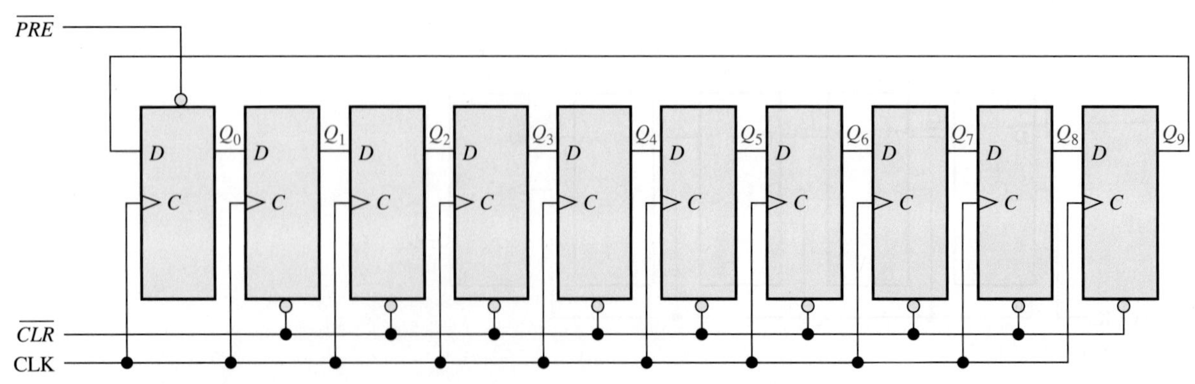

MultiSim 그림 8-24 10비트 링 카운터. 파일 F08-24를 사용하여 동작을 검증하라.

예제 8-5에서와 같이 링 카운터가 하나 이상의 1을 갖도록 함으로써 다른 순서를 갖도록 할 수도 있다.

표 8-5

10비트 링 카운터의 순서

클록 펄스	Q_0	Q_1	Q_2	Q_3	Q_4	Q_5	Q_6	Q_7	Q_8	Q_9
0	1	0	0	0	0	0	0	0	0	0
1	0	1	0	0	0	0	0	0	0	0
2	0	0	1	0	0	0	0	0	0	0
3	0	0	0	1	0	0	0	0	0	0
4	0	0	0	0	1	0	0	0	0	0
5	0	0	0	0	0	1	0	0	0	0
6	0	0	0	0	0	0	1	0	0	0
7	0	0	0	0	0	0	0	1	0	0
8	0	0	0	0	0	0	0	0	1	0
9	0	0	0	0	0	0	0	0	0	1

예제 8-5

그림 8-24와 유사한 10비트 링 카운터가 초기 상태로 1010000000을 가질 때, 각각의 Q 출력에 대한 파형을 구하라.

풀이

그림 8-25를 참조하라.

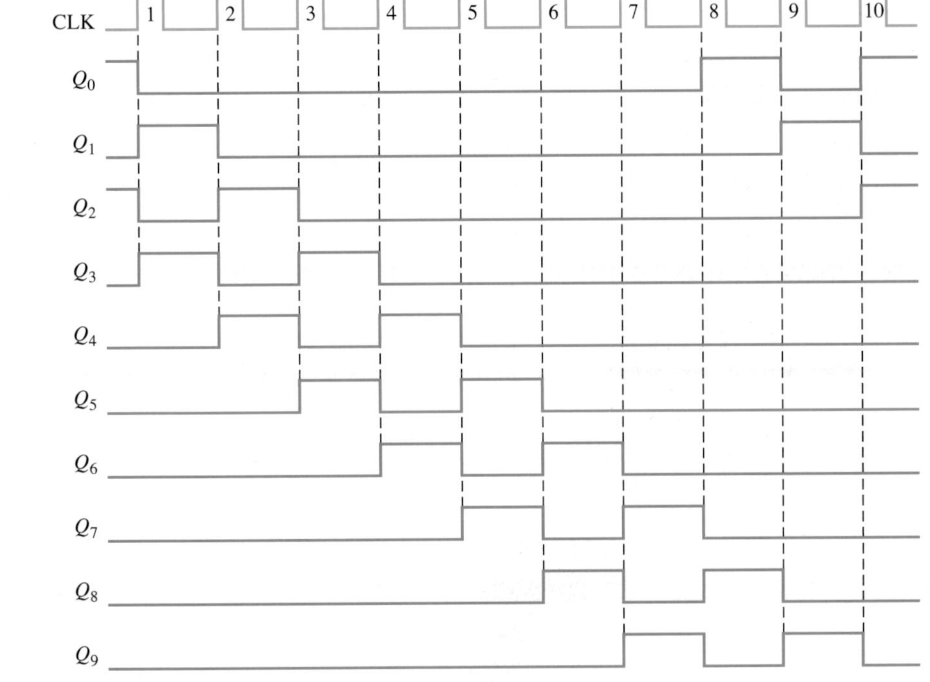

그림 8-25

관련 문제

10비트 링카운터의 초기 상태가 0101001111일 때, 각각의 Q 출력에 대한 파형을 구하라.

복습문제 8-4

1. 8비트 존슨 카운터에는 몇 개의 상태가 있는가?
2. 000으로 시작하는 3비트 존슨 카운터의 상태를 순서대로 작성하라.

8-5 시프트 레지스터 응용

시프트 레지스터는 많은 응용 분야에 사용되는데, 이 절에서는 이 중 몇 가지를 소개한다.

이 절의 학습내용

- 시프트 레지스터를 사용하여 시간 지연을 발생시킨다.
- 74HC195 시프트 레지스터를 사용하여 특정 순서를 갖는 링 카운터를 구현한다.
- 시프트 레지스터를 사용하여 어떻게 직렬-병렬 데이터 변환을 하는지 설명한다.
- *UART*를 정의한다.
- 키보드 인코더의 동작을 설명하고 레지스터가 어떻게 사용되는지 설명한다.

정보노트

마이크로 프로세서는 직렬 시프트 레지스터를 에뮬레이트할 수 있는 특별한 명령어를 가지고 있다. 누산기 레지스터는 데이터를 왼쪽 또는 오른쪽으로 시프트할 수 있다. 오른쪽 시프트는 2로 나누는 연산과 동일하고 왼쪽 시프트는 2를 곱하는 연산과 동일하다. 누산기에 있는 데이터는 순환(rotate) 명령어로 왼쪽 또는 오른쪽으로 시프트될 수 있다 – ROR은 오른쪽 순환 명령어이고, ROL은 왼쪽 순환 명령어이다. 누산기에 있는 데이터와 캐리 플래그 비트를 같이 순환시키기 위한 명령으로 RCR(rotate carry right)와 RCL(rotate carry left) 명령이 있다.

시간 지연

직렬 입력/직렬 출력 시프트 레지스터는 입력이 들어가서 출력이 나올 때까지의 시간 지연을 제공하기 위해 사용될 수 있다. 이때 시간 지연은 레지스터의 단 수(n)와 클록 주파수에 의해 결정된다.

그림 8-26에 나타낸 것과 같이 데이터 펄스가 직렬 입력에 인가되면, 클록 펄스의 상승 에지에서 첫 번째 단으로 입력된다. 데이터는 매 클록 펄스마다 한 단씩 시프트되고 n 클록 주기 후에 직렬 출력에 나타난다. 이러한 시간 지연 동작을 그림 8-26에 나타내었다. 8비트 직렬 입력/직렬 출력 시프트 레지스터에 1 MHz 주파수를 갖는 클록을 연결하면 8 μs의 시간 지연을 얻을 수 있다(8 × 1 μs). 클록 주파수를 조절함으로써 시간 지연을 늘리거나 줄일 수 있다. 또한 시프트 레지스터들을 종속 연결함으로써 시간 지연을 늘릴 수도 있고, 예제 8-6에서와 같이 레지스터에 있는 하위 단들에서 출력을 취함으로써 시간 지연을 줄일 수도 있다.

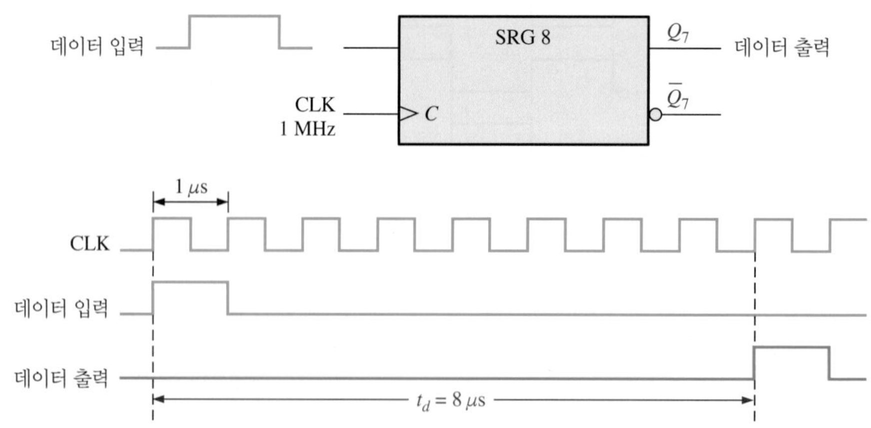

그림 8-26 시간 지연 장치로서의 시프트 레지스터

예제 8-6

그림 8-27에서 직렬 입력과 각 출력 사이의 시간 지연을 구하고 타이밍도를 그리라.

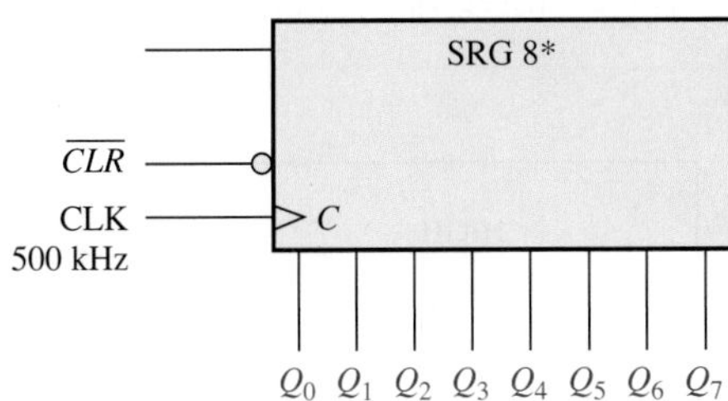

그림 8-27

풀이

클록 주기는 2 μs이므로 그림 8-28에 나타낸 것과 같이 지연 시간은 2 μs 단위로 증가하거나 감소할 수 있으며 최소 2 μs이고 최대 16 μs이다.

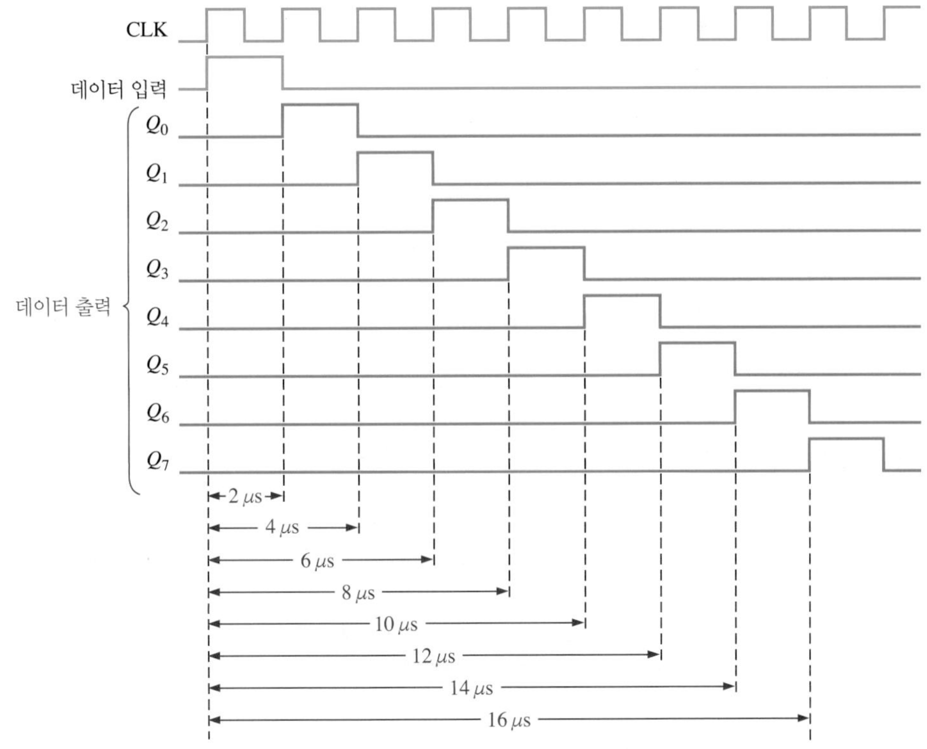

그림 8-28 그림 8-27의 레지스터에서 시간 지연을 나타내는 타이밍도

관련 문제

그림 8-27에서 Q_7의 시간 지연이 24 μs가 되려면 클록 주파수는 얼마가 되어야 하는가?

구현 : 링 카운터

고정 기능 소자 시프트 레지스터의 출력을 직렬 입력에 연결하면 링 카운터로 사용할 수 있다. 그림 8-29는 74HC195 4비트 시트프 레지스터를 이와 같이 연결하여 링 카운터를 구현한 것이다.

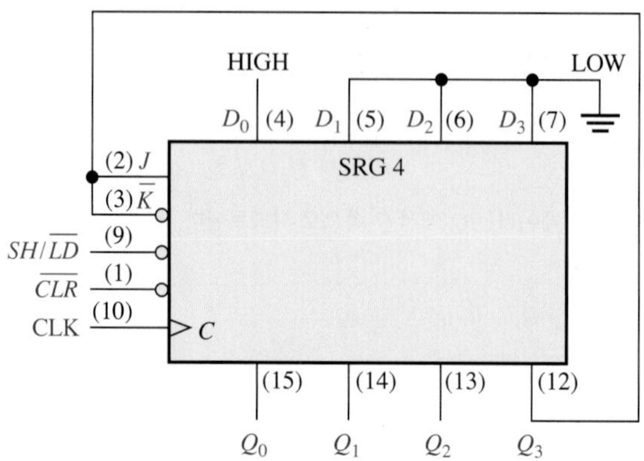

그림 8-29 링 카운터로 동작하도록 연결된 74HC195

처음에 비트 패턴 1000(또는 원하는 다른 패턴)을 병렬 데이터 입력에 가하고, $SH/\overline{LD}$ 입력을 LOW로 하고, 클록 펄스를 가하면 클록 펄스에 동기되어 카운터가 1000으로 초기화된다. 이렇게 초기화된 이후에 그림 8-30에 나타낸 것과 같이 이 1이 링 카운터에서 계속 순환된다.

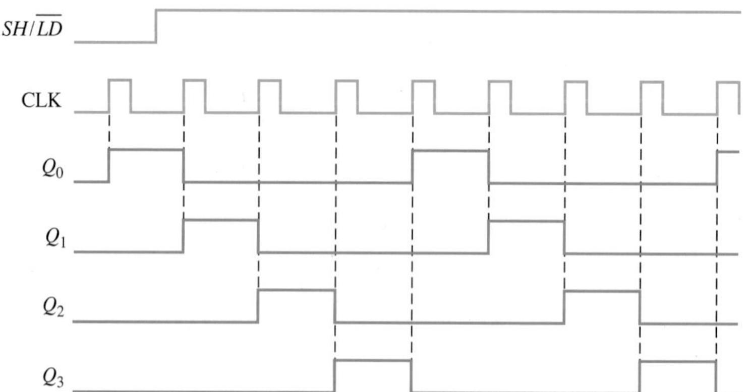

그림 8-30 그림 8-29의 링 카운터가 1000으로 초기화되어 있을 때, 2개의 완전한 주기 동안의 타이밍도

프로그램 가능한 논리 소자(PLD) 다음 VHDL 코드는 D 플립플롭을 사용한 4비트 링 카운터를 나타낸다.

```
library ieee;
use ieee.std_logic_1164.all;

entity RingCtr is
  port (I, Clr, Clock: in std_logic;
        Q0, Q1, Q2, Q3: inout std_logic);
end entity RingCtr;
```

I : 시프트 레지스터의 클록 데이터로 가는 직렬 입력 비트
Clr : 링 카운터 클리어 입력
Clock : 시스템 클록
Q0-Q3 : 링 카운터 출력단

FF0-FF3 플립플롭 인스턴스화는 플립플롭이 어떻게 연결되어 있는지와 링 카운터 순서에서 각 단의 플립플롭을 어떻게 표현하는지 보여준다. I가 HIGH일 때 FF0의 Pre 입력은 직렬 입력으로 동작한다. FF1-FF3의 Clr 입력은 Clr이 LOW일 때 플립플롭을 클리어한다.

```
architecture LogicOperation of RingCtr is
component dff1 is
  port (D, Clock, Pre, Clr: in std_logic;       -- 시프트 레지스터의 저장소로
    Q: inout std_logic );                       -- 사용되는 D 플립플롭 컴포넌트
end component dff1;
begin
  FF0: dff1 port map(D => Q3, Clock =>Clock, Q =>Q0, Pre => not I, Clr =>'1' );
  FF1: dff1 port map(D => Q0, Clock =>Clock, Q =>Q1, Pre =>'1', Clr =>not Clr );
  FF2: dff1 port map(D => Q1, Clock =>Clock, Q =>Q2, Pre =>'1', Clr =>not Clr );
  FF3: dff1 port map(D => Q2, Clock =>Clock, Q =>Q3, Pre =>'1', Clr =>not Clr );
end architecture LogicOperation;
```

직렬-병렬 데이터 변환

한 디지털 시스템에서 다른 디지털 시스템으로 데이터를 전송할 때 보통은 전송선의 수를 줄이기 위해 직렬 데이터 전송을 사용한다. 예를 들어 8비트를 병렬로 전송하려면 8개의 전송선이 필요하지만, 직렬로 전송할 경우에는 하나의 전송선을 사용하면 된다.

직렬 데이터 전송은 컴퓨터와 주변장치 사이의 데이터 송수신을 위해 널리 사용되고 있다. 예를 들면 USB(universal serial bus)는 컴퓨터에 키보드, 프린터, 스캐너 등을 연결하기 위해 사용된다. 모든 컴퓨터는 데이터를 병렬 형태로 처리하므로 직렬-병렬 데이터 변환이 필요하다. 그림 8-31은 두 가지 형태의 시프트 레지스터를 사용하여 구현한 단순화한 직렬-병렬 데이터 변환기를 나타낸다.

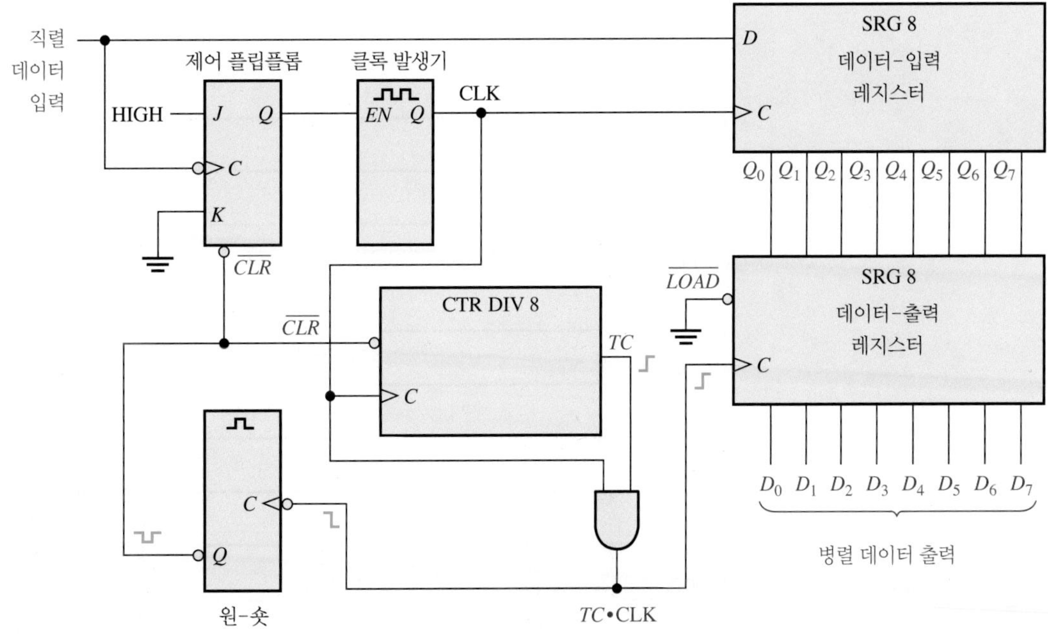

그림 8-31 직렬-병렬 변환기의 단순화한 논리도

그림 8-32에 나타낸 직렬 데이터 형식을 사용하여 직렬-병렬 변환기의 동작을 설명한다. 이 데이터는 11개의 비트로 구성되어 있다. 첫 번째 비트(시작 비트)는 항상 HIGH에서 LOW로 바

뀌면서 시작하며 항상 0이다. 다음 8비트(D_7~D_0)는 데이터 비트(이 중 1비트는 패리티 비트일 수도 있다)이다. 데이터의 끝임을 알려주는 마지막 한 비트 또는 두 비트(정지 비트)는 항상 1이다. 데이터가 전송되지 않을 때에는 직렬 데이터 선은 계속하여 HIGH이다.

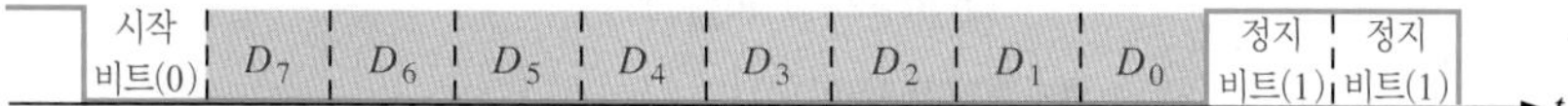

그림 8-32 직렬 데이터 형식

시작 비트가 HIGH에서 LOW로 바뀌면 제어 플립플롭이 1로 세트되고 클록 발생기를 동작시킨다. 일정한 지연 시간 후에 클록 발생기는 펄스파형을 생성하여 데이터 입력 레지스터와 8 분주 카운터에 공급한다. 클록의 주파수는 입력되는 직렬 데이터의 주파수와 정확하게 같으며, 시작 비트 후의 첫 번째 클록 펄스는 그림 8-33에서와 같이 첫 번째 데이터 비트에 맞춰 공급된다.

기본적인 동작은 그림 8-33의 타이밍도에 나타낸 바와 같다 : 8개의 데이터 비트(D_7~D_0)는

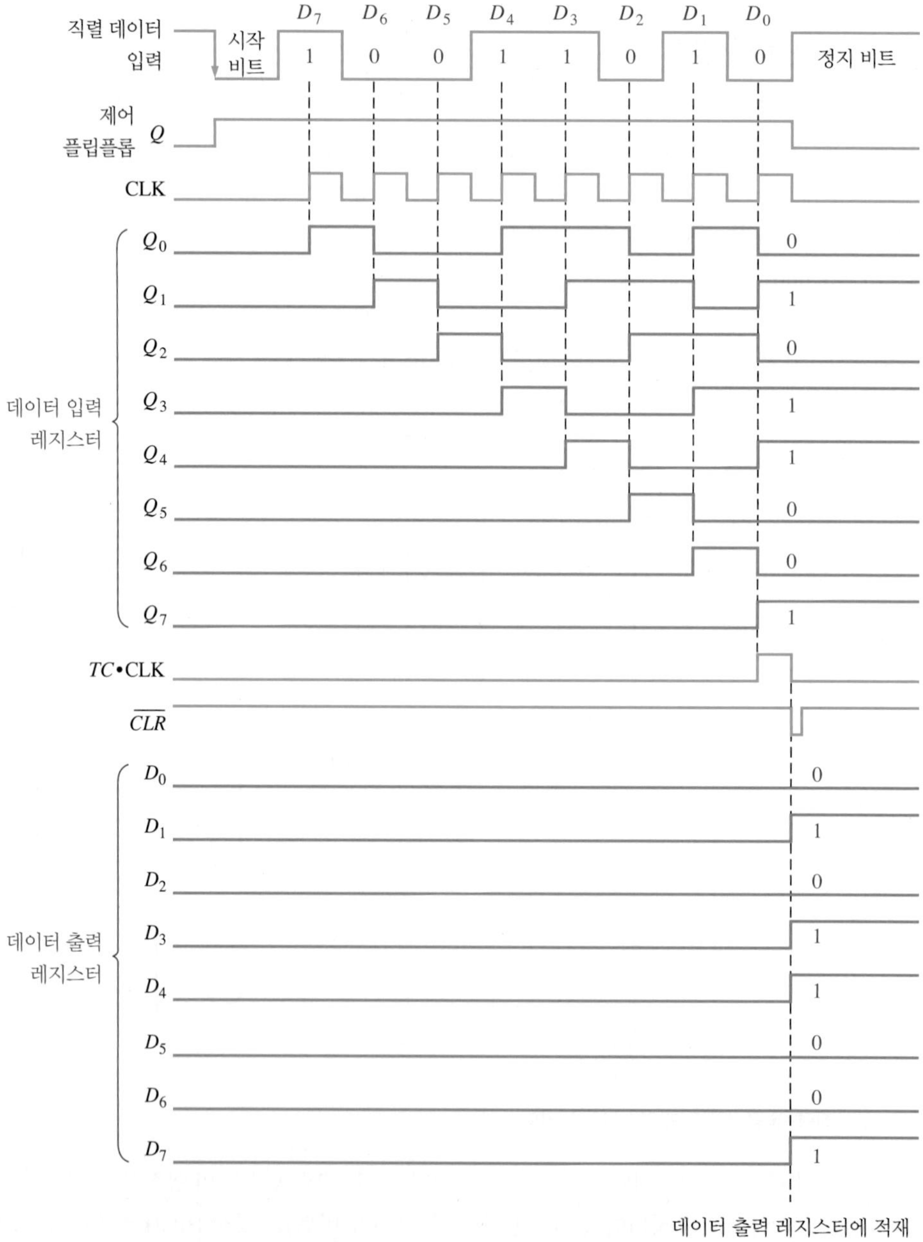

그림 8-33 그림 8-31의 직렬-병렬 데이터 변환기의 동작을 설명하는 타이밍도

데이터 입력 레지스터에 직렬로 입력되고 시프트된다. 여덟 번째 클록 펄스가 가해진 직후에 카운터는 마지막 상태에 도달하게 되므로 종료 계수(terminal count, TC)가 LOW에서 HIGH로 바뀐다. 이 상승 에지가 아직 HIGH 상태인 클록과 AND되어 신호 $TC \cdot$ CLK의 상승 에지를 발생시켜 데이터 입력 레지스터에 있는 8비트 데이터를 데이터 출력 레지스터로 병렬 적재한다. 잠시 후에 클록 펄스는 LOW가 되고 이 하강 에지에서 원-숏이 트리거되어 짧은 펄스 폭을 갖는 펄스를 발생시킨다. 이는 카운터를 클리어시키고 제어 플립플롭을 리셋시켜 클록 발생기의 동작을 금지시킨다. 이제 시스템은 다시 새로운 11비트 데이터를 전송할 준비가 되었고, 시작 비트가 HIGH에서 LOW로 바뀔 때까지 기다린다.

지금까지 설명한 과정을 역으로 수행하면 병렬-직렬 데이터 변환을 수행할 수 있다. 병렬 데이터를 직렬 데이터로 변환할 때는 직렬 데이터 형식에 맞도록 시작 비트와 정지 비트가 부가되어야 한다.

UART

앞에서 언급한 바와 같이 컴퓨터와 마이크로프로세서 기반의 시스템은 외부 장치와 데이터를 주고받기 위해 종종 직렬 전송 방식을 사용한다. 이러한 직렬 전송을 위해 컴퓨터 내부의 병렬 데이터를 직렬 형태로 변환해야 하는데 여기에 필요한 인터페이스 장치가 UART(Universal Asynchronous Receiver Transmitter)이다. 그림 8-34는 일반적인 마이크로프로세서 기반의 시스템에서 사용되는 UART를 나타낸다.

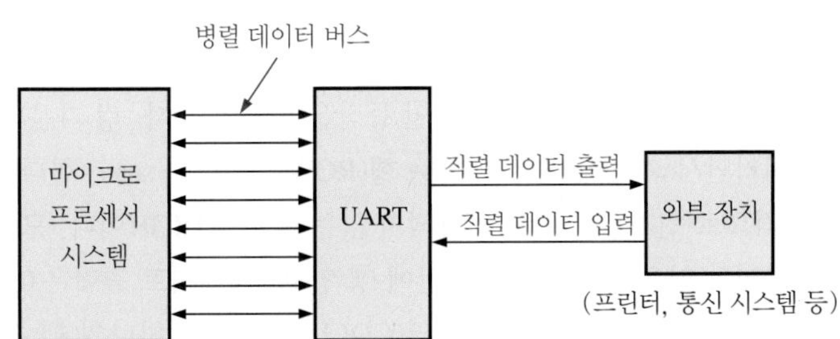

그림 8-34 UART 인터페이스

그림 8-35의 블록도에 보인 바와 같이 UART에는 직렬-병렬 변환기와 병렬-직렬 변환기가 모두 들어 있다. 데이터 버스는 기본적으로 UART와 마이크로프로세서 시스템 간에 데이터가 이동할 수 있도록 해주는 병렬로 된 도선들이다. 버퍼는 데이터 레지스터와 데이터 버스 사이의 인터페이스를 담당한다.

UART는 데이터를 직렬 형식으로 수신하여 병렬 형식으로 변환한 후 데이터 버스에 싣는다. 또한 UART는 데이터 버스에서 병렬 데이터를 받아서 직렬 형식으로 변환한 후에 외부 장치로 전송한다.

키보드 인코더

키보드 인코더는 시프트 레지스터를 링 카운터로 사용하는 응용의 좋은 예이다. 데이터 저장 소자가 없는 간단한 컴퓨터 키보드는 6장에 소개하였다.

그림 8-36은 8행, 8열로 구성된 64키 매트릭스에서 눌려진 키에 대해 코드화하는 단순화한 키보드 인코더를 나타낸다. 2개의 병렬 입력/병렬 출력 4비트 시프트 레지스터를 연결하여 8비트 링 카운터로 사용한다. 전원이 인가되면 7개의 1과 1개의 0으로 이루어진 고정된 비트 패턴

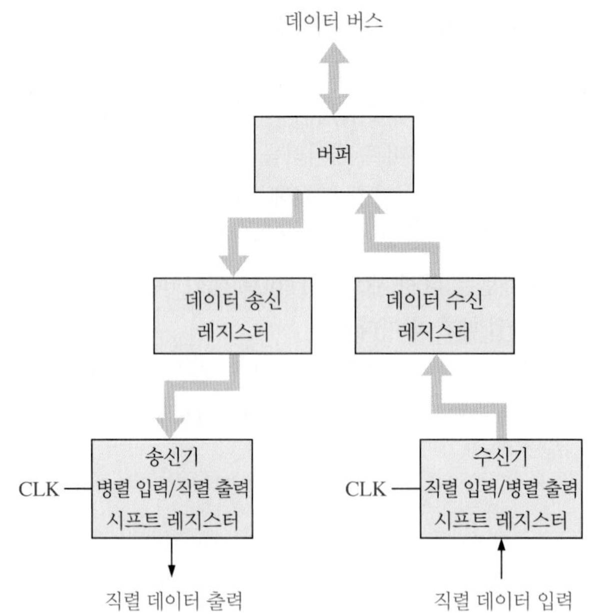

그림 8-35 기본적인 UART 블록도

이 링 카운터에 프리셋된다. 키보드 매트릭스의 행 선과 열 선을 인코딩하기 위해 2개의 우선순위 인코더(6장에서 소개)를 8선-3선 인코더(9 입력은 HIGH이고, 8 출력은 미사용)로 사용한다. 병렬 입력/병렬 출력 레지스터(키 코드)는 우선순위 인코더로부터 출력되는 행과 열의 코드를 저장한다.

그림 8-36에 나타낸 키보드 인코더의 기본적인 동작은 다음과 같다. 링 카운터는 5 kHz의 클록 속도로 0을 순환시키면서 키 눌림에 해당하는 행(ROW)을 '스캔(scan)'한다. 0(LOW)이 각 행(ROW) 선에 순차적으로 인가된다. 0이 인가되지 않는 행들은 HIGH이다. 모든 행 선들이 행 인코더의 입력에 연결되어 있으므로 임의의 순간에 행 인코더의 3비트 출력은 0이 인가된 행 선을 나타내는 2진수이다. 키가 눌려지면 하나의 열(COLUMN) 선이 하나의 행 선과 연결되는데 링 카운터에 의해 한 행 선이 LOW가 되면 연결된 열 선도 같이 LOW가 된다. 열 인코더는 키가 눌려진 열에 해당하는 2진수를 출력한다. 이 3비트의 행 코드와 3비트의 열 코드의 조합에 의해 어떤 키가 눌려졌는지 알 수 있게 된다. 이 6비트 코드는 키 코드(key code) 레지스터로 입력된다. 키가 눌려지면 2개의 원-숏에 의해 지연된 클록 펄스가 만들어지고, 이 클록 펄스에 의해 6비트 코드가 키 코드 레지스터에 병렬로 적재된다. 이러한 지연 시간에 의해 키의 접촉 바운스 현상을 없앨 수 있다. 또한 첫 번째 원-숏 출력은 데이터가 키 코드 레지스터로 적재되는 동안 키보드를 스캔하지 않도록 링 카운터의 동작을 금지시키는 역할을 한다.

키 코드 레지스터에 있는 6비트 코드는 ROM(read-only memory)에 입력되어 키보드 문자를 나타내는 적절한 문자 코드로 변환된다. ROM은 11장에서 학습한다.

복습문제 8-5

1. 키보드 인코더에서 링 카운터는 키보드를 초당 몇 번 스캔하는가?
2. 키보드 인코더에서 가장 위의 행과 가장 왼쪽의 열에 대한 6비트 행/열 코드(키 코드)는 무엇인가?
3. 키보드 인코더에서 다이오드와 저항을 사용하는 목적은 무엇인가?

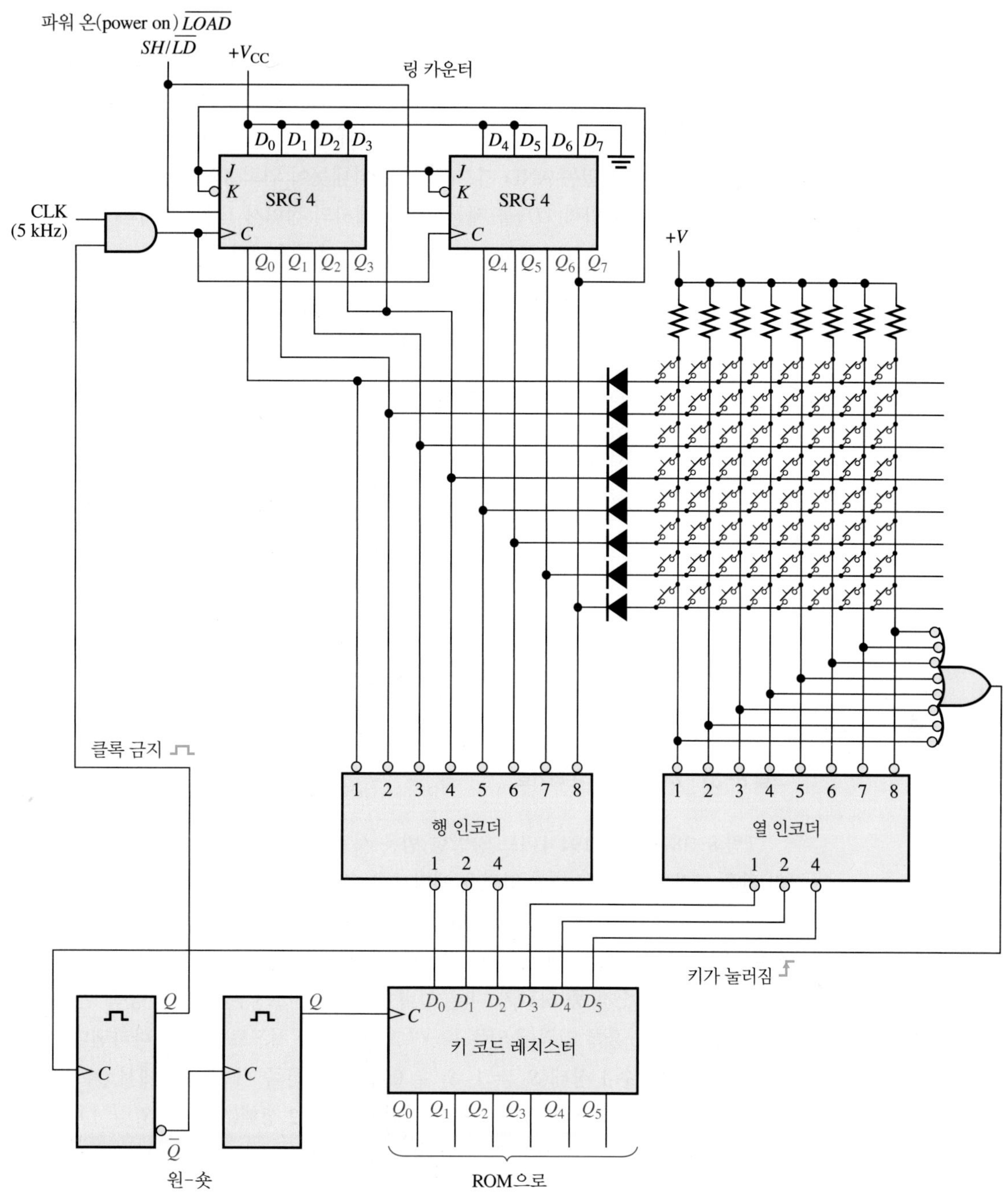

그림 8-36 단순화한 키보드 인코딩 회로

8-6 종속 표기법에 의한 논리기호

시프트 레지스터에 대한 ANSI/IEEE 표준 91-1984에 명시된 종속 표기법의 두 가지 예를 소개한다. 두 가지 시프트 레지스터 IC에 대해 살펴본다.

이 절의 학습내용

- 74HC164와 74HC194 시프트 레지스터에 대한 종속 표기를 갖는 논리기호를 이해하고 해석한다.

그림 8-37은 74HC164 8비트 직렬 입력/병렬 출력 시프트 레지스터에 대한 논리기호를 나타낸다. 공통 제어 입력은 상위 블록에 나타나 있다. 클리어($\overline{CLR}$) 입력은 블록에서 R(RESET)로 표시되어 있다. R에는 클록(C1)과 연결되는 종속(dependency) 접두사가 없으므로 클리어 기능은 비동기이다. C1 뒤의 오른쪽 화살표 기호는 데이터가 Q_0에서 Q_7으로 이동하는 것을 나타낸다. 내부에 표시되어 있는 AND 기호(&)가 나타내듯이 입력 A와 B는 AND되어 첫 번째 단(Q_0)에 동기식의 데이터 입력(1D)을 제공한다. C에서의 접미사 1과 D에서의 접두사 1이 나타내는 바와 같이 데이터 입력 D는 클록 C에 종속된다는 것에 유의하라.

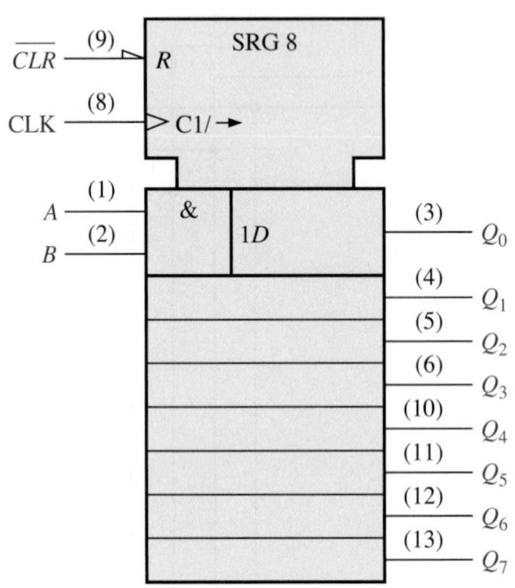

그림 8-37 74HC164의 논리기호

그림 8-38은 74HC194 4비트 양방향 범용 시프트 레지스터에 대한 논리기호이다. 제어 블록의 왼쪽 가장 위에 있는 $\overline{CLR}$ 입력은 액티브-LOW로 동작되는 비동기 입력이다(C와 연결된 접두사가 없음). 입력 S_0와 S_1은 모드 입력으로서, M 다음의 종속 표기 $\frac{0}{3}$이 나타내는 바와 같이 오른쪽 시프트, 왼쪽 시프트, 병렬 적재 동작 모드를 결정한다. $\frac{0}{3}$은 S_1, S_0 입력의 2진 상태 0, 1, 2, 3을 나타낸다. 이 숫자 중 하나가 다른 입력에서 접두사로 사용된다면 종속 관계가 있다는 것을 나타내는 것이다. 클록 입력에 있는 1 → / 2 ← 기호는 시프트 방향을 나타낸다. 1 → 은 모드 입력(S_0, S_1)이 2진수 1 상태($S_0 = 1$, $S_1 = 0$)일 때 오른쪽 시프트(Q_0에서 Q_3 방향으로) 동작이 수행된다는 것을 나타낸다. 2 ←은 모드 입력이 2진수 2 상태($S_0 = 0$, $S_1 = 1$)일 때 왼쪽 시프트(Q_3에서 Q_0 방향으로) 동작이 수행된다는 것을 나타낸다. 오른쪽 시프트 직렬 입력($SR\ SER$)은 1, 4D로 표시되어 있으므로 모드-종속이고 또한 클록-종속이다. 병렬 입력(D_0, D_1, D_2, D_3)은 모두 3, 4D로 표시되어 있으므로 모드-종속(접두사 3은 병렬 적재 모드를 나타냄)이고 클록 종속이다. 왼쪽 시프트 직렬 입력($SL\ SER$)은 2, 4D로 표시되어 있으므로 모드-종속이고 클록-종속이다.

74HC194의 네 가지 동작모드를 요약하면 다음과 같다.

동작 없음 : $S_0 = 0$, $S_1 = 0$ (모드 0)
오른쪽 시프트 : $S_0 = 1$, $S_1 = 0$ (1, 4D에서와 같이 모드 1)
왼쪽 시프트 : $S_0 = 0$, $S_1 = 1$ (2, 4D에서와 같이 모드 2)
병렬 적재 : $S_0 = 1$, $S_1 = 1$ (3, 4D에서와 같이 모드 3)

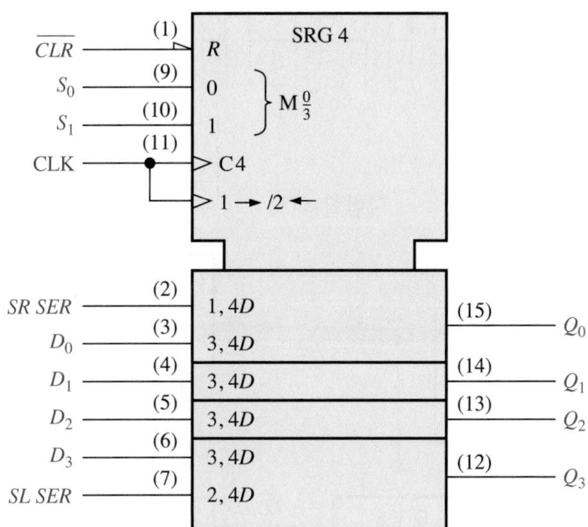

그림 8-38 74HC194의 논리기호

복습문제 8-6

1. 그림 8-38에서 0 상태로 되는 모드 입력에 종속적인 입력이 있는가?
2. 병렬 적재는 클록과 동기되어 수행되는가?

8-7 고장 진단

순차 논리회로 또는 더 복잡한 시스템을 고장 진단할 때는 알려진 입력파형(자극, stimulus)을 회로에 가한 후 올바른 비트 패턴이 출력되는지를 관찰하는 방법('시험' 과정, exercising procedure)을 주로 사용한다.

이 절의 학습내용

- 고장 진단의 기법인 '시험' 과정의 절차를 설명한다.
- 직렬-병렬 변환기의 시험 과정에 대해 논의한다.

그림 8-31에 나타낸 직렬-병렬 데이터 변환기를 사용하여 '시험' 과정을 설명한다. 회로를 시험하는 주목적은 모든 요소들(플립플롭과 게이트)을 강제로 특정한 상태를 갖게 하여 고장 때문에 어떤 한 상태에 갇혀 있지 않도록 하는 것이다. 이 경우 입력할 시험 패턴을 잘 고안하여 레지스터 내의 각 플립플롭들이 한 번씩 0과 1의 상태를 가질 수 있도록 해야 하고, 카운터가 8개의 모든 상태를 반복할 수 있도록 클록을 가해야 하며, 제어 플립플롭, 클록 발생기, 원-숏, AND 게이트의 동작을 시험할 수 있도록 해야 한다.

직렬-병렬 데이터 변환기에 대해 이런 목적을 달성할 수 있도록 하기 위한 입력 시험 패턴은 그림 8-32에 나타낸 직렬 데이터 형식에 기반을 두고 고안한다. 사용할 입력 시험 패턴은 그림 8-39에 나타낸 바와 같이 10101010에 이은 01010101로 구성된다. 이 패턴이 시험 패턴 발생기를 사용하여 반복적으로 발생된다. 기본적인 실험 장치는 그림 8-40과 같다.

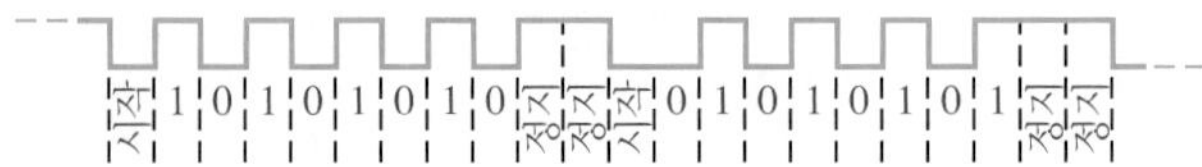

그림 8-39 시험 패턴의 샘플

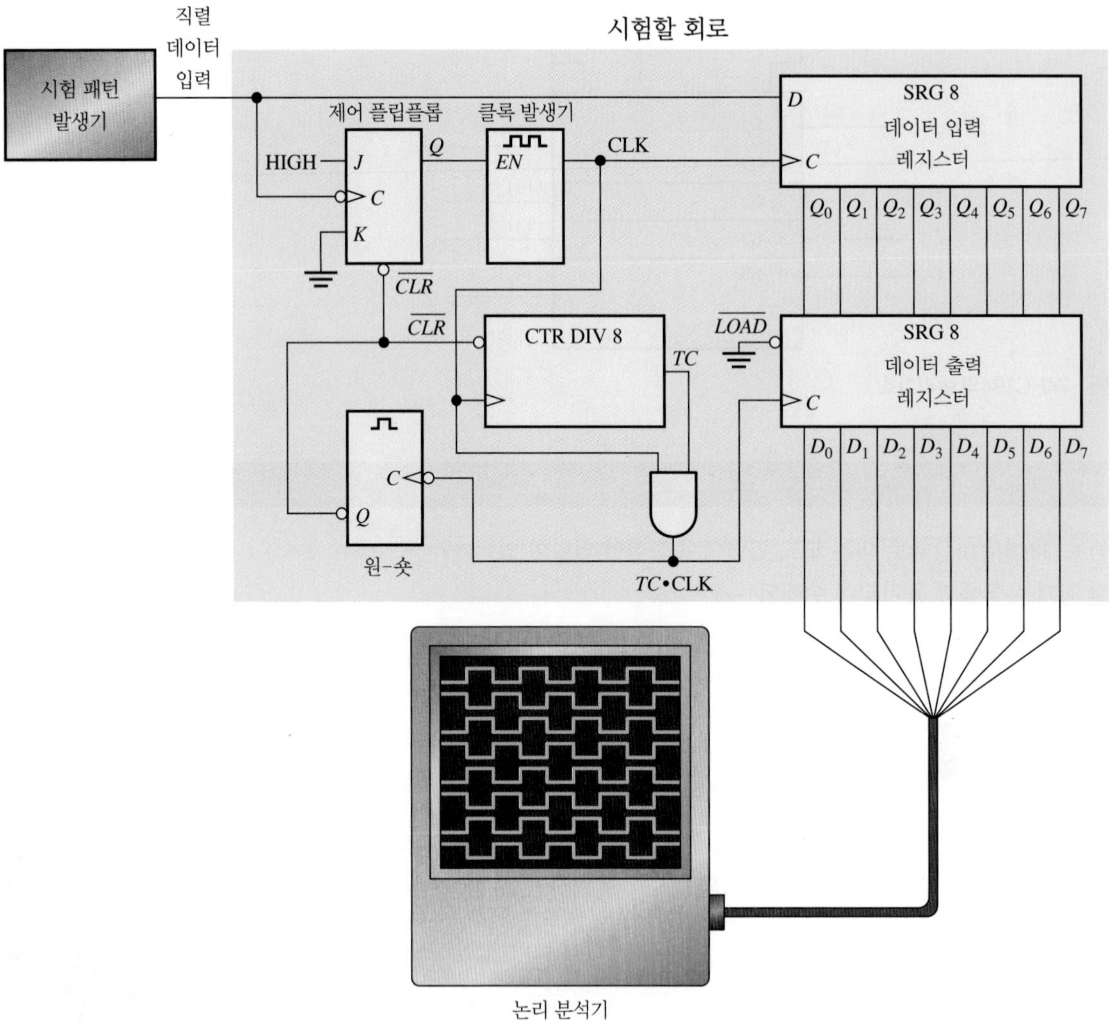

그림 8-40 그림 8-31의 직렬-병렬 데이터 변환기를 시험하기 위한 기본 구성

시험할 회로에 시험 패턴을 가하고 나면 데이터 입력 레지스터와 데이터 출력 레지스터 내의 모든 플립플롭들은 세트 상태와 리셋 상태를 거치게 되고, 카운터는 카운터의 전체 상태 순서를 거치게 되고(각 비트 패턴마다 한 번), 다른 모든 소자들도 시험되게 된다.

동작이 정상적인지를 검사하기 위해서는 입력 시험 패턴이 데이터 입력 레지스터에 반복적으로 시프트되어 입력되고, 데이터 출력 레지스터로 적재될 때 병렬 데이터 출력이 1과 0이 반복되는 패턴을 보이는지 관찰한다. 그림 8-41은 정상적인 회로 동작에 대한 타이밍도를 보이고 있다. 출력은 2채널 오실로스코프로 두 비트씩 관찰할 수도 있고 논리 분석기의 타이밍 해석 기능을 이용하여 8비트 출력을 모두 동시에 관찰할 수도 있다.

만일 데이터 출력 레지스터의 출력에 오류가 있다면 데이터 입력 레지스터의 출력을 살펴봐야 한다. 이 데이터 입력 레지스터의 출력이 정확하다면 데이터 출력 레지스터에 문제가 있는 것이다. 이때에는 데이터 출력 레지스터의 입력들이 제대로 연결되어 있는지 IC의 핀에서 직접

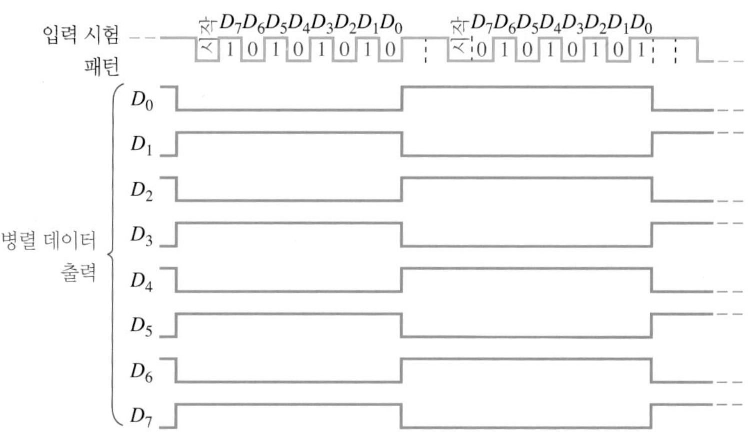

그림 8-41 그림 8-40의 시험 회로에 대한 정상적인 출력. 입력 시험 패턴도 같이 나타내고 있다.

점검한다. 전원과 접지에 오류가 없는지 점검한다(접지선에 노이즈가 있는지 점검한다). 적재선($\overline{LOAD}$)에 가해지는 입력이 확실한 LOW인지 확인하고 클록 입력에 정확한 전압 크기를 갖는 펄스가 인가되는지 확인한다. 논리 분석기로 연결되는 선들이 단락되어 있지 않은지 확인한다. 이러한 모든 검사에 문제가 없다면 출력 레지스터 자체에 결함이 있을 수 있다. 데이터 입력 레지스터의 출력에도 오류가 있다면, 데이터 입력 레지스터 자체 또는 다른 논리 회로들에 문제가 있을 수 있으며 이때는 문제가 어디에 있는지 알아내기 위하여 추가적인 조사가 필요하다.

오실로스코프를 사용하여 디지털 신호를 측정할 때는 항상 AC 커플링보다 DC 커플링을 사용해야 한다. AC 커플링에서는 화면에 나타나는 신호의 0 V 레벨이 실제 접지 레벨 또는 0 V 레벨이 아니라 신호의 평균 레벨이기 때문에 디지털 신호를 보기에는 적절하지 않다. '부동(floating)' 접지나 부정확한 논리 레벨을 찾기에는 DC 커플링이 훨씬 쉽다. 만약 디지털 회로에서 개방 접지가 의심된다면 스코프의 감도를 최대한 증가시킨다. 이때 접지가 잘 되어 있으면 잡음이 없지만 개방 접지일 때는 약간의 잡음(0 V 레벨에서 요동이 발생)이 측정된다.

복습문제 8-7

1. 순차 논리회로에 시험 입력을 가하는 목적은 무엇인가?
2. 출력파형이 정확하지 않을 때, 일반적으로 취해야 할 다음 단계는 무엇인가?

응용 논리

보안 시스템

보안 구역 출입을 통제하기 위한 보안 시스템을 살펴본다. 일단 네 자리의 보안 코드가 시스템에 저장되어 있고, 키패드에서 정확한 코드를 입력하면 출입을 허락한다. 보안 시스템의 블록도는 그림 8-42와 같다. 이 시스템은 보안 코드 논리, 코드-선택 논리와 키패드로 구성되어 있으며 키패드는 일반적인 숫자 키패드이다.

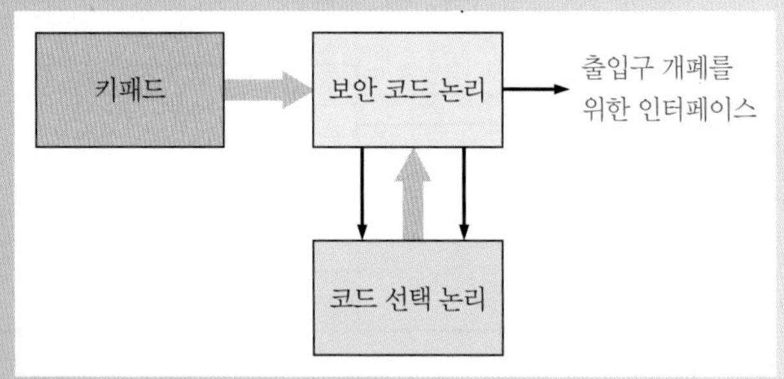

그림 8-42 **보안 시스템에 대한 블록도**

기본 동작

네 자리의 출입 코드는 관리자가 DIP 스위치를 사용하여 설정할 수 있으며 메모리에 저장된다. 처음에 #키를 누르면 시스템이 첫 번째 코드를 받아들일 준비를 하게 된다. 코드는 키패드에서 한 번에 한 자리씩 입력되고 보안 코드 논리에서 처리하기 위해 BCD 코드로 변환된다. 만일 입력된 코드가 저장된 코드와 일치하면 출력신호에 의해 출입 통제 구역의 출입문을 열게 된다.

연습문제

1. 키패드에서 네 자리의 출입 코드로 4739가 입력되었을 때, 코드 발생기에 의해 생성되는 BCD 코드의 순서를 적으라.

보안 코드 논리

보안 코드 논리는 키패드에서 입력된 코드와 코드-선택 논리로부터 오는 미리 정해진 보안코드를 비교한다. 그림 8-43은 보안 코드 논리의 논리도이다.

출입을 하기 위해서 먼저 키패드의 #키를 누르면 원-숏이 트리거되고, 이로 인해 8비트 레지스터 C는 미리 정해 놓은 패턴인 00010000으로 초기화된다. 다음으로 키패드에서 네 자리의 코드가 순차적으로 입력된다. 각 자리가 입력되면 이는 10진-BCD 인코더에 의해 BCD로 변환되고 원-숏 A에 의해 발생된 클록 펄스의 상승 에지에서 4비트의 BCD 코드는 레지스터 A로 입력된다. 키가 눌려지는 순간 OR 게이트의 출력이 변화되면서 원-숏이 트리거된다. 키패드에서 입력된 숫자가 레지스터 A에 입력되는 것과 동시에 같은 자리의 숫자가 코드 발생기로부터 레지스터 B로 입력된다. 또한 원-숏 A가 원-숏 B를 트리거하게 되어 원-숏 B는 약간의 시간이 지연된 후 클록 펄스를 만들어내어 레지스터 C에 제공하여 미리 설정된 패턴인 00010000이 직렬 시프트된다. 패턴 중 가장 왼쪽 3개의 0은 단순히 자리를 메우기 위해 사용한 것이며 시스템 동작에서 특별한 역할을 하지는 않는다. 레지스터 A와 B의 출력은 비교기로 입력되고 두 코드가 같으면 비교기 출력은 HIGH가 되어 시프트 레지스터 C를 시프트(SHIFT) 모드가 되게 한다.

입력된 자릿수가 설정된 자릿수와 일치할 때마다 시프트 레지스터에 있는 1이 오른쪽으로 한 자리씩 시프트된다. 네 번째 코드가 일치하면 시프트 레지스터의 출력은 1이 되고 출입문을 개방하는 장치를 동작시킨다. 만일 코드가 일치하지 않으면, 비교기의 출력은 LOW가 되어 시프트 레지스터 C가 적재(LOAD) 모드가 되고 시프트 레지스터는 초기 패턴(00010000)으로 다시 초기화된다.

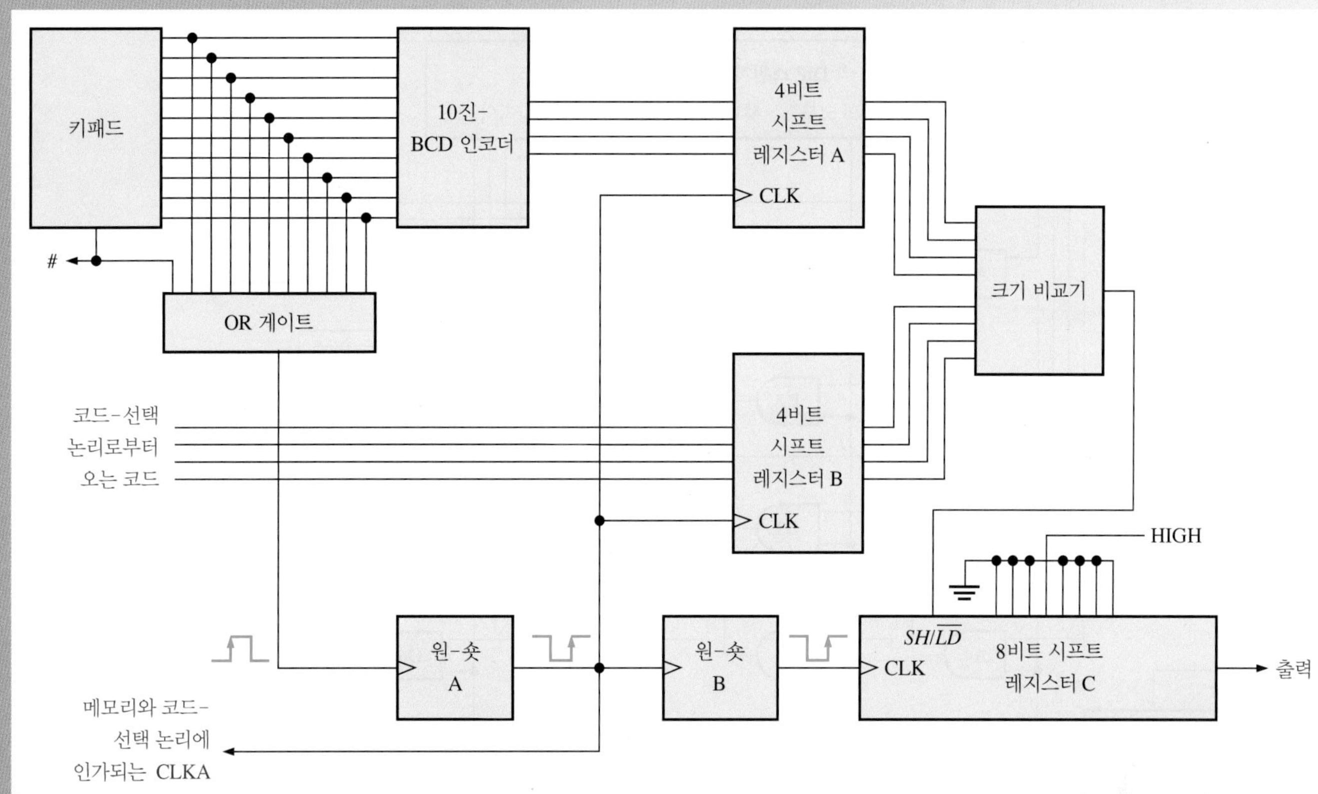

그림 8-43 키패드와 보안 코드 논리의 블록도

연습문제

2. 두 자리의 올바른 코드가 입력된 후에 시프트 레지스터 C의 상태는 무엇인가?
3. OR 게이트를 사용하는 이유를 설명하라.
4. 키패드에서 4가 입력되었을 때, 레지스터 A의 출력은 무엇이 되는가?

코드-선택 논리

그림 8-44는 코드-선택 논리의 논리도를 나타낸다. 여기에는 네 자리의 출입 코드가 설정되는 DIP 스위치들이 포함되어 있다. 처음에 #키를 누르면 미리 설정된 패턴인 0001이 4비트 시프트 레지스터에 병렬 적재되어 시스템이 출입 코드의 첫 번째 자리를 처리할 수 있도록 준비한다. 즉 시프트 레지스터의 Q_0 출력이 HIGH가 되어 4개의 AND 게이트(A1-A4)가 인에이블되고 출입 코드의 첫 번째 자리에 해당하는 4비트의 BCD 코드가 선택된다. 키패드에서 출입 코드의 각 자리가 입력될 때마다 보안 코드 논리에서 생성된 클록에 의해 시프트 레지스터의 1이 시프트되어 다음 번 4개의 AND 게이트를 차례로 인에이블시킨다. 결과적으로 보안 코드의 각 자릿수에 대한 BCD 코드가 출력에 차례로 나타나게 된다.

보안 시스템에 대한 VHDL

보안 시스템은 PLD로 구현하기 위해 VHDL을 사용하여 기술할 수 있다. 전체 시스템을 기술하기 위하여 프로그램 코드에서 시스템의 3개 블록(키패드, 보안 코드 논리, 코드-선택 논리)을 결합하여 작성한다.

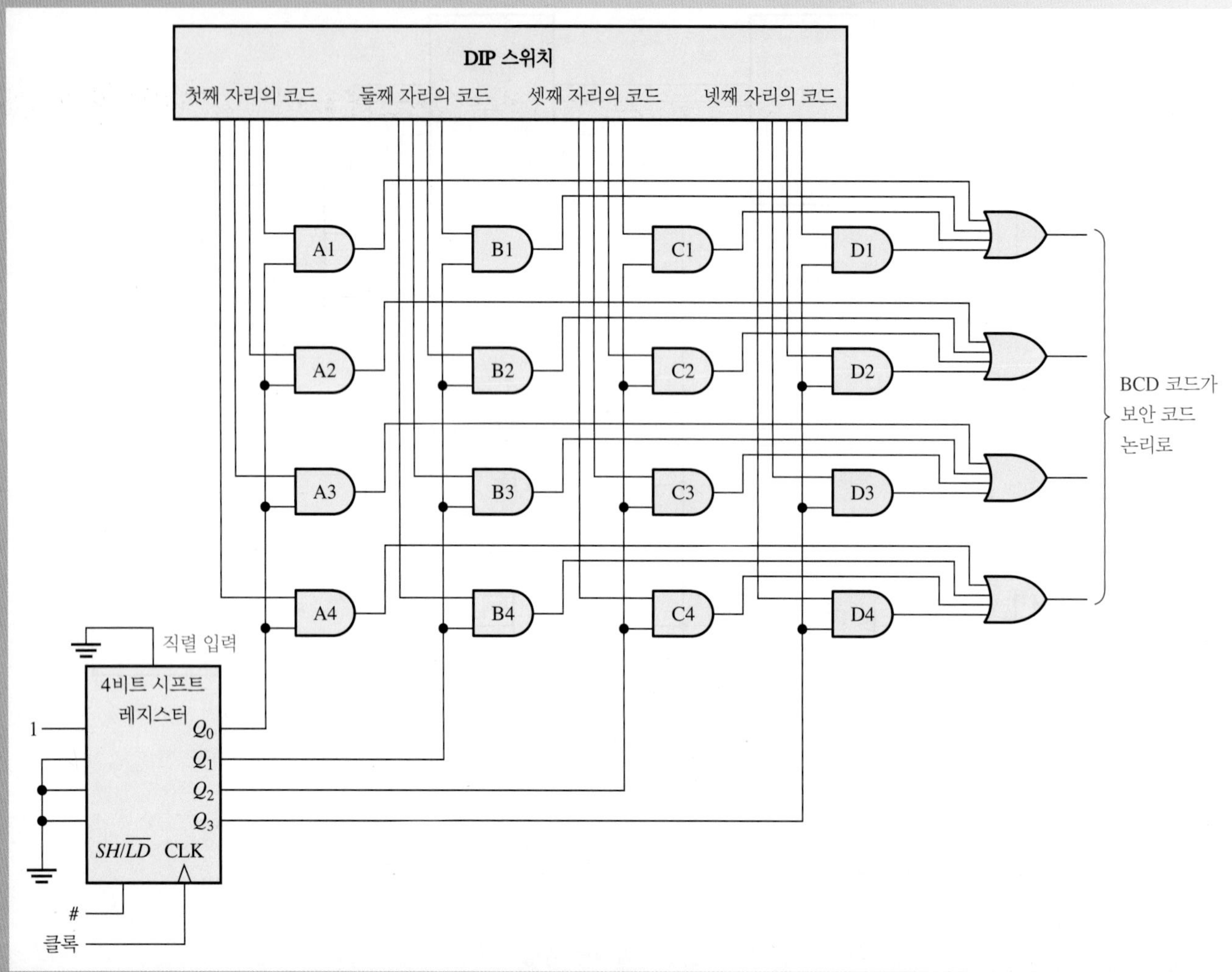

그림 8-44 **코드-선택 논리에 대한 논리도**

그림 8-45는 프로그래밍 모델을 위한 논리 시스템의 블록도이다. 6개의 프로그램 컴포넌트가 보안 시스템의 논리적인 동작을 수행한다. 각각의 컴포넌트는 그림에서 하나의 블록 또는 몇 개의 블록들에 해당한다. 보안 시스템 프로그램 SecuritySystem은 컴포턴트들이 어떻게 상호작용하는지를 정의하는 코드를 포함한다.

보안 시스템은 일반적인 숫자 키패드를 나타내기 위하여 10비트의 입력 벡터 Key(하나의 10진 자릿수에 대해 하나의 입력 비트)와 하나의 입력 Enter를 포함한다. 키가 하나 눌려지면 입력 어레이 Key에 저장된 데이터가 10진-BCD 인코더(BCDEncoder)로 보내진다. 10진-BCD 인코더의 4비트 출력은 4비트 병렬 입력/병렬 출력 시프트 레지스터 A(FourBitParSftReg)로 보내진다. 외부의 시스템 클록이 입력 Clk에 가해져서 전체 보안 시스템을 구동한다. 입력된 코드와 보안 코드가 일치한 경우에는 Alarm 출력 신호가 HIGH가 된다.

Enter 키를 누르면 HIGH 클록 신호를 코드-선택 논리 블록(CodeSelection)으로 보내서 시프트 레지스터 B에 초기의 2진값 1000을 적재한다. 이때, 2진수 0000이 시프트 레지스터 A에 저장되고, 크기 비교기(ComparatorFourBit)의 출력이 LOW가 된다. 코드-선택 논리는 키패드에서 입력되는 첫 번째 숫자와 비교할 수 있도록 저장된 코드 중 첫 번째 코드를 보낼 준비가 된다.

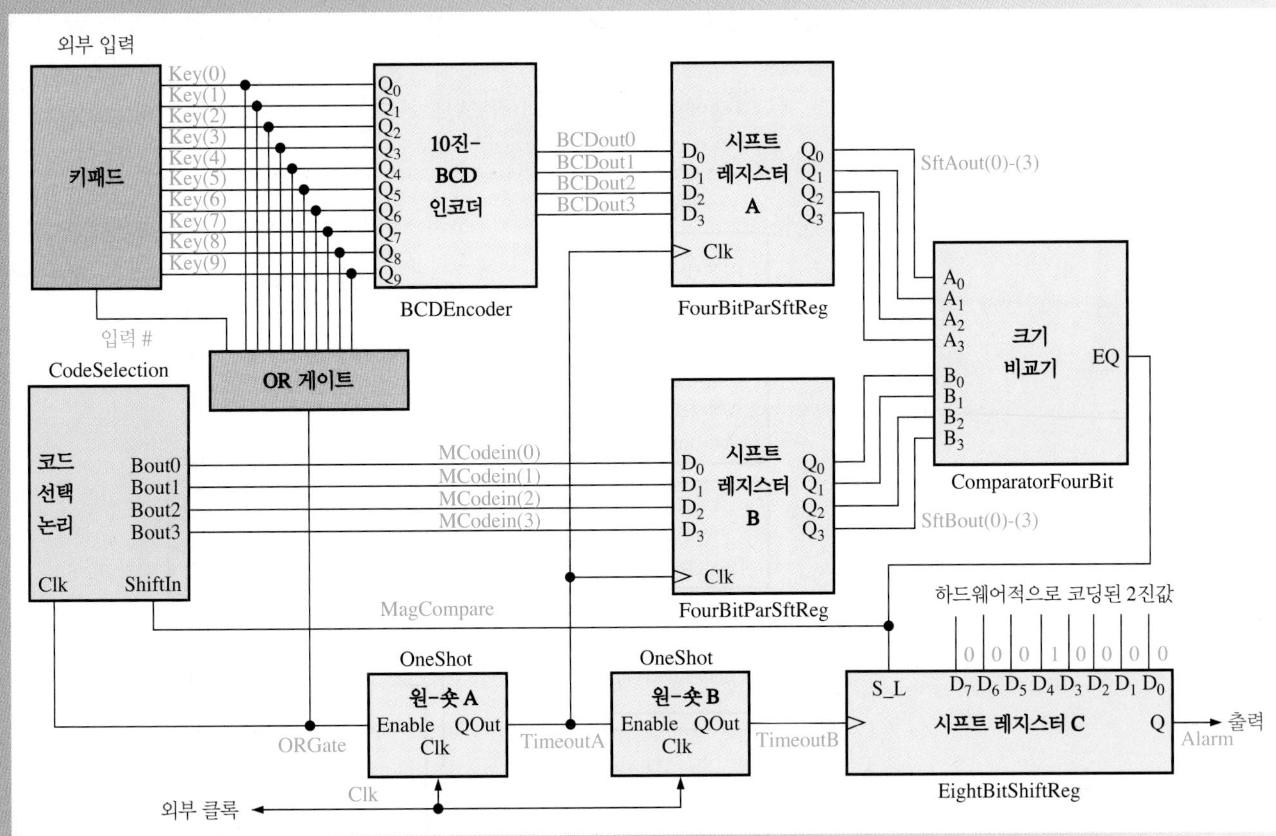

그림 8-45 프로그래밍 모델로서의 보안 시스템 블록도

8비트 병렬 입력/직렬 출력 시프트 레지스터 C(EightBitShiftReg)의 S_L 입력이 LOW가 되고 초기값인 00010000을 적재한다.

숫자 키가 눌려지면 OR 게이트(ORGate) 출력이 클록을 발생시켜 저장된 첫 번째 값이 시프트 레지스터 B로 입력되고, 10진-BCD 인코더의 출력이 시프트 레지스터 A의 입력으로 보내진다. 시프트 레지스터 A와 B의 값이 일치하면 크기 비교기의 출력이 HIGH가 되고 코드-선택 논리는 저장된 두 번째 코드를 보낼 준비가 된다.

키패드에서 입력된 네 자릿수와 저장된 코드값이 모두 일치하게 되면 처음에 시프트 레지스터 C에 들어 있던 00010000이 오른쪽으로 네 자리 시프트하게 되고 출력 Alarm을 HIGH로 만든다. 키패드에서 부정확한 숫자가 입력되면 시프트 레지스터 B에 있는 저장된 코드값과 일치하지 않게 되고 크기 비교기의 출력은 LOW가 된다. 크기 비교기의 출력이 LOW가 되면 코드-선택 논리가 저장된 첫 번째 코드값으로 리셋되고 시프트 레지스터 C에는 2진값 00010000이 다시 적재되어 전체 과정이 다시 시작되게 된다.

키패드에서 입력된 값과 저장된 코드값을 시스템 내로 전파시키는 클록을 발생시키기 위해서 2개의 원-숏(OneShot)이 사용된다. 원-숏은 어떤 동작이 일어나기 전에 데이터가 안정화될 수 있게 해준다. 원-숏 A는 키패드 OR 게이트에서 Enable 신호를 받아서 일정 시간 후에 첫 번째 과정이 시작되도록 해준다. OR 게이트 출력은 코드-선택 논리로도 보내져서 첫 번째 코드값이 시프트 레지스터 A의 입력으로 전달되도록 한다. 원-숏 A의 출력 펄스가 종료될 때 키패드에서 입력된 숫자에 대한 코드와 코드-선택 논리에서 전달된 현재의 코드가 크기 비교기에 의해 비교되고, Enable 신호가 원-숏 B에 전달된다. 시프트 레지스터 A와 B의 데이터가 일치하면 원-숏 B의 출력 펄스가 종료될 때 시프트 레지스터 C에 저장된 값이 오른쪽으로 한 자리 시프트된다.

보안 시스템 프로그램에서 사용된 6개의 컴포넌트가 그림 8-46에 나타나 있다.

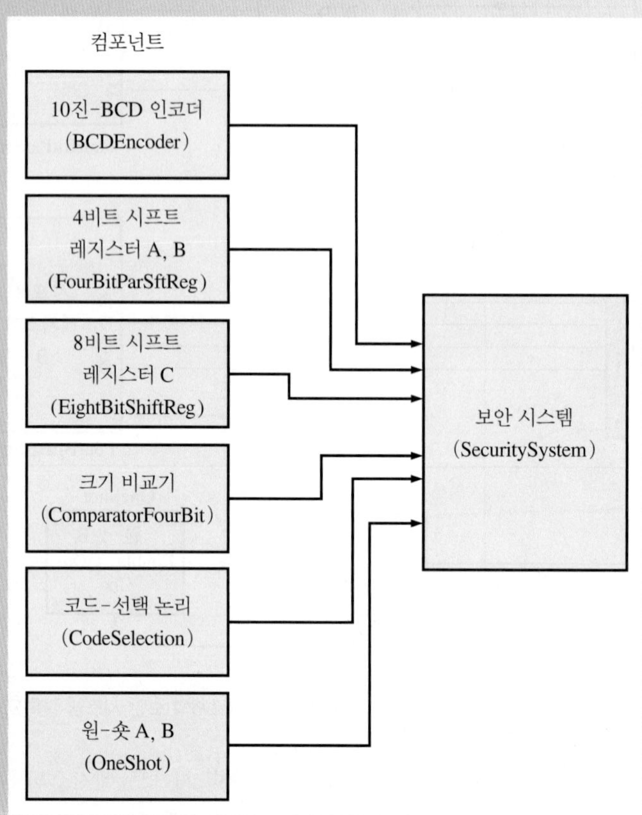

그림 8-46 보안 시스템 컴포넌트

보안 시스템에 대한 VHDL 프로그램 코드는 다음과 같다.

```
library ieee;                          Key : 10-키 입력
use ieee.std_logic_1164.all;           ENter : #-키 입력
                                       Clk : 시스템 클록
entity SecuritySystem is               Alarm : 알람 출력
port (key: in std_logic_vector(0 to 9); Enter: in std_logic;
    Clk: in std_logic; Alarm: out std_logic);
end entity SecuritySystem;

architecture SecuritySystemBehavior of SecuritySystem is

component BCDEncoder is
port(D: in std_logic_vector(0 to 9);          BCDEncoder에 대한
    Q: out std_logic_vector(0 to 3));         컴포넌트 선언
end component BCDEncoder;
```

```
component FourBitParSftReg is                          FourBitParSftReg에 대한
port(D: in std_logic_vector(0 to 3);                   컴포넌트 선언
   Clk: in std_logic;
   Q: out std_logic_vector(0 to 3));
end component FourBitParSftReg;

component ComparatorFourBit is                         ComparatorFourBit에 대한
port(A, B: in std_logic_vector(0 to 3);                컴포넌트 선언
   EQ: out std_logic);
end component ComparatorFourBit;

component OneShot is                                   OneShot에 대한
port(Enable, Clk: in std_logic;                        컴포넌트 선언
   QOut: buffer std_logic);
end component OneShot;

component EightBitShiftReg is                          EightBitShiftReg에 대한
port(S_L, Clk: in std_logic;                           컴포넌트 선언
   D: in std_logic_vector(0 to 7);
   Q: buffer std_logic);
end component EightBitShiftReg;
component CodeSelection is                             CodeSelection에 대한
port(Shiftin, Clk: in std_logic;                       컴포넌트 선언
   Bout: out std_logic_vector(1 to 4));
end component CodeSelection;

signal BCDout: std_logic_vector(0 to 3);               BCDout : BCD 인코더 리턴
signal SftAout: std_logic_vector(0 to 3);              SftAout : 시프트 레지스터 A 리턴
signal SftBout: std_logic_vector(0 to 3);              SftBout : 시프트 레지스터 B 리턴
signal MCodein: std_logic_vector(0 to 3);              MCodein : 보안 코드값
signal ORgate: std_logic;                              ORgate : 10-키패드로부터의 OR 출력
signal MagCompare: std_logic;                          MagCompare : 코드 compare로의 키 입력
signal TimeoutA, TimeoutB: std_logic;                  TimeoutA/B : 원-숏 타이머 변수

begin
ORgate <= (Key(0) or Key(1) or Key(2) or Key(3) or Key(4)        ORGate에 대한 논리 정의
      or key(5) or Key(6) or Key(7) or Key(8) or Key(9));
```

```
BCD: BCDEncoder
port map(D(0)=>Key(0),D(1)=>Key(1),D(2)=>Key(2),D(3)=>Key(3),
        D(4)=>Key(4),D(5)=>Key(5),D(6)=>Key(6),D(7)=>Key(7),D(8)=>Key(8),D(9)=>Key(9),
        Q(0)=>BCDout(0),Q(1)=>BCDout(1),Q(2)=>BCDout(2),Q(3)=>BCDout(3));

ShiftRegisterA: FourBitParSftReg
port map(D(0)=>BCDout(0),D(1)=>BCDout(1),D(2)=>BCDout(2),D(3)=>BCDout(3),
        Clk=>not TimeoutA,Q(0)=>SftAout(0),Q(1)=>SftAout(1),Q(2)=>SftAout(2),Q(3)=>SftAout(3));
ShiftRegisterB: FourBitParSftReg
port map(D(0)=>MCodein(0),D(1)=>MCodein(1),D(2)=>MCodein(2),D(3)=>MCodein(3),
        Clk=>not TimeoutA,Q(0)=>SftBout(0),Q(1)=>SftBout(1),Q(2)=>SftBout(2),Q(3)=>SftBout(3));
Magnitude Comparator: ComparatorFourBit port map(A=>SftAout,B=>SftBout,EQ=>MagCompare);
OSA:OneShot port map(Enable=>Enter or ORgate,Clk=>Clk,QOut=>TimeoutA);
OSB:OneShot port map(Enable=>not TimeoutA,Clk=>Clk,QOut=>TimeoutB);

ShiftRegisterC:EightBitShiftReg
port map(S_L=>MagCompare,Clk=> TimeoutB,D(0)=>'0',D(1)=>'0',
        D(2)=>'0',D(3)=>'1',D(4)=>'0',D(5)=>'0',D(6)=>'0',D(7)=>'0',Q=>Alarm);
CodeSelectionA: CodeSelection
port map(ShiftIn=>MagCompare,Clk=>Enter or ORGate,Bout=>MCodein);
end architecture SecuritySystemBehavior;
```

컴포넌트 인스턴스화

모의 실험

웹사이트의 Applied Logic 폴더에서 파일 AL08을 열어 Multisim 소프트웨어를 사용하여 보안 코드 논리 시뮬레이션을 실행하고 동작을 관찰하라. 10자리의 키패드를 시뮬레이션하기 위해 DIP 스위치가 #키를 시뮬레이션하기 위해 스위치 J1이 사용된다. 스위치 J2-J5는 코드 선택 논리에서 생성되는 코드를 만들어 입력하기 위해 사용된다. 프로브 라이트(lights)들은 레지스터 A와 B, 비교기 출력, 레지스터 C의 출력 상태를 나타내기 위한 목적으로 사용된다.

지식 적용

다섯 자리 코드를 사용할 수 있도록 하기 위해서는 보안 코드 논리를 어떻게 수정해야 하는지 설명하라.

요약

- 시프트 레지스터에서 데이터 이동의 기본적인 형태들은 다음과 같다.
  1. 직렬 입력/오른쪽 시프트/직렬 출력
  2. 직렬 입력/왼쪽 시프트/직렬 출력
  3. 병렬 입력/직렬 출력
  4. 직렬 입력/병렬 출력

5. 병렬 입력/병렬 출력
6. 오른쪽 순환
7. 왼쪽 순환

- 시프트 레지스터 카운터는 특별한 순서를 갖는 피드백이 있는 시프트 레지스터이다. 예로는 존슨 카운터와 링 카운터가 있다.
- 단의 수가 n일 때, 존슨 카운터는 $2n$개의 상태를 갖는다.
- 링 카운터는 n개의 상태를 갖는다.

핵심용어

이 장의 핵심 용어 및 기타 굵은 글씨는 책 마지막 용어해설에도 정리되어 있다.

양방향(bidirectional) 두 방향을 가지고 있는 상태. 양방향 시프트 레지스터에서는 저장되어 있는 데이터가 왼쪽 또는 오른쪽으로 시프트될 수 있다.

적재(load) 시프트 레지스터로 데이터를 입력하는 것

레지스터(register) 데이터를 시프트하고 저장하는 데 사용하는 하나 이상의 플립플롭

단(stage) 레지스터에서 하나의 저장요소(플립플롭)

참/거짓 퀴즈

정답은 이 장의 끝에 있다.

1. 시프트 레지스터는 플립플롭의 배열로 구성된다.
2. 시프트 레지스터는 데이터를 저장하는 데 사용할 수 없다.
3. 직렬 시프트 레지스터는 한 선에서 한 번에 한 비트씩 받아들인다.
4. 모든 시프트 레지스터는 특정한 순서에 의해 정의된다.
5. 시프트 레지스터 카운터는 직렬 출력이 피드백되어 직렬 입력으로 연결된 시프트 레지스터이다.
6. 4단 시프트 레지스터가 저장할 수 있는 최대 계수는 15이다.
7. 존슨 카운터는 시프트 레지스터의 특별한 형태이다.
8. 8비트 존슨 카운터의 모듈러스는 8이다.
9. 링 카운터는 카운터 순서 중 하나의 상태에 대해서 1개의 플립플롭을 사용한다.
10. 시프트 레지스터는 시간 지연 장치로 사용될 수 없다.

자습문제

정답은 이 장의 끝에 있다.

1. 레지스터의 기능은 다음을 포함한다.
   (a) 데이터 저장 **(b)** 데이터 이동
   (c) (a), (b) 둘 다 아님 **(d)** (a), (b) 둘 다

2. 1바이트의 데이터를 8비트 시프트 레지스터로 직렬 입력하기 위해 필요한 것은 무엇인가?
(a) 1개의 클록 펄스 (b) 2개의 클록 펄스
(c) 4개의 클록 펄스 (d) 8개의 클록 펄스
3. 1바이트의 데이터를 동기 적재 기능을 갖는 시프트 레지스터로 병렬 적재하기 위해서 필요한 것은 무엇인가?
(a) 1개의 클록 펄스
(b) 데이터에 있는 각각의 1에 대해 하나의 클록 펄스
(c) 8개의 클록 펄스
(d) 데이터에 있는 각각의 0에 대해 하나의 클록 펄스
4. 초기 상태가 11100100인 8비트 병렬 출력 시프트 레지스터로 비트 그룹 10110101이 직렬로 시프트되고 있다(가장 오른쪽 비트가 먼저). 2개의 클록 펄스 후에 레지스터의 내용은 어떻게 되는가?
(a) 01011110 (b) 10110101 (c) 01111001 (d) 00101101
5. 100kHz의 클록 주파수를 갖는 시프트 레지스터에서 8비트 데이터를 직렬로 입력하기 위하여 필요한 시간은 얼마인가?
(a) 80 μs (b) 8 μs (c) 80 μs (d) 10 μs
6. 1 MHz의 클록 주파수를 갖는 시프트 레지스터에서 8비트 데이터를 병렬로 입력하기 위하여 필요한 시간은 얼마인가?
(a) 8 μs (b) 8개의 플립플롭의 전파지연시간
(c) 1 μs (d) 1개의 플립플롭의 전파지연시간
7. 모듈러스-8 존슨 카운터는 몇 개의 플립플롭이 필요한가?
(a) 8개 (b) 4개 (c) 5개 (d) 12개
8. 모듈러스-8 링 카운터는 몇 개의 플립플롭이 필요한가?
(a) 8개 (b) 4개 (c) 5개 (d) 12개
9. 24 μs의 시간 지연을 발생시키기 위해서 8비트 직렬 입력/직렬 출력 시프트 레지스터가 사용될 때 클록 주파수는 얼마인가?
(a) 41.67 kHz (b) 333 kHz (c) 125 kHz (d) 8 MHz
10. 그림 8-36의 키보드 인코딩 회로에서 링 카운터를 사용하는 목적은 무엇인가?
(a) 키 눌림 검출을 위하여 각 행에 HIGH를 순차적으로 인가
(b) 키 코드 레지스터에 대한 트리거 펄스를 제공
(c) 키 눌림 검출을 위하여 각 행에 LOW를 순차적으로 인가
(d) 각 행에서 다이오드에 순차적으로 역바이어스 전압 인가

문제

홀수 문제의 정답은 책의 끝에 있다.

8-1절 시프트 레지스터의 동작

1. 레지스터가 무엇인가?
2. 1바이트의 데이터를 저장할 수 있는 레지스터의 저장 용량은 얼마인가?
3. 레지스터의 '시프트 기능'은 무엇을 의미하는가?

8-2절 시프트 레지스터 데이터의 입출력 형태

4. 4비트 직렬 시프트 레지스터가 처음에 0000으로 클리어되어 있고, 데이터가 1011의 순서로 입력된다. 3개의 클록 펄스가 인가된 후에 시프트 레지스터의 상태는 어떻게 되는가?
5. 그림 8-47에 나타낸 데이터 입력과 클록에 대해서 그림 8-3의 시프트 레지스터에 있는 각 플립플롭의 상태를 결정하고, 출력 Q 파형을 그리라. 레지스터는 모두 1로 초기화되어 있다고 가정하라.

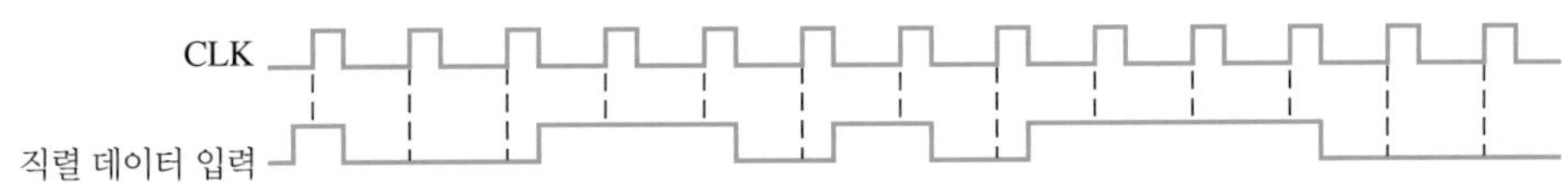

그림 8-47

6. 그림 8-48의 파형에 대해서 문제 5를 반복하라.

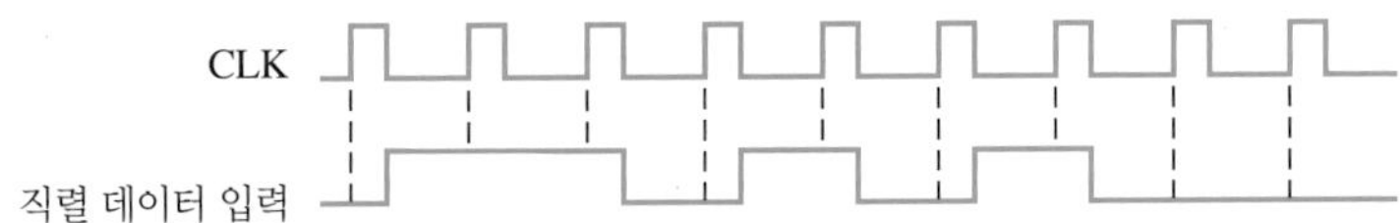

그림 8-48

7. 그림 8-49에서 레지스터가 101001111000 상태에서 시작된다면, 각 클록 펄스가 인가된 후에 레지스터 상태는 어떻게 되겠는가?

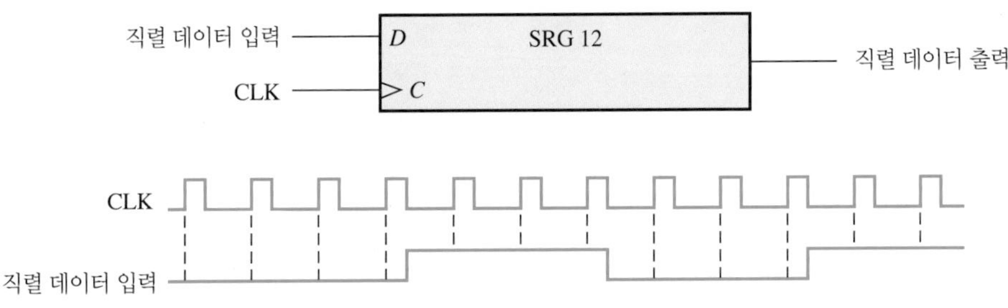

그림 8-49

8. 그림 8-50에 나타낸 입력-데이터와 클록파형에 대해서 직렬 입력/병렬 출력 시프트 레지스터의 출력 데이터 파형을 구하라. 레지스터는 모두 0으로 초기화되어 있다고 가정하라.
9. 그림 8-51의 파형에 대해 문제 8을 반복하라.
10. 클록의 상승-에지에서 동작되는 직렬 입력/직렬 출력 시프트 레지스터가 그림 8-52에 나타낸 것과 같은 데이터-출력파형을 갖는다. 첫 번째 출력되는 데이터 비트(가장 왼쪽)가 LSB일 때, 8비트 레지스터에 저장된 2진수는 무엇인가?

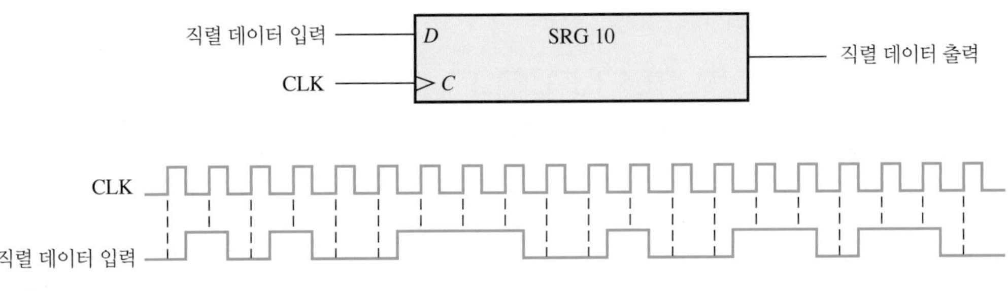

그림 8-50

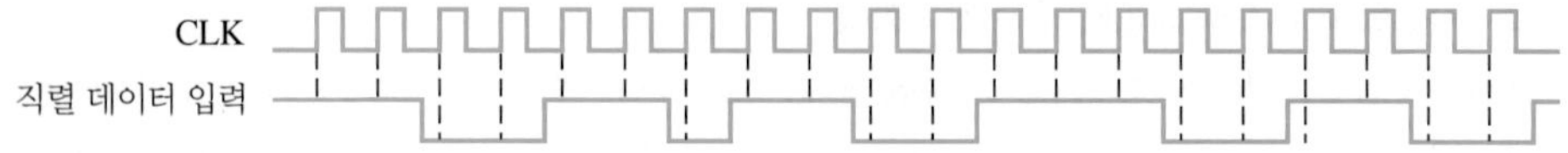

CLK
직렬 데이터 입력

그림 8-51

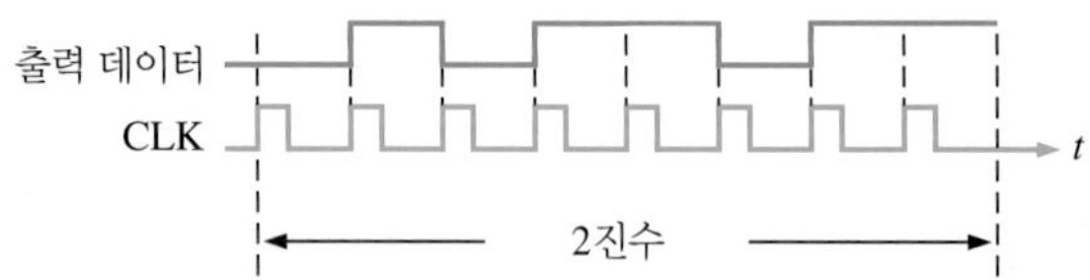

그림 8-52

11. 그림 8-6의 시프트 레지스터에 대해서 병렬 출력을 포함하는 완전한 타이밍도를 그리라. 레지스터는 0으로 초기화되어 있다 가정하고 그림 8-50의 파형을 이용하라.
12. 그림 8-51에 있는 입력파형에 대해 문제 11을 반복하라.
13. 그림 8-53에 나타낸 입력파형에 대해 74HC164 시프트 레지스터의 Q_0~Q_7의 출력파형을 그리라.

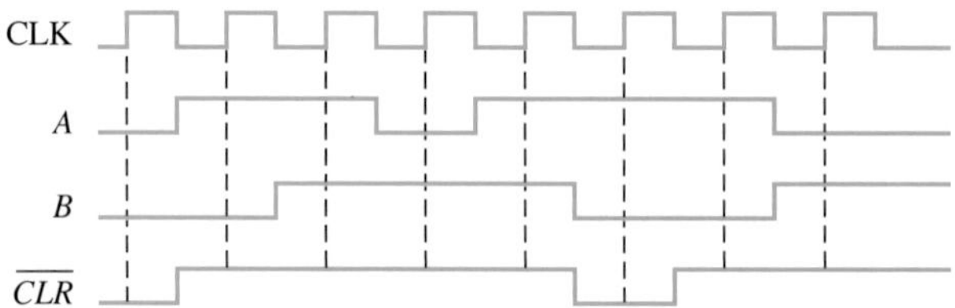

그림 8-53

14. 그림 8-54(a)의 시프트 레지스터에 그림 8-54(b)와 같은 $SHIFT/\overline{LOAD}$와 CLK 입력을 공급하였다. 직렬 데이터 입력(SER)은 0이며, 병렬 데이터 입력은 그림에서 나타낸 것과 같이 $D_0 = 1$, $D_1 = 0$, $D_2 = 1$, $D_3 = 0$이다. 이 입력에 대한 데이터-출력파형을 그리라.

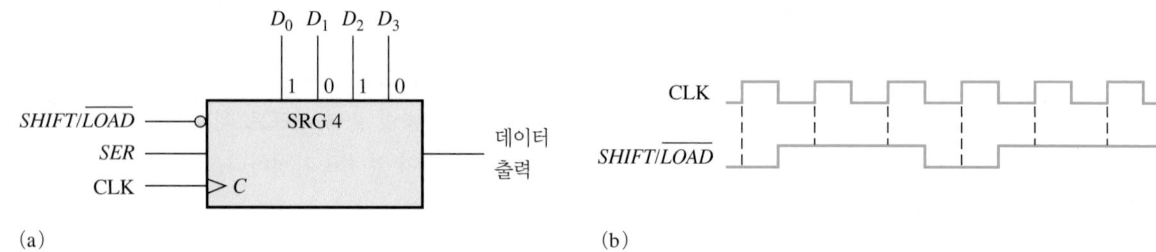

그림 8-54

15. 그림 8-55의 파형을 74HC165 시프트 레지스터에 인가하였다. 병렬 입력이 모두 0일 때, 출력 Q_7의 파형을 그리라.

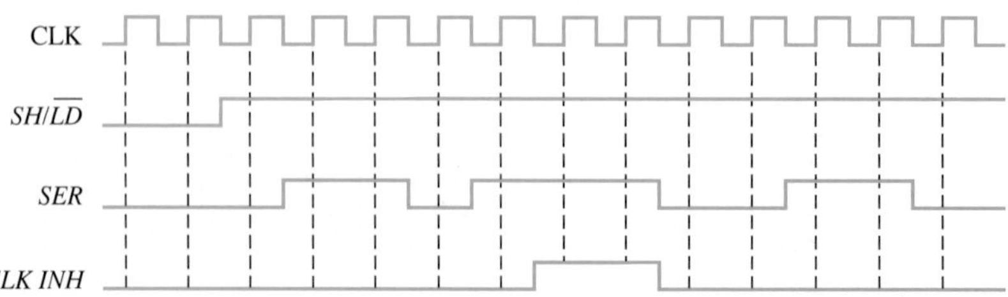

그림 8-55

16. 병렬 입력이 모두 1인 경우에 문제 15를 풀라.
17. *SER* 입력이 반전된 경우에 문제 15를 풀라.
18. 그림 8-56과 같은 입력파형을 74HC195 4비트 시프트 레지스터에 입력하였다. 모든 Q 출력 파형을 구하라.

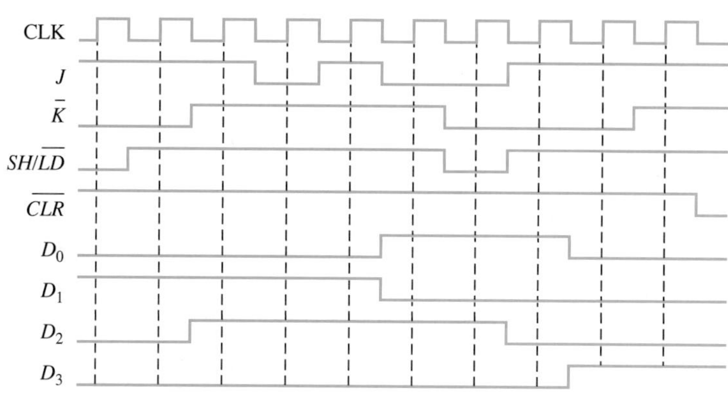

그림 8-56

19. $SH/\overline{LD}$ 입력이 반전되고 레지스터가 0으로 초기화되어 있을 때, 문제 18을 풀라.
20. 2개의 74HC195 시프트 레지스터를 사용하여, 8비트 시프트 레지스터를 구현하고자 한다. 어떻게 연결해야 하는지 보이라.

8-3절 양방향 시프트 레지스터

21. 그림 8-57의 8비트 양방향 레지스터에 대하여 주어진 $RIGHT/\overline{LEFT}$ 제어 파형에 대하여 각 클록 펄스가 인가된 후의 레지스터 상태를 구하라. $RIGHT/\overline{LEFT}$ 입력이 HIGH이면 오른쪽으로 시프트되고, LOW이면 왼쪽으로 시프트된다. 레지스터는 처음에 10진수 76에 해당하는 2진수가 저장되어 있다고 가정한다(숫자의 가장 오른쪽 위치가 LSB). 데이터-입력선에는 LOW가 공급된다.

그림 8-57

22. 그림 8-58의 파형에 대해서 문제 21을 풀라.

그림 8-58

23. 2개의 74HC194 4비트 양방향 시프트 레지스터를 사용하여 8비트 양방향 시프트 레지스터를 구현하고자 한다. 이때 연결 방법을 제시하라.
24. 74HC194의 입력이 그림 8-59와 같을 때, 출력 Q를 구하라. 입력 D_0, D_1, D_2, D_3는 모두 HIGH이다.

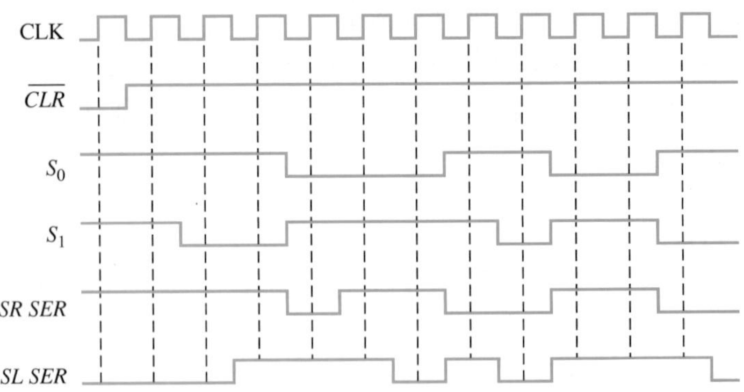

그림 8-59

8-4절 시프트 레지스터 카운터

25. 다음 각각의 존슨 카운터를 구현하기 위해서 필요한 플립플롭의 수는 몇 개인가?
   (a) 모듈러스-4 (b) 모듈러스-8
   (c) 모듈러스-12 (d) 모듈러스-18
26. 모듈러스-18 존슨 카운터에 대한 논리도를 그리라. 타이밍도와 표로 카운터의 상태 순서를 보이라.
27. 그림 8-60의 링 카운터에 대해서 클록에 대한 각 플립플롭의 파형을 그리라. FF0는 1로 초기화되어 있고, 나머지는 모두 0으로 초기화되어 있다. 적어도 10개의 클록 펄스에 대해서 그리라.

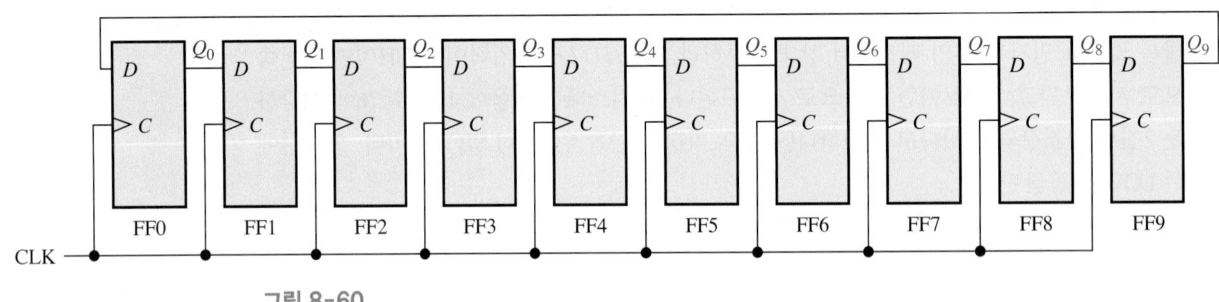

그림 8-60

28. 그림 8-61과 같은 출력 파형 패턴을 만들 수 있는 링 카운터를 설계하고, Q_9 출력에 이러한 출력 파형이 생성되려면 어떻게 프리셋해야 하는지 설명하라. CLK16에서 이 출력 파형 패턴이 반복된다.

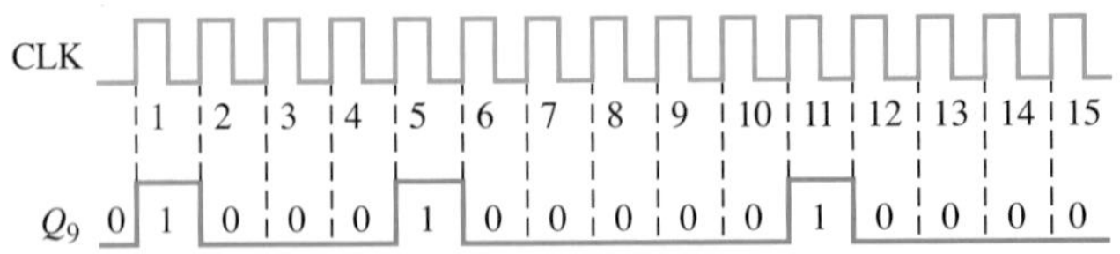

그림 8-61

8-5절 시프트 레지스터 응용

29. 74HC195 4비트 시프트 레지스터를 사용하여 16비트 링 카운터를 구현하고자 한다. 그 연결 방법을 보이라.

30. 그림 8-36에서 파워-온(power-on) $\overline{LOAD}$의 목적은 무엇인가?

31. 그림 8-36에서 2개의 키가 동시에 눌려지면 어떠한 현상이 발생하는가?

8-7절 고장 진단

32. 그림 8-62(a)에 나타낸 파형을 참조하여, 그림 8-62(b)의 레지스터의 가장 가능성 있는 문제점을 찾으라.

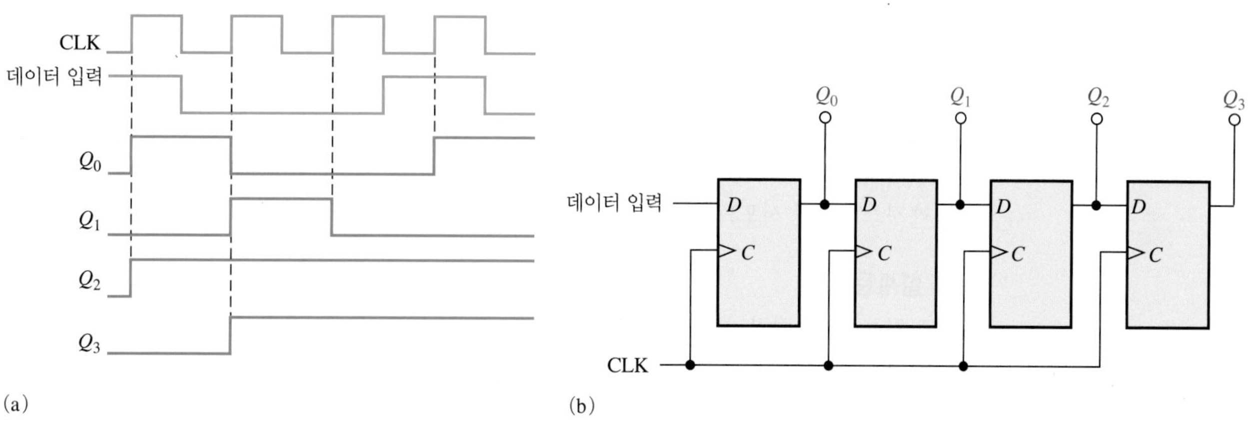

그림 8-62

33. 그림 8-10의 병렬 입력/직렬 출력 시프트 레지스터를 참조하여 문제를 풀라. 레지스터의 상태는 $Q_0Q_1Q_2Q_3 = 1001$이며, $D_0D_1D_2D_3 = 1010$이 적재된다. $SHIFT/\overline{LOAD}$ 입력이 HIGH일 때, 그림 8-63에 나타낸 데이터가 시프트되어 출력되었다. 이 레지스터는 정상적으로 동작하고 있는가? 만약 그렇지 않다면 가장 가능성 있는 문제는 무엇인가?

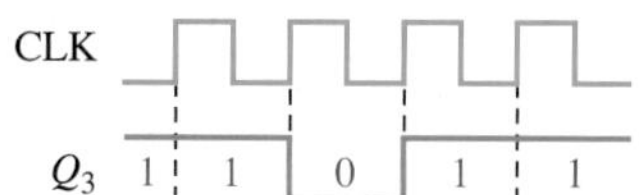

그림 8-63

34. 그림 8-17의 양방향 레지스터에서 데이터가 오른쪽으로는 시프트되지만, 왼쪽으로는 시프트되지 않는다는 것을 알았다. 가장 가능성 있는 고장의 원인은 무엇이라 생각하는가?

35. 그림 8-36의 키보드 인코더에 대해서 다음과 같은 증상이 발생하였다. 가능한 고장의 원인에 대해 설명하라.

(a) 어떠한 키를 눌러도 키 코드 레지스터의 상태가 변하지 않는다.

(b) 세 번째 행에 있는 어떠한 키를 눌러도 키 코드 레지스터의 상태가 변하지 않는다. 다른 행에 있는 모든 키는 정상적으로 동작한다.

(c) 첫 번째 열에 있는 어떠한 키를 눌러도 키 코드 레지스터의 상태가 변하지 않는다. 다른 열에 있는 모든 키는 정상적으로 동작한다.

(d) 두 번째 열의 어떠한 키를 눌러도 키 코드의 왼쪽 3비트($Q_0Q_1Q_2$)는 정상이나 오른쪽 3비트는 모두 1이다.

36. 그림 8-36의 키보드 인코더를 시험하기 위한 시험 과정을 만들라. 시험의 각 단계마다 키코드 레지스터에서 출력되어야만 하는 코드를 나타냄으로써 단계별로 과정을 설명하라.

37. 그림 8-31의 직렬-병렬 변환기에 다음과 같은 고장이 발생하였다. 어떠한 증상이 발생하는가?
    (a) AND 게이트 출력이 항상 HIGH이다.
    (b) 클록 발생기 출력이 항상 LOW이다.
    (c) 데이터-입력 레지스터의 세 번째 단의 플립플롭이 항상 세트 상태이다.
    (d) 카운터의 종료 계수 출력이 항상 HIGH이다.

응용 논리

38. 보안 코드 논리의 주요 목적은 무엇인가?
39. 입력 코드가 1939라 가정하고 그림 8-43에서 두 번째 자리까지 제대로 입력된 후, 시프트 레지스터 A와 시프트 레지스터 C의 상태는 어떻게 되는가?
40. 입력 코드가 7646인데 7645가 입력된다고 가정하라. 각 자리의 숫자가 입력된 후, 시프트 레지스터 A와 시프트 레지스터 C의 상태는 어떻게 되는가?

특수 설계 문제

41. 그림 8-31의 직렬-병렬 데이터 변환기를 구현하기 위하여 사용할 수 있는 소자들을 명시하고, 이 소자들을 이용하여 완전한 논리도를 완성하라.
42. 그림 8-31의 직렬-병렬 변환기를 수정하여 16비트 변환기를 구현하라.
43. 그림 8-32와 같은 데이터 형식을 발생시킬 수 있는, 8비트 병렬-직렬 데이터 변환기를 설계하라. 소자를 명시하고 논리도를 그리라.
44. 그림 8-36의 키보드 인코더를 위한 파워-온 $\overline{LOAD}$ 회로를 설계하라. 이 회로는 전원 스위치를 켤 때, 짧은 펄스 폭을 갖는 LOW 펄스를 발생시켜야 한다.
45. 그림 8-40에서 직렬-병렬 변환기를 고장 진단하기 위해 사용된 시험-패턴 발생기를 구현하라.
46. 1장에서 소개된 정제-병입 시스템을 검토하라. 이 장에서 얻은 지식을 바탕으로 고정 기능 IC 소자들을 사용하여 레지스터 A와 B를 구현하라.

MultiSim

Multisim 고장 진단 연습

47. 파일 P08-47을 열어라. 지정된 고장이 회로에 미치는 영향을 예상하라. 그 고장을 발생시키고 예상이 맞았는지 검증하라.
48. 파일 P08-48을 열어라. 지정된 고장이 회로에 미치는 영향을 예상하라. 그 고장을 발생시키고 예상이 맞았는지 검증하라.
49. 파일 P08-49를 열어라. 지정된 고장이 회로에 미치는 영향을 예상하라. 그 고장을 발생시키고 예상이 맞았는지 검증하라.
50. 파일 P08-50을 열어라. 관찰된 현상에 대해 회로의 고장을 예상하라. 의심되는 고장을 발생시키고 예상이 맞았는지 검증하라.
51. 파일 P08-51을 열어라. 관찰된 현상에 대해 회로의 고장을 예상하라. 의심되는 고장을 발생시키고 예상이 맞았는지 검증하라.

정답

복습문제

8-1절 시프트 레지스터의 동작

1. 단의 수
2. 저장과 데이터 이동은 시프트 레지스터의 주요한 두 기능이다.

8-2절 시프트 레지스터 데이터의 입출력 형태

1. FF0 : J_0에 데이터 입력, K_0에; FF1 : J_1에 Q_0, K_1에; FF2 : J_2에 Q_1, K_2에; FF3 : J_3에; Q_2, K_3에
2. 8개의 클록 펄스
3. 2개의 클록 펄스 후에 0100이다.
4. 직렬 출력 동작을 위해 가장 오른쪽 플립플롭으로부터 직렬로 출력한다.
5. $SHIFT/\overline{LOAD}$가 HIGH일 때, 데이터는 매 클록 펄스마다 오른쪽으로 한 비트씩 이동된다. $SHIFT/\overline{LOAD}$가 LOW일 때, 병렬 입력에 인가된 데이터가 레지스터로 적재된다.
6. 병렬 적재 동작은 비동기이므로 클록과는 무관하다.
7. 데이터 출력은 1001이다.
8. 1개의 클록 펄스 후에 $Q_0 = 1$이다.

8-3절 양방향 시프트 레지스터

1. 5번째 클록 펄스 후에 1111이다.

8-4절 시프트 레지스터 카운터

1. 8비트 존슨 카운터 순서에는 16개의 상태가 있다.
2. 3비트 존슨 카운터 : 000, 100, 110, 111, 011, 001, 000

8-5절 시프트 레지스터 응용

1. 625 스캔/초
2. $Q_5Q_4Q_3Q_2Q_1Q_0 = 011011$
3. 다이오드는 행(ROW) 선을 풀다운하여 LOW가 되게 하고, 행 선의 HIGH가 스위치 매트릭스로는 연결되지 못하도록 해준다.
   저항은 열(COLUMN) 선을 풀업하여 HIGH가 되게 하기 위해 사용한다.

8-6절 종속 표기법에 의한 논리기호

1. 0 상태가 되게 하는 모드 입력에 종속되는 입력은 없다.
2. 그렇다. 4D 라벨에서 알 수 있듯이 병렬 적재는 같이 클록에 동기된다.

8-7절 고장 진단

1. 시험 입력은 회로가 자신의 모든 상태를 거쳐가도록 하기 위해 사용된다.
2. 회로에서 그 출력과 관련된 입력을 확인한다. 입력에서 신호가 정확하면 고장은 올바른 입력과 잘못된 출력 사이에 있는 것으로 한정할 수 있다.

예제의 관련 문제

8-1. 그림 8-64를 참조하라.

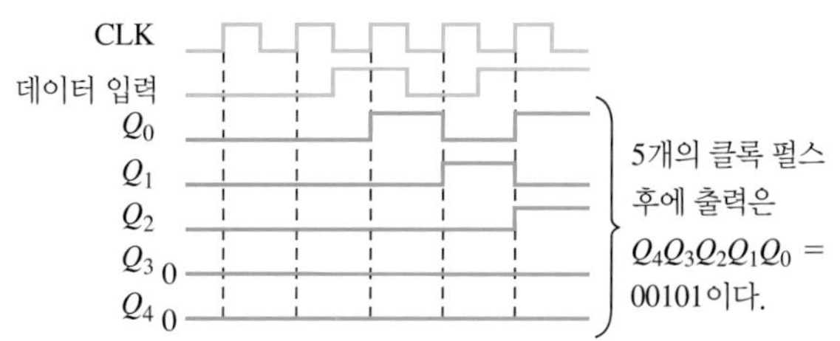

그림 8-64

8-2. 3클록 펄스가 더 추가된 후의 레지스터 상태는 0000이다.

8-3. 그림 8-65를 참조하라.

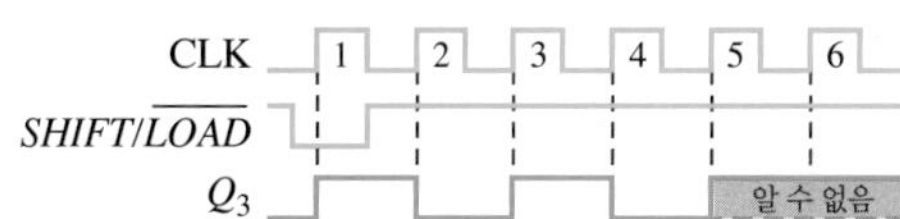

그림 8-65

8-4. 그림 8-66을 참조하라.

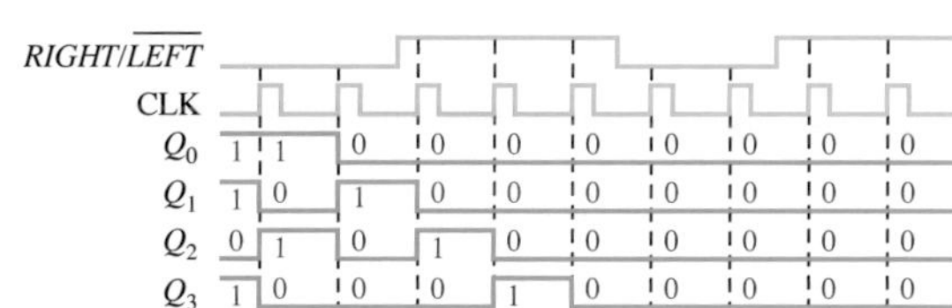

그림 8-66

8-5. 그림 8-67을 참조하라.

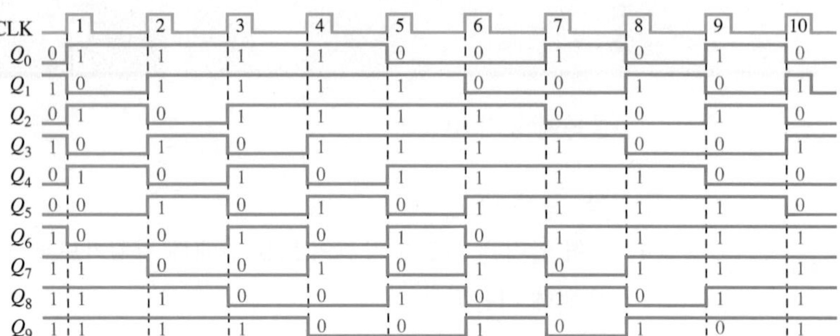

그림 8-67

8-6. $f = 1/3\,\mu\text{s} = 333\text{ kHz}$

참/거짓 퀴즈

1. T **2.** F **3.** T **4.** F **5.** T
6. T **7.** T **8.** F **9.** T **10.** F

자습문제

1. (d) **2.** (d) **3.** (a) **4.** (c) **5.** (a)
6. (d) **7.** (b) **8.** (a) **9.** (b) **10.** (c)

CHAPTER 9

카운터

학습목차

학습목표

- 상태 머신의 종류에 대해 논의한다.
- 비동기 카운터와 동기 카운터의 차이점을 설명한다.
- 카운터의 타이밍도를 분석한다.
- 카운터 회로를 분석한다.
- 전파지연이 카운터 동작에 미치는 영향을 설명한다.
- 카운터의 모듈러스를 결정한다.
- 카운터의 모듈러스를 변경한다.
- 4비트 2진 카운터와 10진 카운터의 차이점을 설명한다.
- 업/다운 카운터를 사용해 순방향과 역방향의 2진 순서를 발생시킨다.
- 카운터의 순서를 결정한다.
- 카운터 IC를 이용하여 다양한 응용을 한다.
- 상태가 특정한 순서를 갖는 카운터를 설계한다.
- 종속 연결 카운터를 사용하여 더 높은 모듈러스를 구현한다.
- 논리 게이트를 이용하여 카운터의 특정 상태를 디코딩한다.
- 카운터 디코딩 회로에서 글리치를 제거한다.
- 디지털 시계의 동작을 설명한다.
- 종속 표기법으로 표시된 카운터 논리기호를 해석한다.
- 다양한 형태의 고장이 있는 카운터를 고장 진단한다.

학습지원 웹사이트

http://www.pearsonglobaleditions.com/floyd

핵심용어

- 상태 머신
- 비동기
- 재순환
- 모듈러스
- 10진
- 동기
- 종료 계수
- 상태도
- 종속 연결

개요

7장에서 배운 바와 같이 플립플롭을 서로 연결하여 카운터 동작을 구현할 수 있다. 이런 플립플롭의 집합이 카운터이며 이는 유한 상태 머신의 일종이다. 카운터에 사용되는 플립플롭의 개수와 플립플롭의 연결 방법에 따라 상태의 개수(모듈러스)가 결정되고 또한 하나의 완전한 사이클 동안 카운터가 거치게 되는 상태의 순서도 결정된다.

카운터는 클록이 공급되는 방식에 따라 크게 동기식과 비동기식의 두 가지로 구분된다. 흔히 '리플 카운터'라고 불리는 비동기식 카운터에서는 외부의 클록 펄스가 첫 번째 플립플롭에 인가되고, 나머지 플립플롭들에는 앞 단 플립플롭의 출력이 클록으로 인가된다. 동기식 카운터에서는 외부의 클록이 모든 플립플롭의 클록 입력으로 동시에 연결되어 입력된다. 이 두 종류의 카운터는 카운터 순서의 형태, 상태의 수 또는 플립플롭의 수에 따라 세분화된다. 여러 가지 종류의 카운터에 대한 VHDL 코드에 대해서도 소개한다.

9-1 유한 상태 머신

상태 머신(state machine)은 유한한 개수의 상태가 미리 정해진 순서에 따라 발생되는 순차(sequential) 회로이다. 카운터는 상태 머신의 한 예이고, 상태의 개수를 **모듈러스**(modulus)라고 한다. 기본적인 두 종류의 상태 머신에는 **무어 상태 머신**(Moore state machine)과 **밀리 상태 머신**(Mealy state machine)이 있다. 무어 상태 머신에서는 내부의 현재 상태에 의해서만 출력이 결정되고, 밀리 상태 머신에서는 내부의 현재 상태와 입력에 의해 출력이 결정된다. 두 종류의 상태 머신은 모두 타이밍 입력(클록)이 있으나 이는 제어 입력은 아니다. 이 절에서는 카운터를 설계하는 방법을 소개한다.

이 절의 학습내용

- 무어 상태 머신을 설명한다.
- 밀리 상태 머신을 설명한다.
- 무어 상태 머신과 밀리 상태 머신의 예를 살펴본다.

유한 상태 머신(Finite State Machines)의 일반적인 모델

무어 상태 머신은 그림 9-1(a)와 같이 순서를 결정하는 조합회로와 메모리(플립플롭)로 구성되어 있다. 밀리 상태 머신은 그림 9-1(b)와 같다.

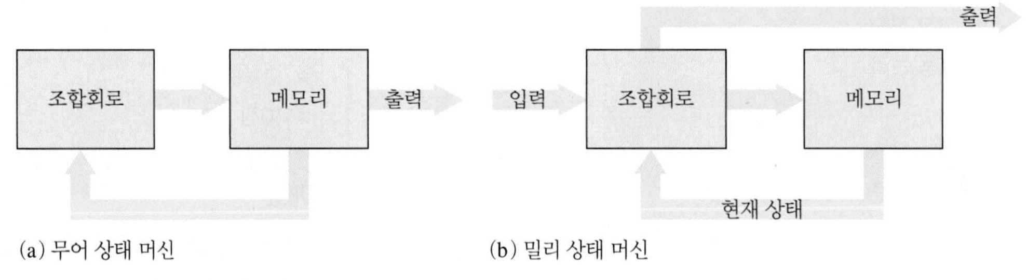

그림 9-1 순차 논리회로의 두 가지 형태

무어 머신에서 조합회로는 게이트들로 이루어져 있고 조합회로 출력이 메모리에 있는 플립플롭의 다음 상태를 결정한다. 이 조합회로에는 입력이 있을 수도 있고 없을 수도 있다. 또한 디코더와 같은 조합회로 출력이 있을 수도 있다. 입력이 있는 경우에도 이 입력은 출력에 영향을 미치지 못한다. 왜냐하면 출력은 항상 메모리의 현재 상태에 의해서만 결정되기 때문이다. 무어 머신에서처럼 밀리 머신에서는 현재 상태가 출력에 영향을 주지만 현재 상태뿐만 아니라 입력도 출력에 영향을 준다. 밀리 머신에서 출력은 메모리에서 나오는 것이 아니라 조합 논리에서 직접 나오게 된다.

무어 머신의 예

그림 9-2(a)는 약병 포장 라인에서 각각의 병에 알약 25개씩을 넣도록 하는 데 사용하는 무어 머신(상태 0에서 상태 25까지 모듈러스 26의 2진 카운터)을 나타낸다. 메모리(플립플롭)의 2진 값이 25(11001)에 도달하면 카운터는 0으로 초기화되고 다음 빈 병이 위치할 때까지 공정의 흐름과 클록이 멈추게 된다. 상태 천이를 위한 조합회로는 카운터의 모듈러스를 설정하여 2진 상태 0(리셋 상태 또는 휴면 상태)에서 2진 상태 25까지 변화하도록 하고, 출력 조합 논리는 2진 상태 25를 디코딩한다. 이 예에서 클록 외에는 입력이 존재하지 않으므로 다음 상태는 현재 상

태에 의해서만 결정되는 무어 머신이다. 매 클록 펄스마다 하나의 알약이 약병에 담긴다. 빈 약병이 약을 넣는 위치에 도달하면 2진 상태 1에서 첫 번째 알약이 담기고, 2진 상태 2에서 두 번째 알약이 담기고, 2진 상태 25가 되면 25번째 알약이 담긴다. 카운트가 25가 되면 이를 디코딩하여 알약의 주입과 클록이 멈춘다. 그림 9-2(b)의 상태도에 나타낸 바와 같이 카운터는 0 상태에 머물다가 다음 빈 병이 제 위치에 오면(1에 의해 알려진다) 클록이 재개되어 카운트는 1 상태로 가며 전체 사이클이 다시 시작된다.

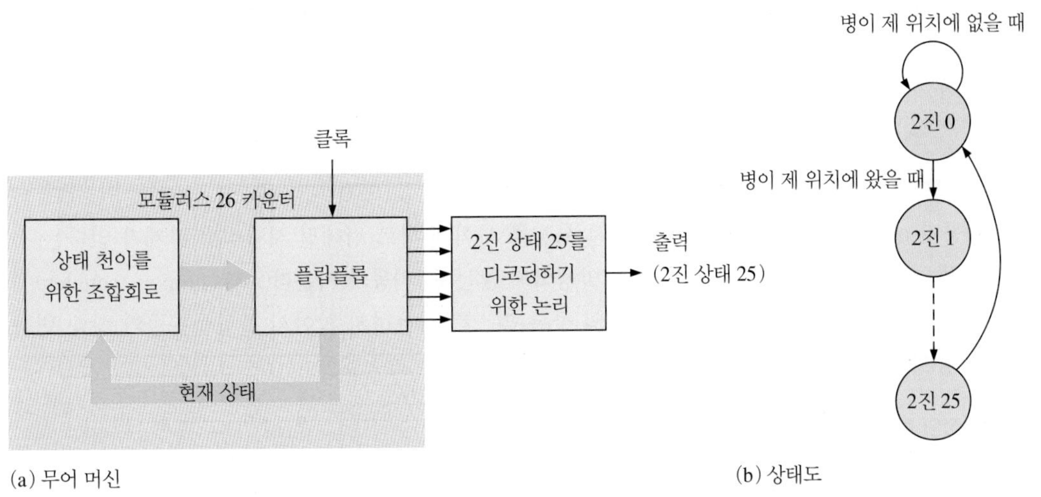

그림 9-2 무어 상태 머신의 예인 고정된 모듈러스를 갖는 2진 카운터. 상태도에서 점선은 상태 1과 상태 25 사이가 생략되었음을 나타낸다.

밀리 머신의 예

알약을 주입하는 시스템에서 25정, 50정, 100정으로 크기가 다른 3개의 병을 사용한다고 가정하자. 이때에는 상태 머신이 3개의 서로 다른 종료 계수(25, 50, 100)를 가져야 한다. 그림 9-3(a)는 한 가지 방법을 나타낸다. 이 방법에서는 조합 논리가 모듈러스-선택 입력에 따라 카운터의 모듈러스를 설정한다. 이 경우에는 카운터의 출력이 현재 상태와 모듈러스-선택 입력 모두에 의해 결정되므로 밀리 머신이 된다. 상태도는 그림 9-3(b)와 같다.

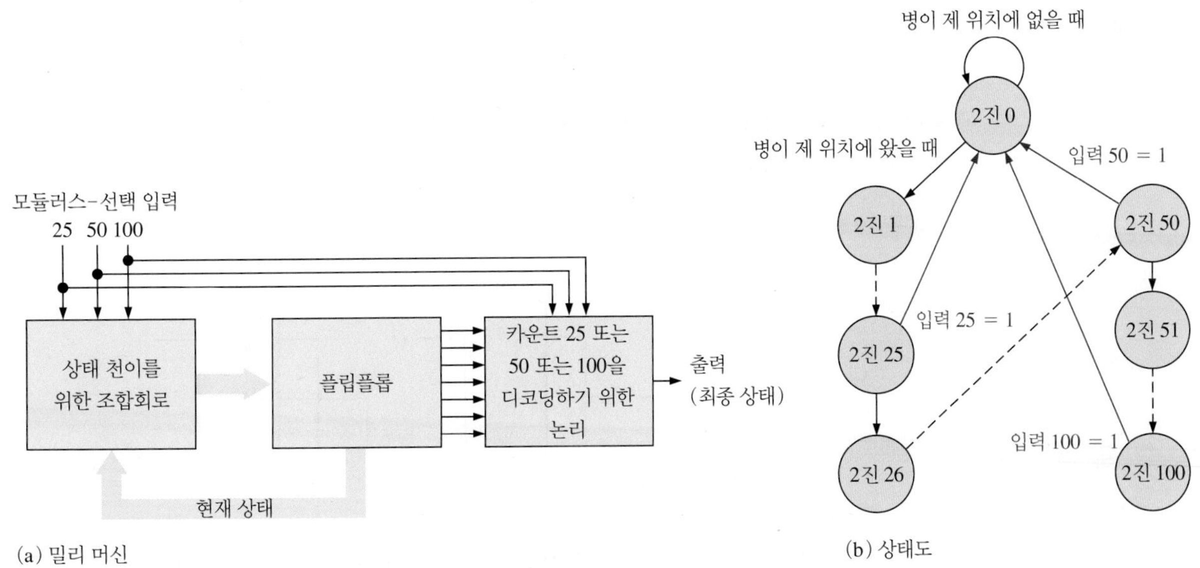

그림 9-3 밀리 상태 머신의 예인 모듈러스가 가변인 2진 카운터. 상태도에서 빨간색 화살표는 입력 숫자에 따라 달라지는 순환 경로를 나타내고 검은색 점선은 중간 상태가 생략되었음을 나타낸다.

복습문제 9-1

정답은 이 장의 끝에 있다.

1. 유한 상태 머신의 특징은 무엇인가?
2. 유한 상태 머신의 종류를 들어라.
3. 두 종류의 상태 머신의 차이점을 설명하라.

9-2 비동기 카운터

비동기(asynchronous)라는 용어는 어떤 사건들 사이에 서로 정해진 시간적인 관계가 없다는 것을 말하며 따라서 일반적으로 동시에 발생하지 않는다. **비동기 카운터**(asynchronous counter)에서는 카운터 내의 플립플롭들이 공통의 클록 펄스를 사용하지 않아서 플립플롭들의 상태 변화가 동시에 일어나지 않는다.

이 절의 학습내용

- 2비트 비동기 2진 카운터의 동작을 설명한다.
- 3비트 비동기 2진 카운터의 동작을 설명한다.
- 카운터와 관련된 리플(ripple)을 정의한다.
- 비동기 10진 카운터의 동작을 설명한다.
- 카운터의 타이밍도를 작성한다.
- 4비트 비동기 2진 카운터의 구현을 논의한다.

2비트 비동기 2진 카운터

반가산기는 2개의 비트를 더하고 합과 출력 캐리를 만든다.

그림 9-4는 2비트 비동기 카운터의 동작을 나타낸다. 항상 최하위 비트(LSB)인 첫 번째 플립플롭 FF0의 클록 입력(C)에만 클록(CLK)이 인가되는 것에 유의하라. 두 번째 플립플롭인 FF1은 FF0의 출력인 $\overline{Q}_0$에 의해서 트리거된다. FF0는 매 클록 펄스의 상승 에지에서 상태가 변하지만, FF1은 FF0의 출력인 $\overline{Q}_0$의 상승 에지에 의해서만 트리거된다. 플립플롭 내부의 지연 시간 때문에 입력 클록 펄스(CLK)의 상승 에지와 FF0의 출력인 $\overline{Q}_0$의 상승 에지는 절대로 완벽히 같은 시간에 발생할 수는 없다. 따라서 두 플립플롭은 절대로 동시에 트리거될 수 없으므로 비동기 카운터라고 한다.

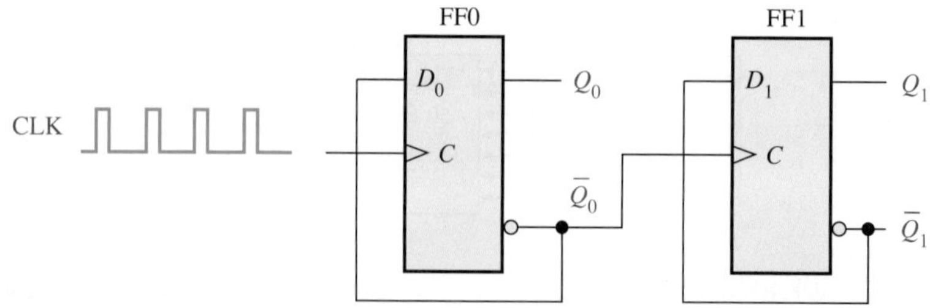

MultiSim

그림 9-4 2비트 비동기 2진 카운터. 파일 F09-04를 사용하여 동작을 검증하라. Multisim 지침서를 웹사이트에서 사용할 수 있다.

타이밍도

그림 9-4의 비동기 카운터에서 FF0에 4개의 클록 펄스를 인가하고 각 플립플롭의 출력 Q를 관찰함으로써 기본적인 동작을 살펴보자. 그림 9-5는 각 클록 펄스가 인가되었을 때 플립플롭 출력의 상태 변화를 나타낸다. 2개의 플립플롭 모두 반전 모드($D = \overline{Q}$)로 설정되어 있고 초기에 리셋 상태(Q가 LOW)라고 하자.

그림 9-5에 나타낸 바와 같이 CLK1(클록 펄스 1)의 상승 에지에서 FF0의 $\overline{Q}_0$ 출력은 HIGH가 된다. 이와 동시에 $\overline{Q}_0$ 출력은 LOW가 되지만 이는 FF1에는 영향을 미치지 못한다. 왜냐하면 FF1을 트리거하려면 상승 에지의 클록이 필요하기 때문이다. 따라서 첫 번째 클록 CLK1의 상승 에지 이후에는 $Q_0 = 1$, $Q_1 = 0$이다. CLK2의 상승에서 Q_0는 LOW가 되고 출력 $\overline{Q}_0$는 HIGH가 되면서 FF1을 트리거하여 Q_1이 HIGH가 된다. 따라서 두 번째 클록 CLK2의 상승 에지 이후에는 $Q_0 = 0$, $Q_1 = 1$이다. CLK3의 상승 에지에서 Q_0는 다시 HIGH가 되고 $\overline{Q}_0$는 LOW가 되지만 이는 FF1에는 영향이 없다. 따라서 세 번째 클록 CLK3의 상승 에지 이후에는 $Q_0 = 1$, $Q_1 = 1$이다. CLK4의 상승에서 Q_0는 LOW가 되고 $\overline{Q}_0$는 HIGH가 되면서 FF1을 트리거하여 Q_1이 LOW가 된다. 따라서 네 번째 클록 CLK4의 상승 에지 이후에는 $Q_0 = 0$, $Q_1 = 0$이 되며 카운터는 초기 상태(두 플립플롭이 모두 리셋 상태)로 돌아간다.

비동기 카운터는 리플 카운터라고도 한다.

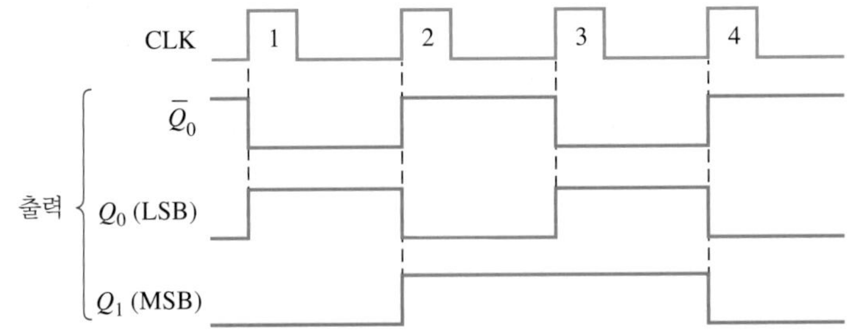

그림 9-5 그림 9-4의 카운터에 대한 상태도. 전 장에서와 같이 출력 파형은 초록색으로 나타내었다.

그림 9-5의 타이밍도에서 Q_0와 Q_1 출력파형은 클록 펄스와 비교하여 나타나 있다. 이 카운터는 비동기 카운터지만 동작을 간단하게 설명하기 위하여 Q_0, Q_1, 클록 펄스의 상태 변화가 동시에 일어나는 것으로 나타나 있다. 하지만 실제로는 CLK와 Q_0의 변화와 $\overline{Q}_0$와 Q_1의 변화 사이에는 약간의 시간 지연이 발생함은 물론이다.

그림 9-5에서 2비트 카운터는 2개의 플립플롭이 있으므로($2^2 = 4$), 4개의 서로 다른 상태를 갖는다. 또한 Q_0는 최하위 비트(LSB)를, Q_1은 최상위 비트(MSB)를 나타내며 카운터 상태의 순서는 표 9-1에 나타낸 것과 같이 2진수의 순서를 나타낸다.

디지털 논리에서 특별한 언급이 없으면 Q_0가 항상 LSB이다.

표 9-1

그림 9-4의 카운터가 갖는 2진 상태의 순서

클록 펄스	Q_1	Q_0
초기 상태	0	0
1	0	1
2	1	0
3	1	1
4(재순환)	0	0

그림 9-4의 카운터는 2진수의 순서로 바뀌므로 2진 카운터이다. 이 카운터는 실제로는 클록 펄스의 개수를 3까지 세고, 네 번째 펄스에서 원래의 상태($Q_0 = 0$, $Q_1 = 0$)로 되돌아(재순환)

간다. **재순환**(recycle)이란 용어는 카운터가 마지막 상태에서 초기 상태로 바뀌는 것을 말한다.

3비트 비동기 2진 카운터

3비트 비동기 2진 카운터는 그림 9-6(a)와 같고 상태 순서는 표 9-2와 같다. 3비트 카운터의 동작은 3개의 플립플롭을 가지고 있으므로 8개의 상태를 갖는다는 점을 제외하면 2비트 카운터의 동작과 같다. 8개의 클록 펄스가 인가될 때의 타이밍도는 그림 9-6(b)와 같다. 카운터는 2진수 0부터 7까지 세고 0 상태로 재순환한다. 토글 모드의 플립플롭을 추가로 연결하면 더 높은 계수를 하는 카운터로 쉽게 확장할 수 있다.

표 9-2

3비트 2진 카운터의 상태 순서

클록 펄스	Q_2	Q_1	Q_0
초기 상태	0	0	0
1	0	0	1
2	0	1	0
3	0	1	1
4	1	0	0
5	1	0	1
6	1	1	0
7	1	1	1
8(재순환)	0	0	0

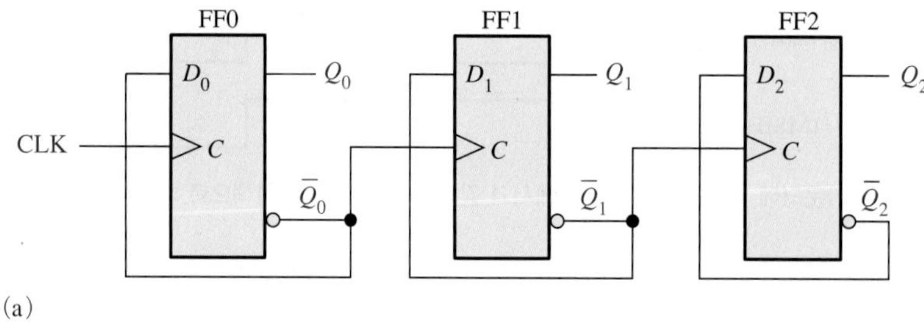

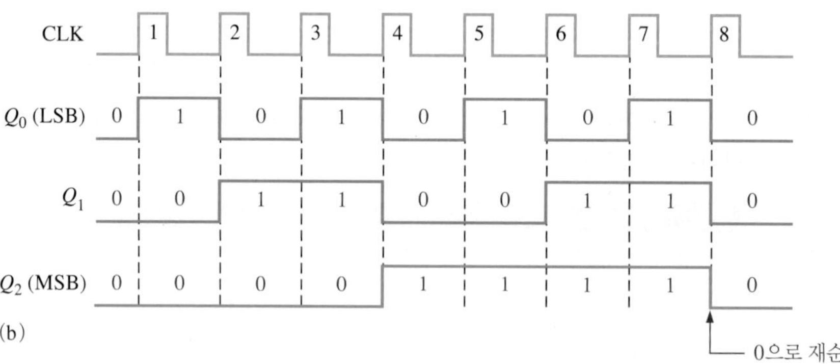

MultiSim 그림 9-6 3비트 비동기 2진 카운터와 한 사이클에 대한 타이밍도. 파일 F09-06을 사용하여 동작을 검증하라.

전파지연

비동기 카운터에서 입력 클록 펄스의 효과는 FF0에 의해 처음으로 '감지'된다. 이 효과는 FF0에서의 전파지연 때문에 FF1에 즉시 도달하지 못한다. 또 FF2가 트리거되기 전에 FF1에서도 전파지연이 생긴다. 이와 같이 전파지연 때문에 입력 클록 펄스의 효과가 물결이 퍼지듯('ripple') 카운터를 통과하여 약간의 시간이 걸려서 마지막 플립플롭에 도달한다. 이와 같은 이유 때문에 비동기 카운터를 **리플 카운터**(ripple counters)라고 한다.

그림 9-6의 카운터에서는 CLK4의 상승 에지에서 3개의 모든 플립플롭의 상태가 변하는 것처럼 그려져 있으나 그림 9-7에서는 처음 4개의 클록 펄스가 인가될 때, 전파지연에 의해 발생하는 리플 현상을 자세히 보이고 있다. 그림에서와 같이 클록 펄스의 상승 에지보다 t_{PLH}만큼의 지연 시간 후에 Q_0의 상태가 LOW에서 HIGH로 변한다. 또한 $\overline{Q}_0$의 상승 에지보다 t_{PLH}만큼의 지연 시간 후에 Q_1의 상태가 LOW에서 HIGH로 변하고, $\overline{Q}_1$의 상승 에지보다 t_{PLH}만큼의 지연 시간 후에 Q_2의 상태가 LOW에서 HIGH로 변한다. 그림에서 볼 수 있듯이 FF2는 클록 펄스 CLK4의 상승 에지 후에 2배의 지연 시간이 발생할 때 까지도 트리거되지 못한다. 카운터에서의 리플 효과 때문에 클록 펄스 CLK4가 Q_2를 LOW에서 HIGH로 변화시키려면 3배의 지연 시간이 지나야 한다.

비동기 카운터에서는 이와 같이 누적되는 시간 지연 때문에 카운터의 최대 클록 속도에 제한이 생기고 디코딩 문제가 발생하게 되어 많은 응용에서 심각한 단점이 된다. 오동작을 방지하기 위해서는 누적된 최대 전파지연 시간은 클록 파형의 주기보다 짧아야 한다.

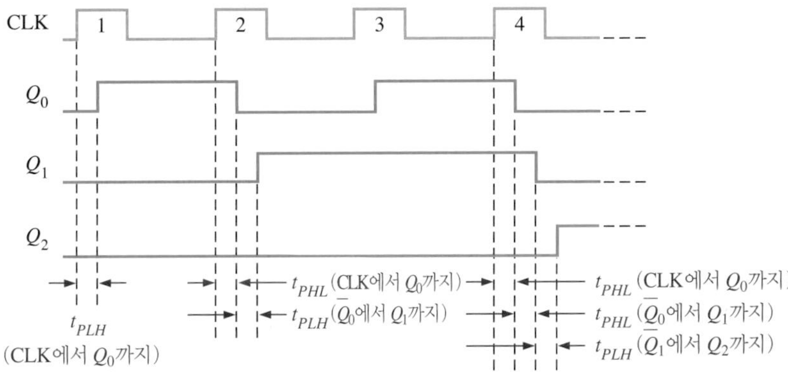

그림 9-7 3비트 비동기 2진 카운터(리플 카운터)에서의 전파지연

예제 9-1

그림 9-8(a)는 4비트 비동기 2진 카운터이다. 각 플립플롭은 하강 에지에서 트리거되고 전파지연시간은 10 ns이다. 각 플립플롭의 Q 출력을 보여주는 타이밍도를 그리고, 클록 펄스의 하강 에지가 Q_3의 상태 변화를 일으킬 때까지의 전체 지연시간을 구하라. 또한 이 카운터가 오동작 없이 정상 동작하기 위한 최대 클록 주파수를 구하라.

풀이

그림 9-8(b)는 전파지연을 생략한 타이밍도이다. 플립플롭 Q_3가 변하기 전에 CLK8 또는 CLK16이 4개의 플립플롭을 통과해야 한다. 따라서 전체 지연시간은 다음과 같다.

$$t_{p(tot)} = 4 \times 10\text{ ns} = \mathbf{40\ ns}$$

최대 클록 주파수는 다음과 같다.

$$f_{\max} = \frac{1}{t_{p(tot)}} = \frac{1}{40\text{ ns}} = \mathbf{25\ MHz}$$

전파지연에 의한 문제를 피하기 위해서는 카운터를 이 주파수보다 낮은 주파수에서 동작시켜야 한다.

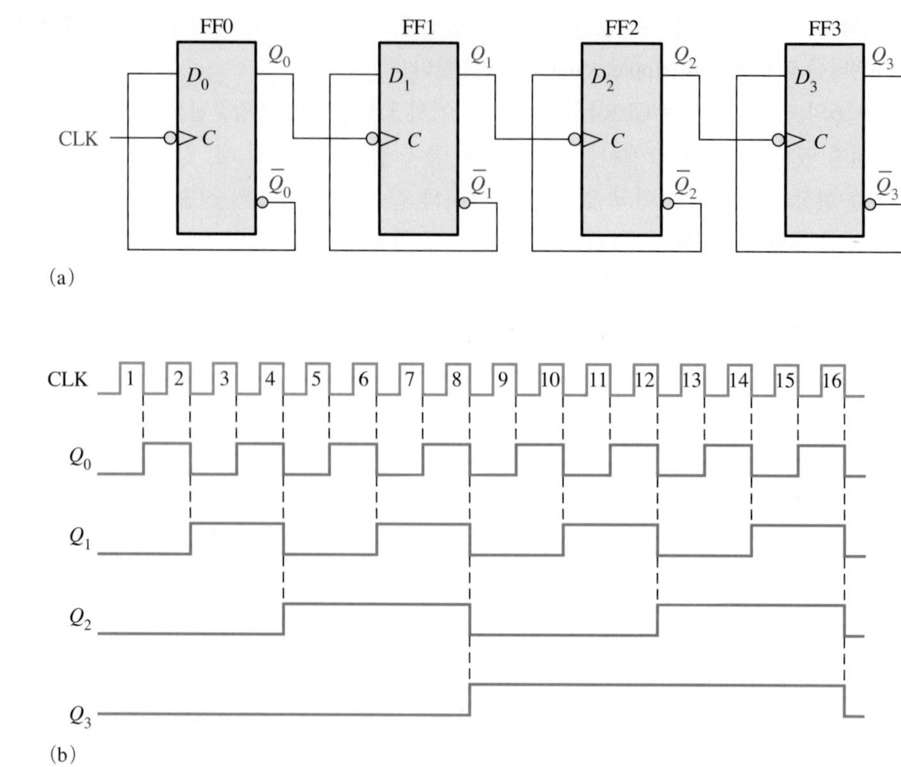

MultiSim

그림 9-8 4비트 비동기 2진 카운터와 타이밍도. 파일 F09-08을 사용하여 동작을 검증하라.

관련 문제*

그림 9-8(a)의 모든 플립플롭이 상승 에지에서 트리거될 때, 타이밍도를 그리라.

* 정답은 이 장의 끝에 있다.

비동기 10진 카운터

플립플롭의 개수가 n이면, 카운터는 2^n의 상태를 가질 수 있다.

카운터의 **모듈러스**(modulus)는 카운터가 순서대로 거치는 서로 다른 상태의 개수를 말한다. 카운터의 플립플롭의 개수가 n일 때, 카운터가 가질 수 있는 최대 상태(최대 모듈러스)의 수는 2^n이다. 카운터가 거치는 상태의 수를 최대인 2^n개보다 적게 갖도록 설계할 수도 있는데, 이러한 경우에 절단 시퀀스(truncated sequence)를 갖는다고 한다.

절단 시퀀스를 갖는 카운터에서 가장 일반적인 모듈러스는 10이다(MOD10). 카운터가 거치는 상태가 10개인 경우 이를 **10진**(decade) 카운터라고 한다. 카운터의 순서가 0(0000)에서 9(1001)인 경우, 카운터의 10개의 순서가 BCD 코드와 같으므로 이를 BCD 10진 카운터라고 한다. 이와 같은 BCD 10진 카운터는 BCD를 10진수로 변환하여 표시하는 디스플레이 응용분야에서 매우 유용하다.

절단 시퀀스를 갖도록 하기 위해서는 카운터가 원래 가질 수 있는 모든 상태를 거치기 전에 강제로 재순환시키는 것이 필요하다. 예를 들어 BCD 10진 카운터는 1001 상태 이후에는 0000 상태로 재순환되어야 한다. 10진 카운터에서 3개의 플립플롭은 부족하므로($2^3 = 8$) 4개의 플립플롭이 필요하다.

절단 시퀀스를 갖는 카운터의 원리를 이해하기 위하여 예제 9-1에서와 같은 4비트 비동기 카운터를 이용하여 카운터의 순서를 수정해보도록 하자. 카운터가 9(1001)를 센 다음 0(0000) 상태로 재순환하도록 하는 한 가지 방법은 그림 9-9(a)에서와 같이 NAND 게이트를 이용하여 10(1010)을 디코딩하고 NAND 게이트의 출력을 모든 플립플롭들의 클리어($\overline{CLR}$) 입력에 연결하는 것이다.

부분적 디코딩

그림 9-9(a)에서 Q_1과 Q_3만이 NAND 게이트 입력에 연결되어 있음을 볼 수 있다. 이러한 것을 **부분적 디코딩(partial decoding)**이라고 하며 Q_1과 Q_3의 상태($Q_1 = 1$ 이고 $Q_3 = 1$)만으로도 10을 디코딩할 수 있다. 왜냐하면 카운터가 0에서 9까지 거치는 동안 Q_1과 Q_3가 동시에 HIGH가 되는 경우는 없기 때문이다. 카운터가 10(1010)이 되면 디코딩 게이트의 출력이 LOW가 되면서 모든 플립플롭들을 즉시 리셋시킨다.

이 카운터의 타이밍도를 그림 9-9(b)에 나타내었다. 그림에서 Q_1 파형에 글리치(glitch)가 발생함을 알 수 있다. 이렇게 글리치가 생기는 이유는 카운터에서 10이 디코딩되기 전에 Q_1이 먼저 HIGH가 되기 때문이다. 카운터가 10을 계수하고 수 ns가 지난 후에야 디코딩 게이트 출력이 LOW(디코딩 게이트 입력이 모두 HIGH)가 된다. 따라서 카운터가 0(0000)으로 리셋되기 전에 짧은 시간 동안 10(1010) 상태에 있게 되고 이로 인해 Q_1에 글리치가 생기고 $\overline{CLR}$에 글리치가 생겨서 카운터를 리셋한다.

다른 절단 시퀀스 카운터도 예제 9-2와 유사한 방법으로 구현할 수 있다.

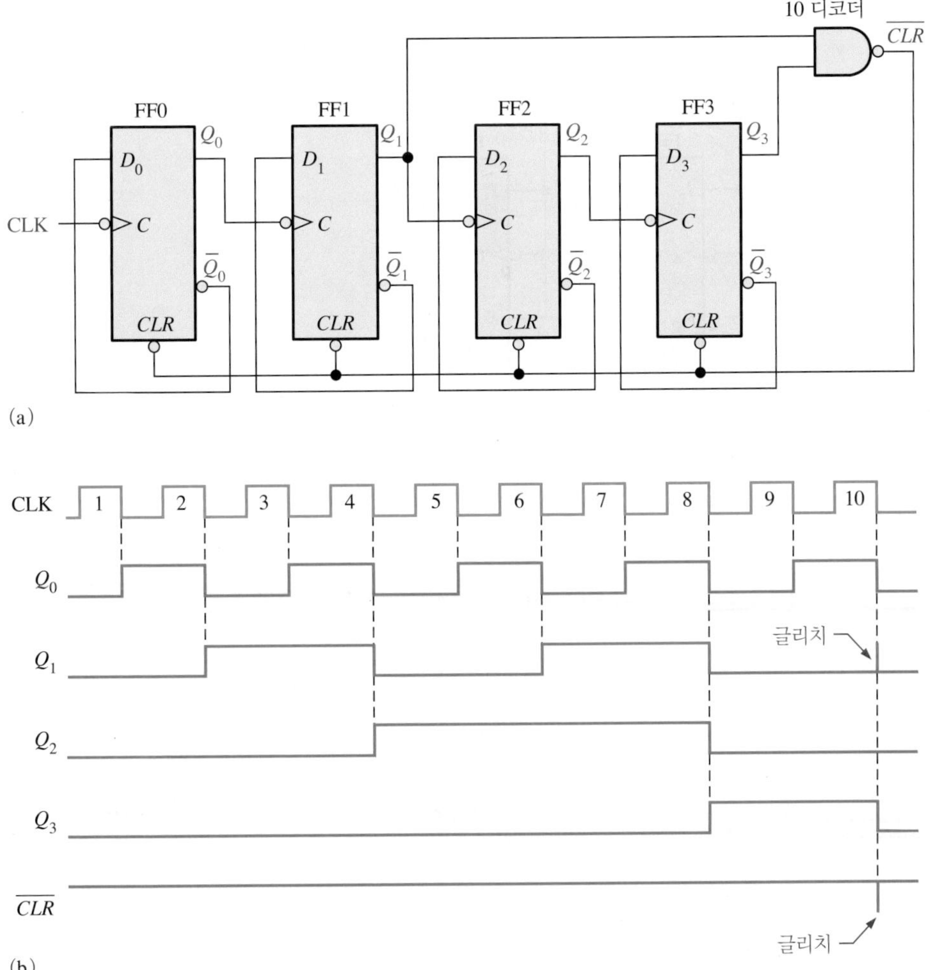

그림 9-9 비동기 재순환 기능을 갖는 비동기 10진 카운터

예제 9-2

2진 순서 0000에서 1011까지를 계수하도록 J-K 플립플롭으로 이루어진 모듈러스-12 비동기 카운터를 설계하라.

풀이

3개의 플립플롭으로는 최대 8개의 상태를 구현할 수 있으므로 8 초과 16 이하의 모듈러스를 갖는 카운터를 구현하려면 4개의 플립플롭이 필요하다.

다음에 나타낸 카운터의 순서에서 볼 수 있듯이 카운터가 마지막 상태인 1011에 도달하면 일반적인 경우의 다음 상태인 1100으로 가는 것이 아니라 0000으로 재순환되어야 한다.

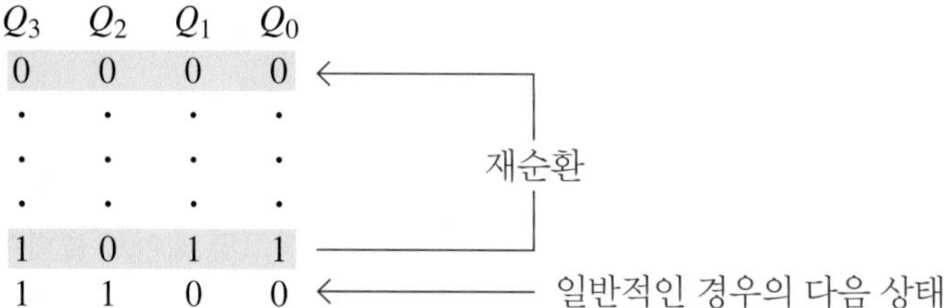

카운터에서 12번째 클록이 인가되면 Q_0와 Q_1은 원래 0으로 가지만, Q_2와 Q_3는 강제로 0이 되도록 해주어야 한다. 그림 9-10(a)는 모듈러스-12 카운터를 나타낸다. 여기에서 NAND 게이트는 카운터의 상태 12(1100)를 부분적 디코딩하여 플립플롭 2와 3를 리셋시킨다. 그림 9-10(b)의 타이밍도에 나타낸 것처럼, 12번째 클록 펄스에서 카운터는 11에서 0으로 강제로 재순환된다[카운터는 매우 짧은 시간(수 ns) 동안 12의 상태에 있다가 $\overline{CLR}$의 글리치에 의해 리셋된다].

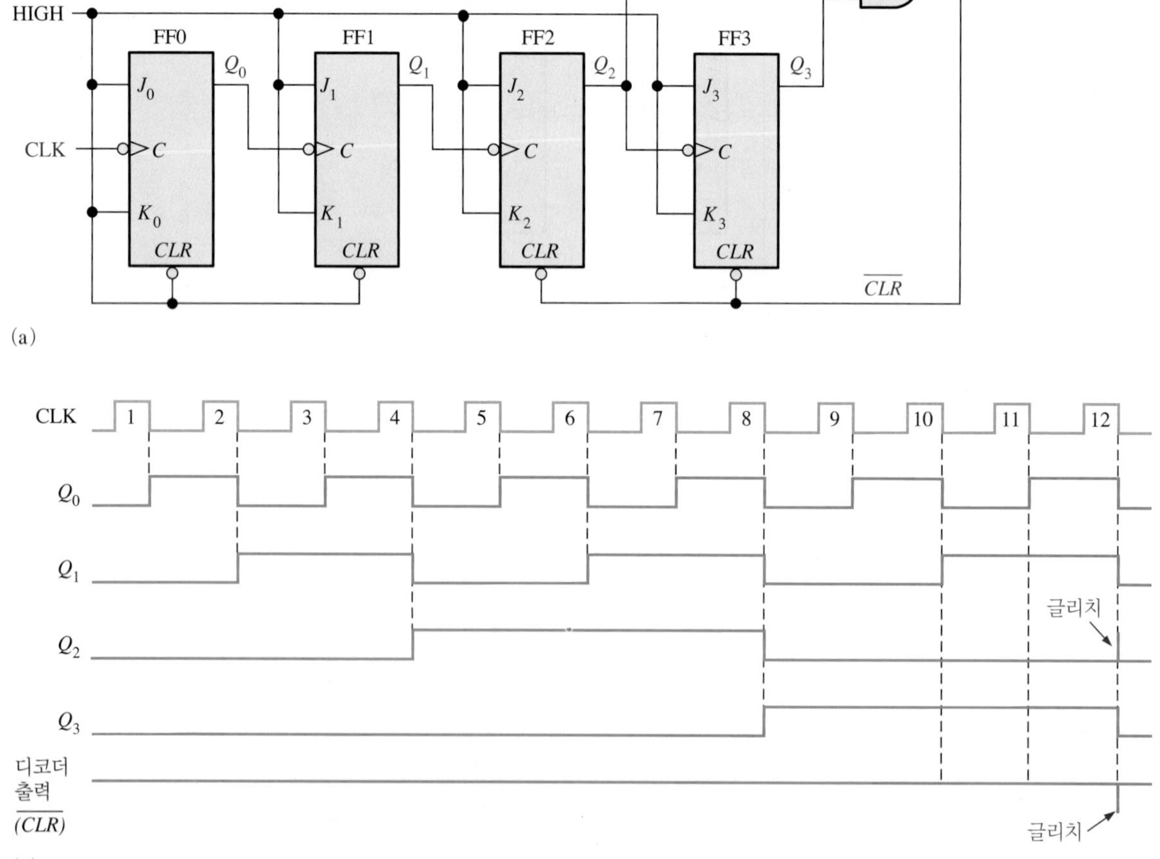

그림 9-10 비동기 재순환 기능을 갖는 비동기 모듈러스-12 카운터

관련 문제
그림 9-10(a)의 카운터를 모듈러스-13 카운터로 수정하려면 어떻게 해야 하는가?

구현 : 4비트 비동기 2진 카운터

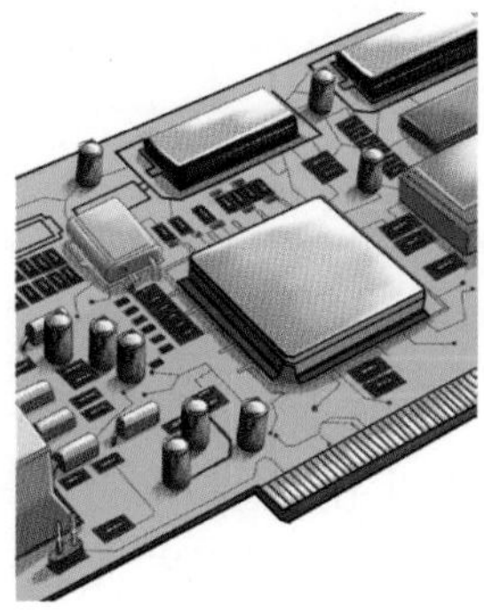

고정 기능 소자 74HC93은 집적회로 비동기 카운터의 예이다. 이 소자는 실제로는 하나의 플립플롭(CLK A)과 3비트 비동기 카운터(CLK B)로 이루어져 있다. 이러한 구성은 유연성 있게 사용하도록 하기 위해서이다. 즉 하나의 플립플롭만을 사용하여 2분주 소자로 사용하거나 3비트 카운터 부분만을 사용하면 모듈러스-8 카운터로 사용할 수 있다. 이 소자에는 게이티드(gated) 리셋 입력인 *RO(1)*과 *RO(2)*가 있으며 이 두 입력이 모두 HIGH가 되면 내부의 $\overline{CLR}$에 의해 0000 상태로 리셋된다.

또한 그림 9-11(a)에 나타나 있는 바와 같이 Q_0 출력을 CLK B 입력에 연결하면 74HC93을 4비트 모듈러스-16 카운터(0부터 15까지 계수하는)로 사용할 수 있다. 또한 그림 9-11(b)에 나타나 있는 바와 같이 게이티드 리셋 입력을 이용하여 10을 부분적 디코딩함으로써 비동기적 재순환을 시키는 10진 카운터(0부터 9까지 계수하는)로도 사용할 수 있다.

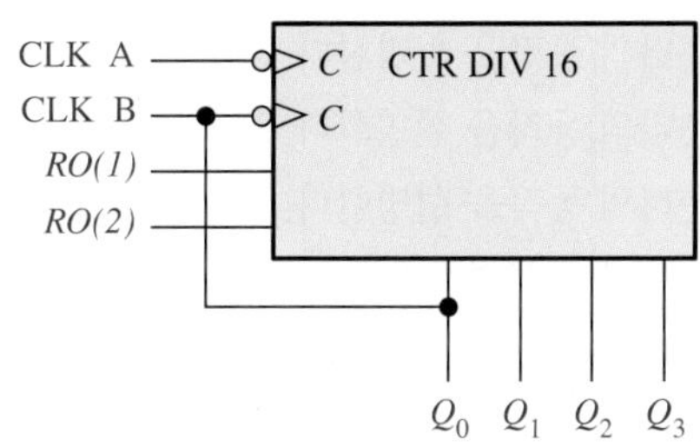

(a) 모듈러스-16 카운터로 사용할 때의 74HC93

(b) 10진 카운터로 사용할 때의 74HC93

그림 9-11 74HC93 비동기 카운터의 두 가지 구성(CTR DIV *n*은 *n*개의 상태를 갖는 카운터임을 나타냄)

프로그램 가능한 논리 소자(PLD) J-K 플립플롭을 사용하고 프리셋(PRN)과 클리어(CLRN) 입력을 가진 일반적인 4비트 비동기 2진 카운터에 대한 VHDL 코드는 다음과 같다.

```
library ieee;
use ieee.std_logic_1164.all;

entity AsyncFourBitBinCntr is
  port (Clock, Clr: in std_logic; Q0, Q1, Q2, Q3: inout std_logic);   입력과 출력 선언
end entity AsyncFourBitBinCntr;

architecture LogicOperation of AsyncFourBitBinCntr is
component jkff is
  port (J, K, Clk, PRN, CLRN: in std_logic; Q: out std_logic);   J-K 플립플롭 컴포넌트 선언
end component jkff;
begin
FF0: jkff port map(J=>'1', K=>'1', Clk=>Clock, CLRN=>Clr, PRN=>'1', Q=>Q0);      각 플립플롭이 어떻게
FF1: jkff port map(J=>'1', K=>'1', Clk=>not Q0, CLRN=>Clr, PRN=>'1', Q=>Q1);     연결되어 있는지를
FF2: jkff port map(J=>'1', K=>'1', Clk=>not Q1, CLRN=>Clr, PRN=>'1', Q=>Q2);     인스턴스화로 정의
FF3: jkff port map(J=>'1', K=>'1', Clk=>not Q2, CLRN=>Clr, PRN=>'1', Q=>Q3);
end architecture LogicOperation;
```

복습문제 9-2

1. 카운터에서 비동기가 의미하는 것은 무엇인가?
2. 모듈러스-14 카운터에는 몇 개의 상태가 있는가? 이 카운터를 구성하기 위해서는 최소 몇 개의 플립플롭이 필요한가?

9-3 동기 카운터

동기(synchronous)란 용어는 어떤 사건들 사이에 서로 정해진 시간적인 관계가 있다는 것을 말한다. **동기 카운터**(synchronous counter)에서는 카운터 내의 모든 플립플롭들이 공통의 클록 펄스에 의해서 동시에 상태가 변하는 카운터이다. 동기 카운터를 설명하기 위해서는 J-K 플립플롭을 주로 사용한다. D 플립플롭을 사용할 수도 있으나 D 플립플롭은 반전 모드나 불변 모드를 만들어주려면 부가적인 논리회로를 더 추가해주어야 한다.

이 절의 학습내용

- 2비트 동기 2진 카운터의 동작을 설명한다.
- 3비트 동기 2진 카운터의 동작을 설명한다.
- 4비트 동기 2진 카운터의 동작을 설명한다.
- 동기 10진 카운터의 동작을 설명한다.
- 카운터의 타이밍도를 작성한다.

2비트 동기 2진 카운터

그림 9-12는 2비트 동기 2진 카운터를 나타낸다. 카운터의 2진 순서를 만들어내기 위해서 비동기 카운터에서와는 달리 FF0의 출력 Q_0를 FF1의 J_1, K_1 입력으로 사용한다. 그림 9-12(b)는 D 플립플롭을 사용하여 구현한 것을 나타낸다.

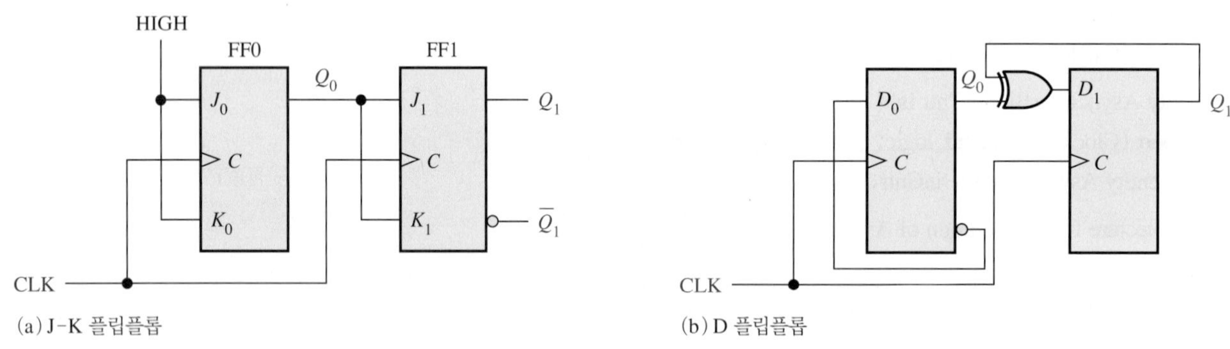

그림 9-12 2비트 동기 2진 카운터

동기 카운터에서는 클록 입력이 모든 플립플롭에 인가된다.

J-K 플립플롭을 사용한 동기 카운터의 동작은 다음과 같다. 우선 카운터가 처음에 2진 0 상태, 즉 2개의 플립플롭이 모두 리셋 상태라고 가정하자. 첫 번째 클록 펄스의 상승 에지에서 FF0는 반전되어 Q_0는 HIGH가 된다. 그러면 첫 번째 클록 펄스의 상승 에지에서 FF1은 어떻게 동작할 것인가? 이에 대한 답을 구하기 위해 FF1의 입력 조건을 살펴보자. J_1과 K_1은 Q_0에 연결되어 있고 Q_0는 아직 HIGH로 변하지 않은 상태이므로 입력 J_1과 K_1은 모두 LOW이다. 이는 전파지

연 때문에 클록 펄스의 상승 에지가 인가된 후 Q_0 출력이 실제 상태 변화를 일으킬 때까지는 약간의 시간 지연이 있기 때문이다. 따라서 첫 번째 클록 펄스의 상승 에지가 인가되었을 때 $J = 0$이고 $K = 0$이다. 즉 불변 모드이므로 FF1은 상태가 변하지 않는다. 이 부분의 카운터 동작에 대한 상세한 시간 관계는 그림 9-13(a)에 나타나 있다.

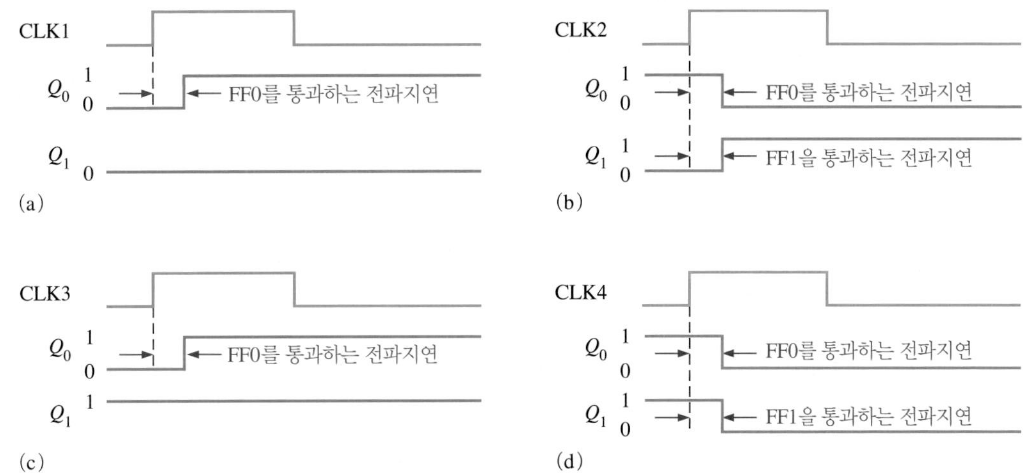

그림 9-13 2비트 동기 카운터 동작에 대한 타이밍도(두 플립플롭의 전파지연은 같다고 가정함)

클록 CLK1이 인가된 후에는 $Q_0 = 1$, $Q_1 = 0$(2진수 1 상태)이다. 다음 클록 CLK2의 상승 에지에서 FF0는 반전되어 Q_0는 LOW가 된다. 또한 FF1의 J_1과 K_1 입력은 모두 HIGH($Q_0 = 1$)이므로 플립플롭은 반전되어 Q_1은 HIGH가 된다. 이와 같이 클록 CLK2가 인가된 후에는 $Q_0 = 0$, $Q_1 = 1$(2진수 2 상태)이다. 이 부분의 카운터 동작에 대한 상세한 시간 관계는 그림 9-13(b)에 나타나 있다.

다음 클록 CLK3의 상승에지에서 FF0는 다시 반전되어 세트 상태($Q_0 = 1$)가 되고 FF1의 J_1과 K_1 입력은 모두 LOW($Q_0 = 0$)이므로 FF1은 세트 상태로 불변($Q_1 = 1$)이다. 이와 같이 클록 CLK3가 인가된 후에는 $Q_0 = 1$, $Q_1 = 1$(2진수 3 상태)이다. 상세한 시간 관계는 그림 9-13(c)에 나타나 있다.

마지막으로 클록 CLK4의 상승 에지에서 두 플립플롭의 J, K 입력이 반전 모드이므로 Q_0와 Q_1은 모두 LOW가 된다. 상세한 시간 관계는 그림 9-13(d)에 나타나 있다. 이와 같이 하여 카운터는 원래의 상태인 2진수 0의 상태로 재순환된다. 그림 9-12(b)에 나타낸 D 플립플롭을 사용한 카운터의 타이밍도는 J-K 플립플롭을 사용한 카운터의 타이밍도와 같다.

그림 9-12의 카운터에 대한 전체 타이밍도는 그림 9-14와 같다. 그림에서는 모든 파형의 변화가 동시에 일어나는 것으로 그려져 있는데 이는 전파지연을 표시하지 않았기 때문이다. 동기 카운터의 동작에서 전파지연은 중요한 요소지만 전체 타이밍도에서는 간단하게 표시하기 위하여 보통 이를 생략하고 표시하지 않는다. 회로가 보통의 동작을 할 때는, 약간의 전파지연과 시

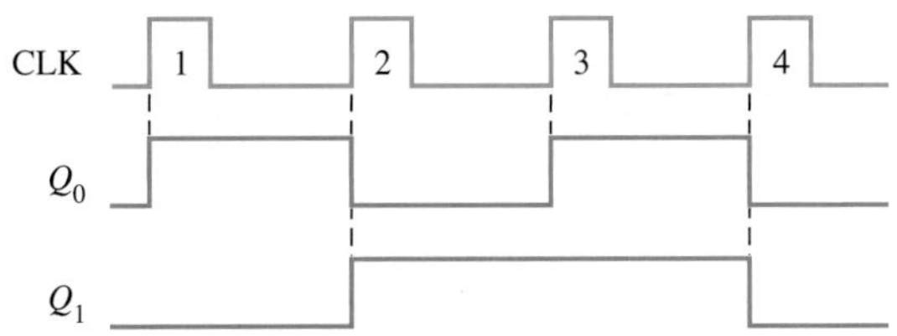

그림 9-14 그림 9-12의 카운터에 대한 타이밍도

간차는 표시하지 않아도 중요한 파형 사이의 상호관계는 충분히 표현될 수 있다. 하지만 고속의 디지털 회로에서는 회로 설계 및 고장 진단을 할 때, 이러한 작은 시간 지연도 매우 중요하게 고려해야 한다.

3비트 동기 2진 카운터

그림 9-15는 3비트 동기 2진 카운터를 나타내고 그림 9-16은 타이밍도를 나타낸다. 표 9-3에 표시한 이 카운터 상태 순서를 살펴보면 카운터의 동작을 이해할 수 있을 것이다.

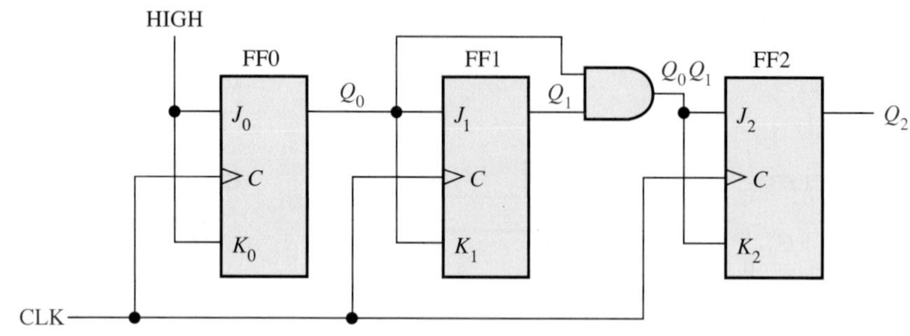

MultiSim 그림 9-15 3비트 동기 2진 카운터. 파일 F09-15를 사용하여 동작을 검증하라.

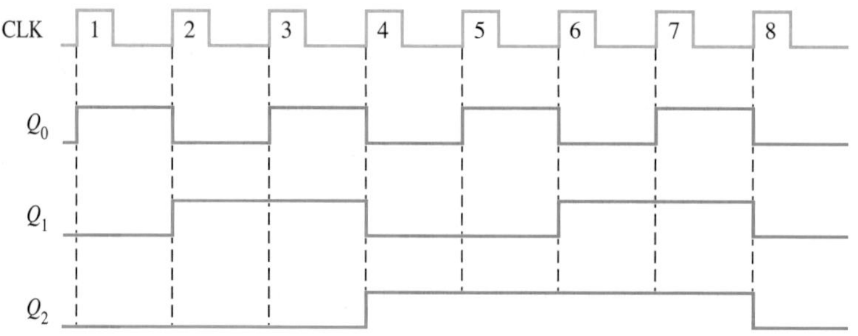

그림 9-16 그림 9-15의 카운터 타이밍도

정보노트

TSC(time stamp counter)는 마이크로프로세서의 성능을 모니터링하는 데 사용한다. 이 카운터를 이용하여 시스템의 전체 성능을 좌우하는 파라미터들을 정확하게 측정할 수 있다. 어떤 동작의 실행 전과 후의 TSC값을 읽으면 그 동작을 수행하는 데 필요한 정확한 시간을 프로세서의 사이클 타임 단위로 결정할 수 있다. 이와 같은 방식으로 시스템의 동작을 최적화하는 것과 관련된 시간 요소의 평가를 TSC를 사용하여 할 수 있다. 예를 들어 2개 이상의 프로그래밍 수행 순서에 대해 어느 것이 더 효율적인가를 정확하게 결정할 수 있다. 이는 컴파일러 개발자와 시스템 프로그래머가 가장 효율적인 코드를 생성할 수 있도록 해주는 매우 유용한 도구가 된다.

표 9-3

3비트 2진 카운터의 상태 순서

클록 펄스	Q_2	Q_1	Q_0
초기 상태	0	0	0
1	0	0	1
2	0	1	0
3	0	1	1
4	1	0	0
5	1	0	1
6	1	1	0
7	1	1	1
8(재순환)	0	0	0

먼저 Q_0를 분석해보자. 카운터가 처음 상태에서 최종 상태까지 진행했다가 다시 처음 상태로 되돌아갈 때까지 매 클록 펄스마다 Q_0값이 변한다. 이러한 동작을 만들어내기 위해서는 FF0는 J_0와 K_0 입력을 HIGH 상태로 고정시켜서 반전 모드로 동작하도록 해야 한다. 표 9-3을 살펴보면 Q_0가 1일 때 클록 펄스가 인가되면 Q_1의 상태는 반전된다. 이러한 변화는 CLK2, CLK4,

CLK6, CLK8에서 일어난다. CLK8이 인가되면 카운터는 재순환된다. 이러한 동작을 만들어내기 위해서 Q_0를 FF1의 J_1, K_1 입력에 연결한다. Q_0가 1이 되고 클록 펄스가 인가되면 FF1이 반전 모드이므로 상태가 반전된다. 반면에 Q_0가 0일 때는 FF1이 불변 모드이므로 클록 펄스가 인가되어도 상태의 변화가 없게 된다.

다음에는 FF2를 표에 나타낸 2진 순서에 따라 적절한 순간에 변화하도록 만들어보자. Q_2의 상태는 Q_0와 Q_1이 모두 HIGH인 조건에서 클록 펄스가 인가될 때에만 상태가 반전된다는 점에 주목하자. 이러한 조건은 AND 게이트로 검출하고 그 결과를 FF2의 입력인 J_2와 K_2로 연결한다. Q_0와 Q_1이 모두 HIGH가 될 때마다 AND 게이트의 출력은 FF2의 입력 J_2와 K_2를 HIGH로 만들게 되어 다음 클록 펄스가 인가되면 FF2가 반전된다. 이 외의 모든 경우에는 AND 게이트의 출력에 의해 FF2의 입력 J_2와 K_2는 LOW를 유지하여 FF2는 상태가 변화되지 않는다.

그림 9-15의 카운터에 대한 분석이 표 9-4에 요약되어 있다.

표 9-4

그림 9-15의 카운터 분석에 대한 요약

	출력			*J-K* 입력						다음 클록 펄스에서		
클록 펄스	Q_2	Q_1	Q_0	J_2	K_2	J_1	K_1	J_0	K_0	FF2	FF1	FF0
초기 상태	0	0	0	0	0	0	0	1	1	NC*	NC	반전
1	0	0	1	0	0	1	1	1	1	NC	반전	반전
2	0	1	0	0	0	0	0	1	1	NC	NC	반전
3	0	1	1	1	1	1	1	1	1	반전	반전	반전
4	1	0	0	0	0	0	0	1	1	NC	NC	반전
5	1	0	1	0	0	1	1	1	1	NC	반전	반전
6	1	1	0	0	0	0	0	1	1	NC	NC	반전
7	1	1	1	1	1	1	1	1	1	반전	반전	반전
										카운터는 000으로 재순환		

*NC는 불변을 나타냄

4비트 동기 2진 카운터

그림 9-17(a)는 4비트 동기 2진 카운터를 나타내고 그림 9-17(b)는 타이밍도를 나타낸다. 이 카운터는 하강 에지에서 동작하는 플립플롭으로 구성되어 있으며 처음 3개의 플립플롭의 *J*, *K* 입력을 그림과 같이 연결하는 이유는 3비트 카운터에서와 같다. 카운터의 순서에서 네 번째 단인 FF3는 두 번만 상태가 변하는데, 그때는 Q_0, Q_1, Q_2가 모두 HIGH인 상태에서 다음 클록 펄스가 인가될 때이다. AND 게이트 G_2에 의해서 이러한 조건이 디코딩되고 다음 클록 펄스가 인가되면 FF3의 상태가 반전된다. 이 외의 모든 경우에는 FF3의 J_3, K_3 입력이 LOW로 유지되어 불변 모드로 남아 있는다.

4비트 동기 10진 카운터

10진 카운터는 10개의 상태를 갖는다.

이미 설명한 바와 같이 BCD 10진 카운터는 0000 상태에서 1001 상태까지의 절단된 2진 순서를 갖는다. 즉 1001 상태에서 1010 상태로 가는 것이 아니라 0000 상태로 재순환된다. 그림 9-18은 BCD 10진 카운터를 나타내고 그림 9-19는 타이밍도를 나타낸다.

표 9-5의 상태 순서를 보면 이 카운터의 동작을 알 수 있다. 우선 FF0(Q_0)는 매 클록 펄스마다 반전되므로 입력 J_0와 K_0에 대한 논리식은 다음과 같다.

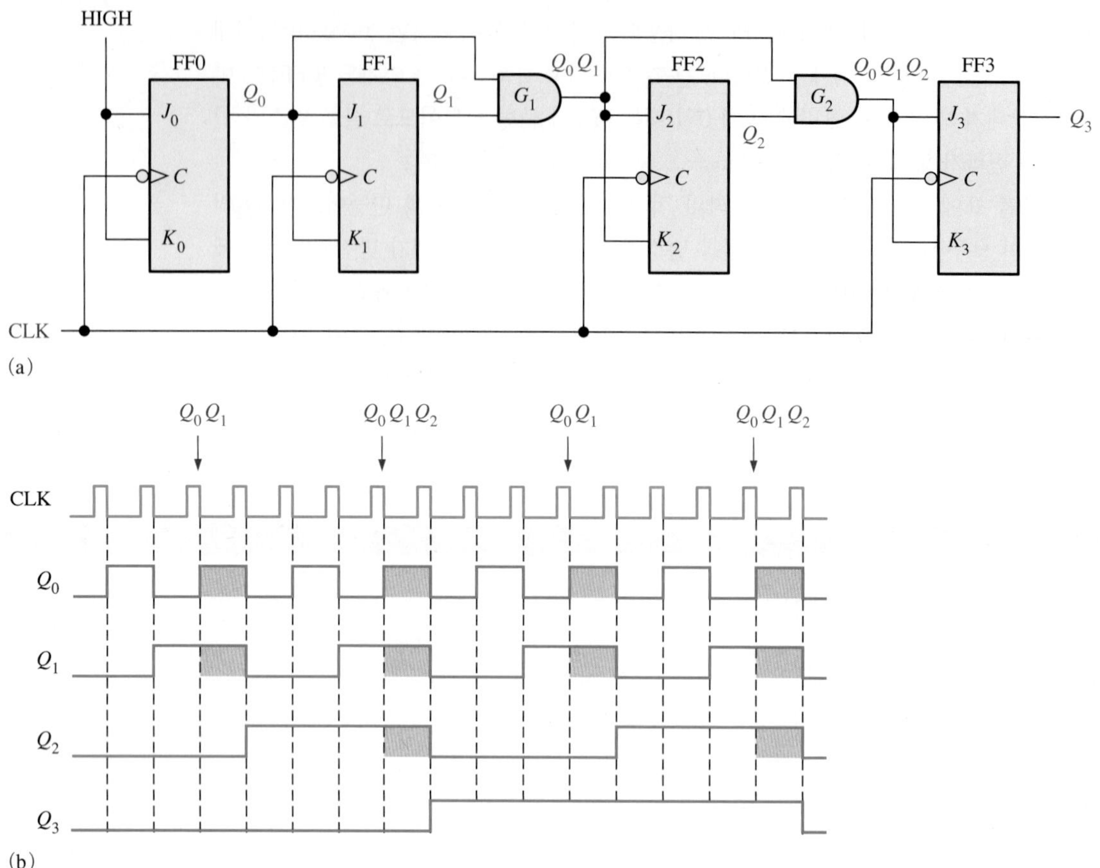

그림 9-17 4비트 동기 카운터와 타이밍도. 음영 처리된 부분은 AND 게이트 출력이 HIGH일 때이다.

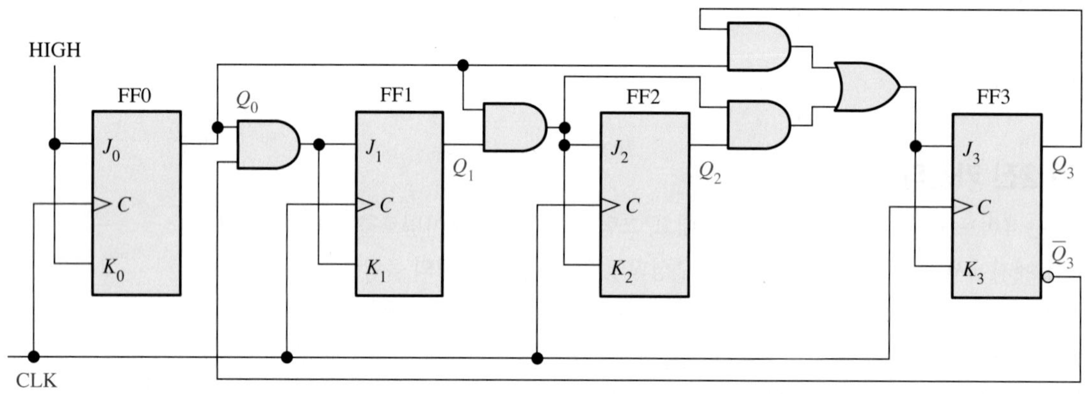

MultiSim 그림 9-18 동기 BCD 10진 카운터. 파일 F09-18을 사용하여 동작을 검증하라.

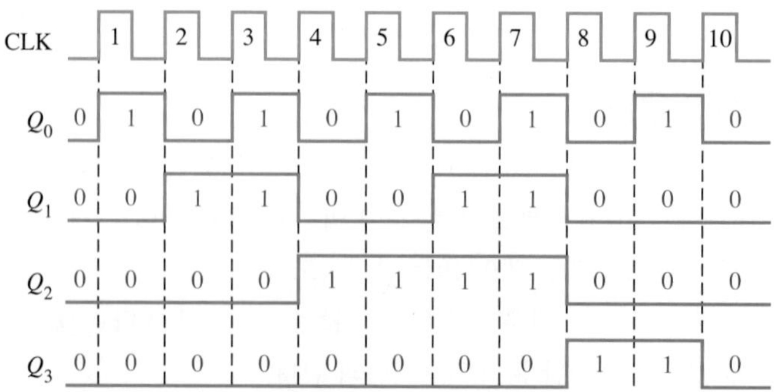

그림 9-19 BCD 10진 카운터의 타이밍도(Q_0가 LSB임)

$$J_0 = K_0 = 1$$

이 논리식은 J_0와 K_0 입력을 항상 HIGH에 연결시켜 놓음으로써 구현한다.

표 9-5

BCD 10진 카운터의 상태

클록 펄스	Q_3	Q_2	Q_1	Q_0
초기 상태	0	0	0	0
1	0	0	0	1
2	0	0	1	0
3	0	0	1	1
4	0	1	0	0
5	0	1	0	1
6	0	1	1	0
7	0	1	1	1
8	1	0	0	0
9	1	0	0	1
10(재순환)	0	0	0	0

FF1(Q_1)은 $Q_0 = 1$이고 $Q_3 = 0$일 때마다 다음 클록 펄스에서 상태가 반전되므로 입력 J_1과 K_1에 대한 논리식은 다음과 같다.

$$J_1 = K_1 = Q_0\overline{Q}_3$$

이 논리식은 Q_0와 $\overline{Q}_3$를 AND게이트에 입력하고 AND 게이트 출력을 FF1의 입력 J_1과 K_1에 연결하여 구현한다.

다음으로 FF2(Q_2)는 $Q_0 = 1$이고 $Q_1 = 1$일 때마다 다음 클록 펄스에서 상태가 반전되므로 입력 J_2와 K_2에 대한 논리식은 다음과 같다.

$$J_2 = K_2 = Q_0Q_1$$

이 논리식은 Q_0와 Q_1을 AND 게이트에 입력하고 AND 게이트 출력을 FF2의 입력 J_2와 K_2에 연결하여 구현한다.

마지막으로 FF3(Q_3)는 $Q_0 = 1$, $Q_1 = 1$, $Q_2 = 1$일 때이거나 $Q_0 = 1$이고 $Q_3 = 1$일 때(상태 9)마다 다음 클록 펄스에서 상태가 반전되므로 입력 J_3와 K_3에 대한 논리식은 다음과 같다.

$$J_3 = K_3 = Q_0Q_1Q_2 + Q_0Q_3$$

이 논리식은 그림 9-18의 논리도에 나타낸 바와 같이 FF3의 입력 J_3와 K_3에 AND/OR 회로의 출력을 연결하여 구현한다. 이 10진 카운터와 그림 9-17(a)의 모듈러스-16 2진 카운터의 차이점은 $Q_0\overline{Q}_3$ AND 게이트, Q_0Q_3 AND 게이트와 OR 게이트를 추가로 사용한다는 점이다. 이와 같이 게이트를 추가함으로써 10진 카운터에서는 상태 1001이 발생된 것을 감지하고 다음 클록 펄스에서 0000으로 재순환하게 된다.

구현 : 4비트 동기 2진 카운터

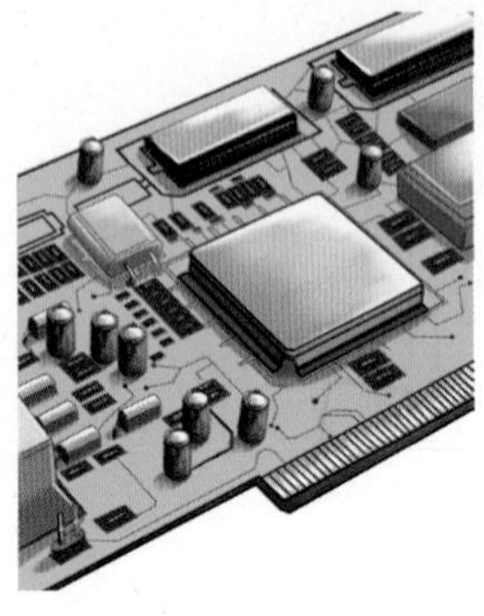

고정 기능 소자 74HC163은 4비트 동기 2진 카운터 IC의 한 종류이다. 논리기호는 그림 9-20과 같으며 괄호 안의 숫자는 핀 번호이다. 이 카운터는 앞에서 학습한 일반적인 동기 2진 카운터의 기본 기능 외에도 일곱 가지의 특징을 더 가지고 있다.

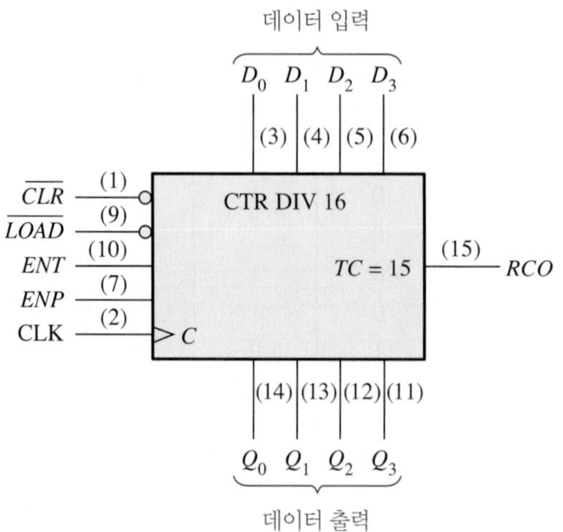

그림 9-20 74HC163 4비트 동기 2진 카운터(CTR DIV 16은 카운터가 16개의 상태를 가진다는 것을 나타냄)

먼저 이 카운터는 병렬 데이터 입력에 적절한 값을 인가함으로써 임의의 4비트 2진수를 동기적으로 프리셋할 수 있다. $\overline{LOAD}$ 입력에 LOW를 인가하면 다음 클록 펄스에서 데이터 입력의 상태를 받아들여 이 4비트 2진수에서부터 계수를 시작한다.

또한 카운터의 4개의 플립플롭을 동기적으로 리셋시킬 수 있는 액티브-LOW로 동작하는 클리어 입력($\overline{CLR}$)이 있다. 이 카운터에는 2개의 인에이블 입력인 *ENP*와 *ENT*가 있다. 카운터가 2진 계수를 하도록 하기 위해서는 이 두 입력은 모두 HIGH가 되어야 하며 하나라도 LOW이면 카운터는 동작하지 않는다. 카운터가 **종료 계수**(terminal count)라 불리는 마지막 상태에 도달하면($TC = 15$) 리플 클록 출력(*RCO*)이 HIGH가 된다. 이 리플 클록 출력(*RCO*)을 인에이블 입력과 조합하여 사용하면 더 높은 차수의 카운터로 확장할 수 있다.

그림 9-21은 카운터가 12(1100) 상태로 프리셋되어, 종료 계수인 15(1111)까지 계수하는 과정에 대한 타이밍도를 나타낸다. 입력 D_0는 최하위 입력 비트이고 Q_0는 최하위 출력 비트이다.

그림에서의 타이밍도를 상세히 분석해보자. 이는 이번 장 또는 제조회사의 데이터 시트에 나오는 타이밍도를 잘 해석할 수 있도록 도와줄 것이다. 우선 $\overline{CLR}$ 입력에 LOW가 인가되면 다음 클록 펄스의 상승 에지에서 모든 출력(Q_0, Q_1, Q_2, Q_3)이 LOW가 된다.

다음으로 $\overline{LOAD}$ 입력에 LOW가 인가되면 데이터 입력에 있는 데이터(D_0, D_1, D_2, D_3)가 동시에 카운터 안으로 입력된다. 이들 데이터는 $\overline{LOAD}$가 LOW가 된 후 다음 클록의 상승 에지에서 Q 출력에 나타난다. 이것을 프리셋 동작이라 한다. 그림에서는 Q_0가 LOW, Q_1이 LOW, Q_2가 HIGH, Q_3가 HIGH이고 이는 2진수 12(Q_0가 LSB)이다.

다음 3개의 클록의 상승 에지에서 카운터는 상태 13, 14, 15로 진행하고 다음 클록들에서 0, 1, 2로 재순환한다. 2개의 *ENP*, *ENT* 입력이 HIGH인 동안에 카운터의 동작은 계속되며 *ENP*가 LOW가 되면 카운터의 동작은 중단되고 2진수 2의 상태에 머무르게 된다.

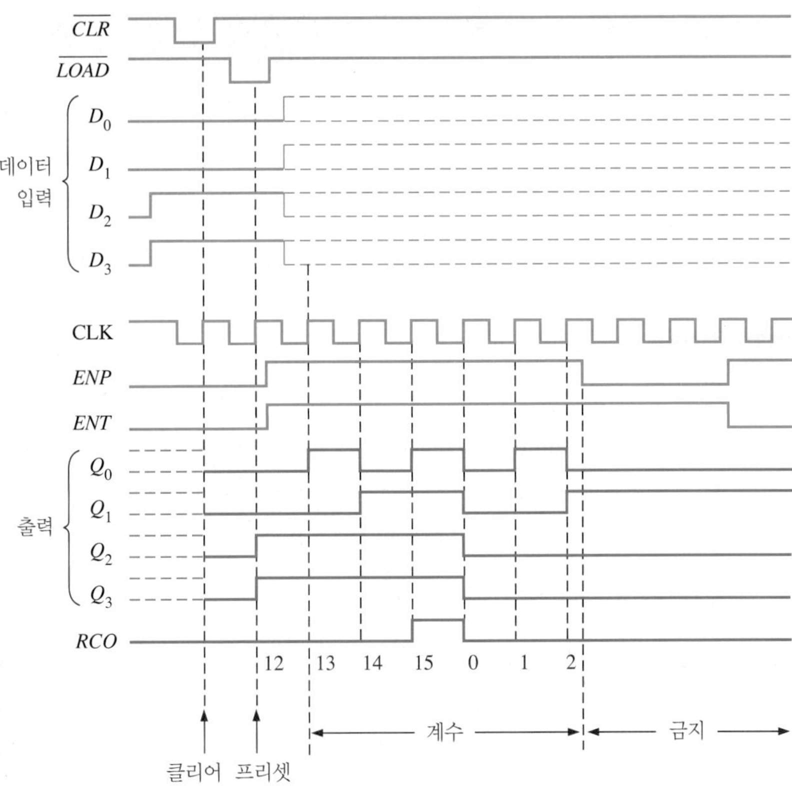

그림 9-21 74HC163의 타이밍 예

프로그램 가능한 논리 소자(PLD) J-K 플립플롭을 사용한 4비트 동기 10진 카운터에 대한 VHDL 코드는 다음과 같다.

```
library ieee;
use ieee.std_logic_1164.all;
entity FourBitSynchDecadeCounter is
  port (Clk: in std_logic; Q0, Q1, Q2, Q3: inout std_logic);   입력과 출력 선언
end entity FourBitSynchDecadeCounter;
architecture LogicOperation of FourBitSynchDecadeCounter is
component jkff is
  port (J, K, Clk: in std_logic; Q: out std_logic);          J-K 플립플롭에 대한
end component jkff;                                           컴포넌트 선언
signal J1, J2, J3: std_logic;
begin
J1 <= Q0 and not Q3;                   각 플립플롭의 J 입력(J = K)에
J2 <= Q1 and Q0;                       대한 불 식 표현
J3 <= (Q2 and J2) or (Q0 and Q3);
FF0: jkff port map (J => '1', K => '1', Clk => Clk, Q => Q0);
FF1: jkff port map (J => J1, K => J1, Clk => Clk, Q => Q1);   각 플립플롭의 연결을
FF2: jkff port map (J => J2, K => J2, Clk => Clk, Q => Q2);   인스턴스화로 정의
FF3: jkff port map (J => J3, K => J3, Clk => Clk, Q => Q3);
end architecture LogicOperation;
```

복습문제 9-3

1. 동기 카운터와 비동기 카운터의 차이점을 설명하라.
2. 74HC163과 같은 카운터에서 프리셋 기능에 대해 설명하라.
3. 74HC163 카운터에서 *ENP*, *ENT* 입력과 *RCO* 출력을 어디에 사용하는지 설명하라.

9-4 업/다운 동기 카운터

업/다운 카운터(up/down counter)는 계수를 양방향으로 할 수 있어서 양방향 카운터라고도 한다. 업/다운 카운터 동작의 예를 들면, 3비트 2진 카운터에서 업 방향인 0, 1, 2, 3, 4, 5, 6, 7의 순서로 계수할 수도 있고, 다운 방향인 7, 6, 5, 4, 3, 2, 1, 0의 순서로 계수할 수도 있다.

이 절의 학습내용

- 업/다운 카운터의 기본 동작을 설명한다.
- 74HC190 업/다운 10진 카운터에 대해 알아본다.

일반적으로 대부분의 업/다운 카운터는 계수하는 순서를 어떤 시점에서든지 반대 방향으로 바꿀 수 있다. 예를 들어 3비트 2진 카운터를 다음과 같은 순서로 계수하도록 할 수 있다.

$$\overbrace{0, 1, 2, 3, 4, 5,}^{\text{업}} \underbrace{4, 3, 2,}_{\text{다운}} \overbrace{3, 4, 5, 6, 7,}^{\text{업}} \underbrace{6, 5,}_{\text{다운}} \text{etc.}$$

표 9-6은 3비트 2진 카운터의 전체 업/다운 순서를 보여주고 있다. 화살표는 카운터의 업/다운 모드에서 카운터의 상태가 이동하는 것을 나타낸다. 카운터가 업 모드일 때와 다운 모드일 때 모두 Q_0의 상태를 살펴보면 FF0는 매 클록 펄스마다 상태가 변한다는 것을 알 수 있다. 따라서 FF0의 J_0, K_0 입력은 다음과 같다.

$$J_0 = K_0 = 1$$

표 9-6

3비트 2진 업/다운 카운터의 순서

클록 펄스	업	Q_2	Q_1	Q_0	다운
0	↑	0	0	0	↓
1		0	0	1	
2		0	1	0	
3		0	1	1	
4		1	0	0	
5		1	0	1	
6		1	1	0	
7		1	1	1	

업 모드 동작의 경우에는 $Q_0 = 1$일 때 다음 클록 펄스에서 Q_1의 상태가 변하고, 다운 모드 동작의 경우에는 $Q_0 = 0$일 때 다음 클록 펄스에서 Q_1의 상태가 변한다. 따라서 FF1의 J_1, K_1 입력은 다음 논리식으로 표현되는 조건일 때 1이 되어야 한다.

$$J_1 = K_1 = (Q_0 \cdot \text{UP}) + (\overline{Q}_0 \cdot \text{DOWN})$$

업 모드 동작의 경우에는 $Q_0 = Q_1 = 1$일 때 다음 클록 펄스에서 Q_2의 상태가 변하고, 다운 모드 동작의 경우에는 $Q_0 = Q_1 = 0$일 때 다음 클록 펄스에서 Q_2의 상태가 변한다. 따라서 FF2의 J_2, K_2 입력은 다음 논리식으로 표현되는 조건일 때 1이 되어야 한다.

$$J_2 = K_2 = (Q_0 \cdot Q_1 \cdot \text{UP}) + (\overline{Q}_0 \cdot \overline{Q}_1 \cdot \text{DOWN})$$

각 플립플롭의 J, K 입력을 위에서와 같이 주면 카운터가 계수를 하면서 적절한 시점에 각 플립플롭이 반전하게 된다.

그림 9-22는 위에서 구한 각 플립플롭의 J, K 입력에 대한 논리식을 사용하여 3비트 업/다운 2진 카운터를 구현한 것이다. 여기에서 $UP/\overline{DOWN}$ 제어 입력을 HIGH로 하면 업 모드이고 LOW로 하면 다운 모드이다.

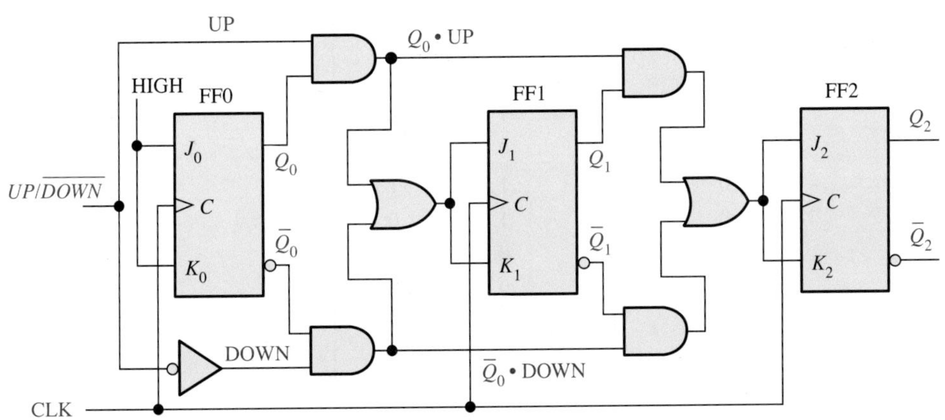

그림 9-22 기본적인 3비트 업/다운 카운터. 파일 F09-22를 사용하여 동작을 검증하라.

예제 9-3

클록과 $UP/\overline{DOWN}$ 제어 입력파형이 그림 9-23(a)와 같을 때 4비트 동기 2진 업/다운 카운터의 순서를 구하고 타이밍도를 그리라. 카운터는 0000 상태에서 시작하고 상승 에지에서 트리거된다.

풀이

Q 출력을 나타내는 타이밍도는 그림 9-23(b)와 같다. 이 파형들로부터 카운터의 순서는 표 9-7과 같음을 알 수 있다.

관련 문제

그림 9-23(a)에서 $UP/\overline{DOWN}$ 제어 입력의 파형이 반전된 경우에 대해 타이밍도를 그리라.

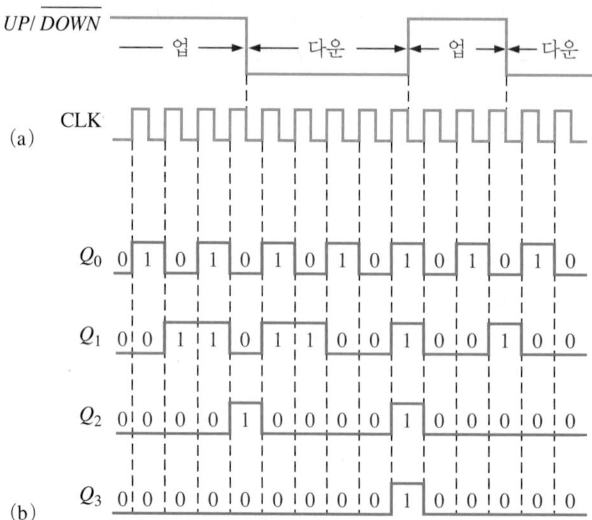

그림 9-23

표 9-7

Q_3	Q_2	Q_1	Q_0	
0	0	0	0	업
0	0	0	1	
0	0	1	0	
0	0	1	1	
0	1	0	0	
0	0	1	1	다운
0	0	1	0	
0	0	0	1	
0	0	0	0	
1	1	1	1	
0	0	0	0	업
0	0	0	1	
0	0	1	0	
0	0	0	1	다운
0	0	0	0	

구현 : 업/다운 10진 카운터

고정 기능 소자 그림 9-24는 업/다운 10진 카운터 IC의 한 종류인 74HC190에 대한 논리도를 나타낸 것이다. 계수 방향은 업/다운 입력($D/\overline{U}$)의 값에 의해 결정되는데, 이 값이 HIGH이면 업 모드이고 LOW이면 다운 모드이다. 또한 $\overline{LOAD}$ 입력을 LOW로 하고, 원하는 BCD 수를 데이터 입력에 인가함으로써 카운터를 프리셋할 수 있다.

MAX/MIN 출력은 업 모드에서 종료 계수인 9(1001)가 되거나 다운 모드에서 종료 계수인 0(0000)이 되었을 때 HIGH가 출력된다. *MAX/MIN* 출력, 리플 클록 출력($\overline{RCO}$), 계수 인에이블 입력($\overline{CTEN}$)은 카운터를 종속 연결하여 확장할 때 사용된다. (종속 카운터는 9-6절에서 다룬다.)

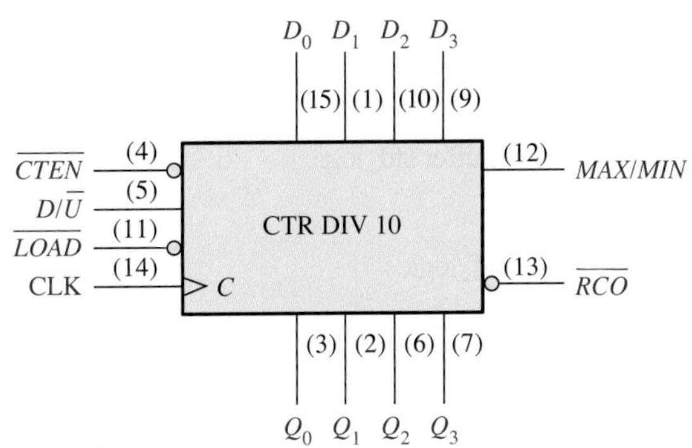

그림 9-24 74HC190 업/다운 동기 10진 카운터

그림 9-25는 74HC190 카운터가 7(0111)로 프리셋되어 업 모드로 계수하다가 다운 모드로 계수할 때의 타이밍도이다. *MAX/MIN* 출력은 카운터가 0000인 상태(*MIN*) 또는 1001 상태(*MAX*)일 때 HIGH가 된다.

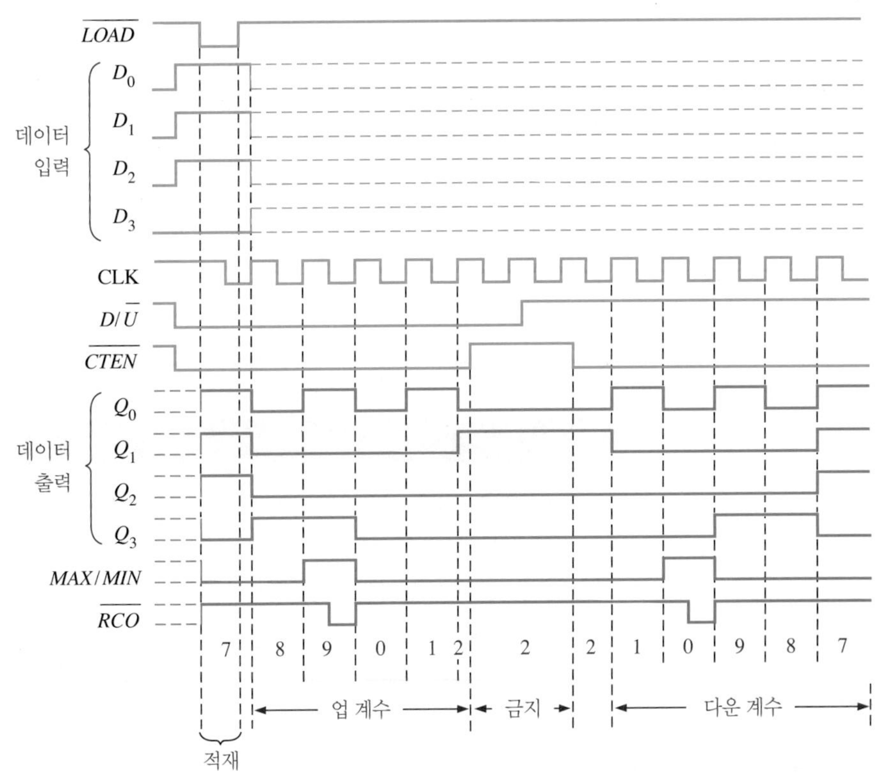

그림 9-25 74HC190의 타이밍 예

프로그램 가능한 논리 소자(PLD) J-K 플립플롭을 사용한 업/다운 10진 카운터에 대한 VHDL 코드는 다음과 같다.

```
library ieee;
use ieee.std_logic_1164.all;

entity UpDnDecadeCntr is                                                    UPDN : 카운터 방향
   port (UPDN, Clk: in std_logic; Q0, Q1, Q2, Q3: buffer std_logic);    Clk : 시스템 클록
end entity UpDnDecadeCntr;                                                  Q0-Q3 : 카운터 출력
```

```
architecture LogicOperation of UpDnDecadeCntr is

component jkff is
   port (J, K, Clk: in std_logic; Q: buffer std_logic);     J-K 플립플롭 컴포넌트
end component jkff;
function UpDown(A, B, C, D: in std_logic)        UpDown 함수는 그림 9-22에서와 같이 단과 단 사이에서
   return std_logic is                           2개의 AND 게이트에 이은 OR 게이트를 통해
begin                                            다음 단의 J K 입력으로 연결하는 공통적인 논리를
   return((A and B) or (C and D));               수행하는 헬퍼 함수(helper function)이다.
end function UpDown;
                                                 J1Up : FF1에 대한 초기 업 논리
signal J1Up, J1Dn, J1, J2, J3: std_logic;        J1Dn : FF1에 대한 초기 다운 논리
begin                                            J1-J3 : FF1-FF3에 인가되는 결합된 UpDown에 대한 변수
   J1Up <= UPDN and Q0; J1Dn <= not UPDN and not Q0;              식별자(identifier) J1, J2, J3는 플립플롭
   UpDn1: J1 <= UpDown(UPDN, Q0, not UPDN, not Q0);               단 FF0-FF1의 J와 K에 인가되는 업/다운
   UpDn2: J2 <= UpDown(J1Up, Q1, J1Dn, not Q1);                   논리를 완성한다. 다수의 태스크(tasks)에
   UpDn3: J3 <= UpDown(J1Up and Q1, Q2, J1Dn and not Q1, not Q2); 공통인 동작을 수행하는 함수를 사용하면
                                                                  전체 코드 작성과 구현이 간략화된다.
   FF0: jkff port map (J =>'1', K =>'1', Clk => Clk, Q => Q0);
   FF1: jkff port map (J => J1, K => J1, Clk => Clk, Q => Q1);    플립플롭 단 FF0-FF3가
   FF2: jkff port map (J => J2, K => J2, Clk => Clk, Q => Q2);    업/다운 카운터를 완성한다.
   FF3: jkff port map (J => J3, K => J3, Clk => Clk, Q => Q3);
end architecture LogicOperation;
```

복습문제 9-4

1. 4비트 업/다운 2진 카운터가 1010 상태이며 다운 모드이다. 다음 클록 펄스에서 카운터는 어떤 상태로 가는가?
2. 4비트 2진 카운터의 업 모드에서 종료 계수는 얼마인가? 다운 모드에서는 얼마인가? 다운 모드에서 종료 계수 후의 다음 상태는 무엇인가?

9-5 동기 카운터의 설계

이 절에서는 카운터(상태 머신)를 설계하는 여섯 단계를 학습한다. 9-1절에서 학습한 바와 같이 순차회로는 다음과 같이 두 가지 종류로 구분할 수 있다－(1) 출력(들)이 내부의 현재 상태에 의해서만 결정되는 회로(무어 상태 머신), (2) 출력(들)이 내부의 현재 상태와 입력(들) 모두에 의해서 결정되는 회로(밀리 상태 머신). 이 절은 일반적인 카운터 설계 또는 상태 머신 설계에 관한 기초가 필요한 사람에게 추천할 내용이며 다른 부분을 학습하기 위해 꼭 필요한 내용은 아니다.

이 절의 학습내용

- 주어진 순서를 갖는 상태도를 작성한다.
- 카운터가 특정한 순서를 갖도록 다음 상태표를 작성한다.
- 플립플롭의 천이표를 작성한다.
- 동기 카운터에 필요한 논리식을 구하기 위해 카르노 맵 방법을 사용한다.
- 특정한 상태의 순서를 갖는 카운터를 구현한다.

단계 1 : 상태도

상태 머신(카운터)을 설계하는 첫 번째 단계는 상태도를 만드는 것이다. **상태도**(state diagram)는 클록이 인가될 때 카운터의 상태가 진행되는 것을 나타낸다. 예를 들어 그림 9-26은 기본적인 3비트 그레이 코드 카운터의 상태도이다. 이 카운터 회로에는 클록 이외에는 아무런 입력이 없으며 카운터의 플립플롭에서 나오는 출력 외에는 아무런 출력도 없다. 그레이 코드에 관한 내용은 2장을 참조하라.

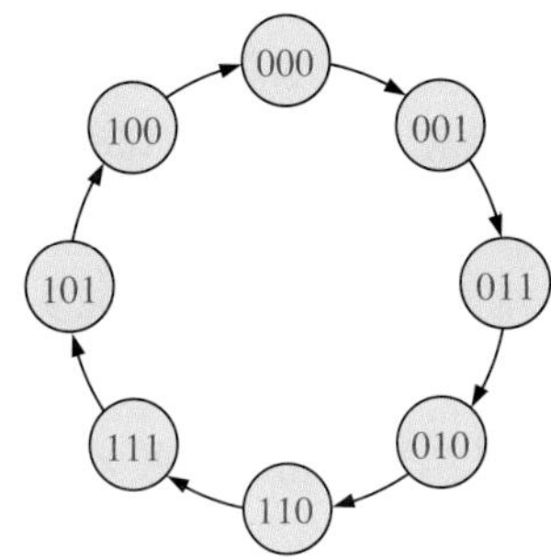

그림 9-26 3비트 그레이 코드 카운터의 상태도

단계 2 : 다음 상태표

순차회로가 상태도에 의해 정의되고 나면 다음 단계는 다음 상태표(next-state table)를 구하는 것이다. 다음 상태표는 카운터의 각 상태(현재 상태)와 이에 대응하는 다음 상태를 나열해 놓은 표이다. 다음 상태는 클록 펄스가 인가될 때 현재 상태에서 바뀌어야 할 상태이다. 다음 상태표는 상태도로부터 구한다. 3비트 그레이 코드 카운터에 대한 다음 상태표를 표 9-8에 나타내었다. 여기에서 Q_0가 LSB를 나타낸다.

표 9-8

3비트 그레이 코드 카운터의 다음 상태표

현재 상태			다음 상태		
Q_2	Q_1	Q_0	Q_2	Q_1	Q_0
0	0	0	0	0	1
0	0	1	0	1	1
0	1	1	0	1	0
0	1	0	1	1	0
1	1	0	1	1	1
1	1	1	1	0	1
1	0	1	1	0	0
1	0	0	0	0	0

표 9-9

J-K 플립플롭의 천이표

출력 천이			플립플롭 입력	
Q_N		Q_{N+1}	J	K
0	→	0	0	X
0	→	1	1	X
1	→	0	X	1
1	→	1	X	0

Q_N : 현재 상태
Q_{N+1} : 다음 상태
X : '무정의'

단계 3 : 플립플롭 천이표

표 9-9는 J-K 플립플롭에 대한 천이표(transition table)이다. 이 표는 플립플롭의 Q 출력이 현재 상태에서 갈 수 있는 모든 가능한 다음 상태를 열거한 표이다. Q_N은 클록 펄스가 인가되기 전의 현재 상태를 나타내고 Q_{N+1}은 클록이 인가된 후의 다음 상태를 나타낸다. X는 플립플롭의 입력이 1이든 0이든 상관없는 '무정의(don't care)' 조건을 나타낸다.

카운터를 설계하기 위해서는 표 9-8의 다음 상태표에 기초하여 카운터의 모든 플립플롭에 대해 천이표를 작성한다. 예를 들어 현재 상태가 000인 경우, Q_0는 현재 상태 0에서 다음 상태 1로 바뀐다. 이러한 천이가 발생하도록 하기 위해서는 표 9-9의 천이표에서 알 수 있듯이 J_0는 1이 되어야 하고 K_0는 1이든 0이든 상관 없는 무정의 조건이 되어야 한다. 다음으로 Q_1은 현재 상태가 0이고 다음 상태도 0이다. 이렇게 천이가 일어나려면 $J_1 = 0$, $K_1 = \mathrm{X}$가 되어야 한다. 마지막으로 Q_2의 현재 상태는 0이고 다음 상태도 0이다. 따라서 $J_2 = 0$이고 $K_2 = \mathrm{X}$이다. 이와 같은 방법으로 표 9-8의 모든 현재 상태에 대해 J와 K의 입력 조건을 구한다.

단계 4 : 카르노 맵

카운터를 구성하는 각 플립플롭의 J 입력과 K 입력에 필요한 논리식을 구하기 위해 카르노 맵을 사용할 수 있다. 플립플롭의 J 입력과 K 입력 각각에 대하여 하나의 카르노 맵을 작성한다. 이 때 카르노 맵의 각 셀은 표 9-8에 나열된 카운터 순서 중에서 하나의 현재 상태를 나타낸다.

특정 플립플롭의 Q 출력이 어떻게 천이되는지를 보고 표 9-9의 천이표를 참고하여 1, 0, X 중 하나를 카르노 맵의 현재 상태를 나타내는 셀에 기입한다. 이 과정을 설명하기 위하여 그림 9-27에 LSB를 나타내는 플립플롭 Q_0의 입력인 J_0와 K_0용 카르노 맵에서 2개의 셀을 채우는 과정을 보인다.

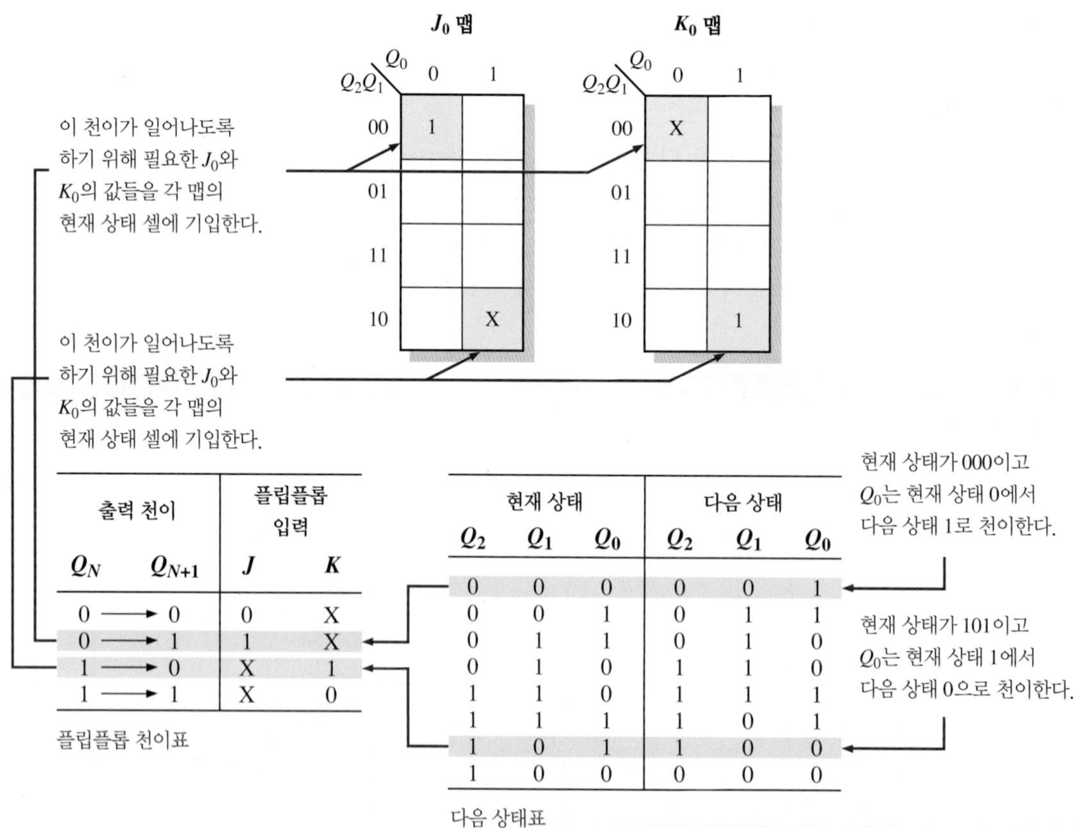

출력 천이		플립플롭 입력	
Q_N	Q_{N+1}	J	K
0 →	0	0	X
0 →	1	1	X
1 →	0	X	1
1 →	1	X	0

플립플롭 천이표

현재 상태			다음 상태		
Q_2	Q_1	Q_0	Q_2	Q_1	Q_0
0	0	0	0	0	1
0	0	1	0	1	1
0	1	1	0	1	0
0	1	0	1	1	0
1	1	0	1	1	1
1	1	1	1	0	1
1	0	1	1	0	0
1	0	0	0	0	0

다음 상태표

그림 9-27 표 9-8에 나타낸 카운터 순서와 표 9-9에 대한 맵핑 과정의 예

그림 9-28은 카운터의 모든 플립플롭에 대해 전체 카르노 맵을 나타낸 것이다. 각 셀은 그림에 표시된 바와 같이 그룹핑하고 각 그룹에 해당하는 불 식을 구한다.

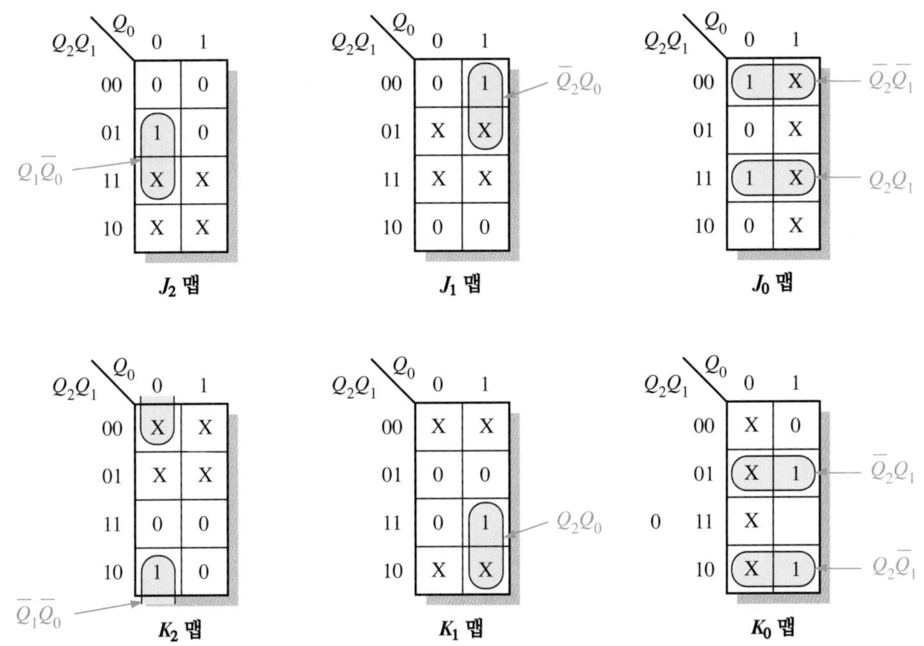

그림 9-28 J와 K 입력에 대한 카르노 맵

단계 5 : 플립플롭 입력에 대한 논리식

그림 9-28의 카르노 맵으로부터 각 플립플롭의 J와 K 입력에 대한 논리식을 다음과 같이 구할 수 있다.

$$J_0 = Q_2Q_1 + \overline{Q}_2\overline{Q}_1 = \overline{Q_2 \oplus Q_1}$$
$$K_0 = Q_2\overline{Q}_1 + \overline{Q}_2Q_1 = Q_2 \oplus Q_1$$
$$J_1 = \overline{Q}_2Q_0$$
$$K_1 = Q_2Q_0$$
$$J_2 = Q_1\overline{Q}_0$$
$$K_2 = \overline{Q}_1\overline{Q}_0$$

단계 6 : 카운터 구현

마지막 단계는 그림 9-29와 같이 J와 K 입력에 대한 논리식을 조합 논리회로로 구현하고 플립플롭들을 연결하여 완전한 3비트 그레이 코드 카운터를 구현하는 것이다.

3비트 그레이 코드 카운터를 설계하는 단계를 요약하면 다음과 같다. 일반적으로 이러한 설계 과정은 다른 상태 머신에도 적용할 수 있다.

1. 카운터의 순서를 정하고 상태도를 그린다.
2. 상태도로부터 다음 상태표를 구한다.
3. 각 천이에 필요한 플립플롭 입력을 나타내는 천이표를 구한다. 이 천이표는 같은 종류의 플립플롭에 대해서는 항상 동일하다.

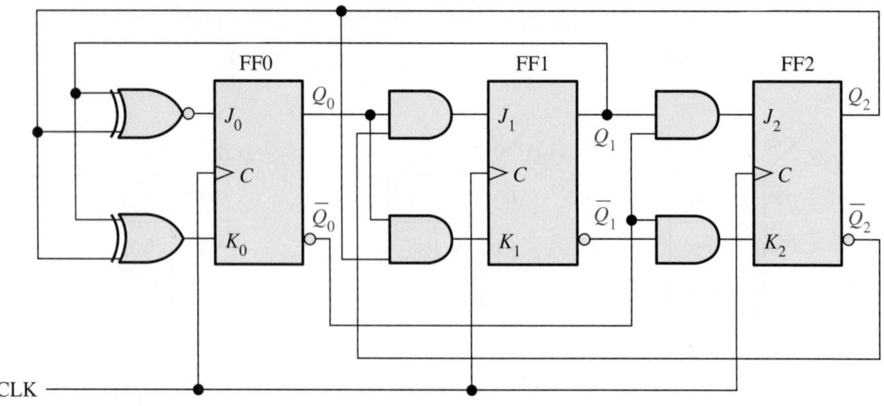

MultiSim 그림 9-29 3비트 그레이 코드 카운터. 파일 F09-29를 사용하여 동작을 검증하라.

4. 천이표를 이용하여 J, K의 값을 카르노 맵으로 맵핑한다. 각 플립플롭의 입력마다 하나의 카르노 맵이 생긴다.
5. 카르노 맵의 각 셀을 그룹화하여 각 플립플롭의 입력에 대한 논리식을 구한다.
6. 논리식을 조합 논리회로로 구현하고, 플립플롭과 연결하여 카운터를 구현한다.

다음 예제 9-4와 예제 9-5에서 이러한 과정을 적용하여 다른 동기 카운터를 설계한다.

예제 9-4

그림 9-30의 상태도에 보인 바와 같은 불규칙적인 2진 계수 순서를 갖는 카운터를 D 플립플롭을 사용하여 설계하라.

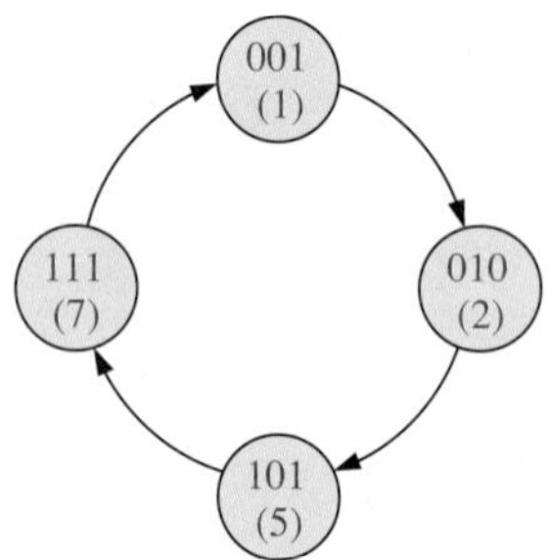

그림 9-30

풀이

단계 1 : 그림의 상태도에서 볼 수 있듯이 상태는 4개밖에 없지만 최대 2진 계수가 7이기 때문에 이 순서를 구현하기 위해서는 3비트가 필요하다. 모든 가능한 2진 상태가 이 카운터의 순서에 포함되지는 않으므로 무효 상태(invalid states)인 0, 3, 4, 6은 '무정의'로 처리할 수 있다. 그러나 카운터가 잘못되어 무효 상태로 들어갈 수도 있으므로 무효 상태로 들어간 경우에는 유효한 상태로 빠져나올 수 있도록 설계해야 한다.

단계 2 : 다음 상태표는 상태도로부터 표 9-10과 같이 구할 수 있다.

표 9-10
다음 상태표

현재 상태			다음 상태		
Q_2	Q_1	Q_0	Q_2	Q_1	Q_0
0	0	1	0	1	0
0	1	0	1	0	1
1	0	1	1	1	1
1	1	1	0	0	1

단계 3 : D 플립플롭에 대한 천이표는 표 9-11과 같다.

표 9-11
D 플립플롭에 대한 천이표

출력 천이			플립플롭 입력
Q_N		Q_{N+1}	D
0	→	0	0
0	→	1	1
1	→	0	0
1	→	1	1

단계 4 : 카르노 맵의 현재 상태 셀에 D 입력을 기입한다. 무효 상태인 000, 011, 100, 110에 해당하는 셀에는 빨간색 X로 표시한 바와 같이 '무정의'로 기입한다.

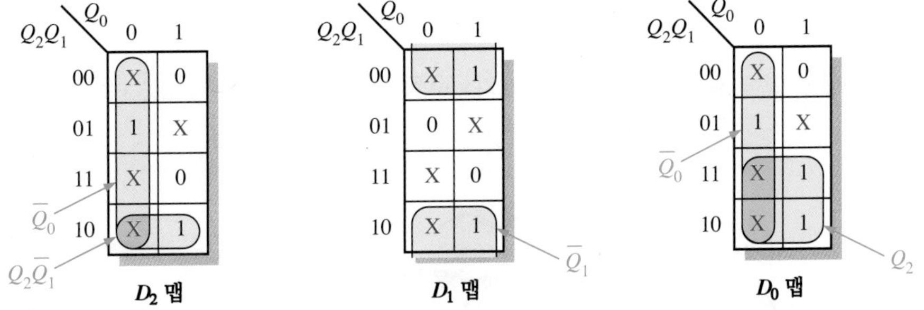

그림 9-31

단계 5 : 그림 9-31에서와 같이 X를 최대한 이용하여 논리식이 최대로 간략화되도록 1을 그룹핑한다. 맵에서 구한 각 D 입력에 대한 논리식은 다음과 같다.

$$D_0 = \overline{Q}_0 + Q_2$$
$$D_1 = \overline{Q}_1$$
$$D_2 = \overline{Q}_0 + Q_2\overline{Q}_1$$

단계 6 : 카운터는 그림 9-32와 같이 구현된다.

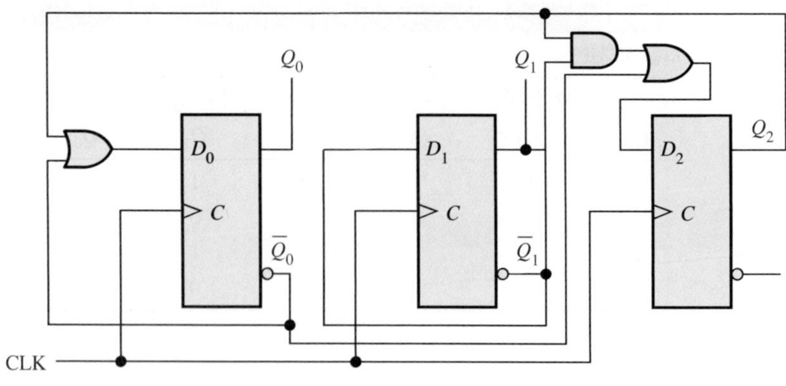

그림 9-32

이 카운터를 분석해보면 카운터가 우연히 무효 상태(0, 3, 4, 6) 중 한 상태로 들어가게 되면 0 →3 →4 →7, 6 →1과 같은 순서에 따라서 유효한 상태로 돌아가게 됨을 알 수 있다.

관련 문제
이 카운터가 하나의 무효 상태에 빠지게 되면 항상 유효한 상태로 (결국에는) 돌아간다는 위의 분석을 검증하라.

예제 9-5

그레이 코드 순서를 갖는 3비트 동기 업/다운 카운터를 J-K 플립플롭을 사용하여 설계하라. 카운터는 UP/$\overline{\text{DOWN}}$ 입력이 1일 때는 업 모드로, 0일 때는 다운 모드로 동작해야 한다.

풀이

단계 1 : 상태도는 그림 9-33과 같다. 화살표 옆에 표시된 1 또는 0은 UP/$\overline{\text{DOWN}}$ 제어 입력인 Y의 상태를 나타낸다.

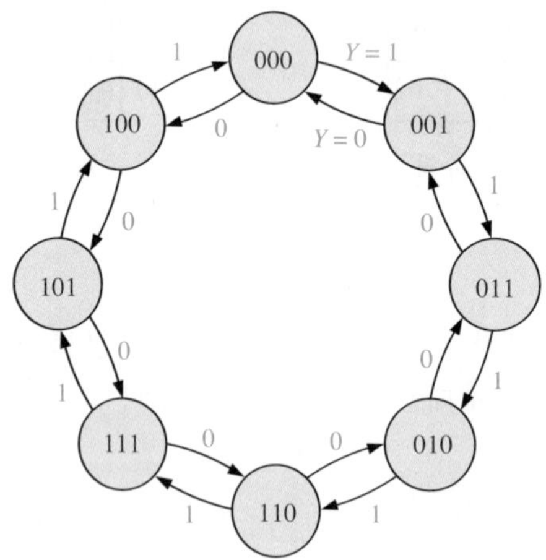

그림 9-33 3비트 업/다운 그레이 코드 카운터에 대한 상태도

단계 2 : 상태도로부터 다음 상태표를 구하면 표 9-12와 같다. 각각의 현재 상태에 대해서 UP/$\overline{\text{DOWN}}$ 제어 입력인 Y에 따라 두 가지의 다음 상태가 가능함에 유의하라.

표 9-12

3비트 업/다운 그레이 코드 카운터에 대한 다음 상태표

현재 상태			다음 상태					
			Y = 0(다운)			Y = 1(업)		
Q_2	Q_1	Q_0	Q_2	Q_1	Q_0	Q_2	Q_1	Q_0
0	0	0	1	0	0	0	0	1
0	0	1	0	0	0	0	1	1
0	1	1	0	0	1	0	1	0
0	1	0	0	1	1	1	1	0
1	1	0	0	1	0	1	1	1
1	1	1	1	1	0	1	0	1
1	0	1	1	1	1	1	0	0
1	0	0	1	0	1	0	0	0

$Y = \text{UP}/\overline{\text{DOWN}}$ 제어 입력

단계 3 : J-K 플립플롭에 대한 천이표를 표 9-13에 다시 나타내었다.

표 9-13

J-K 플립플롭에 대한 천이표

출력 천이			플립플롭 입력	
Q_N		Q_{N+1}	J	K
0	→	0	0	X
0	→	1	1	X
1	→	0	X	1
1	→	1	X	0

단계 4 : 그림 9-34와 같이 플립플롭의 J, K 입력을 구하기 위한 카르노 맵을 작성한다. $\text{UP}/\overline{\text{DOWN}}$ 제어 입력 Y는 Q_0, Q_1, Q_2와 같이 상태 변수로 간주한다. 다음 상태표와 표 9-13의 정보를 이용하여 카운터의 현재 상태 각각에 대하여 그림 9-34와 같이 카르노 맵을 작성한다.

단계 5 : '무정의'(X)를 잘 활용하여 가능한 한 크게 1들을 그룹핑한다. 각 그룹에 대하여 논리식을 구하면 J, K 입력에 대한 논리식들은 다음과 같이 구해진다.

$$J_0 = Q_2Q_1Y + Q_2\overline{Q}_1\overline{Y} + \overline{Q}_2\overline{Q}_1Y + \overline{Q}_2Q_1\overline{Y} \qquad K_0 = \overline{Q}_2\overline{Q}_1\overline{Y} + \overline{Q}_2Q_1Y + Q_2\overline{Q}_1Y + Q_2Q_1\overline{Y}$$
$$J_1 = \overline{Q}_2Q_0Y + Q_2Q_0\overline{Y} \qquad K_1 = \overline{Q}_2Q_0\overline{Y} + Q_2Q_0Y$$
$$J_2 = Q_1\overline{Q}_0Y + \overline{Q}_1\overline{Q}_0\overline{Y} \qquad K_2 = Q_1\overline{Q}_0\overline{Y} + \overline{Q}_1\overline{Q}_0Y$$

단계 6 : J, K에 대한 논리식들을 조합 논리회로로 구현한다. 다음 관련 문제가 이 단계이다.

관련 문제

단계 5에서 구한 논리를 구현하기 위해서 필요한 플립플롭, 게이트, 인버터의 개수는 몇 개인가?

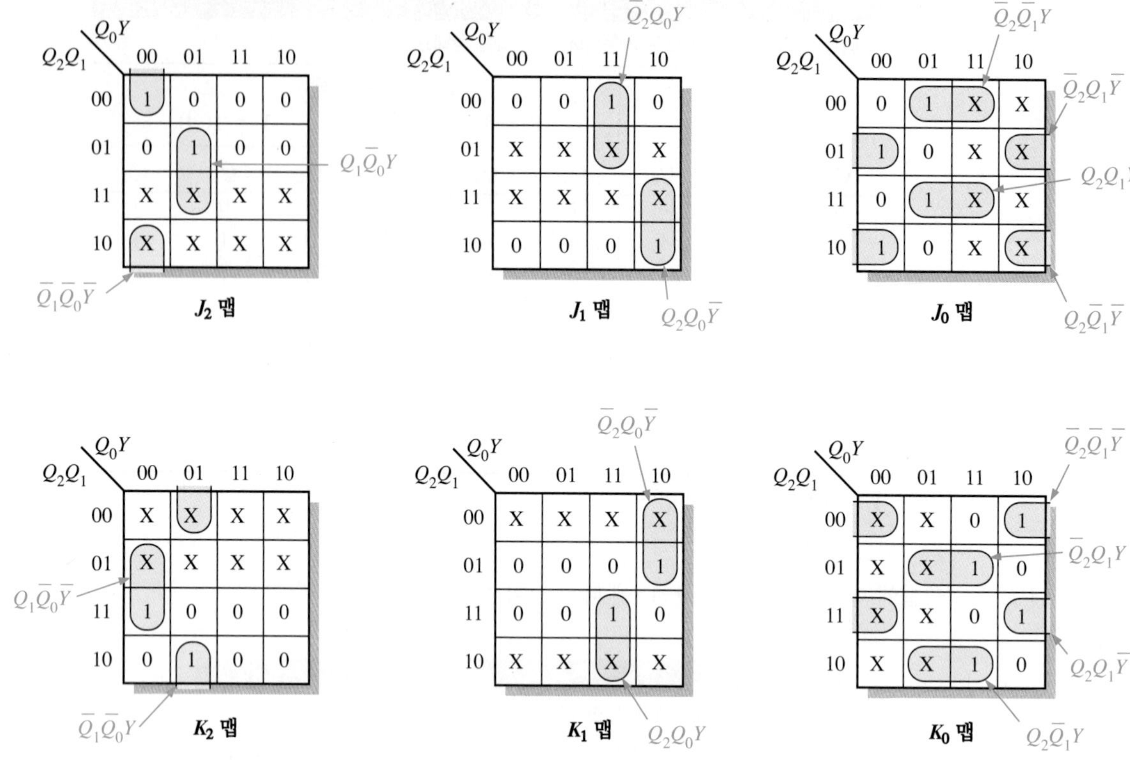

그림 9-34 표 9-12에 대한 J, K 맵. UP/$\overline{\text{DOWN}}$ 제어 입력 Y는 4번째 변수로 간주한다.

복습문제 9-5

1. J-K 플립플롭이 현재 리셋 상태에 있는데 다음 클록 펄스에서 세트 상태로 되어야 한다면 입력 J, K에는 어떤 값이 인가되어야 하는가?
2. J-K 플립플롭이 현재 세트 상태에 있는데 다음 클록 펄스에서도 세트 상태로 유지되어야 한다면 입력 J, K에는 어떤 값이 인가되어야 하는가?
3. 2진 카운터가 $Q_3\overline{Q}_2Q_1\overline{Q}_0 = 1010$ 상태에 있다.
   (a) 다음 상태는 무엇인가?
   (b) 클록 펄스가 인가되었을 때 적절한 다음 상태로 바뀌기 위해서 필요한 각 플립플롭의 입력값들은 무엇인가?

9-6 종속 연결 카운터

카운터는 더 높은 모듈러스 동작을 하도록 하기 위해서 종속으로 연결될 수 있다. 카운터를 **종속 연결**(cascading)한다는 것은 한 카운터의 최종단 출력이 다음 카운터의 입력을 구동하는 것을 의미한다.

이 절의 학습내용

- 종속 연결 카운터의 전체 모듈러스를 결정한다.

- 종속 연결 카운터의 타이밍도를 해석한다.
- 종속 연결 카운터를 주파수 분주기로 사용한다.
- 종속 연결 카운터를 이용하여 특정의 절단 시퀀스를 갖는 카운터를 구성한다.

비동기 종속 연결

그림 9-35는 2비트와 3비트 리플 카운터를 종속 연결한 예이며 타이밍도는 그림 9-36과 같다. 모듈러스-8 카운터의 최종 출력(Q_4)은 매 32개의 입력 펄스마다 한 번씩 발생한다. 이 종속 연결 카운터의 전체 모듈러스는 $4 \times 8 = 32$가 되고, 32분주 카운터로 동작한다.

종속 연결 카운터의 전체 모듈러스는 각 카운터의 모듈러스의 곱과 같다.

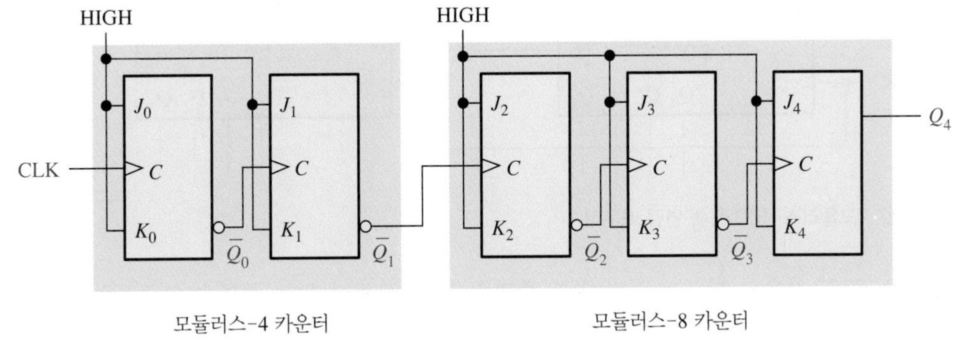

그림 9-35 비동기 종속 연결 카운터(모든 J, K 입력은 HIGH임)

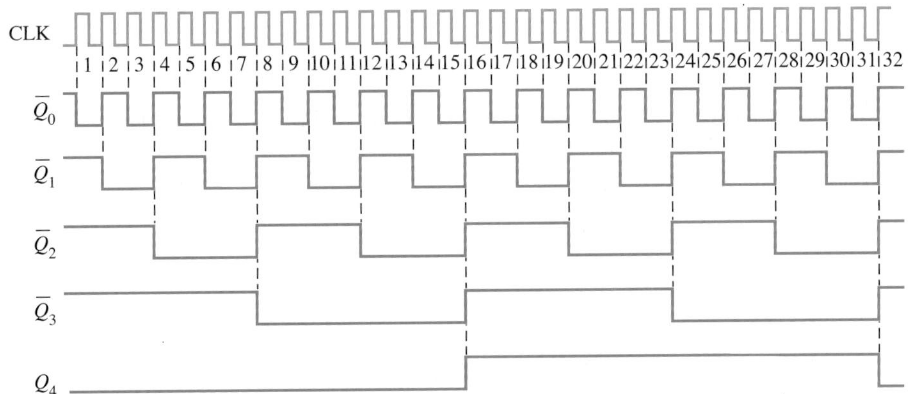

그림 9-36 그림 9-35의 종속 연결 카운터의 타이밍도

동기 종속 연결

동기 카운터를 종속 연결하여 더 높은 모듈러스로 동작시키기 위해서는 계수 인에이블(count enable)와 종료 계수(terminal count) 기능을 이용하는 것이 필요하다. 일부 소자에서는 계수 동작을 인에이블하기 위한 *CTEN*(다른 소자에서는 *G*로 표기하기도 함) 단자, 그리고 종료 계수(*TC*)와 유사한 기능을 하는 리플 클록 출력(*RCO*) 단자가 준비되어 있다.

그림 9-37은 2개의 10진 카운터를 종속 연결한 것이다. 카운터 1의 종료 계수(*TC*) 출력은 카운터 2의 계수 인에이블(*CTEN*) 입력에 연결되어 있다. 카운터 1이 최종(또는 종료) 상태에 도달하여 종료 계수 출력이 HIGH가 되기 전까지는 카운터 2의 계수 인에이블(*CTEN*) 입력이 LOW이기 때문에 카운터 2는 동작이 금지되어 있다. 종료 계수 출력이 HIGH가 되면 카운터 2는 동작이 인에이블되고, 카운터 1이 종료 계수(CLK10)에 도달한 이후 첫 번째 클록 펄스에서 카운터 2가 초기 상태에서 두 번째 상태로 바뀐다. 카운터 1이 두 번째 사이클 전체를 마치면(카운

정보노트

이전 정보노트에서 설명한 TSC(time stamp counter)는 64비트 카운터이다. 만약 이 카운터(또는 최대의 모듈러스를 갖는 임의의 64비트 카운터)가 1 GHz의 클록으로 동작한다면, 이 카운터의 모든 상태를 거쳐 종료 계수까지 도달하는 데 583년이 걸릴 것이다. 반면에 최대의 모듈러스를 갖는 32비트 카운터가 1 GHz의 클록으로 동작한다면, 카운터의 종료 계수까지 도달하는 데 약 4.3초가 걸린다. 이러한 차이는 매우 놀라운 것이다.

터 1이 두 번째로 종료 계수에 도달하면), 카운터 2는 다시 동작 인에이블 상태가 되어 다음 상태로 진행한다. 이러한 과정이 계속된다. 이 카운터들이 10진 카운터이기 때문에 카운터 1은 카운터 2가 첫 번째 사이클을 완료하기 전에 10개의 사이클을 반복해야 한다. 즉 카운터 1이 10사이클을 반복할 때마다 카운터 2는 1사이클을 진행하게 된다. 따라서 카운터 2는 100개의 클록 펄스가 입력된 후에 1개의 사이클이 완성된다. 이 종속 연결 카운터의 전체 모듈러스는 10 × 10 = 100이다.

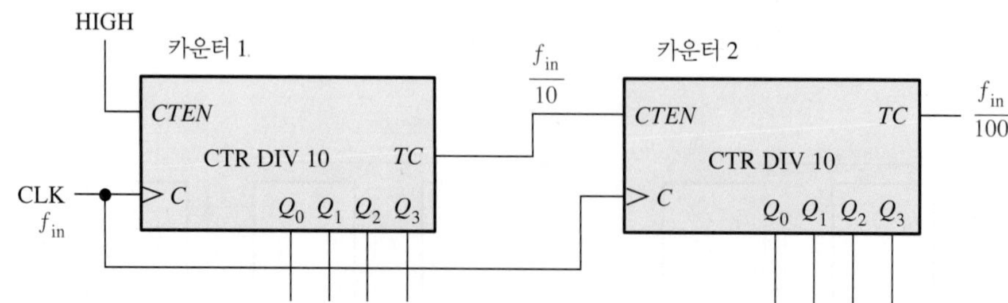

그림 9-37 모듈러스-100 종속 연결 카운터

그림 9-37의 카운터 회로는 입력 클록 주파수를 100으로 나누는 주파수 분주기로 볼 수도 있다. 종속 연결 카운터는 고주파의 클록 신호를 분주하여 매우 정확한 펄스 주파수를 얻는 주파수 분주기로 사용되기도 하며 이러한 목적으로 사용되는 종속 연결 카운터를 카운트다운 체인(countdown chains)이라고 한다. 예를 들어 1 MHz가 기본 클록 신호를 사용하여 100 kHz, 10 kHz, 1 kHz의 세 가지 주파수를 얻고자 할 때, 종속 연결된 10진 카운터를 이용할 수 있다. 1 MHz 신호를 10분주하면 100 kHz 신호를, 100 kz 신호를 10분주하면 10 kHz 신호를, 10 kHz 신호를 10분주하면 1 kHz 신호를 얻을 수 있다. 그림 9-38은 이와 같은 카운트다운 체인을 구현한 예를 보여준다.

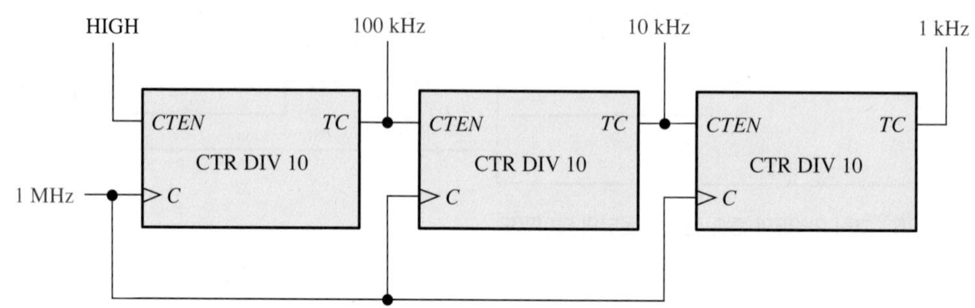

그림 9-38 3개의 10진 카운터를 종속 연결하여 구성한 10, 100, 1,000 주파수 분주 회로

예제 9-6

그림 9-39에 주어진 2개의 종속 연결 카운터의 전체 모듈러스를 구하라.

풀이

그림 9-39(a)에서 3개의 카운터로 구성된 종속 연결 카운터의 전체 모듈러스는 다음과 같다.

$$8 \times 12 \times 16 = \mathbf{1536}$$

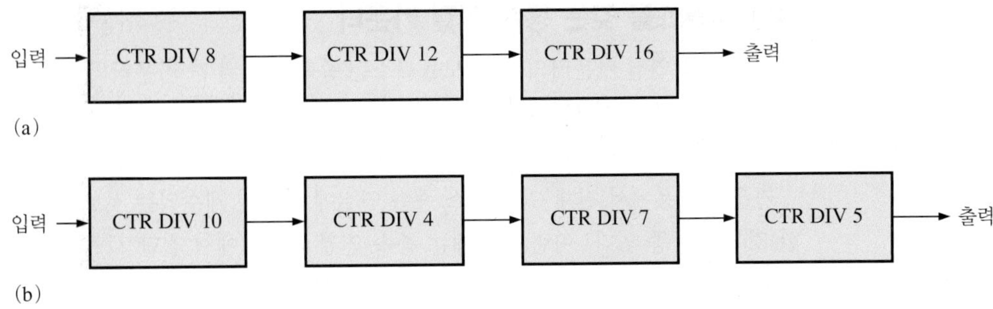

그림 9-39

그림 9-39(b)에서 4개의 카운터로 구성된 종속 연결 카운터의 전체 모듈러스는 다음과 같다.

$$10 \times 4 \times 7 \times 5 = \mathbf{1400}$$

관련 문제

클록 주파수를 100,000분주하기 위해서는 10진 카운터 몇 개를 종속 연결해야 하는가?

예제 9-7

업 모드로 연결되어 있는 74HC190 업/다운 10진 카운터를 사용하여 1 MHz의 클록 신호로부터 10 kHz의 신호를 얻으려면 회로를 어떻게 구성해야 하는가? 논리도를 보이라.

풀이

1 MHz의 클록으로부터 10 kHz의 신호를 얻으려면 100분주를 해야 하므로 2개의 74HC190 카운터를 그림 9-40과 같이 종속 연결해야 한다. 왼쪽 카운터는 매 10개의 클록 펄스마다 하나의 종료 계수(*MAX/MIN*) 펄스를 발생시키고, 오른쪽 카운터는 매 100개의 클록 펄스마다 하나의 종료 계수(*MAX/MIN*) 펄스를 발생시킨다.

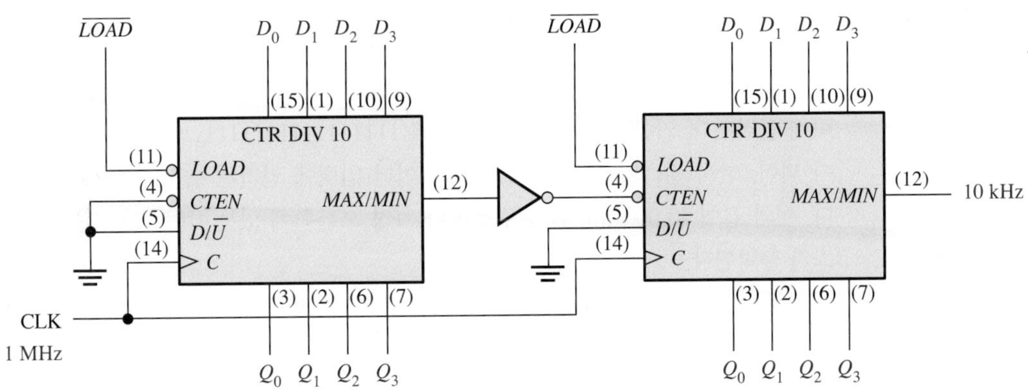

그림 9-40 업 모드로 연결된 74HC190 업/다운 10진 카운터 2개를 사용한 100분주 카운터

관련 문제

그림 9-40에서 두 번째(오른쪽) 카운터의 Q_0 출력파형의 주파수를 구하라.

절단 시퀀스를 갖는 종속 연결 카운터

앞에서 종속 연결 카운터의 전체 모듈러스는 종속 연결된 각 카운터의 모듈러스를 모두 곱한 것과 같다는 것과 전체 모듈러스를 달성하는 방법에 대해 살펴보았다. 이러한 것은 **전체-모듈러스 종속 연결**(full-modulus cascading)이라 한다.

카운터 응용에서 전체-모듈러스 종속 연결에 의해서 계수되는 것보다 적은 모듈러스가 필요한 경우가 종종 있다. 이런 경우에는 종속 연결 카운터에서 절단 시퀀스(truncated sequence)를 구현해야 한다. 그림 9-41의 종속 연결 카운터를 사용하여 이러한 방법을 설명한다. 이 회로는 4개의 74HC161 4비트 동기 2진 카운터를 사용한다. 만일 이들 4개의 카운터(총 16비트)를 종속 연결하면 전체 모듈러스는 $2^{16} = 65,536$이 된다.

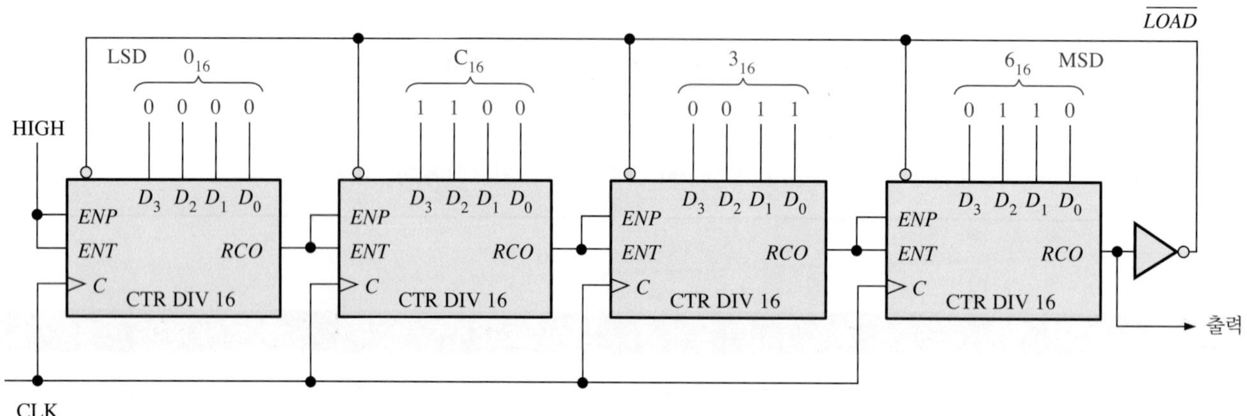

그림 9-41 74HC161 4비트 2진 카운터를 사용한 40,000분주 카운터. 각 병렬 데이터 입력은 2진수 순서로 표시되어 있다(각 카운터에서 가장 오른쪽 비트인 D_0가 LSB이다).

어떤 응용에서 40,000분주 카운터(모듈러스 40,000)가 필요하다고 가정해보자. 65,536과 40,000의 차이는 25,536이며, 이는 전체-모듈러스 순서에서 삭제되어야 하는 상태의 수와 같다. 그림 9-41의 회로에서 사용된 방법은 카운터가 재순환할 때마다 종속 연결 카운터를 25,536(16진수 63C0)으로 프리셋시키는 것이다. 이와 같이 하면 카운터의 전체 사이클은 25,536부터 65,535까지 계수하는 것이 된다. 즉 카운터의 전체 사이클은 40,000개의 상태로 이루어진다.

그림 9-41에서 가장 오른쪽 카운터의 *RCO* 출력은 반전된 후 4비트 카운터 각각의 $\overline{LOAD}$ 입력에 연결된다. 카운터가 최종값인 65,535(1111111111111111_2)에 도달할 때마다 *RCO*가 HIGH가 되어, 클록 펄스가 인가될 때 병렬 데이터 입력에 인가된 숫자($63C0_{16}$)를 카운터로 적재한다. 이와 같이 40,000개의 클록 펄스마다 가장 오른쪽에 있는 4비트 카운터에서 하나의 *RCO* 펄스가 출력된다.

이와 같은 방식으로 매 사이클마다 적절한 초기값을 카운터에 동기적으로 적재함으로써 임의의 모듈러스를 갖는 카운터를 구현할 수 있다.

복습문제 9-6

1. 1,000분주 카운터(모듈러스 1,000)를 구현하기 위해서는 몇 개의 10진 카운터가 필요한가? 10,000분주 카운터의 경우에는 몇 개가 필요한가?

2. 플립플롭, 10진 카운터, 4비트 2진 카운터 또는 이들을 조합하여 다음의 카운터를 구현하는 방법을 일반적인 블록도로 보이라.
   (a) 20분주 카운터
   (b) 32분주 카운터
   (c) 160분주 카운터
   (d) 320분주 카운터

9-7 카운터 디코딩

많은 응용에서 카운터 상태의 전부 또는 일부가 디코딩되어야 하는 경우가 있다. 카운터 디코딩은 디코더 또는 다른 논리 게이트를 사용하여 카운터의 상태 순서 중에서 특정의 2진 상태가 되는 때를 알아내는 것이다. 예를 들어 앞에서 설명한 종료 계수 기능은 카운터의 상태 순서 중에서 하나의 상태(마지막 상태)를 디코딩하는 것이다.

이 절의 학습내용

- 카운터의 순서 중 임의의 특정한 상태를 디코딩하는 논리를 구현한다.
- 카운터 디코딩 논리에서 글리치가 발생하는 이유를 설명한다.
- 디코딩 글리치를 제거하기 위하여 스트로빙(strobing) 방법을 사용한다.

3비트 2진 카운터에서 2진 상태 6(110)을 디코딩한다고 하면 $Q_2 = 1$, $Q_1 = 1$, $Q_0 = 0$일 때 디코딩 게이트의 출력이 HIGH가 되면서 카운터의 상태가 6임을 나타내게 된다. 그림 9-42에 보인 회로가 이와 같은 디코딩을 수행할 수 있다. 그림과 같은 방식을 액티브-HIGH 디코딩(active-HIGH decoding)이라 하고, 그림에서 AND 게이트를 NAND 게이트로 바꾸면 액티브-LOW 디코딩이라 한다.

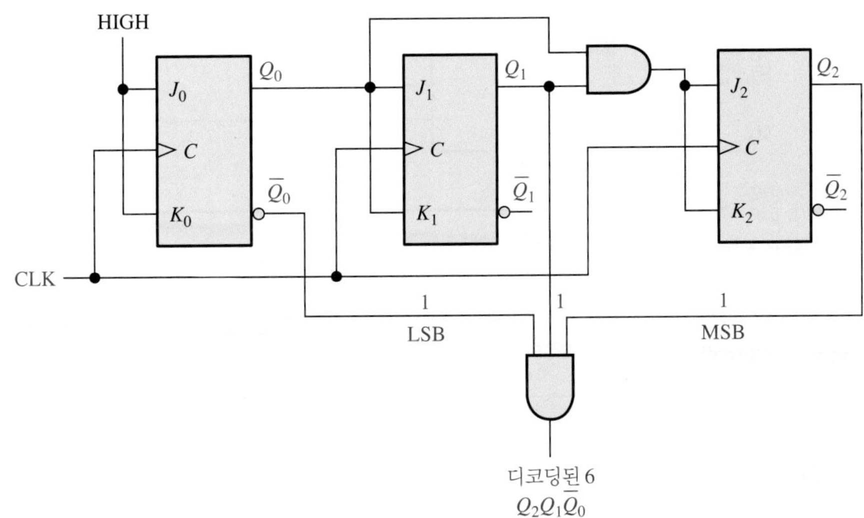

그림 9-42 상태 6(110)의 디코딩. 파일 F09-42를 사용하여 동작을 검증하라.

MultiSim

예제 9-8

3비트 동기 카운터에서 2진 상태 2와 7을 디코딩하는 논리회로를 구현하라. 카운터의 타이밍도를 그리고 디코딩 게이트의 출력파형을 그리라. 2진수 $2 = \overline{Q}_2Q_1\overline{Q}_0$이고 $7 = Q_2Q_1Q_0$이다.

풀이

그림 9-43을 참조하라. 3비트 카운터에 대한 설명은 9-3절(그림 9-15)을 참조하라.

관련 문제

3비트 카운터에서 상태 5를 디코딩하는 논리회로를 구현하라.

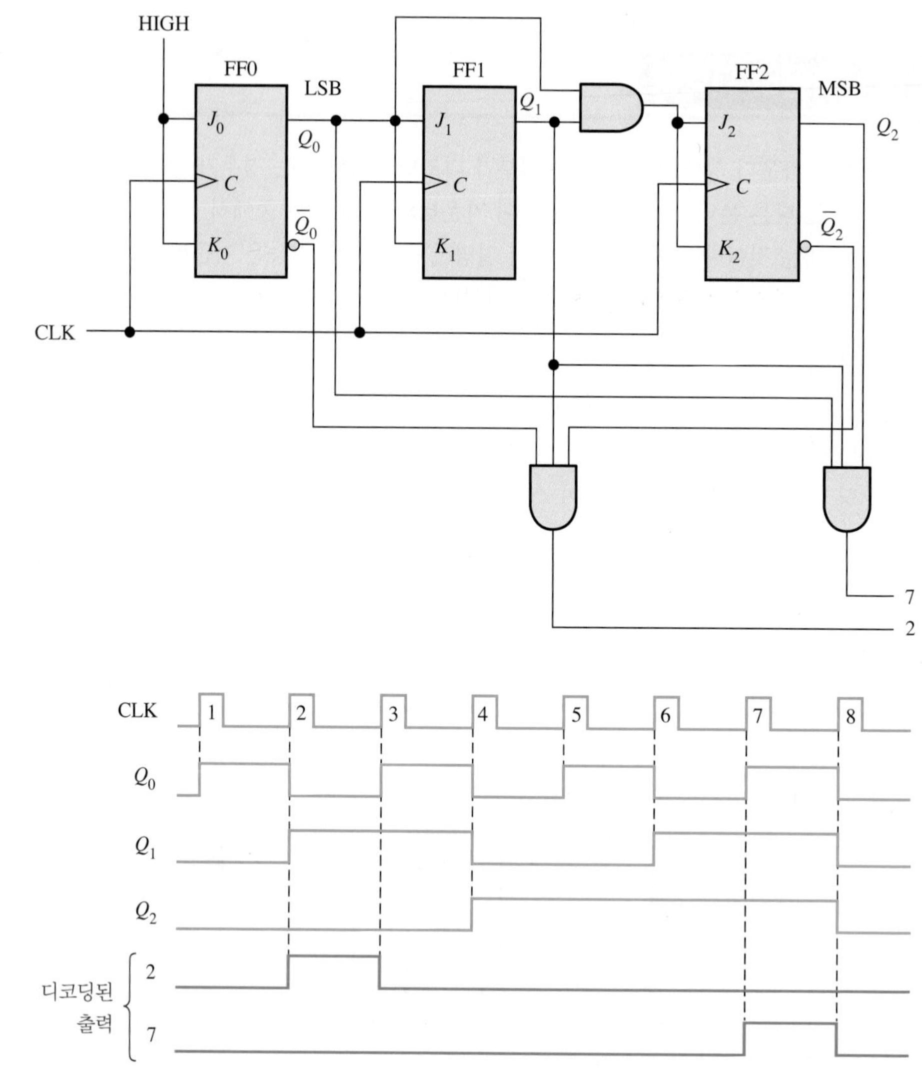

그림 9-43 3비트 카운터에서 2진 상태 2와 7을 액티브-HIGH로 디코딩하는 논리회로. 파일 F09-43을 사용하여 동작을 검증하라.

디코딩 글리치

글리치는 전압 파형에서 원하지 않는 스파이크를 말한다.

디코딩 과정에서 발생하는 글리치에 관한 문제는 6장에서 설명하였다. 이미 학습한 바와 같이 비동기 카운터에서 리플 효과에 의한 전파지연 때문에 카운터의 출력이 동시에 변화하지 못하고 약간씩 시간 차이를 두고 변화하는 과도기적 상태가 발생한다. 이런 과도기적 상태는 카운터에 연결된 디코더의 출력에 짧은 시간 동안 원하지 않는 전압 스파이크(글리치)를 발생시킨다. 글리치 문제는 동기 카운터에서도 어느 정도 발생할 수 있는데 이는 클록이 가해진 후 카운터의 각 플립플롭의 Q 출력이 발생하기까지 걸리는 시간 지연이 약간씩 다를 수 있기 때문이다.

그림 9-44는 기본적인 BCD 10진 카운터에 BCD → 10진 디코더가 연결된 것이다. 전파지연을 고려한 타이밍도인 그림 9-45를 보면 전파지연으로 인해 짧은 동안 오류 상태(false state)가 발생함을 알 수 있다. 타이밍도에는 오류가 발생한 2진 상태의 값이 표시되어 있으며 글리치는 디코더 출력에 표시되어 있다.

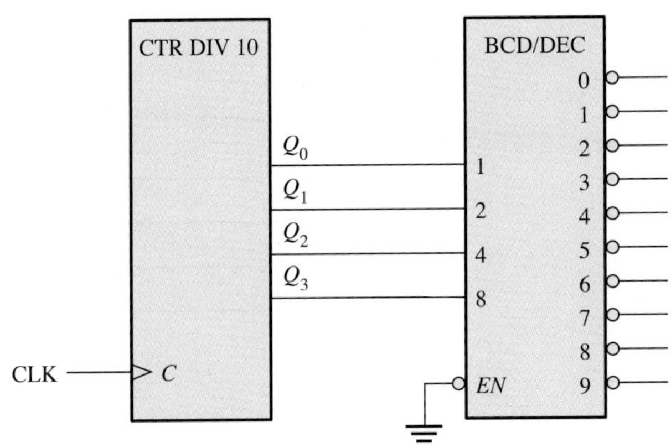

그림 9-44 기본적인 BCD 10진 카운터와 디코더

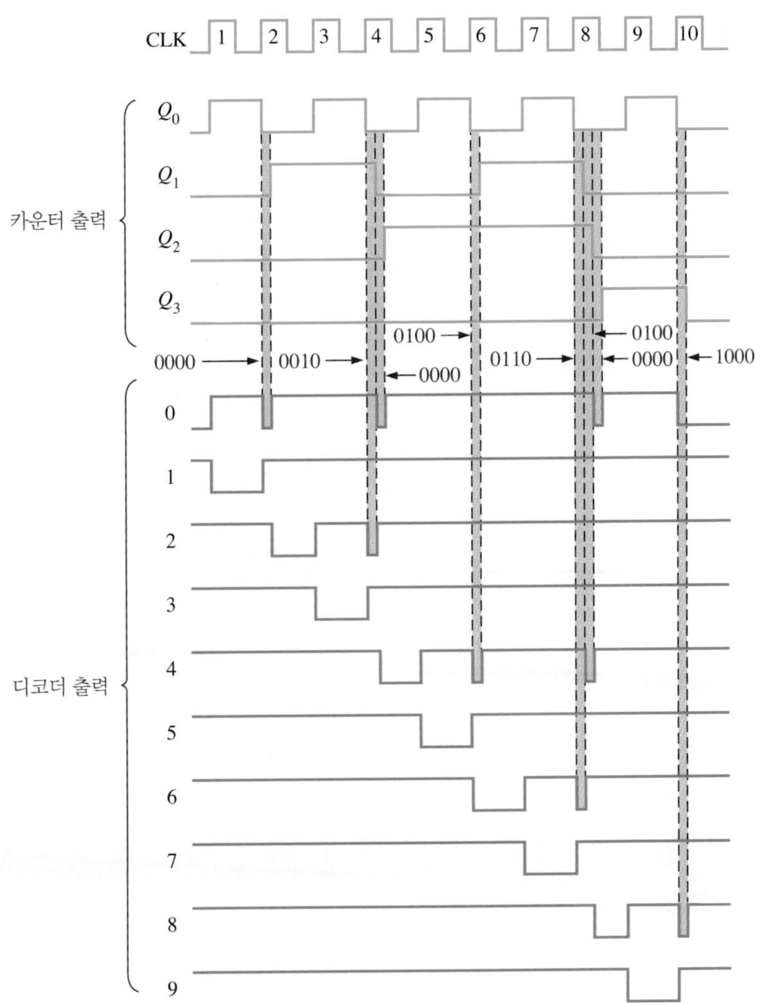

그림 9-45 그림 9-44에서 글리치가 있는 디코더 출력. 글리치의 폭은 보통 수 ns 정도에 불과하나 알아보기 쉽게 하기 위하여 과장하여 표현하였다.

글리치를 제거하는 한 가지 방법은 글리치가 사라진 후에 디코딩 출력이 발생되도록 하는 것으로 스트로빙(strobing)이라고 한다. 그림 9-46에 나타낸 바와 같이 액티브 HIGH 클록을 사용하는 경우에는 클록이 LOW 레벨 상태일 때 디코더를 인에이블시킴으로써 글리치를 제거할 수 있다. 이 방법을 사용하여 글리치가 제거된 타이밍도가 그림 9-47에 나타나 있다.

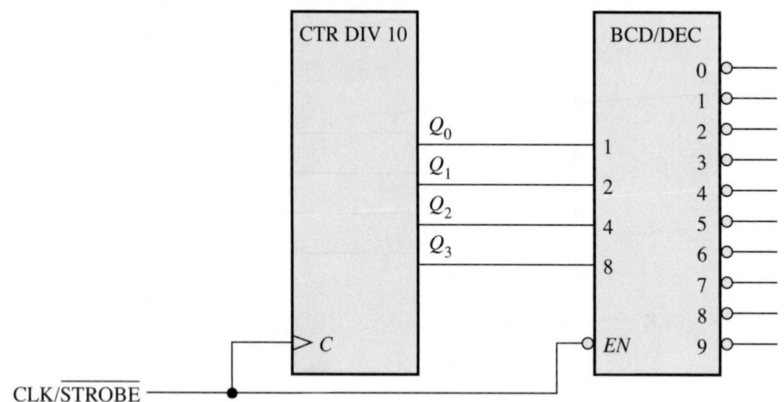

그림 9-46 글리치를 제거하기 위하여 스트로빙을 사용한 기본적인 10진 카운터와 디코더

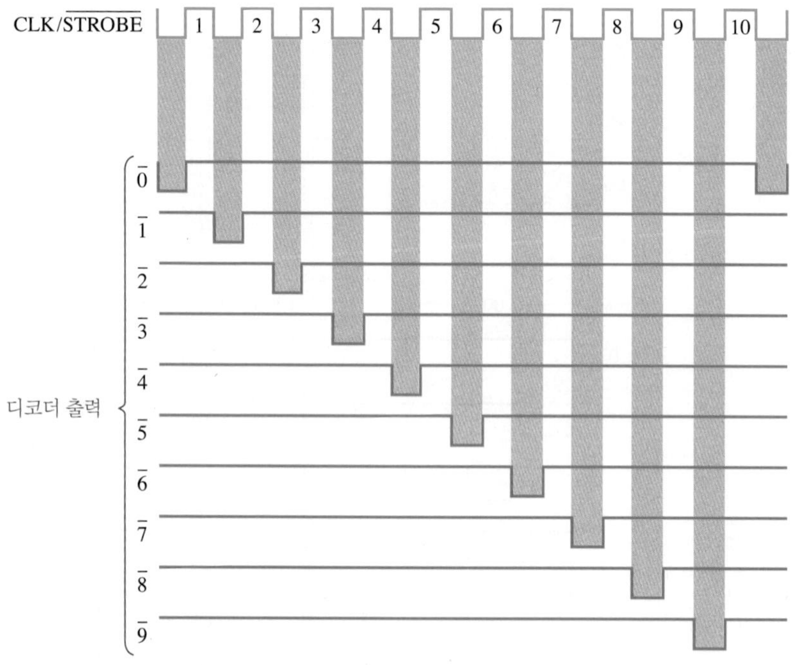

그림 9-47 스트로빙 방법을 사용한 그림 9-46의 회로의 디코더 출력

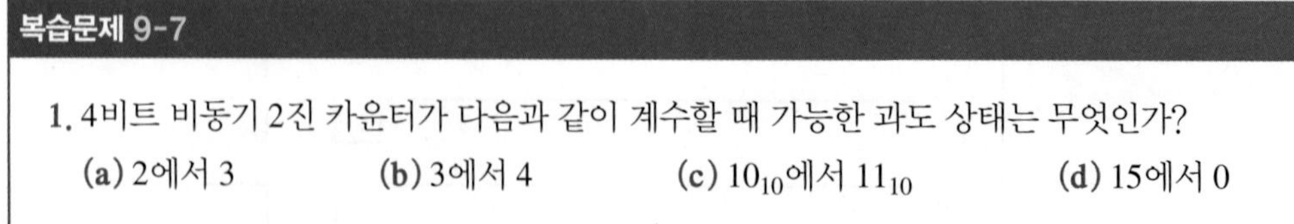

복습문제 9-7

1. 4비트 비동기 2진 카운터가 다음과 같이 계수할 때 가능한 과도 상태는 무엇인가?
   (a) 2에서 3 (b) 3에서 4 (c) 10_{10}에서 11_{10} (d) 15에서 0

9-8 카운터 응용

디지털 카운터는 여러 응용 분야에서 사용되는 유용하고 용도가 다양한 소자이다. 이 절에서는 몇 가지 대표적인 카운터의 응용에 대해 소개한다.

이 절의 학습내용

- 기본적인 디지털 시계 시스템에서 카운터가 어떻게 사용되는지 설명한다.
- 60분주 카운터를 구현하고 이를 디지털 시계에서 사용하는 방법을 설명한다.
- 시(hours)를 나타내는 카운터를 구현하는 방법을 설명한다.
- 자동차 주차 제어 시스템에서 카운터의 응용을 설명한다.
- 병렬-직렬 데이터 변환 과정에서 카운터를 사용하는 방법을 설명한다.

디지털 시계

카운터의 대표적인 응용 예는 시간을 재는 것이 필요한 시스템이다. 그림 9-48은 시, 분, 초를 표시하는 기능을 가진 디지털 시계의 개략적인 논리도이다. 먼저 60 Hz의 정현파 교류 전압이 60 Hz의 펄스 파형으로 변환되고, 10분주 카운터와 6분주 카운터로 구성된 60분주 카운터를 거쳐 1 Hz 펄스 파형이 된다. 그림 9-49에 자세하게 나타낸 바와 같이 초를 계수하는 부분과 분을 계수하는 부분은 60분주 카운터를 사용하여 구현한다. 동기 10진 카운터를 사용하여 구현한 이

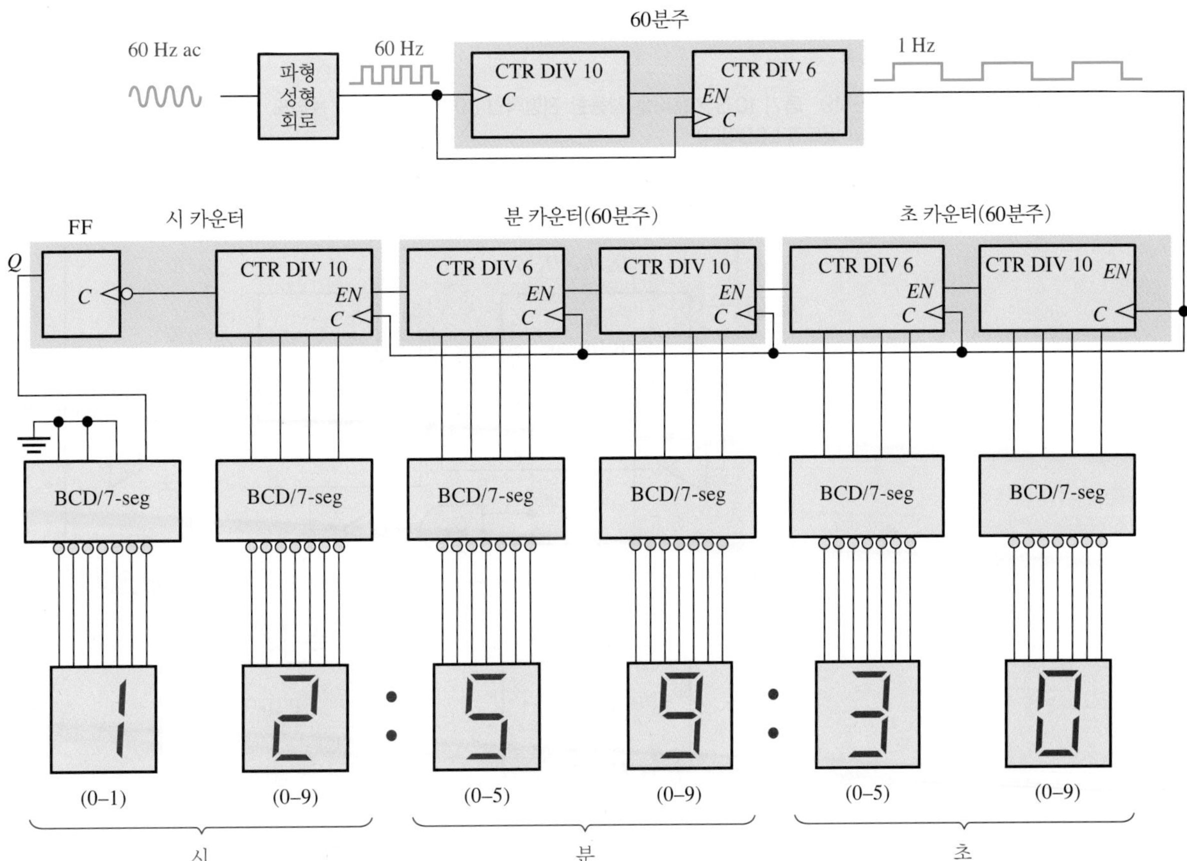

그림 9-48 12시간을 계수하는 디지털 시계의 개략적인 논리도. 특정 소자를 사용한 자세한 논리도는 그림 9-49와 9-50에 나타낸다.

60분주 카운터는 0에서 59까지 계수한 후에 0으로 재순환한다. 10분주 카운터에서 계수 6을 디코딩하여 카운터를 비동기적으로 클리어시키는 방식으로 절단 시퀀스를 갖게 하여 6분주 카운터를 구현한다. 또한 이 회로의 연결에서 다음 카운터를 인에이블시키키기 위해 종료 계수 59도 디코딩된다.

시(hours) 카운터는 그림 9-50에 나타낸 바와 같이 1개의 10진 카운터와 1개의 플립플롭으로 구현된다. 초기에 10진 카운터와 플립플롭이 모두 리셋 상태라 가정하면, 디코드-12 게이트와 디코드-9 게이트 출력은 모두 HIGH가 된다. 10진 카운터가 자신의 0~9까지의 모든 상태를 거치고, 9에서 0으로 재순환하도록 만드는 클록 펄스에서 플립플롭은 세트 상태가 된다($J = 1$, $K = 0$). 이때 시간의 10자리에 1이 표시되며 카운터가 계수한 시는 10(10진 카운터는 0 상태이고 플립플롭은 세트 상태이다)이다.

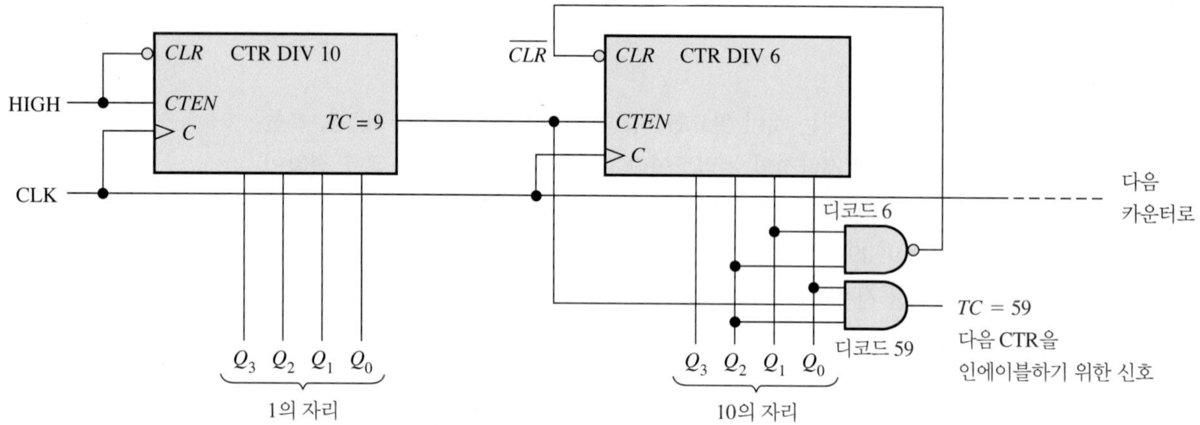

그림 9-49 동기 10진 카운터를 사용한 전형적인 60분주 카운터의 논리도. 출력은 2진수 순서로 되어 있다(가장 오른쪽의 비트가 LSB이다).

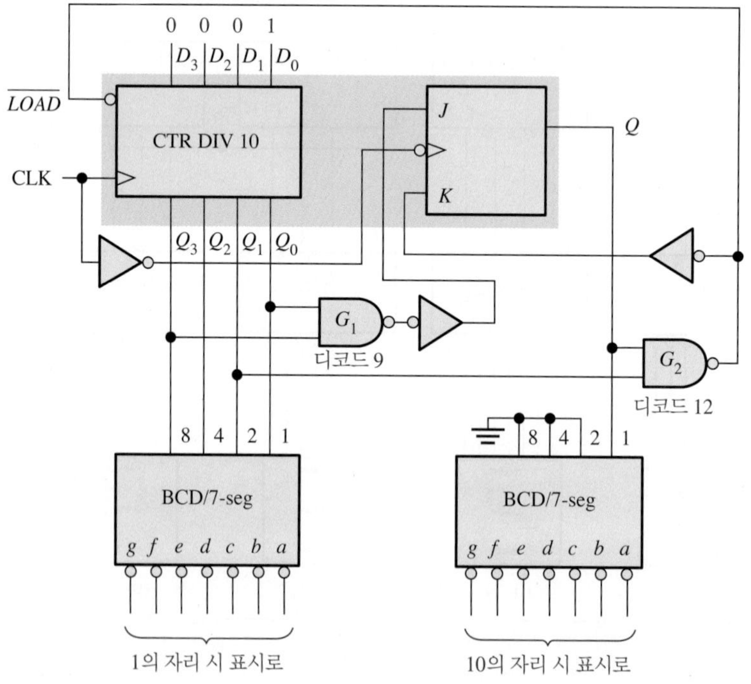

그림 9-50 시 카운터와 디코더의 논리도. 카운터의 입력과 출력에서 가장 오른쪽의 비트가 LSB이다.

계속하여 시간은 11 그리고 12로 진행된다. 12 상태에서 10진 카운터의 Q_2 출력은 HIGH가 되고 플립플롭은 아직 세트 상태에 있으므로 디코드-12 게이트 출력은 LOW가 된다. 이 출력 신호에 의해 10진 카운터의 $\overline{LOAD}$ 입력이 활성화된다. 다음 클록 펄스에 10진 카운터는 데이터 입력에 의해 0001로 프리셋되고 플립플롭은 리셋($J = 0, K = 1$)된다. 이와 같은 논리에 의해 카운터는 12에서 0으로 재순환되는 것이 아니라 1로 재순환된다.

자동차 주차 제어

이번에는 일상생활에서의 문제를 해결하기 위해 업/다운 카운터를 사용하는 카운터 응용 예를 살펴보자. 100대의 차량을 주차할 수 있는 주차장에서 빈 주차 공간이 있는지 모니터하고 만차 상황이 되면 표시등을 켜고 입구의 차단기를 내리는 시스템이 필요하다고 하자.

이 시스템은 그림 9-51에 나타낸 바와 같이 주차장 입구와 출구에 설치되어 차량의 출입을 감지하는 광센서, 업/다운 카운터와 주변 회로, 카운터의 출력을 이용하여 만차 표시등을 점등 또는 소등하고 입구의 차단기를 내리거나 올리는 인터페이스 회로의 세 부분으로 구성된다.

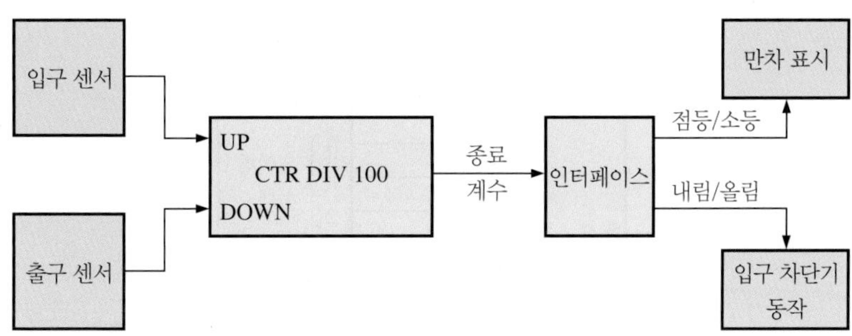

그림 9-51 주차장 제어를 위한 구성 블록도

업/다운 카운터의 논리도는 그림 9-52와 같으며 2개의 업/다운 10진 카운터를 종속 연결하여 구성된다. 이 카운터의 동작은 다음과 같다.

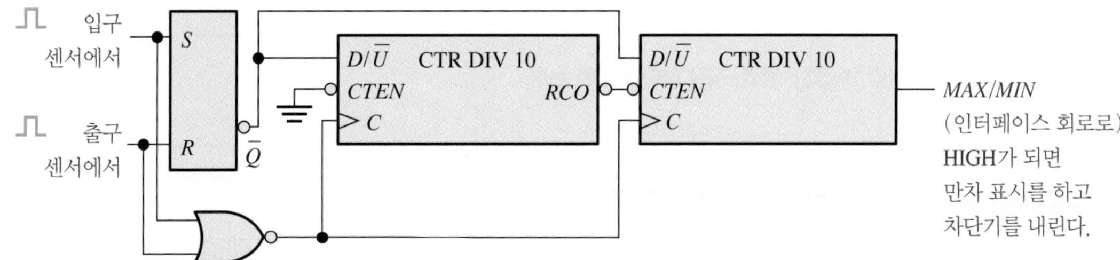

그림 9-52 주차장 제어 시스템에서 사용하는 모듈러스-100 업/다운 카운터의 논리도

그림에는 표시되어 있지 않지만 이 카운터는 초기에 병렬 데이터 입력을 사용하여 0으로 프리셋된다. 주차장 입구로 차가 들어오면 입구에 설치되어 있는 광센서의 빛을 차단하게 되어 전기적인 펄스가 발생되고, 이 펄스의 상승 에지에서 S-R 래치가 세트되고 래치의 $\overline{Q}$ 출력은 LOW가 되어 카운터는 업 모드가 된다. 또한 센서의 펄스는 NOR 게이트를 거쳐 카운터의 클록으로 입력되는데 펄스의 하강 에지에서 카운터의 클록은 LOW에서 HIGH로 바뀌게 된다. 즉 주차장으로 차가 한 대 들어갈 때마다 카운터값이 1씩 증가한다. 100번째 차가 들어가면 카운터가 마지막 상태(100_{10})가 되고 *MAX/MIN* 출력이 HIGH가 되면서 인터페이스 회로를 작동시켜서 만차 표시등을 켜고 입구의 차단기를 내려서 더 이상 차가 들어오지 못하도록 한다.

카운터를 증가(incrementing)시킨다는 것은 카운터값을 1 증가시키는 것을 의미한다.

카운터를 감소(decrementing)시킨다는 것은 카운터값을 1 감소시키는 것을 의미한다.

차가 주차장에서 나가면 출구에 설치되어 있는 광센서에서 펄스가 발생되고, 이 펄스의 상승 에지에서 S-R 래치가 리셋되고 카운터는 다운 모드가 된다. 이 펄스의 하강 에지에서 카운터의 값은 1 감소된다. 주차장이 만차인 상태에서 차가 한 대 빠져나가면 카운터의 *MAX/MIN* 출력이 LOW가 되어 만차 신호를 끄고 입구의 차단기를 올린다.

병렬-직렬 데이터 변환(멀티플렉싱)

멀티플렉싱과 디멀티플렉싱 기법을 이용한 데이터 전송에 관한 간단한 예는 6장에서 살펴보았다. 기본적으로 멀티플렉서 입력에 인가되는 병렬 데이터 비트들은 직렬 데이터 비트들로 바뀌어 하나의 전송선을 통해 전송된다. 병렬 데이터 선에 동시에 입력되는 비트 그룹을 **병렬 데이터**라 하고 하나의 전송선에 시간에 따라 순차적으로 출력되는 비트 그룹을 **직렬 데이터**라 한다.

그림 9-53에 나타낸 바와 같이 카운터의 출력을 멀티플렉서(데이터 선택기)의 데이터 선택 입력에 연결하여 병렬 데이터 입력을 순차적으로 선택하여 출력으로 보내면 데이터의 병렬-직렬 변환을 할 수 있다. 그림에서는 모듈러스-8 카운터의 Q 출력이 8비트 멀티플렉서의 데이터 선택 입력에 연결되어 있다.

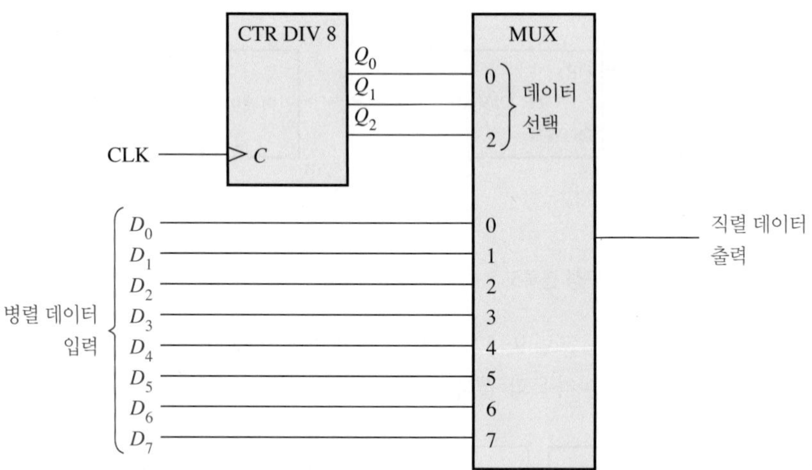

그림 9-53 병렬-직렬 데이터 변환 논리

정보노트

컴퓨터는 여러 가지 주파수와 톤 지속시간을 프로그램할 수 있는 내부 타이머가 내장되어 있어서 '음악'을 만들어낼 수 있다. 컴퓨터 명령어에 의해 카운터의 분주기를 조절함으로써 특정 톤을 발생시킨다. 이 분주기는 카운터에 입력되는 주변장치 클록의 주파수를 분주하여 오디오 톤을 발생시킨다. 톤의 지속시간도 컴퓨터 명령어에 의해 조절할 수 있다. 이와 같이 주파수와 톤 지속시간을 제어함으로써 멜로디를 발생시키는 데 기본적인 카운터를 사용한다.

그림 9-54는 이 회로의 동작을 나타내는 타이밍도이다. 병렬 데이터의 첫 번째 바이트(8비트)가 멀티플렉서의 입력에 인가되고, 이 병렬 데이터는 카운터가 0에서 7까지 계수함에 따라 D_0부터 시작하여 한 비트씩 선택되어 멀티플렉서를 통해 직렬 출력된다. 즉 8개의 클록 펄스가 인가된 후에는 1바이트의 데이터가 직렬 데이터로 변환되어 전송선으로 출력되는 것이다. 카운터가 0으로 재순환되면 다음 바이트의 데이터가 입력되고, 카운터가 계수함에 따라 직렬 형식으로 변환된다. 이와 같은 과정을 반복함으로써 병렬 데이터를 직렬 데이터로 변환하게 된다.

복습문제 9-8

1. 그림 9-50에서 각 NAND 게이트의 역할을 설명하라.
2. 그림 9-48에서 시 카운터의 두 가지 재순환 조건은 무엇인가? 그 이유는 무엇인가?

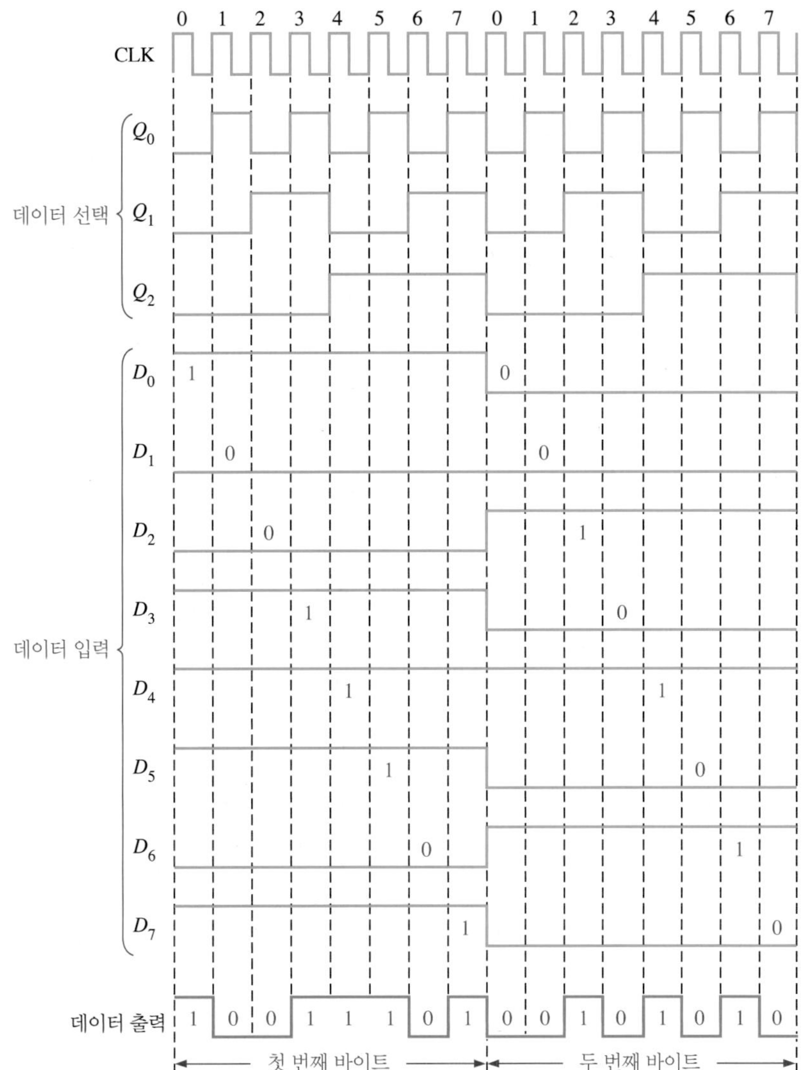

그림 9-54 그림 9-53 회로에 대한 병렬-직렬 변환기의 타이밍도

9-9 종속 표기법에 의한 논리기호

지금까지 ANSI/IEEE 표준 91-1984에 명시된 종속 표기법에 의한 논리기호는 일부 기본적인 내용만이 소개되었다. 대부분의 논리기호는 전통적인 논리기호와 큰 차이가 없지만, 카운터를 포함하여 보다 복잡한 소자에 대해서는 매우 큰 차이가 있다. 이 책에서는 전통적인 논리기호를 주로 사용하겠지만 종속 표기법에 의한 논리기호에 대해서도 간단히 다룬다. 예로 특정한 IC 카운터를 사용한다.

이 절의 학습내용

- 종속 표기법을 포함하는 논리기호를 해석한다.
- 카운터 기호의 공통 블록 및 개별 요소를 구별한다.
- 지정기호(qualifying symbol)를 이해한다.
- 제어 종속성을 논의한다.

- 모드 종속성을 논의한다.
- AND 종속성을 논의한다.

종속 표기법은 ANSI/IEEE 표준에서 가장 핵심적인 사항이다. 종속 표기법은 입력과 출력 사이의 관계를 규정하는 논리기호와 함께 사용되며, 주어진 소자의 상세한 내부 구조에 대한 사전 지식과 참고할 세부적인 논리도가 없는 경우에도 이 논리기호를 보면 소자의 논리적인 동작을 완벽히 알 수 있다. 여기에서 IC 카운터에 대한 종속 표기법에 의한 논리기호를 다루는 이유는 향후 다른 논리기호를 다룰 때 도움이 되도록 하기 위해서이다.

74HC163 4비트 동기 2진 카운터를 살펴보자. 비교를 위해 그림 9-55에 전통적인 블록 기호와 종속 표기법을 사용한 ANSI/IEEE 기호를 모두 나타내었다. 종속 표기법과 기호에 대한 기본적인 내용은 다음과 같다.

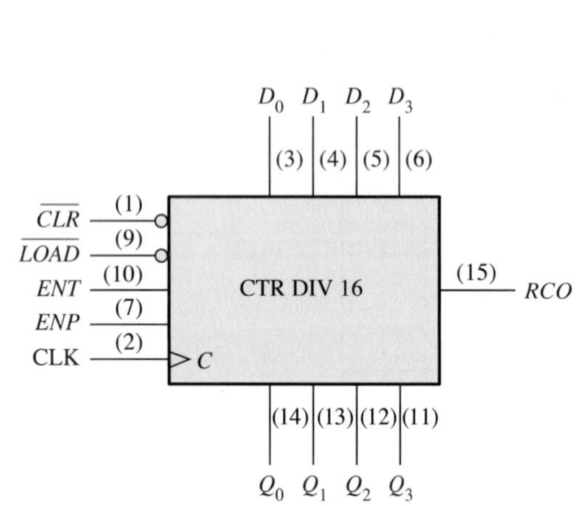

(a) 전통적인 블록 기호

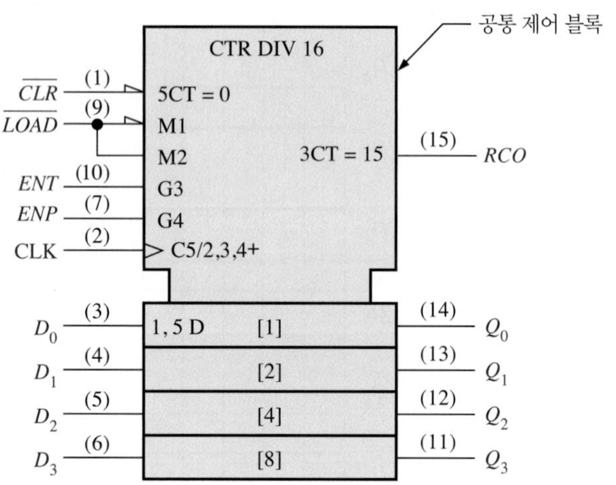

(b) ANSI/IEEE 표준 91-1984 논리 기호

그림 9-55 74HC163 4비트 동기 카운터

공통 제어 블록

그림 9-55(b)에서 상위 블록을 말하며 여기의 입력과 출력은 어느 한 요소(element)에 속하는 것이 아니고 모든 요소에 공통적인 것이다.

개별 요소

그림 9-55(b)에서 하위 블록을 말하며 4개의 인접한 영역으로 나뉘어 있다. 각 영역은 카운터에 들어 있는 4개의 저장 요소(D 플립플롭)를 나타내며 입력이 D_0, D_1, D_2, D_3이고 출력이 Q_0, Q_1, Q_2, Q_3이다.

지정기호

그림 9-55(b)에서 'CTR DIV 16'이라고 표시된 부분은 이 소자가 16개의 상태(DIV 16)를 갖는 카운터(CTR)라는 것을 나타낸다.

제어 종속성(C)

그림 9-55(b)에 표시된 바와 같이 문자 C는 제어 종속성을 나타낸다. 제어 입력은 보통 저장 요소의 데이터 입력(D, J, K, S, R)을 인에이블하거나 금지(disable)한다. C 입력은 보통 클록 입

력이다. 여기에서는 *C* 다음에 나오는 5(C5/2,3,4+)는 5라는 접두사가 붙은 입력들은 클록에 종속(클록에 동기화)된다는 것을 나타낸다. 예를 들어 $\overline{CLR}$ 입력에 있는 5CT = 0은 클리어 기능이 클록에 종속된다는 것을 나타내며 이는 클리어 기능이 클록과 동기된다는 것을 의미한다. 즉 $\overline{CLR}$ 입력이 LOW(0)일 때 카운터는 클록 펄스의 트리거링 에지에서 0으로 리셋($CT = 0$)된다. 마찬가지로 저장 소자 [1]의 입력에 있는 5 D 표시는 데이터 저장이 클록에 종속(클록과 동기)된다는 것을 나타낸다. 저장 요소 [1]의 밑에 있는 저장 요소 [2], [4], [8]에는 별도의 표시가 없기 때문에 저장 요소 [1]에 표시된 1, 5 D가 똑같이 적용된다.

모드 종속성(M)

그림 9-55(b)에 표시된 바와 같이 문자 *M*은 모드 종속성을 나타낸다. 이 표시는 여러 가지 입력 또는 출력의 기능이 이 소자가 동작하는 모드에 어떻게 종속되는지를 나타낸다. 이 소자는 2개의 동작 모드가 있다. 입력의 삼각형 표시가 나타내는 것과 같이 $\overline{LOAD}$ 입력이 LOW(0)일 때, 카운터는 프리셋 모드(M1)이며 입력 데이터(D_0, D_1, D_1, D_3)가 4개의 플립플롭으로 동기적으로 적재된다. M1에서 *M* 다음의 숫자 1과 1, 5 D 표시에서의 1은 종속 관계가 있음을 나타내는 것으로 이 소자가 $\overline{LOAD}$ = 0인 프리셋 모드(M1)에 있을 때에만 입력 데이터가 저장된다는 것을 나타낸다. $\overline{LOAD}$ 입력이 HIGH(1)일 때는, M2와 C5/2,3,4+에 있는 2가 나타내는 바와 같이 카운터는 정상적인 2진 순서를 계수한다.

AND 종속성(G)

그림 9-55(b)에 표시된 바와 같이 문자 G는 AND 종속성을 나타낸다. G 다음에 숫자가 붙은 표시를 갖는 입력은 같은 숫자를 접두사로 갖는 다른 입력 또는 출력과 AND 된다는 것을 나타낸다. 이 예에서는 *ENT* 입력의 G3와 *RCO* 출력의 3CT = 15가 3을 포함하고 있어 서로 연관되어 있다는 것을 알 수 있고, *G*가 표시되어 있으므로 그 연관성은 AND 종속성이라는 것을 알 수 있다. 따라서 *RCO* 출력이 HIGH가 되기 위해서는 *ENT*가 HIGH(입력에 삼각형 표시가 없음)가 되어야 하고 그리고 계수가 15($CT = 15$)가 되어야 한다는 것을 알 수 있다.

또한 표시 C5/2,3,4+에 있는 숫자 2, 3, 4는 모드 종속성 표시 M2가 나타내는 바와 같이 $\overline{LOAD}$ = 1일 때와 AND 종속성 표시 G3와 G4가 나타내는 바와 같이 *ENT* = 1이고 *ENP* = 1일 때 카운터가 정상적인 계수 동작을 수행한다는 것을 나타낸다. 이때, + 표시는 이러한 조건이 만족될 때 카운터가 1씩 계수해 나간다는 것을 나타낸다.

복습문제 9-9

1. 종속 표기법에서 문자 *C*, *M*, *G*는 각각 무엇을 나타내는가?
2. 데이터 저장을 나타내기 위해서 어떤 문자를 사용하는가?

9-10 고장 진단

카운터를 고장 진단하는 것은 카운터의 종류에 따라 그리고 고장의 종류에 따라 간단할 수도 있고 매우 복잡할 수도 있다. 이 절에서는 순차 회로를 고장 진단하기 위한 접근 방법을 설명한다.

이 절의 학습내용

- 카운터의 오동작을 알아낸다.
- 최대-모듈러스 종속 연결 카운터에서 고장의 원인을 찾아낸다.
- 절단 시퀀스를 갖는 종속 연결 카운터에서 고장의 원인을 찾아낸다.
- 개별 플립플롭으로 구현된 카운터에서 고장을 찾아낸다.

카운터

카운터에 고장이 있으면 일반적으로 계수를 진행하지 못하는 증상이 나타난다. 이런 경우에는 카운터 칩의 전원과 접지를 확인한다. 스코프로 이 선들을 측정하여 잡음이 없는지 확인한다(접지선에 잡음이 있으면 개방회로가 된 것일 수 있다). 클록 펄스가 정확한 전압 크기와 상승 시간을 보이는지, 신호선에 외부 잡음은 없는지 확인한다(가끔 클록 펄스는 다른 IC들에 의한 로딩 효과로 전압 크기가 떨어질 수 있으며 이런 경우에는 카운터가 고장이 아님에도 불구하고 고장으로 보일 수 있다). 전원, 접지, 클록 펄스가 모두 정상이라면 모든 입력 신호들(인에이블 입력, 적재 입력, 클리어 입력)이 제대로 연결되어 있는지 논리가 맞는지 확인한다. 개방 입력일 경우에도 카운터가 정상적으로 동작할 수 있지만 사용하지 않는 입력일 경우에도 개방 상태로 남겨두어서는 안 된다(사용하지 않는 입력은 비활성 레벨로 연결해두어야 한다). 카운터가 한 상태에 고착되어 있고 클록이 입력되고 있다면 카운터가 계수를 진행하기 위해서 어떤 입력이 인가되어야 하는지 확인한다. 그러면 클리어 입력이나 적재 입력을 포함해서 어떤 입력에 오류가 있는지 확인할 수도 있다. 이런 입력 오류는 회로의 다른 부분의 논리에 의해 발생할 수도 있다. 모든 입력이 정상인 경우에는 외부의 단락 또는 개방(또는 다른 고장난 IC)에 의해 출력이 강제로 LOW 또는 HIGH에 고정되어 있어서 카운터의 계수가 진행되지 못하는 것일 수 있다.

최대 모듈러스를 갖는 종속 연결 카운터

종속 연결된 카운터들 중에서 어느 하나의 카운터라도 고장이 있으면 다른 모든 카운터에 영향을 미칠 수 있다. 예를 들어 TTL 논리 소자의 경우 계수 인에이블 입력이 개방되어 있으면 이는 HIGH와 같이 동작하게 되어 카운터가 항상 인에이블 상태가 된다. 어느 한 카운터에서 이러한 종류의 고장이 발생하면 이 카운터는 모든 클록을 계수하게 된다. 즉 최대 클록 주파수로 동작하게 되고 따라서 뒤이은 모든 카운터들이 정상 속도보다 빠르게 동작하게 된다. 예를 들어 그림 9-56의 1,000분주 종속 연결 카운터에서 인에이블 입력(*CTEN*)이 개방되어 있는 경우 TTL HIGH로 동작하게 되어 두 번째 카운터를 항상 인에이블시키게 된다. 뒷단 카운터에 영향을 미치는 다른 고장으로는 클록 입력 또는 종료 계수 출력이 개방되거나 단락되는 것이다. 이런 고장이 발생한 경우에는 펄스 동작은 확인되더라도 펄스의 주파수가 틀릴 수 있으며 정확한 주파수 또는 주파수 비를 측정해야 한다.

절단 시퀀스를 갖는 종속 연결 카운터

그림 9-57에 나타낸 것과 같은 절단 시퀀스를 갖는 종속 연결 카운터는 앞의 최대-모듈러스를

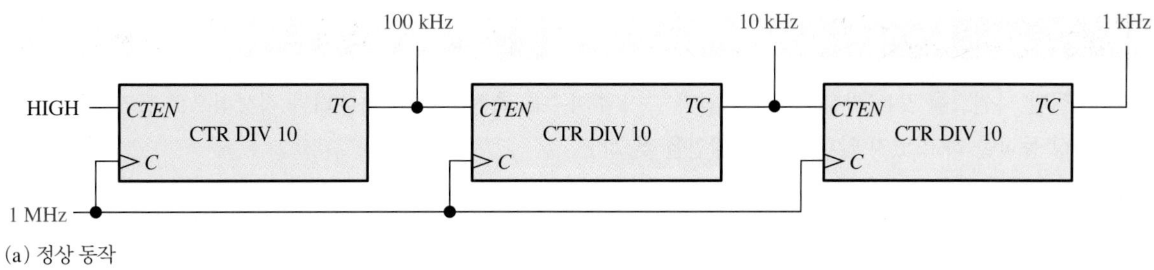

(a) 정상 동작

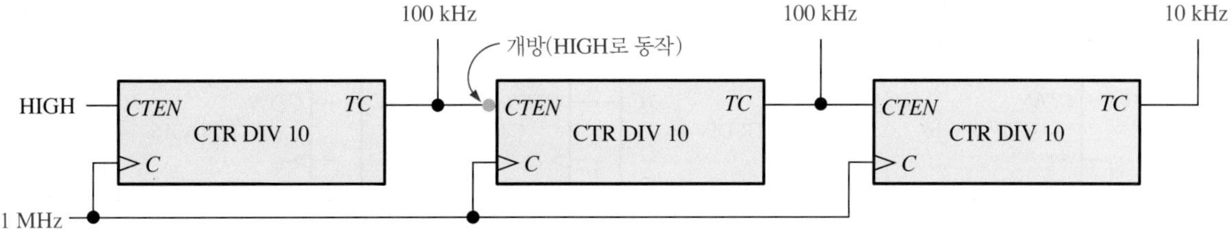

(b) 두 번째 카운터의 계수 인에이블(*CTEN*) 입력이 개방된 경우

그림 9-56 종속 연결 카운터에서 후속 카운터에 영향을 미치는 고장의 예

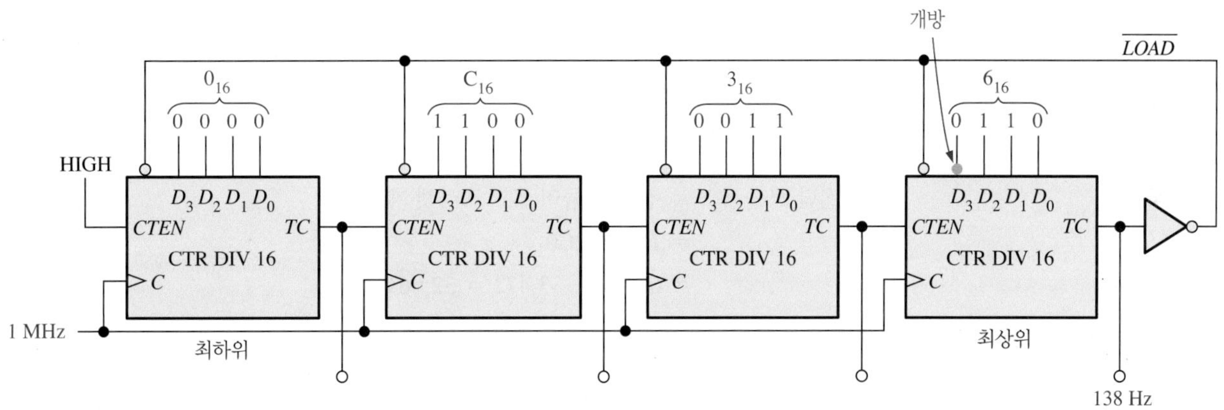

그림 9-57 절단 시퀀스를 갖는 종속 연결 카운터에서 고장의 예

갖는 종속 연결 카운터에서 언급한 고장 외에도 다른 형태의 고장에 의해서 카운터의 계수 순서가 영향을 받을 수 있다. 예를 들어 병렬 데이터 입력, $\overline{LOAD}$ 입력, 인버터 중에 어느 하나라도 고장이 발생하면 카운터의 초기값을 변경할 수 있게 되어 카운터의 모듈러스를 변경시키게 된다.

예를 들어 그림 9-57에서 최상위 카운터의 D_3 입력이 개방되어 HIGH와 같이 동작한다고 하자. 카운터에는 6_{16}(011)이 프리셋되는 것이 아니라 E_{16}(1110)이 프리셋된다. 따라서 카운터가 재순환될 때마다 $63C0_{16}$($25,536_{10}$)에서 시작하지 않고 $E3C0_{16}$($58,304_{10}$)에서 시작한다. 이렇게 되면 카운터의 모듈러스는 원래의 40,000에서 65,536 − 58,304 = 7,232로 바뀌게 된다.

이 카운터의 동작을 확인하기 위해서는 알고 있는 클록 주파수(예를 들어 1MHz)를 인가하고 최종단의 종료 계수 출력에서 출력되는 주파수를 측정한다. 카운터가 정상 동작하고 있다면 출력 주파수는 다음과 같다.

$$f_{out} = \frac{f_{in}}{\text{modulus}} = \frac{1\text{ MHz}}{40{,}000} = 25\text{ Hz}$$

이전 단락에서 언급한 것과 같은 고장이 발생한 경우에는 출력 주파수를 다음과 같이 변경시킨다.

$$f_{out} = \frac{f_{in}}{\text{modulus}} = \frac{1\text{ MHz}}{7232} \cong 138\text{ Hz}$$

예제 9-9

그림 9-58의 절단 시퀀스를 갖는 카운터에서 그림과 같이 주파수를 측정하였다. 카운터가 정상적으로 동작하고 있는지 알아보고, 만일 정상 동작을 하고 있지 않다면 고장 원인을 찾으라.

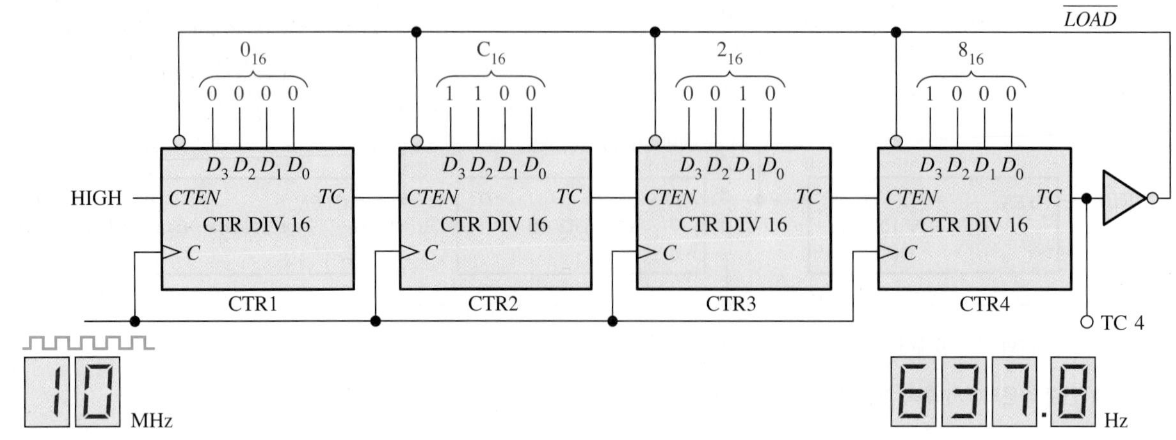

그림 9-58

풀이

TC 4에서 측정된 주파수가 정상인지 확인해보자. 이 주파수가 정상이라면 카운터는 정상 동작하고 있는 것이다.

$$
\begin{aligned}
\text{절단 모듈러스} &= \text{전체 모듈러스} - \text{프리셋 계수} \\
&= 16^4 - 82C0_{16} \\
&= 65{,}536 - 33{,}472 = 32{,}064
\end{aligned}
$$

TC 4에서의 정상인 주파수는 다음과 같다.

$$f_4 = \frac{10\ \text{MHz}}{32{,}064} \cong 312\ \text{Hz}$$

측정된 주파수 637.8 Hz는 계산된 정상 주파수 312 Hz와 다르므로 문제가 있다.

고장이 있는 카운터를 찾기 위하여 실제 절단 모듈러스를 계산하면 다음과 같다.

$$\text{모듈러스} = \frac{f_{in}}{f_{out}} = \frac{10\ \text{MHz}}{637.8\ \text{Hz}} = 15{,}679$$

절단 모듈러스는 32,064가 되어야 하므로 카운터가 재순환될 때 잘못된 계수로 프리셋되는 것일 가능성이 높다. 실제 프리셋되는 계수는 다음과 같이 구한다.

$$
\begin{aligned}
\text{절단 모듈러스} &= \text{전체 모듈러스} - \text{프리셋 계수} \\
\text{프리셋 계수} &= \text{전체 모듈러스} - \text{절단 모듈러스} \\
&= 65{,}536 - 15{,}679 \\
&= 49{,}857 \\
&= C2C0_{16}
\end{aligned}
$$

이는 카운터가 재순환될 때 $82C0_{16}$ 대신 $C2C0_{16}$으로 프리셋된다는 것을 보여준다.

카운터 1, 2, 3은 정상적으로 프리셋되고 있지만 카운터 4는 잘못 프리셋되고 있다. $C_{16} = 1100_2$이므로 카운터 4의 D_2 입력이 LOW가 되어야 하는데 HIGH가 되고 있다. 이는 **개방 입력**(open input)에 의한 오류일 가능성이 가장 높다. 납땜 연결의 잘못, 도체의 파손, IC 핀의 구부러짐 등에 의해 외부적인 개방이 있는지 확인한다. 만일 아무 문제가 없다면 IC를 교체하면 카운터는 정상 동작할 것이다.

관련 문제

카운터 3의 D_3 입력이 개방되었을 때, TC 4에서의 출력 주파수를 구하라.

개별 플립플롭으로 구현된 카운터

개별 플립플롭과 게이트 IC를 사용하여 구현된 카운터에서는 IC 카운터에서보다 훨씬 많은 입력선들과 출력선들이 연결되어 있어서 고장 진단이 더 어렵다. 입력 또는 출력에서 하나의 개방 또는 단락에 의해서도 카운터의 순서가 달라질 수 있다. 다음 예제 9-10에서 이를 설명한다.

예제 9-10

그림 9-59의 카운터에서 출력파형(초록색)이 그림과 같이 관찰되었다고 하자. 이 카운터에 문제점이 있는지 밝히라.

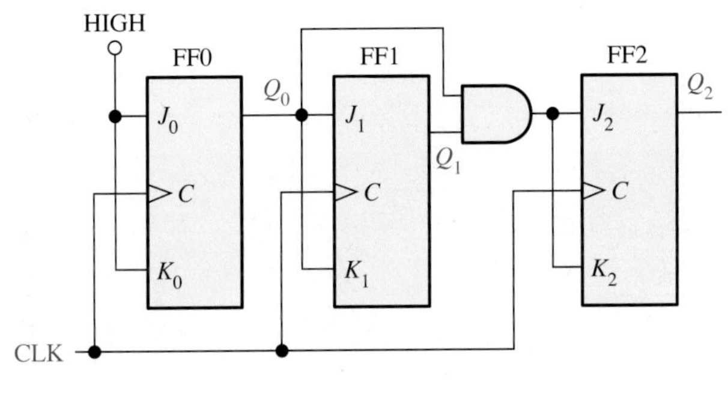

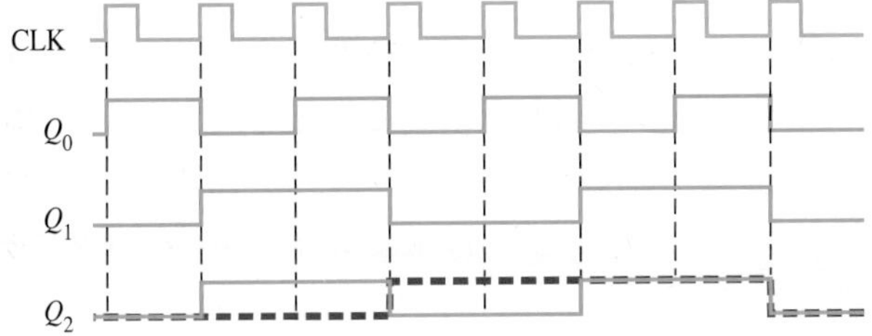

그림 9-59

풀이

Q_2 파형에 오류가 있다. 정상적인 파형은 붉은색 점선으로 표시되어 있다. Q_2 파형이 Q_1 파형과 정확히 같음을 알 수 있다. 따라서 FF1을 반전시키는 신호가 FF2도 제어하고 있음을 의미한다.

FF2의 J, K 입력을 확인해보면 Q_0와 같은 파형임을 알 수 있다. 이러한 결과는 Q_0가 AND 게이트를 통과했다는 것을 나타낸다. 이러한 일이 발생할 수 있는 유일한 경우는 AND 게이트의 Q_1 입력이 항상 HIGH가 되는 것이다. 하지만 Q_1 파형은 정상임을 이미 확인하였다. 이러한 관찰로부터 AND 게이트의 아래쪽 입력이 내부적으로 개방되어 HIGH로 동작하고 있음이 틀림없다는 결론을 얻을 수 있다. AND 게이트를 교체하고 회로를 다시 검사한다.

관련 문제

그림 9-59에서 FF1의 출력이 개방된 경우, 카운터의 Q_2 출력을 구하라.

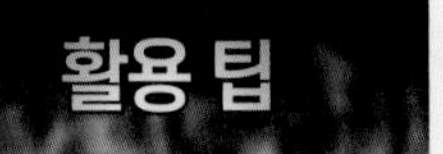

두 채널 추적 아날로그 오실로스코프로 2개의 디지털 신호 사이의 시간 관계를 관찰하기 위해서는 두 신호 중 느린 신호로 오실로스코프를 트리거하는 것이 적절하다. 이유는 느린 신호는 빠른 신호에 비해 가능한 트리거 점이 적기 때문에 스위프를 시작하는 데 모호함이 없기 때문이다. 오실로스코프의 수직 모드 트리거는 두 채널을 복합적으로 사용하지만 절대적인 시간 정보를 결정하는 데 사용해서는 안 된다. 보통 클록 신호는 디지털 시스템에서 가장 빠른 신호이기 때문에 트리거링에 사용되어서는 안 된다.

복습문제 9-10

1. 그림 9-56의 카운터에서 어떤 *TC* 출력에서도 펄스가 관찰되지 않는다면 이의 원인은 무엇이겠는가?
2. 그림 9-58에서 인버터의 출력이 개방되었다면 어떤 일이 발생하겠는가?

응용 논리

엘리베이터 제어기 : 1부

여기에서는 7층 건물에 설치된 엘리베이터 제어기의 구현과 동작을 설명한다. 제어기는 엘리베이터의 동작을 제어하는 논리 부분, 주어진 시간에 엘리베이터가 위치한 층을 결정하는 카운터, 층수 표시 부분으로 구성되어 있다. 상황을 간단하게 하기 위하여 각 엘리베이터 사이클에는 각 층에서 부르는 층 호출(floor call)과 엘리베이터 안에서 특정 층으로 이동을 요청하는 층 요청(floor request)이 하나씩만 있다고 가정하자. 어떤 층에서 승객을 태우도록 엘리베이터가 호출되고 승객이 요청한 층으로 승객을 데려다주는 과정이 하나의 엘리베이터 사이클이다. 한 사이클 내에서 수행되는 엘리베이터의 동작은 그림 9-60과 같다.

엘리베이터 제어 순서에는 5개의 상태가 있으며 이들은 대기(WAIT), 하강(DOWN), 상승(UP), 정지/문 열기(STOP/OPEN), 문 닫기(CLOSE)이다. 대기 상태에서 엘리베이터는 마지막으로 승객이 하차했던 층에서 대기하며 각 층에서 호출 버튼(FLRCALL)이 눌리기를 기다린다. 어떤 층에서 엘리베이터를 호출하면 적절한 명령(상승 또는 하강)이 내려진다. 호출한 층에 엘리베이터가 도달하여 멈추면 문을 열고 승객이 승차한 후, 가고자 하는 층의 번호를 누른다. 가고자 하는 층수가 현재 층수보다 작으면 엘리베이터는 하강 모드가 되고 크면 상승 모드가 된다. 승객이 요청한 층에 도달하면 엘리베이터는 승객이 하차할 수 있도록 정지/문 열기 모드가 된다. 정해진 시간 동안 문을 연 후에 다시 문을 닫고 다른 층 호출이 있을 때까지 대기 상태가 된다.

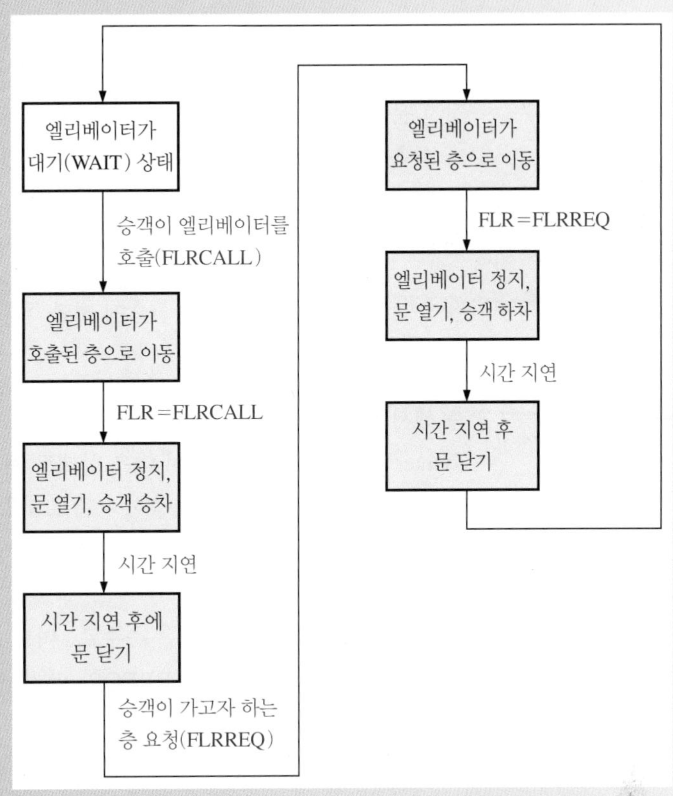

그림 9-60 **엘리베이터 동작의 한 사이클**

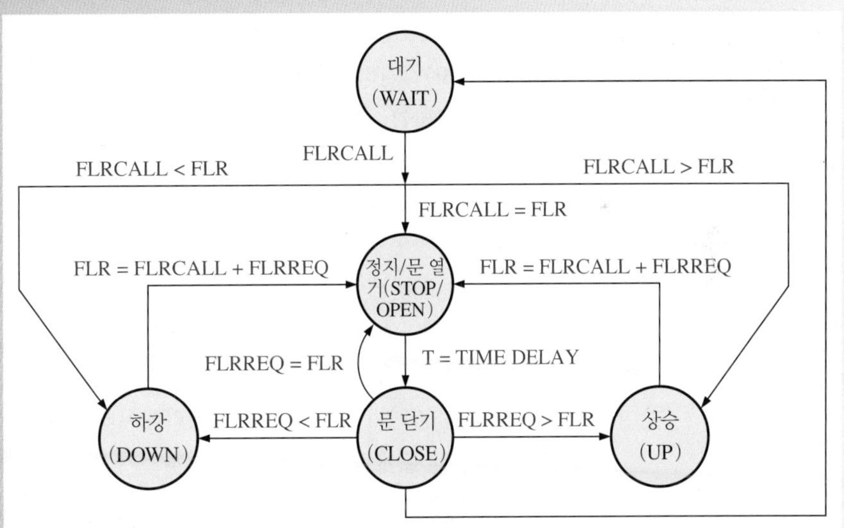

그림 9-61 **엘리베이터 제어기 상태도**

그림 9-61의 상태도에 각 상태가 표시되어 있으며 이들에 대한 설명은 다음과 같다.

대기 이 시스템은 항상 마지막으로 승객이 하차한 층에서 대기 상태로 시작된다. 층에서의 호출 신호(FLRCALL)를 받으면 제어 논리부는 호출한 층수가 현재 층수보다 큰지(FLRCALL 〉 FLR), 작은지(FLRCALL 〈 FLR), 또는 같은지(FLRCALL = FLR) 결정하고 이에 따라 시스템을 각각 상승 모드, 하강 모드, 문 열기 모드로 설정한다.

하강 이 상태에서는 엘리베이터가 호출한 층을 향해 하강한다.

상승 이 상태에서는 엘리베이터가 호출한 층을 향해 상승한다.

정지/문 열기 엘리베이터가 호출한 층에 도달하면 이 상태가 된다. 엘리베이터의 현재 층수가 호출한 층수 또는 요청한 층수와 같아지면 신호가 발생되어 엘리베이터를 정지시키고 문을 연다.

문 닫기 엘리베이터에 승차 또는 하차할 수 있도록 미리 설정한 시간(T) 후에 문을 닫는다.

엘리베이터 제어기가 사용하는 신호에 대한 정의는 다음과 같다.

FLR 3비트 2진 코드로 나타낸 층수

층 센서 펄스(floor sensor pulse) 각 층에 설치된 센서에서 발생되는 펄스로 층 카운터(floor counter)에 클록으로 작용하여 다음 상태로 계수하게 한다.

FLRCALL 엘리베이터를 호출한 층수로 3비트 2진 코드로 나타낸다.

호출 펄스(call pulse) FLRCALL과 함께 발생되는 펄스로 3비트 코드를 레지스터로 입력시키는 클록의 역할을 한다.

FLRREQ 승객이 가고자 하는 층수로 3비트 2진 코드로 나타낸다.

요청 펄스(request pulse) FLRREQ와 함께 발생되는 펄스로 3비트 코드를 레지스터로 입력시키는 클록의 역할을 한다.

상승(UP) 엘리베이터 모터 제어부로 가는 신호로 엘리베이터가 낮은 층에서 높은 층으로 이동하도록 한다.

하강(DOWN) 엘리베이터 모터 제어부로 가는 신호로 엘리베이터가 높은 층에서 낮은 층으로 이동하도록 한다.

정지(STOP) 엘리베이터 모터 제어부로 가는 신호로 엘리베이터가 정지하도록 한다.

문 열기(OPEN) 문 모터 제어부로 가는 신호로 문이 열리게 한다.

문 닫기(CLOSE) 문 모터 제어부로 가는 신호로 문이 닫히게 한다.

엘리베이터 제어기 블록도

그림 9-62는 엘리베이터 제어기 블록도로서 제어기 논리부, 층 카운터, 층수 표시부로 구성된다. 엘리베이터가 1층에서 대기 상태에 있다고 가정하자. 층 카운터에는 1층에 대한 코드인 001이 들어 있다. 5층의 호출 버튼이 눌려서 FLRCALL(101)이 입력되었다고 가정하자. FLRCALL > FLR(101 > 001)이므로 제어기는 엘리베이터 모터에 상승(UP) 명령을 내린다. 엘리베이터가 상승하면서 각 층에 도달하면 층 센서 펄스가 발생되고 이 펄스는 층 카운터에 클록으로 작용되어 층 카운터의 상태는 001, 010, 011, 100, 101로 진행된다. 5층에 도달하면 FLR = FLRCALL이 되고 제어기 논리부는 엘리베이터를 정지시키고 문을 연다. FLRREQ 입력에 대해서도 이 과정이 반복된다.

층 카운터는 층수를 순차적으로 추적하는데 항상 현재 층수에 해당하는 수를 저장하고 있다. 층 카운터는 위, 아래 양방향으로 계수할 수 있으며 상태 제어기와 층 센서 입력에 따라 언제든지 계수 방향을 바꿀 수 있다. 지하를 포함하면 8개의 층($2^3 = 8$)이 있기 때문에 층 카운터로는 3비트 카운터가 필요하다. 그림 9-63은 층 카운터의 상태도이다.

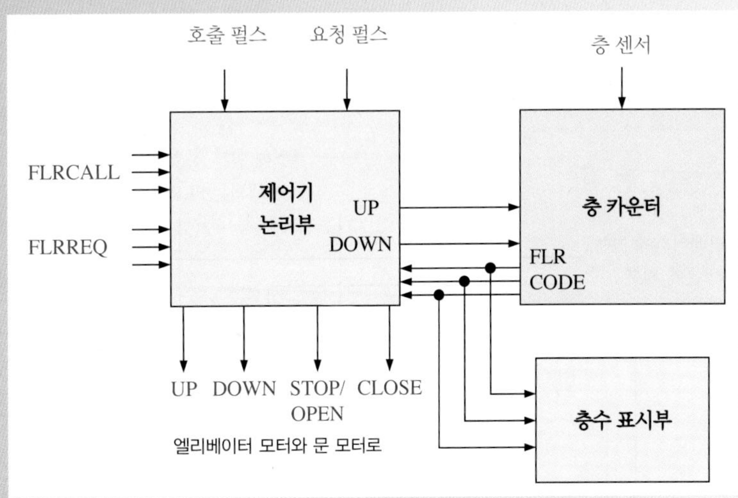

그림 9-62 **엘리베이터 제어기 블록도**

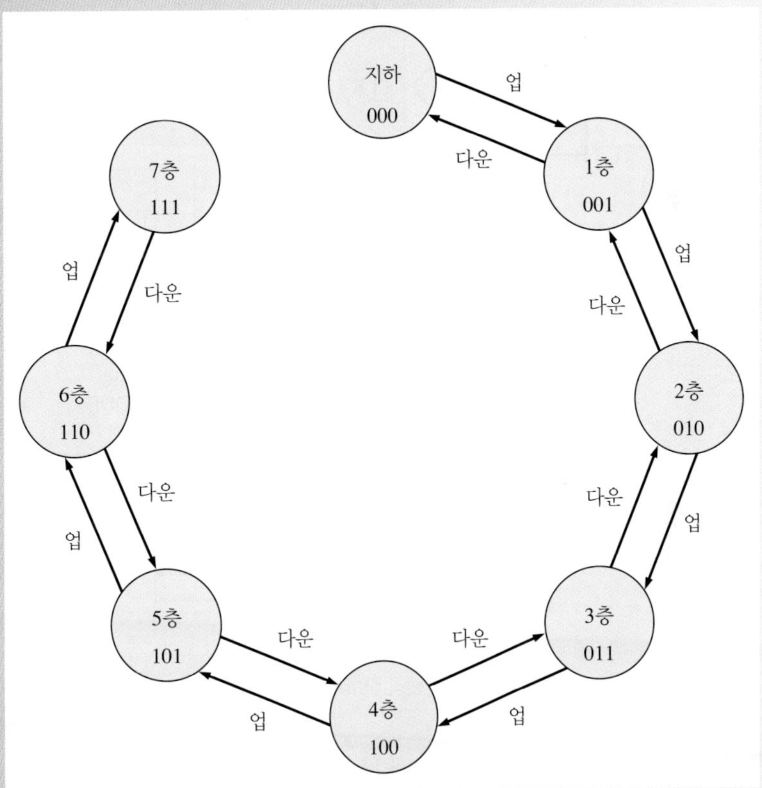

그림 9-63 **층 카운터의 상태도**

엘리베이터 제어기의 동작

그림 9-64는 엘리베이터 제어기의 논리도이다. 엘리베이터의 동작은 층 호출(FLRCALL) 또는 층 요청(FLRREQ)에 의해 시작된다. FLRCALL은 승객이 엘리베이터를 특정 층으로 오도록 호출하는 것이고, FLRREQ는 엘리베이터 안의 승객이 엘리베이터가 특정 층으로 가도록 요청하

는 것임을 기억하라. 호출 다음에 요청이 발생하고, 요청 다음에 호출이 발생하는 식으로 순서가 있기 때문에 동작이 간단해진다.

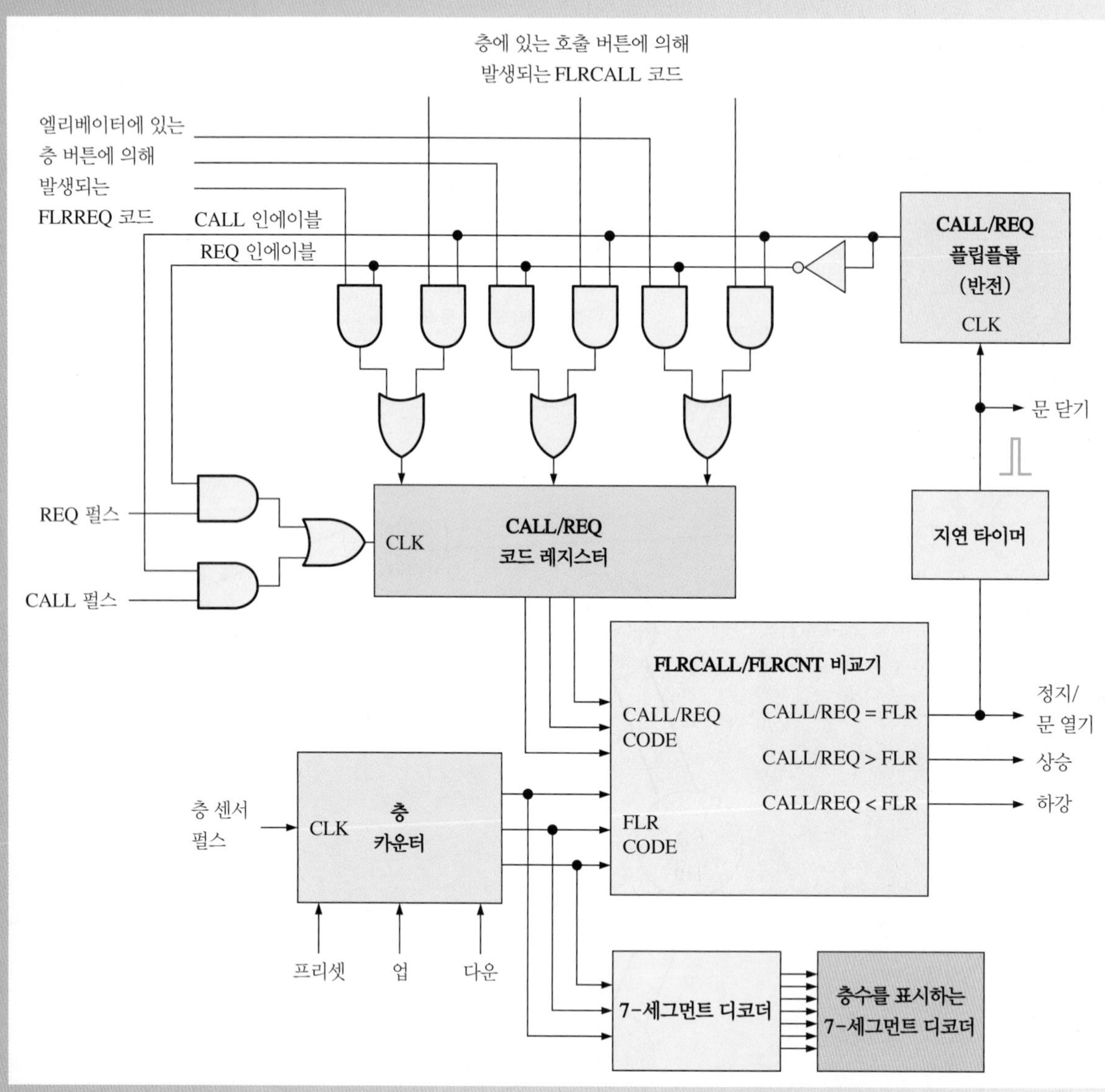

그림 9-64 엘리베이터 제어 논리도

FLRCALL과 FLRREQ는 특정 층을 나타내는 3비트 코드이다. 승객이 어떤 층에서 호출 버튼을 누르면 그 층에 대한 3비트 코드가 CALL/REQ 코드 레지스터의 입력에 놓여지고 CALL 펄스가 발생되어 이 코드를 레지스터 안으로 입력시킨다. 엘리베이터 안에서 층 요청 버튼이 눌릴 때에도 똑같은 과정을 거치는데, 층에 대한 코드가 CALL/REQ 코드 레지스터의 입력에 놓여지고 REQ 펄스가 발생되어 이 코드를 레지스터 안으로 입력시킨다.

엘리베이터는 호출과 요청의 차이를 구별하지 못한다. 비교기가 가야 할 층수가 엘리베이터가 현재 있는 층수보다 큰지, 작은지, 같은지를 판단하고 비교 결과에 따라 엘리베이터 모터 제어부로 상승 명령, 하강 명령, 문 열기 명령 중 하나를 내린다. 엘리베이터가 가야 할 층을 향해 상승하면 각 층을 지날 때마다 층 카운터가 1만큼 증가하고 하강하면 각 층을 지날 때마다 1만큼 감소한다. 엘리베이터가 원하는 층에 도달하면 정지/문 열기 명령이 엘리베이터 모터 제어부와 문 제어부에 내려진다. 설정된 시간이 지난 후에 지연 타이머가 엘리베이터 문 제어부에 문 닫기 신호를 보낸다. 이미 언급한 바와 같이 여기에서의 엘리베이터 설계는 한 사이클에 하나의 층 호출과 하나의 층 요청만 있는 경우로 한정된 것이다.

초기화 시스템 시작 시에 엘리베이터를 지하층에 위치시키고 층 카운터를 000으로 설정하는 것이 필요하다. 초기에 이와 같이 한 번만 설정해준 후에는 카운터가 자동적으로 엘리베이터의 위치에 따라 결정되는 상태 사이를 거쳐갈 것이다.

연습문제

1. 층 카운터의 역할을 설명하라.
2. 대기(WAIT) 모드 동안 발생하는 일을 설명하라.
3. 이 시스템에서 원하는 층에 도달했는지를 어떻게 아는가?
4. 그림 9-64에 나타낸 엘리베이터 설계의 한계점을 설명하라.

모의 실험

엘리베이터 제어기는 고정 기능 논리 소자, VHDL(또는 Verilog) 코드로 프로그램한 PLD, 마이크로 컨트롤러 또는 마이크로프로세서를 프로그램하여 구현할 수 있다. 10장의 디지털 시스템 응용에서는 엘리베이터 제어기에 대한 VHDL 프로그램 코드를 소개한다. 10장에서 PLD를 프로그램하는 것을 단계별로 학습할 것이다.

지식 적용

그림 9-64의 논리도에서 10층 건물에서 사용할 수 있도록 엘리베이터 제어기를 업그레이드하려면 무엇을 변경해야 하겠는가?

요약

- 동기 카운터와 비동기 카운터는 클록이 인가되는 방법만이 다르다. 비동기 카운터에서 첫 번째 단은 클록 펄스에 의해 구동되고, 이어지는 단들의 클록으로는 이전 단들의 출력을 인가한다. 반면에 동기 카운터에서는 모든 단들에 같은 클록 펄스가 인가된다. 동기 카운터는 비동기 카운터보다 더 빠른 클록에서 동작할 수 있다.
- 카운터의 최대 모듈러스는 계수할 수 있는 최대의 상태 수이며 카운터 내의 단수(플립플롭의 개수)에 의해 결정된다. 따라서 카운터의 플립플롭 개수가 n일 때, 최대 모듈러스는 2^n이다. 카운터의 모듈러스는 카운터가 계수하는 실제 상태의 개수이며, 최대 모듈러스보다는 작거나 같다.
- 종속 연결 카운터의 전체 모듈러스는 각 카운터의 모듈러를 곱한 것과 같다.

핵심용어

이 장의 핵심 용어 및 기타 굵은 글씨는 책 마지막 용어해설에도 정리되어 있다.

동기(synchronous) 동시에 일어나는 것

모듈러스(modulus) 카운터가 계수하는 유일한 상태의 수

비동기(asynchronous) 동시에 일어나지 않는 것

상태도(state diagram) 상태 또는 값의 순서를 그래픽 형태로 나타낸 그림

상태 머신(state machine) 내부 논리와 외부 입력에 의하여 결정되는 상태의 순서를 나타내는 논리 시스템. 특정한 상태 순서를 나타내는 순차회로를 말하며 상태 머신의 종류는 무어 상태 머신과 밀리 상태 머신이 있음

재순환(recycle) (카운터에서처럼) 마지막 상태 또는 종료 상태에서 초기 상태로 바뀌는 것

종료 계수(terminal count) 카운터의 순서에서 마지막 상태

종속 연결(cascade) 한 카운터의 종료 계수 출력이 다음 카운터의 인에이블 입력으로 연결되도록 여러 개의 카운터의 '끝과 끝'을 연결하는 것

10진(decade) 10개의 상태 또는 값

참/거짓 퀴즈

정답은 이 장의 끝에 있다.

1. 상태 머신은 유한개의 상태가 정해진 순서대로 발생하는 순차회로이다.
2. 동기 카운터는 J-K 플립플롭을 사용해서 구현할 수 없다.
3. 비동기 카운터는 리플 카운터라고도 부른다.
4. 10진 카운터는 12개의 상태를 갖는다.
5. 4개의 단을 갖는 카운터의 최대 모듈러스는 16이다.
6. 최대 모듈러스가 32가 되도록 하기 위해서는 16개의 단이 필요하다.
7. 만일 현재의 상태가 1000일 경우, 4비트 업/다운 카운터의 다운 모드에서 다음 상태는 0111이다.
8. 10진 카운터 2개를 종속 연결하면 클록 주파수는 10분주 된다.
9. 절단 시퀀스를 갖는 카운터는 최대 상태 수보다 적은 상태를 갖는다.
10. 모듈러스-100을 구현하기 위해서는 10개의 10진 카운터가 필요하다.

자습문제

정답은 이 장의 끝에 있다.

1. 무어 상태 머신은 다음을 결정하는 조합 논리회로로 구성된다.
   (a) 순서 **(b)** 메모리
   (c) (a)와 (b) 모두 **(d)** (a)와 (b) 모두 아님
2. 밀리 상태 머신의 출력은 다음에 의해 결정된다.
   (a) 입력 **(b)** 다음 상태 **(c)** 현재 상태 **(d)** (a)와 (c) 모두

3. 비동기 카운터에서 최대 누적 지연은 반드시
   (a) 클록파형의 주기보다 커야 한다. (b) 클록파형의 주기보다 작아야 한다.
   (c) 클록파형의 주기와 같아야 한다. (d) (a)와 (c) 모두

4. 0(0000)부터 9(1001)까지 계수하는 10진 카운터를 무엇이라 하는가?
   (a) ASCII 카운터 (b) 2진 카운터
   (c) BCD 카운터 (d) 10진 카운터

5. 카운터의 모듈러스는 다음 중 어느 것인가?
   (a) 플립플롭의 개수 (b) 카운터가 계수하는 실제 상태의 개수
   (c) 초당 재순환하는 횟수 (d) 최대로 가능한 상태의 개수

6. 3비트 2진 카운터가 가지는 최대 모듈러스는 다음 중 어느 것인가?
   (a) 3 (b) 6 (c) 8 (d) 16

7. 5비트 2진 카운터가 가지는 최대 모듈러스는 다음 중 어느 것인가?
   (a) 4 (b) 8 (c) 16 (d) 32

8. 모듈러스-12 카운터를 구성하기 위해서 필요한 것은 다음 중 어느 것인가?
   (a) 12개의 플립플롭 (b) 3개의 플립플롭
   (c) 4개의 플립플롭 (d) 동기식 클록

9. 절단 시퀀스를 갖는 카운터는 다음 중 어느 것인가?
   (a) 모듈러스 8 (b) 모듈러스 14
   (c) 모듈러스 16 (d) 모듈러스 32

10. 클록이 인가한 후 출력 Q가 나올 때까지의 전파지연이 12 ns인 플립플롭을 이용하여 4비트 리플 카운터를 구성하였다. 카운터가 1111에서 0000으로 재순환할 때 걸리는 전체 지연시간은 얼마인가?
    (a) 12 ns (b) 24 ns (c) 48 ns (d) 36 ns

11. BCD 카운터는 다음 중 어디에 해당하는가?
    (a) 전체-모듈러스 카운터 (b) 10진 카운터
    (c) 절단 시퀀스를 갖는 카운터 (d) (b)와 (c) 모두

12. 8421 BCD 카운터에서 유효한 상태는 다음 중 어느 것인가?
    (a) 1010 (b) 1011 (c) 1111 (d) 1000

13. 모듈러스-10 카운터 3개를 종속 연결한 카운터에서 얻을 수 있는 전체 모듈러스는 얼마인가?
    (a) 30 (b) 100 (c) 1,000 (d) 10,000

14. 모듈러스-5 카운터, 모듈러스-8 카운터 그리고 2개의 모듈러스-10 카운터를 종속 연결한 카운터에 10 MHz 주파수를 갖는 클록을 인가했을 때, 이 카운터 출력에서 얻을 수 있는 최저 주파수는 얼마인가?
    (a) 10 kHz (b) 2.5 kHz (c) 5 kHz (d) 25 kHz

15. 4비트 2진 업/다운 카운터가 현재 2진 상태 0에 있다. 카운터가 다운 모드인 경우, 다음 상태는 어느 것인가?
    (a) 0001 (b) 1111 (c) 1000 (d) 1110

16. 모듈러스-13 2진 카운터의 초기 계수는 어느 것인가?
    (a) 0000 (b) 1111 (c) 1101 (d) 1100

문제

홀수 문제의 정답은 책의 끝에 있다.

9-1절 유한 상태 머신

1. 마지막 상태가 디코딩된 10진 카운터를 상태 머신으로 나타내라. 어떤 종류의 상태 머신인지 구별하고 블록도와 상태도를 그리라.
2. 6장의 교통신호 제어기는 어떤 종류의 상태 머신인가? 그 이유는 무엇인가?

9-2절 비동기 카운터

3. 그림 9-65의 리플 카운터에 대하여, 8개의 클록 펄스에 대한 출력 Q_0, Q_1 파형의 타이밍도를 보이라.

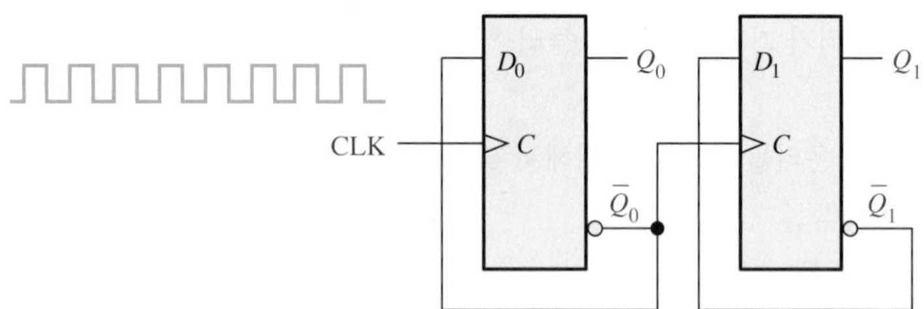

그림 9-65

4. 그림 9-66의 리플 카운터에 대해서, 16개의 클록 펄스에 대한 출력 Q_0, Q_1, Q_2 파형의 타이밍도를 보이라.

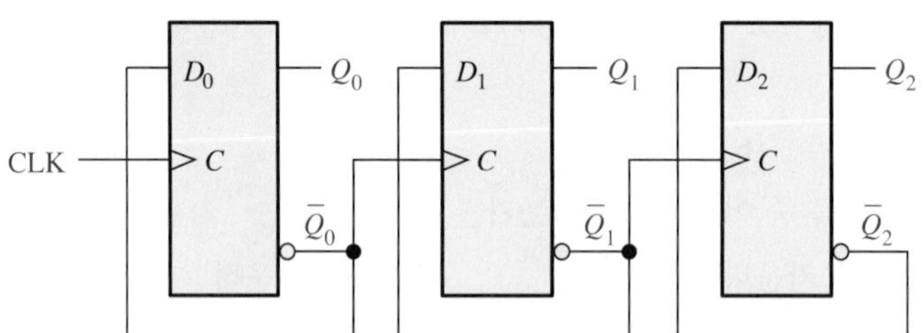

그림 9-66

5. 문제 4의 카운터에서, 각 플립플롭은 클록의 트리거링 에지에서부터 출력 Q가 변할 때까지 8 ns의 전파지연을 가진다고 가정한다. 클록 펄스가 인가된 다음, 카운터가 주어진 상태에 도달할 때까지 발생하는 최악의(가장 긴) 지연시간은 얼마인가? 또한 이 가장 긴 지연이 발생하는 상태 또는 상태들은 무엇인가?
6. 74HC93 4비트 비동기 카운터를 사용하여 다음에 열거한 각각의 모듈러스값을 갖도록 하기 위한 연결 방법을 제시하라.

   (a) 9 (b) 11 (c) 13
   (d) 14 (e) 15

9-3절 동기 카운터

7. 문제 5에서 카운터가 비동기가 아니고 동기라면 가장 긴 지연시간은 얼마인가?
8. 그림 9-67에 나타낸 5단 동기 2진 카운터의 완전한 타이밍도를 보이라. 매 클록 펄스가 인가된 후, Q 출력의 파형이 정상적인 2진수를 나타내고 있음을 보이라.

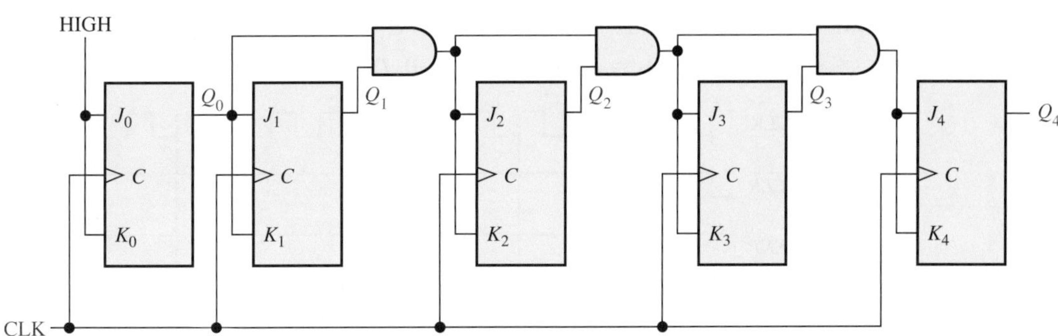

그림 9-67

9. 그림 9-68에서 클록 펄스가 들어오기 전의 각 플립플롭 입력 J와 K를 분석하여 이 10진 카운터가 BCD 순서로 진행해나감을 증명하라. 각 경우에 대하여 어떻게 이 입력 조건들이 카운터를 다음 상태로 변하게 하는지를 설명하라.

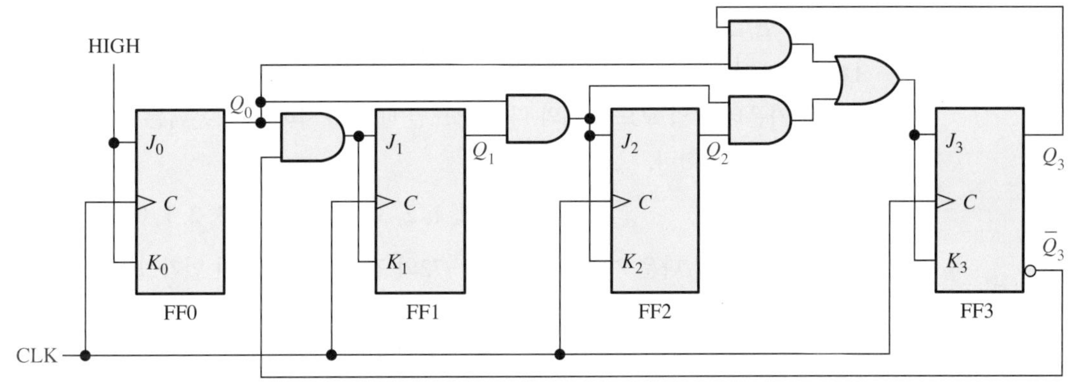

그림 9-68

10. 그림 9-69에 나타낸 파형은 카운터 인에이블($CTEN$), 클리어($\overline{CLR}$), 클록 입력(CLK)이다. 이 카운터에 그림과 같은 신호들을 인가했을 때, 카운터의 출력파형(Q_0, Q_1, Q_2, Q_3)을 구하라. 이때 클리어 입력은 비동기이다.

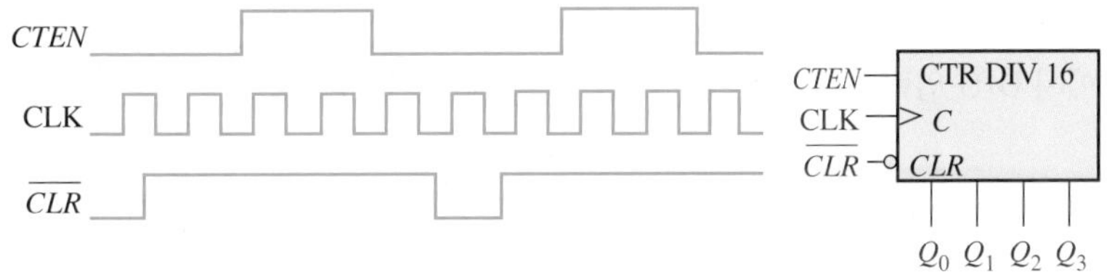

그림 9-69

11. 그림 9-70은 BCD 10진 카운터이다. 이 카운터에 그림과 같이 클록과 클리어 입력 신호를 인가했을 때, 카운터의 출력 파형(Q_0, Q_1, Q_2, Q_3)을 구하라. 이때 클리어 입력은 동기이고, 카운터의 초기 상태는 2진수 1000이다.

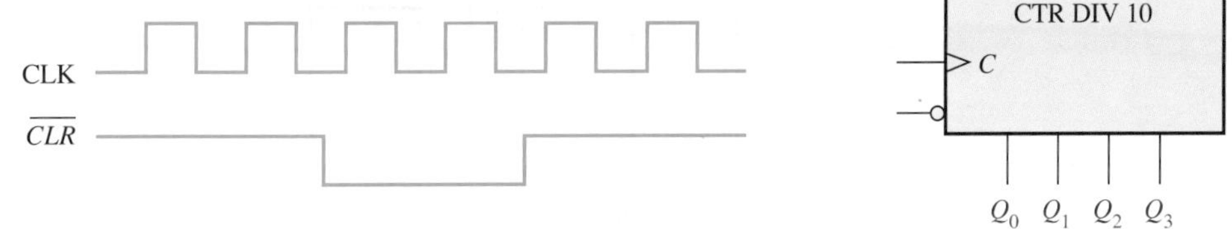

그림 9-70

12. 그림 9-71에 나타낸 파형이 74HC163 2진 카운터에 인가된다. 이때 출력파형 Q와 RCO를 구하라. 입력은 $D_0 = 1, D_1 = 1, D_2 = 0, D_3 = 1$이다.

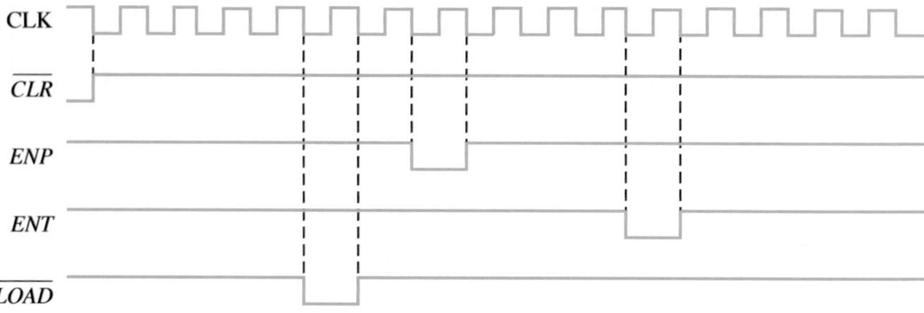

그림 9-71

13. 그림 9-71에 나타낸 파형이 74HC161 카운터에 인가된다. 이때 출력파형 Q와 RCO를 구하라. 입력은 $D_0 = 1, D_1 = 0, D_2 = 0, D_3 = 1$이다.

9-4절 업/다운 동기 카운터

14. 3비트 업/다운 카운터가 다음에 주어진 순서대로 동작할 때, 완전한 타이밍도를 그리라. 또한 카운터가 업 모드일 때와 다운 모드일 때를 표시하라. 카운터는 상승 에지에서 트리거링 된다고 가정하라.

0, 1, 2, 3, 2, 1, 2, 3, 4, 5, 6, 5, 4, 3, 2, 1, 0

15. 74HC190 업/다운 카운터에 그림 9-72와 같은 입력파형이 인가될 때, 출력파형 Q를 그리라. 이때 데이터 입력은 2진수 0이고, 카운터는 0000부터 시작한다.

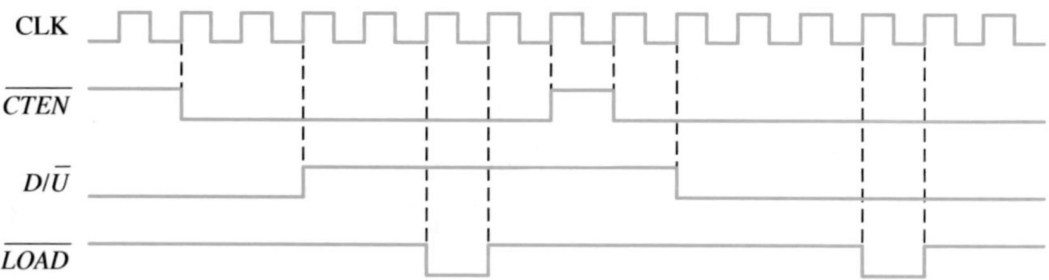

그림 9-72

16. 문제 15에서 $D/\overline{U}$ 입력신호가 반전되어 인가되고 다른 입력신호는 동일할 때, 출력파형 Q를 그리라.

17. 문제 15에서 $\overline{CTEN}$ 입력신호가 반전되어 인가되고 다른 입력신호는 동일할 때, 출력파형 Q를 그리라.

9-5절 동기 카운터의 설계

18. 그림 9-73에서 카운터의 순서를 구하라.

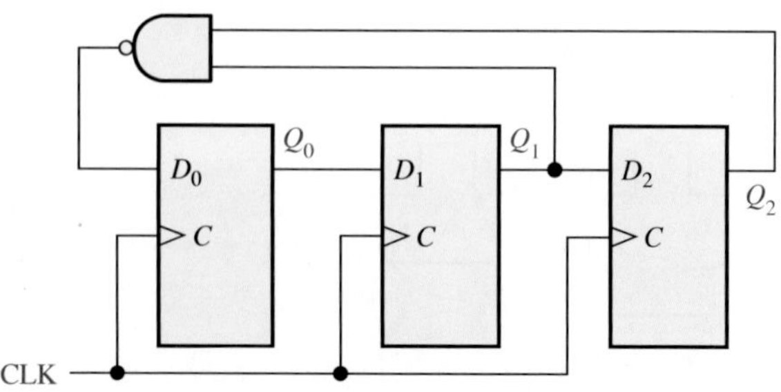

그림 9-73

19. 그림 9-74에 나타낸 카운터의 순서를 구하라. 카운터가 클리어된 상태에서 시작하라.

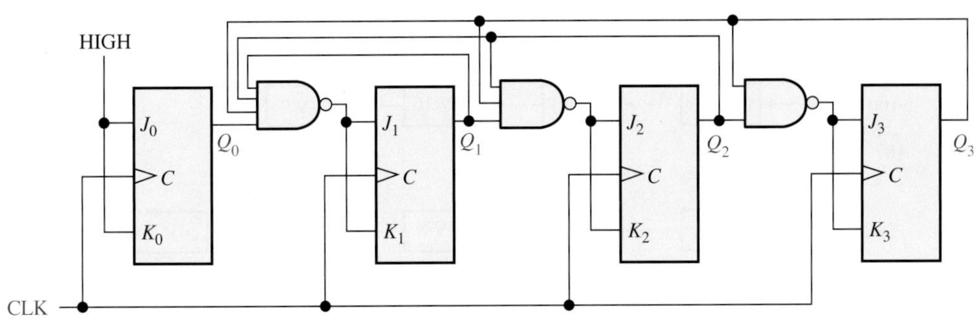

그림 9-74

20. J-K 플립플롭을 이용하여 다음의 순서를 갖는 카운터를 설계하라.

00, 10, 01 ,11, 00, ⋯

21. J-K 플립플롭을 이용하여 다음의 2진 순서를 갖는 카운터를 설계하라.

1, 4, 3, 5, 7, 6, 2, 1, ⋯

22. J-K 플립플롭을 이용하여 다음의 2진 순서를 갖는 카운터를 설계하라.

0, 9, 1, 8, 2, 7, 3, 6, 4, 5, 0, ⋯

23. 그림 9-75의 상태도에 나타낸 것과 같은 순서를 갖는 2진 카운터를 설계하라.

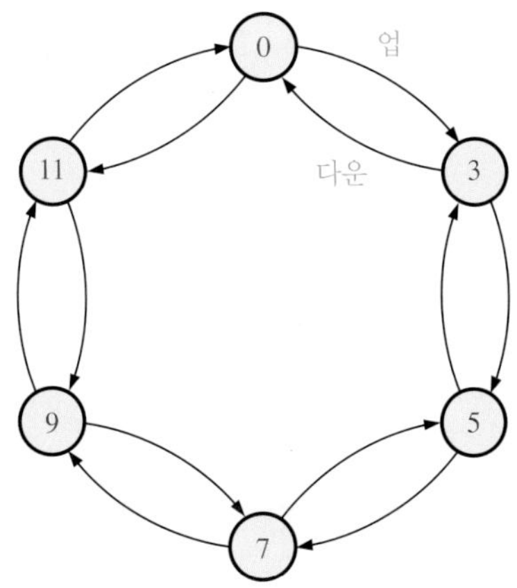

그림 9-75

9-6절 종속 연결 카운터

24. 그림 9-76의 종속 연결 카운터들에 대해, 원 안의 숫자로 표기된 지점에서의 주파수를 구하고, 전체 모듈러스를 구하라.
25. 그림 9-38의 카운터를 확장하여 10,000분주 카운터와 100,000분주 카운터를 구현하라.
26. 플립플롭, 모듈러스-5 카운터와 10진 카운터를 이용하여 10 MHz 클록으로부터 다음 주파수를 얻기 위한 블록도를 그리라.

(a) 5 Mhz (b) 2.5 MHz (c) 2 MHz (d) 1 MHz (e) 500 kHz
(f) 250 kHz (g) 62.5 kHz (h) 40 kHz (i) 10 kHz (j) 1 kHz

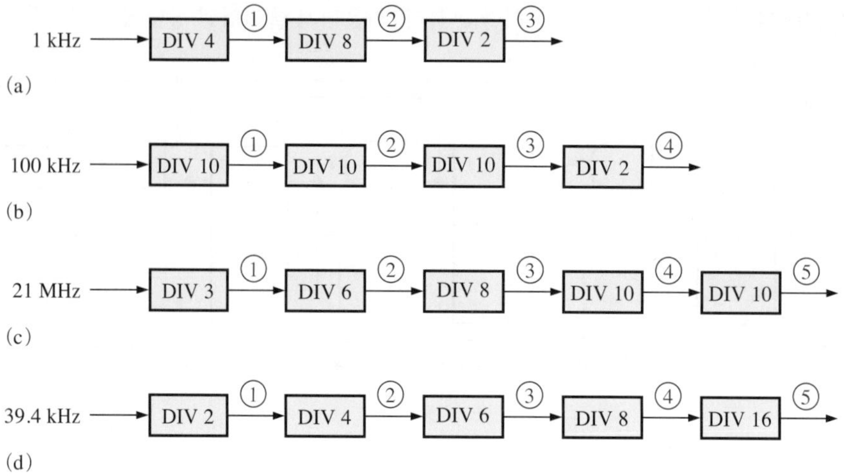

1 kHz → DIV 4 → ① → DIV 8 → ② → DIV 2 → ③

(a)

100 kHz → DIV 10 → ① → DIV 10 → ② → DIV 10 → ③ → DIV 2 → ④

(b)

21 MHz → DIV 3 → ① → DIV 6 → ② → DIV 8 → ③ → DIV 10 → ④ → DIV 10 → ⑤

(c)

39.4 kHz → DIV 2 → ① → DIV 4 → ② → DIV 6 → ③ → DIV 8 → ④ → DIV 16 → ⑤

(d)

그림 9-76

9-7절 카운터 디코딩

27. Q 출력들만 사용할 수 있는 BCD 10진 카운터에서 다음의 각 상태를 디코딩하기 위한 디코딩 논리를 설계하고 이 디코딩 논리가 카운터에 어떻게 연결되어야 하는지 보이라. 상태가 디코딩되면 HIGH가 출력되어야 하며, MSB는 맨 왼쪽 비트이다.

(a) 0001 **(b)** 0011 **(c)** 0101 **(d)** 0111 **(e)** 1000

28. 그림 9-77과 같이 4비트 2진 카운터와 디코더가 연결되어 있다. 클록 펄스에 대한 디코더의 각 출력파형을 구하라.

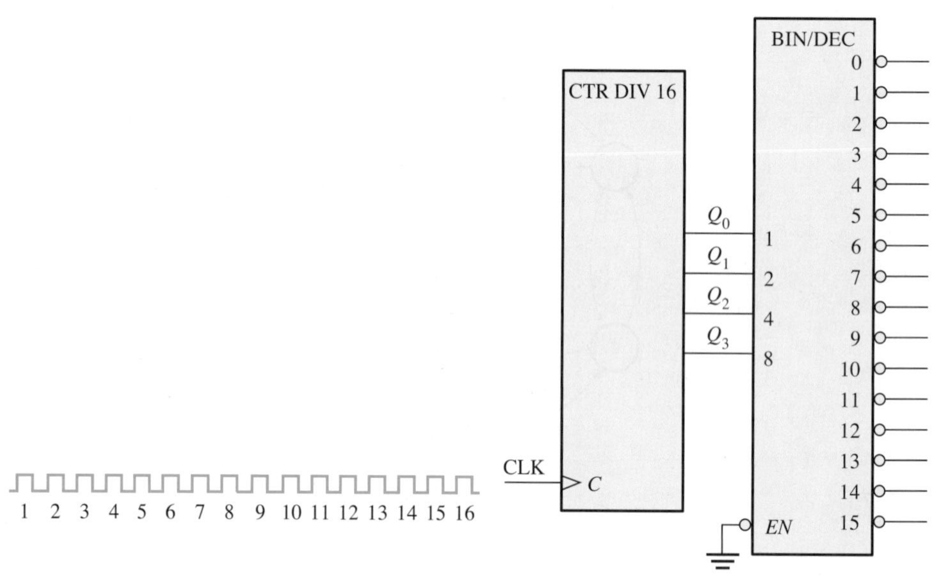

그림 9-77

29. 그림 9-77에 나타낸 카운터가 비동기 카운터라면, 디코딩 글리치는 디코더 출력파형의 어느 부분에서 발생하는가?

30. 디코딩 글리치가 발생하지 않도록 그림 9-77의 회로를 수정하라.

31. 그림 9-42에 나타낸 카운터에서 디코딩 게이트 출력에 글리치가 발생하는지를 분석하라. 만약 글리치가 발생한다면 이를 제거하는 방법을 제시하라.

32. 그림 9-43에 나타낸 카운터에서 디코딩 게이트 출력에 글리치가 발생하는지를 분석하라. 만약 글리치가 발생한다면 이를 제거하는 방법을 제시하라.

9-8절 카운터 응용

33. 그림 9-48의 디지털 시계가 초기에 12시로 설정되어 있다고 가정한다. 이 회로에 62개의 60 Hz 펄스가 인가된 후, 각 카운터의 2진 상태를 구하라.
34. 그림 9-48에 나타낸 디지털 시계에서 각 카운터의 출력 주파수를 구하라.
35. 그림 9-78은 그림 9-51의 주차 제어 시스템의 입구와 출구에 설치된 센서의 24시간 동안의 출력을 나타낸다. 최초에 53대의 차가 주차되어 있었다고 한다면, 24시간이 지난 시점에 카운터의 상태는 무엇인가?

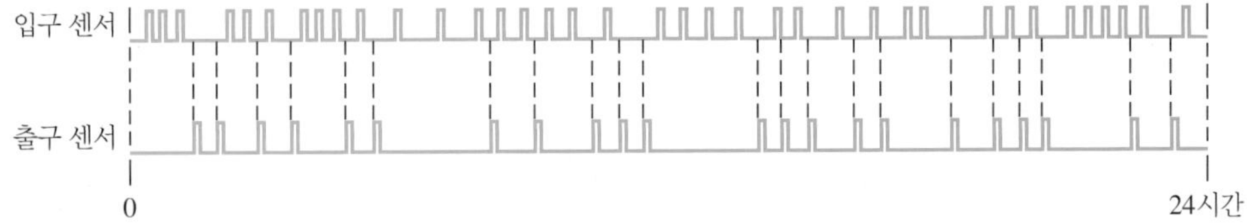

그림 9-78

36. 그림 9-53에서 병렬-직렬 변환기의 병렬 데이터 입력이 10진수 57에 해당하는 2진수이다 (D_0가 LSB). 카운터의 초기값은 0이고, 10 kHz의 클록이 인가된다. 클록 신호에 대한 카운터 출력 및 직렬 데이터 출력을 나타내는 타이밍도를 그리라.

9-10절 고장 진단

37. 그림 9-4의 카운터에 다음과 같은 고장이 발생하였다. 각 고장에 대해 Q_0, Q_1 파형의 타이밍도를 그리라(Q_0와 Q_1은 LOW로 초기화되었다고 가정한다).
    (a) FF0의 클록 입력이 접지와 단락
    (b) 출력 Q_0가 개방
    (c) FF1의 클록 입력이 개방
    (d) FF0의 D 입력이 개방
    (e) FF1의 D 입력이 접지와 단락
38. 그림 9-12(b)의 카운터에 대하여 문제 37을 반복하라.
39. 그림 9-79의 파형을 분석하여 그림 9-6의 카운터의 고장을 진단하라.
40. 그림 9-80의 파형으로부터 그림 9-15에 나타낸 카운터의 가장 가능성 있는 고장원인을 진단하라.

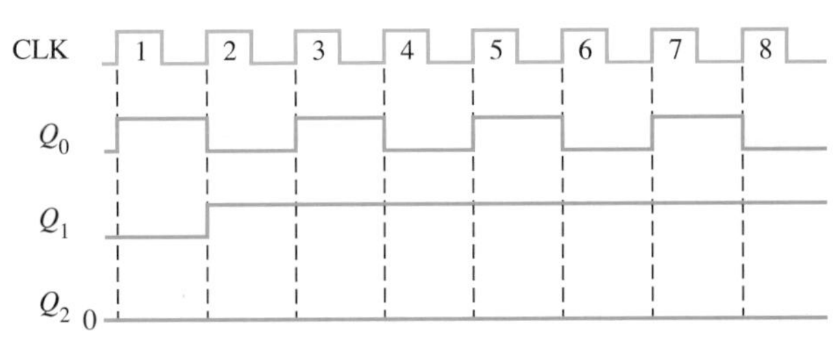

그림 9-79

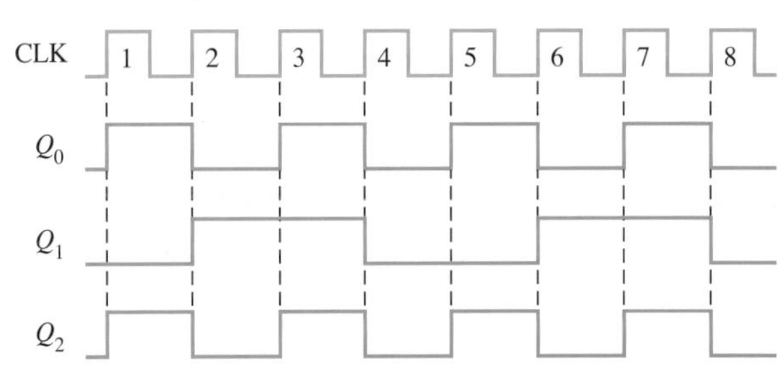

그림 9-80

41. Q_2의 출력이 그림 9-81과 같은 파형일 때, 문제 40을 반복하라. Q_0와 Q_1의 출력파형은 그림 9-80과 동일하다.
42. 그림 9-41의 종속 연결 카운터에 5MHz의 클록 신호를 인가하여 마지막 카운터의 RCO 출력을 측정한 결과, 주파수는 76.2939 Hz였다. 이 카운터는 정상적으로 동작하는가? 만약 그렇지 않다면 가장 가능성 있는 문제는 무엇인가?

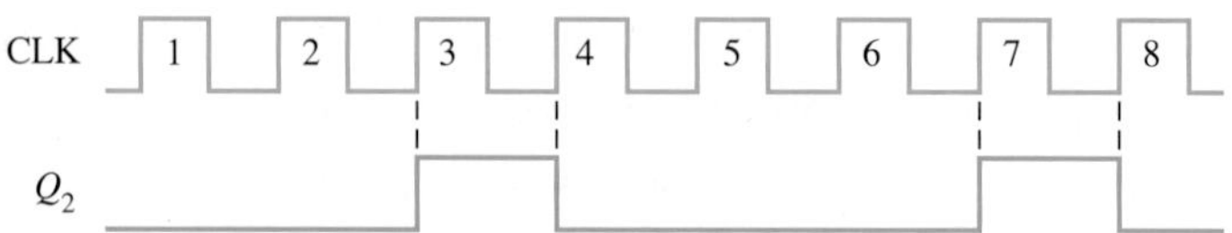

그림 9-81

43. 그림 9-41의 카운터를 시험하는 데 사용하기 위한 표를 만들고자 한다. 병렬 데이터 입력(D_0, D_1, D_2, D_3)이 한 비트씩 개방되었을 때 마지막 카운터의 *RCO* 출력의 주파수를 나타내는 표를 작성하라. 클록의 주파수는 10 MHz를 사용한다.
44. 그림 9-48의 디지털 시계 시스템에서 시의 10의 자리를 표시하는 7-세그먼트가 1을 계속해서 표시하고 있고, 다른 모든 자리의 표시는 정상이다. 무엇이 문제인가?
45. 그림 9-48의 디지털 시계 시스템에서 분의 10의 자리를 표시하는 카운터의 출력이 개방되었다면 어떠한 현상이 관찰되겠는가? 그림 9-49도 참조하라.
46. 그림 9-51과 그림 9-52에 나타낸 주차장 제어 시스템을 사용하는 고객으로부터 불만사항들을 받았다. 고객은 만차(FULL) 표시가 꺼져 있고 게이트 차단기가 올려져 있어 주차장으로 들어갔으나 주차할 공간이 없었다는 불만이었다. 주차장 제어 시스템의 고장 원인은 무엇이라 생각는가? 어떻게 하면 가장 빠른 시간 내에 수리할 수 있겠는가?

응용 논리

47. 하나의 버튼을 누르면 3비트 FLRCALL 코드와 호출 펄스(Call pulse)를 생성할 수 있도록 설계하라.
48. 7개의 버튼 중에서 하나의 버튼을 누르면 3비트 FLRREQ 코드와 요청 펄스(Request pulse)를 생성할 수 있도록 설계하라.
49. 그림 9-64의 논리도에서 4층 건물에서 사용할 수 있도록 엘리베이터 제어기를 수정하려면 무엇을 변경해야 하겠는가?

특수 설계 문제

50. 10진 카운터를 사용하여 모듈러스-1000 카운터를 설계하라.
51. 모듈러스 30,000을 구현하기 위해서 그림 9-41의 카운터를 수정하여 설계하라.
52. 모듈러스 50,000 구현을 위해서 문제 51을 반복하라.
53. 그림 9-48, 9-49, 9-50의 디지털 시계를 수정하여 임의의 원하는 시간을 설정(프리셋)할 수 있도록 하라.
54. 디지털 시계에서 미리 설정한 시간(시와 분만)을 감지하고 음성 알람을 작동시키는 신호를 발생시킬 수 있는 알람회로를 설계하라.
55. 1,000대의 주차 공간과 3,000대의 주차 공간을 갖도록 그림 9-52의 회로를 수정하여 설계하라.
56. 그림 9-53의 병렬-직렬 데이터 변환기를 고정 기능 소자를 사용하여 구현하라.
57. 설계 잘못 때문에 문제 19에서의 카운터가 2개의 고착된 상태만을 반복하고 있다. 두 번째 고착 상태로 가면 다음 클록 펄스에서 0 상태로 재순환하도록 카운터를 재설계하라.

Multisim 고장 진단 연습

MultiSim

58. 파일 P09-58을 열라. 특정한 고장이 회로에 미치는 영향을 예상하라. 그 고장을 발생시키고 예상이 맞았는지 검증하라.

59. 파일 P09-59를 열어라. 특정한 고장이 회로에 미치는 영향을 예상하라. 그 고장을 발생시키고 예상이 맞았는지 검증하라.

60. 파일 P09-60을 열어라. 특정한 고장이 회로에 미치는 영향을 예상하라. 그 고장을 발생시키고 예상이 맞았는지 검증하라.

61. 파일 P09-61을 열어라. 관찰된 현상에 대해 회로의 고장을 예상하라. 의심되는 고장을 발생시키고 예상이 맞았는지 검증하라.

62. 파일 P09-62를 열어라. 관찰된 현상에 대해 회로의 고장을 예상하라. 의심되는 고장을 발생시키고 예상이 맞았는지 검증하라.

정답

복습문제

9-1절 유한 상태 머신

1. 유한 상태 머신은 유한개의 상태가 정해진 순서대로 발생하는 순차회로이다.
2. 무어 상태 머신과 밀리 상태 머신
3. 무어 상태 머신에서 출력(들)은 현재의 내부 상태에 의해서만 결정된다. 밀리 상태 머신에서 출력(들)은 현재의 내부 상태와 입력값 모두에 의해서 결정된다.

9-2절 비동기 카운터

1. 비동기라는 것은 첫 번째 플립플롭 이후의 각 플립플롭의 클록은 이전 플립플롭의 출력에 의해서 구동된다는 것을 의미한다.
2. 모듈러스-14 카운터는 14개의 상태를 가지며 4개의 플립플롭이 필요하다.

9-3절 동기 카운터

1. 동기 카운터에서의 모든 플립플롭에는 클록이 동시에 인가된다.
2. 카운터는 임의의 주어진 상태로 프리셋(초기화)시킬 수 있다.
3. 카운터는 *ENP*와 *ENT*가 모두 HIGH일 때 인에이블된다. 카운터의 순서에서 최종 상태에 도달하였을 때 *RCO*는 HIGH가 된다.

9-4절 업/다운 동기 카운터

1. 카운터는 1001 상태로 된다.
2. 업 : 1111, 다운 : 0000, 다음 상태 : 1111

9-5절 동기 카운터의 설계

1. $J = 1$, $K =$ X('무정의 조건')
2. $J = X$('무정의 조건'), $K = 0$
3. **(a)** 다음 상태는 1011이다.
   (b) Q_3(MSB) : 불변 또는 세트, Q_2 : 불변 또는 리셋, Q_1 : 불변 또는 세트, Q_0(LSB) : 세트 또는 토글

9-6절 종속 연결 카운터

1. 3개의 10진 카운터는 1,000분주를 하고, 4개의 10진 카운터는 10,000분주를 한다.
2. **(a)** ÷ 20 : 플립플롭과 DIV 10
   (b) ÷ 32 : 플립플롭과 DIV 16
   (c) ÷ 160 : DIV 16과 DIV 10
   (d) ÷ 320 : DIV 16과 DIV 10과 플립플롭

9-7절 카운터 디코딩

1. **(a)** 한 비트만 변경되므로 천이 상태는 없다.
   (b) 0000, 0001, 0010, 0101, 0110, 0111
   (c) 한 비트만 변경되므로 천이 상태는 없다.
   (d) 0001, 0010, 0011, 0100, 0101, 0110, 0111, 1000, 1001, 1010, 1011, 1100, 1101, 1110

9-8절 카운터 응용

1. 게이트 G_1은 9를 계수한 후 첫 번째 클록 펄스에서 플립플롭을 리셋시키며, 게이트 G_2는 12를 디코딩하고 카운터에 0001을 프리셋 시킨다.
2. 시를 나타내는 10진 카운터는 상태 0에서 상태 9까지 진행하고, 9에서 다시 0으로 재순환한다. 이때 시의 10의 자리를 나타내는 플립플롭을 1 상태로 반전시킨다. 이와 같이 하여 열 시(10)가 표시장치에 표시된다. 시를 나타내는 카운터와 플립플롭이 12 상태가 되었을 때, NAND 게이트가 이를 디코드하여 다음 클록 펄스에서 카운터를 상태 1로 재순환시킨다. 또한 플립플롭은 리셋되고 따라서 1(01)이 표시된다.

9-9절 종속 표기법에 의한 논리기호

1. C : 제어, 일반적으로 클록이다.
   M : 모드
   G : AND
2. D는 데이터 저장을 나타낸다.

9-10절 고장 진단

1. TC 출력에 펄스가 없다 : 첫 번째 카운터의 $CTEN$이 접지 또는 LOW와 단락되었다. 첫 번째 카운터의 클록 입력이 개방되었다. 클록 신호선이 접지 또는 LOW와 단락되었다. 첫 번째 카운터의 TC 출력이 접지 또는 LOW와 단락되었다.
2. 인버터 출력이 개방되어 카운터가 프리셋 상태로 재순환하지 않고 전체-모듈러스 카운터로 동작한다.

예제의 관련 문제

9-1. 그림 9-82를 참조하라.

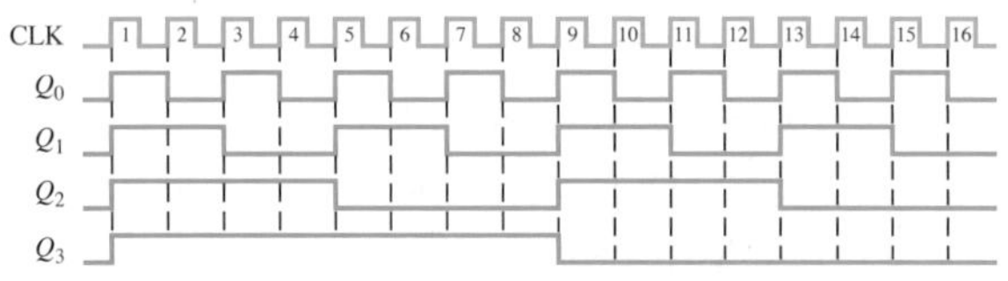

그림 9-82

9-2. 세 번째 입력(Q_2와 Q_3가 2개의 입력)으로 Q_0를 NAND 게이트와 연결한다. $\overline{CLR}$선은 FF0, FF2, FF3의 $\overline{CLR}$ 입력으로 연결한다.

9-3. 그림 9-83을 참조하라.

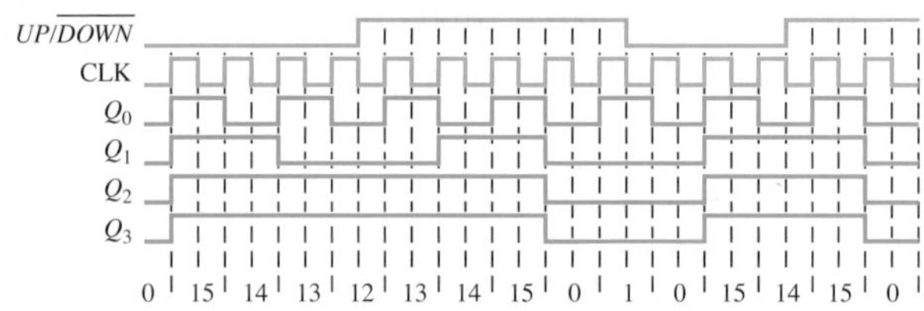

그림 9-83

9-4. 표 9-14를 참조하라.

9-5. 3개의 플립플롭, 16개의 3-입력 AND 게이트, 2개의 4-입력 OR 게이트, 4개의 2-입력 OR 게이트, 1개의 인버터

표 9-14

현재 무효 상태			D 입력			다음 상태			
Q_2	Q_1	Q_0	D_2	D_1	D_0	Q_2	Q_1	Q_0	
0	0	0	1	1	1	1	1	1	유효 상태
0	1	1	0	0	0	0	0	0	
1	0	0	1	1	1	1	1	1	
1	1	0	1	0	1	1	0	1	유효 상태

000 → 111
011 → 000 → 111
100 → 111
110 → 101

9-6. 5개의 10진 카운터가 필요하다. $10^5 = 100{,}000$

9-7. $f_{Q0} = 1\text{ MHz}/[(10)(2)] = 50\text{ kHz}$

9-8. 그림 9-84를 참조하라.

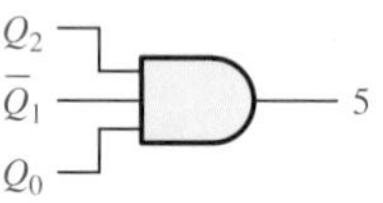

그림 9-84

9-9. $8AC0_{16}$이 적재된다. $16^4 - 8AC0_{16} = 65{,}536 - 32{,}520 = 30{,}016$

$f_{TC4} = 10\text{ MHz}/30{,}016 = 333.2\text{ Hz}$

9-10. 그림 9-85를 참조하라.

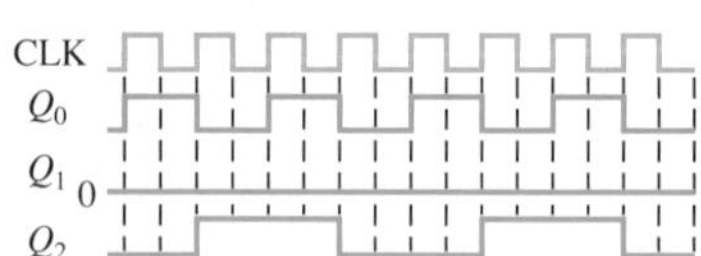

그림 9-85

참/거짓 퀴즈

1. F 2. T 3. T 4. F 5. T
6. F 7. T 8. F 9. T 10. F

자습문제

1. (c) 2. (a) 3. (b) 4. (c) 5. (b)
6. (c) 7. (d) 8. (c) 9. (b) 10. (c)
11. (d) 12. (d) 13. (c) 14. (b) 15. (b)
16. (a)

CHAPTER 10

프로그램 가능한 논리

학습목차

10-1 SPLD
10-2 CPLD
10-3 매크로셀의 동작 모드
10-4 FPGA
10-5 프로그램 가능한 논리 소프트웨어
10-6 경계 스캔 논리
10-7 고장 진단
응용 논리

학습목표

- 프로그램 가능한 논리인 SPLD 및 CPLD 유형에 대해 알아보고, 기본 구조를 설명한다.
- SPLD의 두 가지 유형인 PAL 및 GAL의 기본 아키텍처를 설명한다.
- 프로그램 가능한 논리 배열(PLA)의 기본 구조를 설명한다.
- 매크로셀의 동작에 대해 설명한다.
- CPLD와 FPGA의 차이점을 설명한다.
- 룩업 테이블(LUT)의 기본 동작을 설명한다.
- 지적재산 및 플랫폼 FPGA를 정의한다.
- 내장 기능을 설명한다.
- 프로그램 가능한 소자에 대한 기본 소프트웨어 설계 흐름을 설명한다.
- 설계 입력, 기능 시뮬레이션, 통합, 구현, 타이밍 시뮬레이션 및 다운로드의 설계 흐름 요소를 설명한다.
- 경계 스캔 논리를 포함한 프로그램 가능한 논리 소자를 시험하는 몇 가지 방법에 대해 설명한다.

학습지원 웹사이트

http://www.pearsonglobaleditions.com/floyd

핵심용어

- PAL
- GAL
- 매크로셀
- 레지스터된
- CPLD
- LAB
- LUT
- FPGA
- CLB
- 지적재산
- 설계 흐름
- 대상 소자
- 회로도 입력
- 텍스트 입력
- 기능 시뮬레이션
- 컴파일러
- 타이밍 시뮬레이션
- 다운로딩
- 중단점
- 경계 스캔

개요

하드웨어와 소프트웨어의 구분은 애매하다. 오늘날 VHDL과 같은 언어를 사용하여 새로운 디지털 회로를 하드웨어에 프로그램한다. 단일 칩에 등가 게이트 수를 나타낸 밀도는 지난 몇 년 동안 극적으로 증가했다. 무어의 법칙에 따르면, FPGA(field programmable gate array, PLD 유형)의 최대 게이트 수는 매 18개월마다 두 배로 증가하고 있다. 동시에 PLD의 가격은 하락하고 있다.

FPGA와 같은 PLD는 내장(embedded) 시스템의 프로세서 및 소프트웨어와 함께 사용되거나, FPGA는 모든 논리 기능이 프로그램된 단일 구성으로 사용될 수 있다. 컴퓨터는 다용도로 모든 작업을 수행하도록 프로그램할 수 있다. 내장 시스템은 컴퓨터와 달리 단일 작업 전용이거나 제한된 수의 작업을 수행한다. PLD를 사용하면 논리를 소프트웨어로 표현한 다음 PLD의 내부 게이트로 구현한다.

이 장에서는 SPLD, CPLD와 FPGA의 기본 아키텍처(내부 구조 및 구성)에 대해 설명한다. 소프트웨어 개발 도구에서 설계 입력, 기능 시뮬레이션, 통합, 구현, 타이밍 시뮬레이션 및 다운로드를 포함하여 장치 프로그래밍을 위한 일반적인 설계과정을 다룬다.

10-1 SPLD

SPLD(simple programmable logic device, 프로그램 가능한 간단한 논리소자)의 두 가지 주요 유형은 PAL과 GAL이다. PAL은 프로그램 가능한 배열 논리를 나타내고, GAL은 일반적인 배열 논리를 나타낸다. 일반적으로 PAL은 한 번만 프로그램이 가능하고, GAL은 다시 프로그램할 수 있는 PAL이다. GAL은 원래 래티스반도체사가 사용한 용어이고, 나중에 다른 제조업체에서도 사용된다. PAL 및 GAL의 구조는 프로그램 가능한 AND 배열과 고정된 OR 배열로 이루어진 기본적인 곱의 합이다.

이 절의 학습내용

- SPLD의 동작을 설명한다.
- PAL과 GAL에 곱의 합 표현을 구현하는 방법을 보인다.
- 단순화된 PAL/GAL 논리도를 설명한다.
- 기본적인 PAL/GAL 매크로셀을 설명한다.

SPLD : PAL

PAL(programmable array logic, 프로그램 가능한 배열 논리)은 고정된 OR 게이트의 배열에 연결된 프로그램 가능한 AND 게이트의 배열로 구성된다. 일반적으로 PAL은 퓨즈 공정 기술로 구현되므로 한 번만 프로그램이 가능하다.

PAL 구조로 주어진 변수의 모든 SOP(sum-of-product) 논리를 구현할 수 있다. 앞서 배운 바와 같이 모든 조합논리는 SOP 형식으로 표현될 수 있다. 그림 10-1은 2개의 입력과 하나의 출력을 갖는 간단한 PAL 구조를 나타낸다. 대부분의 PAL에는 많은 입력과 많은 출력이 있다. 앞에서 배웠듯이 프로그램 가능한 배열은 본질적으로 각 교차점에서 프로그램 가능한 링크가 있는 행과 열을 형성하는 도체들의 격자 또는 행렬이다. PAL의 경우 각각의 프로그램 가능한 링크인 퓨즈를 셀이라고 한다. 각 행은 AND 게이트의 입력에 연결되며, 각 열은 입력 변수 또는 그 보수에 연결된다. 퓨즈 연결의 유무를 프로그램하여 입력 변수 또는 보수의 임의의 조합을 AND 게이트에 연결하여 원하는 곱항을 형성할 수 있다. AND 게이트가 OR 게이트에 연결되어 SOP 출력을 생성한다.

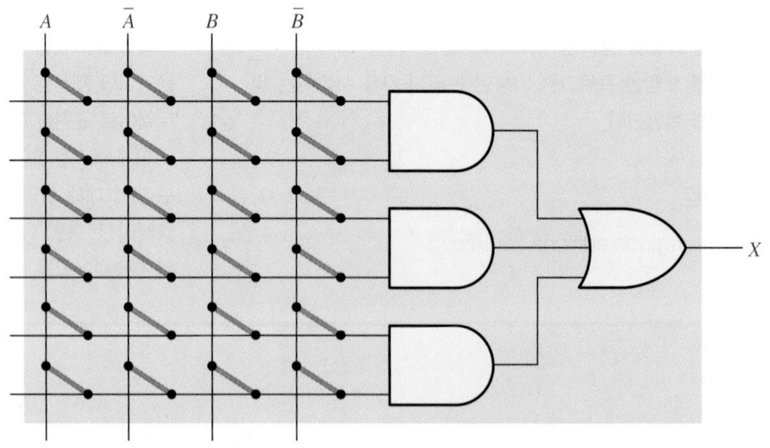

그림 10-1 PAL의 AND/OR 구조

SOP의 구현

그림 10-2는 PAL을 프로그램한 간단한 예를 나타낸다. 곱항 AB는 상단 AND 게이트에 의해 생성되고, $A\overline{B}$는 중간 AND 게이트에 의해 생성되고, $\overline{A}\,\overline{B}$는 하단 AND 게이트에 의해 생성된다. 그림에서처럼 원하는 변수 또는 보수를 적절한 AND 게이트의 입력에 연결하기 위해 퓨즈를 그대로 남겨둔다. 주어진 곱에서 사용되지 않는 변수 또는 보수가 있는 곳의 퓨즈는 끊어진다. OR 게이트의 최종 출력은 다음의 SOP 표현식이다.

$$X = AB + A\overline{B} + \overline{A}\,\overline{B}$$

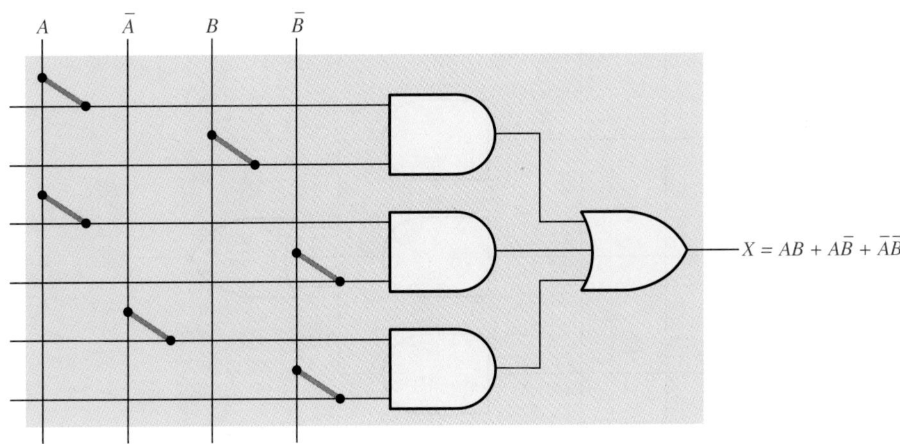

그림 10-2 PAL에서 곱의 합 구현

SPLD : GAL

GAL(generic array logic)은 재프로그램 가능한 PAL이다. GAL은 PAL과 같은 형태의 AND/OR로 구성된다. 기본적인 차이점은 GAL은 그림 10-3에서와 같이 퓨즈 대신에 EEPROM (E^2CMOS)과 같은 공정기술을 사용하여 다시 프로그램이 가능하다는 점이다.

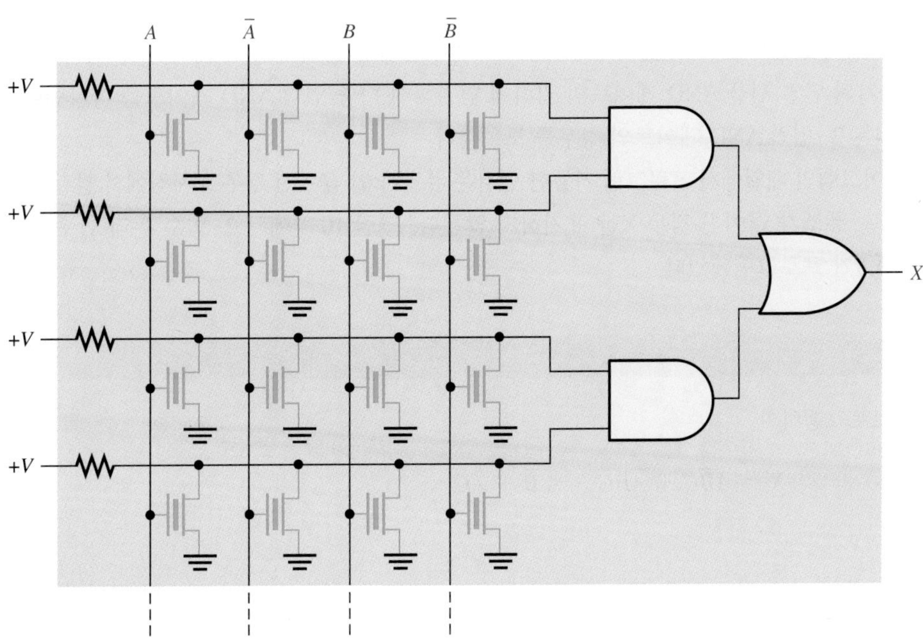

그림 10-3 단순화한 GAL 배열

PAL/GAL 다이어그램의 간단한 표기법

실제 PAL 및 GAL 소자에는 많은 AND 및 OR 게이트가 있으며 많은 변수와 보수를 처리할 수 있다. 데이터 시트에서 볼 수 있는 대부분의 PAL 및 GAL 다이어그램은 회로도를 너무 복잡하지 않게 하기 위해 그림 10-4와 같이 단순화된 표기법을 사용한다.

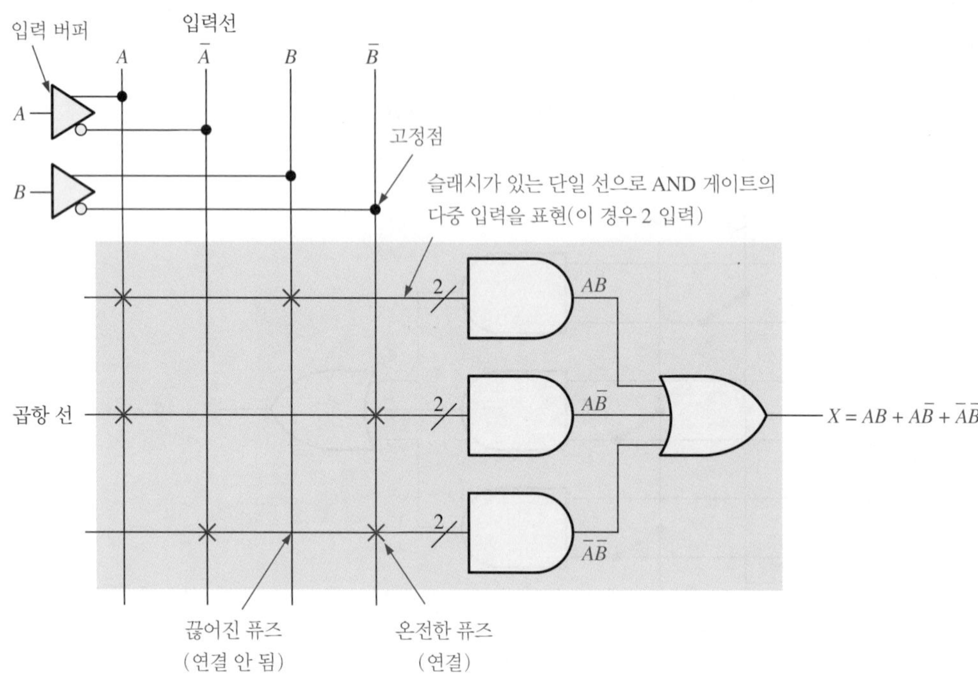

그림 10-4 프로그램된 PAL/GAL의 일부

PAL 또는 GAL에 대한 입력 변수는 다수의 AND 게이트 입력에 연결되므로 과부하를 완화하기 위해 버퍼가 연결된다. 다이어그램에서 삼각형 부호는 변수와 보수를 생성하는 버퍼를 나타낸다. 입력 변수와 버퍼의 고정 연결은 일반적으로 점을 사용하여 표시된다.

PAL 및 GAL에는 많은 수의 프로그램 가능한 상호연결이 있으며, 각 AND 게이트에는 여러 입력이 있다. 일반적인 PAL 및 GAL 논리 다이어그램에서 슬래시(/)와 입력 수를 나타내는 숫자가 표기된 단일 선을 AND 게이트의 입력에 연결하여 다중 입력 AND 게이트를 나타낸다. 그림 10-4는 2-입력 AND 게이트의 경우를 보여준다.

다이어그램의 배열에서 프로그램 가능한 연결은 퓨즈가 안 끊어진 경우 교차점에서 빨간색 X로 표시하고, 퓨즈가 끊어진 경우 X를 표기하지 않는다. 그림 10-4에서 2-변수 논리 함수 $AB + A\overline{B} + \overline{A}\,\overline{B}$가 프로그램되었다.

예제 10-1

다음의 3-변수 논리 함수를 PAL에 프로그램하라.

$$X = A\overline{B}C + \overline{A}B\overline{C} + \overline{A}\,\overline{B} + AC$$

풀이

프로그램된 배열을 그림 10-5에 나타낸다. 손상되지 않은 퓨즈를 빨간색의 작은 X로 표시한다. X가 없으면 끊어진 퓨즈를 의미한다.

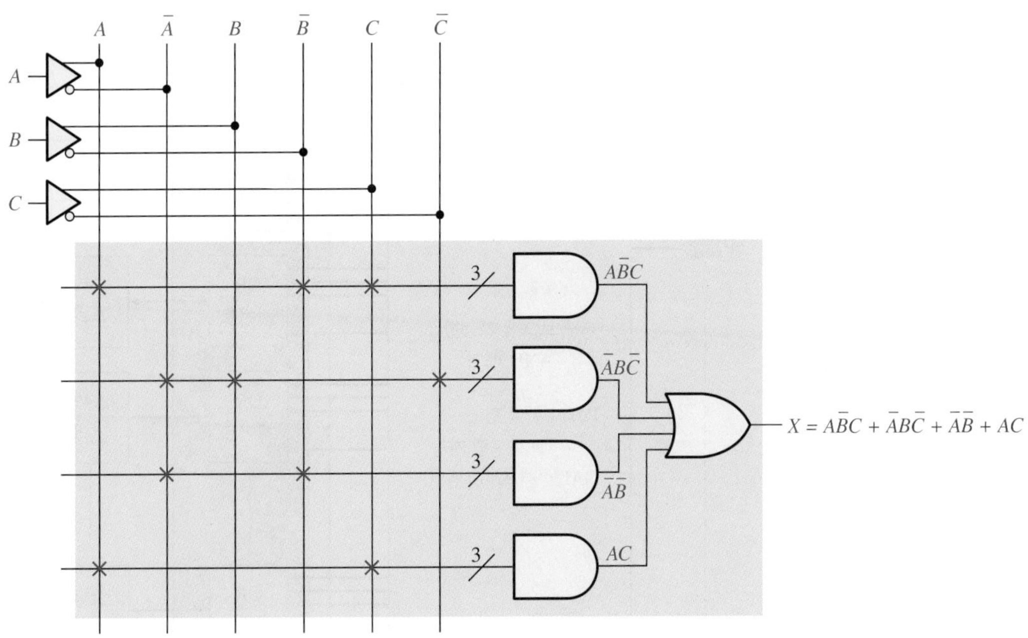

그림 10-5

관련 문제*

그림 10-5에서 맨 위 및 아래 행에서 입력 A에 연결된 퓨즈 연결이 개방인 경우 논리식을 쓰라.

* 정답은 장의 끝에 있다.

PAL/GAL의 블록도

그림 10-6은 PAL 또는 GAL의 블록도를 나타낸다. GAL은 재프로그램 가능한 소자이고, PAL은 한 번만 프로그램 가능함을 기억하자. 프로그램 가능한 AND 배열의 출력은 고정 OR 게이트를 거친 후 추가된 출력 논리에 연결된다. 출력 논리와 OR 게이트를 일반적으로 **매크로셀**이라 부른다. 매크로셀의 복잡성은 소자에 따라 다르며, GAL의 경우 종종 재프로그램이 가능하다.

일반적으로 SPLD 패키지 구성은 20~28핀까지 다양하다. 주어진 논리 설계에 어떤 PAL이 또는 GAL이 적합한지를 결정하는 데 도움이 되는 두 가지 사항은 입력과 출력 수 및 등가 게이트 수 또는 밀도이다. 고려해야 할 다른 파라미터는 최대 동작 주파수, 지연 시간 및 직류 전원 전압이다. SPLD의 일반적인 두 가지 유형은 16V8 및 22V10이다. SPLD 제조업체에 따라 밀도를 정의하는 방법이 다를 수 있으므로 등가 게이트 수를 기억하고 사용해야 한다.

매크로셀

매크로셀(macrocell)의 기본 유형은 하나의 OR 게이트와 출력 논리로 구성된다. PAL 또는 GAL의 유형에 따라 매크로셀의 복잡성이 다르다. 매크로셀은 조합논리, **레지스터된**(registered) 논리 또는 이 둘의 조합으로 구성될 수 있다. 레지스터된 논리는 순차논리를 제공하기 위해 매크로셀에 플립플롭이 있음을 의미한다. 10-3절에서 매크로셀의 레지스터된 동작을 다룬다.

그림 10-7은 조합논리를 사용한 세 가지 매크로셀의 기본 유형을 보여준다. (a)는 OR 게이트와 3-상태 인버터가 있는 간단한 매크로셀을 나타내며, 인버터를 개방 회로처럼 만들어 출력을

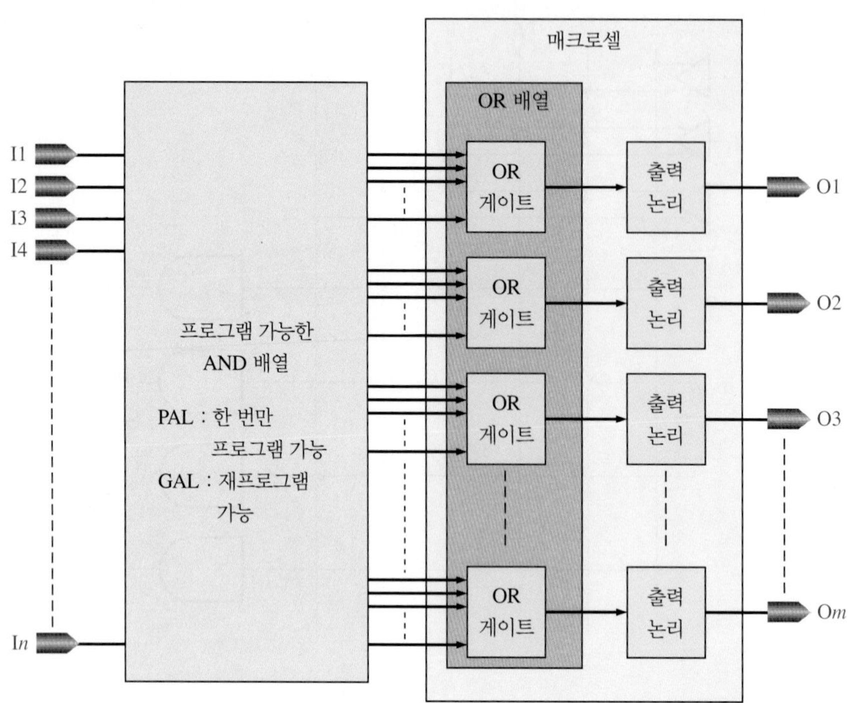

그림 10-6 PAL 또는 GAL의 일반적인 블록도

OR 게이트로부터 완전히 분리할 수 있다. 3-상태 인버터의 출력은 LOW, HIGH 또는 Hi-Z 상태로 될 수 있다. (b)는 입력 또는 출력이 될 수 있는 매크로셀을 나타낸다. 입력으로 사용되면 3-상태 인버터가 Hi-Z 상태가 되어 OR 게이트와 분리되고, AND 배열에 연결된 버퍼로 연결되어 입력이 된다. (c)는 액티브-HIGH 또는 액티브-LOW의 출력 또는 입력으로 프로그램할 수

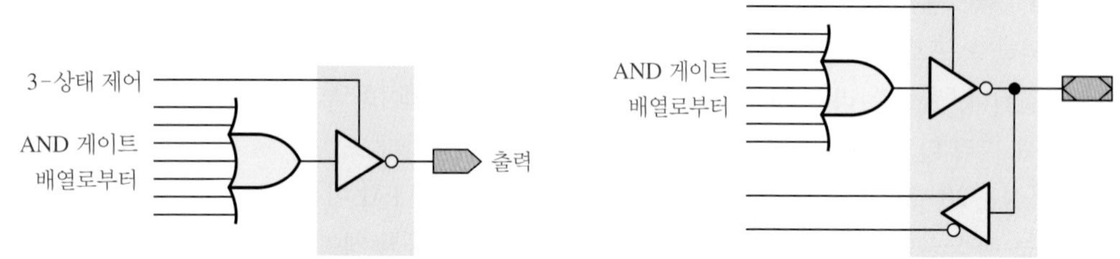

(a) 조합논리 출력(액티브-LOW). 3-상태 게이트에서 버블을 없애면 액티브-HIGH이다.

(b) 조합논리 입력/출력(액티브-LOW)

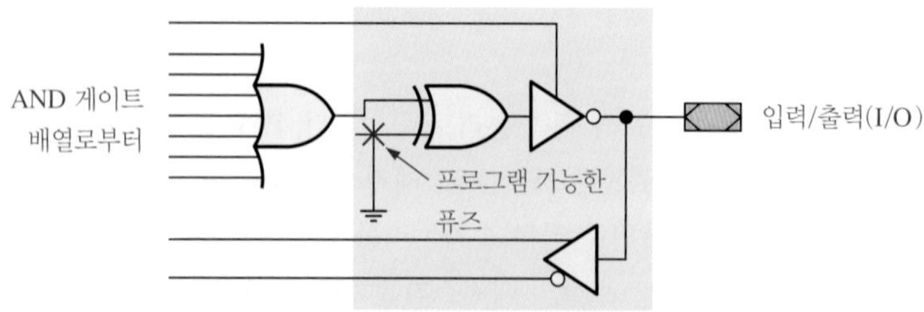

(c) 프로그램 가능한 극성 출력

그림 10-7 조합논리용 PAL/GAL 매크로셀의 기본 유형

있는 매크로셀을 나타낸다. 배타적-OR(XOR) 게이트의 한 입력을 프로그램하여 HIGH 또는 LOW로 만들 수 있다. 만약 프로그램 가능한 XOR 입력이 HIGH이면 OR 게이트 출력은 반전된다($0 \oplus 1 = 1$, $1 \oplus 1 = 0$). 프로그램 가능한 XOR 입력이 LOW이면 OR 게이트 출력은 그대로 출력된다($0 \oplus 0 = 0$, $1 \oplus 0 = 1$).

복습문제 10-1

정답은 이 장의 끝에 있다.

1. PAL은 무엇의 약자인가?
2. GAL은 무엇의 약자인가?
3. PAL과 GAL의 차이점은 무엇인가?
4. 매크로셀의 기본적인 구성은 무엇인가?

10-2 CPLD

CPLD는 다수의 SPLD로 구성된 단일 소자이고, 이를 이용해 더 큰 논리회로를 설계할 수 있다. CPLD는 밀도, 공정기술, 전력소비, 공급전압 및 속도와 같은 파라미터와 아키텍처에 따라 다소 다를 수 있다. 이 절에서는 기존의 CPLD 아키텍처의 개념에 대해 중점을 둔다.

이 절의 학습내용

- CPLD의 동작을 설명한다.
- 기본 CPLD 아키텍처를 설명한다.
- CPLD에서 곱항을 만드는 방법을 설명한다.

CPLD

기본적으로 **CPLD**(complex programmable logic devices, 프로그램 가능한 복잡한 논리소자)는 프로그램이 가능한 상호연결이 있는 SPLD의 다수 배열로 구성된다. CPLD의 내부를 구성하는 방법은 제조업체에 따라 다르지만 그림 10-8은 일반적인 CPLD를 나타낸다. CPLD의 각 SPLD 배열을 **LAB**(logic array block, 논리 배열 블록)으로 부르기로 한다. 기능 블록, 논리 블록 또는 일반 블록과 같은 다른 명칭으로 불리기도 한다. 일반적으로 **프로그램 가능한 상호연결**(programmable interconnect array)을 PIA로 부르며, 자일링스사와 같은 일부 제조업체에서는 AIM(advanced interconnect matirx) 또는 유사한 명칭으로 부르기도 한다. LAB과 LAB 간의 상호연결은 소프트웨어를 사용하여 프로그램된다. 개별 LAB(실제로는 SPLD)의 SOP 구조를 기반으로 CPLD의 복잡한 논리 함수를 프로그램할 수 있다. 임의의 LAB에 입력을 연결할 수 있고, 출력을 PIA를 통해 다른 LAB에 상호 연결할 수 있다.

대부분의 프로그램 가능한 논리 제조업체들은 밀도, 공정기술, 전력소모, 전원전압, 속도가 다양한 일련의 CPLD를 제조하고 있다. 제조업체는 대개 매크로셀 또는 LAB의 관점에서 CPLD의 밀도를 표시한다. 밀도는 최대 수백 개의 핀이 있는 패키지 안에 수십 개의 매크로셀에서 1,500개 이상의 매크로셀에 이르기까지 다양하다. PLD가 복잡해지면서 최대 밀도는 증가한다. 대부분의 CPLD는 재프로그래밍이 가능하며, 프로그램 가능한 연결에 EEPROM 또는 SRAM 공정기

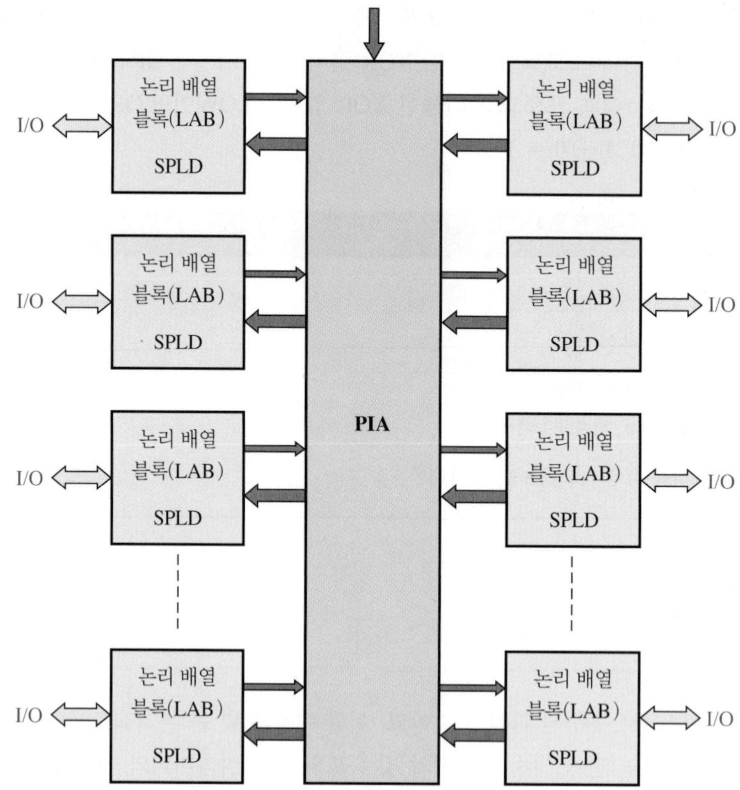

그림 10-8 기존 CPLD의 기본 블록도

술을 사용한다. 전력소모는 수 mW에서 수백 mW까지 다양하다. 전원전압은 소자에 따라 일반적으로 직류 2.5 V ~ 5 V이다.

여러 제조업체(예 : 알테라, 자일링스, 래티스, 아트멜)에서 CPLD를 생산한다. 앞으로 배우다 보면 CPLD와 기타 프로그램 가능한 논리 소자는 실제로 하드웨어와 소프트웨어의 조합임을 알 수 있다.

기존 CPLD 아키텍처

아키텍처(architecture)는 내부 요소를 구성하고 배열하는 방식을 의미한다. CPLD의 아키텍처는 일반적인 CPLD의 블록도와 유사하다(그림 10-8 참조). SOP 함수를 생성하는 기존의 PAL/GAL 구조를 가지고 있다. 시리즈의 특정 소자에 따라 밀도는 2~16 LAB까지 다양하다. 1 LAB은 1개의 SPLD와 대략적으로 같으며, CPLD 패키지 크기는 44~208핀까지 다양하다는 것을 기억하자. 일반적으로 CPLD 시리즈는 EEPROM 기반 공정기술을 사용한다. ISP(in-system programmable) 버전은 JTAG 표준 인터페이스를 사용한다.

그림 10-9는 일반적인 CPLD의 블록도를 보여준다. 4개의 LAB이 있고, 시리즈의 소자에 따라 최대 16개의 LAB이 있을 수 있다. 각각의 LAB은 16개의 매크로셀로 구성되며, 각 LAB은 PIA를 통해 상호 연결된다. PIA는 범용 입력, I/O 및 매크로셀이 연결되는 프로그램 가능한 전체적인(모든 LAB으로 가는) 버스 구조이다.

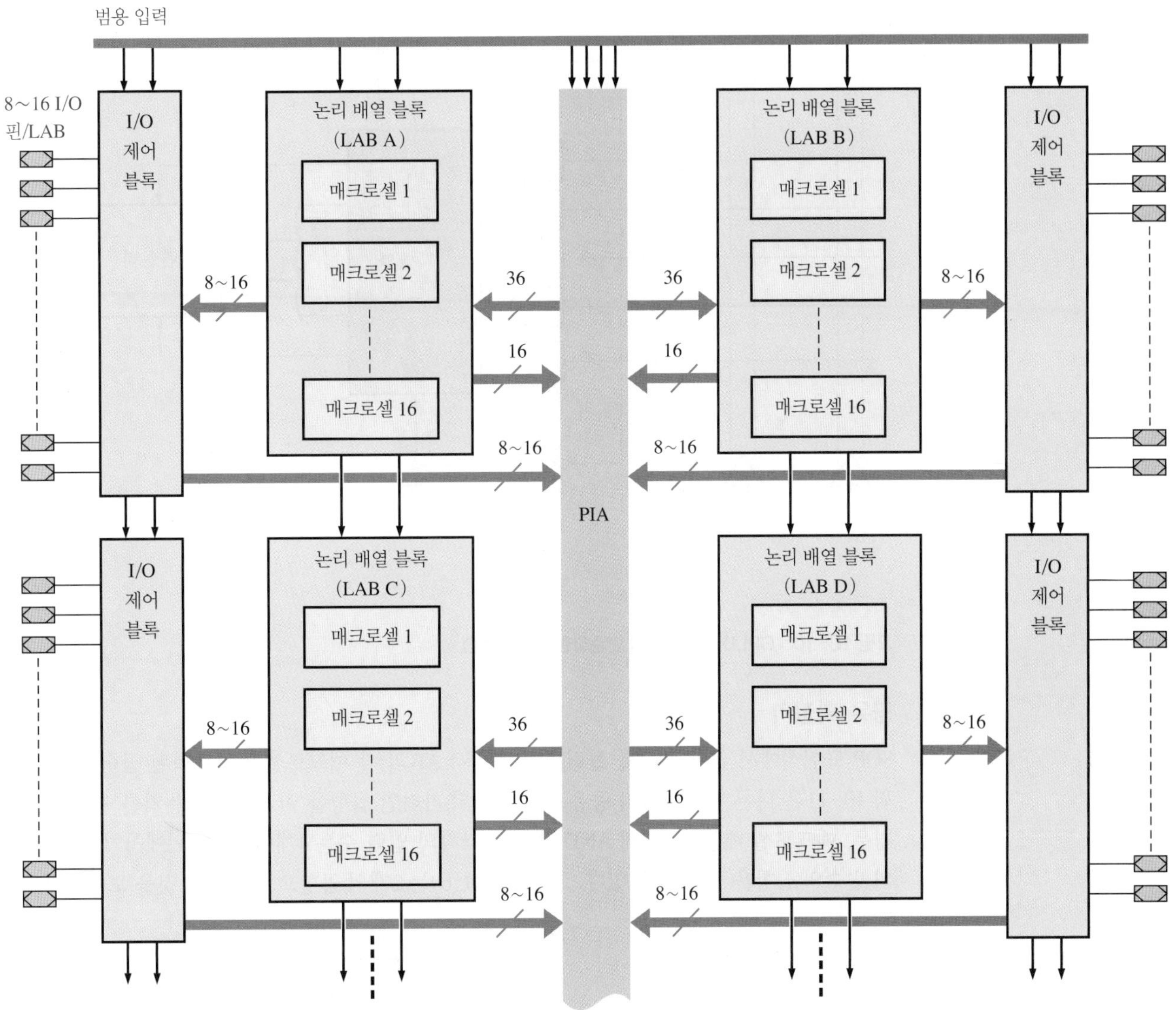

그림 10-9 CPLD의 기본 블록도

매크로셀

매크로셀을 단순화한 다이어그램을 그림 10-10에 나타낸다. 매크로셀은 5개의 AND 게이트로 구성된 프로그램 가능한 AND 배열, OR 게이트, 곱항 선택 행렬 및 입력, 조합논리 출력 또는 레지스터된 출력을 프로그램할 수 있는 관련 논리로 구성된다. 이 매크로셀에 대해서는 10-3절에서 자세히 다룬다.

이 매크로셀은 프로그램 가능한 AND 배열의 일부와 곱항 선택 행렬을 포함하기 때문에 10-1절에서 논의한 SPLD의 매크로셀과 다소 다르다. 그림 10-10에서 보듯이 PIA 신호는 5개의 AND 게이트를 거쳐 곱항을 만들고, 곱항 선택 행렬로 입력된다. 하부 AND 게이트의 곱항의 보수는 다른 매크로셀에서 사용하기 위한 공유 확장기로서 프로그램 가능한 배열로 피드백될 수 있다. SOP 표현을 확장하기 위해 병렬 확장기 입력을 사용하여 다른 매크로셀에서 사용되지 않는 곱항을 차용할 수 있다. 곱항 선택 행렬은 AND 배열 출력과 다른 매크로셀로부터의 확장기 입력을 OR 게이트로 연결하는 프로그램 가능한 배열이다.

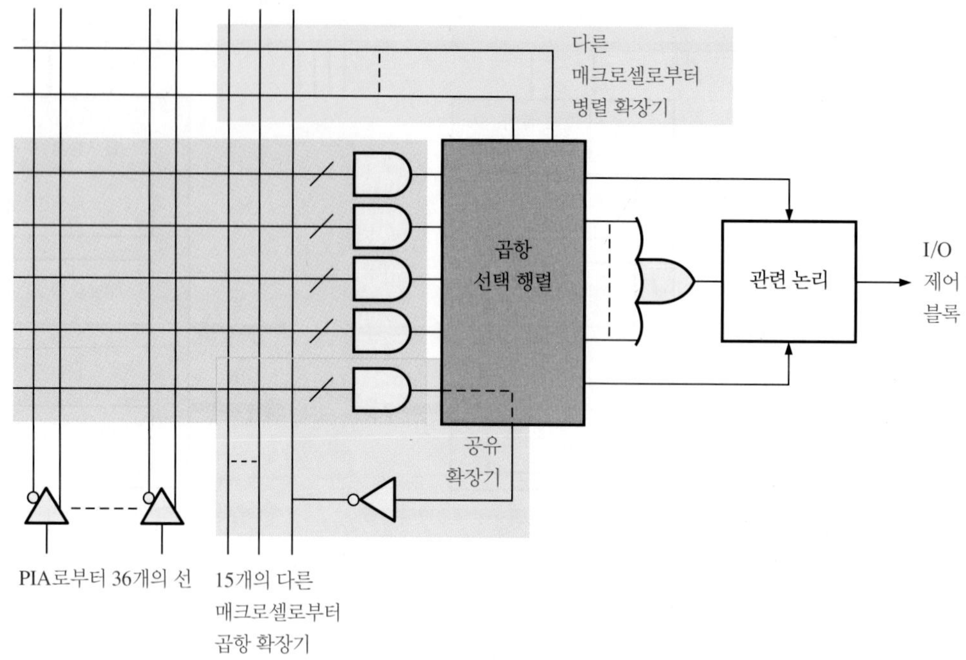

그림 10-10 CPLD 매크로셀의 단순화한 다이어그램

공유 확장기

SOP 표현식에서 곱항의 수를 늘릴 수 있도록 LAB의 각 매크로셀에 보수화된 곱항이 있다. 그림 10-11은 다른 매크로셀의 공유 확장기로 추가적인 곱항을 어떻게 만드는가를 보여준다. 이 경우, 매크로셀 배열의 5개의 AND 게이트 각각의 입력 수는 4개이므로, (a)에서처럼 최대 4개의 변수의 곱항을 생성할 수 있다. 그림 10-11(b)는 2개의 곱항으로 확장한 것을 보여준다.

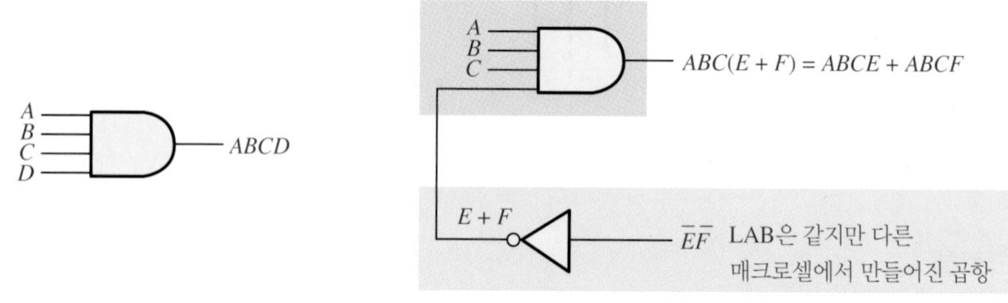

(a) 4-입력 AND 게이트는 하나의 4-변수 곱항을 만든다.

(b) 2개의 곱항을 만들기 위해 AND 게이트가 확장된다.

그림 10-11 매크로셀에서 곱항의 수를 증가시키기 위해 공유 확장기를 사용한 예

각 매크로셀은 AND 배열로부터 최대 5개의 곱항을 만들 수 있다. 매크로셀이 5개 이상의 곱항이 필요한 SOP 출력을 만들기 위해 다른 매크로셀의 확장기를 사용할 수 있다. 6개의 곱항으로 이루어진 SOP 논리식이 필요하다고 가정하자. 그림 10-12는 다른 매크로셀의 곱항을 사용하여 SOP 출력을 증가시키는 방법을 보여준다. 활용도가 낮은 매크로셀 2에서 공유 확장기 항 $(E + F)$를 만들어 매크로셀 1의 다섯 번째 AND 게이트에 연결하여 6개 곱항의 SOP 식을 만들 수 있다.

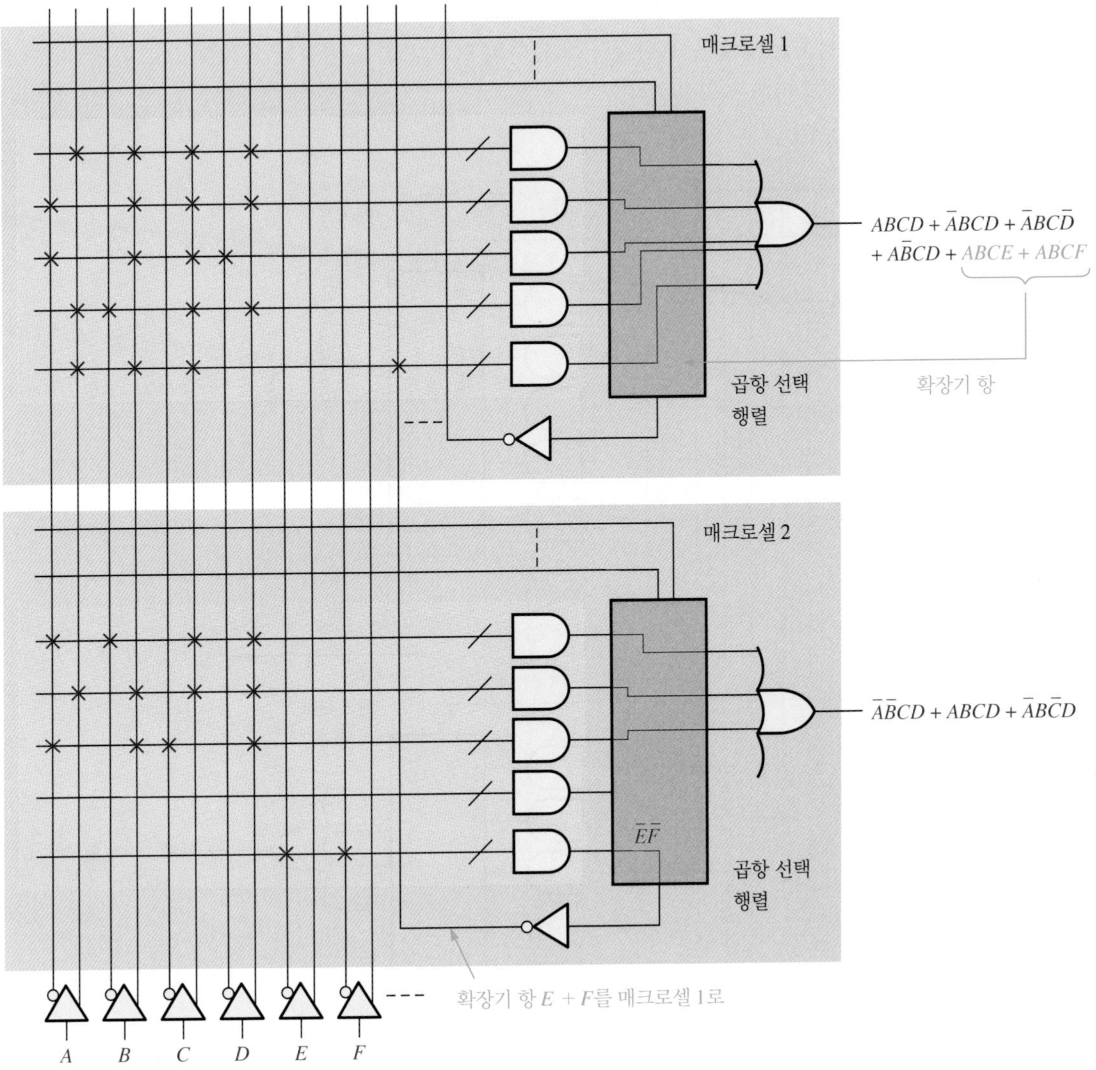

그림 10-12 다른 매크로셀의 공유 확장기를 이용하여 SOP 식의 곱항을 증가시키는 방법. 설계 소프트웨어를 이용하여 빨간색의 ×와 선이 하드웨어로 연결된다.

병렬 확장기

매크로셀에서 곱항의 수를 늘리는 다른 방법은 병렬 확장기를 이용하는 것이다. 공유 확장기인 경우 AND 배열로 결합되어 추가된 곱항이 만들어지지만, 병렬 확장기인 경우 매크로셀에 의해 생성된 항과 OR되어 추가된 곱항이 만들어진다. 주어진 매크로셀은 이웃한 매크로셀에서 사용하지 않은 곱항을 빌릴 수 있다. 그림 10-13에서는 2개의 곱항을 만들 수 있는 단순화된 회로가 3개의 추가된 곱항을 차용하는 기본 개념을 나타낸다.

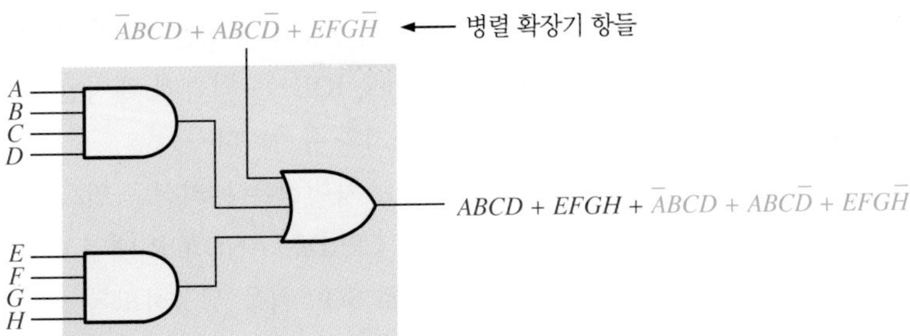

그림 10-13 병렬 확장기의 기본 개념

그림 10-14는 SOP 항을 증가시키기 위해 한 매크로셀이 다른 매크로셀로부터 병렬 확장기를 차용하는 방법을 보여준다. 8개 항의 SOP 표현을 만들기 위해 매크로셀 2는 매크로셀 1로부터 3개의 곱항을 차용한다.

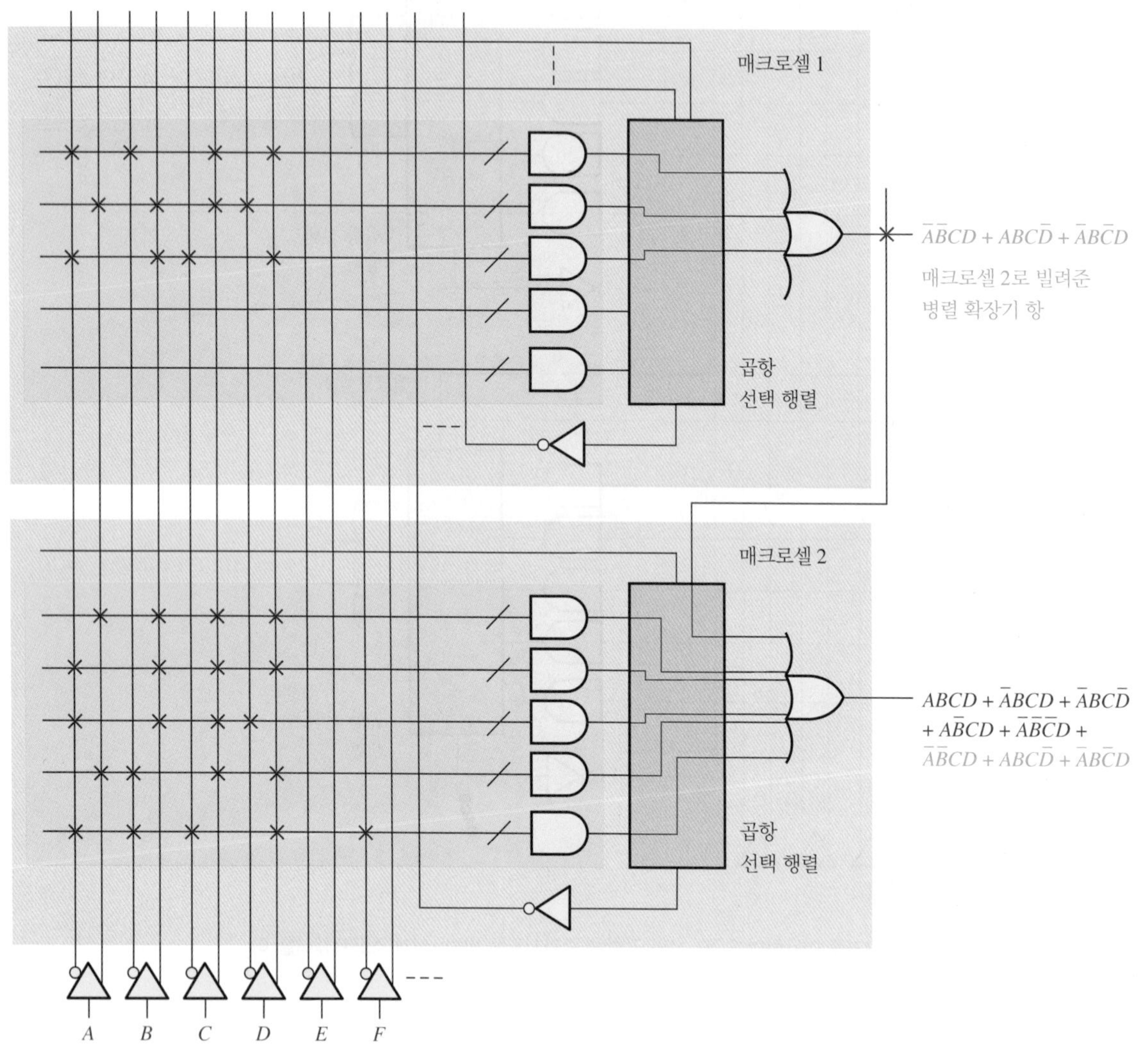

그림 10-14 다른 매크로셀의 병렬 확장기를 이용하여 SOP 식의 곱항을 증가시키는 방법. 설계 소프트웨어를 이용하여 빨간색의 ×와 선이 하드웨어로 연결된다.

LUT CPLD 아키텍처

이 아키텍처는 지금까지 논의한 기존의 CPLD와 다르다. 그림 10-15의 블록도에서 볼 수 있듯이 이 소자는 다수의 **논리 요소**(logic element, LE)가 있는 LAB으로 구성된다. LE는 기본적인 논리 설계의 단위이며 매크로셀과 비슷하다. 프로그램 가능한 상호연결이 LAB 사이에서 행과 열로 배열된다. 입력/출력 요소(input/output elements, IOE)는 외곽에 배치된다. 이런 유형의 CPLD 아키텍처는 10-4절에서 설명할 FPGA 아키텍처와 유사하다.

LUT CPLD와 이전에 논의한 기존의 CPLD의 주요 차이점은 논리식을 만드는 방법이다. 기존의 CPLD은 AND/OR 배열을 사용하는 반면, LUT CPLD는 AND/OR 배열 대신 LUT를 사용한다. **LUT**(look-up table, 룩업 테이블)는 기본적으로 SOP 식을 생성하도록 프로그램할 수 있는 일종의 메모리이다(10-4절에서 자세히 설명함). 이 두 방법을 그림 10-16에서 비교한다.

언급한 바와 같이, LUT CPLD는 대부분의 기존 CPLD에서 볼 수 있는 채널식의 상호연결 대신에 행/열 배열을 가진다. 이 두 가지 접근법을 그림 10-17에서 비교하고, 그림 10-9와 그림 10-15를 비교하면 이해할 수 있다.

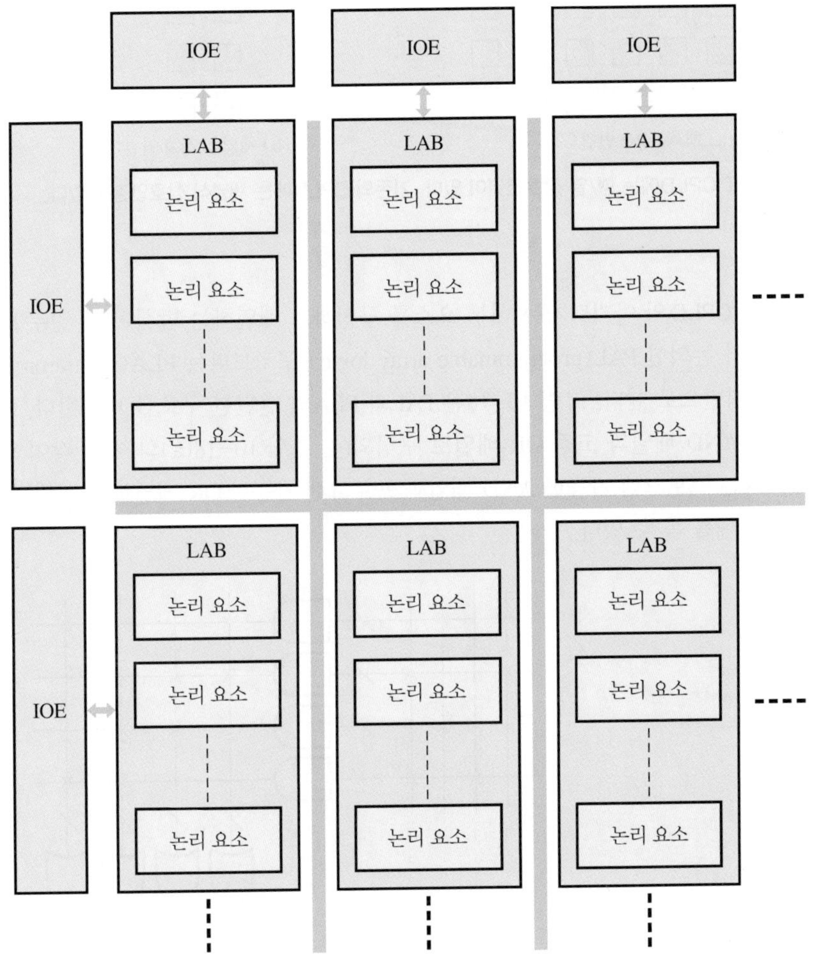

그림 10-15 LUT CPLD의 단순화한 블록도

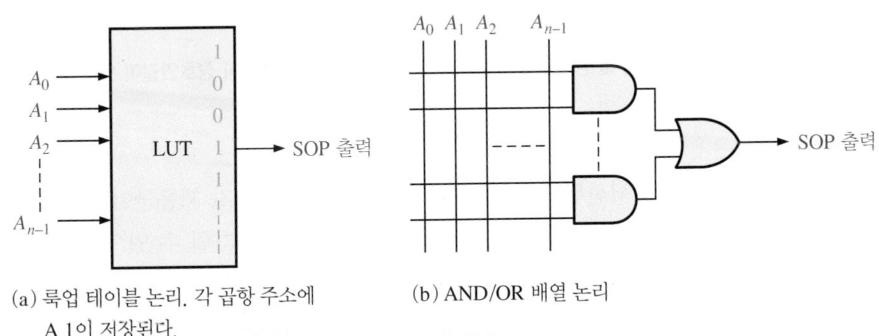

(a) 룩업 테이블 논리. 각 곱항 주소에 A 1이 저장된다.

(b) AND/OR 배열 논리

그림 10-16 CPLD에서 논리를 발생하는 두 방법

대부분의 CPLD는 프로그램 가능한 상호연결에 비휘발성 공정기술을 사용한다. 그러나 LUT CPLD는 **휘발성**(volatile)인 SRAM 기반 공정기술을 사용하여, 전원이 꺼지면 프로그램된 모든 논리는 사라진다. 칩에 내장된 메모리는 비휘발성 메모리 기술을 사용하여 프로그램 데이터를 저장하고, 전원을 켤 때 CPLD를 재구성한다.

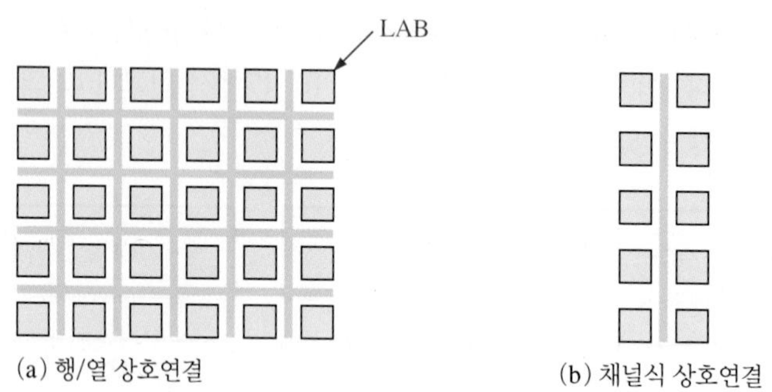

그림 10-17 LUT CPLD에는 행/열 상호연결이 있다. 기존의 CPLD에는 채널식 상호연결이 있다.

PLA

배운 바와 같이 CPLD의 아키텍처는 내부 요소를 구성하고 배열하는 방식이다. 일부 PLD의 아키텍처는 우리가 논의한 PAL(programmable array logic) 구조보다는 PLA(programmable logic array) 구조를 기반으로 한다. 그림 10-18은 PAL과 PLA의 간단한 구조를 비교한다. PAL은 프로그램 가능한 AND 배열과 고정 OR 배열로 구성되어, 그림 10-18(a)의 예와 같이 SOP 식을 생성한다. **PLA**는 프로그램 가능한 AND 배열과 프로그램 가능한 OR 배열로 구성되며, 그림 10-18(b)에서 그 예를 볼 수 있다.

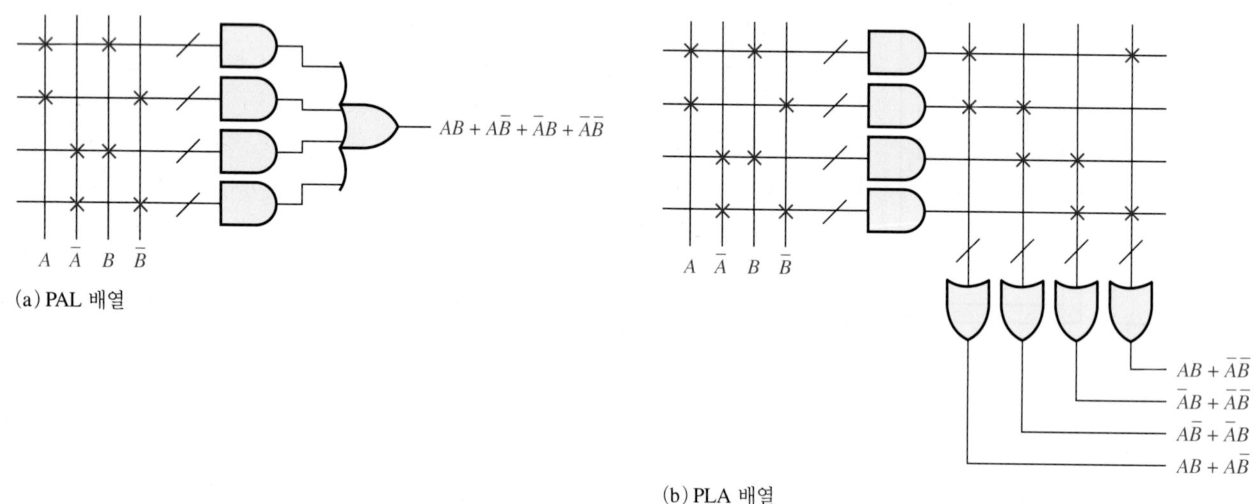

그림 10-18 LUT CPLD에는 행/열 상호연결이 있다. 기존의 CPLD에는 채널식 상호연결이 있다.

상용 CPLD

여러 제조업체에서 CPLD가 생산된다. 표 10-1에는 주요 회사의 소자 제품군이 나열되어 있다. 세월의 흐름에 따라 시리즈가 쓸모없게 되거나 새로운 시리즈가 추가될 수 있으며, 웹사이트에서 최신 정보를 확인할 수 있다.

표 10-1

CPLD 제조업체

제조업체	시리즈 명칭	설계 소프트웨어	웹사이트
알테라	MAX	Quartus II	Altera.com
자일링스	Coolrunner	ISE Design Suite	Xilinx.com
래티스	ispMACH	ispLEVER classic	Latticesemi.com
아트멜	ATF	ProChip Designer	Atmel.com

CPLD는 복잡성 면에서 크게 다르다. 표 10-2에는 사용 가능한 파라미터의 범위를 보여준다. 이 값들은 기술 발전에 따라 변경될 수 있다.

표 10-2
주요 CPLD 파라미터

사양	범위
매크로셀 수	10~1700
LAB 수	10~221
최대 동작 주파수	20.4 MHz~400 MHz
I/O 수	10-1156
직류 전원전압	1.8 V, 2.5 V, 3.3 V, 5 V

복습문제 10-2

1. CPLD는 무엇인가?
2. LAB은 무엇을 의미하는가?
3. 일반적인 CPLD에서 LAB을 설명하라.
4. 공유 확장자의 목적과 방법은 무엇인가?
5. 병렬 확장자의 목적과 방법은 무엇인가?
6. PLA와 PAL의 차이점은 무엇인가?

10-3 매크로셀의 동작 모드

CPLD 매크로셀은 앞에서 소개되었다. 조합논리 또는 레지스터된 논리의 출력과 입력에 대해 매크로셀을 프로그램으로 구성할 수 있다. '레지스터된'이란 용어는 플립플롭을 사용함을 나타낸다. 이 절에서는 조합 및 레지스터된 동작 모드를 포함한 일반적인 매크로셀에 대해 공부한다. 매크로셀의 아키텍처가 CPLD마다 다르지만, 일반적인 매크로셀 아키텍처를 사용하여 설명한다.

이 절의 학습내용

- 일반적인 CPLD 매크로셀의 동작을 설명한다.

논리 다이어그램은 종종 그림 10-19에 표시된 기호를 사용하여 멀티플렉서를 나타낸다. 이 경우, 멀티플렉서는 2개의 데이터 입력과 프로그램 가능한 선택 입력을 가진다. 선택 입력은 일반적으로 논리 다이어그램에 표시되지 않는다.

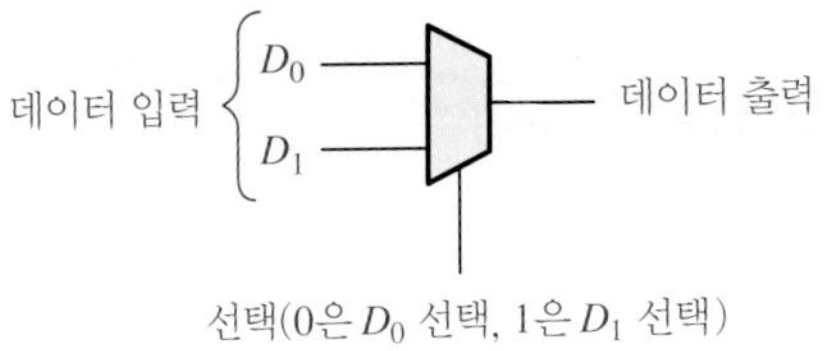

그림 10-19 멀티플렉서 기호, 입력 수가 많을 수 있다.

그림 10-20은 플립플롭(레지스터)을 포함하는 전체 매크로셀을 보여준다. XOR 게이트는 OR 게이트로부터 SOP 식을 보수로 취하여서 POS 식을 제공한다. XOR 게이트의 상단 입력이 1이라면 OR 출력을 보수로 바꾸고 0이라면 SOP 형식으로 OR 출력을 그대로 통과시킨다. MUX 1은 XOR 출력 또는 I/O에서 입력을 선택한다. MUX 2는 전역 클록 또는 곱항에 기초한 클록 신호를 선택하도록 프로그램될 수 있다. MUX 3은 HIGH (V_{CC}) 또는 곱항을 선택하도록 프로그램하여 플립플롭을 활성화할 수 있다. MUX 4는 전역 클리어 또는 곱항을 선택하여 플립플롭을 클리어할 수 있다. MUX 5는 플립플롭을 우회하여 조합논리 출력을 I/O에 연결하거나 레지스터된 출력을 I/O에 연결하는 데 사용된다. 플립플롭은 D, T 또는 J-K 플립플롭으로 프로그램할 수 있다.

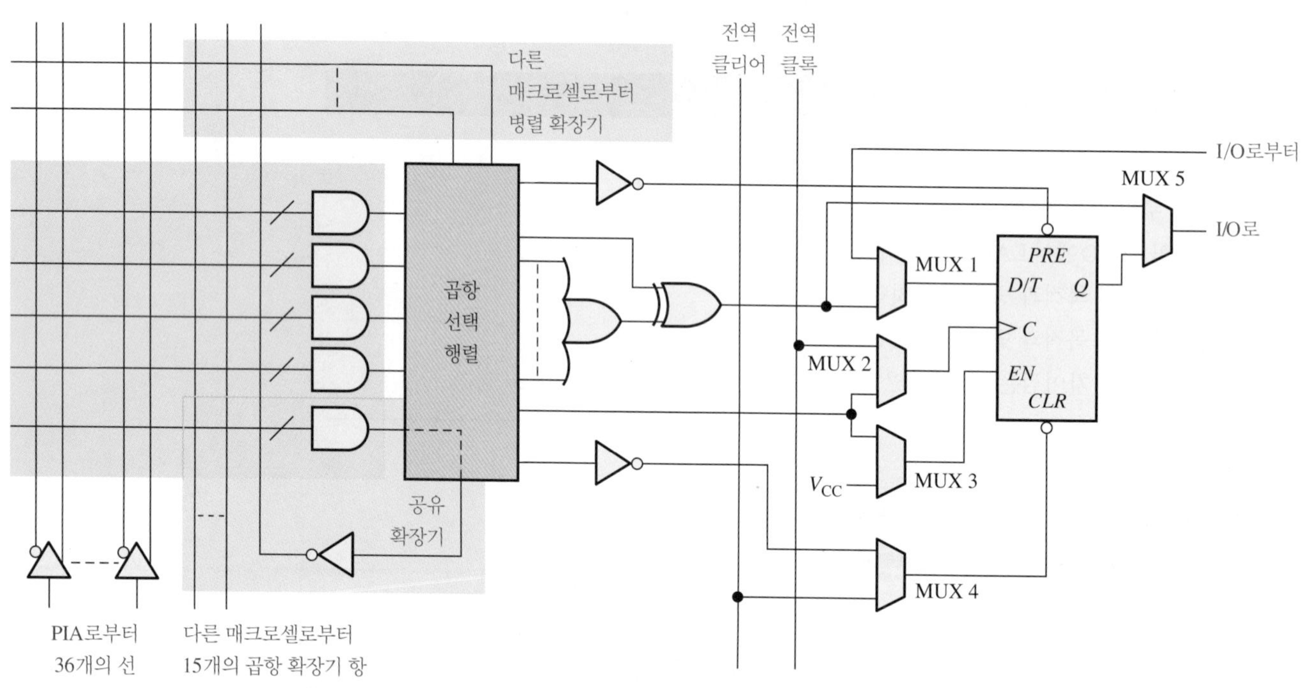

그림 10-20 일반적인 CPLD 매크로셀

조합 모드

매크로셀이 SOP 조합논리 식을 생성하도록 프로그램되면 데이터 경로의 논리 요소를 그림 10-21에서 빨간색으로 표시하였다. 보는 바와 같이 단지 하나의 멀티플렉서가 사용되고, 플립플롭을 거치지 않는다.

레지스터된 모드

SOP 조합논리 출력이 레지스터의 입력으로 연결되고 전역 클록을 클록으로 사용하는 레지스터된 모드로 매크로셀을 프로그램하면 데이터 경로의 요소는 그림 10-22의 빨간색으로 표시된 바와 같다. 4개의 멀티플렉서가 사용되고, 플립플롭이 활성화된다.

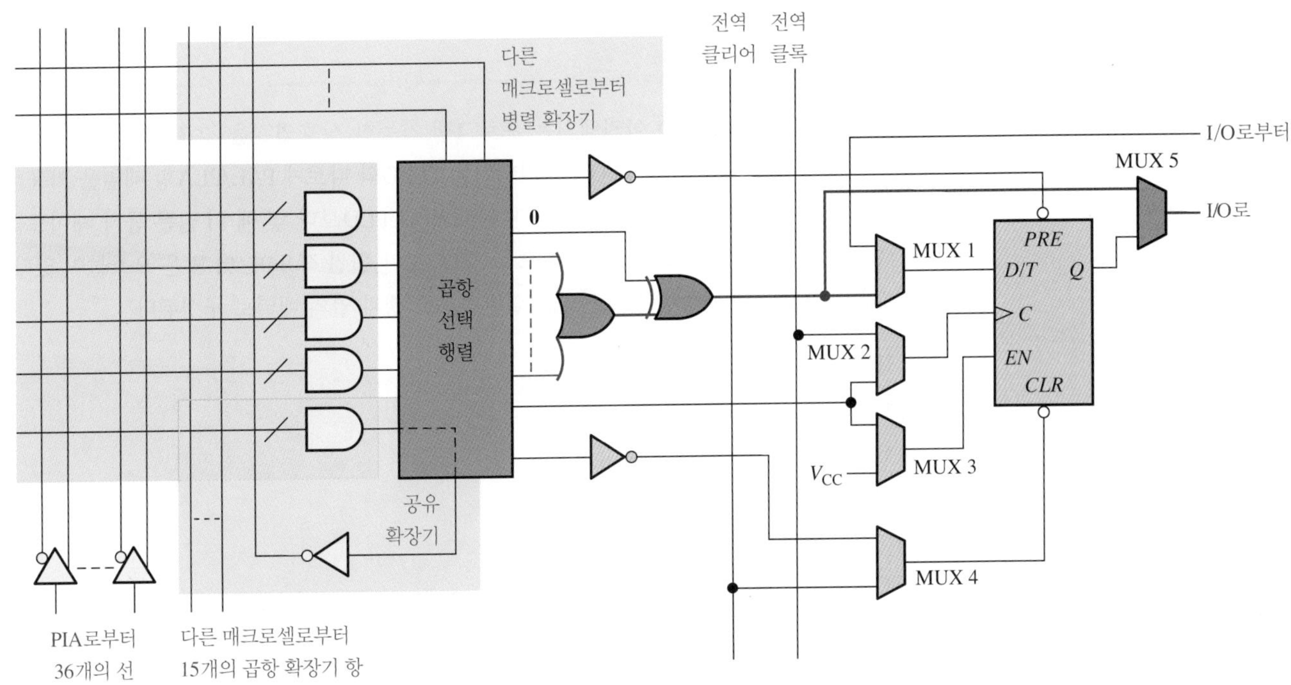

그림 10-21 SOP 논리식을 만들기 위해 프로그램된 매크로셀. 빨간색이 데이터 경로를 나타낸다.

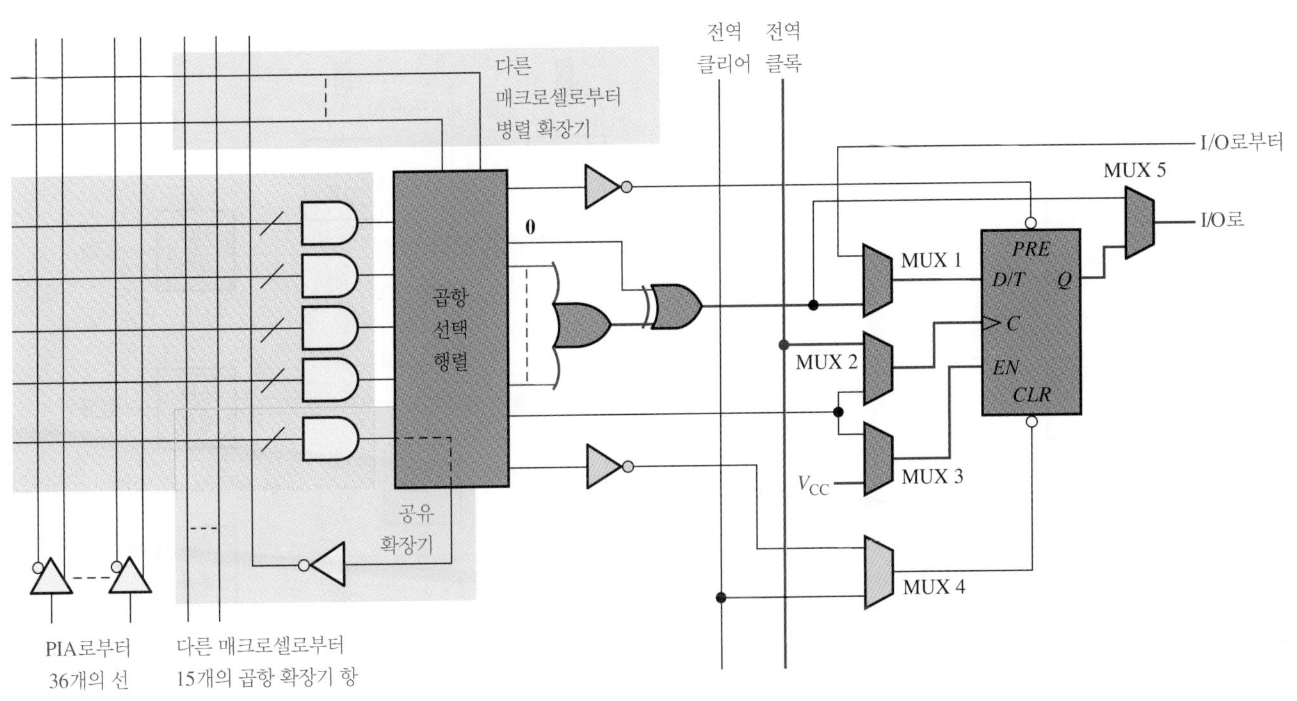

그림 10-22 레지스터된 논리식을 만들기 위해 프로그램된 매크로셀. 빨간색이 데이터 경로를 나타낸다.

복습문제 10-3

1. 매크로셀에서 XOR 게이트의 기능은 무엇인가?
2. 매크로셀의 2개의 주요 동작 모드는 무엇인가?
3. '레지스터된'은 무엇을 의미하는가?
4. OR 게이트, XOR 게이트 및 플립플롭 외에 어떤 논리 요소가 매크로셀에 사용되는가?

10-4 FPGA

배운 바와 같이 기존의 CPLD 아키텍처는 프로그램 가능한 상호연결을 갖춘 PAL/GAL 또는 PLA형 논리 블록으로 구성된다. FPGA 아키텍처는 CPLD와 다르게 PAL/PLA형 배열을 사용하지 않고, CPLD보다 훨씬 높은 밀도를 보인다. FPGA는 CPLD보다 몇 배 더 많은 등가 게이트를 갖는다. FPGA의 논리 생성 요소는 일반적으로 CPLD보다 훨씬 작으며, 더 많은 요소들이 있다. 또한 FPGA의 프로그램 가능한 상호연결은 일반적으로 행과 열의 배열로 구성된다.

이 절의 학습내용

- FPGA의 기본 구조를 설명한다.
- FPGA와 CPLD를 비교한다.
- LUT를 설명한다.
- SRAM 기반 FPGA를 설명한다.
- FPGA 코어를 정의한다.

FPGA(field-programmable gate array, 현장-프로그램 가능한 게이트 배열)의 세 가지 기본 요소는 그림 10-23과 같이 CLB, I/O 블록 및 상호연결이다. FPGA의 CLB는 CPLD의 LAB 또는

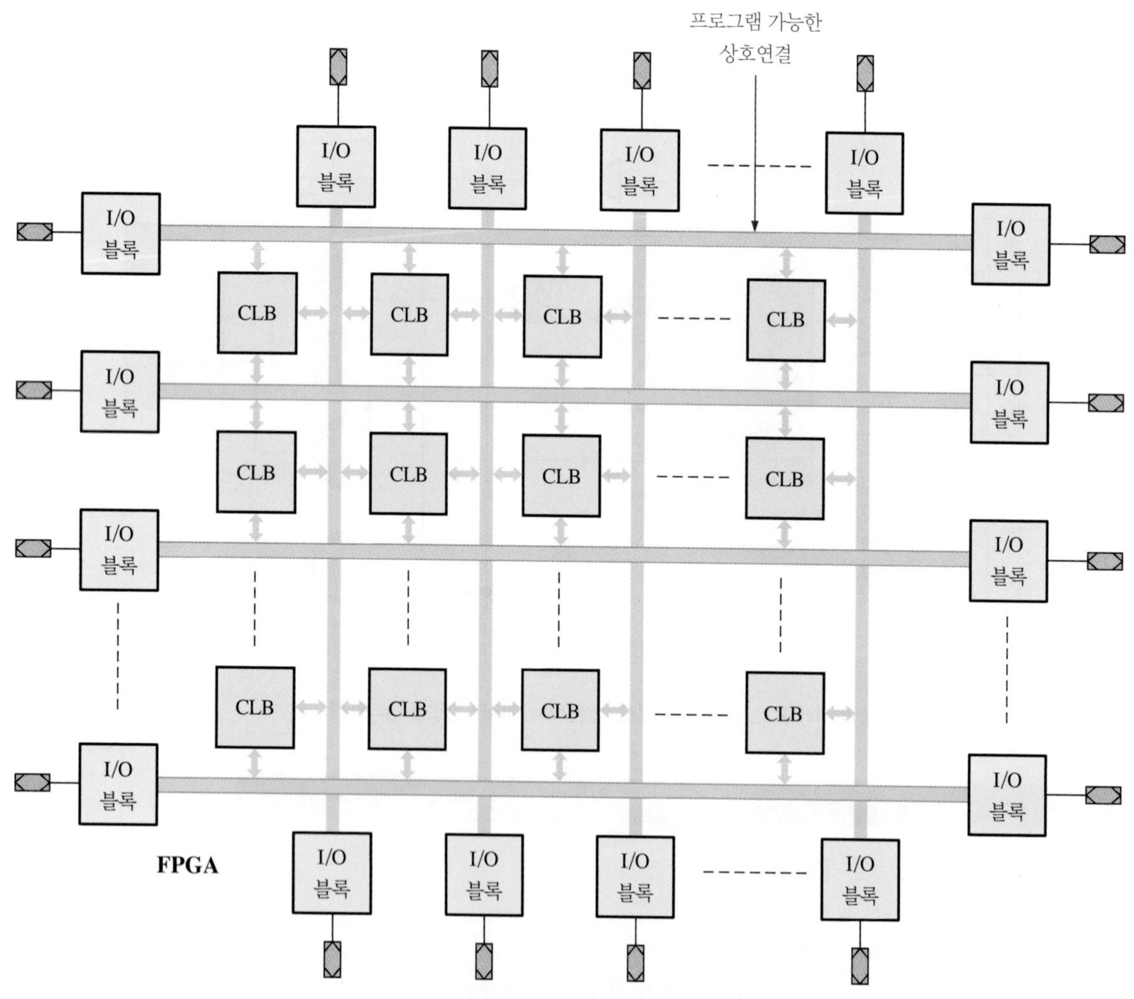

그림 10-23 FPGA 기본 구조. CLB는 LAB로 구성 가능한 논리 블록

FB(function blocks, 기능 블록)만큼 복잡하지는 않지만, 일반적으로 더 많은 수가 있다. CLB가 비교적 단순하면 FPGA 아키텍처는 '세밀하다(fine grained)'라고 말하고, CLB가 더 크고 더 복잡하면 아키텍처는 '거칠다(coarse grained)'라고 한다. 구조 주변의 I/O 블록은 개별적으로 선택 가능한 입력과 출력 또는 외부 세계에 대한 양방향 접근을 제공한다. 프로그램 가능한 상호연결의 분산된 행렬은 CLB와 입력 및 출력에 대한 연결을 제공한다. 대형 FPGA는 메모리 및 기타 리소스 외에도 수만 개의 CLB를 가질 수 있다.

대부분의 프로그램 가능한 논리 제조업체들은 다양한 범위의 밀도, 전력소비, 전원전압, 속도를 갖는 일련의 FPGA를 생산하고 있고, 구조는 조금씩 다르다. FPGA는 재프로그래밍이 가능하며 프로그램 가능한 연결을 위해 SRAM 또는 안티퓨즈(antifuse) 공정기술을 사용한다. 밀도는 1,000개 이상의 핀을 갖는 패키지에 수백에서 수십만 개의 논리 모듈에 이르기까지 다양하다. 직류 전원전압은 소자에 따라 일반적으로 1.8~5 V이다.

CLB

일반적으로 FPGA의 CLB는 여러 개의 작은 논리 모듈을 기본 단위로 구성되며 CPLD의 매크로셀과 다소 유사하다. 그림 10-24는 프로그램 가능한 전역 행/열 상호연결 내에 있는 기본적인 CLB를 보여준다. 각 CLB(configurable logic block, 구성 가능한 논리 블록 또는 LAB라고도 함)는 여러 개의 작은 논리 모듈과 CLB 내의 논리 모듈을 연결하는 프로그램 가능한 지역 상호연결로 구성된다.

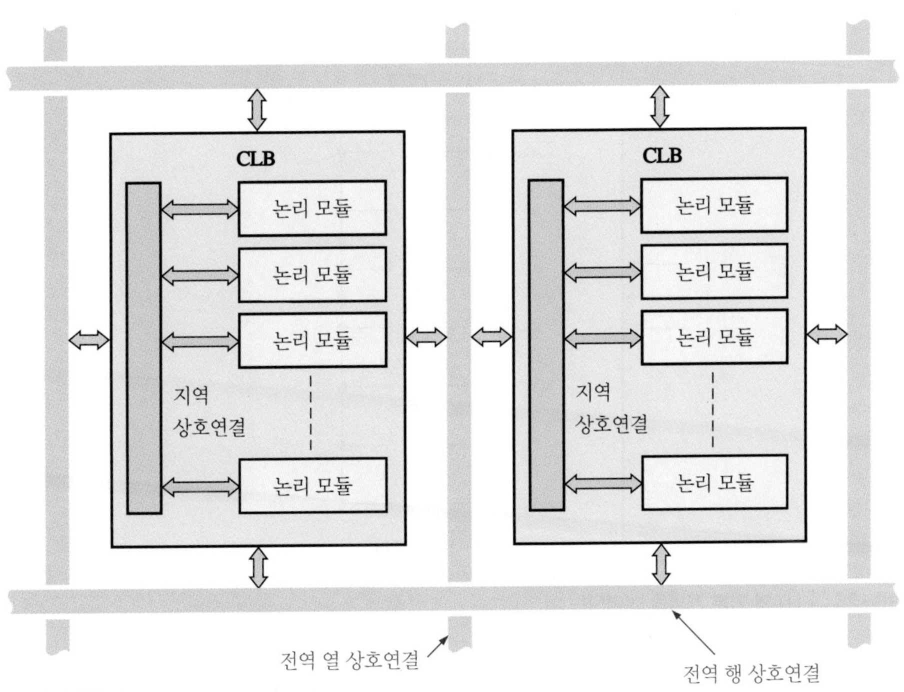

그림 10-24 **프로그램 가능한 전역 행/열 상호연결 내에 있는 CLB**

논리 모듈

FPGA의 CLB 안의 논리 모듈은 조합논리, 레지스터된 논리 또는 이 둘의 조합으로 구성될 수 있다. 플립플롭은 레지스터된 논리에 사용된다. 일반적인 LUT 기반 논리 모듈에 대한 블록 다이어그램을 그림 10-25에서 볼 수 있다. 알다시피, LUT(룩업 테이블)는 일종의 프로그램 가능한 메모리이고, SOP 조합논리식을 만드는 데 사용된다. LUT는 기본적으로 PAL 또는 PLA와 같은 기능을 한다.

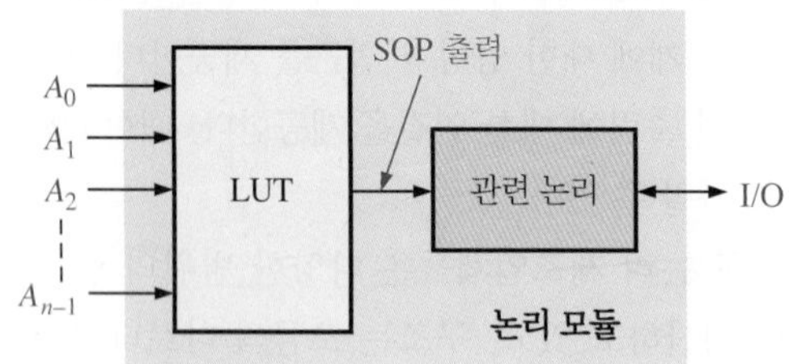

그림 10-25 FPGA 논리 모듈의 기본 블록도

일반적으로 LUT의 구성은 2^n개의 메모리 셀로 구성되며, 여기서 n은 입력 변수의 수를 의미한다. 예를 들어, 3개의 입력은 최대 8개의 메모리 셀을 선택할 수 있으므로 3개의 입력 변수가 있는 LUT는 최대 8개의 곱항을 갖는 SOP 식을 만들 수 있다. 특정 SOP 함수에 대해 그림 10-26에서처럼 1과 0의 패턴을 LUT 메모리 셀에 프로그램할 수 있다. 여기서 1은 관련된 곱항이 SOP 출력에 나타나고, 0은 관련된 곱항이 SOP 출력에 나타나지 않음을 의미한다. SOP 출력은 다음과 같다.

$$\overline{A}_2\overline{A}_1\overline{A}_0 + \overline{A}_2A_1A_0 + A_2\overline{A}_1A_0 + A_2A_1A_0$$

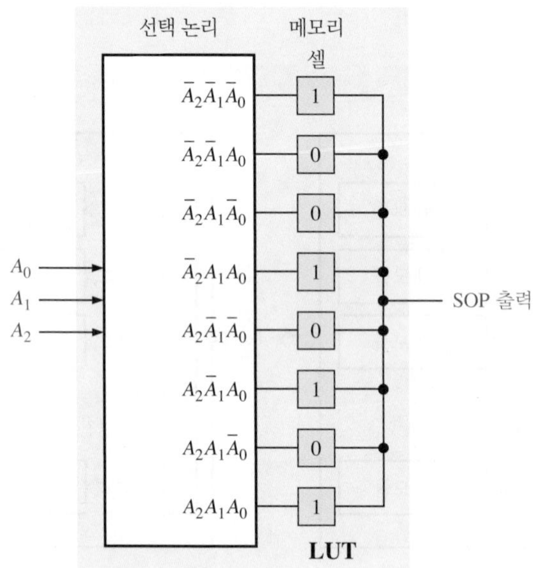

그림 10-26 LUT의 기본 개념을 설명하는 예

예제 10-2

다음의 3-변수 논리 함수를 LUT에 프로그램하라.

$$A_2A_1\overline{A}_0 + A_2\overline{A}_1\overline{A}_0 + \overline{A}_2A_1A_0 + A_2\overline{A}_1A_0 + \overline{A}_2\overline{A}_1A_0$$

풀이

그림 10-27에서처럼 SOP의 곱항에 해당하는 각 메모리 셀에 1을 저장한다.

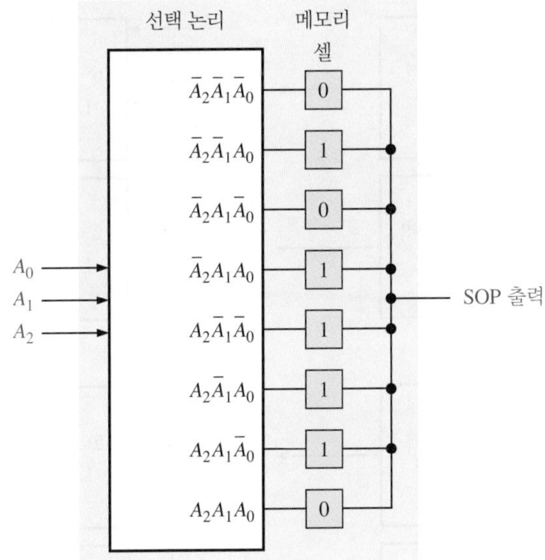

그림 10-27

관련 문제
입력 변수의 수가 4개인 경우 LUT의 메모리 셀의 수는 얼마인가? SOP 출력에 나타낼 수 있는 곱항의 최대 수는 얼마인가?

논리 모듈의 동작 모드

FPGA의 논리 모듈은 다음의 동작 모드로 프로그램될 수 있다.

- 일반 모드
- 확장 LUT 모드
- 산술 모드
- 공유 산술 모드

이 네 가지 모드 외에도 로직 모듈을 카운터 및 시프트 레지스터를 만들기 위해 레지스터 체인으로 활용할 수 있다. 이 절에서는 일반 모드와 확장 LUT 모드에 대해 설명한다.

일반 모드(normal mode)는 주로 조합논리 함수를 만드는 데 사용된다. 논리 모듈은 2개의 LUT로 하나 또는 2개의 조합논리 출력 함수를 구현할 수 있다. 일반 모드에서 LUT를 구성한 네 가지 예를 그림 10-28에 보인다. 입력 변수를 공유하지 않으면 논리 모듈에서 입력 변수가 4개 이하인 2개의 SOP 함수를 일반적으로 구현할 수 있다. 예를 들면, 2개의 4-변수 함수, 하나의 4-변수 함수와 하나의 3-변수 함수 또는 2개의 3-변수 함수를 구현할 수있다. 입력을 공유하면 각 LUT에 대해 총 8개의 입력을 최대 6개의 입력까지 조합하여 사용할 수 있다. 일반 모드에서는 6-변수 SOP 함수로 제한된다.

확장 LUT 모드(extended LUT mode)는 그림 10-29와 같이 7-변수로 확장할 수 있다. 보수 입력을 갖는 AND-OR 회로에 의해 구성된 멀티플렉서는 로직 모듈 내의 전용 로직이다.

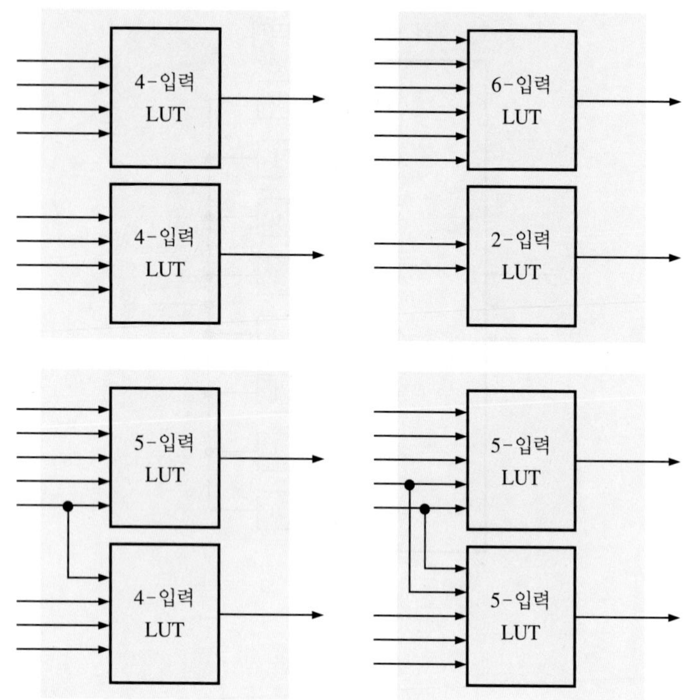

그림 10-28 일반 모드에서 논리 모듈의 LUT 구성 예

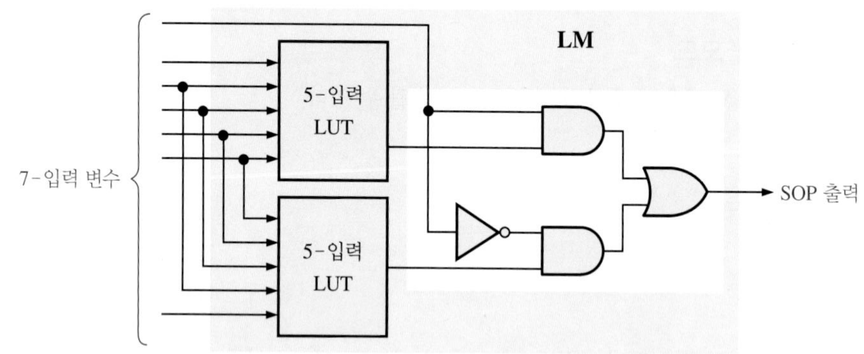

그림 10-29 확장 LUT 모드에서 7-변수 SOP 함수를 만들기 위해 논리 모듈을 확장

예제 10-3

논리 모듈은 그림 10-30과 같이 확장 LUT 모드로 구성된다. 표시된 특정 LUT 출력에 대해 최종 SOP 출력을 결정하라.

풀이

SOP 출력은 다음과 같다.

$$\overline{A}_5A_4A_3A_2A_1A_0 + A_5\overline{A}_4A_3A_2A_1A_0 + A_5A_4A_3A_2A_1A_0 + A_6A_5A_4A_3\overline{A}_2\overline{A}_0 + A_6A_5\overline{A}_4A_3A_2\overline{A}_0 + A_6A_5A_4A_3A_2\overline{A}_0$$

관련 문제

하나의 LUT에서 5-변수 곱항과 다른 LUT에서 3-변수 곱항을 갖는 SOP 함수를 생성하는 논리 모듈을 일반 모드로 구성하라.

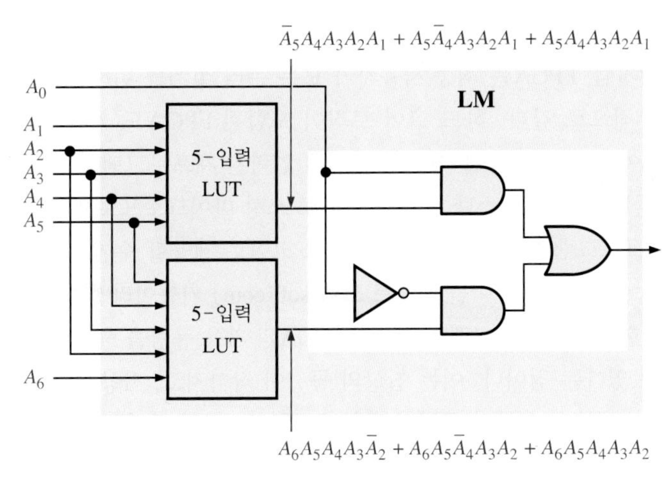

그림 10-30

SRAM 기반 FPGA

FPGA는 안티 퓨즈 기술을 기반으로 하면 비휘발성이고, SRAM 기술을 기반으로 하면 휘발성(전원이 꺼지면 구성 가능한 로직 블록에 프로그램된 모든 데이터가 손실된다는 것을 의미한다)이다. 따라서 SRAM 기반 FPGA는 전원을 다시 켜질 때마다 FPGA를 구성하기 위해 칩에 내장된 비휘발성 구성 메모리에 저장된 프로그램 데이터를 사용하거나, 호스트 프로세서가 데이터 전송을 제어하는 외부 메모리를 사용한다. 온칩(on-the-chip) 메모리의 개념을 그림 10-31(a)에 나타낸다. 호스트 프로세서 구성 개념을 (b)에 나타낸다.

(a) 온칩 비휘발성 구성 메모리가 있는 휘발성 FPGA

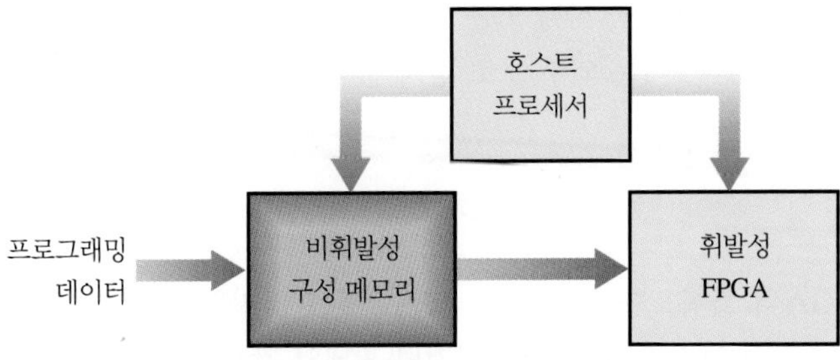

(b) 온보드 메모리와 호스트 프로세서가 있는 휘발성 FPGA

그림 10-31 휘발성 FPGA 구성의 기본 개념

FPGA 코어

앞에서 설명한 것처럼, FPGA는 최종 사용자가 모든 논리 설계를 위해 프로그램할 수 있는 '빈 슬레이트'와 근본적으로 같다. 하드 코어 로직이 포함된 FPGA도 가능하다. **하드 코어**(hard core)는 제조업체에서 특정 기능을 제공하기 위해 입력된 재프로그램할 수 없는 FPGA 논리의 일부이다. 예를 들면 고객이 시스템 설계의 일부로 소형 마이크로프로세서를 필요로 하는 경우 고객이 FPGA에 프로그램하거나 제조업체가 하드 코어로 제공할 수 있다. 내장 함수를 프로그램할 수 있는 기능이 있는 경우 이를 **소프트 코어**(soft core) 기능이라 한다. 하드 코어 접근법의 장점은 사용자가 현장에서 프로그램한 것보다 FPGA의 가용 용량을 훨씬 적게 사용하여 동일한 설계를 구현할 수 있다는 점이다. 이는 칩상의 공간이 작아지고, 사용자의 개발 시간을 단축할 수 있다. 하드 코어 기능은 충분히 확인되어 왔다. 하드 코어의 단점은 제조 과정에서 사양이 고정되고, 고객이 하드 코어 논리를 '있는 그대로' 사용해야 하며 나중에 변경할 수 없다.

하드 코어는 일반적으로 마이크로프로세서, 표준 입출력 인터페이스 및 디지털 신호 프로세서와 같은 디지털 시스템에서 일반적으로 사용되는 기능에 사용될 수 있다. 하나 이상의 하드 코어 기능을 FPGA에 프로그램할 수 있다. 그림 10-32는 사용자가 프로그램하여 구성한 논리로 둘러싸인 하드 코어의 개념을 보여준다. 이것은 하드 코어 기능이 사용자 프로그램 로직에 내장되어 있기 때문에 기본적인 임베디드 시스템이다.

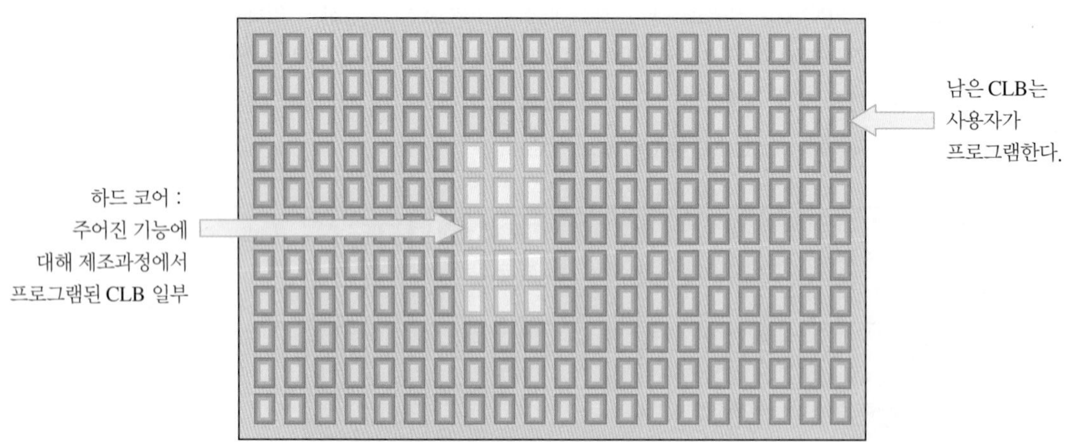

그림 10-32 FPGA에 내장된 하드 코어 기능의 기본 개념

일반적으로 하드 코어 설계는 FPGA 제조업체에 의해 개발되고 FPGA 제조업체의 자산이다. 제조업체가 소유한 설계를 **지적재산**(intellectual property, IP)이라 한다. 회사는 대개 웹사이트에서 사용할 수 있는 지적재산 유형을 나열한다. 일부 지적재산에는 하드 코어와 소프트 코어가 혼합되어 있다. 사용자가 특정 파라미터를 선택하고 조정할 수 있는 프로세서가 한 예이다.

하드 코어 및 소프트 코어 내장 프로세서 중 하나 또는 모두 및 기타 기능을 포함하는 FPGA는 **플랫폼**(platform) **FPGA**로 알려져 있다. 이는 외부 보조 장치 없이 전체 시스템을 구현할 수 있기 때문이다.

내장 기능

그림 10-33은 일반적인 FPGA의 블록도를 나타낸다. FPGA에는 디지털 신호 처리 (digital signal processor, DSP) 또는 내장 메모리가 내장된다. 디지털 필터와 같은 DSP 기능은 많은 시스템에서 일반적으로 사용된다. 블록도에서 볼 수 있듯이 내장 블록들은 FPGA 상호연결 행렬

전체에 배치되고 입력/출력 요소(IOE)는 FPGA 주변에 배치된다.

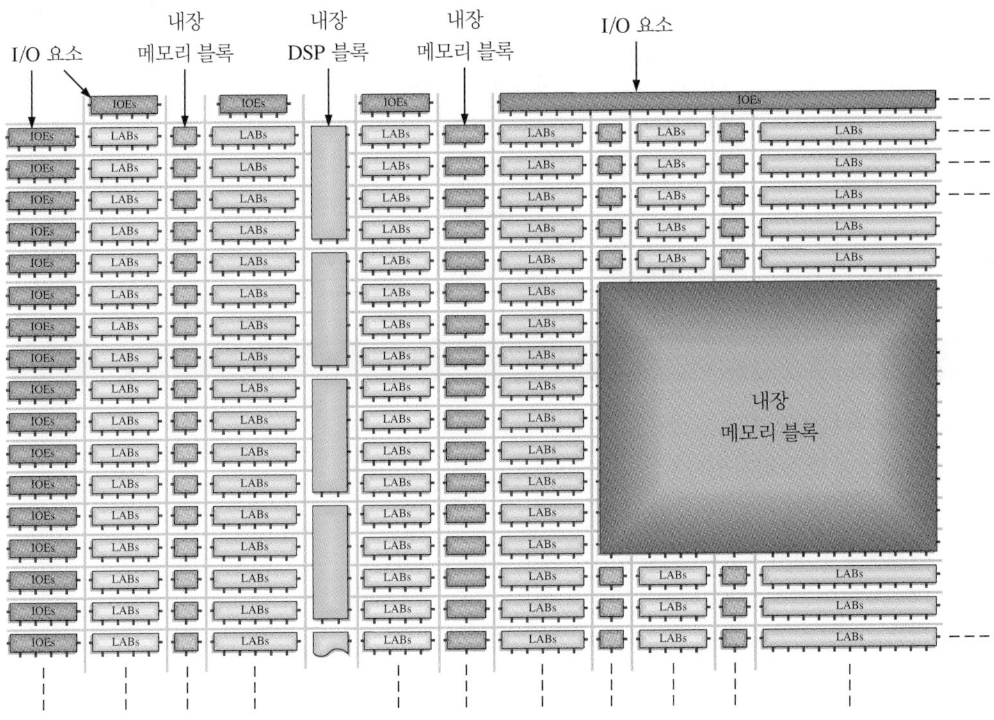

그림 10-33 PGA 블록도의 예

상용 FPGA

여러 제조업체에서 CPLD뿐만 아니라 FPGA를 생산한다. 표 10-3에 주요 회사의 소자 제품군을 나열한다. 웹사이트에서 최신 정보를 확인할 수 있다.

표 10-3

FPGA 제조업체

제조업체	시리즈 명칭	설계 소프트웨어	웹사이트
알테라	Stratix Aria Cyclone	Quartus II	Altera.com
자일링스	Spartan Artix Kintex Virtex	ISE Design Suite	Xilinx.com
래티스	iCE40 MachX02 Lattice ECP3 LatticeXP2 LatticeGC/M	Lattice Diamond iCEcube2	Latticesemi.com
아트멜	AT40	IDS	Atmel.com

FPGA는 복잡성 측면에서 매우 다양하다. 표 10-4에는 사용 가능한 일부 파라미터의 범위가 나열되어 있다. 이 숫자는 기술 발전에 따라 변경될 수 있다.

표 10-4

주요 FPGA 파라미터

특성	범위
LE 수	1,500~813,000
CLB 수	26~359,000
내장 메모리	26 kb~63 Mb
I/O 수	18~1200
직류 전원전압	1.8 V, 2.5 V, 3.3 V, 5 V

복습문제 10-4

1. FPGA와 CPLD의 다른 점은?
2. CLB는 무엇의 약자인가?
3. LUT는 무엇의 약자이고, 목적은?
4. FPGA에서 지역 상호연결과 전역 상호연결의 차이점은?
5. FPGA 코어는 무엇인가?
6. FPGA 제조업체와 관련하여 지적재산의 정의는?
7. 논리 모듈에서 조합논리를 만드는 것은?
8. 두 가지 유형의 내장 기능의 이름은?

10-5 프로그램 가능한 논리 소프트웨어

프로그램 가능한 논리를 유용하게 사용하려면 하드웨어 및 소프트웨어 구성 요소 모두를 기능 단위로 결합해야 한다. 모든 SPLD, CPLD 및 FPGA 제조업체는 각 하드웨어 장치에 대한 소프트웨어를 지원한다. 이러한 소프트웨어 패키지는 CAD(computer-aided design)로 알려진 소프트웨어 범주에 속한다. 이 절에서는 6장 및 7장의 응용 논리에서 다룬 교통 신호 제어기에 대해 일반적인 방법으로 프로그램 가능한 논리 소프트웨어를 제공한다. Altera Quartus II와 Xilinx ISE의 두 가지 유형의 소프트웨어에 대한 지침서를 웹사이트에서 찾을 수 있다.

이 절의 학습내용

- 프로그램 과정을 설계 흐름으로 설명한다.
- 설계 입력 단계를 설명한다.
- 기능 시뮬레이션 단계를 설명한다.
- 통합 단계를 설명한다.
- 구현 단계를 설명한다.
- 타이밍 시뮬레이션 단계를 설명한다.
- 다운로드 단계를 설명한다.

프로그램 과정을 일반적으로 **설계 흐름**(design flow)이라고 한다. 프로그램 가능한 소자에서 논리 설계를 구현하기 위한 기본적인 설계 흐름도를 그림 10-34에 나타냈다. 대부분의 상용 소프트웨어 패키지는 이러한 요소들을 하나의 형식으로 통합하여 자동으로 처리한다. 프로그램되는 소자를 일반적으로 **대상 소자**(target device)라고 한다.

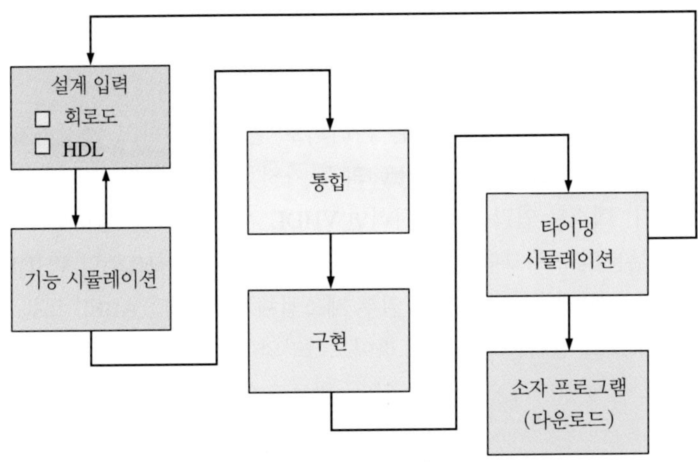

그림 10-34 SPLD, CPLD 또는 FPGA를 프로그램하는 설계 흐름도

소자를 프로그램하려면 컴퓨터, 개발 소프트웨어, 프로그램 가능한 논리 소자(SPLD, CPLD 또는 FPGA) 및 논리 소자를 컴퓨터에 연결하는 장치 등 네 가지 필수 요소가 있어야 한다(그림 10-35 참조). (a)는 사용할 특정 소프트웨어의 시스템 요구 사항을 충족하는 컴퓨터를 보여준다. (b)는 제조업체로부터 CD 또는 웹사이트에서 다운로드한 소프트웨어를 보여준다. 대부분의 제조업체는 일정 기간 동안 다운로드하여 사용할 수 있는 무료 소프트웨어를 제공한다(예 : Altera Quartus II 및 Xilinx ISE). (c)는 프로그램 가능한 논리 소자를 보여준다. (d)는 소자가 삽

(a) 컴퓨터

(b) 소프트웨어(CD 또는 웹사이트 다운로드)

(c) 소자

(d) 프로그래밍 하드웨어(프로그래밍 장치 또는 컴퓨터 포트 연결을 위한 케이블이 있는 개발 보드)

그림 10-35 SPLD, CPLD 및 FPGA를 프로그램하기 위한 필수 요소. (d) Digilent, Inc. 제공

입되는 프로그래밍 장치 또는 소자가 장착된 개발 보드를 사용하여 케이블을 통해 소자를 컴퓨터에 물리적으로 연결하는 두 가지 방법을 나타낸다. 컴퓨터에 소프트웨어를 설치한 후에는 소자를 연결하고 프로그램하기 전에 소프트웨어 도구에 익숙해져야 한다.

설계 입력

프로그램 가능한 소자에 구현하고자 하는 논리회로 설계가 있다고 가정하자. **회로도 입력**(schematic entry) 또는 **텍스트 입력**(text entry)의 두 가지 기본 방법 중 하나로 컴퓨터에 설계 자료를 입력할 수 있다. 텍스트 입력을 사용하려면 VHDL, Verilog 또는 AHDL과 같은 HDL에 익숙해져야 한다. 대부분의 프로그램 가능한 논리 제조업체는 표준 HDL인 VHDL 및 Verilog를 지원하는 소프트웨어 패키지를 제공한다. 일부 제조업체는 AHDL, ABEL 또는 기타 독점적인 HDL도 제공한다. 회로도 입력을 사용하면 라이브러리의 논리 게이트 및 기타 논리 함수의 기호를 화면에 배치하고 설계에 따라 연결할 수 있다. 회로도 입력은 HDL에 대해 알 필요가 없다.

논리 설계 만들기

PLD 설계를 위해 VHDL 및 Verilog와 같은 프로그래밍 언어 이외에 회로도 캡처를 사용할 수 있다. 화면에 완전한 논리회로도를 입력하면 이를 '평면(flat)' 회로도라고 부른다. 복잡한 논리회로는 화면에 맞추기가 어려우며 읽기가 어려울 수 있다. 논리회로를 부분(segment)으로 나누고, 각 부분을 블록 기호로 저장한 다음, 블록 기호를 그래픽으로 연결하여 복잡한 회로를 형성할 수 있다. 그림 10-36은 교통 신호 제어기(6, 7장)의 복잡한 회로를 나타내며, 설계 과정의 설명에 사용될 예정이다. 이를 계층적 접근이라 한다.

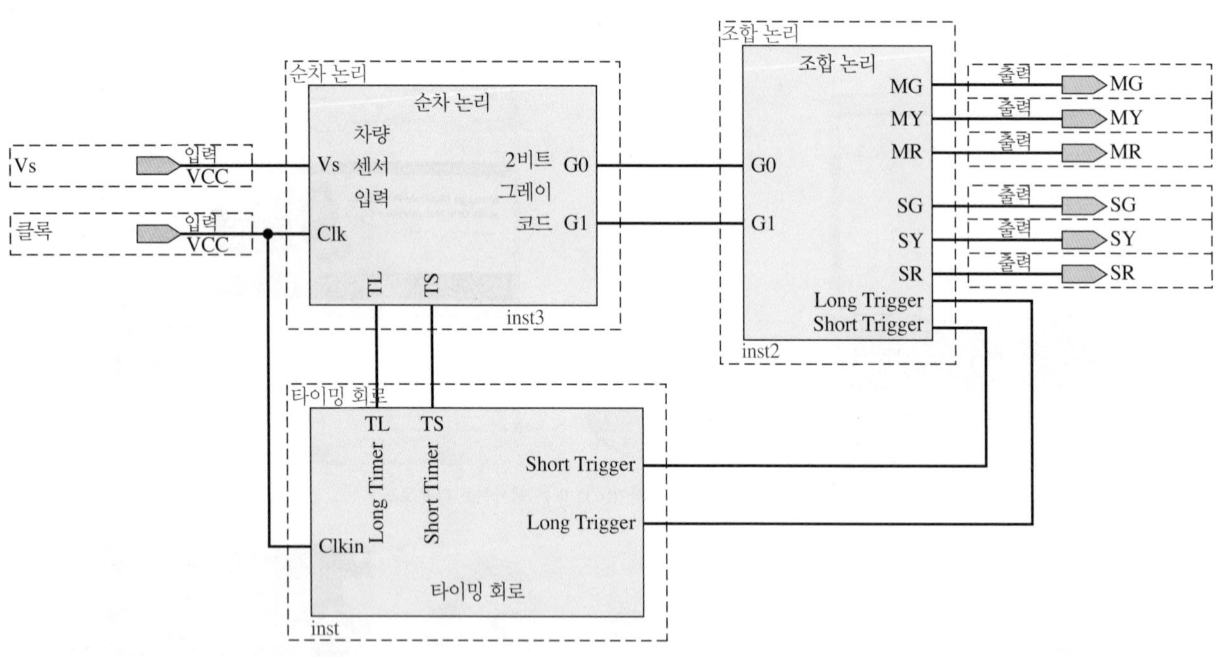

그림 10-36 교통 신호 제어기의 블록도

교통 신호 제어기의 순차 논리 부분은 회로도 캡처를 사용하여 생성되고, VHDL을 사용하여 생성된 논리와 비교한다. 그림 10-37은 VHDL을 사용하여 시스템의 순차 논리 구성 요소를 생성하는 방법을 보여준다. 교통 신호등 응용의 순차 논리 부분은 7장에서 더 자세히 살펴본다.

```
library ieee;
use ieee.std_logic_1164.all;

entity SequentialLogic is
port(VS, TL, TS, Clk: in std_logic;
     G0, G1: inout std_logic);
end entity SequentialLogic;

architecture SequenceBehavior of SequentialLogic is
component dff is
port(D,Clk: in std_logic;
     Q: out std_logic);
end component dff;

signal D0, D1: std_logic;
begin
  D1 <= (G0 and not TS) or
        (G1 and TS);

  D0 <= (not G1 and not TL and VS)  or
        (not G1 and G0) or
        (G0 and TL and VS);

DFF0: dff port map(D => D0, Clk => Clk, Q => G0);
DFF1: dff port map(D => D1, Clk => Clk, Q => G1);
end architecture SequenceBehavior;
```

그림 10-37 **교통 신호 제어기의 순차 논리에 대한 VHDL 텍스트 입력**

D0 및 D1에 할당된 표현식의 코드는 불(Boolean) 식에서 바로 생성된다.

$$D_1 = G_0\overline{T}_S + G_1T_S$$
$$D_0 = \overline{G}_1\overline{T}_LV_s + \overline{G}_1G_0 + G_0T_LV_s$$

그림 10-38(a)는 회로도 입력(회로도 캡처라고도 함) 기법을 사용하여 생성된 순차 논리 블록을 보여준다. 회로도를 별도의 논리회로로 분해하면 기능적인 구분화 및 개발이 용이해진다. 불 식은 별도의 논리 게이트와 이를 연결하는 데 필요한 I/O 구성 요소와 선의 그래픽 표현을 사용하여 구현된다. 완성되고 테스트된 모듈은 그림 10-38(b)와 같이 간단한 블록 기호로 축소 표현되어 그림 10-36과 같이 구성 요소로 삽입될 수 있다. VHDL 코드를 사용하여 블록 기호를 생성할 수도 있다.

기능 시뮬레이션

설계 흐름에서 **기능 시뮬레이션**(functional simulation)의 목적은 입력한 설계가 하드웨어 설계로 합성되기 전에 논리 연산의 관점에서 작동하는지 확인하는 것이다. 기본적으로 논리회로가 컴파일된 후에는 입력 파형을 적용하여 가능한 모든 입력 조합에 대해 출력을 검사하는 시뮬레이션을 할 수 있다. 기능 시뮬레이션은 파형 편집기를 사용하여 그래픽으로 또는 테스트 벤치를 사용하여 프로그래밍 방식으로 수행된다. 그래픽 파형 편집기를 사용하면 파형 드로잉 기능과 드래그 앤 드롭 기술을 사용하여 테스트 파형 입력을 그릴 수 있다.

그래픽 방법

그래픽 생성 도구를 사용하면 간단한 테스트 응용을 위해 그려진 자극(stimulus) 파형을 쉽게 생성할 수 있다. 예로 교통 신호 제어기의 순차 논리 구성 요소에 대한 자극 파형을 발생하기 위해 그래픽 파형을 만든다. 입력 Clk, TL, TS, VS는 그래픽 도구를 사용하여 생성된다. 출력 G0 및 G1은 자극 파형을 필요로 하지 않고 단순히 Wave 창으로 드래그 앤 드롭된다. 클록 정의는 Define Clock 기능을 사용하여 생성하고, 시스템 클록 Clk를 구동하고 시뮬레이션 실행 시간을 제한한다. 오프셋, 듀티 사이클, 주기, 논리값, 취소 및 초기 에지가 제공된다. 입력 VS, TL 및

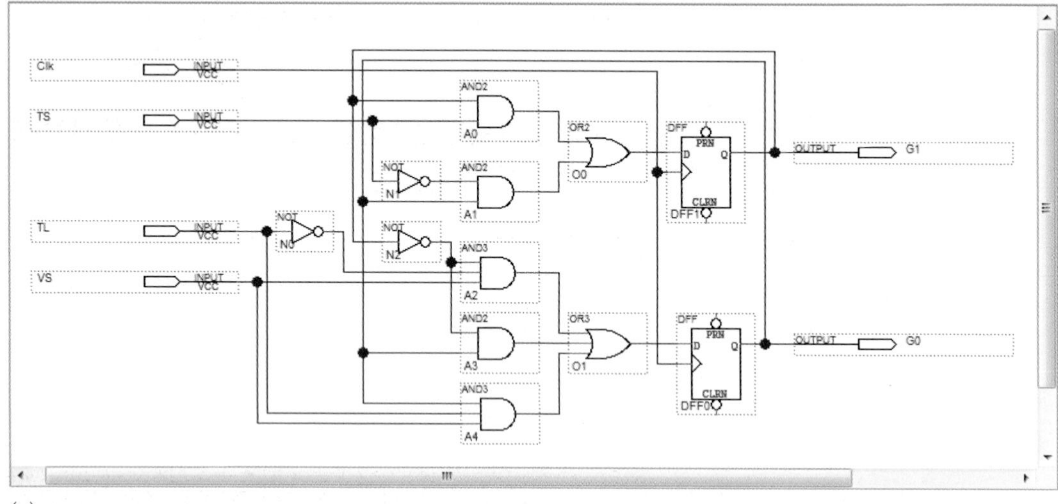

(a)

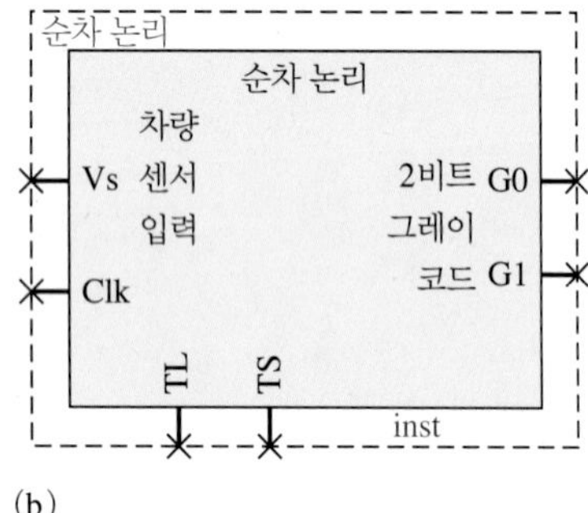

(b)

그림 10-38 회로도 입력을 이용한 순차 논리

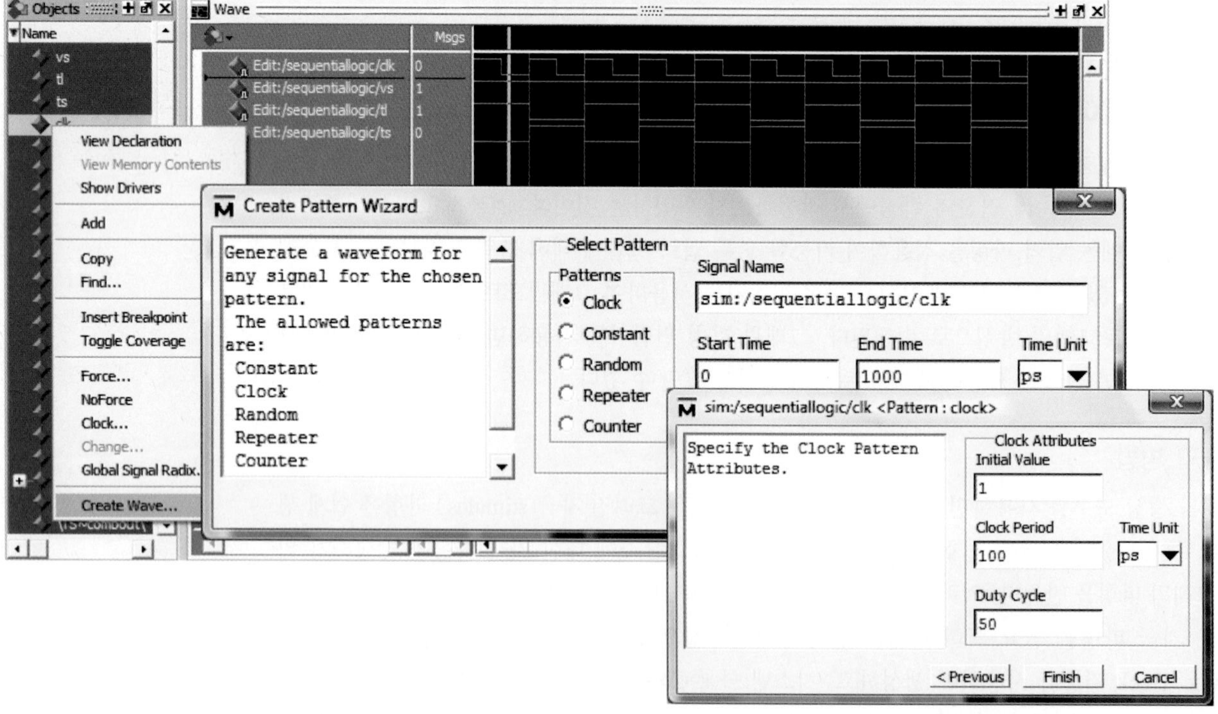

그림 10-39 기능 시뮬레이션

TS는 동일한 그래픽 기술을 사용하여 생성된다. 시뮬레이션에 앞서 그려진 자극 파형을 볼 수 있다. 일반적인 창을 그림 10-39에 나타낸다.

입력 파형을 지정하면 시뮬레이션을 실행할 준비가 된다. 시뮬레이션이 시작되면 그림 10-40과 같이 G0 및 G1의 출력 파형이 표시된다. 이렇게 하면 설계가 좋은지 또는 제대로 작동하는지 확인할 수 있다. 이 경우 선택된 입력 파형으로 출력 파형을 보정한다. 잘못된 출력 파형은 로직 기능상의 결함을 나타낸다. 돌아가서 원래 설계를 확인하고 수정된 설계를 다시 입력해야 한다.

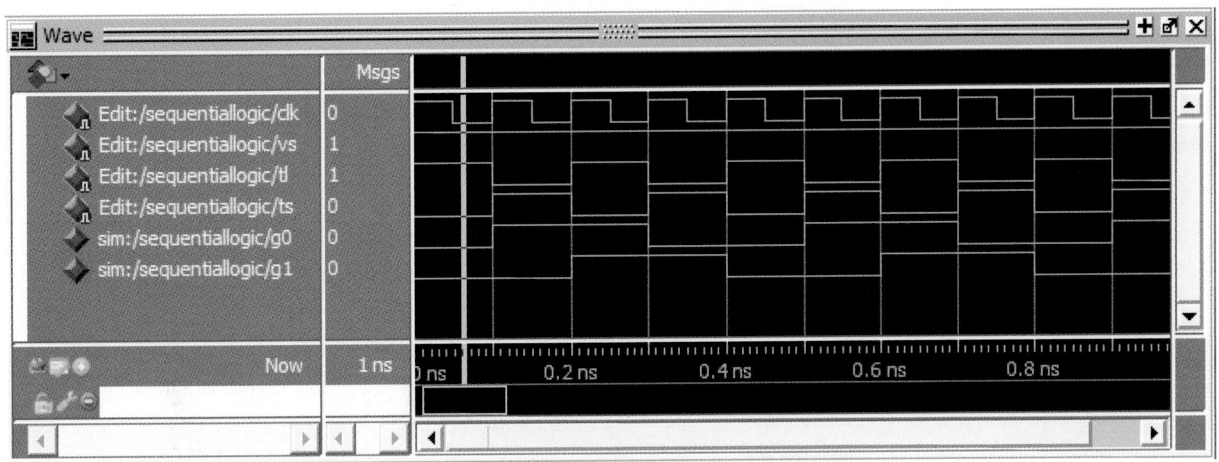

그림 10-40 기능 시뮬레이션이 동작한 후 출력 파형은 논리가 올바른 기능을 하는가를 나타낸다.

테스트 벤치 방법

기능 시뮬레이션을 위한 프로그래밍 방식은 테스트 벤치(test bench)라는 추가 프로그램 파일을 작성하는 것이다. 테스트 벤치는 프로그램 코드와 구조가 유사하며 일반적으로 원본 프로그램과 동일한 HDL로 작성된다. 테스트 벤치 프로그램은 원래 프로그램만큼 복잡할 수 있다. 다음 예에서 테스트 벤치 프로그램은 교통 신호 제어기의 순차 논리 부분에 대한 입력 자극을 제공하도록 작성된다. 순차 논리 모듈의 입력 파형을 시뮬레이션하기 위해 다음의 테스트 벤치 프로그램을 VHDL로 작성하였다.

```
library IEEE;
use IEEE.std_logic_1164.all;
entity TestSL is        } 시험 중인 순차논리에 대한 입력 파형을 프로그램
end entity TestSL;      } 안에서 만들어서 entity를 빈칸으로 한다.
architecture TestSLBehavior of TestSL is
component SequentialLogic is
port(VS, TL, TS, CLK: in std_logic;
     G0, G1: inout std_logic);
end component SequentialLogic;
signal VS, TL, TS, Clk, G0, G1: std_logic;
begin
   Clk_process:process
```

```
    begin
    for iterate in 1 to 10000
        loop
        CLK<='1';
        wait for 50 us;
        CLK<='0';
        wait for 50 us;
      end loop;
      wait;
```

입력 CLK에 대한 파형. 클록 주기의 수를 10,000개로 제한하기 위해 loop 구조를 사용한다.

```
    end process;
  TLS_process: process
  begin
      TL <='0';
      TS <='1';
      wait for 100 us;
      TL <='1';
      TS <='0';
      wait for 100 us;
    end process;
```

입력 TL과 TS에 대한 파형

입력 CLK, TL, TS, VS를 따로 파형을 만들어서 입력을 독립적으로 제어할 수 있다.

```
    stim_proc: process
    begin
      VS <='0';
      wait for 100 us;
      VS <='1';
      wait;
    end process;
  UUT: SequentialLogic port map
  (VS => VS, TL => TL, TS => TS, Clk => Clk, G0 => G0, G1 => G1);
  end architecture TestSLBehavior;
```

입력 VS에 대한 파형

테스트 벤치 시뮬레이션이 실행된 후 파형 편집기 화면의 출력 파형은 로직이 제대로 작동하고 있음을 나타내야 한다.

통합

설계가 입력되고 논리 동작이 올바른지 확인하기 위한 기능 시뮬레이션이 끝나면 컴파일러는 자동으로 여러 단계를 거쳐 설계를 대상 소자에 다운로드할 준비를 한다. 설계 과정의 통합 단계에서 설계는 게이트 수를 최소화하고, 동일한 기능을 보다 효율적으로 수행할 수 있는 다른 로직 요소로 교체하고, 중복 논리를 제거하는 등의 측면에서 최적화된다. 통합 단계의 최종 출력은 논리회로의 최적화된 버전을 설명하는 네트리스트이다.

설계 최적화 과정을 설명하기 위해 그림 10-41(a)와 같이 시스템의 순차논리 부분의 회로도 캡처 버전에 중복된 OR 게이트 및 NOT 게이트가 있다. 그림 10-41(b)의 최적화된 회로로는 그

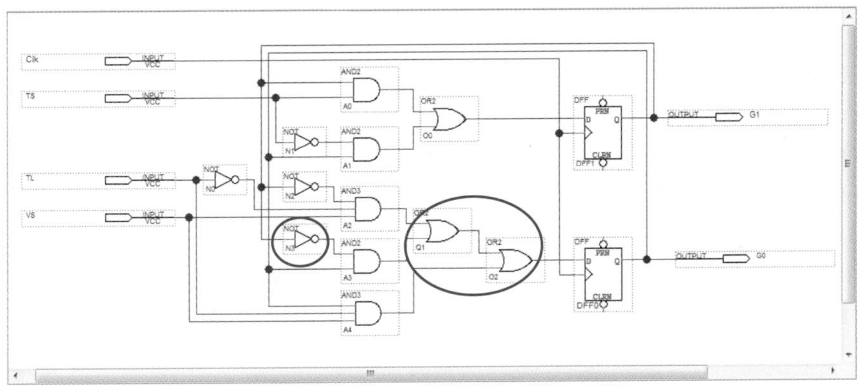

(a) 원래 논리 설계

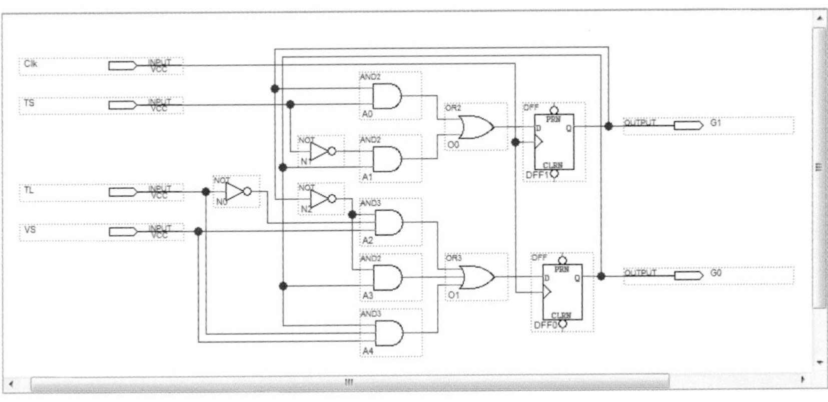

(b) 통합 후 논리

그림 10-41 통합 과정 동안 논리 최적화 예. 최종 버전에서 2개의 2-입력 OR 게이트가 단일 3-입력 OR 게이트로 대체되고, 인버터 하나가 제거되었다.

림 10-41(a)의 설계 입력 단계에서 입력된 AND-OR 논리가 통합 과정을 거친 결과이다. 이 그림에서 컴파일러는 2개의 2-입력 OR 게이트를 제거하고 단일 3-입력 OR 게이트로 대체했음을 알 수 있다. 또한 중복 인버터 중 하나가 제거되었다.

네트리스트

네트리스트(netlist)는 부품과 부품을 함께 연결하는 방법을 설명하는 연결 목록이다. 일반적으로, 네트리스트는 사용된 부품과 부품 설명에 대한 참조를 포함한다. 논리 게이트와 같은 부품이 네트리스트에서 사용될 때마다 이를 인스턴스(instance)라고 부른다. 각 인스턴스에는 해당 종류의 부품에 대해 수행할 수 있는 연결과 해당 부품의 기본 속성을 나열하는 정의가 있다. 이러한 연결 지점을 포트(ports) 또는 핀(pins)이라 한다. 일반적으로 각 인스턴스에는 고유한 이름이 있다. 예를 들면 AND 게이트에 대한 2개의 인스턴스가 있는 경우 하나는 'and1'이고 다른 하나는 'and2'일 수 있다. 그들의 이름과는 별도로, 그들은 동일하지 않을 수 있다. 네트(net)는 회로에서 모든 것을 연결하는 '전선(wire)'이다. 네트 기반 네트리스트는 대개 모든 인스턴스와 그 속성을 설명하고, 각 네트를 설명하고, 각 인스턴스에서 연결된 포트를 지정한다. 통합 소프트웨어는 그림 10-42(a)와 같이 네트리스트를 생성한다. 네트리스트는 회로 설명에 필요한 일종의 정보이다. **EDIF**(electronic design interchange format)는 네트리스트에 사용된 한 가지 형식이다. 소프트웨어는 네트리스트를 사용하여 그림 10-42(b)에서와 같이 네트 할당에 대한 회로도를 작성한다.

```
Netlist(SequentialLogic)
Net<name>: instance<name>, <from>, <to>;
Instances: and0,and1,and2,and3,and4,or0,or1,inv0,inv1,inv2,DFF0,DFF1;
Input/outputs:I1,I2,I3,I4,O1,O2
net1:  DFF0, inport2; DFF1, inport2; I1;
net2:  and0, inport2; inv1, outport1; I2;
net3:  inv0, outport1; and4, inport2; I3;
net4:  and2, inport3, and4, inport4; I4;
net5:  and2, inport2;
net6:  DFF1, outport1; and0, inport1; inv2, output1; O0;
net7:  DFF0, outport1; and1, inport2; and3, inport2; and4, inport1; O1;
net8:  and1, inport1;
net9:  and2, inport1; and3, inport1;
net10: or0, inport1;
net11: or0, inport2;
net12: or1, inport1;
net13: or1, inport2;
net14: or1, inport3;
net15: DFF1, inport1;
net16: DFF0, inport1;
end;
```

(a) 네트리스트

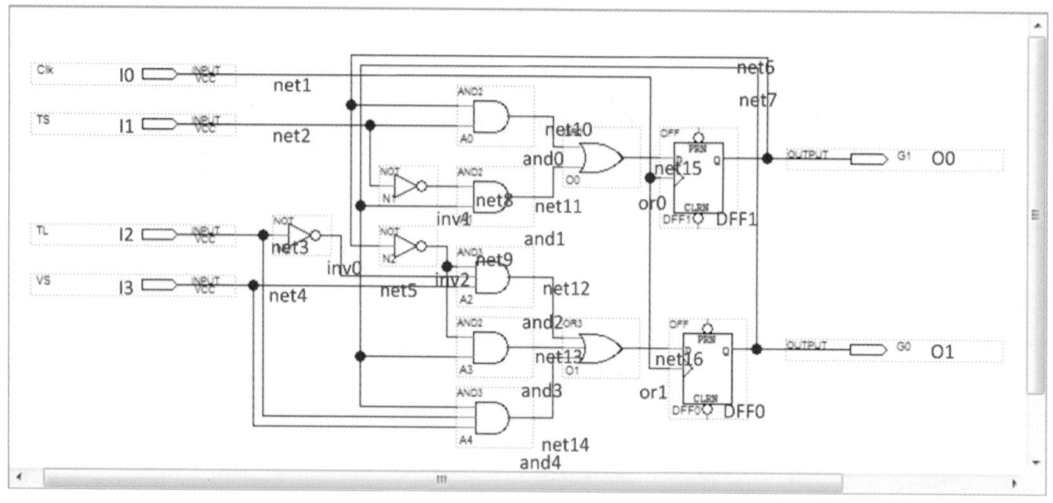

(b) 회로도에서 네트리스트 표현

그림 10-42 통합 과정은 최적화된 순차논리에 대한 네트리스트와 회로도를 제공한다.

구현(소프트웨어)

설계가 통합된 후 **컴파일러**(compiler)는 기본적으로 '매핑(mapping)'인 설계를 만들어, 아키텍처 및 핀 구성에 따라 특정 대상 소자에 이를 맞출 수 있다. 이 과정을 **피팅**(fitting) 또는 **배치 및 라우팅**(place and routing)이라 한다. 설계 과정의 구현 단계를 수행하려면 소프트웨어는 특정 소자에 대해 '알아야' 하고 상세한 핀 정보를 가져야 한다. 모든 잠재적 대상 소자에 대한 완전한 데이터는 일반적으로 소프트웨어 라이브러리에 저장된다.

타이밍 시뮬레이션

타이밍 시뮬레이션(timing simulation)의 설계 흐름은 구현 후 대상 소자로 다운로드하기 전에 수행한다. 타이밍 시뮬레이션은 회로가 설계 주파수에서 동작하고, 전체 동작에 영향을 줄 타이밍 문제가 없는지를 확인한다. 기능 시뮬레이션이 이미 완료되었으므로 논리 관점에서 회로가 제대로 동작해야 한다. 개발 소프트웨어는 게이트의 전파 지연과 같은 특정 대상 소자에 대한 정보를 사용하여 설계의 타이밍 시뮬레이션을 수행한다. 기능 시뮬레이션의 경우 대상 소자의 사양이 필요하지 않지만 타이밍 시뮬레이션의 경우 대상 소자를 선택해야 한다. Waveform Editor를 사용하면 그림 10-43에서와 같이 기능 시뮬레이션과 마찬가지로 타이밍 시뮬레이션의 결과를 볼 수 있다. 그림 10-43(a)와 같이 타이밍에 문제가 없으면 설계를 다운로드할 수 있다. 그러나 그림 10-43(b)에서 볼 수 있듯이 타이밍 시뮬레이션에서 전파 지연으로 인한 '글리치(glitch)'가 있다고 가정하자. 글리치는 파형에서 매우 짧은 지속 시간의 스파이크이다. 이 경우 원인에 대한 설계를 신중하게 분석한 다음, 수정된 설계를 다시 입력하고, 설계 흐름 과정을 반복해야 한다. 이 시점에서 설계를 하드웨어에 맡기지 않았음을 기억하기 바란다.

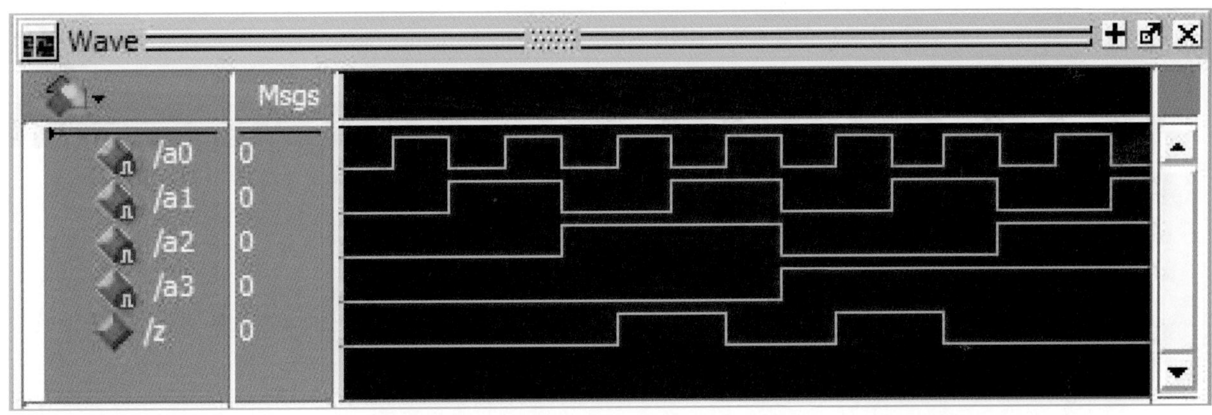

(a) 바른 결과

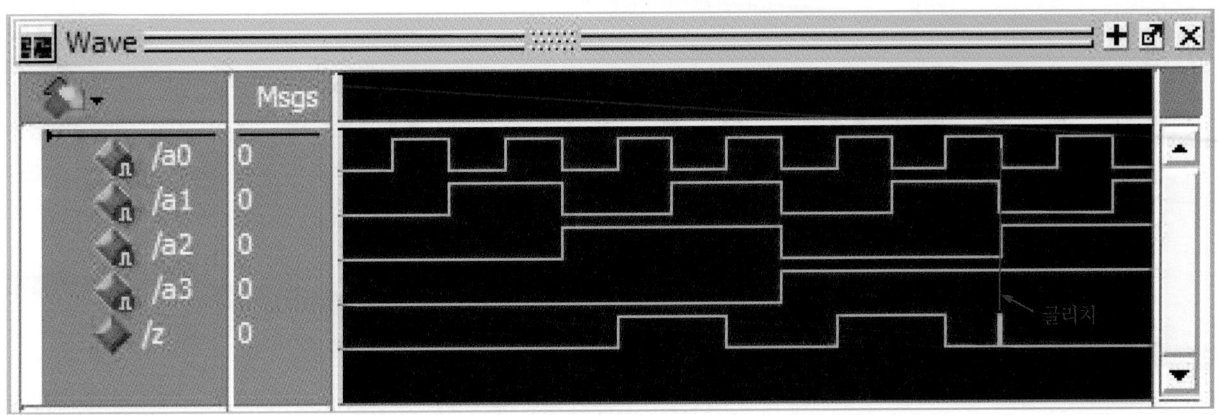

(b) 타이밍 문제

그림 10-43 타이밍 시뮬레이션 수행 결과의 예

소자 프로그래밍(다운로드)

기능 및 타이밍 시뮬레이션을 통해 설계가 제대로 작동하는지 확인한 후 다운로드를 시작할 수 있다. 최종 설계를 나타내는 **비트스트림**(bitstream)이 생성되고, 대상 소자로 전송되어 자동으로 구성된다. 완료되면 설계는 실제로 하드웨어 형태로 있으며, 회로 내에서 테스트될 수 있다. 그림 10-44는 **다운로딩**(download)의 기본 개념을 보여준다.

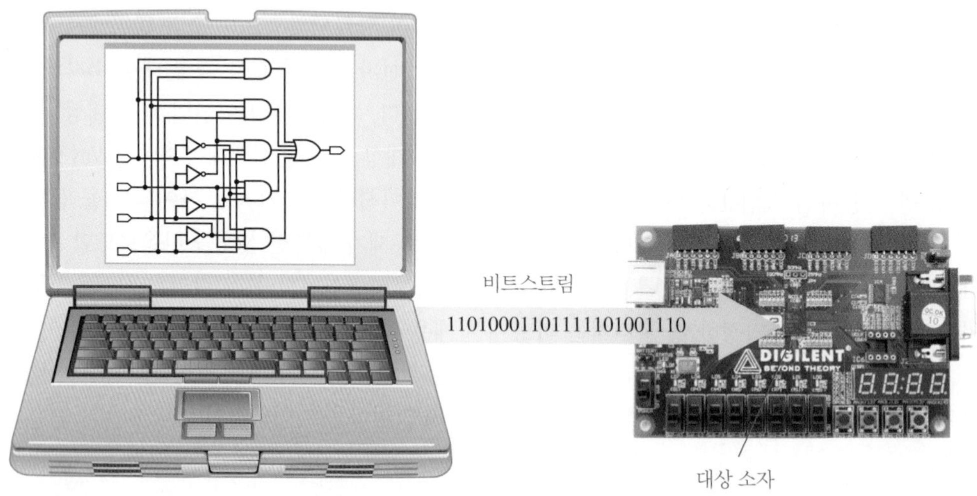

그림 10-44 대상 소자에 설계를 다운로드하기. Digilent, Inc. 제공

복습문제 10-5

1. 프로그램 가능한 논리에 대한 설계 흐름의 단계를 열거하라.
2. CPLD 또는 FPGA 프로그래밍에 필수 요소를 열거하라.
3. 네트리스트의 목적은 무엇인가?
4. 설계 흐름의 기능 시뮬레이션과 타이밍 시뮬레이션 가운데 가장 먼저 수행하는 것은?

10-6 경계 스캔 논리

경계 스캔(boundary scan)은 프로그램 가능한 소자의 내부 논리의 테스트 및 프로그래밍에 사용된다. 경계 스캔 논리에 대한 JTAG 표준은 IEEE 표준 1149.1에 정해져 있다. 대부분의 프로그램 가능한 논리 소자는 JTAG 호환이다. 이 절에서는 JTAG IEEE 표준 1149.1 소자의 기본 아키텍처를 소개하고 경계 스캔 레지스터 및 제어 논리 구조의 세부 사항에 대해 설명한다.

이 절의 학습내용

- JTAG 호환 소자에서 요구되는 사항을 설명한다.
- 필수 JTAG 입력 및 출력을 나열한다.
- 경계 스캔 레지스터의 용도를 설명한다.
- 명령 레지스터의 용도를 설명한다.
- 바이패스 레지스터가 무엇인지 설명한다.

IEEE 표준 1149.1 레지스터

IEEE 표준 1149.1과 호환되는 모든 프로그램 가능한 논리 소자에는 그림 10-45의 단순화된 다이어그램에 표시된 요소가 필요하다. 이들은 경계 스캔 레지스터, 바이패스 레지스터, 명령어 레지스터 및 TAP(test access port) 논리이다. 식별 레지스터는 선택적으로 그림에 표시되지 않았다.

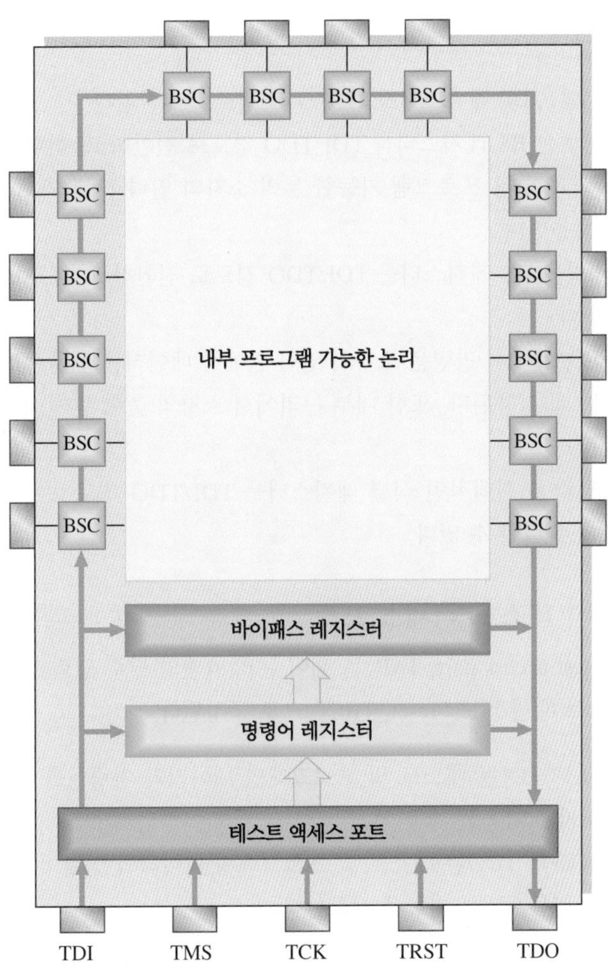

그림 10-45 JTAG 호환(IEEE 표준 1149.1) 프로그램 가능한 소자(CPLD 또는 FPGA)의 단순화된 블록 다이어그램. BSC(경계 스캔 셀)는 경계 스캔 레지스터를 형성한다. 설명을 위해 약간의 BSC를 보인다.

경계 스캔 레지스터[boundary scan(BS) register] : 상호 연결된 BSC(boundary scan cells, 경계 스캔 셀)는 경계 스캔 레지스터를 형성한다. 레지스터에 대한 직렬 입력은 TDI(test data in)이고 직렬 출력은 TDO(test data out)이다. 내부 논리 및 소자의 입력 및 출력 핀으로부터의 데이터는 병렬로 BS 레지스터로 이동될 수 있다. BS 레지스터는 PLD와 소자에 프로그램된 내부 논리 간의 연결을 테스트하는 데 사용된다.

바이패스 레지스터[bypass(BP) register] : 이 필수 데이터 레지스터(일반적으로 하나의 플립플롭)는 BS 레지스터 또는 다른 데이터 레지스터가 사용되지 않는 경우 TDI와 TDO 사이의 경로를 단축하여 시프팅 프로세스를 최적화한다.

명령어 레지스터(instruction register) : 이 필수 레지스터는 다양한 경계 스캔 작업의 실행을 위한 명령어를 저장한다.

식별 레지스터[identification(ID) register] : 식별 레지스터는 IEEE 표준 1149.1에서 필요하지 않은 선택적인 데이터 레지스터이다. 그러나 특정한 프로그램 가능한 소자를 식별하는 코드를 저장하기 위해 일부 경계 스캔 아키텍처에 사용된다.

IEEE 표준 1149.1 경계 스캔 명령어

경계 스캔 논리를 제어하기 위해 몇 가지 표준 명령어가 사용된다. 이 외에도 다른 선택적인 명령어를 사용할 수 있다.

- **BYPASS** : 이 명령은 BP 레지스터를 TDI/TDO 경로로 전환한다.
- **EXTEST** : 이 명령은 BS 레지스터를 TDI/TDO 경로로 전환하고, 하나의 프로그램 가능한 논리 소자의 출력과 다른 프로그램 가능한 논리 소자의 입력 간에 외부 핀 테스트 및 상호 연결 테스트를 허용한다.
- **INTEST** : 이 명령은 BS 레지스터를 TDI/TDO 경로로 전환하고, 내부 프로그램된 논리의 테스트를 허용한다.
- **SAMPLE/PRELOAD** : 이 명령은 소자의 입력 핀에서 데이터를 샘플링하고 데이터를 내부 로직에 적용하는 데 사용된다. 또한 내부 논리에서 소자의 출력 핀에 데이터(preload)를 적용하는 데 사용된다.
- **IDCODE** : 이 명령은 선택적인 식별 레지스터를 TDI/TDO 경로로 전환하여, ID 코드를 TDO로 이동시켜 출력할 수 있다.

IEEE 표준 1149.1 테스트 액세스 포트

테스트 액세스 포트(test access port, TAP)는 제어 논리, 4개의 필수 입력 및 출력, 하나의 정의된 선택적 입력, 테스트 재설정(test reset, TRST)으로 구성된다.

- **TDI**(Test Data In) : TDI는 테스트 및 프로그래밍 데이터와 명령어를 경계 스캔 논리로 순차적으로 이동시키는 기능을 제공한다.
- **TDO**(Test Data Out) : TDO는 테스트 및 프로그래밍 데이터와 명령어를 경계 스캔 논리 밖으로 순차적으로 이동시키는 기능을 제공한다.
- **TMS**(Test Mode Select) : TMS는 TAP 제어기의 상태를 전환한다.
- **TCK**(Test Clock) : TCK는 데이터 레지스터 및 명령어 레지스터에 대한 제어 신호를 생성하는 TAP 제어기에 타이밍을 제공한다.

그림 10-46은 경계 스캔 논리의 블록도를 나타낸다. 명령어와 데이터 모두 TDI 선에 시프트 입력된다. TAP 제어기는 명령어를 명령어 레지스터로 또는 데이터를 적절한 데이터 레지스터로 보낸다. 명령어 디코더로부터의 디코딩된 명령어는 어느 데이터 레지스터가 MUX 1을 통해 액세스될지를 선택하고, 또한 명령 또는 데이터가 MUX 2를 통해 TDO 선에 시프트 출력될지 여부를 선택한다. 또한 디코딩된 명령은 다섯 가지 기본 모드 중 하나에 경계 스캔 레지스터를 등록시킨다. 경계 스캔 셀 및 그 동작 모드를 다음에 설명한다.

경계 스캔 셀

경계 스캔 레지스터는 경계 스캔 셀(BSC)로 구성된다. 그림 10-47은 기본적인 양방향 BSC의 블록도를 나타낸다. 전술한 바와 같이, 데이터는 BSC로부터 직렬로 시프트 입력 및 출력될 수

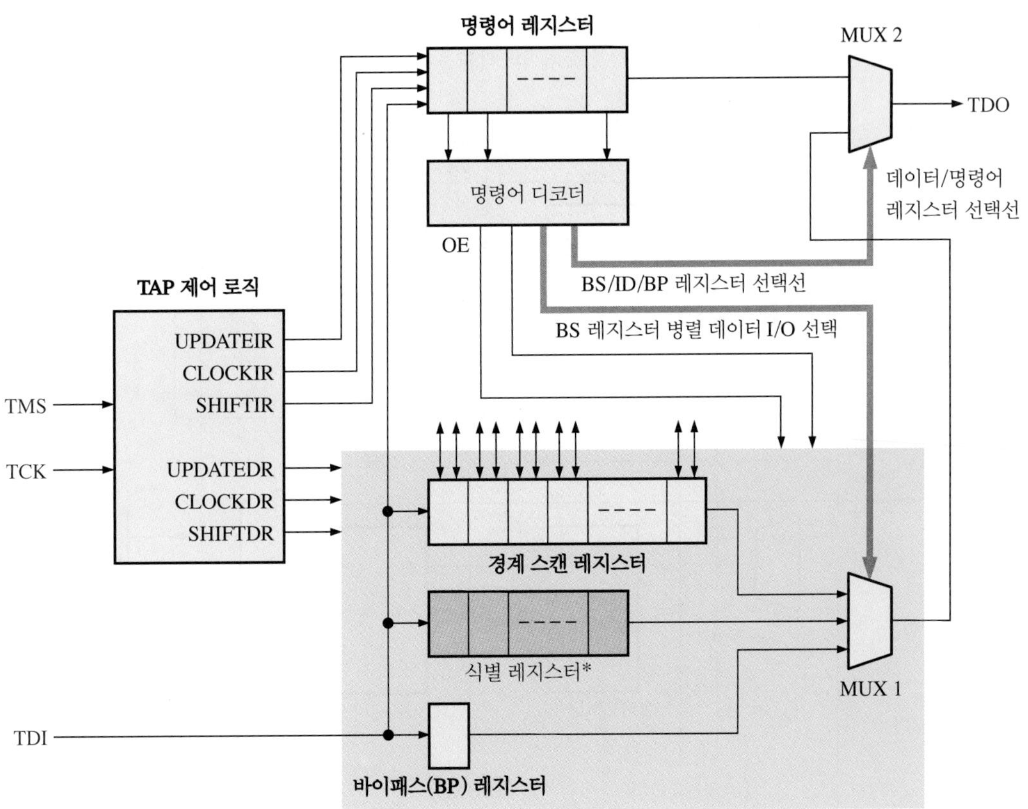

그림 10-46 경계 스캔 논리 다이어그램

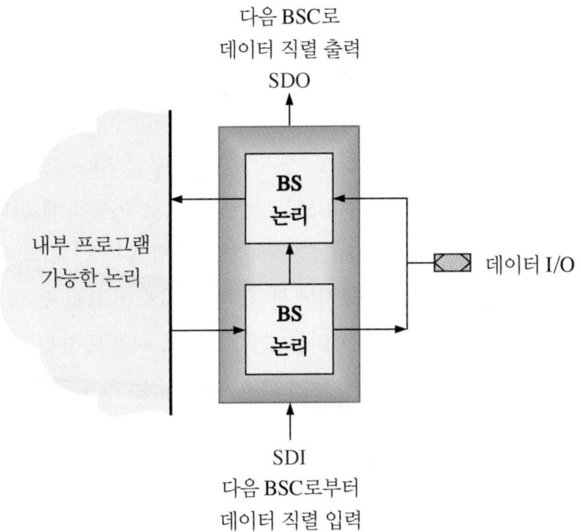

그림 10-47 기본적인 양방향 BSC

있다. 또한 데이터는 내부 프로그램 가능한 논리, 소자의 입력 핀 또는 이전 BSC에서 BSC로 시프트 입력될 수 있다. 또한 데이터는 BSC에서 내부 프로그램 가능한 논리, 소자 출력 핀 또는 다음 BSC로 시프트 출력될 수 있다.

일반적인 경계 스캔 셀의 구조를 그림 10-48에 나타낸다. 셀은 2개의 동일한 논리회로로 구성되며, 각각 2개의 플립플롭과 2개의 멀티플렉서를 포함한다. 본질적으로 한 회로는 데이터를

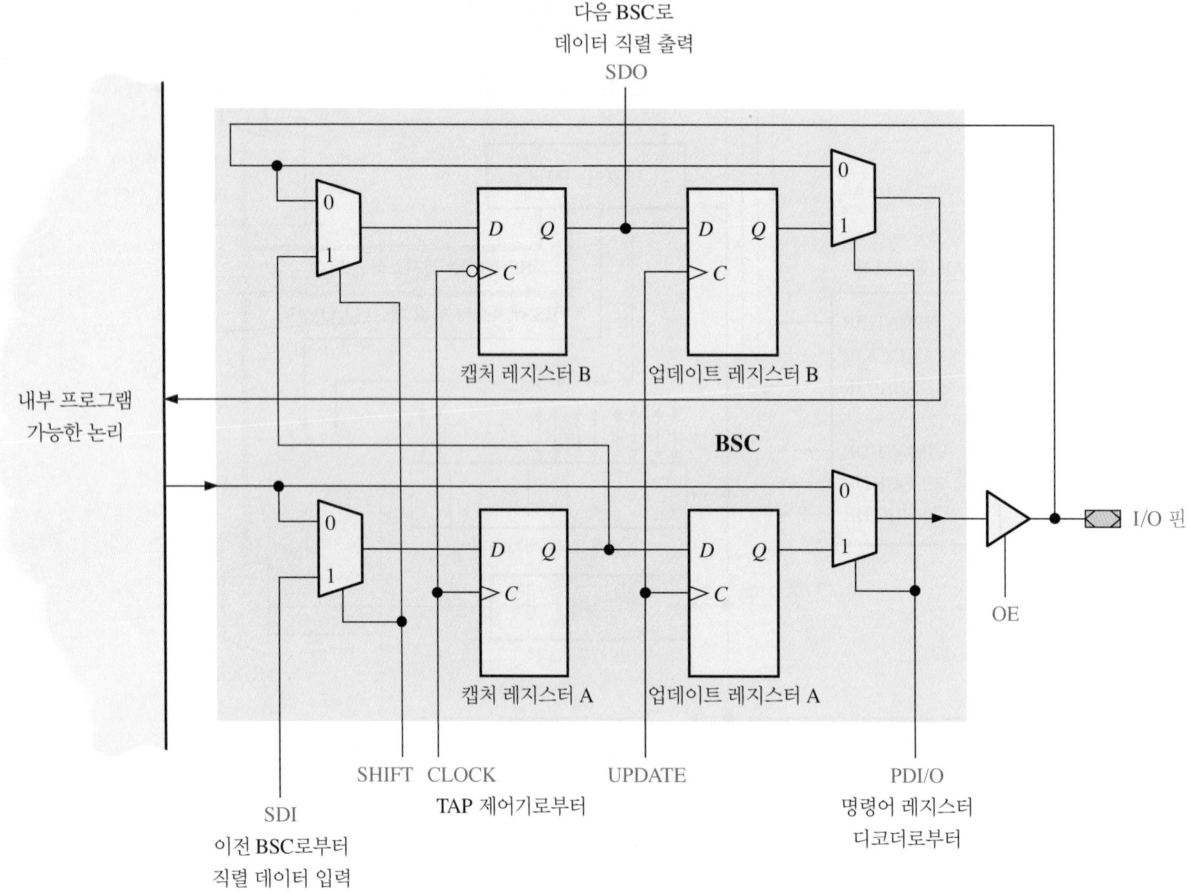

그림 10-48 일반적인 경계 스캔 셀의 대표적인 아키텍처

내부 프로그램 가능한 논리로부터 입력받거나 소자의 출력 핀으로 출력한다. 다른 회로는 데이터를 소자의 I/O 핀으로부터 입력받거나 내부 프로그램 가능한 논리로 출력한다.

데이터 흐름 측면에서 BSC의 동작은 다섯 가지 모드로 구분된다. 첫 번째 BSC 모드는 그림 10-49와 같이 데이터가 이전 BSC에서 다음 BSC로 순차적으로 이동하게 한다. SHIFT 입력이 1이면 SDI를 선택한다. SDI 선의 데이터는 CLOCK의 양의 에지에서 캡처 레지스터 A로 출력된다. 그런 다음 이 데이터는 CLOCK의 음의 에지에서 캡처 레지스터 B로 출력되어 SDO 선에 나타난다. 이는 경계 스캔 레지스터를 통해 데이터를 순차적으로 시프트하는 것과 같다.

두 번째 BSC 모드는 그림 10-50에서와 같이 데이터를 내부 프로그램 가능한 논리에서 소자의 I/O 핀으로 직접 이동하게 한다. PDI/O(병렬 데이터 I/O) 선이 0이면 내부 프로그램 가능한 논리의 데이터를 선택한다. OE(output enable) 선이 1이면 출력 버퍼를 활성화시킨다.

세 번째 BSC 모드는 그림 10-51에서 볼 수 있듯이 데이터를 소자의 I/O 핀에서 내부 프로그램 가능한 논리로 직접 이동하게 한다. PDI/O(병렬 데이터 I/O) 선이 0이면 I/O 핀의 데이터를 선택한다. OE(output enable) 선이 0이면 출력 버퍼를 비활성화한다.

네 번째 BSC 모드에서는 그림 10-52와 같이 SDI에서 내부 프로그램 가능한 논리로 데이터를 전송한다. SHIFT 입력의 1은 SDI를 선택한다. SDI 선의 데이터는 CLOCK의 양의 에지에서 캡처 레지스터 A로 출력된다. 그런 다음 이 데이터는 CLOCK의 음의 에지에서 캡처 레지스터 B로 출력되어 SDO 선에 나타난다. UPDATE 선의 펄스는 데이터를 업데이트 레지스터 B로 출력한다. PDI/O 선의 1은 업데이트 레지스터 B의 출력을 선택하고 이를 내부 프로그램 가능한

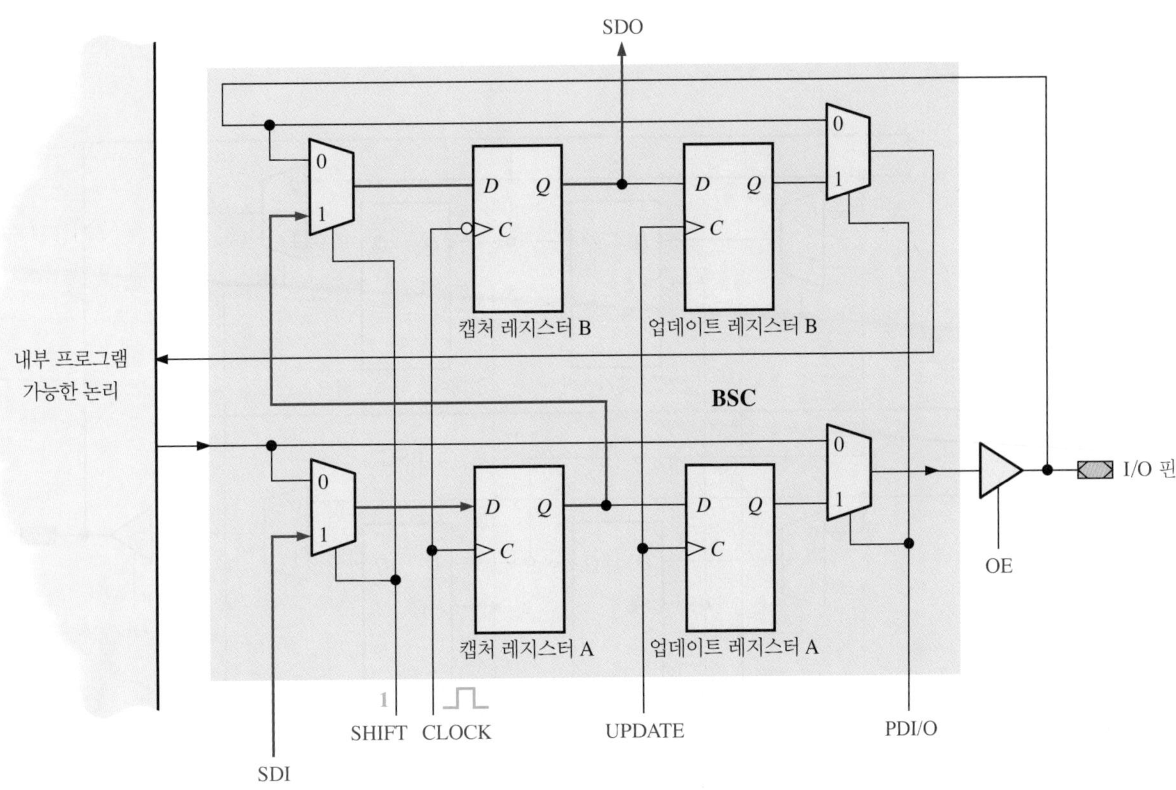

그림 10-49 한 BSC에서 이웃 BSC로 직렬 시프트하는 데이터 경로. SHIFT는 1이고 CLOCK에 펄스가 인가된다. 빨간 선은 데이터 흐름을 나타낸다.

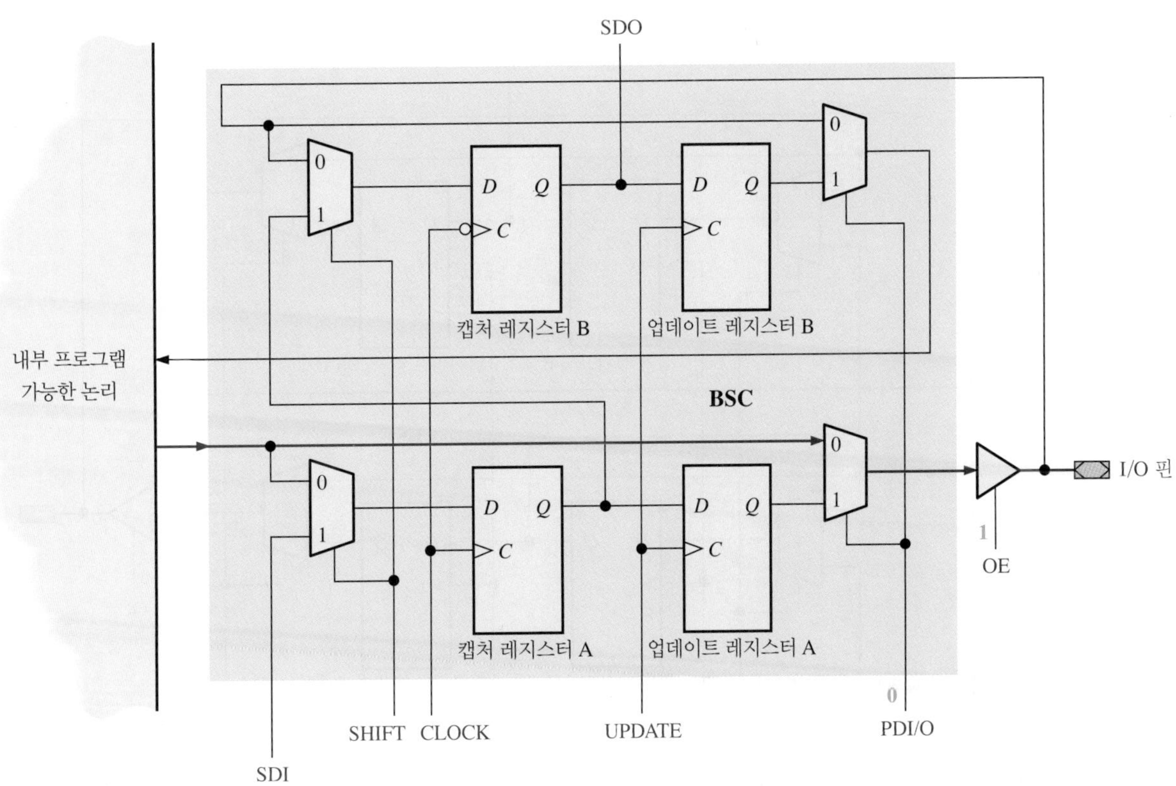

그림 10-50 내부 프로그램 가능한 논리로부터 소자의 I/O 핀으로 데이터가 전송되는 데이터 경로. PDI/O가 0이고 OE 선이 1이다.

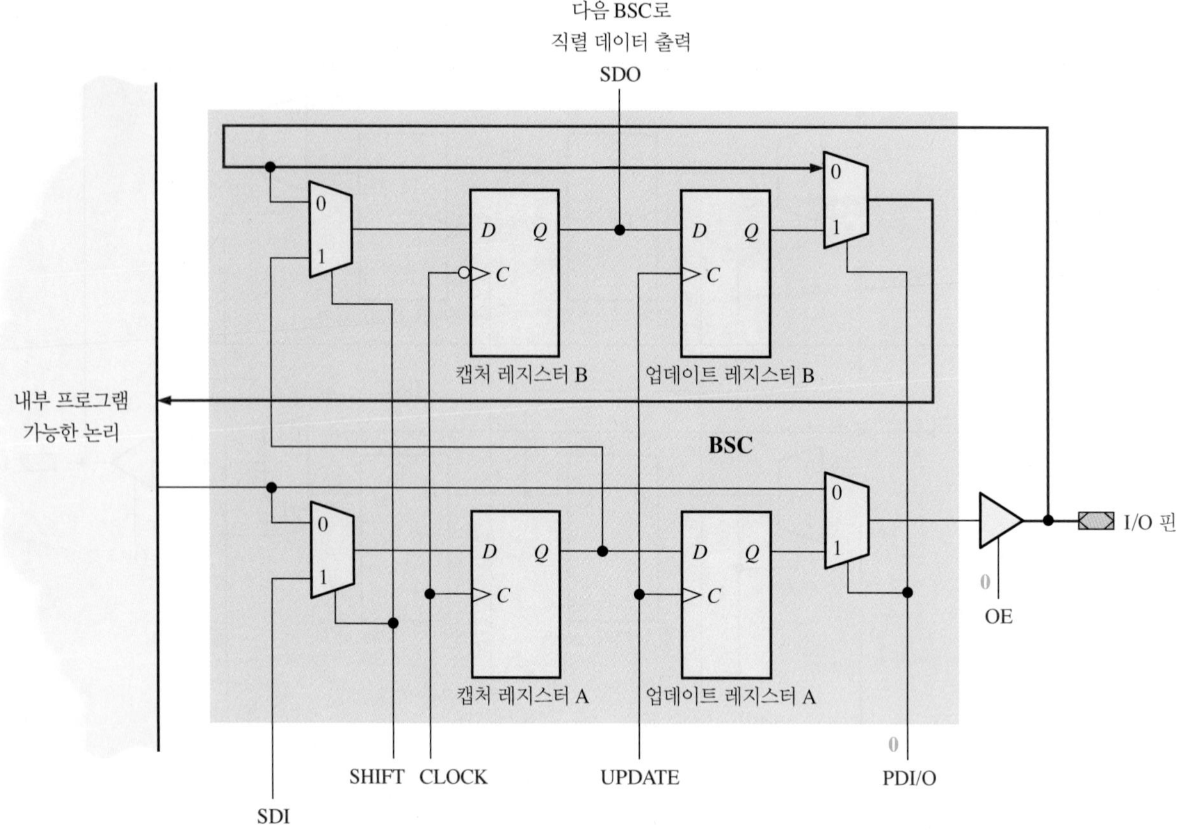

그림 10-51 소자의 I/O 핀으로부터 내부 프로그램 가능한 논리로 데이터를 전송하는 데이터 경로. PDI/O 선은 0이고 OE 선은 0이다.

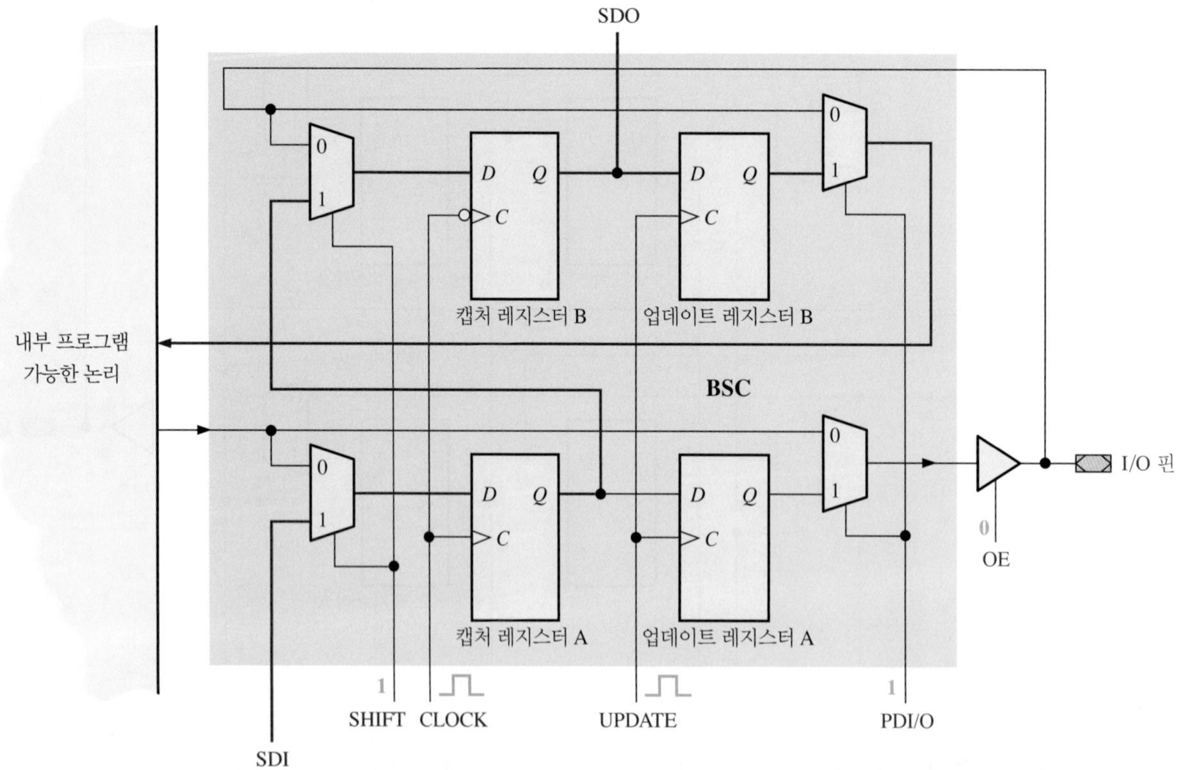

그림 10-52 SDI에서 내부 프로그램 가능한 논리와 SDO로 데이터를 전송하는 데이터 경로. SHIFT는 1이고, PDI/O는 1이고, OE는 0이다. UPDATE 선의 펄스는 CLOCK 선의 펄스 다음에 인가된다.

논리로 전송한다. 데이터는 SDO 선에도 나타난다.

다섯 번째 BSC 모드에서는 그림 10-53과 같이 SDI에서 소자의 I/O 핀과 SDO로 데이터를 전송한다. SHIFT 입력의 1은 SDI를 선택한다. SDI 선의 데이터는 CLOCK의 양의 에지에서 캡처 레지스터 A로 출력된다. 그런 다음 데이터는 CLOCK의 음의 에지에서 캡처 레지스터 B로 출력되어 SDO 선에 나타난다. UPDATE 선의 펄스는 데이터를 업데이트 레지스터 A로 출력한다. OE가 1인 경우 PDI/O 선의 1은 업데이트 레지스터 A의 출력을 선택하고 소자의 I/O 핀에 데이터를 전송한다.

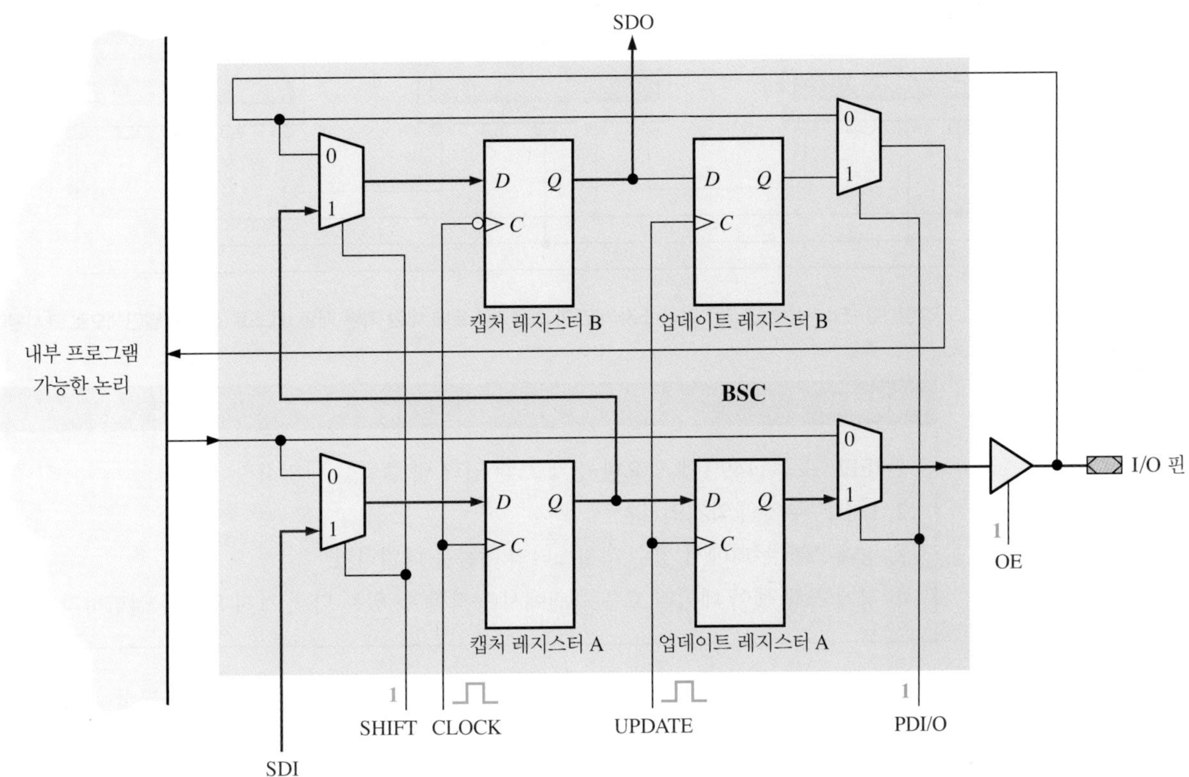

그림 10-53 SDI에서 소자의 I/O 핀과 SDO로 데이터를 전송하는 데이터 경로. SHIFT 입력이 1이고, PDI/O는 1이고, OE는 1이다. UPDATE 선의 펄스는 CLOCK 선의 펄스 다음에 인가된다.

여러 소자의 경계 스캔 테스트

경계 스캔 테스트는 여러 JTAG(IEEE 표준 1149.1) 소자가 탑재되어 있는 인쇄회로 기판에 적용되어 내부 논리뿐만 아니라 상호 연결을 검사할 수 있다. 이 개념을 그림 10-54의 경계 스캔 레지스터를 통해 빨간색으로 표시된 데이터의 경로를 추적하여 설명한다.

소자 1의 TDI로 비트가 시프트 입력되고 소자 1의 BS 레지스터를 통해 테스트할 연결이 소자 2로 가는 셀로 이동한다. 비트는 소자의 출력 핀으로 시프트 출력되고 상호 연결을 통해 소자 2의 입력 핀으로 이동힌다. 비트는 소자 2의 BS 레지스터를 통해 출력 핀으로 그리고 소자 3의 입력 핀으로의 상호 연결을 통해 계속된다. 소자 3의 BS 레지스터를 통해 TDO로 이동한다. TDO에서 나오는 비트가 TDI로 들어가는 비트와 같으면 경계 스캔 셀과 소자 1에서 소자 2 및 소자 2에서 소자 3으로의 상호 연결이 양호하다.

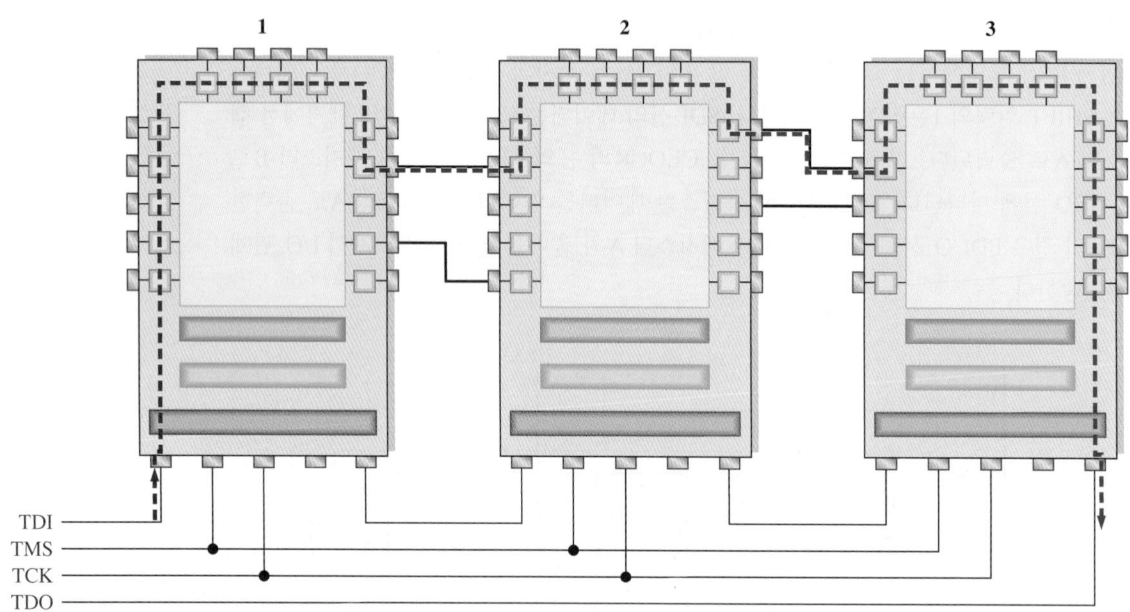

그림 10-54 상호 연결된 여러 소자의 경계 스캔 테스트에 대한 기본 개념. 테스트 경로는 빨간색으로 표시된다.

복습문제 10-6

1. IEEE 표준 1149.1에 필요한 경계 스캔 입력 및 출력을 나열하라.
2. TAP은 무엇의 약자인가?
3. 경계 스캔 논리에서 필수 레지스터의 이름을 나열하라.
4. 경계 스캔 셀이 데이터 흐름 측면에서 동작할 수 있는 다섯 가지 모드를 설명하라.

10-7 고장 진단

프로그램 코드 개발 중에 시뮬레이션 도구를 사용하여 PLD 프로그래밍 전에 논리 모듈이 적절하게 동작하는지 검증할 수 있다. 논리 설계로 프로그램된 소자를 테스트하는 두 가지 기본적인 방법은 전통적이고 자동화된 방법이다. 경계 스캔은 이 절에서 사용할 자동화된 방법이다. PLD가 프로그램되면 소자 프로그래밍 및 경계 스캔 테스트에 앞서 시뮬레이션에 중점을 둔다.

이 절의 학습내용

- 파형 시뮬레이션을 사용하여 고장 진단 방법을 설명한다.
- 중단점을 정의한다.
- 경계 스캔 테스트를 설명한다.

파형 시뮬레이션을 통한 고장 진단

앞서 설명한 것처럼 시뮬레이션 파형 자극은 테스트 벤치 프로그램을 사용하거나 파형 편집기를 사용하여 그래픽으로 수행할 수 있다. 다음 설명은 VHDL로 작성된 교통 신호 제어기의 SequentialLogic 부분에 적용된 시뮬레이션 고장 진단 기법을 보여준다.

기능 시뮬레이션

대상 소자에 다운로드하기 전 예상치 않은 동작을 식별하는 데는 시뮬레이션 도구가 유용하다. 다음 설명에서 그림 10-55의 파형 출력은 식별자 g0 및 g1의 순차 논리 그레이 코드 출력이 파형 테스트 자극에 예상대로 응답하지 않음을 보여준다. 타이밍 시뮬레이션에서 PLD 칩 라이브러리가 로드되고, 테스트는 일반적으로 출력이 0인 상태에서 시작하는 대상 소자의 모델에 대해 수행된다. 기능 시뮬레이션에서 기본 논리가 테스트된다. 기능 시뮬레이션은 초기 상태에 대한 가정을 하지 않으므로 한 함수의 출력이 두 번째 결과를 결정하면 순환적 종속성이 존재할 수 있어 해결할 수 없다. 미결정된 상태가 어디에 존재하는지를 판별하기 위해 프로그램 코드에 **중단점**(break point)을 삽입하여 필요할 경우 프로그램 코드에서 처리할 수 있다. 중단점은 프로그램 소스 코드 내에 있는 응용 프로그램이 일시적으로 중지되는 플래그(flag)로, 프로그램 식별자 및 I/O 상태를 조사할 수 있다.

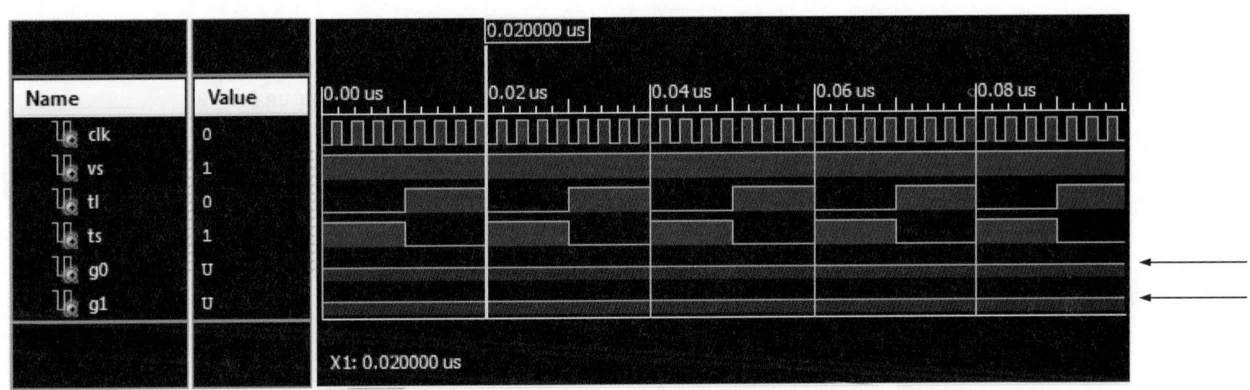

그림 10-55

이 동작을 조사하려면 프로그램 코드에 중단점을 삽입하라. 그러면 시뮬레이션 진행에 따라 식별자 G0 및 G1의 조건을 볼 수 있다.

교통 신호 제어기의 순차 논리 소자에서, 식별자 D0와 D1은 플립플롭 DFF0 및 DFF1의 출력에 의존한다. 예를 들어, D0가 DFF0의 입력이기 때문에 D0는 기동 시 미결정 상태일 수 있으므로 G0도 미결정 상태가 된다. 기능 시뮬레이션은 G0와 G1이 미결정 상태로 남겨지므로 표시된 것처럼 이를 지적한다. 그림 10-56에서 볼 수 있듯이 이 경우 22번 줄을 마우스 오른쪽 버튼으로 클릭하고 'Set Breakpoint 22'를 선택하면 중단점이 설정된다. 시뮬레이션 동안 프로그램의 동작을 조사하기 위해 필요에 따라 여러 개의 중단점을 정의할 수 있다.

식별자 D0에 삽입된 미리 정의된 중단점에서 시뮬레이션이 중지되어 있다. 지원 식별자 D0, TL, VS, G1의 조건을 조사하여 출력값 G1이 'U' 또는 미정의된 D 플립플롭 구성 요소와 관련된 문제를 결정한다. D0는 식별자 G1과 플립플롭에 의존한다. DFF1은 차례대로 D1에 의존된다. 플립플롭의 출력으로 D0 또는 D1에 할당된 불 표현식을 조사할 수 없다.

D 플립플롭 정의를 살펴보면 플립플롭이 상승하는 클록 에지에서 D 입력의 값을 출력 Q에 쓰는 것을 볼 수 있다. 그림 10-57(a)는 출력 Q가 미리 초기화되어 있지 않기 때문에 출력이 초기화되지 않은 상태에서 시작됨을 보여준다. 이 문제를 해결하기 위해 그림 10-57(b)에서 새로운 신호 QT를 만들어 0으로 초기화한다. 식별자 D의 값은 상승 클록 에지에서 신호 QT에 기록되고, QT는 Q로 출력하도록 기록된다.

D 플립플롭 출력을 0으로 초기화하면 D0 및 D1에 대한 불 표현식은 1 또는 0 값으로 나온다.

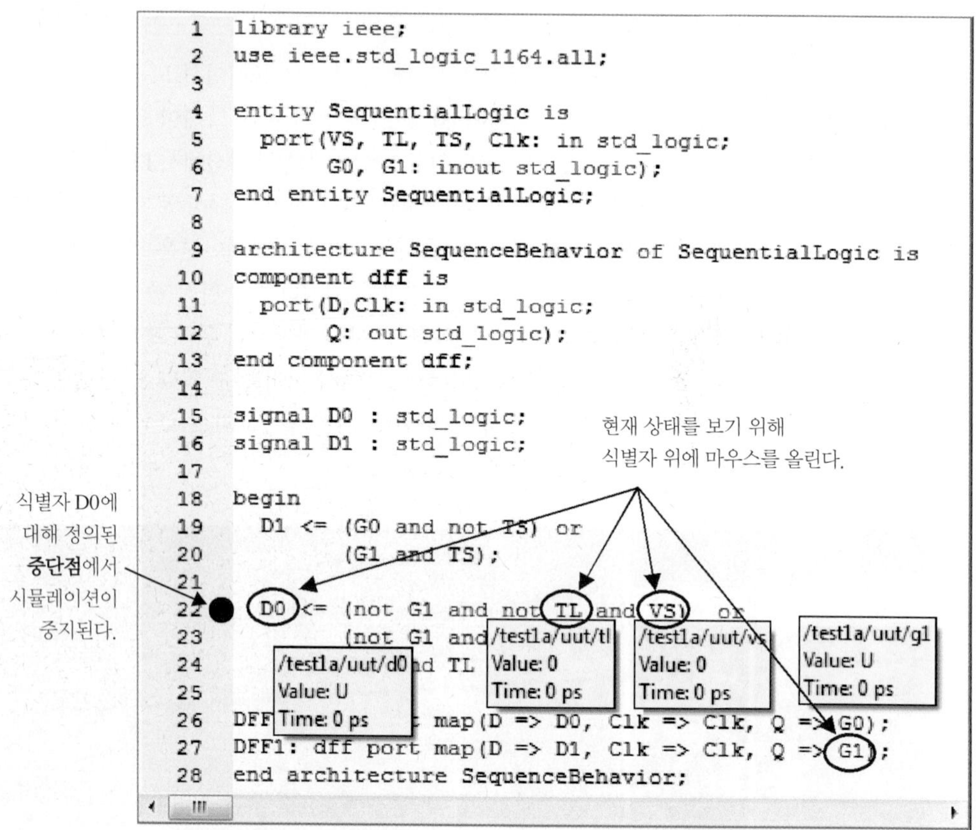

그림 10-56

```
library ieee;
use ieee.std_logic_1164.all;

entity dff is
  port(D,Clk: in std_logic;
       Q: out std_logic);
end dff;

architecture dffbehavior of dff is
begin
  process (Clk)
  begin
    if (Clk'event and Clk='1') then
      Q <= D;
    end if;
  end process;
end dffbehavior;
```

```
library ieee;
use ieee.std_logic_1164.all;
entity dff is
  port(D,Clk: in std_logic;
       Q: out std_logic);
end dff;

architecture dffbehavior of dff is
signal QT :std_logic:= '0';
begin
  process (Clk)
  begin
    if (Clk'event and Clk='1') then
      QT <= D;
    end if;
  end process;
  Q <= QT;
end dffbehavior;
```

신호 QT를 이용하여
출력 Q를 0으로
미리 초기화한다.

그림 10-57

두 번째 시뮬레이션은 교통 신호 제어기의 순차 논리 부분이 이제 유효한 그레이 코드를 출력할 수 있음을 보여준다(그림 10-58 참조).

경계 스캔 테스트

테스트 포인트에 대한 제한된 액세스는 테스트 포인트를 집적회로 소자 자체에 배치하는 개념으로 진전되었다. 대부분의 CPLD 및 FPGA는 소자에 프로그램된 논리의 기능과는 독립적인 내부 구조의 일부로 경계 스캔 논리를 포함한다. 이러한 소자는 JTAG 호환이다.

그림 10-59에서처럼 경계 스캔 셀은 프로그램 가능한 논리와 소자의 각 입력 및 출력 핀 사이

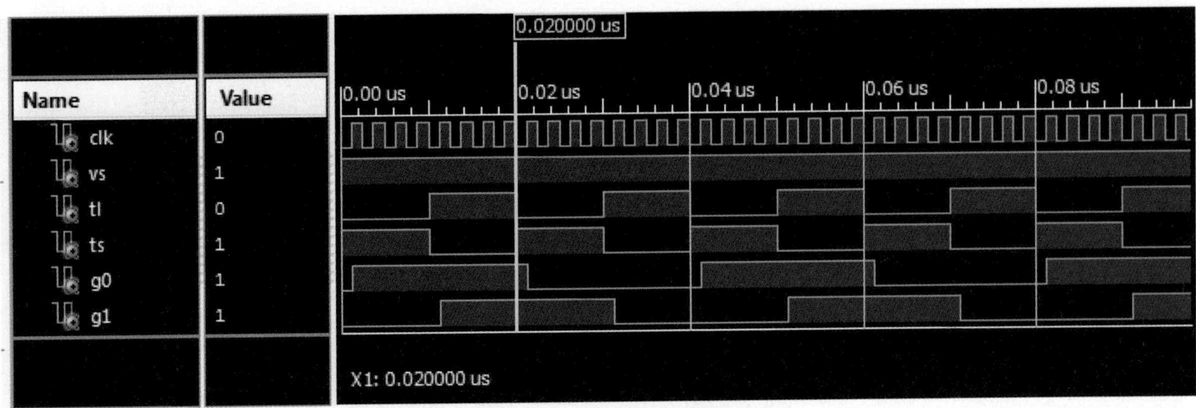

그림 10-58

에 배치된다. 셀은 기본적으로 1 또는 0을 저장하는 메모리 셀이다. 프로그램 가능한 논리 입력에 연결된 셀을 '입력 셀'이라고 하고, 프로그램 가능한 논리 출력에 연결된 셀을 '출력 셀'이라고 부른다. **경계 스캔**(boundary scan) 테스트는 JTAG 표준(IEEE 표준 1149.1)을 기반으로 한다. TDI(test data in), TDO(test data out), TCK(test clock), TMS(test mode select)의 네 가지 JTAG 입력 및 출력은 TAP(test access port)로 알려져 있다.

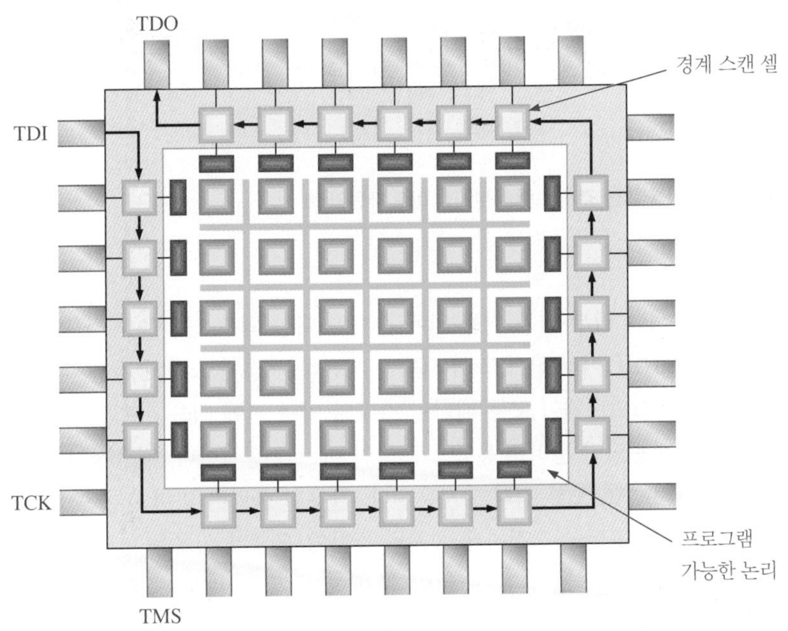

그림 10-59 **프로그램 가능한 논리 소자에서 경계 스캔 논리의 기본 개념**

내부시험

경계 스캔 셀을 사용하여 소자의 내부 기능을 테스트할 때 테스트 모드를 내부시험(intest)이라 한다. 내부시험을 사용하는 경계 스캔의 기본 개념은 다음과 같다. 1과 0으로 구성된 소프트웨어 구동 패턴이 TDI 핀을 통해 시프트되어 프로그램 가능한 논리의 입력에 위치한다. 이러한 입력 비트가 적용되면 논리는 응답으로 출력 비트를 생성한다. 결과 출력 비트가 TDO 핀으로 시프트 출력되어 오류가 있는지 검사된다. 물론 잘못된 출력은 프로그램된 논리, I/O 셀 또는 경계 스캔 셀의 결함을 나타낸다.

표 10-5
그림 10-60에서 프로그램된 소자에서 경계 스캔 테스트의 비트 패턴

TDI	TDO
0000	1
0001	1
0010	0
0011	1
0100	1
0101	1
0110	1
0111	1
1000	1
1001	1
1010	0
1011	1
1100	1
1101	1
1110	1
1111	1

그림 10-60은 소자에 프로그램된 AND-OR 논리회로에 대한 경계 스캔 내부시험 패턴 1011을 보여준다. 4개의 TDI 비트의 16개 조합은 표 10-5의 목록에 따라 모든 가능한 상태의 회로를 테스트한다. 4비트 조합은 경계 스캔 셀로 직렬로 시프트 입력되고, 해당 출력은 확인을 위해 TDO로 시프트 출력된다. 이 과정은 경계 스캔 테스트 소프트웨어로 제어된다.

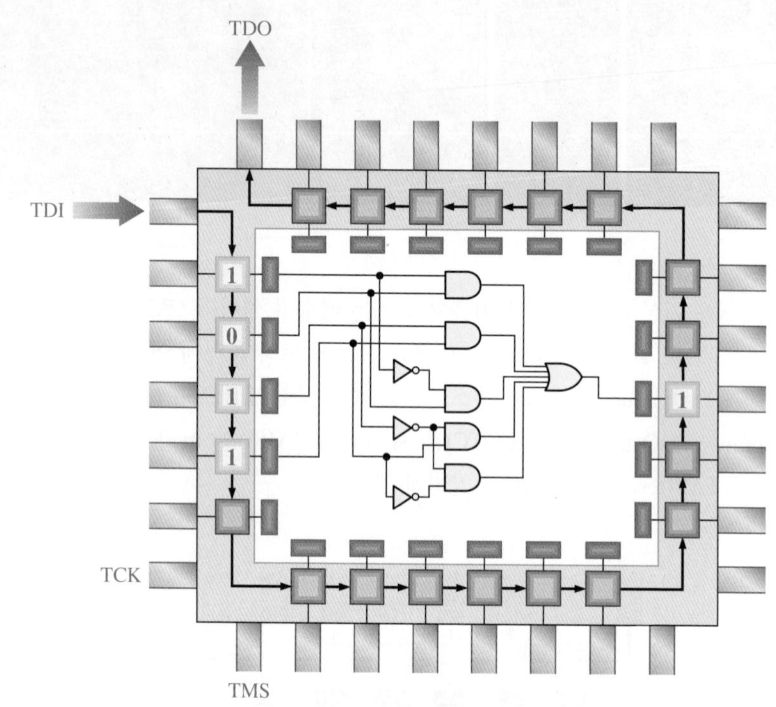

그림 10-60 내부 논리를 위한 경계 스캔 내부시험 비트 패턴의 예

외부시험

경계 스캔 셀을 사용하여 일부 내부 기능 외에 소자에 대한 외부 연결을 테스트하는 경우 테스트 모드를 외부시험(extest)이라 한다. 외부시험을 사용하는 경계 스캔의 기본 개념은 다음과 같다. 1과 0으로 구성된 소프트웨어 구동 패턴이 소자의 입력 핀에 적용되고 입력 셀에 입력된다. 이러한 입력 비트가 적용되면 논리는 응답으로 출력 비트를 생성한다. 결과적인 출력 비트는 소자의 출력 핀에서 가져오고, 오류 검사에 사용된다. 잘못된 출력은 입력 또는 출력 핀 연결 또는 상호 연결, 잘못된 소자 또는 부적절하게 설치된 소자에 오류가 있음을 나타낸다. 물론 외부시험 모드에서도 일부 내부 결함을 감지할 수 있다. 예를 들어, 경계 스캔 셀의 결함, I/O 셀 또는 프로그램된 논리의 특정 오류로 인해 잘못된 출력이 생성된다. 그림 10-61은 논리회로의 4개 입력과 출력을 테스트하는 경계 스캔 외부시험의 예를 보여준다.

외부시험 모드에서 감지된 오류는 소자의 외부(불량 핀 연결) 또는 내부(연결 오류, 경계 스캔 셀 또는 논리 요소)에서 발생한 것이다. 따라서 외부시험에서 감지된 오류를 격리하려면 내부시험이 외부시험 다음에 실행되어야 한다. 두 시험 모두에 오류가 있으면 소자 내부에 결함이 있다.

외부시험 모드에서는 소자의 입력 및 출력 핀에 프로브를 접촉해야 한다. 이 핀들은 자동 시험 장비로 검사할 수 있도록 회로 보드 또는 테스트 패드의 커넥터에서 사용할 수 있어야 한다.

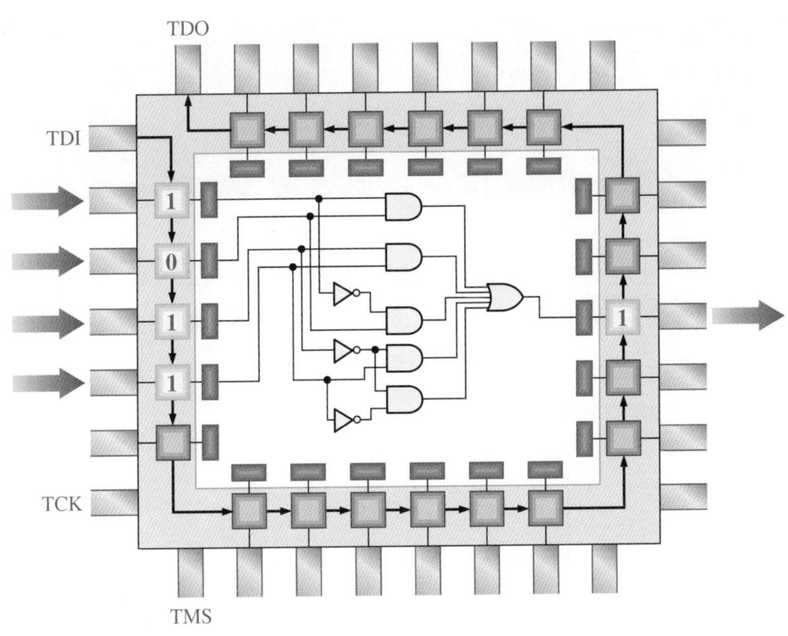

그림 10-61 외부 오류를 찾기 위한 경계 스캔 외부시험의 비트 패턴 예

BSDL

이 테스트 소프트웨어는 JTAG IEEE 표준 1149.1의 일부이며, VHDL을 사용하여 경계 스캔 논리가 특정 소자에서 어떻게 구현되고 어떻게 작동하는지 설명한다. BSDL(boundary scan description language, 경계 스캔 기술 언어)은 IEEE 1149.1이 JTAG 호환 소자에서 구현되는 방법을 설명하기 위한 표준 데이터 형식을 제공한다. BSDL을 지원하는 경계 스캔 테스트 소프트웨어 도구를 사용하려면 일반적으로 소자 제조업체에서 BSDL을 얻을 수 있다.

전용 경계 스캔 논리를 포함하는 각 소자는 특정 소자를 설명하는 BSDL 파일에 의해 지원된다. BSDL 파일에 설명된 사항에는 I/O 핀과 TAP(test access port) 핀의 소자 유형 및 설명이 포함된다. 또한 BSDL은 논리적 신호를 물리적 핀에 매핑하고 소자에 포함된 경계 스캔 논리 아키텍처에 대한 설명을 제공한다. BSDL을 사용하여 소자를 테스트하기 위한 비트 테스트 패턴을 정의할 수 있다.

복습문제 10-7

1. 프로그래머가 정의한 중단점의 목적을 설명하라.
2. 경계 스캔의 기본적인 개념을 설명하라.
3. 경계 스캔 테스트의 두 가지 모드는 무엇인가?
4. 경계 스캔 테스트에 사용되는 네 가지 JTAG 신호의 이름은 무엇인가?
5. BSDL은 무엇의 약자인가?

응용 논리

엘리베이터 제어기 : 2부

이 절에서는 9장의 응용 논리에서 소개된 엘리베이터 제어기를 PLD에서 프로그램으로 구현한다. 엘리베이터 동작을 검토하려면 9장을 참조하라. 프로그램을 쉽게 하기 위해 레이블을 변경한 논리 다이어그램을 그림 10-62에서 다시 나타낸다.

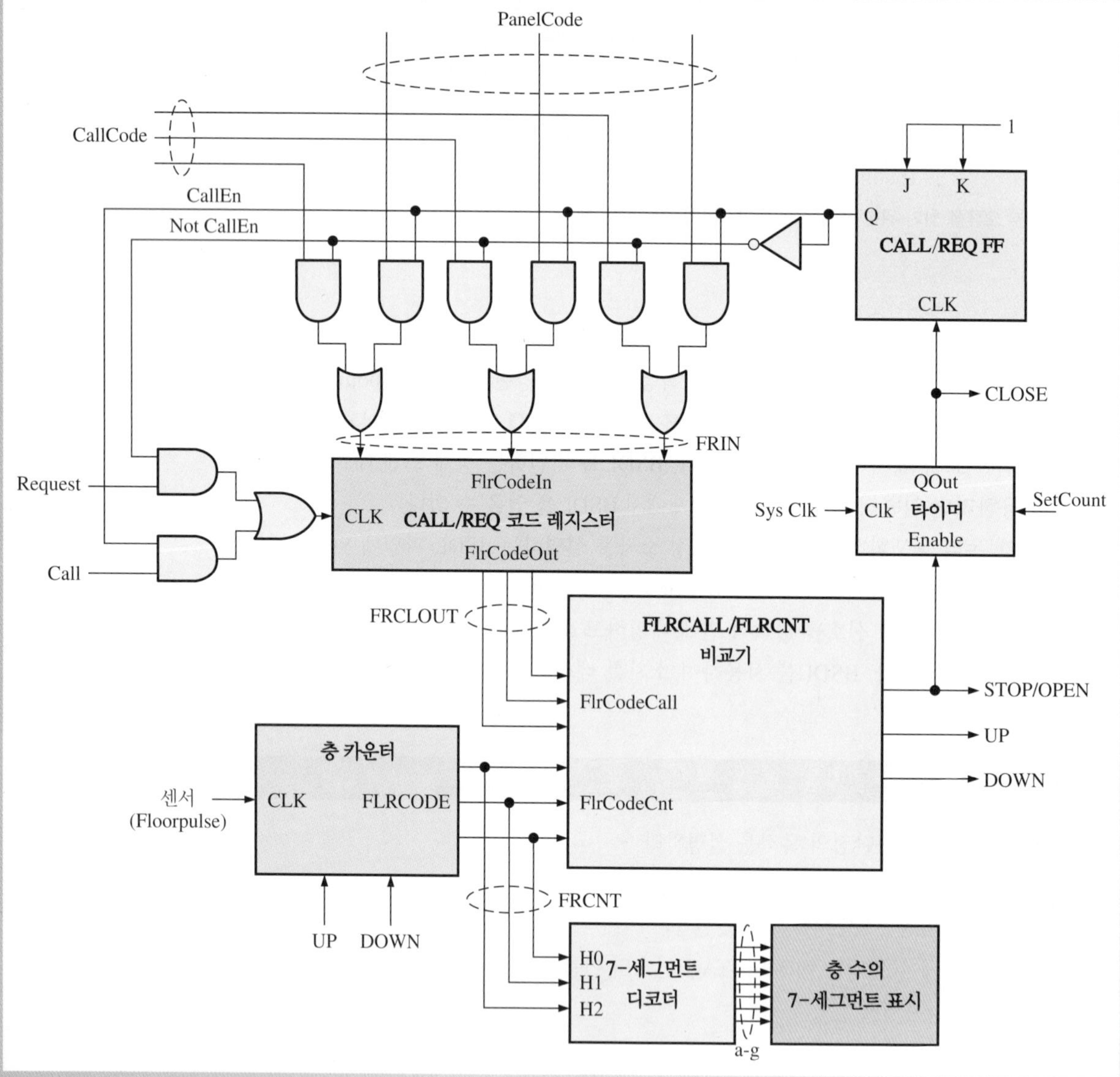

그림 10-62 엘리베이터 제어기의 프로그램 모델

엘리베이터 제어기용 VHDL 프로그램 코드에서 층 카운터, FLRCALL/FLRCNT 비교기, 코드 레지스터, 타이머, 7-세그먼트 디코더 및 CALL/REQ 플립플롭에 대한 구성 요소를 정의한다. 이 여섯 가지 구성 요소에 대한 VHDL 프로그램 코드는 다음과 같다(파란색 주석이 달린 노트는 프로그램의 일부가 아니다).

층 카운터

```
library ieee;
use ieee.std_logic_1164.all;
use ieee.numeric_std.all;

entity FLOORCOUNTER is
   port (UP, DOWN, Sensor: in std_logic;
         FLRCODE: out std_logic_vector(2 downto 0));
end entity FLOORCOUNTER;

architecture LogicOperation of FLOORCOUNTER is
signal FloorCnt: unsigned(2 downto 0) := "000";
begin
   process(UP, DOWN, Sensor, FloorCnt)
   begin
     FLRCODE <= std_logic_vector(FloorCnt);

     if (Sensor'EVENT and Sensor = '1') then
       if UP = '1' and DOWN = '0' then
         FloorCnt <= FloorCnt + 1;
       elsif Up = '0' and DOWN = '1' then
         FloorCnt <= FloorCnt - 1;
       end if;
     end if;
   end process;
end architecture LogicOperation;
```

ieee.numeric_std.all은 부호 없는 식별자의 형 변환이 가능하도록 포함된다. 부호 없는 FloorCnt가 std_logic_vector로 변환된다.

UP, DOWN : 층 카운터의 방향 신호
Sensor : 엘리베이터 카의 층 센서
FLRCODE : 세 자리 층 카운트

층 카운터를 000으로 초기화

부호 없는 숫자 FloorCnt는 std_logic_vector 데이터 유형으로 변환되고 std_logic_vector 출력 FLRCODE로 전송된다.

센서 이벤트 high 펄스는 UP이 high로 설정되면 층 카운트가 증가하고 DOWN이 low로 설정되면 1씩 감소하게 한다.

FLRCALL/FLRCNT 비교기

```
library ieee;
use ieee.std_logic_1164.all;
use ieee.std_logic_arith.all;

entity FLRCALLCOMPARATOR is
   port (FlrCodeCall, FlrCodeCnt: in std_logic_vector(2 downto 0);
         UP, DOWN, STOP: inout std_logic;
end entity FLRCALLCOMPARATOR;

architecture LogicOperation of FLRCALLCOMPARATOR is
begin
   STOP <= '1' when (FlrCodeCall = FlrCodeCnt) else '0';
   UP <= '1' when (FlrCodeCall > FlrCodeCnt) else '0';
   DOWN <= '1' when (FlrCodeCall < FlrCodeCnt) else '0';
end architecture LogicOperation;
```

FlrCodeCall, FlrCodeCnt : 비교되는 수
UP, DOWN, STOP : 출력 제어 신호

STOP, UP 및 DOWN 신호는 관계 비교 =, >와 < 에 따라 셋 또는 리셋된다.

코드 레지스터

```
library ieee;
use ieee.std_logic_1164.all;
entity CODEREGISTER is
   port (Clk: in std_logic;
      FlrCodeIn: in std_logic_vector(0 to 2);
      FlrCodeOut: out std_logic_vector(0 to 2));
end entity CODEREGISTER;
```

Clk : Clk 펄스 입력
FlrCodeIn : 세 자리 층 패널 입력
FlrCodeOut : 세 자리 층 패널 출력

```
architecture LogicOperation of CODEREGISTER is
begin
   process(Clk)
   begin
      if (Clk 'event and Clk= '1') then
         FlrCodeOut <= FlrCodeIn;
      end if;
   end process;
end architecture LogicOperation;
```

Clk 이벤트 high 펄스는 FlrCodeIn 층 수를 FlrCodeOut으로 보낸다.

타이머

```
library ieee;
use ieee.std_logic_1164.all;
entity Timer is
   port (Enable, Clk: in std_logic;
      SetCount: in integer range 0 to 1023;
      QOut: inout std_logic);
end entity Timer;
```

Enable : Enable 타이머 카운트 입력
Clk : 타이머 클록 입력
SetCount : 카운터가 셋 입력. 10비트에 대해 1023으로 제한
QOut : 카운터 출력

```
architecture TimerBehavior of Timer is
begin
   process(Enablez, Clk)
   variable Cnt: integer range 0 to 1023;
   begin
      if (Clk'EVENT and Clk = '1') then
         if Enable = '0' then
            Cnt := 0; QOut <= '0';
         end if;
         if Cnt = SetCount then
            QOut <= '1';
            Cnt := 0;
         else
            Cnt := Cnt + 1;
         end if;
      end if;
   end process;
end architecture TimerBehavior;
```

정수 변수 Cnt 범위는 정수 포트 입력 SetCount에서 0부터 끝까지 카운트하는 데 사용되는 10비트의 경우 1023으로 제한된다.

Clk 클록 이벤트가 HIGH일 때 '0'입력이 Cnt를 클리어하고 Qout을 출력하기 위해 Enable이 점검된다. Cnt가 SetCount와 같으면 출력 QOut가 '1'로 설정되어 카운트를 끝낸다. SetCount의 카운트가 끝까지 도달하지 않으면 Cnt가 1씩 증가하고 카운트 과정이 계속된다.

7-세그먼트 디코더

a, b, c, d, e, f, g : 7-세그먼트 표시 요소 출력
H0, H1, H2 : 16진수 입력

7-세그먼트 논리 동작

```
library ieee;
use ieee.std_logic_1164.all;

entity SevenSegment is
  port (a, b, c, d, e, f, g: out std_logic; H0, H1, H2: inout std_logic);
end entity SevenSegment;

architecture SevenSegmentBehavior of SevenSegment is
begin
  a <= H1 or (H2 and H0) or (not H2 and not H0);
  b <= not H2 or (not H0 and not H1) or (H0 and H1);
  c <= H0 or not H1 or H2;
  d <= (not H0 and not H2) or (not H2 and H1) or
  (H1 and not H0) or (H2 and not H1 and H0);
  e <= (not H0 and not H2) or (H1 and not H0);
  f <= (not H1 and H2) or (not H1 and not H0) or (H2 and not H0);
  g <= (not H2 and H1) or (H1 and not H0) or (H2 and not H1);
end architecture SevenSegmentBehavior;
```

CALL/REQ 플립플롭 구성 요소 정의

```
library ieee;
use ieee.std_logic_1164.all;

entity JKFlipFlop is
  port (J,K,Clk: in std_logic; Q: inout std_logic);
end entity JKFlipFlop;
architecture LogicOperation of JKFlipFlop is
signal QNot: std_logic := '1';
begin

  process (J, K, Clk)
  begin
    if (Clk'EVENT and Clk = '1') then
      if J = '1' and K = '0' then
        Q <= '1';
      elsif J = '0' and K = '1' then
        Q <= '0';
      elsif J = '1' and K = '1' then
        Q <= QNot;
      end if;
    end if;
  end process;
  QNot <= not Q;
end architecture LogicOperation;
```

이전에 정의된 구성 요소를 사용하여 엘리베이터 제어기에 대한 전체 VHDL 프로그램 코드는 다음과 같다. 2개의 하이픈 앞에 녹색으로 표시된 주석은 설명을 위한 것이며 처리 목적으로 프로그램에서 인식하지 못한다.

CallCode : 층에서 요청 번호
PanelCode : 엘리베이터 카에서 요청 번호
Call : CallCode 요청 펄스
Request : PanelCode 요청 펄스
Sensor : 층 레벨 펄스 입력
Clk : 엘리베이터 시스템 클록
UP, DOWN : 엘리베이터 카의 방향
STOPOPEN : 전동기 정지 및 문 열림 명령
CLOSE : 문 닫힘 명령

엘리베이터 제어기

```
library ieee;
use ieee.std_logic_1164.all;

entity ELEVATOR is
  port (CallCode, PanelCode: in std_logic_vector(2 downto 0);
        Call, Request, Sensor, Clk: in std_logic;
        UP, DOWN, STOPOPEN, CLOSE: inout std_logic;
        a, b, c, d, e, f, g: out std_logic);
end entity ELEVATOR;

architecture LogicOperation of ELEVATOR is
component FLOORCOUNTER is
  port (UP, DOWN, Sensor: in std_logic;                      } FLOOR COUNTER의 구성 요소 정의
        FLRCODE: out std_logic_vector(2 downto 0));
end component FLOORCOUNTER;

component FLRCALLCOMPARATOR is                                 FLRCALL/FLRCNT COMPARATOR의 구성 요소 정의
  port (FlrCodeCall, FlrCodeCnt: in std_logic_vector(2 downto 0);
        Up, Down, Stop : inout std_logic);
end component FLRCALLCOMPARATOR;

component CODEREGISTER
  port (Clk: in std_logic;
        FlrCodeIn: in std_logic_vector(0 to 2);              } 코드 레지스터 구성 요소 정의
        FlrCodeOut: out std_logic_vector(0 to 2));
end component CODEREGISTER;

component Timer is
  port (Enable, Clk: in std_logic;                           } 타이머 구성 요소 정의
        SetCount: in integer range 0 to 1023;
        QOut: inout std_logic);
end component Timer;

component SevenSegment is
  Port (a, b, c, d, e, f, g: out std_logic;                  } 7-세그먼트 디코더 구성 요소 정의
        H0, H1, H2: inout std_logic);
end component SevenSegment;

component JKFlipFlop
  port (J, K, Clk: in std_logic;                             } CALL/REQ 플립플롭 구성 요소 정의
        Q: out std_logic);
end component JKFlipFlop;
```

```
-- 구성 요소를 상호 연결하고 제어 신호를 출력하는 데 사용되는 신호 정의
signal FRCNT, FRCLOUT, FRIN: std_logic_vector(0 to 2);
signal CallEn: std_logic;
begin
  Gnd <= '0';

  process (CallEn, CallCode, PanelCode) -- CALL/REQ 기반의 층 또는 패널 호출 코드 선택
    begin CALL/REQ
      if (CallEn = '1') then
        FRIN <= CallCode; -- CALL이 Enable인 경우 층의 콜 버튼으로부터 코드 선택
      else
        FRIN <= PanelCode; -- CALL이 Enable이 아닌 경우 엘리베이터 패널
    end if; panel buttons          버튼으로부터 코드 선택
  end process;
-- 구성 요소 예시
CALLREQ: JKFlipFlop port map(J=>'1', K=>'1', Clk=>Close, Q=>CallEn);

CODEREG: CODEREGISTER port map(Call => (Call and CallEn) or (Request and not
CallEn), FlrCodeIn=> FRIN, FlrCodeOut => FRCLOUT);

FLCLCOMP: FLRCALLCOMPARATOR port map(FlrCodeCall=> FRCL
FlrCodeCnt => FRCNT, Up=>UP, Down=>DOWN, Stop=>STOPOPEN);

FLRCNT: FLOORCOUNTER port map(UP=>UP, DOWN=>DOWN, Sensor=>Sensor,
FLRCODE=>FRCNT);

DISPLAY: SevenSegment port map(a=>a,b=>b,c=>c,d=>d,e=>e,f=>f,g=>g,
H0=>FRCNT(2),H1=>FRCNT(1),H2=>FRCNT(0));

TIMER1: Timer port map (Enable=>STOPOPEN, Clk=> Clk,SetCount=>10,
QOut=>Close);

end architecture LogicOperation;
```

프로그램 과정 및 PLD 구현 과정

엘리베이터 제어기는 Altera Quartus II 및 ModelSim 소프트웨어를 사용하여 PLD에 구현된다. Altera Quartus II 소프트웨어 패키지는 ModelSim 시뮬레이션 소프트웨어와 결합된 HDL 응용 생성을 위해 알테라에서 제공하는 통합 개발 환경(integrated development environment, IDE)이다. 프로그램 과정 및 PLD 구현에 대해 다음에서 간단하게 요약한다. 엘리베이터 제어기의 프로그램 과정에 대한 자세한 설명 및 Altera Quartus II 튜토리얼을 웹사이트에서 확인할 수 있다. Altera.com에서 Altera Quartus II를 무료로 다운로드 할 수 있다.

프로젝트 생성 프로그램 과정을 시작하기 위해 프로젝트를 생성한다. 프로젝트를 통해 IDE는 응용 프로그램을 저장할 위치를 식별하고, 응용 프로그램을 구성하고 프로젝트 기본 설정, 규칙

및 정의를 추적하는 데 필요한 자체 생성 지원 파일을 만들 수 있다.

프로젝트 정의 프로젝트를 완료하려면 프로젝트의 위치, 사용할 PLD 소자 및 기본 언어를 정의하는 일반적인 질문에 응답해야 한다. 추가 질문은 응용 프로그램을 시뮬레이션하고 검증하는 방법을 결정한다.

완전한 프로젝트 프로젝트 정의가 완료되면 이전에 정의된 구성 요소 및 엘리베이터 제어기 파일에 대한 VHDL 프로그램 소스 코드가 프로젝트에 추가된다.

응용 프로그램 컴파일 이때 프로그램을 컴파일하면 I/O 포트 식별자에 핀을 할당할 준비가 되면서 입력 및 출력 식별자 정보의 일부가 자동으로 입력된다. 그러나 핀을 할당하기 전에 기본 설계를 시뮬레이션할 수 있다.

그래픽 파형 시뮬레이션 엘리베이터 제어기 설계를 시뮬레이션하려면 먼저 ModelSim 응용 프로그램을 시작한다. 그래픽 파형 생성 도구를 사용하면 자극 파형을 쉽게 만들 수 있다. 엘리베이터 제어기 응용을 테스트하기 위한 입력 자극을 제공하기 위해 그래픽 파형이 생성된다. 그래픽 도구를 사용하여 입력 호출, 요청, 호출 코드, 패널 코드, 센서 및 clk가 생성된다. 출력 식별자 *up*, *down*, *stopopen*, *close* 및 7-세그먼트 출력 *a*부터 *g*까지는 입력 자극이 필요하지 않다.

핀 할당 핀 할당 편집기는 I/O 포트 식별자를 외부 핀과 연결하는 데 사용된다. 많은 새로운 핀 편집기는 드래그-앤-드롭 기능을 사용하여 사용자가 마우스로 식별자를 선택한 다음 대상 소자의 그래픽 표현으로 끌어다 놓을 수 있다. 핀 할당은 전통적인 텍스트 입력을 사용하여 수행할 수도 있다.

소자 프로그래밍 핀을 선택하고 저장하면 프로젝트가 다시 컴파일되어 대상 소자(PLD)에 로드할 출력 파일을 생성한다. 두 번째 컴파일 작업은 선택된 핀을 프로그램 식별자에 연결한다. 대상 소자를 프로그램하려면 탑재된 프로젝트 보드를 프로젝트 보드 제조업체의 지침에 따라 프로그래밍 컴퓨터에 연결해야 한다. 대상 소자는 일반적으로 JTAG 호환이며 USB 포트를 통해 연결된다. 다른 JTAG 호환 대상 보드는 제조업체에서 설명한대로 이더넷, 직렬, 병렬 또는 FireWire와 같은 다른 입력을 사용할 수 있다.

PLD로 다운로드 시뮬레이션과 함께 핀 할당 및 재컴파일이 완료되면 개발 환경(PLD가 있는 프로젝트 보드)으로 애플리케이션을 다운로드해야 한다.

하드웨어 테스트 프로젝트가 로드되면 실제 하드웨어에 대해 응용 프로그램을 테스트할 수 있다.

지식 적용

8층이 아닌 10층 건물의 엘리베이터 제어기 프로그램으로 수정하라.

요약

- PAL은 OR 게이트의 고정된 배열에 연결된 AND 게이트의 프로그램 가능한 배열로 구성된 한 번 프로그램 가능한(OTP) SPLD이다.
- PAL 구조는 정의된 수의 변수가 있는 곱의 합(SOP) 논리를 구현할 수 있게 한다.
- GAL은 기본적으로 다시 프로그램할 수 있는 PAL이다.
- PAL 또는 GAL에서 매크로셀은 일반적으로 하나의 OR 게이트와 일부 연관 출력 논리로 구성된다.
- CPLD는 기본적으로 프로그램 가능한 상호 연결이 있는 다중 SPLD 배열로 구성된 프로그램 가능한 복잡한 논리 소자이다.
- CPLD의 각 SPLD 배열을 논리 배열 블록(LAB)이라고 한다.
- 매크로셀은 조합 모드 또는 레지스터된 모드의 두 가지 모드 중 하나로 구성될 수 있다.
- FPGA(현장-프로그램 가능한 게이트 배열)는 아키텍처가 다르고, PAL/PLA 유형 배열을 사용하지 않으며, 일반적인 CPLD보다 훨씬 더 높은 밀도를 보인다.
- 대부분의 FPGA는 안티 퓨즈 또는 SRAM 기반 공정 기술을 사용한다.
- FPGA의 각 구성 가능한 논리 블록(CLB)은 여러 개의 작은 논리 모듈과 CLB 내의 논리 모듈을 연결하는 데 사용되는 프로그램 가능한 지역 상호 연결로 구성된다.
- FPGA는 LUT 아키텍처를 기반으로 한다.
- LUT는 룩업 테이블(look-up table)의 약자로, SOP 조합 논리 함수를 생성하기 위해 사용되는 프로그램 가능한 메모리 유형이다.
- 하드 코어는 제조업체가 특정 기능을 제공하기 위해 입력하고 다시 프로그램할 수 없는 FPGA에 내장된 논리의 일부이다.
- 소프트 코어는 몇 가지 프로그램 가능한 기능을 가진 FPGA에 내장된 논리의 일부이다.
- 제조업체가 소유한 설계를 IP(intellectual property)라 한다.
- 프로그램 과정을 일반적으로 설계 흐름이라 한다.
- 프로그램되는 소자를 일반적으로 대상 소자라 한다.
- 프로그램 가능한 논리용 소프트웨어 패키지에서, 연산은 컴파일러라고 하는 응용 프로그램에 의해 제어된다.
- 다운로드하는 동안 최종 설계를 나타내는 비트 스트림이 생성되고, 대상 소자로 전송되어 자동으로 구성된다.
- 프로그램 가능한 소자를 내부적으로 테스트하는 방법을 JTAG 표준(IEEE Std. 1149.1)을 기반으로 하는 경계 스캔이라 한다.
- CPLD의 경계 스캔 논리는 경계 스캔 레지스터, 바이패스 레지스터, 명령어 레지스터 및 테스트 액세스 포트(TAP)로 구성된다.

핵심용어

이 장의 핵심용어 및 기타 굵은 글씨는 책 마지막 용어해설에도 정리되어 있다.

경계 스캔(boundary scan) JTAG 표준(IEEE Std. 1149. 1)에 의거하여 PLD를 내부적으로 시험하는 방법

기능 시뮬레이션(functional simulation) 설계된 회로의 논리 또는 기능 동작을 확인하는 소프트웨어 처리 과정

다운로딩(downloading) 논리 설계를 소프트웨어에서 하드웨어로 전송하는 설계 흐름 과정

대상 소자(target device) 프로그램되는 프로그램 가능한 논리 소자

레지스터된(registered) 플립플롭을 사용하는 매크로셀의 동작 모드

매크로셀(macrocell) 조합 논리와 레지스터 출력을 갖는 SOP 논리 배열. 하나의 OR 게이트와 몇몇의 관련 출력 논리로 구성된 GAL 또는 PAL의 일부분. CPLD는 서로 연결되어 있는 여러 개의 매크로셀로 구성된다.

설계 흐름(design flow) 대상 소자를 프로그램하기 위해 수행되는 연산의 순서 또는 과정

중단점(break point) 검사를 위해 프로그램을 멈추게 하는 프로그램 소스 코드 내에 있는 지점

지적재산(intellectual property, IP) PLD 또는 다른 제품의 제조업체가 소유한 설계

컴파일러(complier) 소스코드를 변환하여 논리적으로 테스트하거나 대상 장치에 다운로드할 수 있는 형식의 목적 코드로 변환하고 설계 과정을 제어하는 프로그램

타이밍 시뮬레이션(timing simulation) 설계된 논리를 최악 조건에서의 타이밍과 논리 동작을 검증하기 위해 네트리스트와 전파지연시간의 정보를 사용하는 소프트웨어 처리 과정

텍스트 입력(text entry) HDL 언어로 논리 설계를 소프트웨어에 입력하는 방법

회로도(그래픽) 기반 입력[schematic(graphic) entry] 회로도 심벌을 사용하여 소프트웨어에 논리 설계를 배치하는 방법

CLB configurable logic block의 약자로, 다수의 작은 논리 모듈과 CLB 내의 논리 모듈을 연결하는 데 사용되는 프로그램 가능한 지역 연결로 구성된 FPGA의 로직 유닛

CPLD complex programmable logic device의 약자로, 여러 개의 SPLD와 프로그램 가능한 연결로 구성된 복합 프로그램 가능한 논리 소자

FPGA field-programmable gate array의 약자로, LUT를 기본 로직 요소로 사용하고 일반적으로 안티 퓨즈 또는 SRAM 기반 프로세스 기술을 사용하는 프로그램 가능 로직 디바이스

GAL generic array logic의 약자. 퓨즈 대신에 EEPROM(E^2CMOS)과 같은 재프로그래밍 가능한 공정 기술을 사용한다는 점을 제외하면 PAL과 유사한 재프로그래밍 가능한 유형의 SPLD

LAB logic array block의 약자. CPLD 내부의 SPLD 배열

LUT look-up table의 약자. SOP 함수를 만들 수 있도록 프로그램되는 메모리의 한 종류

PAL programmable array logic(프로그램 가능한 배열 논리)의 약자. AND 게이트의 프로그램 가능한 배열이 OR 게이트의 고정된 배열에 연결되는 한 번 프로그램 가능한 SPLD 유형

참/거짓 퀴즈

정답은 이 장의 끝에 있다.

1. PAL은 AND 게이트의 고정된 배열에 연결된 OR 게이트의 프로그램 가능한 배열로 구성된다.
2. SPLD는 simple programmable logic device의 약자이다.
3. 일반적으로 매크로셀은 AND 게이트와 연관 출력 논리로 구성된다.
4. CPLD는 complex programmable logic device의 약자이다.
5. FGPA는 field programmable gate array의 약자이다.

6. 일반적인 FPGA는 CPLD보다 게이트 밀도가 높다.
7. CPLD에 논리 배열 블록이 있다.
8. PLD 프로그램 과정을 설계 흐름이라 한다.
9. 프로그램되는 소자를 대상 소자라 부른다.
10. 프로그램 가능한 설계 입력의 두 가지 유형은 설계도와 HDL이다.

자습문제

정답은 이 장의 끝에 있다.

1. SPLD의 두 가지 유형은?
   (a) CPLD, PAL (b) PAL, FPGA
   (c) PAL, GAL (d) GAL, SRAM
2. 논리 소자 PAL은
   (a) 한 번 프로그램 가능하다.
   (b) 지울 수 있고, 프로그램 가능하다.
   (c) 전자적으로 지울 수 있고, 프로그램 가능하다.
   (d) (a)와 (b)둘 다
3. 논리 설계를 위한 GAL의 적합성을 결정하는 요소는?
   (a) 입력과 출력의 수 (b) 등가 게이트의 수 또는 밀도
   (c) 포함된 인버터의 수 (d) (a)와 (b)둘 다
4. 매크로셀은 무엇의 일부분이다.
   (a) PAL (b) GAL
   (c) CPLD (d) (a), (b), (c) 모두
5. LUT-CPLD 아키텍처에서 사용되는 LUT는 다음 중 무엇을 이용하여 프로그램할 수 있는 메모리인가?
   (a) POS 함수 (b) SOP 함수
   (c) 보수의 곱 (d) (a), (b), (c) 모두
6. LAB을 풀어 쓰면?
   (a) logic AND block (b) logic array block
   (c) last asserted bit (d) logic assembly block
7. 매크로셀의 두 가지 모드는?
   (a) 입력, 출력 (b) 레지스터된, 순차
   (c) 조합, 레지스터된 (d) 병렬, 공유된
8. CPLD 매크로셀에서 사용하는 플립플롭을 다음 중 무엇으로 프로그램할 수 있는가?
   (a) D 플립플롭 (b) J-K 플립플롭
   (c) (a)와 (b)둘 다 (d) 없음
9. 일반적인 매크로셀의 구성 요소는?
   (a) 게이트, 멀티플렉서, 플립플롭 (b) 게이트, 시프트 레지스터
   (c) 그레이 코드 카운터 (d) 고정 논리 배열

10. FPGA의 기본적인 구성 요소는?
(a) 구성 가능한 논리 블록 (b) I/O 블록
(c) PAL 배열 (d) (a)와 (b)둘 다
11. 휘발성 FPGA는 일반적으로 다음 중 무엇을 기반으로 하는가?
(a) 퓨즈 기술 (b) 안티 퓨즈 기술
(c) EEPROM 기술 (d) SRAM 기술
12. FPGA의 구성 가능한 논리 블록이 비교적 간단하다면 FPGA 아키텍처는
(a) 세밀하다(fine grained) (b) 거칠다(coarse grained)
(c) 하드 코어다. (d) 소프트 코어다.
13. FPGA 논리 블록의 논리 모듈을 구성할 수 있는 것은?
(a) 조합 논리 (b) 병렬 모드 논리
(c) 레지스터된 논리 (d) (a)와 (b)둘 다
14. 논리 모듈은 다음 중 어떤 동작 모드에 대해 프로그램될 수 있는가?
(a) 일반 모드 (b) 산술 및 공유 산술 모드
(c) 확장 LUT 모드 (d) (a), (b), (c) 모두
15. 기능 시뮬레이션에서 사용자는 무엇을 지정해야 하는가?
(a) 대상 소자 (b) 출력 파형
(c) 입력 파형 (d) HDL
16. 설계 흐름의 통합 단계의 최종 출력은?
(a) 네트리스트 (b) 비트스트림
(c) 타이밍 시뮬레이션 (d) 소자 핀 번호
17. EDIF를 풀어 쓰면?
(a) electronic device interchange format
(b) electrical design integrated fixture
(c) electrically destructive input function
(d) electronic design interchange format
18. 경계 스캔 TAP을 풀어 쓰면?
(a) test access point (b) test array port
(c) test acess port (d) terminal access port
19. 일반적인 경계 스캔 셀은 다음 중 무엇을 포함하는가?
(a) 플립플롭만 (b) 플립플롭과 멀티플렉서 논리
(c) 래치와 플립플롭 (d) 래치와 하나의 인코더
20. JTAG 표준은 다음 중 어떤 입력과 출력을 갖는가?
(a) 내부시험, 외부시험, TDI, TDO (b) TDI, TDO, TCK, TMS
(c) ENT, CLK, SHF, CLR (d) TCK, TMS, TMO, TLF
21. BSDL을 풀어 쓰면?
(a) board standard digital logic (b) boundary scan down load
(c) bistable digital latch (d) boundary scan description language

문제

홀수 문제의 정답은 책의 끝에 있다.

10-1절 SPLD

1. 그림 10-63에 표시된 간단한 PAL 배열에 대한 불 출력 표현식을 결정하라. X는 연결된 링크를 나타낸다.

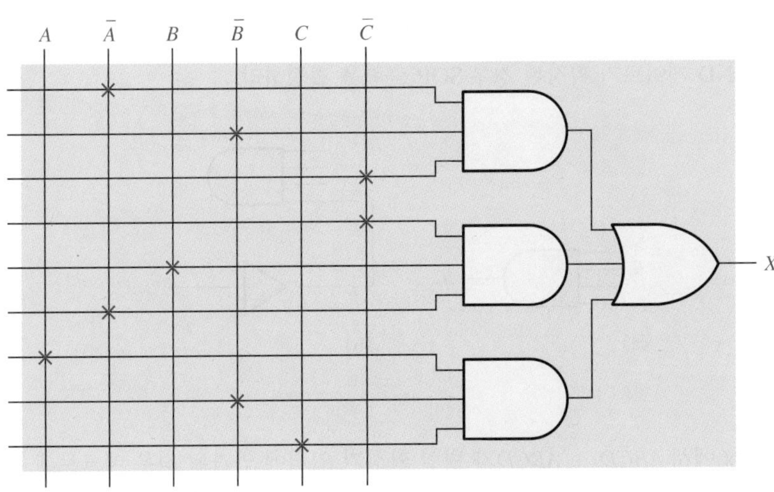

그림 10-63

2. 그림 10-64의 PAL 유형 배열이 다음의 각 SOP 표현을 구현하기 위해 어떻게 프로그램되는지 보이라. X를 사용하여 연결된 링크를 나타내라.

(a) $Y = A\bar{B}C + \bar{A}B\bar{C} + ABC$

(b) $Y = A\bar{B}C + \bar{A}\,\bar{B}C + \bar{A}BC$

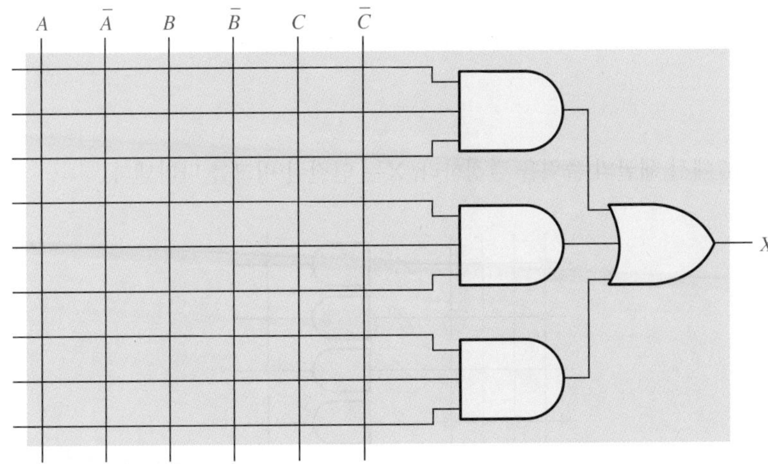

그림 10-64

3. 다음 표현에 대해 그림 10-64의 배열을 수정하라.

$$Y = A\bar{B}CD + \bar{A}B\bar{C}D + A\bar{B}C\bar{D} + \bar{A}\,\bar{B}\,\bar{C}\,\bar{D}$$

4. PAL에서 프로그램된 극성 출력이 어떻게 작동하는지 설명하라.

10-2절 CPLD

5. CPLD와 SPLD의 차이점을 설명하라.

6. 그림 10-9의 블록도를 참조하여 다음의 수를 결정하라.

(a) PIA로부터 LAB으로의 입력

(b) LAB에서 PIA로의 출력

(c) I/O제어 블록에서 PIA로 입력

(d) LAB에서 I/O제어 블록으로 출력

7. 그림 10-65(a)에 있는 CPLD 배열의 AND 게이트에 대한 곱항을 결정하라. 그림 10-65(b)와 같이 AND 게이트가 확장된 경우 SOP 출력을 결정하라.

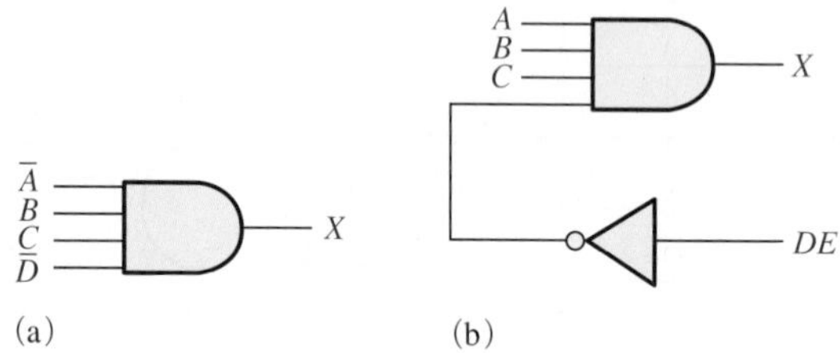

그림 10-65

8. 그림 10-66에서 $AB\overline{C}D + \overline{A}BCD$가 병렬 확장기 입력에 인가된 경우 매크로셀 논리의 출력을 결정하라.

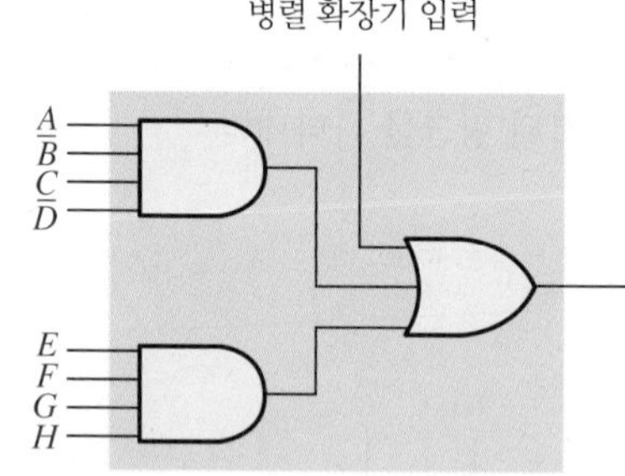

그림 10-66

9. 그림 10-67에서 배열의 출력을 결정하라. X는 연결된 링크를 나타낸다.

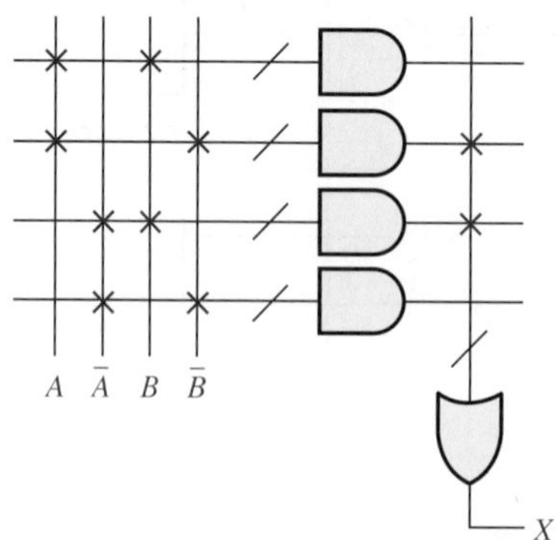

그림 10-67

10. 출력 $X = \overline{A}\,\overline{B}\,\overline{C} + \overline{A}B\overline{C} + ABC + A\overline{B}C$를 만들기 위한 그림 10-67의 배열을 수정하라.

11. 그림 10-68에서 매크로셀 1과 2로부터 X_1과 X_2에 대한 출력 표현을 구하라.

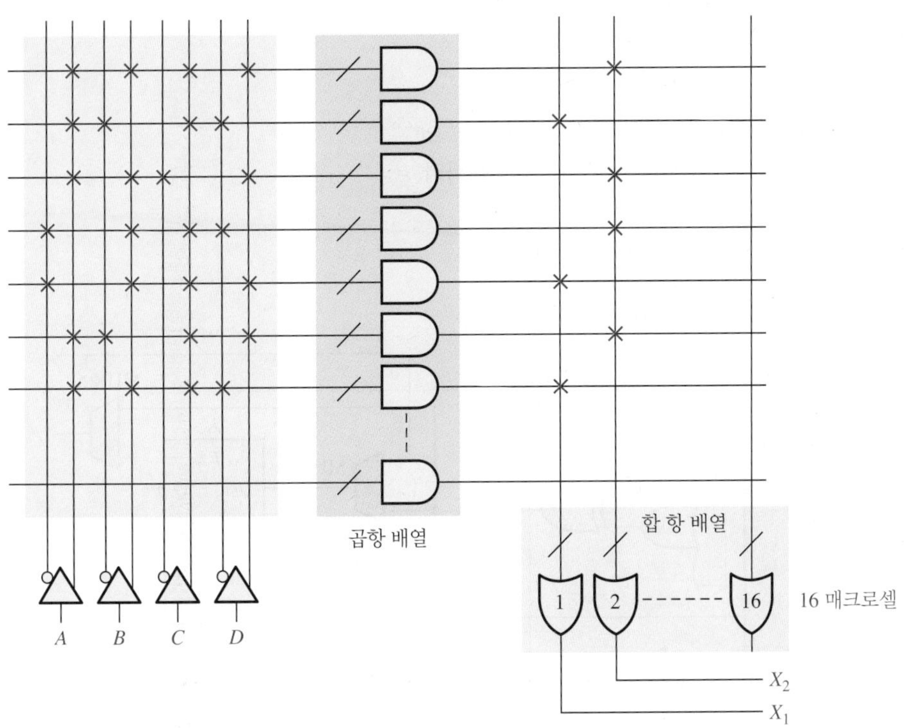

그림 10-68

10-3절 매크로셀의 동작 모드

12. 다음 각 조건에 대해 그림 10-69의 멀티플렉서에 대한 데이터 출력을 결정하라.

(a) $D_0 = 1, D_1 = 0$, Select $= 0$

(b) $D_0 = 1, D_1 = 0$, Select $= 1$

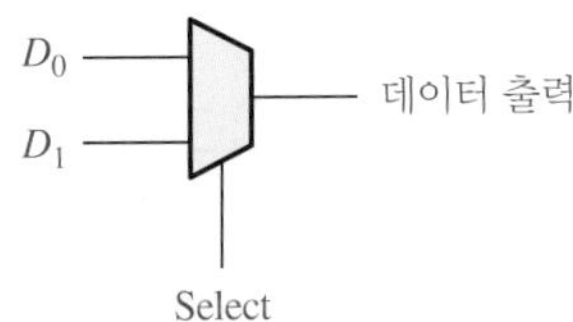

그림 10-69

13. 다음 각 조건에 대해 그림 10-70의 매크로셀이 구성되는 방법(조합 또는 레지스터된)과 I/O에 출력되는 데이터 비트를 결정하라. 플립플롭은 D 유형이다. MUX 데이터 입력 배치는 그림 10-69를 참조하라.

(a) XOR 출력 = 1, 플립플롭 Q 출력 = 1, From I/O 입력 = 1, MUX 1 select = 1, MUX 2 select = 0, MUX 3 select = 0, MUX 4 select = 0, MUX 5 select = 0

(b) XOR 출력 = 0, 플립플롭 Q 출력 = 0, From I/O 입력 = 1, MUX 1 select = 1, MUX 2 select = 0, MUX 3 select = 1, MUX 4 select = 0, MUX 5 select = 1

14. 그림 10-71의 CPLD 매크로셀에 대해 다음 조건이 프로그램된다 : MUX 1 select = 1, MUX 2 select = 1, MUX 3 select = 01, MUX 4 select = 0, MUX 5 select = 1, MUX 6 select = 11, MUX 7 select = 11, MUX 8 select = 1, OR 출력 = 1. 플립플롭은 D 유형이고,

MUX 입력 배치는 상단에 D_0부터 하단에 D_n까지이다.

(a) 매크로셀이 조합 또는 레지스터된 논리로 구성되어 있는가?

(b) 어떤 클록이 플립플롭에 인가되는가?

(c) 플립플롭의 D 입력은 무엇인가?

(d) MUX 8의 출력은 무엇인가?

15. MUX 1 select = 0에 대해 문제 14를 반복하라.

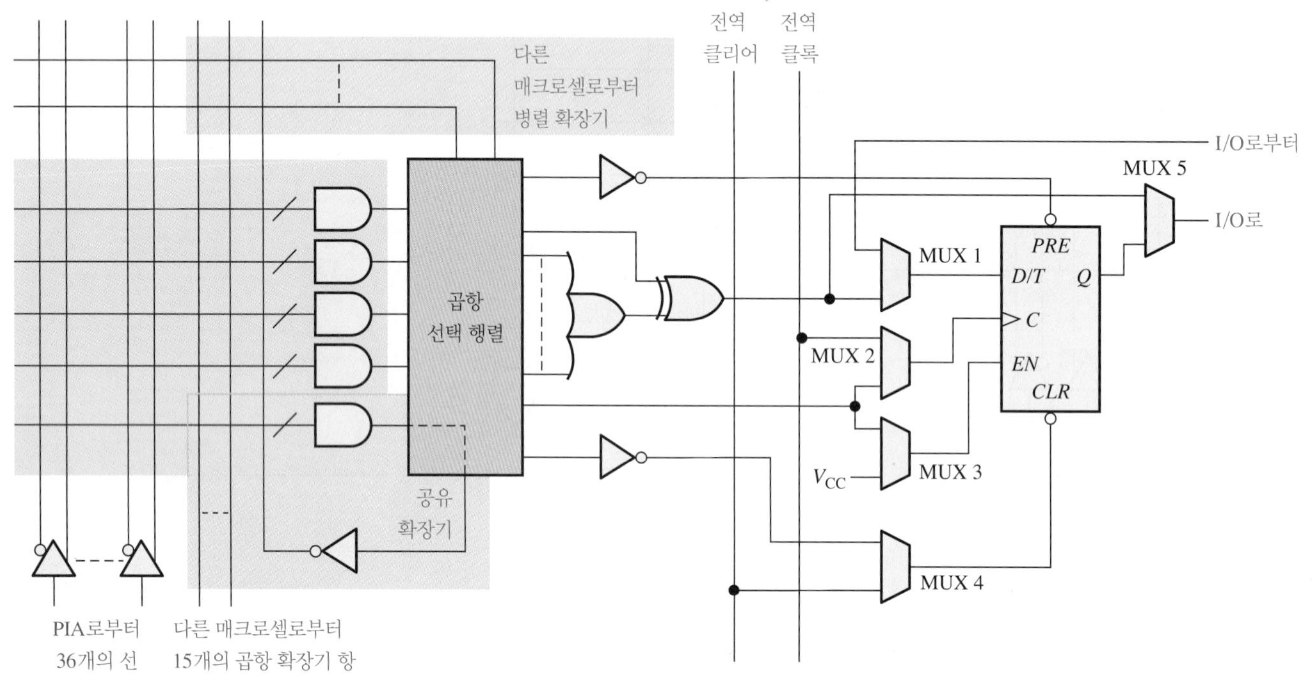

그림 10-70

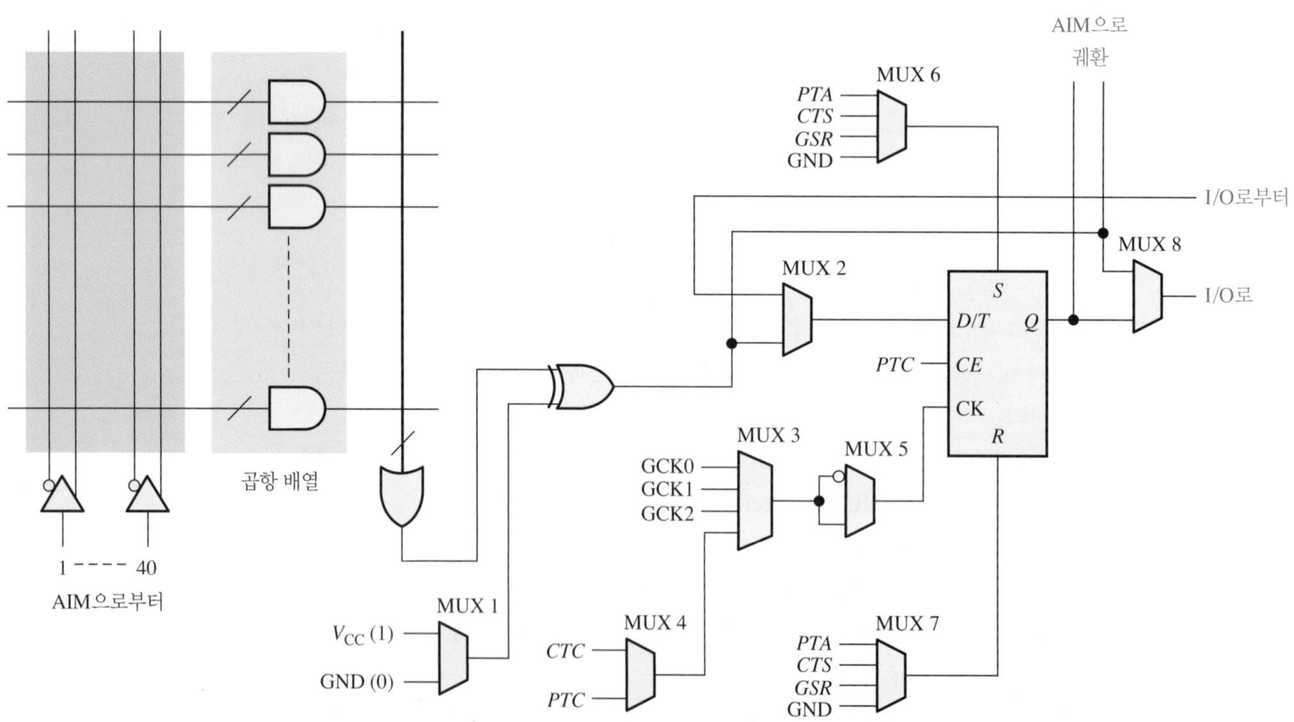

그림 10-71

10-4절 FPGA

16. 일반적으로 FPGA에서 구성 가능한 논리 블록(CLB)을 구성하는 요소는 무엇인가? 논리 모듈을 구성하는 요소는 무엇인가?
17. 그림 10-72에 표시된 내부 조건에 대한 LUT의 출력 표현식을 결정하라.

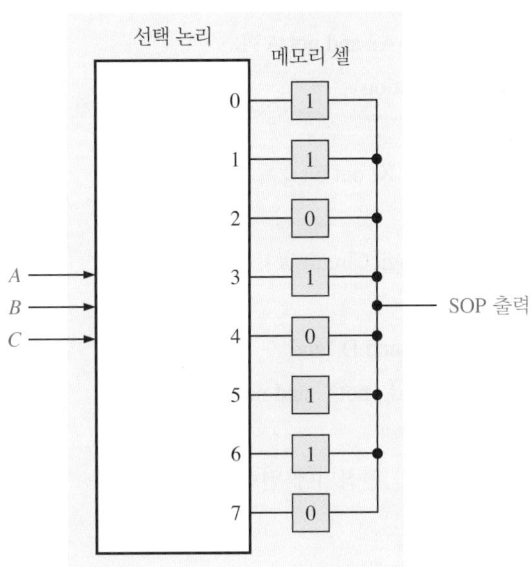

그림 10-72

18. 그림 10-72의 LUT를 다시 프로그램하여 다음의 SOP 출력을 생성하는 방법을 보이라.

$$\overline{A}B\overline{C} + A\overline{B}\,\overline{C} + ABC$$

19. 하나의 4-변수 SOP 함수와 하나의 2-변수 SOP 함수를 생성하기 위해 일반 모드에서 구성된 논리 모듈을 보이라.
20. 그림 10-73에 나타낸 논리 모듈의 최종 SOP 출력을 결정하라.

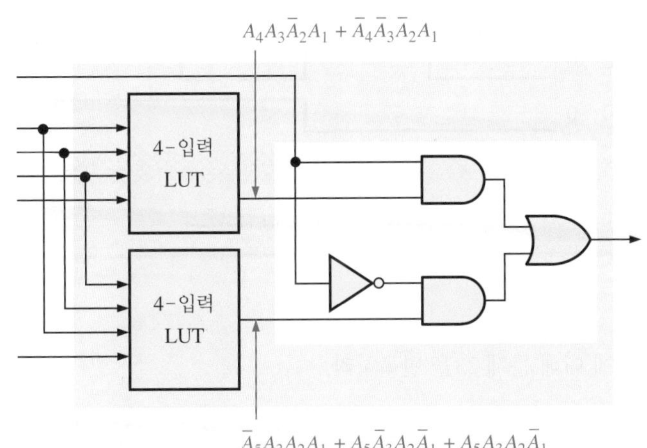

그림 10-73

10-5절 프로그램 가능한 논리 소프트웨어

21. 각 VHDL 프로그램에서 설명한 회로의 그래픽 편집기에 입력할 논리 다이어그램을 그리라.

(a)
```
entity AND_OR is
    port (A0, A1, A2, A3: in bit; X: out bit);
end entity AND_OR;
architecture LogicFunction of AND_OR is
begin
    X <= (A0 and A1) or (A2 and not A3);
end architecture LogicFunction;
```

(b)
```
entity LogicCircuit is
    port (A, B, C, D: in bit; X: out bit);
end entity LogicCircuit;
architecture Function of LogicCircuit is
begin
    X <= (A and B) or (C and D) and
          (A and not B) and (not C and not D);
end architecture Function;
```

22. 다음 불 표현식에 대해 그래픽 편집기에 입력할 논리회로를 그리라. 가능하면 입력하기 전에 간단화하라.

$$X = \overline{A}BCD + A\overline{B}CD + AB\overline{C}D + ABC\overline{D} + ABCD + \overline{A}\,\overline{B}\,\overline{C}\,\overline{D}$$

23. 문제 22에 설명된 논리회로의 입력 파형은 그림 10-74의 파형 편집기에 표시된 것과 같다. 시뮬레이션 실행 후 생성되는 출력 파형을 결정하라.

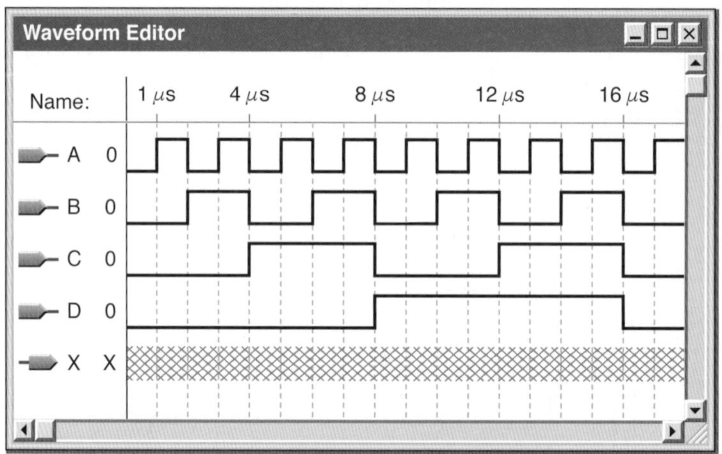

그림 10-74

24. 다음 불 표현식에 대해 문제 23을 반복하라.

$$X = \overline{A}BC\overline{D} + A\overline{B}\,\overline{C}D + ABCD + A\overline{B}C\overline{D} + \overline{A}B\overline{C}D$$

10-6절 경계 스캔 논리

25. 주어진 경계 스캔 셀에서 데이터가 이전 BSC에서 다음 BSC로 연속적으로 이동한다고 가정한다. 데이터가 주어진 BSC를 통과할 때 어떤 일이 발생하는지 설명하라.

26. 데이터가 내부 프로그램 가능한 논리에서 소자의 출력 핀으로 직접 이동할 때 조건과 주어

진 BSC에서 발생하는 상황에 대해 설명하라.

27. 소자의 입력 핀에서 내부 프로그램 가능한 논리로 데이터가 이동할 때 조건과 주어진 BSC에서 발생하는 상황에 대해 설명하라.
28. SDI에서 내부 프로그램 가능한 논리로 데이터를 전송하기 위한 데이터 경로를 설명하라.

10-7절 고장 진단

29. 가능한 모든 입력 조합에 대해 그림 10-75에 표시된 소자에 프로그램된 논리를 테스트하기 위해 경계 스캔 테스트 비트 패턴을 만들라.

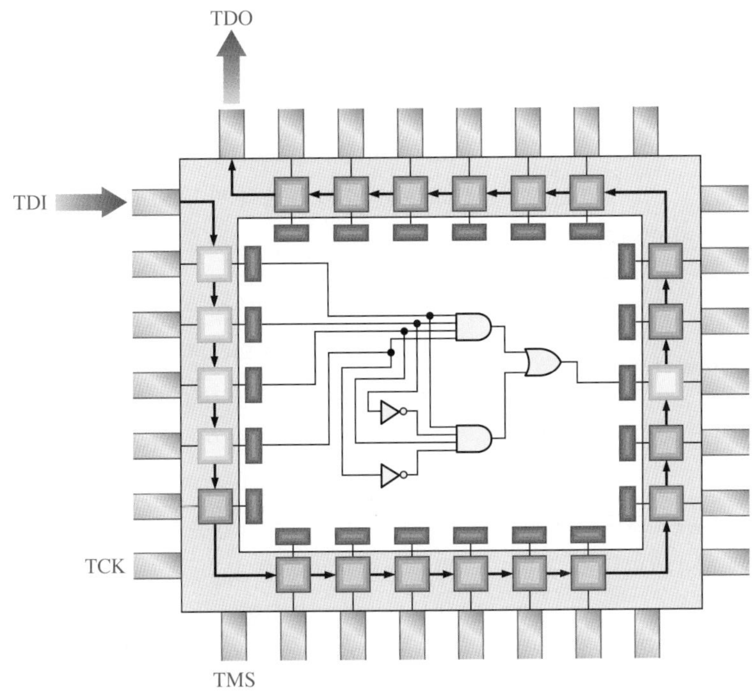

그림 10-75

응용 논리

30. 그림 10-62에서 지하실을 포함한 16층 건물의 엘리베이터 제어기를 사용하기 위한 변경 사항을 나열하라.
31. CALL/REQ 코드 레지스터와 관련된 AND-OR 논리의 목적을 설명하라.
32. 8층 건물에 다른 층을 추가하기 위한 7-세그먼트 디코더용 VHLD 코드를 수정하라.

정답

복습문제

10-1절 SPLD

1. PAL : Programmable Array Logic
2. GAL : Generic Array Logic
3. GAL은 재프로그램이 가능하다. PAL은 한 번만 프로그램이 가능하다.
4. 기본적으로 매크로셀은 OR 게이트와 플립플롭을 포함한 연관 출력 논리로 구성된다.

10-2절 CPLD

1. CPLD : Complex Programmable Logic Device

2. LAB : Logic Array Block
3. 일반적인 CPLD에서 LAB은 16개의 매크로셀로 구성된다.
4. 공유 확장기는 다른 매크로셀에서 추가된 합 항(보수의 곱항)을 AND 연산하여 매크로셀에서 곱항의 수를 늘리는 데 사용된다.
5. 병렬 확장기는 LAB에서 다른 매크로셀의 사용되지 않는 곱항을 OR 연산하여 매크로셀에서 곱항의 수를 늘리는 데 사용된다.
6. PLA는 프로그램 가능한 AND 배열과 프로그램 가능한 OR 배열로 구성된다. PAL의 경우는 고정된 OR 배열이다.

10-3절 매크로셀의 동작 모드

1. XOR 게이트는 데이터의 프로그램 가능한 인버터로 사용된다. 반전 또는 반전되지 않도록 프로그램할 수 있다.
2. 조합과 레지스터된
3. '레지스터된'은 플립플롭의 사용을 의미한다.
4. 멀티플렉서

10-4절 FPGA

1. 일반적으로 FPGA는 행/열 상호 연결 구조로 구성되며, 조합 논리 함수를 생성하기 위해 AND/OR 논리보다 LUT를 사용한다.
2. CLB : Configurable Logic Block
3. LUT : Look-Up Table. 조합 논리 함수를 저장하고 생성하는 데 사용되는 프로그램 가능한 유형의 메모리이다.
4. 지역 상호 연결은 CLB 내에서 논리 모듈을 연결하는 데 사용된다. 전역 상호 연결은 CLB와 CLB 사이를 연결하는 데 사용된다.
5. 코어는 특정 기능을 제공하기 위해 FPGA에 내장된 논리의 일부다.
6. 지적재산은 FPGA 제조업체가 개발하고 소유한 하드 코어 설계를 의미한다.
7. LUT는 논리 모듈에서 조합 논리 함수를 만든다.
8. 메모리와 DSP(digital signal processing)

10-5절 프로그램 가능한 논리 소프트웨어

1. 설계 입력, 기능 시뮬레이션, 통합, 구현, 타이밍 시뮬레이션, 다운로드
2. 컴퓨터 실행 PLD 개발 소프트웨어, 프로그래밍 장치 또는 개발 보드 및 인터페이스 케이블
3. 네트리스트는 회로를 설명하는 데 필요한 정보를 제공한다.
4. 기능 시뮬레이션은 타이밍 시뮬레이션 이전 단계이다.

10-6절 경계 스캔 논리

1. TDI, TMS, TCK, TDO
2. TAP : test access port
3. 경계 스캔 레지스터, 바이패스 레지스터, 명령어 레지스터, TAP
4. SDI에서 SDO로 데이터 전송, 내부 프로그램 가능한 논리에서 소자의 출력 핀으로 데이터 전송, 소자의 입력 핀에서 내부 프로그램 가능한 논리로 데이터 전송, SDI에서 내부 프로그램 가능한 논리로 데이터 전송, SDI에서 소자의 출력 핀 및 SDO 선으로 데이터 전송.

10-7절 고장 진단

1. 중단점은 시뮬레이션이 일시적으로 중지되는 프로그램에서 사용자가 정의하는 위치이다.
2. 경계 스캔은 프로그램 가능한 논리 소자의 내부 테스트 및 프로그래밍과, 2개 이상의 소자 간의 상호 연결 테스트를 가능하게 한다. 이는 JTAG IEEE 표준 1149.1에 기반한다. 경계 스캔은 테스트를 위해 소자 내부의 특정 논리를 사용한다.
3. 내부시험와 외부시험
4. TDI, TDO, TCK, TMS
5. BSDL : Boundary Scan Description Language

예제의 관련 문제

10-1. $X = \overline{B}C + \overline{A}\overline{B}\overline{C} + \overline{A}\,\overline{B} + C$

10-2. 16, 16

10-3. 그림 10-76 참조

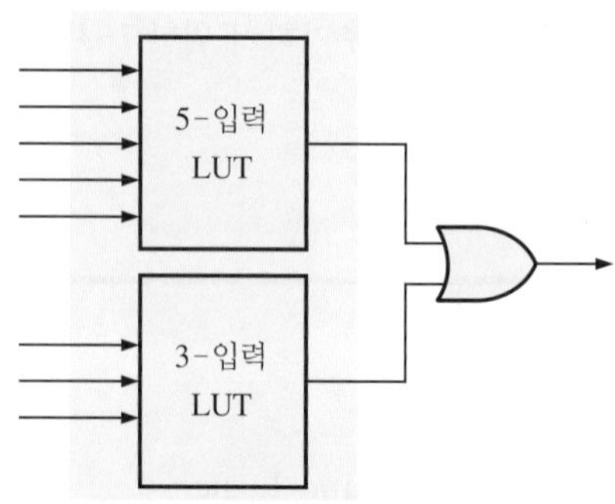

그림 10-76

참/거짓 퀴즈

1. F 2. T 3. F 4. T 5. T
6. T 7. F 8. T 9. T 10. T

자습문제

1. (c) 2. (a) 3. (d) 4. (d) 5. (b)
6. (b) 7. (c) 8. (c) 9. (b) 10. (d)
11. (b) 12. (a) 13. (d) 14. (d) 15. (c)
16. (a) 17. (d) 18. (c) 19. (b) 20. (b)
21. (d)

CHAPTER 11

데이터 저장

학습목차

학습목표

- 기본 메모리의 특성을 정의한다.
- RAM의 정의와 동작 원리를 설명한다.
- 정적 RAM(SRAM)과 동적 RAM(DRAM)의 차이점을 설명한다.
- ROM의 정의와 동작 원리를 설명한다.
- PROM의 다양한 유형을 설명한다.
- 플래시 메모리의 특성에 대해 논의한다.
- 워드 길이와 용량을 늘리기 위해 ROM과 RAM의 확장에 대해 설명한다.
- FIFO 및 LIFO와 같이 특수한 유형의 메모리에 대해 논의한다.
- 자기 디스크 및 자기 테이프의 기본 구성에 대해 설명한다.
- 광 자기 디스크 및 광 디스크의 기본 동작을 설명한다.
- 메모리 계층 구조의 핵심 요소를 설명한다.
- 클라우드 저장장치의 특성을 설명한다.
- 메모리 시험 방법을 설명한다.
- 메모리 시험용 순서도를 개발한다.

학습지원 웹사이트

http://www.pearsonglobaleditions.com/floyd

핵심용어

- 메모리
- 바이트
- 워드
- 셀
- 주소
- 용량
- 쓰기
- 읽기
- RAM
- ROM
- SRAM
- DRAM
- 버스
- PROM
- EPROM
- 플래시 메모리
- FIFO
- LIFO
- 하드 디스크
- 블루레이
- 메모리 계층
- 클라우드 저장
- 서버

개요

8장에서는 일종의 저장장치인 시프트 레지스터에 대해 설명했다. 이 장에서 다루는 메모리 장치는 일반적으로 레지스터가 제공할 수 있는 것보다 많은 양의 데이터를 장기간 저장하는 데 사용된다.

컴퓨터 및 다른 유형의 시스템은 많은 양의 2진 데이터를 영구적 또는 반영구적으로 저장해야 한다. 마이크로프로세서 시스템은 프로그램을 저장하고 처리하는 동안 데이터를 유지해야 하는 동작을 위해 저장장치가 필요하다.

이 장에서는 반도체 메모리와 자기 및 광학 저장 장치에 대해 다룬다. 또한 메모리 계층과 클라우드 저장장치에 대해서도 설명한다.

11-1 반도체 메모리의 기초

메모리(memory)는 2진 데이터를 저장하는 컴퓨터 시스템의 일부이다. 컴퓨터에서 메모리는 초당 수백만 번 액세스되므로 속도와 정확성이 가장 중요하다. 오늘날 매우 빠른 반도체 메모리는 수 GB(1 GB는 10억 바이트) 용량의 모듈로 사용할 수 있다. 이러한 대용량 메모리 모듈은 작은 단위의 메모리와 동작 원리가 같으므로, 이 장에서는 작은 단위의 메모리를 사용하여 개념을 설명하기로 한다.

이 절의 학습내용

- 메모리가 2진 데이터를 저장하는 방법을 설명한다.
- 메모리의 기본 구성에 대해 설명한다.
- 쓰기 동작에 대해 설명한다.
- 읽기 동작에 대해 설명한다.
- 주소화 동작에 대해 설명한다.
- RAM과 ROM에 대해 설명한다.

정보노트

워드(word)는 2진 데이터 정보의 단위로 정의된다. 컴퓨터 명령어에서 워드는 구체적으로 2바이트(16비트)로 정의된다. 컴퓨터에서 사용되는 어셈블리 언어의 중요한 부분인 DW(Define Word) 지시문은 데이터를 16비트 단위로 정의하는 데 사용된다. 이 정의는 마이크로프로세서 또는 데이터 버스의 크기와 관계가 없다. 어셈블리 언어를 사용하면 DB 지시문으로 바이트(8비트), DD 지시문으로 더블 워드(32비트), QD 지시문으로 쿼드 워드(64비트)를 정의할 수 있다.

데이터의 단위 : 비트, 바이트, 니블, 워드

일반적으로 메모리는 1~8비트 단위로 데이터를 저장한다. 2진 데이터의 최소 단위는 **비트**(bit)이다. 많은 응용에서 데이터를 8비트인 **바이트**(byte) 또는 바이트의 정수배의 단위로 처리한다. 바이트는 2개의 4비트인 **니블**(nibble)로 나눌 수 있다. 바이트는 **워드**(word)로 묶을 수 있다. 워드는 컴퓨터 용어로 두 가지 의미를 가진다. 메모리에서 워드는 한 메모리 위치에 저장할 수 있는 하나의 실체로서, 비트 또는 바이트 그룹으로 정의된다. 어셈블리 언어에서 워드는 구체적인 2바이트로 정의된다.

기본적인 메모리 배열

메모리의 각 저장 요소를 **셀**(cell)이라 하고 1 또는 0을 저장한다. 메모리는 셀의 배열로 구성되며, 그림 11-1은 64개의 셀로 구성된 메모리를 나타낸다. **메모리 배열**(memory array)의 각 블록은 하나의 메모리 셀을 나타내며 행과 열을 지정하여 위치를 식별할 수 있다.

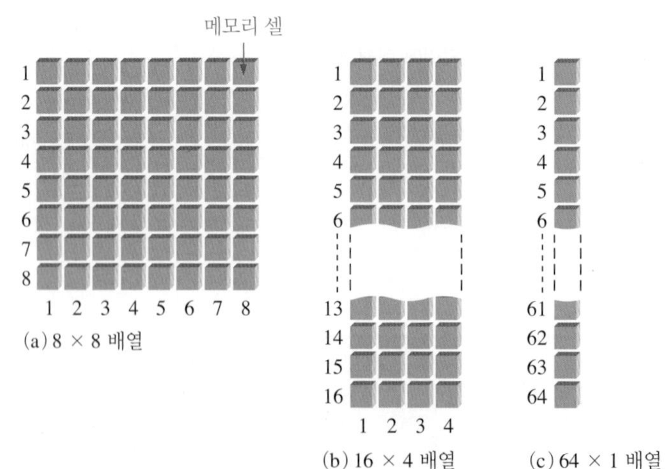

그림 11-1 세 가지 방법으로 구성된 64셀 메모리

64셀 배열은 데이터 단위에 따라 여러 가지 방법으로 구성될 수 있다. 그림 11-1(a)는 8 × 8 배열을 나타내며, 64비트 메모리 또는 8바이트 메모리로 볼 수 있다. 그림 11-1(b)는 16니블 메모리로 16 × 4 배열을 보여주고, 그림 11-1(c)는 64비트 메모리로 64 × 1 배열을 나타낸다. 메모리는 저장할 수 있는 워드 수와 워드 길이의 곱으로 지정된다. 예를 들어 16k × 8 메모리는 16,384개의 8비트 워드를 저장할 수 있다. 여기서 숫자가 불일치하나 메모리 용어에서 일반적인 일이다. 실제 워드 수는 항상 2의 지수이며, 이 경우 2^{14} = 16,384이다. 그러나 숫자를 천 단위까지 일반적으로 표현하므로, 이 경우 16k이다.

메모리 주소와 용량

그림 11-2(a)은 8 × 8 메모리 칩을 나타낸다. 메모리 배열에서 단위 데이터의 위치를 **주소**(address)라 한다. 예를 들어 그림 11-2(b)의 2차원 배열에서 한 비트의 주소는 행과 열에 의해 지정된다. 그림 11-2(c)에서 바이트의 주소는 행으로만 지정된다. 따라서 주소는 메모리가 어떠한 데이터 단위로 구성되는 방법에 따라 달라진다. 개인용 컴퓨터에는 바이트 단위로 구성된 RAM이 있다. 이는 주소로 지정할 수 있는 최소 그룹이 8비트임을 의미한다.

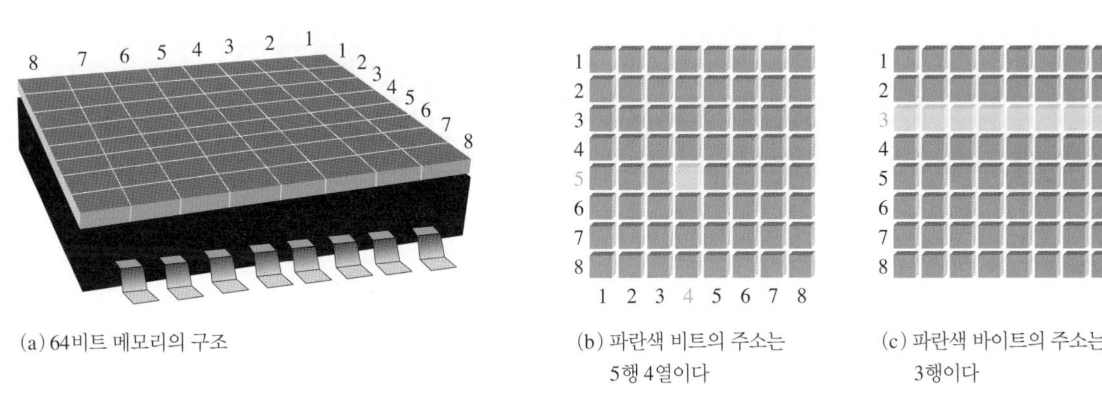

(a) 64비트 메모리의 구조

(b) 파란색 비트의 주소는 5행 4열이다

(c) 파란색 바이트의 주소는 3행이다

그림 11-2 2차원 배열 메모리에서 주소 지정의 예

그림 11-3(a)는 8 × 8(64비트) 배열을 64바이트 메모리로 확장한 것을 보여준다. 배열의 바이트 주소는 그림과 같이 행과 열에 의해 지정된다. 이 경우 액세스할 수 있는 최소 비트 그룹은 8비트이다. 이것은 그림 11-3(b)에 보인 것처럼 3차원 배열로 볼 수 있다.

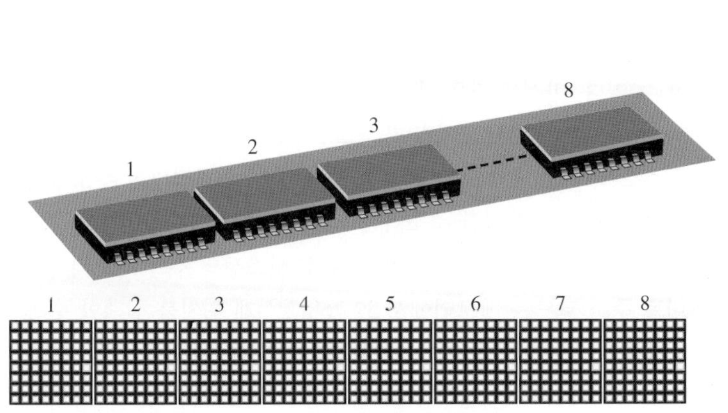

(a) 64 × 8 비트 배열로 확장된 8 × 8 비트 배열. 이 배열은 메모리 모듈을 구성한다.

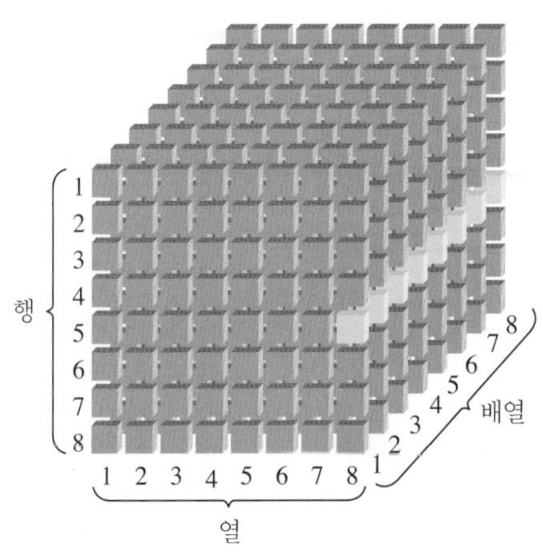

(b) 파란색 바이트의 주소는 5행 8열이다.

그림 11-3 다수 배열 메모리에서 주소 지정의 예

메모리의 **용량**(capacity)은 저장할 수 있는 데이터 단위의 총수이다. 예를 들어 그림 11-2(b)의 비트 단위 메모리 배열에서 용량은 64비트이다. 그림 11-2(c)의 바이트 단위 메모리 배열에서 용량은 8바이트(64비트)이다. 그림 11-3에서 용량은 64바이트이다. 컴퓨터는 수 GB의 내부 메모리를 가지고 있다. 컴퓨터는 일반적으로 데이터를 64비트 워드로 전송 및 저장한다. 이 경우 그림 11-3(a)의 각 칩에 있는 5행의 8비트 모두가 액세스된다.

메모리 뱅크와 랭크

뱅크(bank)는 단일 메모리 배열(칩) 내의 메모리 부분이다. 메모리 칩에는 하나 이상의 뱅크가 있을 수 있다. 자주 사용되는 정보를 저장하는 데 메모리 뱅크를 사용할 수 있다. 데이터가 저장된 메모리 부분을 파악하면 더 쉽고 빠르게 액세스할 수 있다. **랭크**(rank)는 워드 또는 바이트 단위로 데이터를 저장하는 메모리 모듈을 구성하는 칩 그룹이다. 이 용어를 그림 11-4에서 설명한다.

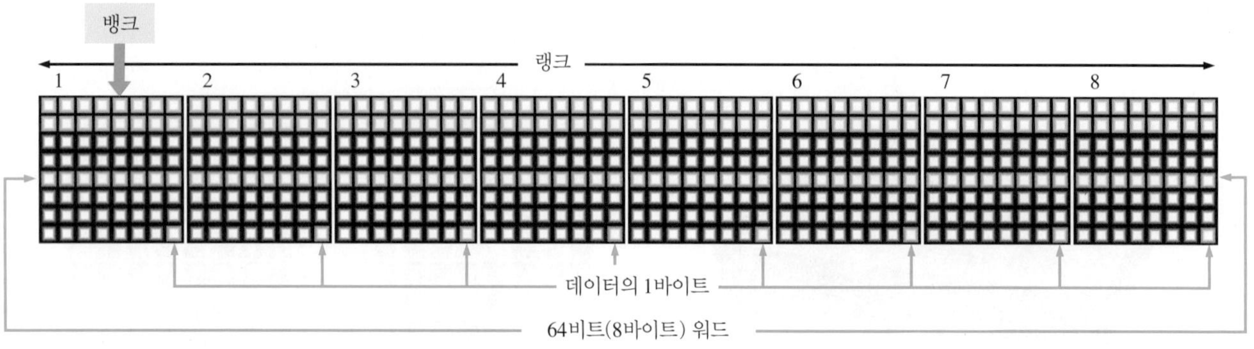

그림 11-4 메모리 뱅크와 메모리 랭크 설명

메모리의 기본 동작

주소 지정(addressing)은 메모리에 지정된 위치에 액세스하는 과정이다. 메모리는 2진 데이터를 저장하기 때문에 필요한 경우 데이터를 메모리에 저장하고 데이터를 메모리에서 복사해야 한다. **쓰기**(write) 동작은 지정된 주소의 메모리에 데이터를 저장하는 것이고, **읽기**(read) 동작은 지정된 주소의 메모리에서 데이터를 복사하는 것이다. 쓰기와 읽기 동작의 일부분인 주소 지정 동작은 지정된 메모리 주소를 선택한다.

데이터 단위는 쓰기 동작 중에 메모리로 들어가고, 읽기 동작 중에 메모리로부터 데이터 버스(data bus)로 나간다. 그림 11-5에서처럼 데이터 버스는 양방향으로, 데이터가 양방향(메모리로 또는 메모리로부터)으로 이동할 수 있다. 바이트 단위 메모리의 경우 데이터 버스는 적어도 8개의 선이 필요하고, 선택된 주소의 8비트가 병렬로 전송된다. 쓰기 또는 읽기 동작의 경우, 원하는 주소를 나타내는 2진 코드를 주소 버스(address bus)라는 한 세트의 선에 지정하여 주소를 선택한다. 주소 코드가 내부적으로 디코드되어 적절한 주소가 선택된다. 그림 11-5(b)의 다중 배열 메모리의 경우 행과 열에 각각 하나씩 2개의 디코더가 있다. 주소 버스선의 수는 메모리 용량에 따라 다르다. 예를 들어 15비트 주소 코드는 메모리에서 32,768(2^{15})개 위치를 선택할 수 있고, 16비트 주소 코드는 메모리에서 65,536(2^{16})개 위치를 선택할 수 있다. 개인용 컴퓨터에서 32비트 주소 버스는 4,294,967,296(2^{32})개 위치를 선택할 수 있으며 4G로 표시한다.

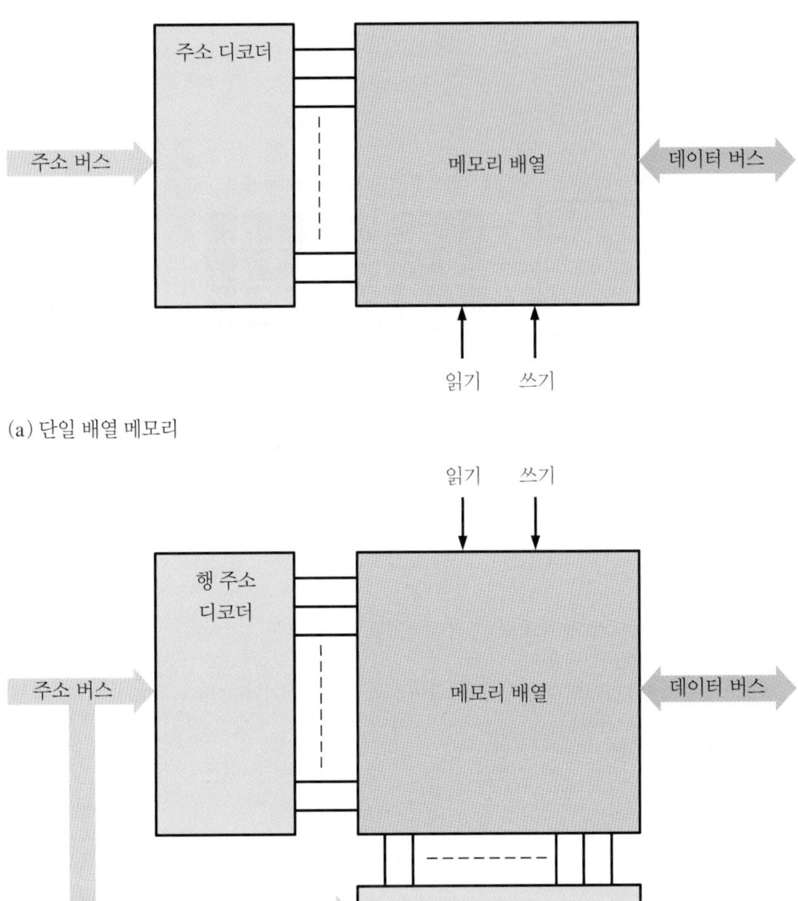

그림 11-5 단일 배열 메모리와 다중 배열 메모리의 블록도. 주소 버스, 주소 디코더, 양방향 데이터 버스와 읽기/쓰기 입력을 볼 수 있다.

쓰기 동작

쓰기 동작 과정을 그림 11-6에서 간단하게 설명한다. 메모리에 1바이트의 데이터를 저장하기 위해 주소 레지스터에 저장된 코드가 주소 버스 위에 올라온다. 일단 주소 코드가 버스에 실리면 주소 디코더는 주소를 해독하여 메모리 내의 특정 위치를 선택한다. 그러면 메모리는 쓰기 명령을 받게 되고, 데이터 레지스터에 저장된 바이트 데이터가 데이터 버스에 올라오고, 선택된 메모리 주소에 저장되어 쓰기 동작을 완료한다. 그 주소에 새로운 바이트 데이터로 교체된다.

읽기 동작

읽기 동작 과정을 그림 11-7에서 간단하게 설명한다. 주소 레지스터에 저장된 코드가 주소 버스 위에 올라온다. 일단 주소 코드가 버스에 실리면 주소 디코더는 주소를 해독하여 메모리 내의 특정 위치를 선택한다. 그러면 메모리는 읽기 명령을 받게 되고, 선택한 메모리 주소에 저장된 바이트 데이터의 '복사본'이 데이터 버스에 올라오고 데이터 레지스터에 적재되어 읽기 동작이 완료된다. 읽기 동작 후 해당 주소의 바이트 데이터가 그대로 남아 있다. 이를 비파괴적인 읽기(nondestructive read)라 한다.

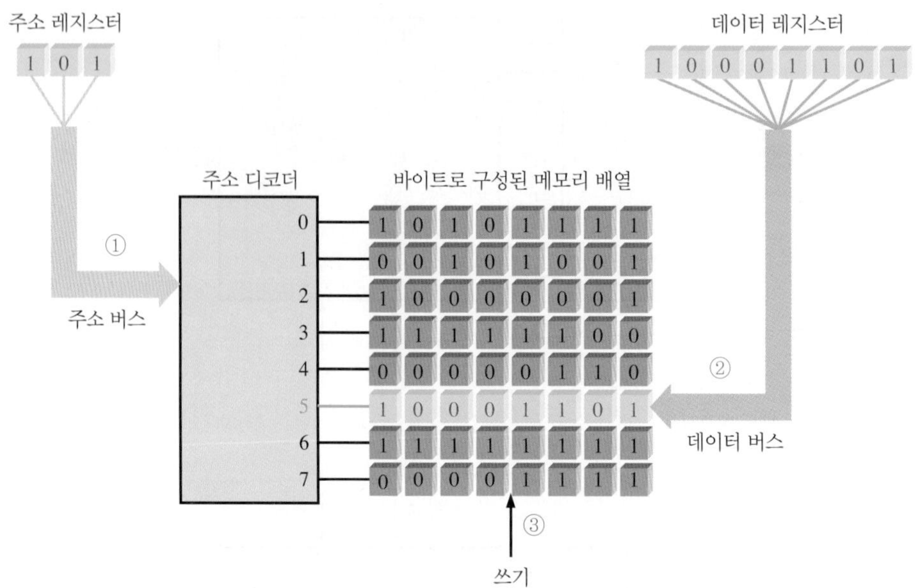

① 주소 코드 101이 주소 버스에 놓이고 주소 5가 선택된다.
② 바이트 데이터가 데이터 버스에 놓인다.
③ 쓰기 명령으로 주소 5에 바이트 데이터를 저장하여 이전 데이터는 지워진다.

그림 11-6 쓰기 동작

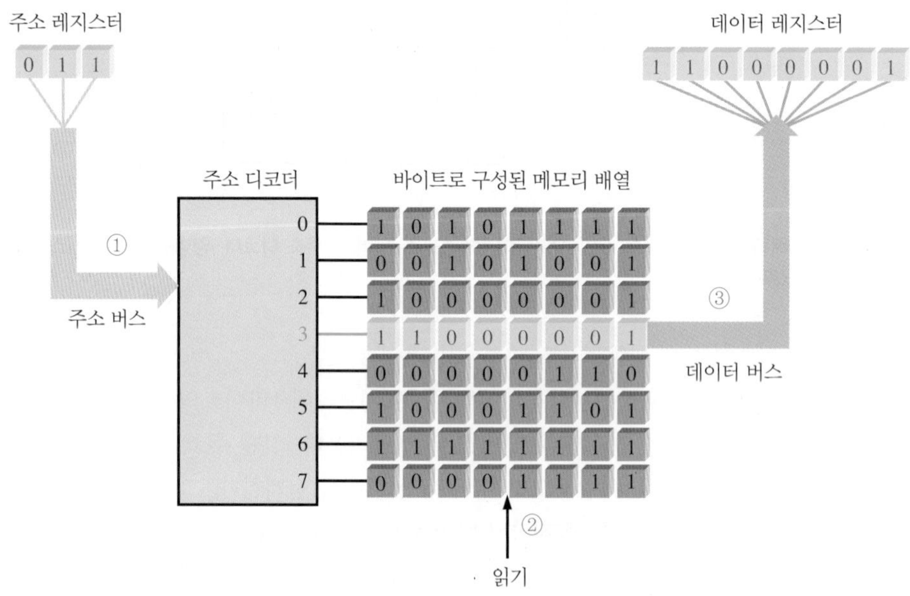

① 주소 코드 011이 주소 버스에 놓이고 주소 3이 선택된다.
② 읽기 명령이 적용된다.
③ 주소 3의 내용이 데이터 버스에 올라오고 데이터 레지스터로 이동된다.
읽기 동작으로 주소 3의 내용이 지워지지 않는다.

그림 11-7 읽기 동작

RAM과 ROM

반도체 메모리에는 RAM과 ROM 두 종류가 있다. **RAM**(random-access memory)에서 읽기 동작과 쓰기 동작이 모두 가능하고, 모든 주소를 같은 시간 내에 접근할 수 있으며, 순서 없이 임의의 주소에 접근할 수 있다. RAM은 전원이 꺼지면 저장된 데이터를 잃어버리기 때문에 **휘발성**

(volatile) 메모리이다.

ROM(read-only memory)은 데이터를 영구적 또는 반영구적으로 저장할 수 있는 메모리이다. ROM에서는 데이터를 읽을 수 있지만 RAM과 같은 쓰기 동작을 할 수 없다. ROM은 RAM과 마찬가지로 랜덤 액세스 메모리이지만, 랜덤 액세스 읽기/쓰기 메모리는 일반적으로 RAM을 의미한다. ROM은 전원이 꺼져도 저장된 데이터를 유지하기 때문에 **비휘발성**(nonvolatile) 메모리이다.

복습문제 11-1

정답은 이 장의 끝에 있다.

1. 메모리에 저장할 수 있는 데이터의 최소 단위는 무엇인가?
2. 256바이트의 데이터를 저장할 수 있는 메모리의 비트 용량은?
3. 쓰기 동작은 무엇인가?
4. 읽기 동작은 무엇인가?
5. 메모리에서 데이터 단위는 어떻게 접근하는가?
6. RAM과 ROM의 차이점을 설명하라.

11-2 RAM

RAM은 임의의 순서로 선택된 주소에 데이터를 쓰거나 읽을 수 있는 읽기/쓰기 메모리이다. RAM의 주어진 주소에 데이터를 쓸 경우, 이전에 저장된 데이터는 새로운 데이터로 대체된다. RAM의 주어진 주소로부터 데이터를 읽을 경우, 그 주소의 데이터는 소멸되지 않는다. 이러한 비파괴 읽기 동작은 내용을 손상시키지 않으면서 주소 내용을 복사하는 것으로 볼 수 있다. RAM은 일반적으로 전원이 꺼지면 저장된 데이터를 유지할 수 없다.

이 절의 학습내용

- 두 가지 종류의 RAM을 명명한다.
- SRAM에 대해 설명한다.
- SRAM 메모리 셀을 설명한다.
- 비동기 SRAM과 동기식 버스트 SRAM의 차이점을 설명한다.
- 캐시 메모리의 목적을 설명한다.
- DRAM에 대해 설명한다.
- DRAM 메모리 셀을 설명한다.
- DRAM의 종류에 대해 설명한다.
- SRAM과 DRAM을 비교한다.

RAM의 종류

RAM에는 SRAM과 DRAM의 두 가지 종류가 있다. **SRAM**(static RAM, 정적 RAM)은 일반적으로 래치를 저장 요소로 사용하므로 **전원이 공급되는** 한 데이터를 계속 저장할 수 있다. **DRAM**(dynamic RAM, 동적 RAM)은 커패시터를 저장 요소로 사용하며, 데이터를 유지하기 위해 주기적으로 커패시터를 **리플래시**(refresh)해야 한다. SRAM과 DRAM은 모두 직류 전원이 꺼지면 저장된 데이터를 잃게 되어 휘발성 메모리로 분류된다.

SRAM은 DRAM보다 훨씬 빨리 데이터를 읽을 수 있다. 그러나 DRAM은 SRAM보다 셀 크기와 비용에 대해 훨씬 더 많은 데이터를 저장할 수 있다. 이는 DRAM 셀이 SRAM 셀보다 훨씬 간단한 구조이고 주어진 영역에 더 많은 셀을 넣을 수 있기 때문이다.

SRAM은 ASRAM(asynchronous SRAM, 비동기 SRAM)과 SB SRAM(synchronous burst SRAM, 동기 버스트 SRAM)으로 구분된다. DRAM은 FPM DRAM(fast page mode DRAM, 고속 페이지 모드 DRAM), EDO DRAM(extended data out DRAM, 확장 데이터 출력 DRAM), BEDO DRAM(burst EDO DRAM, 버스트 EDO DRAM) 및 SDRAM(synchronous DRAM, 동기 DRAM)으로 구분된다. 그림 11-8은 RAM의 종류를 나타낸다.

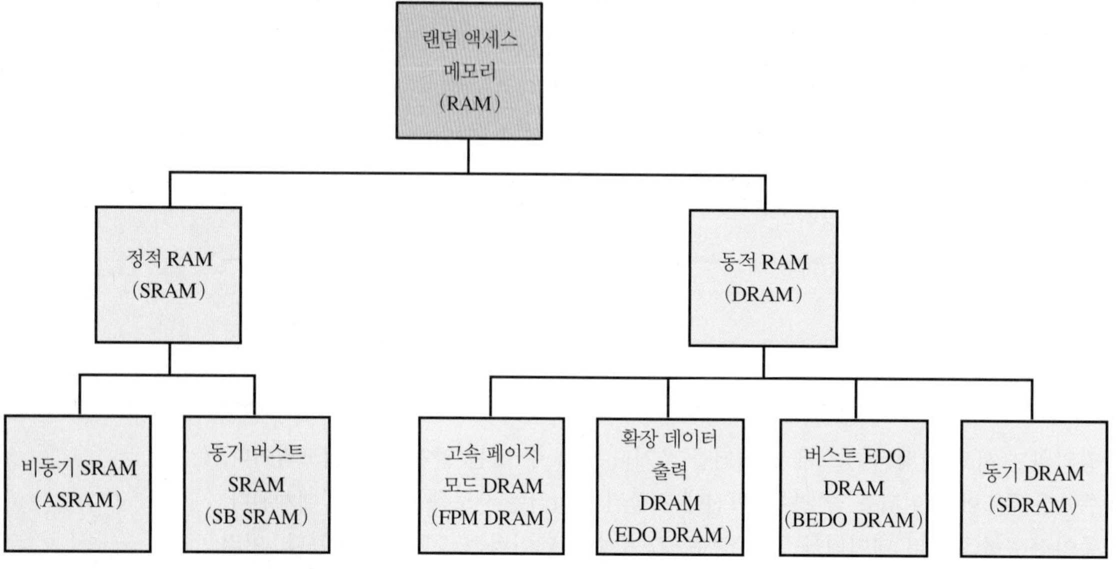

그림 11-8 RAM 분류

SRAM

메모리 셀

모든 SRAM은 래치 메모리 셀을 사용한다. **정적 메모리**(static memory) 셀에 직류 전원이 공급되는 한 1 또는 0 상태를 유지할 수 있다. 전원이 제거되면 저장된 데이터 비트는 사라진다.

그림 11-9는 SRAM 래치 메모리 셀을 나타낸다. 셀은 선택선이 활성화되어 선택되고 데이터 비트(1 또는 0)는 데이터 입력선 위에 놓여 셀에 기록된다. 저장된 데이터 비트는 데이터 출력선에서 읽을 수 있다.

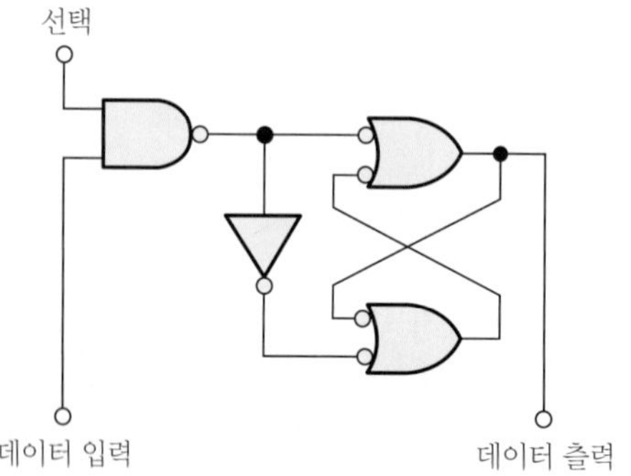

그림 11-9 SRAM 래치 메모리 셀

SRAM 셀 배열

SRAM의 메모리 셀은 행과 열로 구성된다. 그림 11-10은 $n \times 4$ 배열의 경우를 나타낸다. 행의 모든 셀은 같은 행 선택선(row select line)을 사용한다. 데이터 입력선과 출력선은 주어진 열의 모든 셀에 연결되며, 데이터 입력/출력 버퍼를 통해 데이터를 입력 및 출력할 수 있는 단일 데이터 선에 연결된다.

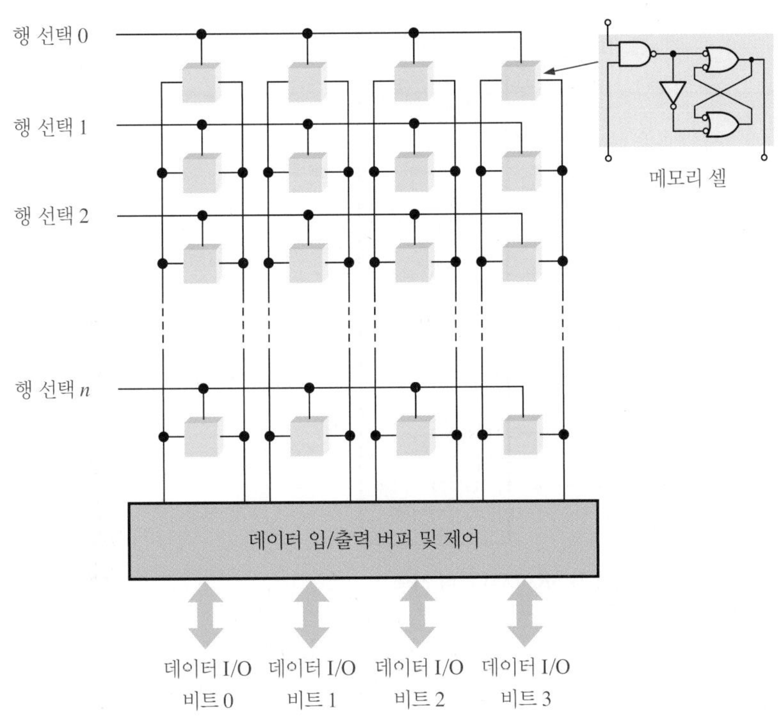

그림 11-10 기본적인 SRAM 배열

단위 데이터(이 경우에는 4비트인 니블)를 메모리 배열의 주어진 행의 셀에 저장하는 경우, 행 선택선이 활성 상태로 되고, 4개의 데이터 비트가 데이터 I/O선에 올린다. 그러면 쓰기선이 활성 상태가 되어 각 데이터 비트가 해당 열의 선택된 셀에 저장된다. 단위 데이터를 읽는 경우, 읽기선이 활성 상태가 되고, 선택한 행에 저장되어 있는 4개의 데이터 비트가 데이터 I/O선에 나타나게 된다.

비동기 SRAM 구조

비동기 SRAM의 동작은 시스템 클록과 동기화되지 않는다. 일반적인 SRAM의 구조를 32k × 8 비트 메모리를 사용하여 설명한다. 그림 11-11은 이 메모리에 대한 논리 기호를 나타낸다. 읽기 모드에서는 선택한 주소에 저장된 8개 데이터 비트가 데이터 출력선 위에 나타난다.

쓰기 모드에서는 8개 데이터 비트가 데이터 입력선에 인가되고 선택한 주소에 저장된다. 데이터 입력선 및 데이터 출력선($I/O_0 \sim I/O_7$)은 같은 선을 사용한다. 읽기 동작 중에는 출력선($O_0 \sim O_7$)으로 사용되고, 쓰기 동작 중에는 입력선($I_0 \sim I_7$)으로 사용된다.

3-상태 출력과 버스

메모리의 3-상태 버퍼(tri-state buffer)는 데이터 선이 입력선 또는 출력선의 역할을 할 수 있게 하며, 메모리와 컴퓨터의 데이터 버스 사이를 연결해준다. 이 버퍼에는 HIGH(1), LOW(0) 및

HIGH-Z(개방)의 세 가지 상태의 출력이 있다. 3-상태 출력은 그림 11-11의 논리 기호에서처럼 작은 역삼각형(∇)으로 표시되며, 마이크로프로세서 시스템의 버스 구조와 호환을 위해 사용된다.

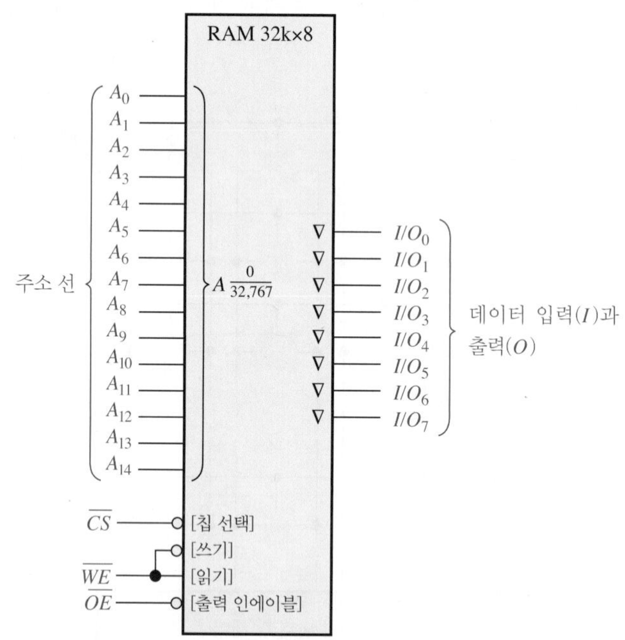

그림 11-11 32k × 8 비트 비동기 SRAM의 논리 기호

물리적으로 **버스**(bus)는 하나의 시스템 또는 여러 시스템의 2개 이상의 구성 요소를 연결하는 1개 이상의 전도성 경로이다. 전기적으로 버스는 특정 전압 레벨 및/또는 전류 레벨의 모음이고, 다양한 장치가 적절히 통신하고 함께 작동할 수 있게 하는 신호의 모음이다.

마이크로프로세서는 특정 버스 구조로 메모리 및 입/출력 장치에 연결된다. 주소 버스를 통해 마이크로프로세서는 메모리에 접근하며, 데이터 버스를 통해 마이크로프로세서, 메모리 및 모니터, 프린터, 키보드, 모뎀 등 입/출력 장치 사이에서 데이터가 전송된다. 제어 버스를 통해 마이크로프로세서는 여러 구성 요소의 데이터 전송 및 타이밍을 제어한다.

메모리 배열

SRAM 칩은 단일 비트, 니블(4비트), 바이트(8비트) 또는 워드(16, 24, 32비트 등)로 구성할 수 있다.

그림 11-12는 소형 32k × 8 SRAM의 구조를 보여준다. 메모리 셀 배열은 그림 11-12(a)와 같이 각각 8비트를 갖는 256(2^8)행 및 128(2^7)열로 배열된다. 2^{15} = 32,768개의 주소가 있으며, 각 주소에는 8비트 데이터가 들어 있다. 이 예제의 메모리 용량은 32,768바이트(일반적으로 32kB로 표시)이다. 현재 사용되는 메모리 용량에 비해 작지만, 이 메모리를 이용하여 기본 개념을 소개한다.

그림 11-12(b)의 SRAM은 다음과 같이 동작한다. 첫째, 메모리가 동작하려면 칩 선택 $\overline{CS}$가 LOW여야 한다[칩 선택에 대한 다른 용어로 인에이블(enable) 또는 칩 인에이블(chip enable)이 있다]. 15개의 주소 선 가운데 8개는 행 디코더에 의해 디코딩되어 256개의 행 중 하나를 선택하고, 7개는 열 디코더에 의해 디코딩되어 128개의 열 중 하나를 선택하여 8비트 데이터 중 하나를 선택한다.

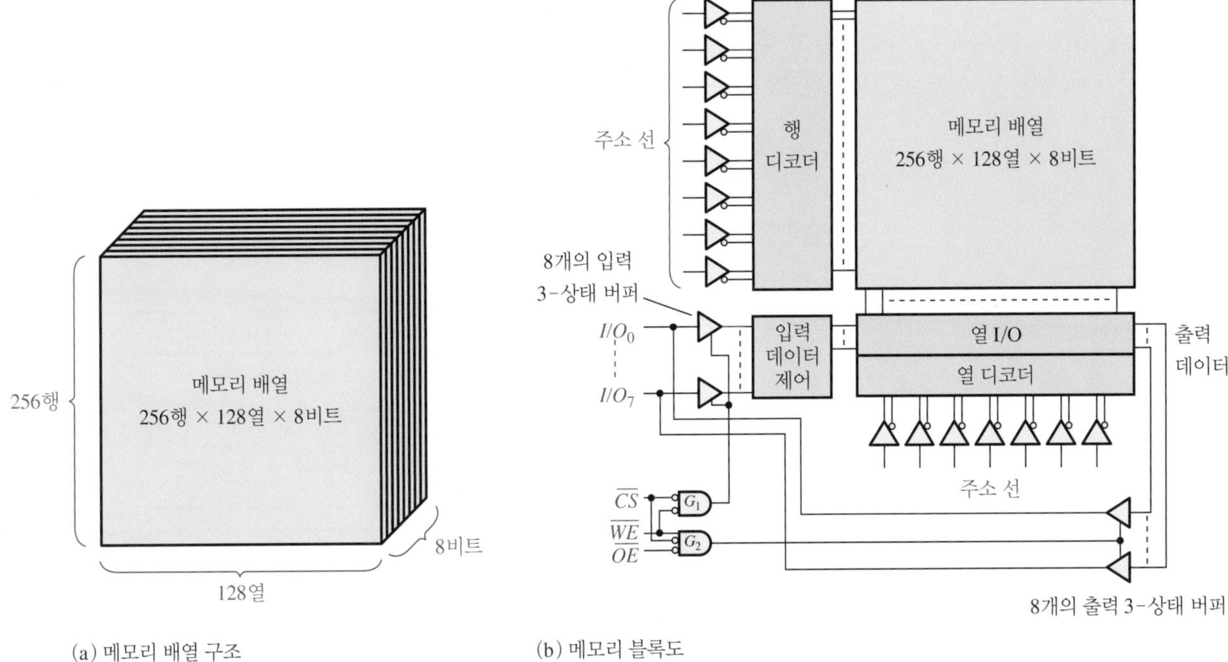

(a) 메모리 배열 구조

(b) 메모리 블록도

그림 11-12 32k × 8 비동기 SRAM의 기본 구조

읽기

읽기 모드에서 쓰기 인에이블 $\overline{WE}$는 HIGH이고, 출력 인에이블 $\overline{OE}$는 LOW이다. 입력 3-상태 버퍼는 게이트 G_1에 의해 인에이블되지 않고, 출력 3-상태 버퍼는 게이트 G_2에 의해 인에이블된다. 따라서 선택된 주소의 8비트 데이터는 열 I/O를 통해 데이터 버스($I/O_0 \sim I/O_7$)로 출력된다.

쓰기

쓰기 모드에서 $\overline{WE}$는 LOW이고, $\overline{OE}$는 HIGH이다. 입력 3-상태 버퍼는 게이트 G_1에 의해 인에이블되고, 출력 3-상태 버퍼는 게이트 G_2에 의해 금지된다. 따라서 데이터 버스상의 8비트 데이터는 입력 데이터 제어와 열 I/O를 통해 선택된 주소에 저장된다.

읽기/쓰기 사이클

그림 11-13은 메모리 읽기 사이클과 쓰기 사이클에 대한 타이밍도를 나타낸다. 그림 11-13(a)는 읽기 사이클을 나타내며, **읽기 사이클 시간**(read cycle time, t_{RC})이라는 일정 시간 동안 유효한 주소 코드가 주소 선에 공급된다. 다음으로 칩 선택($\overline{CS}$)과 출력 인에이블($\overline{OE}$) 입력들이 LOW로 된다. $\overline{OE}$ 입력이 LOW가 된 후 일정한 시간 간격이 지나면 선택된 주소의 유효한 바이트 데이터가 데이터 선에 나타난다. 이 시간 간격을 **출력 인에이블 액세스 시간**(output enable access time, t_{GQ})이라 한다. 읽기 사이클에는 2개의 다른 액세스 시간이 있다. **주소 액세스 시간**(address access time, t_{AQ})은 유효 주소의 시작부터 데이터 선에 유효 데이터가 나타날 때까지 측정된 시간이고, **칩 인에이블 액세스 시간**(chip enable access time, t_{EQ})은 $\overline{CS}$가 HIGH에서 LOW로 전환으로부터 유효한 데이터가 데이터 선에 나타날 때까지 시간을 의미한다.

각각의 읽기 사이클 동안 단위 데이터(이 경우 1바이트)를 메모리로부터 읽는다. 그림 11-13(b)에서처럼 쓰기 사이클의 경우 **쓰기 사이클 시간**(write cycle time, t_{WC})이라는 일정한 시간 간격 동안 유효한 주소 코드가 주소 선에 인가된다. 그다음 칩 선택($\overline{CS}$) 입력과 쓰기 인에이블

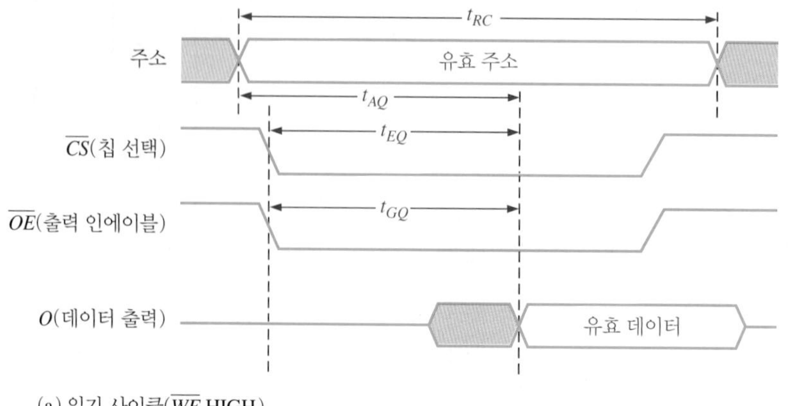

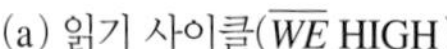
(a) 읽기 사이클($\overline{WE}$ HIGH)

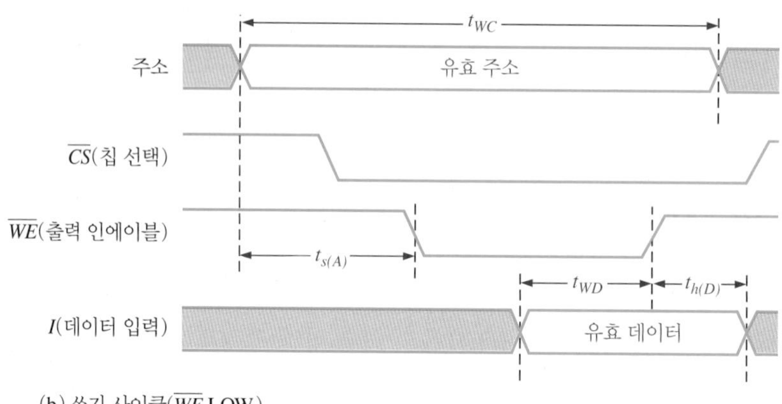

(b) 쓰기 사이클($\overline{WE}$ LOW)

그림 11-13 **그림 11-12의 SRAM에 대한 읽기 및 쓰기 타이밍도**

($\overline{WE}$) 입력이 LOW로 된다. 유효 주소의 시작에서부터 $\overline{WE}$가 LOW로 될 때까지 필요한 시간 간격을 **주소 설정 시간**(address setup time, $t_{s(A)}$)이라 한다. $\overline{WE}$ 입력이 LOW로 유지되어야 하는 시간을 쓰기 펄스 폭(write pulse width)이라 한다. 유효한 데이터가 데이터 입력에 적용된 후 입력이 LOW 상태를 유지해야 하는 시간을 t_{WD}로 표시한다. $\overline{WE}$ 입력이 HIGH가 된 후 유효한 입력 데이터가 데이터 선상에서 유지되어야 하는 시간을 **데이터 유지 시간**(data hold time, $t_{h(D)}$)이라 한다. 각 쓰기 사이클 동안에 한 단위의 데이터가 메모리에 기록된다.

동기 버스트 SRAM

비동기 SRAM과 달리 동기 SRAM은 시스템 클록과 동기화된다. 예를 들면 컴퓨터 시스템에서 동기 SRAM은 마이크로프로세서와 같은 클록 신호에 동기화되어 마이크로프로세서와 메모리는 보다 빠르게 동작한다.

그림 11-14는 동기 SRAM의 기본 개념을 나타내며, 설명을 위해 32k × 8 메모리의 단순화된 블록도를 사용한다. 동기 SRAM은 메모리 배열, 주소 디코더, 읽기/쓰기 및 인에이블 입력 등은 비동기 SRAM과 유사하다. 기본적인 차이점은 동기 SRAM에서는 모든 입력을 시스템 클록과 동기화하기 위해 클록된 레지스터를 사용한다는 점이다. 주소, 읽기/쓰기 입력, 칩 인에이블 및 입력 데이터는 모두 클록 펄스의 활성 에지에서 해당 레지스터에 저장된다. 그 후 메모리는 클록과 동기화되어 동작한다.

여러 선으로 구성된 병렬 선 또는 버스 선을 개별적으로 그리는 대신에 간단하게 표기하는 방

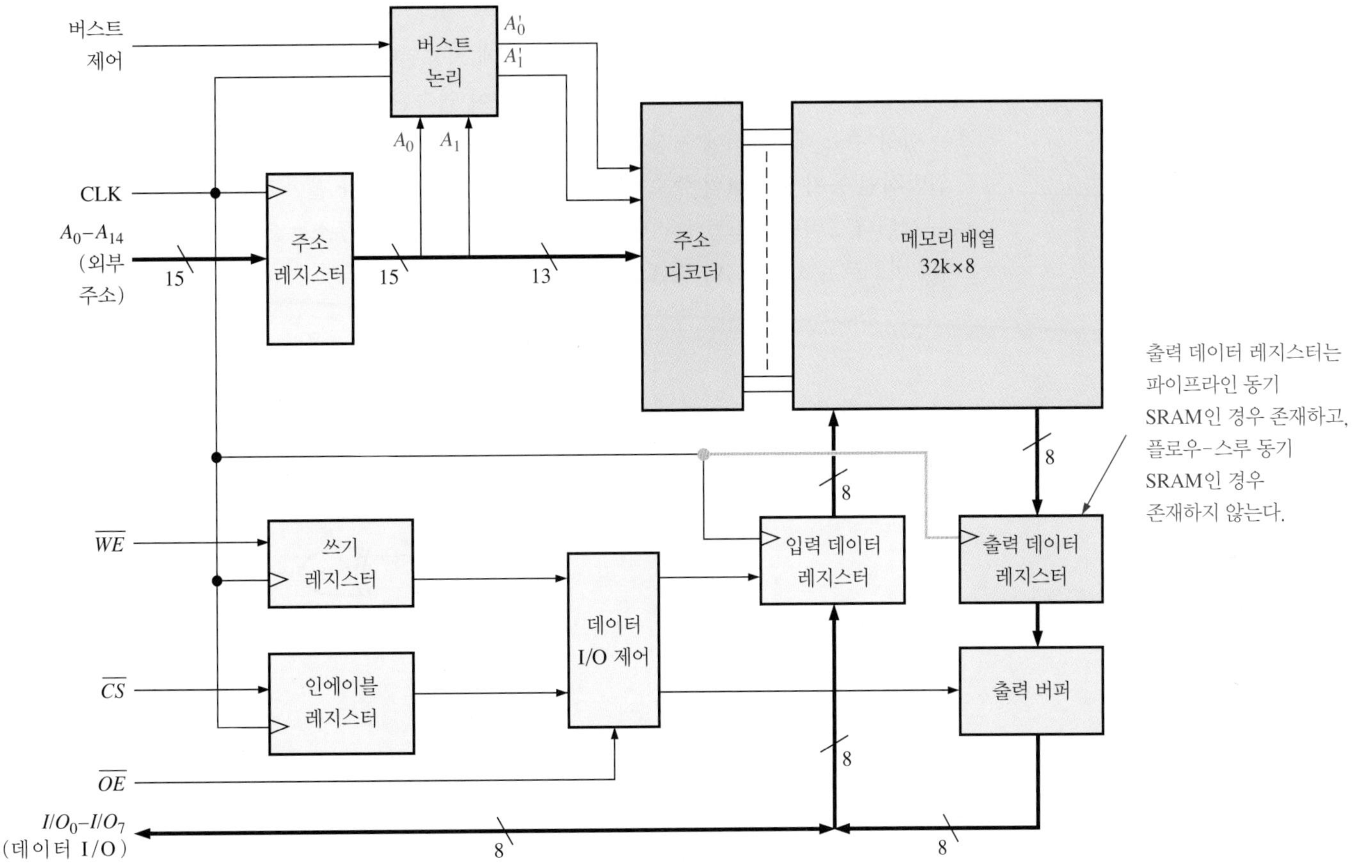

그림 11-14 버스트 기능이 있는 동기 SRAM의 기본 구조도

법을 그림 11-14에서 볼 수 있다. 병렬 선을 슬래시가 있는 하나의 두꺼운 선과 선의 수로 나타내었다. 예를 들면 다음 표기법은 8개의 선으로 구성된 병렬 선을 나타낸다.

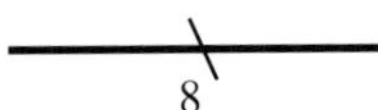

주소 비트인 A_0부터 A_{14}까지는 클록 펄스의 상승 에지에서 주소 레지스터에 저장된다. 같은 클록 펄스에서 쓰기 인에이블($\overline{WE}$) 및 칩 선택($\overline{CS}$)의 값들은 쓰기 레지스터 및 인에이블 레지스터에 각각 저장된다. 이 레지스터들은 1비트 레지스터 또는 플립플롭이다. 또한 같은 클록 펄스에서 쓰기 동작 동안 입력 데이터는 입력 데이터 레지스터에 저장되고, 읽기 동작 동안 선택한 메모리 주소의 데이터가 출력 데이터 레지스터에 저장된다. 쓰기 레지스터, 인에이블 레지스터 및 출력 허가($\overline{OE}$)의 입력을 받아 데이터 I/O 제어는 쓰기 동작 및 읽기 동작을 결정한다.

동기 SRAM에는 **플로우-스루**(flow-through)와 **파이프라인**(pipelined)의 두 가지 기본 유형이 있다. 플로우-스루 동기 SRAM에는 데이터 출력 레지스터가 없다. 따라서 CLK와 비동기적으로 출력 데이터가 출력 버퍼를 통해 데이터 I/O 선에 전달된다. **파이프라인** 동기 SRAM에는 그림 11-14와 같이 CLK와 동기화되어 데이터 출력 레지스터가 있어 출력 데이터가 데이터 I/O 선에 전달된다.

버스트 기능

그림 11-14에서처럼 일반적으로 동기 SRAM에는 주소 버스트 기능이 있어, 하나의 주소를 사

용하여 최대 4개의 순차적 메모리를 읽거나 쓸 수 있다. 외부 주소가 주소 레지스터에 저장되면 2개의 최하위 주소 비트 A_0와 A_1이 버스트 논리에 적용된다. 이것은 연속적인 클록 펄스에서 2개의 최하위 주소 비트에 00, 01, 10, 11을 추가하여 연속된 4개의 내부 주소를 생성한다. 연속 주소는 항상 주소 레지스터에 저장된 외부 주소를 기본 주소로 시작한다.

일반적인 동기 SRAM의 주소 버스트 논리는 그림 11-15와 같이 2진 카운터와 XOR 게이트로 구성된다. 2비트 버스트 논리인 경우 연속된 내부 버스트 주소는 기본 주소 비트 $A_2 - A_{14}$와 2개의 버스트 주소 비트 A'_1 및 A'_0로 구성된다.

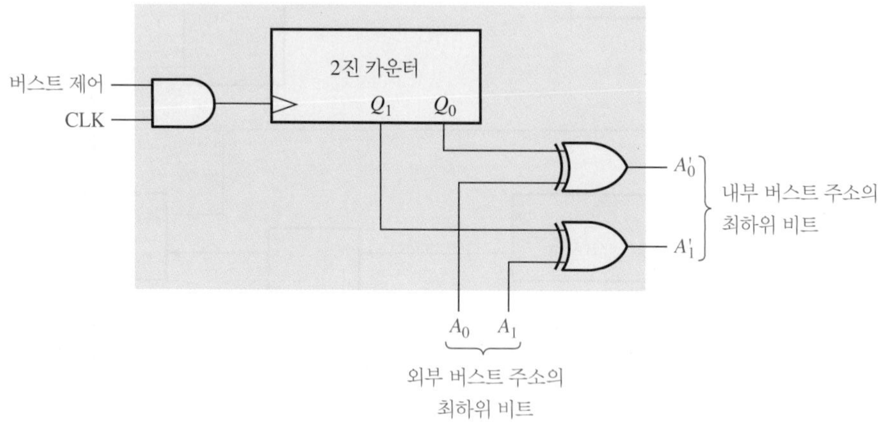

그림 11-15 주소 버스트 논리

버스트 과정을 시작하기 위해 카운터는 00 상태에 있고, 2개의 최하위 주소 비트가 XOR 게이트 입력에 인가된다. A_0와 A_1이 모두 0이라고 가정하면 2개의 최하위 비트에 대한 연속된 내부 주소는 00, 01, 10, 11이다.

캐시 메모리

컴퓨터의 캐시 메모리는 SRAM의 주요 응용 분야이다. **캐시 메모리**(cache memory)는 비교적 소형의 고속 메모리이다. 저속이고 대형인 주 메모리(main memory)로부터 가장 최근에 사용된 명령어나 데이터를 캐시 메모리에 저장한다. 캐시 메모리로 동적 RAM(DRAM)을 사용할 수도 있는데, 이에 대해서는 다음에 설명한다. 일반적으로 SRAM은 DRAM보다 몇 배 빠르다. 캐시 메모리는 대용량 DRAM만 사용하는 경우보다 훨씬 빠르게 저장된 정보를 마이크로프로세서에 제공한다. 기본적으로 캐시 메모리는 모든 메모리를 더 빨리 만들 필요 없이 시스템 성능을 향상시킬 수 있는 비용적인 면에서 효율적인 방법이다.

캐시 메모리의 개념은 컴퓨터 프로그램이 주 메모리의 한 영역에서 다른 영역으로 이동하기 전에 명령 또는 데이터를 얻는 경향이 있다는 생각에 기초한다. 기본적으로 캐시 제어기는 CPU(central processing unit, 중앙 처리 장치)가 느린 동적 메모리의 어느 영역을 다음에 필요로 하는지 '추측'하고 필요할 때 준비되도록 캐시 메모리로 이동시킨다. 캐시 제어기가 올바르다고 판단하면 데이터를 즉시 마이크로프로세서에서 사용할 수 있다. 캐시 제어기가 잘못 추측하면 CPU는 주 메모리로 이동하여 올바른 명령어나 데이터를 오랜 시간 기다린다. 다행히도 캐시 제어기는 대부분의 경우 올바르게 추측한다.

캐시 유사성

캐시 메모리를 설명하는 데 사용할 수 있는 많은 유추가 있지만 가정용 냉장고와 비교하면 아마도 가장 효과적일 것이다. 슈퍼마켓은 모든 음식이 보관되는 주 메모리인 반면, 가정용 냉장고는 특정 음식 품목의 '캐시'라고 생각할 수 있다. 매번 먹거나 마시는 것을 원할 때마다 냉장고(캐시)로 가서 원하는 물건이 있는지 먼저 확인할 수 있다. 원하는 물건이 있으면 많은 시간을 절약할 수 있다. 원하는 물건이 없다면 슈퍼마켓(주 메모리)에서 가져오기 위해 여분의 시간을 소비해야 한다.

L1 및 L2 캐시

L1 캐시(first-level cache)는 보통 프로세서 칩 안에 내장되며 매우 제한된 저장 용량을 갖는다. L1 캐시는 1차 캐시(primary cache)라고도 한다. L2 캐시(second-level cache)는 하나 또는 여러 개의 메모리칩으로 프로세서 외부에 별도로 구성된다. L2 캐시는 일반적으로 L1 캐시보다 더 큰 저장 용량을 갖는다. L2 캐시는 2차 캐시(secondary cache)라고도 한다. 일부 시스템은 L3, L4 캐시 등을 사용하지만, L1과 L2 캐시가 가장 일반적이다. 또한 DRAM은 SRAM보다 훨씬 느리지만 하드 디스크 드라이브보다 훨씬 빠르기 때문에 일부 시스템에서는 DRAM을 디스크 캐시로 사용하여 하드 디스크의 성능을 향상시키기도 한다. 그림 11-16은 컴퓨터 시스템의 L1 및 L2 캐시 메모리를 보여준다.

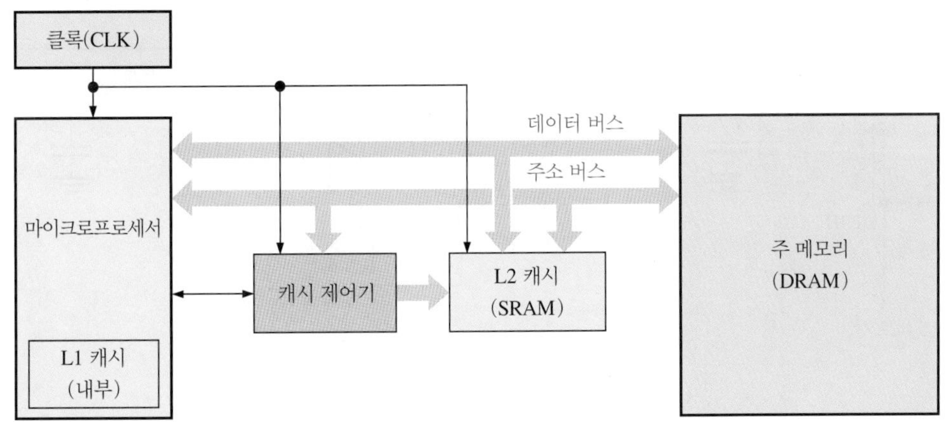

그림 11-16 컴퓨터에서 L1 및 L2 캐시 메모리의 블록도

DRAM 셀

동적 메모리(dynamic memory) 셀은 데이터 비트를 래치가 아닌 작은 커패시터에 저장한다. 이러한 셀은 구조가 매우 간단하므로, 비트당 저렴한 비용으로 매우 큰 메모리 배열을 칩에 구현할 수 있다는 장점이 있다. 단점은 저장 커패시터에 오랜 시간 동안 전하를 유지할 수 없으므로 전하를 주기적으로 충전하지 않으면 저장된 데이터가 사라진다는 것이다. 주기적으로 충전하려면 추가적인 메모리 회로가 필요하며 DRAM 동작이 복잡해진다. 그림 11-17은 1개의 MOS 트랜지스터(MOSFET)와 커패시터로 구성된 일반적인 DRAM 셀을 나타낸다.

이러한 형태의 셀에서 트랜지스터는 스위치로 동작한다. 그림 11-18은 기본적이고 단순화된 동작을 설명한다. $R/\overline{W}$ 선의 LOW(쓰기 모드)는 3-상태 입력 버퍼를 활성화하고 출력 버퍼를 비활성화시킨다. 1을 셀에 저장하려면 D_{IN}을 HIGH로 설정해야 하며 행을 HIGH로 하여 트랜지스터를 켜야 한다. 트랜지스터는 닫힌 스위치로 동작하여 커패시터를 비트 선에 연결한다.

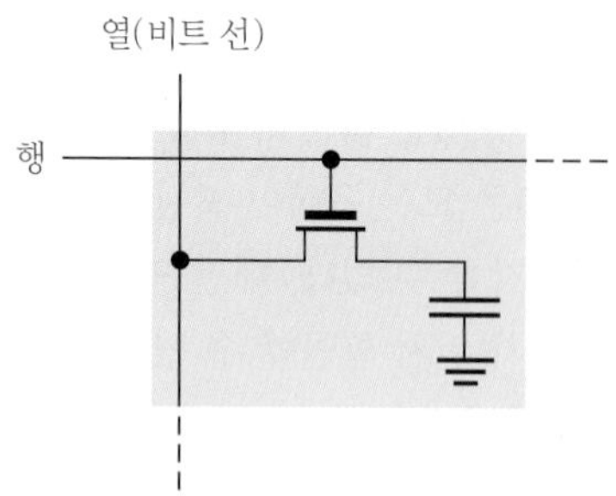

그림 11-17 MOS DRAM 셀

이 연결은 그림 11-18(a)와 같이 커패시터를 양의 전압으로 충전시킨다. 0을 셀에 저장하는 경우 D_{IN}이 LOW로 설정된다. 커패시터가 0을 저장하고 있다면 커패시터는 충전되지 않은 채로 유지되고, 커패시터가 1을 저장하고 있다면 그림 11-18(b)에 표시된 것처럼 커패시터는 방전된다. 행이 LOW로 되돌아오면 트랜지스터가 꺼지고 비트 선에서 커패시터가 분리되어 커패시터의 전하(1 또는 0)는 '갇혀' 유지된다.

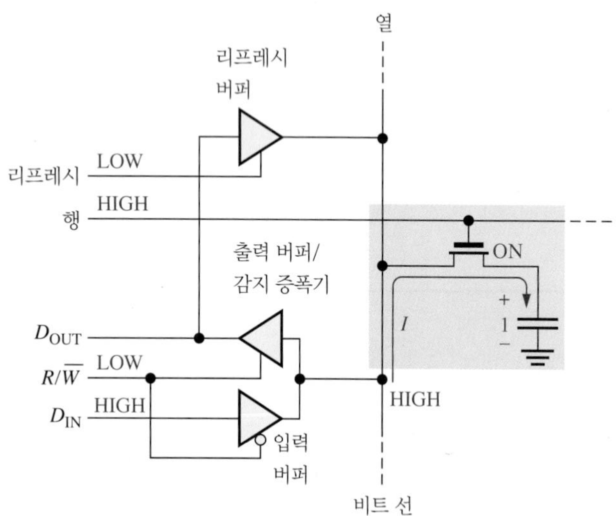

(a) 메모리 셀에 1을 쓰는 과정

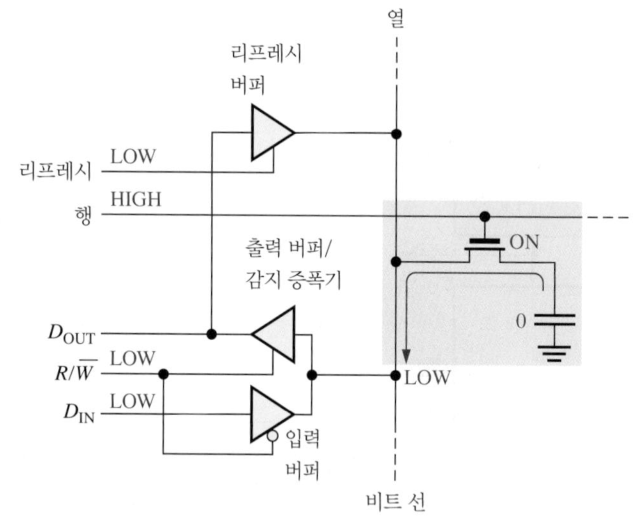

(b) 메모리 셀에 0을 쓰는 과정

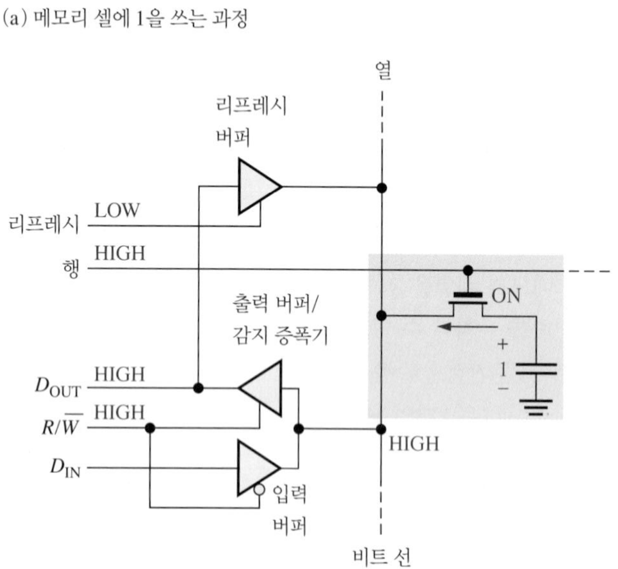

(c) 메모리 셀에 1을 읽는 과정

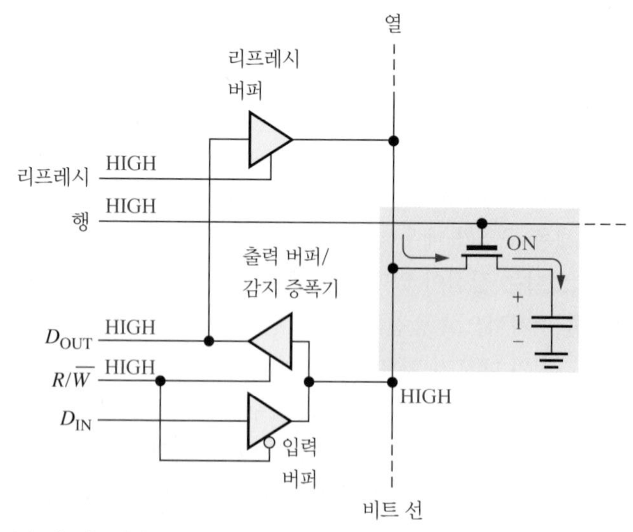

(d) 1을 리프레시하는 과정

그림 11-18 DRAM 셀의 기본 동작

셀에서 데이터를 읽는 경우 $R/\overline{W}$ 선이 HIGH가 되고, 출력 버퍼가 활성화되고, 입력 버퍼는 비활성화된다. 이 상태에서 행이 HIGH가 되면 트랜지스터가 켜지고 저장 커패시터가 비트 선에 연결되어 출력 버퍼(감지 증폭기)에 연결되므로 데이터 비트는 데이터 출력선 (D_{OUT})에 나타난다. 이 과정을 그림 11-18(c)에 나타냈다.

메모리 셀을 재충전하기 위해 $R/\overline{W}$는 HIGH, 행은 HIGH, 리프레시는 HIGH로 인가해야 한다. 트랜지스터는 ON되어 저장 커패시터와 비트 선이 연결된다. 출력 버퍼가 활성화되고 저장된 데이터 비트가 리프레시 버퍼의 입력에 적용된다. 이 버퍼는 HIGH의 리프레시 입력으로 활성화된다. 이것은 저장된 비트에 해당하는 전압을 비트 선에 발생하여 커패시터를 재충전한다. 이 과정을 그림 11-18(d)에서 설명한다.

DRAM 구조

DRAM은 주로 컴퓨터의 주 메모리에 사용된다. DRAM과 SRAM의 차이점은 메모리 셀의 형태이다. 알다시피 DRAM 메모리 셀은 하나의 트랜지스터와 하나의 커패시터로 구성되며 SRAM 셀보다 훨씬 단순하다. 이는 DRAM으로 훨씬 더 높은 밀도가 가능하여 주어진 칩 영역에 대해 더 큰 비트 용량을 갖는 메모리를 만들 수 있지만, 액세스 시간은 훨씬 느리다.

DRAM 셀은 커패시터에 저장된 전하가 누설되기 때문에 저장된 데이터 비트를 보존하기 위해 자주 리프레시해야 한다. 따라서 SRAM에 비해 회로가 복잡해진다. 일반적인 1M × 1 비트 DRAM을 예로 들어 대부분의 DRAM이 갖는 몇 가지 공통적인 기능을 설명한다.

주소 멀티플렉싱

DRAM은 주소 선의 수를 줄이기 위해 주소 멀티플렉싱(address multiplexing)이라는 기술을 사용한다. 그림 11-19는 1M × 1 비트 구조를 갖는 1,048,576비트(1Mb) DRAM의 블록도를 나타낸다. 녹색 블록은 리프레시하기 위한 논리를 나타낸다.

10개의 주소 선은 메모리 사이클의 시작에서 행 주소 선택(row address select, $\overline{RAS}$) 및 열 주소 선택(column address select, $\overline{CAS}$)에 의해 2개의 분리된 10비트 주소로 시간적으로 멀티플렉싱된다. 먼저 10비트 행 주소가 행 주소 레지스터에 저장된다. 다음으로 10비트 열 주소가 열 주소 레지스터에 저장된다. 행 주소 및 열 주소는 메모리 배열에서 1,048,576개의 주소 (2^{20} = 1,048,576) 중 하나를 지정하도록 디코딩된다. 주소 멀티플렉싱 동작의 기본 타이밍을 그림 11-20에 나타낸다.

읽기 사이클 및 쓰기 사이클

읽기 또는 쓰기 메모리 사이클이 시작될 때마다 주소를 행 주소 및 열 주소로 멀티플렉싱하여 레지스터와 디코더로 보내기 위해 $\overline{RAS}$와 $\overline{CAS}$는 LOW로 활성화된다. 그림 11-21에서와 같이 $R/\overline{W}$는 읽기 사이클의 경우 HIGH가 되고, 쓰기 사이클의 경우 LOW가 된다.

고속 페이지 모드

앞서 설명한 정상적인 읽기 또는 쓰기 사이클에서 특정 메모리 위치에 대한 행 주소가 먼저 액티브-LOW $\overline{RAS}$에 의해 인가된 다음 열 주소가 액티브-LOW $\overline{CAS}$에 의해 인가된다. 이어지는 다음 위치도 같은 방법으로 $\overline{RAS}$와 $\overline{CAS}$에 의해 선택된다.

'페이지(page)'는 단일 행 주소로 접근할 수 있는 메모리 구역을 말하며, 같은 행 주소의 모든 열로 구성된다. 고속 페이지 모드(fast page mode)에 의해 선택된 행의 각 열 주소에서 연속적인

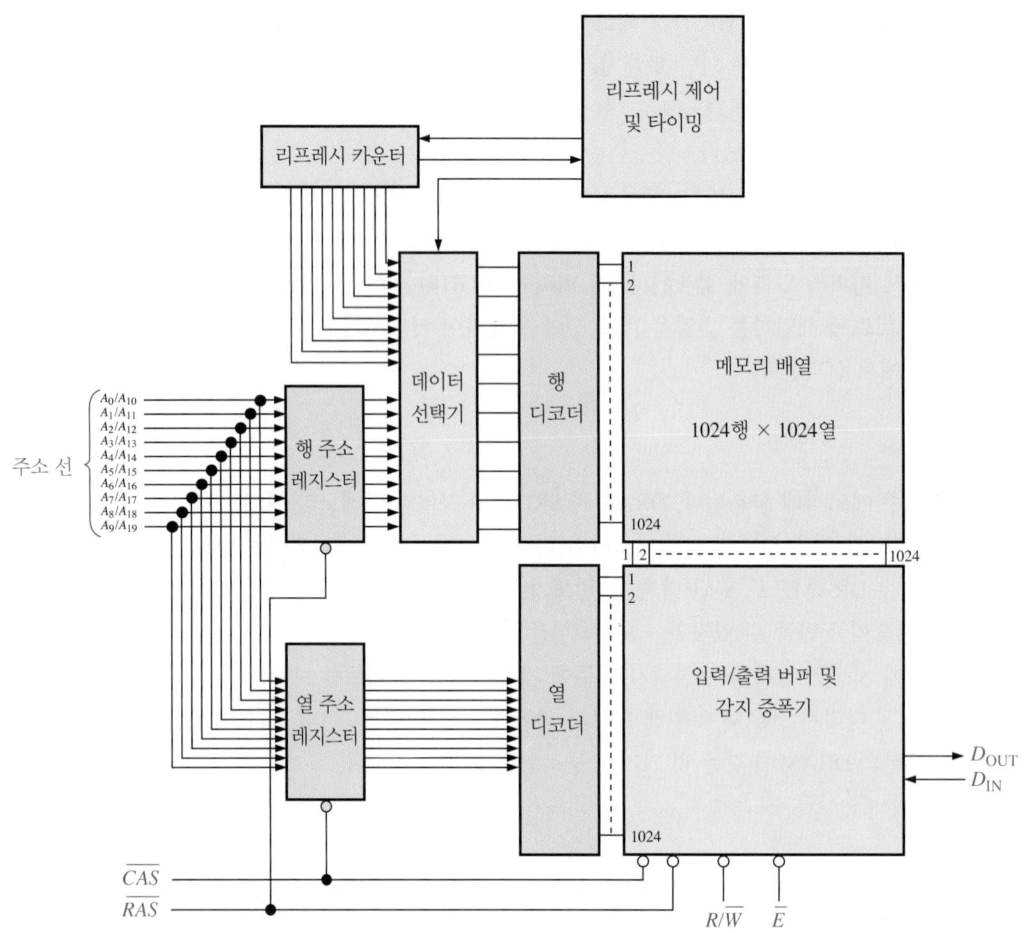

그림 11-19 1M × 1 비트 DRAM의 단순화한 블록도

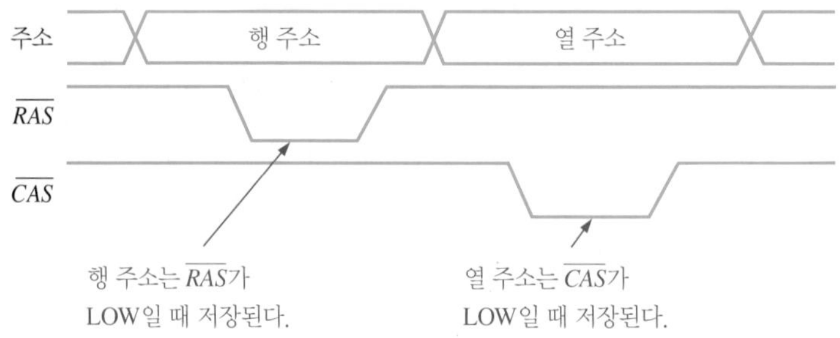

그림 11-20 주소 멀티플렉싱에 대한 기본 타이밍도

읽기 또는 쓰기 동작을 빠르게 수행할 수 있다. $\overline{CAS}$가 HIGH와 LOW 사이에서 토글되는 동안 $\overline{RAS}$가 LOW로 되면 행 주소가 먼저 인가된다. $\overline{RAS}$가 활성화 상태인 동안 단일 행 주소가 선택되고 유지된다. 연속적인 각 $\overline{CAS}$는 선택된 행의 여러 다른 열을 선택한다. 따라서 고속 페이지 모드 사이클 후에 선택된 행의 모든 주소에 대해 $R/\overline{W}$에 따라 읽거나 쓰기 동작이 완료된다. 예를 들면 그림 11-19의 DRAM에 대한 고속 페이지 모드 사이클 동안 $\overline{RAS}$에 의해 선택된 각 행에 대해 $\overline{CAS}$는 1,024번 활성화되어야 한다.

읽기 동작에 대한 고속 페이지 모드의 타이밍을 그림 11-22에 나타냈다. $\overline{CAS}$가 HIGH로 되면 데이터 출력은 비활성화된다. 따라서 유효한 데이터가 외부 시스템에 저장된 후에만 $\overline{CAS}$가 HIGH로 전환되어야 한다.

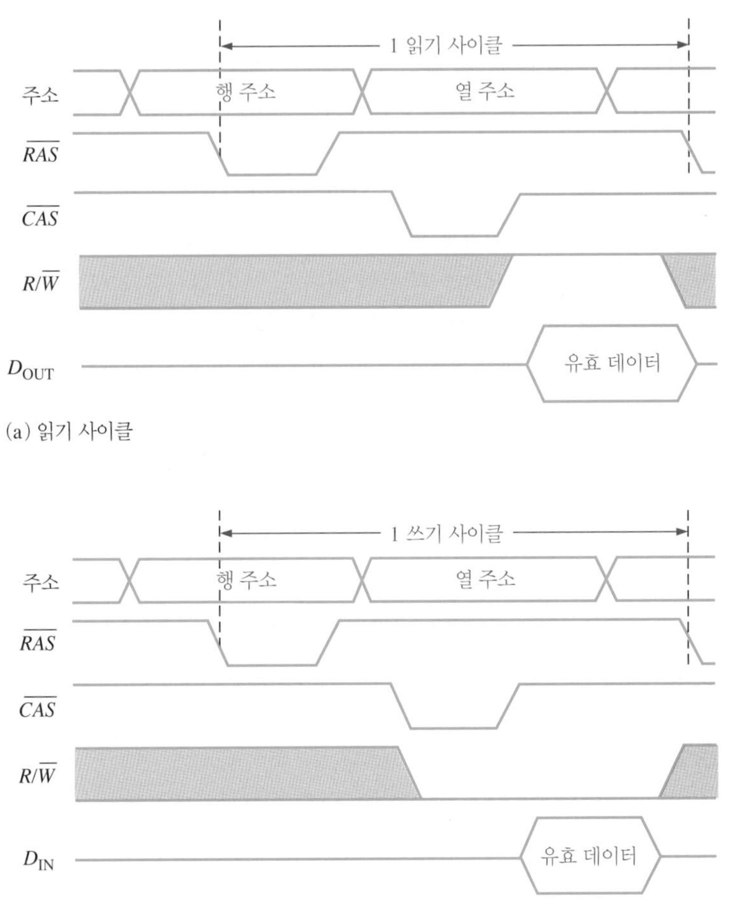

그림 11-21 읽기 및 쓰기 사이클에 대한 타이밍도

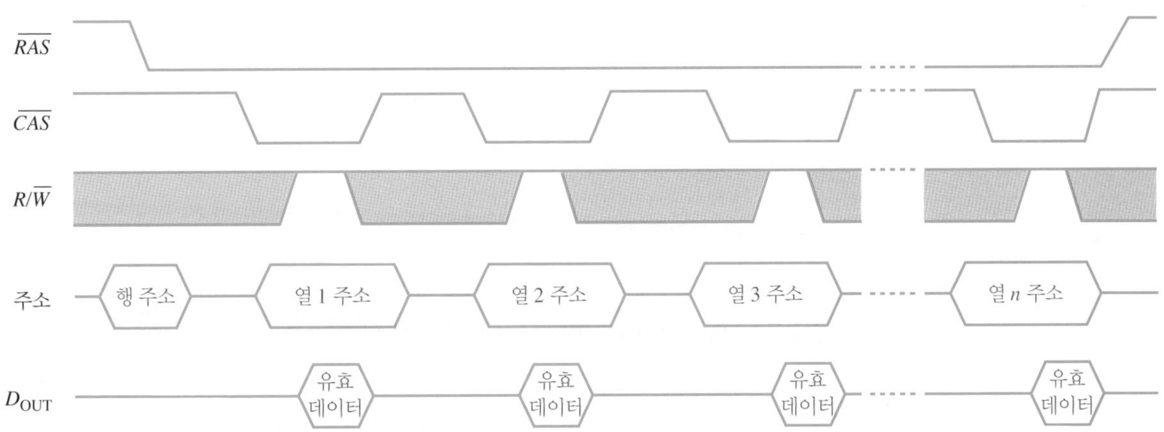

그림 11-22 읽기 동작에 대한 고속 페이지 모드의 타이밍도

리프레시 사이클

알다시피 DRAM에서 메모리 배열의 각 비트는 커패시터에 전하를 충전 또는 방전하여 데이터를 저장한다. 저장된 전하는 시간과 온도에 따라 누설되므로 정확한 비트 상태를 유지하기 위해 각 비트를 주기적으로 리프레시(재충전)해야 한다. 일반적인 DRAM의 재충전 주기는 수 ms이지만 일부 소자의 경우 훨씬 길다.

읽기 동작에서 선택한 행의 모든 주소가 자동으로 리프레시된다. 그러나 일반적인 응용에서 읽기 사이클이 얼마나 자주 발생하는지 예측할 수 없다. 따라서 데이터 손실을 방지하기 위해서 읽기 사이클에 의존할 수 없으므로 특별한 리프레시 사이클이 DRAM에 요구된다.

리프레시 동작에는 **버스트 리프레시**(burst refresh) 및 **분산 리프레시**(distributed refresh)의 두 가지 모드가 있다. 버스트 리프레시 모드에서는 메모리 배열의 모든 행이 리프레시 주기마다 연속적으로 리프레시된다. 리프레시 주기가 8 ms인 메모리의 경우 모든 행의 버스트 리프레시가 8 ms마다 한 번 발생한다. 버스트 리프레시 사이클 동안 읽기 및 쓰기 동작은 일시 중단된다. 분산 리프레시 모드에서는 읽기 또는 쓰기 사이클 사이에 각 행이 리프레시된다. 예를 들면 그림 11-19의 메모리는 1,024개의 행이 있다. 예를 들어 8 ms의 리프레시 기간 동안 분산 리프레시가 사용될 경우 각 행은 8 ms/1024 = 7.8 μs마다 리프레시된다.

리프레시 방식은 $\overline{RAS}$-only 리프레시와 $\overline{CAS}$-before-$\overline{RAS}$ 리프레시로 구분된다. $\overline{RAS}$-only 리프레시에서는 사이클 동안 $\overline{CAS}$가 HIGH(비활성)로 유지되고 $\overline{RAS}$가 LOW(활성)로 전환되어 리프레시할 행의 주소를 저장한다. 행 주소는 외부 카운터에 의해 제공된다.

$\overline{CAS}$-before-$\overline{RAS}$ 리프레시는 $\overline{RAS}$가 LOW로 되기 전에 $\overline{CAS}$가 LOW로 되어 시작된다. 이러한 순서는 리프레시할 행 주소를 만드는 내부 리프레시 카운터를 작동시킨다. 이 주소는 데이터 선택기에 의해 행 디코더로 인가된다.

DRAM의 종류

DRAM은 FPM DRAM, EDO DRAM, BEDO DRAM, SDRAM 등의 종류로 구분된다.

FPM DRAM

고속 페이지 모드 동작에 대해 앞서 설명하였다. 메모리의 한 페이지는 하나의 행 주소에 포함된 모든 열 주소이다.

FPM DRAM(fast page mode DRAM, 고속 페이지 모드 DRAM)의 아이디어는 액세스할 다음 몇 개의 메모리 주소가 같은 행(같은 페이지)에 있을 확률에 근거한다. 다행스럽게도 이 확률은 높다. FPM에서는 여러 개의 연속적인 열 주소에 액세스하기 위해 행 주소가 한 번만 지정된다. 반면 순수 랜덤 액세스의 경우 각 열 주소에 대해 행 주소가 매번 지정된다. 따라서 FPM은 순수 랜덤 액세스보다 시간을 절약한다.

고속 페이지 모드 읽기 동작에서 $\overline{CAS}$ 신호는 주어진 주소의 유효 데이터가 외부 시스템(CPU)에 의해 저장될 때까지 대기해야만 하고, 그 후 HIGH로 비활성화될 수 있다. $\overline{CAS}$가 비활성화 상태가 되면 데이터 출력은 금지된다. 즉, 현재 열 주소의 데이터가 CPU로 전송될 때까지 다음 열 주소를 발생할 수 없다. 따라서 페이지 내의 열 주소를 지정하는 처리 속도가 제한된다.

EDO DRAM

EDO DRAM은 하이퍼 페이지 모드(hyper page mode) DRAM이라고도 하며 FPM DRAM과 유사하다. 주요 차이점은 **EDO DRAM**(extended data out DRAM, 확장 데이터 출력 DRAM)의 경우 $\overline{CAS}$ 신호가 비활성화로 되더라도 출력 데이터를 금지시키지 않는다는 점이다. 그 이유는 $\overline{CAS}$가 다시 활성화될 때까지 현재 주소의 유효 데이터를 유지할 수 있기 때문이다. 즉, 외부 시스템이 현재 유효한 데이터를 받기 전에 다음 열 주소에 액세스할 수 있다. 이러한 방법으로 액세스 시간을 단축할 수 있다.

BEDO DRAM

BEDO DRAM(burst extended data out DRAM, 버스트 확장 데이터 출력 DRAM)은 주소 버스트 기능을 가진 EDO DRAM이다. 동기 버스트 SRAM에 대해 앞서 논의했듯이, 주소 버스트 기능을 사용하면 하나의 외부 주소에서 최대 4개의 주소를 내부적으로 생성할 수 있으므로 액세스 시간이 단축된다. 이 같은 개념이 BEDO DRAM에 적용된다.

SDRAM

점점 빨라지는 마이크로프로세서의 속도에 대응하기 위해서는 더 빠른 DRAM이 필요하다. 동기 DRAM은 이를 달성하는 한 방법이다. 앞서 논의한 동기 SRAM처럼 **SDRAM**(synchronous DRAM, 동기 DRAM)의 동작은 컴퓨터 시스템에서 마이크로프로세서를 동작시키는 시스템 클록과 동기화된다. 동기식 버스트 SRAM과 관련하여 설명한 아이디어가 SDRAM에도 같게 적용된다.

동기 동작 때문에 SDRAM은 비동기 DRAM의 동작과 완전히 다르다. 비동기 메모리의 경우 마이크로프로세서는 DRAM이 내부 동작이 완료될 때까지 기다려야 한다. 그러나 동기 메모리의 경우 DRAM은 시스템 클록의 제어하에 프로세서로부터 주소, 데이터 및 제어 정보를 저장한다. 이를 통해 비동기 시스템의 경우처럼 메모리가 내부 동작을 수행할 때까지 기다릴 필요 없이 메모리 읽기 또는 쓰기 동작이 진행되는 동안 프로세서가 다른 동작을 처리할 수 있다.

DDR SDRAM

DDR(double data rate, 이중 데이터 속도)은 두 배의 데이터 전송률을 의미한다. SDRAM은 한쪽 에지에서만 클록킹되지만 DDR SDRAM은 클록 펄스의 양쪽 에지에서 클록킹된다. 이중의 클록킹 때문에 DDR SDRAM의 속도는 이론적으로 SDRAM보다 두 배 빠르다. SDRAM은 DDR SDRAM과 구분하기 위해 SDR(single data rate, 단일 데이터 속도) SDRAM이라고 한다.

복습문제 11-2

1. SRAM의 두 가지 유형을 나열하라.
2. 캐시는 무엇인가?
3. SRAM과 DRAM의 차이점을 설명하라.
4. DRAM에서 리프레시 동작을 설명하라.
5. DRAM의 네 가지 유형을 나열하라.

11-3 ROM

ROM은 영구적 또는 반영구적으로 데이터를 저장한다. 저장된 데이터를 메모리에서 읽을 수 있지만 특수한 장비 없이는 내용을 변경할 수 없다. ROM은 표, 변환 또는 시스템 초기화 및 작동을 위한 프로그램 명령과 같은 시스템 응용에서 반복적으로 사용되는 데이터를 저장한다. ROM은 전원이 꺼지면 저장된 데이터를 유지하므로 비휘발성 메모리이다.

이 절의 학습내용

- ROM 종류를 나열한다.
- 기본적인 마스크 ROM의 메모리 셀에 대해 설명한다.
- ROM에서 데이터를 읽는 방법을 설명한다.
- 일반적인 ROM의 내부 구성에 대해 설명한다.

ROM의 종류

그림 11-23은 반도체 ROM의 종류를 나타낸다. 마스크(mask) ROM은 데이터가 제조 공정에서 메모리에 영구적으로 저장된다. **PROM**(programmable ROM, 프로그램 가능한 ROM)은 특수한 장비의 도움을 받아 사용자가 전기적으로 데이터를 저장한다. 마스크 ROM과 PROM은 MOS 또는 바이폴라 기술로 만들 수 있다. **EPROM**(erasable PROM, 지울 수 있는 PROM)은 엄밀히 말하면 MOS 기술로 만들어진다. **UV EPROM**은 사용자에 의해 전기적으로 프로그램될 수 있으며, 몇 분간 자외선에 노출되면 저장된 데이터가 지워진다. **EEPROM**(electrically erasable PROM, 전기적으로 지울 수 있는 PROM)은 수 ms 내에 내용을 지울 수 있다. UV EPROM은 주로 EEPROM에 의해 대체되었다.

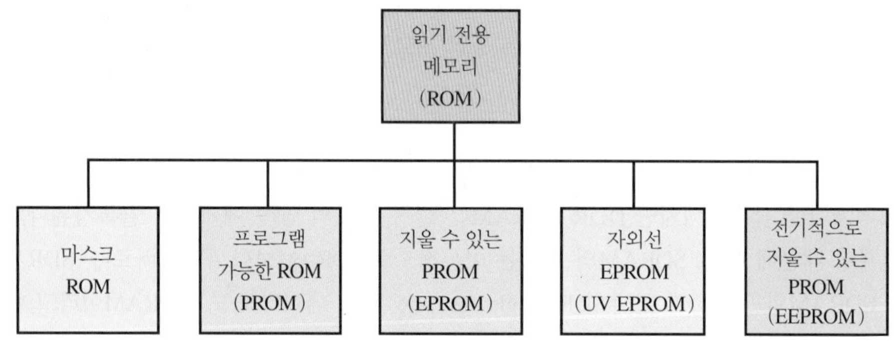

그림 11-23 ROM 분류

마스크 ROM

마스크 ROM은 일반적으로 그냥 ROM이라고 한다. 보편적인 변환과 같이 널리 사용되는 표준 함수 또는 사용자가 지정한 특정한 기능을 제조과정에서 마스크 ROM에 영구적으로 프로그램된다. 일단 메모리에 프로그램되면 변경할 수 없다. 대부분의 IC ROM은 행/열 접합에서 트랜지스터 연결의 유무를 사용하여 1 또는 0을 나타낸다.

그림 11-24는 MOS ROM의 셀을 나타낸다. 행 선이 트랜지스터 게이트로 연결되면 1을 나타낸다. 행 선이 HIGH일 때 행 선에 연결된 게이트의 모든 트랜지스터가 도통되어 해당 열 선이 HIGH(1)로 된다. 게이트에 연결되지 않은 행/열 접합에서 행 선이 HIGH가 되어도 열 선은 LOW(0)로 유지된다.

그림 11-25는 단순화한 ROM 배열을 나타내며, 이를 이용하여 ROM의 개념을 설명한다. 파란색 사각형은 저장된 1을 나타내고, 회색 사각형은 저장된 0을 나타낸다. 기본적인 읽기 동작은 다음과 같다. 2진 주소 코드가 입력 주소 선에 인가되면 해당하는 행 선은 HIGH가 된다. 이 HIGH는 1이 저장된 각 접합(셀)에서 트랜지스터를 통해 열 선에 연결된다. 0이 저장된 각 셀에서는 종단 저항으로 인해 열 선이 LOW로 유지된다. 열 선은 데이터 출력을 형성한다. 선택된 행에 저장된 8개의 비트 데이터가 출력선에 나타난다.

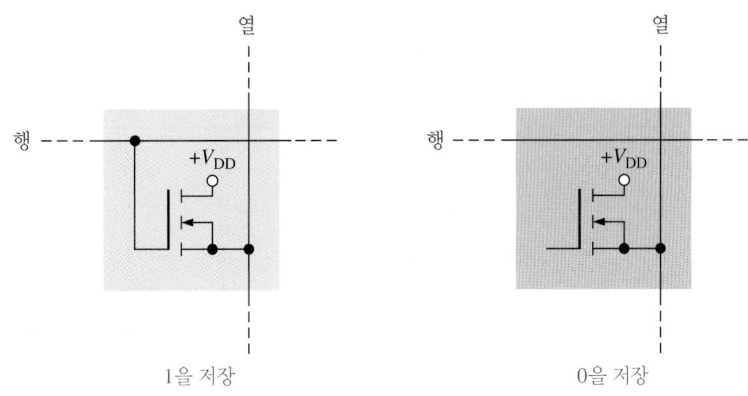

그림 11-24 ROM의 셀

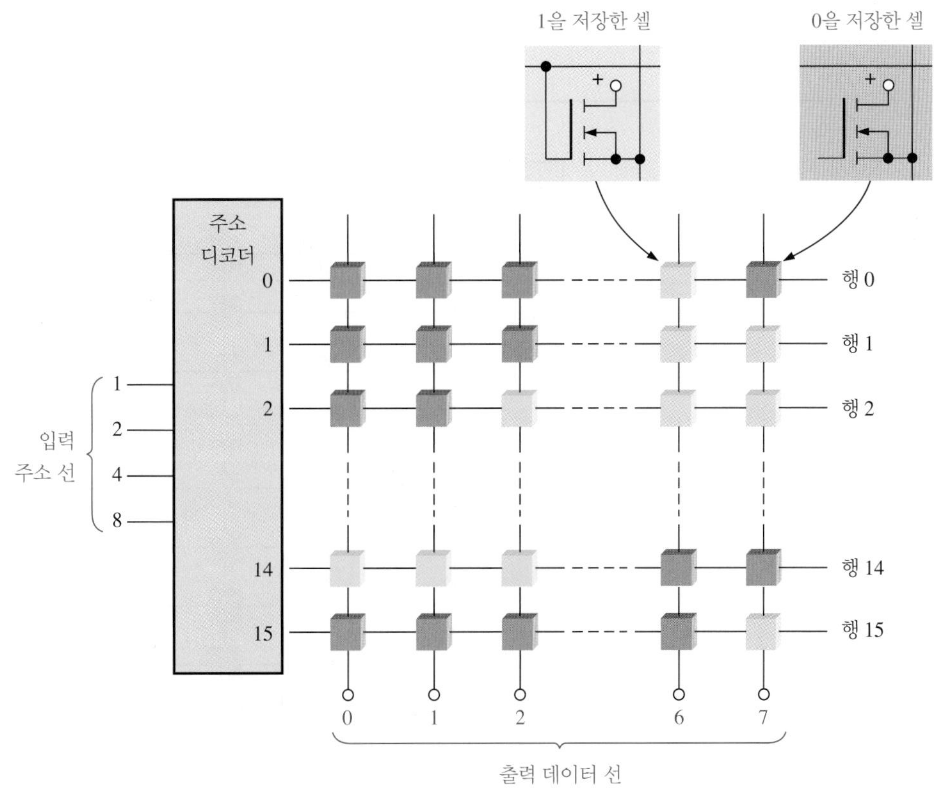

그림 11-25 16 × 8비트 ROM 배열

그림 11-25의 ROM은 16개의 주소로 구성되고, 각 주소는 8비트의 데이터를 저장한다. 따라서 16 × 8 ROM이고, 전체 용량은 16바이트 또는 128비트이다. ROM은 코드 변환 및 논리 함수 발생을 위한 룩업 테이블(look-up table, LUT)로 사용될 수 있다.

예제 11-1

그림 11-25와 비슷한 ROM을 이용하여 4비트의 2진 코드-그레이 코드 변환기를 프로그램하라.

풀이

2장의 그레이 코드를 참조하여 ROM 프로그램에 사용하기 위해 표 11-1을 작성한다. 그 결과 16 × 4 ROM 배열은 그림 11-26과 같이 구성된다. 입력 주소 선의 2진 코드가 해당하는

표 11-1

2진 코드				그레이 코드			
B_3	B_2	B_1	B_0	G_3	G_2	G_1	G_0
0	0	0	0	0	0	0	0
0	0	0	1	0	0	0	1
0	0	1	0	0	0	1	1
0	0	1	1	0	0	1	0
0	1	0	0	0	1	1	0
0	1	0	1	0	1	1	1
0	1	1	0	0	1	0	1
0	1	1	1	0	1	0	0
1	0	0	0	1	1	0	0
1	0	0	1	1	1	0	1
1	0	1	0	1	1	1	1
1	0	1	1	1	1	1	0
1	1	0	0	1	0	1	0
1	1	0	1	1	0	1	1
1	1	1	0	1	0	0	1
1	1	1	1	1	0	0	0

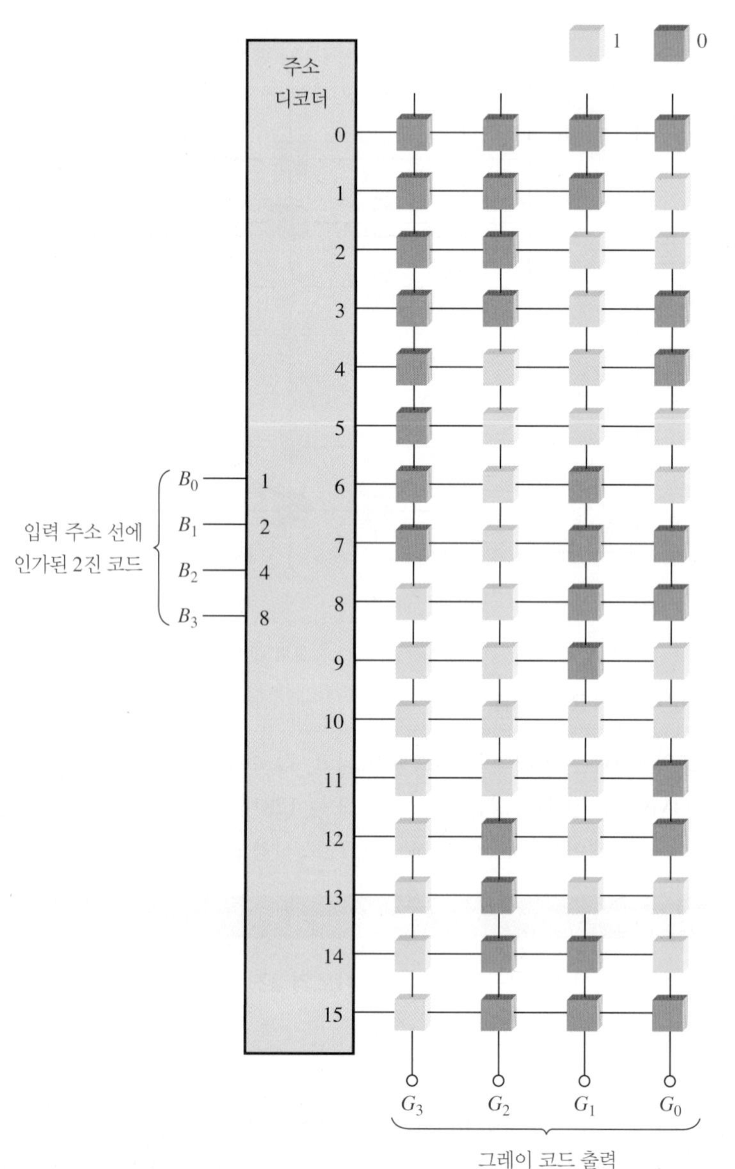

그림 11-26 2진 코드-그레이 코드 변환기로 프로그램된 ROM

그레이 코드를 출력선(열)에 생성하는 것을 알 수 있다. 예를 들면 주소 6에 해당하는 2진수 0110이 주소 입력선에 인가되면 저장된 그레이 코드 0101이 선택된다.

관련 문제*

그림 11-26을 사용하여 주소 입력선에 1011의 2진 코드가 인가될 때 그레이 코드 출력을 구하라.

* 정답은 장의 끝에 있다.

ROM의 내부 구조

대부분 IC ROM의 내부 구조는 앞서 예시한 ROM보다 복잡하다. 256 × 4 구조의 1024비트 소자를 사용하여 IC ROM의 구조를 설명한다. 논리 기호는 그림 11-27과 같다. 256개의 2진 코드(8비트) 중 하나가 주소 선에 인가되면 칩 선택 입력이 LOW인 경우 4비트 데이터가 출력에 나타난다(256개의 주소는 8개의 주소 선을 필요로 한다).

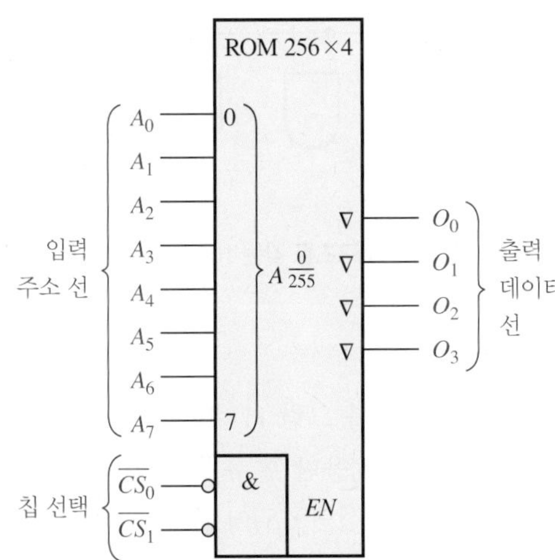

그림 11-27 256 × 4 ROM 논리 기호, $A\frac{0}{255}$은 8비트 주소 코드가 0~255의 주소를 선택함을 의미한다.

이 소자의 256 × 4 구조는 메모리 배열에 256개의 행과 4개의 열이 있음을 의미하지만 실제로는 그렇지 않다. 메모리 셀 배열은 실제로 그림 11-28의 블록도와 같이 32 × 32 배열(32행과 32열)로 되어 있다.

그림 11-28의 ROM은 다음과 같이 동작한다. 8개의 주소 선 가운데 5개(A_0~A_4)는 32개의 행 가운데 하나를 선택하기 위해 행 디코더(흔히 Y 디코더라고 함)에 의해 디코드된다. 8개의 주소 선 가운데 3개(A_5~A_7)는 열 디코더(흔히 X 디코더라고 함)에 의해 디코드되어 32개의 열 중 4개의 열을 선택한다. 그림 11-28과 같이 열 디코더는 4개의 1-of-8 디코더(데이터 선택기)로 구성된다.

8비트 주소 코드(A_0~A_7)가 적용되는 동안 출력 버퍼를 활성화하기 위해 칩 선택($\overline{CS_0}$ 및 $\overline{CS_1}$)이 LOW일 때 4비트 데이터 워드가 데이터 출력에 나타난다. 이러한 유형의 내부 구조(아키텍처)는 다양한 용량의 IC ROM에 흔하게 사용된다.

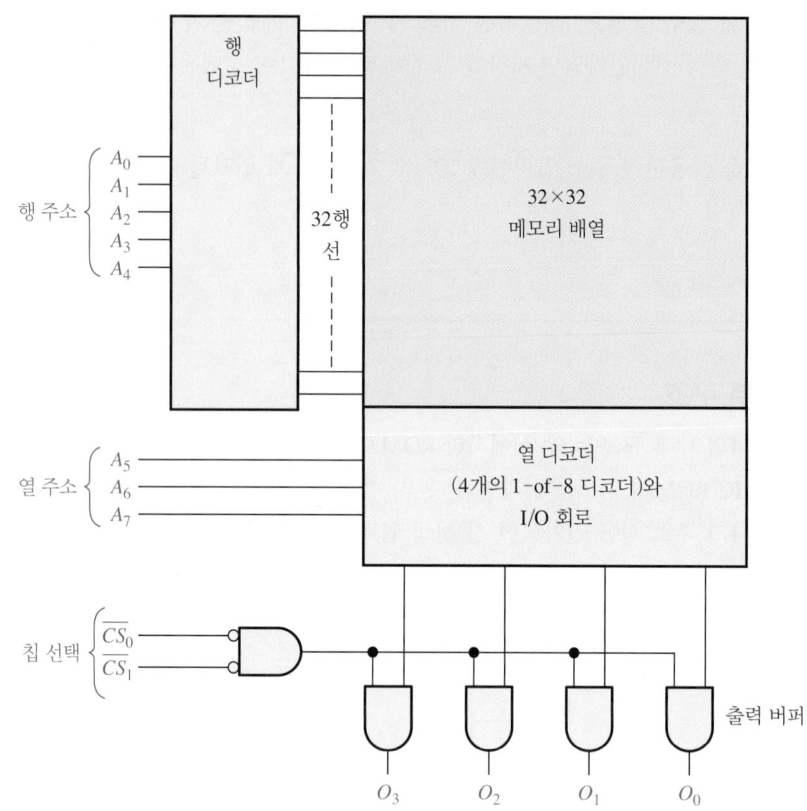

그림 11-28 32 × 32 배열에 기초한 256 × 4 구조를 갖는 1024비트 ROM

ROM 액세스 시간

ROM 액세스 시간을 보여주는 타이밍도를 그림 11-29에 나타냈다. ROM **액세스 시간**(access time) t_a는 유효한 주소 코드를 입력선에 적용한 후 유효한 데이터가 출력될 때까지의 시간이다. 유효한 주소가 이미 입력선에 있을 때 칩 선택($\overline{CS}$)이 활성화된 시점부터 유효한 데이터가 출력되는 시점까지의 시간을 액세스 시간으로 측정할 수도 있다.

정보노트

ROM은 컴퓨터에서 BIOS(basic input/output system)를 저장하는 데 사용된다. 이 프로그램은 컴퓨터의 기본적인 감독 및 지원 기능을 수행하는 데 사용된다. 예를 들면 ROM에 저장된 BIOS 프로그램은 비디오 모니터 기능을 제어하고, 디스크 포맷을 제공하며, 입력을 위해 키보드를 스캔하고, 프린터 기능을 제어한다.

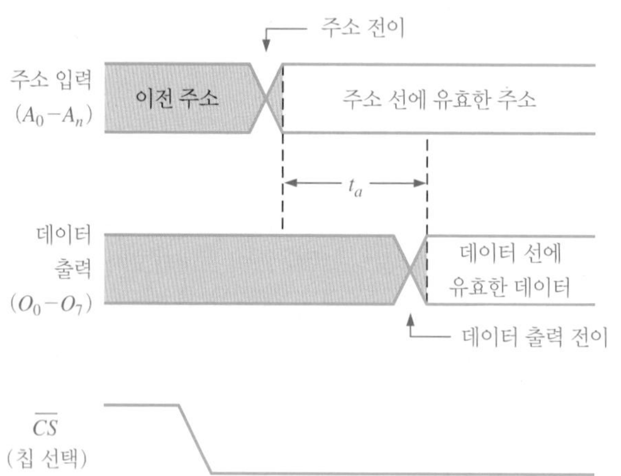

그림 11-29 칩 선택이 활성화된 상태에서 주소 입력에서 데이터 출력까지의 ROM 액세스 시간(t_a)

복습문제 11-3

1. 512 × 8 구조 ROM의 비트 저장 용량은 얼마인가?
2. 읽기 전용 메모리의 종류를 나열하라.
3. 256 × 8 메모리로 구성된 2048비트 메모리에는 몇 개의 주소 비트가 필요한가?

11-4 PROM

PROM은 일단 프로그램되면 기본적으로 마스크 ROM과 같다. 이미 배운 바와 같이 ROM은 일종의 프로그램 가능한 논리 소자이다. PROM은 프로그램되지 않은 상태로 제조업체로부터 구매되어 사용자에 의해 현장에서 프로그램되는 점이 다르다.

이 절의 학습내용

- 마스크 ROM과 PROM의 차이점을 설명한다.
- 기본적인 PROM 메모리의 셀에 대해 설명한다.
- UV EPROM 및 EEPROM 등 EPROM에 대해 설명한다.
- EPROM의 프로그램 사이클을 분석한다.

PROM

PROM(programmable ROM, 프로그램 가능한 ROM)에서는 퓨즈 공정을 사용하여 비트를 저장한다. 메모리 **링크**의 퓨즈를 끊어 개방하여 0을 저장하거나 퓨즈를 그대로 두어 1을 저장한다. 퓨즈 공정은 되돌릴 수 없어 일단 PROM을 프로그램하면 변경할 수 없다.

그림 11-30은 가용 링크(fusible link)가 있는 MOS PROM 배열을 나타낸다. PROM에서 가용 링크는 각 셀의 트랜지스터 소스와 열 선 사이에 연결된다. 프로그램 과정에서, 퓨즈를 끊을 수 있는 충분한 전류를 주입시켜 0을 저장한다. 퓨즈를 끊지 않으면 링크는 그대로 유지되어 1을 저장한다.

PROM에 사용되는 퓨즈 기술에는 금속 링크, 실리콘 링크 및 *pn* 접합 등 세 가지 방법이 있으며, 간단히 설명하면 다음과 같다.

1. 금속 링크(metal link)는 니크롬과 같은 재질로 만들어진다. 메모리 배열의 각 비트마다 별도의 링크가 있다. 프로그램하는 동안 링크를 태워 개방하거나 또는 링크를 그대로 두어 단락 상태로 둔다. 이를 위해 먼저 해당 셀의 주소를 지정하고 링크를 통해 충분한 양의 전류를 흘려 강제로 개방시킨다.
2. 실리콘 링크(silicon link)는 다결정 실리콘 조각으로 만들어진다. 프로그램하려면 충분한 양의 전류를 흘려 링크를 녹여야 한다. 이 전류량은 퓨즈 위치를 고온으로 상승시켜서 실리콘을 산화시키고 개방된 링크 주위에 절연물을 형성한다.
3. 단락 접합(shorted junction) 방법은 기본적으로 서로 반대로 연결된 2개의 *pn* 접합(pn junction)으로 구성된다. 프로그램하는 동안 한 다이오드 접합에 절연파괴(avalanche)가 발생하고, 이로 인해 발생한 전압과 열로 인해 알루미늄 이온이 이동하여 접합이 단락된다. 남은 접합은 순방향 바이어스된 다이오드로 사용되어 데이터 비트를 나타낸다.

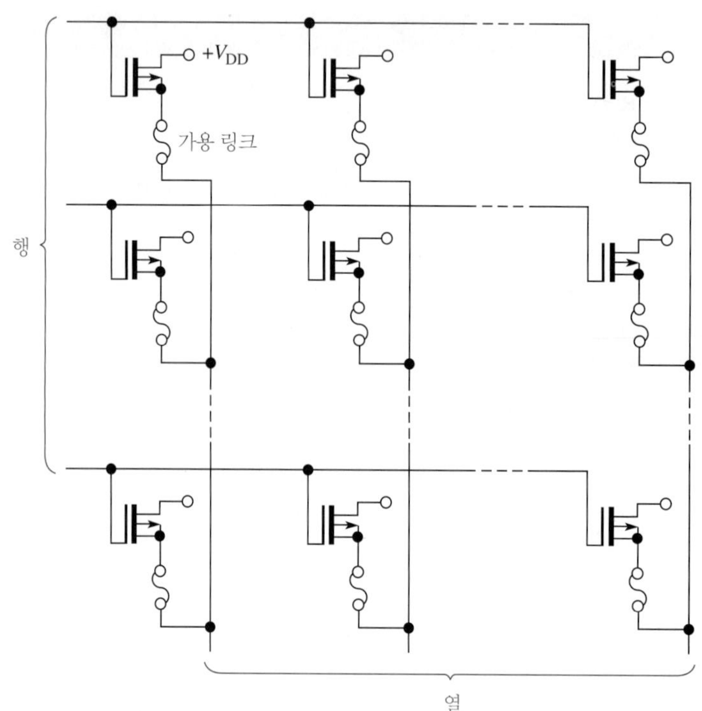

그림 11-30 가용 링크가 있는 MOS PROM 배열(모든 드레인은 V_{DD}에 연결되어 있다)

EPROM

EPROM(erasable PROM)은 지울 수 있는 PROM이다. PROM과 달리 EPROM은 메모리 배열이 저장된 프로그램을 지우고, 다시 프로그램할 수 있다.

EPROM은 절연된 게이트 구조를 갖는 NMOSFET 배열을 사용한다. 절연된 트랜지스터 게이트는 전기적인 연결이 없고, 영구적으로 전하를 저장할 수 있다. 이 유형의 배열에서 데이터 비트는 저장된 게이트 전하의 유무로 표시된다. 데이터 비트를 지운다는 것은 게이트 전하를 제거하는 과정이다.

일반적인 EPROM의 논리 기호를 그림 11-31에 나타낸다. 다양한 크기의 일반적인 EPROM도 이와 비슷하게 동작한다. 논리 기호에서 볼 수 있듯이 이 소자는 2048개($2^{11} = 2048$)의 주소를 가지고 있고, 각 주소의 데이터는 8비트이다. 8개의 출력은 3-상태(∇)이다.

메모리에서 데이터를 읽으려면 출력 인에이블 입력($\overline{OE}$)이 LOW가 되고, 전원 차단/프로그램($\overline{CE}/PGM$)이 LOW가 되어야 한다.

소자를 프로그램하려면 V_{PP}에 높은 직류 전압을 인가하고 $\overline{OE}$가 HIGH여야 한다. 주어진 주소에 프로그램될 8개의 데이터 비트를 출력(O_0~O_7)에 적용하고 입력 A_0~A_{10}에서 해당 주소를 선택한다. 다음으로 HIGH 레벨의 펄스를 $\overline{CE}/PGM$ 입력에 인가한다. 주소는 임의의 순서로 프로그램할 수 있다. 프로그램을 위한 타이밍도를 그림 11-32에 나타낸다. 이 신호들은 일반적으로 EPROM 프로그램 장치에 의해 생성된다.

지울 수 있는 PROM은 EEPROM 및 UV EPROM의 두 가지로 구분할 수 있다. EEPROM이 UV EPROM보다 훨씬 많이 사용된다.

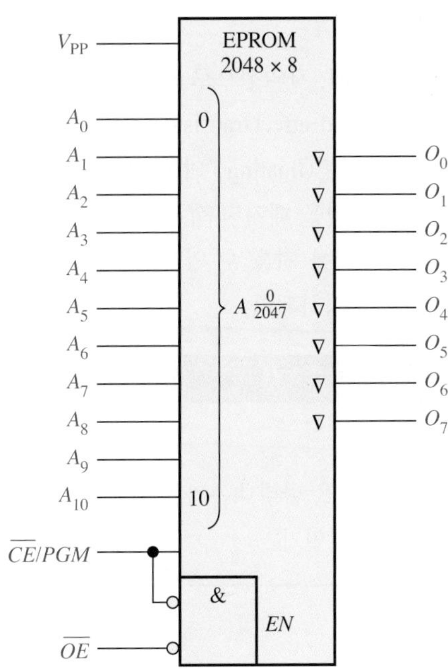

그림 11-31 2048 × 8 EPROM의 논리 기호

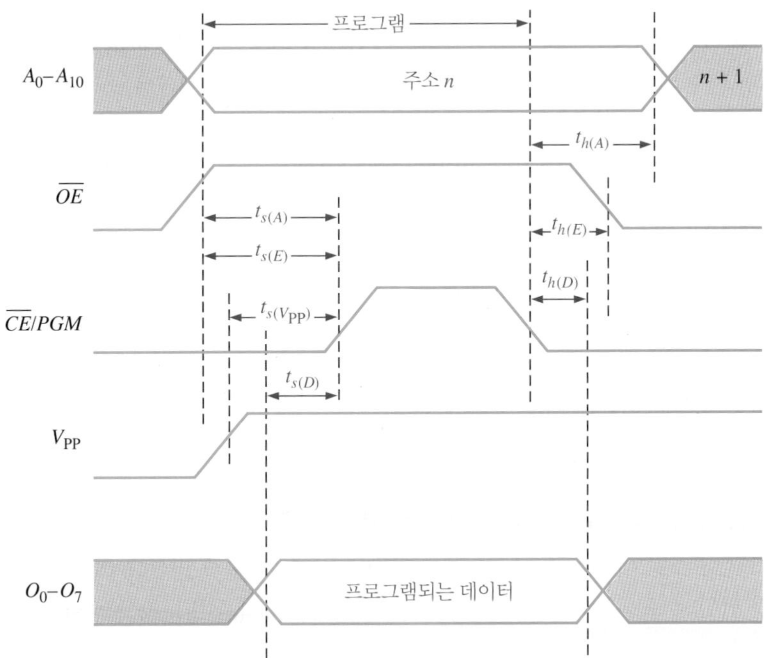

그림 11-32 2048 × 8 EPROM 프로그램 사이클에 대한 타이밍도

EEPROM

EEPROM(electrically crasable PROM, 전기적으로 지울 수 있는 PROM)은 전기 펄스로 프로그램을 지우고 다시 프로그램한다. 따라서 EEPROM은 회로 안에 장착된 상태에서 신속하게 프로그램하거나 지울 수 있다. EEPROM에는 플로팅 게이트(floating-gate) MOS와 MNOS(metal nitride-oxide silicon, 금속 질화물-산화 실리콘)의 두 종류가 있다. 플로팅 게이트 구조의 경우 제어 게이트에 전압을 인가하여 플로팅 게이트에 전하를 저장하거나 제거할 수 있다.

UV EPROM

UV EPROM(ultraviolet erasable PROM, 자외선으로 지울 수 있는 PROM)의 패키지에는 UV 투명 창이 있다. UV EPROM의 **FET**(field-effect transistor, 전계 효과 트랜지스터)에 있는 절연된 게이트는 산화 절연 물질 내에서 '플로팅(floating)'되어 있다. 프로그램 과정에서 전자가 플로팅 게이트에서 제거된다. 고밀도의 자외선을 패키지 상부의 UV 창에 비추어 메모리 배열 칩을 자외선에 노출시키면 프로그램된 데이터를 지울 수 있다. 몇 분에서 한 시간 동안 자외선에 노출시키면 게이트에 저장된 양 전하는 중성화된다.

복습문제 11-4

1. PROM과 ROM의 차이점은?
2. EPROM에서 데이터 비트는 무엇을 나타내는가?
3. PROM에서 정상모드 동작은 무엇인가?

11-5 플래시 메모리

이상적인 메모리의 조건은 저장 용량이 높고, 비휘발성이고, 시스템 내(in-system) 읽기 및 쓰기가 가능하고, 동작 속도가 빠르고, 저렴한 가격이다. ROM, PROM, EPROM, EEPROM, SRAM, DRAM과 같은 전통적인 메모리 기술은 이러한 조건 중 하나 이상을 가진다. 플래시 메모리는 원하는 거의 모든 특성을 지니고 있다.

이 절의 학습내용

- 플래시 메모리의 기본 특성에 대해 설명한다.
- 플래시 메모리 셀의 기본 동작에 대해 설명한다.
- 플래시 메모리와 다른 종류의 메모리를 비교한다.
- USB 플래시 드라이브에 대해 설명한다.

플래시 메모리(flash memory)는 비휘발성의 고밀도 읽기/쓰기 메모리로, 전원 없어도 데이터를 무기한 저장할 수 있는 소자이다. 고밀도는 칩의 주어진 표면에 아주 많은 셀이 집적되어 있음을 의미한다. 즉, 밀도가 높을수록 주어진 크기의 칩에 더 많은 비트를 저장할 수 있다. 플래시 메모리를 단일 플로팅 게이트 MOS 트랜지스터로 구성하여 고밀도를 달성할 수 있다. 0 또는 1인 데이터 비트는 플로팅 게이트에 전하의 유무에 따라 저장된다.

플래시 메모리 셀

그림 11-33은 플래시 메모리의 단일 트랜지스터 셀을 나타낸다. 적층된 게이트 MOS 트랜지스터는 드레인, 소스, 제어 게이트 및 플로팅 게이트로 구성된다. 제어 게이트에 충분한 전압이 인가되면 플로팅 게이트에 전자(전하)를 저장한다. 전하량이 많으면 0이 저장되고, 전하량이 적거나 없을 때는 1이 저장된다. 플로팅 게이트에 있는 전하량에 따라 트랜지스터의 ON/OFF가 결정되고, 읽기 동작 동안 제어 전압이 인가되면 트랜지스터가 턴 온되어 드레인에서 소스로 전류가 흐른다.

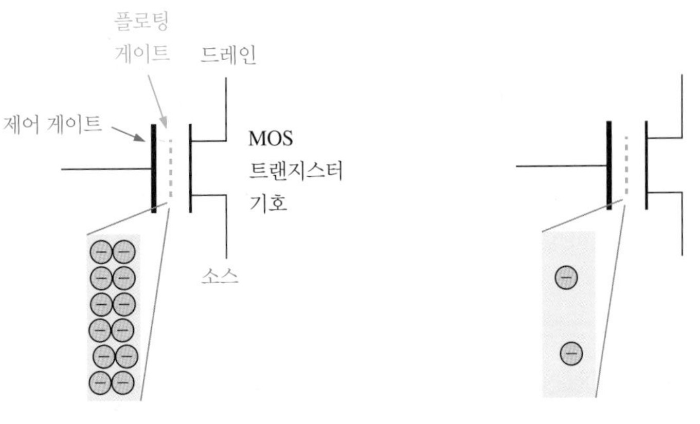

그림 11-33 플래시 메모리의 메모리 셀

플래시 메모리의 기본 동작

플래시 메모리에는 **프로그래밍**(programming), **읽기**(read) 및 **지우기**(erase)의 세 가지 주요 동작이 있다.

프로그래밍

이전 지우기 동작에서 각 셀의 전하가 제거되었기 때문에 모든 셀은 초기에 1 상태에 있다. 프로그래밍 동작은 0을 저장할 셀의 플로팅 게이트에 전자(전하)를 추가한다. 1을 저장하는 셀에는 전하가 추가되지 않는다. 그림 11-34에서처럼 프로그래밍 동작 중에 소스와 제어 게이트 사이에 양의 큰 전압을 인가하면 전자가 플로팅 게이트로 끌려온다. 프로그램된 셀은 외부 전원 없이 최대 100년간 전하를 유지할 수 있다.

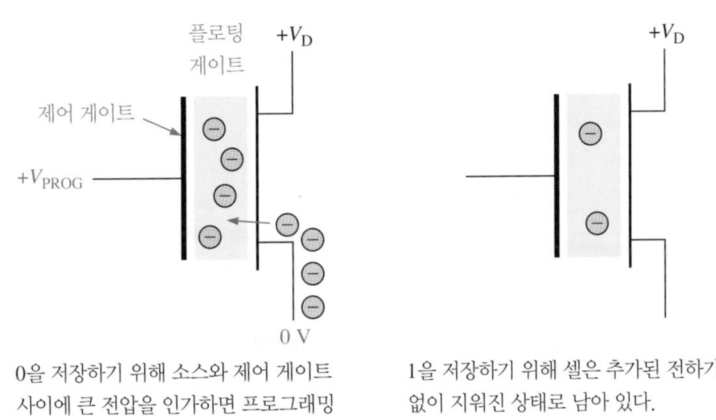

그림 11-34 프로그래밍 동작 동안 플래시 셀에 0 또는 1을 저장하는 예

읽기

읽기 동작 동안 양의 전압이 제어 게이트에 인가된다. 셀의 플로팅 게이트에 존재하는 전하량은 제어 게이트에 인가된 전압이 트랜지스터를 도통시킬지 여부를 결정한다. 1이 저장된 경우 제어 게이트 전압은 트랜지스터를 도통시킨다. 0이 저장된 경우 제어 게이트 전압은 부동 게이트에 저장된 음 전하를 극복하기에 충분하지 않기 때문에 트랜지스터를 도통시킬 수 없다. 읽기 동작

동안 플로팅 게이트의 전하를 제어 게이트에 인가된 전압과 반대 극성의 전압원으로 생각할 수 있다. 따라서 0이 저장된 경우 플로팅 게이트의 전하 때문에 제어 게이트 전압으로 트랜지스터를 도통시킬 수 없다. 1이 저장된 경우 플로팅 게이트의 전하가 적거나 없으므로 제어 게이트 전압으로 트랜지스터를 도통시킬 수 있다.

트랜지스터가 도통되면 셀 트랜지스터의 드레인에서 소스로 전류가 흐른다. 이 전류가 감지되면 1을 나타내고, 감지가 안 되면 0을 나타낸다. 그림 11-35는 이러한 기본 개념을 설명한다.

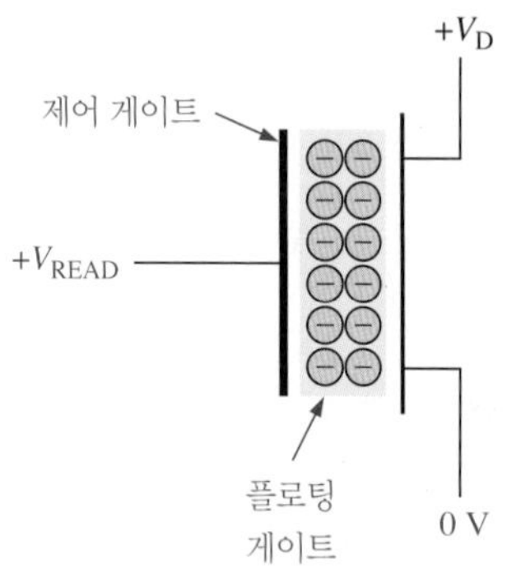

0을 읽는 경우 플로팅 게이터의 전하 때문에 트랜지스터를 도통시키는 데 읽기 전압이 부족하여 트랜지스터는 차단 상태에 있다.

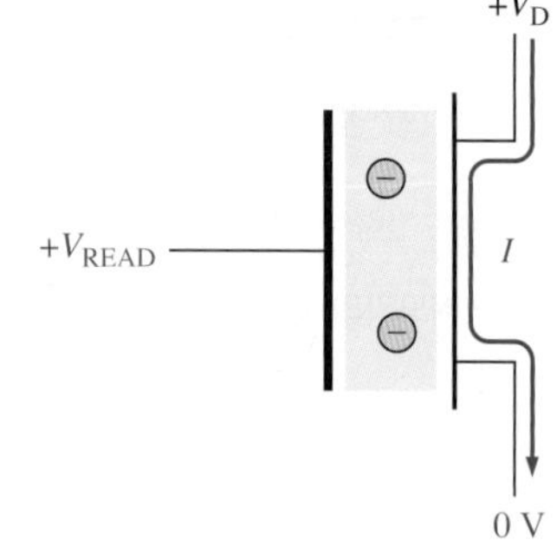

1을 읽는 경우 플로팅 게이터의 전하가 거의 없으므로 트랜지스터를 도통시키는 데 읽기 전압이 충분하여 트랜지스터는 도통 상태에 있다.

그림 11-35 플래시 셀의 읽기 동작

지우기

지우기 동작 동안 모든 메모리 셀의 전하를 제거한다. 소스와 제어 게이트 사이에 양의 큰 전압을 인가한다. 이 경우 프로그래밍에서 사용된 전압의 극성과 반대이다. 이 전압은 플로팅 게이트에서 전자를 끌어당겨 그림 11-36과 같이 전하를 제거한다. 플래시 메모리는 재프로그래밍되기 전에 항상 지우기 동작이 수행되어야 한다.

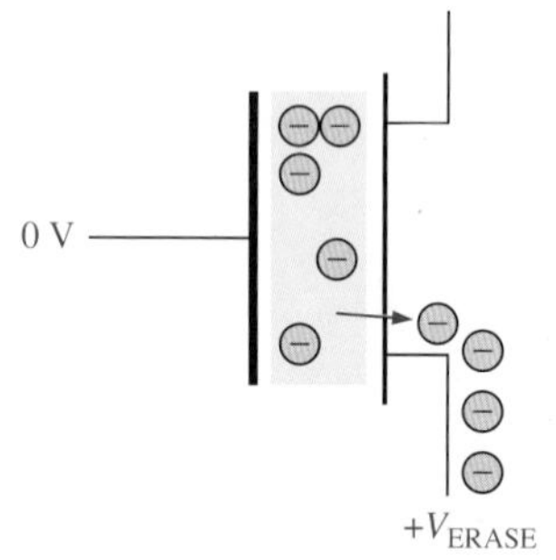

셀을 지우기 위해 소스와 제어 게이트 사이에 양의 큰 전압을 인가하여 지우기 동작 동안 플로팅 게이트의 전하를 제거한다.

그림 11-36 플래시 셀의 지우기 동작

플래시 메모리 배열

그림 11-37은 기본적인 플래시 메모리 셀의 배열을 보여준다. 한 번에 하나의 행 선만 액세스된다. 읽기 동작 동안 주어진 비트 선의 셀이 턴 온(1이 저장)되면, 비트 선을 통해 전류가 흘러 능동 부하에 전압 강하가 발생한다. 비교기 회로를 이용하여 기준 전압과 이 전압 강하를 비교하면

1을 나타내는 전압이 비교기 출력에 발생된다. 0이 저장되면, 비트 선에 전류가 거의 흐르지 않아 비교기 출력에 반대 전압의 출력이 발생된다.

메모리 스틱은 플래시 메모리 기술을 사용한 껌보다 작은 크기의 저장 매체이다. 메모리 스틱은 일반적으로 최대 64 GB 용량으로 PC 카드 어댑터가 있는 키트의 형태이다. 컴팩트한 설계 때문에 노트북 컴퓨터 및 디지털 카메라와 같은 소형 디지털 전자 제품에 적합하다.

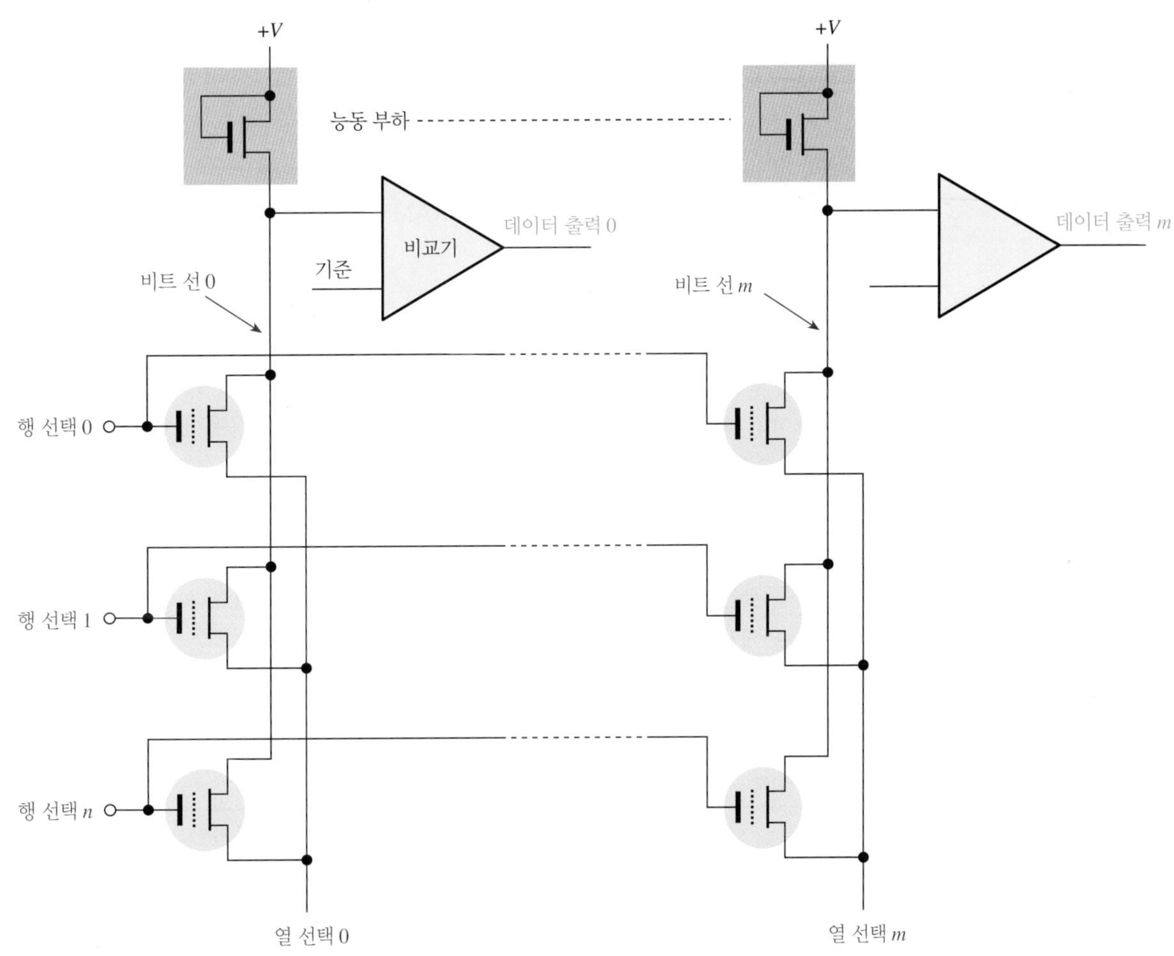

그림 11-37 기본적인 플래시 메모리 배열

플래시 메모리와 다른 메모리 비교

플래시 메모리와 다른 유형의 메모리를 비교한다.

플래시와 ROM, EPROM 및 EEPROM

ROM은 고밀도, 비휘발성 소자이다. 일단 프로그램된 ROM의 내용을 절대로 변경할 수 없다. 또한 초기 프로그래밍에 시간과 비용이 많이 든다. EEPROM은 ROM이나 UV EPROM보다 복잡한 셀 구조를 가지므로 밀도가 높지 않지만 시스템에서 분리하지 않고 재프로그램할 수 있다. 저밀도이기 때문에 ROM이나 EPROM보다 비트당 비용이 높다. UV EPROM은 고밀도의 비휘발성 메모리이고, 시스템에서 분리하여 자외선으로 프로그램을 지울 수 있다. 특수 장비로만 다시 프로그램할 수 있다.

플래시 메모리는 기본적으로 읽기/쓰기 소자이므로 시스템 내에서 쉽게 재프로그램할 수 있다. ROM 및 EPROM처럼 플래시 메모리는 단일 트랜지스터 셀을 가지고 있기 때문에 밀도는 비슷하다. ROM, EPROM 또는 EEPROM과 마찬가지로 플래시 메모리는 비휘발성이므로 전원이 꺼져도 무기한으로 데이터를 저장한다.

플래시와 SRAM

배운 바와 같이 SRAM은 휘발성의 읽기/쓰기 소자이다. SRAM은 저장된 데이터를 유지하기 위해 지속적인 전원이 필요하다. 많은 응용에서 주 전원이 꺼지면 데이터 손실을 막기 위해 배터리 백업(battery backup)을 사용한다. 그러나 배터리는 고장이 날 수 있기 때문에 SRAM에 저장된 데이터의 영구적인 유지를 보장할 수 없다. SRAM의 메모리 셀은 기본적으로 여러 개의 트랜지스터로 구성된 플립플롭이기 때문에 상대적으로 밀도가 낮다.

플래시 메모리도 읽기/쓰기 메모리이지만 SRAM과 달리 비휘발성이다. 또한 플래시 메모리는 SRAM보다 훨씬 더 높은 밀도를 갖는다.

플래시와 DRAM

DRAM은 휘발성의 고밀도 읽기/쓰기 소자이다. DRAM은 데이터를 유지하기 위해 일정한 전원을 필요로 하고 저장된 데이터를 자주 리프레시해야 한다. 많은 응용에서 하드 디스크와 같은 백업 기억장치를 DRAM과 함께 사용해야 한다.

플래시 메모리 셀은 하나의 트랜지스터로 구성되고 리프레시가 불필요한 반면, DRAM 셀은 하나의 트랜지스터와 리프레시되어야 하는 커패시터가 있기 때문에 플래시 메모리는 DRAM보다 높은 밀도를 갖는다. 일반적으로 플래시 메모리는 동등한 DRAM보다 훨씬 적은 전력을 소비하며, 많은 응용에서 하드 디스크를 대신해 사용할 수 있다.

표 11-2에서 메모리 종류를 비교한다.

표 11-2

메모리 종류별 비교

메모리 종류	비휘발성	고밀도	하나의 트랜지스터 셀	시스템 내 프로그램
플래시	그렇다	그렇다	그렇다	그렇다
SRAM	아니다	아니다	아니다	그렇다
DRAM	아니다	그렇다	그렇다	그렇다
ROM	그렇다	그렇다	그렇다	아니다
EEPROM	그렇다	아니다	아니다	그렇다
UV EPROM	그렇다	그렇다	그렇다	아니다

USB 플래시 드라이브

USB 플래시 드라이브는 소형의 케이스 안에 표준 USB 커넥터와 플래시 메모리로 구성된다. USB 커넥터는 PC의 포트에 꽂아두고 컴퓨터에서 전원을 공급받는다. 이러한 메모리는 일반적으로 재기록이 가능하며, 최대 512 GB(지속적으로 증가하고 있음)의 저장 용량을 보이나 대부분 2~64 GB까지 저장이 가능하다. 일반적인 USB 플래시 드라이브를 그림 11-38(a)에 나타냈고, 기본 구조도를 그림 11-38(b)에 나타냈다.

USB 플래시 드라이브는 그림 11-39(a)에서처럼 표준 USB A형 커넥터를 사용하여 컴퓨터에

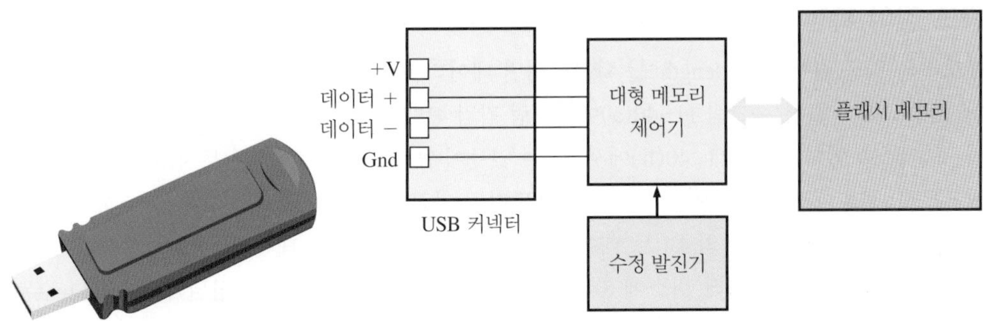

(a) 일반적인 USB 플래시 드라이브 (b) 기본적인 블록도

그림 11-38 USB 플래시 드라이브

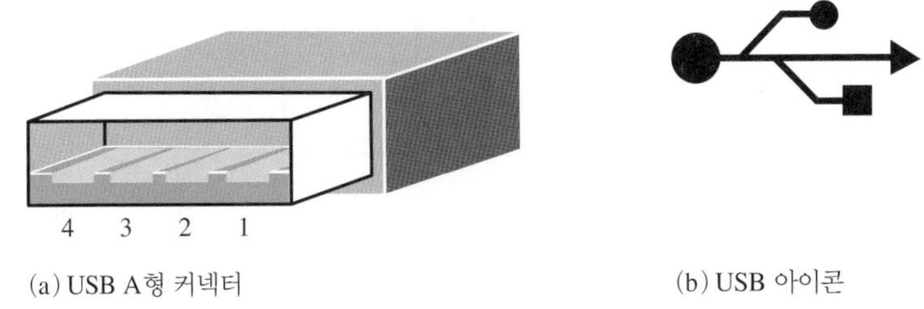

(a) USB A형 커넥터 (b) USB 아이콘

그림 11-39 USB 커넥터와 기호

연결한다. 프린터 같은 주변 장치는 모양과 핀 구성이 다른 USB B형 커넥터를 사용한다. USB 아이콘을 그림 11-39(b)에 나타냈다.

복습문제 11-5

1. 비휘발성 메모리에는 어떤 것이 있는가?
2. SRAM이나 DRAM에 비해 플래시 메모리의 주요 장점은 무엇인가?
3. 플래시 메모리의 세 가지 동작은 무엇인가?

11-6 메모리 확장

워드 길이(각 주소의 비트 수) 또는 워드 용량(주소 수) 또는 둘 다를 늘리기 위해 메모리를 확장할 수 있다. 주소, 데이터 및 제어 버스에 적당한 수의 메모리 칩을 추가하여 메모리를 확장한다. 메모리 확장 모듈의 유형인 SIMM과 DIMM을 소개한다.

이 절의 학습내용

- 워드 길이 확장에 대해 정의한다.
- 메모리의 워드 길이를 확장하는 방법을 보인다.
- 워드 용량 확장에 대해 정의한다.
- 메모리의 워드 용량을 확장하는 방법을 보인다.
- 메모리 모듈의 종류를 논한다.

워드 길이 확장

메모리의 **워드 길이**(word length)를 확장하려면 데이터 버스의 비트 수를 늘려야 한다. 예를 들어, 8비트 워드 길이는 그림 11-40(a)에서처럼 각각 4비트 워드를 갖는 2개의 메모리를 사용하여 구현할 수 있다. 그림 11-40(b)에서 볼 수 있듯이 16비트 주소 버스는 두 메모리에 모두 연결되므로 개별 메모리처럼 확장에 사용된 메모리는 여전히 같은 수의 주소(2^{16} = 65,536)를 갖는다. 2개의 메모리로부터의 4비트 데이터 버스를 결합하여 8비트 데이터 버스를 형성한다. 이제 주소가 선택되면 데이터 버스에 8비트(메모리당 4비트) 데이터가 생성된다. 예제 11-2는 65,536 × 4에서 65,536 × 8로 메모리를 확장하는 예를 나타낸다.

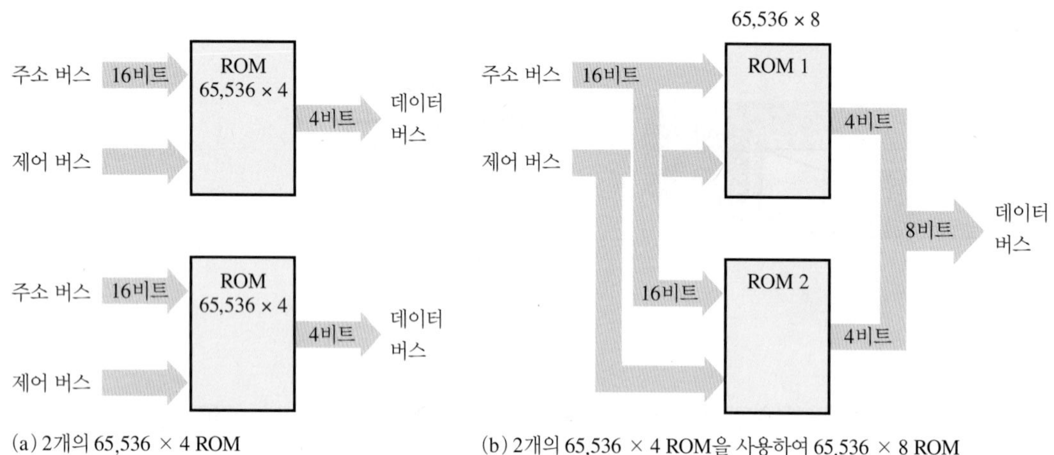

(a) 2개의 65,536 × 4 ROM

(b) 2개의 65,536 × 4 ROM을 사용하여 65,536 × 8 ROM

그림 11-40 2개의 65,536 × 4 ROM을 사용하여 65,536 × 8 ROM으로 워드 길이 확장

예제 11-2

그림 11-41의 65,536 × 4 ROM(64k × 4)을 확장하여 64k × 8 ROM을 구성하라. '64k'는 65,536을 짧게 쓰기 위해 사용된다. 왜 '65k'가 아닌가? 아마도 64는 2의 거듭제곱이기 때문일 수 있다.

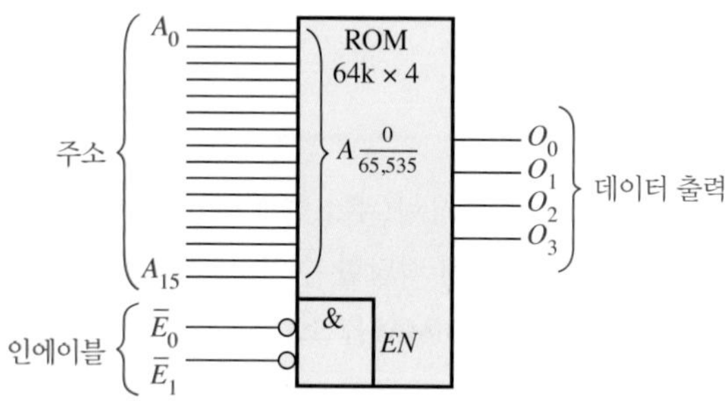

그림 11-41 64k × 4 ROM

풀이

2개의 64k × 4 ROM을 그림 11-42와 같이 연결한다. 주소는 ROM 1과 ROM 2에 동시에 액세스된다. ROM 1의 선택된 주소의 4비트와 ROM 2의 해당 주소의 4비트가 병렬로 데이터 버스에서 8비트 워드를 형성한다. 또한 간단하게 제어 버스를 만든 인에이블 선 $\bar{E}$의 LOW가 두 메모리를 동시에 활성화시킨다.

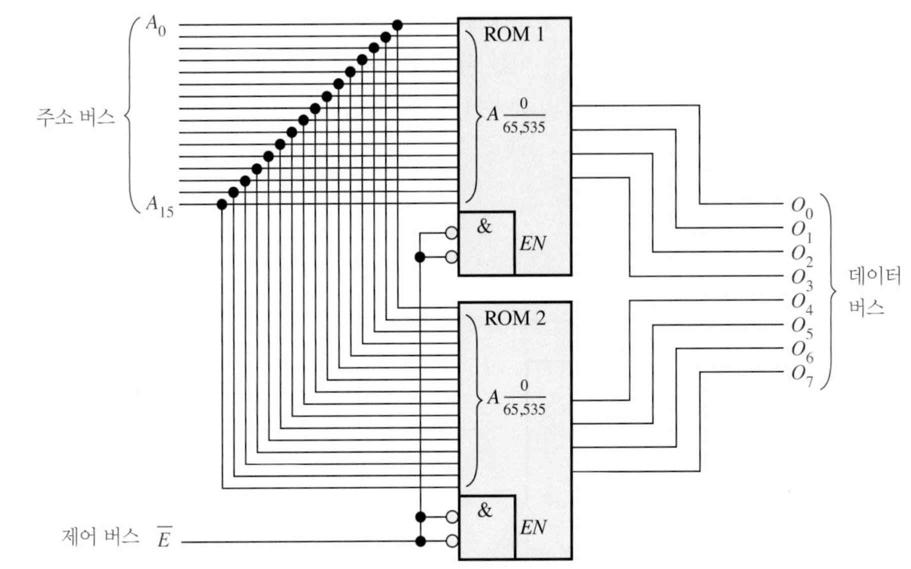

그림 11-42

관련 문제

64k × 1 ROM을 64k × 8 ROM으로 확장하는 방법을 설명하라.

예제 11-3

예제 11-2의 메모리를 사용하여 64k × 16 ROM을 구성하라.

풀이

이 경우 65,536개의 16비트 워드를 저장하는 메모리가 필요하다. 이를 위해 그림 11-43과 같이 4개의 64k × 4 ROM이 필요하다.

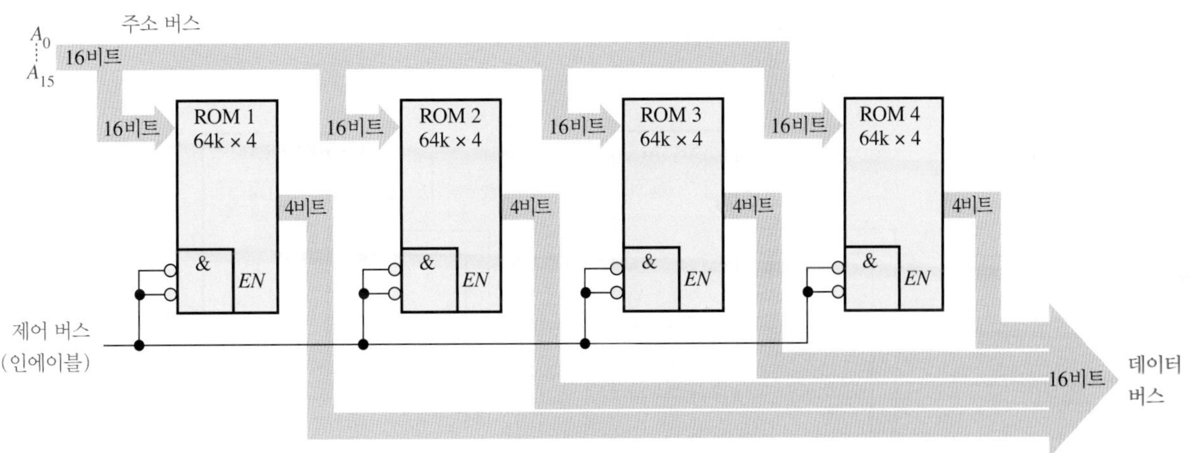

그림 11-43

관련 문제

그림 11-43과 같은 메모리를 구현하려면 얼마나 많은 64k × 1 ROM이 필요한가?

ROM에는 데이터 출력만 있지만 RAM에는 데이터 입력과 데이터 출력이 모두 있다. RAM(SRAM 또는 DRAM)에서 워드 길이를 확장하기 위해 데이터 입력 그리고 데이터 출력이 데이터 버스를 형성한다. 데이터 입력 및 데이터 출력에 같은 선들이 사용되므로 3-상태 버퍼가 필요하다. 대부분의 RAM 내부에는 3-상태 회로가 있다. 그림 11-44는 데이터 워드 길이를 확장하기 위한 RAM 확장을 보여준다.

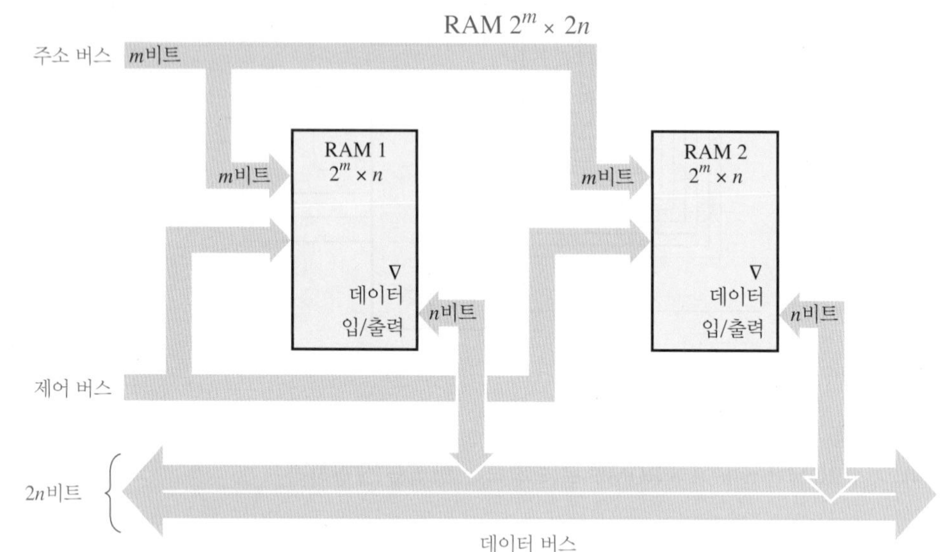

그림 11-44 워드 길이 확장 : 2개의 $2^m \times n$ RAM으로 $2^m \times 2n$ RAM 구성

예제 11-4

1M × 4 SRAM을 사용하여 1M × 8 SRAM을 구성하라.

풀이

2개의 1M × 4 SRAM을 그림 11-45의 단순화한 블록도와 같이 연결한다.

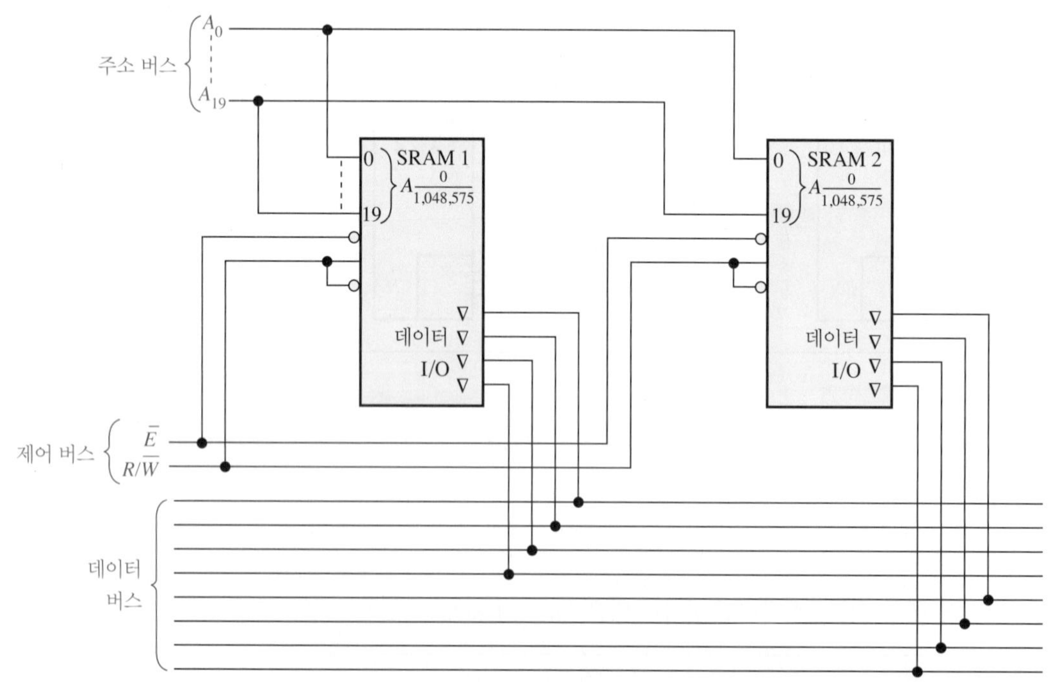

그림 11-45

관련 문제

1M × 8 SRAM을 사용하여 1M × 16 SRAM을 구성하라.

워드 용량 확장

워드 용량(word capacity)을 확장하기 위해 메모리를 확장하면 주소의 수가 증가한다. 그림 11-46에서처럼 주소 비트의 수를 늘려야 한다(여기서는 2개의 1M × 8 RAM을 확장하여 2M × 8 RAM을 구성한다).

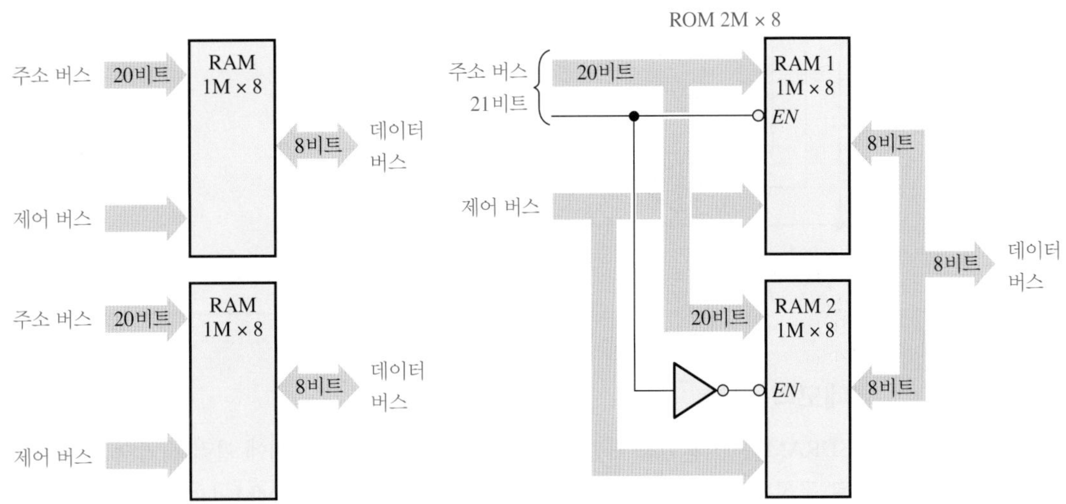

(a) 개별 메모리는 1,048,576개의 8비트 워드를 저장한다.

(b) 2M×8 RAM으로 메모리를 확장하려면 21비트 주소 버스가 필요하다.

그림 11-46 워드 용량 확장 예

각 개별 메모리는 그림 11-46(a)에처럼 1,048,576개의 주소를 선택하기 위해 20개의 주소 비트를 가지고 있다. 확장된 메모리는 2,097,152개의 주소를 가진다. 따라서 그림 11-46(b)와 같이 21개의 주소 비트가 필요하다. 21번째 주소 비트는 적절한 메모리 칩을 선택하는 데 사용된다. 확장된 메모리의 데이터 버스는 8비트로 유지된다. 이 확장의 세부 사항을 예제 11-5에서 설명한다.

예제 11-5

512k × 4 RAM을 사용하여 1M × 4 RAM을 구성하라.

풀이

그림 11-47과 같이 두 메모리의 $\overline{E}_0$ 입력을 20번째 주소 비트(A_{19})에 연결하여 주소를 확장한다. 두 메모리의 $\overline{E}_1$ 입력은 두 메모리 모두에 공용 인에이블 입력으로 제어 버스에 연결한다. 20번째 주소 비트(A_{19})가 LOW이면 RAM 1이 선택되고(RAM 2는 비활성화됨), 19개의 하위 주소 비트(A_0~A_{18})가 RAM 1의 각 주소를 액세스한다. 20번째 주소 비트(A_{19})가 HIGH이면 인버터에 의해 LOW로 되어 RAM 2가 선택되고(RAM 1은 비활성화 됨), 19개의 하위 주소 비트(A_0~A_{18})가 각 RAM 2 주소를 액세스한다.

관련 문제

그림 11-47에서 RAM 1과 RAM 2의 주소 범위는 무엇인가?

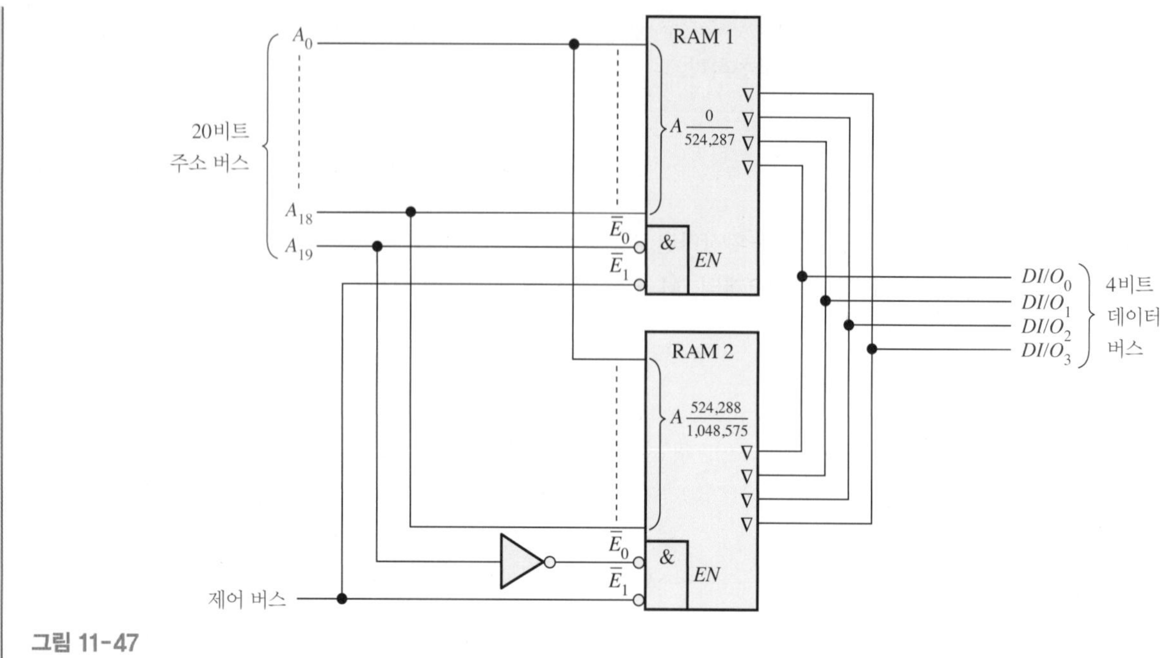

그림 11-47

메모리 모듈

SDRAM은 인쇄 회로 기판(printed circuit board, PCB) 위에 여러 개의 메모리 IC를 배열한 모듈로 구성된다. 가장 일반적인 SDRAM 메모리 모듈을 **DIMM**(dual in-line memory module)이라 한다. SODIMM(small-outline DIMM)은 DIMM의 다른 유형이다. **SIMM**(single in-line memory module)은 옛날 장비에서 많이 볼 수 있고 지금은 거의 쓸모없는 메모리 모듈이다. 연결 핀은 SIMM인 경우 PCB의 한쪽 면에 있지만, DIMM인 경우 보드의 양쪽 면에 있다. 메모리를 확장하려면 DIMM을 시스템 마더 보드의 소켓에 연결하면 된다. 메모리 모듈의 일반적인 모양을 그림 11-48에서 볼 수 있으며, 삽입될 시스템 보드 커넥터도 볼 수 있다.

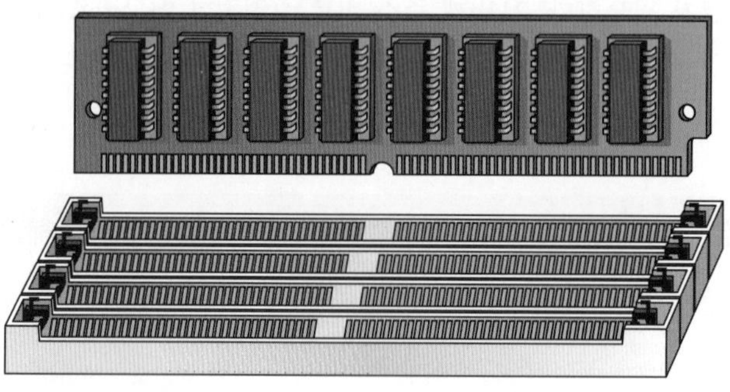

그림 11-48 커넥터가 부착된 메모리 모듈

DIMM은 일반적으로 DDR SDRAM 메모리 칩을 사용한다. DDR(double data rate)은 두 배의 데이터 속도를 의미하므로 DDR SDRAM은 클록 주기마다 두 블록의 데이터를 전송한다. 반면, 표준 SDRAM은 클록 주기마다 한 블록의 데이터를 전송한다. DDR, DDR2, DDR3 등 세 가지 유형의 모듈이 있다.

- DDR 모듈은 184핀이 있고, 2.5V 공급 전압이 필요하다.

- DDR2 모듈은 240핀이 있고, 1.8 V 공급 전압이 필요하다.
- DDR3 모듈은 240핀이 있고, 1.5 V 공급 전압이 필요하다.

DDR, DDR2, DDR3의 전송 속도는 각각 1600 MB/s, 3200 MB/s, 6400 MB/s이다.

활용 팁

메모리 부품은 정전기에 매우 민감하다. 메모리 칩이나 DIMM과 같은 모듈을 다룰 때 다음 사항을 주의해야 한다.

- 취급하기 전에 접지 면을 만져 신체의 정전기를 방전시키거나 고저항으로 연결된 접지 팔찌를 착용한다. 쉽고 편리하게 사용할 수 있는 접지는 AC 콘센트 접지이다.
- 메모리를 장착하기 전에 메모리를 정전기 방지 포장에서 꺼내지 않는다.
- 정전기 방지 포장의 내부에만 정전기 방지 처리가 되어 있으므로, 메모리를 정전기 방지 포장 위에 두지 않는다.
- DIMM을 다룰 때 가장자리 또는 금속 장착 브래킷을 잡는다. 보드의 부품이나 가장자리 커넥터 핀을 만지지 않는다.
- 메모리 부품의 표면 위에 다른 메모리 부품의 표면을 밀어 넣지 않는다.
- 작업장에 플라스틱, 비닐, 스티로폼, 나일론을 두지 않는다.

DIMM을 설치할 때 다음 단계를 따른다.

1. DIMM 보드의 노치를 메모리 소켓의 홈에 맞춘다.
2. 소켓에 단단히 장착될 때까지 모듈을 단단히 누른다.
3. 일반적으로 모듈이 완전히 삽입되면 소켓의 양쪽에 있는 걸쇠가 제자리에 고정된다. 또한 이 걸쇠로 모듈을 분리하여, 소켓에서 분리할 수 있다.

복습문제 11-6

1. 워드 용량이 16k이고, 워드 길이가 8비트인 메모리를 구성하려면 16k × 1 RAM이 몇 개 필요한가?
2. 문제 1에서 16k × 8 메모리를 32k × 8 메모리로 확장하려면 16k × 1 RAM이 몇 개 필요한가?
3. DIMM을 풀어 쓰면?

11-7 특수 형태의 메모리

이 절에서는 FIFO(first in first out) 메모리, LIFO(last in first out) 메모리, 메모리 스택(stack) 및 CCD(charge-coupled device, 전하 결합 소자) 메모리에 대해 알아본다.

이 절의 학습내용

- FIFO 메모리에 대해 설명한다.
- LIFO 메모리에 대해 설명한다.
- 메모리 스택에 대해 설명한다.
- RAM의 일부를 메모리 스택으로 사용하는 방법을 설명한다.
- CCD 메모리에 대해 설명한다.

FIFO 메모리

FIFO 메모리는 시프트 레지스터의 배열로 구성된다. **FIFO**(first in first out)라는 용어는 메모리의 기본 동작을 나타내며, 메모리에 첫 번째 기록된 데이터 비트가 첫 번째로 읽혀진다.

그림 11-49는 일반적인 시프트 레지스터와 FIFO 레지스터 간의 주요한 차이점을 나타낸다. 시프트 레지스터의 경우, 데이터 비트는 새로운 데이터 비트가 입력될 때만 레지스터를 통해 이동한다. FIFO 레지스터의 경우, 데이터 비트는 레지스터를 통해 비어 있는 비트 가운데 가장 오른쪽 위치로 이동한다.

일반적인 시프트 레지스터

입력	X	X	X	X	출력
0	0	*X*	*X*	*X*	⟶
1	1	0	*X*	*X*	⟶
1	1	1	0	*X*	⟶
0	0	1	1	0	⟶

X = 미지의 데이터 비트
일반적인 시프트 레지스터에서 데이터는 다른 데이터가 입력될 때까지 왼쪽에 남아 있다.

FIFO 시프트 레지스터

입력	—	—	—	—	출력
0	—	—	—	0	⟶
1	—	—	1	0	⟶
1	—	1	1	0	⟶
0	0	1	1	0	⟶

— = 빈 위치
FIFO 레지스터에서 데이터는 오른쪽부터 채워진다.

그림 11-49 일반적인 레지스터와 FIFO 레지스터의 동작 비교

그림 11-50은 FIFO 직렬 메모리의 블록도를 보여준다. 이 메모리에는 4개의 직렬 64비트 데이터 레지스터와 64비트 마커(marker) 및 제어 레지스터가 있다. 시프트-인(shift in) 펄스에 의해 데이터가 입력되면 마커 레지스터의 제어하에 자동으로 출력에 가장 가까운 빈 위치로 데이터가 이동한다. 데이터는 채워진 위치로 넘어갈 수 없다. 그러나 시프트-아웃(shift out) 펄스에 의해 데이터 비트가 시프트될 때, 레지스터에 남아 있는 데이터 비트는 자동적으로 출력을 향한 다음 위치로 이동한다. 비동기 FIFO에서는 2개의 개별 클록이 사용되므로 데이터는 데이터 입력과 독립적으로 시프트 아웃된다.

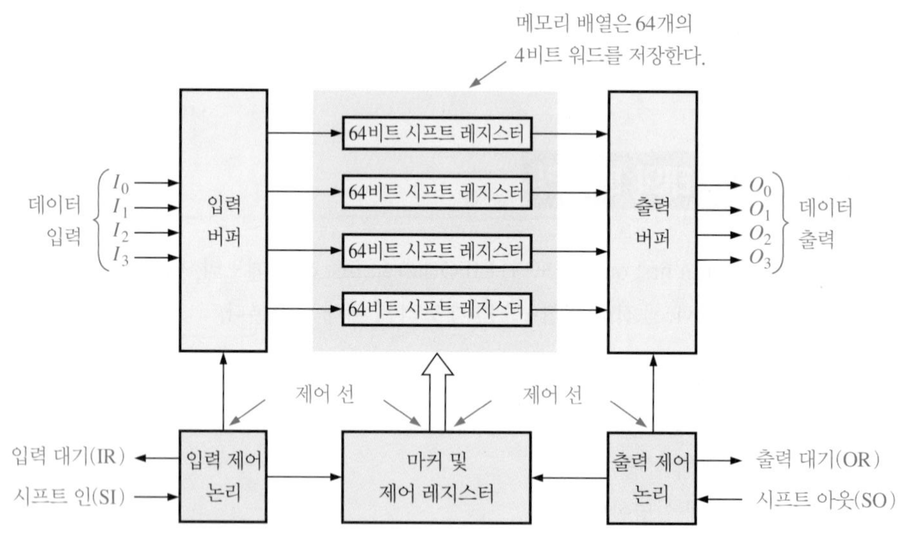

그림 11-50 일반적인 FIFO 직렬 메모리의 블록도

FIFO 응용

FIFO 레지스터의 주요한 응용 분야는 데이터 전송속도가 다른 2개의 시스템이 통신해야 하는 경우이다. 데이터는 한 속도로 FIFO 레지스터에 입력되고 다른 속도로 출력될 수 있다. 그림 11

-51은 이러한 상황에서 FIFO 레지스터가 어떻게 사용되는지를 보여준다.

(a) 불규칙한 원격 데이터를 저장하고, 일정한 속도로 다시 전송할 수 있다.

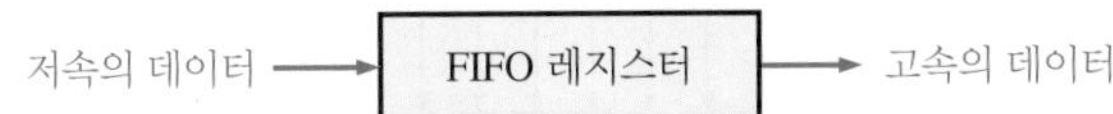

(b) 저속의 키보드 입력 데이터를 저장하고, 처리를 위해 고속으로 전송할 수 있다.

(c) 일정한 속도의 데이터 입력을 저장한 다음 버스트로 출력할 수 있다.

(d) 버스트 데이터를 저장하고, 일정한 속도의 데이터로 정렬되어 출력될 수 있다.

그림 11-51 FIFO 레지스터의 데이터 전송률 버퍼링 응용 예

LIFO 응용

LIFO(last in-first out) 메모리는 마이크로프로세서나 컴퓨터 시스템의 응용에서 사용된다. 데이터를 저장하고 역순으로 출력한다. 즉 마지막으로 저장된 데이터 바이트가 첫 번째로 출력된다.

레지스터 스택

LIFO 메모리를 일반적으로 푸시다운 스택(push down stack)이라 부른다. 일부 시스템에서는 그림 11-52와 같이 레지스터 그룹으로 LIFO 메모리를 구현한다. 스택은 여러 개의 레지스터로 구성될 수 있고, 맨 위에 있는 레지스터를 맨 위 스택(top-of-stack)이라 한다.

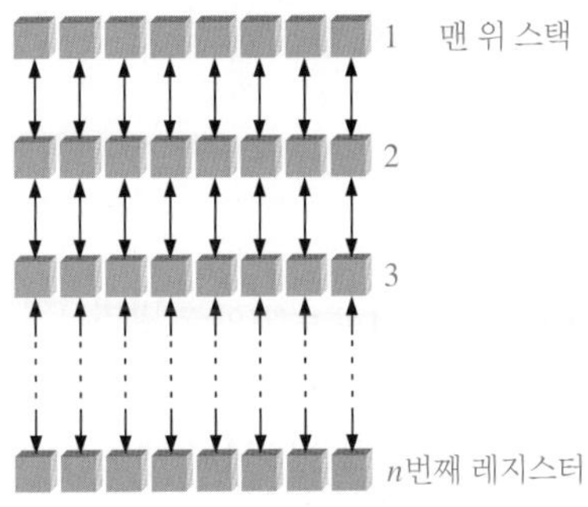

그림 11-52 레지스터 스택

동작 원리를 알아보자. 1바이트 데이터가 맨 위 스택에 병렬로 인가된다. 이어지는 각 바이트는 이전 바이트를 다음 레지스터로 푸시다운한다. 이 과정을 그림 11-53에 보인다. 새로운 바이트 데이터는 항상 맨 위 레지스터에 인가되고, 이전에 저장된 바이트는 스택에 더 깊숙이 푸시다운된다. 푸시다운 스택이란 이름은 이러한 특성에서 붙여진 것이다.

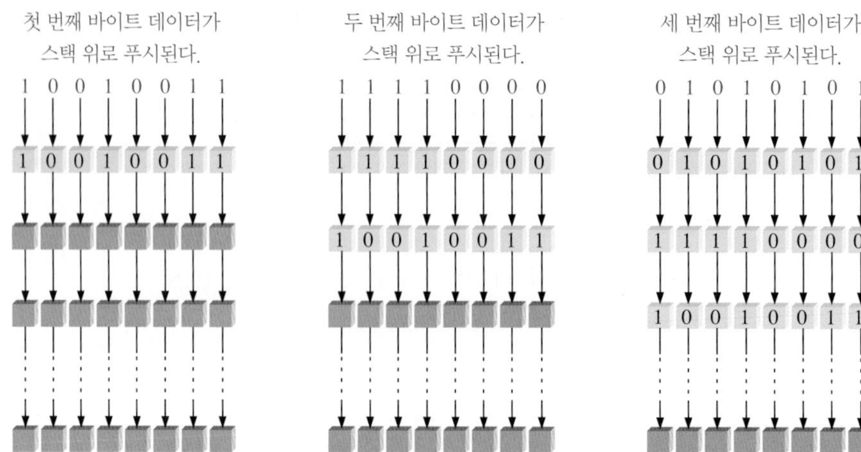

그림 11-53 스택에 데이터를 푸시하는 과정

바이트 데이터는 입력과 역순으로 출력된다. 마지막으로 입력된 바이트는 항상 맨 위 스택에 있으므로, 스택에서 팝(pop, 데이터 꺼내기)하면 아래 저장된 바이트가 다음 상위 위치로 올라온다. 이 과정을 그림 11-54에서 설명한다.

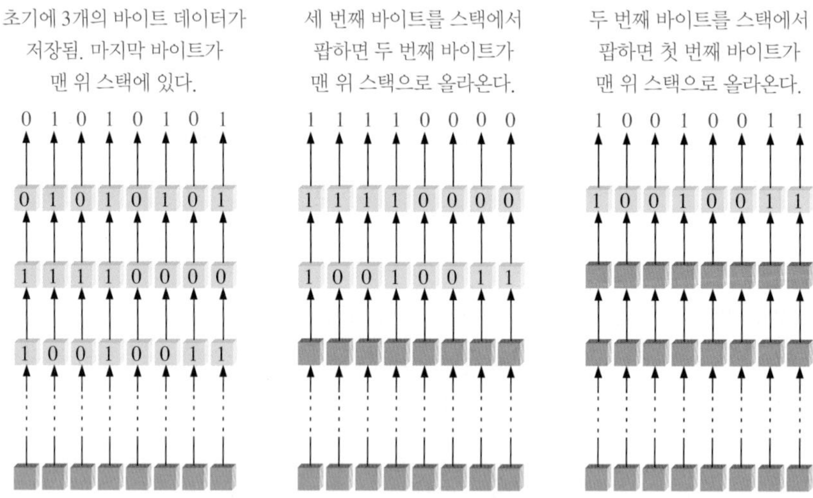

그림 11-54 스택에서 데이터를 팝하는 경우

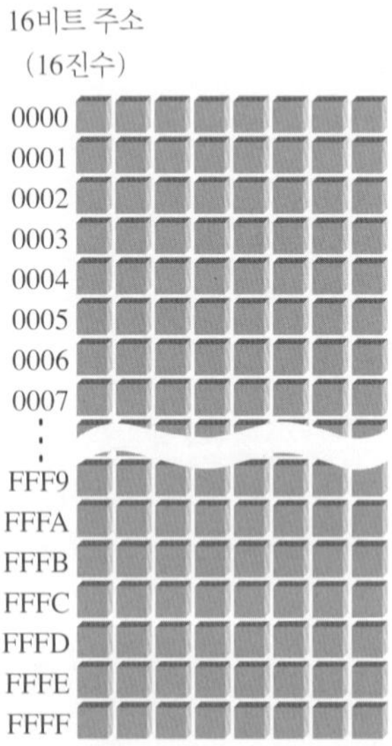

RAM 스택

마이크로프로세서 시스템에서 LIFO 메모리를 구현하는 방법으로 전용 레지스터 세트를 사용하지 않고 RAM의 일부분을 스택으로 할당하는 것이다. 알다시피 레지스터 스택의 경우 데이터는 한 위치에서 다음 위치로 위 아래로 이동한다. RAM 스택에서는 데이터가 이동하지 않지만 스택 포인터(stack pointer)라는 레지스터의 제어하에 맨 위 스택이 이동한다.

그림 11-55와 같이 바이트 단위로 구성된 RAM, 즉 각 주소에 8비트가 들어 있는 메모리를 생각하자. 2진 주소 0000000000001111은 16진수로 000F로 쓸 수 있다. 16비트 주소는 16진수로 최소 0000_{16}과 최대 $FFFF_{16}$의 값을 가질 수 있다. 이 표기법을 사용하여 64 kB 메모리 배열을 그림 11-55와 같이 나타낼 수 있다. 가장 낮은 메모리 주소는 0000_{16}이고, 가장 높은 메모리 주소는 $FFFF_{16}$이다.

16비트 주소
(16진수)
0000
0001
0002
0003
0004
0005
0006
0007
FFF9
FFFA
FFFB
FFFC
FFFD
FFFE
FFFF

그림 11-55 16비트 주소를 갖는 64 kB 메모리

이제 RAM의 일부를 스택으로 사용해보자. 그림 11-56에서처럼 레지스터인 스택 포인터는 맨 위 스택의 주소를 저장한다. 그림에서 4자리 16진수로 2진 주소를 표현하였고, 주소는 임의로 선택하였다.

이제 데이터를 스택에 푸시(push, 데이터를 넣기)하는 동작을 살펴보자. 스택 포인터는 초기에 그림 11-56(a)와 같이 맨 위 스택의 주소인 $FFEE_{16}$을 가리킨다. 데이터가 스택에 푸시되면 스택 포인터는 2가 감소되어 주소 $FFEC_{16}$을 가리킨다. 그러면 그림 11-56(b)와 같이 맨 위 스택이 더 낮은 메모리 주소로 이동한다. 맨 위 스택은 고정 레지스터 스택처럼 고정되어 있지 않고 워드 데이터가 저장되면 RAM에서 주소가 낮아지는 쪽으로 이동한다. 그림 11-56(b)는 2바이트(1개의 워드)가 스택에 푸시한 예를 보여준다. 워드 데이터가 저장된 후 스택 맨 위는 $FFEC_{16}$이 된다.

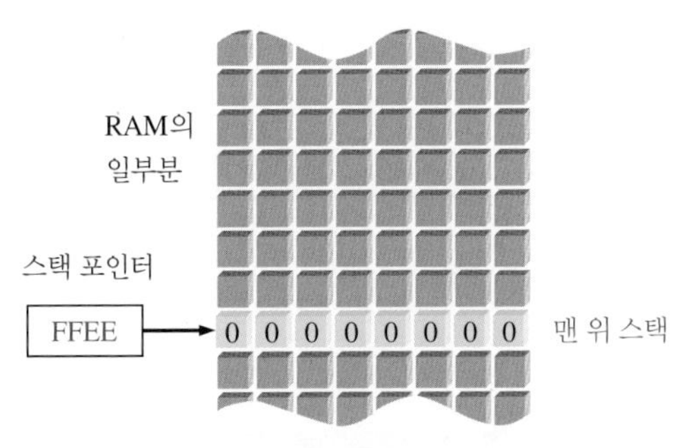

(a) 워드 데이터 0001001000110100(1234)이 스택에 푸시되기 전에 스택 포인터는 초기에 FFEE이다.

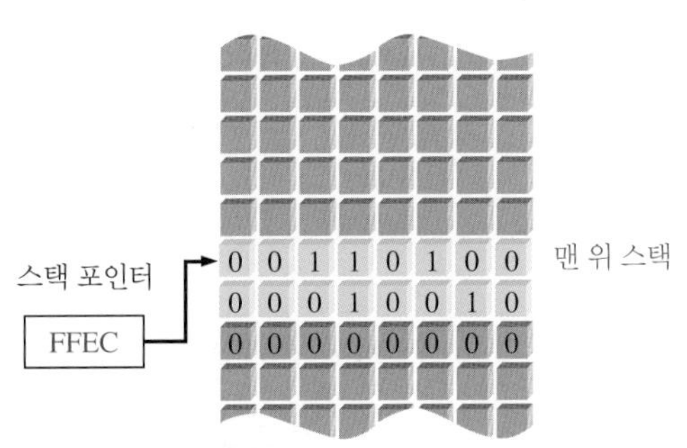

(b) 스택 포인터는 2씩 감소되고, 워드 데이터 0001001000110100은 원래 스택 포인터 주소 아래 두 주소에 저장된다.

그림 11-56 RAM 스택에서 푸시 동작의 예

그림 11-57은 RAM 스택에서 팝(pop, 데이터 꺼내기) 동작을 보여준다. 마지막으로 스택에 저장된 워드 데이터를 가장 먼저 읽는다. $FFEC_{16}$에 있는 스택 포인터는 2가 증가하여 주소 $FFEE_{16}$을 지정하고, 그림 11-57(b)에서처럼 팝 동작이 이루어진다. RAM은 읽을 때 데이터가 손상되지 않으므로 팝 동작 후에도 데이터가 메모리에 남는다. 워드 데이터는 새로운 워드가 그 위에 쓰일 때만 없어진다.

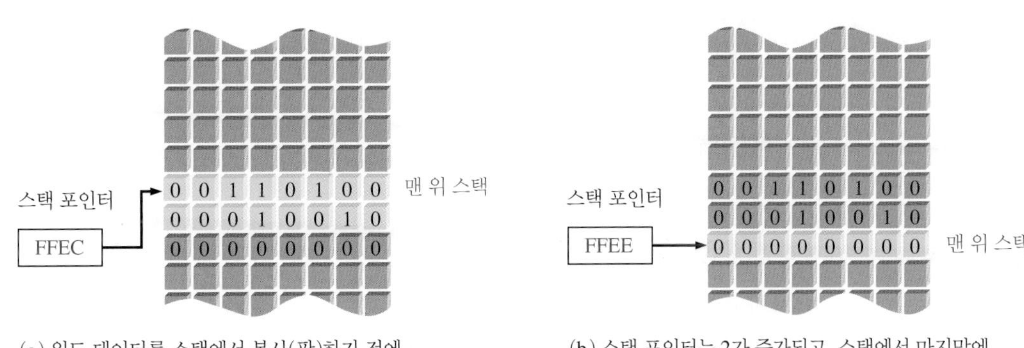

(a) 워드 데이터를 스택에서 복사(팝)하기 전에 스택 포인터는 초기에 FFEC이다.

(b) 스택 포인터는 2가 증가되고, 스택에서 마지막에 저장된 워드 데이터가 복사(팝)된다.

그림 11-57 RAM 스택에서 팝 동작의 예

RAM 스택의 크기(depth)는 스택용으로 할당된 연속적인 메모리 주소의 수에 따라 결정된다.

CCD 메모리

CCD(charge-coupled device) 메모리는 커패시터에 데이터를 전하로 저장하고, 광학 이미지를

전기 신호로 변환할 수 있는 기능이 있다. 그러나 CCD에는 DRAM과는 달리 메모리 셀에 트랜지스터가 없다. CCD는 고밀도의 장점을 지니며, 디지털 이미지 처리에 널리 사용된다.

CCD 메모리는 채널(channel)이라고 불리는 반도체 커패시터의 긴 행으로 구성된다. 데이터는 0에 대해 작은 전하, 1에 대해 큰 전하를 커패시터에 증착함으로써 채널에 연속적으로 입력된다. 더 많은 데이터가 입력되면 이러한 충전 패킷은 클록 신호에 따라 채널을 따라 이동된다.

DRAM과 마찬가지로 주기적으로 전하를 리플래시해야 한다. 이 과정은 리플래시 회로를 통해 충전 패킷을 순차적으로 이동함으로써 이루어진다. 그림 11-58은 CCD 채널의 기본 개념을 보여준다. 데이터가 채널을 통해 순차적으로 이동되기 때문에 CCD 메모리는 비교적 긴 액세스 시간을 보인다. CCD 어레이는 광 유도 전하(light-induced charge) 형태로 비디오 이미지를 캡처하는 많은 카메라에 사용된다.

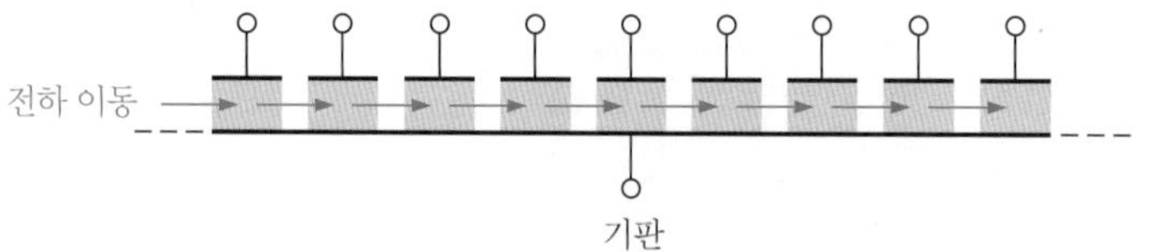

그림 11-58 CCD 채널

복습문제 11-7

1. FIFO 메모리에 대해 설명하라.
2. LIFO 메모리에 대해 설명하라.
3. 메모리 스택에서 푸시 동작을 설명하라.
4. 메모리 스택에서 팝 동작을 설명하라.
5. CCD를 풀어 쓰라.

11-8 자기 및 광학 저장 장치

이 절에서 자기 디스크, 자기 테이프, 광 자기 디스크 및 광 디스크의 기본 사항을 소개한다. 이러한 저장 장치는 대량의 데이터 및 프로그램을 비휘발성으로 저장하는 컴퓨터 응용에서 특히 중요하다.

이 절의 학습내용

- 자기 하드 디스크에 대해 설명한다.
- 자기 테이프에 대해 설명한다.
- 이동식 하드 디스크에 대해 설명한다.
- 광 자기 디스크의 원리를 설명한다.
- CD-ROM, CD-R 및 CD-RW 디스크에 대해 설명한다.
- WORM에 대해 설명한다.
- DVD-ROM에 대해 설명한다.

자기 저장 장치

자기 하드 디스크

하드 디스크(hard disk)는 컴퓨터의 내부 대용량 저장 매체로 사용된다. 하드 디스크는 알루미늄 합금으로 된 단단한 '접시' 또는 자기 코팅으로 덮인 유리와 세라믹의 혼합물이다. 하드 디스크 드라이브에는 직경 3.5인치, 2.5인치, 1.8인치의 세 가지 크기가 있다. 8인치 및 5.25인치는 더 이상 사용되지 않는다. 하드 디스크 드라이브는 디스크에 먼지가 없게 유지해야 하므로 밀폐되어 있다.

일반적으로 2개 이상의 디스크가 수천 rpm으로 회전하는 공통 축이나 스핀들에 적층되어 있다. 디스크를 분리하면 그림 11-59와 같이 액추에이터 암의 끝에 자기 읽기/쓰기 헤드가 장착되어 있다. 디스크 양쪽 표면에 데이터가 기록되기 때문에 자기 읽기/쓰기 헤드가 디스크 양면에 장착되어 있다. 드라이브 액추에이터 암은 모든 읽기/쓰기 헤드와 동기화되어, 디스크에서 수 mm 간격으로 디스크 표면을 가로 질러 헤드가 움직이도록 정렬되어 있다. 작은 먼지 입자로 인해 헤드가 '충돌'하여, 디스크 표면이 손상될 수 있다.

그림 11-59 하드 디스크 드라이브. FrameAngel/shutterstock

읽기/쓰기 헤드의 기본 원리

하드 드라이브는 임의의 순서로 디스크에 저장된 모든 데이터를 액세스할 수 있기 때문에 랜덤 액세스 장치이다. 자기 표면 읽기/쓰기 동작을 그림 11-60에서 간략히 설명한다. 디스크 표면상

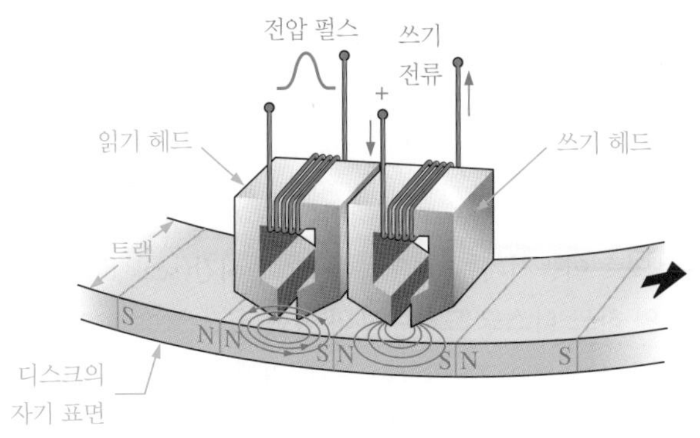

그림 11-60 읽기/쓰기 헤드의 동작

> **정보노트**
> 데이터는 파일 형식으로 하드 드라이브에 저장된다. 파일 위치를 추적하는 것은 하드 드라이브를 관리하는 장치 드라이버의 작업(하드 드라이브 BIOS라고도 함)이다. 장치 드라이버와 컴퓨터의 운영 체제는 파일과 파일 이름을 추적하기 위해 2개의 테이블에 액세스할 수 있다. 첫 번째 테이블을 FAT(file allocation table, 파일 할당 테이블)라고 한다. FAT는 파일에 지정된 것을 보여주고 열린 섹터와 불량 섹터를 기록한다. 두 번째 테이블은 파일 이름, 파일 유형, 작성 시간 및 날짜, 클러스터 시작 번호 및 파일에 대한 기타 정보가 있는 루트 디렉토리(root directory)이다.

의 자구의 방향 또는 분극은 권선의 전류 펄스의 방향에 따라 쓰기 헤드에 의해 생성된 자속선(자기장)의 방향에 의해 제어된다. 이 자속은 자기장의 방향으로 디스크 표면상의 작은 지점을 자화시킨다. 한 극성으로 자화된 지점은 2진수 1을 나타내고, 반대 극성으로 자화된 지점은 0을 나타낸다. 일단 디스크 표면상의 지점이 자화되면 반대 자계로 기록될 때까지 그대로 있다.

자기 표면이 읽기 헤드를 통과하면 자화된 지점은 읽기 헤드에 자기장을 생성하여 권선에 전압 펄스를 유도한다. 이러한 펄스의 극성은 자화된 지점의 자화 방향에 따라 저장된 비트가 1 또는 0을 나타낸다. 읽기/쓰기 헤드는 일반적으로 한 부품으로 결합되어 있다.

하드 디스크 포맷

하드 디스크는 그림 11-61(a)와 같이 트랙(track)과 섹터(sector)로 구성되거나 포맷된다. 각 트랙은 여러 섹터로 나뉘며, 각 트랙과 섹터는 운영 체계가 데이터 레코드를 찾는 데 사용하는 실제 주소를 갖는다. 하드 디스크는 일반적으로 수백에서 수천 개의 트랙이 있으며 최대 1 TB 이상의 저장 용량을 보인다. 그림에서 알 수 있듯이 트랙/섹터의 수가 일정하며 내부 섹터보다 외부 섹터에 더 큰 표면적이 있다. **포맷**(format)은 디스크상의 트랙과 섹터를 배치하는 작업이다.

하드 디스크 스택을 그림 11-61(b)에 나타낸다. 하드 디스크 드라이브는 스택된 디스크의 수가 다르지만 최소 2개 이상이다. 각 디스크의 같은 트랙을 모두 모아 실린더라고 부른다.

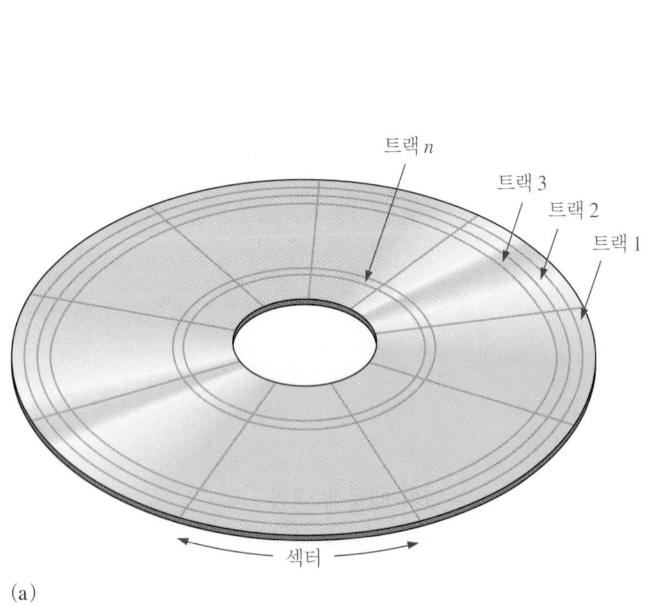

그림 11-61 하드 디스크 구조 및 포맷

하드 디스크 성능

하드 디스크 드라이브의 성능은 몇 가지 파라미터에 의해 결정된다. 탐색(seek) 동작은 읽기/쓰기 헤드를 원하는 트랙으로 이동시키는 동작이다. **탐색 시간**(seek time)은 탐색을 하는 평균 시간을 나타낸다. 일반적인 하드 디스크 드라이브의 탐색 시간은 수 ms이다.

대기 시간(latency period)은 헤드가 원하는 트랙 위에 위치되면 원하는 섹터가 헤드 아래에서 회전하는 데 걸리는 시간을 나타낸다. 최악의 경우는 원하는 섹터가 헤드 위치를 지나치거나 멀리 떨어져 있을 때이다. 섹터는 거의 완전히 회전하여 헤드 위치로 돌아와야 한다. **평균 대**

기 시간(average latency period)은 디스크가 반 바퀴 회전한다고 가정한다. 대기 시간은 디스크의 회전 속도에 따라 다르다. 디스크 회전 속도는 디스크 드라이브마다 다르지만 일반적으로 4,200~15,000 rpm이다.

탐색 시간과 평균 대기 시간의 합을 디스크 드라이브의 액세스 시간(access time)이라 한다.

정보노트

테이프는 비트당 비용이 낮기 때문에 디스크를 대신할 대안이다. 테이프의 밀도는 디스크 드라이브보다 낮지만 사용 가능한 표면은 훨씬 넓다. 대용량 테이프의 용량은 일반적으로 디스크 드라이브의 최대 용량(약 1TB, 1TB는 1조 바이트)과 비슷하다. 테이프는 역사적으로 디스크 저장보다 비용 절감 효과가 커서, 이동이 가능한 백업을 위한 실용적인 제품으로 사용된다.

이동식 하드 디스크

1 TB 용량의 이동식 하드 디스크 드라이브를 사용할 수 있다. 기술이 급격하게 변하고 있으므로 이 책을 읽는 시점에는 더 많은 발전이 있을 수 있다.

자기 테이프

테이프는 대용량 저장 장치의 백업 데이터로 사용되며, 테이프의 데이터는 직렬로 액세스되기 때문에 디스크보다 느리다. QIC, 8 mm, DLT 등 여러 종류가 있다.

QIC(quarter-inch cartridge)는 2개의 릴이 들어 있는 오디오 테이프 카세트와 비슷하다. 80 MB ~1.6 GB를 저장할 수 있고 28~108트랙 등 다양한 QIC 표준이 있다. Travan 표준에 따른 최근의 혁신 기술은 테이프의 길이를 길게 하고 폭을 확장하여 최대 10 GB의 저장 용량을 보인다. QIC 테이프 드라이브의 읽기/쓰기 헤드는 각 면에 읽기 헤드와 하나의 쓰기 헤드로 구성된다. 이렇게 하면 테이프 드라이브는 테이프가 양쪽 방향으로 동작할 때 기록된 데이터를 검증할 수 있다. 쓰기 모드에서 테이프는 그림 11-62에서처럼 약 100인치/초의 속도로 읽기/쓰기 헤드를 지나간다.

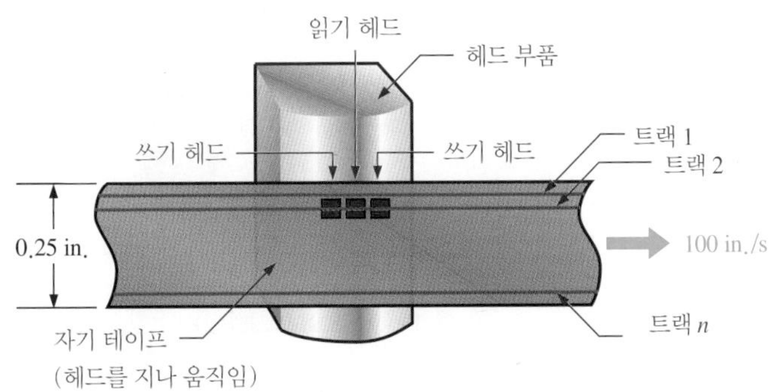

그림 11-62 QIC 테이프

8 mm 테이프는 원래 비디오 업계용으로 설계되었지만 대량의 컴퓨터 데이터를 저장할 수 있는 안정적인 방법으로 컴퓨터 업계에서도 채택되었다.

DLT(digital linear tape)는 1/2인치 폭 테이프로 8mm보다 60% 더 넓으며, 표준 QIC보다 두 배 넓다. 기본적으로 DLT는 테이프 마모를 최소화하기 위한 테이프 드라이브 방식으로 다른 시스템과 다르다. DLT의 저장 용량은 최대 800 GB으로, 테이프 가운데 가장 크다.

광자기 저장 장치

이름에서 알 수 있듯이 광자기(magneto-optical, MO) 저장 장치는 자기 및 광학(레이저) 기술을 사용한다. **광자기 디스크**(magneto-optical disk)는 자기 디스크와 비슷하게 트랙 및 섹터로 포맷된다.

자기 디스크와 광자기 디스크의 기본적인 차이점은 광자기 디스크에 사용되는 자기 코팅이 자기 분극을 변경하기 위해 열이 필요하다는 점이다. 따라서 광자기 디스크는 주위 온도에서 매우 안정적이어서 데이터를 변경할 수 없다. 비트 데이터를 쓰기 위해 고출력 레이저 빔을 디스크의 작은 지점에 집중시키면 그 작은 지점의 온도가 거의 큐리(Curie) 온도(약 200°C)까지 올라간다. 일단 가열되면, 그 지점의 자성 입자의 분극 방향을 쓰기 헤드에 의해 발생된 자기장에 의해 쉽게 변경할 수 있다. Kerr 효과를 사용하여 쓰기에 사용된 것보다 약한 레이저로 디스크 정보를 읽는다. Kerr 효과는 자성 입자의 방향에 따라 반사된 레이저 빛의 극성이 바뀌는 효과이다. 한 극성의 자기 지점은 0을 나타내고, 반대 극성의 지점은 1을 나타낸다. 광자기 디스크의 기본 동작을 그림 11-63에 나타내며, 디스크의 작은 단면적을 나타낸다.

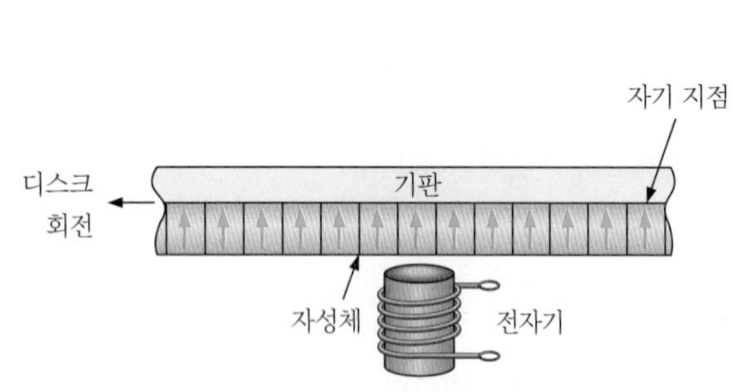

(a) 기록이 안 된 디스크

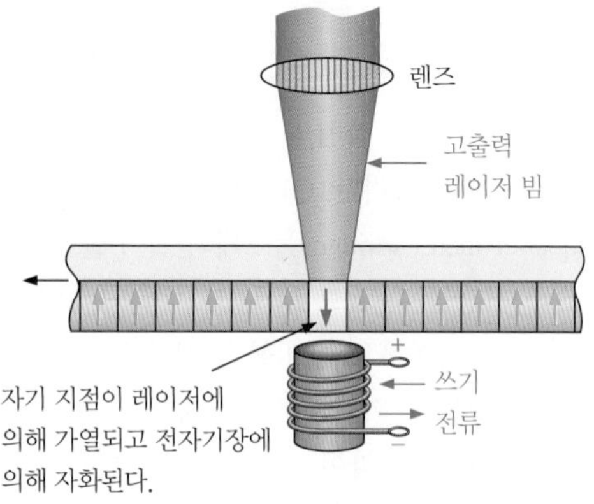

(b) 쓰기 : 고출력 레이저 빔이 작은 지점을 가열한다. 그러면 자성 입자들이 전자장에 따라 정렬된다.

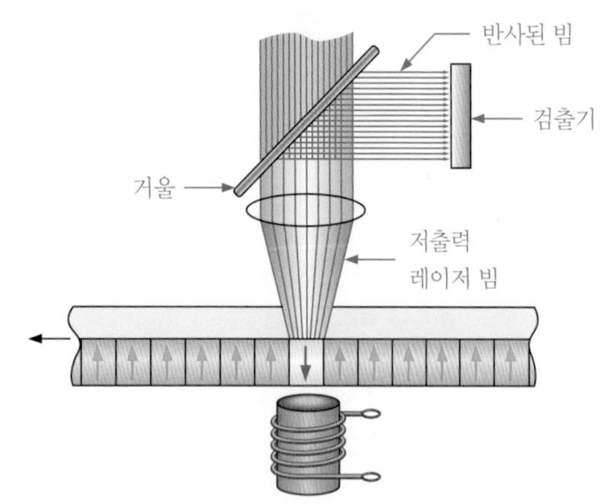

(c) 읽기 : 저출력 레이저 빔은 반전된 극성의 자성 입자를 반사하고, 편광이 시프트된다. 입자가 반전되어 있지 않으면 반사된 빔의 편광은 변하지 않는다.

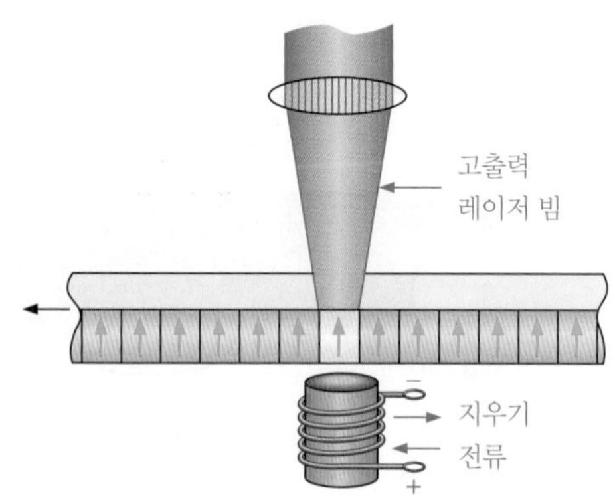

(d) 지우기 : 고출력 레이저 빔이 작은 지점을 가열함에 따라 전자기장이 반전되어 자성 입자가 원래의 극성으로 복원된다.

그림 11-63 광자기 디스크의 기본 동작

광학 저장 장치

CD-ROM

일반적인 CD-ROM(compact disk-read-only memory)은 직경 120 mm의 디스크로, 3개의 코팅이 겹쳐져 있다. 하단에는 폴리카보네이트(polycarbonate) 플라스틱, 반사를 위한 얇은 알루미늄 시트, 보호용으로 상단에는 래커 코팅이 있다. CD-ROM 디스크는 순차적인 2 kB 섹터가 있는 하나의 나선형 트랙으로 포맷되며 680 MB의 용량을 갖는다. 데이터는 공장에서 피트(pit)라고 불리는 미세한 자국과 랜드(land)라고 불리는 피트를 둘러싼 평평한 영역의 형태로 사전에 기록된다. 피트는 플라스틱 층에 찍히고 지울 수 없다.

CD 플레이어는 그림 11-64에서처럼 저전력 적외선 레이저로 나선형 트랙에서 데이터를 읽는다. 데이터는 그림과 같이 피트와 랜드 형태이다. 피트에서 반사된 레이저 빛은 랜드에서 반사된 빛과 180°의 위상차가 난다. 디스크가 회전함에 따라 좁은 레이저 빔은 다양한 길이의 일련의 피트와 랜드에 충돌하고, 광 다이오드는 반사된 빛의 차이를 검출한다. 결과적으로 트랙을 구성한 피트와 랜드에 따라 일련의 0과 1이 만들어진다.

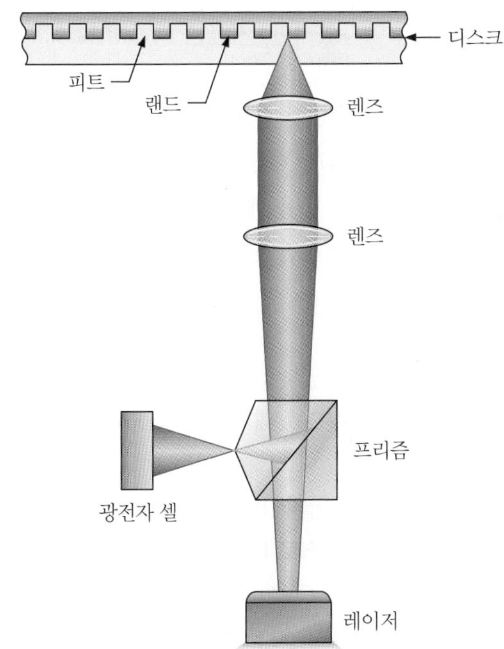

그림 11-64 CD-ROM에서 데이터를 읽는 과정

WORM

WORM(write once/read many)은 한 번만 기록할 수 있는 광 저장 장치의 일종으로, 그 이후에는 데이터를 지울 수 없고 여러 번 읽을 수 있다. 데이터를 기록하기 위해 저출력 레이저를 사용하여 디스크 표면의 미세한 피트를 태운다. 1과 0은 태운 영역과 태우지 않은 영역으로 표시된다.

CD-R

CD-R(CD-Recordable)은 본질적으로 일종의 WORM이다. 차이점은 CD-R의 경우 디스크의 다른 영역에서 다수의 쓰기를 할 수 있다는 점이다. CD-R 디스크에는 CD-ROM과 같이 나선형 트랙이 있지만, 데이터를 나타내기 위해 디스크상에 기계적으로 누르는 대신 레이저를 사용하여 미세한 반점을 유기염료 표면에 구울 수 있다. 읽기 동안 레이저로 임계 온도 이상으로 가열하면, 태워진 반점은 색상이 변하여 태워지지 않은 반점보다 적은 빛을 반사한다. 그러므로 1과 0은 CD-R의 경우 태워진 반점과 태워지지 않은 반점으로 표현되는 반면, CD-ROM의 경우 피트와 랜드로 표현된다. CD-ROM과 마찬가지로 데이터는 일단 기록되면 지울 수 없다.

CD-RW

CD-RW(CD-Rewritable) 디스크는 데이터를 읽고 쓸 수 있다. CD-R의 염료 기록 층 대신에, CD-RW는 일반적으로 특별한 성질을 지닌 결정성 화합물을 사용한다. 특정 온도로 가열한 후 냉각

하면 결정체가 된다. 그러나 더 높은 특정 온도로 가열하면 녹고, 냉각하면 비결정 상태로 된다. 데이터를 쓰기 위해 초점을 맞춘 레이저 빔은 재료를 녹는 온도까지 가열하여 비결정 상태로 된다. 비결정 영역은 결정 영역보다 적은 빛을 반사하여 읽기 동작으로 1 또는 0을 검출한다. 비결정 영역을 결정화 온도보다 크고 비결정 물질을 결정 상태로 되돌리는 녹는 온도보다 낮게 가열하여 데이터를 지우거나 겹쳐 쓸 수 있다.

DVD-ROM

원래 DVD는 Digital Video Disk의 약자였지만, 지금은 *Digital Versatile Disk*를 나타낸다. CD-ROM과 마찬가지로 **DVD-ROM** 데이터도 디스크에 미리 저장되어 있다. 그러나 피트 크기가 CD-ROM보다 작기 때문에 더 많은 데이터를 트랙에 저장할 수 있다. CD-ROM과 DVD-ROM의 가장 큰 차이점은 데이터를 CD에는 단면으로 DVD에는 양면으로 저장한다는 점이다. 또한 DVD는 주 데이터 층 위에 반투명 데이터 층을 배치하는 다중 층 디스크로 구성되어 수십 GB의 저장 용량을 보인다. 모든 층을 액세스하려면 한 층에서 다른 층으로 이동하면서 레이저 빔의 초점을 다시 맞추어야 한다.

블루레이

블루레이(Blu-ray disc, BD) 디스크는 DVD를 대체할 수 있도록 설계되었다. BD는 DVD 및 CD와 같은 크기이다. 블루 레이라는 이름은 디스크를 읽는 데 사용되는 청색 레이저를 의미한다. DVD는 더 긴 파장의 적색 레이저를 사용한다. BD는 DVD보다 고밀도의 정보를 저장하고 고화질을 보인다. 더 작은 블루레이 레이저 빔으로 DVD의 피트 크기의 절반보다 작은 피트로 기록된 데이터를 읽을 수 있다. 블루레이 디스크는 DVD보다 약 다섯 배 많은 데이터를 저장할 수 있다. 기존의 블루레이 2층 디스크의 일반적인 저장 용량은 50 GB이고, 이 길이는 장편 비디오 업계의 표준이다. 3층 및 4층 디스크(BD-XL)는 각각 100 GB 및 128 GB를 저장할 수 있다. 1 TB의 저장 용량이 현재 개발 중에 있다.

복습문제 11-8

1. 자기 저장 장치의 종류를 나열하라.
2. 일반적인 자기 디스크의 구성을 설명하라.
3. 광 자기 디스크에 데이터 쓰기와 읽기에 대해 설명하라.
4. 광 저장 장치의 종류를 나열하라.

11-9 메모리 계층

메모리 시스템은 컴퓨터에서 데이터 저장 기능을 수행한다. 메모리 시스템은 처리 중에 일시적으로 데이터를 보유하고, 장기간 데이터 및 프로그램을 저장한다. 컴퓨터에는 레지스터, 캐시, 주 메모리 및 하드 디스크와 같은 여러 유형의 메모리가 있다. 자기 테이프, 광 디스크 및 자기 디스크와 같은 다른 유형의 저장 장치를 사용할 수도 있다. 메모리 계층과 시스템 프로세서는 컴퓨터의 처리 속도를 결정한다.

이 절의 학습내용

- 메모리의 종류를 논한다.
- 메모리 계층을 정의한다.
- 메모리 계층의 주요 요소를 설명한다.

메모리의 주요 세 가지 특징은 비용, 용량, 액세스 시간이다. 메모리 비용은 일반적으로 비트당 비용으로 나타낸다. 메모리 용량은 저장할 수 있는 데이터(비트 또는 바이트) 양으로 표현된다. 액세스 시간은 메모리에서 지정된 단위 데이터를 확보하는 데 걸리는 시간이다. 용량이 클수록, 비용은 싸고 액세스 시간은 길어진다. 액세스 시간이 짧을수록 가격은 비싸진다. 메모리 계층을 사용하는 목적은 비용을 최소화하면서 가능한 최단의 액세스 시간을 얻는 것이다.

데이터의 처리 속도는 프로세서 속도와 저장된 데이터에 액세스하는 데 걸리는 시간에 따라 다르다. **메모리 계층**(memory hierarchy)은 처리 속도를 최대화하고 비용을 최소화하기 위해 컴퓨터 구조 내의 다양한 메모리 요소의 배열이다. 프로세서로부터의 '거리(distance)', 즉 처리를 위해 데이터를 가져 오는 데 필요한 머신 사이클의 수 또는 액세스 시간에 따라 메모리를 분류할 수 있다. 거리는 물리적 위치가 아닌 시간으로 측정된다. 빠른 메모리 부품은 느린 메모리 부품에 비해 프로세서에 더 가까운 것으로 생각한다. 또한 비트당 비용은 프로세서에서 먼 메모리보다 가까운 메모리의 경우에 훨씬 비싸다. 그림 11-65는 일반적인 메모리 계층의 배열을 보여준다.

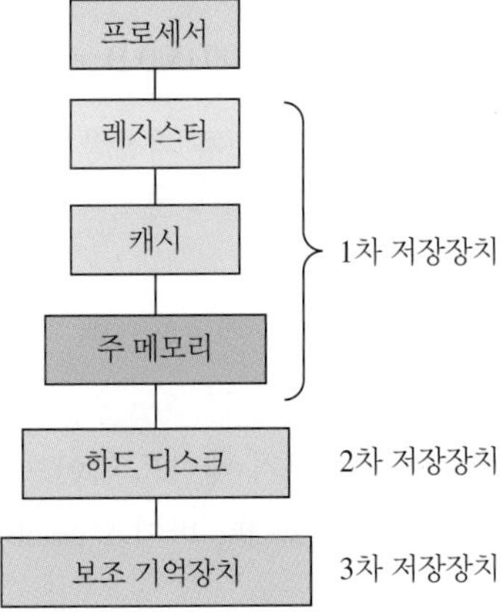

그림 11-65 일반적인 메모리 계층

그림 11-65에서 저장 요소 간의 주요 차이점은 프로세서가 데이터와 프로그램을 액세스하는 데 걸리는 시간이다. 이 액세스 시간을 **메모리 대기 시간**(memory latency)이라 한다. 대기 시간이 길수록 저장 요소가 프로세서로부터 더 멀리 있다고 생각한다. 예를 들면, 일반적으로 레지스터의 대기 시간은 최대 1 ns 또는 2 ns, 캐시의 대기 시간은 최대 50 ns, 주 메모리의 대기 시간은 최대 90 ns, 하드 디스크의 대기 시간은 최대 20 ms까지 가능하다. 보조 메모리의 대기 시간은 최대 몇 초까지 걸릴 수 있다.

레지스터

레지스터는 프로세서 안에 있는 메모리이다. 레지스터는 대기 시간이 매우 짧고, 용량(저장할 수 있는 비트 수)이 작다. 프로그래밍의 목표 중 하나는 자주 사용되는 데이터를 레지스터에 가능한 많이 유지하는 것이다. 프로세서 안의 레지스터 수는 수십에서 수백 개까지 다양하다.

캐시

메모리 계층 구조의 다음 계층은 메모리 캐시(cache)로 임시로 저장을 한다. L1 캐시는 프로세서 안에 있고, L2 캐시는 프로세서 외부에 있다. 프로그래밍 목표는 가능한 많은 프로그램, 특히 가장 많이 사용되는 프로그램의 일부분을 캐시에 유지하는 것이다. 메모리 시스템에는 2개 이상의 캐시가 있을 수 있다.

주 메모리

주 메모리는 일반적으로 RAM(random-access memory)과 ROM(read-only memory)의 두 요소로 구성된다. RAM은 자주 사용되지 않는 데이터 및 프로그램 명령어를 임시로 저장하는 작업 메모리이다. RAM은 휘발성이므로 전원이 꺼지면 저장된 내용이 손실된다. ROM은 자주 사용되는 프로그램과 데이터를 영구적으로 저장하기 위한 것이다. ROM은 비휘발성이다. 레지스터, 캐시, 주 메모리는 1차 저장장치로 분류된다.

하드 디스크

하드 디스크는 대기 시간이 매우 길며 대량의 데이터 및 프로그램을 영구적으로 저장한다. 하드 디스크는 1차 저장장치가 가득 차면 데이터에 할당된 공간인 가상 메모리로도 사용된다. 사실상 가상 메모리는 긴 대기 시간의 단점을 가지고 기본 메모리를 모사한다. 용량은 최대 약 1 TB (terabyte)이다.

$$1 \text{ TB} = 1{,}000{,}000{,}000{,}000 \text{ B} = 10^{12} \text{ B}$$

내부 하드 디스크 외에 오프라인 저장장치를 2차 저장장치에 포함할 수 있다. 오프라인 저장장치에는 DVD, CD-ROM, CD-RW, USB 플래시 드라이브 등이 있다. 오프라인 저장장치는 이동식 저장장치이다.

보조 기억장치

3차 기억장치로 불리는 보조 기억장치에는 자기 테이프 라이브러리 및 광학 쥬크 박스가 있다. **테이프 라이브러리**(tape library)는 최대 수백 페타 바이트(petabyte, PB)의 엄청난 양의 데이터를 저장할 수 있다. PB는 다음과 같다.

$$1 \text{ PB} = 1{,}000{,}000{,}000{,}000{,}000 \text{ B} = 10^{15} \text{ B}$$

광학 쥬크 박스(optical jukebox)는 광학 디스크를 자동으로 로드 및 언로드하는 로봇 저장 장치이다. 디스크에는 2,000개의 슬롯이 있으며 수백 PB를 저장할 수 있다.

비용, 용량, 액세스 시간의 관계

그림 11-66은 액세스 시간 또는 대기 시간으로 표현한 프로세서와의 거리가 멀어짐에 따라 용량(메모리에 저장할 수 있는 데이터의 양)과 단위 데이터당 비용이 어떻게 변하는지를 보여준다. 액세스 시간이 증가함에 따라 용량은 증가하고 비용은 감소한다.

메모리 계층 성능

컴퓨터 시스템에서 전반적인 처리 속도는 일반적으로 프로세서가 아닌 메모리에 의해 제한된다. 프로그래밍은 특정 메모리 계층이 얼마나 잘 활용되는지를 결정한다. 목표는 가능한 한 가

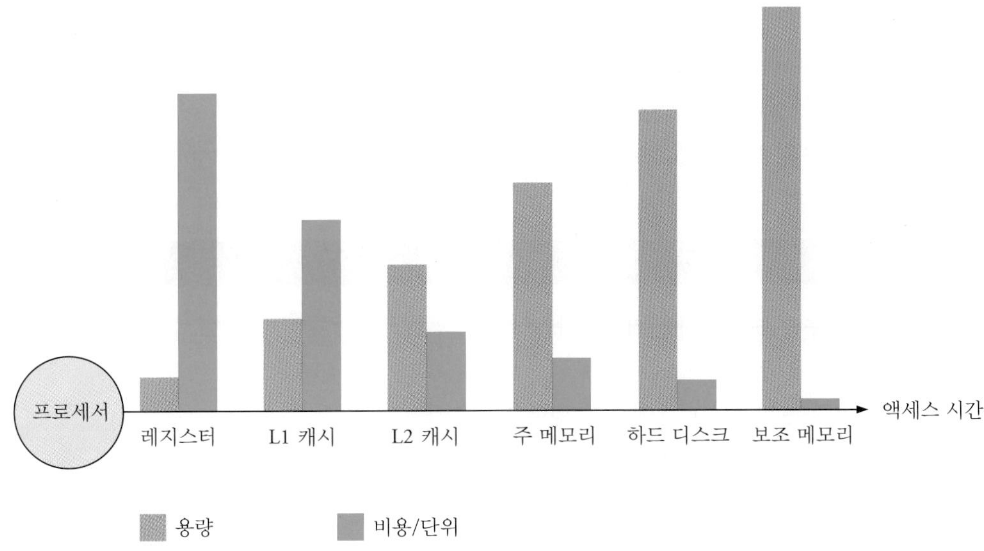

그림 11-66 대기(액세스) 시간에 따른 메모리 용량과 단위 데이터당 비용

장 빠른 속도로 데이터를 처리하는 것이다. 프로세서 성능을 최대화하는 두 가지 핵심 요소는 지역성(locality)과 적중률(hit rate)이다.

데이터 블록이 참조되면 곧 다시 참조되거나 가까운 데이터 블록이 곧 참조된다. 같은 데이터 블록을 자주 참조하는 것을 **시간적 지역성**(temporal locality)이라 하며, 캐시의 데이터 부분이 자주 재사용되도록 프로그램 코드를 정렬해야 한다. 인접한 데이터 블록을 참조하는 것을 **공간적 지역성**(spatial locality)이라 하며, 자주 사용되는 순서로 만들어진 연속적인 데이터 부분을 사용하도록 프로그램 코드를 정렬해야 한다.

미스(miss)는 프로세서가 주어진 계층의 메모리(예를 들면 캐시)에서 데이터 블록을 읽거나 쓰기에 실패한 시도이다. 미스로 인해 프로세서는 주 메모리와 같은 더 낮은 계층의 메모리로 이동해야 하므로 대기 시간이 길어진다. 명령어 읽기 미스, 데이터 읽기 미스 및 데이터 쓰기 미스 등 세 가지 유형이 있다. 주어진 메모리 계층에서 데이터 블록을 읽거나 쓰기 위한 성공적인 시도를 **히트**(hit)라고 한다. 그림 11-67에서 프로세서가 캐시에서 데이터를 요청하는 히트와 미스를 설명한다.

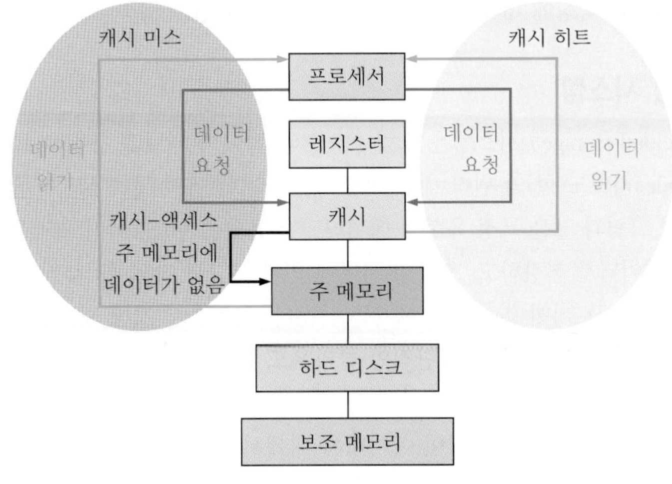

그림 11-67 캐시에서 히트와 미스

적중률(hit rate)은 주어진 메모리 계층에서 요청된 데이터를 찾는 메모리 액세스의 백분율이다. 미스율(miss rate)은 주어진 메모리 계층에서 요청된 데이터를 찾지 못하는 메모리 액세스의 백분율이고, 1-적중률과 같다. 주어진 메모리 계층에서 요청된 정보에 액세스하는 데 필요한 시간을 적중 시간(hit time)이라 한다. 적중률(미스에 대한 히트 비율)이 높을수록 메모리 계층 구조는 더 효율적이다.

복습문제 11-9

1. 메모리 계층 구조의 목적을 기술하라.
2. 액세스 시간은 무엇인가?
3. 메모리 용량은 비트당 비용에 어떤 영향을 주는가?
4. 높은 계층의 메모리는 낮은 계층의 메모리보다 용량이 일반적으로 더 큰가?
5. 히트와 미스는 무엇인가?
6. 메모리 계층의 효율성을 결정하는 것은 무엇인가?

11-10 클라우드 저장

클라우드 저장은 인터넷을 통해 편리하게 액세스할 수 있는 원격 위치에 데이터를 안전하게 저장하기 위해 제3자가 관리하는 시스템이다. 컴퓨터의 파일을 보안 원격 서버(server)에 저장하고 컴퓨터, 스마트폰, 태블릿과 같은 다양한 장치로 액세스할 수 있다. 클라우드 저장은 외부 하드 드라이브나 CD와 같은 로컬 백업 저장장치를 필요로 하지 않는다. 클라우드 저장을 사용하는 경우 기본적으로 파일이나 문서를 컴퓨터 대신 인터넷 서버에 저장한다. **클라우드**(cloud)라는 용어는 초기 네트워크 다이어그램에서 구름과 비슷한 기호를 사용하는 데서 기인한다.

이 절의 학습내용

- 클라우드 저장을 설명한다.
- 서버가 무엇인지 설명한다.
- 클라우드 저장의 장점을 이해한다.
- 클라우드 저장의 특성에 대해 설명한다.

클라우드 저장 시스템

클라우드 저장(cloud storage) 시스템은 그림 11-68과 같이 인터넷을 통해 사용자 장치에 연결된 서버[노드(node)라고도 함]의 원격 네트워크로 구성된다. 어떤 클라우드 저장 시스템은 전자메일이나 디지털 그림과 같은 특정 유형의 데이터만 허용하는 반면, 어떤 클라우드 저장 시스템은 모든 유형의 데이터를 저장하고, 소수의 서버에 의한 소규모 작업에서부터 수백 대의 서버에 의한 대규모 작업에 이르기까지 다양한 크기를 갖는다. 클라우드 저장 시스템이 설치된 시설을 **데이터 센터**(data center)라고 한다. 일반적인 클라우드 저장 시스템은 여러 사용자에게 서비스를 동시에 제공할 수 있다.

서버는 일반적으로 클라이언트-서버 아키텍처 내에서 작동하며, 클라이언트(client)는 클라우드 저장장치에 가입한 사용자를 의미한다. 이론적으로 **서버**(server)는 하나 이상의 클라이언

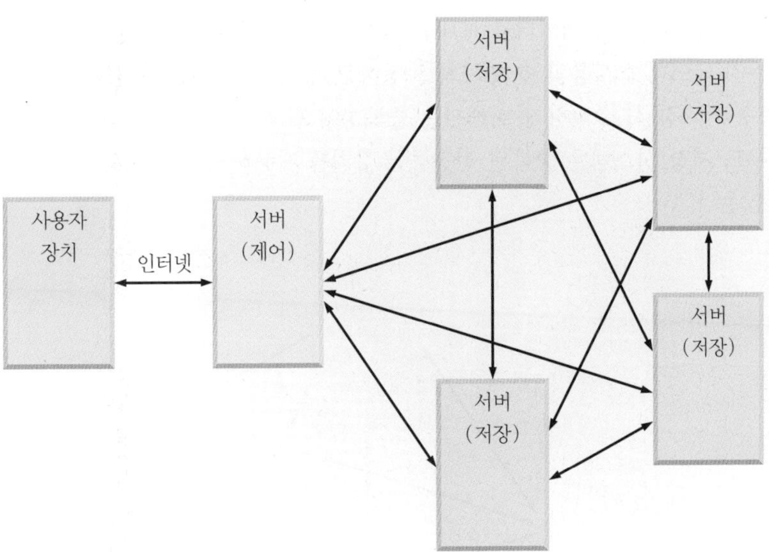

그림 11-68 클라우드 저장 시스템은 인터넷을 통해 사용자 장치가 접근할 수 있는 마스터 제어 서버, 다수의 저장 서버로 구성된다.

트와 리소스를 공유하는 모든 컴퓨터 프로세스이다. 보다 실제적으로 저장 서버는 파일 저장과 액세스는 물론 파일 공유와 같은 서비스를 제공하기 위해 네트워크를 통한 요청에 응답하는 대용량 메모리를 갖춘 컴퓨터 및 소프트웨어이다. 제어 서버는 서버 간에 클라우드 저장 네트워크 내의 동작을 조정하고 사용자 액세스를 관리한다. 그림 11-69는 서버 랙과 데이터 센터를 나타낸다.

가장 간단한 수준에서 클라우드 저장 시스템은 인터넷에 연결된 저장 서버 하나만 있으면 된다. 인터넷을 통해 클라이언트가 파일 복사본을 서버로 전송하면 데이터가 저장된다. 클라이언트가 데이터를 가져오고자 할 때 저장 서버(노드)는 이를 웹 기반 인터페이스를 통해 클라이언트에게 전송하거나 클라이언트가 서버 자체에서 파일을 다룰 수 있게 한다.

(a) 서버 랙

(b) 데이터 센터의 서버 룸

그림 11-69 클라우드 서버. (a) Jojje/Shutterstock (b) Oleksiy Mark/Shutterstock

대부분의 클라우드 저장 시스템에는 많은 저장 서버(경우에 따라 수백 개)가 있다. 서버 그룹을 클러스터(cluster)라고 한다. 시스템 아키텍처에 따라 시스템에 여러 개의 클러스터가 있을 수 있다. 그림 11-70은 파일 중복 저장을 보여주는 4개의 저장 서버가 있는 간단한 시스템을 보여준다. 클라이언트가 클라우드로 데이터를 보내면 여러 서버에 저장된다. 이러한 중복성은 클라이언트가 언제든지 데이터를 사용할 수 있도록 보장하고 시스템의 신뢰성을 높인다. 서버에 정기적인 유지 보수나 고장 시 수리하기 위해서는 중복성이 필요하다. 중복된 저장 서버 외에도 대부분의 클라우드 저장 시스템은 중복된 전원공급 장치를 사용하므로 모든 서버가 같은 전원으로 작동하지 않는다.

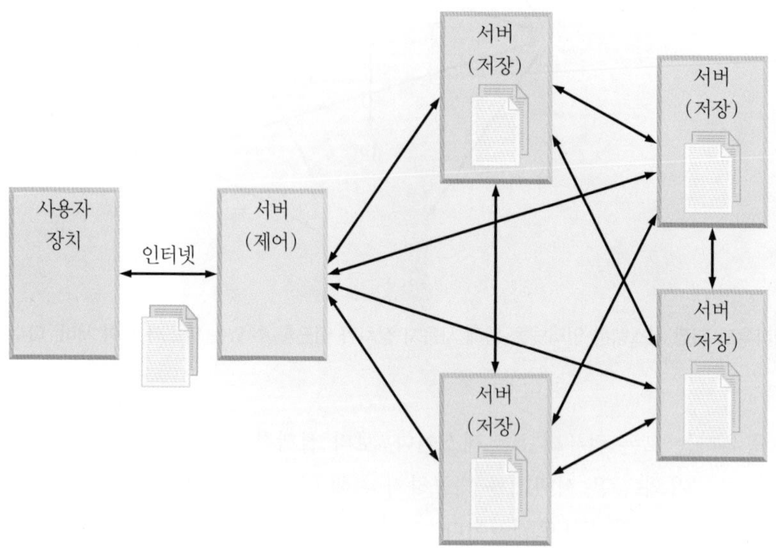

그림 11-70 중복된 저장 장치가 있는 간단한 클라우드 저장 시스템. 이 경우 데이터는 4개의 다른 서버에 저장된다.

클라이언트의 데이터를 언제든지 정확하게 저장하고 읽을 수 있다는 확신인 신뢰성에 이어 클라우드 저장의 두 번째 주요 요소는 데이터가 손상되지 않는 보안이다. 일반적으로 다음의 세 가지 방법으로 데이터 보안을 제공한다.

- 암호화(encryption) 또는 인코딩. 이는 적당한 암호 해독기가 없으면 데이터를 읽거나 해석하지 못하도록 한다.
- 인증(authentication). 액세스를 위해 이름 및 암호가 필요하다.
- 권한 부여(authorization). 데이터에 액세스할 수 있는 사람들만의 목록이 필요하다.

클라우드 저장은 컴퓨터의 기존 데이터 저장에 비해 몇 가지 장점이 있다. 첫 번째 장점은 인터넷에 액세스할 수 있는 실제 위치에서 데이터를 저장하고 검색할 수 있다는 것이다. 두 번째 장점은 데이터를 저장 및 검색하기 위해 같은 컴퓨터를 사용할 필요가 없고, 데이터 백업을 위해 실제 저장 장치를 가지고 다닐 필요가 없다는 것이다. 또한 사용자가 저장 장치를 유지 관리할 필요가 없고, 다른 사람이 나의 데이터에 액세스할 수 있다는 것이다(데이터 공유).

아키텍처

아키텍처(architecture)라는 용어는 클라우드 저장 시스템이 어떤 구조로 어떻게 구성되는가를 나타낸다. 클라우드 저장 아키텍처의 주된 목적은 데이터 저장 서비스를 특정 방식으로 제공하는 것이다. 아키텍처는 다양하지만, 그림 11-71에서 볼 수 있듯이 일반적으로 전단(front end), 제어 및 후단(back end)으로 구성된다.

클라우드 저장 시스템은 아키텍처 내에서 데이터 액세스 및 처리 방법을 결정하는 다양한 프로토콜을 사용한다. **프로토콜**(protocol)은 장치 간 전송, 처리 및 데이터 교환을 제어하고 규제

그림 11-71 클라우드 저장 시스템의 아키텍처

하는 소프트웨어 규정, 요구 사항 및 절차에 대한 표준화된 집합이다. 예를 들면 일반적인 인터넷 프로토콜은 HTTP(hypertext transfer protocol, 하이퍼텍스트 전송 프로토콜), FTP(file transfer protocol, 파일 전송 프로토콜), TCP/IP(transfer control protocol/internet protocol, 전송 제어 프로토콜/인터넷 프로토콜) 및 SMTP(simple mail transfer protocol, 단순한 메일 전송 프로토콜)이다.

API(application programming interface, 응용 프로그래밍 인터페이스)는 본질적으로 클라우드 저장 시스템의 액세스 및 사용을 위한 프로토콜이다. 다양한 유형의 API가 있다. 일반적으로 사용되는 API는 REST(representational state transfer) API이다. API는 사용자 인터페이스가 아닌 소프트웨어 대 소프트웨어 인터페이스이다. API를 사용하면 응용 프로그램은 사용자에 대한 지식이 없이 '화면 뒤에서' 서로 대화한다.

클라우드 저장의 속성

다음의 클라우드 저장 속성은 시스템 성능을 결정한다.

- 대기 시간. 데이터 요청과 사용자에게 데이터 전달 사이의 시간을 시스템의 **대기 시간**(latency)이라 한다. 데이터 요청에 따른 클라우드 저장 시스템의 각 구성 요소에 대한 시간과 사용자에게 전송할 데이터에 대한 시간에 의해 지연이 발생한다.
- 대역폭. **대역폭**(bandwidth)은 클라우드로 동시에 전송할 수 있는 주파수 범위의 척도이며, 시스템에서 처리할 수 있는 주파수 범위로 정의된다. 일반적으로 대역폭이 넓을수록 대기 시간이 짧아진다.
- 확장성. **확장성**(scalability)은 클라우드 저장 시스템이 원활하고 쉬운 방식으로 증가하는 데이터 양을 처리할 수 있는 능력을 나타낸다. 또는 확장성은 추가 리소스(일반적으로 하드웨어)가 추가될 때 시스템을 통한 데이터 이동(처리량)을 향상시키는 능력이다. 시스템 성능이 추가된 저장 용량에 비례하여 향상되면 시스템은 확장 가능하다고 한다. 수직 확장(scale up)은 단일 서버(노드)에 리소스(하드웨어 및 메모리)가 추가될 때 발생한다. 수평 확장(scale out)은 더 많은 서버(노드)가 시스템에 추가될 때 발생한다.
- 탄력성. **탄력성**(elasticity)은 서비스 중단 없이 저장 시스템에서 전송되는 데이터 양(로드)의 변화를 처리할 수 있는 클라우드의 능력을 나타낸다. 시스템 동작을 설명할 때 확장성과 탄력성 간에 미묘한 차이가 있다. 기본적으로 확장성은 시스템을 확장할 수 있는 정도를 나타내는 정적인 파라미터이며, 탄력성은 확장성 구현을 나타내는 동적 파라미터이다. 예를 들면 저장 시스템은 1~100개의 서버로 확장 가능하다. 시스템이 현재 20개의 서버(노드)로 데이터 로드가 두 배로 작동하면, 탄력성으로 인해 총 20개 노드가 추가되어 총 40개 노드로 증가된다. 마찬가지로 데이터 로드가 절반으로 줄어들면 탄력성으로 인해 10개의 노

드가 제거된다. 사용자의 서비스를 방해하지 않으면서 적당한 방법에 따라 전력을 높이거나 낮추어 서버를 추가 또는 제거할 수 있다. 임의의 시간에 데이터 로드에 필요한 서버의 수만이 전력을 소모하기 때문에 탄력성은 비용 효율성을 높인다.

- 다중 점유. **다중 점유**(multitenancy)는 클라우드 저장 시스템에서 여러 사용자가 같은 응용 소프트웨어 프로그램과 하드웨어를 공유할 수 있고, 같은 데이터 저장 메커니즘을 공유할 수 있지만 서로의 데이터를 볼 수는 없다.

복습문제 11-10

1. 클라우드 저장 시스템이란 무엇인가?
2. 서버란 무엇인가?
3. 사용자는 클라우드 저장 시스템에 어떻게 연결되는가?
4. 클라우드 시스템의 세 가지 장점을 나열하라.

11-11 고장 진단

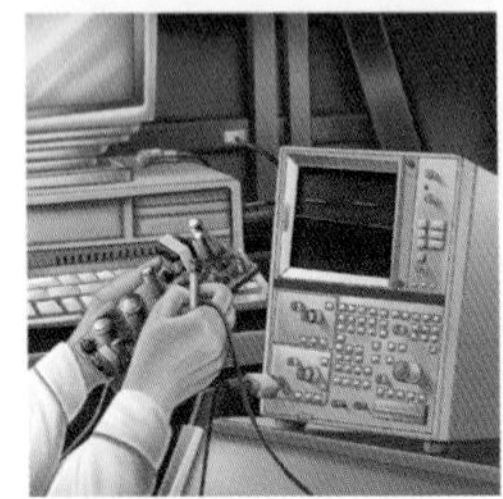

기억 장치에는 많은 수의 메모리 셀이 있기 때문에 각 셀을 검사하는 것은 오랜 시간이 걸리고 지루한 작업일 수 있다. 다행히 메모리 검사는 일반적으로 프로그램 가능한 검사 장비 또는 시스템 내장 검사 소프트웨어의 도움을 받아 자동으로 수행된다. 대부분의 마이크로프로세서 시스템은 시스템 소프트웨어의 일부로 자동 메모리 검사를 제공한다.

이 절의 학습내용

- ROM 검사의 체크섬 방법에 대해 설명한다.
- RAM 검사의 체커보드 패턴 방법에 대해 설명한다.

ROM 검사

ROM에는 이미 알고 있는 데이터가 포함되어 있으므로, 메모리에서 각 워드 데이터를 읽고 올바른 워드 데이터와 비교하여 저장된 데이터의 정확성을 검사할 수 있다. 이러한 방법 중 하나를 그림 11-72에 나타낸다. 이 프로세스에는 검사할 ROM에 대한 올바른 데이터를 포함하는 기준 ROM이 필요하다. 검사 장비는 두 ROM의 각 주소를 동시에 읽고 내용을 비교하도록 프로그램되어 있다. 그림 11-73의 순서도는 기본 순서를 보여준다.

체크섬 방법

앞서 설명한 방법은 ROM의 모든 주소에서 데이터의 오류를 확인할 수 있지만 검사할 각 ROM에 대한 기준 ROM이 필요하다는 단점이 있다. 또한 기준 ROM에 오류가 생기면 잘못된 검사 결과가 나온다.

체크섬(checksum) 방법에서는 ROM을 프로그램할 때 ROM의 모든 주소의 내용을 합한 수를 지정된 ROM 주소에 미리 저장한다. ROM을 검사하기 위해 체크섬을 제외한 모든 주소의 내용을 더한 결과를 ROM에 저장된 체크섬과 비교한다. 차이가 있다면 분명한 오류가 있다. 체크섬이 일치하면 정상인 ROM일 가능성이 높다. 그러나 몇 개의 메모리 셀에 오류가 있어도 체크섬이 일치할 가능성도 있다.

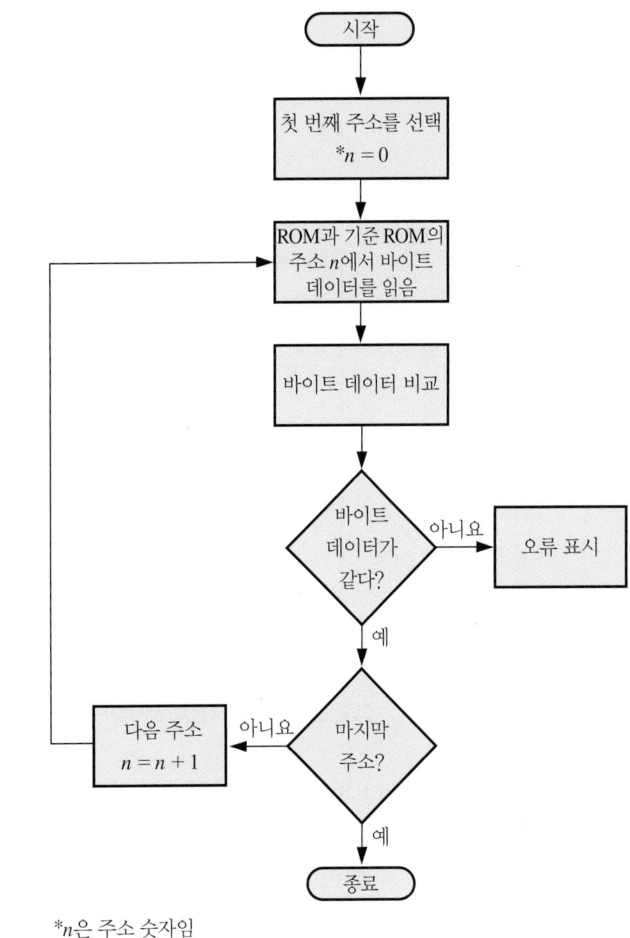

그림 11-72 ROM 검사를 위한 블록도

그림 11-73 ROM 검사를 위한 순서도

간단한 예제를 통해 이 과정을 그림 11-74에서 설명한다. 이 경우 체크섬은 자리올림을 무시하고 데이터 비트의 각 열을 합한 값으로 만들어진다. 이것은 실제로 각 열의 XOR 합이다. 그림 11-75의 순서도는 기본적인 체크섬 검사를 보여준다.

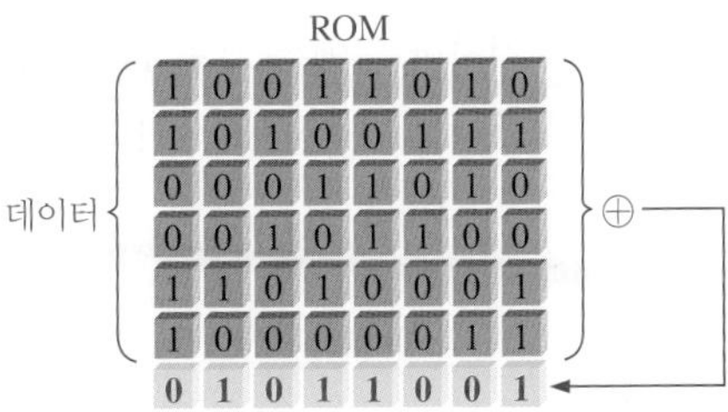

그림 11-74 지정된 주소에 체크섬이 저장되게 프로그램된 ROM의 예

체크섬 검사는 특수한 검사 계측기나 내장(시스템) 소프트웨어 또는 마이크로프로세서 시스템의 검사 루틴에 의해 이루어진다. 이 경우 ROM 검사 루틴은 시스템 시작 시 자동으로 실행된다.

RAM 검사

RAM의 각 셀에 0과 1을 모두 저장할 수 있는가를 검사하려면 먼저 각 주소의 모든 셀에 0을 쓴 후 읽어 확인한다. 다음으로 각 주소의 모든 셀에 1을 쓰고 읽은 다음 확인한다. 이 기본 검사는

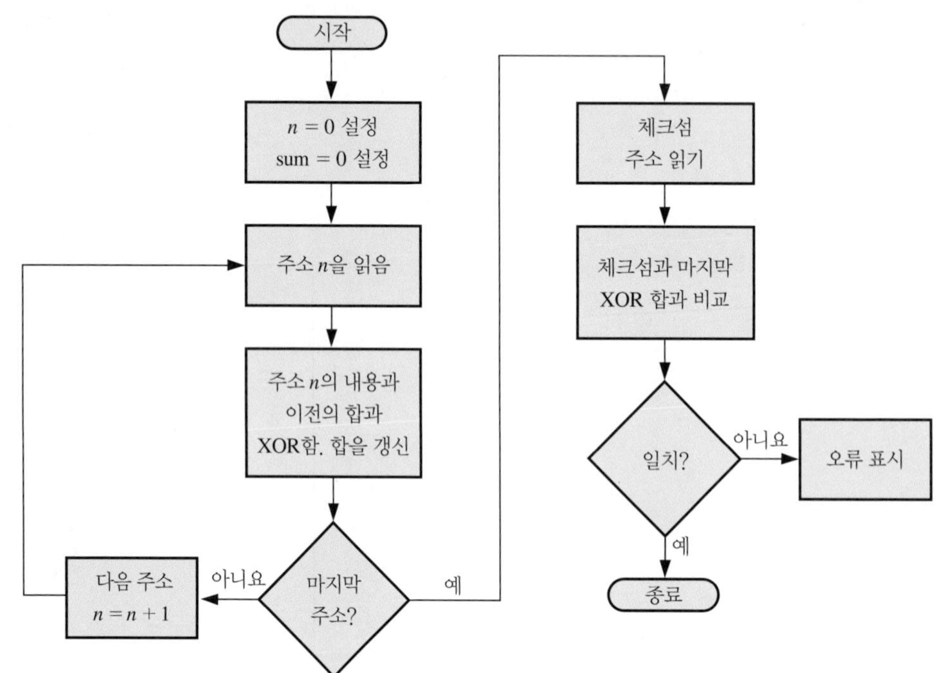

그림 11-75 체크섬을 검사하는 순서도

1 또는 0 상태에 고정된 셀을 찾아낸다.

기본 검사로 일부 메모리의 결함을 찾을 수 없다. 예를 들면 인접한 2개의 메모리 셀이 단락된 경우, 이들은 항상 같은 상태(모두 0 또는 모두 1)에 있게 된다. 또한 다른 주소의 내용 변경으로 하나 이상의 주소의 내용이 변경되는 것과 같은 내부 잡음 문제가 있는 경우 기본 검사는 효과가 없다.

체커보드 패턴 검사

좀 더 완벽하게 RAM을 검사할 수 있는 한 방법을 그림 11-76에 나타내며, 1과 0의 체커보드(checkerboard) 패턴을 사용한다. 모든 인접 셀은 반대 비트를 가진다. 이 패턴은 인접한 두 셀 사이의 단락을 검사한다. 단락이 있으면 두 셀은 같은 상태가 된다.

그림 11-76(a)의 패턴으로 RAM을 검사한 후에는 그림 11-76(b)와 같이 패턴이 반전된다. 이 반전은 모든 셀이 1과 0을 모두 저장할 수 있는가를 검사한다.

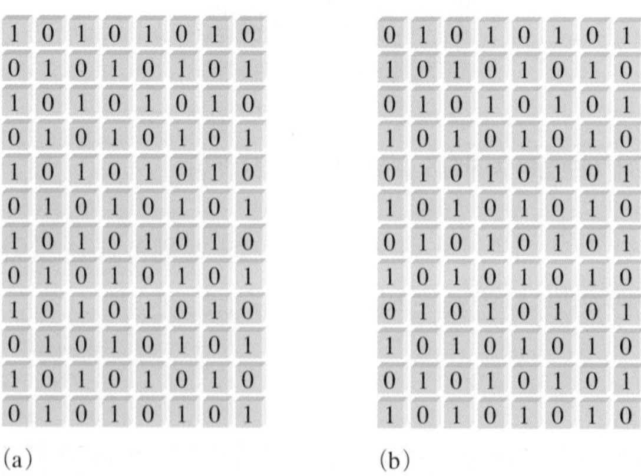

그림 11-76 RAM 체커보드 패턴 검사

한 번에 한 주소씩 패턴을 교대로 바꾸고 적절한 패턴에 대해 나머지 모든 주소를 확인하는 검사가 추가된다. 이 검사를 통해 다른 주소의 내용이 변경될 때 주소의 내용이 동적으로 변경되는지를 파악할 수 있다.

체커보드 검사에 대한 기본 절차를 그림 11-77에 나타낸다. 이 절차는 마이크로프로세서 시스템의 시스템 소프트웨어로 구현될 수 있으므로 시스템의 전원이 켜지거나 키보드에서 초기화될 때 검사가 자동으로 수행된다.

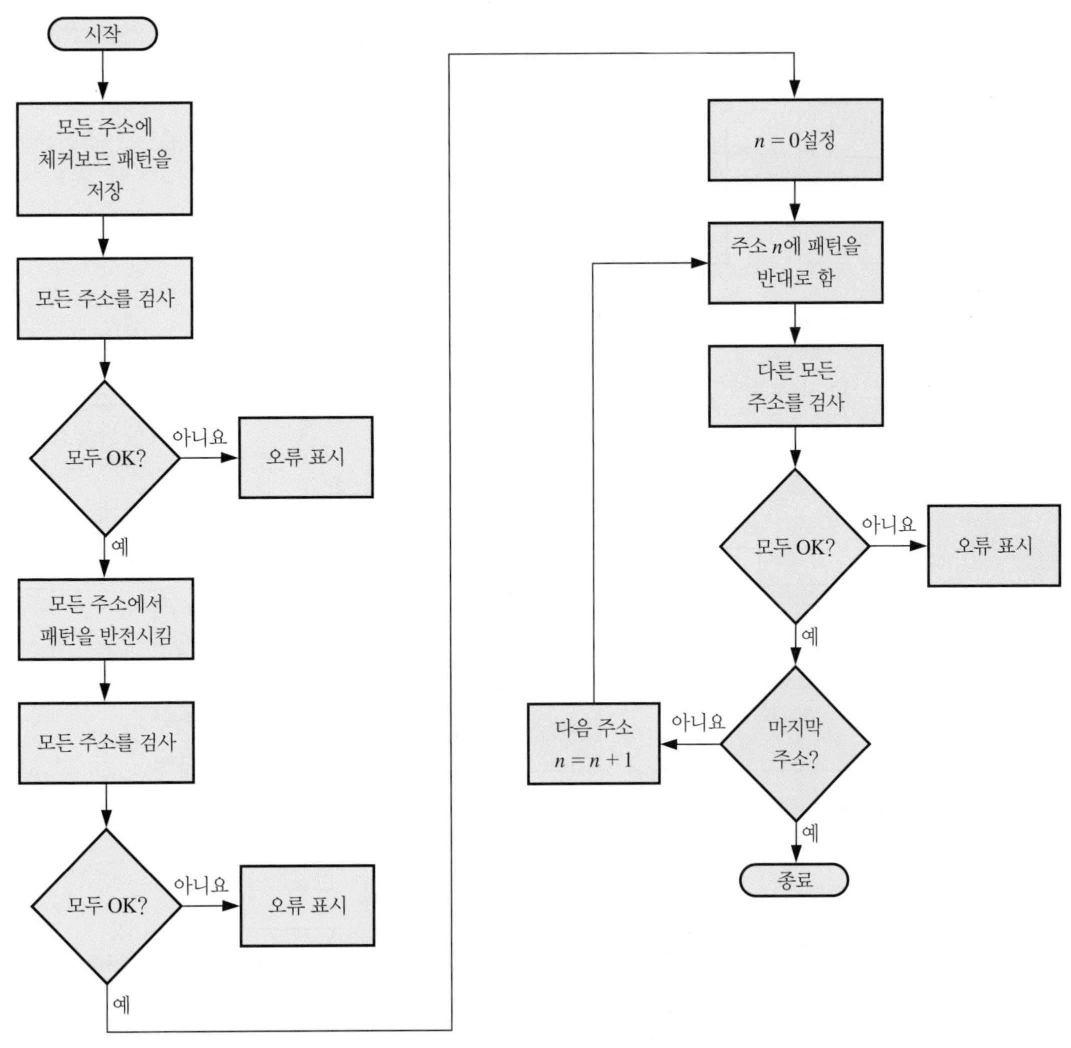

그림 11-77 RAM 체커보드 검사의 순서도

복습문제 11-11

1. ROM 검사의 체크섬 방법을 설명하라.
2. 체크섬 방법을 RAM 검사에 적용할 수 없는 이유는 무엇인가?
3. 체커보드 패턴 검사가 RAM에서 감지할 수 있는 세 가지 기본 결함을 나열하라.

요약

- 반도체 메모리의 종류

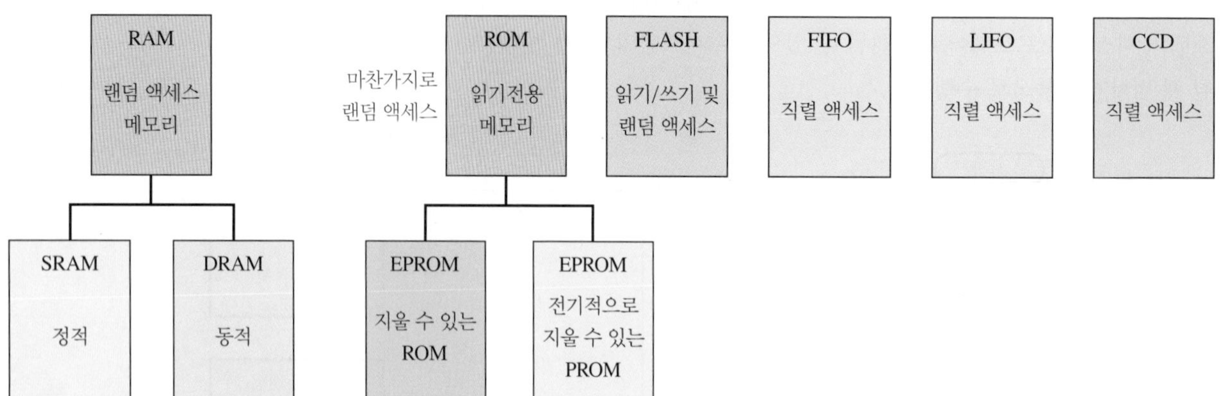

- SRAM 및 DRAM의 종류

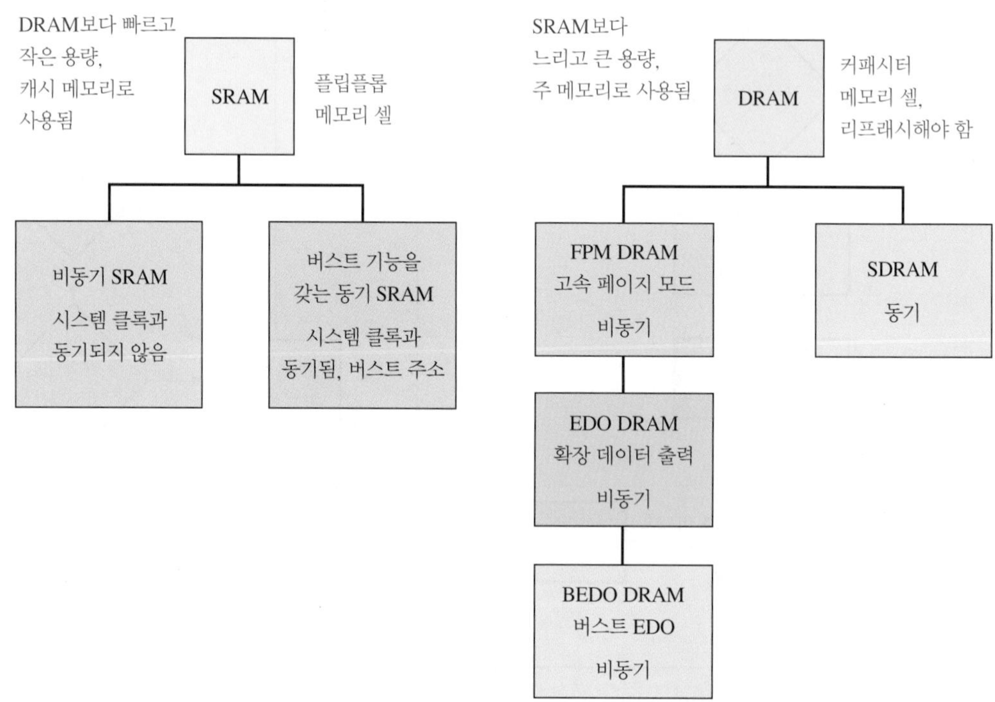

- 자기 저장 장치의 종류

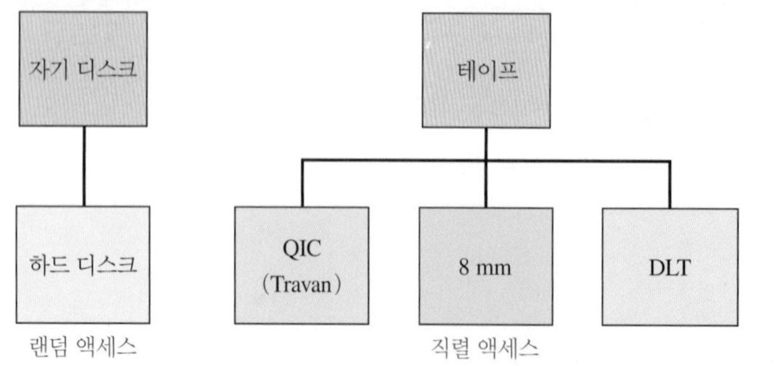

• 광학(레이저) 저장 장치의 종류

핵심용어

이 장의 핵심용어 및 기타 굵은 글씨는 책 마지막 용어해설에도 정리되어 있다.

메모리(memory) 컴퓨터 또는 다른 시스템에서 이진 데이터를 저장하는 부분

메모리 계층(memory hierarchy) 최대 성능을 얻기 위해 컴퓨터 구조 내의 다양한 메모리 요소의 배열

바이트(byte) 8비트의 그룹

버스(bus) 둘 이상의 장치 간에 데이터를 전송하기 위한 일련의 연결 및 사양

블루레이(blue-ray) DVD보다 높은 밀도와 해상도를 갖기 위해 청색 레이저를 사용하는 디스크 저장 기술

서버(server) 하나 이상의 클라이언트와 자원을 공유하는 컴퓨터화된 프로세스. 파일 저장과 액세스는 물론 파일 공유와 같은 서비스를 제공하기 위해 네트워크의 요청에 응답하는 대용량 메모리를 갖춘 컴퓨터 및 소프트웨어

셀(cell) 메모리에서 단일 저장 요소

쓰기(write) 메모리에 데이터를 저장하는 과정

용량(capacity) 메모리가 저장할 수 있는 총데이터(비트, 니블, 바이트, 워드)의 수

워드(word) 하나의 메모리 위치에 저장될 수 있는 하나의 실체로서 동작하는 비트 또는 바이트의 그룹. 2바이트를 의미함

읽기(read) 메모리로부터 데이터를 꺼내는 과정

주소(address) 메모리에 있는 주어진 메모리 셀 또는 셀 그룹의 위치. 1바이트를 저장하는 고유한 메모리 위치

클라우드 저장(cloud storage) 인터넷을 통해 사용자 장치에 연결된 서버의 원격 네트워크

플래시 메모리(flash memory) 비휘발성의 읽기/쓰기가 가능한 랜덤 액세스 반도체 메모리로 데이터가 FET의 플로팅 게이트에 전하 형태로 저장된다.

하드 디스크(hard disk) 자기 디스크 저장 장치. 일반적으로 밀폐된 하우징에 둘 이상의 딱딱한 디스크가 쌓인 스택 형태

DRAM dynamic random-access memory(동적 RAM)의 약자. 저장요소로 커패시터를 사용하는 반도체 메모리의 한 종류로 읽기/쓰기가 가능하고 휘발성이다

EPROM erasable programmable read-only memory(지울 수 있는 ROM)의 약자. 자외선 빛을 이용하여 데이터를 지우는 일종의 반도체 메모리 소자

FIFO first in-first out memory(선 입력-선 출력)의 약자

LIFO last in-first out(후 입력-선 출력)의 약자. 메모리 스택

PROM programmable read-only memory(프로그램 가능한 읽기 전용의 메모리)의 약자. 일종의 반도체 메모리

RAM random-access memory의 약자. 휘발성의 읽기/쓰기 반도체 메모리

ROM read-only memory(읽기 전용의 메모리)의 약자로 비휘발성의 읽기/쓰기 반도체 메모리

SRAM static random-access memory(정적 RAM)의 약자. 휘발성의 읽기/쓰기 반도체 메모리

참/거짓 퀴즈

정답은 이 장의 끝에 있다.

1. 니블은 8비트로 구성된다.
2. 메모리 셀은 1바이트의 데이터를 저장할 수 있다.
3. 메모리 배열에서 단위 데이터의 위치를 주소라고 한다.
4. 데이터 버스는 양방향으로 동작한다.
5. RAM은 random address memory의 약자이다.
6. SRAM에 저장된 데이터는 전원이 제거된 후에도 유지된다.
7. 캐시는 데이터의 중간 또는 임시 저장에 사용되는 메모리이다.
8. DRAM은 데이터를 유지하기 위해 정기적으로 리프래시되어야 한다.
9. ROM은 read-only memory의 약자이다.
10. 플래시 메모리는 빛의 플래싱 빔을 사용하여 데이터를 저장한다.
11. 레지스터는 메모리 계층의 맨 위에 있다.
12. 클라우드 저장은 인터넷을 통해 액세스된다.

자습문제

정답은 이 장의 끝에 있다.

1. 512개의 주소를 가지며 각 주소에 8비트를 저장할 수 있는 메모리의 비트 용량은?
   (a) 512 (b) 1024 (c) 2048 (d) 4096
2. 16비트 워드와 같은 비트 용량은?
   (a) 3바이트 (b) 4니블
   (c) 4바이트 (d) 3바이트 및 1니블
3. 다음 중 어떤 동작에서 데이터가 RAM(random-access memory)에 저장되는가?
   (a) 읽기 동작 (b) 인에이블 동작
   (c) 쓰기 동작 (d) 주소 동작
4. RAM에 주어진 주소에 저장된 데이터는 다음 중 어떤 경우에 손실되는가?
   (a) 전원이 꺼지면 (b) 주소에서 데이터가 읽혀지면
   (c) 주소에 새로운 데이터가 쓰이면 (d) (a) 및 (c)인 경우
5. ROM은
   (a) 비휘발성 메모리 (b) 휘발성 메모리
   (c) 읽기/쓰기 메모리 (d) 바이트로 구성된 메모리

6. 512개의 주소가 있는 메모리에는
 (a) 512개의 주소 선이 있다. (b) 12개의 주소 선이 있다.
 (c) 1개의 주소 선이 있다. (d) 9개의 주소 선이 있다.
7. 1바이트로 구성된 메모리에는
 (a) 1개의 데이터 출력선이 있다. (b) 4개의 데이터 출력선이 있다.
 (c) 8개의 데이터 출력선이 있다. (d) 16개의 데이터 출력선이 있다.
8. DRAM의 기억 소자는 무엇인가?
 (a) 저항기 (b) 트랜지스터 (c) 커패시터 (d) 다이오드
9. 주소 버스트 기능이 있는 것은?
 (a) 동기 SRAM (b) 비동기 SRAM
 (c) 고속 페이지 모드 DRAM (d) 동기 DRAM
10. 컴퓨터에서 BIOS 프로그램은 어디에 저장되는가?
 (a) ROM (b) RAM (c) SRAM (d) DRAM
11. SRAM, DRAM, 플래시 및 EEPROM은 모두 다음 중 무엇에 해당하는가?
 (a) 광자기 저장 장치 (b) 반도체 기억 장치
 (c) 자기 저장 장치 (d) 광학 저장 장치
12. 광학 저장 장치에 사용되는 것은?
 (a) 자외선 (b) 전자기장 (c) 광학 커플러 (d) 레이저
13. 다음에서 메모리 대기 시간은?
 (a) 평균 다운 타임 (b) 데이터 블록을 참조하는 시간
 (c) 프로세서 액세스 시간 (d) 적중률
14. 클라우드 저장 시스템을 수용하는 시설은?
 (a) 서버 (b) 데이터 센터 (c) 컴퓨터 센터 (d) 구름 집

문제

홀수 문제의 정답은 책의 끝에 있다.

11-1절 반도체 메모리의 기초

1. 그림 11-78의 두 메모리의 차이점은?

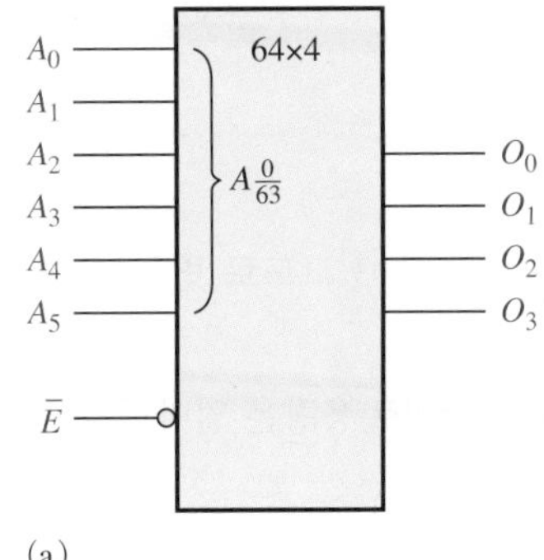

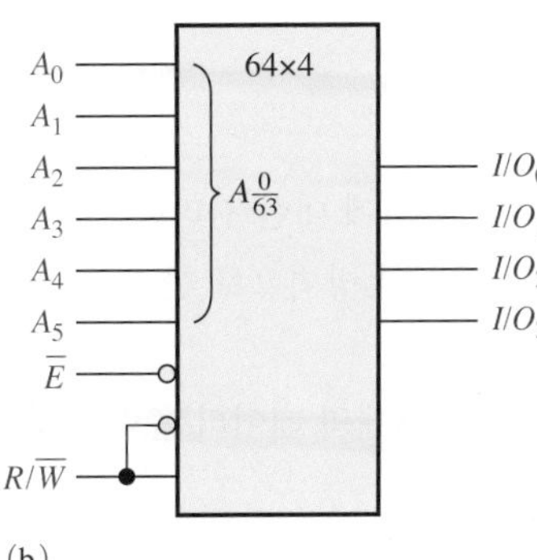

그림 11-78

2. 비트, 바이트, 니블, 워드 사이의 관계는?
3. 메모리의 기본 동작을 설명하라.
4. 다음의 각 16 진수는 0에서 256까지 메모리 주소 가운데 무엇인가?
   (a) $0C_{16}$ (b) $5E_{16}$ (c) DF_{16}

11-2절 RAM

5. 그림 11-10과 비슷한 4개의 행이 있는 정적 메모리 배열은 처음에 모두 0을 저장한다. 다음의 조건 후에 내용은 무엇인가? 1일 때 행을 선택한다고 가정한다.

   행 0 = 1, 데이터 입력 (비트 0) = 1
   행 1 = 0, 데이터 입력 (비트 1) = 1
   행 2 = 1, 데이터 입력 (비트 2) = 0
   행 3 = 0, 데이터 입력 (비트 3) = 1

6. 512×4 비트 SRAM에 대해 입력과 출력을 모든 표시하여 논리도를 그리라.
7. 64k×8 SRAM이 그림 11-12의 SRAM과 유사한 구조를 가지고 있다고 가정한다. 메모리 셀 배열에서 행 및 8비트 열의 수를 구하라.
8. 64k × 8 메모리에 대해 그림 11-12의 구조도를 다시 그리라.
9. 캐시 메모리는 무엇인가?
10. RAM의 종류를 나열하라.

11-3절 ROM

11. 그림 11-79의 ROM 배열에 대하여 가능한 모든 입력 조합에 대한 출력값을 구하고, 이를 표 형식으로 정리하라. (파란색 셀은 1, 회색 셀은 0임)

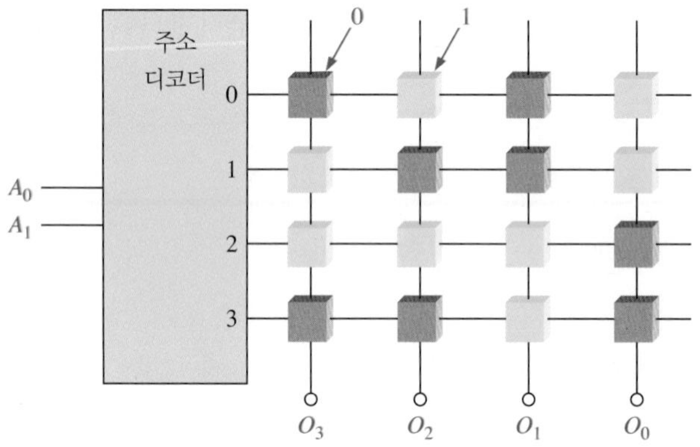

그림 11-79

12. 그림 11-80의 ROM에 대한 진리표를 구하라.
13. 예제 11-1과 유사한 방법으로 한 자리 BCD 코드를 초과-3 코드로 변환하는 ROM을 설계하라.
14. 14개의 주소 선과 8개의 데이터 출력을 갖는 ROM의 총비트 용량은 얼마인가?

11-4절 PROM

15. 그림 11-81의 PROM 행렬에서 퓨즈 연결을 끊어서 0을 생성한다고 가정한다. X가 0~7까지의 숫자인 X^3 룩업 테이블을 프로그램하기 위해 어떤 퓨즈 연결을 끊어야 하는가?

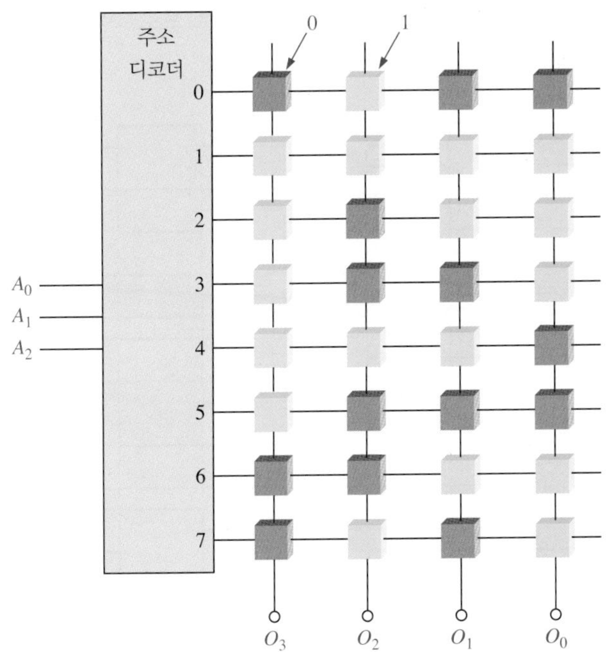

그림 11-80

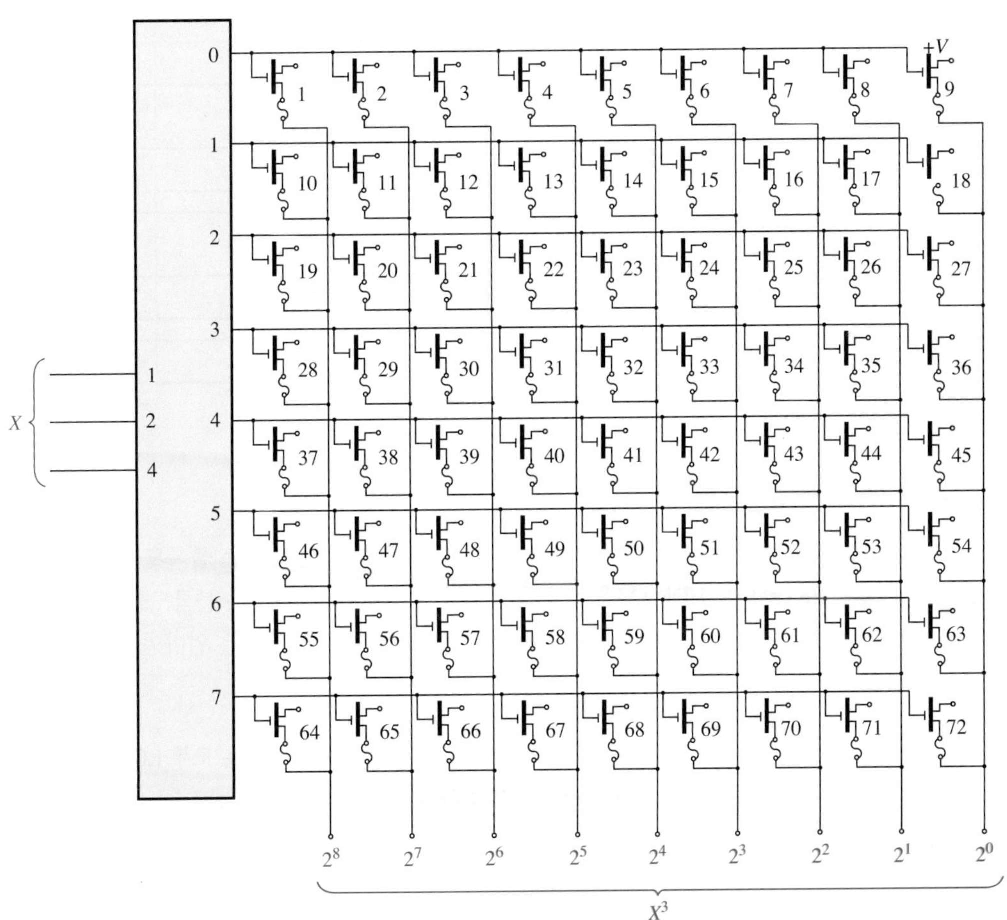

그림 11-81

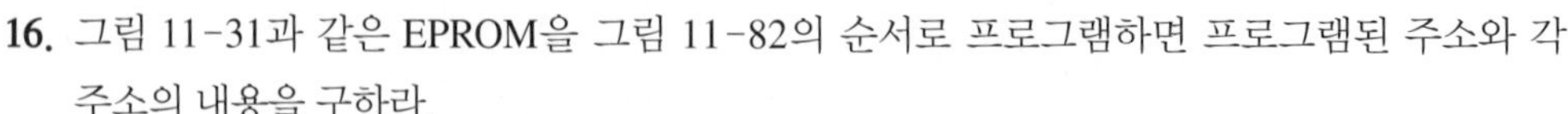

16. 그림 11-31과 같은 EPROM을 그림 11-82의 순서로 프로그램하면 프로그램된 주소와 각 주소의 내용을 구하라.

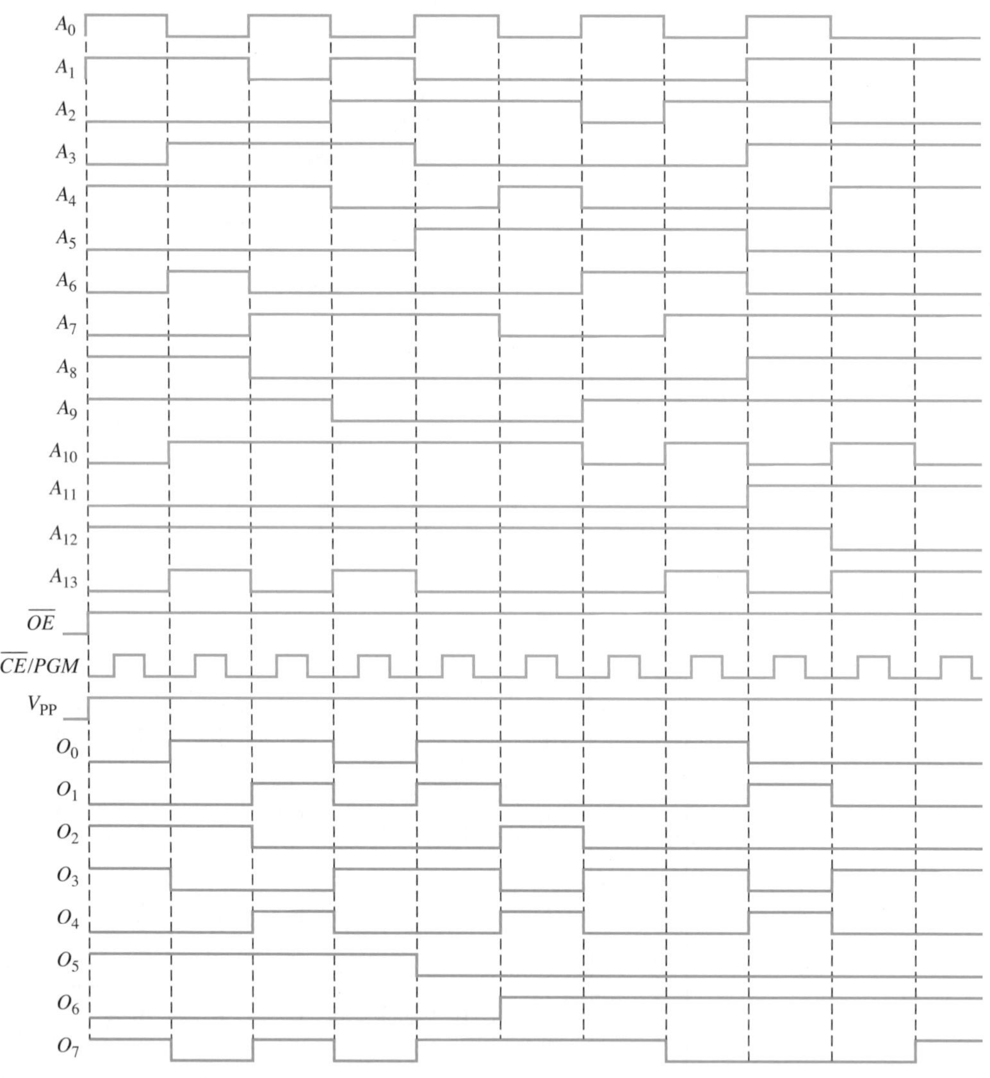

그림 11-82

11-6절 메모리 확장

17. 16k × 4 DRAM을 사용하여 64k × 8 DRAM을 만드는 블록도를 그리라.

18. 64k × 1 DRAM을 사용하여 256k × 4 RAM을 만드는 블록도를 그리라.

19. 문제 17과 18의 경우 메모리의 워드 길이와 워드 용량은 얼마인가?

11-7절 특수 형태의 메모리

20. 그림 11-50과 같은 FIFO 직렬 메모리에 대해 초기에는 모두 LOW인 출력 파형을 그림 11-83의 타이밍도에 추가하여 완성하라.

21. 4096 × 8 RAM에서 마지막 64개 주소가 LIFO 스택으로 사용된다고 가정한다. RAM의 첫 번째 주소가 000_{16}이라면 스택에 사용되는 64개의 주소를 지정하라.

22. 문제 21의 메모리에서 16바이트가 스택으로 푸시된다. 첫 번째 바이트가 저장되는 주소는? 마지막 바이트가 저장되는 주소?

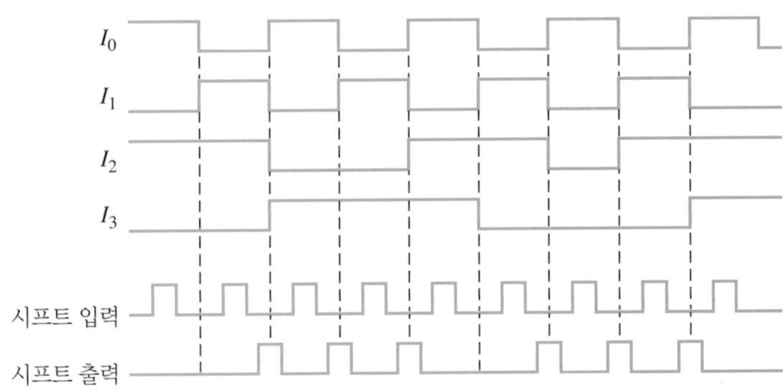

그림 11-83

11-8절 자기 및 광학 저장 장치

23. 하드 디스크의 물리적 구조를 설명하라.
24. 하드 디스크에서 읽기/쓰기를 설명하라.
25. 하드 디스크의 성능을 나타내는 파라미터는 무엇인가?
26. CD-R과 CD-RW의 차이점은 무엇인가?
27. CD와 DVD의 주요 차이점은 무엇인가?
28. 블루레이 디스크는 무엇인가?

11-9절 메모리 계층

29. 메모리 계층은 무엇을 의미하는가?
30. 컴퓨터에서 사용되는 메모리 저장 계층은 무엇인가?
31. 적중률을 설명하라.
32. 어떤 메모리의 미스율(miss rate)이 0.2라면 적중률은 얼마인가?

11-10절 클라우드 저장

33. 6대의 서버로 구성된 클라우드 저장 시스템의 블록도를 그리라.
34. 클라우드 저장 시스템에서 서버의 역할은 무엇인가?
35. 클라우드 저장 시스템의 아키텍처는 무엇인가?
36. 클라우드 저장 시스템의 다섯 가지 속성을 나열하고, 각각에 대해 간단히 설명하라.

11-11절 고장 진단

37. 그림 11-84의 ROM 내용이 올바른지 확인하라.

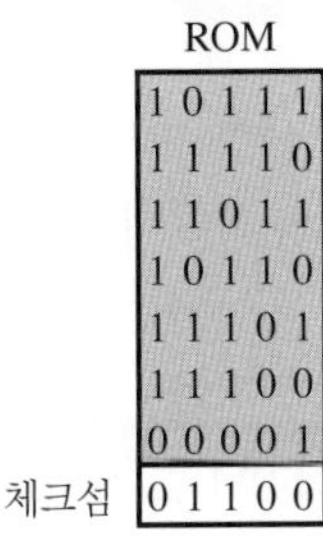

그림 11-84

38. 128×8 ROM이 그림 11-85와 같이 구현되어 있다. 디코더는 2개의 최상위 주소 비트를 디코딩하여 선택된 주소에 따라 한 번에 하나씩 ROM을 활성화한다.

(a) 각 ROM의 최하위 주소와 최상위 주소를 16진수로 표현하라.
(b) 하나의 체크섬이 전체 메모리에 대해 사용되고 최상위 주소에 저장된다고 가정한다. 전체 메모리 시스템을 검사하기 위한 순서도를 작성하라.
(c) 각 ROM의 최상위 주소에 체크섬이 저장된다고 가정한다. 이에 맞도록 (b)에서 작성한 순서도를 수정하라.
(d) 개별 ROM마다 체크섬을 사용하는 것에 비해 전체 메모리에 대해 하나의 체크섬을 사용하는 단점은 무엇인가?

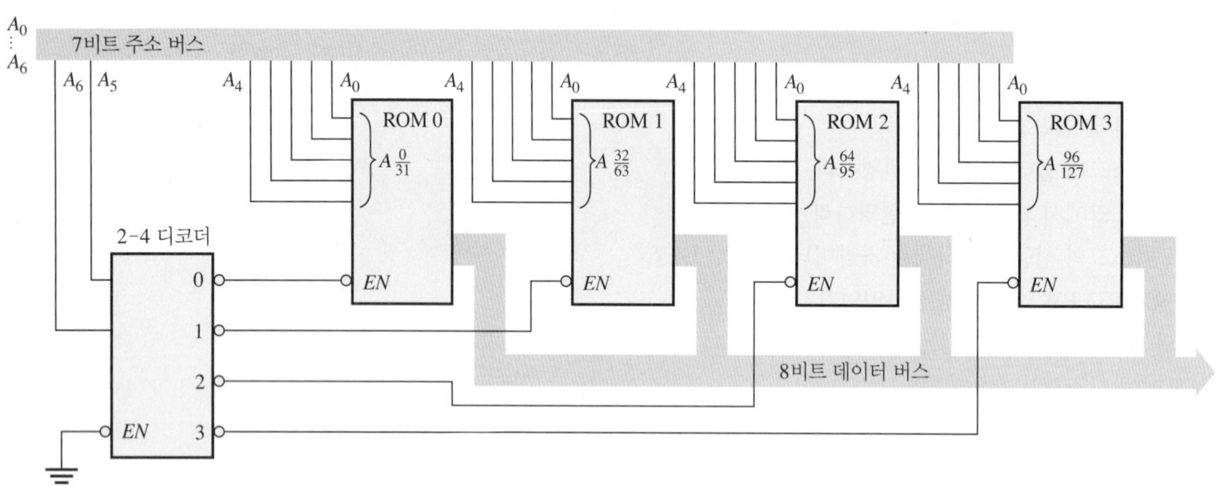

그림 11-85

39. 그림 11-85의 메모리에서 체크섬 검사가 실행 중이고 각 개별 ROM의 최상위 주소에 체크섬이 있다고 가정한다. 시스템의 비디오 모니터에 다음의 오류 메시지가 나타나면 어떤 IC를 교체해야 하는가?
(a) 주소 40-5F 고장 (b) 주소 20-3F 고장 (c) 주소 00-7F 고장

정답

복습문제

11-1절 반도체 메모리의 기초

1. 비트는 데이터의 최소 단위이다.
2. 256바이트는 2048비트이다.
3. 쓰기 동작은 메모리에 데이터를 저장한다.
4. 읽기 동작은 메모리에서 데이터 사본을 가져온다.
5. 단위 데이터는 해당 주소에 위치한다.
6. RAM은 휘발성이고, 읽기/쓰기가 가능하다. ROM은 비휘발성이고, 읽기만 가능하다.

11-2절 RAM

1. 비동기 및 버스트 기능이 있는 동기
2. CPU와 주 메모리 사이의 작고 빠른 메모리
3. SRAM은 래치를 메모리 셀로 사용하고, 전원이 공급되면 계속 데이터를 유지한다. DRAM은 커패시터를 메모리 셀로 사용하고, 주기적으로 리프래시되어야 한다.
4. 리프래시 동작은 커패시터의 방전으로 인해 데이터가 손실되는 것을 방지한다. 저장된 비트는 커패시터를 재충전하여 주기적으로 재저장된다.
5. FPM, EDO, BEDO, 동기

11-3절 ROM

1. 512 × 8은 4096비트와 같다.
2. 마스크 ROM, PROM, EPROM, UV EPROM,

EEPROM

3. 256개의 바이트 위치($2^8 = 256$)에는 8비트의 주소가 필요하다.

11-4절 PROM

1. PROM은 현장에서 프로그램이 가능하다. ROM은 불가능하다.
2. 저장된 전하의 유무
3. 읽기는 PROM의 일반적인 동작 모드이다.

11-5절 플래시 메모리

1. 플래시, ROM, EPROM, EEPROM은 비휘발성이다.
2. 플래시는 비휘발성이고, SRAM, DRAM은 휘발성이다.
3. 프로그래밍, 읽기, 지우기

11-6절 메모리 확장

1. 8개의 RAM
2. 8개의 RAM
3. DIMM(dual in-line memory module)

11-7절 특수 형태의 메모리

1. FIFO 메모리에서는 먼저 입력된 비트(또는 워드)가 먼저 출력된다.
2. LIFO 메모리에서는 마지막에 입력된 비트(또는 워드)가 먼저 출력된다. 스택은 LIFO이다.
3. 푸시 동작은 데이터를 메모리 스택에 밀어 넣는다.
4. 팝 동작은 메모리 스택에서 데이터를 뽑아낸다.
5. charge-coupled device(전하 결합 소자)

11-8절 자기 및 광학 저장 장치

1. 자기 저장 장치 : 하드 디스크, 테이프 및 광자기 디스크
2. 자기 디스크는 트랙과 섹터로 구성된다.
3. 광자기 디스크는 레이저 빔과 전자석을 사용한다.
4. 광학 저장 장치 : CD-ROM, CD-R, CD-RW, DVD-ROM, WORM, 블루레이 디스크(BD)

11-9절 메모리 계층

1. 메모리 계층의 목적은 최저 비용으로 가장 빠른 액세스 시간을 얻는 것이다.
2. 액세스 시간은 프로세서가 메모리에서 데이터 블록을 검색하거나(읽거나) 또는 쓰는 데 걸리는 시간이다.
3. 일반적으로 용량이 높아질수록 비트당 비용이 낮아진다.
4. 그렇다.
5. 프로세서가 첫 번째 메모리에서 요청된 데이터를 찾을 때 히트라 한다. 프로세서가 요청된 데이터를 찾지 못하여 다른 계층의 메모리로 이동해야 하는 경우를 미스라 한다.
6. 적중률

11-10절 클라우드 저장

1. 클라우드 저장 시스템은 사용자 장치가 인터넷을 통해 연결하는 원격 서버 네트워크이다.
2. 서버는 여러 클라이언트와 자원을 공유하는 컴퓨터화된 프로세스이다. 실제로 저장 서버는 대용량 메모리를 갖춘 컴퓨터 및 소프트웨어로, 네트워크를 통해 파일 저장과 파일 공유 서비스와 같은 액세스 요청에 응답한다.
3. 사용자가 인터넷을 통해 연결한다.
4. 인터넷을 통해 임의의 장소에서 임의의 컴퓨터를 사용하여 데이터를 저장하고 검색한다. 지역적인 백업 저장 장치가 필요하지 않고, 다른 사용자가 데이터에 액세스하도록 허용할 수 있다.

11-11절 고장 진단

1. ROM의 내용이 추가되고 미리 저장된 체크섬과 비교된다.
2. RAM 내용이 고정되어 있지 않아 체크섬을 사용할 수 없다.
3. (1) 인접한 셀 사이의 단락, (2) 일부 셀이 1과 0 모두를 저장할 수 없음, (3) 다른 주소의 내용이 변경될 때 한 주소의 내용이 동적으로 변경되는 것

예제의 관련 문제

11-1 $G_3G_2G_1G_0 = 1110$

11-2 8개의 64k × 1 ROM을 병렬로 연결하여 64k×8 ROM을 구성한다.

11-3 16개의 64k × 1 ROM

11-4 그림 11-86을 참조하라.

11-5 ROM 1 : 0~524,287, ROM 2 : 524,288~1,048,575

참/거짓 퀴즈

1. F	2. F	3. T	4. T	5. F
6. F	7. T	8. T	9. T	10. F
11. T	12. T			

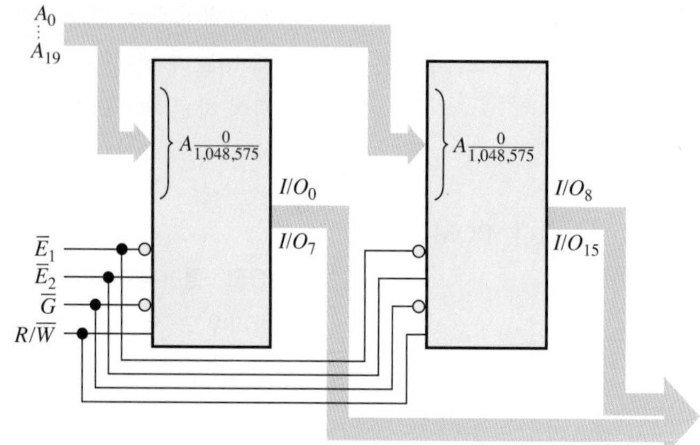

그림 11-86

자습문제

1. (d) 2. (b) 3. (c) 4. (d) 5. (a)
6. (d) 7. (c) 8. (c) 9. (a) 10. (a)
11. (b) 12. (d) 13. (c) 14. (b)

CHAPTER 12

신호 변환과 처리

학습목차

학습목표

- 아날로그 신호가 디지털 형태로 변환되는 방법을 설명한다.
- 필터링의 목적을 설명한다.
- 샘플링 과정을 설명한다.
- 여러 종류의 아날로그-디지털 변환기가 동작하는 방법을 설명한다.
- 디지털-아날로그 변환의 목적을 기술한다.
- 디지털-아날로그 변환기의 동작 방식을 설명한다.
- 디지털 신호 처리 시스템의 필수 요소를 나열한다.
- 디지털 신호 처리기(DSP)의 기본 개념을 설명한다.
- DSP의 기본 아키텍처를 설명한다.
- DSP가 수행하는 기능의 몇몇을 말한다.

학습지원 웹사이트

http://www.pearsonglobaleditions.com/floyd

핵심용어

- 샘플링
- 나이퀴스트 주파수
- 에일리어싱
- 아날로그-디지털 변환기(ADC)
- 양자화
- 디지털-아날로그 변환기(DAC)
- 디지털 신호 처리기(DSP)
- DSP 코어
- MIPS
- MFLOPS
- MMACS
- 파이프라인
- 페치
- 디코드
- 실행

개요

이 장에서는 아날로그-디지털 및 디지털-아날로그 변환 방법을 사용하여 디지털과 아날로그 시스템의 인터페이싱하는 방법을 소개한다.

디지털 신호 처리는 자동차, 가전, 그래픽/이미징, 산업, 계측, 의료, 군사, 통신 및 소리/음성 응용과 같은 많은 분야에서 광범위하게 사용되는 기술이다. 디지털 신호 처리는 수학, 소프트웨어 프로그래밍, 프로세싱 하드웨어가 통합되어 아날로그 신호를 정교하게 처리한다.

12-1 아날로그-디지털 변환

디지털 기술을 사용하여 신호를 처리하려면 입력되는 아날로그 신호가 디지털 형태로 변환되어야 한다.

이 절의 학습내용

- 아날로그 신호를 디지털로 변환하는 기본 과정을 설명한다.
- 샘플-앤드-홀드 기능의 목적을 설명한다.
- 나이퀴스트 주파수를 정의한다.
- 에일리어싱의 원인을 규명하고 제거 방법을 논의한다.
- ADC의 목적을 설명한다.

샘플링과 필터링

앤티에일리어싱(anti-aliasing) 필터 및 샘플-앤드-홀드 회로는 일반적으로 디지털 신호 처리 시스템에서 찾을 수 있는 두 가지 기능이다. 샘플-앤드-홀드 기능은 2개의 동작을 수행하는데, 첫 번째가 샘플링이다. **샘플링**(sampling)은 파형의 모양을 정의하는 파형의 점에서 충분한 수의 이산화된 값을 취하는 과정이다. 샘플을 많이 사용하면 할수록 파형을 더 정확하게 표현할 수 있다. 샘플링은 아날로그 신호를 일련의 임펄스들로 변환시키며, 각 임펄스는 주어진 순간에 신호의 진폭을 나타낸다. 그림 12-1에 샘플링 과정을 보였다.

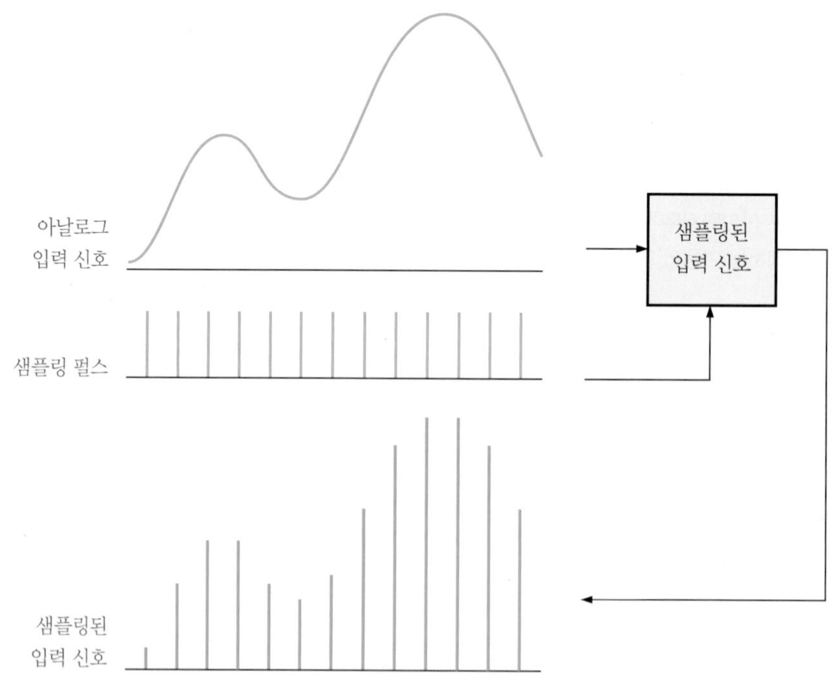

그림 12-1 샘플링 과정의 설명

아날로그 신호가 샘플링될 때, 원래의 신호를 정확하게 표현하기 위하여 충족되어야 하는 어떤 기준이 있다. 모든 아날로그 신호(순수 사인파만 있는 경우는 예외임)에는 요소 주파수의 스펙트럼을 포함한다. 순수 사인파의 경우 이들 주파수는 **고조파**(harmonics)라 불리는 배수로 나타난다. 아날로그 신호의 고조파는 상이한 주파수와 진폭을 가지는 사인파이다. 어떤 주기 파형의 고조파가 더해지면, 그 결과는 원래의 신호가 된다. 신호를 샘플링하기 전, 나이퀴스트 주파수 이상의 고조파 주파수를 제거하는 저역 통과 필터(앤티에일리어싱 필터)를 통과시켜야 한다.

샘플링 이론

그림 12-1에 2개의 입력 파형이 있음을 주목하라. 하나는 아날로그 신호이고 다른 하나는 샘플링 펄스 파형이다. 샘플링 이론은 아날로그 신호를 표현하기 위하여 샘플링 주파수 f_{sample}은 아날로그 신호가 가지는 최대 주파수 성분 $f_{a(max)}$의 두 배 이상이 되어야 한다는 것이다. 다른 방법으로 이것을 설명하면 가장 높은 아날로그 주파수가 샘플링 주파수의 1/2보다 클 수 없다는 것이다. 주파수 $f_{a(max)}$는 **나이퀴스트 주파수**(Nyquist frequency)로 알려져 있으며 식 12-1로 표현된다. 실제로 샘플링 주파수는 최고 아날로그 주파수의 두 배 이상이어야 한다.

$$f_{sample} > 2f_{a(max)} \qquad \text{식 12-1}$$

샘플링 이론을 직관적으로 이해하려면 단순한 '튀는 공' 비유가 도움이 될 수 있다. 전기 신호의 샘플링을 완벽하게 표현하지는 않지만, 기본적인 아이디어를 설명하는 데 도움이 된다. 그림 12-2(a)와 같이 한 번의 바운스 중에 한 번 촬영을 하면(샘플링을 하면) 바닥에서 떨어진 것을 제외하고 공의 경로에 대하여 아무것도 이야기할 수 없다. 공이 위로 가는지 또는 아래로 가고 있는지 또는 바운스의 거리도 말할 수 없다. 그림 (b)에 보인 것과 같이 한 번의 바운스에서 2개의 등 간격(equally-spaced) 순간에 사진을 찍으면, 최소한의 움직임 정보만 얻을 수 있고 바운스 거리에 대한 정보는 얻을 수 없다. 이 경우에는 두 장의 사진이 촬영된 순간에 공이 공중에 있었고 바운스의 최고 높이는 각 사진에 있는 높이와 적어도 같거나 더 높다는 것을 알 수 있다. 그림 (c)와 같이 네 장의 사진을 찍으면, 튀어 오르는 동안 공의 경로가 나타난다. 더 많은 사진(샘플)을 찍을수록 더 정확하게 볼이 튀는 경로를 결정할 수 있다.

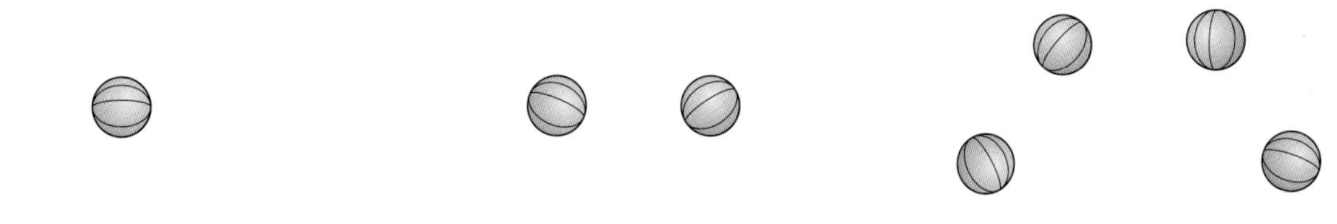

(a) 단일 바운스 중인 공의 한 샘플

(b) 단일 바운스 중인 공의 두 샘플. 이것은 공의 움직임에 관하여 어떤 것을 말하는 데 필요한 최소 정보를 주지만 경로에 대해 기술하기에는 일반적으로 불충분하다.

(c) 단일 바운스 중인 공의 4 샘플은 경로의 대략적인 그림을 형성한다.

그림 12-2 튀는 공에 비유한 샘플링 이론

필터링의 필요성

저역통과 필터링은 나이퀴스트 주파수를 초과하는 아날로그 신호의 주파수 성분(고조파)을 제거하는 데 필요하다. 나이퀴스트 주파수를 초과하는 아날로그 신호의 주파수 성분이 있으면, **에일리어싱**(aliasing)이라고 하는 원하지 않는 상태가 발생한다. 에일리어스(alias)는 샘플링 주파수가 신호 주파수의 두 배 이상이 되지 못할 때 생성되는 신호이다. 에일리어스 신호는 샘플링되는 아날로그 신호에서 가장 높은 주파수보다 낮은 주파수를 가지므로 입력 아날로그 신호의 스펙트럼 또는 주파수 대역 내로 들어가서 왜곡을 초래한다. 이러한 신호는 아날로그 신호의 일부분이 아님에도 일부분인 것처럼 실제로 '포즈'를 취하여 에일리어스(alias)라는 이름이 붙었다.

에일리어싱을 보는 또 다른 방법은 샘플링 펄스가 그림 12-3과 같이 샘플링 주파수 위와 아래의 고조파 스펙트럼을 생성한다는 것을 아는 것이다. 아날로그 신호에 나이퀴스트 주파수 이상의 주파수가 포함되어 있으면 이들 주파수는 그림과 같이 샘플 파형의 스펙트럼에 중첩되어 간섭이 발생한다. 샘플링 파형의 더 낮은 주파수 성분은 아날로그 파형의 주파수 스펙트럼과 내부로 혼합되어 에일리어싱 오류를 발생시킨다.

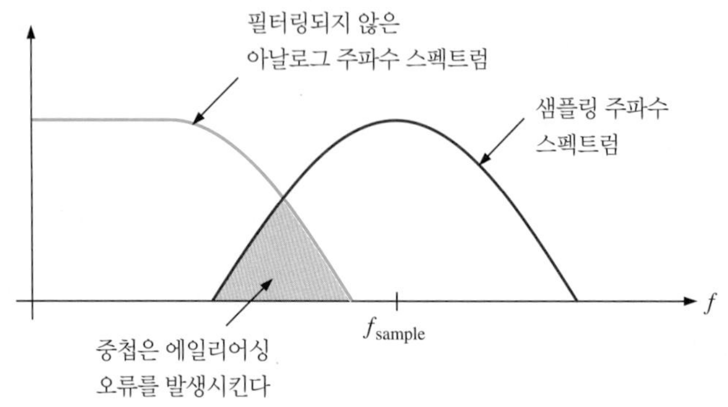

그림 12-3 조건 $f_{sample} < 2f_{a(max)}$의 기본 설명

주어진 샘플링 주파수에 대하여 아날로그 신호의 주파수 스펙트럼을 제한하려면 저역통과 앤티에일리어싱 필터가 사용되어야 한다. 에일리어싱 오류를 피하기 위해서 필터는 그림 12-4와 같이 샘플링 스펙트럼에서 나이퀴스트 주파수 이상의 모든 아날로그 주파수를 제거해야 한다. 에일리어싱은 샘플링 주파수를 충분히 높이면 역시 피할 수 있다. 그러나 최대 샘플링 주파수는 보통 필터 다음에 있는 아날로그-디지털 변환기(ADC)의 성능에 따라 제한된다.

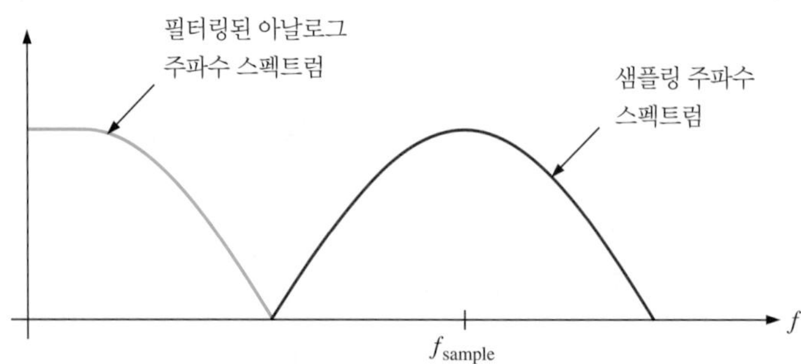

그림 12-4 저역 필터링 후에 아날로그와 샘플링 신호는 주파수 스펙트럼은 겹치지 않으므로 에일리어싱 오류가 제거된다.

응용 분야

디지털 오디오 장비에 샘플링의 응용 사례가 있다. 사용되는 샘플링 속도는 32 kHz, 44.1 kHz 또는 48 kHz(초당 샘플 수)이다. 48 kHz 속도가 가장 일반적이지만, 44.1 kHz 속도는 CD와 사전 녹음 테이프에 사용된다. 나이퀴스트 속도에 따르면 샘플링 주파수는 오디오 신호의 최소 두 배여야 한다. 그러므로 CD 샘플링 속도는 약 22 kHz까지의 주파수를 포착하며, 이는 대부분의 오디오 장비에 공통적인 20 kHz의 사양을 초과한다.

많은 응용 분야에서 목표하는 재생 사운드를 얻기 위해서 넓은 주파수 대역이 필요하지는 않다. 예를 들어, 사람의 음성에는 10 kHz 부근의 주파수 성분을 포함하고 있으므로 최소 20 kHz

의 샘플링 속도가 필요하다. 그러나 4 kHz까지의 주파수(이상적으로 8 kHz의 최소 샘플링 속도를 필요로 함)만 재생되더라도 음성은 매우 이해하기 쉽다. 한편 사운드 신호가 충분히 높은 속도로 샘플링되지 않으면, 배경 잡음과 왜곡으로 에일리어싱의 효과가 현저해진다.

샘플값 유지

유지 동작은 샘플-앤드-홀드 기능의 두 번째 부분이다. 필터링 및 샘플링 후, 샘플링된 레벨값은 다음 샘플이 발생할 때까지 일정하게 유지되어야 한다. 이것은 ADC가 샘플값을 처리하는 데 시간을 필요로 하기 때문이다. 이 샘플-앤드-홀드 동작은 그림 12-5와 같이 아날로그 입력 파형과 유사한 '계단식' 파형을 생성한다.

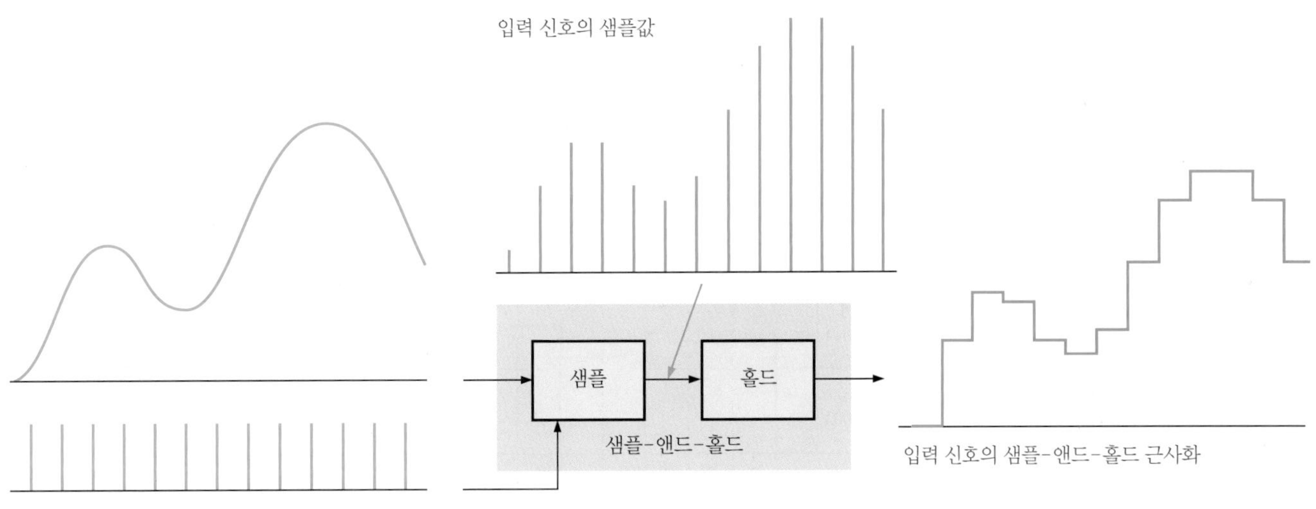

그림 12-5 샘플-앤드-홀드 동작의 설명

아날로그-디지털 변환

아날로그-디지털 변환(analog-to-digital conversion)은 샘플-앤드-홀드 회로의 출력을 각 샘플 시간에서 아날로그 입력의 진폭을 나타내는 일련의 2진 코드로 변환하는 과정이다. 샘플-앤드-홀드는 샘플 펄스 사이에 아날로그 입력의 진폭을 일정하게 유지한다. 따라서 아날로그-디지털 변환은 샘플 펄스 사이의 시간인 변환 기간 동안 아날로그 신호가 변하지 않고 일정한 값을 사용하여 수행될 수 있다. 그림 12-6은 아날로그-디지털 변환을 수행하는 회로인 **아날로그-디지털 변환기**(analog-to-digital converter, ADC)의 기본 기능을 보여준다. 샘플 간격은 점선으로 표시된다.

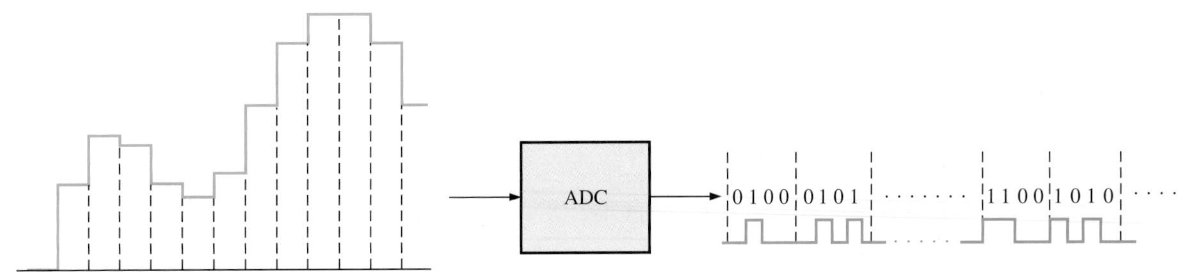

그림 12-6 아날로그-디지털 변환기(ADC)의 기본 기능(이진 코드 및 비트 수는 설명을 위하여 임의로 선택됨). 2진 코드 표현인 ADC 출력 파형도 보였다.

양자화

아날로그 값을 코드로 변환하는 과정을 **양자화**(quantization)라 한다. 양자화 과정 중 ADC는 아날로그 신호의 샘플값을 2진 코드로 변환한다. 샘플값을 표현하는 데 사용되는 비트 수가 많아지면 더 정확하게 표현할 수 있다.

설명을 위한 예로, 아날로그 파형을 4레벨(0~3)로 양자화한다. 4레벨에는 2비트가 필요하다. 그림 12-7에서 볼 수 있듯이 각 양자화 레벨은 수직 축에 2비트 코드로 표시되며, 각 샘플 간격은 수평 축을 따라 번호가 지정된다. 샘플링된 데이터는 샘플 구간 동안 일정하게 유지된다. 이 데이터는 표 12-1에서 볼 수 있듯이 다음의 더 낮은 레벨로 양자화된다(예를 들어, 다른 레벨로 지정된 샘플 3과 4를 비교해보라).

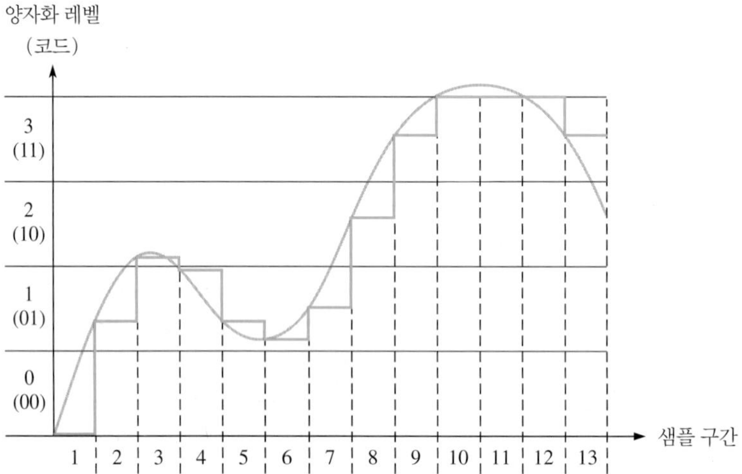

그림 12-7 4개의 양자화 레벨을 가지는 샘플-앤드-홀드 출력 파형. 참고로 원래의 아날로그 파형을 밝은 회색으로 보였다.

표 12-1

그림 12-7의 파형에 대한 2비트 양자화

샘플 구간	양자화 레벨	코드
1	0	00
2	1	01
3	2	10
4	1	01
5	1	01
6	1	01
7	1	01
8	2	10
9	3	11
10	3	11
11	3	11
12	3	11
13	3	11

최종 2비트 디지털 코드를 사용하여 원래의 파형을 재구성하면, 그림 12-8의 파형을 얻는다. 이 동작은 디지털-아날로그 변환을 수행하는 회로인 **디지털-아날로그 변환기**(digital-to-analog converter, DAC)에 의해 이루어진다. 여기서 볼 수 있듯이, 샘플값을 표현하기 위하여 2비트만을 사용하면 상당 부분의 정확도가 손실된다.

이제 더 많은 비트가 어떻게 정확도를 향상시키는지 관찰해본다. 그림 12-9는 동일한 파형에서 16개의 양자화 레벨(4비트)을 사용한 것을 보여준다. 4비트 양자화 과정을 표 12-2에 요약하였다.

최종 4비트 디지털 코드를 사용하여 원래의 파형을 재구성하면, 그림 12-10과 같은 파형을 얻는다. 그림에서 볼 수 있듯이, 결과는 그림 12-8의 4 양자화 레벨의 경우보다 훨씬 원본 파형과 비슷하다. 이것은 더 많은 양자화 비트로 더 큰 정밀도가 달성됨을 보여준다. 일반적인 집적회로 ADC는 12~24비트를 사용하며, 샘플-앤드-홀드 기능은 때때로 ADC 칩상에 포함된다. 몇 가지 유형의 ADC가 다음 절에서 소개된다.

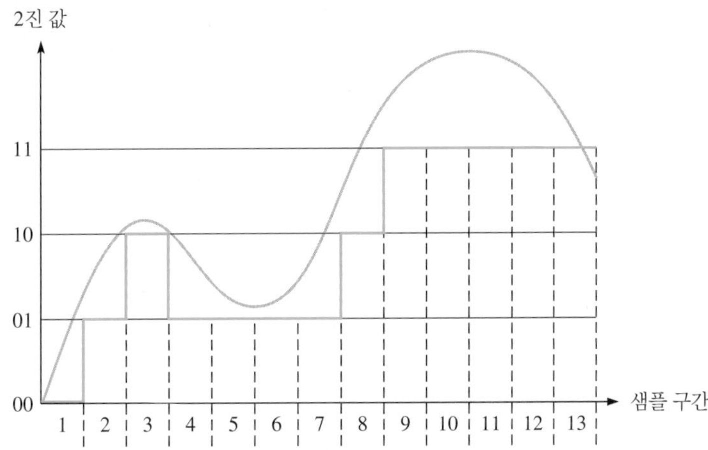

그림 12-8 그림 12-7의 파형을 4개의 양자화 레벨(2비트)을 사용하여 재구성한 파형. 참고로 원래의 파형을 밝은 회색으로 나타냈다.

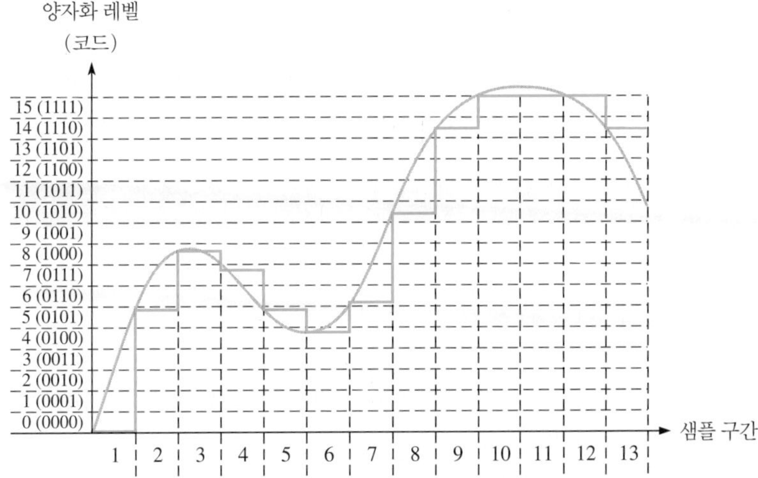

그림 12-9 16개의 양자화 레벨을 가지는 샘플-앤드-홀드 출력 파형. 참고로 원래의 파형을 밝은 회색으로 나타냈다.

표 12-2

그림 12-9의 파형에 대한 4비트 양자화

샘플 구간	양자화 레벨	코드
1	0	0000
2	5	0101
3	8	1000
4	7	0111
5	5	0101
6	4	0100
7	6	0110
8	10	1010
9	14	1110
10	15	1111
11	15	1111
12	15	1111
13	14	1110

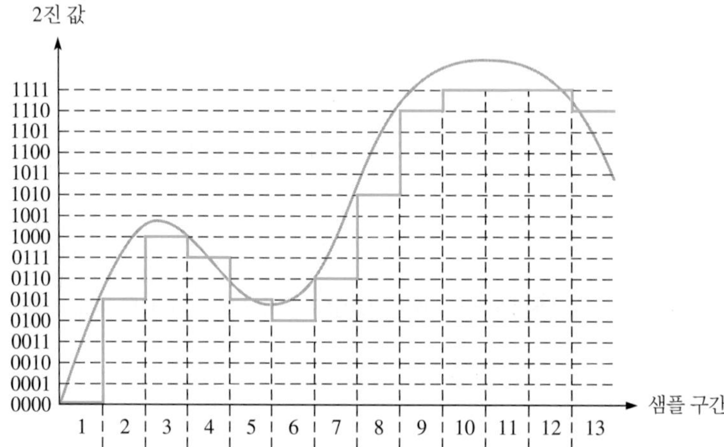

그림 12-10 그림 12-9의 파형을 16개의 양자화 레벨(4비트)을 사용하여 재구성한 파형. 참고로 원래의 파형을 밝은 회색으로 나타냈다.

복습문제 12-1

정답은 이 장의 끝에 있다.

1. 샘플링은 무엇을 의미하는가?
2. 샘플링된 값을 유지해야 하는 이유는 무엇인가?
3. 아날로그 신호의 최고 주파수 성분이 20 kHz인 경우, 최소 샘플링 주파수는 얼마인가?
4. 양자화의 의미는 무엇인가?
5. 양자화 과정의 정확도를 결정하는 것은 무엇인가?

12-2 아날로그-디지털 변환 방법

우리는 이미 살펴보았듯이, 아날로그-디지털 변환은 아날로그 양을 디지털 형태로 변환하는 과정이다. 측정된 양은 처리, 디스플레이 또는 저장을 위하여 디지털 형식으로 되어야 할 필요가 있다. 몇몇 일반적인 유형의 아날로그-디지털 변환기(ADC)를 이제 살펴본다. ADC의 두 가지 중요한 파라미터는 비트 수인 **분해능**(resolution)과 초당 샘플 수(sps)의 단위로 표현되는 ADC가 처리할 수 있는 샘플링 속도인 **스루풋**(throughput)이다.

이 절의 학습내용

- 연산 증폭기가 무엇인지 설명한다.
- 연산 증폭기가 반전 증폭기 또는 비교기로 어떻게 사용되는지 설명한다.
- 플래시 ADC의 동작 방법을 설명한다.
- 듀얼-슬로프 ADC에 대해 논의한다.
- 연속 근사 ADC의 동작을 기술한다.
- 시그마-델타 ADC를 설명한다.
- 누락된 코드, 잘못된 코드 및 오프셋에 대한 ADC의 테스트에 관해 논의한다.

연산 증폭기에 대한 간략한 소개

아날로그-디지털 변환기(ADC)에 들어가기 전에 대부분의 ADC 및 디지털-아날로그 변환기(DAC)에 공통적으로 사용되는 요소를 간략히 살펴본다. 이 요소는 연산 증폭기(operational amplifier) 또는 줄여서 op-amp이다. 여기서는 연산 증폭기에 대하여 간략히 다룬다.

연산 증폭기(op-amp)는 2개의 입력(반전 및 비반전)과 하나의 출력을 갖는 선형 증폭기이다. 연산 증폭기는 매우 높은 전압 이득과 낮은 출력 임피던스 및 매우 큰 입력 임피던스를 가진다. 연산 증폭기의 기호를 그림 12-11(a)에 나타냈다. 반전 증폭기로 사용될 때, 연산 증폭기는 그림 12-11(b)와 같이 구성된다. 피드백 저항 R_f와 입력 저항 R_i는 식 12-2의 공식에 따라 전압 이득을 제어한다. 여기서 V_{out}/V_{in}은 폐루프(closed-loop) 전압 이득이다(폐루프는 R_f에 의한 출력에서 입력으로의 피드백을 말한다). 음수 부호는 극성 반전을 나타낸다.

$$\frac{V_{out}}{V_{in}} = -\frac{R_f}{R_i} \qquad \text{식 12-2}$$

반전 증폭기 구성에서 피드백과 매우 큰 개루프(open-loop) 이득은 두 입력 사이의 차동 전압을 매우 작게 하므로 연산 증폭기의 반전 입력은 거의 접지 전위(0 V)이다. 비반전 입력은 접지되어 있으므로, 반전 입력은 대략 0 V이고 **가상 접지**(virtual ground)라 불린다.

연산 증폭기가 그림 12-11(c)와 같이 비교기로 사용될 때에는 입력에 두 전압이 인가된다. 이들 입력 전압의 차이가 매우 작으면 연산 증폭기는 어느 입력 전압이 더 큰가에 따라 HIGH 또는 LOW의 두 포화 출력 상태 중 하나로 구동된다.

플래시(동시) 아날로그-디지털 변환기

플래시 방식은 기준 전압과 아날로그 입력 전압을 비교하는 특수 고속 비교기를 사용한다. 입력 전압이 주어진 비교기의 기준 전압을 초과하면 HIGH가 발생한다. 그림 12-12는 7개의 비교기 회로를 사용하는 3비트 변환기를 보여준다. 모두가 0이 되는 상태의 비교기는 필요하지 않다.

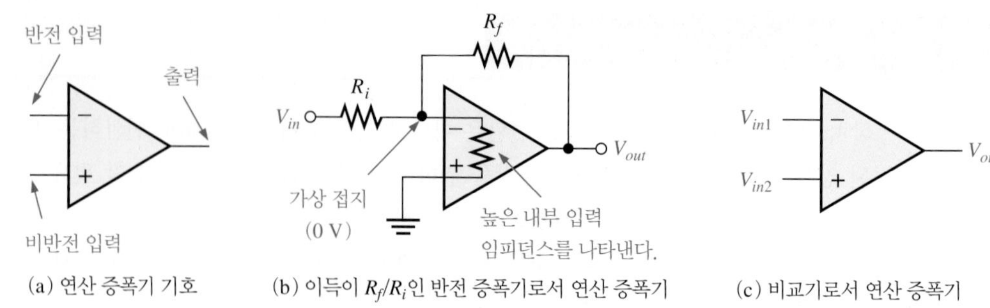

(a) 연산 증폭기 기호 (b) 이득이 R_f/R_i인 반전 증폭기로서 연산 증폭기 (c) 비교기로서 연산 증폭기

그림 12-11 연산 증폭기(op-amp)

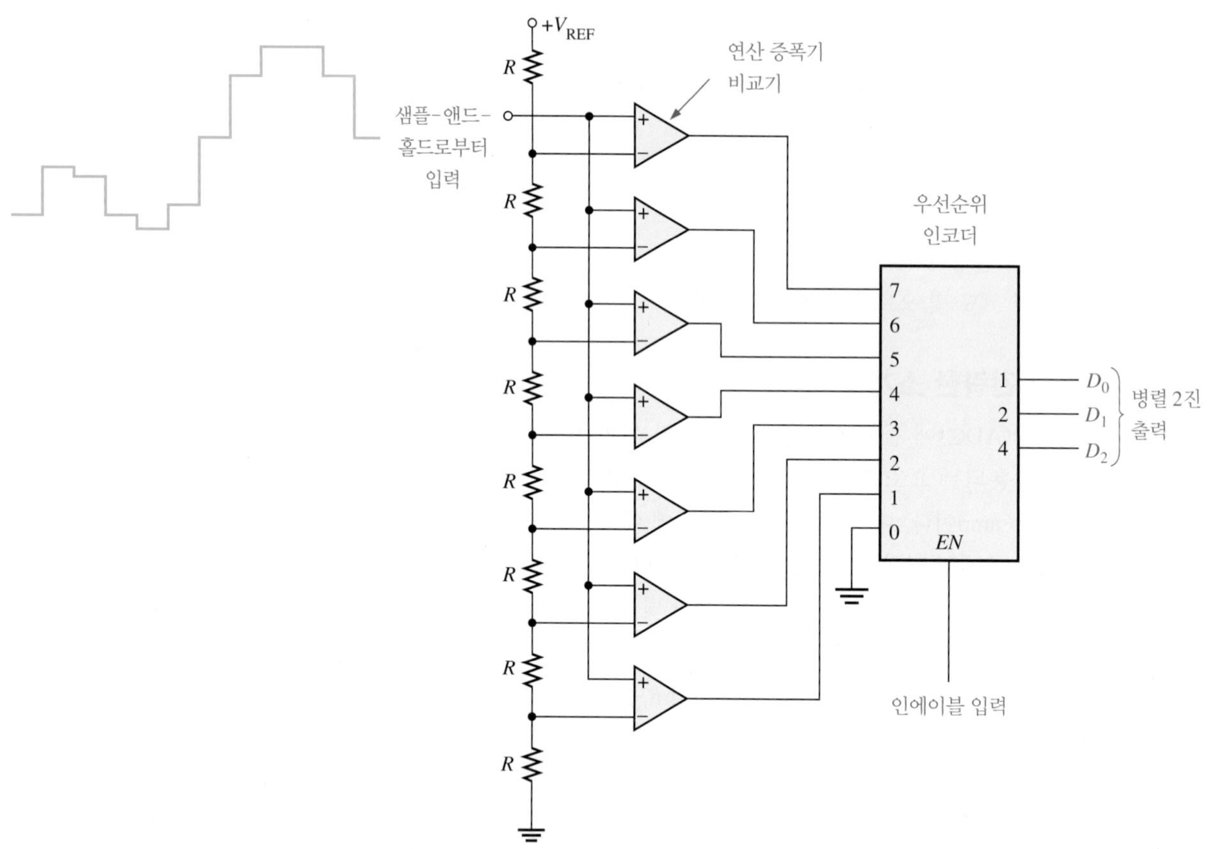

그림 12-12 3비트 플래시 ADC

이 유형의 4비트 변환기에는 15개의 비교기가 필요하다. 일반적으로 n비트 2진 코드로 변환하려면 $2^n - 1$개의 비교기가 필요하다. ADC에서 사용되는 비트 수는 **분해능**(resolution)이 된다. 실제 사용할 수 있는 정도의 이진수에 필요한 많은 수의 비교기는 **플래시**(flash) **ADC**의 단점 중 하나이다. 가장 큰 장점은 초당 샘플(sps)로 측정되는 높은 **스루풋** 덕분에 빠른 변환 시간을 제공한다는 것이다.

각 비교기의 기준 전압은 저항 분압기 회로에 의해 설정된다. 각 비교기의 출력은 우선순위 인코더의 입력으로 연결된다. 인코더는 *EN* 입력의 펄스로 활성화되며, 인코더의 출력에 입력값을 표현하는 3비트 코드가 나타난다. 2진 코드는 HIGH 레벨을 갖는 최상위 입력에 의하여 결정된다.

인에이블 펄스의 주파수와 2진 코드의 비트 수는 ADC 입력을 표현하는 2진 코드열의 정확도를 결정한다. 신호는 인에이블 펄스가 활성화되는 각 시점에서 샘플링된다.

예제 12-1

그림 12-13의 입력 신호와 인코더 인에이블 펄스에 대하여 그림 12-12의 3비트 플래시 ADC의 2진 코드 출력을 결정하라. 이 예제에서 V_{REF} = +8 V이다.

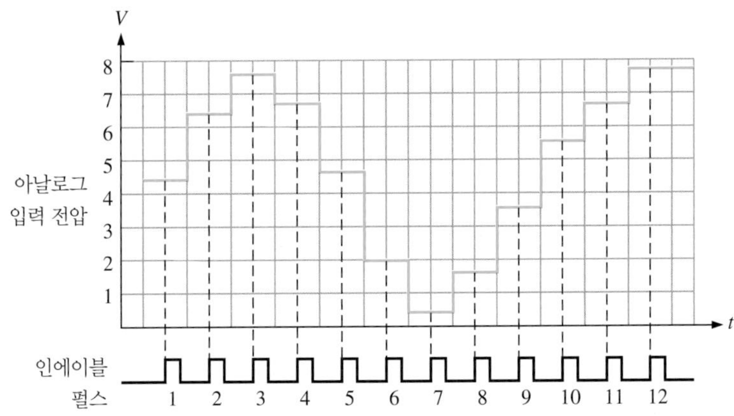

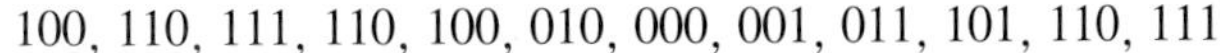

그림 12-13 2진 코드로 변환하기 위한 파형값들의 샘플링

풀이

결과로 생성되는 디지털 출력 시퀀스는 다음과 같으며, 인에이블 펄스와 관련지어 그림 12-14의 파형 다이어그램에 표시하였다.

100, 110, 111, 110, 100, 010, 000, 001, 011, 101, 110, 111

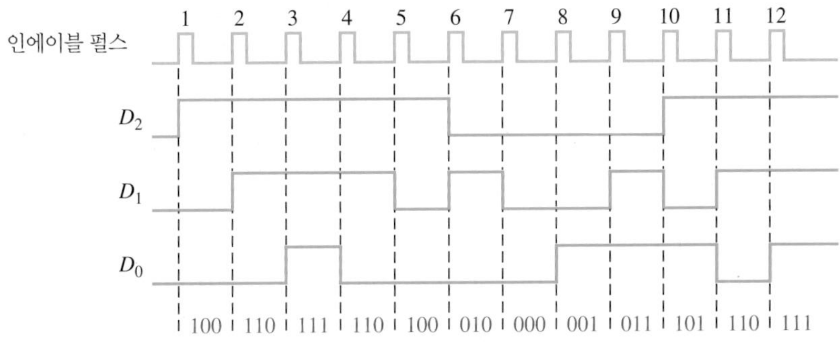

그림 12-14 샘플-앤드-홀드 값에 대한 디지털 출력 결과. 출력 D_0는 3비트 2진 코드의 LSB이다.

관련 문제*

그림 12-13의 인에이블 펄스 주파수가 절반으로 감소할 때, 6개의 펄스에 대하여 디지털 출력 열로 표현되는 2진수를 결정하라. 손실된 정보가 있는가?

* 정답은 이 장의 끝에 있다.

듀얼 슬로프 아날로그-디지털 변환기

듀얼 슬로프 ADC는 디지털 전압계 및 기타 유형의 측정 계기에서 일반적으로 사용된다. 램프 생성기(적분기)는 이중 기울기 특성을 생성하는 데 사용된다. 그림 12-15에 듀얼 슬로프 ADC의 블록다이어그램을 보였다.

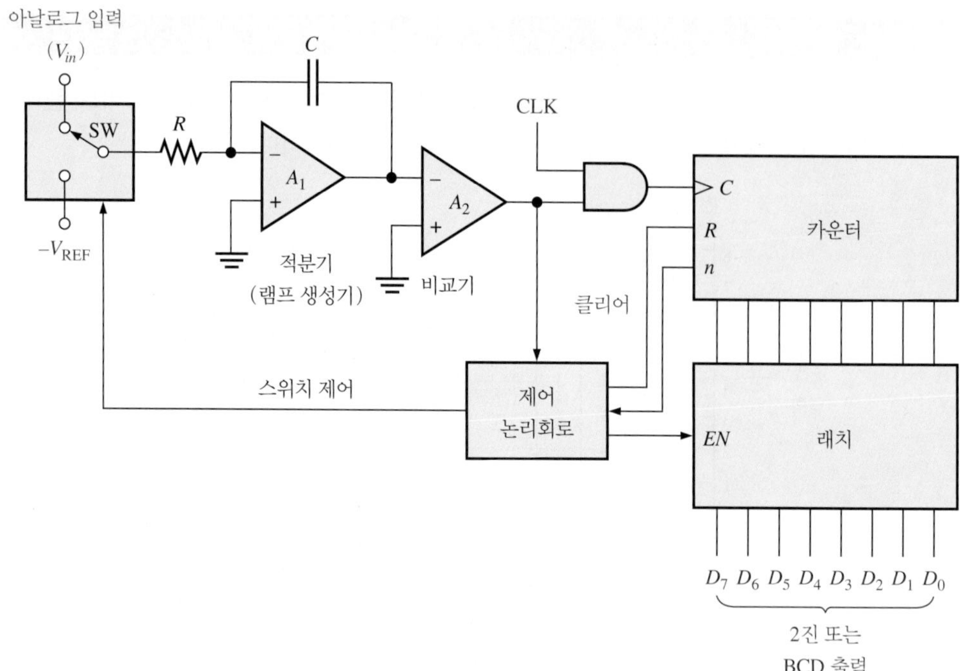

그림 12-15 기본적인 듀얼 슬로프 ADC

듀얼 슬로프 변환의 설명은 그림 12-16에 있다. 카운터가 리셋되고 적분기의 출력이 0이라 가정하고 시작한다. 이제 제어 논리회로에 의하여 선택된 스위치(SW)를 통해 양의 입력 전압이 입력에 인가된다고 가정한다. A_1의 반전 입력이 가상 접지에 있고 V_{in}은 어느 시간 동안 일정하다고 가정하면, 입력 저항 R을 통하여 일정한 전류가 흐르고 따라서 C에도 일정한 전류가 흐르게 된다. 전류가 일정하므로 C는 선형적으로 충전되며, 결과적으로 그림 12-16(a)와 같이 A_1의 출력에 음 방향의 선형 전압 램프가 생긴다.

카운터가 지정된 카운트(n)에 도달하면 그림 12-16(b)와 같이 제어 로직이 리셋(R)되고 제어 로직이 그림 12-16(b)와 같이 음의 기준 전압 $-V_{REF}$를 A_1의 입력으로 전환한다. 이 시점에서 커패시터는 입력 아날로그 전압에 비례하여 음의 전압($-V$)으로 충전되어 있다.

이제 그림 12-16(c)에서 볼 수 있듯이, 커패시터는 $-V_{REF}$에서 일정한 전류로 인하여 선형적으로 방전된다. 이 선형 방전은 출력에서 $-V$에서 시작하여 충전 전압에 무관한 일정한 기울기를 가지는 양의 방향의 램프를 생성한다. 커패시터가 방전됨에 따라, 카운터는 리셋 상태에서 계수를 진행한다. 방전율(기울기)이 일정하므로, 커패시터가 0으로 방전되는 데 걸리는 시간은 (V_{in}에 비례하는) 초기 전압 $-V$에 의하여 결정된다. 적분기(A_1) 출력 전압이 0에 도달하면, 비교기(A_2)는 LOW 상태로 전환하고 카운터에 공급되는 클록을 비활성화한다. 계수된 2진 값은 래치로 입력되어 변환 사이클을 완료한다. 커패시터가 방전하는 데 걸리는 시간은 $-V$에만 의존하고 카운터는 시간 구간을 기록하므로, 2진 계수값은 V_{in}에 비례한다.

연속 근사 아날로그-디지털 변환기

가장 널리 사용되는 아날로그-디지털 변환 방법 중 하나는 연속 근사 방법이다. 듀얼 슬로프 변환보다 훨씬 빠른 변환 시간을 가지지만 플래시 방법보다는 느리다. 또한 어떤 크기의 아날로그 입력에 대해 동일한 고정된 변환 시간을 가진다.

그림 12-17은 4비트 연속 근사 ADC의 기본 블록도를 보여준다. 이것은 DAC(DAC는 12-3

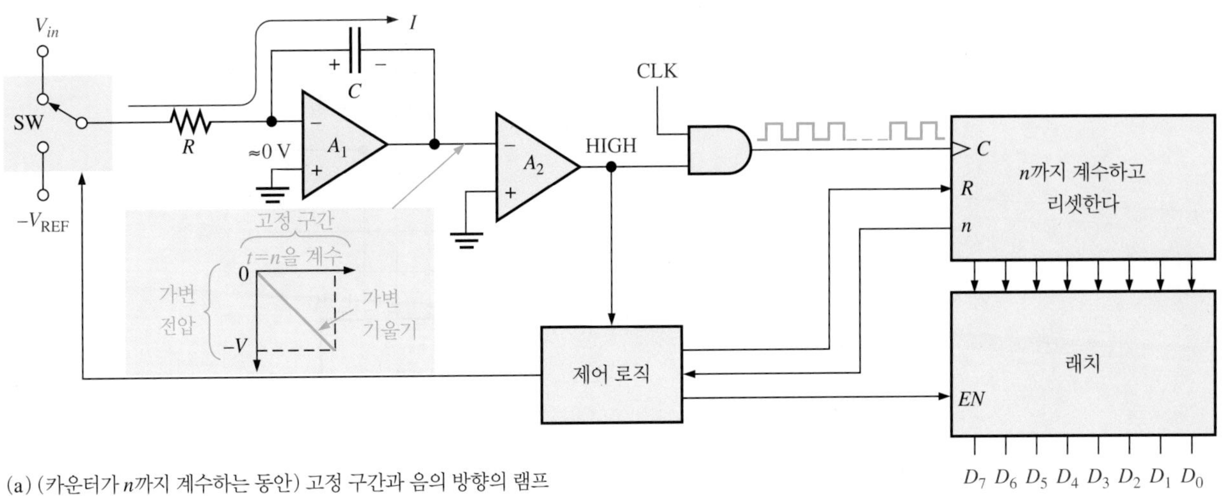

(a) (카운터가 n까지 계수하는 동안) 고정 구간과 음의 방향의 램프

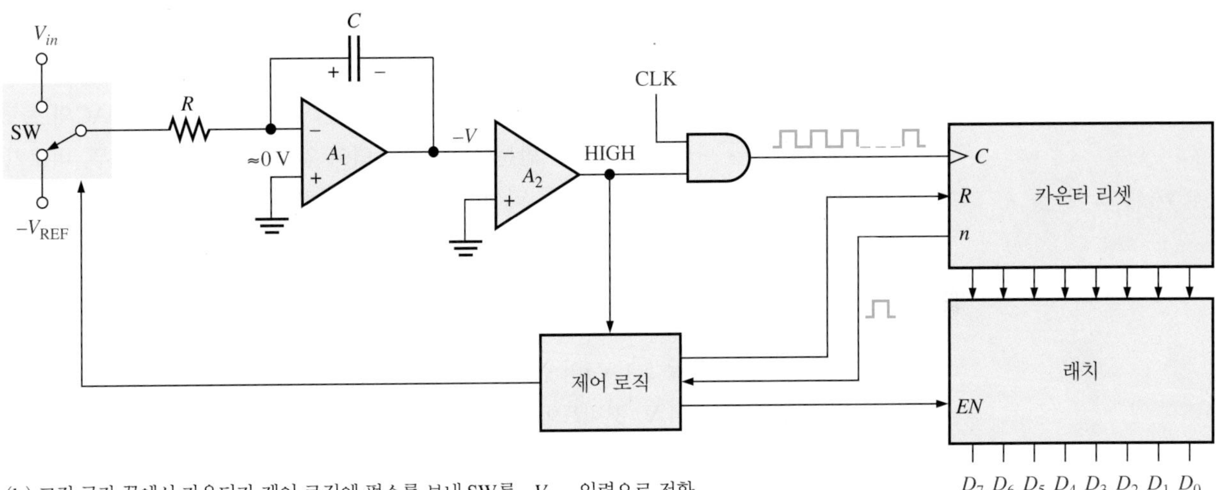

(b) 고정 구간 끝에서 카운터가 제어 로직에 펄스를 보내 SW를 $-V_{REF}$ 입력으로 전환

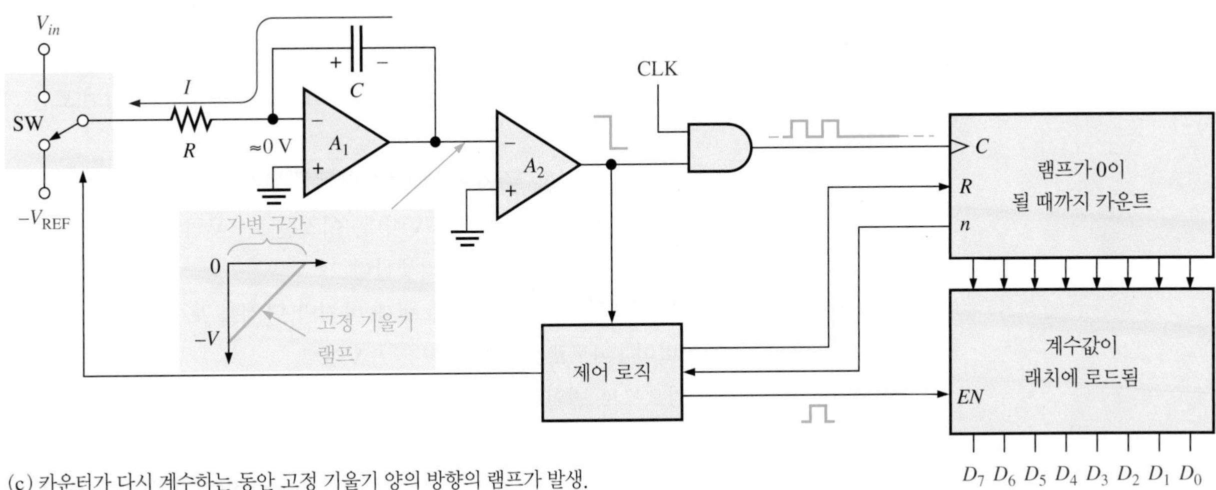

(c) 카운터가 다시 계수하는 동안 고정 기울기 양의 방향의 램프가 발생.
램프가 0 V에 도달하면 카운터는 멈추고 카운터 출력이 래치에 로드된다.

그림 12-16 듀얼 슬로프 변환의 설명

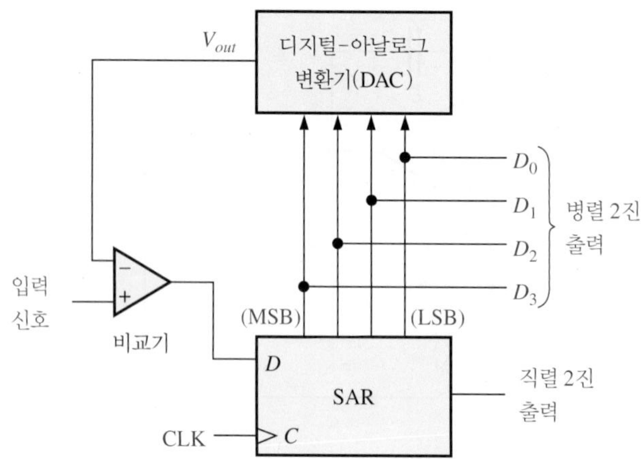

그림 12-17 연속 근사 ADC

절에서 다룬다), 연속 근사 레지스터(successive-approximation register, SAR), 비교기로 구성된다. 기본 동작은 다음과 같다. DAC 입력 비트는 최상위 비트(MSB)에서 시작하여 한 번에 하나씩 활성화(1로 설정)된다. 각 비트가 활성화되면 비교기는 입력 신호 전압이 DAC의 출력보다 큰지 또는 작은지를 나타내는 출력을 만든다. DAC 출력이 입력 신호보다 큰 경우, 비교기의 출력은 LOW가 되어 레지스터의 비트를 리셋한다. 출력이 입력 신호보다 작으면 1이 레지스터에 유지된다. 시스템은 MSB에 대해 먼저 이와 같은 처리를 하고, 다음 최상위 비트를 처리한 후, 또 다음 최상위 비트를 처리한다. DAC의 모든 비트들이 시도된 다음 변환 사이클이 완료된다.

연속 근사 ADC의 동작을 좀 더 잘 이해하기 위하여, 4비트 변환의 예를 든다. 그림 12-18은 일정한 입력 전압(이 경우 5.1 V)의 단계별 변환을 보여준다. DAC는 2^3비트(MSB)에서 V_{out} = 8 V, 2^2비트에서 V_{out} = 4 V, 2^1비트에서 V_{out} = 2 V, 그리고 2^0비트(LSB)에서 V_{out} = 1 V의 출력 특성을 가진다고 가정한다.

그림 12-18(a)는 MSB=1인 변환 주기의 첫 번째 단계를 보여준다. DAC의 출력은 8 V이다. 이것은 5.1 V보다 크기 때문에 비교기의 출력은 LOW가 되고 SAR의 MSB를 0으로 리셋한다.

그림 12-18(b)는 2^2비트가 1인 변환 주기의 두 번째 단계를 보여준다. DAC의 출력은 4 V이다. 이것은 5.1 V의 입력보다 작기 때문에 비교기의 출력은 HIGH가 되고 SAR의 비트는 그대로 유지한다.

그림 12-18(c)는 2^1비트가 1인 변환 주기의 세 번째 단계를 보여준다. DAC의 출력은 2^2비트 입력과 2^1비트 입력이 1이므로, 4 V + 2 V = 6 V이다. 이것은 5.1 V의 입력보다 크기 때문에 비교기의 출력은 LOW가 되어 이 비트는 0으로 리셋한다

그림 12-18(d)는 2^0비트가 1인 변환 주기의 네 번째 마지막 단계를 보여준다. DAC의 출력은 2^2비트 입력과 2^0비트 입력이 1이므로, 4 V + 1 V = 5 V이다.

4비트가 모두 시도되었으므로 변환 주기가 완료되었다. 이 시점에서 레지스터에 있는 2진 코드는 0101이며, 이 값은 대략 입력 5.1 V의 2진 값이다. 추가 비트를 사용하면 훨씬 더 정확한 결과를 얻을 수 있다. 새로운 변환 사이클이 시작되고 기본적인 과정이 반복된다. SAR은 각 주기가 시작될 때 지워진다.

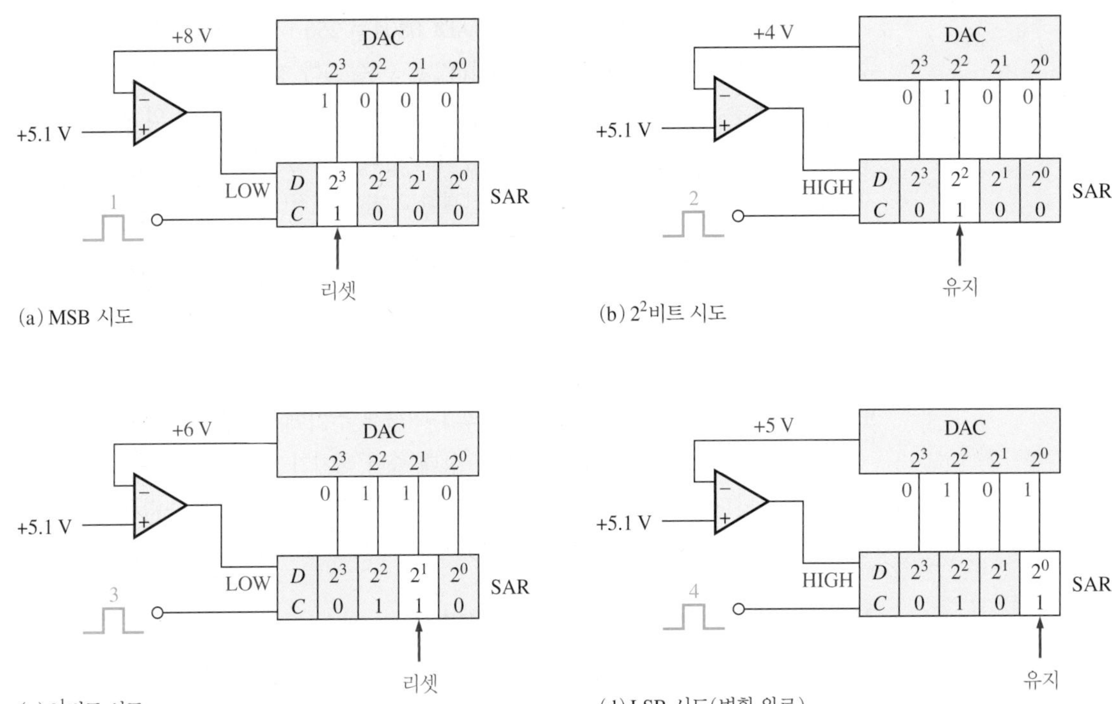

그림 12-18 연속 근사 변환 과정의 설명

구현 : 아날로그-디지털 변환기

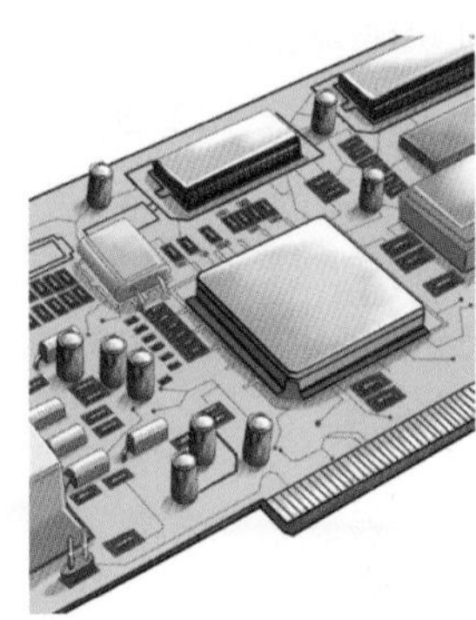

ADC0804는 연속 근사 ADC의 한 예다. 그림 12-19에 블록도를 보였다. 이 소자는 +5 V 전원으로 동작하며 8비트의 분해능과 100 μs의 변환 시간을 가진다. 또한 온-칩 클록 발생기를 갖추고 있다. 선택적으로 외부 클록도 사용할 수 있다. 데이터 출력은 3-상태이므로 마이크로프로세서 버스 시스템과 인터페이스할 수 있다.

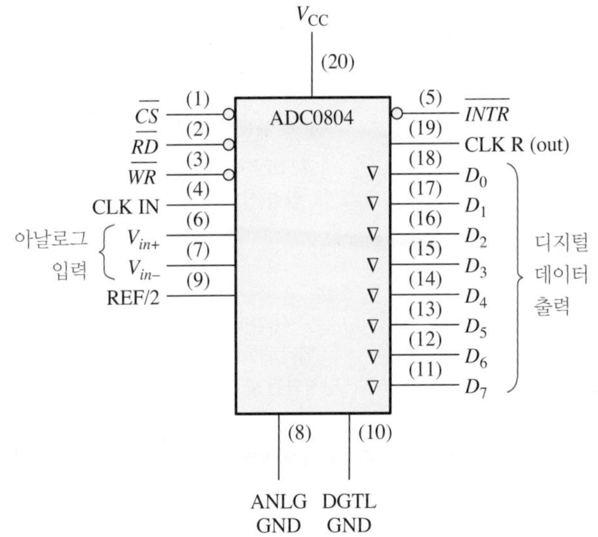

그림 12-19 ADC0804 아날로그-디지털 변환기

이 소자의 기본 동작은 다음과 같다. ADC0804는 256-저항 DAC 회로망을 내장한다. 연속 근사 논리는 아날로그 차동 입력 전압($V_{in+} - V_{in-}$)과 저항 회로망의 출력을 맞추기 위하여 회로망을 순차적으로 동작시킨다. MSB가 먼저 검사된다. 여덟 번의 비교(64클록 주기) 후에, 8비트 2진 코드가 출력 래치로 전송되고 인터럽트 출력($\overline{INTR}$)을 LOW로 한다. 이 소자는 $\overline{INTR}$ 출력을 쓰기 입력($\overline{WR}$)에 연결하고 변환 시작($\overline{CS}$)을 LOW로 유지하여 자율 동작(free-running) 모드로 동작할 수 있다. 모든 조건에서 시작을 확실히 하려면, 전원 인가 주기 중 LOW의 $\overline{WR}$ 입력이 필요하다. 그 후 $\overline{CS}$를 낮추면 변환 과정이 중단된다.

$\overline{WR}$ 입력이 LOW로 되면, 내부 연속 근사 레지스터(SAR)와 8비트 시프트 레지스터가 리셋된다. $\overline{CS}$와 $\overline{WR}$ 모두 LOW 상태로 유지되는 동안, ADC는 리셋 상태에 있다. 변환은 $\overline{CS}$ 또는 $\overline{WR}$이 LOW에서 HIGH로 천이한 후 1~8클록 주기에서 시작된다.

$\overline{CS}$와 $\overline{RD}$ 입력 모두가 LOW일 때, 3-상태 출력 래치가 할성화되고 출력 코드가 $D_0 - D_7$ 라인에 나타난다. $\overline{CS}$ 또는 $\overline{RD}$ 입력이 HIGH로 돌아오면, $D_0 - D_7$ 출력은 비활성화된다.

시그마-델타 아날로그-디지털 변환기

시그마-델타(sigma-delta)는 오디오를 사용하는 통신 분야에서 널리 사용되는 아날로그-디지털 변환 방법이다. 이 방법은 두 연속되는 샘플 사이의 차(증가 또는 감소)가 양자화되는 **델타 변조**(delta modulation)를 기반으로 한다. 다른 ADC 방법은 샘플의 절대값을 기반으로 했다. 델타 변조는 1비트 양자화 방법을 사용한다.

델타 변조기의 출력은 입력 신호의 크기 또는 레벨을 나타내는 1과 0의 상대적인 숫자의 단일 비트 데이터 스트림이다. 주어진 수의 클록 주기에서 1의 개수는 그 구간 동안의 신호 진폭이 된다. 최대 개수의 1은 최대 양의 입력 전압에 해당된다. 최대 개수의 반에 해당하는 1은 입력 전압 0에 해당한다. 1이 없는(모두 0인) 것은 최대 음의 전압에 해당한다. 이를 그림 12-20에서 단순화한 방법으로 설명한다. 예를 들어, 입력 신호가 양의 최대치일 때, 구간 동안 4,096개의 1이 발생한다고 가정한다. 0은 입력 신호가 가지는 다이나믹 레인지의 가운데이므로, 입력 신호가 0일 때 구간 동안 2,048개의 1이 발생한다. 입력이 음의 최대일 때는 구간 동안 1이 없다. 그 사이의 신호 레벨인 경우, 1의 개수는 레벨에 비례한다.

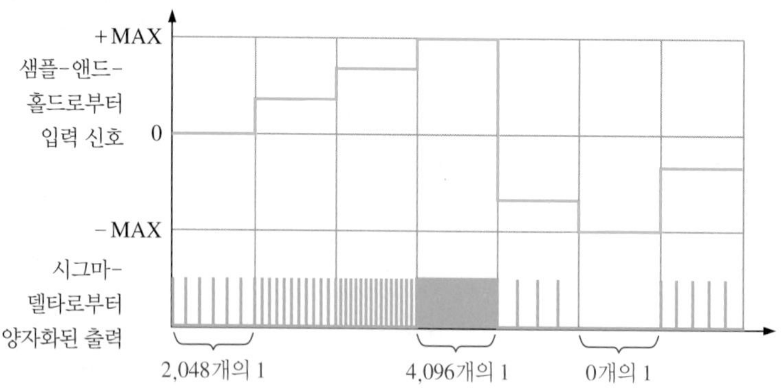

그림 12-20 **시그마-델타 아날로그-디지털 변환의 단순화된 설명**

시그마-델타 ADC의 기능 블록도

그림 12-21의 기본 블록도는 그림 12-20에 나타나 있는 변환을 수행한다. 피드백 루프에서 양자화 비트 스트림이 DAC에서 변환된 아날로그 신호와 아날로그의 입력 신호는 합산(Σ) 지점에

공급된다. 합산 지점(Σ)에서 얻은 차(Δ) 신호는 적분되고 1비트 ADC는 차 신호에 따라 1의 개수를 증가시키거나 감소시킨다. 이 동작은 피드백되는 양자화된 신호를 입력 아날로그 신호와 동일하게 유지하는 방향으로 이루어진다. 1비트 양자기는 기본적으로 래치가 연결된 비교기이다.

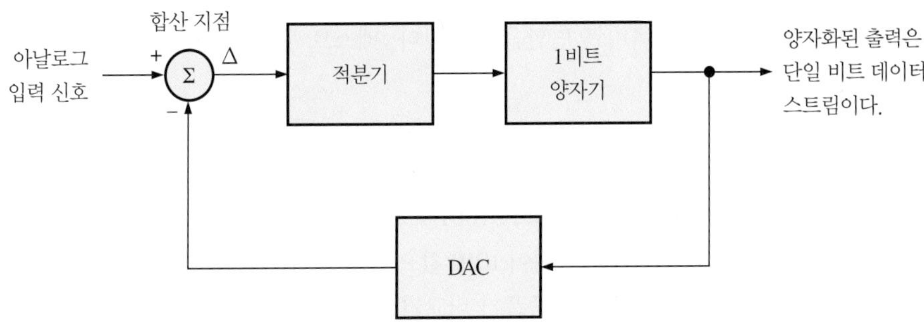

그림 12-21 시그마-델타 ADC의 부분 기능 블록도

시그마-델타 변환 과정을 완료하는 방법 가운데 하나는, 그림 12-22와 같이 단일 데이터 스트림을 일련의 2진 코드들로 변환하는 것이다. 카운터는 연속되는 구간 동안 양자화된 데이터에서 1의 개수를 카운트한다. 그러면 카운터의 코드는 각 구간에서 아날로그 입력 신호의 진폭을 나타낸다. 이들 코드는 임시 저장을 위해 래치로 이동된다. 래치에서 나오는 것은 일련의 n비트 코드이고, 이는 아날로그 신호를 완전히 표현하는 것이다.

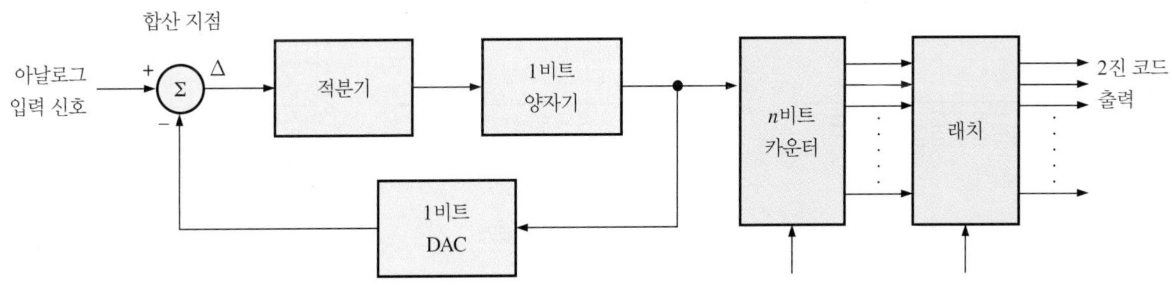

그림 12-22 시그마-델타 ADC의 한 유형

아날로그-디지털 변환기 테스트

ADC를 테스트하는 한 방법을 그림 12-23에 보였다. DAC는 테스트 입력과 비교를 위하여 ADC 출력을 다시 아날로그로 변환하는 테스트 셋업의 일부로 사용된다.

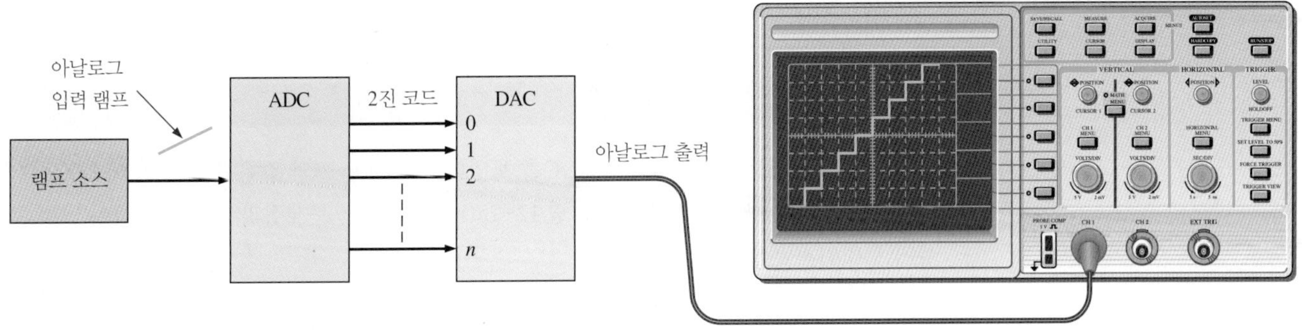

그림 12-23 ADC를 테스트하는 방법

선형 램프 형태의 테스트 입력이 ADC의 입력에 인가된다. 그런 다음 2진 출력 결과 시퀀스는 DAC 테스트 장비에 인가되어 계단형 램프로 변환된다.

아날로그-디지털 변환 오류

원리를 설명하기 위하여 다시 4비트 변환을 사용한다. 테스트 입력이 이상적인 선형 램프라고 가정한다.

누락된 코드

그림 12-24(a)의 계단형 출력은 이진 코드 1001이 ADC의 출력에 나타나지 않음을 보인다. 1000 값은 두 구간 동안 유지된 다음 출력이 1010 값으로 뜀에 유의하라.

플래시 ADC에서는, 예를 들어 연산 증폭기 비교기 중 하나의 고장으로 코드 누락 오류가 발생할 수 있다.

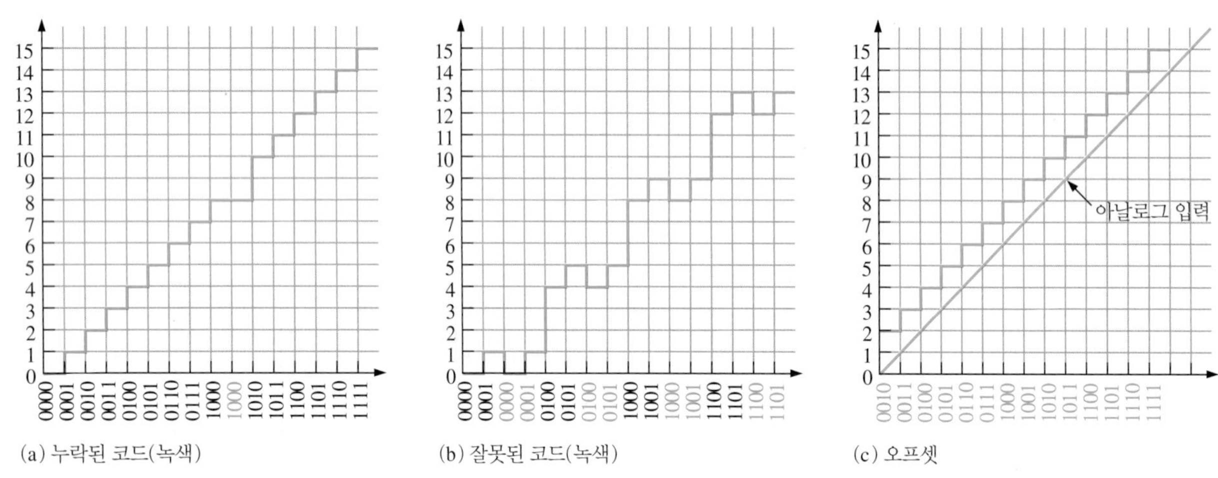

(a) 누락된 코드(녹색) (b) 잘못된 코드(녹색) (c) 오프셋

그림 12-24 아날로그-디지털 변환 오류의 설명

잘못된 코드

그림 12-24(b)의 계단형 출력은 ADC에서 출력되는 몇몇 2진 코드 워드가 올바르지 않음을 보인다. 이 특별한 경우에서 분석 결과는 2^1비트 라인이 LOW(0) 상태로 묶여 있음을 보인다.

오프셋

그림 12-24(c)에 오프셋 상태를 보인다. 이 상황에서 ADC는 아날로그 입력 전압을 실제 값보다 크게 해석한다.

예제 12-2

그림 12-25(a)에는 4비트 플래시 ADC를 보였다. 그림 12-23과 같은 설정으로 테스트된다. 결과로 재구성된 아날로그 출력을 그림 12-25(b)에 보였다. 문제점과 가장 가능성이 있는 오류가 무엇인지 판별하라.

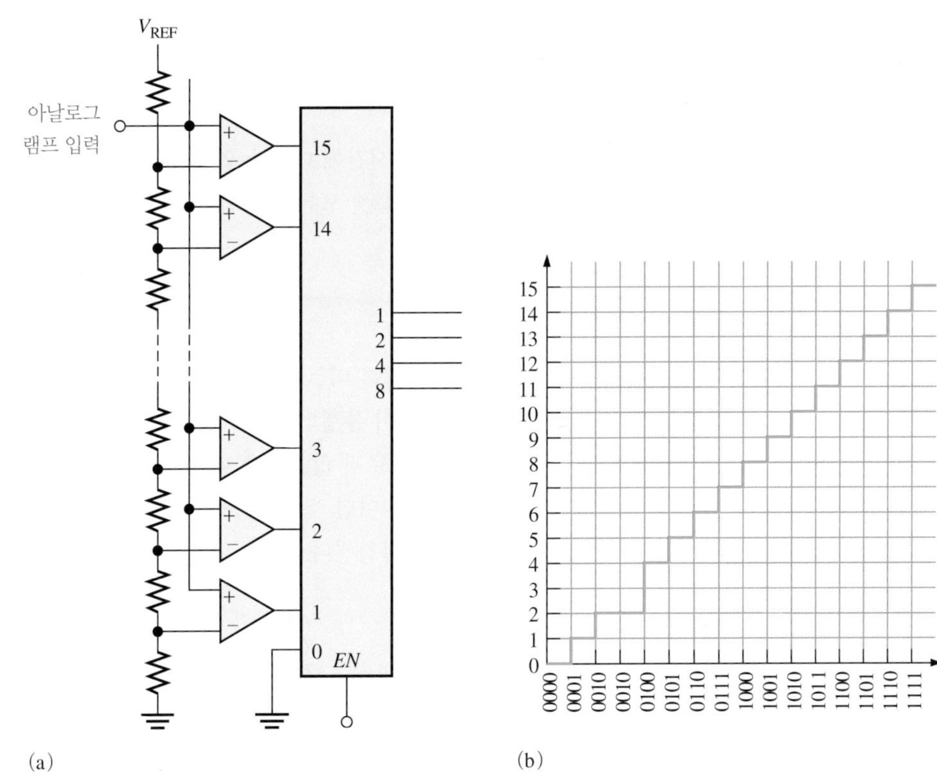

그림 12-25

풀이

ADC 출력에서 누락된 단계로 표시된 것과 같이 2진 코드 0011이 누락되었다. 비교기 3의 출력이 비활성화 상태(LOW)로 고정되어 있을 가능성이 가장 많다.

관련 문제

그림 12-25(a)의 ADC에서 비교기 8이 HIGH 출력 상태로 고정되어 있는 경우, 그림 12-23과 같은 테스트 설정에서 아날로그 출력을 재구성하라.

복습문제 12-2

1. 아날로그-디지털 변환의 가장 빠른 방법은 무엇인가?
2. 어떤 아날로그-디지털 변환 방법이 단일 비트 데이터 스트림을 생성하는가?
3. 연속 근사 변환기는 고정된 변환 시간을 가지는가?
4. ADC에서 두 가지 유형의 오류를 나열하라.

12-3 디지털-아날로그 변환 방법

디지털-아날로그 변환(digital-to-analog conversion)은 디지털 처리 시스템의 중요한 부분이다. 일단 디지털 데이터가 처리되면, 다시 아날로그 형식으로 변환된다. 이 절에서는, 두 가지 기본 유형의 디지털-아날로그 변환기(DAC)의 작동 이론을 살펴보고 성능 특성에 대해 학습한다.

이 절의 학습내용

- 2진 가중치 입력 DAC의 동작을 설명한다.
- *R*/2*R* 래더 DAC의 동작을 설명한다.
- DAC에서 분해능, 정확도, 선형성, 단조성 및 정착 시간에 대해 논의한다.
- 비단조성, 차동 비선형성, 저이득 또는 고이득, 오프셋 오류에 대한 DAC의 테스트에 대해 논의한다.

2진 가중치 입력 디지털-아날로그 변환기

디지털-아날로그 변환의 한 방법으로 디지털 코드의 입력 비트에 대한 2진 가중치를 나타내는 저항을 가지는 저항 회로망을 사용한다. 그림 12-26은 이 유형의 4비트 DAC를 보여준다. 각 입력 저항에는 입력 전압 레벨에 따라 전류가 흐르거나 흐르지 않을 것이다. 입력 전압이 0(2진수 0)이면, 전류도 역시 0이다. 만일 전압이 HIGH(2진수 1)이면, 전류의 크기는 입력 저항 값에 의존하며, 그림에 표시된 것과 같이 각 입력 저항에 따라 달라진다.

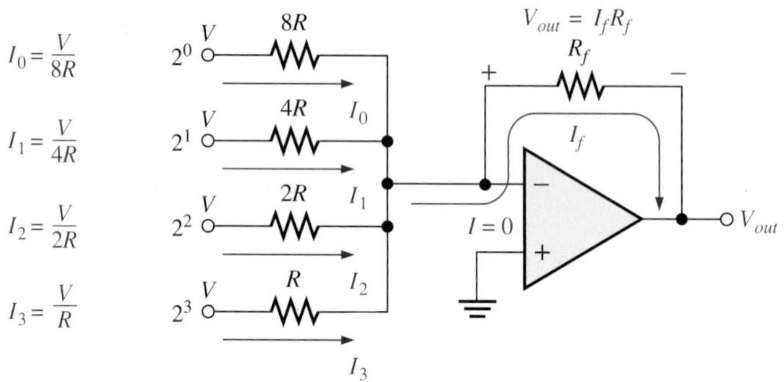

그림 12-26 2진 가중치 입력이 있는 4비트 DAC

연산 증폭기 반전(−) 입력으로 전류는 실질적으로 흐르지 않기 때문에, 모든 입력 전류가 합쳐져 R_f를 통해 흐른다. 반전 입력의 전압은 0 V(가상 접지)이므로, R_f 양단의 전압 강하는 출력 전압과 같다. 즉, $V_{out} = I_f R_f$이다.

입력 저항의 값은 해당 입력 비트의 2진 가중치에 반비례하도록 선택된다. 최저값의 저항(*R*)은 최고 2진 가중치 입력(2^3)에 해당한다. 다른 저항들은 *R*의 배수(즉, 2*R*, 4*R*, 8*R*)이고 각각 2진 가중치 2^2, 2^1, 2^0에 해당한다. 입력 전류는 또한 2진 가중치에 비례한다. 따라서 입력 전류의 합이 R_f로 흐르므로 출력 전압은 2진 가중치의 합에 비례한다.

이 유형의 DAC가 가지는 단점은 다른 저항값들의 개수와 모든 입력에서 전압 레벨이 정확히 같아야 한다는 사실이다. 예를 들어, 8비트 변환기는 *R*에서 128*R*까지 2진 가중치 단계로 값을 가지는 8개의 저항기를 필요로 한다. 이 범위의 저항은 입력을 정확히 변환하기 위해 255분의 1(0.5% 미만)의 공차가 필요하므로, 이러한 유형의 DAC를 양산하는 것은 매우 어렵다.

예제 12-3

그림 12-27(b)의 4비트 숫자 열을 나타내는 파형이 입력에 인가될 때, 그림 12-27(a)의 DAC 출력을 결정하라. 입력 D_0가 최하위 비트(LSB)이다.

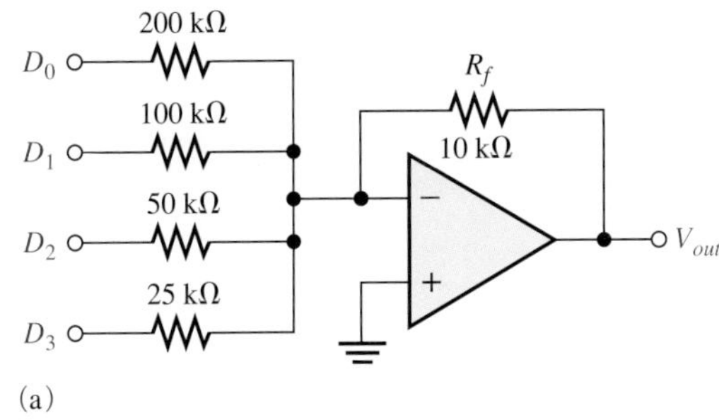

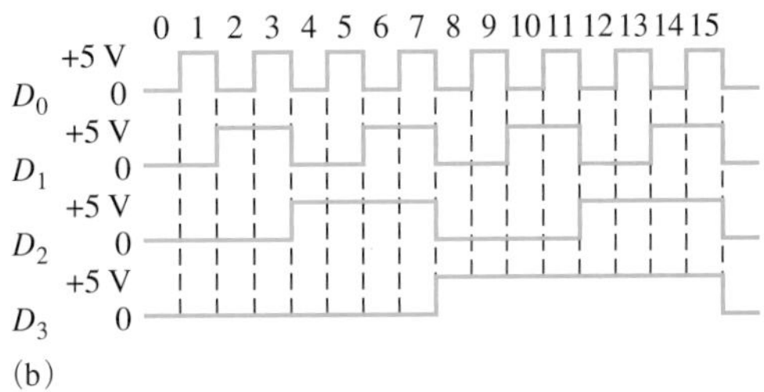

그림 12-27

풀이

먼저 각각의 가중치 입력에 대한 전류를 결정한다. 연산 증폭기의 반전(−) 입력은 0 V(가상 접지)이고, 2진 1은 +5 V에 해당하므로, 입력 저항을 흐르는 전류는 5 V를 저항값으로 나눈 값이다.

$$I_0 = \frac{5\text{ V}}{200\text{ k}\Omega} = 0.025\text{ mA}$$

$$I_1 = \frac{5\text{ V}}{100\text{ k}\Omega} = 0.05\text{ mA}$$

$$I_2 = \frac{5\text{ V}}{50\text{ k}\Omega} = 0.1\text{ mA}$$

$$I_3 = \frac{5\text{ V}}{25\text{ k}\Omega} = 0.2\text{ mA}$$

매우 높은 임피던스로 인하여 반전 연산 증폭기의 입력으로는 거의 전류가 흐르지 않는다. 따라서 모든 전류는 피드백 저항 R_f를 통해 흐른다고 가정한다. R_f의 한쪽 끝은 0 V(가상 접지)이므로, R_f 양단의 전압 강하는 가상 접지에 대하여 음인 출력 전압과 동일하다.

$$V_{out(D0)} = (10\text{ k}\Omega)(-0.025\text{ mA}) = -0.25\text{ V}$$

$$V_{out(D1)} = (10\text{ k}\Omega)(-0.05\text{ mA}) = -0.5\text{ V}$$

$$V_{out(D2)} = (10\text{ k}\Omega)(-0.1\text{ mA}) = -1\text{ V}$$

$$V_{out(D3)} = (10\text{ k}\Omega)(-0.2\text{ mA}) = -2\text{ V}$$

그림 12-27(b)에서 첫 번째 2진 코드는 0000이고, 출력 전압은 0 V이다. 다음 입력 코드는 0001이고, 출력 전압으로 −0.25 V를 생성한다. 다음 코드는 0010이고, −0.5 V의 출력 전압을 생성한다. 다음 코드는 0011이고, 출력 전압으로 −0.25 V + −0.5 V = −0.75 V를 만든다. 각각의 연속되는 2진 코드는 출력 전압을 −0.25 V만큼 증가시킨다. 따라서 입력에서 이러한 2진 시퀀스에 대하여 출력은 0 V~−3.75 V까지 −0.25 V의 단계로 변화하는 계단형 파형이 된다. 그림 12-28에 이를 나타냈다.

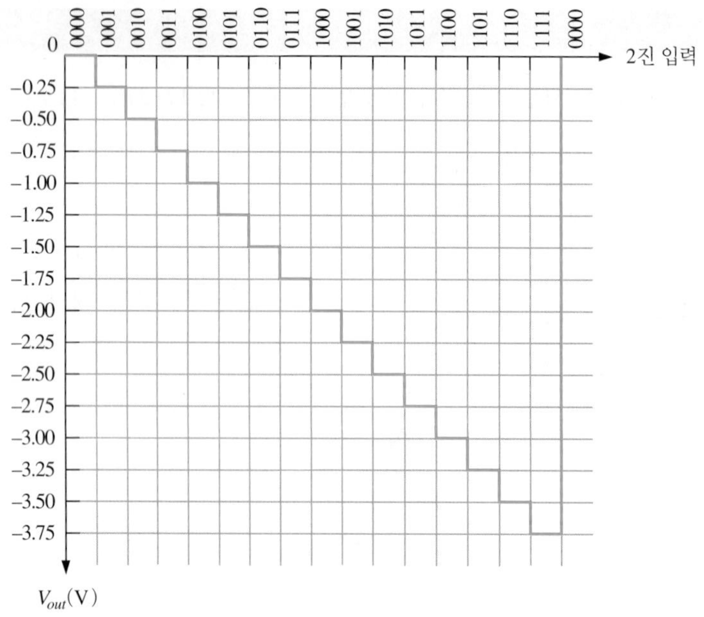

그림 12-28 그림 12-27의 DAC 출력

연관 문제

그림 12-27의 DAC에서 입력 파형을 뒤바꾸고(D_3를 D_0, D_2를 D_1, D_1을 D_2, D_0를 D_3로), 출력을 결정하라.

R/2R 래더 디지털-아날로그 변환기

디지털-아날로그 변환의 또 다른 방법은 *R*/2*R* 래더이고, 4비트의 경우 그림 12-29에 보였다. 이는 2개의 저항값만을 필요로 한다는 점에서 2진 가중치 입력 DAC가 가지는 문제 중의 하나를 해소한다.

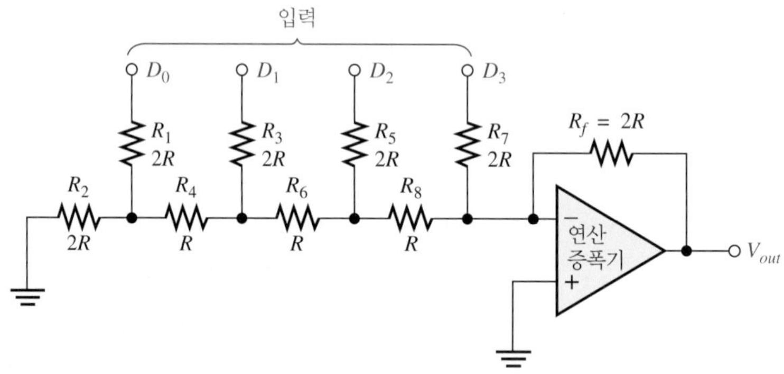

그림 12-29 *R*/2*R* 래더 DAC

D_3 입력이 HIGH(+5 V)이고 다른 입력이 LOW(접지, 0 V)라고 가정한다. 이 조건은 2진수 1000을 나타낸다. 회로 분석을 하면 그림 12-30(a)와 같은 형태로 단순화된다. 반전 입력이 가상 접지에 있기 때문에 본질적으로 2*R*의 등가 저항을 통과하는 전류는 없다. 따라서 R_7을 통한 전류($I = 5\text{V}/2R$)는 모두 R_f를 통해 흐르고 출력 전압은 −5 V이다. 연산 증폭기는 음의 피드백으로 인하여 반전(−) 입력을 0볼트 부근(≈0 V)으로 유지한다. 그러므로 모든 전류는 반전 입력이 아닌 R_f로 흐른다.

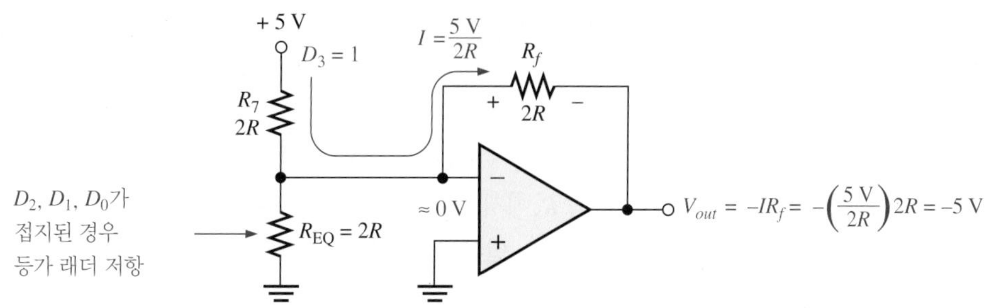

(a) $D_3 = 1$, $D_2 = 0$, $D_1 = 0$, $D_0 = 0$일 때 등가 회로

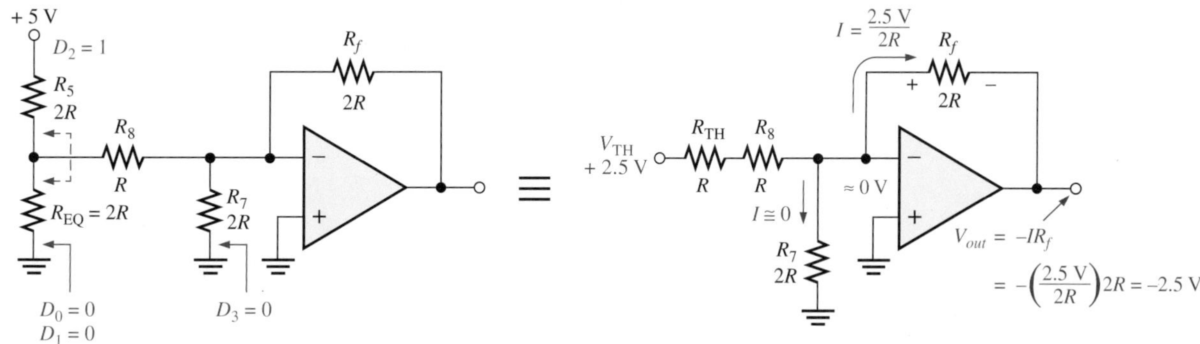

(b) $D_3 = 0$, $D_2 = 1$, $D_1 = 0$, $D_0 = 0$일 때 등가 회로

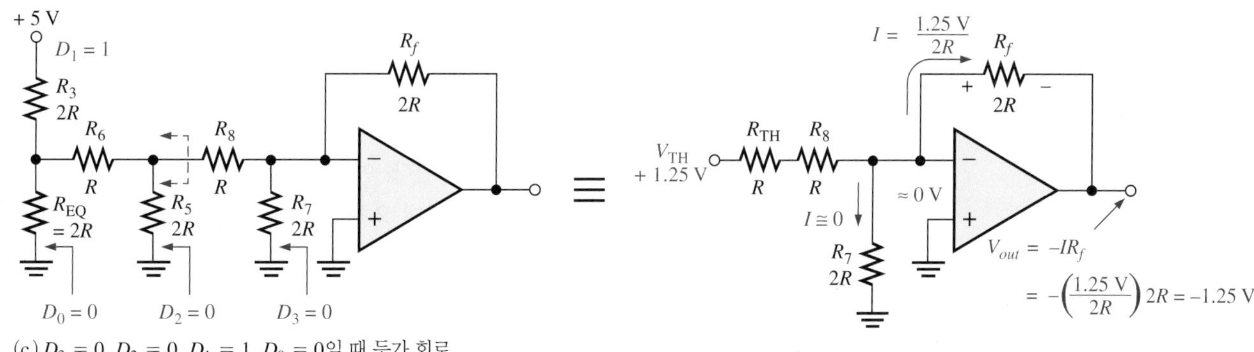

(c) $D_3 = 0$, $D_2 = 0$, $D_1 = 1$, $D_0 = 0$일 때 등가 회로

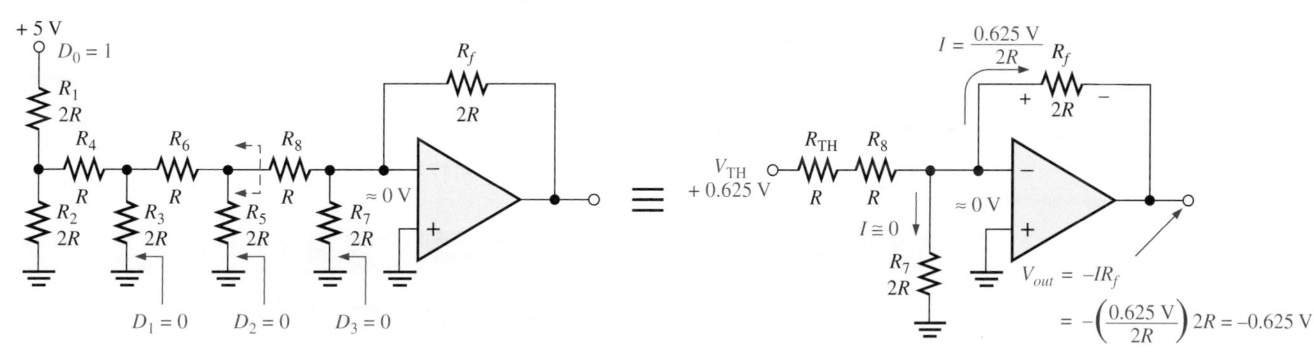

(d) $D_3 = 0$, $D_2 = 0$, $D_1 = 0$, $D_0 = 1$일 때 등가 회로

그림 12-30 *R*/2*R* 래더 DAC의 해석

그림 12-30(b)는 D_2 입력이 +5 V이고 다른 입력이 접지인 경우의 등가 회로를 보여준다. 이 상태는 0100을 나타낸다. R_8에서 들여다본 테브닌 등가 회로*를 구하면, 그림과 같이 *R*과 직렬

---

* 테브닌 정리에 의하면 임의의 회로는 등가 저항과 직렬로 연결된 등가 전압원으로 단순화될 수 있다.

로 연결된 2.5 V 전원을 얻는다. 결과적으로 $I = 2.5\ \text{V}/2R$의 전류가 R_f로 흐르고, 출력 전압은 −2.5 V가 된다. 연산 증폭기의 반전 입력에는 전류가 흐르지 않고 가상 접지로 인하여 저항 양단의 전압은 0 V이므로 등가 저항을 통해서 접지로 전류가 흐르지 않는다는 것을 명심한다.

그림 12-30(c)는 D_1 입력이 +5 V이고 다른 입력이 접지인 경우의 등가 회로를 보여준다. 이 상태는 0010을 나타낸다. R_8에서 들여다본 테브닌 등가 회로를 다시 구하면, 그림과 같이 R과 직렬로 연결된 1.25 V 전원을 얻는다. 결과적으로 $I = 1.25\ \text{V}/2R$의 전류가 R_f로 흐르고, 출력 전압은 −1.25 V가 된다.

그림 12-30의 (d) 부분에서, D_0 입력이 +5 V이고 다른 입력이 접지인 경우의 등가 회로를 보여준다. 이 상태는 0001을 나타낸다. R_8에서 테브닌 등가 회로를 구하면, 0.625 V의 등가 전압을 얻는다. 결과적으로 $I = 0.625\ \text{V}/2R$의 전류가 R_f로 흐르고, 출력 전압은 −0.625 V가 된다.

연속적으로 가중치를 낮춘 각 입력은 출력 전압을 반으로 줄게 하므로, 출력 전압은 입력 비트의 2진 가중치에 비례한다.

디지털-아날로그 변환기의 성능 특성

DAC의 성능 특성에는 분해능, 정확도, 선형성, 단조성, 정착 시간이 포함되며, 각 항목은 다음 목록에 설명한다.

- 분해능(resolution). DAC의 분해능은 출력에서 불연속적인 단계 수의 역수이다. 이것은 물론 입력 비트 수에 의존한다. 예를 들어, 4비트 DAC는 $2^4 - 1$분의 1(15분의 1)의 분해능을 가진다. 백분율로 표시하면, 이것은 (1/15)100 = 6.67%이다. 이산 단계의 총수는 $2^n - 1$이며, 여기서 n은 비트 수이다. 분해능은 변환 비트 수로 표현될 수도 있다.
- 정확도(accuracy). 정확도는 DAC의 실제 출력과 기대 출력의 비교로부터 유추된다. 이는 전체 또는 최대 출력 전압의 백분율로 표현된다. 예를 들어, 변환기의 전체 출력이 10 V이고 정확도가 ±0.1%인 경우, 출력 전압의 최대 오차는 (10 V)(0.001) = 10 mV이다. 이상적으로, 정확도는 최하위 비트의 ±1/2보다 나쁘지 않아야 한다. 8비트 변환기의 경우, 최하위 비트는 전체의 0.39%이다. 정확도는 대략 ±0.2%이어야 한다.
- 선형성(linearity). 선형 오차는 DAC의 이상적인 직선 출력에서 벗어나는 정도이다. 이것의 특수한 경우는 입력 비트가 모두 0일 때 출력 전압의 크기인 오프셋 오차이다.
- 단조성(monotonicity). DAC는 전체 입력 비트 범위에 대하여 순서대로 변할 때, 역단계를 취하지 않으면 **단조성**(monotonic)이 있다.
- 정착 시간(settling time). 정착 시간은 일반적으로 입력 코드가 변경될 때 최종 값의 ±1/2 LSB 이내에서 DAC가 안정화되는 데 걸리는 시간으로 정의된다.

예제 12-4

다음에 대하여 백분율로 표현되는 분해능을 구하라.

(a) 8비트 DAC

(b) 12비트 DAC

풀이

(a) 8비트 변환기에서,

$$\frac{1}{2^8 - 1} \times 100 = \frac{1}{255} \times 100 = \mathbf{0.392\%}$$

(b) 12비트 변환기에서,

$$\frac{1}{2^{12}-1} \times 100 = \frac{1}{4095} \times 100 = \mathbf{0.0244\%}$$

관련 문제

16비트 DAC의 분해능을 계산하라.

디지털-아날로그 변환기의 테스트

그림 12-31은 DAC 테스트의 개념을 나타낸다. 이 기본 방법에서는 2진 코드 열이 입력에 인가되고 결과 출력이 관찰된다. 2진 코드 열은 $0 \sim 2^n - 1$의 오름차순으로 전체 범위에서 변화한다. 여기에서 n은 비트 수이다.

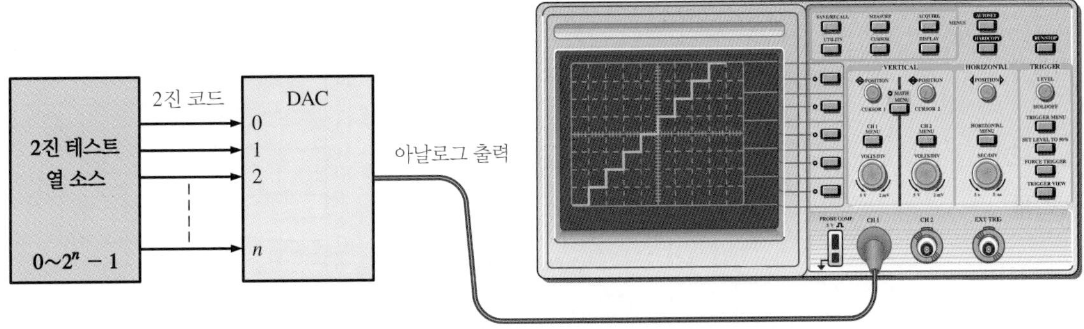

그림 12-31 DAC의 기본 테스트 설정

이상적인 출력은 그림처럼 직선의 계단형이다. 2진 코드의 비트 수를 늘리면 분해능은 향상된다. 즉, 이산적인 단계의 수가 증가하고, 직선 선형 램프에 접근한다.

디지털-아날로그 변환 오차

검사할 몇몇 디지털-아날로그 변환 오차를 그림 12-32에 보였으며, 설명의 목적으로 4비트 변환을 사용한다. 4비트 변화는 15개의 불연속적인 단계를 만든다. 그림의 각 그래프에는 잘못된 출력과 함께 비교의 목적으로 이상적인 계단 램프를 함께 보였다.

단조성

그램 12-32(a)의 단계 반전은 비선형성의 일종인 비단조성 실행을 나타낸다. 이 특별한 경우에서, 2진 코드에서 2^1비트가 상수 0으로 해석되었기 때문에 오차가 발생한다. 즉, 단락으로 인하여 비트 입력 라인이 LOW로 고정되었다.

차동 비선형성

그림 12-32(b)는 특정 입력 코드에 대하여 단계의 크기가 가져야 하는 값보다 더 작은 값을 가지는 차동 비선형을 보여준다. 이 특정 출력은 2^2비트가 불충분한 가중치를 가지는 것으로 발생할 수 있으며, 불충분한 입력 저항이 원인일 수 있다. 특정 입력 가중치가 가져야 하는 것보다 더 큰 값을 가지는 경우 정상보다 더 큰 크기를 가지는 단계도 역시 나타날 수 있다.

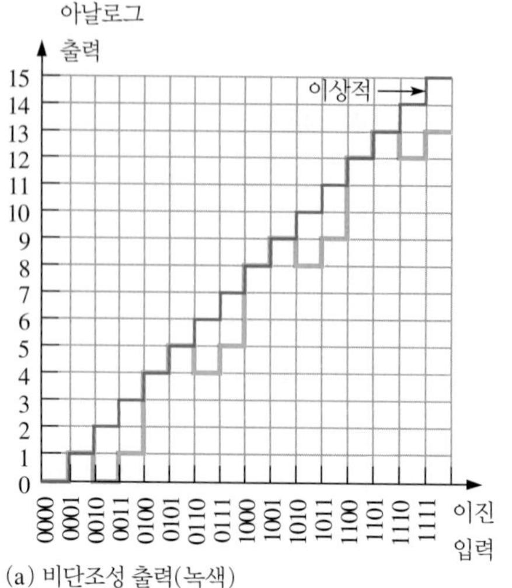

(a) 비단조성 출력(녹색)

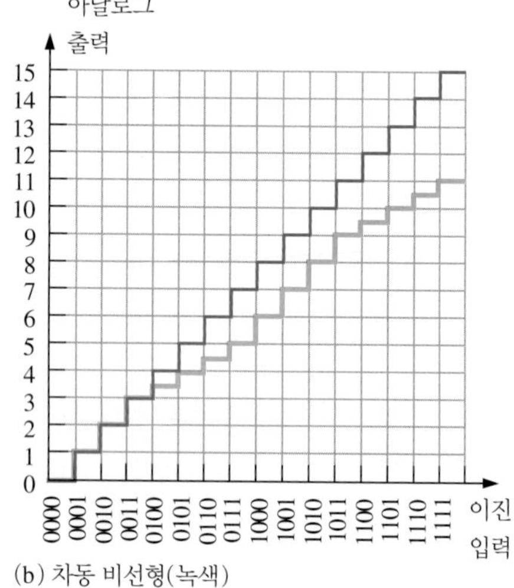

(b) 차동 비선형(녹색)

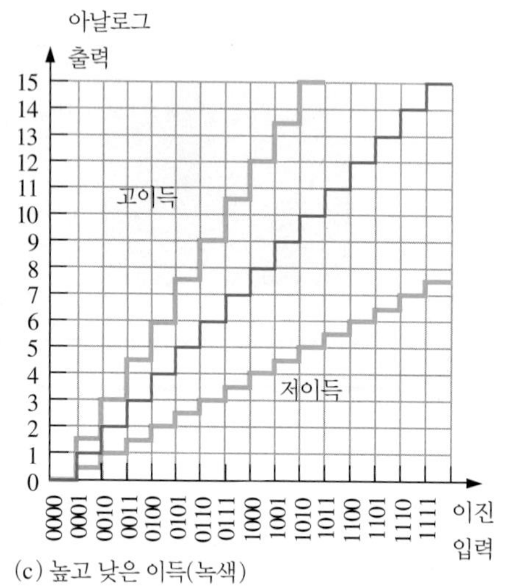

(c) 높고 낮은 이득(녹색)

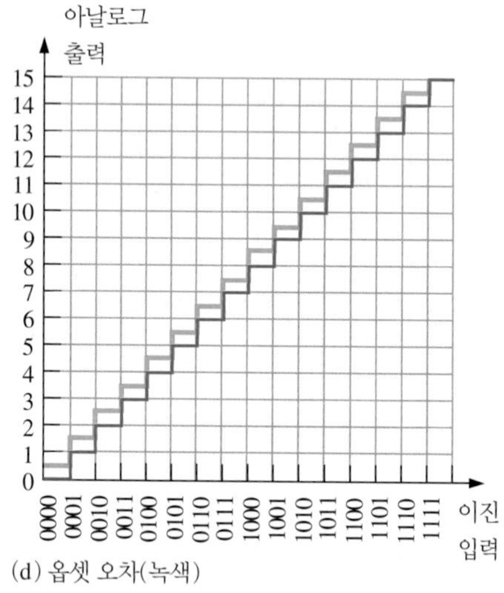

(d) 옵셋 오차(녹색)

그림 12-32 몇몇 디지털-아날로그 변환 오차의 설명

낮거나 높은 이득

낮은 이득 또는 높은 이득으로 인한 출력 오차를 그림 12-32(c)에 보였다. 낮은 이득의 경우, 모든 단계의 크기가 이상적인 경우보다 더 작다. 높은 이득의 경우, 모든 단계 크기가 이상적인 경우보다 더 크다. 이 상황은 연산 증폭기 회로의 잘못된 피드백 저항으로 발생할 수 있다.

옵셋 오차

옵셋 오차를 그림 12-32(d)에 보였다. 2진 입력이 0000일 때, 출력 전압이 0이 아니며, 이 옵셋 양은 변환의 모든 단계에서 동일함에 유의하라. 오류가 있는 연산 증폭기가 이 현상의 원인이 될 수 있다.

예제 12-5

그림 12-33의 DAC 출력이 순차적으로 변하는 4비트 2진 열이 입력에 인가될 때 관찰된다. 오차 유형을 식별하고, 오차를 제거하는 방법을 제안하라.

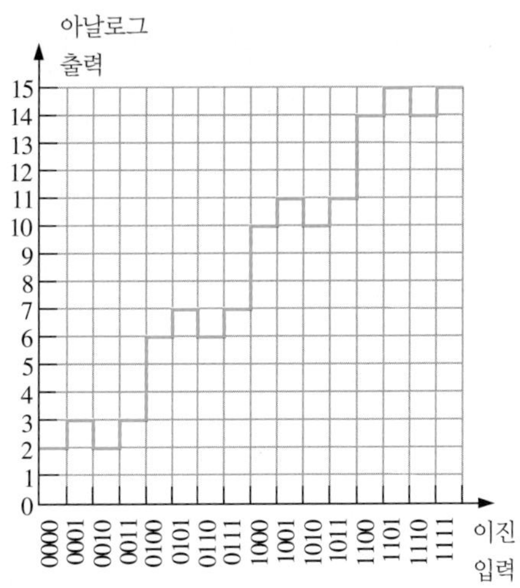

그림 12-33

풀이

이 경우 DAC는 비단조성을 보인다. 출력을 분석하면 소자는 입력에 인가된 실제 2진열이 아닌 다음의 열을 변환하고 있음을 알 수 있다.

0010, 0011, 0010, 0011, 0110, 0111, 0110, 0111, 1010, 1011, 1010, 1011, 1110, 1111,1110, 1111

분명히 2^1 비트가 HIGH (1) 상태로 고정되어 있다. 문제를 찾기 위하여, 소자의 입력 비트를 먼저 모니터하라. 만일 상태가 바뀌고 있으면, 오류는 DAC 내부에 있으므로 교체해야 한다. 외부 핀이 상태를 바꾸지 않고 항상 HIGH이면 회로 보드 어딘가에 있는 땜납의 연결로 일어날 수 있는 $+V$로의 외부 단락을 검사한다.

관련 문제

연속적으로 변하는 4비트 2진 시퀀스가 입력에 인가되고 2^0 비트가 HIGH로 묶여 있을 때 DAC의 출력을 결정하라.

복원 필터

DAC에서 출력은 실시간으로 데이터를 처리하는 특수 유형의 마이크로프로세서인 **디지털 신호 처리기**(digital signal processor, DSP)가 처리한 원래 아날로그 신호의 '계단형(stairstep)' 근사화 값이다. 저역 통과 복원 필터(때때로 '후처리 필터'라고도 함)의 목적은 대략 그림 12-34에 설명하였듯이, '계단형'의 빠른 전이에서 발생하는 고주파 성분을 제거하여 DAC 출력을 부드럽게 하는 것이다.

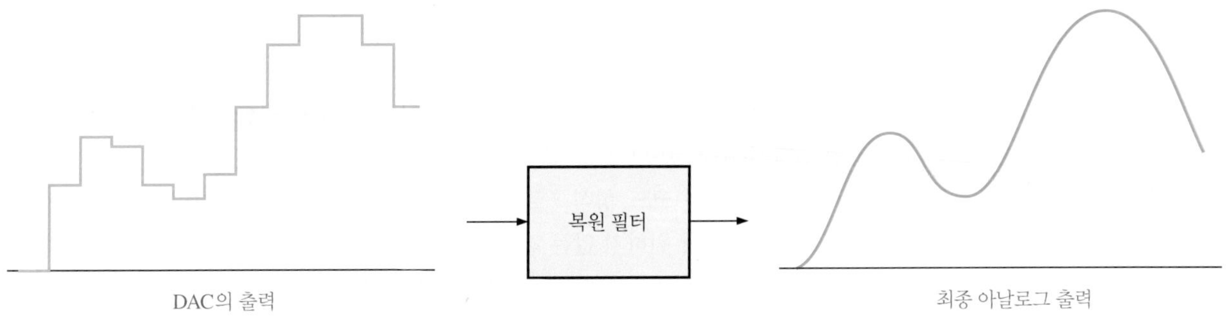

그림 12-34 복원 필터는 DAC 출력을 부드럽게 한다.

복습문제 12-3

1. 2진 가중치 입력 DAC의 장점은 무엇인가?
2. 4비트 DAC의 분해능 값은?
3. DAC에서 비단조성을 감지하는 방법은?
4. DAC 출력에서 낮은 이득은 어떤 영향을 주는가?

12-4 디지털 신호 처리

디지털 신호 처리는 사운드, 비디오 및 센서 정보와 같이 원래 아날로그 형태로 발생하는 신호를 디지털 형식으로 변환하고, 디지털 기술을 사용하여 다양한 응용 목적으로 아날로그 신호를 개선하고 수정한다.

이 절의 학습내용

- 디지털 신호 처리에 대해 논의한다.
- 디지털 신호 처리 시스템의 기본 블록도를 그린다.

디지털 신호 처리 시스템은 먼저 연속적으로 변하는 아날로그 신호를 일련의 이산화된 레벨로 변환한다. 이러한 일련의 레벨은 그림 12-35의 사인파의 경우에 설명된 것과 같이 아날로그 신호의 변화를 따라가고 계단 형태와 비슷하다. 원래 아날로그 신호를 '계단'으로 근사화하는 변경 과정은 샘플-앤드-홀드 회로에 의하여 수행된다.

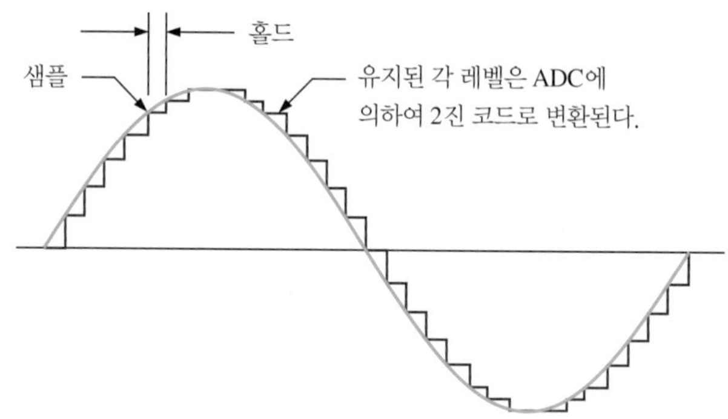

그림 12-35 원래의 아날로그 신호(사인파)와 '계단' 근사값

다음 '계단(stairstep)'식 근사값은 아날로그-디지털(A/D) 변환이라 불리는 과정에 의하여 '계단'의 불연속적인 발판을 나타내는 2진 코드로 양자화된다. A/D 변환을 수행하는 회로는 아날로그-디지털 변환기(ADC)이다.

일단 아날로그 신호가 2진 코드 형식으로 변환되면, DSP(디지털 신호 처리기)에 입력된다. DSP는 입력 데이터에 대하여 원하지 않는 간섭 제거, 특정 신호 주파수의 진폭 증가 및 다른 신호 진폭 감소, 안전한 전송을 위한 데이터 인코딩 그리고 전송된 코드에서 오류를 검출하고 정정하는 것과 같은 다양한 동작을 수행할 수 있다. DSP는 많은 다양한 것들 가운데서 음향 녹음의 명료화, 통신 선로에서 반향 제거, 향상된 의료 진단을 위한 CT 스캔 이미지 개선 그리고 사생활 보호를 위한 휴대 전화 음성 대화의 비화(scrambling, 음성을 알아들을 수 없는 소리로 만드는 것-역주) 등을 가능하게 한다.

DSP가 신호를 처리한 후에는 신호는 원래 아날로그 신호의 개선된 형태로 다시 변환될 수 있다. 이것은 디지털-아날로그 변환기(DAC)에 의하여 이루어진다. 그림 12-36은 일반적인 디지털 신호 처리 시스템의 블록도를 보여준다.

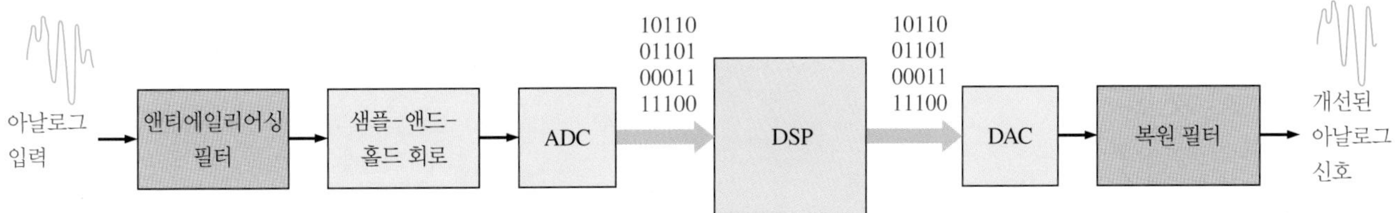

그림 12-36 일반적인 디지털 신호 처리 시스템의 기본 블록도

DSP는 사실 마이크로프로세서의 특수 유형이지만 범용 마이크로프로세서와는 몇몇 중요한 면에서 다르다. 일반적으로 마이크로프로세서는 일반적인 목적의 기능을 위해 설계되었으며 큰 덩치의 소프트웨어 패키지로 동작한다. DSP는 특수 용도의 응용 분야에 사용된다. 이들은 특수 알고리즘(프로그램)을 사용하여 일어나는 즉시 정보를 처리하여 실시간으로 동작해야 하는 매우 빠른 고속 처리 컴퓨터이다. 시스템에서 아날로그-디지털 변환기(ADC)는 신호 진폭의 주요 변동을 포착할 수 있을 만큼 입력 아날로그 데이터의 샘플을 자주 수집해야 하며, DSP는 샘플 데이터가 수신되는 속도만큼 빠르게 계산을 수행하여 ADC의 샘플링 속도와 보조를 맞추어야 한다. 디지털 데이터가 DSP에 의해 처리되면, 아날로그 형태로 다시 변환하기 위하여 디지털-아날로그 변환기(DAC)와 복원 필터로 간다.

복습문제 12-4

1. DSP는 무엇을 의미하는가?
2. ADC는 무엇을 의미하는가?
3. DAC는 무엇을 의미하는가?
4. 아날로그 신호는 어떤 회로에 의하여 2진 코드 형식으로 바뀌는가?
5. 2진 코드 신호는 어떤 회로에 의하여 아날로그 형식으로 바뀌는가?

12-5 디지털 신호 처리기

기본적으로 디지털 신호 처리기(DSP)는 실시간으로 데이터를 처리하는 특수 유형의 마이크로프로세서이다. 응용 분야는 아날로그 신호를 표현하는 디지털 데이터의 처리에 중점을 둔다. 마이크로프로세서와 같은 DSP는 많은 인터페이스 기능 외에도 중앙 처리 장치(CPU)와 메모리 장치를 가지고 있다. 휴대 전화를 사용할 때마다 사람들은 DSP를 사용하게 되는데, 이것은 여러 응용 분야 가운데 하나의 예에 불과하다.

이 절의 학습내용

- DSP의 기본 개념을 설명한다.
- DSP의 몇몇 응용 분야를 나열한다.

- 휴대 전화에서 DSP의 기본 기능을 설명한다.
- TMS320C6000 계열 DSP에 대하여 논의한다.

디지털 신호 처리기(DSP)는 디지털 신호 처리 시스템의 핵심이다. 그림 12-37에서 볼 수 있듯이, ADC로부터 입력을 받고 DAC로 가는 출력을 생성한다. 학습한 바와 같이, ADC는 아날로그 파형을 일련의 2진 코드 형식으로 데이터를 변환한 후 처리 목적으로 DSP에 이를 인가한다. DSP에 의하여 처리된 후, 데이터는 아날로그 형태로의 변환을 위하여 DAC로 간다.

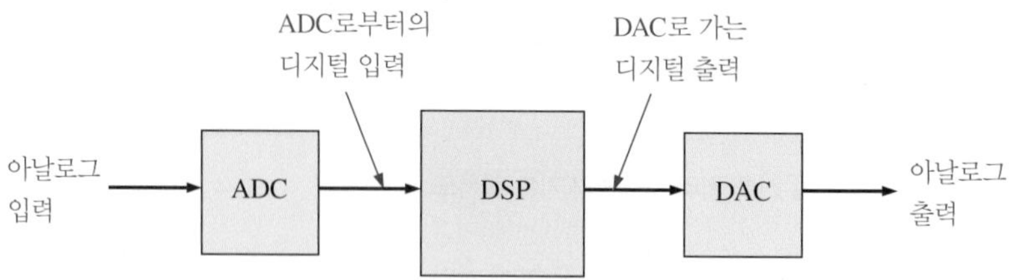

그림 12-37 DSP는 디지털 입력을 받고 디지털 출력을 생성한다.

DSP 프로그래밍

DSP는 일반적으로 어셈블리 언어 또는 C로 프로그래밍된다. 어셈블리 언어로 작성된 프로그램은 보통 더 빨리 수행될 수 있고 대부분의 DSP 응용에서 속도가 대단히 중요하기 때문에 어셈블리 언어가 범용 마이크로프로세서에서보다 DSP에서 훨씬 더 많이 사용된다. 또한 DSP 프로그램은 많은 중복성이 있는 매우 특수한 응용 분야로 인하여 고전적인 마이크로프로세서 프로그램보다 훨씬 짧다. 일반적으로 DSP의 명령어 집합은 마이크로프로세서의 것보다 더 작은 경향이 있다.

DSP 응용

DSP는 범용 마이크로프로세서와는 달리 일반적으로 데이터를 실시간(real time)으로, 즉 발생하는 대로 처리해야 한다. DSP가 사용되는 많은 응용에서 인식할 수 있는 지연을 허용할 수 없으므로 DSP는 매우 빠를 필요가 있다. 휴대 전화 외에도, 디지털 신호 처리기(DSP)는 멀티미디어 컴퓨터, 비디오 레코더, CD 플레이어, 하드 디스크 드라이브, 디지털 무선 모뎀, 다른 응용 분야에서 신호의 품질을 향상시키기 위하여 사용된다. DSP는 또한 텔레비전에서도 사용된다. 예를 들어, 텔레비전 변환기는 다른 텔레비전 표준과 호환성을 제공하기 위하여 DSP를 사용한다.

DSP의 중요한 응용 분야는 신호의 압축과 압축 해제에 있다. 예를 들어, CD 시스템에서 CD의 음악은 압축된 형식이므로 많은 저장 공간을 필요로 하지 않는다(음악 CD 자체는 비압축 형식으로 저장되어 있다. 여기서는 CD에 mp3 형식의 음악 파일을 저장한 경우를 생각한다-역주). 재생되기 위해서는 압축을 풀어야 한다. 또한 신호 압축이 휴대 전화에서 사용되어 로컬 셀에서 많은 수의 통화가 동시에 처리될 수 있다.

정보노트

컴퓨터에서 사용되는 사운드 카드는 ADC를 사용하여 마이크, 오디오 CD 플레이어 또는 다른 소스의 사운드를 디지털 신호로 변환한다. ADC는 디지털 신호를 디지털 신호 처리기(DSP)로 전송한다. ROM의 명령에 의하여, DSP의 기능 중 하나는 디지털 신호를 압축하여 더 적은 저장 공간을 사용하게 하는 것이다. 그런 다음 DSP는 압축된 데이터를 컴퓨터의 프로세서로 보내고, 다음 프로세서는 데이터를 저장하기 위하여 하드 드라이브나 CD ROM으로 보낸다. 녹음된 사운드를 재생하기 위하여, 저장된 데이터는 프로세서에 의하여 읽혀지고 DSP로 전송된다. 데이터는 DSP에서 압축이 풀어지고 DAC로 보내진다. 원래 사운드의 재생본인 DAC의 출력은 스피커로 공급된다.

통신

통신 분야는 전화 통화, 텔레비전 신호 및 디지털 데이터를 포함한 모든 종류의 정보를 한 지점에서 다른 지점으로 전송하는 것과 연관되어 있다. 여러 기능 중에서 DSP는 많은 신호를 하나의 전송 채널로 다중화하는 것을 용이하게 하는데, 디지털 형식의 정보는 다중화 및 역다중화가 비교적 쉽기 때문이다. 통신 시스템의 송신단에서, DSP는 대역폭을 보존하기 위하여 디지털화된 음성 신호를 압축하는 데 사용된다. 압축은 데이터 속도(전송율)를 감소시키는 과정이다. 일반적으로 음성 신호는 4 kHz의 나이퀴스트 주파수에 기반하여 8000 sps(samples per seconded)로 디지털 형식으로 변환된다. 각 샘플을 인코딩하는 데 8비트가 사용되는 경우, 데이터 속도는 64 kbps이다. 일반적으로 데이터 속도를 64 kbps에서 32 kbps로 감소(압축)시키는 것은 음질의 저하를 초래하지 않는다. 데이터가 8 kbps로 압축되면, 음질은 뚜렷하게 저하된다. 2 kbps의 최솟값으로 압축하면, 음질은 매우 왜곡되지만 단어 인식만이 중요하고 품질이 중요하지 않은 몇몇 응용 분야에서는 여전히 사용될 수 있다. 통신 시스템의 수신단에서, DSP는 원래 형태로 신호를 복원하기 위하여 데이터의 압축을 해제한다.

많은 장거리 전화 연결에서 문제인 에코는 음성 신호의 일부가 지연을 가지고 되돌아올 때 발생한다. 짧은 거리인 경우에는 이 지연은 거의 인식되지 않는다. 그러나 송신기와 수신기 사이의 거리가 멀어질수록 에코의 지연 시간도 길어진다. DSP는 성가신 에코를 효과적으로 제거하는 데 사용되며, 이 결과로 깨끗하고 방해가 없는 음성 신호를 얻는다.

음악 프로세싱

음반 산업에서 DSP는 음악의 준비 및 녹음에서 필터링, 신호의 합하기 및 빼기, 그리고 편집을 하는 데 사용된다. 또한 DSP의 다른 응용은 작은 룸의 청취 환경을 콘서트 홀의 이상적인 청취 환경과 같이 흉내 내기 위하여 사운드 스튜디오의 음향 시설에 의해 최소화되는 에코와 잔향을 인공적으로 추가하는 것이다.

음성 발생 및 인식

DSP는 사람/기계 간 통신의 품질을 향상시키기 위한 음성 발생 및 인식에 사용된다. 컴퓨터 발생 음성을 생성하는 데 가장 일반적으로 사용되는 방법은 디지털 녹음이다. 디지털 녹음에서 사람의 목소리는 보통 압축된 형태로 디지털화되고 저장된다. 재생 중 저장된 목소리 데이터는 압축이 풀어지고 원래의 아날로그 형태로 다시 변환된다. 대략 한 시간의 음성은 약 3 MB의 메모리를 사용하여 저장할 수 있다.

음성 인식은 음성 발생보다 구현하기가 훨씬 더 어렵다. DSP는 입력되는 음성 신호의 각 단어를 분리하고 분석하는 데 사용된다. 특정 파라미터를 각 단어에서 식별하고 이전 발성 단어의 예들과 비교하여 가장 가깝게 일치하는 것을 찾는다. 또한 단어들 사이에 상당한 멈춤이 보통 필요하고 시스템은 주어진 개인의 목소리에 대하여 '훈련'되어야 한다. 음성 인식은 엄청난 연구 노력이 필요한 영역이며, 궁극적으로 많은 상업적 응용 분야에 적용될 것이다.

레이더

레이더(radio detection and ranging, radar) 응용에서 DSP는 데이터 압축 기술을 사용하여 보다 정확한 거리의 결정을 제공하고, 필터링 기술을 사용하여 잡음을 감소시키고, 그에 따라 탐색 거리를 증가시키며, 특정 유형의 타깃을 식별하는 레이더 시스템의 능력을 최적화한다. DSP는 소나 시스템에서도 비슷한 방식으로 사용된다.

영상 처리

DSP는 컴퓨터 단층촬영(CT) 및 자기 공명 촬영(MRI)과 같은 영상 처리 응용 분야에서 사용되며, 인체의 내부를 관찰하기 위한 의료 분야에서 널리 사용된다. CT에서 X선은 인체의 한 단면을 여러 방향에서 통과한다. 결과 신호는 디지털 형식으로 변환되어 저장된다. 이 저장된 정보는 매우 세밀하고 더 나은 진단을 가능하게 하는 인체의 조각과 같이 보이는 계산된 이미지를 만드는 데 사용된다.

MRI는 인체의 내부를 조사하기 위하여 X선 대신 전자파와 함께 자기장을 사용한다. MRI는 CT와 마찬가지로 이미지를 생성하고 동맥을 통한 혈류와 같은 정보는 물론 다양한 유형의 조직을 탁월하게 구분한다. MRI는 디지털 신호 처리 방법에 전적으로 의존한다.

비디오 전화기, 디지털 텔레비전, 동영상을 제공하는 다른 미디어와 같은 응용 분야에서 DSP는 필요한 비트 수를 줄이기 위하여 이미지 압축을 사용하며, 이러한 시스템들이 상업적으로 사용 가능하도록 한다.

필터링

DSP는 다른 신호 또는 간섭 및 잡음과 결합되어 있는 신호를 분리하고 왜곡된 신호를 복원할 목적으로 디지털 필터를 구현하는 데 일반적으로 사용된다. 아날로그 필터는 몇몇 응용에 적합하지만, 디지털 필터는 일반적으로 달성할 수 있는 성능의 측면에서 훨씬 우수하다. 디지털 필터의 한 가지 단점은 실행 시간이 필요하므로 아날로그 신호가 적용된 시간부터 출력이 나타나는 시간까지 지연을 발생시킨다는 것이다. 아날로그 필터는 입력이 발생하자마자 출력에서 응답이 나타나므로 지연 문제가 없다. 아날로그 필터는 디지털 필터보다 더 저렴하다. 이와 무관하게, 디지털 필터의 전반적인 성능은 많은 응용 분야에서 훨씬 뛰어나다.

휴대 전화의 DSP

디지털 휴대 전화는 DSP가 어떻게 사용될 수 있는가를 보여주는 하나의 예이다. 그림 12-38은 디지털 휴대 전화의 단순화된 블록도를 보여준다. 음성 **코덱**(codec, codec은 coder/decoder의 약자)은, 다른 기능들 가운데서, 아날로그 음성 신호와 디지털 음성 형식 사이의 변환에 필요한 ADC와 DAC를 포함한다. 시그마-델타 변환이 대부분의 휴대 전화 응용에서 일반적으로 사용된다. 전송을 위하여, 마이크로부터의 음성 신호는 코덱의 ADC에 의하여 디지털 형식으로 변환되고, 그다음 처리를 위하여 DSP로 간다. DSP에서 디지털 신호는 무선 주파수(radio frequency, rf) 부분으로 가며, 여기서 신호가 변조되고 전송을 위하여 무선 주파수로 변환된다. 음성 신호를 포함하는 rf 입력 신호는 안테나에 의하여 포착되고, 복조되어 디지털 신호로 변환된다. 그런 다음 디지털 신호는 DSP에 처리를 위하여 입력되고, 디지털 신호는 DAC에서 원래의 음성 신호로 다시 변환하기 위하여 코덱으로 간다. 그런 다음 증폭되어 스피커로 출력된다.

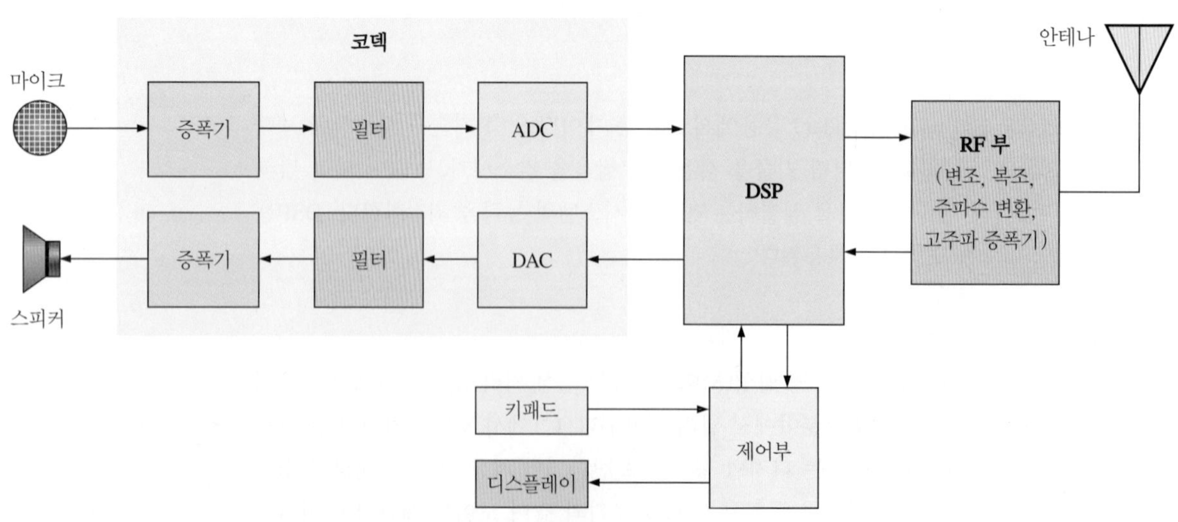

그림 12-38 디지털 휴대 전화의 단순화된 블록도

DSP에 의하여 수행되는 기능

휴대 전화 응용에서, DSP는 음성 신호의 수신 및 송신을 개선하고 용이하게 하도록 많은 기능을 수행한다. 이러한 DSP 기능 중 몇몇은 다음과 같다.

- 음성 압축(speech compression). 대역폭 요구 사항을 만족시키기 위하여 디지털 음성 신호의 속도를 전송 시 크게 감소시킨다.
- 음성 압축 해제(speech decompression). 수신된 디지털 음성 신호의 속도가 아날로그 음성 신호를 적절히 재생하기 위해 원래의 속도로 복원된다.
- 프로토콜 처리(protocol handling). 휴대 전화는 휴대 전화의 위치를 설정하기 위하여 가장 가까운 기지국과 통신하고, 시간 및 주파수 슬롯을 할당하며, 전화기가 다른 셀로 이동함에 따라 다른 기지국으로의 핸드오버를 처리한다.
- 오류 검출 및 정정(error detection and correction). 전송하는 동안 오류 검출과 정정 코드가 생성되고, 수신하는 동안 잡음 또는 간섭에 의하여 rf 채널에서 발생된 오류를 검출하고 정정한다.
- 암호화(encryption). 디지털 음성 신호를 안전한 전송을 위한 형식으로 변환하고 수신 중 원래의 형식으로 다시 변환한다.

기본 DSP 아키텍처

앞서 언급하였듯이, DSP는 기본적으로 실시간으로 데이터를 처리하기 위하여 속도를 최적화한 특수한 마이크로프로세서이다. 많은 DSP는 그림 12-39의 블록도와 같이 중앙 처리 장치(CPU)와 데이터 및 프로그램용의 2개의 메모리로 구성된 하버드 아키텍처(Harvard architecture)로 알려진 구조를 기반으로 한다.

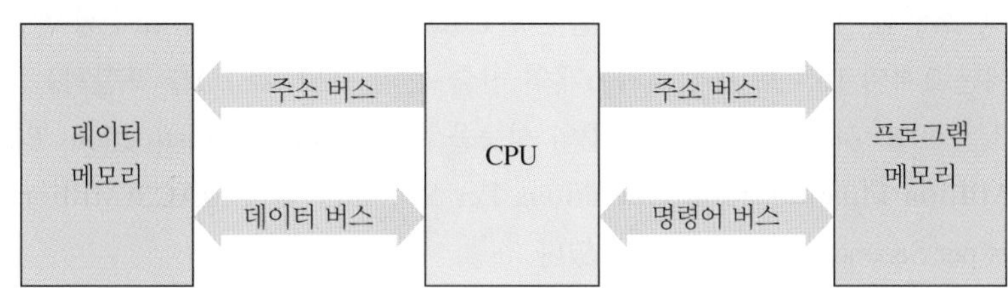

그림 12-39 많은 DSP는 하버드 아키텍처(2개의 메모리)를 사용한다.

특정 DSP

DSP는 텍사스 인스트루먼트, 모토로라, 아날로그 디바이스를 포함한 여러 회사에서 제조한다. DSP는 고정 소수점 처리와 부동 소수점 처리 모두에 사용할 수 있다. 2장에서 이 두 방법은 저장되고 조작되는 방식이 다르다고 한 점을 상기하자. 모든 부동 소수점 DSP는 고정 소수점 형식의 숫자도 처리할 수 있다. 고정 소수점 DSP는 부동 소수점 버전보다 더 저렴하며, 일반적으로 더 빠른 속도로 동작할 수 있다. DSP 아키텍처의 세부 사항은 동일한 제품군 내에서도 크게 다를 수 있다. DSP가 일반적으로 구성되는 방법의 예로 특정 DSP 시리즈를 간단히 살펴본다.

TMS320C6000 시리즈에서 사용 가능한 DSP의 예로는 텍사스 인스트루먼트의 TMS320 제품군의 일부인 TMS320C62xx, TMS320C64xx 및 TMS320C67xx를 포함한다. 이들 소자의 일반적인 블록도를 그림 12-40에 보였다.

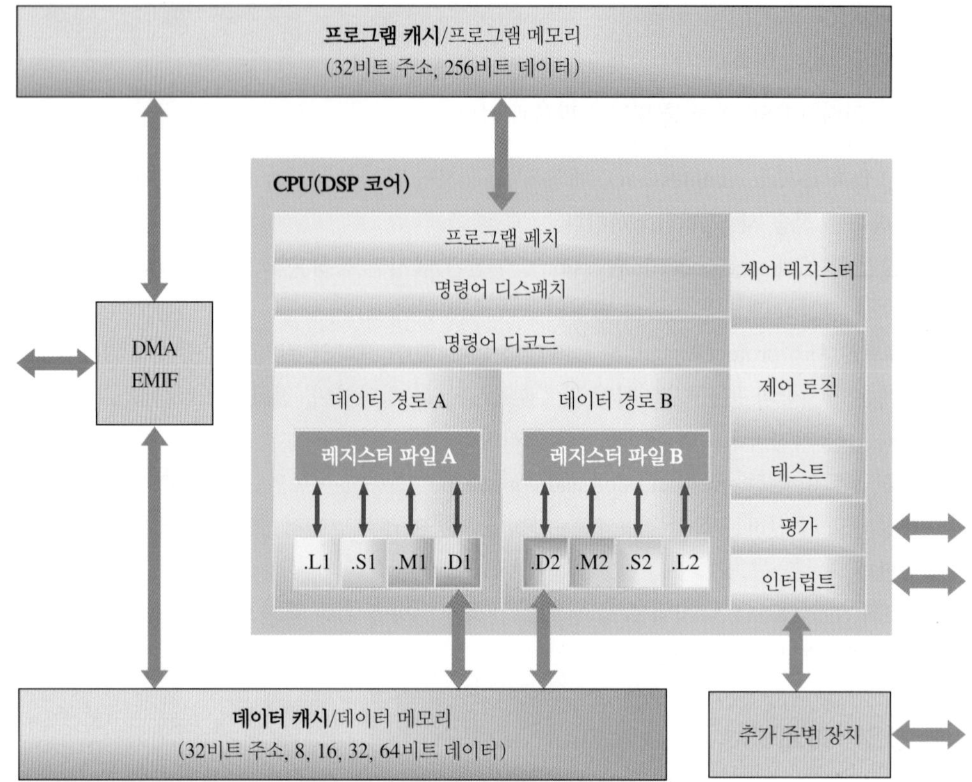

그림 12-40 TMS320C6000 시리즈 DSP의 일반적인 블록도

DSP에는 **DSP 코어**(core)라고도 하는 중앙 처리 장치(CPU)가 있는데, C64xx에 64개의 범용 32비트 레지스터가 있고, C62xx 및 C67xx에는 32개의 범용 32비트 레지스터가 포함되어 있다. C67xx는 부동 소수점 연산을 처리할 수 있는 반면 C62xx 및 C64xx는 고정 소수점 연산 소자이다.

각 DSP에는 2개의 16비트 곱셈기와 6개의 산술 논리 유닛(ALU)을 포함하는 8개의 기능 유닛이 있다. C6000 시리즈 세 가지 DSP의 성능을 **MIPS**(Millions Instructions Per Second), **MFLOPS**(Million Floating-point Operations Per Second) 및 **MMACS**(Million Multiply/Accumulates per Second)로 표 12-3에 보였다.

표 12-3

TMS320C6000 시리즈 DSP의 데이터 처리 성능

DSP	유형	응용 범위	처리 속도	곱하기/더하기 속도
C62xx	고정 소수점	범용	1200~2400 MIPS	300~600 MMACS
C64xx	고정 소수점	전용	3200~4800 MIPS	1600~2400 MMACS
C67xx	부동 소수점	범용	600~1000 MFLOPS	200~333 MMACS

CPU의 데이터 경로

CPU에서 프로그램 페치, 명령어 디스패치 및 명령어 디코드 부는 매 클록 주기마다 8개의 32비트 명령어를 기능 유닛에 제공할 수 있다. CPU는 2개의 데이터 경로로 분리되고, 명령어 처리는 데이터 경로 A와 B 모두에서 발생한다. 각 데이터 경로는 범용 레지스터 수의 반(C62xx와 C67xx에는 16개, C64xx에는 32개)과 4개의 기능 유닛을 포함한다. 제어 레지스터 및 로직은 다양한 프로세서 동작을 구성하고 제어하는 데 사용된다.

기능 유닛

각 데이터 경로에는 4개의 기능 유닛이 있다. M 유닛(그림 12-40에서 .M1과 .M2로 표시)은 전용 곱셈기이다. L 유닛(.L1과 .L2로 표시)은 산술, 논리 및 기타 연산을 수행한다. S 유닛(.S1과 .S2로 표시)은 비교, 시프트 및 기타 산술 연산을 수행한다. D 유닛(.D1과 .D2로 표시)은 로드, 저장 및 기타 동작을 수행한다.

파이프라인

파이프라인(pipeline)을 사용하면 여러 명령어를 동시에 수행할 수 있다. 파이프라인 동작은 페치, 디코드, 실행의 모든 명령어가 지나가는 3단계로 구성된다. 한 번에 8개의 명령어들이 먼저 프로그램 메모리에서 페치된다. 그런 다음 디코드되고, 마지막으로 실행된다.

페치(fetch) 동안 그림 12-41과 같이 8개의 명령어(패킷이라 불림)를 4단계(phase)로 메모리에서 가져온다.

- **프로그램 주소 생성**(program address generate, PG). 프로그램 주소가 CPU에 의해 생성된다.
- **프로그램 주소 전송**(program address send, PS). 프로그램 주소가 메모리로 전송된다.
- **프로그램 접근 준비 대기**(program access ready wait, PW). 메모리 읽기 작업이 일어난다.
- **프로그램 페치 패킷 수신**(program fetch packet receive, PR). CPU는 명령어 패킷을 수신한다.

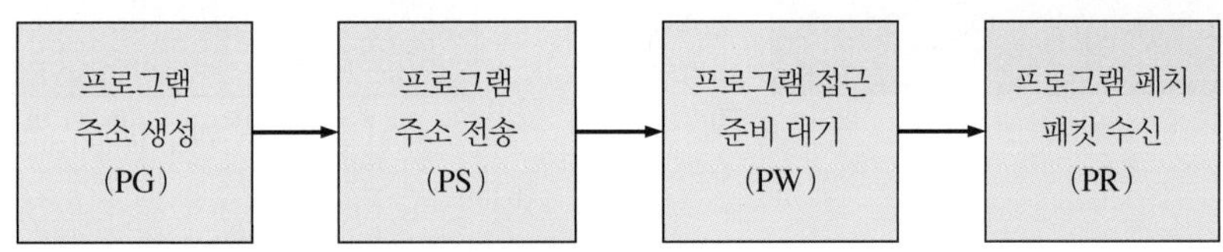

그림 12-41 파이프라인 동작의 페치 4단계

그림 12-42와 같이 2개의 단계가 파이프라인 동작의 명령어 **디코드**(decode) 단계를 구성한다. 명령어 디스패치(DP) 단계에서 명령어 패킷이 실행 패킷으로 분할되고 적절한 기능 유닛에 할당된다. 명령어 디코드(DC) 단계에서는 명령어가 디코드된다.

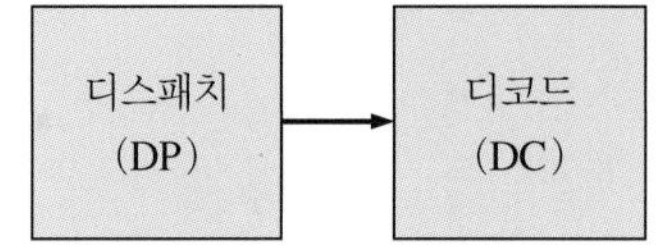

그림 12-42 파이프라인 동작의 디코드 2단계

파이프라인 동작의 **실행**(execute) 단계는 디코드 단계로부터 명령이 수행되는 곳이다. 실행 단계는 그림 12-43과 같이 최대 다섯 단계(E1에서 E5)를 가진다. 모든 명령이 5단계 모두를 사용하지는 않는다. 실행 중에 사용되는 단계의 수는 명령어의 유형에 따라 결정된다. 명령 실행의 일부는 데이터 메모리에서 데이터를 가져와야 한다.

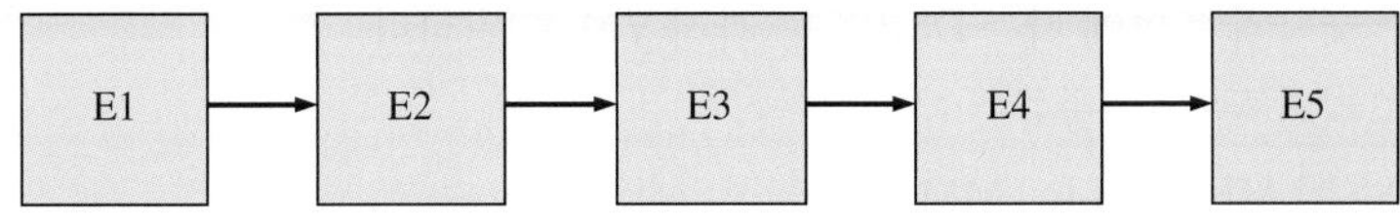

그림 12-43 파이프라인 동작에서 실행 5단계

내부 DSP 메모리 및 인터페이스

그림 12-40에서 볼 수 있듯이, 데이터용과 프로그램용의 두 내부 메모리가 있다. 프로그램 메모리는 256비트 패킷(8개의 32비트 명령어)으로 구성되며 64 kB의 용량을 가진다. 데이터 메모리 역시 64 kB의 용량을 가지며, 시리즈의 특정 소자에 따라 8, 16, 또는 64비트 워드 길이로 액세스된다. DMA(Direct Memory Access)는 CPU를 거치지 않고 데이터를 전송하는 데 사용된다. EMIF(External Memory Interface)는 응용에서 필요할 때 외부 메모리를 지원하는 데 사용된다.

추가 인터페이스가 직렬 I/O 포트와 다른 외부 장치를 위하여 제공된다.

타이머

DSP에는 시간 지정 이벤트, 계수, 펄스 발생, CPU 인터럽트 등에 사용할 수 있는 2개의 범용 타이머가 있다.

패키지

TMS 3206000 시리즈 프로세서는 그림 12-44와 같이 352핀 볼 그리드 어레이(BGA) 패키지로 사용 가능하며, CMOS 기술로 구현된다.

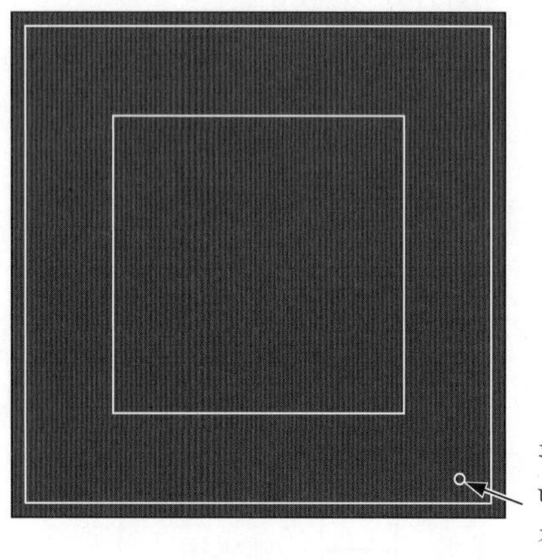

(a) 윗면

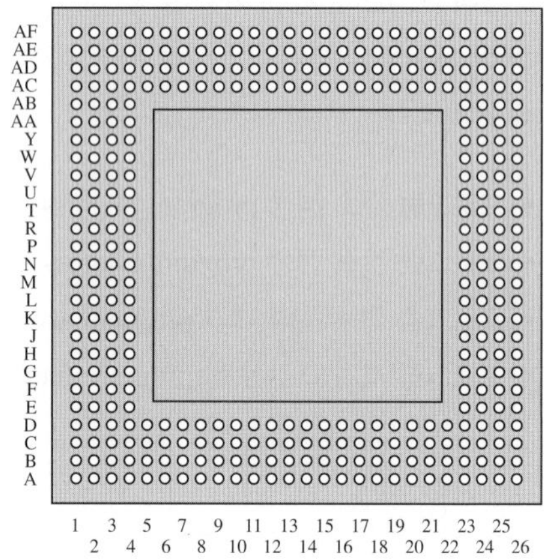

(b) 바닥면

(c) 측면

그림 12-44 352핀 BGA 패키지

복습문제 12-5

1. 하버드 아키텍처는 무엇을 의미하는가?
2. DSP 코어란 무엇인가?
3. 처리되는 숫자의 유형에 따른 DSP의 두 가지 범주를 말하라.
4. 내부 메모리의 두 가지 종류는 무엇인가?
5. (a) MIPS (b) MFLOPS (c) MMACS를 정의하라.
6. 기본적으로 파이프라이닝은 무엇을 수행하는가?
7. 파이프라인 동작의 3단계를 말하라.
8. 페치 단계 중에 무엇이 일어나는가?

요약

- 샘플링은 아날로그 신호를 일련의 임펄스로 변환하며, 각 임펄스는 주어진 순간의 신호 진폭을 나타낸다.
- 샘플링 이론은 샘플링 주파수가 가장 높은 신호의 주파수(나이퀴스트 주파수)보다 적어도 두 배 이상 되어야 한다는 것이다.
- 아날로그-디지털 변환은 아날로그 신호를 일련의 디지털 코드로 변환하는 것이다.
- 플래시(동시), 듀얼 슬로프, 연속 근사, 시그마-델타의 네 가지 유형의 아날로그-디지털 변환기(ADC)가 있다.
- 디지털-아날로그 변환은 아날로그 신호를 나타내는 일련의 디지털 코드를 아날로그 신호로 변환하는 것이다.
- 2진 가중치 입력과 $R/2R$ 래더는 두 가지 유형의 디지털-아날로그 변환기(DAC)이다.
- 디지털 신호 처리는 어떤 방법으로 신호를 수정하거나 개선시키기 위하여 보통 실시간으로 아날로그 신호를 디지털로 처리하는 것이다.
- 일반적으로 디지털 신호 처리 시스템은 앤티에일리어싱 필터, 샘플-앤드-홀드 회로, 아날로그-디지털 변환기, 디지털 신호 처리기(DSP), 디지털-아날로그 변환기, 복원 필터로 구성된다.
- DSP는 데이터가 발생하는 대로(실시간) 처리하기 위하여 속도에 최적화된 특수 마이크로프로세서이다.
- 대부분의 DSP는 하버드 아키텍처를 기반으로 하는데, 이는 데이터 메모리와 프로그램 메모리가 있음을 의미한다.
- 파이프라인 동작은 페치, 디코드, 실행 단계로 구성된다.

핵심용어

이 장의 핵심용어 및 기타 굵은 글씨는 책 마지막 용어해설에도 정리되어 있다.

나이퀴스트 주파수(Nyquist frequency) 주어진 샘플링 주파수에서 샘플링될 수 있는 신호의 가장 높은 주파수. 샘플링 주파수의 절반 이하의 주파수

디지털 신호 처리기(digital signal processor, DSP) 데이터를 실시간으로 처리하는 특수 유형의 마이크로프로세서

디지털-아날로그 변환기(digital-to-analog converter, DAC) 아날로그 신호의 디지털 표현을 다시 아날로그 신호로 변환하는 데 사용되는 회로

디코드(decode) 명령어가 기능 유닛에 할당되고 디코드되는 DSP의 파이프라인 동작의 단계

샘플링(sampling) 파형의 모양을 정의하는 파형의 점들에서 충분한 수의 이산화된 값을 취하는 과정

실행(execute) 디코드된 명령이 수행되는 DSP 파이프라인 동작의 단계

아날로그-디지털 변환기(analog-to-digital converter, ADC) 아날로그 신호를 디지털 형식으로 변환하는 회로

양자화(quantization) 아날로그-디지털 변환 중 각 샘플값에 2진 코드를 할당하는 과정

에일리어싱(aliasing) 신호 주파수의 두 배 미만에서 신호가 샘플링될 때 나타나는 효과. 에일리

어싱은 신호가 복구될 때 신호 주파수를 간섭하는 원하지 않는 주파수를 생성한다.

파이프라인(pipeline) 여러 명령을 동시에 처리할 수 있게 하는 DSP 아키텍처의 일부

페치(fetch) 프로그램 메모리로부터 명령을 얻는 DSP 파이프라인 동작의 단계

DSP 코어(DSP core) DSP의 중앙 처리 장치

MFLOPS million floating-point operations per second의 약자로, 초당 100만 번의 부동 소수점 연산 수행

MIPS million instructions per second의 약자로, 초당 100만 개의 명령 수행

MMACS million multiply/accumulates per second의 약자로, 초당 100만 번의 곱셈/덧셈 수행

참/거짓 퀴즈

정답은 이 장의 끝에 있다.

1. 아날로그 신호는 샘플링을 사용하여 디지털 신호로 변환될 수 있다.
2. ADC는 아날로그 데이터 부품이다.
3. 에일리어싱은 샘플링에서 원하는 요소이다.
4. 주어진 아날로그 신호에 대하여 높은 샘플링 속도는 낮은 샘플링 속도보다 더 정확하다.
5. MIPS는 memory instructions per second를 나타낸다.
6. 성공적인 근사(successful approximation)는 아날로그-디지털 변환 방법이다.
7. 델타 변조는 2개의 연속적인 샘플의 차이를 기반으로 한다.
8. 두 가지 유형의 DAC는 2진 가중치 입력과 $R/2R$ 래더이다.
9. 아날로그 값을 코드로 변환하는 과정을 양자화라 한다.
10. 플래시 ADC는 동시 ADC와 다르다.

자습문제

정답은 이 장의 끝에 있다.

1. 다음 중 ADC의 종류가 아닌 것은?
   (a) 플래시 ADC (b) 듀얼 슬로프 ADC
   (c) 열성 근사 ADC (d) 시그마-델타 ADC
2. DAC는 무엇의 약자인가?
   (a) digital-to-analog computer (b) digital analysis calculator
   (c) data accumulation converter (d) digital-to-analog converter
3. 에일리어싱의 원인은?
   (a) 오버샘플링 (b) 언더샘플링
   (c) 보호 대역 형성 (d) 완벽한 샘플링
4. 샘플링 이론에 따르면 샘플링 주파수는 어떤 값을 가져야 하는가?
   (a) 가장 높은 신호 주파수의 절반 미만 (b) 가장 높은 신호 주파수의 두 배 초과
   (c) 가장 낮은 신호 주파수의 절반 미만 (d) 가장 낮은 신호 주파수보다 큼

5. 연산 증폭기는 선형 증폭기로
   (a) 하나의 입력과 하나의 출력을 가진다. (b) 하나의 입력과 2개의 출력을 가진다.
   (c) 2개의 입력과 하나의 출력을 가진다. (d) 2개의 입력과 2개의 출력을 가진다.
6. 양자화 과정은
   (a) 샘플-앤드-홀드 출력을 2진 코드로 변환한다.
   (b) 샘플 임펄스를 특정 레벨로 변환한다.
   (c) 2진 코드 열을 아날로그 신호로 복원한다.
   (d) 샘플링 이전에 원하지 않은 주파수를 걸러 낸다.
7. 일반적으로 아날로그 신호를 좀 더 정확히 복원될 수 있게 하는 것은?
   (a) 좀 더 많은 양자화 레벨 (b) 좀 더 적은 양자화 레벨
   (c) 좀 더 높은 샘플링 주파수 (d) 좀 더 낮은 샘플링 주파수
   (e) (a) 와 (c)
8. 플래시 ADC의 처리 능력이 측정되는 단위는?
   (a) displacement per second (b) distance per second
   (c) samples per minute (d) samples per second
9. 디지털 전압계가 사용하는 것은?
   (a) 플래시 ADC (b) 연속 근사 ADC
   (c) 시그마-델타 ADC (d) 듀얼 슬로프 ADC
10. 음성 신호 통신 기기에서 사용되는 가장 일반적인 ADC는?
   (a) 플래시 ADC (b) 연속 근사 ADC
   (c) 시그마-델타 ADC (d) 듀얼 슬로프 ADC
11. 2진 가중치 DAC에서 가장 작은 저항값에 해당하는 것은?
   (a) 가장 높은 2진 가중치 입력 (b) 가장 낮은 2진 가중치 입력
   (c) 가장 처음의 입력 (d) 가장 마지막 입력
12. DSP는 일반적으로 무엇으로 프로그래밍되는가?
   (a) 어셈블리 레벨 언어 (b) C 프로그램 언어
   (c) (a), (b) 둘 다 아님 (d) (a), (b) 둘 다
13. 디지털 신호 처리 시스템이 일반적으로 동작하는 방식은?
   (a) 실시간 (b) 가상 시간
   (c) 압축된 시간 (d) 컴퓨터 시간
14. 하버드 아키텍처라는 용어는 무엇을 의미하는가?
   (a) CPU 및 메인 메모리
   (b) CPU와 2개의 데이터 메모리
   (c) CPU, 프로그램 메모리와 데이터 메모리
   (d) CPU와 2개의 레지스터 파일들
15. TMS320C6000 시리즈 DSP에서 범용 레지스터의 최소 개수는?
   (a) 32 (b) 64 (c) 16 (d) 8
16. TMS320C6000 시리즈의 2개의 내부 메모리의 용량은 각각 얼마인가?
   (a) 1 MB (b) 512 kB (c) 64 kB (d) 32 kB
17. TMS320C6000 시리즈 파이프라인 동작에서 동시에 처리되는 명령의 수는?
   (a) 8 (b) 4 (c) 2 (d) 1

18. 메모리로부터 명령을 찾아오는 파이프라인 동작 단계는?
(a) 실행 (b) 누적 (c) 디코드 (d) 페치

문제

홀수 문제의 정답은 책의 끝에 있다.

12-1절 아날로그-디지털 변환

1. 그림 12-45의 파형은 샘플링 회로에 인가되고 3 ms마다 샘플링된다. 샘플링 회로의 출력을 보이라. 입력과 출력 사이에는 1대 1 전압 대응이 있다고 가정한다.

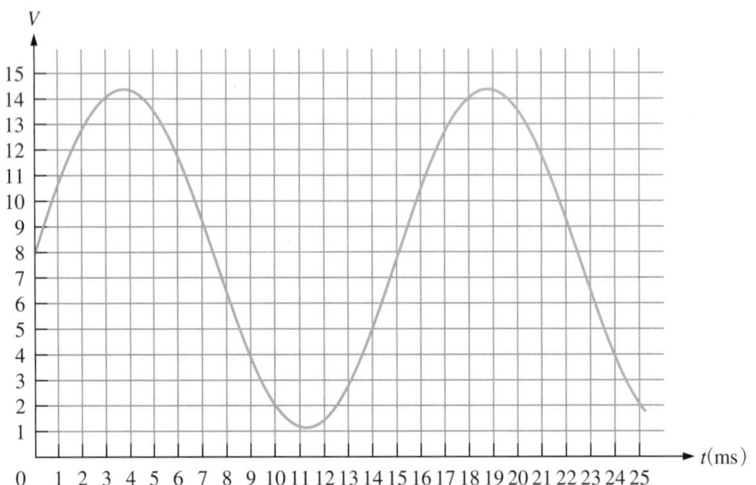

그림 12-45

2. 문제 1의 샘플링 회로의 출력이 홀드 회로에 인가된다. 홀드 회로의 출력을 보이라.
3. 문제 2의 홀드 회로 출력이 2비트를 사용하여 양자화되는 경우, 결과로 얻는 2진 코드 시퀀스는?
4. 4비트 양자화를 사용하여 문제 3을 반복하라.
5. (a) 문제 3의 2비트 양자화로부터 아날로그 신호를 복원하라.
   (b) 문제 3의 4비트 양자화로부터 아날로그 신호를 복원하라.
6. 다음과 같은 2진수 열로 표현되는 아날로그 함수를 그래프로 표시하라.
   1111, 1110, 1101, 1100, 1010, 1001, 1000, 0111, 0110, 0101, 0100, 0101, 0110, 0111, 1000,1001, 1010, 1011, 1100, 1100, 1100, 1011, 1010, 1001.

12-2절 아날로그-디지털 변환 방법

7. 어떤 반전 연산 증폭기의 입력 전압이 5 mV이고 출력은 1 V이다. 폐루프 전압 이득은 얼마인가?
8. 반전 증폭기로 220의 폐루프 전압 이득을 얻으려면 $R_i = 2\ \text{k}\Omega$인 경우 피드백 저항으로 어떤 값을 사용하여야 하는가?
9. 입력 저항이 1 kΩ일 경우 피드백 저항으로 33 kΩ을 사용하는 반전 증폭기의 이득은 얼마인가?
10. 4비트 플래시 변환기를 구성하는 데 몇 개의 비교기가 필요한가?
11. 그림 12-46의 아날로그 입력 신호에 대한 3비트 플래시 ADC의 2진 출력 코드를 결정하라.

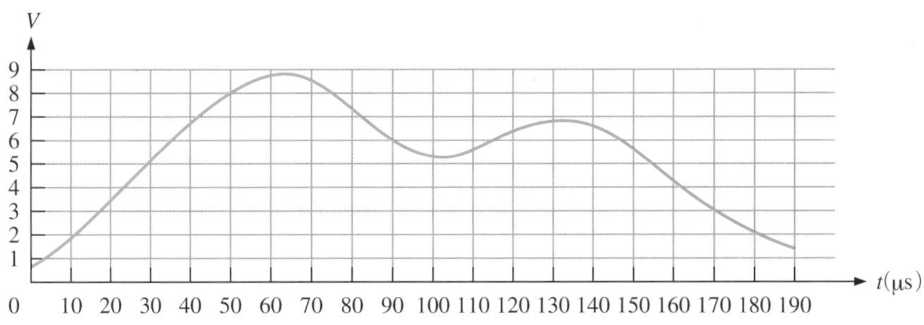

그림 12-46

12. 그림 12-47의 아날로그 파형에 대하여 문제 11을 반복하라.

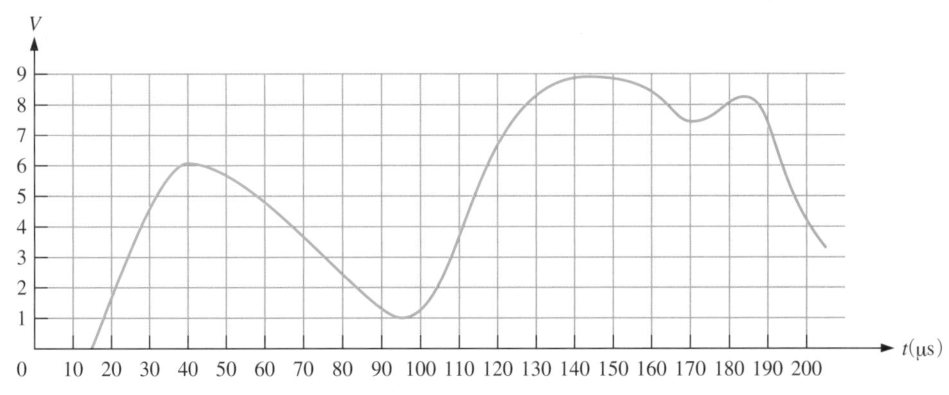

그림 12-47

13. 어떤 2비트 연속 근사 ADC의 경우, 최대 래더 출력이 +8 V이다. 일정한 +6 V가 아날로그 입력에 적용되는 경우, SAR의 2진 상태 시퀀스를 결정하라.
14. 4비트 연속 근사 ADC에 대하여 문제 13을 반복하라.
15. 아날로그 신호가 입력에 인가될 때, ADC는 2진수 열 0000, 0001, 0010, 0011, 0100, 0101, 0110, 0111, 0110, 0101, 0100, 0011, 0010, 0001, 0000을 발생시킨다.
    (a) 입력을 디지털 방식으로 복원하라.
    (b) ADC에 0111이 누락되는 오류가 있는 경우, 복원된 출력은 어떤 형태가 되는가?

12-3절 디지털-아날로그 변환 방법

16. 그림 12-26의 4비트 DAC에서 최저 가중치 저항은 20 kΩ이다. 다른 입력 저항들의 값은 얼마가 되어야 하는가?
17. 그림 12-48(b)의 4비트 숫자 열이 입력으로 인가되는 경우 그림 12-48(a)의 DAC 출력을 결정하라. 데이터 입력은 0 V의 낮은 값과 +5 V의 높은 값을 가진다.

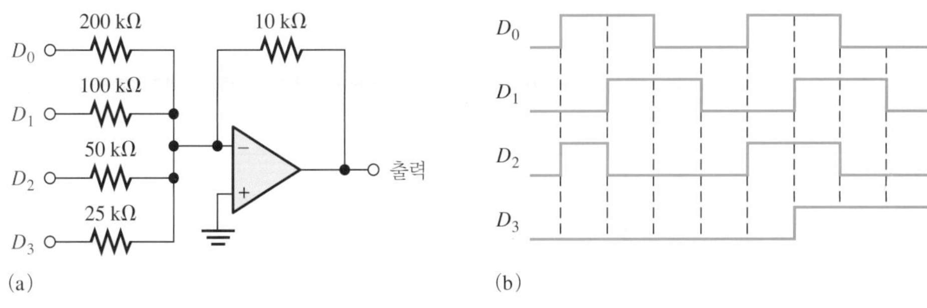

그림 12-48

18. 그림 12-49의 입력에 대하여 문제 17을 반복하라.

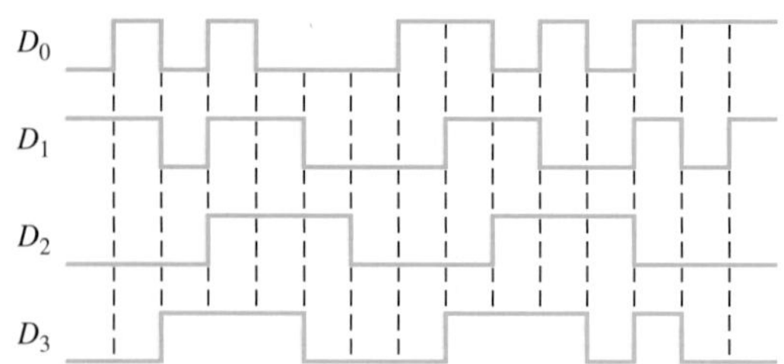

그림 12-49

19. 다음 DAC 각각에서 분해능을 백분율로 구하라.
   (a) 2비트　　(b) 5비트　　(c) 12비트
20. 그림 12-31의 테스트 설정을 위하여 8비트 2진 테스트 시퀀스를 발생시키는 회로를 설계하라.
21. 4비트 DAC에서 MSB가 0 상태로 묶이게 되는 오류가 발생하였다. 입력에 선형적으로 증가하는 2진 시퀀스가 인가될 때 아날로그 출력을 그리라.
22. 선형 증가 2진 시퀀스가 4비트 DAC에 인가되었을 때 그림 12-50의 출력이 관찰되었다. 무엇이 문제인가?

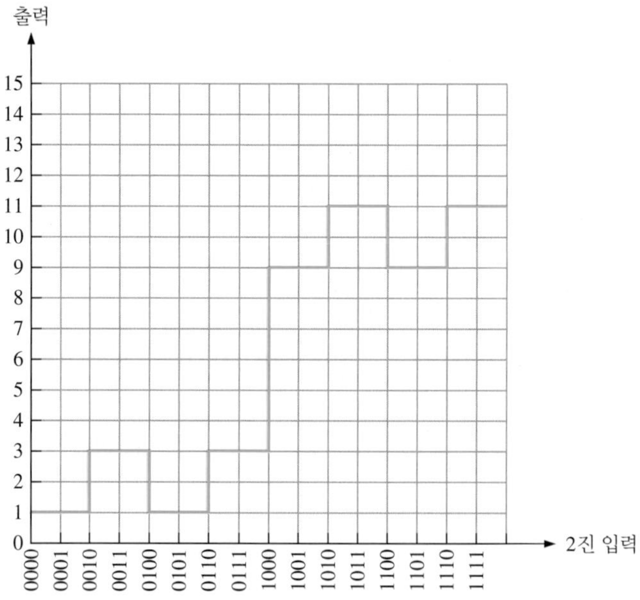

그림 12-50

12-4절 디지털 신호 처리

23. 아날로그 신호를 계단식 근사값으로 어떻게 변환할 수 있는가?
24. 그림 12-51의 디지털 신호 처리 시스템 블록도에서 적절한 기능 이름을 채워 넣으라.

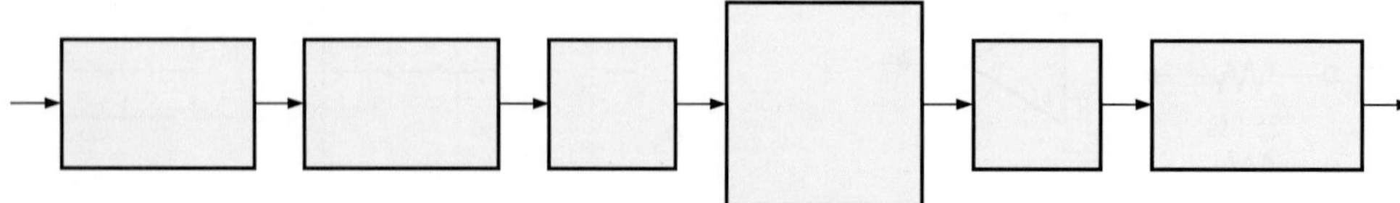

그림 12-51

25. 아날로그-디지털 변환의 목적을 설명하라.

12-5절 디지털 신호 처리기

26. TMS320C62xx는 32비트 명령어를 가지고 있으며, 1800 MIPS에서 동작한다. DSP는 초당 몇 바이트를 처리하고 있는가?
27. TMS320C64xx의 클록 속도가 600 MHz인 경우, 1초에 몇 개의 명령어를 CPU 기능 유닛에 제공할 수 있는가?
28. 2000MFLOPS의 규격이라면 DSP는 1초에 몇 개의 부동 소수점 연산을 수행할 수 있는가?
29. TMS320C6000 시리즈 DSP에서 페치 동작의 4단계를 나열하고 설명하라.
30. TMS320C6000 시리즈 DSP에서 디코드 동작의 2단계를 나열하고 설명하라.

정답

복습문제

12-1절 아날로그-디지털 변환

1. 샘플링은 아날로그 신호를 일련의 임펄스로 변환하는 과정으로, 임펄스 각각은 아날로그 신호의 진폭을 나타낸다.
2. 샘플값은 유지되어 이 값을 2진 코드로 변환할 시간을 준다.
3. 최소 샘플링 주파수는 40 kHz이다.
4. 양자화는 샘플링된 레벨을 2진 코드로 변환하는 과정이다.
5. 비트 수는 양자화 정확도를 결정한다.

12-2절 아날로그-디지털 변환 방법

1. 플래시(동시) 방식이 가장 빠르다.
2. 시그마-델타 방법은 단일 비트 데이터 스트림을 생성한다.
3. 그렇다. 연속 근사는 고정된 변환 시간을 가진다.
4. 누락된 코드, 잘못된 코드 및 오프셋은 ADC 출력 오차의 유형들이다.

12-3절 디지털-아날로그 변환 방법

1. 2진 가중치 DAC에서 각 저항은 다른 값을 가진다.
2. $(1/(2^4 - 1))100\% = 6.67\%$
3. 스텝 반전은 DAC의 비단조성 형태를 보인다.
4. 낮은 이득에서는 DAC의 스텝 크기가 이상적인 경우보다 작다.

12-4절 디지털 신호 처리

1. DSP는 디지털 신호 처리기(digital signal processor)를 의미한다.
2. ADC는 아날로그-디지털 변환기(analog-to-digital converter)를 의미한다.
3. DAC는 디지털-아날로그 변환기(digital-to-analog converter)를 의미한다.
4. ADC는 아날로그 신호를 2진 코드 형식으로 변환한다.
5. DAC는 2진 코드 신호를 아날로그 형식으로 변환한다.

12-5절 디지털 신호 처리기

1. 하버드 아키텍처는 CPU와 2개의 메모리(데이터용의 메모리 하나와 프로그램용의 메모리 하나)가 있음을 의미한다.
2. DSP 코어는 CPU이다.
3. DSP는 고정 소수점 또는 부동 소수점일 수 있다.
4. 내부 메모리 유형은 데이터와 프로그램이다.
5. (a) MIPS : 초당 100만 개의 명령(million instructions per second)
   (b) MFLOPS : 초당 100만 개의 부동 소수점 연산(million floating-point operations per second)
   (c) MMACS : 초당 100만 개의 곱하기/더하기(million multiply/accumulates per second)
6. 파이프라이닝은 다중 명령어의 처리를 동시에 제공한다.
7. 파이프라인 동작의 단계는 페치, 디코드, 실행이다.
8. 페치 동안, 프로그램 메모리에서 명령어를 가져온다.

예제의 관련 문제

12-1 100, 111, 100, 000, 011, 110. 그렇다. 정보가 손실되었다.

12-2

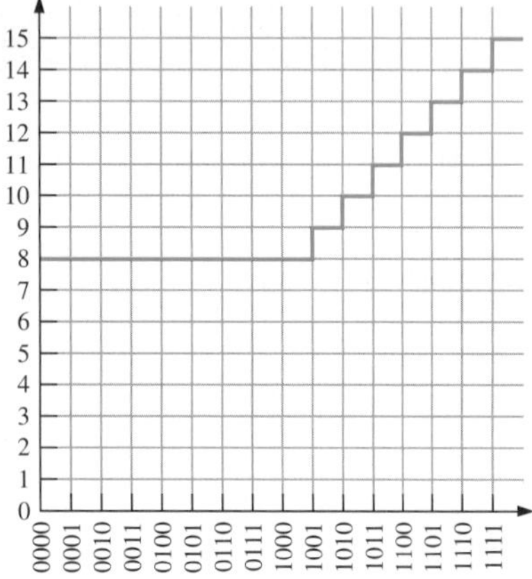

그림 12-52

12-3

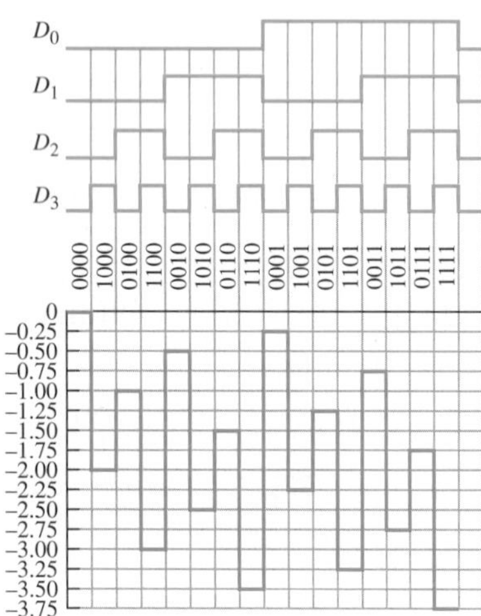

그림 12-53

12-4 $(1/(2^{16} - 1))100\% = 0.00153\%$

12-5

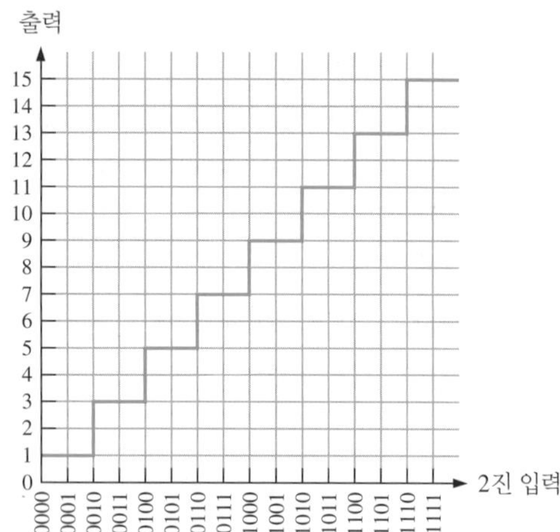

그림 12-54

참/거짓 퀴즈

1. T	**2.** F	**3.** F	**4.** T	**5.** F
6. F	**7.** T	**8.** T	**9.** T	**10.** F

자습문제

1. (c)	**2.** (d)	**3.** (b)	**4.** (b)	**5.** (c)
6. (a)	**7.** (e)	**8.** (d)	**9.** (d)	**10.** (c)
11. (a)	**12.** (d)	**13.** (a)	**14.** (c)	**15.** (a)
16. (c)	**17.** (a)	**18.** (d)		

CHAPTER 13

집적회로 기술

학습목차

이 장을 학습하기 전에 3-8절의 내용을 복습하기 바란다.

학습목표

- 데이터 시트에 제시된 파라미터를 참조하여 소자의 잡음여유를 결정한다.
- 소자의 전력 소모를 계산한다.
- 전파지연시간이 회로의 속도와 동작 주파수에 미치는 영향에 대해 설명한다.
- 성능 지표로서 속도-전력 곱을 정의하고 해석한다.
- 특정 소자에 대한 정보를 얻기 위해 데이터 시트를 사용한다.
- 게이트의 팬-아웃을 정의하고 설명한다.
- 부품 레벨에서 TTL과 CMOS의 기본 동작 원리를 설명한다.
- TTL의 출력 구조인 토템-폴 출력과 개방-컬렉터 출력 구조를 비교하고, 사용 시 제한 사항에 대해 설명한다.
- 와이어드-AND 구조를 설명한다.
- 3-상태 회로의 동작을 설명한다.
- 사용하지 않는 게이트의 입력을 처리하는 방법을 설명한다.
- TTL과 CMOS 패밀리의 성능을 비교한다.
- 정전기로부터 CMOS 소자를 보호하는 방법을 설명한다.
- ECL의 장점을 설명한다.
- PMOS와 NMOS 회로를 설명한다.
- E^2CMOS 셀을 설명한다.

학습지원 웹사이트

http://www.pearsonglobaleditions.com/floyd

핵심용어

- TTL
- CMOS
- 잡음내성
- 잡음여유
- 전력 소모
- 전파지연시간
- 팬-아웃
- 단위 부하
- 전류 유출
- 전류 유입
- 풀업 저항
- 3-상태
- 토템-폴
- 개방-콜렉터
- ECL
- E^2CMOS

개요

이 장은 유동적으로 사용하면 된다. 즉, 이 장의 전체 또는 일부는 학습목표에 따라 책 전체의 특정 지점에서 다루거나 완전히 생략할 수 있다. 이 장을 시작하기 전에 3-8절을 다루어야 한다.

3장(3-8절)에서는 기본적인 논리 게이트 집적회로에 대해 간략하게 설명하였다. 이 장에서는 이러한 게이트를 포함하여 여러 종류의 IC 소자를 구현하기 위한 집적회로 기술에 대해 보다 자세하게 설명한다.

IC 기술로는 CMOS와 TTL이 대표적이며, 이 장에서는 이들 소자의 동작 파라미터에 대해 소개하고, 이들 IC 기술로 구현된 다양한 패밀리에 대해 동작 특성을 비교한다. 또한 이외에 다른 회로 기술로 구현된 논리소자를 소개한다. 논리 게이트를 구현하기 위해 사용되는 특정 회로 기술은 게이트의 논리 동작과는 무관함을 잊지 말기 바란다. 즉, 진리표 연산과 관련해서 CMOS로 구현된 특정 유형의 게이트는 TTL로 구현된 게이트 유형과 동일하다. 단지 이들 회로 기술들은 전력 소모, 스위칭 속도와 잡음내성 등의 전기적 특성에 차이가 있을 뿐이다.

13-1 기본적인 동작 특성 및 파라미터

디지털 IC를 사용할 때는 회로의 논리 동작뿐만 아니라 전압레벨, 잡음내성, 전력 소모, 팬-아웃 그리고 전파지연시간 등과 같은 소자의 동작 특성도 고려해야 한다. 이 절에서는 이들 특성에 대해 알아보기로 한다.

이 절의 학습내용

- 공급전압과 접지의 연결에 대해 설명한다.
- CMOS와 TTL의 논리 레벨에 대해 설명한다.
- 잡음내성을 정의하고 설명한다.
- 논리회로의 전력 소모를 구한다.
- 논리 게이트의 전파지연시간을 정의한다.
- 속도-전력 곱을 정의하고, 의미하는 바를 설명한다.
- TTL과 CMOS의 부하와 팬-아웃에 대해 설명한다.

DC 공급전압

TTL(transistor-transistor logic) 소자의 통상적인 DC 공급전압은 +5 V이고, TTL은 때로 T^2L로 표시되기도 한다. **CMOS**(complementary metal-oxide semiconductor) 소자는 소자의 종류에 따라 각기 다른 공급전압(+5 V, +3.3 V, 2.5 V, 1.8 V)으로 동작한다. IC의 논리도에는 표현을 간단하게 하기 위해 DC 공급전압이 따로 표현되어 있지 않지만, DC 공급전압은 IC 패키지의 *V*cc 핀에 연결되고, 접지는 GND 핀에 연결되어야 한다. 이 전압과 접지는 그림 13-1에 보인 14-핀 패키지와 같이 패키지 내의 모든 소자에 내부적으로 연결되어 있다.

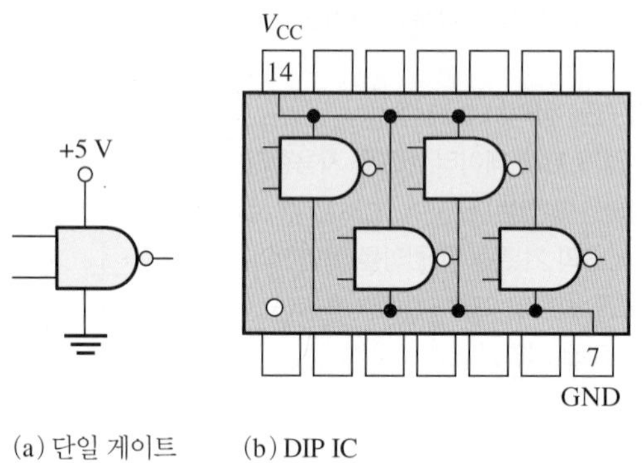

그림 13-1 IC 패키지 내부의 V_{CC}와 접지의 연결 예. 다른 핀들의 연결은 생략하였다.

CMOS 논리 레벨

논리 레벨은 1장에서도 잠깐 언급한 바 있다. 논리 레벨은 네 가지(V_{IL}, V_{IH}, V_{OL}, V_{OH})의 사양이 있다. CMOS 회로의 경우, LOW 레벨(논리 0)의 유효 입력전압(V_{IL})의 범위는 +5 V로 동작할 경우 0~1.5 V이고, +3.3 V로 동작할 경우 0~0.8 V이다. 또한 HIGH 레벨(논리 1)의 유효 입력전압(V_{IH})의 범위는 +5 V로 동작할 경우 3.5~5 V이고, +3.3 V로 동작할 경우 2~3.3 V이다. 이를 그림 13-2에 나타내었다. 1.5 V~3.5 V(공급전압이 5 V인 경우), 또는 0.8 V~2 V(공급전압이 3.3 V인 경우) 사이의 입력전압은 예측할 수 없는 동작의 영역으로, 이 범위의 값은 수용할 수 없다. 즉 이 입력 범위는 논리회로에 의해 HIGH로 받아들이기도 하고 LOW로도 받아들일 수도 있다. 따라서 CMOS 게이트는 입력전압이 허용되지 않는 범위에 있을 때에는 정상적인 동작을 할 수 없다.

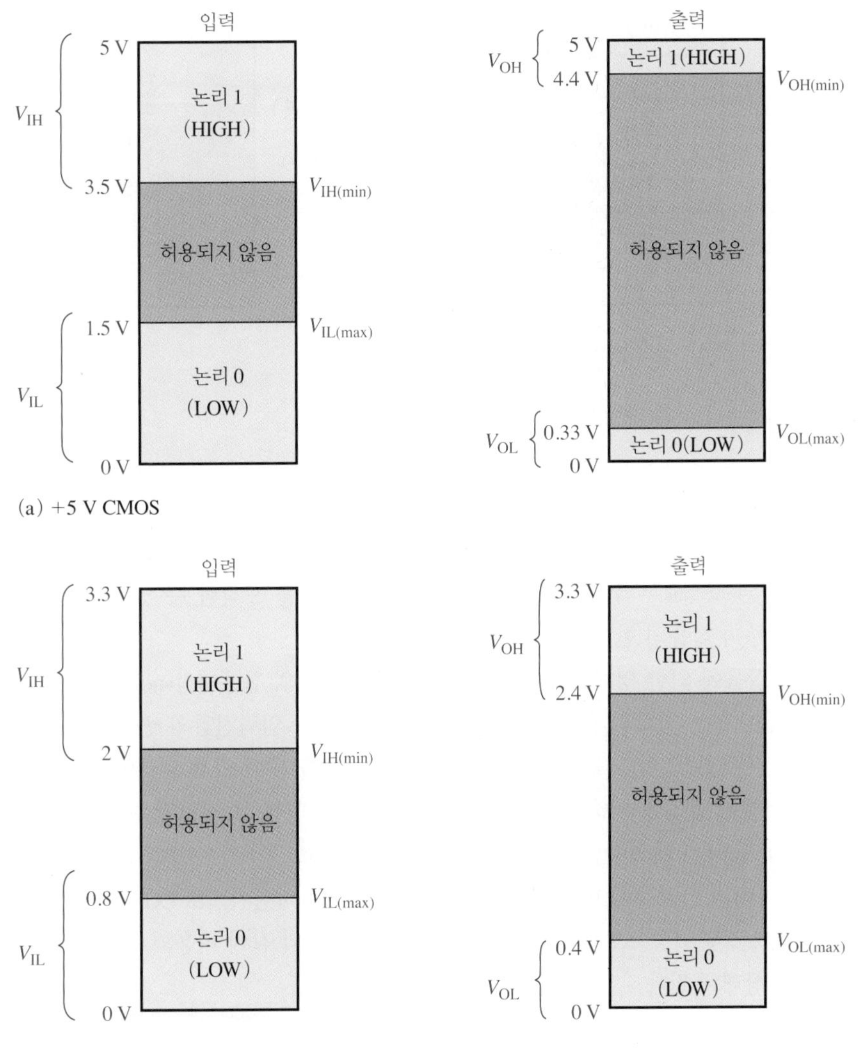

그림 13-2 CMOS의 입력과 출력의 논리 레벨

CMOS 회로의 공급전압에 따른 출력전압(V_{OL}과 V_{OH})의 범위도 그림 13-2에 보였다. HIGH로 출력되는 최소 전압($V_{OH(min)}$)은 HIGH로 받아들일 수 있는 최소 입력전압($V_{IH(min)}$)보다 크며, 출력전압 LOW의 최댓값($V_{OL(max)}$)은 입력전압 LOW의 최댓값($V_{IL(max)}$)보다 작다는 것을 알 수 있다.

TTL 논리 레벨

TTL의 입력과 출력의 논리 레벨은 그림 13-3과 같다. CMOS에서와 같이 네 가지 전압 레벨(V_{IL}, V_{IH}, V_{OL}, V_{OH})이 있다.

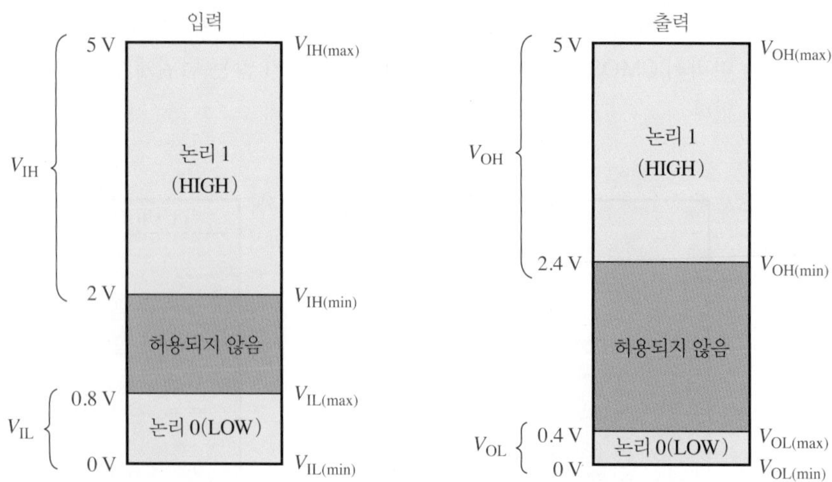

그림 13-3 TTL의 입력과 출력 논리 레벨

잡음내성

잡음(noise)은 전기 회로에서 유도되는 원치 않는 전압으로서 회로의 적절한 작동에 위협을 줄 수 있다. 시스템 내의 와이어 및 다른 도체들은 전류가 급속하게 변하는 인접 도체 또는 시스템 외부의 많은 다른 소스로부터 발생하는 고주파 전자기 방사를 포착할 수 있다. 또한 전원선의 전압 변동은 저주파 잡음의 한 형태다.

논리회로가 잡음에 의한 영향을 받지 않으려면, 어느 정도의 **잡음내성**(noise immunity)이 있어야 한다. 잡음내성은 회로의 출력 상태에 영향을 주지 않는 입력전압의 변동 허용량, 즉 회로가 감내할 수 있는 입력전압의 불필요한 변화의 크기다. 예를 들어 CMOS 게이트에 HIGH로 입력되어야 할 전압이 잡음에 의하여 3.5 V 이하로 낮아지게 되면 그 전압값은 허용되지 않는 범위에 있게 되어, 동작은 예측할 수 없게 된다(그림 13-2 참고). 이 경우 그림 13-4(a)와 같이 게이트가 3.5 V 아래의 전압을 LOW로 해석할 수도 있다. 이와 마찬가지로 LOW 상태의 입력전압이 잡음에 의해 1.5 V 이상으로 올라가게 되면 그림 13-4(b)와 같이 허용되지 않는 범위에 있게 되어 불확실한 상태로 된다.

잡음여유

회로에서 잡음내성의 척도를 **잡음여유**(noise margin)라 한다. 잡음여유의 단위는 volt로 표시한다. 논리회로에는 HIGH-레벨의 잡음여유(V_{NH})와 LOW-레벨의 잡음여유(V_{NL})가 있다. 이들 잡음여유는 다음 식으로 구할 수 있다.

$$\mathbf{V_{NH} = V_{OH(min)} - V_{IH(min)}} \quad \text{식 13-1}$$

$$\mathbf{V_{NL} = V_{IL(max)} - V_{OL(max)}} \quad \text{식 13-2}$$

잡음여유는 V_{CC}에 대한 퍼센트로 나타내기도 한다. 위 식에서 알 수 있듯이 V_{NH}는 구동 게이트에서 HIGH로 출력할 수 있는 최소의 출력값($V_{OH(min)}$)과 부하 게이트에서 HIGH로 인식할 수 있는 최소의 입력값($V_{IH(min)}$)과의 차이이다. 잡음여유 V_{NL}은 입력게이트에서 LOW로 인식할 수 있는 최대의 입력값($V_{IL(max)}$)과 구동 게이트에서 LOW로 출력할 수 있는 최대의 출력값($V_{OL(max)}$)과의 차이이다. 이 잡음여유들을 그림 13-5에 예시하였다.

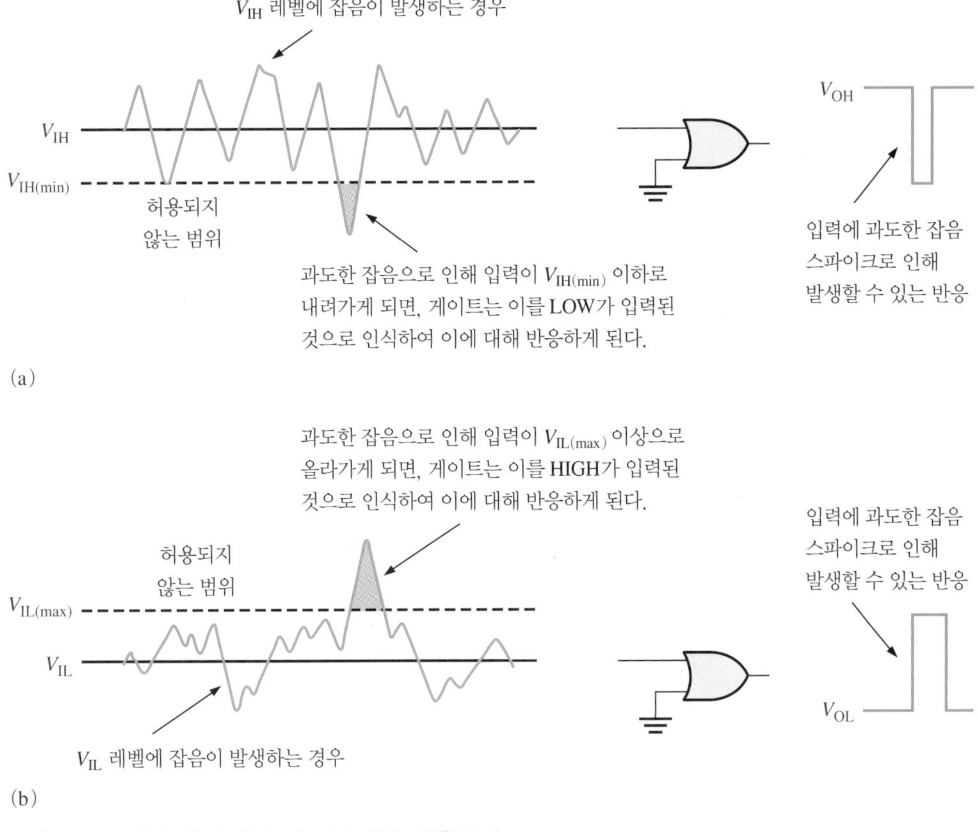

그림 13-4 입력 잡음이 게이트 동작에 미치는 영향의 예

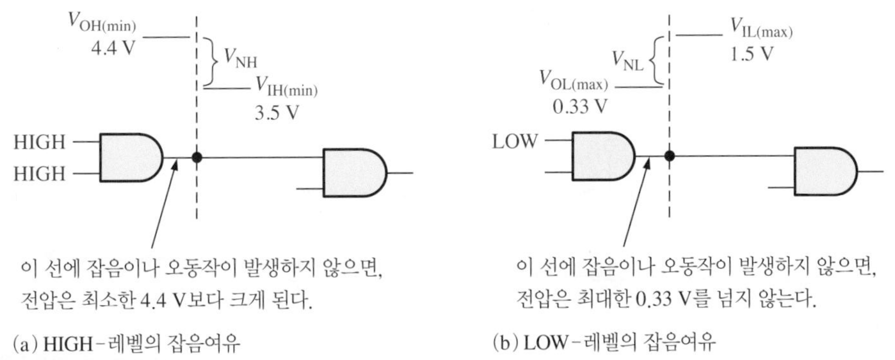

그림 13-5 잡음여유의 예. 그림에 제시된 값들은 5 V로 동작하는 CMOS에 대한 것이지만 원리는 다른 논리 계열에도 적용된다.

예제 13-1

그림 13-2와 그림 13-3을 이용하여 TTL과 CMOS의 HIGH-레벨의 잡음여유와 LOW-레벨의 잡음여유를 구하라.

풀이

5 V CMOS에 대해서,

$$V_{IH(min)} = 3.5\text{ V}$$
$$V_{IL(max)} = 1.5\text{ V}$$
$$V_{OH(min)} = 4.4\text{ V}$$

$$V_{OL(max)} = 0.33\text{ V}$$
$$V_{NH} = V_{OH(min)} - V_{IH(min)} = 4.4\text{ V} - 3.5\text{ V} = \mathbf{0.9\ V}$$
$$V_{NL} = V_{IL(max)} - V_{OL(max)} = 1.5\text{ V} - 0.33\text{ V} = \mathbf{1.17\ V}$$

TTL에 대해서,

$$V_{IH(min)} = 2\text{ V}$$
$$V_{IL(max)} = 0.8\text{ V}$$
$$V_{OH(min)} = 2.4\text{ V}$$
$$V_{OL(max)} = 0.4\text{ V}$$
$$V_{NH} = V_{OH(min)} - V_{IH(min)} = 2.4\text{ V} - 2\text{ V} = \mathbf{0.4\ V}$$
$$V_{NL} = V_{IL(max)} - V_{OL(max)} = 0.8\text{ V} - 0.4\text{ V} = \mathbf{0.4\ V}$$

이 TTL 게이트는 입력 상태 HIGH와 LOW에 대해서 모두 0.4 V의 잡음여유를 가지고 있다.

관련 문제*

위에서 잡음여유를 계산한 결과, 5 V CMOS와 TTL 소자 중에 어떤 소자가 잡음이 많은 환경에서 사용될 수 있는가?

* 정답은 이 장의 끝에 있다.

전력 소모

그림 13-6과 같이 논리 게이트는 DC 공급전압원으로부터 전류를 공급받는다. 게이트가 HIGH 출력 상태일 때는 I_{CCH}만큼의 전류를, LOW 출력 상태일 때는 I_{CCL}의 전류가 흘러들어온다.

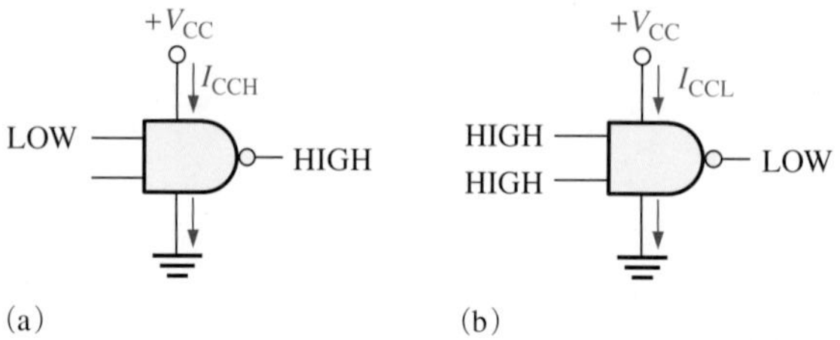

그림 13-6 DC 공급기로부터의 전류. 통상적인 전류 방향을 나타내고, 전자 흐름과는 반대이다.

예를 들어 V_{CC}가 5 V일 때 I_{CCH}를 1.5 mA라고 하자. 게이트의 출력이 HIGH이고 이 상태가 변하지 않으면 게이트의 **전력 소모**(power dissipation, P_D)는 다음과 같다.

$$P_D = V_{CC}I_{CCH} = (5\text{ V})(1.5\text{ mA}) = 7.5\text{ mW}$$

게이트가 펄스에 의해 구동되면 출력은 HIGH와 LOW를 반복할 것이고, 공급전류의 양도 I_{CCH}와 I_{CCL} 사이를 반복하게 될 것이다. 평균 전력 소모는 듀티 사이클에 좌우되나 일반적으로 듀티 사이클을 50%라 가정한다. 이때 출력은 HIGH가 반이고, LOW가 반이 된다. 따라서 평균 공급전류는

$$\mathbf{I_{CC} = \frac{I_{CCH} + I_{CCL}}{2}} \qquad \text{식 13-3}$$

가 된다. 따라서 평균 전력 소모는 다음과 같다.

$$P_D = V_{CC}I_{CC} \qquad \text{식 13-4}$$

예제 13-2

어떤 게이트에서 출력이 HIGH일 때 2 μA의 전류가 공급되고, 출력이 LOW일 때 3.6 μA의 전류가 공급된다. V_{CC}가 5 V이고 게이트의 듀티 사이클이 50%일 때 평균 전력 소모를 구하라.

풀이

평균 I_{CC} :

$$I_{CC} = \frac{I_{CCH} + I_{CCL}}{2} = \frac{2.0\,\mu\text{A} + 3.6\,\mu\text{A}}{2} = 2.8\,\mu\text{A}$$

평균 전력 소모 :

$$P_D = V_{CC}I_{CC} = (5\text{ V})(2.8\,\mu\text{A}) = \mathbf{14\,\mu W}$$

관련 문제

$I_{CCH} = 1.5\,\mu$A, $I_{CCL} = 2.8\,\mu$A인 IC 게이트가 있다. V_{CC}가 5 V이고 동작의 듀티 사이클이 50%일 때 평균 전력 소모를 구하라.

기본적으로 TTL 회로의 전력 소모는 허용 동작 주파수 범위 내에서는 일정하다. 그러나 CMOS의 전력 소모는 주파수에 따라 다르다. CMOS의 전력 소모는 정적(dc) 상태에서는 매우 낮지만, 주파수가 높아질수록 증가한다. 그림 13-7은 이러한 특성을 나타내고 있다. 예를 들어 저전력 쇼트키(LS) TTL 게이트의 전력 소모는 2.2 mW로 일정하다. HCMOS 게이트의 전력소모는 정적 상태에서는 2.75 μW이나 주파수가 100 kHz일 때는 170 μW로 높아진다.

전파지연시간

신호가 논리회로를 통과할 때는 그림 13-8과 같이 어느 정도의 시간지연이 생긴다. 입력레벨의 값이 변하면 그에 대응하는 출력의 변화는 그 즉시 발생하지 않고 어느 정도의 시간이 지난 후에 발생한다. 이를 **전파지연시간**(propagation delay time)이라고 한다.

3장에서 설명한 바와 같이 논리 게이트의 전파지연시간에는 두 가지가 있다.

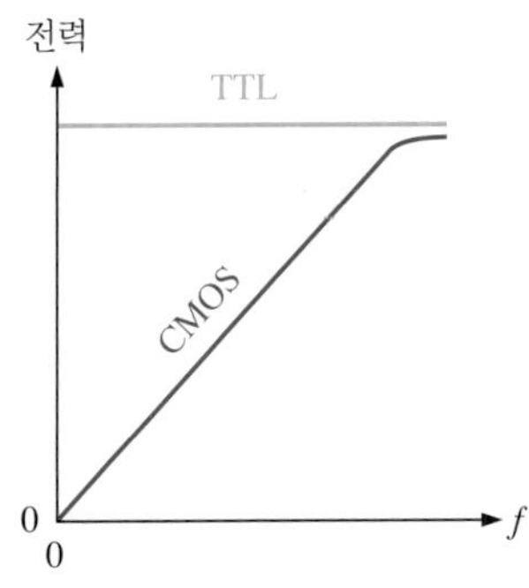

그림 13-7 TTL과 CMOS의 전력 대 주파수 곡선

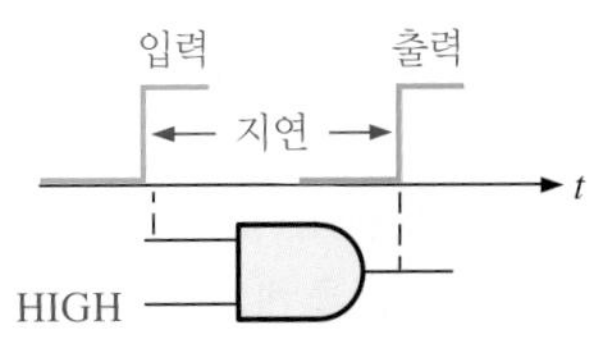

그림 13-8 전파지연시간의 기본적인 예

- t_{PHL} : 출력이 HIGH에서 LOW로 바뀔 때 입력 펄스의 특정 시점과 이에 대응하는 출력 펄스의 시점과의 시간 차이
- t_{PLH} : 출력이 LOW에서 HIGH로 바뀔 때 입력 펄스의 특정 시점과 이에 대응하는 출력 펄스의 시점과의 시간 차이

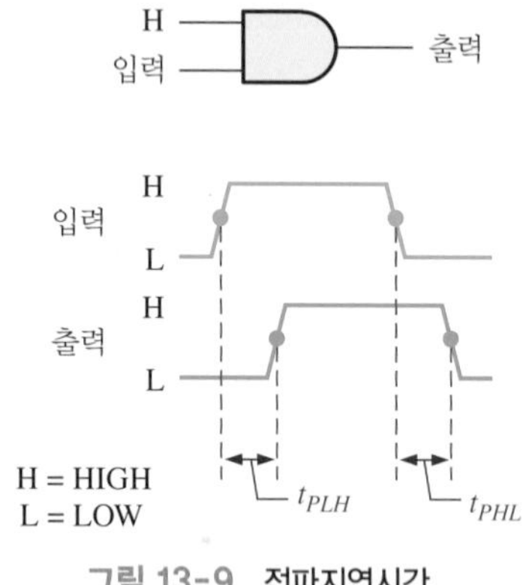

그림 13-9 전파지연시간

그림 13-9는 펄스 에지의 50%를 기준으로 한 전파지연시간을 나타낸다.

게이트의 전파지연시간은 동작할 수 있는 주파수를 제한한다. 전파지연시간이 커질수록 최대 동작 주파수는 점점 더 낮아진다. 고속회로는 전파지연시간이 작은 회로이다. 예를 들어 전파지연이 3 ns인 게이트는 전파지연시간이 10 ns인 게이트보다 속도가 빠르다.

속도-전력 곱

속도-전력 곱(speed-power product)은 게이트 IC를 사용하는 목적이 전파지연시간과 전력 소모를 모두 고려해야 하는 경우에 각 논리 IC를 비교하는 방법으로 사용된다. 속도-전력 곱은 낮을수록 좋다. 속도-전력 곱의 단위는 pJ(pico joule)이다. 예를 들어 LS TTL이 100 kHz에서 22 pJ의 속도-전력 곱을 갖는 반면 HCMOS는 1.2 pJ를 갖는다.

부하와 팬-아웃

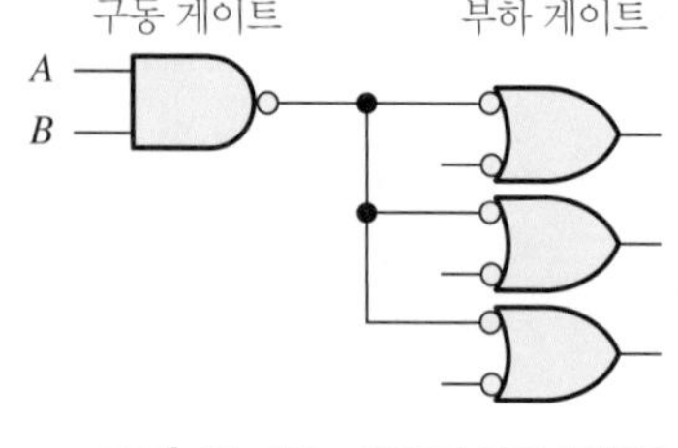

그림 13-10 게이트 입력 부하를 갖는 출력 게이트

논리 게이트의 출력이 하나 이상의 다른 게이트 입력에 연결되면, 그림 13-10과 같이 구동 게이트에 부하가 발생한다. 하나의 게이트가 구동할 수 있는 부하 게이트 입력의 수에는 제한이 있고, 이를 게이트의 **팬-아웃**(fan-out)이라 한다. 팬-아웃은 **단위 부하**(unit load)로 나타낸다. 하나의 게이트 입력은 같은 계열의 구동 게이트의 1 단위 부하가 된다.

CMOS 부하

CMOS 논리에서 사용되는 트랜지스터(FET)는 그림 13-11과 같이 구동 게이트에 대해 용량성 부하(capacitive load)로 작용하기 때문에 CMOS에서의 부하는 TTL의 부하와는 다르다. 이 경우에는, 구동 게이트의 출력 저항과 부하 게이트의 입력 캐패시턴스가 관련된 충전 시간과 방전 시간이 제한 요인으로 작용한다. 구동 게이트의 출력이 HIGH이면 부하 게이트의 입력 캐패시턴스는 구동 게이트의 출력 저항을 통해 충전되고, 구동 게이트의 출력이 LOW이면 입력 캐패시턴스는 방전된다. 이 동작을 그림 13-11에 나타내었다.

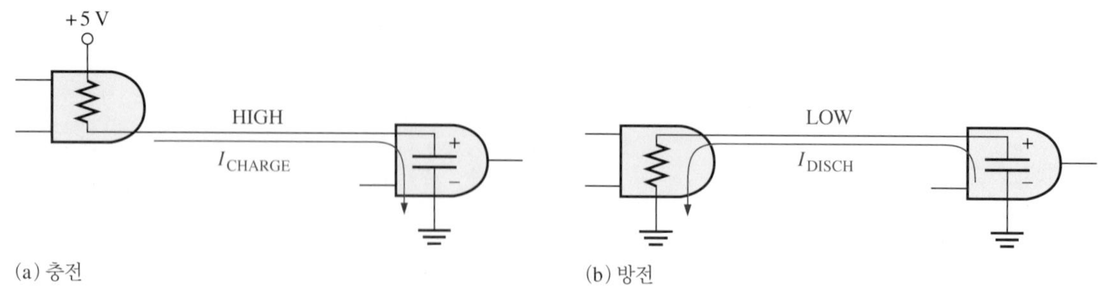

그림 13-11 CMOS 게이트의 용량성 부하

구동 게이트의 출력에 부하 게이트가 많이 연결될수록 입력 캐패시턴스가 병렬로 연결되어 있는 것과 같이 동작하므로 총캐패시턴스는 증가한다. 이와 같이 총캐패시턴스가 증가하면, 충전과 방전 시간도 많이 걸리고 게이트가 동작할 수 있는 최대 주파수가 낮아진다. 따라서 CMOS

게이트의 팬-아웃은 동작 주파수에 따라 다르게 된다. 부하 게이트의 입력이 적을수록 최대 주파수는 더 높아진다.

TTL 부하

TTL 구동 게이트는 출력이 HIGH 상태일 때는 부하 게이트의 입력으로 전류(I_{IH})를 유출(source)한다. 그러나 출력이 LOW 상태이면, 부하 게이트로부터 전류(I_{IL})가 유입(sink)된다. 이러한 **전류 유출**(current sourcing)과 **전류 유입**(current sinking) 개념은 그림 13-12에 간단히 소개되어 있다. 여기서 저항은 두 가지 상태에서 게이트의 입출력 저항을 나타낸다.

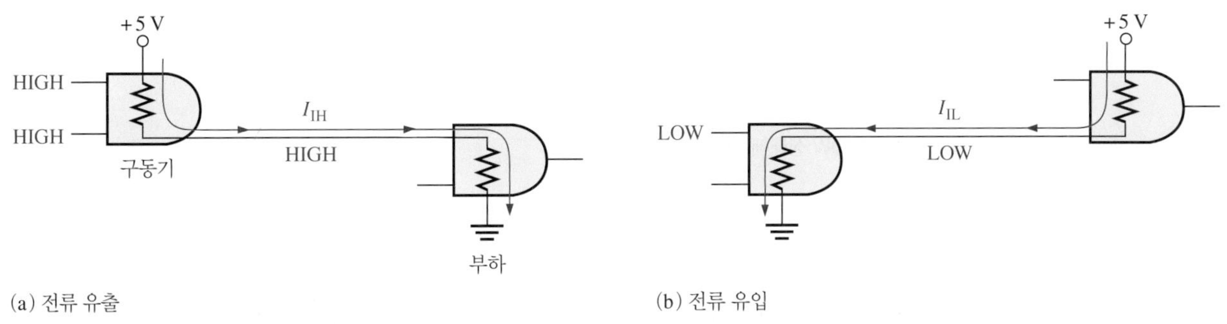

그림 13-12 논리 게이트에서 전류의 유출과 유입

하나의 구동 게이트에 부하로 연결된 게이트가 많을수록 구동 게이트의 부하는 증가한다. 그림 13-13에 나타낸 바와 같이 부하 게이트 입력의 수가 증가할수록 구동 게이트가 공급해야 하는 전류도 증가한다. 이 전류가 증가할수록 구동 게이트의 내부 전압 강하도 증가하여 결과적으로는 출력 V_{OH}가 낮아지게 된다. 과도한 수의 부하 게이트 입력이 연결되면, V_{OH}가 $V_{OH(min)}$ 이하로 떨어지며, HIGH 레벨 잡음여유가 감소되어 회로 동작을 저하시킨다. 또한 총공급전류가 증가하면 구동 게이트의 전력 소모도 증가한다.

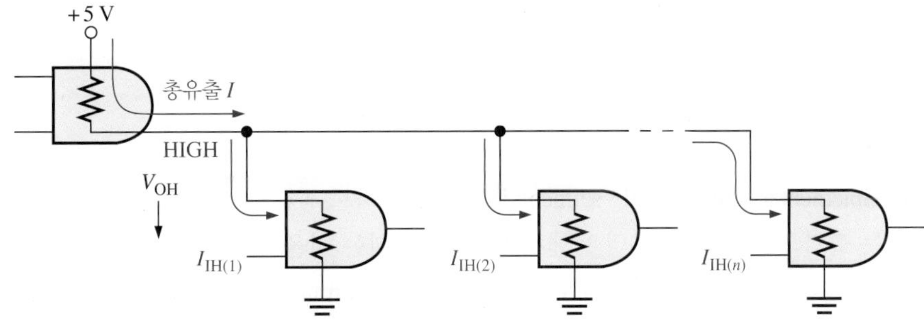

그림 13-13 HIGH 상태에서의 TTL 부하

팬-아웃은 게이트의 동작 특성에 영향을 주지 않고 연결할 수 있는 최대 부하(입력) 게이트의 입력 수로 정의된다. 예를 들어 저전력 쇼트키 TTL의 팬-아웃은 20 단위 부하다.

총유입(sinking) 전류도 그림 13-14에 나타낸 바와 같이 부하 게이트의 입력 수가 증가할수록 증가한다. 이 전류가 증가하면 구동 게이트의 내부 전압강하도 증가하고, 결과적으로 V_{OL}을 증가시키게 된다. 따라서 구동 게이트에 부하 게이트가 많이 연결되면 V_{OL}은 $V_{OL(max)}$보다 더 높아지게 되어 LOW-레벨의 잡음여유가 감소하게 된다.

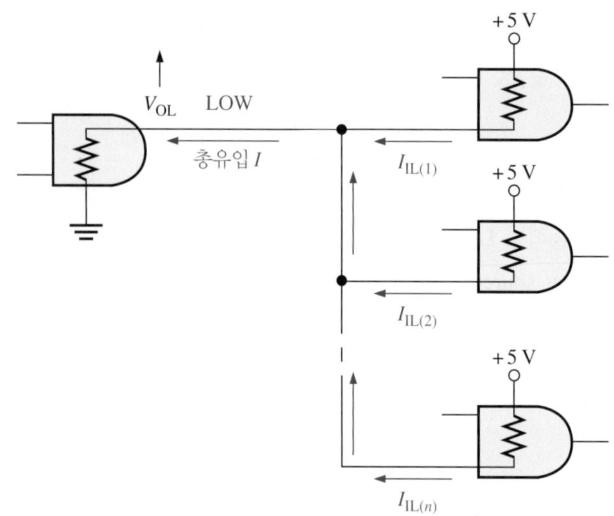

그림 13-14 LOW 상태에서의 TTL 부하

TTL에서 전류-유입(current-sinking) 능력(LOW 출력 상태)이 팬-아웃을 결정하는 제한요소 역할을 한다.

복습문제 13-1

정답은 이 장의 끝에 있다.

1. V_{IL}, V_{IH}, V_{OH}, V_{OL}을 정의하라.
2. 잡음여유는 큰 것이 좋은가 아니면 작으면 좋은가?
3. 게이트 A의 전파지연시간이 게이트 B보다 크다고 하자. 어떤 게이트의 동작 주파수가 더 높은가?
4. 게이트의 부하가 과도하게 많아지면 게이트의 잡음여유에 어떠한 영향을 주는지 설명하라.

13-2 CMOS 회로

이 절에서는 기본적인 CMOS 내부 회로와 동작에 대해 설명한다. CMOS는 상보형 금속 산화막 반도체(complementary metal-oxide semiconductor)의 약자로, 여기서 상보형(complementary)이라는 용어는 출력 회로에 두 종류의 트랜지스터를 사용하는 것을 의미한다. CMOS에 사용되는 두 종류의 트랜지스터는 n-채널 MOSFET(MOS field-effect transistor)과 p-채널 MOSFET이다.

이 절의 학습내용

- MOSFET의 기호를 식별한다.
- MOSFET의 스위칭 동작에 대해 설명한다.
- CMOS 인버터 회로의 기본 동작을 설명한다.
- CMOS NAND와 NOR 게이트의 기본 동작을 설명한다.
- 개방-드레인 출력 구조를 갖는 CMOS 게이트의 동작을 설명한다.
- 3-상태 CMOS 게이트의 동작을 설명한다.
- CMOS 소자를 다룰 때 주의사항에 대해 알아본다.

MOSFET

MOSFET(metal-oxide semiconductor field-effect transistor)은 CMOS 회로에서 사용하는 능동 스위칭 소자이다. 이 소자는 구조나 내부 동작에서는 TTL회로에서 사용되는 BJT(bipolar junction transistor)와 매우 다르지만, 스위칭 동작에서는 기본적으로 같다. 즉, 이상적으로 보면 이 2개의 트랜지스터는 입력의 상태에 따라 개방과 연결을 하는 스위치로 동작한다.

그림 13-15(a)는 n-채널과 p-채널 MOSFET의 기호를 나타낸 것이다. 그림에서 볼 수 있듯이 MOSFET은 **게이트**(gate), **드레인**(drain), **소스**(source)라는 세 가지 단자를 갖고 있다. n-채널 MOSFET의 게이트 전압이 소스의 전압보다 높아지면, MOSFET은 on[포화상태(saturation)] 상태가 되어 드레인과 소스 사이는 이상적으로는 연결된 스위치 형태로 연결된다. 게이트와 소스 사이의 전압이 0이 되면 MOSFET은 off[차단상태(cutoff)] 상태가 되어 드레인과 소스 사이에는 이상적으로는 개방된 스위치 형태가 된다. 그림 13-15(b)는 이러한 동작을 나타낸 것이다. p-채널 MOSFET은 그림 13-15(c)에 보인 것처럼 반대의 전압 극성을 가진 동작을 보여준다. 그림 13-16은 간략화한 MOSFET의 기호이다.

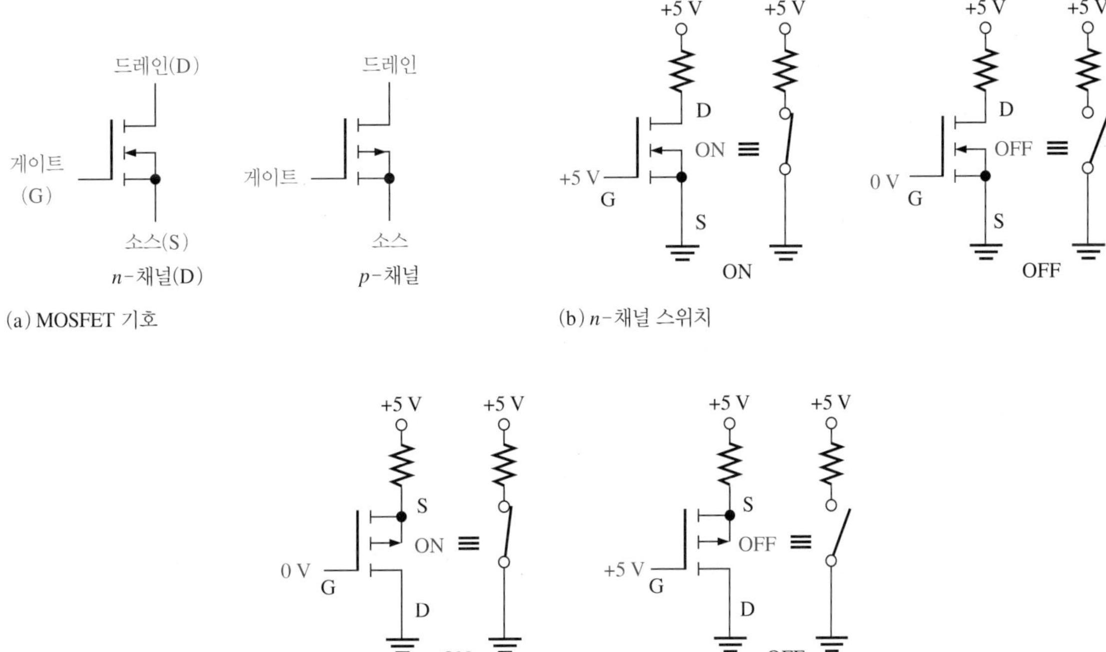

그림 13-15 MOSFET의 기본적인 기호와 스위칭 동작

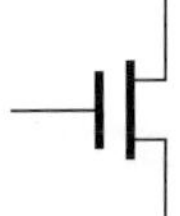

그림 13-16 간략화된 MOSFET 기호

CMOS 인버터

상보형 MOS(CMOS) 논리는 상보형 쌍(complementary pair) 구조를 갖는 MOSFET을 기본 소자로 사용한다. 상보형 쌍은 그림 13-17에 나타낸 인버터 회로와 같이 p-채널과 n-채널 증가형

(enhancement) MOSFET의 쌍으로 구성되어 있다.

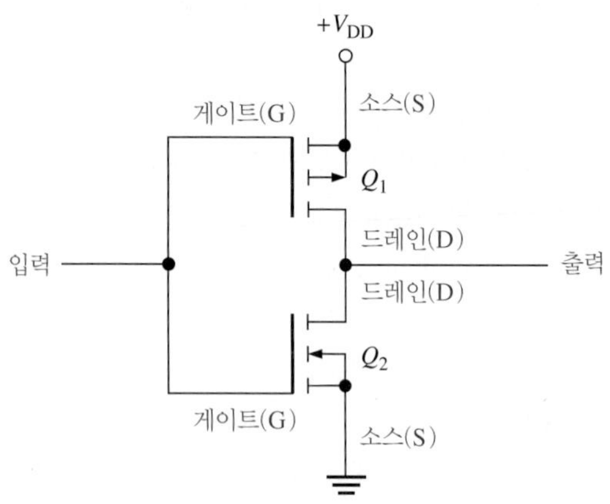

그림 13-17 CMOS 인버터 회로

그림 13-18(a)에 보인 것처럼, 입력이 HIGH가 되면 p-채널 MOSFET Q_1은 OFF되고, n-채널 MOSFET Q_2는 ON된다. 그러면 출력은 Q_2의 on-저항을 통하여 접지되고, 결과적으로 LOW를 출력한다. 그림 13-18(b)에 보인 것처럼, 입력이 LOW가 되면 Q_1은 ON되고, Q_2는 OFF된다. 이때 Q_1의 저항이 on되면서 출력이 $+V_{DD}$(직류 공급전압)로 연결되어 결과적으로 HIGH를 출력한다.

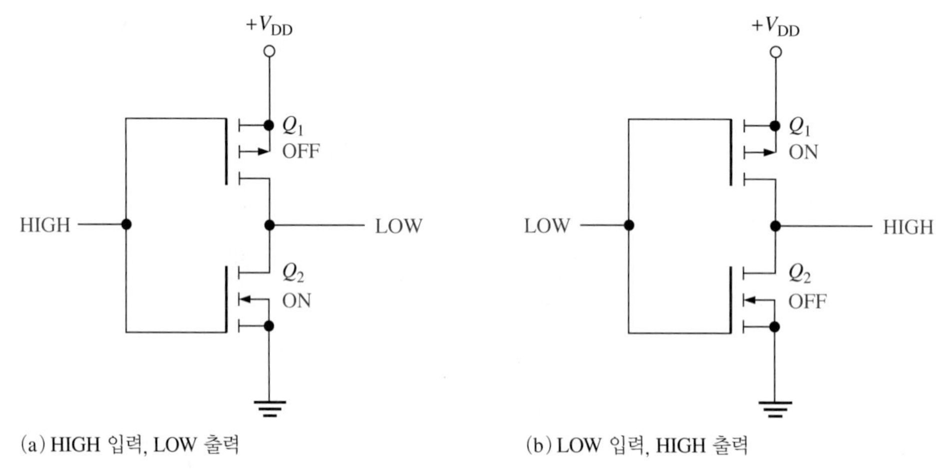

(a) HIGH 입력, LOW 출력

(b) LOW 입력, HIGH 출력

그림 13-18 CMOS 인버터의 동작

CMOS NAND 게이트

그림 13-19는 2개의 입력을 갖는 CMOS NAND 게이트를 나타낸다. 상보형 쌍 구조(n-채널과 p-채널 MOSFET)에 유의하자.

CMOS NAND 게이트 회로의 동작은 다음과 같다.

- 2개의 입력이 모두 LOW일 때, Q_1과 Q_2가 ON되고 Q_3와 Q_4는 OFF된다. 출력은 병렬의 Q_1과 Q_2의 on-저항을 통해 HIGH가 된다.
- 입력 A가 LOW이고 입력 B가 HIGH일 때, Q_1과 Q_4가 ON되고 Q_2와 Q_3가 OFF된다. 출력은 Q_1의 on-저항을 통해 HIGH가 된다.
- 입력 A가 HIGH이고 입력 B가 LOW일 때, Q_1과 Q_4가 OFF되고 Q_2와 Q_3가 ON된다. 출력

은 Q_2의 *on*-저항을 통하여 HIGH가 된다.

- 2개의 입력이 HIGH일 때, Q_1과 Q_2가 OFF되고, Q_3와 Q_4는 ON된다. 이 경우에는 접지에 직렬로 연결된 Q_3와 Q_4의 *on*-저항을 통해 LOW가 출력된다.

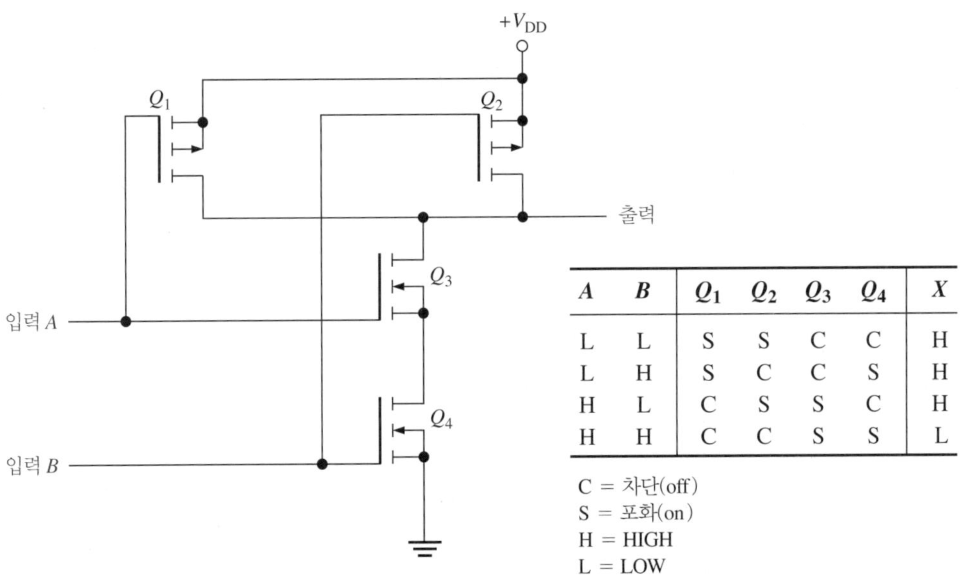

A	B	Q_1	Q_2	Q_3	Q_4	X
L	L	S	S	C	C	H
L	H	S	C	C	S	H
H	L	C	S	S	C	H
H	H	C	C	S	S	L

C = 차단(off)
S = 포화(on)
H = HIGH
L = LOW

그림 13-19 CMOS NAND 게이트 회로

CMOS NOR 게이트

그림 13-20은 2개의 입력을 갖는 CMOS NOR 게이트를 나타낸다. 상보형 쌍 구조의 동작을 유의하면서 CMOS NOR 게이트의 회로 동작을 살펴보자.

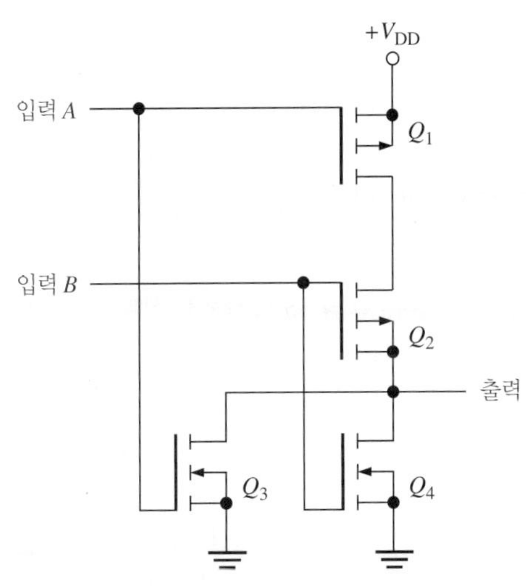

A	B	Q_1	Q_2	Q_3	Q_4	X
L	L	S	S	C	C	H
L	H	S	C	C	S	L
H	L	C	S	S	C	L
H	H	C	C	S	S	L

C = 차단(off)
S = 포화(on)
H = HIGH
L = LOW

그림 13-20 CMOS NOR 게이트 회로

- 2개의 입력이 모두 LOW일 때 Q_1과 Q_2가 ON되고, Q_3와 Q_4는 OFF된다. 출력은 직렬의 Q_1과 Q_2의 *on*-저항을 통해 HIGH가 된다.
- 입력 A가 LOW이고 입력 B가 HIGH일 때 Q_1과 Q_4가 ON되고, Q_2와 Q_3가 OFF된다. 출력은 Q_4의 *on*-저항을 통해 접지로 연결되어 LOW가 된다.

- 입력 A가 HIGH이고 입력 B가 LOW일 때 Q_1과 Q_4가 OFF되고, Q_2와 Q_3가 ON된다. 출력은 Q_3의 *on*-저항을 통하여 접지로 연결되어 LOW가 된다.
- 2개의 입력이 HIGH일 때 Q_1과 Q_2가 OFF되고, Q_3와 Q_4는 ON된다. 이 경우에는 접지에 병렬 연결된 Q_3와 Q_4의 *on*-저항을 통해 접지로 연결되어 LOW가 된다.

개방-드레인 게이트

개방-드레인(open-drain)이라는 용어는 출력 트랜지스터의 드레인 단자가 개방되어 있다는 뜻으로 드레인 단자를 부하를 통해 V_{DD}에 연결하여 사용한다. 개방-드레인 게이트는 개방-컬렉터 TTL 게이트(13-3절에서 설명)에 해당하는 CMOS이다. 개방-드레인 출력 회로는 그림 13-21(a)와 같이 n-채널 MOSFET 1개로 구성된다. 개방-드레인 게이트는 그림 13-21(b)에서 보는 것과 같이 HIGH 출력 상태를 얻기 위해 외부에 **풀업 저항**(pull-up resistor)을 사용하여야 한다. 개방-드레인 출력은 13-4절에서 설명하는 개방-컬렉터 TTL과 같이 와이어드-AND(wired-AND) 구조로 연결하여 사용할 수도 있다.

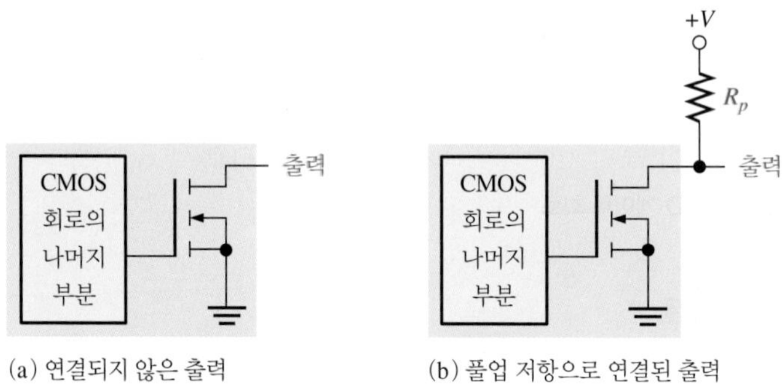

그림 13-21 개방-드레인 MOS 게이트

3-상태 CMOS 게이트

3-상태 출력은 CMOS와 TTL 회로에서 모두 사용 가능하다. **3-상태**(tri-state) 출력은 토템-폴과 개방-컬렉터 회로의 장점을 결합시킨 것이다. 세 가지 출력 상태라는 것은 이미 학습한 바와 같이 HIGH, LOW와 **고-임피던스**(high-Z) 상태를 의미한다. 인에이블 입력에 의해 정상 논리 레벨로 동작하도록 선택되면 3-상태 회로는 보통의 논리 게이트로 동작한다. 3-상태 회로가 고-임피던스 동작을 하도록 선택되면, 출력은 외부와 단절된다. 그림 13-22는 3-상태 회로의 동작을 설명하고 있다. 여기서 역삼각형(∇)은 3-상태 출력을 나타낸다.

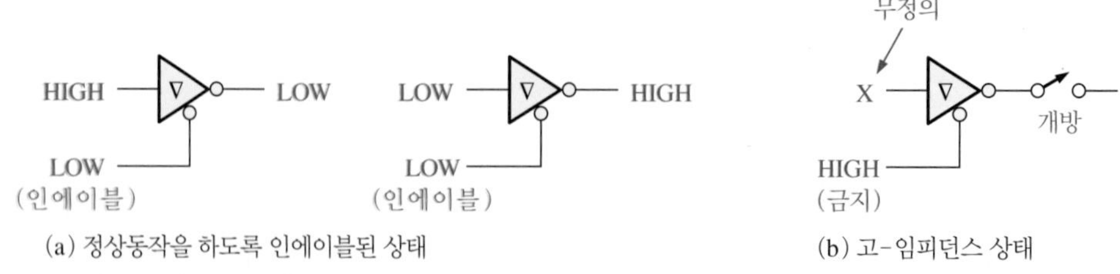

그림 13-22 3-상태 회로의 세 가지 상태

그림 13-23에 보인 것처럼, 3-상태 CMOS 게이트의 내부 회로는 출력 트랜지스터 Q_1과 Q_2를 동시에 OFF시켜서 출력을 주변 회로와 단절시킬 수 있다. 인에이블 입력이 LOW이면, 정상

적인 논리동작을 수행한다. 인에이블 입력이 HIGH이면, 각 출력 트랜지스터 Q_1과 Q_2가 동시에 OFF되어 회로는 고-임피던스 상태가 된다.

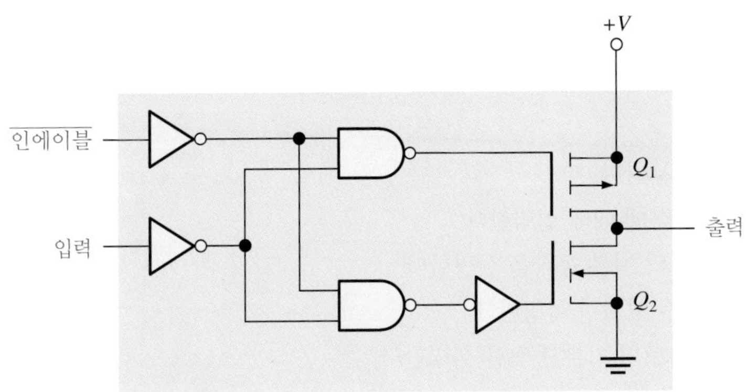

그림 13-23 3-상태 CMOS 인버터

CMOS를 다룰 때 주의사항

모든 CMOS 소자는 정전기 방전(electrostatic discharge, ESD)에 의해 쉽게 손상될 수 있다. 따라서 CMOS는 특별히 주의하여 다루어야 한다. 다음 주의사항을 보라.

1. 모든 CMOS 소자들은 정전기가 발생하는 것을 방지하기 위해 전도성 합성수지로 포장되어 있다. 포장 상태의 CMOS 소자를 꺼낼 경우 CMOS의 핀에 손을 대지 않도록 주의하여야 한다.
2. 보호용 포장에서 꺼낸 CMOS 소자는 접지되어 있는 금속판과 같은 표면 위에 핀을 아래로 하여 놓아야 한다. CMOS 소자를 폴리스티렌 수지나 플라스틱 판 위에 놓으면 안 된다.
3. CMOS 소자를 다루는 데 사용하는 모든 도구, 검사 장비, 금속 작업판 등은 접지하여 사용하여야 한다. 어떤 경우에는, CMOS 소자를 다루는 사람은 적당한 길이의 케이블과 큰 값의 직렬 저항을 통해 자신의 팔뚝을 접지에 연결시켜야 한다. 저항은 사람이 전압원을 건드렸을 경우 미칠 수 있는 큰 쇼크를 방지한다.
4. 전원이 투입된 상태에서 CMOS 소자(또는 다른 IC)를 소켓이나 PCB에 삽입하지 말아야 한다.
5. 사용하지 않는 모든 입력은 그림 13-24와 같이 VCC나 접지에 연결해야 한다. 미사용 입력을 연결되지 않은 상태로 방치해 두면 정전기로 인하여 입력 레벨이 임의의 값을 가질 수가 있다.
6. PCB에 조립한 다음에는, 커넥터와 함께 보드를 전도성 합성수지로 싸서 보호해야 한다. CMOS 입력과 출력 핀을 큰 값의 저항을 통해 접지에 연결하여 보호할 수도 있다.

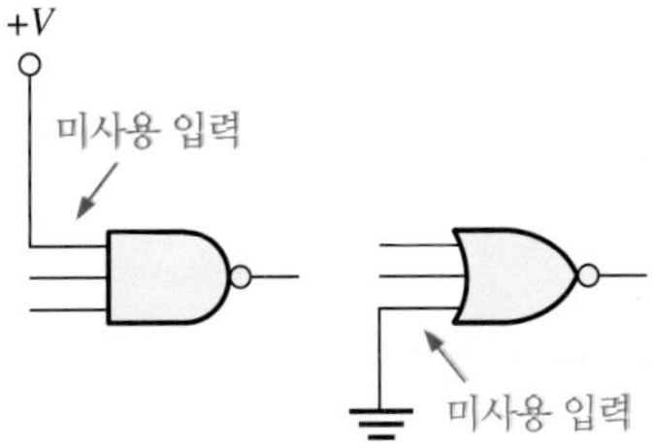

+V
미사용 입력
미사용 입력

그림 13-24 CMOS에서 미사용 입력 핀의 처리

복습문제 13-2

1. CMOS 논리에서 사용되는 트랜지스터의 종류는 무엇인가?
2. 상보형 MOS가 의미하는 바는 무엇인가?
3. CMOS 소자를 다룰 때 주의해야 하는 이유는 무엇인가?

13-3 TTL 회로

이 절에서는 토템-폴 출력을 갖는 TTL(bipolar) 논리 게이트의 내부 회로 동작을 설명한다. 또한 개방-컬렉터 출력을 갖는 TTL의 동작과 3-상태 게이트의 동작에 대해 알아본다.

이 절의 학습내용

- BJT의 기호를 구분한다.
- BJT의 스위칭 동작에 대해 설명한다.
- TTL 인버터 회로의 기본 동작을 설명한다.
- 토템-폴 출력이 무엇인지 설명한다.
- TTL NAND 게이트의 기본 동작을 설명한다.
- 개방-컬렉터 출력을 갖는 TTL의 사용 방법과 동작에 대해 설명한다.
- 3-상태 출력 구조를 갖는 게이트의 동작을 설명한다.

바이폴라 접합 트랜지스터

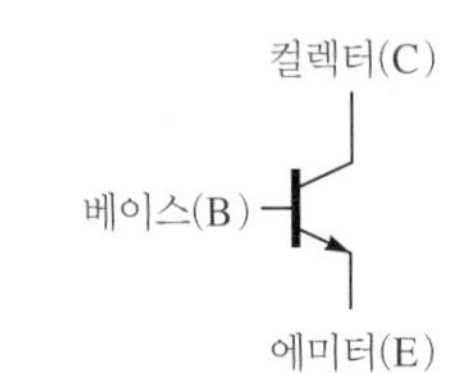

그림 13-25 BJT 기호

BJT(bipolar junction transistor, 바이폴라 접합 트랜지스터)는 모든 TTL 회로에 사용되는 능동 스위칭 소자이다. 그림 13-25는 3개의 단자인 **베이스**(base), **에미터**(emitter), **컬렉터**(collector)를 가진 *npn* BJT의 기호를 나타낸 것이다. BJT는 베이스-에미터 접합과 베이스-컬렉터 접합의 2개의 접합 구조로 되어 있다.

기본적인 스위칭 동작은 다음과 같다. 베이스의 전압이 에미터의 전압보다 약 0.7 V 이상 높은 상태로 전류가 충분히 베이스에 공급되면, **트랜지스터**(transistor)는 ON되어 포화 상태가 된다. 포화 상태가 된 트랜지스터는 그림 13-26(a)와 같이 컬렉터와 에미터 사이가 연결된 스위치로 동작하게 된다. 베이스의 전압이 에미터의 전압보다 0.7 V 이상 높지 않으면, 트랜지스터는 OFF되어 컬렉터와 에미터 사이가 개방된 스위치로 동작하게 된다(그림 13-26(b)). 즉 단순하게 요약하면 베이스가 HIGH이면 트랜지스터가 ON되어 닫힌 스위치로 동작하고, 베이스가 LOW이면, 트랜지스터는 OFF되어 개방된 스위치로 동작한다. 에미터가 여러 개로 구성된 멀티-에미터 BJT를 사용하는 TTL도 있다.

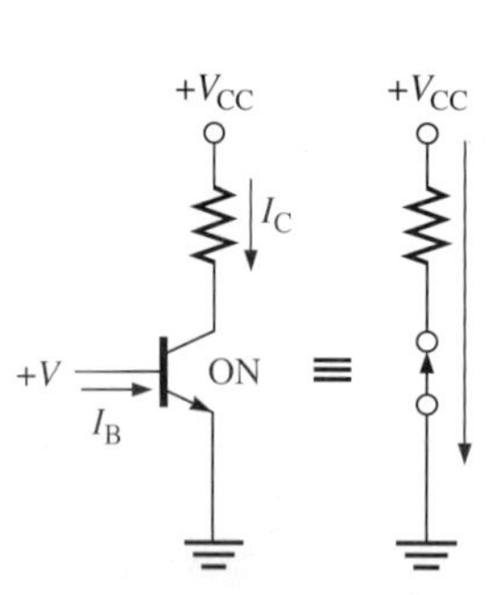

(a) 포화(ON)된 트랜지스터와 이상적인 스위치와의 등가 관계

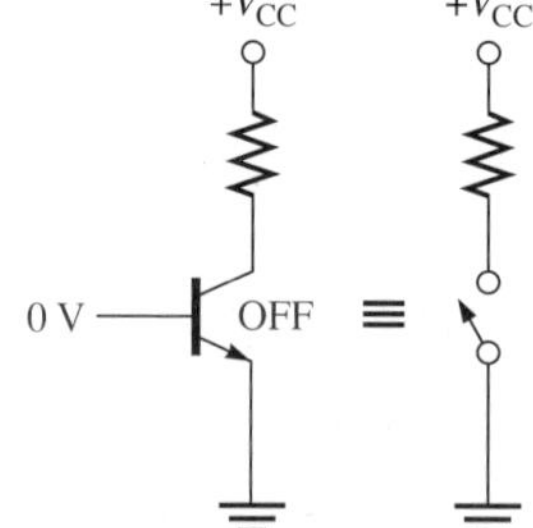

(b) OFF된 트랜지스터와 이상적인 스위치와의 등가 관계

그림 13-26 BJT의 이상적인 스위칭 동작. 통상의 전류방향을 나타내었으며, 전자의 흐름은 반대로 된다.

TTL 인버터

인버터를 비롯한 여러 유형의 게이트들의 논리적 기능은 사용되는 회로 기술에 상관없이 동일하다. 그림 13-27은 반전기에 대한 표준 TTL 회로이다. 그림에서 Q_1은 입력 결합 트랜지스터(input coupling transistor)이고, D_1은 입력 클램프 **다이오드**(input clamp diode)이다. 트랜지스터 Q_2는 상분배기(phase splitter)이며, Q_3와 Q_4의 조합은 **토템-폴**(totem-pole) 구조의 출력회로이다.

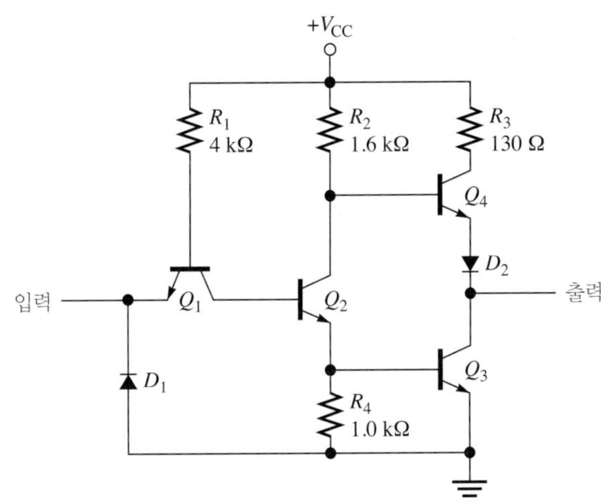

그림 13-27 **표준 TTL 반전기 회로**

입력이 HIGH이면 Q_1의 베이스-에미터 접합은 **역방향**으로 **바이어스**되고(reverse-biased), 베이스-컬렉터 접합은 **순방향**으로 **바이어스**된다(forward-biased). 따라서 전류는 R_1과 Q_1의 베이스-컬렉터 접합을 거쳐 Q_2의 베이스로 흘러들어가 Q_2는 포화된다. 이 결과 Q_3는 Q_2에 의해 ON되고, 출력인 Q_3의 컬렉터 전압은 접지 전압에 가까워진다. 결과적으로 입력이 HIGH일 때 출력은 LOW가 된다. 이때 Q_2의 컬렉터 전압은 Q_4가 OFF 상태를 유지하도록 충분히 낮은 전압이 된다.

입력이 LOW일 때는 Q_1의 베이스-에미터 접합은 순방향으로 바이어스되고, 베이스-컬렉터 접합은 역방향으로 바이어스된다. 따라서 전류는 R_1과 Q_1의 베이스-에미터 접합을 지나 LOW 입력으로 흘러간다. 입력이 LOW이기 때문에 전류는 접지로의 경로를 따라 흐르게 된다. Q_2의 베이스로 들어오는 전류가 없으므로 Q_2는 OFF 상태가 된다. Q_2의 컬렉터는 HIGH이므로 Q_4를 ON시킨다. Q_4가 포화되면 V_{CC}로부터 출력까지 낮은 저항의 경로를 따라 전류가 흐르게 된다. 그러므로 입력이 LOW일 때 HIGH를 출력한다. 이 경우에 Q_2의 에미터는 접지 전압 상태이므로 Q_3는 계속 OFF 상태를 유지한다.

TTL 회로에 있는 다이오드 D_1은 입력으로 들어오는 음의 전압 스파이크로 인하여 Q_1이 손상되는 것을 방지하기 위한 것이다. 다이오드 D_2는 Q_2가 ON 상태(HIGH 입력)일 때 Q_4가 확실히 OFF 상태로 되게 한다. 이 상태에서 Q_2의 컬렉터 전압은 Q_3의 베이스-에미터 전압(V_{BE})과 Q_2의 컬렉터-에미터 전압(V_{CE})의 합과 같다. 다이오드 D_2는 Q_2가 ON일 때, Q_4의 베이스-에미터 접합과 직렬로 V_{BE}와 동일한 전압을 추가로 강하시켜 Q_4가 확실하게 OFF되도록 한다.

그림 13-28은 2개의 입력 상태에 대한 TTL 반전기의 동작을 보여준다. 그림 13-28(a)의 회로에서 Q_1의 베이스는 접지보다 2.1 V 높으므로 Q_2와 Q_3가 ON된다. 그림 13-28(b)의 회로에서 Q_1의 베이스는 접지보다 약 0.7 V밖에 높지 않으므로 Q_2와 Q_3를 ON시킬 수 없다.

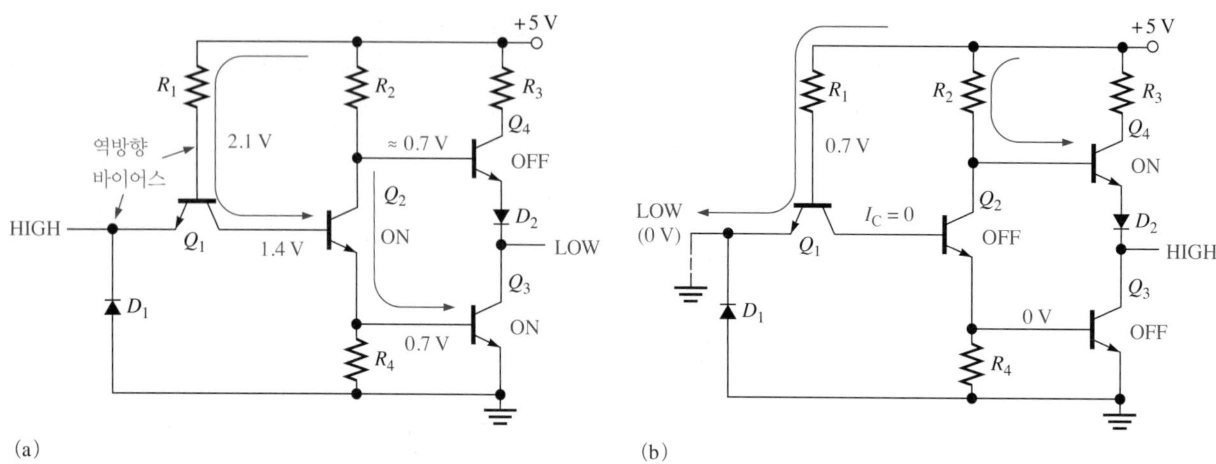

그림 13-28 TTL 반전기의 동작

TTL NAND 게이트

그림 13-29는 2-입력 표준 TTL NAND 게이트를 나타낸다. TTL NAND 게이트는 Q_1에 입력 에미터가 추가된 것을 제외하면 반전기 회로와 동일하다. TTL 기술에서는 멀티-에미터 트랜지스터가 입력 회로에 사용된다. 멀티-에미터 트랜지스터는 그림 13-30과 같은 다이오드 회로와 비교할 수 있다.

그림 13-29의 Q_1을 그림 13-30과 같이 다이오드로 치환해서 회로를 구성하면 회로의 동작을 이해하기가 쉽다. 입력 *A*와 입력 *B* 중 하나가 LOW이면, 해당 입력에 연결된 다이오드는 순방향으로 바이어스되고, D_3(Q_1의 베이스-컬렉터 접합)는 역방향으로 바이어스된다. 이러한 상태

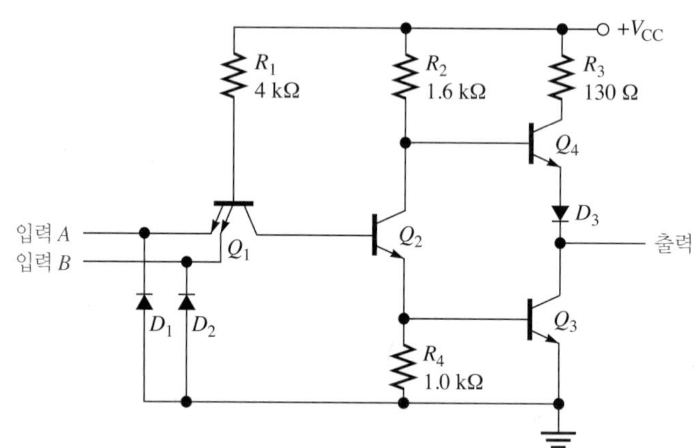

그림 13-29 TTL NAND 게이트 회로

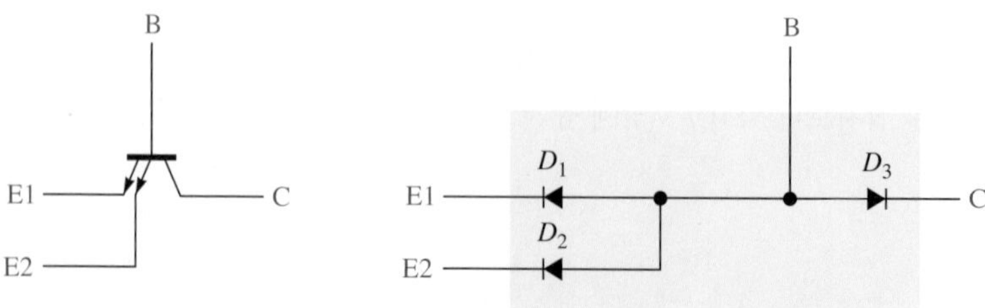

그림 13-30 TTL 멀티-에미터 트랜지스터와 등가인 다이오드 회로

로 인해 Q_2는 OFF되고 TTL 반전기에서와 같은 방법으로 HIGH를 출력한다. 2개의 입력 A, B가 모두 LOW일 때에도 같은 동작을 한다.

2개의 입력 모두에 HIGH가 인가되면 2개의 입력 다이오드가 역방향으로 바이어스되고, D_3(Q_1의 베이스-컬렉터 접합)는 순방향으로 바이어스된다. 이러한 상태로 인해 Q_2는 ON되고 TTL 반전기에서와 같은 방법으로 LOW를 출력한다. 이 동작은 모든 입력이 HIGH일 때만 LOW를 출력하는 NAND 동작으로 볼 수 있다.

개방-컬렉터 게이트

TTL IC의 출력에는 토템-폴 출력 외에 **개방-컬렉터**(open-collector) 출력 구조도 사용된다. 이는 CMOS의 개방-드레인 출력에 해당된다. 그림 13-31(a)는 개방-컬렉터 구조를 갖는 표준 TTL 반전기의 회로를 나타낸 것이다. 다른 종류의 게이트들도 개방-컬렉터 출력을 가질 수 있다.

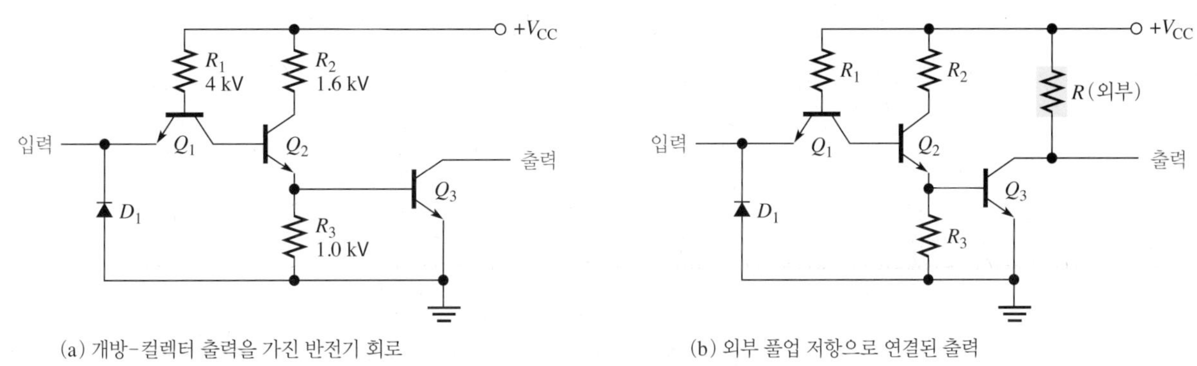

그림 13-31 개방-컬렉터 출력을 갖는 TTL 반전기

여기서 출력은 아무것도 연결되지 않은 트랜지스터 Q_3의 컬렉터임에 주목하라(그래서 이를 개방-컬렉터라고 한다). 이 회로의 출력에서 적절한 HIGH와 LOW 논리 레벨을 얻으려면, 외부 풀업 저항을 그림 13-31(b)와 같이 Q_3의 컬렉터와 V_{CC} 사이에 연결해야 한다. Q_3가 OFF되면 출력은 외부 저항을 통해서 V_{CC}까지 높아지고, Q_3가 ON되면 출력이 포화 트랜지스터를 통해서 접지에 연결된다.

그림 13-32는 개방-컬렉터 출력을 가진 반전기에 대한 ANSI/IEEE 표준 기호로 개방-드레인 출력에서도 같이 사용된다.

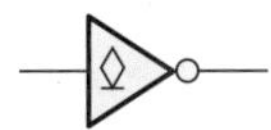

그림 13-32 개방-컬렉터 반전기 기호

3-상태 TTL 게이트

그림 13-33은 TTL 3-상태 반전기의 기본 회로이다. 인에이블 입력이 LOW일 때, Q_2는 OFF되어 출력 회로는 정상적인 토템-폴 형태로 동작하여, 출력의 상태는 입력 상태에 따라 정해진다. 인에이블 입력이 HIGH가 되면, Q_2는 ON된다. 그러면 Q_1의 두 번째 에미터가 LOW가 되어, Q_3와 Q_5를 OFF시키고, 다이오드 D_1이 순방향으로 바이어스되어 Q_4도 OFF가 된다. 2개의 토템-폴 트랜지스터가 모두 OFF되어 개방 상태가 되면, 출력은 그림 13-34처럼 내부 회로와의 연결이 완전히 단절된다.

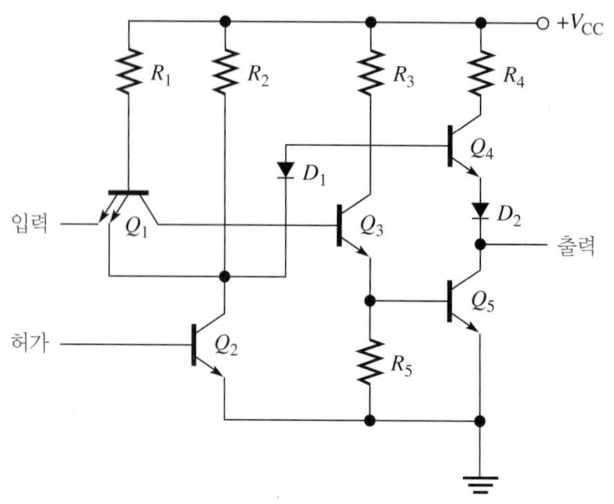

그림 13-33 기본적인 3-상태 반전기 회로

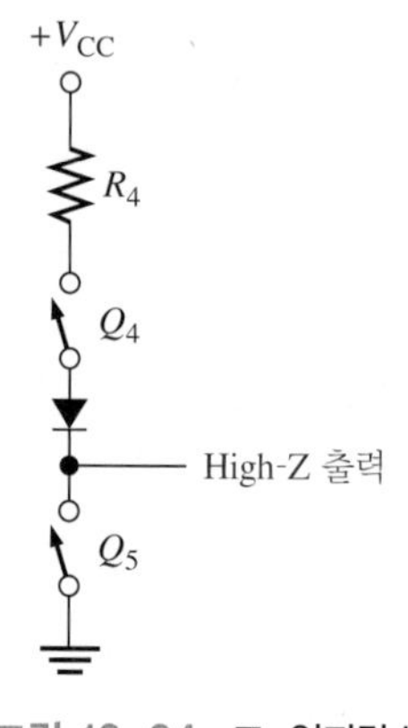

그림 13-34 고-임피던스 상태에서 3-상태 출력에 대한 등가 회로

쇼트키 TTL

지금까지 기본적인 표준 TTL NAND 게이트들에 대해 살펴보았다. 이 게이트들은 LOW 출력 상태일 때는 부하 게이트로부터 전류를 유입하고, HIGH 출력 상태일 때는 부하 게이트에 아주 적은 양의 전류를 유출한다. 요즈음 사용되는 대부분의 TTL 회로들은 일종의 **쇼트키**(Schottky) TTL이다. 쇼트키 다이오드를 도입하여 트랜지스터의 포화를 방지함으로써 트랜지스터가 ON-OFF하는 데 걸리는 시간을 줄여 스위칭 시간을 빠르게 한다. 그림 13-35는 쇼트키 게이트 회로를 보여준다. 쇼트키 트랜지스터와 쇼트키 다이오드를 나타내는 기호에 유의하라. 쇼트키 소자들은 74S00과 같이 소자 번호에 S자가 들어가 있으며, 저전력 쇼트키(low-power Schottky)는 LS, 고성능 쇼트키(advanced Schottky)는 AS, 고성능 저전력 쇼트키(advanced low-power Schottky)는 ALS, 고속은 F로 표시한다.

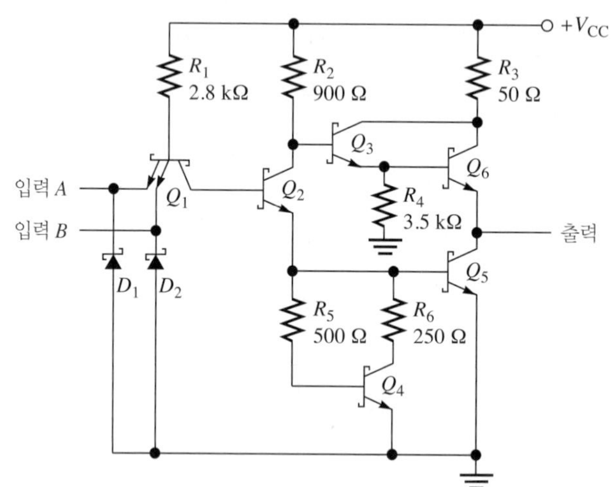

그림 13-35 쇼트키 TTL NAND 게이트

복습문제 13-3

1. *npn* BJT에서 베이스 전압이 에미터보다 더 부의 전압을 나타낼 때 트랜지스터는 ON된다 (T 또는 F).

2. 스위칭 동작과 관련하여, BJT의 *on*과 *off* 상태가 의미하는 것은 무엇인가?
3. TTL에서 출력 회로의 두 가지 중요 유형은 무엇인가?
4. 3-상태 논리와 정상적인 2-상태 논리와의 차이점을 설명하라.

13-4 TTL 사용 시 고려사항

산업용과 상업용 응용 분야에 사용되는 IC 기술은 주로 CMOS이다. TTL은 현재 사용 빈도가 점차 줄어들고 있지만, 여전히 사용되고 있다. 교육용 분야에서 CMOS는 ESD로 인하여 다루는 데 주의를 기울여야 하기 때문에, TTL 소자가 보다 더 선호되어 사용되고 있다. 따라서 이 절에서는 TTL을 사용할 경우에 몇 가지 고려해야 할 사항에 대해 알아보기로 한다.

이 절의 학습내용

- 전류의 유입과 유출에 대해 설명한다.
- 와이어드-AND 동작을 위해 개방-컬렉터 회로를 사용한다.
- 2개 이상의 토템-폴 출력을 연결할 때 생기는 영향에 대해 알아본다.
- LED와 램프를 구동하기 위해 개방-컬렉터를 사용한다.
- 미사용 TTL 입력의 처리 방법에 대해 설명한다.

전류 유입과 전류 유출

전류 유입(sinking)과 유출(sourcing)에 대한 개념은 13-1절에서 소개한 바 있다. 이제 TTL에서 사용하는 토템-폴 출력 회로를 대상으로 전류의 유입과 유출에 대해 좀 더 자세히 알아보기로 한다.

그림 13-36은 토템-폴 형태의 표준 TTL 반전기의 출력이 다른 TTL 반전기의 입력에 연결되어 있는 것을 나타낸다. 구동 게이트 출력이 HIGH 상태이면, 그림 13-36(a)에 보인 것처럼 구동기(driver)는 부하에 전류를 공급한다. 부하 게이트의 입력은 역방향으로 바이어스된 다이오드와 같으므로 부하는 전류를 필요로 하지 않는다. 그러나 실제로는 입력이 이상적이지 않기 때문에 구동기의 토템-폴 출력에서 부하 게이트 입력으로 최대 40 μA의 전류가 흐른다.

구동 게이트가 LOW 출력 상태일 때는, 그림 13-36(b)에 보인 것처럼 부하 게이트로부터 구동 게이트로 전류가 흘러 들어온다. 이를 전류가 '유입'한다고 한다. 이 전류는 표준 TTL에서 최대 1.6 mA이며, 부하의 입력 단자에서 출력되므로 **데이터 시트**(data sheet)에는 음의 값으로 나타낸다.

예제 13-3

표준 TTL NAND 게이트가 5개의 표준 TTL 입력을 구동할 때, 구동기는 얼마만큼의 전류를 유출하고 유입하는가? (그림 13-36 참조)

풀이

HIGH 출력 상태에서의 총유출 전류 :

$$I_{\text{IH(max)}} = \text{입력당 } 40\,\mu\text{A}$$
$$I_{\text{T(source)}} = (5 \text{ 입력})(40\,\mu\text{A/입력}) = 5(40\,\mu\text{A}) = 200\,\mu\text{A}$$

LOW 출력 상태에서의 총유입 전류 :

$$I_{IL(max)} = \text{입력당 } -1.6\text{ mA}$$
$$I_{T(sink)} = (5\text{ 입력})(-1.6\text{ mA/입력}) = 5(-1.6\text{ mA}) = -8.0\text{ mA}$$

관련 문제

위 계산을 LS TTL NAND 게이트에 대해 반복하라. **www.ti.com**에서 데이터 시트를 찾아 참조하라.

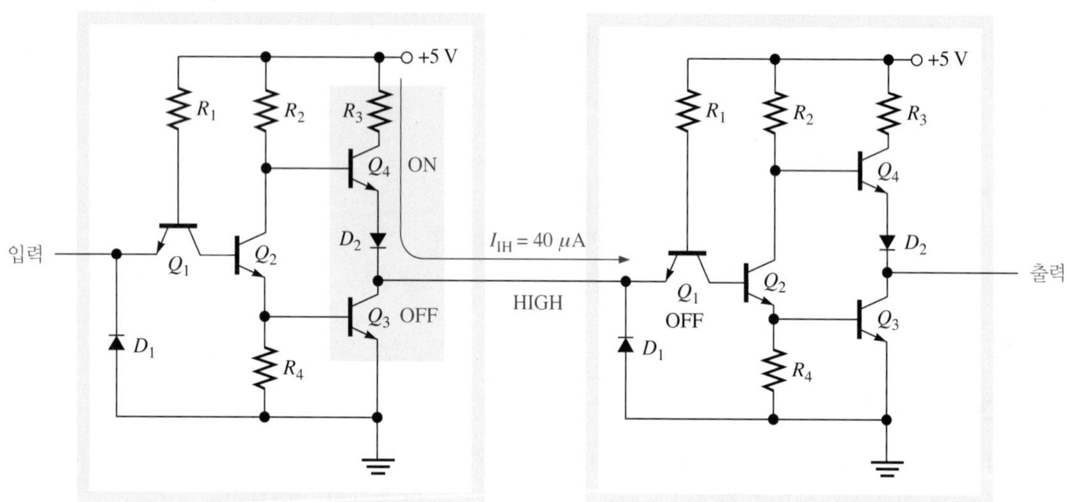

(a) 전류 유출(I_{IH} 값은 최대이다)

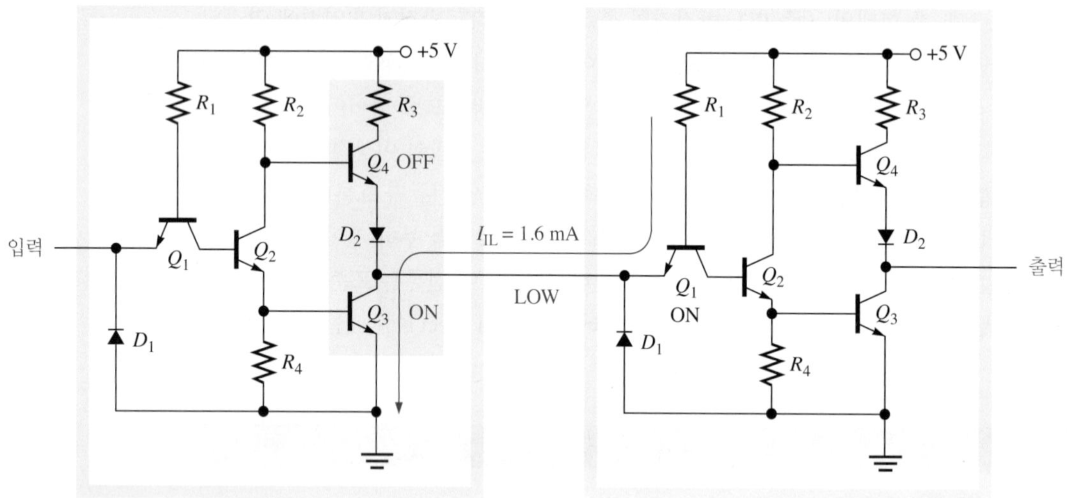

(b) 전류 유입(I_{IL} 값은 최대이다)

그림 13-36 TTL에서 전류 유입과 유출 동작

예제 13-4

www.ti.com에서 데이터 시트를 찾아서 7400 NAND 게이트의 팬-아웃을 구하라.

풀이

7400 NAND 게이트의 데이터 시트를 참조하면 전류 파라미터는 다음과 같다.

$$I_{\text{IH(max)}} = 40\ \mu\text{A} \qquad I_{\text{OH(max)}} = -400\ \mu\text{A}$$
$$I_{\text{IL(max)}} = -1.6\ \text{mA} \qquad I_{\text{OL(max)}} = 16\ \text{mA}$$

HIGH 출력 상태의 팬-아웃은 다음과 같이 계산된다. 전류 $I_{\text{OH(max)}}$는 게이트가 부하 게이트에 공급할 수 있는 최대의 전류이다. 각 부하 입력에서는 40 μA의 $I_{\text{IH(max)}}$ 전류를 필요로 한다. HIGH 상태의 팬-아웃 :

$$\left|\frac{I_{\text{OH(max)}}}{I_{\text{IH(max)}}}\right| = \frac{400\ \mu\text{A}}{40\ \mu\text{A}} = \textbf{10 단위 부하}$$

LOW 출력 상태의 팬-아웃은 다음과 같이 계산된다. 전류 $I_{\text{OL(max)}}$는 부하 게이트로부터 구동 게이트로 유입되는 최대 전류이다. 각 부하 입력에서는 -1.6 mA의 $I_{\text{IL(max)}}$ 전류를 필요로 한다. LOW 상태의 팬-아웃 :

$$\left|\frac{I_{\text{OL(max)}}}{I_{\text{IL(max)}}}\right| = \frac{16\ \text{mA}}{1.6\ \text{mA}} = \textbf{10 단위 부하}$$

이 경우는 HIGH 상태와 LOW 상태의 팬-아웃이 같다.

관련 문제

74LS00 NAND 게이트의 팬-아웃을 구하라.

개방-컬렉터 게이트를 이용한 와이어드-AND 동작

개방-컬렉터 게이트의 출력을 서로 직접 연결하여 와이어드-AND(wired-AND)라고 불리는 구조를 만들 수 있다. 그림 13-37은 4개의 반전기의 출력을 서로 직접 연결하여 4-입력 네거티브-AND 게이트를 구현한 것이다. 모든 와이어드-AND 회로에는 1개의 외부 풀업 저항 R_P를 필요로 한다.

그림 13-38(a)와 같이 반전기 입력 중 하나(또는 하나 이상)가 HIGH이면 출력 트랜지스터는 ON되면서 접지로 통하는 연결된 스위치로 동작해서 출력 X는 LOW가 된다. 이 경우 하나의 반전기에만 HIGH가 입력되었지만, 출력 트랜지스터 Q_1이 포화되어 LOW 출력을 얻게 된다.

출력 X를 HIGH로 만들려면 그림 13-38(b)와 같이 개방-컬렉터 출력 트랜지스터가 모두 OFF 상태여야 하므로, 반전기의 입력이 모두 LOW가 되어야 한다. 이 조건이 만족되면 풀업 저항을 통해서 출력 X는 HIGH가 된다. 이렇게 모든 입력이 LOW가 되어야 출력 X가 HIGH가 되므로 그림의 회로는 다음 등식과 같은 네거티브-AND 기능으로 표현할 수 있다.

$$X = \overline{A}\,\overline{B}\,\overline{C}\,\overline{D}$$

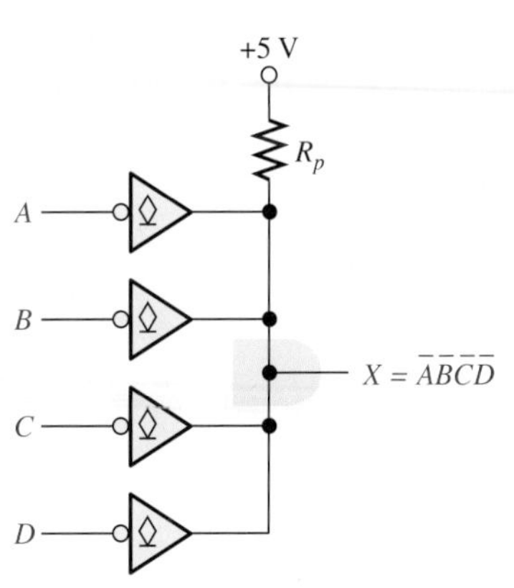

그림 13-37 4개의 개방-컬렉터 반전기로 구성한 와이어드-AND

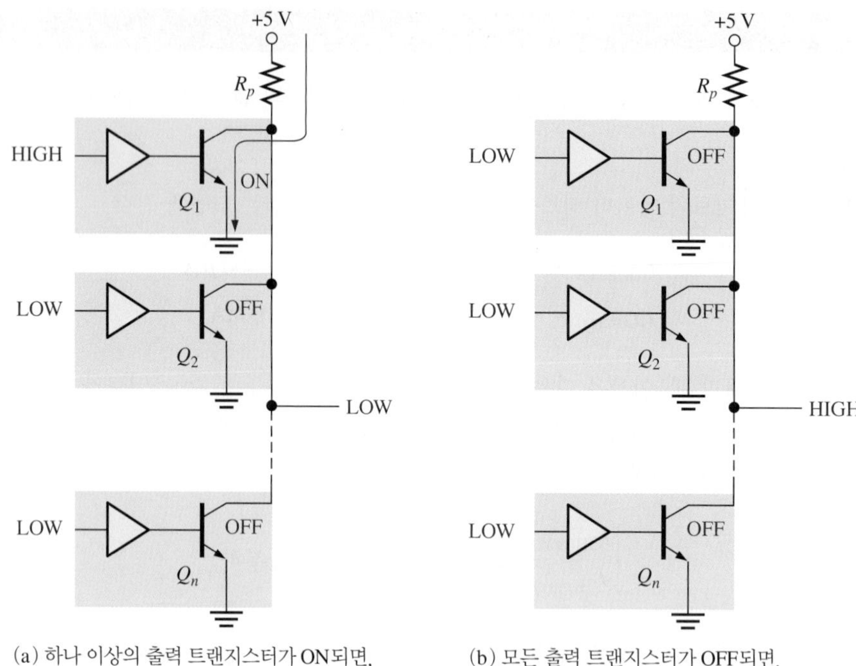

(a) 하나 이상의 출력 트랜지스터가 ON되면, 출력은 LOW가 된다.

(b) 모든 출력 트랜지스터가 OFF되면, 출력은 HIGH가 된다.

그림 13-38 개방-컬렉터 반전기로 구성한 네거티브-AND의 동작

예제 13-5

그림 13-39의 개방-컬렉터 AND 게이트로 구성한 와이어드-AND의 출력식을 구하라.

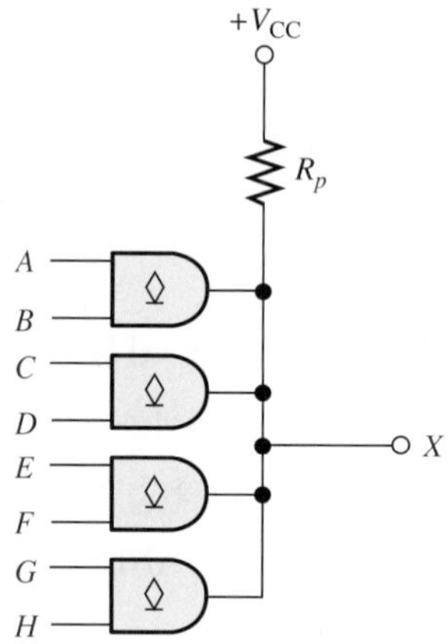

그림 13-39

풀이

출력식은 다음과 같다.

$$X = ABCDEFGH$$

4개의 2-입력 AND 게이트를 와이어드-AND로 연결하면 8-입력 AND 게이트가 된다.

관련 문제

그림 13-39에서 AND 게이트가 NAND 게이트로 치환되었을 때 출력식을 구하라.

예제 13-6

그림 13-40은 3개의 개방-컬렉터 AND 게이트를 와이어드-AND로 연결한 회로이다. 그림의 와이어드-AND 게이트가 4개의 표준 TTL 입력(각각 -1.6 mA)을 구동하고 있다고 가정한다.

(a) X의 논리식을 구하라.

(b) 각 게이트의 $I_{OL(max)}$가 30 mA이고, $V_{OL(max)}$가 0.4 V일 때 R_P의 최솟값을 구하라.

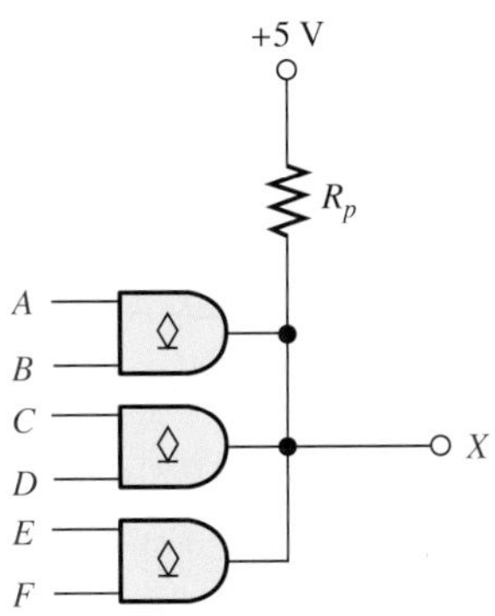

그림 13-40

풀이

(a) $X = ABCDEF$

(b) $4(1.6\text{ mA}) = 6.4\text{ mA}$

$$I_{R_P} = I_{OL(max)} - 6.4\text{ mA} = 30\text{ mA} - 6.4\text{ mA} = 23.6\text{ mA}$$

$$R_P = \frac{V_{CC} - V_{OL(max)}}{I_{R_P}} = \frac{5\text{ V} - 0.4\text{ V}}{23.6\text{ mA}} = \mathbf{195\ \Omega}$$

관련 문제

4조의 2-입력 AND 게이트를 갖는 74LS09를 이용하여 10-입력 기능을 가진 와이어드-AND 회로를 구현하라.

토템-폴 출력의 연결

토템-폴 출력끼리 연결하면 과도한 전류가 발생하여 회로가 고장이 날 가능성이 있으므로 토템-폴 출력끼리 연결해서는 안 된다. 그림 13-41의 회로의 경우를 생각해보자. 소자 A의 Q_1과 소자 B의 Q_2가 모두 ON되면, 소자 A의 출력은 소자 B의 Q_2를 통해 접지로 연결된다.

개방-컬렉터 버퍼/구동기

토템-폴 출력을 가진 TTL 회로는 LOW 상태에서($I_{OL(max)}$) 표준 TTL은 16 mA까지, LS TTL은 8 mA까지 전류를 유입할 수 있다. 그러나 LED, 램프 또는 릴레이와 같이 일반 토템-폴 회로보다 더 높은 전류를 요구하는 외부 소자를 구동할 경우가 많이 있다.

개방-컬렉터 출력을 갖는 회로는 높은 전압과 전류를 구동할 수 있으므로 LED, 램프 또는 릴레이 등을 구동하는 데 사용된다. 그러나 외부 장치를 구동하기에 필요한 출력 전류가 TTL 구동기가 유입할 수 있는 전류를 초과하지 않는다면 토템-폴 출력을 사용하여도 무방하다.

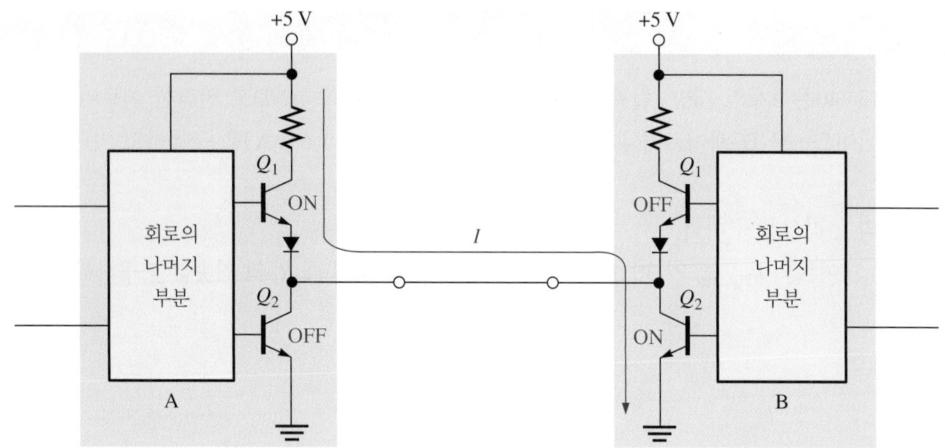

그림 13-41 함께 연결된 토템-폴 출력. 이러한 연결은 소자 A의 Q_1과 소자 B의 Q_2를 통해 과도한 전류가 흐르게 되므로 이러한 연결을 하면 안 된다.

그림 13-42는 개방-컬렉터 TTL 게이트를 사용하여 출력 트랜지스터의 컬렉터에 **LED**나 램프를 연결한 회로이다. 그림 13-42(a)에서 전류 제한 저항(current limiting resistor)은 LED에 흐르는 전류를 최대 LED 전류보다 낮게 제한하는 역할을 한다. 이 게이트의 출력이 LOW이면, 출력 트랜지스터는 전류를 유입하여 LED가 ON된다. 출력 트랜지스터가 OFF되어 출력이 HIGH가 되면 LED는 OFF된다. 일반적으로 개방-컬렉터 버퍼 게이트는 40 mA까지 유입할 수 있다. 그림 13-42(b)에서는 램프의 필라멘트가 저항 역할을 하기 때문에 제한 저항이 없어도 된다. 논리 게이트에 따라 다르지만 일반적으로 개방-컬렉터는 +30 V까지 사용할 수 있다.

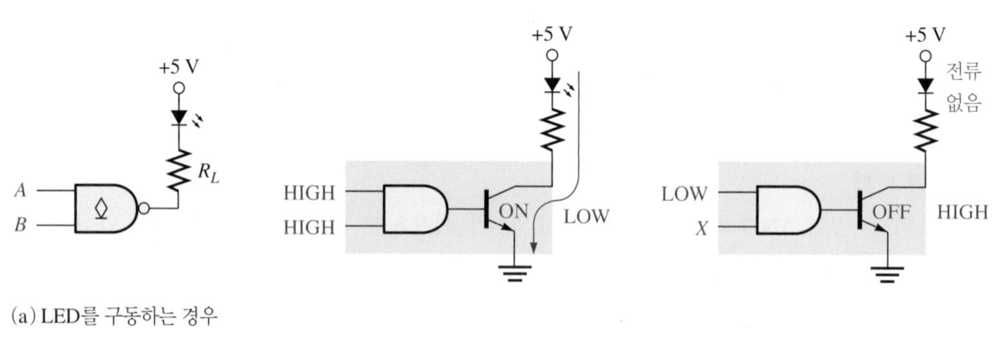

(a) LED를 구동하는 경우

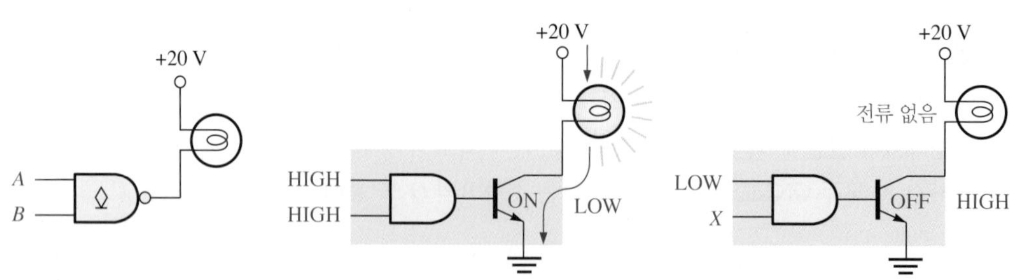

(b) 저전류의 램프를 구동하는 경우

그림 13-42 개방-컬렉터 구동기의 응용 예

예제 13-7

그림 13-43의 개방-컬렉터 회로에서 LED 전류가 20 mA라고 할 때 전류 제한 저항 R_L의 값을 구하라. 순방향으로 바이어스될 때 LED에는 1.5 V의 전압 강하가 일어나고, 게이트의

LOW 상태의 출력 전압은 0.1 V이다.

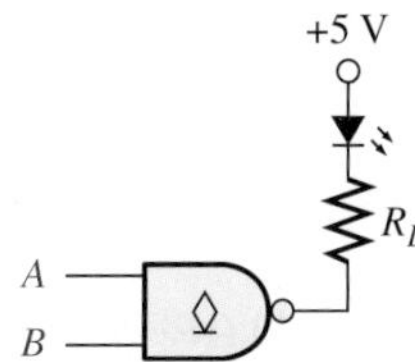

그림 13-43

풀이

$$V_{R_L} = 5\text{ V} - 1.5\text{ V} - 0.1\text{ V} = 3.4\text{ V}$$

$$R_L = \frac{V_{R_L}}{I} = \frac{3.4\text{ V}}{20\text{ mA}} = \mathbf{170\ \Omega}$$

관련 문제

LED를 구동하는 데 35 mA의 전류가 필요할 때, 전류 제한 저항 R_L의 값을 구하라.

미사용 TTL 입력

TTL 게이트에서 입력이 연결되지 않은 상태로 있으면, 입력 트랜지스터의 에미터 접합이 역방향으로 바이어스된 결과를 초래하므로 마치 HIGH인 것처럼 동작한다. 즉 TTL 게이트에서 미사용 입력은 HIGH 입력으로 동작한다. 그림 13-44는 이를 나타낸 것이다. 그러나 이러한 경우는 잡음에 민감하게 동작하기 때문에, 미사용 입력을 그냥 내버려두는 것(open)은 바람직하지 않다. 미사용 입력을 처리하는 방법은 여러 가지가 있다.

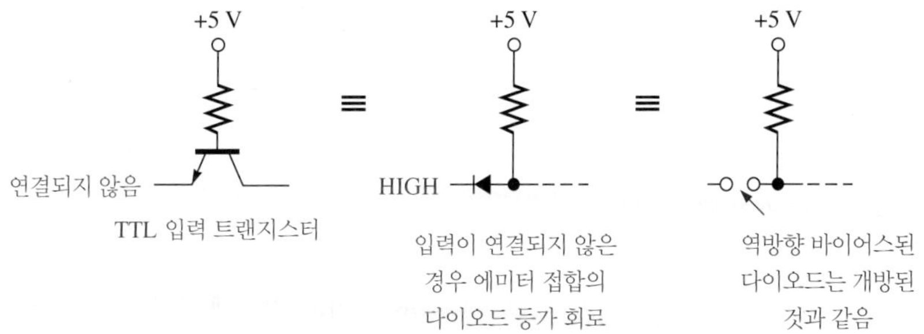

그림 13-44 미사용 TTL 입력과 HIGH-레벨 입력과의 비교

입력 묶기

사용하지 않은 게이트 입력을 다루는 가장 일반적인 방법은 동일 게이트에서 사용하고 있는 입력과 함께 연결하는 것이다. AND와 NAND 게이트의 경우에, LOW 상태에서 서로 묶여 있는 모든 입력은 1개의 단위 부하로 계산된다. 그러나 OR와 NOR 게이트의 경우에는 다른 입력에 연결된 각 입력은 LOW 상태에서 각각 별도의 단위 부하로 계산된다. 그림 13-45(a)는 미사용 입력을 사용 중인 입력에 연결한 두 가지 예를 나타낸다.

AND와 NAND 게이트에서는 여러 개의 입력이 동시에 묶여 있어도 하나의 단위 부하로 계산된다. 반면에 OR와 NOR 게이트에서는 서로 묶여 있는 각각의 입력이 각각 하나의 단위 부하로 계산된다. 이와 같이 계산되는 이유는 AND와 NAND 게이트가 멀티-에미터 입력 트랜지스터를 사용하기 때문이다. 따라서 이 경우 아무리 많은 입력이 LOW라 하더라도 전체 LOW 상태의 전류는 일정한 값으로 제한된다. 그러나 OR와 NOR 게이트는 각 입력마다 별도의 트랜지스터를 사용하기 때문에 LOW 상태 전류가 묶음 입력에 속하는 각 입력 전류의 합과 같게 된다.

입력을 V_{CC} 또는 접지와 연결

AND와 NAND 게이트의 미사용 입력을 1.0 kΩ의 저항을 사용하여 V_{CC}와 연결할 수도 있다. 이렇게 연결하면 미사용 입력은 HIGH가 된다. OR와 NOR 게이트의 미사용 입력은 접지와 연결할 수 있다. 그림 13-45(b)는 이 방법을 나타낸다.

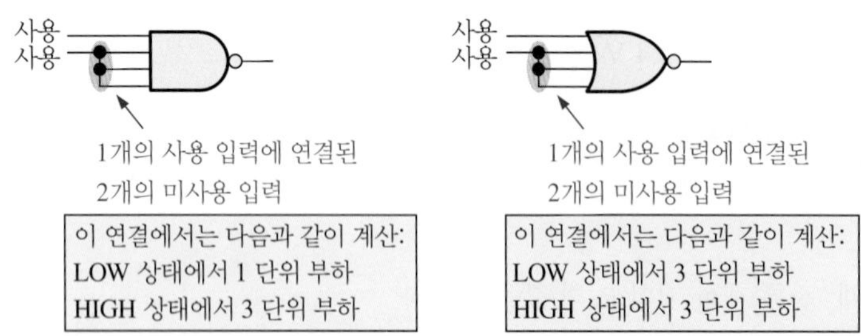

(a) 서로 묶여 있는 입력

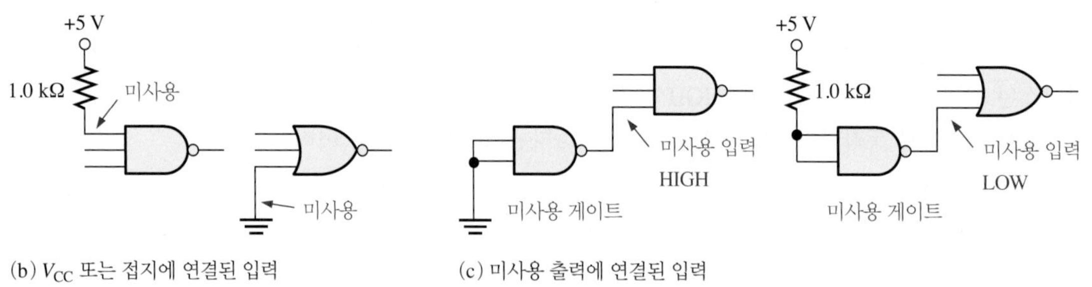

(b) V_{CC} 또는 접지에 연결된 입력 (c) 미사용 출력에 연결된 입력

그림 13-45 미사용 TTL 입력을 처리하는 방법

미사용 출력과 연결

세 번째 방법은 사용하지 않는 게이트나 반전기가 있을 때 미사용 입력을 처리하는 방법이다. 그림 13-45(c)에 보인 것처럼, 사용하지 않는 게이트의 출력은 AND나 NAND 게이트의 미사용 입력에 대해서는 고정된 HIGH여야 하고, OR와 NOR 게이트 입력에 대해서는 고정된 LOW이어야 한다.

복습문제 13-4

1. TTL 회로에서 부하로부터 전류가 유입되면 출력은 어떤 상태인가?
2. TTL 회로의 동작에서 전류가 TTL 부하로부터 유입될 때보다 부하로 유출될 때 적게 흐르는 이유는 무엇인가?
3. 토템-폴 출력 구조를 갖는 TTL 회로가 서로 연결되어서는 안 되는 이유를 설명하라.
4. 와이어드-AND 구조에 사용되는 TTL 회로는 무엇인가?
5. 램프를 구동하기 위해 사용되는 TTL 회로는 무엇인가?
6. 연결되지 않은 TTL 입력은 LOW로 동작한다(T 또는 F).

13-5 CMOS와 TTL의 성능 비교

이 절에서는 CMOS 계열 소자의 동작 및 성능 특성을 BiCMOS와 TTL 계열의 소자들과 비교해 본다.

이 절의 학습내용

- 바이폴라(TTL), BiCMOS, CMOS 소자를 전파지연, 최대 클록 주파수, 전력 소모와 구동 능력 등에 대해 비교한다.

과거에는 TTL 계열이 CMOS보다 속도와 출력 전류의 능력이 우수했다. TTL이 여전히 사용되고 있고 구할 수도 있지만, 현재 TTL의 이러한 장점은 줄어들고, CMOS의 성능이 TTL에 비해 비슷하거나 오히려 우수하게 되어, CMOS가 주된 IC 기술로 자리매김하고 있다. BiCMOS라는 IC 논리 소자 계열은 CMOS 논리와 TTL 출력 회로를 결합시켜 두 회로 기술의 장점을 모두 살려 만든 회로 기술이다.

표 13-1은 여러 가지 IC 계열의 특성을 비교한 표이다.

표 13-1

IC 기술에 따른 74XX IC 패밀리의 특성 파라미터 비교

	바이폴라(TTL)			BiCMOS	CMOS					
					5 V			3.3 V		
	F	LS	ALS	ABT	HC	AC	AHC	LV	LVC	ALVC
속도										
게이트 전파지연, t_p(ns)	3.3	10	7	3.2	7	5	3.7	9	4.3	3
FF 최대 클록 주파수(MHz)	145	33	45	150	50	160	170	90	100	150
게이트당 전력 소모										
바이폴라 : 50% dc(mW)	6	2.2	1.4							
CMOS : 정적상태(μW)				17	2.75	0.55	2.75	1.6	0.8	0.8
출력구동										
I_{OL}(mA)	20	8	8	64	4	24	8	12	24	24

복습문제 13-5

1. BiCMOS 회로는 무엇인가?
2. TTL에 비해 CMOS가 갖는 일반적인 장점에 대해 간략히 설명하라.

13-6 ECL 회로

ECL(emitter-coupled logic)은 TTL과 같이 바이폴라(bipolar) 기술을 이용한 기술이다. 일반적인 ECL 회로는 다른 증폭 입력 회로, 바이어스 회로와 에미터-폴로워(emitter-follower) 출력으로 구성되어 있다. ECL은 트랜지스터가 포화 영역에서 동작하지 않기 때문에, TTL에 비해 동작 속도가 훨씬 빠르며, 따라서 특정의 고속 응용에 많이 사용된다.

이 절의 학습내용

- ECL이 TTL과 CMOS와 다른 점을 설명한다.
- ECL의 장단점을 설명한다.

그림 13-46(a)는 ECL OR/NOR 게이트를 나타낸 것이다. 그림 13-46(b)에 나타낸 것과 같이 에미터-폴로워 출력은 OR 논리 기능과 이의 보수인 NOR 기능을 제공한다.

에미터-폴로워의 출력 임피던스는 낮고, 차등 증폭 입력의 입력 임피던스가 높기 때문에 높은 팬-아웃이 가능하다. 이 종류의 회로는 포화가 되지 않는다. 포화가 되지 않으므로 전력 소비가 많아지고, 전압 스윙(voltage swing)이 1 V 미만으로 제한되지만, 고속의 스위칭이 가능하다.

최선의 동작을 위해서는 V_{CC} 단자는 접지로 연결하고, V_{EE} 단자는 −5.2 V의 전원 전압에 연결하여 사용한다. 그림 13-46(c)는 접지 전압을 기준으로 출력이 LOW 레벨인 −1.75 V로부터 HIGH 레벨인 −0.9 V까지 변화하는 것을 보여준다. 양의 논리에서 1은 HIGH(작은 음의 값)이고, 0은 LOW(큰 음의 값)이다.

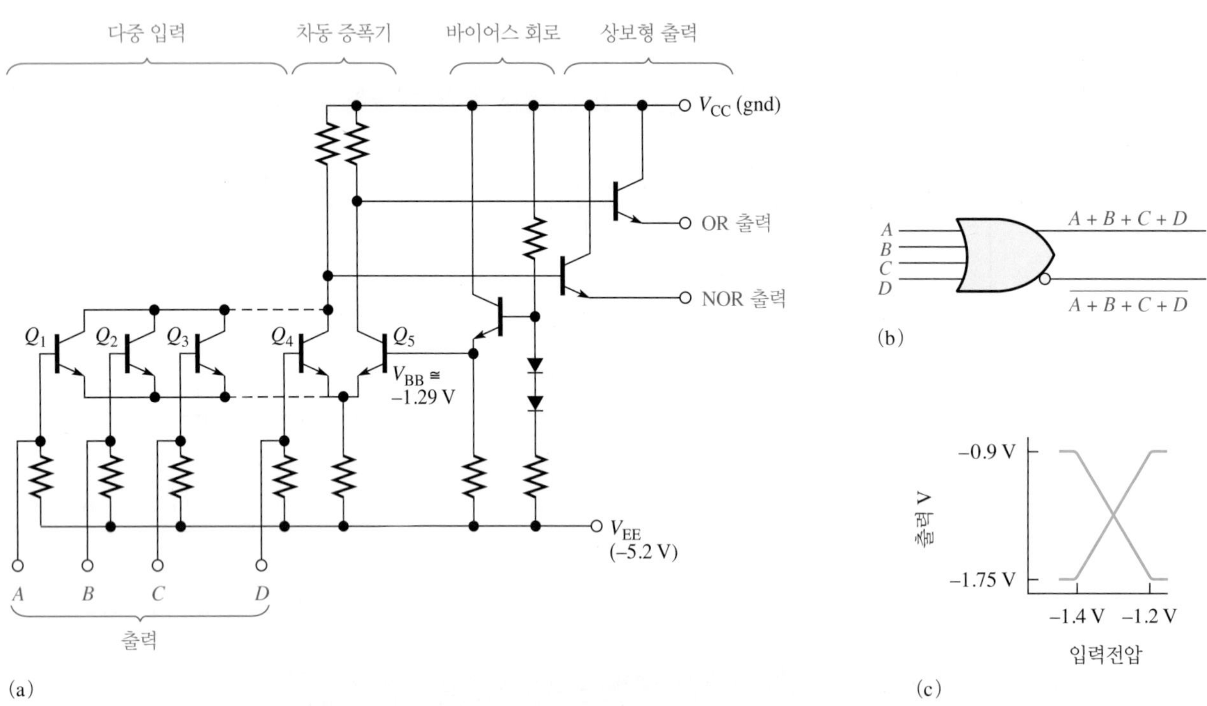

그림 13-46 ECL OR/NOR 게이트 회로

잡음여유

이미 학습한 바와 같이 게이트의 잡음여유는 원치 않는 전압 변화(잡음)에 대한 내성의 척도이다. 일반 ECL 회로의 잡음여유는 대략 0.2~0.25 V이다. 이 값은 TTL보다 작으므로 잡음이 많은 환경에는 ECL을 사용하지 않는 것이 바람직하다.

TTL과 CMOS와 ECL의 비교

표 13-2는 F, AHC와 ECL에 대한 주요 성능 파라미터를 비교하여 표시한 것이다.

표 13-2

ECL 계열과 F 및 AHC 계열의 성능 비교

	바이폴라(TTL) F	CMOS AHC	바이폴라(ECL)
속도			
게이트 전파 지연, t_p (ns)	3.3	3.7	0.22~1
FF 최대 클록 주파수(MHz)	145	170	330~2800
게이트당 전력 소모			
바이폴라 : 50% dc	6 mW		25 mW~73 mW
CMOS : 정적 상태		2.75 μW	

복습문제 13-6

1. TTL에 비해 ECL의 주요 장점은 무엇인가?
2. TTL에 비해 ECL의 두 가지 단점은 무엇인가?

13-7 PMOS, NMOS, E²CMOS

PMOS와 NMOS 회로는 전력 소비가 적고 MOS 트랜지스터가 차지하는 공간이 매우 작기 때문에 길이가 긴 시프트 레지스터, 대용량 메모리, 마이크로프로세서와 같은 LSI 구현에 널리 사용된다. E²CMOS는 재프로그램이 가능한 PLD에 사용된다.

이 절의 학습내용

- 기본적인 PMOS 게이트를 설명한다.
- 기본적인 NMOS 게이트를 설명하다.
- 기본적인 E²CMOS 셀을 설명한다.

PMOS

고밀도의 **MOS** 회로를 만들기 위한 기술 중에서 가장 먼저 사용된 기술 중의 하나가 **PMOS**이다. PMOS는 기본 게이트 블록을 구성하기 위해 증가형 p-채널 MOS 트랜지스터(enhancement-mode p-channel transistor)를 사용한다. 그림 13-47은 양의 논리로 NOR 회로 기능을 구현한 기본적인 PMOS 게이트를 나타낸다.

PMOS 게이트의 동작은 다음과 같다. 공급전압 V_{GG}는 음의 전압이고, V_{CC}는 양의 전압 또는 접지 전압(0 V)이다. 트랜지스터 Q_3는 영구적으로 바이어스되어서 항상 일정한 드레인-소스 저항을 만든다. Q_3의 유일한 목적은 전류 제한 저항(current limiting resistor)으로 사용하기 위한 것이다. 만약 A 또는 B 입력이 HIGH(V_{CC})이면, Q_1이나 Q_2가 OFF되고, 출력은 V_{GG}에 가까운 전압으로 풀다운되어 LOW가 된다. 입력 A와 B 모두 LOW(V_{GG}) 전압이 되면, Q_1과 Q_2 모두 ON되어 출력을 HIGH(V_{CC}에 가까운)로 만든다. 2개의 입력 중 하나라도 HIGH이면 출력은 LOW가 되고, 모든 입력이 LOW일 때만 HIGH가 출력되므로 NOR 게이트가 된다.

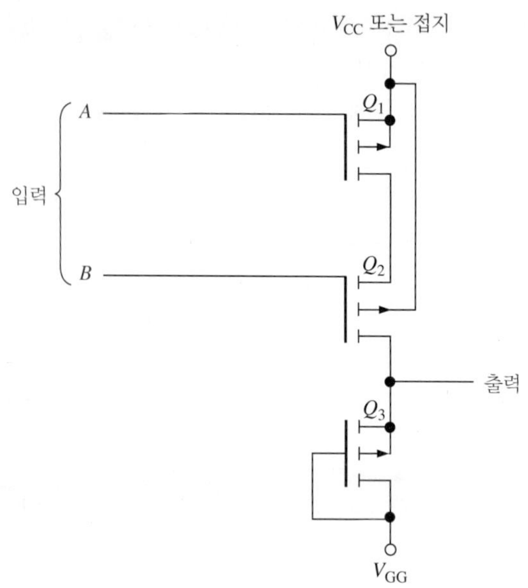

그림 13-47 기본 PMOS 게이트 회로

NMOS

NMOS 소자는 IC 기술의 발전과 더불어 개발되었다. NMOS 회로는 그림 13-48의 NAND 게이트와 NOR 게이트에서 볼 수 있듯이 n-채널 MOS 트랜지스터를 사용한다.

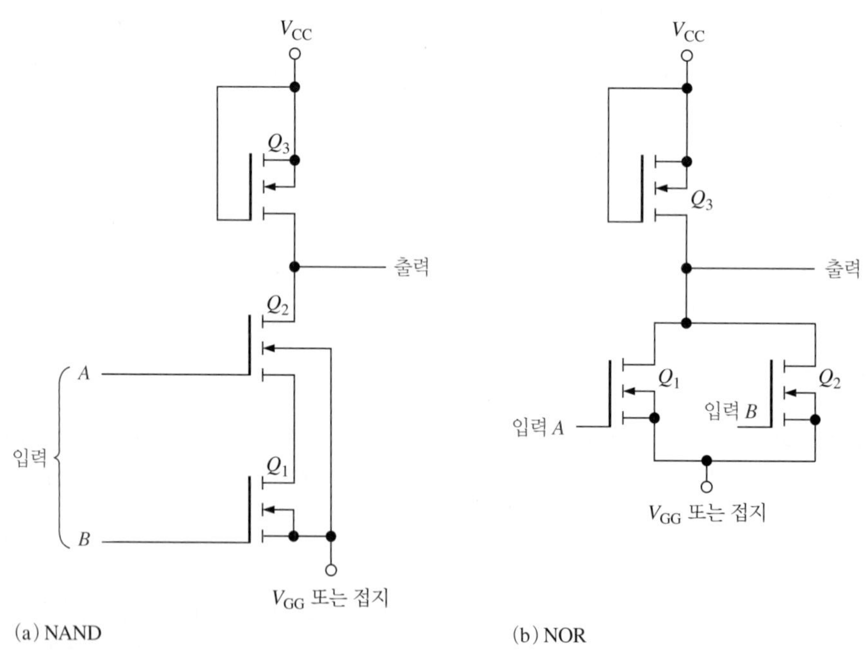

그림 13-48 2개의 NMOS 게이트

그림 13-48(a)에서 Q_3는 전류를 제한하는 저항으로 동작한다. 2개의 입력 중 하나라도 LOW(V_{GG} 또는 접지)가 되면, Q_1, Q_2 중 적어도 하나가 OFF되어 출력은 V_{CC}에 가까운 HIGH가 된다. 입력 A와 B가 모두 HIGH(V_{CC})이면, Q_1과 Q_2가 ON되어 출력이 LOW가 된다. 이 동작은 NAND 게이트의 기능이다.

그림 13-48(b)에서도 Q_3는 저항으로 동작한다. 두 입력 중 하나가 HIGH이면, Q_1이나 Q_2를

ON시켜 LOW가 출력된다. 2개의 입력이 모두 LOW이면, 2개의 트랜지스터 모두가 OFF되면서 HIGH를 출력한다.

E^2CMOS

E^2CMOS(electrically erasable CMOS) 기술은 CMOS와 NMOS 기술을 결합한 것으로 PROM과 CPLD와 같은 프로그램 가능한 소자에 사용된다. E^2CMOS 셀은 작은 프로그래밍 전류에 의해 외부적으로 충전되거나 방전되는 플로팅(floating) 게이트를 가진 MOS 트랜지스터로 만들어진다. 그림 13-49는 이러한 종류의 한 셀 회로도이다.

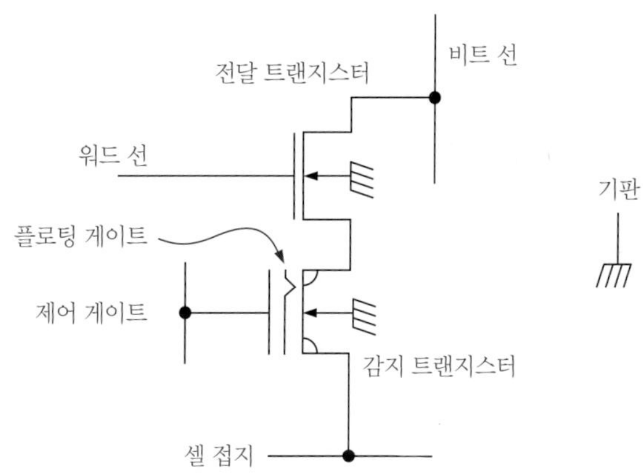

그림 13-49 E^2CMOS 셀

전자를 제거하여 플로팅 게이트가 양의 전위로 충전되면 감지 트랜지스터(sense transistor)가 ON되어 2진수 0을 저장한다. 플로팅 게이트가 전자에 의해 음의 전위로 충전되면 감지 트랜지스터는 OFF되고, 2진수 1을 저장한다. 제어 게이트(control gate)는 플로팅 게이트의 전위를 조절한다. 전달 트랜지스터(pass transistor)는 워드와 비트 라인을 사용하는 읽기/쓰기 동작을 하는 동안 배열로부터 감지 트랜지스터를 분리시킨다.

셀은 제어 게이트나 워드 선의 전압에 의해 선택된 셀의 비트 선에 프로그래밍 펄스를 인가하여 프로그램된다. 프로그래밍 사이클이 시작되면 우선 플로팅 게이트를 음으로 만들기 위해 제어 게이트에 전압을 인가하여 셀을 지운다. 이는 감지 트랜지스터를 *off* 상태(1을 저장)에 있게 한다. 0을 저장할 셀의 비트 선에 쓰기 펄스(write pulse)를 인가하여, 감지 트랜지스터가 ON(0을 저장)이 되도록 플로팅 게이트를 충전한다. 셀에 저장된 비트는 비트 선에 흐르는 작은 전류를 감지함으로써 읽어낸다. 1이 저장되어 있으면 감지 트랜지스터가 OFF되어 있어서 셀 전류는 흐르지 않는다. 0이 저장되어 있으면 감지 트랜지스터가 ON되어 있어서 작은 셀 전류가 흐른다. 일단 셀 안에 비트가 저장되면 셀이 지워지거나 새로운 비트가 셀 안에 쓰이지 않는 한 계속 유지된다.

복습문제 13-7

1. 집적회로에서 NMOS와 PMOS의 주된 특징점은 무엇인가?
2. E^2CMOS 셀에서 충전 저장에 대한 메커니즘을 설명하라.

요약

- 공식

13-1. $V_{NH} = V_{OH(min)} - V_{IH(min)}$ HIGH-레벨 잡음여유

13-2. $V_{NL} = V_{IL(max)} - V_{OL(max)}$ LOW-레벨 잡음여유

13-3. $I_{CC} = \frac{I_{CCH} + I_{CCL}}{2}$ 평균 DC 공급 전류

13-4. $P_D = V_{CC}I_{CC}$ 전력 소모

- TTL의 토템-폴 출력은 서로 연결할 수 없다.
- 개방-컬렉터와 개방-드레인 출력은 와이어드-AND로 연결할 수 있다.
- CMOS 소자의 전력 소모는 TTL 회로보다 적다.
- TTL 소자는 정전기 방전에 대해 CMOS 소자만큼 약하지 않다.
- ESD(electrostatic discharge) 때문에 CMOS 소자는 아주 주의 깊게 다루어야 한다.
- ECL은 가장 고속의 논리회로이다.
- E^2CMOS는 PROM과 PLD 같은 소자에 사용된다.

핵심용어

이 장의 핵심용어 및 기타 굵은 글씨는 책 마지막 용어해설에도 정리되어 있다.

개방 컬렉터(open-collector) 출력 트랜지스터의 컬렉터가 내부 다른 회로에 연결되지 않고 외부 연결을 할 수 있도록 구성된 TTL 논리회로의 출력 구조로 일반적으로 고전압, 고전류의 부하를 구동하는 데 사용된다.

단위 부하(unit load) 팬-아웃의 측정 단위로, 동일한 IC계열에서 하나의 게이트 입력은 게이트의 출력에 대해 1 단위 부하로 작용한다.

잡음내성(noise immunity) 입력단 회로에서 원하지 않는 신호(잡음)를 견딜 수 있는 회로의 능력

잡음여유(noise margin) 잡음내성의 양적 척도로 등가 게이트에서 최대 수용 LOW 입력전압과 최대 LOW 출력전압의 차이. 또한 등가 게이트에서 최소 HIGH 입력전압과 최소 HIGH 출력전압과의 차이

전력 소모(power dissipation) 전자회로에서 DC 공급전압과 DC 공급전류의 곱

전류 유입(current sinking) 부하로부터 출력 단자로 전류가 유입되는 논리회로의 동작

전류 유출(current sourcing) 출력 단자로부터 부하로 전류가 유출되는 논리회로의 동작

전파지연시간(propagation delay time) 논리회로의 동작에서 입력이 인가되어 출력으로 나타날 때까지의 시간 간격

토템-폴(totem pole) TTL 회로의 출력의 한 형태

팬-아웃(fan-out) 논리 게이트가 구동할 수 있는 동일 계열의 입력 게이트(부하)의 수

풀업 저항(pull-up resistor) 디지털 회로에서 비활성화 상태에 있는 신호를 HIGH 상태로 유지하기 위해 DC 전원 전압에 연결하는 저항

3-상태(tri-state) 논리회로 출력의 세 가지 논리 상태(HIGH, LOW, high Z 상태)

CMOS complementary metal-oxide semiconductor(상보형 금속 산화막 반도체)의 약자, n-채널과 p-채널 MOSFET으로 구현된 집적 논리회로의 종류

E^2CMOS electrically erasable CMOS(EECMOS)의 약자로, 전기적으로 지울 수 있는 CMOS. 프로그램 가능한 소자(PLD)에 사용되는 IC 기술

ECL emitter-coupled logic(에미터 결합 논리)의 약자로, 비포화 바이폴라 접합 반도체로 구현된 집적 논리회로의 한 부류

TTL transistor-transistor logic의 약자로, 바이폴라 접합 트랜지스터를 사용하는 집적 논리회로의 한 부류로 바이폴라라고도 한다.

참/거짓 퀴즈

정답은 이 장의 끝에 있다.

1. TTL의 DC 공급전압은 일반적으로 + 5 V이다.
2. 논리 게이트의 팬-아웃은 IC 패키지 내에 있는 게이트 수와 같다.
3. CMOS는 MOSFET을 사용한다.
4. BJT는 binary junction transistor(2진 접합 트랜지스터)의 약자다.
5. 개방-컬렉터 게이트는 반드시 외부 저항을 연결하여 사용하여야 한다.
6. CMOS는 가장 많이 쓰이는 디지털 IC 기술이다.
7. 토템-폴 출력은 2개 이상의 레지스터가 직렬로 연결된 것을 의미한다.
8. CMOS는 ESD에 영향을 받는다.
9. 3-상태 출력은 HIGH, LOW 또는 고-임피던스의 상태를 말한다.
10. 전파지연은 논리 게이트의 속도에 대한 척도이다.

자습문제

정답은 이 장의 끝에 있다.

1. CMOS로 입력되는 신호의 주파수가 증가하면 평균 전력 소모는?
   (a) 감소한다. (b) 증가한다.
   (c) 변화하지 않는다. (d) 지수함수적으로 감소한다.
2. 잡음이 많은 환경에서 CMOS는 TTL보다 신뢰성이 높게 동작한다. 이유는 무엇인가?
   (a) 잡음여유가 작기 때문 (b) 입력 캐패시턴스 때문
   (c) 잡음여유가 높기 때문 (d) 전력 소모가 적기 때문
3. CMOS 소자를 다룰 때 주의해야 하는 이유는 무엇인가?
   (a) 깨지기 쉬운 구조 때문 (b) 높은 잡음여유 때문
   (c) 정전기 방전에 영향을 받기 쉽기 때문 (d) 낮은 전력 소모 때문
4. 다음 중 TTL 회로가 아닌 것은?
   (a) 74F00 (b) 74AS00 (c) 74HC00 (d) 74ALS00
5. 개방된 TTL NOR 게이트 입력은?
   (a) LOW로 동작한다. (b) HIGH로 동작한다.
   (c) 접지되어 있어야 한다. (d) 저항을 통해 V_{CC}에 연결되어 있어야 한다.
   (e) (b)와 (c) (f) (a)와 (c)

6. LS TTL 게이트가 구동할 수 있는 최대의 부하 수는 얼마인가?
   (a) 20 단위 부하 (b) 10 단위 부하
   (c) 40 단위 부하 (d) 무한대의 단위 부하
7. LS TTL 게이트의 사용되지 않는 입력 2개가 다른 LS TTL 게이트에 의해 구동되는 입력에 연결되어 있다면, 이 게이트로 구동할 수 있는 나머지 단위 부하의 개수는 몇 개인가?
   (a) 7 (b) 8 (c) 17 (d) 무한개
8. TTL 또는 CMOS에 비해 ECL 게이트의 장점은 무엇인가?
   (a) ECL은 저가이다.
   (b) ECL은 전력 소모가 적다.
   (c) ECL은 다양한 회로 종류를 가지고 있다.
   (d) ECL은 빠르다.
9. ECL이 사용될 수 없는 분야는 어느 곳인가?
   (a) 잡음이 많은 환경
   (b) 습기가 있는 환경
   (c) 주파수가 높은 응용
10. E^2CMOS 셀에서 데이터 비트를 저장하는 기본 메커니즘은 무엇인가?
   (a) 제어 게이트 (b) 플로팅 드레인
   (c) 플로팅 게이트 (d) 셀 전류

문제

홀수 문제의 정답은 책의 끝에 있다.

13-1절 기본적인 동작 특성 및 파라미터

1. $V_{OH(min)} = 2.2$ V인 어떤 논리 게이트가 $V_{IH(min)} = 2.5$ V 게이트를 구동한다고 하자. 이 게이트들은 HIGH 상태에서 정상적으로 동작할 수 있는가? 이유는 무엇인가?
2. $V_{OL(max)} = 0.45$ V인 어떤 논리 게이트가 $V_{IL(max)} = 0.75$ V인 게이트를 구동한다고 한다. 이 게이트들은 LOW 상태에서 정상적으로 동작할 수 있는가? 이유는 무엇인가?
3. TTL 게이트가 다음과 같은 동작 전압 레벨을 가지고 있다 : $V_{IH(min)} = 2.25$ V, $V_{IL(max)} = 0.65$ V. 이 게이트가 $V_{OH(min)} = 2.4$ V와 $V_{OL(max)} = 0.4$ V인 게이트에 의해 구동된다고 가정할 때 HIGH-레벨과 LOW-레벨의 잡음여유를 구하라.
4. 문제 3의 게이트에 대해, HIGH 상태와 LOW 상태에서 입력이 견딜 수 있는 잡음 스파이크의 최대 진폭은 얼마인가?
5. 표 13-3에 세 가지 종류의 소자에 대한 전압 파라미터가 표시되어 있다. 잡음이 많은 산업 환경에서 사용할 수 있는 게이트를 선택하라.

표 13-3

	$V_{OH(min)}$	$V_{OL(max)}$	$V_{IH(min)}$	$V_{IL(max)}$
게이트 A	2.4 V	0.4 V	2 V	0.8 V
게이트 B	3.5 V	0.2 V	2.5 V	0.6 V
게이트 C	4.2 V	0.2 V	3.2 V	0.8 V

6. +5 V로 구동되는 어떤 게이트가 LOW 상태에서는 2 mA의 전류를 소모하고, HIGH 상태에서는 3.5 mA를 소모한다. LOW 상태와 HIGH 상태의 전력 소모를 구하라. 또한 50%의 듀티 사이클로 동작하고 있다면, 평균 전력 소모는 얼마인가?
7. 그림 13-50 회로에서 각 게이트의 t_{PLH}와 t_{PHL}이 모두 4 ns이다. 그림과 같이 양의 펄스가 입력된다면, 출력 펄스가 나타날 때까지의 시간은 얼마인가?

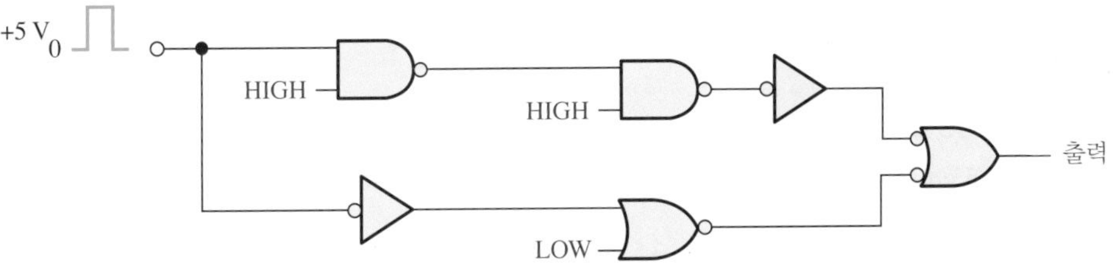

그림 13-50

8. 어떤 게이트의 t_{PLH} = 3 ns이고, t_{PHL} = 2 ns다. 평균 전파지연시간을 구하라.
9. 표 13-4는 세 가지 게이트의 파라미터를 나열한 것이다. 속도-전력 곱을 기준으로 살펴보면, 어느 게이트의 성능이 가장 좋은가?

표 13-4

	t_{PLH}	t_{PHL}	P_D
게이트 *A*	1 ns	1.2 ns	15 mW
게이트 *B*	5 ns	4 ns	8 mW
게이트 *C*	10 ns	10 ns	0.5 mW

10. 표 13-4의 게이트 중에 가장 높은 주파수로 동작할 수 있는 게이트는 어떤 것인가?
11. 표준 TTL 게이트의 팬-아웃은 10 단위 부하이다. 그림 13-51의 게이트들 중에 과도한 부하가 연결되어 있는 게이트가 있는가? 있다면 어떤 게이트인가?

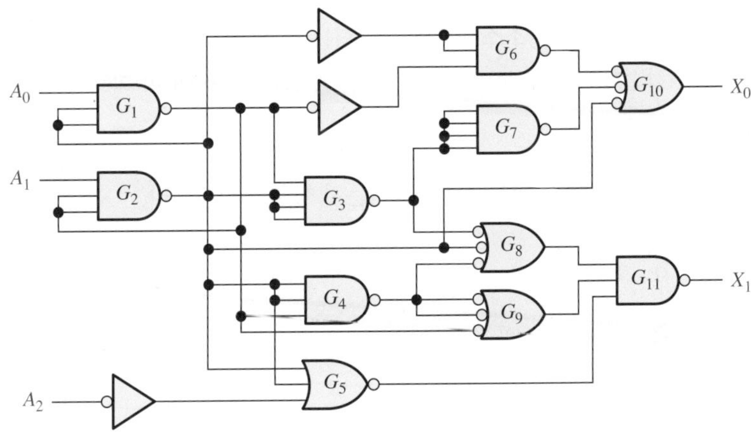

그림 13-51

12. 그림 13-52의 CMOS 회로 중 가장 높은 주파수에서 동작할 수 있는 회로는 어느 것인가?

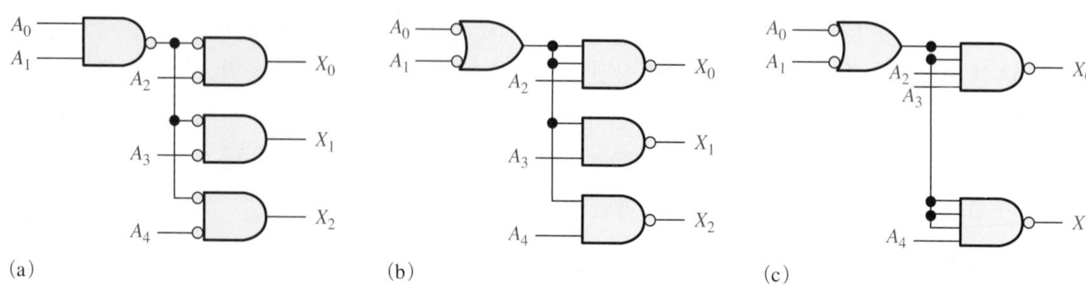

그림 13-52

13-2절 CMOS 회로

13. 그림 13-53에서 각 MOSFET의 상태(ON 또는 OFF)를 구하라.

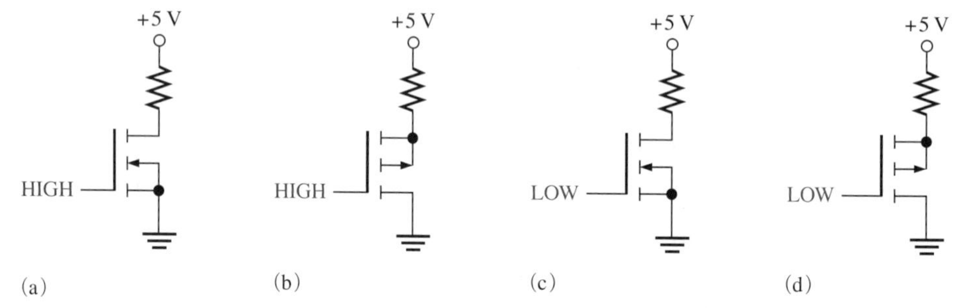

그림 13-53

14. 그림 13-54에 있는 CMOS 게이트 회로는 완전하지 않다. 수정해야 할 부분을 지적하라.

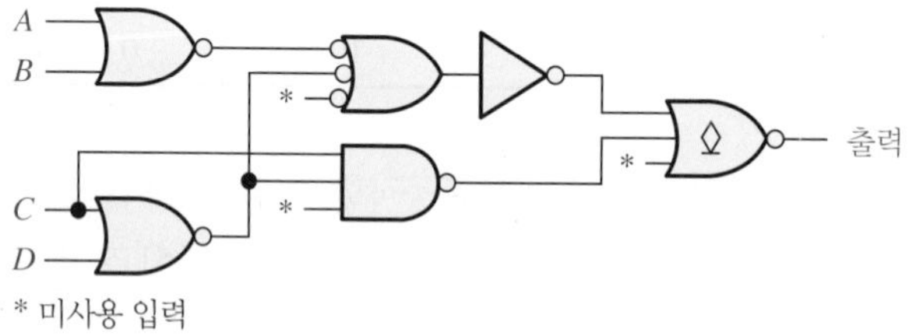

그림 13-54

15. 서로 다른 시간에 4개의 다른 소스로부터 출력되는 신호를 서로 방해하지 않고 공통선에 연결하고자 한다. 적절한 CMOS 논리 게이트나 반전기를 사용하여 이 회로를 구현하라.

13-3절 TTL 회로

16. 그림 13-55에서 어떤 BJT가 OFF되고, ON되는지 상태를 나타내라.

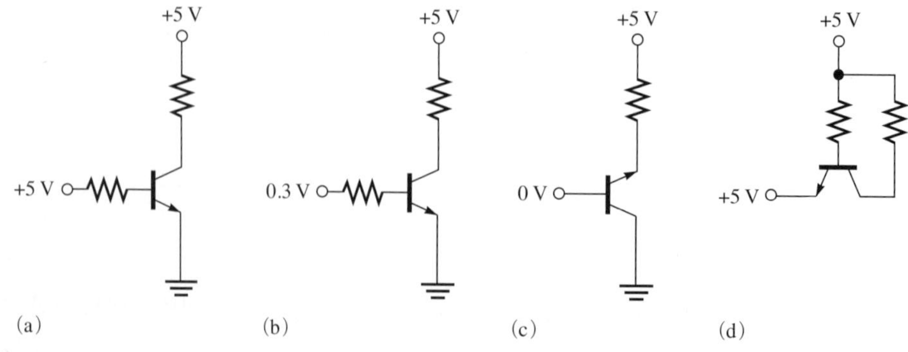

그림 13-55

17. 그림 13-56에서 각 TTL 게이트의 출력 상태를 구하라.

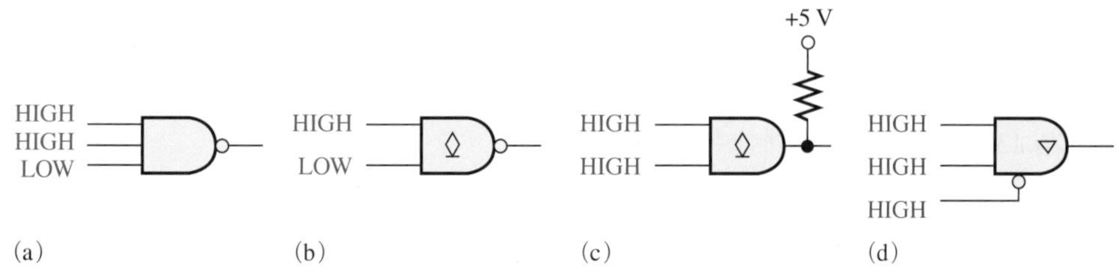

그림 13-56

18. 그림 13-57에 있는 TTL 게이트 회로는 완전하지 않다. 수정해야 할 부분을 골라라.

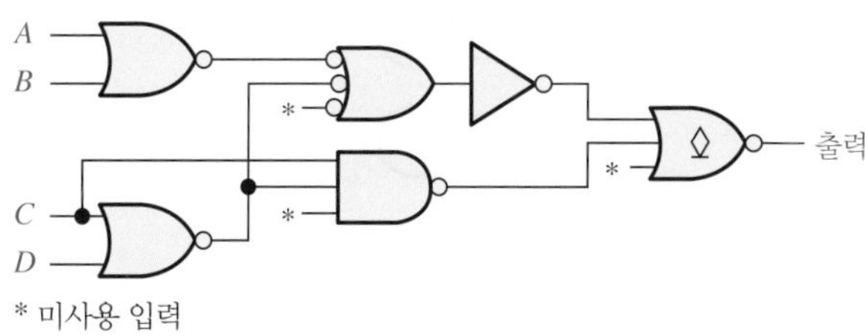

그림 13-57

13-4절 TTL 사용 시 고려사항

19. 그림 13-58에서 각 TTL 게이트의 출력 레벨을 구하라.

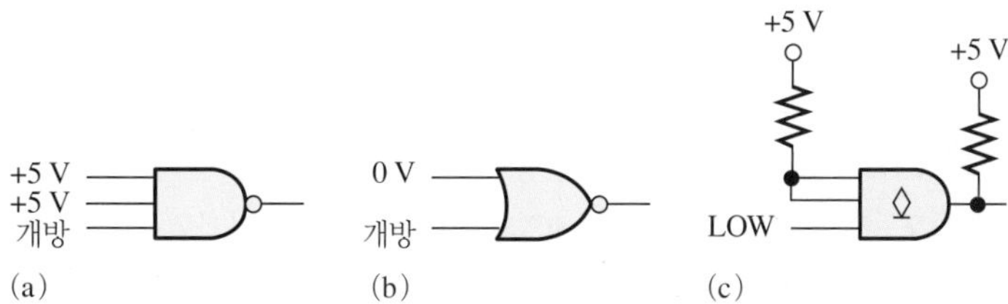

그림 13-58

20. 그림 13-59에 있는 각각의 구동 게이트들에 대해 전류 유입과 유출 상태를 구하라. 또한 각 경우에 구동 게이트로부터 유출 또는 유입될 수 있는 최대 전류값을 구하라. 모든 게이트는 표준 TTL이다,

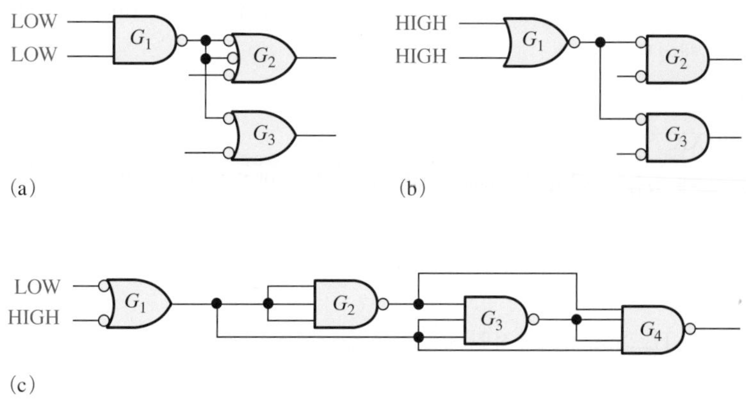

그림 13-59

21. 개방-컬렉터 반전기를 사용하여 다음의 논리식을 구현하라.
    (a) $X = \overline{A}\overline{B}\overline{C}$
    (b) $X = A\overline{B}C\overline{D}$
    (c) $X = ABC\overline{D}\overline{E}\overline{F}$
22. 그림 13-60의 각 회로에 대한 논리식을 써라.

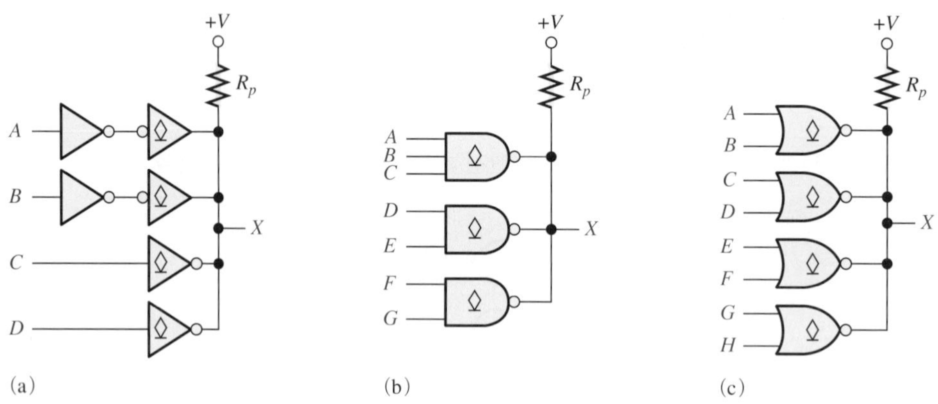

그림 13-60

23. 그림 13-60에서 각 게이트는 $I_{OL(max)}$ = 40 mA, $V_{OL(max)}$ = 0.25 V인 전압-전류 특성을 갖는다. 각 회로에서 풀업 저항의 최솟값을 구하라. 출력 X는 표준 TTL 단위 부하를 10개 구동하고 있으며, 공급전압은 5 V라고 가정한다.
24. 어떤 릴레이를 구동하기 위해 60 mA가 필요하다. $I_{OL(max)}$ = 40 mA인 개방-컬렉터 NAND 게이트를 사용하여 릴레이를 구동하기 위한 회로를 구현하라.

13-5절 CMOS와 TTL의 성능 비교

25. 표 13-1에서 속도-전력 곱이 가장 좋은 IC 패밀리는 어떤 것인가?
26. 표 13-1을 참조하여 다음의 각 요구 사항에 대하여 적당하다고 생각되는 논리소자의 패밀리를 선택하라.
    (a) 전파지연시간이 가장 작은 것
    (b) 플립플롭 토글이 가장 빠른 것
    (c) 전력 소모가 가장 낮은 것
    (d) 속도와 전력 소모를 모두 고려할 때 가장 적절한 것
27. 그림 13-61의 각 회로에 대하여 각각의 입력과 출력 사이의 전제 전파지연시간을 구하라.
    (a) 74FXX 게이트
    (b) 74HCXX 게이트
    (c) 74AHCXX 게이트
28. 그림 13-62에 있는 플립플롭 중에는 출력에 오류가 생길 수 있는 것이 있다. 어떤 것인가? 또한 그 이유는 무엇인가?

13-6절 ECL 회로

29. ECL 회로와 TTL 회로의 기본적인 차이점을 설명하라.

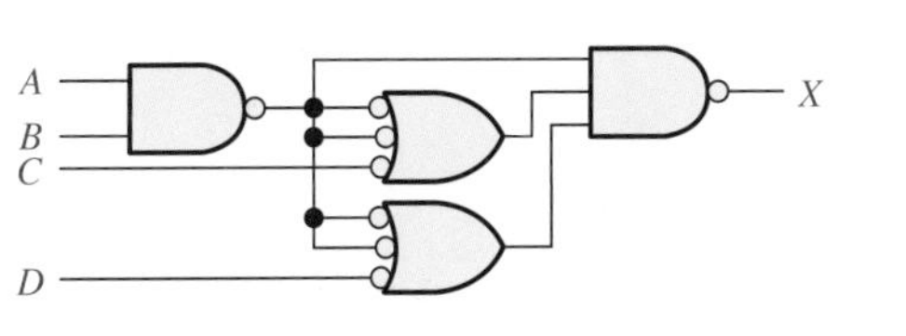

(a) 74FXX 게이트

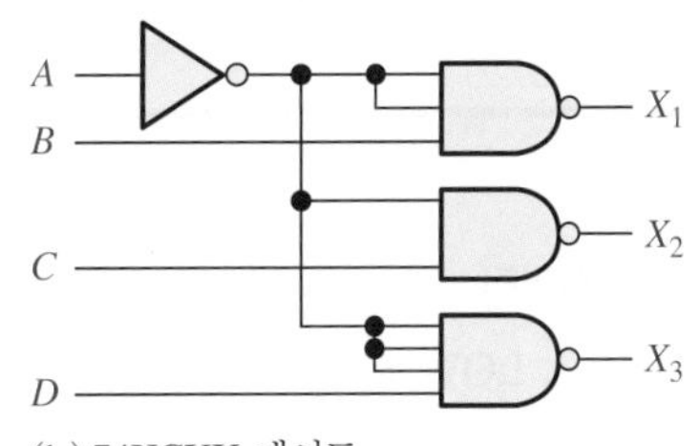

(b) 74HCXX 게이트

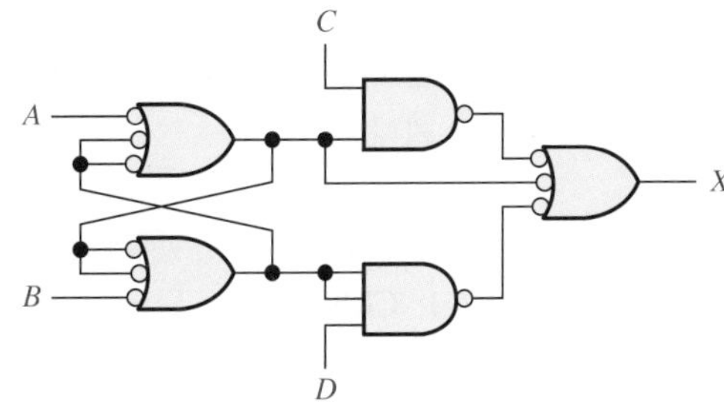

(c) 74AHCXX 게이트

그림 13-61

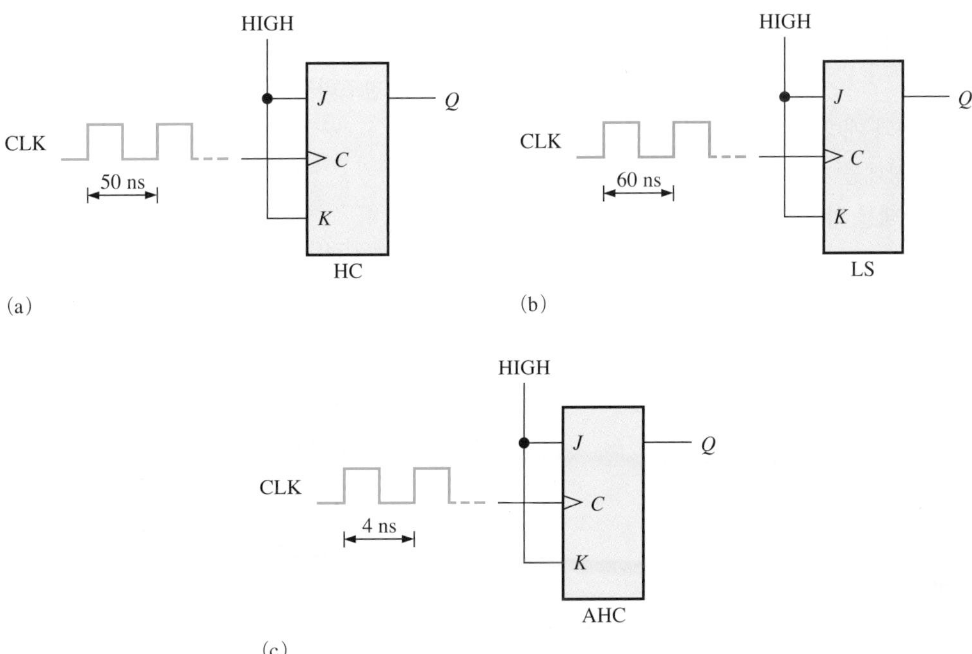

그림 13-62

30. 다음 요구 조건에 대하여 ECL, CMOS HC 계열 그리고 TTL 계열 중에서 각각 적절한 소자를 선택하라.

(a) 최고 속도

(b) 최저 전력

(c) 속도와 전력을 고려하여 효율이 가장 좋은 것(속도-전력 곱)

정답

복습문제

13-1절 기본적인 동작 특성 및 파라미터

1. V_{IH}: HIGH 레벨 입력전압, V_{IL}: LOW 레벨 입력전압, V_{OH}: HIGH 레벨 출력전압. V_{OL}: LOW 레벨 출력전압
2. 잡음여유가 높을수록 좋다.
3. 게이트 B가 더 높은 주파수에서 동작한다.
4. 부하가 과도하게 걸리면 게이트의 잡음여유는 줄어든다.

13-2절 CMOS 회로

1. MOSFET이 CMOS 논리에 사용된다.
2. 상보 출력 회로는 n-채널과 p-채널 MOSFET으로 구성되어 있다.
3. 정전기 방전이 CMOS 소자를 손상시킬 수 있기 때문이다.

13-3절 TTL 회로

1. 거짓, *npn* BJT는 OFF이다.
2. BJT의 *on* 상태는 연결된 스위치이고, BJT의 *off* 상태는 개방된 스위치이다.
3. TTL 출력의 종류에는 토템-폴과 개방-컬렉터가 있다.
4. 3-상태 논리는 고-임피던스 상태를 제공하며, 이는 출력이 나머지 회로와 분리된 상태를 의미한다.

13-4절 TTL 사용 시 고려사항

1. 유입 전류는 LOW 출력 상태에서 발생한다.
2. HIGH 상태에서 TTL 부하는 역방향 바이어스된 다이오드와 같으므로, 유출 전류는 유입 전류보다 작다.
3. 한 출력이 HIGH이고 다른 출력이 LOW이면, 토템-폴 트랜지스터가 전류를 감당하지 못한다.
4. 와이어드-AND는 반드시 개방-컬렉터를 사용한다.
5. 램프 구동기는 반드시 개방-컬렉터를 사용해야 한다.
6. F, 연결되지 않은 TTL 입력은 일반적으로 HIGH로 동작한다.

13-5절 CMOS와 TTL의 성능 비교

1. BiCMOS는 입력과 출력 회로에는 바이폴라 트랜지스터를 사용하고, 그 사이에는 CMOS를 사용한다.
2. CMOS는 TTL에 비해 전력 소모가 적다.

13-6절 ECL 회로

1. ECL은 TTL보다 빠르다
2. ECL은 TTL에 비해 전력 소모가 크고, 잡음여유는 작다.

13-7절 PMOS, NMOS, E^2CMOS

1. NMOS와 PMOS는 고집적도의 특징을 갖고 있다.
2. 플로팅 게이트는 E^2CMOS 셀에서 전하를 저장하는 메커니즘이다.

예제의 관련 문제

13-1. CMOS

13-2. 10.75 μW

13-3. $I_{T(source)} = 5(20\,\mu A) = 100\,\mu A$

$I_{T(sink)} = 5(-0.4\text{ mA}) = -2.0\text{ mA}$

13-4. 팬 - 아웃 = 20 단위 부하

13-5. $X = (\overline{AB})(\overline{CD})(\overline{EF})(\overline{GH}) = (\overline{A} + \overline{B})(\overline{C} + \overline{D})(\overline{E} + \overline{F})(\overline{G} + \overline{H})$

13-6. 그림 13-63을 참조하라.

13-7. $R_L = 97\ \Omega$

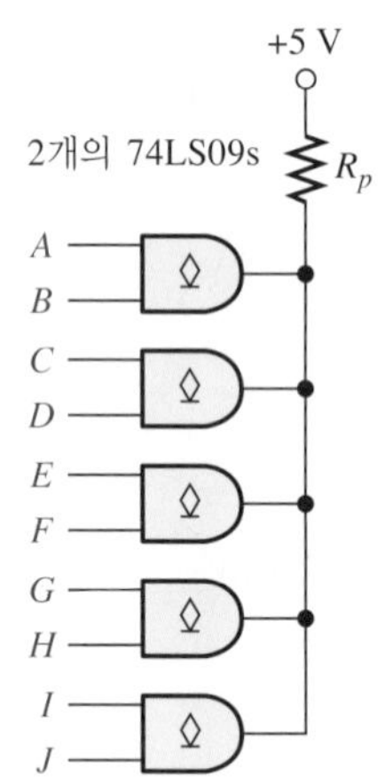

그림 13-63

참/거짓 퀴즈

1. T	2. F	3. T	4. F	5. T
6. T	7. F	8. T	9. T	10. T

자습문제

1. (b)	2. (c)	3. (c)	4. (c)	5. (e)
6. (a)	7. (c)	8. (d)	9. (a)	10. (c)

홀수 문제의 정답

제1장

1. 디지털은 더 효율적이고 신뢰성 있게 전송되고 저장될 수 있다.
3. 온도계
   혈압계
   광도계
5. (a) 11000011 (b) 10101010
7. (a) 550 ns (b) 600 ns (c) 2.7 μs (d) 10 V
9. 250 Hz
11. 50%
13. 8 μs; 1 ms
15. L_{on} = SW1 + SW2 + SW1 · SW2
17. OR 게이트
19. (a) 감산기 (b) 곱셈기
    (c) 멀티플렉서 (d) 비교기
21. 01010000
23. SPLD : Simple Programmable Logic Device
    CPLD : Complex Programmable Logic Device
    HDL : Hardware Description Language(하드웨어 설명 언어)
    FPGA : Field-Programmable Gate Array
    GAL : Generic Array Logic
25. 배치 및 라우트 또는 피팅은 네트리스트에 의하여 기술된 논리 구조가 특정 대상 소자의 실제 구조에 매핑되는 과정이다. 이 과정의 결과는 비트스트림이라 불리는 출력이다.
27. 100에서 10,000개의 등가 게이트의 복잡도를 가지는 회로를 LSI라 한다.
29. 8 V
31. 125 Hz
33. 고장 진단은 시스템의 결함 또는 고장을 인식, 격리 및 수정하는 절차이다.
35. 신호추적 방법은 시스템에서 신호가 통과하는 방향으로 신호가 없어지거나 바르지 않은 신호가 발견되는 지점까지 신호를 추적하는 것이다.
37. 고장이 보고되면, 고장이 언제 어떻게 발생하였으며 증상이 무엇인지 판단한다.
39. 올바르지 않은 출력은 잘못된 직류 전원의 전압, 부적절한 접지, 잘못된 소자의 값, 소자의 불량 등에 의하여 나타날 수 있다.
41. 시스템의 오류를 분리하기 위하여, 반분할 또는 신호추적 방법을 적용한다.
43. 특정 회로 보드에서 오류가 분리되면, 보드를 수리하거나 양품의 보드로 교체하는 방법 가운데서 선택할 수 있다.

제2장

1. (a) 1 (b) 100 (c) 10
3. (a) 200; 60; 3 (b) 5000; 400; 30; 6
   (c) 200000; 30000; 4000; 500; 40; 3
5. (a) 1 (b) 2 (c) 3 (d) 6
   (e) 10 (f) 11 (g) 14 (h) 15
7. (a) 51.75 (b) 42.25 (c) 65.875
   (d) 120.625 (e) 92.65625 (f) 113.0625
   (g) 90.625 (h) 127.96875
9. (a) 3비트 (b) 4비트 (c) 4비트 (d) 5비트
   (e) 7비트 (f) 7비트 (g) 8비트 (h) 8비트
11. (a) 1100 (b) 1111 (c) 11001
    (d) 110010 (e) 1000001 (f) 1100001
    (g) 1111111 (h) 11000110
13. (a) 1101 (b) 10001 (c) 10111
    (d) 11110 (e) 100011 (f) 101000
    (g) 110001 (h) 111100
15. (a) 100 (b) 101 (c) 111
    (d) 1100 (e) 10110 (f) 11110
17. (a) 110 (b) 1111 (c) 101010
    (d) 111100 (e) 11000100 (f) 10110100
19. 모두 0 또는 모두 1
21. (a) 011 (b) 000 (c) 0011
    (d) 01000100 (e) 0110101 (f) 01010101
23. (a) 00011101 (b) 11010101
    (c) 01100100 (d) 11111011
25. (a) 00001100 (b) 10111100
    (c) 01100101 (d) 10000011
27. (a) −102 (b) +116 (c) −64
29. (a) 0 10001101 11110000101011000000000
    (b) 1 10001010 10000011000000000000000
31. (a) 00110000 (b) 00011101
    (c) 11101011 (d) 100111110
33. (a) 11000101 (b) 11000000

35. 100111001010
37. (a) 1000110 (b) 1010100 (c) 10110100
(d) 110100011 (e) 11111010 (f) 101010111100
(g) 1010110010111101
39. (a) 66 (b) 100 (c) 43 (d) 77
(e) 255 (f) 188 (g) 1777 (h) 2748
41. (a) 58_{16} (b) $A5_{16}$ (c) 199_{16} (d) $1AA_{16}$
43. (a) 12 (b) 43 (c) 55 (d) 124
(e) 413 (f) 172 (g) 1467 (h) 4095
45. (a) 1111 (b) 10110 (c) 1100101
(d) 100101110 (e) 110101011 (f) 111111111
47. (a) 00010000 (b) 00010011 (c) 00011000
(d) 00100001 (e) 00100101 (f) 00110110
(g) 01000100 (h) 01010111 (i) 01101001
(j) 10011000 (k) 000100100101 (l) 000101010110
49. (a) 000100000100 (b) 000100101000
(c) 000100110010 (d) 000101010000
(e) 000110000110 (f) 001000010000
(g) 001101011001 (h) 010101000111
(i) 0001000001010001
51. (a) 80 (b) 237 (c) 346 (d) 421
(e) 754 (f) 800 (g) 978 (h) 1683
(i) 9018 (j) 6667
53. (a) 00010100 (b) 00010010 (c) 00010111
(d) 00010110 (e) 01010010 (f) 000100001001
(g) 000110010101 (h) 0001001001101001
55. 그레이 코드의 한 숫자에서 다음 숫자로 순차적으로 바뀔 때, 한 번에 한 비트의 변화만 있다.
57. (a) 1100 (b) 00011 (c) 10000011110
59. (a) CAN (b) J (c) =
(d) # (e) > (f) B
61. 48 65 6C 6C 6F 2E 20 48 6F 77 20 61 72 65 20 79 6F 75 3F
63. (b)가 잘못되었다.
65. (a) 110100100 (b) 000001001 (c) 111111110
67. 각 경우에, 다른 숫자를 얻는다.
69. 나머지가 0100이고, 이것은 오류를 나타낸다.

제3장

1. 그림 P-1 참조.

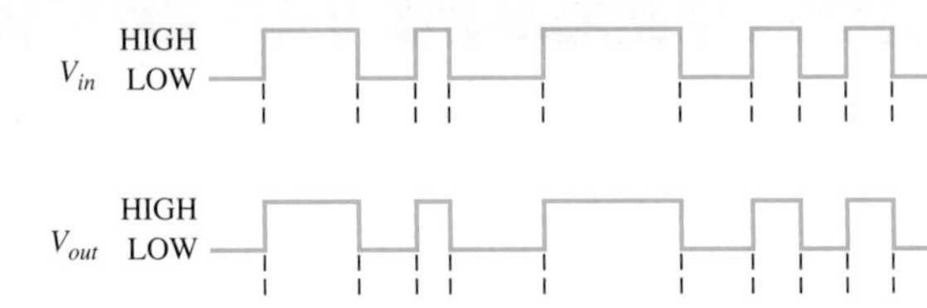

그림 P-1

3. 그림 P-2 참조.

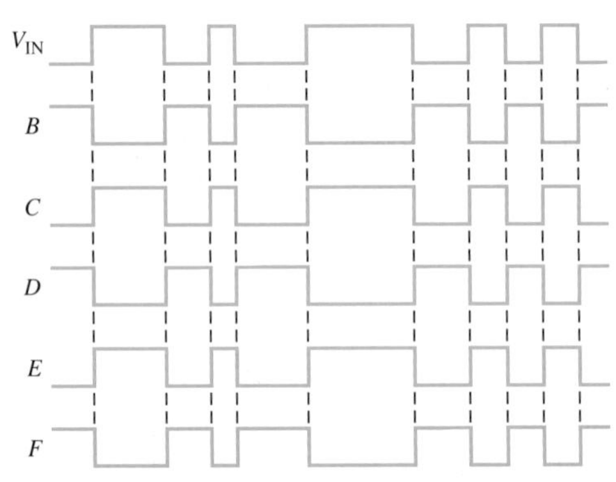

그림 P-2

5. 그림 P-3 참조.

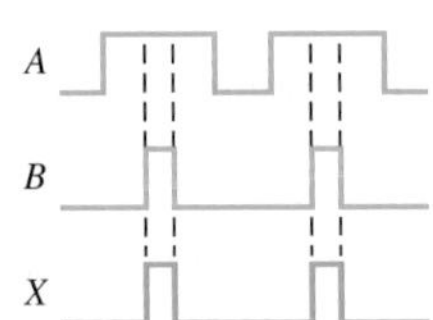

그림 P-3

7. 그림 P-4 참조.

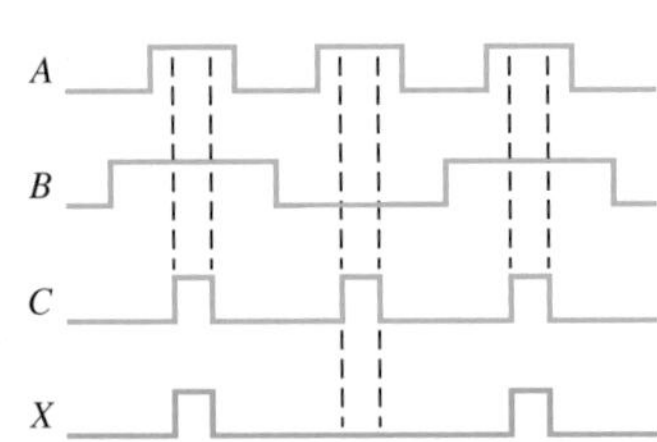

그림 P-4

9. 그림 P-5 참조.

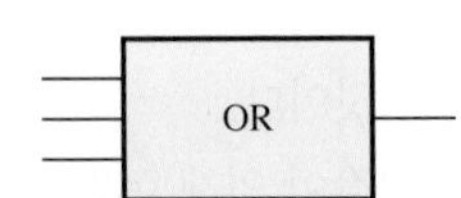

그림 P-5

11. 그림 P-6 참조.
13. 그림 P-7 참조.
15. 그림 P-8 참조.

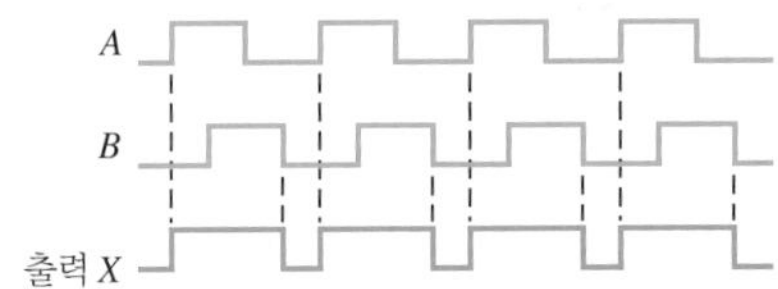

그림 P-6

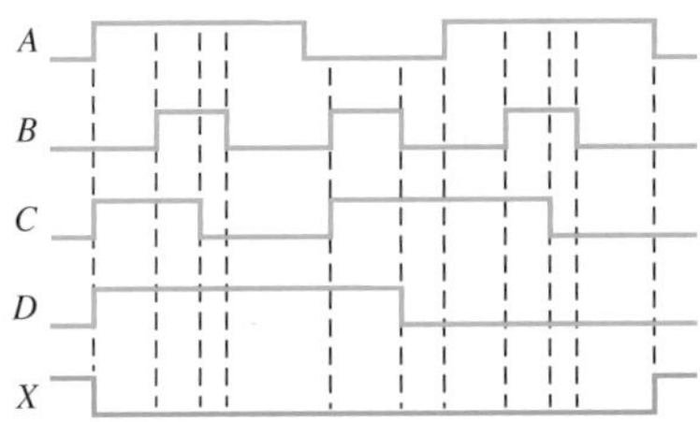

그림 P-7

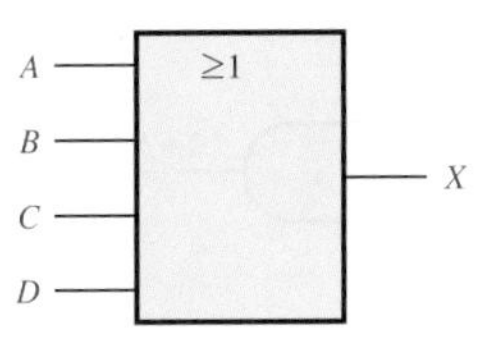

그림 P-8

17. 그림 P-9 참조.

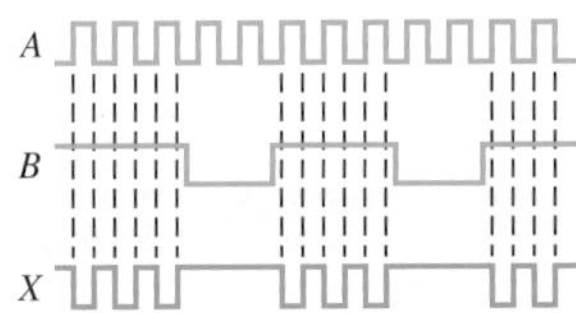

그림 P-9

19. 그림 P-10 참조.

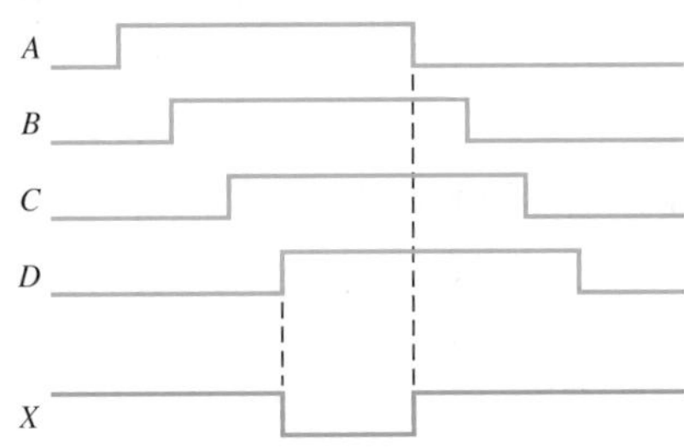

그림 P-10

21. 그림 P-11 참조.

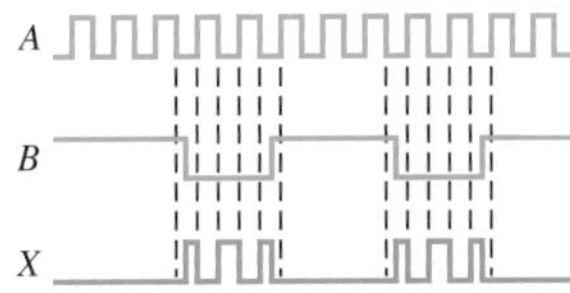

그림 P-11

23. 그림 P-12 참조.

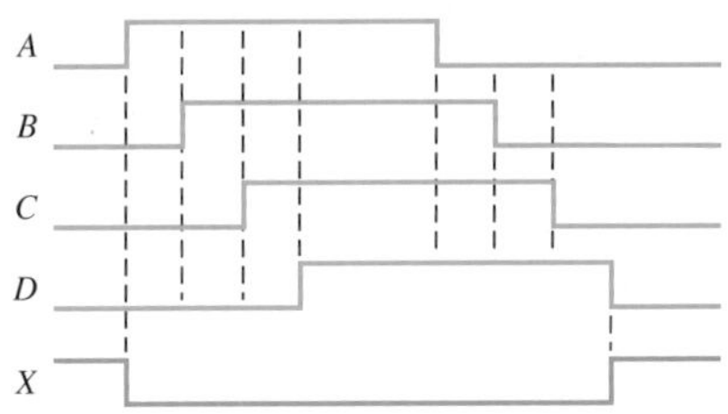

그림 P-12

25. XOR $= A\overline{B} + \overline{A}B$; OR $= A + B$

27. 그림 P-13 참조.

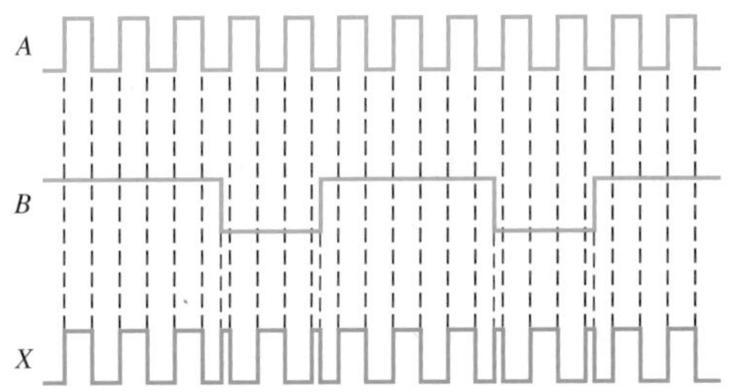

그림 P-13

29. $X_1 = \overline{A}B, X_2 = \overline{A}\,\overline{B}, X_3 = A\overline{B}$.

31.
```
entity 4InputAND is
    port (A, B, C, D: in bit; X: out bit);
end entity 4Input AND;
architecture Function of 4InputAND is
begin
    X 〈= A and B and C and D;
end architecture Function;
```

33. CMOS

35. $t_{PLH} = 4.3$ ns; $t_{PHL} = 10.5$ ns

37. 20 mW

39. (b), (c), (e) 부분의 게이트는 고장이다.

41. (a) 불완전한 출력 (고정된 LOW 또는 개방)
    (b) 4번 핀 입력 또는 6번 핀 출력은 내부적으로 개방되어 있다.

43. AND 게이트의 안전벨트 입력이 개방되어 있다.

45. AND 게이트의 인에이블 입력 선에 인버터를 부가한다.

47. 그림 P-14 참조.

49. 입력들은 현재 액티브-LOW이다. OR 게이트를 NAND 게이트(네거티브-OR)로 변경하고 2개의 인버터를 추가한다.

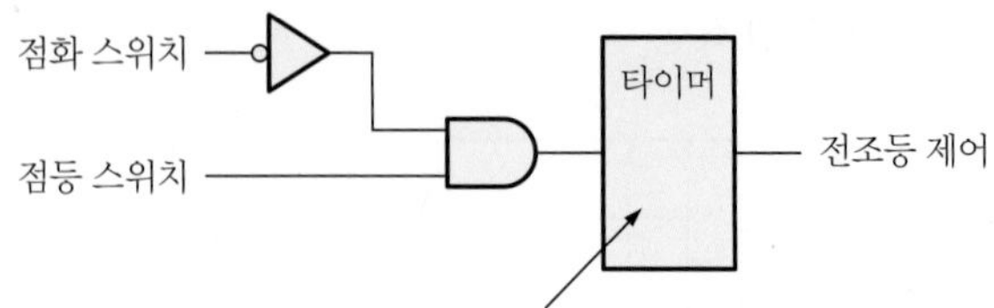

그림 P-14

51. 그림 P-15 참조.

그림 P-15

53. NAND 게이트의 입력 B는 VCC에 단락된다.

55. XOR 게이트의 입력 B는 VCC에 단락된다.

제4장

1. $X = A + B + C + D$

3. $X = ABCD$

5. **(a)** $A = B = C = 1$일 때 $ABC = 1$

(b) $A = B = C = 0$일 때 $A + B + C = 0$

(c) $A = B = 0, C = 1$일 때 $\overline{A}\,\overline{B}C = 1$

(d) $A = B = 1, C = 0$일 때 $\overline{A} + \overline{B} + C = 0$

(e) $A = 0, B = C = 1$일 때 $A + \overline{B} + \overline{C} = 0$

(f) $A = B = C = 1$일 때 $\overline{A} + \overline{B} + \overline{C} = 0$

7. **(a)** 교환

(b) 교환

(c) 분배

9. **(a)** $\overline{A}B$ **(b)** $A + \overline{B}$

(c) $\overline{A}\,\overline{B}\,\overline{C}$ **(d)** $\overline{A} + \overline{B} + \overline{C}$

(e) $\overline{A} + \overline{B}\,\overline{C}$ **(f)** $\overline{A} + \overline{B} + \overline{C} + \overline{D}$

(g) $(\overline{A} + \overline{B})(\overline{C} + \overline{D})$ **(h)** $\overline{A}B + C\overline{D}$

11. **(a)** $(\overline{A} + \overline{B} + \overline{C})(\overline{E} + \overline{F} + \overline{G})(\overline{H} + \overline{I} + \overline{J})(\overline{K} + \overline{L} + \overline{M})$

(b) $\overline{A}B\overline{C} + BC$

(c) $\overline{A}\,\overline{B}\,\overline{C}\,\overline{D}\,\overline{E}\,\overline{F}\,\overline{G}\,\overline{H}$

13. **(a)** $X = ABCD$ **(b)** $X = AB + C$

(c) $X = \overline{\overline{A}B}$ **(d)** $X = (A + B)C$

15. 그림 P-16 참조.

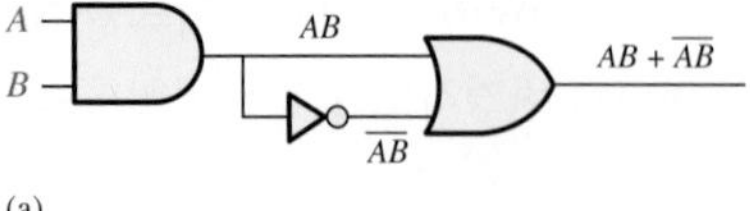

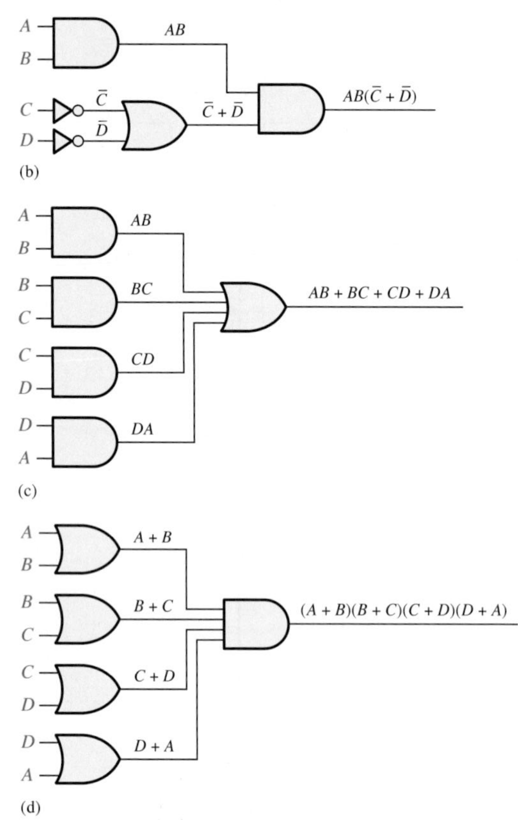

그림 P-16

17. **(a)** 표 P-1 참조.

표 P-1

입력			출력
VCR	*CAMI*	*RDY*	*RECORD*
0	0	0	0
0	0	1	1
0	1	0	0
0	1	1	1
1	0	0	0
1	0	1	1
1	1	0	1
1	1	1	1

(b) 표 P-2 참조.

표 P-2

입력			출력
RTS	*ENABLE*	*BUSY*	*SEND*
0	0	0	1
0	0	1	1
0	1	0	1
0	1	1	1
1	0	0	1
1	0	1	1
1	1	0	0
1	1	1	1

19. (a) A (b) AB (c) C
(d) A (e) $\overline{A}C + \overline{B}C$

21. (a) $CE + CF + \overline{E}G$ (b) $\overline{B}\,\overline{C}D + \overline{B}\,\overline{C}E$
(c) C (d) $BC + DE$
(e) BCD

23. (a) $C\overline{D} + AC + AD$ (b) $AC + A\overline{D}$
(c) $CD + AC$

25. (a) 변역 : C, D, A
표준 SOP : $C\overline{D}A + C\overline{D}\,\overline{A} + CDA + \overline{C}DA$
(b) 변역 : C, D, A
표준 SOP : $CDA + C\overline{D}A + \overline{C}\,\overline{D}A$
(c) 변역 : C, D, A
표준 SOP : $CDA + CD\overline{A} + C\overline{D}A$

27. (a) 101 + 100 + 111 + 011
(b) 111 + 101 + 001
(c) 111 + 110 + 101

29. (a) $(C + D + A)(C + D + \overline{A})(\overline{C} + \overline{D} + A)(\overline{C} + \overline{D} + A)$
(b) $(C + D + A)(C + \overline{D} + A)(C + \overline{D} + \overline{A})$
$(\overline{C} + D + A) + (\overline{C} + \overline{D} + A)$
(c) $(C + D + A)(C + D + \overline{A})(C + \overline{D} + A)$
$(C + \overline{D} + \overline{A})(\overline{C} + D + A)$

31. (a) 표 P-3 참조.

표 P-3

A	B	C	X
0	0	0	0
0	0	1	1
0	1	0	0
0	1	1	0
1	0	0	0
1	0	1	0
1	1	0	1
1	1	1	1

(b) 표 P-4 참조.

표 P-4

X	Y	Z	Q
0	0	0	1
0	0	1	0
0	1	0	1
0	1	1	1
1	0	0	0
1	0	1	1
1	1	0	1
1	1	1	0

33. (a) 표 P-5 참조.

표 P-5

A	B	C	X
0	0	0	1
0	0	1	0
0	1	0	1
0	1	1	1
1	0	0	0
1	0	1	1
1	1	0	1
1	1	1	0

(b) 표 P-6 참조.

표 P-6

W	X	Y	Z	Q
0	0	0	0	1
0	0	0	1	1
0	0	1	0	1
0	0	1	1	1
0	1	0	0	0
0	1	0	1	1
0	1	1	0	1
0	1	1	1	0
1	0	0	0	1
1	0	0	1	1
1	0	1	0	1
1	0	1	1	1
1	1	0	0	0
1	1	0	1	1
1	1	1	0	1
1	1	1	1	1

35. (a) 표 P-7 참조.

표 P-7

A	B	C	X
0	0	0	0
0	0	1	0
0	1	0	0
0	1	1	1
1	0	0	1
1	0	1	1
1	1	0	1
1	1	1	1

(b) 표 P-8 참조.

표 P-8

A	B	C	D	X
0	0	0	0	1
0	0	0	1	0
0	0	1	0	1
0	0	1	1	1
0	1	0	0	0
0	1	0	1	0
0	1	1	0	0
0	1	1	1	0
1	0	0	0	1
1	0	0	1	0
1	0	1	0	0
1	0	1	1	1
1	1	0	0	1
1	1	0	1	1
1	1	1	0	1
1	1	1	1	1

37. 그림 P-17 참조.

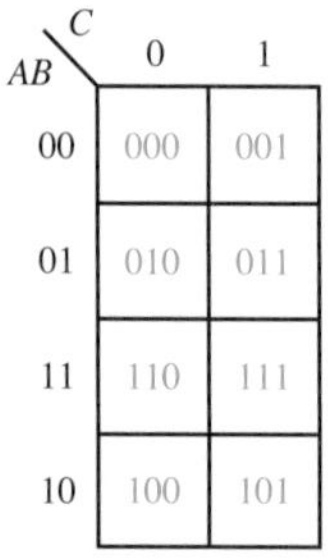

AB \ C	0	1
00	000	001
01	010	011
11	110	111
10	100	101

그림 P-17

39. 그림 P-18 참조.

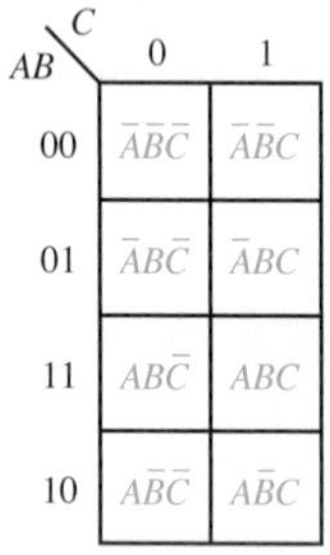

AB \ C	0	1
00	$\overline{A}\overline{B}\overline{C}$	$\overline{A}\overline{B}C$
01	$\overline{A}B\overline{C}$	$\overline{A}BC$
11	$AB\overline{C}$	ABC
10	$A\overline{B}\overline{C}$	$A\overline{B}C$

그림 P-18

41. (a) 간략화되지 않음 (b) AC

(c) $\overline{D}\,\overline{F} + E\overline{F}$

43. (a) $AB + AC$

(b) $A + BC$

(c) $B\overline{C}D + A\overline{C}D + BC\overline{D} + AC\overline{D}$

(d) $A\overline{B} + CD$

45. $\overline{B} + C$

47. $\overline{A}\,\overline{B}\,\overline{C}D + C\overline{D} + BC + A\overline{D}$

49. (a) 간략화되지 않음

(b) $(W + X)(W + \overline{Z})(X + \overline{Y})(\overline{Y} + \overline{Z})$

51. $(\overline{A} + B + \overline{D})(A + C + D)(A + \overline{B} + C)$

$(B + \overline{C} + \overline{D})(A + \overline{B} + \overline{C} + D)$

53. 최소항 : 1, 3, 5, 6, 7

55. 표 P-9 참조.

표 P-9

1의 수	최소항	ABCD
0	m_0	0000
1	m_1	0001
2	m_5	0101
	m_6	0110
	m_9	1001
	m_{12}	1100

57. 표 P-10 참조.

표 P-10

첫 번째 레벨	첫 번째 레벨에서 1의 수	두 번째 레벨
(m_0, m_1) 000x	0	$(m_0 m_1)$ 000x
(m_1, m_5) 0x01 (m_1, m_9) x001	1	(m_1, m_5, m_9) xx01

59. $X = \overline{C}D + \overline{A}\,\overline{B}\,\overline{C} + \overline{A}BC\overline{D} + AB\overline{C}\,\overline{D}$

61. The VHDL program:

```
entity SOP is
  port(A, B, C: in bit; X: out bit);
end entity SOP;
architecture Logic of SOP is
begin
    Y <= (A and not B and C) or (not A and not B
    and C) or (A and not B and not C) or (not A and
    B and C);
end architecture Logic;
```

63. 유효하지 않은 코드 검출기의 목적은 문자에 대한 디스플레이를 활성화하기 위해 코드 1010, 1011, 1100, 1101, 1110 및 1111을 검출하는 것이다.

65. **세그먼트 d** : 최소 표현식은 하나의 2-입력 AND 게이트, 하나의 3-입력 AND 게이트, 하나의 2-입력 OR 게이트

및 2개의 인버터가 필요하다.

세그먼트 e : 최소 표현식에는 하나의 3-입력 AND 게이트가 필요하다.

세그먼트 f : 최소 표현식에는 하나의 2-입력 AND 게이트가 필요하다.

세그먼트 g : 최소 표현식은 하나의 2-입력 AND 게이트, 하나의 3-입력 AND 게이트, 하나의 2-입력 OR 게이트 및 2개의 인버터가 필요하다.

67. 그림 P-19 참조.

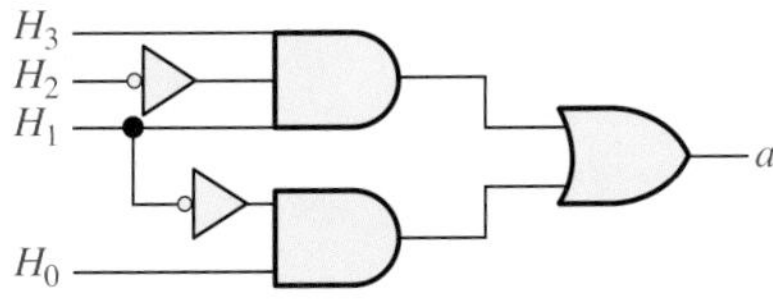

그림 P-19

69. 유효하지 않은 코드 검출기는 숫자(0-9)가 발생할 때 디스플레이를 비활성화해야 한다. HIGH는 디스플레이를 활성화하고 LOW는 디스플레이를 비활성화한다. 그림 P-20은 숫자 코드를 감지하고 LOW를 생성하는 회로다.

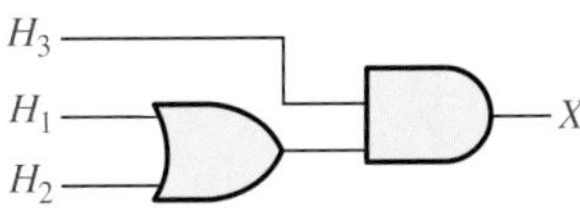

그림 P-20

71. U7의 하단 입력이 개방된다.

제5장

1. 그림 P-21 참조.

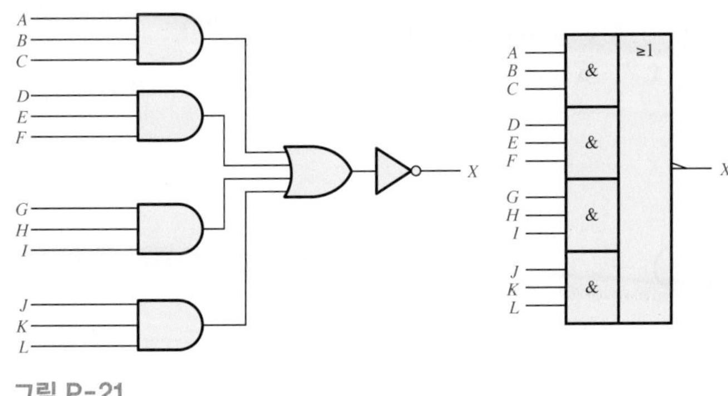

그림 P-21

3. (a) $X = ABB$ (b) $X = AB + B$

(c) $X = \overline{A} + B$ (d) $X = (A + B) + AB$

(e) $X = \overline{\overline{A}BC}$ (f) $X = (A + B)(\overline{B} + C)$

5. (a)

A	B	X
0	0	0
0	1	0
1	0	0
1	1	1

(b)

A	B	X
0	0	0
0	1	1
1	0	0
1	1	1

(c)

A	B	X
0	0	1
0	1	1
1	0	0
1	1	1

(d)

A	B	X
0	0	0
0	1	1
1	0	1
1	1	1

(e)

A	B	C	X
0	0	0	1
0	0	1	1
0	1	0	1
0	1	1	0
1	0	0	1
1	0	1	1
1	1	0	1
1	1	1	1

(f)

A	B	C	X
0	0	0	0
0	0	1	0
0	1	0	0
0	1	1	1
1	0	0	1
1	0	1	1
1	1	0	0
1	1	1	1

7. $X = \overline{A\overline{B} + \overline{A}B} = (\overline{A} + B)(A + \overline{B})$

9. $\overline{ABCD + EFGH}$

11. 그림 P-22 참조.

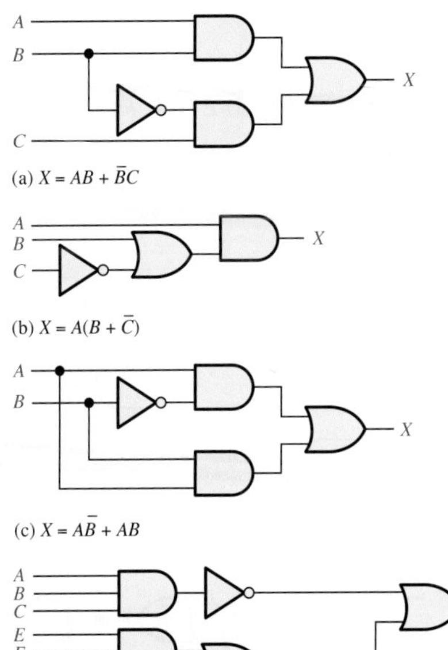

(a) $X = AB + \overline{B}C$

(b) $X = A(B + \overline{C})$

(c) $X = A\overline{B} + AB$

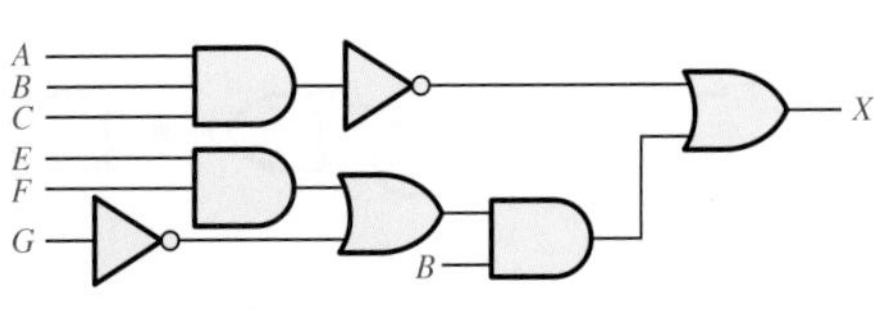

(d) $X = \overline{ABC} + B(EF + \overline{G})$

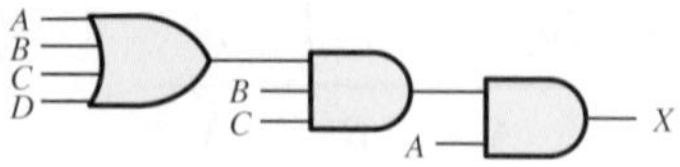

(e) $X = A[BC(A + B + C + D)]$

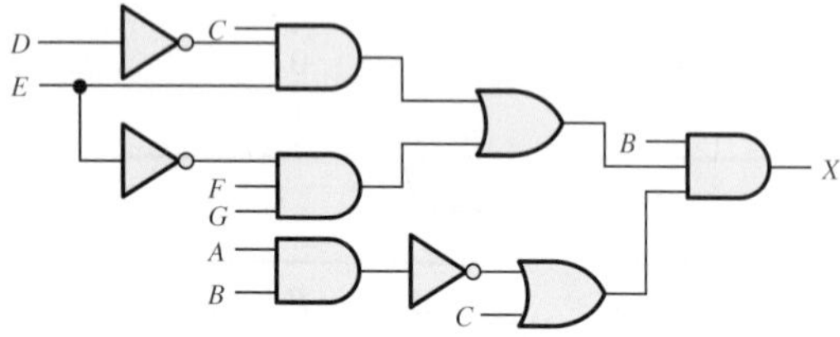

(f) $X = B(C\overline{D}E + \overline{E}FG)\,(\overline{AB} + C)$

그림 P-22

13. 그림 P-23 참조.

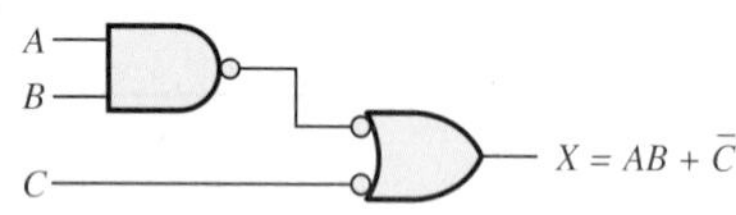

그림 P-23

15. $X = AB$

17. (a) 간략화되지 않음 (b) 간략화되지 않음
    (c) $X = A$
    (d) $X = \overline{A} + \overline{B} + \overline{C} + EF + \overline{G}$
    (e) $X = ABC$
    (f) $X = BC\overline{D}E + \overline{A}B\overline{E}FG + BC\overline{E}FG$

19. (a) $X = AC + AD + BC + BD$
    (b) $X = \overline{A}CD + \overline{B}CD$
    (c) $X = ABD + CD + E$
    (d) $X = \overline{A} + B + D$
    (e) $X = ABD + \overline{C}D + \overline{E}$
    (f) $X = \overline{A}\,\overline{C} + \overline{A}\,\overline{D} + \overline{B}\,\overline{C} + \overline{B}\,\overline{D} + \overline{E}\,\overline{G} + \overline{E}\,\overline{H} + \overline{F}\,\overline{G} + \overline{F}\,\overline{H}$

21. 그림 P-24 참조.

23. 그림 P-25 참조.

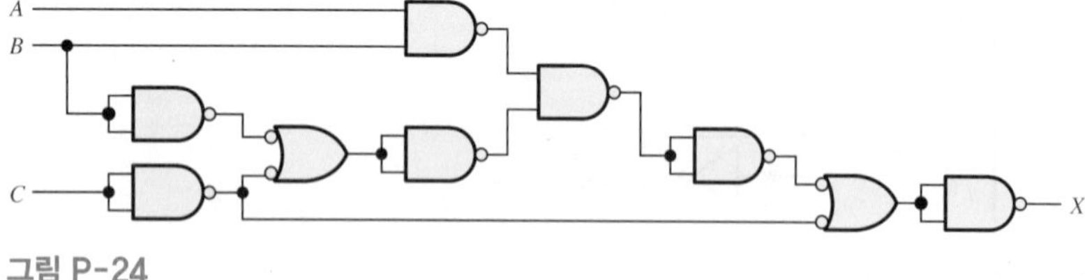

그림 P-24

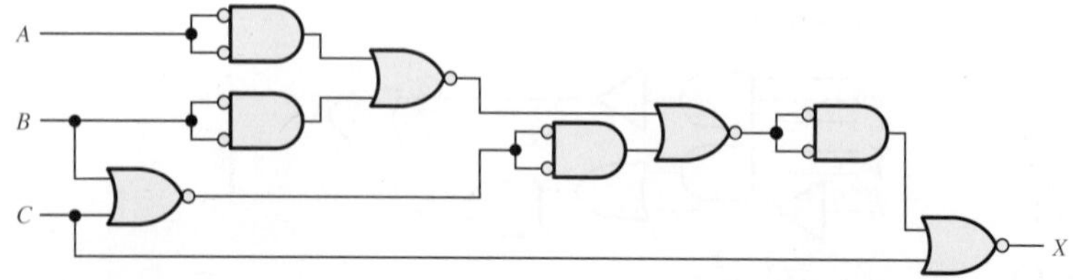

그림 P-25

25. 그림 P-26 참조.

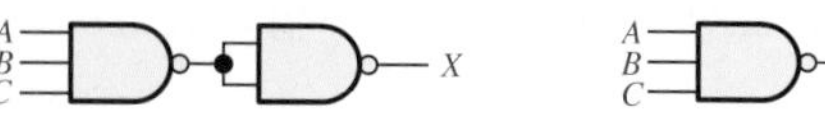

(a) $X = ABC$

(b) $X = \overline{ABC}$

(c) $X = A + B$

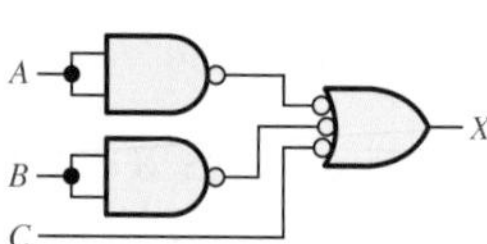

(d) $X = A + B + \overline{C}$

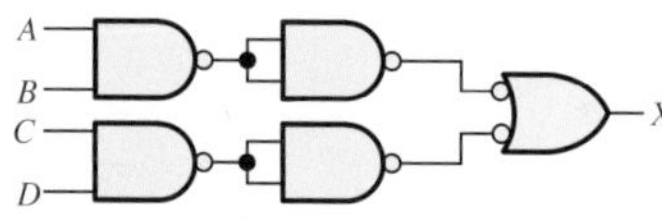

(e) $X = \overline{AB} + \overline{CD}$

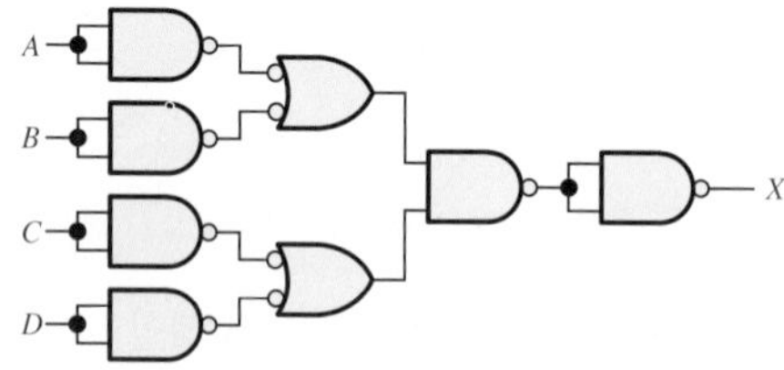

(f) $X = (A + B)(C + D)$

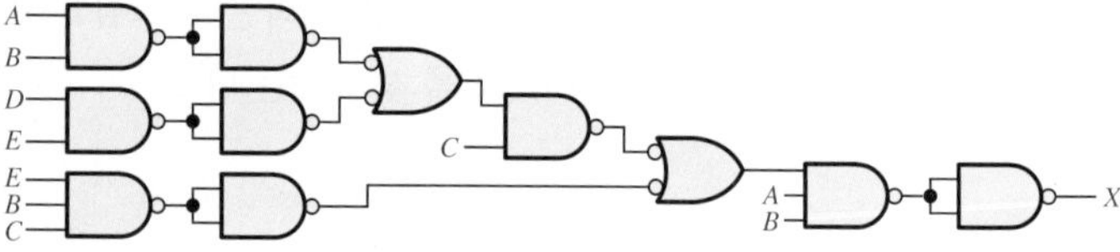

(g) $X = AB[C(\overline{DE} + \overline{AB}) + \overline{BCE}]$

그림 P-26

27. 그림 P-27 참조.

29. $X = A + \overline{B}$

    그림 P-28 참조.

31. $X = A\overline{B}\,\overline{C}$

    그림 P-29 참조.

33. 출력 펄스 폭은 지정된 최소 시간보다 크다.

35. X <= A and B and C

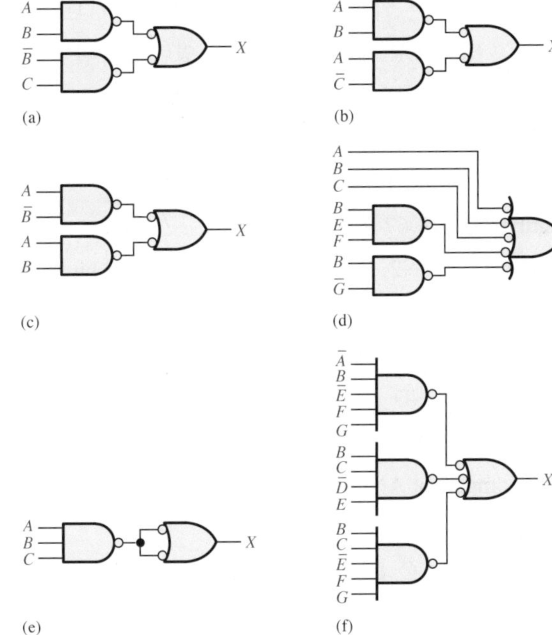

그림 P-27

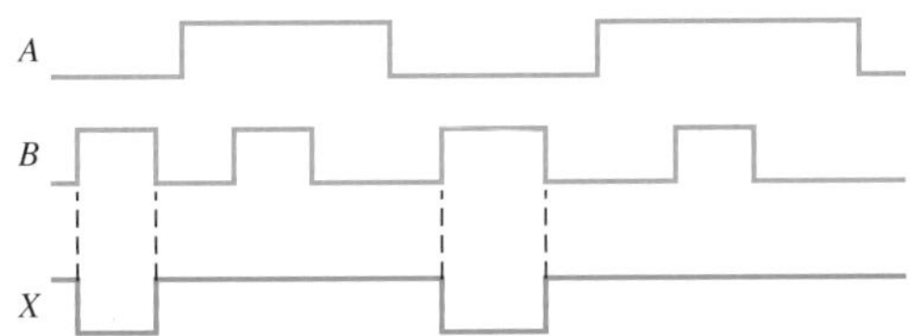

그림 P-28

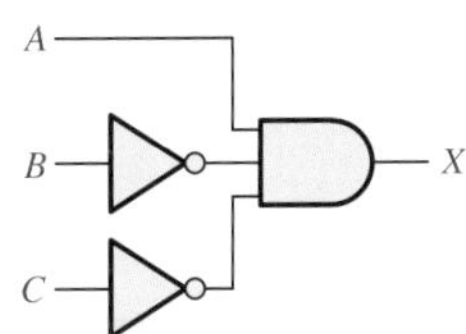

그림 P-29

37. (e)
```
entity Circuit5_55e is
    port(A, B, C: in bit; X: out bit);
end entity Circuit5_55e;
architecture LogicFunction of Circuit5_55e is
begin
    X 〈= (not A and B) or B or (B and not C) or
            (not A and not C) or (B and not C) or not C;
end architecture LogicFunction;
```

(f)
```
entity Circuit5_55f is
    port(A, B, C: in bit; X: out bit);
end entity Circuit5_55f;
architecture LogicFunction of Circuit5_55f is
begin
    X 〈= (A or B) and (not B or C);
end architecture LogicFunction;
```

39. G1, G2, G3 등을 위쪽에서 아래쪽, 왼쪽에서 오른쪽으로 게이트를 붙이라. 입력 IN1, IN2, IN3 및 출력 OUT 등으로 다시 지정하라.
```
entity Circuit5_56f is
    port(IN1, IN2, IN3, IN4, IN5, IN6, IN7, IN8: in bit;
    OUT: out bit);
end entity Circuit5_56f;
architecture LogicFunction of Circuit5_56f is
component NAND_gate is
    port(A, B: in bit; X: out bit);
end component NAND_gate;
    signal G1OUT, G2OUT, G3OUT, G4OUT, G5OUT,
    G6OUT: bit;
begin
    G1: NAND_gate port map (A =〉 IN1, B =〉 IN2,
    X =7 G1OUT);
    G2: NAND_gate port map (A =〉 IN3, B =〉 IN4,
    X =7 G2OUT);
    G3: NAND_gate port map (A =〉 IN5, B =〉 IN6,
    X =7 G3OUT);
    G4: NAND_gate port map (A =〉 IN7, B =〉 IN8,
    X =7 G4OUT);
    G5: NAND_gate port map (A =〉 G1OUT, B =〉 G2OUT,
    X =7 G5OUT);
    G6: NAND_gate port map (A =〉 G3OUT, B =〉 G4OUT,
    X =7 G6OUT);
    G7: NAND_gate port map (A =〉 G5OUT, B =〉 G6OUT,
    X =7 OUT);
end architecture LogicFunction;
```

41. -데이터 흐름 접근
```
entity Fig5_65 is
    port (A, B, C, D, E: in bit; X: out bit);
end entity Fig5_65;
architecture DataFlow of Fig5_65 is
begin
    X 〈= (A and B and C) or (D and not E);
end architecture DataFlow;
```
-구조적 접근

```
entity Fig5_65 is
  port(IN1, IN2, IN3, IN4, IN5: in bit; OUT: out bit);
end entity Fig5_65;
architecture Structure of Fig5_65 is
component AND_gate is
  port(A, B: in bit; X: out bit);
end component AND_gate;
component OR_gate is
  port(A, B: in bit; X: out bit);
end component OR_gate;
component Inverter is
  port(A: in bit; X: out bit);
end component Inverter;
  signal G1OUT, G2OUT, G3OUT INVOUT: bit;
begin
  G1: AND_gate port map (A => IN1, B => IN2,
  X => G1OUT);
  G2: AND_gate port map (A => G1OUT, B => IN3,
  X => G2OUT);
  INV: Inverter port map (A => IN5, X => INVOUT);
  G3: AND_gate port map (A => IN4, B => INVOUT,
  X => G3OUT);
  G4: OR_gate port map (A => G2OUT, B => G3OUT,
  X => OUT);
end architecture Structure;
```

43. 표 P-11 참조.

표 P-11

입력				출력
A	*B*	*C*	*D*	*X*
0	0	0	0	0
1	0	0	0	0
0	1	0	0	0
1	1	0	0	0
0	0	1	0	0
1	0	1	0	0
0	1	1	0	0
1	1	1	0	0
0	0	0	1	0
1	0	0	1	0
0	1	0	1	0
1	1	0	1	1
0	0	1	1	0
1	0	1	1	1
0	1	1	1	1
1	1	1	1	1

45. AND 게이트는 위에서 아래로 G1, G2, G3, G4로 번호가 매겨져 있다. OR 게이트는 G5이고 인버터는 위에서 아래로 G6 및 G7이다. 입력 A_1, A_2, B_1, B_2를 각각 IN1, IN2, IN3, IN4로 변경하라.
*X*를 OUT으로 변경하라.

```
entity Circuit5_67 is
  port (IN1, IN2, IN3, IN4: in bit; OUT: out bit);
end entity Circuit5_67;
architecture Logic of Circuit5_67 is
component AND_gate is
  port (A, B: in bit; X: out bit);
end component AND_gate;
component OR_gate is
  port (A, B, C, D: in bit; X: out bit);
end component OR_gate;
component Inverter is
  port (A: in bit; X: out bit);
end component Inverter;
  signal G1OUT, G2OUT, G3OUT, G4OUT, G5OUT,
  G6OUT, G7OUT: bit;
begin
  G1: AND_gate port map (A=> IN1, B=> IN2,
  X=> G1OUT);
  G2: AND_gate port map (A=> IN2, B=> G6OUT,
  X => G2OUT);
  G3: AND_gate port map (A=> G6OUT, B=> G7OUT,
  X=> G3OUT);
  G4: AND_gate port map (A=> G7OUT, B=> IN1,
  X=> G4OUT);
  G5: OR_gate port map (A=> G1OUT, B=> G2OUT,
  C=> G3OUT, D=> G4OUT, X=> OUT);
  G6: Inverter port map (A=> IN3, X=> G6OUT);
  G7: Inverter port map (A=> IN4, X=> G7OUT);
end architecture Logic;
```

47. $X = ABC + D\overline{E}$. *X*는 G_3 출력과 같기 때문에 G_1 또는 G_2는 고장이고, 그 출력은 LOW로 고정된다.

49. 그림 P-30 참조.

51. (a) 그림 P-31 참조. (b) $X = E$ (c) $X = E$

53. 유량 센서는 탱크 내부의 용액을 측정한다. 온도 센서는 용약의 온도를 측정한다. 레벨 센서는 용액이 최소 또는 최대 레벨에 있는 지점을 나타낸다.

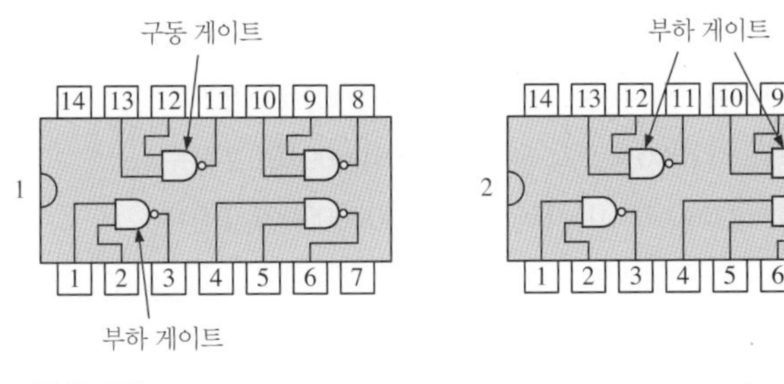

그림 P-30

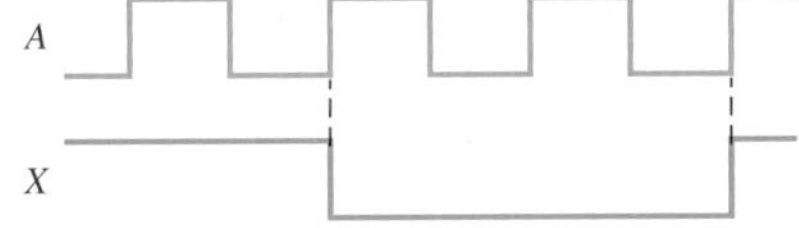

그림 P-31

55. 그림 P-32 참조.

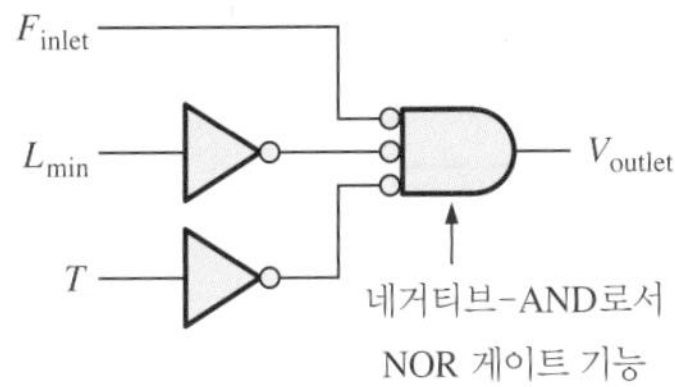

그림 P-32

57. 그림 P-33 참조.

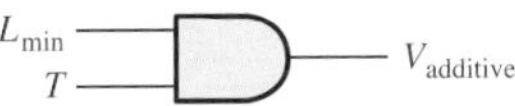

그림 P-33

59. **(a)** X = 램프 ON, A = 정문 스위치 ON, B = 뒷문 스위치 ON. 그림 P-34 참조.

그림 P-34

(b)
```
entity LampCircuit is
   port (A, B: in bit; X: out bit);
end entity LampCircuit;
architecture Function of LampCircuit is
begin
   X <= A xor B;
end architecture Function;
```

61. U3A의 출력은 접지에 단락된다.

63. U2A의 출력은 항상 HIGH이다(VCC에 단락됨).

제6장

1. **(a)** $C_{out} = 0, \Sigma = 1$
(b) $C_{out} = 1, \Sigma = 0$
(c) $C_{out} = 0, \Sigma = 0$

3. **(a)** $\Sigma = 1, C_{out} = 0$;
(b) $\Sigma = 1, C_{out} = 0$;
(c) $\Sigma = 0, C_{out} = 1$;
(d) $\Sigma = 1, C_{out} = 1$

5. 101111

7. $\Sigma_3\Sigma_2\Sigma_1\Sigma_0 = 1101$

9. $\Sigma_1 = 0111; \Sigma_2 = 1011; \Sigma_3 = 1110; \Sigma_4 = 1000; \Sigma_5 = 0011$

11. 200 ns

13. $A_0 = B_0$이고 $A_1 = B_1$일 때, $A = B$는 HIGH이다. 그림 P-35 참조.

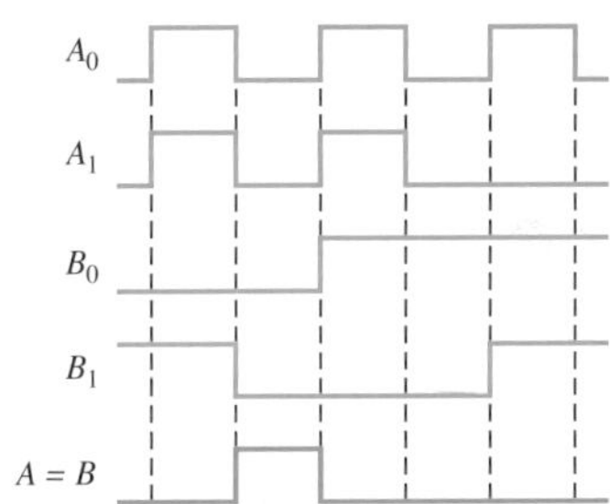

그림 P-35

15. **(a)** $A > B = 0; A < B = 1; A = B = 0$
(b) $A > B = 0; A < B = 0; A = B = 1$
(c) $A > B = 1; A < B = 0; A = B = 0$

17. 그림 P-36 참조.

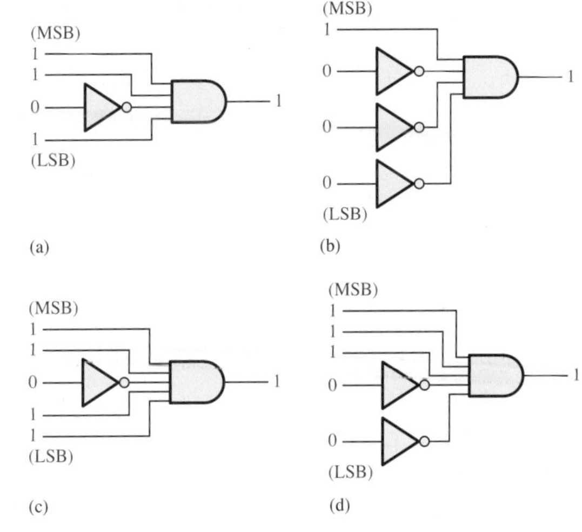

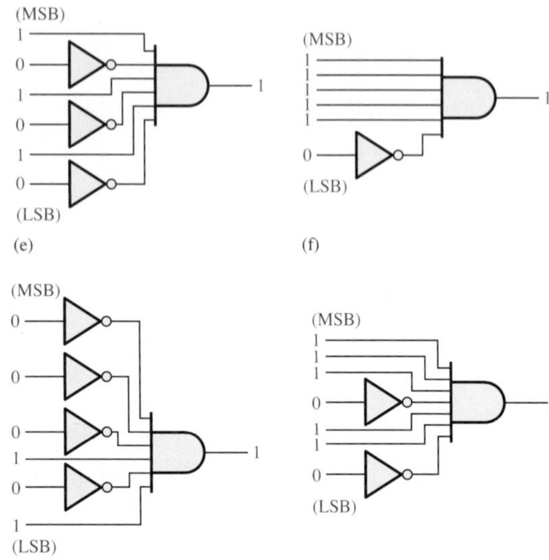

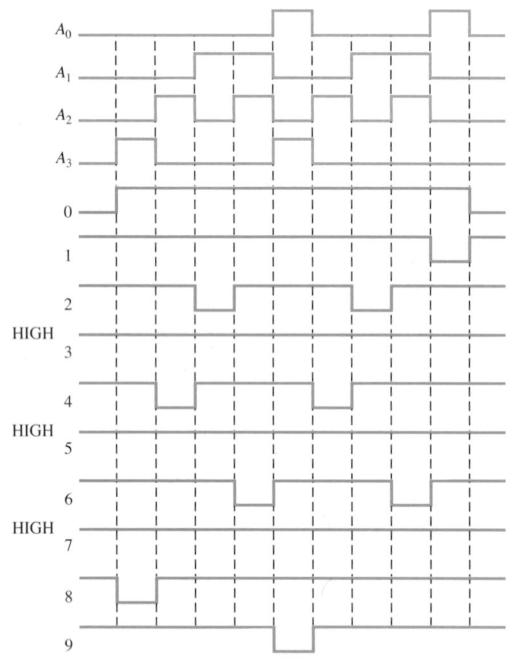

그림 P-36

19. $X = A_3A_2\overline{A}_1\overline{A}_0 + \overline{A}_3\overline{A}_2\overline{A}_1A_0 + A_3\overline{A}_2A_1$

21. 그림 P-37 참조.

그림 P-37

23. $A_3A_2A_1A_0 = 1011$, 무효한 BCD 코드

25. (a) $2 = 0010 = 0010_2$

(b) $8 = 1000 = 1000_2$

(c) $13 = 00010011 = 1101_2$

(d) $26 = 00100110 = 11010_2$

(e) $33 = 00110011 = 100001_2$

27. (a) 1010000000 그레이 → 1100000000 2진수

(b) 0011001100 그레이 → 0010001000 2진수

(c) 1111000111 그레이 → 1010000101 2진수

(d) 0000000001 그레이 → 0000000001 2진수

그림 P-38 참조.

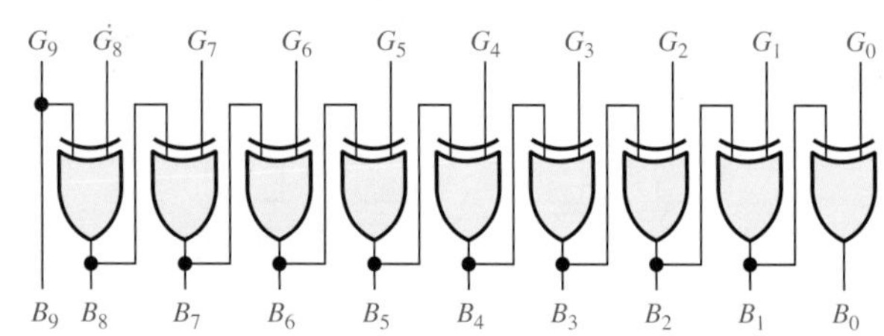

그림 P-38

29. 그림 P-39 참조.

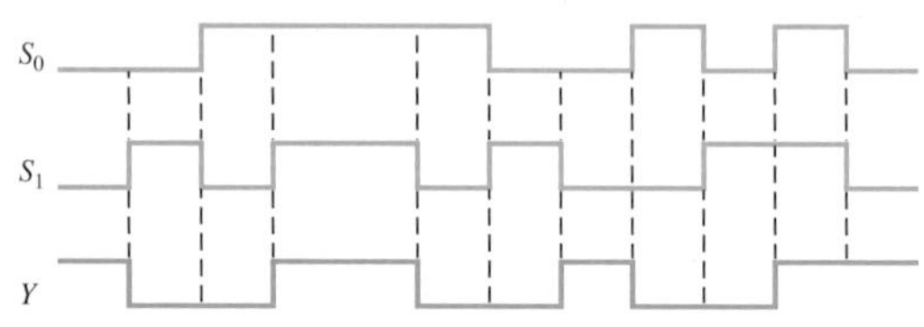

그림 P-39

31. 그림 P-40 참조.

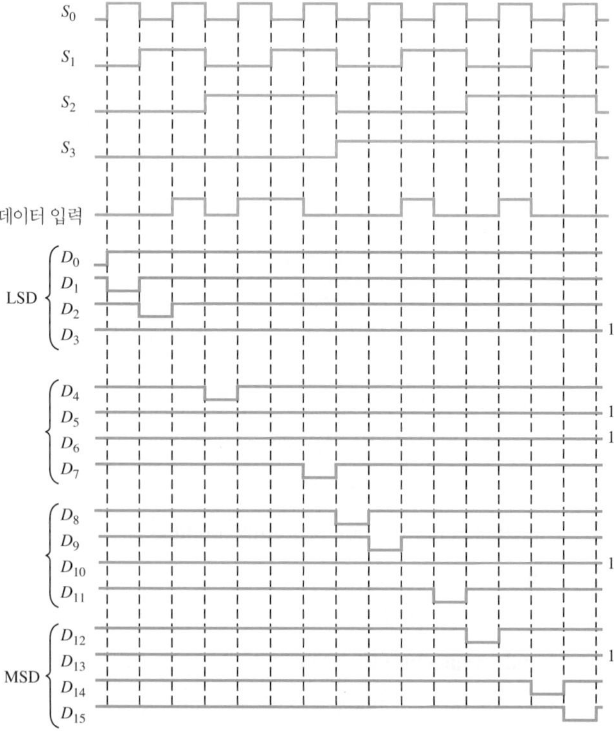

그림 P-40

33. 그림 P-41 참조.

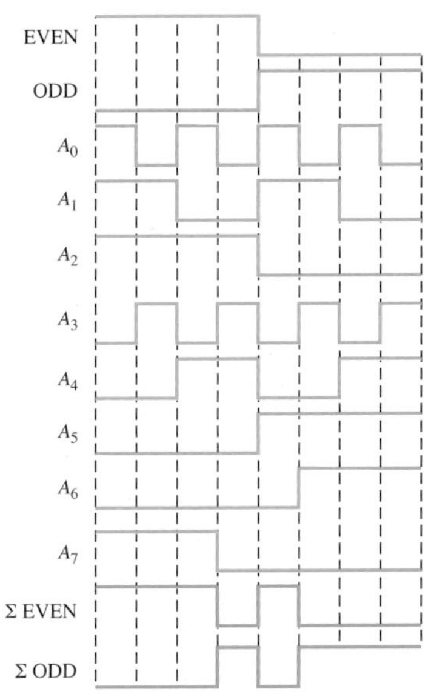

그림 P-41

35. **(a)** 오류 없음.

(b) 세그먼트 g는 동작 불능; 출력 G는 개방

(c) 세그먼트 b 출력은 LOW

37. **(a)** 상위 가산기의 A_1 입력은 개방 : 0, 1, 4, 5, 8, 9에 대응하는 모든 2진수 값들은 2씩 건너 뛴다. 이것은 처음 0000 0000의 BCD 값으로 나타난다.

(b) 상위 가산기의 캐리 출력은 개방 : 출력 캐리를 포함하지 않는 모든 값은 32씩 건너 뛴다. 이것은 처음 0000 0000의 BCD 값으로 나타난다.

(c) 상위 가산기의 출력 Σ_4가 접지와 연결 : 15이상의 2진수 값들은 16만큼 줄어든다. 첫번째 BCD 값은 0001 1000이 된다.

(d) 하위 가산기의 출력 Σ_3가 접지와 연결 : 16으로 시작하는 16개의 다른 값들은 16만큼 줄어든다. 첫 번째 BCD 값은 0001 0110이 된다.

39. 1. 핀 7(EN)을 LOW로

2. D_0에 HIGH, D_0–D_7에 LOW를 공급.

3. 선택 입력에 대한 이진순서로 표 P-12에 따라 Y와 $\overline{Y}$를 확인하라.

표 P-12

S_2	S_1	S_0	Y	$\overline{Y}$
0	0	0	1	0
0	0	1	0	1
0	1	0	0	1
0	1	1	0	1
1	0	0	0	1
1	0	1	0	1
1	1	0	0	1
1	1	1	0	1

4. 표 P-13의 입력 데이터에 대해 선택 입력의 이진순서로 반복하라. Y출력의 HIGH는 예시된 선택입력의 조합의 경우에만 발생한다.

41. 모든 입력 D_0–D_7을 LOW에서 각각 HIGH로 차례로 적용하라. 데이터 입력 HIGH일 때, 선택 입력($S_2S_1S_0$)에 의한 8가지 경우에 대해 출력이 HIGH, 출력이 LOW인 결과를 확인하라.

43. 그림 P-42 참조.

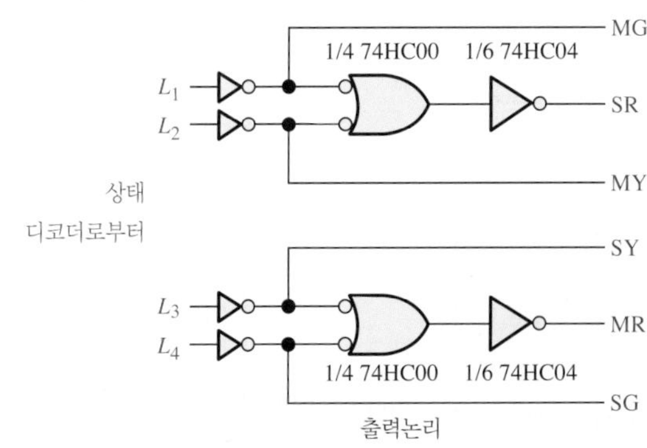

그림 P-42

45. $\Sigma = \overline{A}\,\overline{B}C_{in} + \overline{A}B\overline{C}_{in} + A\overline{B}\,\overline{C}_{in} + ABC_{in}$

$C_{out} = \overline{A}BC_{in} + A\overline{B}C_{in} + AB\overline{C}_{in} + ABC_{in}$

표 P-13

D_0	D_1	D_2	D_3	D_4	D_5	D_6	D_7	Y	$\overline{Y}$	S_2	S_1	S_0
L	H	L	L	L	L	L	L	1	0	0	0	1
L	L	H	L	L	L	L	L	1	0	0	1	0
L	L	L	H	L	L	L	L	1	0	0	1	1
L	L	L	L	H	L	L	L	1	0	1	0	0
L	L	L	L	L	H	L	L	1	0	1	0	1
L	L	L	L	L	L	H	L	1	0	1	1	0
L	L	L	L	L	L	L	H	1	0	1	0	1

그림 P-43 참조.

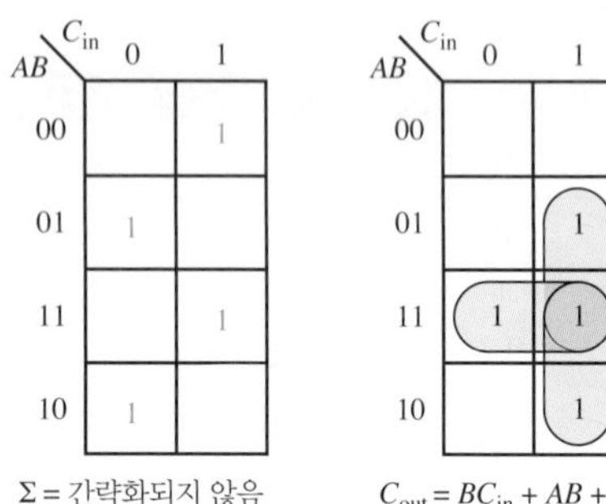

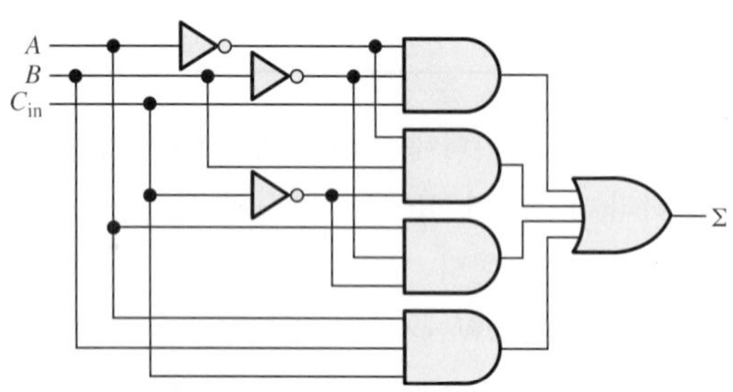

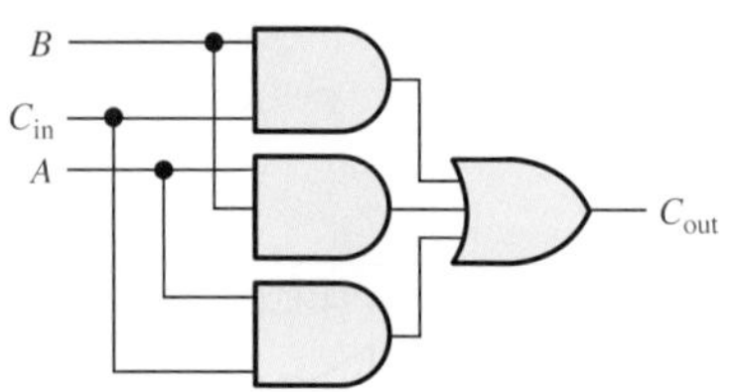

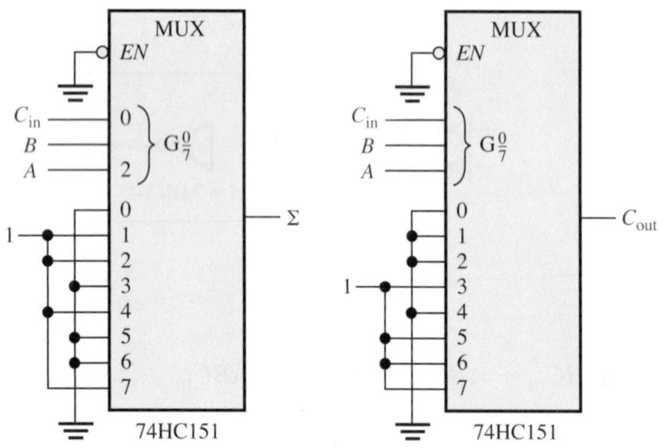

그림 P-43

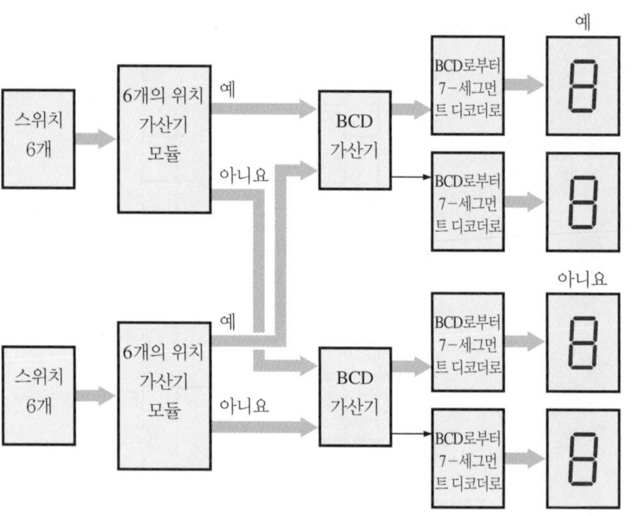

그림 P-44

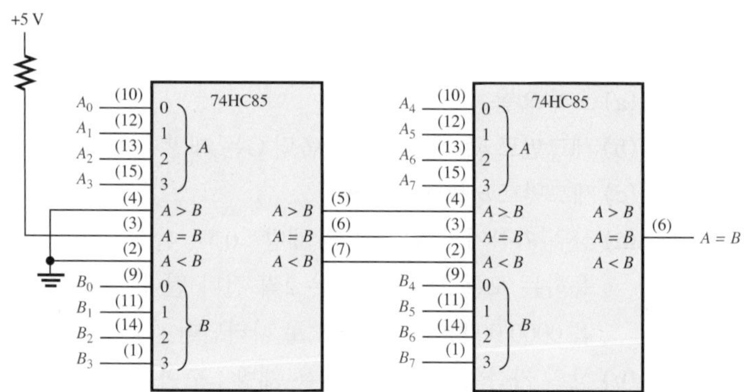

그림 P-45

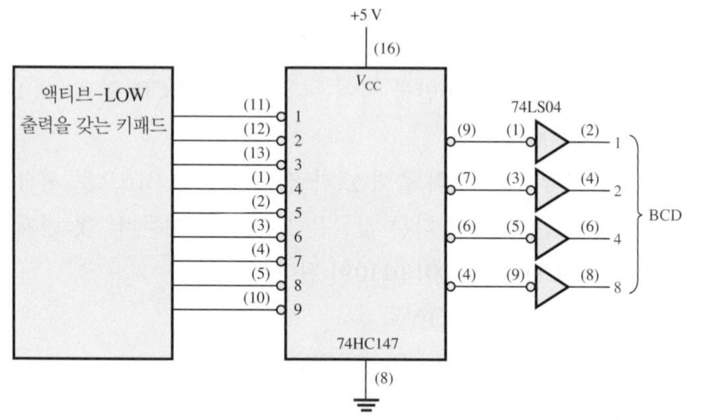

그림 P-46

47. 그림 P-44의 블록도 참조.
49. 그림 P-45 참조.
51. 그림 P-46 참조.
53. U1의 Cin을 Vcc에 연결.
55. 4선 → 16선 디코더의 입력 C는 접지에 연결.

제7장

1. 그림 P-47 참조.

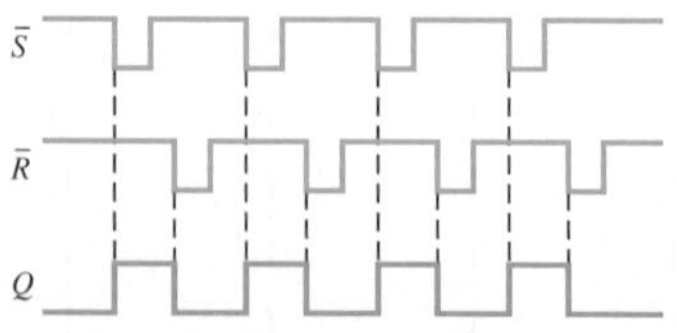

그림 P-47

3. 그림 P-48 참조.

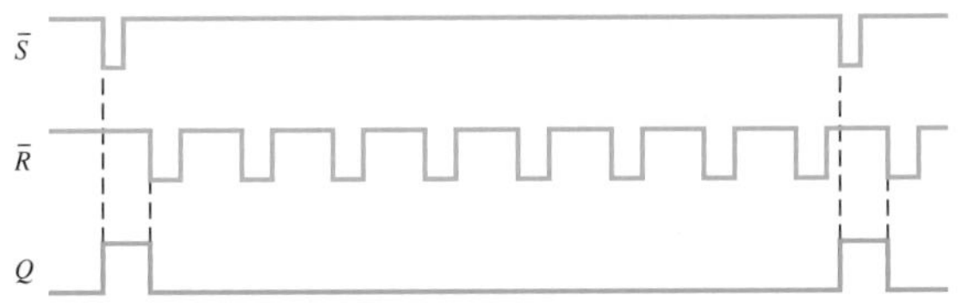

그림 P-48

5. 그림 P-49 참조.

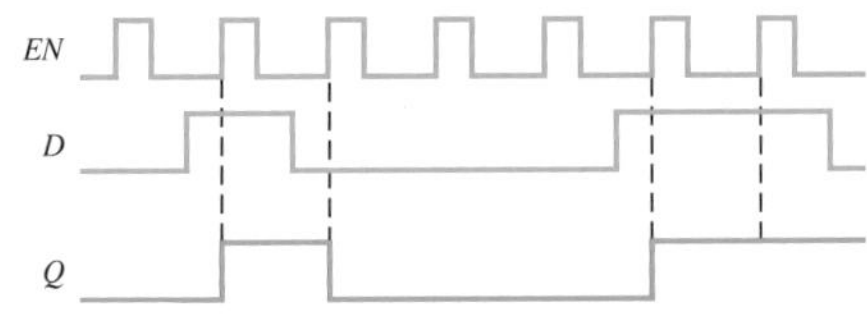

그림 P-49

7. 그림 P-50 참조.

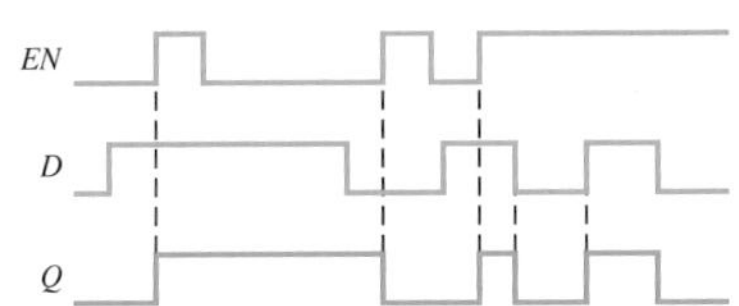

그림 P-50

9. 그림 P-51 참조.

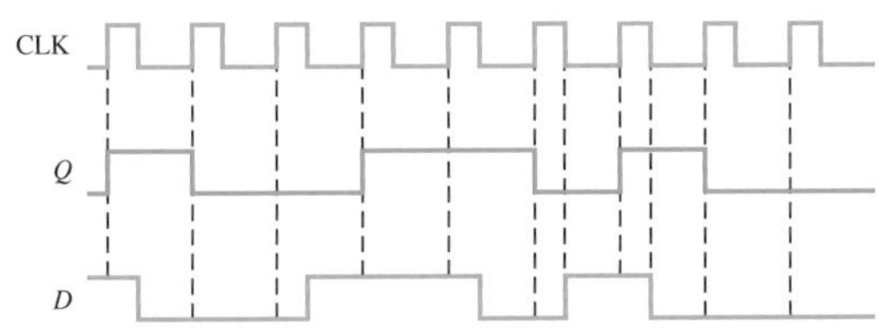

그림 P-51

11. 그림 P-52 참조.

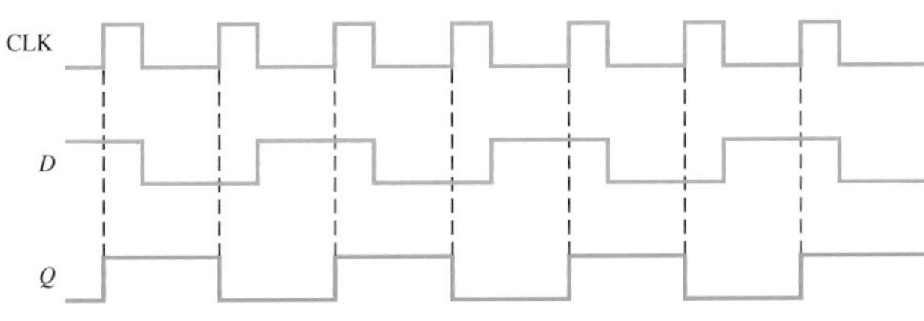

그림 P-52

13. 그림 P-53 참조.

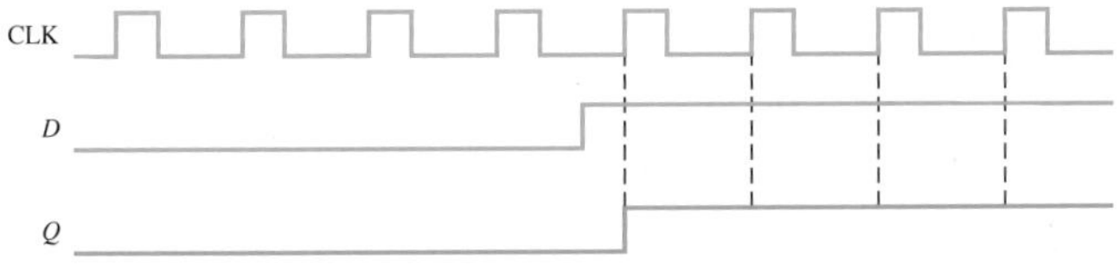

그림 P-53

15. 그림 P-54 참조.

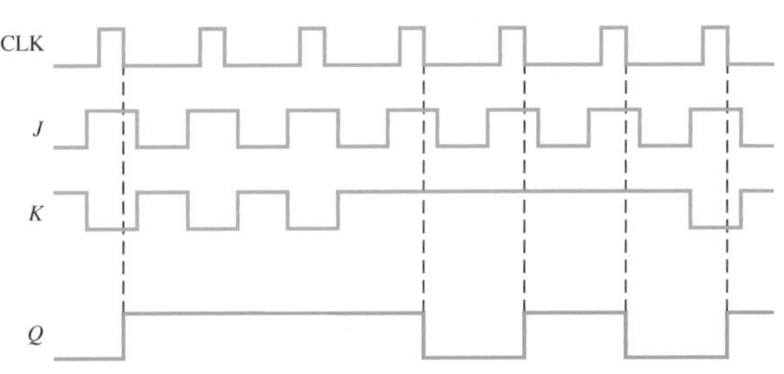

그림 P-54

17. 그림 P-55 참조.

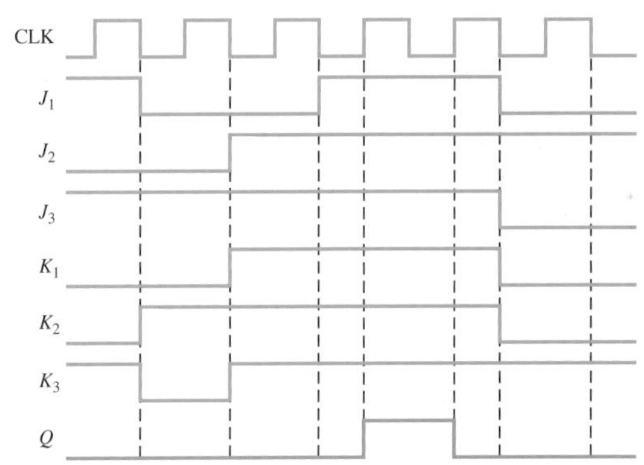

그림 P-55

19. 직류 전류와 직류 공급전압

21. 16.66 MHz

23. 128 mA, 512 mW

25. 2로 나뉘어짐; 그림 P-56 참조.

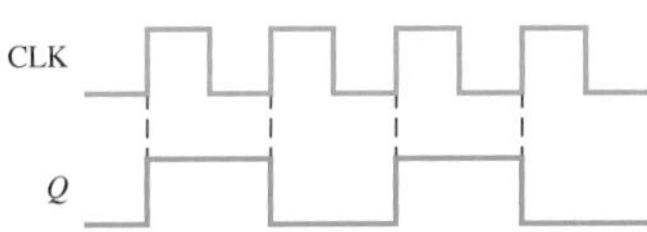

그림 P-56

27. 0.07 μs

29. $C_1 = 1\ \mu\text{F}$, $R_1 = 454\ \text{k}\Omega$(430 kΩ 사용). 그림 P-57 참조.

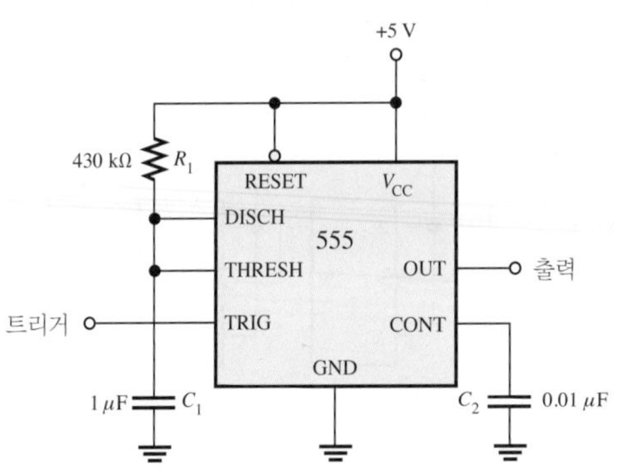

그림 P-57

31. $R_1 = 9.1\ \text{k}\Omega$, $R_2 = 4.3\ \text{k}\Omega$.

33. 6번 핀에서 10번 핀까지의 와이어와 접지선은 프로토보드에서 반전된다.

35. $\overline{CLR}$는 접지에 연결.

37. 그림 P-58 참조. 지연은 보이지 않는다.

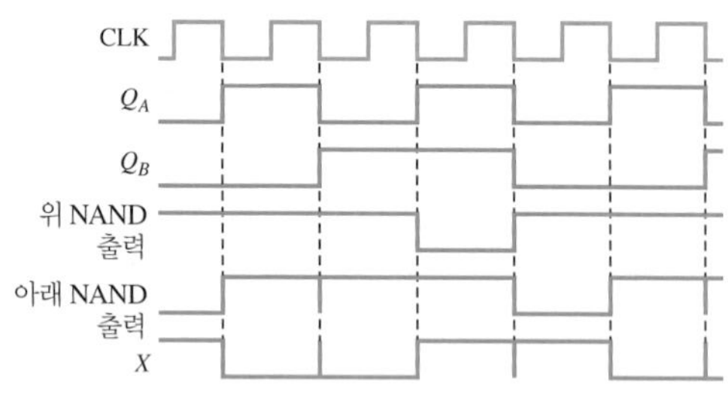

(a)

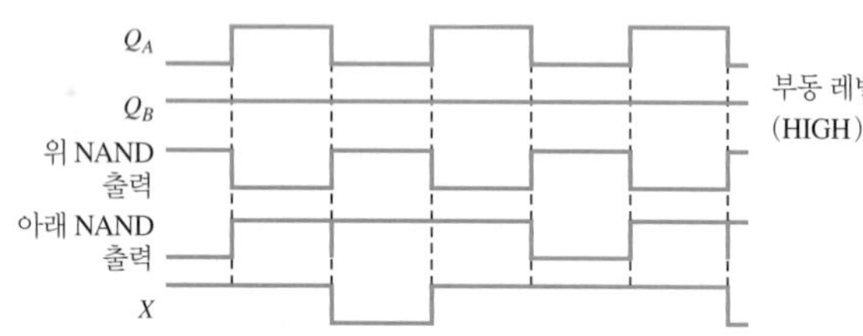

(b)

(c) $Q_B = 1$이면 $X =$ LOW; $Q_B = 0$이면 $X = \overline{Q}_A$

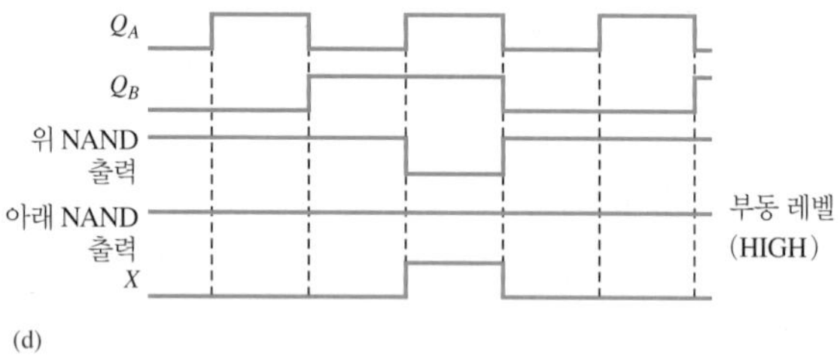

(d)

그림 P-58

39. 그림 P-59 참조.

5 s : $C_1 = 1\ \mu\text{F}$, $R_1 = 4.3\ \text{k}\Omega$

30 s : $C_1 = 2.2\ \mu\text{F}$, $R_1 = 12\ \text{M}\Omega$

41. 그림 P-60 참조.

5 s : $C_{\text{EXT}} = 1\ \mu\text{F}$, $R_{\text{EXT}} = 15\ \text{M}\Omega$

30 s : $C_{\text{EXT}} = 10\ \mu\text{F}$, $R_{\text{EXT}} = 8.2\ \text{M}\Omega$

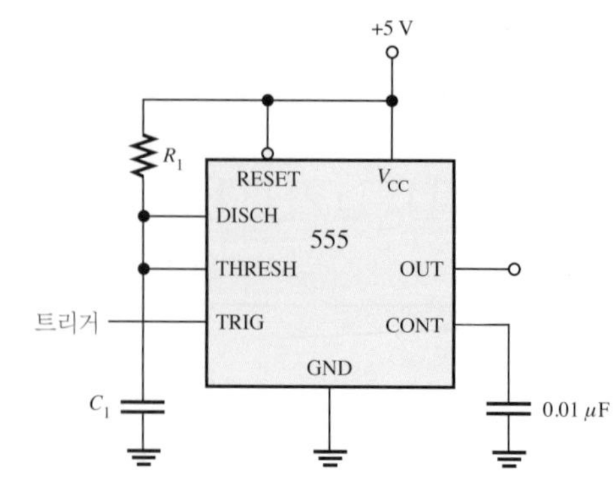

그림 P-59

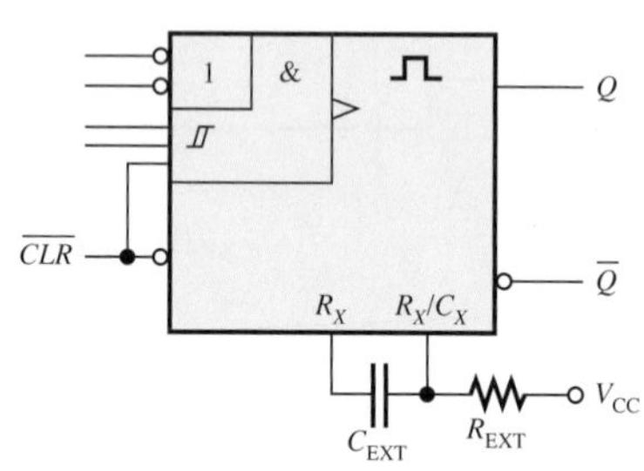

그림 P-60

43. 25초 원-숏의 REXT CEXT 시정수를 2.4배로 늘린다.

45. 그림 P-61 참조.

47. U1의 입력 R을 Vcc에 연결.

49. 클록 입력을 Vcc 또는 접지에 연결.

51. U2의 입력 D를 접지에 연결.

제8장

1. 데이터를 저장하고 이동하기 위한 디지털 회로

3. 레지스터 안에서 데이터를 이동하거나 데이터를 레지스터 안으로 이동 또는 레지스터의 밖으로 이동하는 것을 말한다.

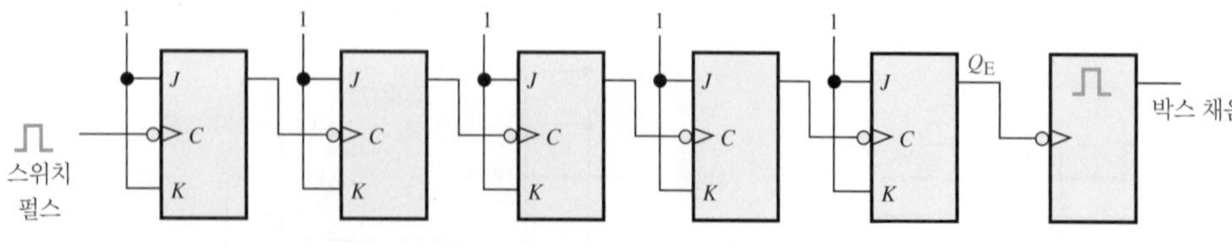

그림 P-61

5. 그림 P-62 참조.

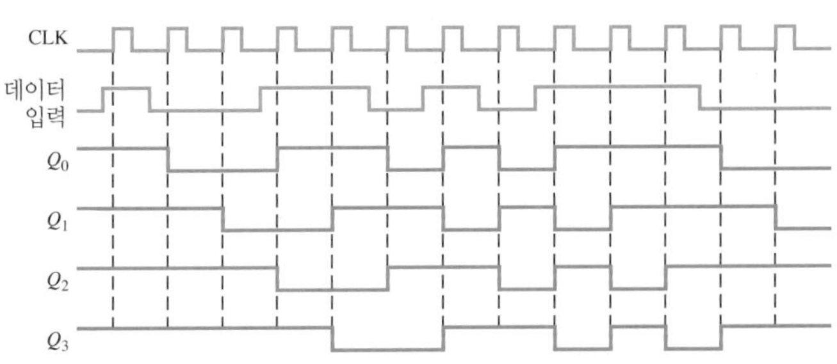

그림 P-62

7. 초기: 101001111000

CLK1: 010100111100

CLK2: 001010011110

CLK3: 000101001111

CLK4: 000010100111

CLK5: 100001010011

CLK6: 110000101001

CLK7: 111000010100

CLK8: 011100001010

CLK9: 001110000101

CLK10: 000111000010

CLK11: 100011100001

CLK12: 110001110000

9. 그림 P-63 참조.

11. 그림 P-64 참조.

13. 그림 P-65 참조.

15. 그림 P-66 참조.

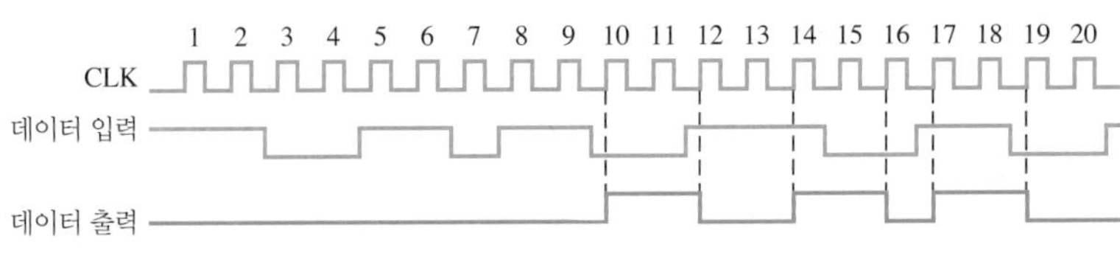

그림 P-63

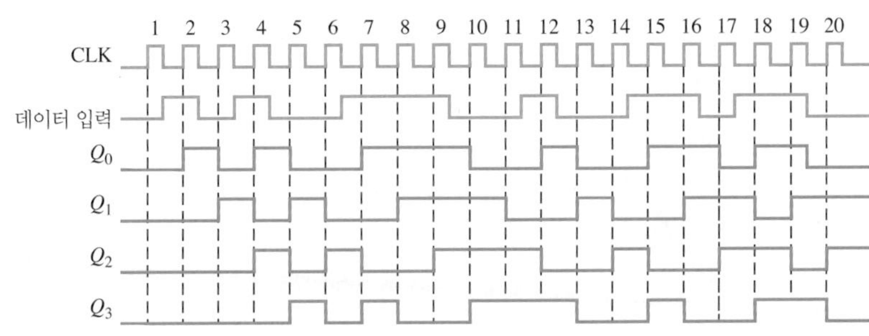

그림 P-64

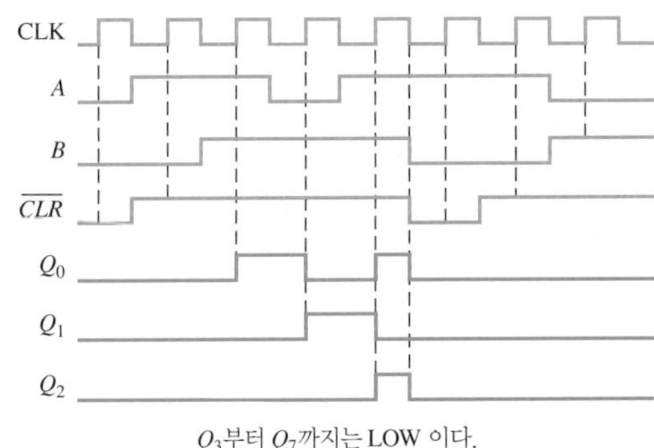

그림 P-65

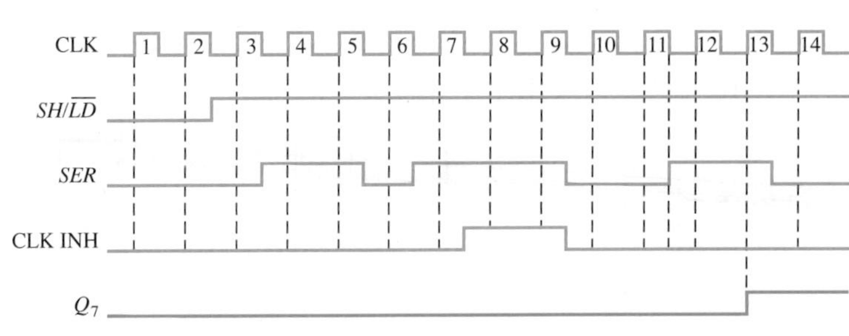

그림 P-66

17. 그림 P-67 참조.

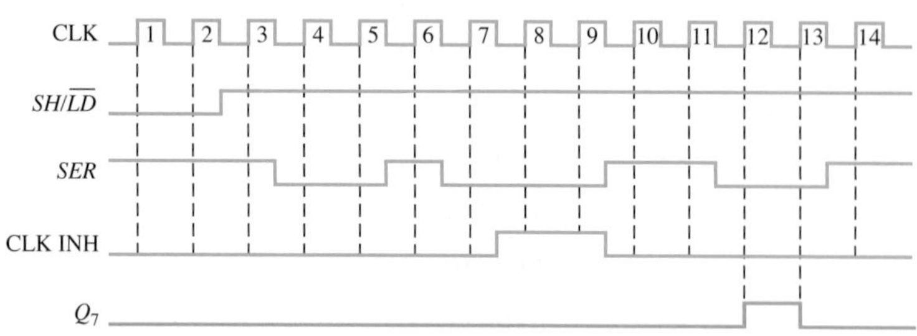

그림 P-67

19. 그림 P-68을 보라.

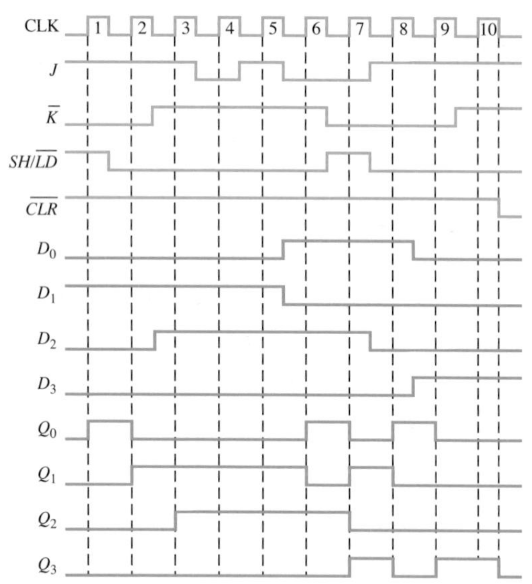

그림 P-68

21.

초기(76):	01001100	
CLK1:	10011000	왼쪽
CLK2:	01001100	오른쪽
CLK3:	00100110	오른쪽
CLK4:	00010011	오른쪽
CLK5:	00100110	왼쪽
CLK6:	01001100	왼쪽
CLK7:	00100110	오른쪽
CLK8:	01001100	왼쪽
CLK9:	00100110	오른쪽
CLK10:	01001100	왼쪽
CLK11:	10011000	왼쪽

23. 그림 P-69 참조.

25. **(a)** 2 **(b)** 4

(c) 6 **(d)** 9

27. 그림 P-70 참조.

29. 그림 P-71 참조.

31. 부정확한 코드가 발생될 수 있다.

33. D_3 입력이 개방

35. **(a)** NAND(네거티브-OR) 게이트 또는 원-숏의 고장 때문에 키가 눌러져도 클록이 발생하지 않는다; 키 코드

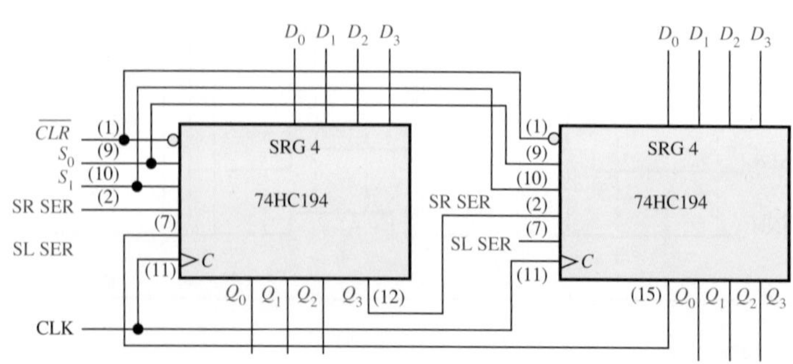

그림 P-69

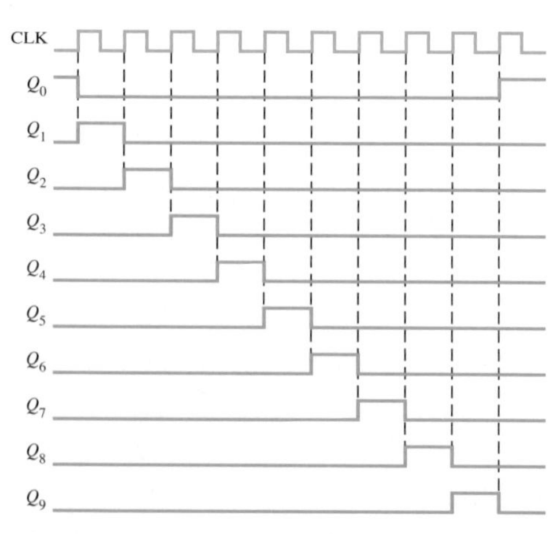

그림 P-70

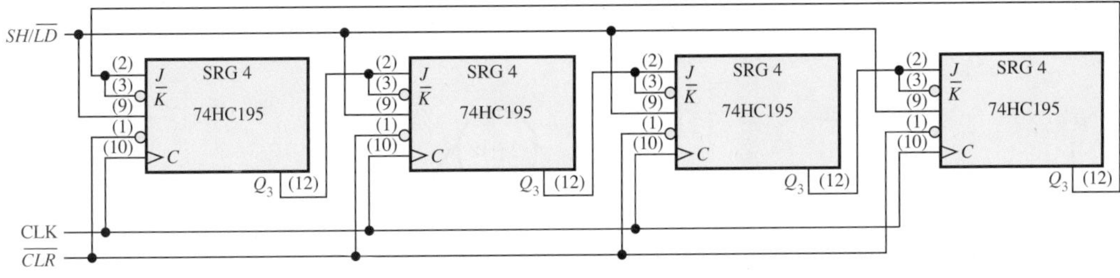

그림 P-71

레지스터의 클록 입력(C)이 개방; 키 코드 레지스터의 입력이 개방되었다.

(b) 세 번째 행에 있는 다이오드가 개방; 링카운터의 Q_2 출력이 개방되었다.

(c) 첫 번째 열에 연결된 NAND(네거티브-OR) 게이트가 개방 또는 단락되었다.

(d) 열 인코더의 입력 '2'가 개방되었다.

37. (a) 데이터 출력 레지스터의 내용이 변하지 않는다.

(b) 두 레지스터의 내용이 변하지 않는다.

(c) 데이터 출력 레지스터의 세 번째 단의 출력이 HIGH로 유지된다.

(d) 플립플롭이 계속하여 세트된 후 리셋됨으로써 매 클록 펄스 후에 클록 발생기가 디스에이블된다.

39. 시프트 레지스터 A : 1001

시프트 레지스터 C : 00000100

41. 제어플립플롭 : 74HC76

클록발생기 : 555

카운터 : 74HHC163

데이터 입력 레지스터 : 74HC164

데이터 출력 레지스터 : 74HC199

원-숏 : 74121

43. 그림 P-72 참조.

45. 그림 P-73 참조.

47. FF1의 D 입력이 그라운드로 단락됨.

49. 존슨 카운터의 U3 Q' 출력이 U2 D 입력에 연결됨.

51. U3의 Q 출력과 U4의 D 입력 사이의 연결이 개방됨.

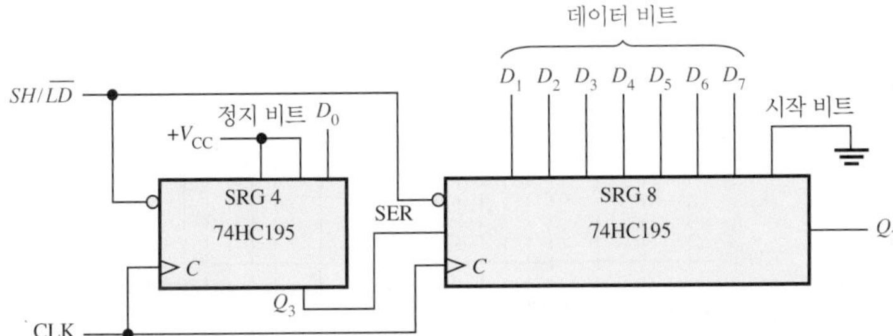

그림 P-72

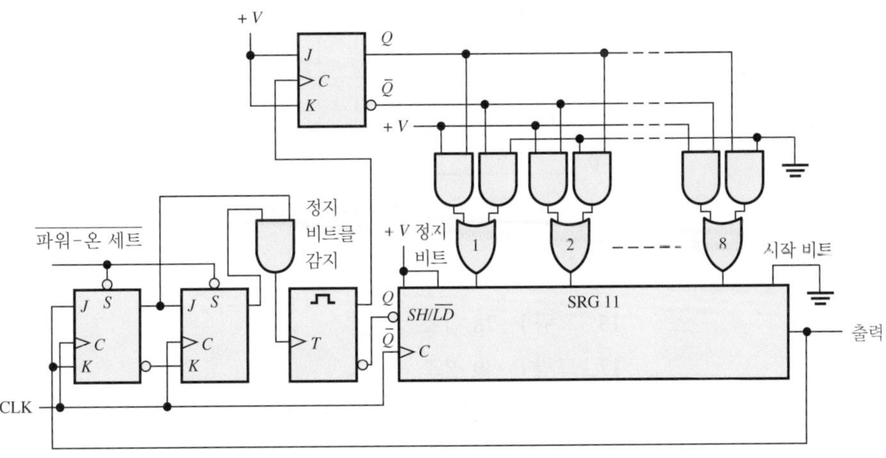

그림 P-73

제9장

1. 그림 P-74 참조.

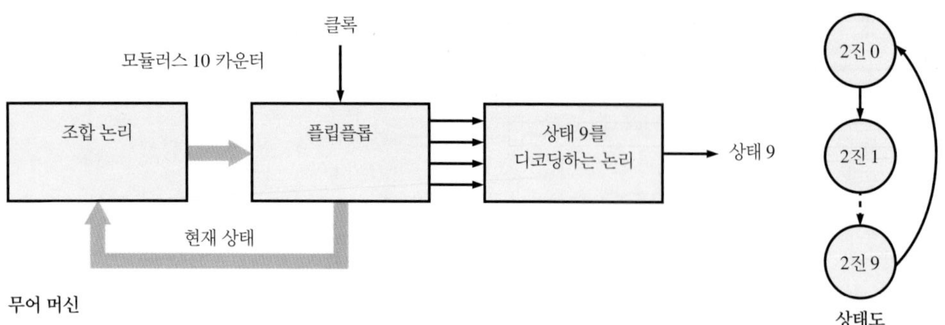

그림 P-74

3. 그림 P-75 참조.

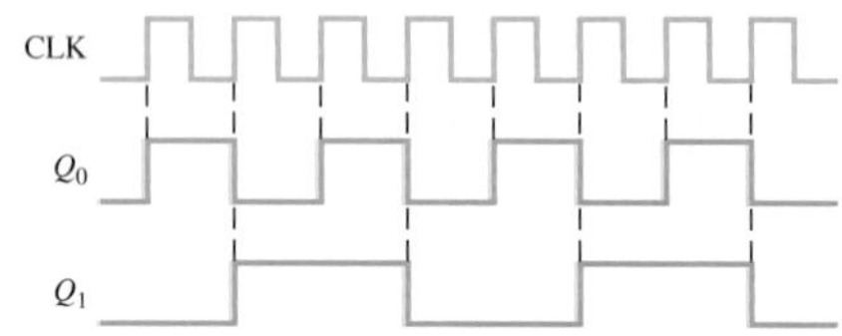

그림 P-75

5. 최악의 시간 지연은 24ns이다. 이는 모든 플립플롭이 상태 011에서 100으로 변할 때 또는 111에서 000으로 변할 때 발생한다.
7. 8 ns
9. 초기에 각 플립플롭은 리셋
   CLK1에서:
   $J_0 = K_0 = 1$ 따라서 Q_0는 1이 된다.
   $J_1 = K_1 = 0$ 따라서 Q_1은 0이 유지된다.
   $J_2 = K_2 = 0$ 따라서 Q_2는 0이 유지된다.
   $J_3 = K_3 = 0$ 따라서 Q_3는 0이 유지된다.
   CLK2에서:
   $J_0 = K_0 = 1$ 따라서 Q_0는 0이 된다.
   $J_1 = K_1 = 1$ 따라서 Q_1은 1이 된다.
   $J_2 = K_2 = 0$ 따라서 Q_2는 0이 유지된다.
   $J_3 = K_3 = 0$ 따라서 Q_3는 0이 유지된다.
   CLK3에서:
   $J_0 = K_0 = 1$ 따라서 Q_0는 1이 된다.
   $J_1 = K_1 = 1$ 따라서 Q_1은 1이 유지된다.
   $J_2 = K_2 = 0$ 따라서 Q_2는 0이 유지된다.
   $J_3 = K_3 = 0$ 따라서 Q_3는 0이 유지된다.
   다음 7개의 클록 펄스에 대해서도 이와 같은 과정을 계속 해보면 이 카운터는 BCD 순서로 진행해 나가는 것을 알 수 있다.

11. 그림 P-76 참조.

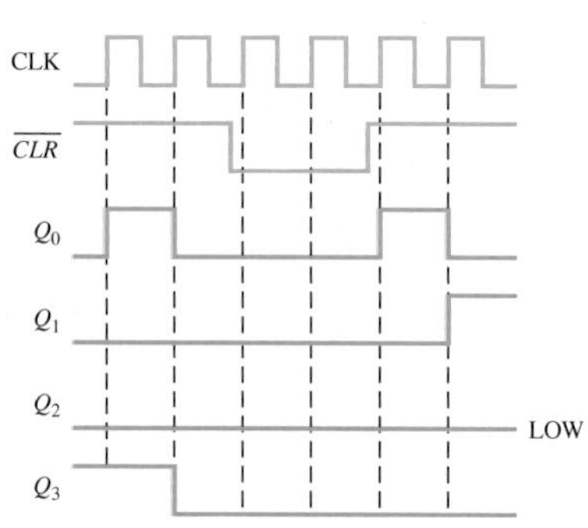

그림 P-76

13. 그림 P-77 참조.

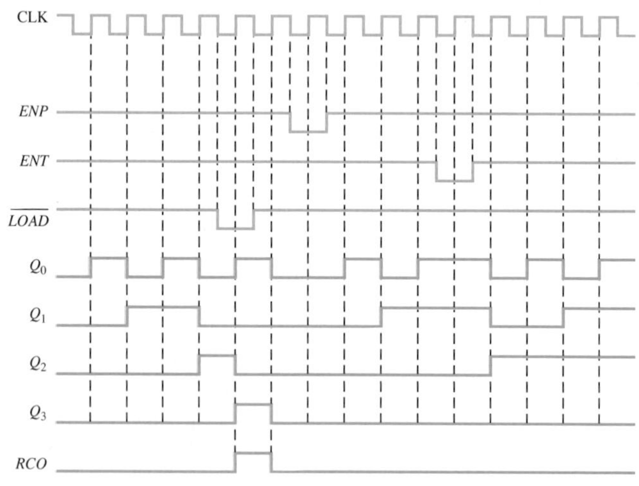

그림 P-77

15. 그림 P-78 참조.
17. 그림 P-79 참조.
19. 카운터의 순서는 0000, 1111, 1110, 1101, 1010, 0101이다. 카운터는 1010과 0101 상태에 '잠기고' 이 두 상태를 계속 반복한다.

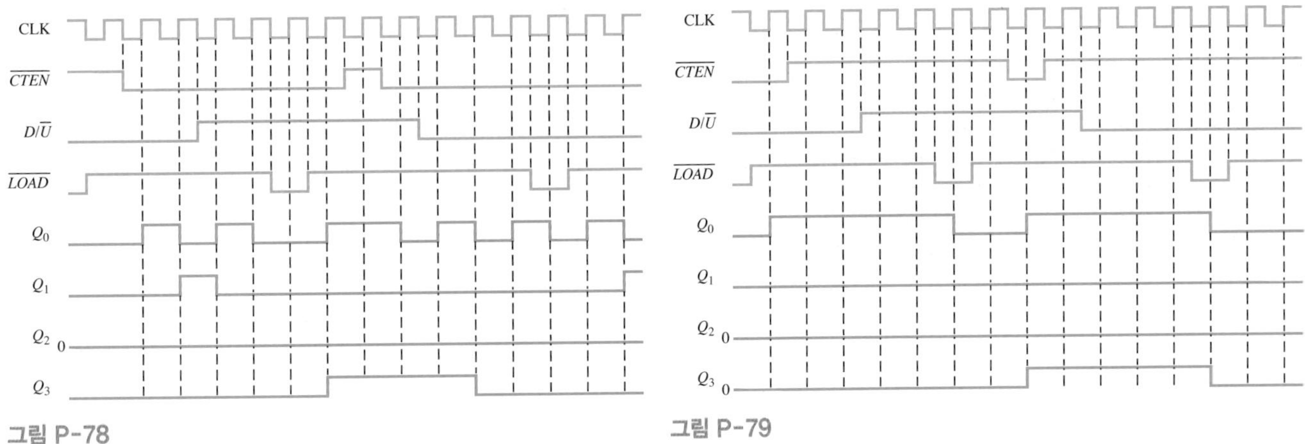

그림 P-78

그림 P-79

21. 그림 P-80 참조.

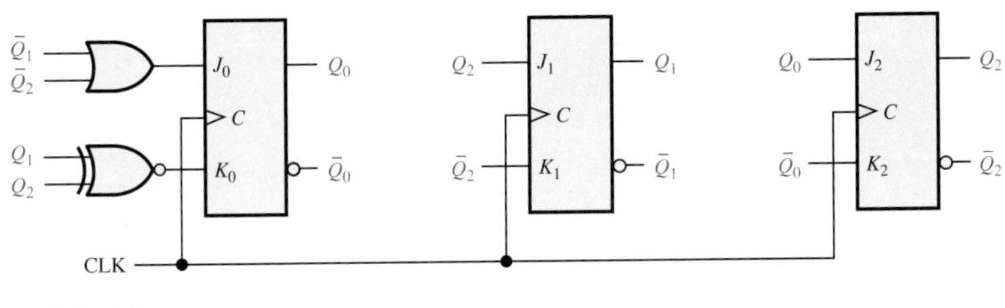

그림 P-80

23. 그림 P-81 참조.

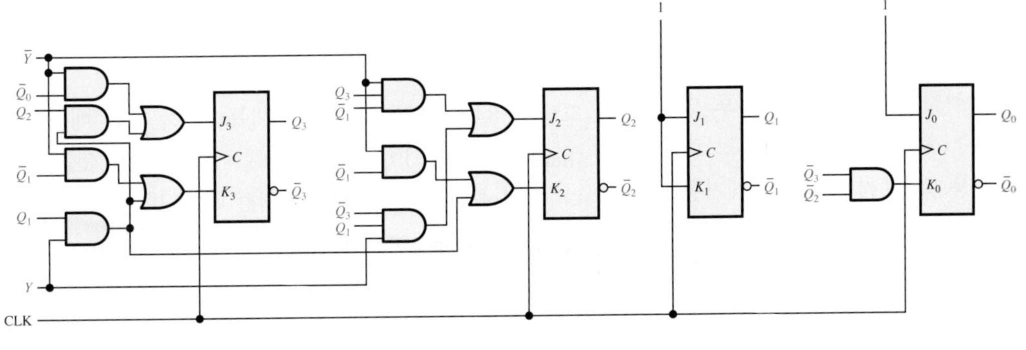

그림 P-81

25. 그림 P-82는 10,000분주 카운터이다. 100,000분주 카운터를 구현하기 위해서는 모듈러스 10(DIV 10) 카운터 하나를 더 연결하면 된다.

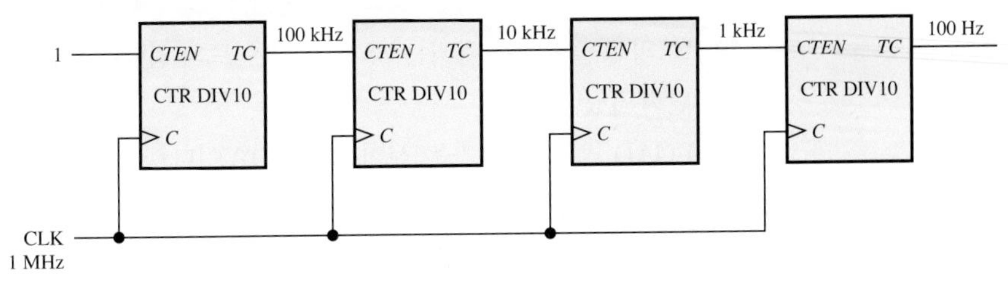

그림 P-82

27. 그림 P-83 참조.

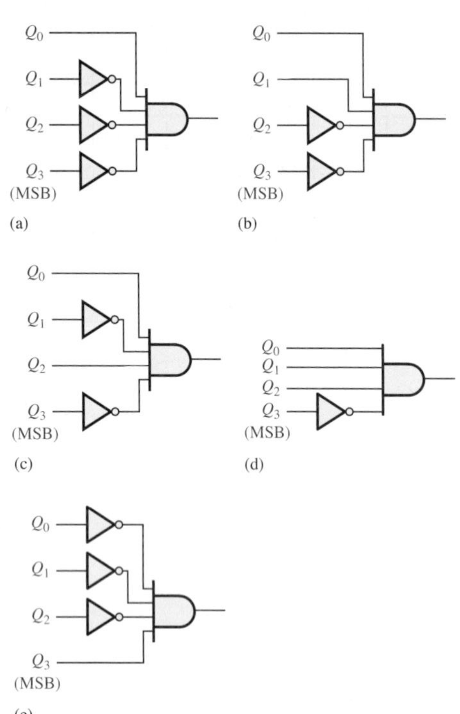

그림 P-83

29. CLK2, 출력 0; CLK4, 출력 2, 0; CLK6, 출력 4; CLK8, 출력 6. 4, 0; CLK10, 출력 8; CLK12, 출력 10, 8; CLK14, 출력 12; CLK16, 출력 14, 12, 8

31. AND 게이트 출력에서의 글리치는 111에서 000으로 변할 때 발생한다. $\overline{CLK}$와 카운터 출력을 AND(스트로브라함)하거나 그레이 코드를 사용함으로써 글리치를 제거할 수 있다.

33. 시의 10자리 : 0001
시의 1자리 : 0010
분의 10자리 : 0000
분의 1자리 : 0001
초의 10자리 : 0000
초의 1자리 : 0010

35. 68

37. **(a)** Q_0와 Q_1은 초기 상태에서 변화가 없다.
(b) 정상 동작, Q_0와 Q_1은 반전
(c) Q_0는 반전, Q_1은 초기 상태에서 변화가 없다.
(d) Q_0는 HIGH가 된 후 HIGH로 고정. Q_1은 변화가 없다.
(e) Q_0는 반전, Q_1은 LOW로 고정

39. FF1의 D 입력이 개방되어 HIGH와 같이 동작.

41. AND 게이트의 Q_0 입력이 개방되어 HIGH와 같이 동작.

43. 표 P-14 참조.

표 P-14

단	개방	적재된 계수	f_{OUT}
1	0	63C1	250.006 Hz
1	1	63C2	250.012 Hz
1	2	63C4	250.025 Hz
1	3	63C8	250.050 Hz
2	0	63D0	250.100 Hz
2	1	63E0	250.200 Hz
2	2	63C0	250 Hz
2	3	63C0	250 Hz
3	0	63C0	250 Hz
3	1	63C0	250 Hz
3	2	67C0	256.568 Hz
3	3	6BC0	263.491 Hz
4	0	73C0	278.520 Hz
4	1	63C0	250 Hz
4	2	63C0	250 Hz
4	3	E3C0	1.383 kHz

45. 6을 디코드하는 게이트가 계수 4를 6(0110)으로 인식하여 카운터를 0(Q_1이 개방되어 있으므로 실제로는 0010)으로 클리어한다. 따라서 Q_1이 개방된 상태에서 분 카운터의 10자리수의 계수 순서는 0010, 0011, 0010, 0011, 0110이다.

47. 그림 P-84를 보라. 층을 나타내는 코드는 고정배선논리(hardwired)로 되어 있으며 각 층마다 고유한 값을 갖는다. 그림에서는 5층에 대한 논리를 나타내었다.

49. **(a)** 층카운터를 2비트로 변경
(b) Call/Req 코드 레지스터와 관련된 논리를 2비트에 맞게 변경
(c) 7-세그먼트 디코더를 2비트 코드에 맞게 변경

51. 그림 P-85 참조.

53. 그림 P-86 참조.

55. 그림 P-87 참조.

57. 그림 P-88 참조.

59. U2의 Q 출력에 연결되는 U5 AND 게이트의 입력이 VCC에 단락되었다.

61. LOAD' 입력으로 가는 선이 항상 LOW이다.

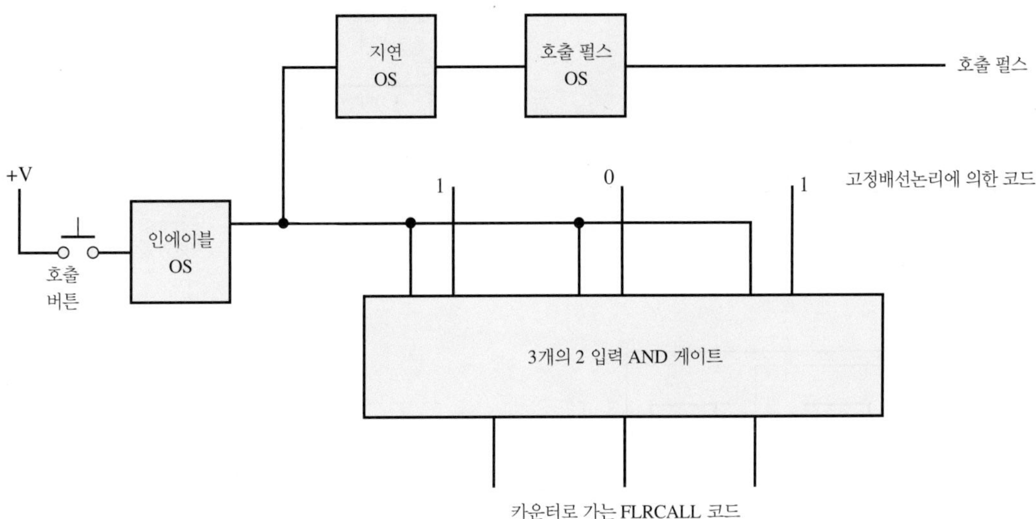

그림 P-84

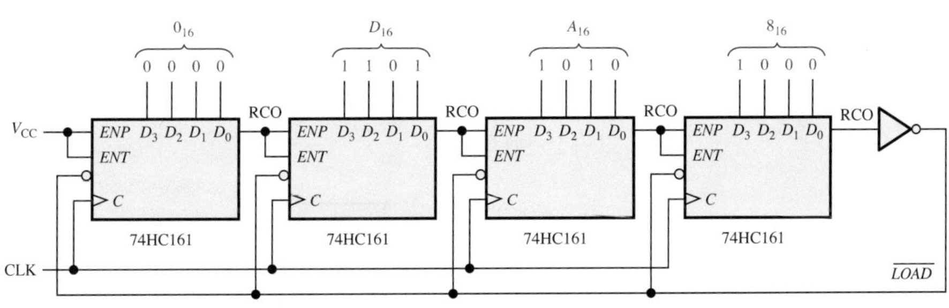

그림 P-85

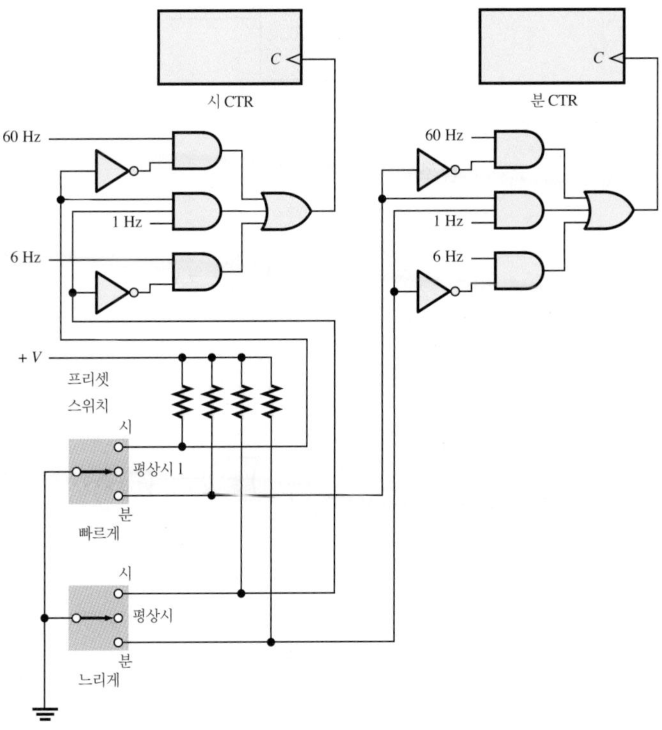

그림 P-86

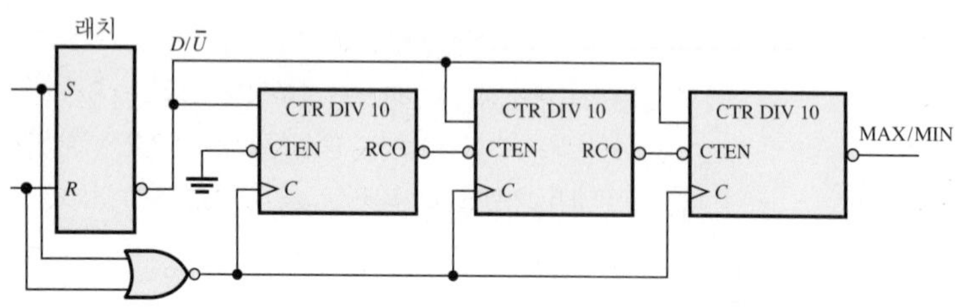

그림 P-87

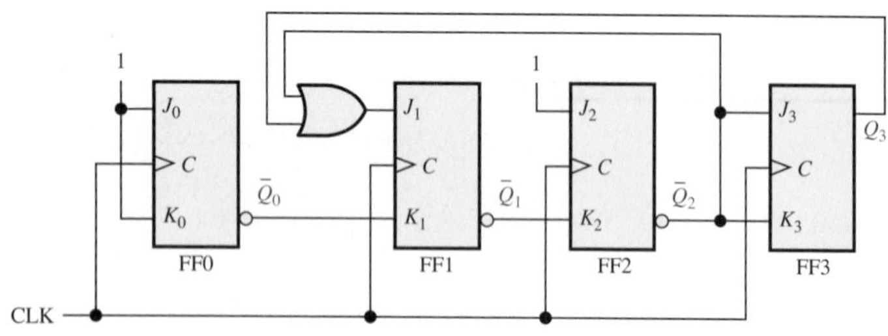

그림 P-88

제10장

1. $X = \bar{A}\bar{B}\bar{C} + \bar{A}B\bar{C} + A\bar{B}C$

3. 그림 P-89 참조.

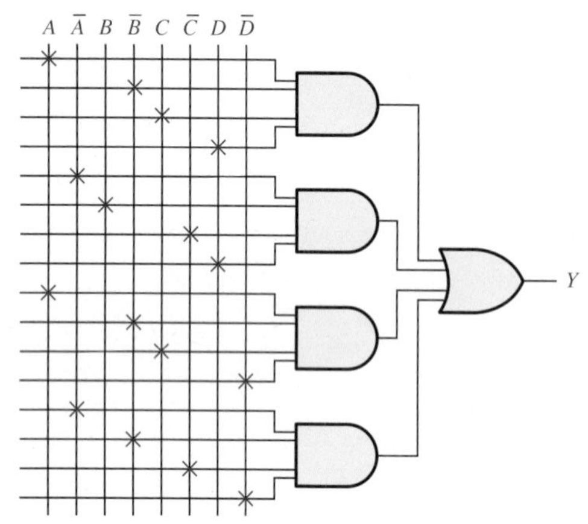

그림 P-89

5. CPLD는 기본적으로 프로그램 가능한 상호 연결 배열로 연결할 수 있는 여러 개의 SPLD로 구성된다.

7. (a) $\bar{A}BC\bar{D}$

   (b) $ABC(\bar{D} + \bar{E}) = ABC\bar{D} + ABC\bar{E}$

9. $X = A\bar{B} + \bar{A}B$

11. $X_1 = A\bar{B}C\bar{D} + \bar{A}BCD + ABC\bar{D}$;

    $X_2 = ABCD + AB\bar{C}D + \bar{A}BC\bar{D} + A\bar{B}CD$

13. (a) 조합; 1 (b) 레지스터된; 0

15. (a) 레지스터된 (b) GCK1

    (c) 0 (d) 0

17. SOP 출력 $= \bar{A}\bar{B}\bar{C} + \bar{A}\bar{B}C + \bar{A}BC + A\bar{B}C + AB\bar{C}$

19. 그림 P-90 참조.

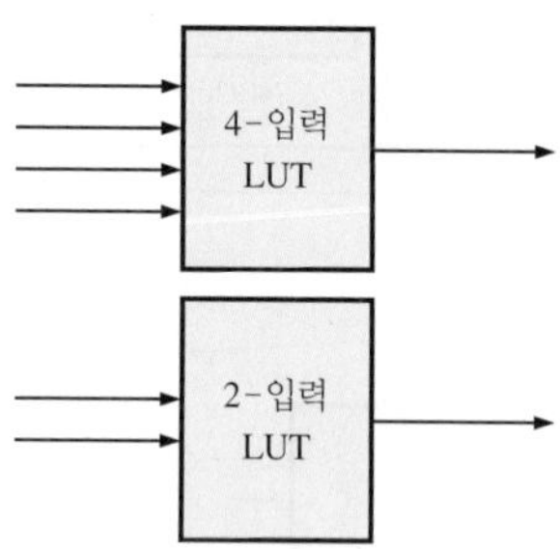

그림 P-90

21. 그림 P-91 참조.

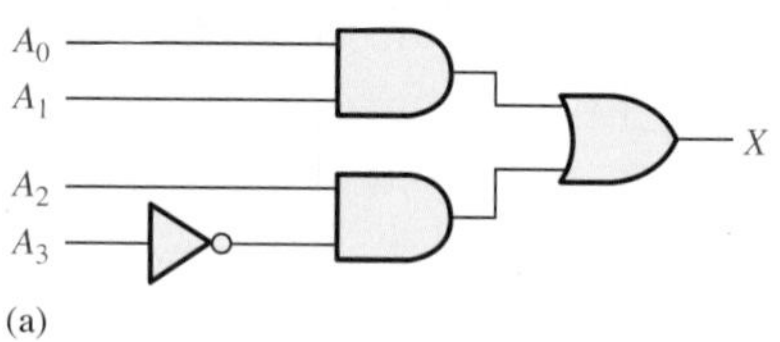

(a)

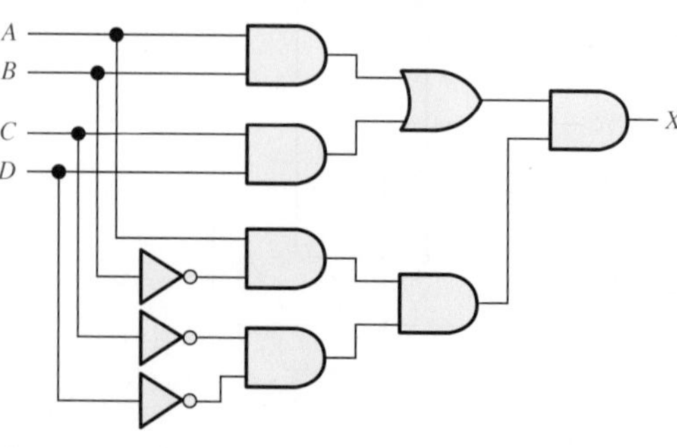

(b)

그림 P-91

23. 그림 P-92 참조

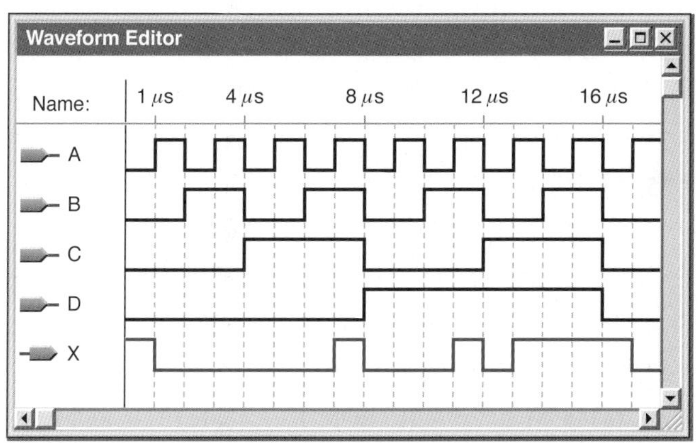

그림 P-92

25. 시프트 입력 = 1, 데이터는 SDI에 인가되고, MUX를 거쳐 클록 펄스의 선두 에지에서 캡처 레지스터 A로 클록된다. 캡처 레지스터 A의 출력 데이터는 상위 MUX를 통과하여 클록 펄스의 후미 에지에서 캡처 레지스터 B로 클록된다.

27. PDI/O = 0 및 OE = 0이다. 데이터는 입력 핀에 인가되고, 선택된 MUX를 통해 내부 프로그램 가능한 논리로 전달된다.

29. 000011001010001111011

0	000011001010001111011
1	000011001010001111011
3	000011001010001111011
6	000011001010001111011
12	000011001010001111011
9	000011001010001111011
2	000011001010001111011
5	000011001010001111011
10	000011001010001111011
4	000011001010001111011
8	000011001010001111011
1	000011001010001111011
3	000011001010001111011
7	000011001010001111011
15	000011001010001111011
14	000011001010001111011
13	000011001010001111011
11	000011001010001111011

31. AND-OR 논리는 바닥 패널의 Call 코드 또는 엘리베이터 패널과 플립플롭 상태에 따르는 레지스터에 관련된 클록에 의한 Request 코드 사이를 스위치한다.

제11장

1. **(a)** 읽기 전용(ROM), 즉 O_0 - O_3
   (b) 읽기/쓰기 동작(RAM), 즉 I/O_0 - I/O_3
3. 쓰기 - 메모리의 특정 주소에 데이터를 넣는다.
   읽기 - 메모리의 지정된 주소에서 데이터를 복사한다.
5.

	비트 0	비트 1	비트 2	비트 3
Row 0	0	0	0	0
Row 1	0	1	0	0
Row 2	0	0	0	0
Row 3	0	0	0	1

7. 512 행 × 128 8-비트 열
9. 가장 최근에 사용된 명령어나 저속, 대용량의 주 메모리의 데이터를 저장하는 고속, 저용량의 메모리.
11. 표 P-15 참조.

표 P-15

입력		출력			
A_1	A_0	O_3	O_2	O_1	O_0
0	0	0	1	0	1
0	1	1	0	0	1
1	0	1	1	1	0
1	1	0	0	1	0

13. 그림 P-93 참조.

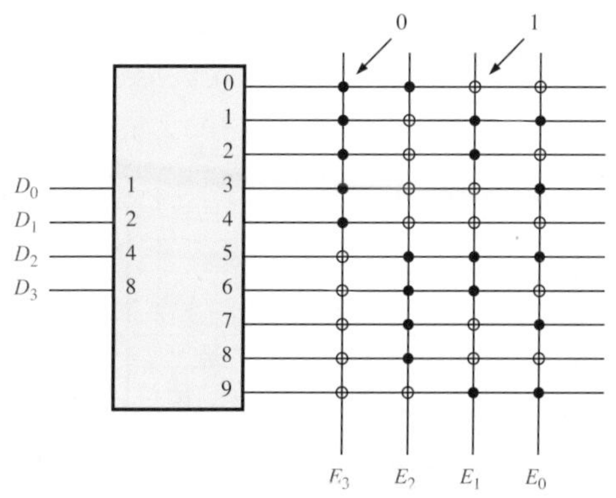

그림 P-93

15. 끊어야 할 연결: 1-17, 19-23, 25-31, 34, 37, 38, 40-47, 53, 55, 58, 61, 62, 63, 65, 67, 69
17. 16개의 주소 선이 있는 8개의 16k × 4 DRAM을 사용한다. 선택된 메모리 칩을 활성화하기 위해 2개의 주소 선을

디코드한다. 4개의 데이터 선이 각 칩에 연결된다.

19. 8비트, 64k 워드; 4비트, 256k 워드

21. 하위 주소 : $FC0_{16}$, 상위 주소 : FFF_{16}

23. 하드 디스크는 알루미늄 합금으로 만들어진 단단한 접시 또는 자기 코팅으로 덮인 유리와 세라믹의 혼합물이다. 일반적으로 3.5인치, 2.5인치 및 1.8인치 등 세 가지 직경 크기가 있다. 하드 디스크 드라이브는 디스크에 먼지가 끼지 않도록 밀폐되어야 한다.

25. 검색 동작, 검색 시간 및 대기 시간.
디스크 드라이브의 액세스 시간 = 평균 검색 시간 + 평균 대기 시간

27. CD는 단면이고, DVD는 양면에 데이터를 저장할 수 있으므로 CD보다 DVD에 더 많은 저장 공간이 있다.

29. 메모리 계층은 처리 속도를 최대화하고 비용을 최소화하기 위해 컴퓨터 구조 내에 있는 다양한 메모리 요소에 대한 배열을 나타낸다.

31. 적중률은 주어진 메모리 계층에서 요청된 데이터를 찾는 메모리 액세스의 백분율로 정의된다.

33. 그림 P-94 참조

35. 아키텍처는 클라우드 저장 시스템이 구조화되고 구성되는 방식이다. 일반적으로 클라우드 저장 시스템은 액세스 프로토콜을 사용하는 전단, 데이터 처리 프로토콜을 사용하는 제어 및 저장을 제공하는 후단으로 구성된다.

37. 체크섬 내용에 오류가 있다.

39. (a) ROM 2 (b) ROM 1 (c) 모든 ROM

제12장

1. 그림 P-95 참조.

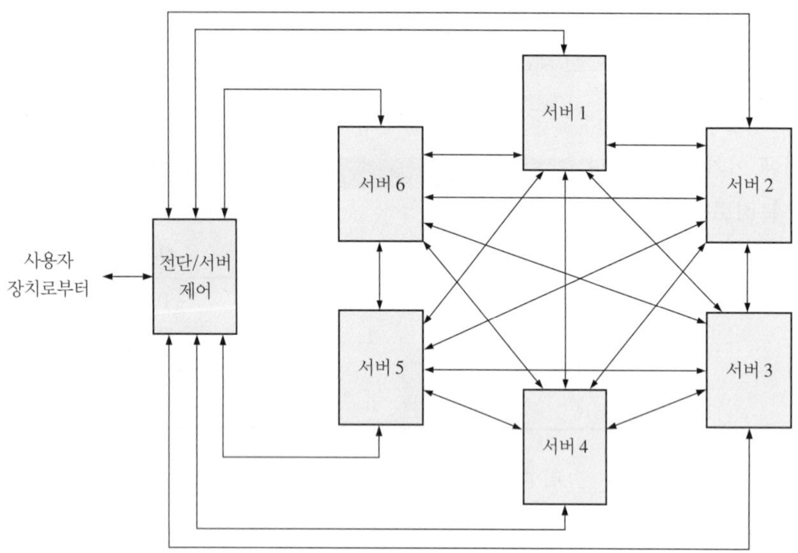

그림 P-94

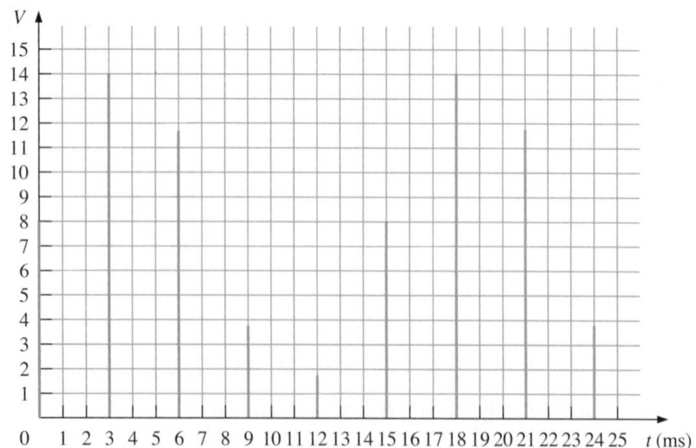

그림 P-95

3. 11, 11, 11, 11, 01, 11, 11, 11, 11

5. 그림 P-96 참조.

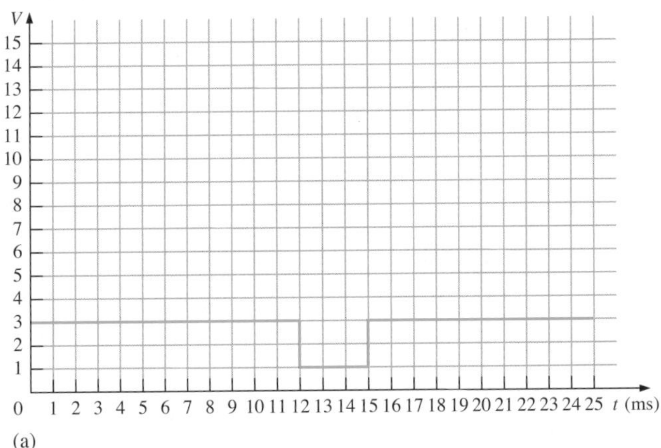

(a)

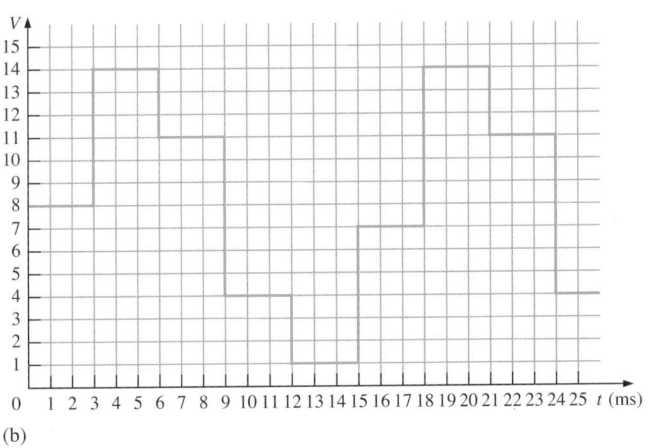

(b)

그림 P-96

7. 200

9. -33

11. 001, 010, 011, 101, 110, 111, 111, 111, 111, 110, 101, 101, 110, 110, 110, 101, 100, 011, 010, 001

13. 11, 11, 11

15. 그림 P-97 참조.

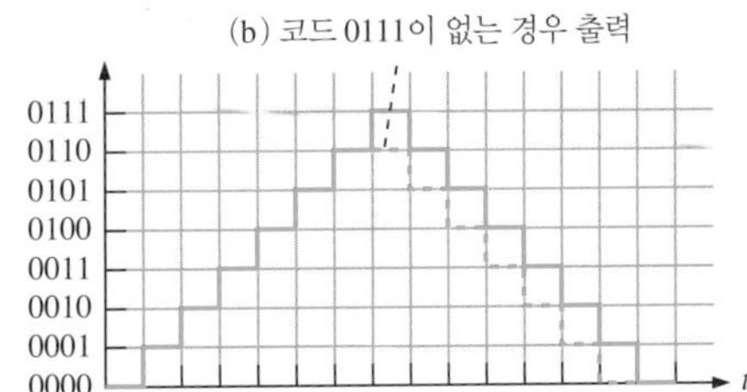

그림 P-97

17. 그림 P-98 참조.

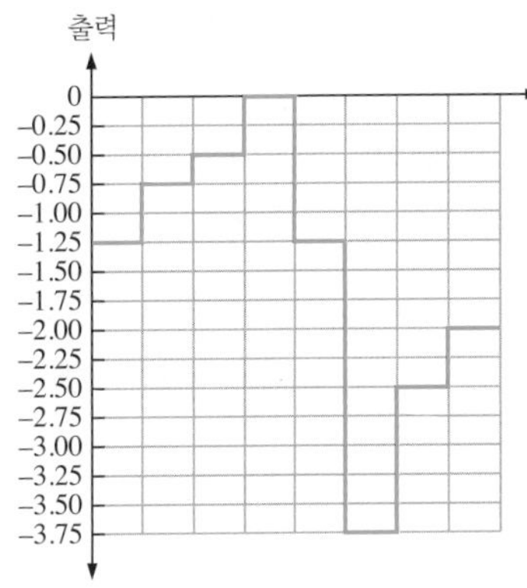

그림 P-98

19. (a) 33.33% (b) 3.22% (c) 0.024%

21. 그림 P-99 참조.

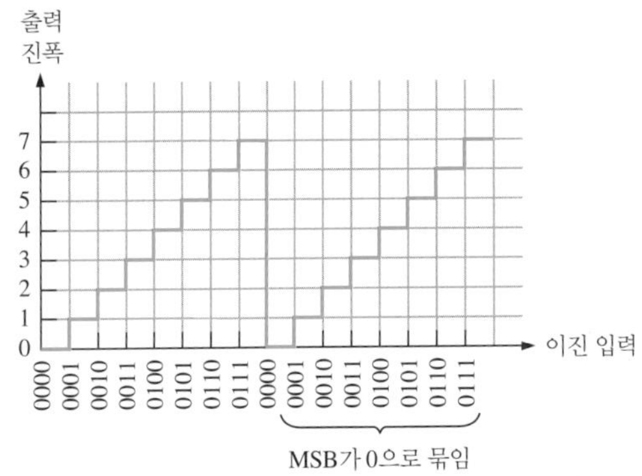

그림 P-99

23. 샘플-앤드-홀드 회로를 사용한다.

25. 디지털-아날로그 변환기는 디지털 코드를 대응되는 아날로그 신호로 변환한다.

27. 18.75 million instructions/s

29. 1. 프로그램 주소 생성(PG). 프로그램 주소가 CPU에 의해 생성된다.
  2. 프로그램 주소 전송(PS). 프로그램 주소가 메모리로 전송된다.
  3. 프로그램 접근 준비 대기(PW). 메모리 읽기 작업이 일어난다.
  4. 프로그램 페치 패킷 수신(PR). CPU는 명령어 패킷을 수신한다.

제13장

1. 아니요. $V_{OH(min)} < V_{IH(min)}$

3. HIGH 상태에서 0.15 V; LOW 상태에서 0.25 V

5. 게이트 C

7. 12 ns

9. 게이트 C

11. 예, G_2

13. (a) on (b) off (c) off (d) on

15. 그림 P-100은 가능한 회로 중 하나다.

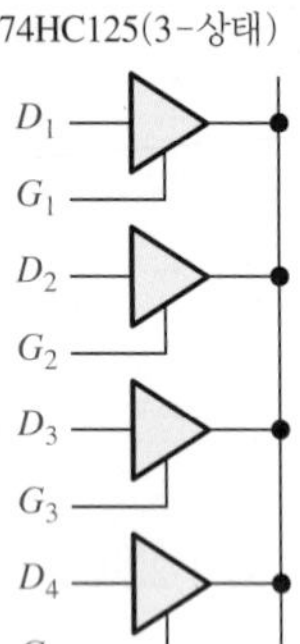

그림 P-100

17. (a) HIGH (b) 부유
(c) HIGH (d) High-Z

19. (a) LOW (b) LOW (c) LOW

21. 그림 P-101 참조.

23. (a) $R_p = 198\ \Omega$
(b) $R_p = 198\ \Omega$
(c) $R_p = 198\ \Omega$

25. AVLC

27. (a) A, B에서 X: 9.9 ns
C, D에서 X: 6.6 ns
(b) A에서 X_1, X_2, X_3: 14 ns
B에서 X_1: 7 ns
C에서 X_2: 7 ns
D에서 X_3: 7 ns
(c) A에서 X: 11.1 ns
B에서 X: 11.1 ns
C에서 X: 7.4 ns
D에서 X: 7.4 ns

29. ECL은 비포화 BJT를 사용하여 동작한다.

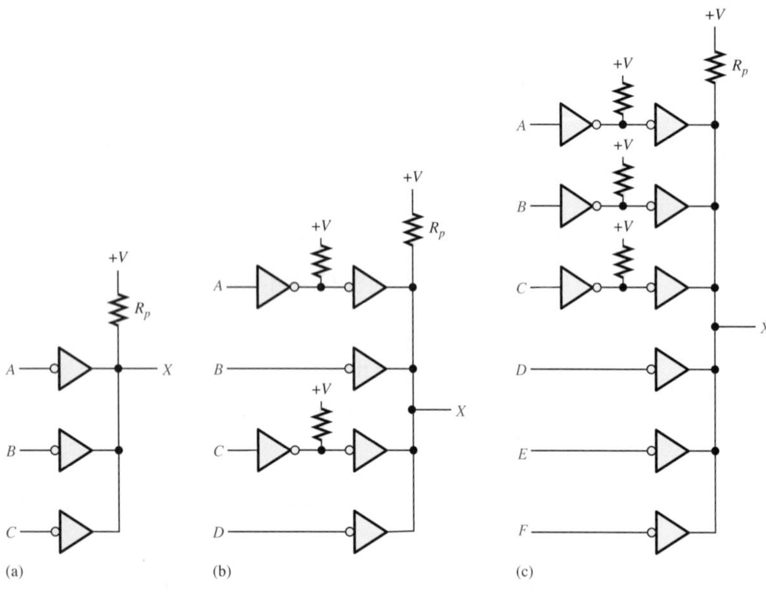

그림 P-101

용어해설

가산기(adder) 2개의 이진수를 더하는 논리회로

가수(addend) 덧셈에서, 피가산수(augend)에 더해지는 수

가수(mantissa) 부동소수점 수의 크기

가중치(weight) 숫자를 표시할 때 수의 위치에 따라 달라지는 자리의 값

감산기(subtracter) 2개의 2진수를 뺄셈하는 데 사용되는 논리회로

감소(decrement) 카운터의 2진 단계를 하나 감소시키는 것

감수(subtrahend) 피감수에서 빼는 수

개방-콜렉터(open-collector) 출력 트랜지스터의 콜렉터가 내부 다른 회로에 연결되지 않고 외부 연결을 할 수 있도록 제공되는 논리회로의 출력 구조로 일반적으로 고전압, 고전류의 부하를 구동하는 데 사용된다.

게이트(gate) AND, OR와 같이 기본 논리 연산을 수행하는 논리회로. FET의 3단자 중에 하나

결합 법칙(associative law) 3개 변수 이상의 논리합(OR)이나 논리곱(AND)에서 어느 변수나 2개씩 묶어서 먼저 계산해도 그 곱이나 합은 변하지 않는다는 법칙

경계 스캔(boundary scan) JTAG 표준(IEEE Std. 1149. 1)에 의거하여 PLD를 내부적으로 시험하는 데 사용되는 방법

고수준 언어(high-level language) 인간 언어 체계와 비슷한 컴퓨터 언어의 한 종류로 어셈블리 언어의 한 단계 위

고-임피던스(high-Z) 3-상태 회로의 출력이 나머지 다른 회로와 연결되지 않는 고-임피던스 상태

고장 진단(troubleshooting) 회로 또는 시스템에서 고장을 찾아내고 격리시키고 수정하는 시스템적인 처리 기술

고정기능 논리(fixed-function logic) 변경될 수 없이 고정된 기능을 갖고 있는 디지털 집적 회로의 한 부류

곱(product) 곱셈의 결과

곱의 합(sum-of-products, SOP) 불 식에서 AND항들을 OR한 형태로 표현한 것

곱의 항(product term) 불 식에서 2개 이상의 문자가 AND 연산으로 구성된 것

공유 버스(shared bus) PCI와 같이 여러 장치가 공유하는 버스

광섬유(optical fiber) 광 신호 전송에 사용되는 데이터 전송 매체 유형

광자기 디스크(magneto-optical disk) 전자기 및 레이저 빔을 사용하여 데이터를 읽고 쓰는 저장 장치

광학 주크박스(optical jukebox) 대용량 데이터를 위한 보조 기억 장치 유형

교차 어셈블러(cross-assembler) 한 유형의 마이크로프로세서용 어셈블리 언어 프로그램을 다른 유형의 마이크로프로세서용 어셈블리 언어로 변환하는 프로그램

교환 법칙(commutative law) 두 변수의 AND와 OR 연산에서 변수의 순서를 바꾸어도 그 결과가 변하지 않는다는 법칙

구현(implementation) 네트리스트에 의해 기술된 논리 구조가 대상 소자의 구조로 맵핑되는 소프트웨어 프로세스. 개념적 디자인의 물리적 실현

그래픽 기반의 입력[graphic(schematic) entry] 디자인 화면에 논리 다이어그램을 그래픽으로 작성하여 소프트웨어에 논리 설계를 입력하는 방법

그레이 코드(Gray code) 순차적으로 인접한 코드 숫자 간 단일 비트만 변경되는 특징이 있는 가중치를 갖지 않는 디지털 코드

글리치(glitch) 짧은 시간 동안 발생하는 스파이크 형태의 전압 또는 전류로서 일반적으로 의도하지 않게 생성되거나 원치 않는 신호를 의미함

글자(character) 기호, 문자 또는 숫자

기계어(machine language) 컴퓨터가 이해하는 2진 코드로 작성된 컴퓨터 명령어. 최저 수준의 프로그래밍 언어

기능 시뮬레이션(functional simulation) 설계된 회로의 논리 또는 기능 동작을 확인하는 소프트웨어 처리 과정

기본 주소(base address) 메모리의 세그먼트의 시작 주소

나머지(remainder) 나눗셈의 남은 양

나이퀴스트 주파수(Nyquist frequency) 특정의 샘플링 주파수에서 샘플링할 수 있는 최대 신호 주파수. 이 신호 주파수는 샘플링하는 주파수의 1/2보다 작거나 같다.

네거티브 AND(nagative-AND) 모든 입력이 LOW일 때 HIGH를 출력하는 논리회로로 NOR 게이트와 동일한 동작을 한다.

네거티브 OR(nagative-OR) 입력 중에 하나 이상이 LOW일 때 HIGH를 출력하는 논리회로로 NAND 게이트와 동일한 동작을 한다.

네트리스트(netlist) 부품의 종류, 입력, 출력과 모든 상호 연결 등의 내용을 이용하여 회로의 구성 상태를 기술하는 데 필요한 상세 정보 목록

노드(node) 게이트의 출력이 하나 또는 그 이상의 입력으로

연결되는 회로에서의 결합점

논리 배열 블록(logic array block, LAB) 프로그램 가능한 상호 연결 배열을 이용하여 다른 LAB 또는 다른 I/O와 연결할 수 있는 매크로셀의 그룹으로 기능 블록으로도 불린다.

논리 요소(logic element) FPGA에서 LUT, 관련 논리와 플립플롭을 포함하고 있는 논리의 가장 작은 영역

논리(logic) 디지털 회로에서 HIGH는 참의 상태를 나타내고, LOW는 거짓 상태를 나타내는 게이트 회로의 의사 결정 기능

누화(crosstalk) 의도하지 않은 결합을 통한 원치 않는 신호의 발생

니모닉, 연상 기호(mnemonic) 어셈블러에 의해 프로세서가 이해할 수 있도록 머신 코드로 변환되는 영어 형태의 명령어

니블(nibble) 4비트의 그룹

다운로딩(downloading) 논리 설계를 소프트웨어에서 하드웨어로 전송하는 설계 흐름 과정

다이오드(diode) 전류를 한쪽 방향으로만 흐르게 하는 반도체 소자

다중 점유(multitenancy) 여러 사용자가 서로의 데이터를 보지 않고 동일한 소프트웨어 응용 프로그램, 하드웨어 및 데이터 저장소 메커니즘을 공유할 수 있게 해주는 클라우드 저장소 시스템의 속성

단(stage) 레지스터에서 하나의 저장 요소(플립플롭)

단안정(monostable) 하나의 안정된 상태만을 갖는 것. 원-숏으로 불리는 단안정 멀티바이브레이터는 트리거 입력이 들어오면 1개의 펄스를 만든다.

단위 부하(unit load) 팬-아웃의 측정 단위로, 동일한 IC 계열에서 하나의 게이트 입력은 게이트의 출력에 대해 하나의 단위 부하로 작용한다.

단일 모드(single mode) 빛이 단일 빔 또는 광으로 전파되는 경향이 있는 광섬유의 특성

단일 종단형 동작(single-ended operation) 데이터에 하나의 선을 사용하고 그라운드에 하나의 선을 사용하는 버스 운용

단조성(monotonic) 부정확한 스텝 반전이 없는 DAC의 특성, 디지털→아날로그 변환 과정의 선형성의 하나

대기 시간(latency period) 헤드가 자기 하드 디스크의 원하는 트랙 위에 배치되면 원하는 섹터가 헤드 아래까지 회전하는 데 걸리는 시간

대기 시간(latency) 데이터 요청과 사용자에게 데이터 전달 사이의 시간

대기상태(wait state) 하나의 프로세서 클록 사이클과 동일한 시스템 버스의 지연. 대기 상태는 시스템 버스의 타이밍이 주소, 데이터 및 제어의 시스템 타이밍 사양을 충족시키는지 확인하는 데 사용된다.

대상 소자(target device) 소프트웨어에 의해 설계된 논리회로를 다운로드할 개발 보드 또는 프로그래밍 고정장치에 장착된 PLD. 프로그램되어지는 PLD

대역폭(bandwidth) 정현파 입력신호가 원래 진폭의 70.7%로 감쇄되는 주파수

데이터 버스(data bus) 데이터 또는 명령어 코드가 마이크로프로세서로 전송되거나 연산 결과가 마이크로프로세서에서 전송되는 양방향 전도성 경로의 세트

데이터 선택기(data selector) 여러 입력으로 들어오는 데이터를 하나 선택하여 출력하는 회로로 멀티플렉서라 한다.

데이터 센터(data center) 클라우드 저장 시스템을 수용하는 시설

데이터 시트(data sheet) 집적회로 또는 다른 소자에 대해 동작조건. 전기적 특성을 규정하고 있는 문서

데이터(data) 숫자, 문자 또는 다른 형태의 정보

델타 변조(delta modulation) 1비트 양자화 과정을 사용하여 아날로그→디지털 변환을 하는 한 방법

동기 카운터(synchronous counter) 각 단계가 동일한 펄스에 의해 클록킹되는 카운터 유형

동기식(synchronous) 시간적인 사건에 따라 정렬되거나 서로 동기화되는 신호 또는 시스템을 표현하는 조건, 동일한 타이밍 신호를 갖는 둘 이상의 시스템

동적 메모리(dynamic memory) 용량성 저장 셀로 구현된 반도체 메모리의 한 종류로 일정 시간이 지나면 데이터가 소멸되어 반드시 리플래시를 해주어야 한다.

동축 케이블(coaxial cable) EMI를 최소화하기 위해 차폐 전도체가 사용되는 일종의 데이터 전송 매체

듀티 사이클(duty cycle) 백분율로 표현되는 주기와 펄스 폭의 비율

드레인(drain) 전계 효과 트랜지스터(FET)의 한 단자

디멀티플렉서(demultiplexer, demux) 하나의 입력으로 들어오는 데이터를 정해진 시간 순서에 의해 여러 출력으로 분배하는 회로(디지털 소자)

디지털 신호 처리기(digital signal processor, DSP) 데이터를 실시간으로 처리하는 특별한 종류의 마이크로프로세서

디지털(digital) 디지트와 이산화된 양에 관계되는 용어. 연속적인 값의 반대로 이산적인 값의 집합

디지털-아날로그 변환기(digital-to-analog converter, DAC) 디지털 형태의 정보를 아날로그 형태로 변환하는 소자

디지털-아날로그(D/A) 변환[digital-to-analog(D/A) conversion] 연속적인 디지털 코드를 아날로그 형태로 변환하는 과정

디지트(digit) 양을 표현하는 기호

디코더(decoder) 코드화된 정보를 다른 코드화되지 않은 형태(친숙한 정보)로 변환하는 디지털 회로(장치)

디코드(decode) 코딩된 정보를 해석하는 과정, 코딩된 형태의 데이터를 보다 일반적인 형태로 변경하는 것, 명령들이 기능 유닛들에 할당되고 디코딩되는 DSP 파이프라인 동작의 단계

래치(latch) 한 비트를 저장하는 용도의 쌍안정 디지털 회로

랭크(rank) 워드 또는 바이트와 같은 단위로 데이터를 저장하는 메모리 모듈을 구성하는 칩 그룹

레이스(race) 논리 네트워크에서 2개 이상의 신호 경로를 통한 전파 시간 차이가 잘못된 출력을 생성할 수 있는 조건

레지스터 배열(resister array) 프로그램이 신속하게 액세스해야 하는 데이터 및 주소를 유지하기 위한 마이크로프로세서 내의 임시 저장 장소 세트

레지스터(resister) 2진 정보를 시프트하고 저장할 수 있는 디지털 회로로 일반적으로 임시 저장 소자로 사용된다.

레지스터된(resistered) 출력이 플립플롭에서 나오는 CPLD 매크로셀 출력 구조

레코드 길이(record length) 오실로스코프가 캡처하고 저장할 수 있는 샘플 수(데이터 포인트)

룩-어헤드 캐리(look-ahead carry) 2진 덧셈의 경우에 앞 단에서 발생하는 캐리를 미리 예측하여 캐리의 전파지연 시간을 없애는 방법

리셋(RESET) 출력이 0이 되는 플립플롭 또는 래치의 상태. 리셋 상태를 만드는 동작

리스너(listener) GPIB에서 컴퓨터에 의해 불려지면 데이터를 받는 장치

리얼 모드(real mode) 8086의 1MB 메모리를 에뮬레이션하는 방식으로 인텔 프로세서가 작동하는 모드

리플 카운터(ripple counter) 비동기식 카운터

리플 캐리(ripple carry) 가산기에서 각 단의 가산기로부터의 출력캐리가 다음 단의 입력캐리로 연결되어 2진 덧셈을 하는 방법

리플래시(refresh) 커패시터 저장 셀을 재충전하여 동적 메모리의 내용을 갱신하는 과정

링 카운터(ring counter) 1과 0이 패턴이 계속해서 순환되는 레지스터

마이크로컨트롤러(microcontroller) 마이크로프로세서, 메모리 및 다양한 하드웨어 주변 장치를 단일 IC에 결합한 반도체 장치

마이크로프로세서(microprocessor) 데이터에 대해 지정된 기능을 수행하기 위한 일련의 명령어로 프로그래밍할 수 있는 대규모 디지털 집적 회로 소자

매크로셀(macrocell) 조합 논리와 레지스터 출력을 갖는 SOP 논리 배열. 하나의 OR 게이트와 몇몇의 관련 출력 논리로 구성된 GAL 또는 PAL의 일부분. CPLD는 서로 연결되어 있는 여러 개의 매크로셀로 구성된다.

맨체스터 인코딩(Manchester encoding) 1은 상승 에지로 0은 하강 에지로 표현되는 바이페이즈(biphase)라고 불리는 인코딩 방식

머신 코드(machine code) 프로세서가 이해하는 기본적인 2진 명령어

멀티모드(multimode) 광이 다중 광선으로 전파되는 광섬유의 특성

멀티바이브레이터(multivibrator) 출력이 입력으로 피드백되는 구조로 연결되어 있는 디지털 회로. 회로의 구성에 따라 단안정, 쌍안정. 비안정으로 분류된다.

멀티스레딩(multithreading) 스레드라는 불리는 프로그램의 다른 부분들을 동시에 실행하는 과정

멀티-코어 프로세서(multi-core processor) 1개 이상의 프로세서로 구성된 마이크로프로세서

멀티태스킹(multitasking) 프로세서가 여러 개의 프로그램을 동시에 수행하는 기술

멀티프로세싱(multiprocessing) 다중 프로세서를 사용하여 다중 태스크 또는 다중 프로그램을 실행하는 데이터 처리 기술

멀티플렉서(multiplexer, mux) 여러 개의 입력단을 통해 들어오는 디지털 데이터를 정해진 순서대로 1개의 출력단을 통해 전송하는 회로

메모리 계층(memory hierarchy) 최대 성능을 얻기 위해 컴퓨터 구조 내의 다양한 메모리 요소의 배열

메모리 대기 시간(memory latency) 메모리를 액세스하는 데 필요한 시간

메모리 배열(memory array) 행과 열로 정돈되어 있는 메모리 셀의 배열

메모리(memory) 컴퓨터 또는 다른 시스템에서 이진 데이터를 저장하는 부분

메카트로닉스(mechatronics) 기계 및 전자 부품으로 구성된 학제 간 분야

명령(instruction) 컴퓨터 프로그램에서의 한 단계, CPU에게 일을 시키는 단위 정보

모뎀(modem) 디지털 장비를 전화선과 같은 아날로그 시스템에 인터페이스하는 데 사용되는 변조/복조 장치

모듈러스(modulus) 카운터가 계수하는 고유 상태의 수

목적 프로그램(object program) 고-수준 소스 프로그램을 기계어로 번역한 것

몫(quotient) 나누기에서의 결과

무어 상태 머신(Moore state machine) 출력이 내부 현재 상태에만 의존하는 상태 머신

무정의("don't care") 발생할 수 없는 입력의 조합으로 카르노맵에서 간략화를 위해 1 또는 0으로 사용될 수 있다.

문자 입력(text entry) HDL 언어로 논리 설계를 소프트웨어에 입력하는 방법

문자(literal) 변수 또는 변수의 보수

물리적 주소(physical address) 메모리에서 데이터의 실제 위치

미스(miss) 주어진 메모리 레벨에서 데이터 블록을 읽거나 쓰려고 하는 시도가 실패할 때

밀리 상태 머신(Mealy state machine) 출력이 내부 현재 상태와 입력 모두에 의존하는 상태 머신

바이트(byte) 8비트의 그룹

바이폴라(bipolar) 바이폴라 트랜지스터로 구현된 집적 논리회로의 한 종류. TTL이라 알려져 있다.

반가산기(half-adder) 2개의 비트를 더하여 합과 출력 캐리를 만드는 디지털 회로. 입력 캐리는 처리할 수 없다.

반전(inversion) HIGH 레벨을 LOW 레벨로 변환하거나 이와 반대되는 상황으로의 보수화를 의미한다.

배열(array) PLD에서는 곱의 항(product-term)의 열과 입력의 행에 의해 형성되는 매트릭스 구조로 각 접점에서 프로그램 가능한 셀을 갖는다. VHDL에서는 개별적인 항(요소)의 순서화된 집합으로 단일 식별자를 갖는다.

배타적-NOR 게이트[exclusive-NOR(XNOR) gate] 두 입력이 서로 다를 때에만 LOW를 출력하는 논리 게이트

배타적-OR 게이트[exclusive-OR(XOR) gate] 두 입력이 서로 다를 때에만 HIGH를 출력하는 논리 게이트

배타적-OR, XOR(exclusive-OR) 두 입력이 서로 다를 때에만 HIGH를 출력하는 논리 연산

뱅크(bank) 단일 메모리 배열에서 메모리의 한 부분

버스 마스터(bus master) 컴퓨터 시스템에서 시스템 버스를 제어하고 관리하는 장치

버스 중재(bus arbitration) 2개의 소스가 동시에 버스를 사용하는 것을 금지하는 과정

버스 충돌(bus contention) 2개 이상의 소자가 동시에 같은 버스선에 출력하는 상황

버스 프로토콜(bus protocol) 2개 이상의 장치가 버스를 통해 통신할 수 있도록 하는 일련의 규칙

버스(bus) 둘 이상의 장치 간에 데이터를 전송하기 위한 일련의 연결 및 사양

버퍼(buffer) 입력 또는 출력에 데이터를 로드하는 것을 막는 회로. 입출력 데이터 등의 정보를 전송할 때 일시적으로 데이터를 저장하는 장소

범용 게이트(universal gate) NAND 게이트 또는 NOR 게이트. 범용이라는 용어는 한 종류의 게이트만의 조합으로 임의의 논리 기능을 구현할 수 있다는 게이트의 성질을 의미한다.

범용 시프트 레지스터(universal shift register) 직렬, 병렬 입력과 출력이 가능한 레지스터

베이스(base) 바이폴라 접합 트랜지스터에서 3개의 영역 중에 하나

변수(variable) 동작, 조건 또는 1또는 0의 값을 갖는 데이터를 나타내는 데 사용되는 기호로 보통 이탤릭체 문자나 단어로 표시된다.

변조(modulation) 보다 낮은 주파수의 정보를 가진 신호의 진폭에 비례하여 보다 높은 주파수 신호의 파라미터를 변경하는 과정

병렬 버스(parallel bus) 여러 개의 도체로 구성되며 동시에 여러 개의 데이터 비트(각 도체에 하나씩)를 전달하는 버스

병렬(parallel) 디지털 시스템에서 여러 개의 선에 동시에 데이터가 나타나는 것. 여러 개의 비트가 동시에 처리되거나 전송되는 것

보수(complement) 수의 역수. 불 대수에서는 역함수로 변수에 바(bar)를 붙여 표현한다. 1의 보수는 0이고, 0의 보수는 1이다.

부동소수점 수(floating-point number) 수를 표현하기 위해 지수와 가수 부분으로 나누어 표기하는 과학 표기법

부하(loading) 출력의 전압 또는 타이밍 사양을 저하시키는 다중 입력의 영향

부호 비트(sign bit) 2진수에서 양수 또는 음수를 나타내는 비트로 가장 상위 비트이다. 부호 비트가 0이면 양수이고 음이면 1이다.

분배 법칙(distributive law) 여러 변수를 OR 연산한 다음 결과를 단일 변수와 AND 연산하는 것은 단일 변수를 여러 변수와 AND 연산한 다음 그 곱항들을 OR 연산하는 것과 동일하다는 법칙

분해능(resolution) 샘플링된 값을 디지털 방식으로 표현하는 데 사용되는 비트 수

불 곱셈(Boolean multiplication) 불 대수에서 AND 연산

불 대수(Boolean algebra) 논리회로에 대한 수학

불 덧셈(Boolean addition) 불 대수에서의 OR 연산

불 식(Boolean expression) 논리회로의 연산을 표현하는 데 사용되는 연산자와 변수로 표현되는 식

블루레이(Blue-ray) DVD보다 높은 밀도와 해상도를 갖기 위해 청색 레이저를 사용하는 디스크 저장 기술

비교기(comparator) 두 양의 크기를 비교하여 서로의 관계를 나타내는 논리회로

비동기 카운터(asynchronous counter) 이전 단의 출력이 다음 단의 클록 입력으로 인가되는 형태의 카운터

비동기(asynchronous) 어떠한 고정된 시간 관계를 갖고 있지 않음, 동시에 일어나지 않음

비안정(astable) 안정 상태를 가지고 있지 않음. 비안정 멀티바이브레이터는 2개의 준안정 상태 사이를 발진하는 회로를 의미

비트 시간(bit time) 비트 열에서 단일 비트가 점유하는 시간 간격. 클록의 주기

비트(bit) 2진수 한 자리로 1과 0으로 표기된다.

비트스트림(bitstream) 프로그램하는 동안에 대상 소자로 보내지는 최종 설계의 비트 열

비트율(bit rate) 데이터 전송에서 초당 비트 수

비휘발성(nonvolatile) 전원이 제거되었을 때 저장된 데이터를 유지할 수 있는 메모리를 기술하는 용어

산술-논리 장치(ALU) arithmetic logic unit의 약자. 마이크로프로세서에서 산술과 논리 연산을 수행하는 가장 핵심적인 장치

상승 시간(rise time) 펄스가 상승 에지일 때 최대치의 10% 지점에서 90% 지점 사이의 시간 간격

상태 머신(state machine) 내부 논리와 외부 입력에 의해 조절된 일련의 상태를 나타내는 논리 시스템 또는 회로. 모든 순차 회로는 지정된 상태 시퀀스를 나타낸다. 상태 머신의 두 가지 유형은 무어와 밀리가 있다.

상태도(state diagram) 상태 또는 값의 순서를 그래픽적 방법으로 나타낸 그림

샘플링 속도(sampling rate) 오실로스코프의 ADC가 들어오는 신호를 디지털화하기 위해 계측되는 속도

샘플링(sampling) 파형의 모양을 정의하는 파형의 포인트들에서 충분한 수의 불연속 값을 취하는 과정

서버(server) 하나 이상의 클라이언트와 자원을 공유하는 컴퓨터화된 프로세스. 파일 저장과 액세스는 물론 파일 공유와 같은 서비스를 제공하기 위해 네트워크의 요청에 응답하는 대용량 메모리를 갖춘 컴퓨터 및 소프트웨어

서브루틴(subroutine) 프로그램에 의해 함께 조합되고 반복적으로 사용될 수 있지만 한 번만 프로그래밍 되는 일련의 명령어

선도 에지(leading edge) 펄스의 첫 번째 변화

설계 흐름(design flow) 대상 소자를 프로그램하기 위해 수행되는 연산의 순서 또는 과정

세그먼트(segment) 메모리의 64k 블록

세트(SET) 출력이 1이 되는 플립플롭 또는 래치의 상태. SET 상태로 만드는 동작.

셀(cell) 카르노 맵의 하나의 영역으로 이 영역이 나타내는 변수는 곱의 형태로 표현되고 유일함. 메모리에서 단일 저장 요소. PLD에서 열과 행이 교차되는 퓨즈 점

소스(source) 버스에서 송신 장치. 전계효과 트랜지스터(FET)의 한 단자

소스, 원시 프로그램(source program) 어셈블리 또는 고수준 언어로 작성된 프로그램

소프트 코어(soft core) FPGA의 논리의 일부분. 하드 코어와 비슷하지만 몇 가지 프로그램 가능한 특징을 갖는다.

소프트웨어 인터럽트(software interrupt) 인터럽트 서비스 루틴을 유발시키는 명령

소프트웨어(software) 컴퓨터 프로그램. 컴퓨터가 주어진 작업을 수행하기 위해 무엇을 해야 하는지 지시하는 프로그램

속도-전력 곱(speed-power product) 디지털 회로에서 전력 소모와 전파지연시간의 곱으로 표현되는 성능 지표

쇼트키(Schottky) 트랜지스터-트랜지스터 논리회로 기술의 하나

순방향 바이어스(forward bias) 트랜지스터 또는 다이오드의 *pn* 접합에서 전류가 흐르도록 하는 전압의 극성 조건

순차 회로(sequential circuit) 논리 상태가 지정된 시간 순서를 따르는 디지털 회로

순환 중복 검사(cyclic redundancy check, CRC) 오류 검출 코드의 한 종류

숫자(numeric) 수와 관련된

스루풋(throughput) 프로그램이 실행되는 평균 속도

스트로빙(strobing) 어떤 사건과 관련하여 정해진 시간에 사건의 발생을 샘플링하기 위해 펄스를 사용하는 과정

스트링(string) 바이트 또는 워드의 연속된 시퀀스

승수(multiplier) 곱셈에서 피승수에 곱하는 수

시스템 버스(system bus) 주소 버스, 데이터 버스 및 제어 버스를 포함하는 컴퓨터 시스템의 상호 연결 경로

신호 대 잡음비(signal-to-noise ratio, SNR) 일반적으로 데시벨(dB)로 표시되는 배경 잡음에 대한 신호 강도의 척도

신호 추적(signal tracing) 회로의 상태를 검사하기 위해 입력에서 시작하여 출력에 이르기까지 단계별로 또는 이와 역과정으로 파형을 관측하여 고장 진단을 하는 기술. 각 지점에서 관측된 파형은 그 지점에서의 올바른 파형과 비교된다.

신호(signal) 데이터를 보유하는 VHLD 객체의 한 종류

실행(execute) 명령을 수행하는 CPU의 과정. 디코드된 명령을 수행하는 DSP 파이프라인 동작의 한 단계

심플렉스(simplex) 데이터가 송신자(송신기)에서 수신자로 한 방향으로만 흐르는 연결

쌍안정(bistable) 2개의 안정된 상태를 가지고 있음. 플립플롭과 래치는 쌍안정 멀티바이브레이터이다.

쓰기(write) 메모리에 데이터를 저장하는 과정

아날로그(analog) 연속적인 값을 갖거나 연속적인 것으로 이산적인 값에 대한 반대의 개념

아날로그-디지털 변환기, ADC, AD 변환기(analog-to-digital converter) 아날로그 신호를 디지털 코드의 열로 변환하는 데 사용되는 소자

아키텍처(architecture) 논리 함수의 내부 동작을 설명하는 VHDL 장치. 소자에 특정 기능(동작 특성)을 부여하는 요소의 내부 기능적 배열

안티 퓨즈(antifuse) PLD의 불휘발성 프로그램 링크의 한 종류로, 프로그램에 의해 개방된 상태로 두거나 한 번은 단락시킬 수 있다.

액세스 시간(access time) 메모리에 주소가 인가되고 메모리로부터 유효한 데이터가 출력될 때까지 걸리는 시간

양방향(bidirectional) 두 방향을 가지고 있는 상태. 양방향 시프트 레지스터에서 저장되는 데이터는 우측 또는 좌측으로 시프트될 수 있다.

양자화(quantization) 아날로그→디지털 변환의 과정에서 샘플된 값을 2진 코드로 할당하는 과정

어셈블러(assembler) 기호 형식(mnemonic)의 언어로 작성된 프로그램을 기계어 코드로 변환하는 프로그램

어셈블리 언어(assembly language) 영어 형태의 단어를 사용하는 프로그래밍 언어로 기계어와 일대일로 대응된다.

억셉터(acceptor) 버스상에서 수신하는 장치

업/다운 카운터(up/down counter) 임의의 순서로 양쪽 방향으로 계수할 수 있는 카운터

에미터(emitter) 바이폴라 접합 트랜지스터의 세 영역 중에 하나

에일리어싱(aliasing) 표본화 신호가 원래 신호 주파수의 두 배보다 작을 때 발생하는 현상. 에일리어싱으로 인해 신호 주파수에 간섭되어 원하지 않는 주파수가 발생한다.

에지 트리거 플립플롭(edge-triggered flip-flop) 데이터의 입력이 클록 에지에 동기되어 출력되는 플립플롭의 한 종류

엔티티(entity) 논리 함수의 입력과 출력을 기술하는 VHDL의 구성 요소

역방향 바이어스(reverse bias) 트랜지스터 또는 다이오드의 *pn* 접합에서 전류가 흐르지 않도록 하는 전압 극성의 조건

연산 증폭기(operational amplifier, op-amp) 높은 이득, 높은 입력 임피던스와 매우 낮은 출력 임피던스를 갖는 2개의 차동입력 구조의 증폭기 소자

영숫자(alphanumeric) 숫자, 문자와 기타 기호들을 포함하고 있다.

예외(exception) 프로세서가 특별 처리해야 하는 모든 소프트웨어 이벤트

오류 검출(error detection) 디지털 코드에서 비트 오류를 검출하는 과정

오버플로우(overflow) 덧셈 과정에서 합계의 비트 수가 정해진 비트 수(더하는 숫자의 비트 수)를 초과할 때 발생하는 조건

오실리테이터(oscillator) 회생 피드백의 원리에 기초하여 반복적인 출력 파형을 생성하는 전자회로, 신호원

오프셋 주소(offset address) 기준 주소와 실제 주소 사이의 바이트 수로 표시되는 거리

용량(capacity) 메모리가 저장할 수 있는 총 데이터(비트, 니블, 바이트, 워드)의 수

우선순위 인코더(priority encoder) 가장 높은 값의 입력 숫자

만 인코딩되고 다른 활성 입력은 무시되는 인코더

운영체제(operating system) 컴퓨터 시스템을 제어하고 응용 프로그램 소프트웨어의 실행을 감독하는 소프트웨어

워드 길이(word length) 한 워드를 나타내는 비트의 수

워드 용량(word capacity) 하나의 메모리가 저장할 수 있는 워드의 수

워드(word) 하나의 메모리 위치에 저장될 수 있는 하나의 실체로서 동작하는 비트 또는 바이트의 그룹. 2바이트를 의미한다.

원-숏(one-shot) 단안정 멀티바이브레이터

유지 시간(hold time) 장치를 안정적으로 활성화하기 위해 제어 레벨이 클록의 트리거 에지 후 플립플롭 입력에 남아 있어야 하는 데 필요한 시간 간격

의사 연산(pseudo-operation) 어셈블러에 대한 명령어(프로세서에 대한 명령이 아님)

인버터, 반전기(inverter) NOT 회로, HIGH를 LOW로 변화시키거나 이와 반대의 동작을 하는 회로

인에이블, 허가(enable) 활성화 또는 동작 모드로 전환. 그것의 동작을 허용하는 로직 회로상의 입력

인접(adjacency) 카르노 맵에서 하나의 셀에 네 방향으로 붙어 있는 셀이 단일 변수 차이만 있는 셀의 특성

인접하는(contiguous) 서로 결합되는

인출(fetch) 메모리로부터 명령어를 인출하는 CPU 처리 과정. 프로그램 메모리로부터 명령어를 인출하는 DSP 파이프라인 동작의 단계

인코더(encoder) 정보를 코드화된 형태로 변환하는 디지털 회로 또는 소자

인터럽트(interrupt) 프로세서가 특수 처리해야 하는 하드웨어 이벤트. 서비스 루틴이 실행되는 동안 현재 프로세스가 일시적으로 중지되어야 하는 이벤트

인터페이싱(interfacing) 2개 이상의 전자 장치 또는 시스템을 서로 작동 가능하게 호환시켜 함께 제대로 작동시키는 프로세스

읽기(read) 메모리로부터 데이터를 꺼내는 과정

임베디드 시스템(embedded system) 일반적으로 대형 시스템을 제어하기 위해 내장된 프로세서 같은 단일 목적 시스템

입력(input) 회로로 들어가는 신호 또는 선, 회로의 동작을 제어하는 신호

입력/출력[input/output(I/O)] 입력 또는 출력으로 사용될 수 있는 소자의 단자

잡음내성(noise immunity) 원하지 않는 신호(잡음)를 보상할 수 있는 회로의 능력

잡음여유(noise margin) 같은 종류의 게이트 사이에서 최대 수용 LOW 입력 전압과 최대 LOW 출력전압의 차이. 또는 최소 HIGH 입력전압과 최소 HIGH 출력전압과의 차이. 실제 신호 레벨이 오류가 없는 전송을 위한 최소 허용 레벨을 초과하는 양

재배치 가능한 코드(relocatable code) 기본 코드를 바꾸지 않고 메모리 공간 내에서 임의의 주소로 이동할 수 있는 프로그램 코드

재순환(recycle) 카운터에서처럼 최종 상태에서 처음 상태로 되돌아가는 과정

저장(storage) 비트들을 유지하는 디지털 소자의 능력. 나중에 사용하기 위해 디지털 데이터를 유지하는 과정

적재(load) 시프트 레지스터로 데이터를 입력하는 과정

적중률(hit rate) 주어진 메모리 레벨에서 요청된 데이터를 찾는 메모리의 액세스 비율

전가산기(full-adder) 2개의 수와 캐리를 더하여 합과 출력 캐리를 만드는 디지털 회로

전력 소모(power dissipation) 전자 회로에서 직류 공급 전압과 직류 공급 전류의 곱. 회로에서 요구되는 전력의 양

전류 유입(current sinking) 부하로부터 출력단으로 전류가 유입되는 회로의 동작

전류 유출(current sourcing) 출력단으로부터 부하로 전류가 유출되는 회로의 동작

전자기파(electromagnetic waves) 전파, 마이크로웨이브, 적외선, 가시광선, 자외선, X선 및 감마선을 포함하는 전자기 스펙트럼과 관련

전파지연시간(propagation delay time) 논리회로의 동작에서 입력이 인가되어 출력으로 나타낼 때까지의 시간 간격

접합(junction) BJT에서 n 영역과 p 영역 사이의 경계

정논리(positive logic) 2진 논리에서 1의 상태를 HIGH, 0의 상태를 LOW로 표현하는 시스템

정수(integer) 정수

정의역(domain) 불 식에서의 모든 변수

정적 메모리(static memory) 저장 셀로 플립플롭을 사용하고 리플레싱 과정 없이 데이터를 유지할 수 있는 휘발성의 반도체 메모리

제수(divisor) 나눗셈 연산에서 피제수를 나누는 수

제어기(controller) 데이터 전송을 위해 버스상의 모든 기기를 화자나 청취자로 지정할 수 있는 기기

제어 버스(control bus) CPU를 컴퓨터의 다른 부분과 연결하여 그 동작을 조정하고 외부 장치와 통신하는 일련의 전도성 경로

제어 장치(control unit) 마이크로프로세서에서 데이터를 읽고 쓰는 과정과 명령어의 실행을 동기화하기 위한 제어 신호와 타이밍 관련 신호를 만드는 마이크로프로세서의 한 부분

조합 논리회로(combinational logic) 상호 접속된 논리 게이트의 조합으로 저장 또는 메모리 기능이 없는 특정한 불 함수를 생성한다. 때때로 combinatorial logic이라고 불린다.

존슨 카운터(Johnson counter) 1과 0이 특정한 형태로 미리 저장되어 있는 레지스터의 일종으로 각 단을 통해 시프트되어 특정의 비트 패턴을 만드는 시프트 레지스터 카운터

종단 계수(terminal count) 카운터의 순서에서 마지막 단계

종속 연결(cascading) 한 소자의 용량을 확장하기 위해 1개 이상의 유사한 소자를 연결하는 방법

종속 표기법(dependency notation) 입력과 출력의 관계를 규정하는 논리 기호에 대한 표기 시스템으로 주어진 함수에 대해 모든 것을 정의한다. ANSI/IEEE Std. 91-1984

종속(cascade) 카운터에서 말단 카운트 출력이 다음 단의 인에이블 단자로 직렬 형태로 연결되는 형태의 회로

주 메모리(main memory) 컴퓨터 시스템이 대량의 프로그램 및 관련 데이터를 저장하는 데 사용하는 메모리

주기(period, T) 주기적인 파형이 반복되는 데 필요한 시간

주기적(periodic) 고정된 시간 간격으로 반복되는 파형을 말한다.

주변 장치(peripheral) 컴퓨터와의 통신을 제공하거나 컴퓨터의 보조 서비스 또는 기능을 제공하는 장치 또는 기기

주소 버스(address bus) 마이크로프로세서에서 메모리 또는 기타 외부 장치로 가는 단방향의 전송로 그룹. 주소 코드가 전송된다.

주소(address) 메모리에 있는 주어진 저장 셀 또는 셀 그룹의 위치. 1바이트를 저장하는 고유한 메모리 위치

주파수(frequency, f) 주기파형에서 1초에 발생하는 펄스의 개수로 단위는 Hz이다.

준비 시간(set-up time) 플립플롭과 같은 디지털 회로로 데이터가 입력될 때 클록 펄스의 트리거 입력에 앞서 데이터가 유지되어야 하는 시간 간격

중단점(break point) 검사를 위해 프로그램을 멈추게 하는 프로그램 소스 코드 내에 있는 지점

증가(increment) 카운터의 2진 단계를 하나 증가시키는 것

지수(exponent) 부동소수점 수에서 10진 소수점(혹은 2진 소수점)이 이동해야 하는 자릿수를 나타내는 부분

지역 버스(local bus) 마이크로프로세서를 캐시 메모리, 메인 메모리, 보조 프로세서 및 PCI 버스 컨트롤러에 연결하는 내부 버스

지역 상호 연결(local interconnect) 논리 배열 블록에서 열과 행을 상호 연결을 사용하지 않고, 8개의 논리 요소를 서로 연결 가능하게 하는 선의 집합

지적재산(intellectual property, IP) PLD 또는 다른 제품의 제조업체가 소유한 설계

직렬(serial) 비트의 직렬 전송에서와 같이 다른 요소 다음에 하나의 요소가 있는 경우. 펄스처럼 동시에 발생하는 것이 아니라 연속적으로 발생하는 것

직렬버스(serial bus) 단일 도체에서 한 번에 하나씩 데이터 비트를 순차적으로 운반하는 버스

진리표(truth table) 논리회로의 입력에 대한 출력의 논리 동작을 나타내는 표

진폭(amplitude) 펄스 파형에서 펄스의 최소 레벨을 기준으로 측정되는 펄스의 최댓값 또는 높이

집적회로(integrated circuit, IC) 모든 구성 요소가 매우 작은 크기의 반도체 재료의 단일 칩에 집적되는 회로 유형

짝수 패리티(even parity) 매 비트 그룹에서 1의 개수가 짝수인 조건

차(difference) 뺄셈의 결과

차동 동작(differential operation) 2개의 데이터 선(1개는 데이터, 다른 하나는 데이터의 역수)과 1개의 접지선을 사용하는 버스 동작

최소항(minterm) 각 입력 변수가 정확히 한 번 나타나는 곱항

최소화(minimization) 가장 적은 수의 항목과 항목당 가장 작은 수의 문자를 갖도록 SOP 또는 POS 형태의 불 식으로 바꾸는 과정

출력(output) 회로로부터 나오는 신호 또는 선

카르노 맵(Karnaugh map) 불 식의 리터럴 조합을 나타내는 셀 배열로 식의 체계적인 단순화에 사용되는 도식적인 방법

캐리 발생(carry generation) 두 입력 비트가 1일 때, 전가산기에서 출력 캐리가 발생하는 과정

캐리 전달(carry propagation) 전가산기에서 입력 비트 중 하나 또는 모두가 1이고 입력 캐리가 1일 때 입력 캐리를 출력 캐리에 전달하는 과정

캐리(carry) 두 비트를 더했을 때 1을 초과하여 발생하는 자리올림 수

캐시 메모리(cache memory) 크지만 느린 주기억장치에서 가장 최근에 사용된 명령어나 데이터를 가져와 저장하는 비교적 작은 고속 메모리

캐싱(caching) 처리 속도를 높이기 위해 자주 액세스하는 프로그램 명령어를 주 메모리에서 빠른 메모리로 복사하는 과정

컬렉터(collector) 바이폴라 트랜지스터의 세 영역 중에 하나

컴파일러(complier) 소스코드를 변환하여 논리적으로 테스트하거나 대상 장치에 다운로드할 수 있는 형식의 목적 코드로 변환하고 설계 과정을 제어하는 프로그램

컴포넌트(component) 프로그램 전체에서 여러 용도로 사용하기 위해 논리 함수를 미리 정의하는 데 사용할 수 있는 VHDL 기능

코덱(codec) 코더와 디코더가 결합된 말

코드(code) 일정한 패턴으로 정돈되어 있는 비트의 조합으로 숫자, 문자와 다른 기호들과 같은 정보를 표현하는 데 사용된다. VHDL에서는 프로그램 문장을 의미한다.

큐(queue) 명령이나 데이터를 저장하는 고속의 메모리

크기(magnitude) 수량의 크기 또는 값

클라우드 저장(cloud storage) 인터넷을 통해 사용자 장치에 연결된 서버의 원격 네트워크

클록(clock) 디지털 시스템에서 기본 타이밍 신호. 동작을 동기화하는 데 사용되는 주기적인 파형

클리어(clear) 플립플롭을 리셋하는 데(Q 출력을 0으로) 사용되는 비동기 입력. 레지스터 또는 카운터의 상태를 0으로 만드는 것

타이머(timer) 원-숏 또는 발진기로 사용되는 회로. 일정 시간 간격의 출력을 생성하는 회로

타이밍 시뮬레이션(timing simulation) 설계된 논리를 악조건 상에서의 시간 관계와 논리 동작을 검증하기 위해 네트리스트와 전파지연시간의 정보를 사용하는 소프트웨어 처리 과정

타이밍도(timing diagram) 2개 이상의 파형의 시간관계를 나타내고 각 파형이 서로 어떤 시간관계를 가지고 있는지 나타내는 디지털 파형의 그래프

탄력성(elasticity) 서비스 중단 없이 전송되는 데이터 양의 변화를 처리할 수 있는 클라우드 스토리지 시스템의 기능

탐색 시간(seek time) 하드 드라이브의 읽기/쓰기 헤드가 읽기 작업을 위해 원하는 트랙 위에 위치할 때까지의 시간

테이프 라이브러리(tape library) 대용량 데이터를 위한 보조 기억 장치 유형

토글(toggle) 매 클록 펄스마다 상태를 변화시키는 플립플롭의 동작

토커(talker) GPIB에서 데이터를 송신할 수 있는 장치

토템-폴(totem-pole) TTL 회로의 출력의 한 형태

트랜지스터(transistor) 전류 또는 전압의 이득을 조절하는 반도체 소자. 스위칭 소자로 사용될 때는 개방/단락 스위치로 사용된다.

트리거(trigger) 논리회로에서 상태를 변화시키는 데 사용되는 펄스

파이프라이닝(pipelining) 한 명령어의 수행이 끝나기 전에 다른 명령어의 수행을 시작하는 연산 방법

파이프라인(pipeline) 메모리에 적용할 때 읽기 또는 쓰기 작업을 이전 작업이 완료되기 전에 시작할 수 있는 구현. 여러 명령어를 동시에 처리할 수 있는 DSP 아키텍처의 일부

패리티 비트(parity bit) 비트 그룹에서 1의 개수를 홀수 또는 짝수로 만들기 위해 부가되는 비트

패리티(parity) 2진 코드에서 코드 그룹의 1의 개수가 홀수 또는 짝수가 되는 조건

패킷(packet) 형식이 지정된 디지털 데이터 블록

팬-아웃(fan-out) 1개의 논리 게이트가 구동할 수 있는 동일 계열의 입력 게이트(부하)의 수

펄스 폭(pulse width, t_W) 선두 에지의 50%에서 후미 에지의 50%까지의 시간 간격. 펄스의 기간

펄스(pulse) 하나의 논리 상태에서 다른 논리 상태로의 갑작스러운 변화가 발생하고, 펄스 폭이라 불리는 시간이 지나면 다시 원래 상태로 돌아가는 변화를 말한다.

펌웨어(firmware) 다양한 전자 장치를 내부적으로 제어하는 소형 고정 프로그램 또는 데이터 구조. 일반적으로 ROM에 저장

포인터(pointer) 주소를 포함하고 있는 레지스터의 내용

포트(port) 데이터가 주변장치로 입출력되는 컴퓨터의 물리적 인터페이스

폴링(polling) CPU가 일련의 주변 소자의 서비스 요구가 있는지 검사하는 과정

풀-듀플렉스(full-duplex) 데이터가 동일한 채널에서 동시에 양방향으로 흐르는 연결

풀업 저항(pull-up resistor) 디지털 회로에서 비활성화 상태일 때 그 신호를 HIGH 상태로 유지하기 위해 dc 전원 전압에 연결되어 있는 저항

퓨즈(fuse) 단락된 채로 있거나 프로그램의 지시에 따라 한 번 개방될 수 있는 PLD 비휘발성 프로그램 가능 링크 유형. '퓨즈 가능한(fusible) 링크'라고도 한다.

프로그램 가능한 논리(programmable logic) 특정의 기능을 수행하기 위해 프로그램될 수 있는 디지털 집적회로의 한 부류

프로그램 가능한 연결 배열(programmable interconnect array, PIA) CPLD 칩 전체에서 걸쳐 있는 도체로 구성된 배열로 각 LAB 안의 매크로셀과의 연결을 만들 수 있다.

프로그램(program) 어떤 특정 동작을 할 수 있도록 구성된 컴퓨터 명령의 목록. 소프트웨어

프로브(probe) 오실로스코프 또는 다른 장비의 입력에 전압을 연결하는 데 사용되는 액세서리

프로세스(processes) 실행 중인 컴퓨터 프로그램의 인스턴스

프로토콜(protocol) 장치 간 전송, 처리 및 데이터 교환을 제어하고 규제하는 소프트웨어 규정, 요구 사항 및 절차의 표준화된 집합

프리셋(preset) 플립플롭의 상태(즉, 출력 Q)를 1로 만들기 위한 비동기 입력

프리페칭(prefetching) 대기시간을 줄이기 위해 한 명령어를 수행하면서 동시에 다른 명령어를 불러오는 과정으로 파이프라이닝이라고도 한다.

플래그(flag) 산술 또는 논리 연산의 결과를 나타내는 비트로 연산의 흐름을 변경하는 데 사용된다.

플래시 ADC(flash ADC) 동시성의 AD 변환기

플래시 메모리(flash memory) 비휘발성의 읽기/쓰기가 가능한 랜덤 액세스 반도체 메모리로 데이터가 FET의 플로팅 게이트에 전하 형태로 저장된다.

플래시(flash) PLD의 비휘발성 재프로그램 가능한 링크 기술의 일종으로 단일 트랜지스터 셀에 기반한다.

플랫폼 FPGA(platform FPGA) 하드 코어 및 소프트 코어 임베디드 프로세서 및 기타 기능 중 하나 또는 모두를 포함하는 FPGA

플립플롭(flip-flop) 한 번에 한 비트만을 저장할 수 있는 기본적인 저장 회로. 동기식 쌍안정 소자

피가산수(augend) 덧셈에서 가수(addend)가 더해지는 수

피감수(minuend) 뺄셈의 과정에서 다른 숫자를 뺀 수

피드백, 궤환(feedback) 회로의 출력이 다시 입력으로 돌아가 연결되는 것

피승수(multiplicand) 곱셈에서 다른 숫자로 곱해지는 숫자

피연산수(operand) 명령어의 처리 대상

피제수(dividend) 나눗셈 연산에서 나누어지는 수

하강 시간(fall time) 펄스가 하강 에지일 때 90% 지점에서 10% 지점 사이의 시간 간격

하드 디스크(hard disk) 자기 디스크 저장 장치, 일반적으로 밀폐된 하우징에 둘 이상의 딱딱한 디스크가 쌓인 스택 형태

하드 코어(hard core) FPGA 제조사가 특정 기능을 미리 설치하여 놓은 고정 부분

하드웨어(hardware) 컴퓨터 시스템에서 물리적 부품 또는 회로(소프트웨어라 불리는 명령어의 상대적 개념)

하프 듀플렉스(half-duplex) 한 채널에서 데이터가 동일한 순간에는 한 방향으로만 흐르는 연결

합(sum) 2개 이상의 수가 서로 더해진 결과

합성(synthesis) 설계된 논리회로가 네트리스트로 변환되는 소프트웨어 처리 과정

합의 곱(product-of-sums, POS) 기본적으로 OR항의 AND 연산으로 된 불 표현식의 한 형태

합의 항(sum term) 2개 이상의 문자에 대한 불의 합(OR 연산)

해밍 코드(Hamming code) 데이터 통신에서 오류 탐지와 정정에 사용되는 코드의 하나

핸드셰이킹(handshaking) 두 디지털 장치 또는 시스템이 공동으로 통신을 설정하는 신호 교환 절차

홀수 패리티(add parity) 매 비트 그룹에서 1의 개수가 홀수인 조건

확장성(scalability) 증가하는 양의 데이터를 원활하게 처리할 수 있는 클라우드 스토리지 시스템의 기능. 추가 자원이 추가될 때 데이터 이동을 향상시키는 클라우드 스토리지 시스템의 기능

회로(circuit) 어떤 특정 기능을 수행할 수 있도록 전자 또는 전기 부품이 상호 연결되어 있는 형태

회로도(그래픽) 기반 입력[schematic (graphic) entry] 도식 심벌을 사용하여 소프트웨어에 로직 디자인을 배치하는 방법

후미 에지(trailing edge) 펄스의 두 번째 변화

휘발성(volatile) 전원이 제거되었을 때 프로그램된 데이터가 소멸되는 PLD의 특성

히스테리시스(hysteresis) 슈미트 트리거와 같이 임계치에 의해 트리거되는 회로의 특성으로 소자가 ON되거나 OFF되는 입력전압이 다르다는 특징을 의미한다.

0 억제(zero suppression) 디지털 디스플레이에서 선행 또는 후행 0을 소거하는 프로세스

10진 카운터(decade counter) 10개의 상태를 갖는 디지털 카운터

10진(decimal) 10을 기수로 하는 수 체계

16진수(hexadecimal) 16을 기수로 사용하는 수 체계

2진(binary) 2개의 값 또는 상태. 2를 기수로 사용하는 수 체제로 한 자리에 1과 0을 사용한다.

3-상태 버퍼(tri-state buffer) 로딩을 방지하기 위해 하나의 장치와 다른 장치를 인터페이스하는 데 사용되는 회로

3-상태(tri-state) 세 가지 논리 상태(HIGH, LOW, high-Z상태)를 갖는 논리회로 출력

8mm 자기 테이프 형식의 한 종류

8진(octal) 8을 기수로 하는 수 체계

AD 변환[analog-to-digital(A/D) conversion] 아날로그 신호를 디지털 형태로 바꾸는 과정

AND 게이트(AND gate) 모든 입력이 HIGH일 때만 HIGH 출력을 갖는 논리 게이트

AND 모든 입력이 참(HIGH)일 때만 참(HIGH) 출력을 갖는 기본 논리 연산

AND 배열(AND array) 프로그램 가능한 상호 연결 매트릭스 구조에서 AND 게이트의 배열

ANSI American National Standards Institute의 약자

ASCII American Standard Code for Information Interchange의 약자. 가장 널리 사용되는 문자-숫자 코드

ASK amplitude shift keying의 약자. 변조 방식의 하나로 디지털 신호가 높은 주파수의 사인파의 진폭을 변조한다.

baud 데이터 전송에서 초당 기호 수

BCD binary coded decimal의 약자로 2진화 10진수. 10진 숫자 0~9를 4비트의 그룹으로 표현하는 디지털 코드

BEDO DRAM burst extended data output DRAM의 약자

BiCMOS CMOS와 바이폴라 논리가 결합되어 있는 논리회로의 계열

BIOS basic input/output system(기본 입출력 시스템)의 약자. 컴퓨터 시스템에서 I/O 소자를 인터페이스하기 위해 ROM에 내장된 프로그램의 한 종류

BJT bipolar junction transistor(바이폴라 접합 트랜지스터)의 약자. 스위칭 또는 증폭을 하는 데 사용되는 반도체 소자. BJT는 베이스-에미터와 베이스-콜렉터의 2개의 접합을 갖고 있다.

CCD charge-coupled device(전하 결합 소자)의 약자. 전하 패킷의 형태로 데이터를 저장하고 직렬로 액세스되는 반도체 메모리의 종류

CD-R CD-Recordable. 데이터가 한 번 저장될 수 있는 광학 디스크 저장 장치

CD-ROM 데이터가 미리 저장되어 있어 읽기만 할 수 있는 광학 디스크 저장 장치

CD-RW CD-Rewritable. 데이터를 여러 번 쓸 수 있는 광학 디스크 저장 장치

CLB configurable logic block의 약자. 다수의 작은 논리 모듈과 CLB 내의 논리 모듈을 연결하는 데 사용되는 프로그램 가능한 지역 연결로 구성된 FPGA의 로직 유닛

CMOS complementary metal oxide semiconductor(상보형 금속 산화막 반도체)의 약자. 전계 효과 트랜지스터(FET)로 구현된 집적논리회로의 종류

카운터(counter) 펄스와 같은 전기적인 사건 신호를 2진 순서에 의해 계수하는 회로

CPLD complex programmable logic device의 약자로, 여러 개의 SPLD와 프로그램 가능한 연결로 구성된 복합 프로그램 가능한 논리 소자

CPU central processing unit(중앙 처리 장치)의 약자로, 데이터의 처리와 제어를 담당하는 컴퓨터의 주요 요소이자 프로그램 명령을 처리하는 DSP의 핵심 요소

D 플립플롭(D flip-flop) 플립플롭의 입력이 클록의 에지 변화에서 출력이 되는 쌍안정 멀티바이브레이터의 한 종류

DCE data communications equipment(데이터 통신 장치)의 약자

DDR double data rate의 약자

DDR SDRAM double data rate, synchronous dynamic random-access memory

decade 10개의 상태 또는 값

DIMM dual in-line memory module의 약자

DIP dual in-line package(이중 라인 패키지)의 약자. 핀이 구멍을 통해 PC 보드의 다른 면으로 통과해야 하는 유형의 IC 패키지

DLT digital linear tape. 일종의 자기 테이프 형식

DMA direct memory access의 약자. 제어를 위해 CPU를 사용하지 않고 주변 장치를 메모리에 직접 인터페이스하는 방법

DRAM dynamic random-access memory(동적 RAM)의 약자. 저장요소로 커패시터를 사용하는 반도체 메모리의 한 종류로 읽기 쓰기가 가능하고 휘발성이다.

DSP 코어(DSP core) 디지털 신호 처리기의 중앙 처리 장치

DTE data terminal equipment(데이터 단말 장치)의 약자

DVD-ROM digital versatile disk-ROM 또는 digital video disk-

ROM의 약자. CD-ROM보다 훨씬 더 높은 용량으로 데이터가 미리 저장되어 있는 광 저장 장치 유형

E^2CMOS electrically erasable CMOS(EECMOS)의 약자(전기적으로 지울 수 있는 CMOS). PLD의 셀을 다시 프로그램할 수 있는 회로 기술

ECL emitter-coupled logic(에미터 결합 논리)의 약자. 비포화 바이폴라 접합 반도체로 구현된 집적 논리회로의 한 부류

EDIF electronic design interchange format(전자 설계 상호 변환 형식)의 약자. 네트리스트(netlist)의 표준 형식

EDO DRAM extended data output dynamic random-access memory의 약자

EEPROM electrically erasable programmable read-only memory(전기적으로 지우고 프로그램이 가능한 ROM)의 약자. 전기적으로 소거 가능한 프로그램 가능한 읽기 전용 메모리 셀을 기반으로 하는 PLD의 비휘발성이고 재프로그래밍 가능한 링크의 일종이며 프로그래밍에 의해 반복적으로 켜지거나 꺼질 수 있다.

EMI electromagnetic interference(전자기 간섭)

EPROM erasable programmable read-only memory(전기적으로 지울 수 있는 ROM)의 약자. 전기적으로 프로그램 가능한 읽기 전용 메모리 셀을 기반으로 하는 PLD의 비휘발성 프로그래머블 링크 유형이며 프로그래밍으로 한 번 켜거나 끌 수 있다.

FDM frequency division multiplexing(주파수 분할 멀티플렉싱), 시스템에 사용 가능한 총대역폭을 주파수 하위 대역으로 나누고 정보를 아날로그 형식으로 전송하는 광대역 기술

FET field-effect transistor(전계 효과 트랜지스터)의 약자

FIFO first in-first out memory(선입력-선출력)의 약자

Firewire 애플에서 개발하고 고속 통신 및 실시간 데이터 전송에 사용되는 고속 외부 직렬 버스 표준으로 IEEE-1394 라고도 한다.

FPGA field-programmable gate array의 약자. LUT를 기본 로직 요소로 사용하고 일반적으로 안티 퓨즈 또는 SRAM 기반 프로세스 기술을 사용하는 프로그램 가능 로직 디바이스

FPM DRAM fast page mode dynamic random-access memory의 약자

FSK frequency shift keying(주파수 시프트 키잉)의 약자. 디지털 신호가 높은 주파수의 사인파의 주파수를 변조하는 변조 형태

GAL generic array logic의 약자. 퓨즈 대신에 EEPROM(E2CMOS)과 같은 재프로그래밍 가능한 공정 기술을 사용한다는 점을 제외하면 PAL과 유사한 재프로그래밍 가능한 유형의 SPLD

GPIB general-purpose interface bus(범용 인터페이스 버스). IEEE488 표준에 기반한다.

HDL hardware description language(하드웨어 기술 언어)의 약자. 소프트웨어로 논리회로를 표현하는 데 사용하는 언어

HPIB Hewlett-Packard interface bus, GPIB와 같음

I/O **포트**(I/O port) 입력/출력 포트, 내부 버스와 주변 장치와의 인터페이스

I^2L integrated injection logic의 약자로 IC 제조 기술의 하나

IEEE Institute of Electrical and Electronics Engineers의 약자

IEEE 1394 bus 고속 통신을 위한 직렬 버스 규약으로 FireWire로 알려져 있다.

IEEE 488 bus GPIB와 동일, 테스트 및 측정 인터페이스에 널리 사용되는 표준 병렬 버스

inhibit 한 지점에서 다른 지점으로 신호가 통과하는 것을 방지

IP instruction pointer(명령 포인터)의 약자. 실행될 다음 명령어의 오프셋 주소를 보유하는 CPU 내의 특수 레지스터

ISA **버스**(ISA bus) industrial standard architecture bus의 약자. 내부 병렬 버스 표준의 하나

ISP(in-system programming) PCB에 PLD를 장착하고 시스템이 동작하고 있는 상황에서 SPLD를 프로그램하는 방법

J-K **플립플롭**(J-K flip-flop) SET, RESET, 변화 없음, 토글 모드로 동작하는 플립플롭의 일종

JTAG joint test action group의 약자. ISP 기능에 대한 IEEE Std.1149.1 표준 인터페이스

LAB logic array block(논리 배열 블록)의 약자. CPLD 내부의 SPLD 배열

LCC leadless ceramic chip의 약자, 몸체에 금속 접점이 성형된 SMT 패키지

LCD liquid crystal display(액정 표시 화면)의 약자

LED light-emitting diode(발광 다이오드)의 약자

LIFO last in first out(후입력-선출력)의 약자. 메모리 스택

LSB(least significant bit, 최하위 비트) 일반적으로 2진수로 표현된 전체 코드 또는 수에서 가장 오른쪽 자리

LSI large-scale integration(대규모 집적 회로)의 약자. 칩당 100~10,000개의 등가 게이트가 있는 고정된 기능 IC의 복잡도 레벨

LUT look-up table의 약자. SOP 함수를 만들 수 있도록 프로그램되는 메모리의 한 종류

MFLOPS million floating-point operations per second의 약자로 1초간에 실행되는 부동 소수점 연산의 수를 100만을 단위로 하여 나타낸 수

MIPS million instructions per second의 약자. 1초당 100만 명령을 처리하는 연산 속도의 단위

MMACS million multiply/accumulates per second의 약자

MMU memory management unit(메모리 관리 장치)의 약자, CPU가 요청한 메모리에 대한 접근을 처리하는 장치

MOS metal-oxide semiconductor(금속 산화막 반도체)의 약자. 트랜지스터 기술의 한 종류

MOSFET metal-oxide semiconductor field-effect transistor(금속 산화막 반도체 전계 효과 트랜지스터)의 약자

MSB(most significant bit, 최상위 비트) 2진수로 표현된 전체 코드 또는 수에서 가장 왼쪽 자리

MSI medium-scale integration(중규모 집적 회로)의 약자. 하나의 칩에 10~100개까지의 등가 게이트를 포함하는 고정 기능 IC의 복잡도 레벨

NAND 게이트(NAND gate) 모든 입력이 HIGH일 때 LOW를 출력하는 논리회로

NMOS n-채널의 금속 산화 반도체

NOR 게이트(NOR gate) 입력이 하나 이상 HIGH이면 LOW를 출력하는 논리 게이트

NOT 반전을 수행하는 기본 논리 연산

NRZ nonreturn to zero의 약자. 연속적인 1에 대해 신호 레벨이 1로 유지되는 데이터 형식 유형

OLMC output logic macrocell의 약자. 조합 출력 또는 레지스터 출력을 위해 프로그래밍할 수 있는 GAL의 일부. 입력/출력을 처리하기 위한 고정 OR 게이트 및 다른 논리를 포함하는 GAL의 논리 블록

OP 코드(op code) operation code(연산 부호)의 약자. 마이크로프로세서에서 특정 명령을 나타내는 코드. 니모닉

OR 게이트(OR gate) 입력 중에 하나 또는 그 이상이 HIGH일 때 HIGH를 출력하는 논리게이트

OR 입력 중에 하나 또는 그 이상이 참(HIGH)일 때 참(HIGH)을 출력하는 기본 논리 연산

OTP one-time programmable(한 번 프로그램할 수 있는)의 약자

PAL programmable array logic(프로그램 가능한 배열 논리)의 약자. AND 게이트의 프로그램 가능한 배열이 OR 게이트의 고정된 배열에 연결되는 한 번 프로그램 가능한 SPLD 유형

PAM pulse amplitude modulation(펄스 진폭 변조)의 약자. 펄스의 높이 또는 진폭이 변조 아날로그 신호에 따라 변하는 변조 방법이며, 각각의 펄스는 아날로그 신호의 진폭 값을 나타낸다.

PCI bus(PCI 버스) 칩과 확장 보드 및 프로세서/메모리 서브 시스템을 상호 연결하기 위한 내부 동기 버스

PCI-Express(PCI-익스프레스) PCIe 또는 PCI-E로도 표시된다. 이 버스는 공유 버스를 사용하지 않는다는 점에서 PCI 및 PCI-X 버스와 다르다.

PCI-X PCI와 역호환되는 PCI 버스의 고성능 향상 버전

PCM pulse code modulation(펄스 코드 변조)의 약자. 규칙적인 간격으로 아날로그 신호 진폭을 샘플링하고 샘플링된 값을 디지털 코드로 변환하는 변조 방법

PIC programmable interrupt controller(프로그램 가능한 인터럽트 제어기)의 약자. 우선순위를 기반으로 인터럽트를 제어하는 제어기

PLA programmable logic array(프로그램 가능한 논리 배열)의 약자. 프로그램 가능한 AND와 OR의 배열을 갖는 SPLD

PLCC plastic leaded chip carrier의 약자. J-형태의 리드 단자를 가지고 있는 SMT 패키지

PLD programmable logic device(프로그램 가능한 논리 소자)의 약자. 특정의 논리 기능으로 프로그램할 수 있는 집적회로

PMOS p-채널의 금속 산화 반도체

PPM pulse position modulation(펄스 위치 변조)의 약자. 기준 또는 타이밍 신호에 대한 각 펄스의 위치가 변조 신호 파형의 진폭에 비례하여 변화되는 변조

PROM programmable read-only semiconductor memory(프로그램 가능한 읽기 전용의 반도체 메모리)의 약자. 고정된 AND 배열과 프로그램 가능한 OR 배열을 갖는 SPLD. 기억 장치로 사용되며 일반적으로 논리회로 장치로 사용되지 않는다.

PSK phase shift keying(위상 시프트 키잉)의 약어. 디지털 신호가 고주파수 사인파의 위상을 변조하는 변조 형태

PWM pulse width modulation(펄스 폭 변조)의 약자. 펄스의 폭 또는 지속 시간과 듀티 사이클이 변조 아날로그 신호에 따라 변하는 변조 방법이며, 각각의 펄스 폭은 아날로그 신호의 진폭값을 나타낸다.

QAM quadrature amplitude modulation(구적 진폭 변조)의 약자. PSK와 진폭 변조의 조합을 사용하여 정보를 보내는 변조 형태

QIC quarter-inch cassette의 약자. 자기 테이프의 한 종류

RAM random-access memory의 약자. 휘발성의 읽기/쓰기 반도체 메모리

ROM read-only semiconductor memory(읽기 전용의 반도체 메모리)의 약자로 랜덤하게 액세스된다. mask-ROM을 지칭하기도 한다.

RS-232 EIA-232라고도 알려진 버스 표준으로 과학 계측뿐만 아니라 산업 및 통신 애플리케이션에 사용된다. 컴퓨터 응용에서는 대부분 USB로 대체됨

RS-422 차동 데이터 전송을 위한 버스 표준

RS-423 단일 종단(single-ended) 데이터 전송을 위한 버스 표준

RS-485 차동 데이터 전송을 위한 버스 표준

RZ Return to zero의 약자. 각 데이터 비트 이후에 신호 레벨이 0이 되거나 0으로 유지되는 데이터 형식 유형

SAS Serial attached SCSI

SCSI small computer system interface의 약자

SDRAM synchronous dynamic random-access memory의 약자

SIMM single-in-line memory module의 약자

SMT surface-mount technology(표면 실장 기술)의 약자. DIP 형태보다 작고 PCB에 표면 장착할 수 있는 IC 패키지의 기술

SOIC small-outline integrated circuit의 약자. 리드 단자가 갈매기 날개같이 생긴 작은 DIP 형을 닮은 SMT 패키지

SPI serial-to-peripheral interface bus(직렬-주변 장치 인터페이스 버스), '마스터' 장치와 '슬레이브' 장치 간의 통신을 위해 4개의 와이어를 사용하는 동기식 직렬 통신 버스

SPLD simple programmable logic device(단순 프로그램 가능한 논리소자)의 약자. 특정 기능의 논리를 구현하기 위해 프로그램될 수 있는 AND 게이트와 OR 게이트의 배열. PROM, PLA, PAL, GAL 등이 있다.

SRAM static random-access memory(정적 RAM)의 약자. 정적 랜덤 액세스 메모리 셀을 기반으로 하는 PLD 휘발성 재프로그래밍 가능 링크의 일종이며 프로그래밍으로 반복적으로 켜거나 끌 수 있다

SSI small-scale integration(소규모 집적 회로)의 약자. 하나의 칩에 10개까지의 등가 게이트를 포함하는 고정 기능의 IC

SSOP shrink small-outline package의 약자

STP shielded twisted pair(차폐된 트위스트 페어). 데이터 전송 매체의 한 유형

TDM time division multiplexing(시분할 멀티플렉싱)의 약자. 여러 소스로부터의 데이터가 시간 기준으로 인터리빙되어 단일 통신 채널 또는 데이터 링크를 통해 전송되는 기술

TTL transistor-transistor logic의 약자. 바이폴라 접합 트랜지스터를 사용하는 집적 논리회로의 한 부류로 바이폴라라고도 한다.

ULSI ultra large-scale integration(극초 대규모 집적회로)의 약자. 하나의 칩에 100,000개 이상의 등가 게이트를 포함하는 IC의 복잡도 레벨

USB universal serial bus(범용 직렬 버스)의 약자. 외부 직렬 버스의 표준

UTP unshielded twisted pair(차폐 안 된 트위스트 페어). 데이터 전송 매체의 한 유형

UV EPROM ultraviolet erasable programmable ROM(자외선으로 지우고 프로그램할 수 있는 ROM)의 약자

VHDL 하드웨어 기술 언어(hardware description language)의 표준(IEEE Std. 1076-1993)

VLSI very large-scale integration(초대규모 집적 회로)의 약자. 하나의 칩에 10,000~100,000개까지의 등가 게이트를 포함하는 IC의 복잡도 레벨

WORM write once-read many(일회 기록 여러 번 읽기). 광학 저장 장치의 일종

찾아보기

ㅍ

ㅎ

기타

역자 소개

박기환
세종대학교 전자정보통신공학과

성영휘
금오공과대학교 전자공학부

신휘범
경상대학교 전기공학과

정영모
한성대학교 전자정보공학과

최석림
세종대학교 전자정보통신공학과

황선환
경남대학교 전기공학과